1차 필기시험 합격을 위한 지침서 **이론＋문제**

【 이 책 하나면 충분히 합격할 수 있습니다 】

실내건축기능사 1차필기

저 · (주)동방디자인학원®

1차시험 합격을 위한
실내건축기능사 이론+문제

머리글

이 책은 실내건축기능사 1차대비 수험서로서 실내디자인, 실내환경, 실내건축재료, 건축일반에 대한 이론과 핵심문제를 실은 책이다.

1차 시험은 문제은행식 출제이므로 많은 문제를 접해보는 것이 최선의 합격대책이다. 여기에 수록된 이론과 문제는 최근까지 시행된 과년도 문제뿐만 아니라 실내건축기능사에서 출제 빈도율이 높은 문제를 한국산업인력공단 출제기준에 맞추어 수록된 것이어서 이 책만 가지고 공부하면 누구나 1차시험은 무난히 합격할 것이다.

(주)동방디자인학원

1차시험 합격을 위한
실내건축기능사
이론+문제

자격증 개요

- **개요**

  실내공간은 기능적 조건뿐만 아니라 인간의 예술적, 정서적 욕구의 만족까지 추구해야하는 것으로 실내공간을 계획하는 실내건축 분야는 환경에 대한 이해와 건축적 이해를 바탕으로 기능적이고 합리적인 계획, 시공 등의 업무를 수행할 수 있는 지식과 기술이 요구된다. 이에따라 인테리어 분야에서 필요로 하는 인력을 양성하고자 하는 것이다.

- **변천과정**

  1997년 실내건축기능사로 신설

- **수행직무**

  건축물 내부의 장식·방음·실용성 제고를 목적으로 각종 자재를 이용하여 방음설비·마루·칸막이·천정·목(木)장식품 등을 제작·설치한다.

- **취득방법**

  ① 시 행 처 : 한국산업인력공단/www.Q-net.or.kr

   (☎ 1644-8000)

  ② 시험과목

   필기 - 실내디자인론, 실내환경, 실내건축재료, 건축일반

   실기 - 실내건축 실무

  ③ 검정방법

   필기 - 객관식 4지 택일형 60문항(60분)

   실기 - 작업형(5시간 30분)

  ④ 합격기준

   100점 만점에 60점 이상 득점자

- **취득시 이점**

  실내건축업 등록시 자격증이 필요하며 자격증 취득시 전문대학에 특별전형으로 진학이 가능하다.

1차시험 합격을 위한
실내건축기능사 이론+문제

실내건축 기능사 합격대책

■ 필기시험 - 혼자서 학습이 가능하다.

1차시험은 컴퓨터에 의한 채점방식이므로 문제풀이 중심으로 공부하는 것이 효과적이다. 문제에 나와 있는 내용을 책을 찾아보면서 공부해야지, 이론을 암기한 후 문제를 풀어보는 방식은 지양해야 한다. 왜냐하면 이론은 범위가 방대하기 때문에 공부해야 할 양도 많고 시간도 많이 걸리기 때문이다. 1차 시험은 60~70점 사이로 합격하는 것이 가장 현명하다. 많은 문제를 풀어보면 이 정도 점수는 항상 가능하다.

■ 실기시험 - 전문적인 교육이 필요하다.

1차 필기시험은 100% 객관식으로 60점 이상이면 누구나 합격이 가능하고 필기시험 합격 후 2년간 실기시험 기회가 주어진다.

그러나 2차 실기시험은 주거공간에 한해 평면도·천정도·전개도·투시도에 채색이 포함되고 5시간 30분안에 완성을 해야한다.

2차 실기는 주관적 채점으로 시간안에 도면을 작성해 제출하였다 하더라도 얼마나 제도통칙에 맞게 정확한 설계와 표현을 하였는가에 합격이 좌우되는 것이기 때문에 아무리 책을 보고 비디오나 동영상을 보면서 한다해도 혼자서는 한계가 있기 때문에 2차 실기는 반드시 전문적인 교육이 필요한 것이다.

차례

1차시험 합격을 위한
실내건축기능사
이론+문제

▶ 머리글 · 3
▶ 자격증 개요 · 4
▶ 실내건축기능사 합격대책 · 5
▶ 차례 · 6

▶ Ⅰ. 실내디자인   · 7~52

▶ Ⅱ. 실내환경   · 53~78

▶ Ⅲ. 실내건축재료   · 79~140

▶ Ⅳ. 건축일반   · 141~230

▶ 과년도 기출문제   · 231~532

I. 실내디자인

1장 실내디자인 일반

제1절 　실내디자인의 개념
제2절 　실내디자인의 분류 및 특성

2장 디자인 요소

제1절 　점·선·면·형
제2절 　균형·리듬·강조
제3절 　조화와 통일
제4절 　비례이론

3장 실내디자인의 요소

제1절 　바닥·천정·벽
제2절 　기둥·보·개구부·통로 등
제3절 　조명
제4절 　가구

4장 실내계획

제1절 　주거공간
제2절 　상업공간

1장 실내디자인 일반

제1절 실내디자인의 개념(概念)

　인테리어(Interior)란 단어의 원 뜻은 내부(內部)를 뜻하지만, 여기서 인테리어란 실내공간 디자인의 의미이다.
　실내공간 디자인이란 실내건축디자인(Interior Architectural Design), 실내디자인(Interior Design), 실내디자인의 디자인 단어를 빼고 실내(Interior, 인테리어)란 뜻으로써 통용되고 있으며 건축물의 내부를 각각의 목적과 용도에 맞게 계획되고 형태화 되는 작업을 뜻하는 것이다. 그리하여 오늘날 인테리어 디자인을 대상으로 하는 범위는 거의 모든 건축물을 대상으로 한다. 주택을 비롯하여 사무실, 상점, 병원, 호텔, 레스토랑, 카페, 백화점, 미용실, 의상실, 공장, 학교 등 인간이 거주하게 되는 모든 건축물이 해당된다. 우리나라에서도 초기에는 실내장식(Interior Decoration)의 의미만을 갖고 있었지만, 오늘날에는 계획, 코디네이트, 디스플레이의 개념을 형성하고 있다.

제2절 실내디자인의 분류 및 특성

디자인은 크게 4가지로 분류하며, 그 중 산업디자인을 3가지로 분류한다.

[1] 건축디자인(Architectural Design)

[2] 산업디자인

① 환경디자인
　㉮ 실내디자인 : 사무실, 상점, 병원, 호텔, 레스토랑, 카페, 백화점, 주택, 전시공간 디자인(Display)
　㉯ 실외디자인 : 가로시설물 디자인(Street Furniture Design), 공공시설, 픽토그램, 도시환경 디자인,
　　　　　　　　　슈퍼그래픽(Super Graphic)
② 시각디자인
　㉮ 광고디자인 : 포스터, 팜플렛, 카탈로그, 리플릿, D.M, 패키지디자인, 신문, 레코드자킷, 카렌다, 카드,
　　　　　　　　　엽서, POP 등
　㉯ 사인시스템디자인 : 네온사인, 광섬유, 야외 광고판, 옥내사인, 빌보드
③ 제품디자인 : 각종 용기, 항공기, 자동차, 가전제품, 가구, 기계공구, 완구, 교구, 조명기구 등

[3] 공예디자인

① 도자기, 금속공예, 석공예, 가죽, 칠보, 목칠, 죽세

[4] 복식디자인(의상디자인)

2장 디자인 요소

제1절 점·선·면·형

[1] 점(點)

점의 크기는 여러 가지가 있으나 크기가 정해져 있는 것은 아니다.
아래의 그림에서 (a)는 점이고 (b)는 면이라고 말할 수 있다. 또 같은 크기의 점이라도 주어진 공간에 따라 면이라고 할 수 있다. (c)는 면이고 (d)는 점이다.

[2] 선(線)

선은 길이의 개념은 있으나 넓이, 깊이의 개념은 없다. 선은 폭이 넓어지면 면이 되고, 굵기를 늘이면 입체 또는 공간이 된다.
선은 시각적 구조물을 형성하는데 중요한 요소이다.

[3] 면(面)

선이 다른 방향으로 확장될 때 면이 되며, 개념적으로 평면은 길이, 폭의 개념은 있으나 깊이의 개념은 없다.

[4] 형(立體)

평면이 다른 방향으로 확장될 때 하나의 입체가 되며, 개념적으로 입체는 길이, 폭, 깊이의 3개의 차원을 가지고 있다.

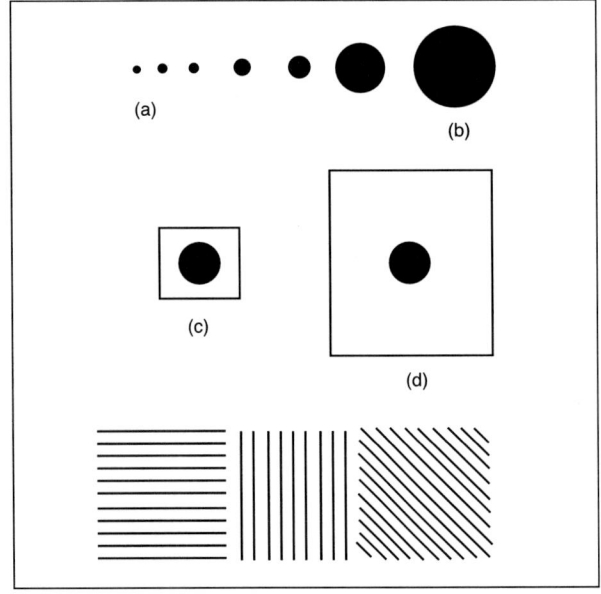
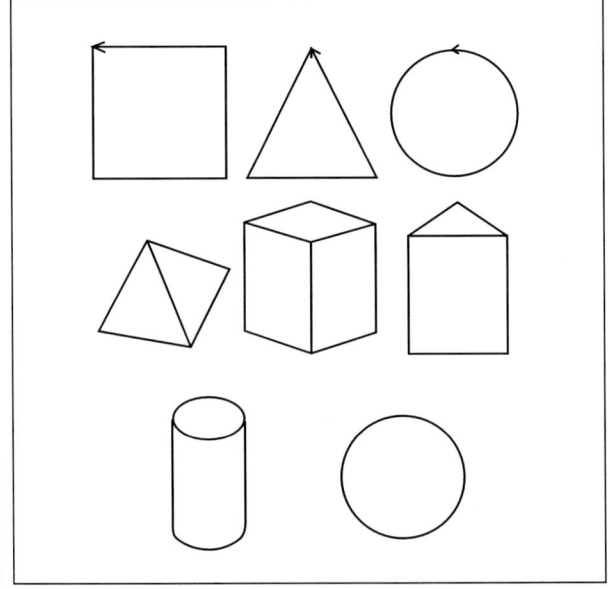

제2절 균형·리듬·강조

인간이 거주하는 공간을 비롯하여 공간내에 가구나 집기류의 배치계획을 하는데 있어서 디자인 구성원리를 적용함으로써 보다 쾌적하고 안락한 공간을 가질 수 있다. 이러한 공간은 조명심리에 관한 역학관계를 갖는 이론이다.

디자인의 시각적인 역학관계는 다음과 같은 것들이 있다.

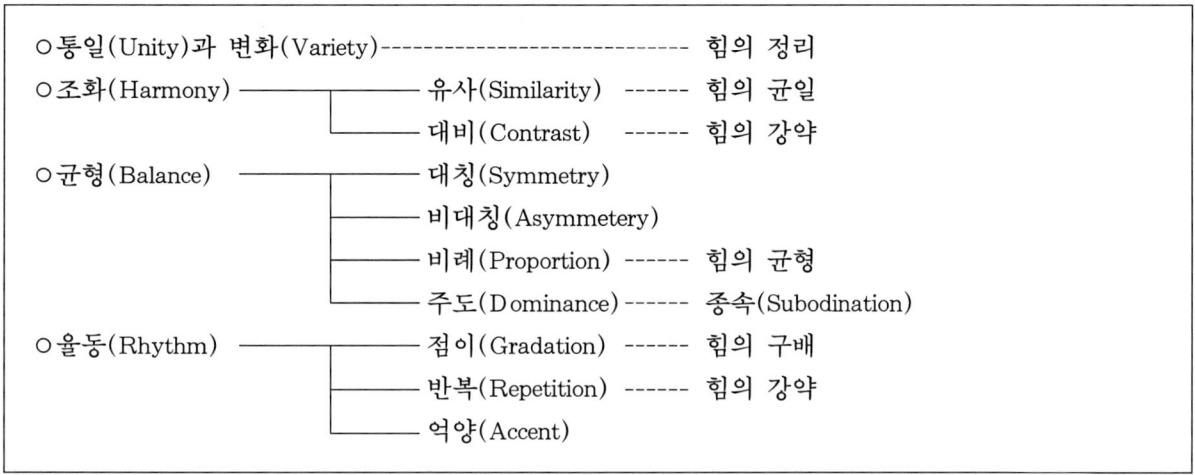

[1] 균형(均衡)

부분과 부분 및 전체 사이에 시각적인 힘의 균형이 잡힌다. 쾌적한 형태감정을 준다.
① 대 칭 : 대칭은 균형 중에서 가장 일반적인 것이며, 질서방법이 용이하고, 동일감을 얻기 쉽지만, 때론 딱딱한 형태감정을 준다. 대칭에는 좌우대칭과 방사대칭이 있다. 좌우대칭은 좌우 또는 상하로 하나의 중심축을 갖는 구성이고, 방사대칭은 하나의 점을 중심으로 하여, 주위로 향해 방사상으로 넓히는 구성이다.
② 비대칭 : 대칭으로 통일 있는 변화를 주면 비대칭의 효과가 있다. 이렇게 하면 실질적으로는 균형이 아니나 시각적인 힘의 결합에 의해 보는 사람에게 동적인 안정감과 변화가 있는 개성적인 형태감정을 준다.
③ 비 례 : 부분과 부분 및 부분과 전체 사이에 바람직한 비례를 주면 균형이 잡힌다. 비례는 기능과 밀접한 관계를 갖고 있으며, 자연 형태나 인의 형태속에서 쉽게 찾아볼 수 있으며 이에 대한 이론의 대표적인 것으로는 황금비율이 있다.
④ 주도와 종속 : 부분과 부분의 관계는 병렬 또는 대립의 입장을 취하지만 주종의 효과는 대립에 나타난다. 주도는 공간의 모든 부분을 지배하는 시각적인 힘이고, 종속은 주도적인 부분을 내세우는 상관적인 힘이 되어 전체에 조화를 가지고 온다. 주종의 효과는 구조적으로는 대비, 비대칭, 억양 등에 의해 나타나지만 그 느낌은 대단히 동적, 개성적이고, 명쾌한 느낌을 준다.

[2] 리듬(Rhythm)

부분과 부분 사이에 시각적인 강한 힘과 약한 힘이 규칙적으로 연속시킬 때 나타난다. 리듬에는 점이, 반복, 대립, 변이, 방사가 있는데 서로 효과적으로 사용하면 시각적인 강한 느낌을 가질 수 있다.
① 점이(gradation) : 색깔이나 형태의 크기나 방향이 점차적인 변화를 생기는 리듬
② 반복(repetition) : 문양, 색채, 형태 등이 계속적인 되풀이로 생기는 리듬
③ 대립(opposition) : 수평과 수직의 만남. 예를 들면 기둥과 보의 만남.
④ 변이(transition) : 곡선의 형태에서 느낄 수 있는 리듬. 아아치나 둥근 의자 등.
⑤ 방사(radiation) : 방사형으로 중심축에서 밖으로 퍼져 나가는 모양의 리듬

[3] 강조(强調)

시각적으로 중요한 부분을 나타낼 때 돋보이게 하는 것으로 전체적으로 볼 때 통일과 질서를 느껴야 되며 다른 부분은 강조된 부분에 종속관계(從屬關係)가 이루어져야 한다.

제3절 조화와 통일

[1] 통일(統一)과 변화(變化)

통일과 변화는 부분과 부분 및 전체의 관계에 있어서 시각적인 힘의 정리를 의미한다. 여기에서의 변화란 무질서를 의미하는 것이 아니고 통일속의 변화이며, 통일과 변형이다.

[2] 조화(調和)

부분과 부분 및 부분과 전체사이에 안정된 연관이 이루어지면, 상호간의 공감을 일으켜 조화가 성립된다. 조화에는 유사와 대비가 있는데 유사는 동질의 부분결합에 의해 이루어질 수 있는 것이고, 시각적인 힘의 균일에 의한 형태감정의 효과를 볼 수 있다.

대비는 이질부분의 결합에 나타나는 것이고, 시각적인 힘의 강약에 의한 형태 감정의 효과도 볼 수 있다.

① 조형요소로서의 대비(Contrast)

직선(直線) ------- 곡선	고(高) --------- 저(低)
명(明) --------- 암(暗)	강(强) --------- 약(弱)
요(凹) --------- 철(凸)	청(淸) --------- 탁(濁)
난(暖) --------- 한(寒)	후(厚) --------- 박(薄)
수평(水平) ------ 수직(垂直)	개(開) --------- 폐(閉)
대(大) --------- 소(小)	동적(動的) ------ 정적(靜的)
다(多) --------- 소(少)	원심적(遠心的) ----- 구심적(求心的)
중(重) --------- 경(輕)	예(銳) --------- 둔(鈍)
집중(集中) ------ 분산(分散)	플러스(+) ------ 마이너스(-)

제4절 비례이론(比例理論)

[1] 황금비(The Golden Ratio)

황금비는 기원전 300년경에 만들어진 유클리드(Euclid)의 기하학에서 유래되는데 고대 그리스인들이 발견하였다.

황금비로 이루어진 직사각형을 가장 아름답고 균형이 잡힌 4각형이라 하고, 고대 그리스 이래 건축과 회화에 많이 사용되었으며, 대표적인 예로는 아테네의 파르테논 신전이 있다.

황금비와 황금비 직4각형 선분을 양분하여 큰 쪽을 M, 작은 쪽을 m으로 했을 때 $M : m = M+m : M$이라는 관계가 성립되는 경우로서 $M : m = (1+\sqrt{5})/2 ≒ 1.618$이고 이것을 $ø$라고 할 때, $1/ø = 0.618$인 것이다.

일반적으로 황금비라 하면 1 : 1.618의 비(比)를 말하며, 생물의 구조나 조직 등에서 많이 발견할 수 있다.

이와 같이 황금비로서의 분할을 황금분할(The Golden Section)이라 하며, 1830년에 처음 사용되었다. 르 코르뷔지에(Le Corbusier 1887~1965, 프랑스 건축가)는 황금분할을 이용하여 모듈러(Modular)를 창안했으며 이는 인체치수를 황금분할하여 만들었다. 이 모듈러는 인체치수와 수학에서 생긴 척도를 측정하는 도구로서 인체치수를 기본으로 하여 전체를 황금비 관계로 잡아가는 조화 척도이다.

[2] 모듈러(Modular)

르 코르뷔지에 의하여 창안된 것으로 인간을 3개의 기본치수로 보고 있다.

키가 183cm인 사람을 기본으로 하였으며 183cm를 황금분할하여 113cm, 70cm, 43cm의 기본치수를 얻었다. 다음 그림에서 보면

A = 113cm ---------------기본단위
B = 226cm ---------------A의 2배
C = 183cm ---------------A의 황금비(113 × 1.618 = 183)
D = 86cm ----------------B의 황금비 226 − (226 × 0.618)이 된다.

이것을 정리하여 보면

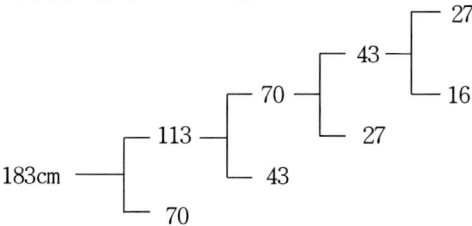

이 된다. 이 모듈은 오늘날 가구, 공간구성 등에 가치있게 적용되고 있다.

가구에 모듈이 적용된 예를 보면 다음 표와 같다.

르 코르뷔지에 모듈러 치수	가구에 적용된 범위	가구 기본 치 수	우리나라 가구 치수	비 고
113cm	은행·바카운터	110~115cm	105~110cm	우리나라에서는 남자키175cm를 기준하여 황금분할 하면 근사치를 얻을 수 있다.
86cm(70+16)	입식용 작업대 (싱크대, 다림질대)	85cm	80~85cm	
70cm	식탁, 책상, 세면대	68~72cm	68~72cm	
43cm	의자, 침대, 티테이블	40~45cm	40~42cm	
27cm	안락의자, 소파	27cm	25cm	

[3] 기타 비례이론(比例理論)

(1) 루트 직사각형

1변이 1인 정사각형의 대각선은 √2이므로, 1과 √2를 2변으로 하는 √3직사각형을 작도할 수 있다. √5 직사각형까지 생각하면 된다.

(2) 정수비

1 : 2 : 3... 또는 1 : 2, 2 : 3과 같은 정수에 의한 비례를 정수비라 한다. 이 비례는 어떤 단위의 일정배수의 관계가 있으므로, 그 처리는 용이하고, 공업적 양산에도 적합하여 그 실용적 가치가 높다.

(3) 상가수열비

1 : 2 : 3 : 5 : 8 : 13 : 21...과 같이 각각의 항이 그 전의 2항의 합과 같은 수열(황금렬 또는 피보나치 수열이라고도 한다)에 의한 비례이다.

(4) 등차수열비

1 : 4 : 7...과 같이 인접된 2항의 차가 일정한 것과 같은 수열의 의한 비례이며, 최초의 항과 차를 줌으로써, 여러가지 비례를 얻을 수 있다. 3 : 5 : 7, 1 : 6 : 11 등이 많이 사용된다. 동양미의 1법칙이다.

(5) 등내수열비

1 : 2 : 4 : 8 : 16...과 같이 인접된 2항의 내가 일정한 것과 같은 수열에 의한 내열이며, 최초의 항과 비례를 만듦으로써, 여러가지 비례를 얻을 수 있다.

1 : 1.3 : 1.7 : 2.2 : 2.9, 1 : 1.4 : 2 : 2.8 : 4.2, 37 : 68 : 125 등이 많이 사용된다. 등차수열에 비해 증가율이 크므로 강한 리듬감을 얻을 수 있다.

3장 실내디자인의 요소

제1절 바닥·천정·벽

실내의 기본요소로는 기존의 바닥, 벽, 천정과 개구부가 있으며 설치물인 가구, 조명, 재료, 액세서리, 사인 시스템(Sign System), 그림 및 조각물, 분수, 모빌(Mobil), 그린(Green;수목) 등이 있다.

[1] 바닥(Floor)

바닥은 벽, 천정과 함께 실내공간을 구성하는 가장 중요한 요소중의 하나로 인간의 감각 중 시각적, 촉각적 요소와 밀접한 관계를 가지고 있다.
재료사용에 따라 질감(texture)을 달리하며, 패턴(pattern)과 색채를 도입하고, 바닥의 고저차, 바닥조명을 병행 사용하며 디자인 할 수 있다.

[2] 천정(ceiling)

조명과 가장 밀접한 관계가 있으며 조명방식에 따라 디자인을 하기도 한다.
톱라이트(top light)를 도입하여 자연광을 실내에 유입시키기도 한다. 천정은 바닥보다도 시각적인 요소가 강하고 조형적으로도 가장 자유롭게 디자인 할 수 있는 부분이다. 또 천정의 고저차에 따라 공간의 분위기를 달리한다. 천장의 형태에 따라 음향에 영향을 준다.

[3] 벽(wall)

시각적으로 가장 중요한 부분이며, 창호와 같이 생각할 수 있는 곳이다. 릴리프(relief)나 슈퍼 그래픽(super graphic)을 도입하기도 하고 네온이나 광섬유로 장식하기도 한다. 가구, 조명 등 실내에 놓여지는 설치물에 대한 배경의 역할을 한다.

제2절 기둥·보·개구부·통로 등

[1] 기둥

마룻바닥, 지붕 등을 받치는 수직재로서 독립기둥과 붙임기둥 등이 있고, 붙임기둥은 벽체를 구성하는 주요 구축재가 되기도 한다.

[2] 보(beam)

지지재(支持材) 상에서 옆으로 작용하는 하중을 받치고 있는 구조재. 일반적으로 단순보, 캔틸레버(Cantilever)보, 지지보, 연속보, 고정보로 나누어진다. 위치나 지지재의 종류, 말단의 고정방법 등에 의해 구분된다. 건물 혹은 구조물의 형틀 부분을 구성하는 수평부재로 작은 보(beam), 큰 보(girder)가 있다. 재축에 직각방향으로 하중을 받는 부재의 총칭. 도면용 약어는 「BM」.

[3] 개구부

개구부란 일반적으로 창호를 가리키나 배연구(排煙口)나 환기구도 포함한다.

창호에는 창문과 출입문이 있다. 창문은 채광과 환기, 조망을 목적으로 하고 출입문은 사람이나 물건의 출입과 반입을 목적으로 한다. 또 창은 실의 성격, 방위, 크기, 기후, 디자인에 의해 창의 크기, 형태, 위치, 갯수 등이 결정된다. 출입문의 크기는 보통 문틀을 포함하여 가로, 세로가 900mm×2,100mm이며, 쌍문은 폭이 배인 1,800mm이다. 이동할 수 있는 모든 가구는 문틀을 포함한 폭 900mm 이내(문틀은 두께가 45mm가 일반적이다)로 반입이 가능하게 제작되어야 한다. 개구부는 건물의 성격과 양식(樣式)을 표현하는 디자인 요소이므로 기능을 고려하여 계획한다.

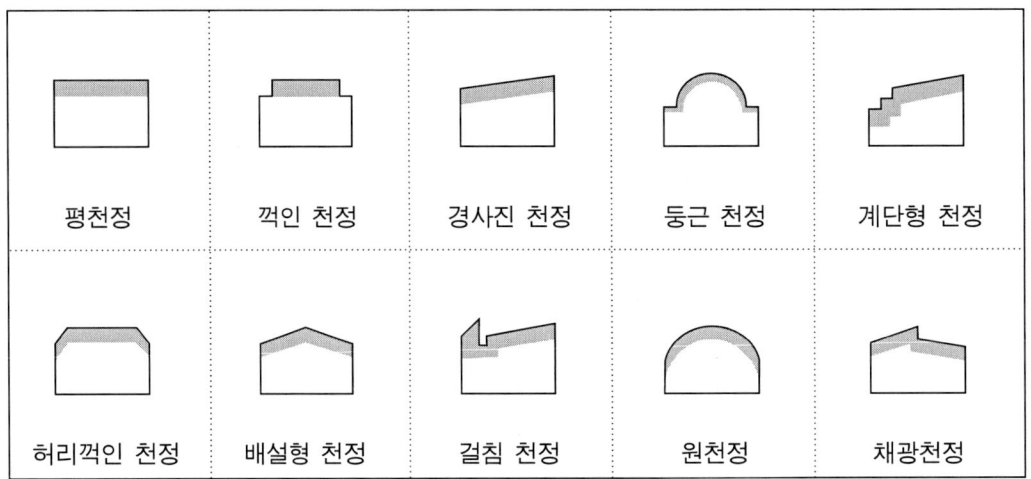

▲ 천정의 유형

(1) 창의 분류(分類)

창은 가동(可動)상태에 따라 고정창·이동창으로 구분하고, 위치에 따라 측창·정측창·천창으로 구분한다.

① 고정창
  ㉮ 픽쳐 윈도우(Picture window) :
    바닥에서 천정까지 닿는 창으로 거실창으로 주로 쓰인다.
  ㉯ 윈도우 월(window wall) :
    벽면전체를 창으로 처리한 것을 말한다.
  ㉰ 고창(高窓) :
    천정에 가까이 있는 좁고 긴 창문으로 프라이버시를 요하는 실이나 환기를 요하는 실에 많이 쓰인다.
  ㉱ 베이 윈도우(bay window) :
    외부로 창이 돌출된 형태의 것. 둥글게 돌출된 것은 보우 윈도우(bow window)라 한다.

② 이동창
  ㉮ 오르내리기창(vertical slide window) :
    문짝을 수직방향으로 이동하여 개폐한다. 위아래가 동시에 열려 환기가 잘 된다.
  ㉯ 미닫이창(horizontal slide window) :
    문짝을 좌우방향으로 이동하여 개폐한다. 가장 일반적이다.
  ㉰ 여닫이창(casement window) :
    문짝을 안팎으로 개폐한다. 가구배치에 유의해야 한다.
  ㉱ 들창(awing and projected window) : 경사지게 열리는 문. 눈이나 비가 올 때도 열 수 있다.

③ 측창(側窓)

측창은 가장 일반적인 창이고 편측창, 양측창, 고창으로 구분한다. 편측창의 경우 남측창일 때 광선의 입사량이 많고 실의 조도분포가 일정하지 못하다.

북측창의 경우 여름철에 아침 저녁으로 광선이 유입되어 실내조도가 균일하다. 동·서측창은 실내 조도의 변화가 커서 불안정하다.

④ 정측창(頂側窓)

창턱 높이가 눈높이 보다 높고 창의 상부가 천정선과 같거나 그 아래에 위치한 수직창이다. 또 천정부분에서 채광하나 채광면이 수직이나 수직에 가까운 창도 정측창이라 한다. 미술관, 박물관, 공장 등에서 많이 사용하는 채광방식이다.

⑤ 천창(天窓)

건물의 지붕이나 천정면에 채광 또는 환기를 목적으로 수평면이나 약간 경사진 면에 낸 창으로 상부에서 채광하는 방식이다. 측창보다 광량이 3배 정도이며 조도분포가 균일하다.

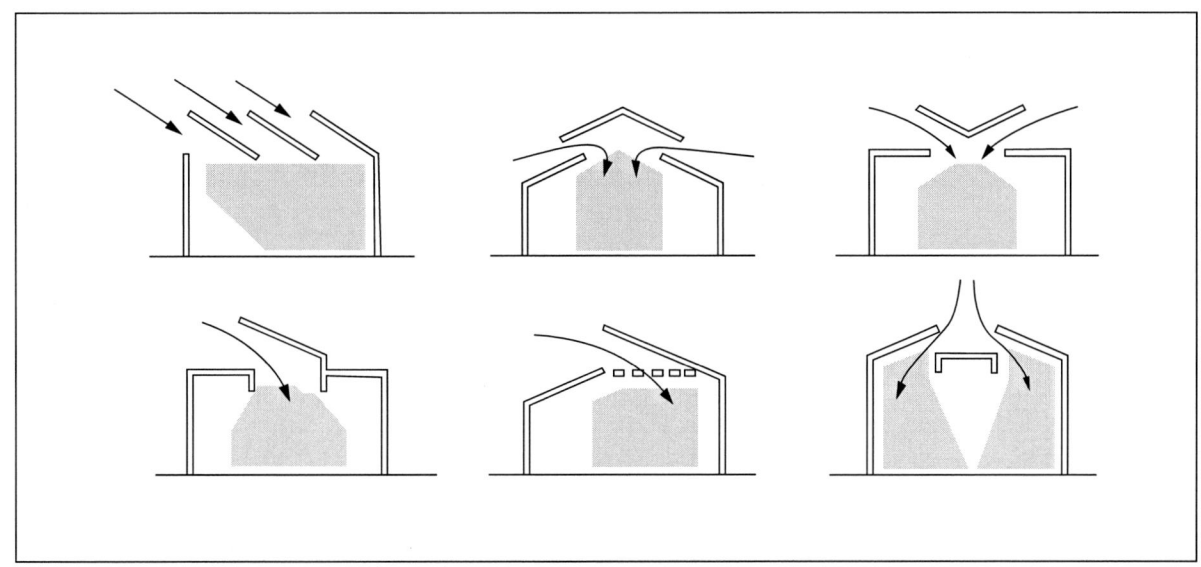

▲ 정측창의 유형

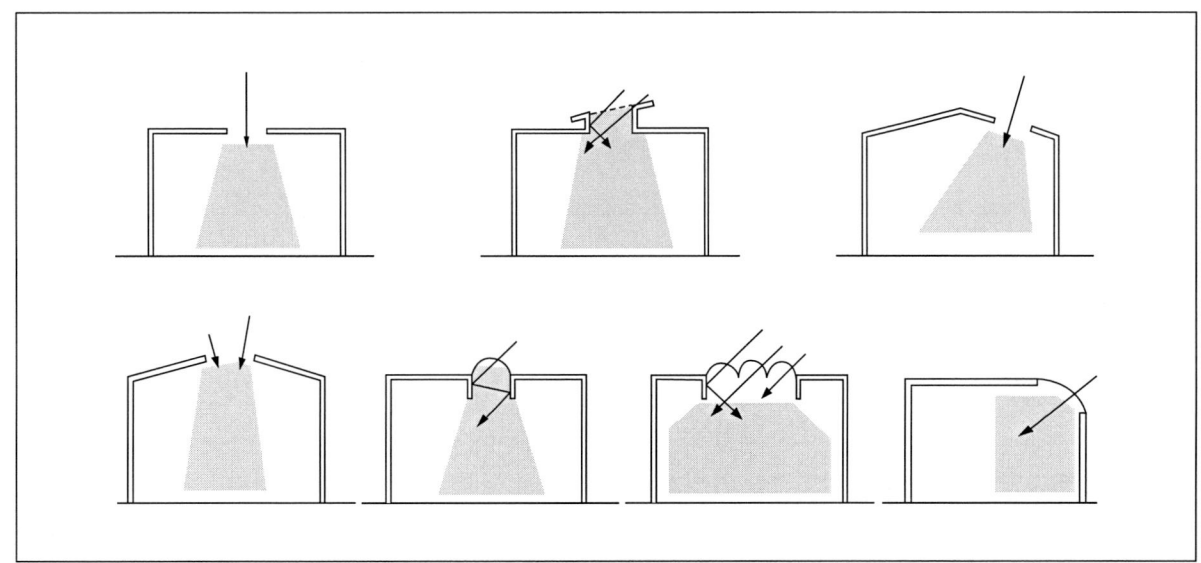

▲ 천창의 유형

(2) 창의 부착물(附着物)
창의 부착물로는 일광조절과 시선차단을 목적으로 하는 커튼, 블라인드, 루버 등이 있다.
① 커튼(curtain)
커튼은 외부의 시선, 빛, 열 등을 조절하고 보온효과도 있다. 커튼의 종류는 다음과 같다.
　㉮ 글라스커튼(glass curtain) : 유리 바로 앞에 치는 커튼. 실내에 유입되는 빛을 부드럽게 한다.
　㉯ 새시커튼(sash curtain) : 창문을 반정도만 친 형태의 커튼.
　㉰ 드로우커튼(draw curtain) : 가로 장대에 설치하는 커튼.
　㉱ 드레퍼리커튼(draperies curtain) : 창문에 느슨하게 걸려 있는 무거운 커튼으로 모든 커튼을 총칭한다.
② 블라인드(bliend)
날개의 각도를 조절하여 일광, 조망 등을 조절하며 수평형 블라인드(베네시안블라인드), 수직형 블라인드, 롤블라인드, 로만블라인드 등이 있다.
③ 루버(louver)
평평한 부재를 유리창 전면에 설치하여 일조를 차단하는 것으로 수평형, 수직형, 격자형 등이 있다.

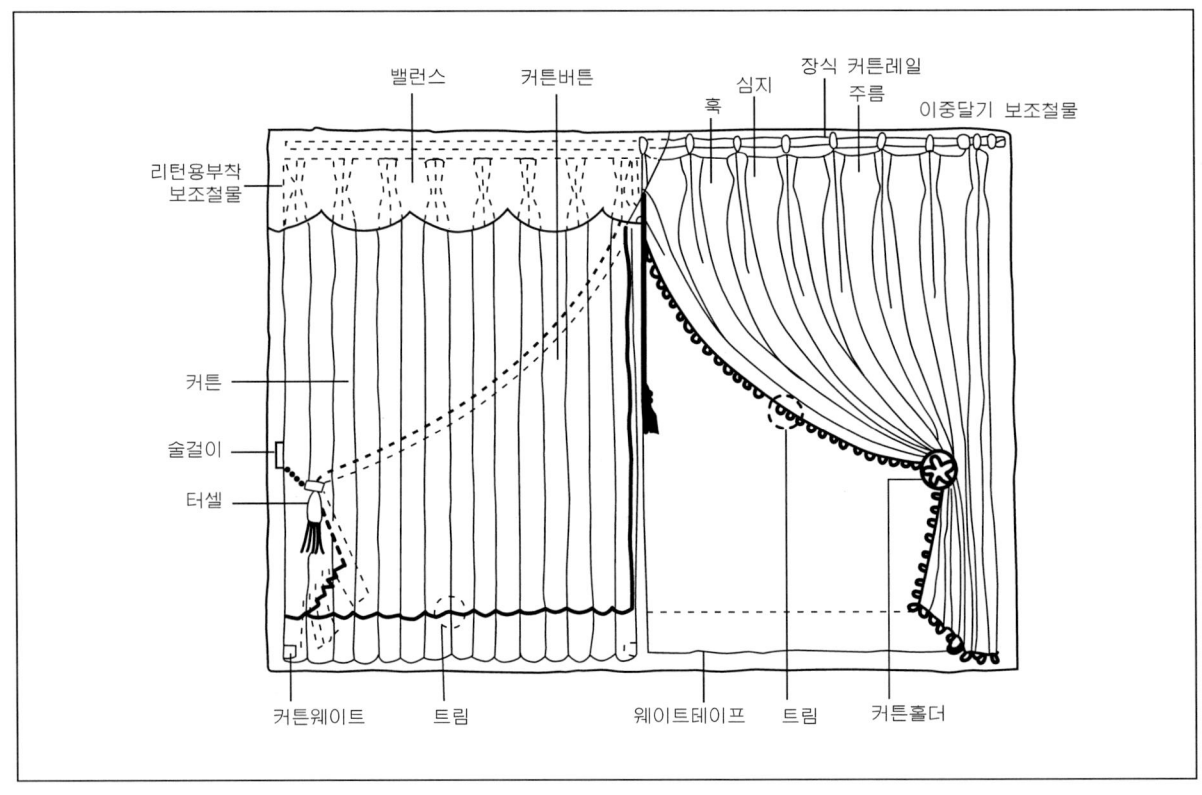

▲ 커튼 구성도

(3) 문의 분류
① 미서기문(sliding door) : 문이 좌우방향으로 미끄러지며 열리는 문으로 레일이나 행거레일과 호차를 이용하여 문의 개폐를 원활히 한다.
② 여닫이문 : 출입문의 가장 일반적인 유형으로 문틀에 정첩을 부착하여 개폐한다.
③ 자 유 문 : 자유정첩을 달아 문이 안팎으로 모두 열릴 수 있는 문으로 출입이 잦은 곳에 설치한다.
④ 회 전 문 : 4장의 유리문을 축(軸)에 장치하여 회전하면서 개폐가 되는 문.방풍의 이점이 있다.
⑤ 미닫이문 : 미서기문과 개폐방법이 같으나 문이 겹치지 아니한다. 자동문에 많이 사용한다.
⑥ 주 름 문 : 간막이 역할을 하는 간이문이나 커튼의 대용으로 이용된다. 어코디언 도어라고도 한다.

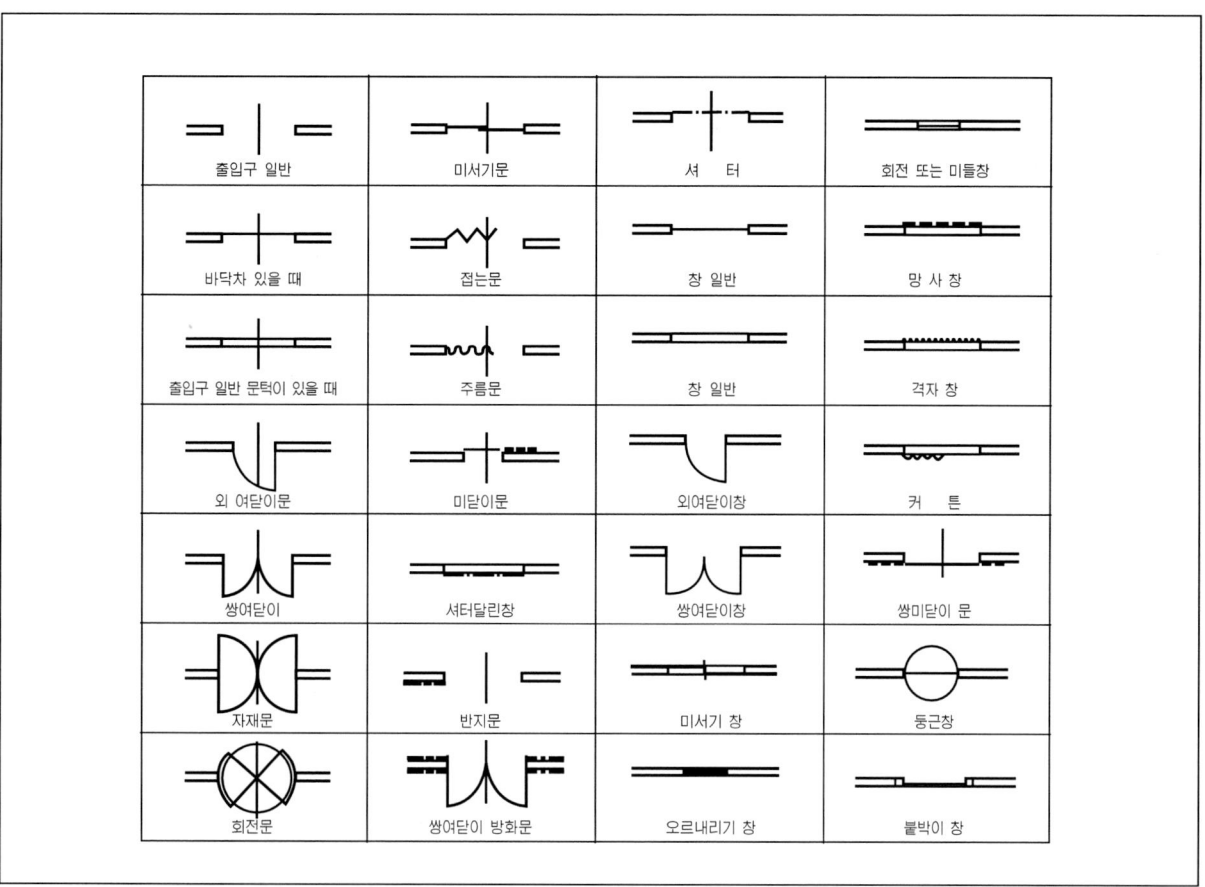

▲ 출입구 및 창호 표시법

[4] 통로(通路)

통로는 사람의 보행과 물건, 자동차 등의 통행을 위한 공간이다. 내부와 내부, 외부와 내부를 연결하는 공간이다. 출입구, 복도, 계단 등이 해당된다.

(1) 출입구
평출입구, 들어간 출입구, 나온 출입구로 구별한다.
 ㉮ 평출입구 : 소규모 건물에 적합. 공간의 효율성이 높고 벽과 일체감이 있으나 식별성이 약하다.
 ㉯ 들어간 출입구 : 대규모 건물에 적합. 공간의 효율성은 적으나 개성적인 디자인이 가능하고 식별성이 강하다.
 ㉰ 나온 출입구 : 건물자체에 독창성을 강조할 수 있으나 전면에 부지 확보가 고려되어야 한다.

(2) 복도
복도는 기능이 같거나 다른 공간을 이어주는 연결공간임과 동시에 각 공간의 독립성을 부여하도록 분리하는 통로공간으로 홀과도 연결된다. 홀은 복도와 같은 개념이나 복도의 동선은 계속적인 흐름을 유지하나 홀은 동선의 집중과 분산작용을 계속한다.

(3) 계단 및 경사로
복도가 수평공간과 수평공간의 연결을 의미하면 계단 및 경사로는 수직으로 공간을 연결시켜 주는 통로공간이다.

[5] 장식물(裝飾物)

장식물은 일반적으로 소품을 말하며 움직이기 쉽고 진열, 전시하기 쉬운 것을 말한다. 이 장식물은 인테리어 디자인의 보조적인 역할을 하면서 실내분위기와 시각적인 효과를 증진시키는 매우 중요한 인테리어 디자인의 기본요소이다.

장식물의 종류로는 가전제품류(오디오, 라디오, TV, 벽시계, 선풍기 등)와 조명류(스탠드, 브라케트 등), 칸막이 등이 있다.

[6] 사인 시스템(Sign System)

기업 이미지를 전달시킬 수 있는 매체로 상업용, 공공용 실내계획에서는 필수적 요소이다. 이 분야에서는 Logo, Symbol, Pictogram, Identity, System, 글자형태 등을 다룬다.

[7] 식물(GREEN)

그린 인테리어란 자연식물을 실내에 도입하여 실내에서 자연의 체취와 탄소동화작용에 의한 맑은 공기를 공급받는 목적으로 자연식물을 소재로 실내디자인 하는 것을 말한다.

[8] 디스플레이(display)

(1) 디스플레이의 목적
① 판매율을 신장 시킨다.
② 기업과 상품의 이미지를 제고한다.
③ 점포의 차별화를 추구한다.
④ 효율적인 매장구성을 한다.
⑤ 구매심리를 자극한다.

(2) 디스플레이의 유형
① 상점외부 전시
　파사드(fasade)의 계획으로 간판, 광고물, 전면 디자인을 한다.
② 쇼윈도 전시
　통행인의 시선을 끌고 점내로 유인할 수 있도록 특색있는 전시를 말한다.
③ 상점내부 전시
　㉮ 벽면 전시
　㉯ 쇼케이스 전시
　㉰ 행거 전시
　㉱ 진열대 전시
　㉲ 선반 전시
　㉳ POP광고 전시(point of purchase advertising ; 구매 시점 광고)

(3) 구매심리의 5단계(아이드마 법칙)
① 디스플레이 자체가 주의(attention)를 불러 일으켜야 한다.
② 디스플레이가 흥미(interesting)를 불러 일으켜야 한다.
③ 욕망(desire)의 단계로 상품을 돋보이게 하고 상품가치를 높여주는 디스플레이가 구매욕을 불러 일으키게 된다.

④ 기억(memory)의 단계로 디스플레이를 통해 구매심리가 생긴다고 해도 그것이 기억에 남을 수 있는 강한 인상이 되지 않으면 안될 것이다.
⑤ 행동(action)으로 옮기는 단계로 실제 구매행위가 이루어진다.

(4) VMD(visual merchandising)
상품과 고객사이에서 치밀하게 계획된 정보 전달수단으로 장식된 시각과 통신을 꾀하고자 하는 디스플레이 기법을 말한다.
① VMD의 기본
 ㉮ 상점의 이미지 형성
 ㉯ 다른 점포와의 차별화
 ㉰ 자기 점포의 주장
② VMD의 요소
 ㉮ 쇼윈도
 ㉯ VP(visual presentation)
 ㉰ IP(item presentation)
 ㉱ 매장의 상품진열

제3절 조명(照明)

건축공간에 빛(光)을 공급하는 것을 건축조명이라 한다. 자연광을 광원으로 하는 경우를 주광조명(晝光照明) 또는 채광(採光)이라 하고, 人工의 광을 광원으로 하는 경우를 인공조명 또는 조명이라 한다.

건축조명에는 시(視)작업을 목적으로 하는 것 외에 광(光)의 장식성이나 자극성을 의장 효과적으로 이용하려는 목적도 있다. 전자를 명시조명이라 하고 후자를 분위기조명 또는 무드(Mood)조명이라 한다.

[1] 광원(光源)

일반 조명용으로는 주로 백열전구, 형광등, 할로겐램프 등이 사용되며 높은 조도를 필요로 하는 곳에서는 수은등, 나트륨등 등을 사용한다.

(1) 조명등의 특징
① 자연전구
  ㉮ 연색성 : 좋다.
  ㉯ 색의 효과 : 붉은색을 띠어 따스한 느낌
  ㉰ 유지·취급 등 : 매우 간단하다.
  ㉱ 경비 : 설비비는 싸지만, 유지비는 비교적 많이 든다.
  ㉲ 기타 : 표면온도가 높다. 광원은 거의 점광원에 가깝고 광원휘도가 높다. 임의로 빛의 방향·집광성을 바꿀 수 있다.
  ㉳ 알맞은 용도 : 조명전반
② 형광램프
  ㉮ 연색성 : 비교적 좋다. 특히 연색성을 개선한 것은 우량
  ㉯ 색의 효과 : 주광색은 푸른기운, 백색은 누런기운, 온백색은 붉은기운을 포함한 광색, 값이 싸다.
  ㉰ 유지·취급 등 : 비교적 번잡
  ㉱ 경비 : 비교적 안든다.
  ㉲ 기타 : 주위온도에 따라 효율이 변화한다. 집광이 곤란, 빛을 제어하기가 매우 어렵다.
  ㉳ 알맞은 용도 : 조명전반
③ 수은램프
  ㉮ 연색성 : 적색부의 분광을 포함하지 않으므로 좋은 연색성이라고는 할 수 없다.
  ㉯ 색의 효과 : 녹색기운의 청백색, 황록색기운의 백색을 띠며, 녹색을 아름답게 한다.
  ㉰ 유지·취급 등 : 보통
  ㉱ 경비 : 설비비는 약간 많이 들지만, 유지비는 비교적 싸게 먹힌다.
  ㉲ 기타 : 보통형·형광형·반사형·형광반사형·바라스트레스 수은램프가 있다.
  ㉳ 알맞은 용도 : 연색성을 중시하지 않는 옥내천정조명. 이를 테면 공장·체육관 등
④ 메탈라드램프
  ㉮ 연색성 : 고연색형은 매우 좋다.
  ㉯ 색의 효과 : 고효율은 백색, 고연색형은 자연광에 가까우며, 좋은 느낌을 준다.
  ㉰ 유지·취급 등 : 보통
  ㉱ 경비 : 설비비는 약간 많이 들지만 유지비는 비교적 싸게 먹힌다.
  ㉲ 기타 : 고효율과 고연색성에 뛰어나므로 앞으로 크게 기대되는 광원이다.
  ㉳ 알맞은 용도 : 연색성을 중시하는 옥내 고천장 조명. 이를 테면 은행홀·로비
⑤ 할로겐전구
  ㉮ 연색성 : 좋다.
  ㉯ 색의 효과 : 붉으스름한 백색

ⓓ 유지·취급 등 : 보통
　　ⓔ 경비 : 설비비와 유지비가 모두 비교적 비싸게 먹힌다.
　　ⓕ 기타 : 종래의 일반 전구에 비해 소형·고출력이며 수명이 길다. 거의 점광원에 가까우며, 광배광 및 배광제어가 용이하다.
　　ⓖ 알맞은 용도 : 전시·액센트조명·투광조명.
⑥ 고압 나트륨램프
　　ⓐ 연색성 : 좋지 않다.
　　ⓑ 색의 효과 : 골든화이트색이라 따스한 느낌을 준다.
　　ⓒ 유지·취급 등 : 보통
　　ⓓ 경비 : 설비비는 약간 많이 들지만, 유지비는 싸게 먹힌다.
　　ⓔ 기타 : 효율이 높고, 수면 중의 광속저하가 매우 적다.
　　ⓕ 알맞은 용도 : 광장·도로조명·스포츠시설 등.

[2] 조명방식과 조명기구

(1) 조명방식(照明方式)

조명방식에는 5가지가 있다.

명칭	가구의 예와 그 정의			특 징	
		상향광속	하향광속		
직접조명		0~10%	90~100%	• 장점 : 조명율이 좋다. 먼지에 의한 감광이 적다. 벽, 천정의 반사율의 영향이 적다. 자외선 조명을 할 수 있다. 설비비가 일반적으로 싸다. 시계에 어둠·밝음의 차이가 적다.	• 단점 : 글로브를 사용하지 않을 경우는 추한 조명으로 되기 쉽다. 기구의 선택을 잘못하면 눈부심을 준다.
반직접조명		10~40	60~90		
전반확산조명		40~60	40~60	득·실 : 직접조명과 간접조명의 중간	
반간접조명		60~90	10~40	조도가 균일하다. 음영이 적다. 연직인 물건에 대한 조도가 높다.	조명율이 낮다. 즉, 조명 효율이 나쁘다. 먼지에 의한 감광이 많다. 천정면 마무리의 良좀에 크게 영향을 준다. 음기한 감을 주기 쉽다. 물건에 대한 입체감을 주지 않는다.
간접조명		90~100	0~10		

(2) 조명기구(照明器具)

조명기구는 전등, 소켓(Socket), 반사갓(reflector)과 확산기구 등이다. 조명기구의 기능은 빛을 발생시키거나 배광(配光)을 하는 것이다.

조명기구의 목적은 다음과 같다.

① 사방팔방으로 확산하는 광원의 빛을 목적하는 조사(照射)범위로 좁혀 비친다.
(배광제어)
② 광원을 시야에서 뗀다(글래어 컷).
③ 디자인적인 처리

또 광원을 바로 보나 기둥 등 건축의 수장(修裝)안에 설치하여 배광(配光)을 제어한 것을 건축화조명(建築化照明)이라 한다.

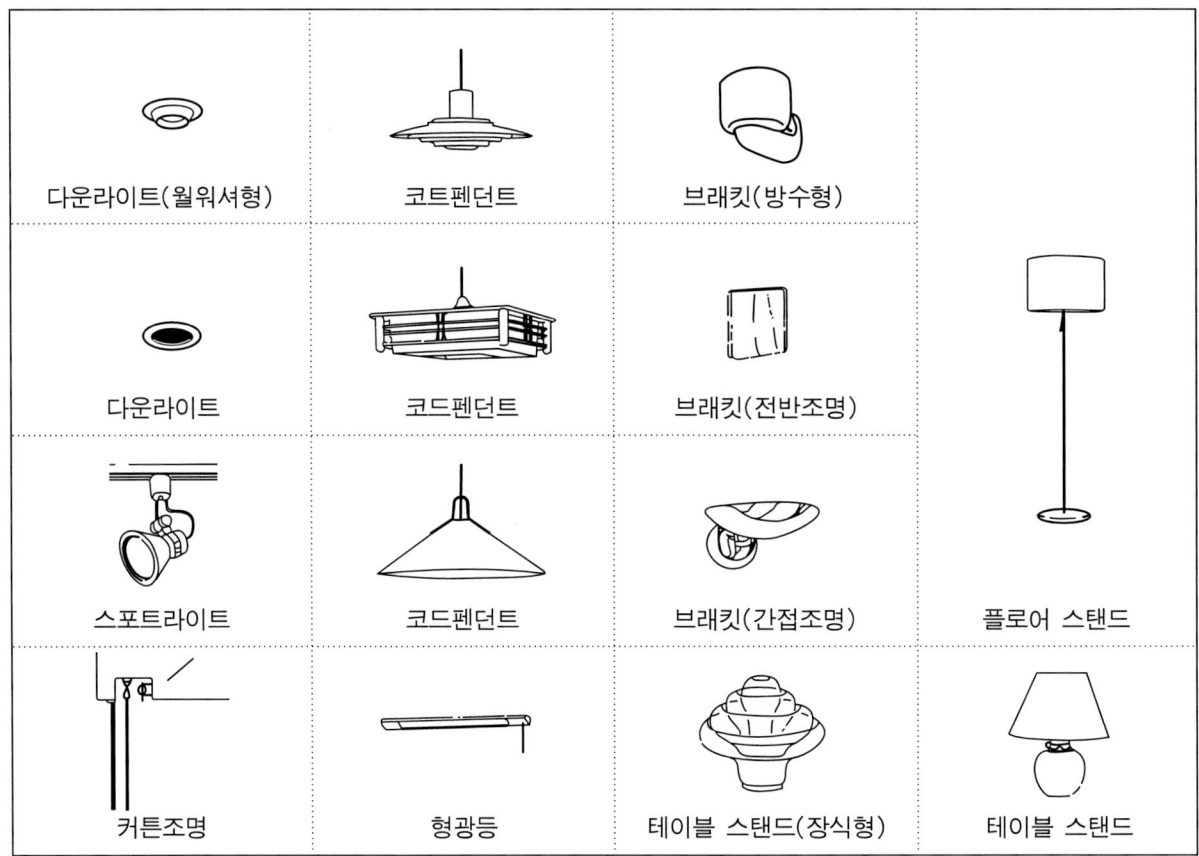

▲ 조명기구의 종류

(3) 조명기구의 부착 위치에 의한 분류
① 천정등
  ㉮ 매입등(Down Light)
  ㉯ 스포트라이트(Spot Light)
  ㉰ 펜던트(Pendent);코드펜던트, 파이프펜던트, 체인펜던트
  ㉱ 샹들리에(Chandelier)
  ㉲ 일반천정등(Ceiling Light)
② 벽등(Wall Light) - 브라케트(Bracket)
③ 바닥등(Floor Light) - 푸트라이트(Foot Light)
④ 스탠드(Stand Light)
  ㉮ 플로어스탠드(Floor Stand)
  ㉯ 테이블스탠드(Table Stand)

(4) 조명등의 종류와 사용 목적

① 다운라이트 : 천정에 광원을 이입하여 사용하고 아래쪽을 중점적으로 조명시키는 방법으로 점포나 쇼 윈도의 상품조명 등의 조도를 증가시키는 역할을 한다.
② 스포트라이트 : 특정상품을 효과적으로 비추어 상품을 강조할 때 이용되며, 광원이 고객의 눈을 자극하지 말아야 한다.
③ 베이스라이트 : 형광등이 글라인 박스형의 전체적인 조명으로 천정이나 바닥에 많이 사용되며, 매장 전체를 평균적으로 밝고 온화한 분위기를 만든다.
④ 플로어 스탠드 : 실내분위기를 돋우는데 쓰이며, 이동시킬 수 있는 장점이 있다.
⑤ 테이블 스탠드 : 작업시 국부조명으로 쓰이고, 침실에서는 보조광원으로 쓰인다.
⑥ 백라이트 : 광원을 벽면 뒤에 숨겨서 조명하는 것으로 강조부분 및 색조가 어둡고 투명한 상품에 효과적이다.
⑦ 액세사리 라이트 : 조명기구 자체가 강조되거나 분위기를 살려주는 역할을 하며, 천정에 매달리는 펜던트, 샹들리에, 벽이나 기둥에 부착시키는 브라케트 등으로 상품과의 조화를 고려해서 적절한 것을 선택하여야 한다.

[3] 건축화 조명(建築化 照明)

건축화 조명이란 조명기구로서의 형태를 취하지 않고 건물중에 일체로 하여 조합시키는 형식으로 특별한 조명기구를 사용하지 않고 천정·벽·기둥 등의 건축 부분에 광원을 만들어 실내계획을 하는 조명 방식이다. 장점으로는
① 발광면이 넓고 눈부심 감이 적다.
② 명랑한 감각을 준다.
③ 조명기구가 보이지 않으므로 현대적인 감각을 준다.
단점으로는 구조상으로 보아 비용이 많이 든다.

(1) 건축화 조명의 종류

종 류	적 요
루버조명	천정 전면에 루버를 설치하고 그 상부에 광원을 배치한 것으로 경사방향에서는 루버의 보호각에 의해 광원이 직접 보이지 않게 설계하는 방식이다. 조도에서는 매우 높은 작업면상의 조도를 얻을 수 있는 한편, 낮은 휘도의 조명기구를 얻을 수 있다. 이것은 특히 대비적인 그늘이나 광채를 얻고 싶은 곳에 사용된다.
코브조명	광원을 천정이나 벽면에 달고 그 직접광을 일단 코브면의 벽이나 천정에 반사시켜 간접조명으로 되기 때문에 높은 확산성을 가져야 한다는 점에서 비효율적이다. 그러므로 램프와 반사기의 병용을 일반적은 백열전등 설비가 실바닥 면의 중심을 조사하지 않는 매우 넓은 방에 특별한 방법으로 사용된다.

종류	적요
광천장조명	건축화조명의 대표적인 것으로 일명 루미나 실링이라고도 한다. 천정의 거의 전면을 조명으로 확산시켜 그림자가 없는 조명 효과를 얻을 수 있다.
매입 다운라이트 조명	광원을 천정안에 따로 넣어 천정의 작은 구멍에서 투광하는 천정매입 조명의 하나이다.
코너조명	천정과 벽면과의 경계가 되는 구석에 기구를 배치하여 천정과 벽면을 동시에 조사하면서 실내를 조명하는 방식이다.
밸런스조명	창이나 벽의 상부에 붙여서 커튼이나 벽걸이, 천의 조명, 또는 보조 조명의 역할을 하게 되는 조명방식이다.
코니스조명	벽등의 수직면 상부에서 아래로 향하는 조명방식이다.

(2) 좋은 조명의 조건

좋은 조명의 조건은 종류의 목적에 따라 다르다. 즉, 명시조명, 생산조명, 상업조명의 3가지는 각각 조명조건이 다르므로 그때마다 조건에 따라 적절한 설계에 의하여 시설되어야 한다.

명시조명은 사무실, 학교, 주택, 여관 등의 공장조명이 이에 속하며, 상업조명에는 일반상점, 백화점의 조명 또는 광고조명이 이에 속한다.

좋은 조건은 다음과 같다.

ⓐ 적당한 조도, 충분한 밝기, 생리적·심리적·경제적으로 알맞는 조도이어야 한다.
ⓑ 눈이 부시지 않아야 한다. 시설을 중심으로 30°범위 내의 눈부심 영역에는 광원을 설치하지 않는 것이 좋다.
ⓒ 벽, 기타 주위의 휘도와 작업장소의 휘도와의 알맞는 대비
ⓓ 색을 식별할 필요가 있을 때의 적절한 광원의 선택
ⓔ 조명의 심리적 효과가 적어야 한다.
ⓕ 등기구의 모양이 좋아야 한다. 건축양식과 어울리는 것이 좋다.
ⓖ 명암의 대비는 3 : 1 정도가 가장 입체적으로 보인다. 또한 그늘이 없을 때의 조도에 대해서는 명암이 10% 이내이어야 한다.

※ 조도(Illumination)
어떤 면으로의 입자 광속의 면적당 밀도를 그 면의 조도라 한다.
※ 광속(Luminous Flux)
복사속(輻射束)을 시감(視感)으로 측정한 것을 광속이라 한다. (단위 : lumen)

① 조도
좋은 조명으로서는 우선 충분한 조도가 있어야 한다. 어떤 행위가 있을 때 최소한의 조도가 있으며, 최대한의 조도는 어느 한도까지는 밝은 것이 좋겠으나 그 이상은 경제적인 측면에서 고려되어야 한다.
② 휘도
휘도가 큰 광원이 직접 눈에 들어가지 않게 하고, 또한 반사광에 의한 눈부심을 방지하기 위해서는 조명기구의 위치, 벽, 기타 반사물의 색채, 대칭 등을 고려할 필요가 있다.
③ 광색 및 온도
색을 식별하고자 하는 장소에서는 램프의 광색(光色)에 주의하여야 하며, 형광등인 경우에는 연색성이 좋은 것을 사용하며, 백열등과 병행 사용하는 것이 좋다. 수술실의 조명은 램프의 온도도 고려하여야 한다.
④ 음영
작업하는데 그늘이 생기지 않도록 빛의 방향에 주의하고, 강한 직접광 뿐만 아니라, 적당한 확산광이 요구된다. 조각이나 세밀한 것을 선별하는 작업에서는 예리한 그늘이 나오는 조명을 필요로 하는 경우도 있다.
⑤ 분위기·기타 특수성
건축조명에서는 빛의 밝기 즉 적당한 조도가 고려되나 상업공간의 조명(예:나이트클럽, 카페, 스탠드바), 주택의 거실이나 침실조명 등에서는 분위기 연출을 위한 조명이 필요하다. 빛에 의한 분위기 연출이 조명연출 방법에서 가장 어렵다고 할 수 있겠다. 이때 사용되는 조명기기는 플로어 스탠드, 브래킷, 스포트라이트, 샹들리에 등이며, 간접조명 방식 등을 병용해서 사용한다.

특수한 조명 예로는 쇼윈도 조명에는 상당히 높은 조도나 사람의 눈을 끌기 위한 액센트 라이트가 사용된다. 어떤 상품에 대하여 음영을 주는 방법도 있다. 지나친 분위기 조명은 실내를 너무 어둡게 하여 안전사고를 일으킬 수 있으므로 극장이나 영화관에서는 바닥등이나 유도등을 이용하여 사고에 대비하여야 한다.

[4] 조명설계(照明設計) 순서

(1) 순서

① 점포전체의 베이스 조명설계
  ㉮ 점포에 적합한 조명방법을 검토
  ㉯ 업종별의 권장조도를 결정한다.
  ㉰ 광원을 선택한다.
  ㉱ 조명기구를 선정한다.
  ㉲ 조명계산을 하여 조도, 등수를 산출
  ㉳ 매장, 몰(mall) 등을 고려하여 등구·배열·배치를 검토

② 상품진열집기에 대한 중점조명계획
  ㉮ 중점조명의 배치의 검토
  ㉯ 조사면의 조도의 검토
  ㉰ 광원 및 기구의 선정
  ㉱ 중점조명의 조사거리, 방향성 그리고 베이스의 조도와의 밸런스를 검토

③ 업종에 따른 배경조명계획
  ㉮ 안쪽정면, 진열코너 등 벽면이나 천장면을 간접 조명하여 공간을 느끼게 해서 차분한 분위기에서 상품선택의 효과를 높인다.

④ 업종에 따라 엑사이팅 조명을 계획
  ㉮ 점포의 파사드, 트인공간, 몰등, 업종·업태에 따라 쾌적한 빛이나 색채효과에 의해 진열공간에 흥미감·풍성함·즐거움·고급감 따위의 구매 심리효과를 노린다.

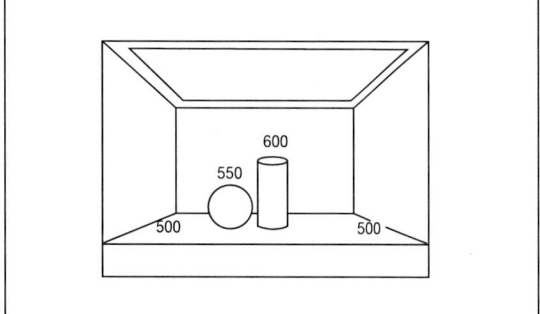
▲ 전반조명

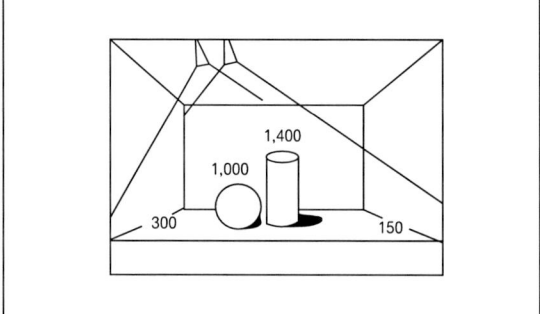
▲ 국부전반조명

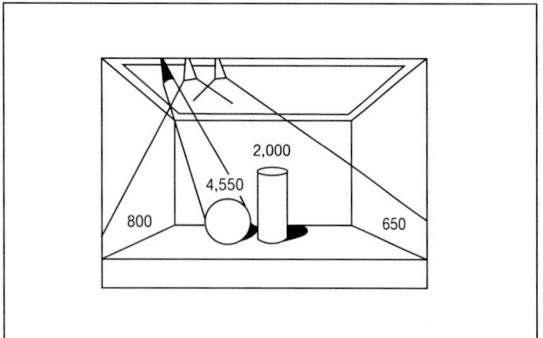
▲ 전반 + 국부전반 + 국부조명

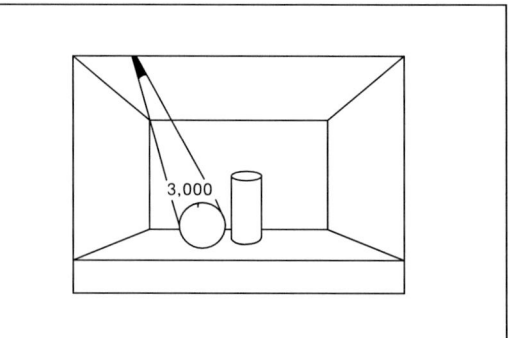
▲ 국부조명

(2) 점포조명디자인 테크닉의 분류

건축과 관계되는 세가지 빛	점포조명 디 자 인	적 용	조명디자인 웨이트(%)
보이기 위한 빛	① 베이스조명 ② 중점조명	• 몰이나 매장의 전반조명 • 중점전시에 대한 스포트라이트 • 진열장·쇼케이스조명	50 35
느낌을 주기 위한 빛	③ 엑사이팅 조명	• 기분 좋은 빛이나 색채효과 • 미니전구 광군의 빛 • 네온튜브의 빛 • 컬러라이팅	5
생각케 하기 위한 빛	④ 간접조명	• 벽면·천정면·바닥면의 조명 • 엔비엔트조명 • 간접조명 • 건축화조명	10

[5] 점포조명(店鋪照明)의 3가지 방법(方法)

점포의 조명에는 베이스조명, 중점조명, 장식조명의 3가지가 있다. 이미지를 갖는 광환경에 맞추어 이 3가지를 균형있게 결합하는 것이 중요하다.

(1) 베이스조명(BASE 照明)
점포내 전반 또는 각 부분에 기본이 되는 밝기를 얻기 위한 조명이나 비교적 고르고 광범위하게 조명하는 것이 좋다.

(2) 중점조명(重點照明)
상품주위를 밝게 효과적으로 비춰 구매욕을 높이는 밝기로 만드는 조명이다.
상품과 직결된 조명으로서 특히 중요한 역할을 한다.

① 쇼윈도의 조명
  쇼윈도의 조명은 밝기나 사용 방법 등으로 주목을 끄는 것을 주목적으로 한다.
  그 방법으로 다음 사항이 있다.
  ㉮ 전체를 밝게(2,000lx 이상)한다.
  ㉯ 스포트 조명을 써서 억양을 준다.
  ㉰ 광색과 빛의 방향성을 연구하여 입체감, 광택감, 색채 등을 강조한다.
  ㉱ 장식조명을 집중적으로 사용한다(네온관을 사용하는 예도 있다.)
  ㉲ 점멸호로를 도입하여 여러가지 패턴의 조명상태를 연구한다.
  ㉳ 계절의 형태 변화의 대응할 수 있도록 빛의 조사 방향, 세기, 색 등의 자유로운 변화.

② 상품조명
  중점조명의 하나로써 진열되어 있는 상품을 비추는 상품조명의 목적은 상품명의 밝기를 한층 더 밝게 함으로써 색채나 소재감을 돋보이게 하는 것이다.
  동시에 그것은 매장전체에 아름다운 확대감을 내는 환경조명도 된다.

㉮ 상품조명의 방법
  ㉠ 소형의 조명기구를 집기안에 장치한다. 조사거리가 짧기 때문에 낮은 와트의 램프로도 높은 조도(2,000~3,000lx)를 낼 수 있고, 또 집기를 이동해도 조명상태가 변화하지 않는다.
  ㉡ 천정등, 다운라이트, 스포트라이트를 써서 집기의 내부를 비친다. 조사거리가 길기 때문에 높은 와트(W)의 램프가 필요하다. 또 아래쪽 상품이 그림자로 되는 경우도 있다. 집기까지의 배선이 필요하지 않는 반면에 집기의 이동에 따라 조명 상태가 변화하는 경우가 있다.
㉯ 유리쇼케이스에 대한 상품조명 방법
  유리쇼케이스 안에 넣는 상품은 보석, 시계, 미술 공예품 등 비싼 상품인 경우가 많다.
  ㉠ 점포내 전반조명의 2~4배의 밝기로 한다.
  ㉡ 케이스 안에 장치한 조명기구의 경우는 광원이 눈에 들어오지 않도록 커버를 부착한다.
  ㉢ 천정에서 조명하는 경우는 광원이 반영되지 않도록 조명기구의 위치 및 조명기구의 종류를 연구한다.

(3) 장식조명(裝飾照明)
장식효과나 액센트 효과를 기대하여 사용하는 조명이다. 점포의 개성있는 표현의 수단으로 활용한다.

제4절 가구(家具)

[1] 가구

(1) 가구(家具, Furniture)의 정의

실내에 놓여지는 모든 도구류를 칭한다. 영어의 퍼니처 furniture(지급품, 공급품)에서 유래 되었고 독일어의 뫼벨 Mobel은 불어의 뫼블 meuvle에서 유래된 말이다. 영어와 한자어의 뜻은 실내에 갖춰진 물건을 뜻한다. 근대 이후는 과학기술의 발달과 공간의 극대화, 디자인적인 요구, 경제성, 생산방식의 혁신 등으로 가구의 형태가 변화되어 단위식 가구(unit furniture), 조합 가구(sectional furniture), 분해식 가구(Knock-down system), 부분조립식(prefab system), 접개식가구(folding furniture) 등이 사용되고 있으며, 건축공사시 건축물의 일부로 제작되는 붙박이 가구(built-in-furniture)가 많이 사용되고 있다. 또 옥외용 가구로 정원가구(garden furniture)가 있는데 일반가구와 같으나 외부기후에 내구력이 있는 소재를 사용해야 한다는 점이 다르다.

(2) 가구의 분류(分類)

① 가구의 기능에 의한 분류
  ㉮ 인체계 가구 : 휴식계 가구로 사람의 몸을 받치기 위한 의자, 소파, 침대 등으로 인간의 신체와 밀접한 관계가 있는 가구류를 말한다.
  ㉯ 준인체계 가구 : 작업계 가구로 일의 목적에 따라 작업의 능률을 높이기 위한 가구로 작업대, 책상, 싱크대 등이 있다.
  ㉰ 건축계 가구 : 수납계 가구로 장농, 책꽂이, 선반, 수납벽면가구 등 건축과 밀접하게 관련되는 가구류를 말한다.

② 가구의 구조에 의한 분류
  ㉮ 가동(可動)가구 : 일반적인 가구가 여기에 속한다.
  ㉯ 붙박이 가구 : 건축물에 고정시킨 가구로 Built-In-Furniture라 한다.
  ㉰ 조립식 가구 : 일정한 모듈을 적용 받으며 크기의 증감을 자유로이 할 수 있으며 부품교환이 용이하다.

③ 가구의 형태에 의한 분류
  ㉮ 다리류 가구 : 각물(脚物)이라고도 하며 의자, 소파, 침대 등의 인체지지 가구류와 책상, 식탁, 테이블 등의 작업대가구를 말한다.
  ㉯ 상자류 가구 : 상물(箱物)이라고도 하며 의류, 식기류, 서적, 소모품 등 수납·정리장, 양복장 등의 장농류와 책꽂이 선반 등의 선반류를 말한다.

④ 건물의 용도에 의한 분류
  ㉮ 주거용 가구 : 일상 가정생활에 필요한 가구로 침대, 장롱, 소파, 화장대 등
  ㉯ 공공용 가구 : 여러사람이 공동으로 사용하는 가구로 벤치, 캐비닛, 사물함, 작업대 등
  ㉰ 상업용 가구 : 영업을 목적으로 하는 가구로 백바, 카운터, 이·미용 의자, 진열대 등

⑤ 기타
  ㉮ 노동 가구 : 인간의 노동을 대신하는 가구로 세탁기, 청소기, 전자레인지 등
  ㉯ 정보·정조가구 : T.V, 오디오, 피아노 등

(3) 가구의 구조(構造)

① 접합
  ㉮ 목재의 접합 : 판잇기, 끼워넣기, 끈잇기, 고정잇기, 무늬잇기, 큰 무늬잇기 등이 있고 접착제, 못, 볼트 등을 사용한다.

㉯ 금속재의 접합 : 리벳, 나사, 볼트, 용접, 접착제 등을 사용한다.
　　　㉰ 플라스틱재 : 접착제, 용접, 나사류 등을 사용한다.
　② 다리류 가구의 구조
　　㉮ 책상, 테이블류 : 천판과 다리부분으로 나누어져 있다.
　　　천판의 구조는
　　　㉠ 솔리드판 : 목재의 신축으로 인한 젖힘, 휨 등을 고려한 나뭇결과 직각방향으로 안쪽에 뽐칠 가로대를 천판에 고정할 때는 신축적인 구조로 한다.
　　　㉡ 울거미 구조 : 사각틀을 판재로 이용하고 합판 등의 거울판을 짜넣은 구조로 벗긴재보다 가볍고 안정된 구조이다.
　　　㉢ 합판구조 : 럼버코어 합판, 중공심 합판, 파티클보드, 두터운 합판 등을 이용하고 표면은 치장단판이나 수지판 등을 대며, 가장자리면은 목재나 수지, 금속틀 재를 씌워 커버한다.
　　㉯ 의자 : 자리(Seat), 등받이, 다리, 가로대, 좌틀로 구성되어 있다. 주요소재는 목재, 성형합판, 플라스틱 금속 등이 있다.
　　㉰ 침대 : 사이드프레임(Side Frame), 헤드보드(Head Board), 푸트보드(Foot Board)로 구성되어 있다.
　③ 상자류 가구의 구조
　　㉮ 틀체의 구조는
　　　㉠ 판구조 : 두터운 판을 이용한 구조, 간단하지만 무겁고 재료비가 비싸다.
　　　㉡ 울거미 구조 : 합판구조, 플래시 구조가 있다.
　　　㉢ 합판구조 : 럼버코어 합판, 파티클 보드 코어합판, 허니컴 코어 합판 등이 있다.
　　㉯ 구성방식은
　　　㉠ 조합식 : 2개 이상의 틀체를 상하와 좌우로 늘어 놓거나 겹쳐서 구성하는 방식으로 보충과 모양 교체가 쉽다.
　　　㉡ 분해식 : 운반과 보관에 관리하도록 구성부재를 분해하거나 조립한 구조로 쐐기 고정, 볼트 고정 등의 철물이 사용된다.
　④ 의자 붙임
　　㉮ 얇은 붙임 : 작업의자에 사용(작은 의자, 사무용의자)
　　㉯ 두터운 붙임 : 휴식계 의자에 사용(소파, 안락의자)플라스틱계의 쿠션재에는 발포우레탄이 많이 사용된다.
　　㉰ 의자 붙임천
　　　㉠ 모켓 : 가장 튼튼한 파일직물로 기차, 전차, 버스 등의 시트지로 많이 사용되고 가구용으로도 사용된다.
　　　㉡ 직물 : 고급품은 수자직, 보통품은 평직을 사용한다. 울, 스판나일론, 아크릴계의 굵은 번호 중심이다. 표면을 불소수지 가공하고 안쪽면의 강도를 높이기 위해 수지로 가공한다.
　　　㉢ 편물(니트) : 플레인 마무리와 파일로 나누어지는데, 파일에는 루프파일이 있다.
　　　㉣ 터프트시트 : 터프테드기를 사용하여 직물을 생산한다.

　(4) 가구의 기능(機能)
　　가구의 성능을 정할 때는 어떠한 조건으로 사용되는가를 고려하여 성능의 값을 정한다. 학교용 가구나 공공용 가구처럼 불특정 다수의 사람이 사용하며, 취급이 거친가구에는 높은 성능치가 요구된다. 반면에 가정용 가구는 사용이 그만큼 심하지 않으므로 요구성능은 낮다.

　(5) 가구의 역할(役割)
　　실내공간속의 가구의 역할은 다음과 같다.
① 가구는 인테리어의 공간을 구성하는데 가장 중요한 요소의 하나이다. 인간의 생활을 기능적으로 성립시킬 뿐 아니라, 의장면에서도 실시하는 역할은 크다.

가구의 형태나 소재뿐 아니라, 크기나 배치에 의해 방의 분위기는 크게 좌우된다.
② 가구의 배치나 기능은 실내의 인간행위나 동작에 영향을 준다. 또한 그 속에서 생활하는 인간관계에도 변화가 생긴다. 의자나 테이블의 배치나 형태는 심리적으로도 깊은관계를 지니고 있다. 적절하면 인간의 활동은 자유로우며, 반대로 부적절하면 지장을 초래한다.
③ 가구의 선택에는, 거기서 사는 인간의 호기심이나 센스가 반영된다. 즉, 실내에 놓은 가구를 보면, 사는 사람의 생활방법이나 공간에 대한 이미지가 떠오를 것이다.
④ 가구는 인체에 가까운 것이기 때문에 휴먼스케일로 만들어져 있다. 사람은 가구를 실마리로 방의 볼륨이나 스케일을 파악할 수가 있다. 가구는 공간과 사람을 연결하는 매체의 역할을 담당 할 것이다.

(6) 주택의 각실에 사용되는 가구
주택은 삶의 휴식처로서 인간생활과 가구와의 관계가 가장 밀접한 곳이다.
각 실에 사용되는 가구는 다음과 같다.

종류	용도	기능	가구
거실	휴식 및 가족 공동장소	앉는다	의자, 소파, 팔없는 의자 개인용 휴식의자
		독서나 차를 마시는 등 편안함을 가져다 준다	테이블, 사이드 테이블, CD 케이스, TV받침대
		정리·수납	책장, 사이드보드, 잡지꽂이, 장식장
식당	식사장소	식사한다	식탁, 서비스 왜건(Wagon)
		앉는다	식탁의자
		수납한다	찬장(식기장), 선반
부엌	음식을 만든다.	조리한다	싱크대, 가스대
		수납한다	찬장(식기장), 선반
침실	수면장소	잠을 잔다	침대
		수납한다	옷장, 수납장
		몸치장을 한다	화장대, 나이트테이블
서재	작업과 휴식의 장소	독서나 글을 쓴다	책상, 의자, 개인용 휴식의자
		정리·수납	책장, 서랍장(File box)
어린이방	놀고 공부하며 잠잔다	놀이한다	놀이기구
		공부한다	책상, 의자
		잠잔다	침대
		수납한다	책장, 어린이용 수납장
현관	출입한다	출입·응접한다	신발장, 우산걸이, 코트걸이

4장 실내계획

제1절 주거공간(住居空間)

[1] 주택

주거공간이란 인간이 거주하여 일상생활을 영위하는 공간으로 의·식·주의 인간의 기본생활이 이루어지는 공간으로 주택의 개념과 같다.

(1) 주택의 분류(分類)
① 환경에 따른 분류
  ㉮ 도시주택 : 전기, 수도, 가스 등의 공급시설과 배수 및 위생시설 등의 편익을 얻고 도시생활이 주는 여러가지 혜택을 누릴 수 있다.
  ㉯ 농어촌주택 : 농업, 어업, 임업 등 생업과 연관을 가지고 그 활동의 일부가 주에서 이루어짐
  ㉰ 전원주택 : 도시인이 도시의 혼잡한 생활을 벗어나 자연환경속의 생활을 즐기기 위한 작은 규모의 경제형의 주택.
② 형태에 따른 분류
  ㉮ 독립주택 : 한 집에 한 가구가 살 수 있도록 지은 일반주택을 말한다.
  ㉯ 집합주택 : 연립주택, 아파트 등이 있다.
③ 기능에 따른 분류
  ㉮ 전용주택 : 순수하게 거주용으로 지은 주택.
  ㉯ 병용주택 : 거주를 위한 기능외에 사회적 활동을 포함하는 병용주택. (공장형 아파트, 상가주택)
④ 소유형태에 따른 분류
  ㉮ 자가주택 : 개인이 자기의 거주를 위하여 지은 주택을 말한다.
  ㉯ 임대주택 : 세를 놓을 목적으로 지은 주택을 말한다.
  ㉰ 사택 : 기업이 종업원을 위하여 지은 주택을 말한다.

(2) 주택의 기능(機能)
① 본질적인 분야
  ㉮ 1차 욕구(육체적인 욕구에 대한 생활) : 휴식, 취침, 배설, 영양섭취, 생식 등
  ㉯ 2차 욕구(정신적인 욕구에 대한 생활) : 사교, 단란, 독서, 유희 등
② 부대적인 분야
  간접적으로 위의 생활을 보조하는 부엌, 변소, 욕실, 가사작업공간 등 휴식과 가사 노동의 장소로써 여러가지 활동이 다른 공간을 구성하는 것을 뜻한다.

(3) 주거생활(住居生活)의 수준
1인당 주거면적으로 나타낸다. 주거면적은 주택건축 총 면적에서 공공면적을 제외한 부분으로 건축면적의 50~60%(평균 55%)이다.
① 1인당 주거면적 : 최소 10㎡/인, 표준 16.5㎡/인
② 송바르 드 보르 기준

㉮ 병리 기준 : 8㎡/인
㉯ 한계 기준 : 14㎡/인
㉰ 표준(평균)기준 : 16㎡/인
③ 국제 주거회의 기준 : 15㎡/인
④ 코르노 기준 : 평균 16㎡/인
⑤ 대한 건축학회 발표 주거면적(1976년)
㉮ 가족수가 많고 소득이 적은 층 : 10㎡/인
㉯ 적정 가족과 소득이 많은 층 : 12~15㎡/인
㉰ 가족이 적고 소득이 많은 층 : 16㎡/인

(4) 각 실과 방위와의 관계
① 남쪽 : 여름철의 태양은 높기 때문에 실내까지 깊이 입사하지 않으며, 겨울철은 깊이 입사하여 따뜻하다.
② 서쪽 : 오후에 태양광선이 깊이 입사하므로 오후에는 무덥다.
③ 북쪽 : 하루종일 태양이 비치지 않고 겨울에는 북풍을 받아 춥다. 광선은 하루종일 균일하다.
④ 동쪽 : 아침의 햇살은 실내에 깊이 들어온다.

[2] 각 실의 세부계획

(1) 현관
① 현관의 역할과 기능
현관은 주택의 외부공간과 내부공간을 연결하는 첫 관문으로 주출입구, 통신구, 방범구로서의 기능을 갖고 있다.
② 현관의 규모
현관의 최소 면적은 너비 1.2m, 깊이 0.9m이고 바닥차를 두는 것이 좋다. 현관문을 2중으로 달 경우는 0.6㎡~1.2㎡를 고려해야 한다.
③ 현관의 배치
일반적으로 대지의 형태와 도로에 의해 결정되나 현관은 도로에 직면하는 것을 피해 독립성을 유지하는 것이 좋고, 대문이나 복도, 계단실과 같은 연결 통로와 가까이 두어 동선을 단축시키는 것이 좋다.
④ 현관의 바닥
현관과 홀(거실)과의 바닥차를 12~16cm 높이가 적당하고 바닥재료는 돌, 타일 등 내수성이 있어 청소가 용이하고 청결을 유지할 수 있는 재료가 좋다.
⑤ 현관문
현관은 그 집의 인상을 결정하는 주택의 첫 도입부로서 현관문의 대한 디자인도 중요하다.
주출입구로서 도난방지, 출입용이, 방문객 확인 등이 고려되어야 하고 견고하여야 한다.
⑥ 현관의 가구
신발장, 옷걸이, 우산꽂이, 대기의자 등이 필요하다.
⑦ 현관의 인테리어
필요한 가구 이외에 조명, 그림, 벽걸이 등으로 장식하고 화분이나 꽃꽂이 등으로 효과를 준다.

(2) 복도, 계단
① 복도는 50㎡ 이하에서는 비경제적이다.
② 복도의 폭은 최소 90cm, 보통 105~120cm, 면적은 전체면적의 10% 정도이다.
③ 계단의 위치는 현관이나 홀에 근접해서 식사실이나 욕실, 변소와 가까운 곳이 적합하다.
④ 계단의 기울기는 29°~35°, 디딤바닥은 25~29cm, 단높이는 16~17cm가 적합하다.

⑤ 계단의 폭은 90~140cm 범위로 복도와 연결, 105~120cm이 적당, 법규상에는 75cm 이상이다.
⑥ 계단의 난간은 80~90cm가 적당, 계단참은 3m 이내마다 설치한다.

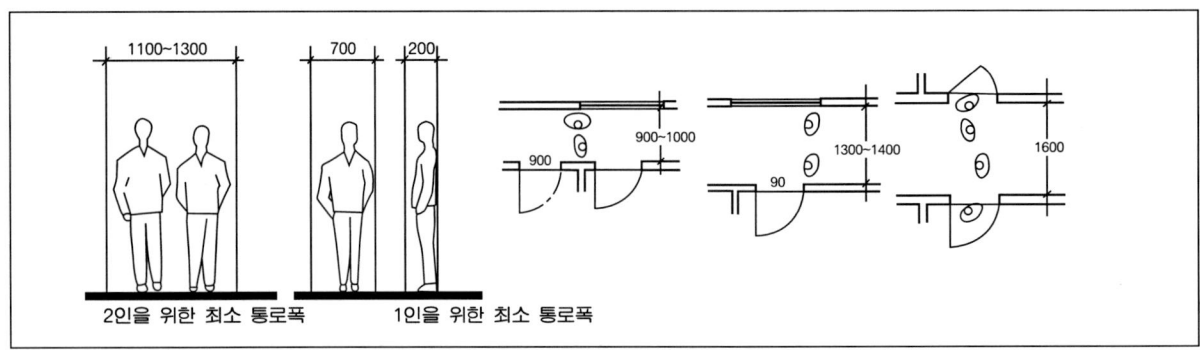

▲ 통로와 복도의 폭

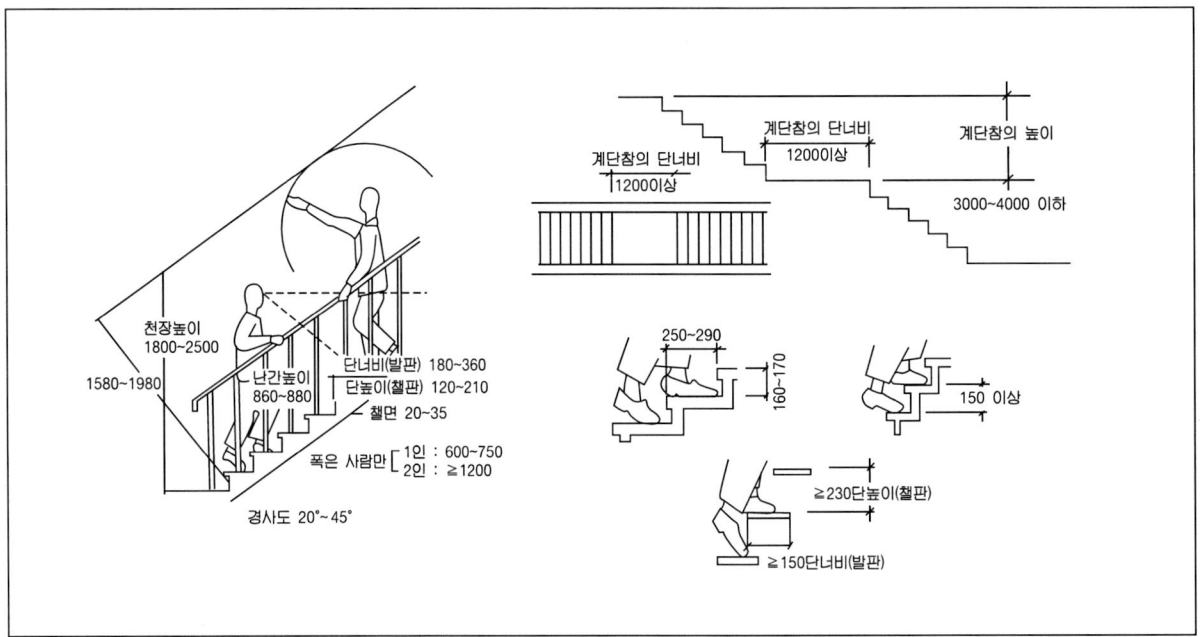

▲ 계단의 치수

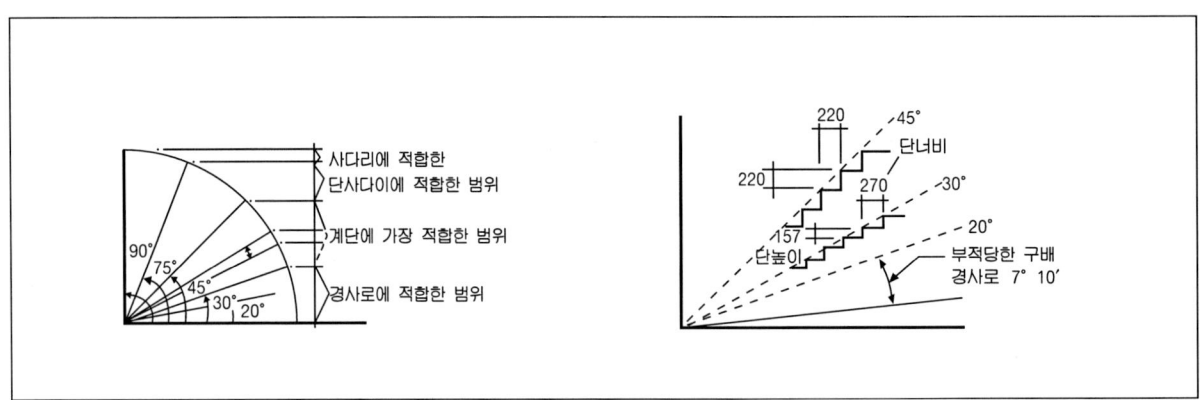

▲ 계단과 경사로의 각도

(3) 거실(居室)

① 거실의 기능

거실은 가족의 공유공간으로 휴식과 안락을 위한 장소로 정서생활, 담소, 접객의 장소로 활용된다. 또 육아, 재봉 등의 생활공간으로서의 기능과 식사장소로서의 기능도 갖고 있다.

② 거실의 형태
- ㉮ 리빙룸(Living room) : 독립된 개념의 거실로서 응접실의 기능도 갖고 있다.
- ㉯ 리빙 다이닝(Living dining room) : 거실과 식당 사이의 칸막이를 없앤 원룸형의 거실이다.
- ㉰ 리빙 키친(Living Kitchen) : 거실과 식당, 부엌이 원룸이 된 형식이다.

③ 거실의 위치 : 주택에서 거실은 가장 좋은 위치에 배치한다. 전망이 좋고 일사가 잘되는 곳으로 한다. 주거생활의 중심공간이 되게 한다.

④ 실의 크기 : 1인당 소요면적 4~6㎡ 정도 (소주택의 경우 식당을 겸해서 16.5㎡)

⑤ 거실의 조명 : 방의 넓이와 구성방법에 따라 전체조명과 부분조명을 고려한다. 전체조명은 간접조명과 반간접조명으로 하여 은은하게 한다.

⑥ 마감재 : 마루는 플로링이나 카페트, 비닐타일, 플라스틱타일 등이 사용되고, 벽은 목재나 천, 페인트로 마무리 한다. 천정은 벽보다 밝은 천, 합판, 천정지 등이 사용된다.
- ㉮ 카펫은 실내의 아늑한 느낌을 주는 재료로 어린이가 사용하는 가족실 겸용의 거실에 적당하다.
- ㉯ 대리석은 차고 딱딱한 느낌을 주며, 값이 고가이다. 카펫과 병용하면 고급스럽고 우아한 느낌을 준다.
- ㉰ 목재 플로링은 자연스럽고 부드러운 느낌이 들며 실내 마감재로 최적이다.
- ㉱ 비닐계 시트는 가격이 저렴하고 시공이 간단하며 다양한 색상과 패턴의 기성제품이 있어 선택의 폭이 넓다. 일반적으로 가장 많이 사용되고 있다.

(4) 식당

① 식당의 기능

식당은 식사를 하는 이외의 주부의 가사작업공간이며 가족실로서의 기능도 갖고 있다. 그래서 거실과 연결되도록 하는 것이 바람직하다.

② 식당의 크기 : 식당의 표준 크기는 9㎡ 정도이고 1인당 1.7~2.3㎡이다.

③ 식당의 위치 : 동쪽과 남쪽에 면한 일렬배치 또는 인접배치. 식탁은 창가에 배치하는 것이 좋으며 환기·배기시설을 고려한다.

④ 식당의 조명 : 전체적으로는 간접조명으로 하고, 식탁위에는 백열전구의 펜던트가 좋으며 펜던트의 높이는 앉은 사람의 눈높이가 적당하다.

⑤ 마감재 : 색상이 밝고 따뜻한 느낌을 주며 청결과 청소 등의 유지관리가 편한 재료를 선택한다. 염화비닐계 타일이나 비닐계 시트(모노륨)가 좋다.

⑥ 색채계획 : 난색계로 오렌지, 핑크계통이 좋다.

(5) 부엌

① 남측 또는 동측 모퉁이 부분 - 항상 쾌적하고 일과에 의한 건조소독이 잘되는 곳. 서측은 되도록 피하는 것이 좋다.

② 크기 : 보통 건축 연면적의 8~12% 정도의 크기가 알맞다.

③ 부엌의 작업순서 : 준비 → 개수대 → 조리대 → 가열대 → 배선대 → 식당

④ 부엌의 유형 : I형 - 동선이 가장 길다.
L자형 - 동선을 짧게 할 수 있으며, 여유있는 배치가 된다.
병렬형 - 동선이 짧아지고 다른 공간과 연결이 편리하다(통로폭 : 0.8~1m)
U자형 - 다른 공간과 연결이 한면과 국한되어 있다.

⑤ 싱크대의 높이 : 82~85cm

⑥ 마감재 : 바닥은 식당과 마찬가지로 청결, 청소 등이 좋은 바닥재로 하고 벽은 화기에 가까이 있는 곳은 내화성이 강한 것으로 하고 싱크대 주위는 내수성이 강한 재료로 한다.

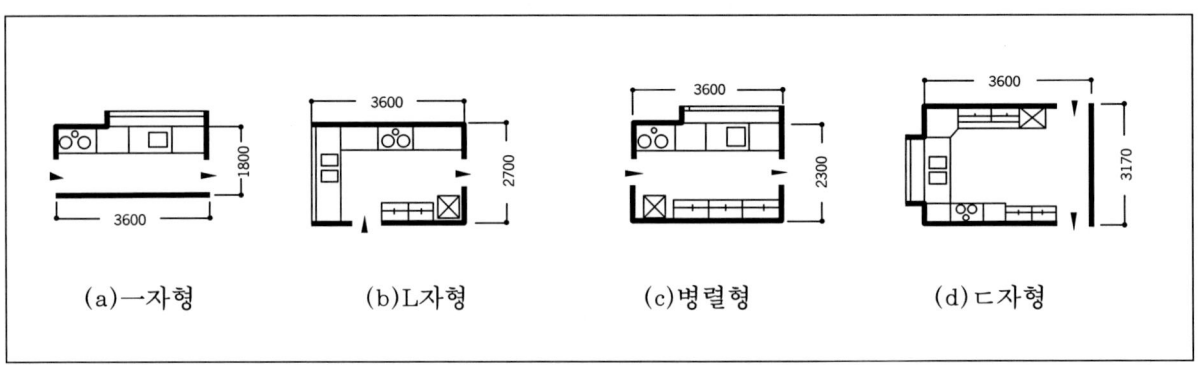

▲ 부엌의 형태

(6) 침실(寢室)
① 침실의 종류 : 부부침실 - 취침, 의류수납, 갱의, 화장, 독서, 목욕 등의 행위가 이루어진다.
　　　　　　　　아동실 - 유희, 공부, 취침 등의 행위가 이루어진다.
　　　　　　　　노인침실 - 취침, 의료수납, 독서의 행위가 이루어진다.
② 침실의 위치 : 일조통풍이 좋은 남쪽과 동남쪽이 좋다. 거실, 현관, 식당, 부엌 등의 공간과 구분하여 현관에서 떨어진 곳이 좋다.
③ 침실의 크기 : 성인 1인당 신선한 공기 요구량 50㎥/h(아동은 성인의 1/2) 실내 자연환기 횟수는 2회/h로 본다.
④ 침대의 배치방법
　㉮ 침대의 상부 머리쪽은 되도록 외벽에 면하도록 할 것.
　㉯ 누운 채로 출입문이 직접 보이도록 할 것.
　㉰ 침대의 양쪽에 통로를 두고 한쪽을 75cm 이상이 되게 할 것.
　㉱ 침대의 하부쪽은 90cm 이상의 여유를 둘 것.
　㉲ 침실내의 주요 통로 너비는 90cm 이상이 되도록 할 것.
⑤ 침대의 크기 : 길이는 195~200cm, 너비는 싱글이 90~100cm, 더블이 140cm 정도이다.
⑥ 침실의 조명 : 전체조명과 국부조명을 병용한다. 스탠드를 보조조명으로 이용하여 장식적인 효과와 무드(분위기)조명의 효과를 얻는다.
⑦ 마감재 : 벽지는 따뜻하고 부드러운 느낌의 것이 좋으며, 바닥은 카펫이 이상적이다.(양식 침실의 경우, 한식일 경우는 장판지가 적당하다)

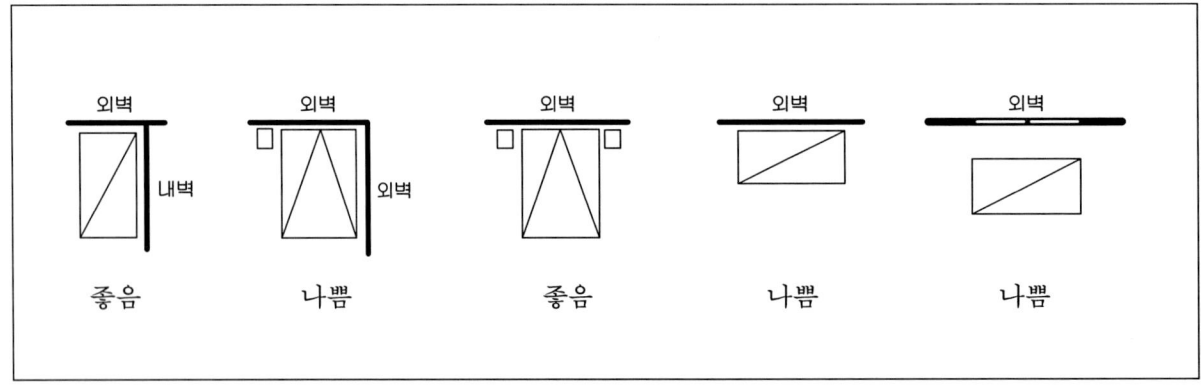

▲ 침대의 배치 예

(7) 욕실과 세면실
① 욕실은 침실에 가까운 곳에 두고 코어시스템 형식을 취한다.
② 욕실의 천정 높이는 2.1m 이상으로 한다.
③ 욕실의 문은 욕실쪽으로 열리게 하고 미닫이는 욕실쪽으로 당긴다. 문의 폭은 0.8~0.9m 정도
④ 세면대의 높이는 보통 72cm 정도이다.
⑤ 조명기구는 방습등을 사용한다. 스위치는 욕실밖에서 점멸토록 한다.
⑥ 세면실에 세탁기를 놓을 경우 세탁시설을 고려하여 계획한다.

(8) 화장실(변소)
① 화장실의 바닥은 거실(일반의 방)바닥 보다 낮게 처리하는 것이 좋다.
② 화장실의 문은 슬리퍼가 걸리지 않도록 10cm 정도 바닥 보다 높게 한다.
③ 화장실의 최소크기는 재래식변기를 놓을 경우는 0.9×0.9m이고, 양식 변기를 놓을 경우는 0.8×1.2m 정도로 한다.

(9) 어린이방
① 어린이방은 항상 부모의 눈에 잘 띄며, 보호할 수 있는 장소이고, 습성이 올바르게 길들이는 곳이며, 어린이 자신이 행동하며 생활하는 장소이어야 한다.
② 가족과 밀접한 연결을 가지면서도 독립적인 환경을 길러 주어야 한다.
③ 정원이나 테라스에 직접 출입할 수 있도록 자유로운 곳이어야 하고, 남쪽에 위치함이 좋다.
④ 어린이방의 가구는 조립과 해체가 가능한 공작가구로 계획하는 것이 좋다.
⑤ 조명은 높은 조도의 전체조명시설을 하고 책상은 별도의 조명이 필요하다.
⑥ 어린이방의 마감재료는 때가 덜 타고 견고한 것이 좋다.
⑦ 어린이방에는 반침을 설치하는 것이 좋다.

(10) 응접실과 서재
① 응접실과 서재의 위치는 현관과 가까운 곳에 위치한다.
② 순수한 서재는 조용한 곳을 택하고 침실에서 가까운 곳에 위치한다.
③ 마감재료와 조명시설은 침실과 유사하게 한다.

(11) 다용도실
① 어린이 놀이나 가사 작업에도 가족이 자유로이 쓸 수 있는 방으로 사용에 맞게 계획한다.
② 크기 : 세탁과 간단한 작업을 할 경우는 2~4㎡ 정도로 한다.
③ 마감재료는 방습, 내수성이 있는 재료를 사용한다. 바닥은 타일, 비닐시트로 하고 벽은 타일이나 비닐벽지, 천정은 비닐벽지나 플라스틱 화장재가 좋다.

(12) 반침
① 반침은 한식주택에서 독특한 것으로 침구 등을 넣는데 아주 좋다.
② 깊이는 70~80cm 정도로 하고 노인방 등에 설치하면 유용하다.

제2절 상업공간(商業空間)

상업공간이란 경제행위가 이루어지는 공간(空間)으로 물품을 판매한다든지, 서비스가 제공된다든지, 음식이나 음료 등을 제공한다든지 하는 공간으로 상거래가 이루어지는 장소를 총칭하는 말이다.

[1] 상점

(1) 상업공간의 분류
   상업공간을 크게 분류하면 다음과 같다.
① 물품판매공간(매장공간) : 패션숍, 구두점, 악세사리점, 편의점, 슈퍼마켓, 백화점 등
② 유흥음식계 공간 : 커피숍, 카페, 레스토랑, 음식점, 나이트 클럽 등
③ 서비스계 공간 : 미용실, 이용실, 병원, 강습소 등
④ 복합공간 : 호텔

   물품판매공간은 판매와 관련된 환경을 창조하는 분야로서 판매공간, 판매예비공간, 판매촉진공간 등이 여기에 속한다. 판매공간 가운데서 대표적인 것이 상점이다. 상점이란 소매점으로서의 제반기능을 갖춘 공간을 말한다.
   물품판매공간의 목적은 1차적으로는 판매증대에 있으며, 2차적으로는 문화생활권 형성에 있다. 판매 증대효율은 유통시설의 기능 충족뿐만 아니라 기능외적 요소를 갖춤으로써 유발되게 된다. 즉, 구매심리를 자극하는 시각요소, 판매외적 서비스시설, 정서적 욕구충족을 위한 문화시설 등이 복합적으로 조성되어 편리하고 매력적인 유통환경으로 승화되어야 한다. 판매효율증대를 위한 상점은 경영학적 분석과 시각요소의 적절한 기준설정을 토대로 하여 계획되어야 한다.
   또, 상업공간에는 식사와 음료를 판매하는 음식점이 있으며, 여행자를 위한 각종의 편의시설, 식당, 객실, 오락시설 등을 갖춘 서비스 사업체로서의 호텔이 있다.
   이외에도 영업행위가 이루어져 서비스를 제공하여 주는 이용실이나 미용실 등이 있다.

(2) 상점종류에 다른 분류

상　　품	구　　분	분　담　점
선택구매점	의복, 가구류	백화점, 전문점
편의점	상표품, 담배류	연쇄점, 소매점
부패점	생선, 소엽(蔬葉)류	공설시장
일용품	쌀, 연탄, 된장, 간장	소비조합
내구고가품	자동차, 피아노	월부판매점
특수품	시계, 보석	전문소매점
배달품	우유, 신문	배달점

(3) 상점기능에 의한 분류

기능분류	업　태	내　　　　　용
독립소매점	전문점	특정 종류의 상품을 전문적으로 판매 도시 상점가에 있으며 상품 소재적 성질
	잡화점	종류 상품소매, 대·중도시 변두리나 소도시, 농촌 지구에 초기적 점포형태

기능분류	업태	내용
	편의점	편리함(convenience)을 기념으로 도입한 소형소매점포
	일용품점	쌀, 간장, 연탄 등 일상생활 필수품
	생선식료품점	생선, 채소, 과실
백화점	종합백화점	연건평 300㎡ 이상, 의식주관계 상품 취급
	부품백화점	구매객층별 관련상품에 충실
	임대백화점	판매업자가 공동으로 백화점 운영
	월부백화점	할부판매
슈퍼마켓	슈퍼 슈퍼마켓(SSM)	할인점과 일반 슈퍼마켓의 중간 형태, 일명 대형슈퍼마켓
	할인점	다양한 상품으로 구색을 갖춘 소비점으로 이월·할인상품 판매
	슈퍼마켓	식료품판매
	슈퍼스토어	비식품 중심의 일용필수품
	의류슈퍼	취급상품점 과반수가 의류인 슈퍼
	버라이어티스토어	10% 스토어
	드러그스토어	약, 잡화, 과자, 간이식당
	디스카운트스토어	내구소비재를 중심으로 한 할인점
	카페테리아	셀프 서비스
소비조합	판매조합, 구매조합	
	협동조합	일용품, 생활필수품을 협동구입
기타	caravan sale	자동차에 상품을 적재하고 불특정장소에서 판매
	외판	
	샘플 스토어	매매상품을 대량으로 진열, 샘플을 진열하고 판매하는 점포
	자동판매	자판기를 이용한 판매(동전으로 판매)
	리스(lease)	임대
쇼핑센터		500~1,000대의 주차능력, 4,000인의 상전, 소형 쇼핑센터 10~15점
		중형 쇼핑센터 15~40점(店) 1,000~3,000대의 주차능력
		대형 쇼핑센터 40~100점(店) 5,000대 이상의 주차능력 10만인 이상 상전

(4) 경제조직에 의한 분류

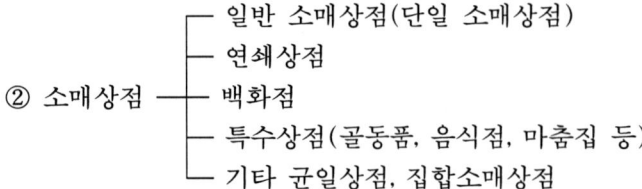

(5) 평면계획
① 상점의 위치
 ㉮ 교통이 편리한 곳.
 ㉯ 사람의 집산이 많고 번화한 곳.
 ㉰ 사람의 눈에 잘 뜨이는 곳.
 ㉱ 부지가 불규칙이며 구석진 곳은 피할 것.
 ㉲ 2면 이상의 도로에 접하면 좋다.
② 방위
 ㉮ 부인용품점 - 오후에 그늘이 지지않는 방향이 좋다.
 ㉯ 식료품점 - 강한 석양은 식품을 변색시키므로 유의한다.
 ㉰ 양복점, 가구점, 서점 - 가급적 도로의 남측이나 서측을 선택하되 일사에 의한 퇴색·변형·파손
          방지에 유의한다.
 ㉱ 음식점 - 도로의 남측이 좋다.
 ㉲ 여름용품 - 도로의 북측을 택하고 남측 광선을 택한다.
③ 상점의 구조
 ㉮ 내화구조로 한다.
 ㉯ 기둥은 가급적 적게 배치하고 간격은 6m 정도가 적당하다.
 ㉰ 점두의 유효폭은 가급적 넓게 하는 것이 좋다.
④ 동선
손님이 밖에서 점포 안으로 유치되는 동선과 점원이 손님과 응대해서 판매하는 것과 출납사무의 동선으로 구별되며, 동선이 만나는 곳에 카운터 케이스가 놓여진다. 이곳이 상점의 중심이 된다.
⑤ 상점의 외관
점포의 전면을 파사드(fasade)라 하며 간판, 쇼윈도, 입구 광고 등을 포함한 것을 총칭한다. 상점의 외관은 업종에 따라 다르며, 상점의 개성을 결정하며, 구매심을 돋구고 점내로 유도되도록 계획한다.
 ㉮ 외부와의 관계에 의한 분류
  ㉠ 개방형
   점두(店頭)전체가 출입구처럼 트여 있는 것으로 옛부터 가장 많이 사용해오던 방식이다. 손님의 출입이 많은 상점 또는 손님이 잠시 점내에 머무르는 상점에 적합하다.(서적상, 빵집, 철물점, 지물포 등)
  ㉡ 폐쇄형
   출입구 이외에는 벽 또는 장식창으로 외계와 차단하는 형식이며, 손님이 점포에 비교적 오래 머물러 있는 경우나 또는 손님이 적은 점포에 쓰인다.(이발소, 미용원, 보석상, 카메라점, 귀금속상 등)
  ㉢ 중간형
   개방형과 폐쇄형을 겸한 것으로 현재 가장 일반적으로 채용하고 있는 형식이다.

㉯ 형태에 의한 분류
　㉠ 평형(平形)
　　가장 일반적인 형식으로 채광 및 점내를 넓게 사용. 큰 벽면의 일부에 작은 진열장을 설치하여 적당한 조명시설을 갖추면 귀금속상에 적당. 전면을 모두 진열창으로 할 수 있다.(가구점, 자동차 진열창, 꽃집 등)
　㉡ 돌출형
　　특수 도매상 등에 쓰인다.
　㉢ 만입형(灣入形)
　　점두의 일부를 들여보내 혼잡한 도로에서 진열상품을 볼 수 있게 한 형식.
　　단점으로는 점내면적의 감소, 자연채광의 감소를 초래한다.
　㉣ 홀형
　　만입형의 만입부를 더욱 넓게 잡아 진열창을 둘러 놓은 홀을 두는 형식.
　㉤ 다층형
　　2층 이상의 점포를 사용할 경우로 광장이나 넓은 도로에 면한 경우에 유리.
　　(가구점, 양복점 등)

⑥ 사인(Sign)계획
　간판과 광고물로서 구매동기와 점포로 유도시키기 위한 것이 목적이다.
　그 장소까지의 유도를 목적으로 하는 유도사인과 내용을 나타낸 정점사인이 있다. 사인의 표현 방법은 문자언어계와 색, 형태가 동일한 형태에서 오는 이미지계와 이 두가지를 복합한 것으로 분류한다.

⑦ 조닝 계획
　㉮ Parallel Traffic
　　매장의 모양은 평면적이고 단조롭다.
　㉯ Diamond Traffic
　　변화있는 모양으로 설계할 수 있고 경사각도에서 보이기 때문에 상품의 옆과 앞을 연속해서 시야에 들어오게 한다.
　㉰ Room to Room Traffic
　　별개의 실로 구별하여 개성적으로 표현할 수 있다.

(6) 세부계획

① 진열창(show window)과 출입구
　진열창의 위치는 출입구의 위치, 점두의 형식, 상품의 종류, 점포폭의 크기 등에 따라 결정된다. 출입구의 크기는 가장 혼잡할 때의 관객수, 점포, 면적 등에 의하여 결정. 보통 90cm 정도이고 쌍문일 경우는 180cm으로 하며, 개폐방법은 자재문으로 한다.

② 진열창의 목적
　다음과 같은 목적을 충족하여야 한다.
　㉮ 상품을 진열한다.(상품의 설명, 상품 가치의 암시, 구매욕의 환기)
　㉯ 상품의 성격을 대표한다.
　㉰ 행인을 점포 내로 유인한다.
　㉱ 상점 내로 들어선 고객을 유인한다.

③ 진열창의 조건
　㉮ 상점의 위치
　㉯ 보도의 폭과 교통량
　㉰ 상점의 출입구
　㉱ 상점의 종류, 정도와 크기
　㉲ 진열방법 및 정돈상태

④ 진열창 설계시 유의점
   ㉮ 진열창의 칫수 결정과 의장 설계(보도에서의 높이, 창면의 높이, 길이와 배치)
   ㉯ 도로에서의 눈부심 방지
   ㉰ 내외온도차에 의한 유리면 흐림 방지
   ㉱ 도로에서의 먼지 방지
   ㉲ 조명 설계
⑤ 진열창의 크기
   진열창의 크기는 상점의 종류, 전면 길이, 부지의 조건 등에 따라 다르다. 유리의 크기는 상품의 크기, 점두(店頭)의장(意匠)에 따라 결정된다. 바닥의 높이는 일반용품은 낮게 하나 시계, 귀금속, 악세사리 등 아주 작은 물품은 높게한다.
   창대의 높이는 0.3~1.2m범위이고, 0.6~0.9m가 적당하다.
   유리의 높이는 2.0~2.5m까지로 하고, 길이는 0.5~4m범위이고 보통 0.9~2.0m이다.
⑥ 진열창 유리의 흐림 방지
   진열창이 벽으로 상점내와 차단될 때에는 차단하고 진열창에 외기가 통하도록 한다. 진열창의 뒷벽이 없을 때에는 창대 밑에 난방장치를 하여 내외의 온도차를 적게 하여 흐림을 방지한다.
⑦ 진열창의 반사방지
   ㉮ 진열창 내의 밝기를 인공적으로 높게 함으로써 방지할 수 있다.
   ㉯ 차양을 달아 외부에서 그늘이 생기게 한다.
   ㉰ 유리면을 경사지게 하고, 특수한 경우에는 곡면유리를 사용한다.
⑧ 진열창의 셔터
   점두에 수동식 또는 전동식 셔터를 달아 파손 및 도난을 방지한다.

(7) 매장의 계획
① 가구의 배치
   다음과 같은 사항을 고려한다.
   ㉮ 손님쪽에서 상품이 효과적으로 보일 것.
   ㉯ 감시하기 쉽고 손님에게는 감시한다는 인상이 들지 않게 할 것.
   ㉰ 손님과 종업원의 동선이 원활하여 다수의 손님을 수용하고 소수의 종업원으로 관리하게 한다.
   ㉱ 들어오는 손님과 종업원의 시선이 직접 마주치지 않게 할 것.
② 종업원의 동선
   판매이외의 포장·지불 등 부수적인 작업이 원활히 이루어져야 한다.
③ 진열장(Showcase)
   쇼케이스는 구매력을 유발시키는 중요한 것으로서 동일 상점내의 것은 규격을 통일하는 것이 좋으며, 크기는 폭이 50~60cm, 길이 1.5~1.8m, 높이 0.9~1.1m 정도이다.
④ 매장 평면의 기본형

(8) 계단
① 두개 이상의 층이 서로 다른 영업을 할 경우 점두폭이 좁아지거나 출입이 서로 다른 출입에 지장을 주지 않도록 한다.
② 두개 이상의 층이 같은 영업을 할 경우 상품종목, 영업내용이 서로 다를 때에는 들어 오는 손님이 곧 분별할 수 있도록 출입구 근처에 계단을 설치한다.
③ 점포의 깊이가 깊을 경우 측벽에 따라 계단을 설치하고 정방형에 가까울 경우는 중앙에 설치한다.

[2] 백화점

백화점은 대규모의 소매업으로 넓은 매장을 갖고 의·식·주에 관한 많은 상품을 진열하여 판매하는 곳이다.

(1) 백화점의 특징
① 건축의 규모가 크고 외관이 장중 미려하다.
② 상품을 전부 진열 판매한다.
③ 판매 상품이 다종 다양하며 부문별로 나누어져 있다.
④ 동시에 많은 고객이 왕래하며, 남자고객보다 부인, 아동고객이 많다.(2배 정도)
⑤ 여점원의 수가 많다.

(2) 백화점의 분류
① 경영특성상 분류
  ㉮ 종합백화점 - 매장면적이 1,500㎡ 이상, 의·식·주의 많은 상품을 취급.
  ㉯ 부분백화점 - 구매객 층별로 관련 상품을 취급.
  ㉰ 협업백화점 - 판매업자가 공동으로 만든 백화점.
  ㉱ 월부백화점 - 할부 판매의 규정에 의하여 판매하는 백화점.
② 입지별 분류
  ㉮ 도심형 - 도시의 중심 상업지역에 있는 것.
  ㉯ 터미널형 - 교외교통기관과 시내교통기관의 접속지점을 중심으로 상업지역에 있는 것.
  ㉰ 교외형 - 교외주택지의 교통중심지구에 있는 것으로 주차시설이 잘 되어 있다.

(3) 백화점의 기능
5개 부문으로 구분한다.
① 고객부문
  고객용 출입구, 통로, 계단, 휴게실, 식당 등의 서비스 부분으로 판매권과 결합되어 있다.
② 종업원부문
  종업원의 입구, 통로, 계단, 사무실, 식당 등으로 고객권과는 별도로 독립하여 매장과 연결되어 있다.
③ 상품부문
  상품의 반입·보관·배달을 하는 부분으로 고객권과는 절대 분리시킨다.
④ 판매부문
  매장공간으로 상품을 전시하여 영업을 하는 곳이다.
⑤ 사무관리부문
  사무실, 응접실, 회의실 등

(4) 평면계획
① 매장면적비
  ㉮ 사용면적에 대하여 60~70%
  ㉯ 전체면적에 대하여 50%
  ㉰ 순매장 면적률 40~60%
② 접객부
  ⓐ 매장   ⓑ 진열창   ⓒ 식당   ⓓ 휴게실
  ⓔ 연예장   ⓕ 주문 받는 곳 ⓖ 안내소   ⓗ 매상품 반출장

ⓘ 휴대품 보관소　　　ⓙ 특별 응접실　　　ⓚ 특별 부속실　　　ⓛ 현관 출입구
　　ⓜ 계단, 엘리베이터, 에스컬레이터　　　ⓝ 세면소, 변소
③ 비접객부
　　ⓐ 기계실　　　　　　ⓑ 전기실　　　　　　ⓒ 수선실　　　　　ⓓ 감시실
　　ⓔ 운반자동차 출입장　ⓕ 발송품 구분실　　　ⓖ 점원 갱의실　　　ⓗ 창고
　　ⓘ 사업 사무실　　　　ⓙ 상품 검사실　　　　ⓚ 계산실　　　　　ⓛ 출납실
　　ⓜ 서무실　　　　　　ⓝ 중역실　　　　　　ⓞ 비서실　　　　　ⓟ 회의실
　　ⓠ 의무실　　　　　　ⓡ 조사실

(5) 세부계획

① 출입구

모퉁이를 피하며, 출입구수는 30m에 1개소가 적당하다. 크기는 점포의 크기와 위치에 따라 다르다. 현관의 깊이는 쇼윈도의 길이와 일치시키며, 2중문 또는 개방식으로 하고 겨울에는 방풍 스크린을 설치한다.

② 쇼윈도

상점의 쇼윈도와 동일한 방법으로 한다.(상점 쇼윈도 참조)

③ 매장

매장 전체가 멀리서도 넓게 보이도록 한다. 매장내 통로는 주요통로, 부통로, 분배도로 구분한다. 가구배치에 소요되는 면적은 매장의 30~50%, 통로에 필요한 면적은 50~70%이다. 통로폭은 손님이 서 있을 때 45cm, 통과손님은 60cm를 필요하게 된다. 그러므로 통로폭은 $W(cm) = 2 \times 45 + 60(cm)$이다. 고객의 통로폭은 다음 표와 같다.

종　류	정　도	보통 상점의 폭(cm)	백화점의 폭(cm)
주통로	최　소 보　통 최　대	80 90~150~210 360	160 180~270~360 450
부통로	최　소 보　통 최　대	60 75~90~150 150	120 150~180~210 210

④ 가구의 배치

가구 배치의 방법에는 5가지가 있다.

　㉮ 직교법(직각배치 : rectangular system)

　　가장 일반적인 방법, 경제적이고 면적의 활용도가 높다. 단점은 고객의 통행량에 따라 통로폭을 조절할 수 없고 단조로우며 부분적으로 혼란이 오며, 엘리베이터 통로 부근에 지장을 준다.

　㉯ 사교법(사행배치 : inclined system)

　　부통로가 상하 교통로에 향하여 45°이고, 상하 교통로에 가까운 거리를 취할 수 있는 장점이 있다. 주통로에서 부통로의 상품이 잘 보인다.

　㉰ 방사법(radiated system)

　　일반적인 적용이 곤란하다.(미국에서 사용한 예가 있다)

　㉱ 자유유동법(free flow system)

　　고객의 유동 방향에 따라 쇼케이스를 배치하므로 통로는 곡선형이다. 매장의 특수성을 살릴 수 있는 장점이 있으나 단점으로는 시설비가 많이 든다.

　㉲ 직선식

　　소매상점용으로 많이 사용된다.

⑤ 쇼케이스(show case)

규격화 된 것을 주로 사용하며, 치수는 길이 180cm, 폭 60~66cm 또는 75cm, 높이는 0.9~1.1m, 카운터 높이 75cm이다.

(6) 내부조명
① 쇼윈도 조명시 주의사항
   ㉮ 현휘를 방지할 것.
   ㉯ 광원을 감출 것.
   ㉰ 빛을 유효하게 사용할 것.
   ㉱ 배경으로부터의 반사를 피할 것.
   ㉲ 열에 대하여 고려할 것.
② 쇼윈도 조명방법
   ㉮ 전체를 균일하게 조명하는 방법(의류, 장난감, 문구류 등)
   ㉯ 일부를 강조하는 방법(고가품 등)
   ㉰ 단형으로 조명하는 방법
③ 쇼케이스 조명
쇼케이스는 반사기, 슬림라인, 형광등 등을 이용하여 조명한다.
④ 매장조명
매장조명의 방법은 직접조명, 반간접조명, 간접조명, 국부조명 등의 방법을 사용한다.

[3] 슈퍼마켓, 슈퍼스토어

(1) 상품 특성별 분류와 특징
① 슈퍼마켓(supermarket)
셀프서비스 방식으로 종합식품점. 단독 경영방식이다.
② 슈퍼스토어(superstore)
셀프서비스 방식으로 비식료품 위주의 생활필수품점.
③ 의료슈퍼
셀프서비스 방식으로 의료품을 취급하는 곳.
④ 버라이어티 스토어(variety store)
소규모 잡화상.
⑤ 드럭 스토어(drug store)
약, 과자, 잡화, 간이 식당을 갖추고 있는 소매점.
⑥ 디스카운트 스토어(discount store)
할인 매장을 총칭한다.
⑦ 종합슈퍼
셀프서비스 방식으로 식품, 의료품, 일용필수품 등을 취급하는 곳.
⑧ 카페테리어(cafeteria)
셀프서비스 방식의 레스토랑.

(2) 평면계획
① 상품 배열 및 구성은 고객이 충분히 돌아볼 수 있게 한다.
② 입구는 넓게, 출구는 좁게 계획한다.
③ 입구 가까이는 식료품을 배치하여 고객의 유입을 유도한다.

④ 동선은 일방통행이 되게 한다.
⑤ 통로폭은 1.5m 이상으로 한다.

[4] 쇼핑센터

(1) 입지별 분류
① 도심형
  ㉮ 시티센터형
    기존의 상업지역에 건립한다. 문화·사회시설과 일체가 되게 계획한다.
  ㉯ 터미널형
    교외교통기관과 시내교통기관의 접속점에 건립한다.
  ㉰ 패션센터
    기존의 상업지역에 건립. 토탈이미지로 접합된 것이다.
  ㉱ 지하상가
    도심의 지하를 이용한 상가
② 교외형
  ㉮ 역전형
    역전에 건립하는 것으로 규모가 크다.
  ㉯ 타운센터형
    뉴타운의 중심에 건립하는 것으로 중·소규모이다.
  ㉰ 교외형
    교외의 간선도로변에 건립. 주차시설이 잘되어 있고 비교적 규모가 크다.

(2) 규모별 분류
① 근린형 쇼핑센터
  걸어서 갈 수 있는 상권(보도권)의 슈퍼마켓을 중심으로 한 소규모 쇼핑센터.
② 커뮤니티형 쇼핑센터
  슈퍼마켓·버라이어티 스토어·소형 백화점 등을 중심으로 한 중규모 쇼핑센터.
③ 지역형 쇼핑센터
  백화점 등 대형상점을 중심으로 한 대규모 쇼핑센터.

[5] 음식점

(1) 종류와 특징
① 식사를 주로 하는 음식점
  ㉮ 레스토랑(restaurant)
    호텔의 식당과 같이 정해진 시각에 정식을 제공하는 것을 원칙으로 대부분 배선을 통한 웨이터의 서비스를 받는다.
  ㉯ 런치 룸(lunch room)
    셀프서비스로 실용화한 것이며, 배선실이 없는 형식이다.
  ㉰ 그릴(grill)
    육어(肉魚)요리 등의 특징있는 일품요리를 주로 하며, 카운터 서비스를 한다.
  ㉱ 카페테리아(cafeteria)
    간단한 식사를 주로 하며 셀프서비스를 하는 음식점이다.

⑮ 드라이브 인 레스토랑(drive-in-restaurant)
   주차장에 부속되어 있는 것으로 셀프서비스와 카운터 테이블 병용이며 철야 영업을 한다.
⑯ 스낵 바(snack bar)
   간단하고 단시간에 식사할 수 있는 카운터 서비스 음식점.
⑰ 샌드위치 숍(sandwitch shop)
   샌드위치와 음료수만 제공한다.
⑱ 한식음식점
   일반 대중음식점과 고급의 한식요정이 있다.
⑲ 일식음식점
   일반 대중음식점과 고급의 일식요정이 있다.
⑳ 중화음식점
   일반 중국음식점과 일품요리점이 있다.
㉑ 뷔페(buffet)
   음식 진열장에 차려진 음식을 개인 취향에 맞게 셀프서비스 하는 음식점.
② 가벼운 음식을 주로 하는 음식점
   ㉮ 다방(tea room)
      일반 커피숍, 음악다방 등이 있다.
   ㉯ 베이커리(bakery)
      일반 빵집을 말한다.
   ㉰ 캔디 스토어(candy store)
      과자점
   ㉱ 프루우트 파알러(fruit parlour)
      과일점
   ㉲ 드럭 스토어(drug store)
      약국 부속의 스낵 바이다.
③ 주류를 주로 하는 음식점
   ㉮ 바(bar)
   ㉯ 비어 홀(bear hall)
   ㉰ 카페(cafe)
   ㉱ 스탠드(stand)
④ 사교를 주로 하는 음식점
   ㉮ 카바레(cabaret)
   ㉯ 나이트 클럽(night club)
   ㉰ 댄스 홀(dance hall)

(2) 평면계획
① 동선
손님의 동선과 종업원의 동선이 혼란되지 않게 구분하는 것이 중요. 배선실과 식당간의 웨이터 동선은 손님의 동선과 무관하게 한다.
② 평면형식
   ㉮ 셀프서비스 레스토랑
      손님이 스스로 서비스하는 형식으로 카페테리아가 이 형식에 속한다.
      식사의 선택이 자유롭고 효율이 좋으며, 값이 싸다. 객석의 시설은 의자와 테이블로 구성되며 음료수 겸용의 세면기를 설치한다.
   ㉯ 카운터 서비스 레스토랑
      객석은 카운터와 의자로 구성된 형식으로 손님과 요리사 사이에 카운터를 두고 직접 교류되어

서비스가 신속하다. 면적의 이용률이 높고 손님의 순환률이 좋은 반면 시끄럽고 안정적이지 못하다.
　　ⓒ 테이블 서비스 레스토랑
　　　웨이터의 서비스에 의해서 운영되는 형식. 인건비·유지비·손님의 순환율이 비경제적이고 손님의 수준도 높고, 코스트가 높다.
③ 레스토랑의 제실

부　문	실　　　　명
영업부문 (50~80%)	현관, 로비, 클러크, 프런트오피스 라운지, 런치 룸, 바, 칵테일 라운지, 다방, 화장실, 변소, 주식당, 그릴 룸, 특별실, 연회장, 집회실
관리부문 (2~30%)	종업원실, 종업원 화장실, 변소, 사무실, 사용인 출입구, 지배인실, 전기실, 기계실, 보일러실
조리부문 (5~50%)	부엌, 배선실, 창고, 냉장고

(3) 세부계획
① 입구
　입구에서 내부가 직접 들여다 보이지 않게 하고 문은 자재문으로 하고 방풍실을 두는 것이 좋다. 쇼윈도를 두어 일품요리를 전시하여 손님을 끄는 방법이 있다.
② 주방
　육류, 야채, 조미료 등을 쉽고 편리하게 공급 받을 수 있도록 한다.
　주방의 길이는 실폭의 1.5배로 하고, 불규칙한 형일 때에는 면적을 20~25%를 증가시킨다. 바닥, 벽은 내수재료를 사용하며 배수구·물구배·방수·환기시설(후드) 등을 고려한다.
③ 조명
　보통 간접조명으로 하고, 핀홀·스포트 라이트·브라켓·테이블 스탠드·플로어 스탠드 등을 사용한다. 전구는 백열전구나 할로겐 전등을 사용하여 음식이 먹음직스럽게 보이도록 한다. 주방은 형광등을 사용해도 무방하다.
④ 마감재
　객석의 바닥은 부드럽고, 물건을 떨어뜨려도 잘 깨지지 않는 재료(카펫트, 염화비닐계타일 등)가 적당하나 외부에서 직접 들어오게 되는 점포는 돌, 타일, 테라죠 등으로 마감하여 먼지가 나지 않도록 하는 것이 좋다.
　벽은 먼지가 앉지 않게 평활한 면으로 하고, 흡음성이 있는 재료가 좋다.
　카운터는 내수성, 내화성이 있는 재료로 한다.

[6] 호텔

호텔은 여행자를 위한 숙박시설로 시설내용과 경영방식에 의하여 여관과 구별되어진다.

(1) 호텔의 종류
① 시티 호텔(city hotel)
　일반적으로 사회적 시설을 갖추고 있으며 최대한의 수용력을 가진 객실과 퍼블릭 스페이스와의 관계도 충분한 기능적인 고려를 하고 있다.
　㉮ 커머셜 호텔(commercial hotel)
　　주로 상업상·사무상의 여행자를 위한 호텔. 도시의 번화한 중심가에 위치.

㉯ 레지던셜 호텔(residential hotel)
　　　상업상・사무상의 여행자, 관광객 등 단기 체재객의 대상자를 대상으로한 최고의 스위이트(suite)와 호화로운 설비를 하고 있다.
　　㉰ 아파트먼트 호텔(apartment hotel)
　　　손님이 장기간 체재하는데 적합한 호텔로서 각 객실에는 주방의 설비를 갖추고 있다.
　　㉱ 터미널 호텔(terminal hotel)
　　　교통기관의 밀착지점에 위치한 호텔로 손님의 편리를 도모한다.
② 리조트 호텔(resort hotel)
　피서・피한을 위주로 관광객이나 휴양객을 위한 호텔로 내외에는 레크레이션시설을 갖추고 있다.
　　㉮ 해변호텔
　　㉯ 산장호텔
　　㉰ 온천호텔
　　㉱ 스키호텔
　　㉲ 스포츠 호텔
　　㉳ 클럽 하우스
③ 모 텔(motel)
　자동차 여행자를 위한 숙박시설
④ 유스호스텔(youth hostel)
　청소년의 국제적 활동을 위한 장소로 서로 환경이 다른 청소년이 우호적 분위기속에서 화합할 수 있는 휴게소이다. 종류는 다음과 같다.
　　㉮ 여행 유스호스텔
　　㉯ 휴가 유스호스텔
　　㉰ 도시 유스호스텔

(2) 평면계획
① 호텔의 기능분류
　　㉮ 관리부분(managing part)
　　㉯ 공공부분 또는 사교부분(public space or public part or social part)
　　㉰ 숙박부분(lodging part)
② 소요실

숙박부문	객실, 보이실, 메이트실, 린넨실, 트렁크룸, 현관, 홀, 로비, 라운지, 식당, 연회장, 오락실, 바, 다방, 퍼블릭 스페이스, 무용장, 그릴, 담화실, 독서실, 진열장, 흡연실, 매점, 이・미용실, 엘리베이터, 계단, 정원
관 리 부 문	프런트 오피스, 클로크 룸, 지배인실, 사무실, 공작실, 창고, 복도, 변소, 전화교환실
요리관계부문	배선실, 부엌, 식기실, 창고, 냉장고
설비관계부문	보일러실, 전기실, 기계실, 세탁실, 창고
대　　　실	상점, 창고, 대사무소, 클럽실

(3) 세부계획
① 객실(客室)
   ㉮ 객실의 크기
      1인용일 때 실폭 2.0~3.6m, 실길이 3.0~6.0m, 2인용일 때 실폭 4.5~6.0m, 실길이 5.0~6.5m이며 객실의 표준 면적은 싱글 룸 15~22㎡, 더블 룸과 트윈 베드 룸이 22~32㎡, 스위이트 더블 룸이 32~45㎡이다.
   ㉯ 형(型)
      객실의 평면형은 실폭과 실길이의 종횡비와 욕실, 반침의 위치에 따라 침대와 가구의 배치를 검토하여 결정하나 b/a=0.8~1.6의 경우가 일반적이다.
   ㉰ 객실의 가구
      장농붙은 책상, 라디오, 전화, 캐비닛, 나이트 테이블, 의자, 테이블, 화장대, 화장대부 책상, 화장대부 큰 책상, 텔레비젼 등.

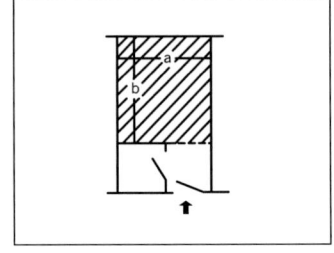

▲ 객실의 형

   ㉱ 침대의 치수

(단위 : cm)

	single	twin	double	threequarter	sofa
길 이	193~208				
폭	91.5~107	99~107	137~152	122~137	91.5~107

② 식사시설
   호텔의 식사시설에는 주식당, 소식당, 연회장, 레스토랑, 바, 커피숍 등이 있다.
   식당면적은 1평(3.3㎡)당 2~2.5인이다.
   1좌석당 바닥면적은 주식당이 1.1~1.5㎡, 연회장이 0.8~0.9㎡, 런치 룸이 1.4~2.0㎡, 카페테리아는 1.4~1.7㎡, 티 룸은 1.5㎡이다.

③ 주방의 크기

식사를 준비하는 경우	객석면적의	25%
식사와 주류를 준비하는 경우	객석면적의	25%
런치 룸	객석면적의	30~40%
카페테리아(카운터 주방)	객석면적의	42%
카페테리아(주방)	객석면적의	30%
연회장(주주방의 보조역으로)	연회주면적의	25%
연회장(전주방시설)	연회주면적의	42%

④ 공기조화시설
   인체에 적합한 온도는 15~20℃, 습도는 40~60%이나 객실·변소·사무실은 20℃, 로비 17℃, 식당 18℃, 연회장 21℃, 주방·세탁실 15℃, 욕실 22℃가 보통이다.

Ⅱ. 실내환경

1장 열 및 습기환경
- 제1절 건물과 열·습기
- 제2절 열환경과 실내환경
- 제3절 복사 및 습기와 결로

2장 공기환경
- 제1절 실내공기의 오염
- 제2절 환 기

3장 빛 환경
- 제1절 빛
- 제2절 조도계산
- 제3절 시각
- 제4절 채광과 조명

4장 음 환경
- 제1절 음의 기초
- 제2절 실내음향
- 제3절 잔향

1장 열 및 습기환경

제1절 건물과 열·습기

[1] 기상과 기후

기상 : 지표위에서 시시각각으로 변하는 대기의 물리적인 현상
기후 : 어떤 지방의 기상 상황의 평균

① 기온(air temperature) : 대기온도를 기온이라 한다.
  ㉮ 일교차 : 하루 중의 최고기온과 최저기온의 차
    ㉠ 하루 중 기온이 최저인 시각 : 일출 전(일출 후 3시간 후가 평균기온)
    ㉡ 하루 중 기온이 최고인 시각 : 오후 2시경

  ※ 일교차는 계절과 위치에 따라 크게 변한다.
    ⊙ 겨울에는 작고 봄·가을에 크다.
    ⊙ 해안에서 내륙으로 갈수록 증대한다.
    ⊙ 겨울보다 봄·가을에 크고 해안, 평지, 녹지보다 대륙, 분지, 토사지대가 크다.
  ㉯ 연교차 : 1년 중 가장 더운 평균기온의 달과 가장 추운 평균기온의 달과의 차
    ㉠ 최고 8월, 최저 1월이다.
    ㉡ 역전 : 기온은 지대의 높이에 따라 낮아지는 것이 정상이나 특수한 경우에는 반대로 낮은 곳이 높은 곳보다 저온일 때의 현상

② 습도(humidity)
  현재 공기 중에 포함되어 있는 수증기의 양을 그 때 온도에 대한 최대 수증기량으로 나누어서 백분율로 나타낸 것을 습도라 한다.
  ㉮ 절대습도 : 1㎥의 공기 중에 포함되어 있는 수증기의 무게(g/㎥)
  ㉯ 비습 : 1kg의 공기 중에 포함되어 있는 수증기의 무게(g/㎥)
  ㉰ 수증기장력 : 공기 중에 포함되어 있는 수증기가 항상 기체로 확산하려고 함으로써 생기는 압력
    $$f = Ha \times (1 + 0.00366t)/106 \qquad f = 수증기장력(mmHg)$$
    $$Ha = 절대습도(g/㎥) \qquad t = 기온(℃)$$
  ㉱ 상대습도 : 비교습도라고 한다. 이 것은 1㎥의 공기 중에 현재 포함하고 있는 수증기 분량과 이 때의 온도에서 포함할 수 있는 최대의 수증기, 즉 포화 상태의 수증기의 분량과의 비를 말한다.
    $$RH(\%) = \{어느\ 온도에서\ 공기의\ 절대습도(g/㎥)/어느\ 온도에서\ 공기의\ 포화절대습도(g/㎥)\} \times 100\%$$
  ㉲ 포화절대습도 : 어느 온도에서 포함할 수 있는 수증기의 최대량으로써 그 이상의 양이 있으면 물로 되어 버리는 극한 값.(동해안 지방이 가장 높다)
    ㉠ 최저습도 : 기온이 가장 높은 하오 2시경
    ㉡ 최고습도 : 기온이 가장 낮은 일출 전후
    ㉢ 최저습도가 시작되는 달 : 7월과 8월(75~90%)

③ 비와 눈
  ㉮ 강수량 : 물의 깊이를 나타낸 것으로 단위는 mm이다.
  ㉯ 강수 : 비, 눈, 서리, 이슬, 기타 대기 중의 수증기가 응결하여 지상에 떨어지는 것.
  ㉰ 우리나라의 강수량 : 1,000~1,500mm
    ㉠ 남동계절풍이 강한 여름철이 많고 겨울철이 적다.

ⓒ 울산, 울릉도, 제주도 : 9월에 강수량이 많다.
ⓒ 서귀포 : 6월이 강수량이 많다.
ⓔ 울릉도는 여름철보다 겨울철의 강수량이 많다.

④ 바람
 ㉮ 풍향 : 겨울철에는 북서풍이 많고 여름철에는 남풍이 많다.
   (봄·가을에는 뚜렷한 방향이 없다.)
 ㉯ 풍속 : 지형적인 영향을 크게 받으며 섬지방은 해안지방보다 해안지방은 내륙지방보다 강하다.
 ㉰ 풍속이 강한 달 : 12~4월까지(5개월간)

⑤ 기후도(climograph)
  여러 가지 기후요소를 월별로 평균하여 이 것을 기온과 조합하여 그래프로 그린 것을 기후도라 한다.
 ㉮ 기습도(기온과 습도), 기수도(기온과 강수량), 기풍도(기온과 풍속), 기조도(기온과 일조시수)
 ㉯ 건축에서는 인체에 직접 영향을 끼치는 기습도가 많이 이용된다.

⑥ 일조율
 ㉮ 일조 : 태양으로부터 나오는 빛이 지상에 직사하는 것을 일조라 한다.
 ㉯ 일조시수 : 태양이 구름이나 안개에 차단되지 않고 지표를 쬐는 시간
 ㉰ 주간시수 : 일출에서 일몰까지의 시간시수
 ㉱ 일조율(%) = 일조시수/주간시수×100

⑦ 일조와 일사
 ㉮ 일조와 위생 : 적외선(열선), 가시광선(광효과), 자외선(사진화학반응, 생육작용, 살균작용, 화학선)
 ㉯ 일조계획
  ⊙ 일조의 조건 : 태양이 정오에 남중, 태양고도는 하지 78°, 동지 31°, 춘추분 55° 동지엔 주택 깊숙히 햇빛, 하지엔 햇빛이 들지 않는다.
  ⓒ 일영 : 햇빛을 받을 때 생기는 그림자
   · 종일음영 : 1일 중 전혀 일조가 없는 부분
   · 영구음영 : 영구히 일조가 없는 부분
  ⓒ 인동간격 : 하루 최소 4시간의 일조를 얻기 위해 동지의 일영곡선을 사용한 건물의 간격으로 결정
  ⓔ 일조조절 장치 : 루버(핀이라는 평편한 부재를 설치하여 일조차단)
   · 경사지일영 : 대지가 남쪽으로 기울면 일영길이 감소, 북쪽이면 증대, 도로 방향에 따라 동서도로는 여름엔 8시간 일조, 겨울엔 전혀 없다.
     남북도로는 동지엔 1시간 일조, 하지엔 3시간 일조, 남북과 45° 경사도로는 남향건물에 일조상태가 좋다. 남북방향으로 긴 대지는 겨울에 유리.

 ㉰ 일사계획
  ⊙ 일사의 효과와 세기
   · 일   사 : 태양광선에 의한 복사열의 세기, 지면, 벽체, 지붕 등은 태양으로 부터 열을 흡수하거나 반사한다.
   · 일사의 효과 : 일사의 세기, 일사를 받는 면의 방향, 시각과 시수, 받는 면의 성질 및 주위의 기온과 유동상태에 따라 다르다.
   · 일사량의 단위 : kcal/㎡h, 대기권 밖 일사량은 일사의 방향에 수직인 면에 1,170kcal/㎡h의 세기(태양정수)
  ⓒ 벽의 방위와 일사량 : 여름엔 수평면에 대한 일사량이 크고, 남수직면에 대한 일사량은 적으며, 오전 중의 동쪽 수직면과 오후의 서쪽 수직면이 매우 강한일사, 겨울에는 이와 반대 현상이다.
  ⓒ 일조, 일사와 건축 : 건축물 내의 기후에 큰 영향, 주택 방향은 남향, 여름철은 수평면 일사량이 큰 것을 고려하여 지붕구조는 단열구조로 한다.

제2절 열환경과 실내환경

[1] 열이동의 상세과정

① 복사 : 전자기파에 의한 열에너지의 전달.
　　　　거칠은 검은 면은 복사열에 의해 최상의 흡수면이며 매끄러운 밝은 면은 복사열에 의해 최하의 흡수면이다.
② 대류 : 입자 자체의 움직임으로 하여 물체를 통한 열에너지의 전달.
　　　　팽창된 공기는 더워져 찬공기와 교체되면서 위로 올라가고 이 공기는 다시 가열된 새 공기에 의해 아래로 내려온다.
③ 전도 : 고체를 통해 분자가 고온부에서 저온부로 열에너지를 전달.

[2] 열환경과 체감

① 인체의 열생산 : 1일에 가벼운 작업하는 건강한 사람은 약 3,000kcal 열량필요, 휴식시 25℃ 실온에서 매시간 24 l 산소흡입.
　　　　　　　　12℃에는 27 l 흡입한다.
② 인체의 열손실
　㉮ 인체표면의 열복사로 열손실
　㉯ 인체주위의 공기대류에 의한 열손실
　㉰ 인체표면이 땀에 젖어 수분 증발로 열손실
　㉱ 복사, 대류로 열발산(현열), 증발에 의한 잠열(숨은열)이라 한다.
　　　비율은 복사 45%, 대류 30%, 증발 25%

[3] 열쾌적에 영향을 미치는 요소

① 활 동 량 : 활동량이 많을수록 많은 열 발산, 또한 나이가 많아지면 열 발산은 감소한다. 성인 여자의 열 발산량은 성인 남자의 85% 정도
② 착 의 량 : 의복이 단열재 역할을 하여 피부의 온도를 유지시킨다.
③ 실내온도 : 공간을 둘러싸고 있는 표면의 온도는 실내공기의 온도와 마찬가지로 열환경의 쾌적에 영향이 크다.
　㉮ 내부기온 : 건구온도(공기온도)
　㉯ 평균복사온도 : 주위표면으로부터의 복사량의 평균 값
　㉰ 환경온도 : 기온과 복사온도의 조합
　㉱ 합성건구온도 : 기온과 복사온도 및 기류의 조합
　㉲ 쾌적온도 : 환경온도와 합성건구온도로 표시
④ 기류 : 실내공기의 대류에 의한 열손실로 외풍을 느끼게 한다.
⑤ 습도 : 쾌적조건을 만족시키기 위해 상대습도를 40%~70% 유지
⑥ 환기 : 산소를 공급하고 오염된 공기를 제거

[4] 열손실

① 열손실의 요인
　㉮ 외피의 단열 : 구조물이 외부와 면한 부분은 단열이 충분해야 한다.
　㉯ 외피의 면적 : 외피면적이 넓을수록 건물 열손실 증가.
　㉰ 실내의 온도차 : 실내온도차가 크면 전도와 환기로 열손실.
　㉱ 환기율 : 실내의 따뜻한 공기가 나가면 찬공기가 유입되어 열손실.
　㉲ 건물이 바람에 노출된 방향 : 바람이 벽과 지붕에 마주불 때 열전달률이 증가되면 열손실

[5] 쾌적 환경 기후와 조건

① 쾌적 환경 기후 : 쾌적 환경 기후의 상태를 나타내는 방법은 보통 그 환경의 물리적이며 화학적인 요소에 의한 것이다.
  ㉮ 공기의 온도, 습도, 기류, 주위 벽의 열복사, 공기 중의 냄새, 먼지, 세균 및 이산화탄소 그 밖의 각종 유해 가스 등으로 경우에 따라 다르다.
  ㉯ 실내의 쾌적 상태는 남자와 여자, 노인과 성인, 직업의 종류, 직업의 질 및 개인의 차이와 관습생활 양식에 따라서도 쾌적 조건이 달라진다.
  ㉰ 인체의 온도 감각에 영향을 끼치는 환경의 열적 요소는 기온, 습도, 기류, 주위벽의 열복사로 열환경의 4요소이기도 하다.

② 쾌적 환경 조건과 표시방법
  ㉮ 기온과 습도
    기온(건구온도)을 td℃, 습도를 ø%라 하면,
    ø = 188 − 7.2td로 나타내는 선을 쾌적선이라 한다.
  ㉯ 실감온도(= 유효온도 = 감각온도) :
    야글로와 휴턴에 의하여 연구된 것으로 환경 공기의 쾌적조건을 인체자신의 주관적인 감각에 의하여 구하고 그 결과를 하나의 스케일이나 인텍스로 나타낸 것이다.
     ⊙ 온도, 습도, 기류의 삼요소를 어느 범위내에서 조합하면 우리들의 온열감에 대하여 등감각적인 효과를 나타낸다.
     ⊙ 실감온도(E.T)의 표준으로 쾌적대는 17.2~21.7°ET라고 한다. (습도 30~60%)
  ㉰ 효과온도 : 기온, 기류, 주벽, 방사온도의 효과를 나타낸 것으로 실용상으로는 주벽면의 평균온도와 실내기온과의 평균 값으로 나타낸다.
  ㉱ 글로우브온도 : 기온, 기류, 주벽온도의 종합효과를 나타낼 수 있다.
  ㉲ 카타 냉각력 : 카타란 온계의 냉각속도로 환경 공기의 온도 조절을 알 수 있는 것으로 건카타와 습카타가 있다.
     ⊙ 건카타는 방사와 대류의 종합효과를 나타내고 습카타는 방사대류, 증발효과를 나타낸다.
     ⊙ 겨울철에는 건카타 7, 습카타 18이고, 여름철에는 건카타 6, 습카타 16 전후이다.
      ※ 등감온도 : 기온, 기류, 주벽 방사의 종합효과를 알 수 있다.

제3절 복사 및 습기와 결로

[1] 복사

빛과 같이 매개체가 없이 물체의 전자운동으로 방출되는 전자파에 의한 열 이동현상으로 공기속에서 한 물체로부터 다른 물체로 직접 전달된다.
① 기온 다음으로 인체의 쾌적환경에 영향을 크게 미친다.
② 차가운 유리창 옆에 있으며 인체열을 빼앗겨 찬 바람이 들어오는 것처럼 느껴진다.
③ 인체의 열 손실 중 가장 큰 것은 복사열(45%)이다.
④ 복사열이 기온보다 2℃정도 높은 상태일 때가 가장 쾌적하다.

[2] 습도

대기중에 포함된 수증기의 양
① 수증기 : 가스 상태의 물질이며 압축으로 액화된다.
② 포화 : 포화 수증기압은 어떤 공기가 주어진 온도에서 최대한의 수증기를 포함할 때를 말한다.
    더운 공기는 찬 공기 보다 더 많은 수증기를 포함할 수 있다.
③ 습도의 표시방법

㉮ 수분함수량 = $\dfrac{\text{공기에 포함된 수증기 질량}}{\text{건조한 공기 질량}}$

㉯ 수증기압 : 수증기 분자에 의한 부분 압력

㉰ 노점 : 어떤 일정한 습공기가 포화되는 온도

㉱ 상대습도 = $\dfrac{\text{습공기의 수증기압}}{\text{습공기의 같은 온도에서의 포화수증기압}} \times 100(\%)$ = $\dfrac{\text{노점에서의 포화수증기압}}{\text{실내온도에서의 포화수증기압}} \times 100(\%)$

[3] 건물에서의 결로

① 결로의 원리 : 건물 결로는 더운 습공기가 그 공기의 노점온도와 같거나 낮은 온도의 표면과 접촉할때 발생한다.
  ㉮ 표면결로 : 벽, 유리창, 천장 및 바닥의 표면에 발생하는 결로 표면에 수증기막이나 물방울로 나타나며 흡수가 잘 안되는 면은 분명히 나타남.
    ㉠ 표면 결로 발생유무 계산방법
      $K(\theta_1 - \theta_0) = \gamma(\theta_1 - \theta_d)$ ∴ $\theta_d = \theta_1 - K/\gamma(\theta_1 - \theta_0)$

      θ_d : 실내벽 표면의 온도(℃) θ_1 : 실내기온(℃)
      K : 벽체의 열관류율(kcal/㎡·h·℃)
      γ : 실내벽 표면의 열전달률(kcal/㎡·h·℃)
      θ_0 : 바깥 기온(℃)

    ㉡ θ_d가 실내공기의 노점보다 낮으면 벽 표면의 결로현상이 생긴다.
  ㉯ 내부결로 : 건축물의 벽체 내부에서 발생, 공기가 벽체를 통과하면서 냉각하면 노점온도에서 벽체 내부에서 결로 발생

② 결로하기 쉬운 곳
  ㉮ 벽체의 열관류율이 작고 틈사이가 작은 건물
  ㉯ 철근 콘크리트조의 건물이 나무구조 건물보다 결로가 일어나기 쉽다.
  ㉰ 바깥벽, 북향벽 또는 최상층의 천장층의 천장에 일어나기 쉽다.
    (남향벽은 일사의 영향으로 결로가 일어나지 않는다.)
  ㉱ 바깥벽에 면하여 있는 붙박이장 속이나 옥내의 구석은 결로현상이 잘 일어난다.
  ㉲ 구조상 일부벽이 얇아진다든지 재료가 다른 열관류 저항이 작은 부분이 생기면 결로하기 쉽다.(이런 부분을 열교라 한다.)
  ㉳ 결로는 야간 저온시에 일어나기 쉽다.

③ 결로의 원인
  ㉮ 수증기 발생원 : 덥고 습한 기상조건, 차가운 날씨가 별안간 덥고 습한 날씨로 바뀌면서 실내 표면은 더워져 결로 발생.
  ㉯ 온도 : 더운 공기중에 과다한 수증기는 공기가 냉각되면서 결로 발생.
  ㉰ 환기 : 외부 공기는 내부 공기보다 수분 함유량이 적어 환기를 하여 내부공기의 수분 함유량을 낮춰 결로 발생을 막을 수 있지만 환기가 부족하면 결로 발생.
  ㉱ 재료 : 단열처리를 못한 외벽에 접한 내벽 부분에 결로 발생.
  ㉲ 시공 : 단열시공이 불량하거나 새 건축물이 완전히 건조가 되기전에 입주하여 살 경우 건조안된 벽체로 습기가 방출되어 내부 습도 증가로 결로 발생.

④ 결로 방지책
  ㉮ 환기 : 냉각될 때 실내에서 결로될 가능성 있는 습한 공기를 제거
  ㉯ 난방 : 실내표면 온도 상승으로 실내공기의 노점온도보다 높아져 결로 방지
  ㉰ 단열 : 벽체를 열손실감소로 실내표면온도 상승

⑤ 방습층 : 수증기의 투과에 대해 저항력이 높은 건축재료의 층
  ㉮ 액체막 : 아스팔트 용액, 고무 상태 또는 실리콘 상태의 페인트.
  ㉯ 성형막 : 알루미늄박판, 폴리텐접착판, 폴리텐판지, 아스팔트펠트 및 비닐지 등.

공기는 질소, 산소, 알곤, 탄산가스가 대부분이며, 실내공기 조건은 인간생활의 중요 고려사항이다.

2장 공기환경

제1절 실내공기의 오염

[1] 사람의 호흡

호흡되고 나온 공기는 실내환기가 잘 안되면 산소의 감소와 탄산가스의 증가와 수분의 증가를 시킨다.
호흡의 성분 : 질소(79.2%), 산소(15.4%), 탄산가스(4.4%), 수증기(포화)

[2] 먼지

(1) 먼지발생
㉮ 재실자의 보행, 작업
㉯ 청소
㉰ 난방기구의 사용
㉱ 실내공기의 건조
㉲ 흡연

(2) 먼지가 주는 해
㉮ 폐내부에 침입하여 병의 원인
㉯ 호흡기에 만성기관염, 천식 발병
㉰ 피부염, 결막염을 일으킨다.
㉱ 먼지에 섞여 세균 번식

[3] 세균

떠돌아다니는 세균은 먼지 입자에 부착. 유해한 세균일 때가 문제가 된다.

[4] 냄새

많은 사람이 모인 실내의 냄새는 불쾌감, 두통, 구역질을 일으킨다.
① 호흡, 입냄새, 땀, 장깨스 등
② 흡연
③ 향료, 음주
④ 조리
⑤ 새로 도장한 벽, 가구 등

제2절 환 기

[1] 자연환기장치

(1) 보조장치
- ㉮ 급기구 및 배기통
- ㉯ 급기구 : 거실 천장 높이 1/2 이하의 높이에 위치, 외기에 개방
- ㉰ 배기구(배기통의 거실에 면한 개구부) : 거실 천장 또는 천장에서 아래로 80cm 이내의 높이에 위치 항상 개방 구조, 배기통에 세워진 부분과 직결
- ㉱ 배기통은 배기상 유효하게 세워진 부분, 윗부분은 외기에 배기가 방해되지 않고 직접 외기에 개방
- ㉲ 배기통에는 그 윗부분 및 배기구를 없애고 개구부 설치를 하지 말 것.
- ㉳ 급기구 및 배기구, 배기통의 윗부분에는 빗물, 벌레, 먼지로 위생상 유해한 것을 방지하기 위한 설비가 필요

(2) 자연환기
- ㉮ 풍력환기
  - ㉠ 통풍을 말하는 것으로 풍압작용으로 환기가 행해지는 것이다.
  - ㉡ 외부풍속이 1.5m/sec 이상이어야 한다.
  - ㉢ 풍력에 의한 자연 환기는 환기구멍, 창출입구 등의 틈에서 들어오는 공기량과 여기에서 흡출되는 공기량에 의한다.
- ㉯ 중력환기 : 실내·외의 온도차에 의하여 이루어지는 환기
  - ㉠ 무풍시 자연환기의 주요한 원동력이 된다.
  - ㉡ 고온시 실내공기는 실외로 나가고 소량의 실외공기가 실내로 들어오게 되는 것이다.

(3) 환기구
거실의 경우 마루면적의 1/20 이상이 유효 창면적이며 환기구를 설치하지 않아도 된다. 그러나 건물 기밀성이 높으면 환기전용 개구부를 설치해야 한다.
우리나라는 수동적으로 거주자가 개구면적을 조정하는 방식이 채택되고 있다.

(4) 환기통과 레프 벤틸레이터
출입구의 고저차와 통내외의 온도차에 의한 부력에 의해 또 그 윗부분의 벤틸레이터는 바람의 흡인작용에 의해 환기를 촉진시킨다.
벤틸레이터는 풍향에 좌우되지 않으므로 항상 부압되는 지붕 위쪽에 설치한다.

(5) 모니터 루우프
모니터란 채광이나 환기를 목적으로한 지붕으로 보통 지붕보다 높게 설치한다. 실내에서 열, 수증기, 오염물이 발생하는 고열작업장 등 다량의 환기를 필요로 하는 경우에 설치한다.

[2] 기계환기장치

(1) 보조장치
- ㉮ 급기기와 배기기, 환기상 유효한 급기구와 배기구
- ㉯ 급기구 및 배기구 위치와 구조는 실내에 취입된 공기분포를 균등하게 하고, 현저하게 국부적인 공기의 흐름이 생기지 않도록 할 것.

㉢ 급기구외 외기취입구와 직접 외기에 개방된 급기구 및 배기구에는 빗물과 쥐, 벌레, 먼지, 기타 위생상 유해한 것을 방지하기 위한 설비
㉣ 직접 외기에 개방된 급기구나 배기구에 환기선을 설치할 경우는 외기의 흐름에 의해 환기능력이 떨어지지 않는 구조로 할 것.
㉤ 바람길은 공기를 오염되지 않는 재료로 할 것.

(2) 기계환기

흡배기구의 위치에 따라 상향환기, 하향환기, 혼용환기법이 있다.

㉮ 상향환기법 : 흡기구를 방의 마루 혹은 벽면 하부에 만들어 놓고 배기구를 천정벽면 상부에 만들어 기류가 상향되게 만든 환기방식이다.
　㉠ 마루부근의 먼지, 세균이 상승하여 나쁜 공기를 흡입하는 결점이 있다.
　㉡ 식당, 다방 등에 사용된다.

㉯ 하향환기법 : 흡기구를 천장 혹은 벽면상부에 만들어 공기를 보내게 하며 배기구는 마루 혹은 하부에 만들어 기류방향을 하향으로 한 환기방식이다.
　　집회소, 학교, 병원, 공장 등에 이용된다.

㉰ 혼용환기법 : 공기의 일부분은 상향, 일부는 하향하는 방식.

명 칭	급 기	배 기	환기량	실내압	비　　고
제1종	기계	기계	임의일정	임 의	공기 조정 설비를 포함하는 경우가 많다.
제2종	기계	자연	임의일정	정 압	배기 개구 제약이 있어 청결실에 적합함.
제3종	자연	기계	임의일정	부 압	급기 개구 제약이 있어 오염실에 적합함.
제4종	자연	자연 보조	유한부정	부 압	옥상 배풍기로서는 n≒10 솟을지붕에서는 n = 20~30가능
-	자연	자연	유한부정	부 정	빈틈 환기만으로써는 환기횟수 n±1~2 정도

▲ 환기방식

(3) 송풍기

기계환기나 공조에 사용되는 송풍기는 축유형과 원심형이 있다.

㉮ 축유형 : 회전축에 장치된 날개의 회전
㉯ 원심형 :
　┌ 시로코팬 : 축방향이 길고 반지름 방향으로 짧은 날개가 25~65매 정도, 소형이며 소음도 적어 건물 환기용으로 많이 쓰임.
　└ 터어보팬 : 외형은 시로코팬과 닮았으나 날개가 12~16매 정도, 효율이 가장 좋고 축마력은 어느 풍량에서도 극대, 날개가 튼튼해야 하고 제작비가 비싸고 소음이 크다.

(4) 후드

열, 수증기 또는 오염물이 다량으로 발생하면, 이것이 실내에 확산되기 전에 모아서 배출해야 한다. 이것을 효과적으로 하기 위한 것이 후드이다.

㉮ 풀후드 : 흡입기류에 의한 것.
㉯ 푸쉬후드 : 수입기류와 흡입기류를 병용하는 것.

[3] 건물의 환기

(1) 주택, 아파트
① 부엌 : 가스레인지 위에 후드나 팬을 설치하고 있으나 순간탕비기는 좀 떨어진 위치에 설치하는 경우
가 많아 탕비기 전용 환기팬이나 배기굴뚝을 설치한다.
② 고층아파트
㉮ 부엌, 욕실이 직접 외기에 면하고 있지 않을 때 전용배기통, 공용배기통, 공용 급기통공용배기통, 전용급기통공용급배기통U덕트, 공용배기통SE덕트, 공용배기 통기계배기 방식이 있는데 잘 운용 못하면 사고의 원인, 공용배기통기계배기에서 배기팬을 시종 운전하면 비경제적이고 소음도 있어 심야운전을 정지하는 경우가 있다. 이 때 오염가스가 역류하여 사고유발 예가 있다.
㉯ 변소는 취기가 옆방에 새지 않게 옆방보다 저압으로 한다.
비수세식인 경우 배기통을 지붕이나 옥상까지 올려 벤틸레이터 설치.
수세식 변소에 창이 있어도 배기설비를 해야 한다.
㉰ 지붕밑 환기도 중요하다. 지붕밑의 환기를 크게 하여 일사열이 실내에 침입 하기전에 옥외로 방출시킨다. 천장에 환기구는 지붕밑 결로가 발생하는 원인이 된다. 천장의 단열성을 높이고 지붕위의 환기를 증진시켜야 한다.

(2) 사무실
시가지 고층건물은 도시 소음이나 대기 오염에 대한 대책이 필요.
소음 대책으로는 창을 열 수 없게 하거나 기밀성 샤시 설치, 도시의 외기는 신선하지 않아 도로에 가까운 곳은 자동차의 배기가스에 의한 오염이 심하다. 일반적 설치 정화장치는 집진기와 에어와셔이다.
먼지는 제거되나 CO 등 오염가스는 그냥 들어온다. CO_2는 실내에 있는 사람수 CO는 외기농도와 관계가 있고 먼지는 흡연자 수에 관계가 많다.

(3) 공장
① 앞으로의 공장 건설은 다량으로 발생하는 열, 수증기, 오염물을 옥외로 배출하는 환기를 실시하고 창, 모니터 등에 의한 전반환기를 크게 하여 열환경, 공기환경에 적정화를 위해 노력하던 예전과는 달리 공장 주변의 환경보존을 위해 오염공기나 공장소음을 무조건 배출하지 않도록 규제하고 있다.
② 환기계획
㉮ 공장종류별 열발생이 작은 공장과 고열 공장으로 분류
㉯ 저열원 공장에서 독립동인 경우 :
자연환기를 원칙으로 여름엔 개방, 겨울에는 창, 출입구를 폐쇄시킨다. 따라서 겨울엔 급기구를 고려한다.
㉰ 고열원 공장에서 독립동인 경우 :
모니터 등에 의한 자연 배기가 일반적으로 경제적이며, 또 열원이 작을 때는 후드의 병용이 효과적.

(4) 교실
① 위생상 필요한 환기량은 1인당 15㎥/h로 억제하여도 2~5회/h의 환기횟수 필요.
동계난방시 폐쇄되지 않는 전용환기구를 외벽, 복도, 측벽 및 복도 외벽에 설치.
찬 바람을 막기위해 개구부는 높은 위치에 잡고 확산판, 편향판 설치.
② 창 상부는 환기전용으로 창 하부는 통풍전용으로 하고 창은 채광과 시선을 위해 설치. 일사차폐용의 차양, 루버와 함께 외벽면을 구성.
③ 슬라브건물 교실은 복도 옥상으로 개방하는 고창, 자연환기장치로 환기가 용이.

(5) 집회실
① 시청각실, 극장, 영화관 등의 특수 건축물에 있어서 환기량은 1인당 20㎥/h, 기계환기만의 경우는 하계, 분출기류의 방향을 객석으로 향하여 온감의 저하를 도모, 흡연실, 화장실 등으로부터 공기유입이 피해 지므로 압입식 환기가 적당하다.
② 높은 천정면에 확산형 분출구를 부착하는 것은 부적당하고 넓은 상부 공간을 이용해 혼합, 확산할 수 있는 노즐형, 슬릿형 분출구가 적당하고 경제적이다.
배기구는 객석에 설치하고 규모가 큰 경우엔 분산 배치한다.

[4] 환기계획

① 환기횟수 : 1시간에 공기를 몇 번이나 바꾸느냐가 문제.
$n = Q/V$
여기서 n : 횟수(회/h)
Q : 환기량(㎥/h)
V : 실용적(㎥)
② 자연환기
여름철엔 창문을 개방하여 충분히 환기량을 얻고, 겨울엔 창문밀폐로 곤란하다. 개방형 난로나 순간 온수기를 사용하는 경우, 주방에서 가스를 열원으로 쓰는 경우 산소 결핍사고가 나기 쉽다. 자연환기를 촉진하기 위한 벤틸레이터라는 환기통이 사용된다. 공장 등에서 실내에 열, 수증기, 오염물을 풍력의 도움으로 환기하기 위해 모니터루프를 설치한다.
③ 기계환기
㉮ 축류형 : 환기팬, 냉각탑을 사용, 송풍량이 크나 송풍압이 낮다.
㉯ 원심형 : 다익형, 터보팬이 있다. 축류형보다 송풍압이 높고, 공기조화용 덕트 등에 많이 사용
④ 전반환기
㉮ 열, 수증기, 오염물질의 발생이 실내에 널리 분포된 경우는 실전체 환기를 계획해야 한다.
㉯ 발생한 오염물질을 완전히 포착할 수 없어 발생원이 집중되어 있을 때 전반환기를 행한다.
⑤ 국소환기
㉮ 발생원이 집중되고 고정되어 있는 경우에는 오염 물질이 발생한 후 오염이 실내전체에 확산되기 전에 오염물질을 포착해 실외에 배제한다.
㉯ 주택에서 조리용 레인지 연소배기를 위해 레인지후드에 부착, 부엌에 확산이 안되게 배제하는 국소환기의 일례이다.

3장 빛 환경

제1절 빛

[1] 빛의 정의

① 복사속(radiant flux)
  어떤 면을 통과하는 복사에너지의 시간에 대한 비율을 복사속이라 한다.
  단위 : 와트(watt.W)

② 광속(luminous flux)
  복사속을 시간으로 측정한 것을 광속이라 한다.
  단위 : 루우멘(lumen.lm)

③ 광도(luminous intensity)
  ㉮ 점광원의 어떤 방향에 발산광속의 입체각 밀도를 그 방향의 광도라 한다.
  ㉯ 점광원은 실제로는 존재할 수 없으나 조도계산의 편의상 광원크기의 5배 이상되는 거리에서는 이 광원을 점광원이라 본다.
  단위 : 칸델(candle.cd)

④ 조도(illumination)
  어떤 면이 받고 있는 입사광속의 면적밀도를 그 면의 조도라 한다.
  즉, 면적 ds에 광속 dF가 균일하게 입사하면 조도 E는 다음과 같다.
  $E = dF/ds$ 단위 : (lux.lx)

⑤ 휘도(brightness)
  어떤 면의 어떤 방향의 휘도란 그 방향에서 본 투영면적당의 광도로 표시한다.
  $B = dI/dS$ S : 밝은 면을 보고 있는 방향으로의 투영 면적   I : 그 방향의 광도
  단위 : cd/cm^2 또는 보조 단위로 stilb(cd/cm^2)를 사용한다.

⑥ 광속 발산도
  어떤 물체의 표면으로부터 방사되는 광속 밀도를 그 점의 광속 발산도라 하며, 이것을 R로 표시하면 방사광속의 분포가 균일할 때에는 다음 식이 된다.
  $R = dF/dS(rlx)$, $ds(m^2)$는 발광면의 면적이 $1 rlx = 1 lm/m^2$이다.

⑦ 광량
  ㉮ 광속의 시간 적분을 광량이라 한다.
  ㉯ 1루우멘의 광속이 1시간 동안 지속 되었을 때의 광량을 단위로 하여 이것을 1루우멘(lm) – 시각(h)이라 한다.
  ㉰ 광량을 Q라 하면 $Q = \int_0^h F dt (lm-h)$

[2] 빛의 성질

① 빛의 반사
  ㉮ 경면반사 : 한방향으로만 반사시키는 것으로 입사각과 반사각은 같다.
  ㉯ 확산반사 : 빛이 반사되어 여러 방향으로 확산되는 것이다.
  ㉰ 반사율이란 면에 입사된 광속과 면에서 반사된 광속과의 비율을 말한다.

② 빛의 투과
  투명체(빛을 투과하는 물질), 반투명체(빛을 통과시키거나 빛의 직진을 교란시켜 확산광을 만드는 물질)사이에 빛은 매체속에서 직진하고 광속은 $3 \times 10^8 m/Sec$로 나타낸다.

③ 빛의 굴절
  투명체에서 다른 매체로 진입하면 빛이 곧게 투과하지 못하고 빛의 방향이 바뀌는 것을 말한다.

[3] 빛의 법칙

① 거리의 제곱에 반비례하는 법칙
  조도는 광원으로 빛을 받고자 하는 면까지의 거리가 멀어지면 멀어지는 만큼 면이 넓어지므로 조도는 거리의 제곱에 반비례하는 양만큼 받게 된다.
② 코사인 법칙
  빛이 쬐이는 방향에 수직을 이루지 못하는 경사진 면에 쬐이는 빛의 양은 수직인면의 빛의 양보다 많이 받는다.

제2절 조도계산

[1] 직접조도와 간접조도

① 직접조도 : 광원으로부터 수조면에 직접 입사하는 빛에 의한 조도.
② 간접조도 : 조도의 직접 성분과 실내의 마감면에서 반사되어 입사하는 빛에 의한 조도.

[2] 점광원에 의한 직접조도

점광원은 실제로 존재하지 않는 광원으로 오차가 작다.
광원의 크기를 둥근 모양이면 최대지름, 장방형이면 대각선 길이, 선상이면 그 길이라 하여 광원 크기의 5배~10배 이상 멀리 빛을 받는 수조점의 직접조도로 간주한다.

제3절 시각

[1] 시각

시각은 빛이 감각 기관인 눈으로 들어옴으로써 생긴다. 시각은 우리들에게 물체의 모양, 색, 밝기와 움직임을 알려준다.
눈꺼풀이 열려 빛은 홍채에 의해 형성된 동공을 통해 수정체에 들어와서 망막까지 들어와야 영상을 맺는다. 망막은 추상체와 간상체로 시세포가 있어 광화학 변화에 따른 신호가 시신경을 거쳐 큰 골의 후두엽의 피질시각중추에 보내주어 시신경이 생긴다.
간상체는 주로 명암을 구분하고 어두운 곳에서도 물체가 움직이는 걸 감지하며 추상체는 색을 구분한다.

[2] 빛 환경에 대한 인간의 반응

① 빛 환경의 지각
  ㉮ 휘도에 대한 반응
    ㉠ 순응 : 눈은 일반 휘도 조건에 맞도록 평형상태를 유지하려고 한다.
         망막의 감광도가 변화하는 현상.
    ㉡ 대비감도 : 대비(C)는 시대상(視對像)물체의 휘도, 또는 반사율과 그 배경 휘도 또는 반사율 간의 차이에 의해 표시되며 시작업 성능에 큰 영향을 미치는 요소이다.
  ㉯ 시야 : 보통 인간의 시야는 시선방향에서 상향60°, 하향70°, 수평180° 범위를 감지할 수 있다.
  ㉰ 시력 : 어떤 거리에서 눈이 확인할 수 있는 최소디테일을 볼 수 있는 능력
  ㉱ 시효율 : 얼마나 효과적으로 시각채널이 작동하는가를 표시하는 일반적 의미로 사용

㉲ 눈의 피로 : ─ 눈
　　　　　　　├ 체질
　　　　　　　└ 환경

② 시환경의 질
　㉮ 휘도의 영향
　　㉠ 휘도와 휘도비
　　　· 휘도(luminance, stilb:L) = 조도(fc) × 표면반사율(%)
　　　· 휘도비 = 작업면의 휘도와 작업면 주변의 휘도와의 비.
　　　　　　 이 값이 너무 크면 시각적으로 불쾌감 유발.
　㉯ 현휘의 영향
　　현휘의 종류와 원인 :
　　시야내에 눈이 순응하고 있는 휘도보다 현저하게 높은 휘도 부분이 있거나 휘도대비가 큰 부분이 있으면 눈부심 현상이 일어나고 보는데 방해가 되며 불쾌감을 느끼게 되는 것.
　　├ 감능 현휘 : 보는데 방해가 되는 경우.
　　├ 불쾌 현휘 : 불쾌감을 느끼게 되는 경우.
　　└ 광막 반사 : 특히 휘도가 높지 않은 경우에도 시대상의 표면 등에서 반사되어 보는데 방해가 되는 경우.

제4절 채광과 조명

[1] 채광

① 주광
　천공광은 태양에 대한 지구의 공전과 대기 상태(구름, 먼지, 공해 등)에 따라 일반적으로 변화한다.
　3가지 대기의 기본조건은 맑음(30% 이하의 구름), 부분적 구름(30~70% 구름), 어두움(100% 구름, 태양이 안보임)이다.

② 주광률
　㉮ 실내 수평면에서 관찰할 수 없는 하늘에 대한 외부 조도의 백분율로 나타낸다.
　㉯ 담천공으로부터의 전천공 조도(Eo)에 대한 실내 한지점의 작업면 조도(Ei)의 백분율
　　D F = (Eo/Ei) × 100(%)

③ 채광계획
　㉮ 측창(벽면에 수직인 창으로 많이 쓰인다.)
　　㉠ 편측창 : 구석조도 부족, 조도 분포 불균등하나 설계상 무리없고, 문제점을 인공조명으로 보강, 외부를 볼 수 있는 잇점이 있다.
　　㉡ 양측창 : 두벽 편측창, 채광량은 유리하지만 그림자가 나누어지고 분위기도 둘로 갈라짐, 높은 측창은 고창이라 한다.
　㉯ 천창(지붕면에 수평, 또는 수평에 가까운 창)
　　측창의 문제점은 해소되나 시선 방향 시야가 차단되어 폐쇄 분위기, 평면상 어렵고 구조 시공 및 비처리 곤란
　㉰ 정측창(지붕면에 수직 또는 수직에 가까운 창)

[2] 조명

① 조명조건
　좋은 조명이라면 다음과 같은 것을 만족시켜야 한다.

㉮ 적당한 조도, 충분한 밝기
㉯ 눈부시지 않을 것.
㉰ 벽, 기타 주위의 휘도와 작업장소의 휘도와의 적당한 대비
㉱ 색을 식별할 필요가 있을 때의 적절한 광원의 선택
② 조명방식 : 조명의 방식에는 직접 조명, 반직접 조명, 전반 확산 조명, 반간접 조명, 간접 조명 등 다섯 가지가 있다.
 ㉮ 직접 조명
  ㉠ 장점 : 조명률이 좋고, 설비비가 싸고 유지와 배선이 용이
  ㉡ 단점 : 글로브 사용 않으면 추한 조명, 눈부심
 ㉯ 간접 조명
  ㉠ 장점 : 조도균일, 음영이 적다.
  ㉡ 단점 : 조명률 낮다, 천장면 마무리 영향 크다, 물건에 입체감을 주지 않고 음기한 감을 준다.

[3] 조명계획

 순서 : 소요조도의 결정 - 전등의 종류 선정 - 조명 방식 및 조명 기구의 선정 - 조명기구의 배치계획 - 조명계산 - 소요전등의 결정

① 소요 조도의 결정 :
그 작업에 필요로 하는 조도를 정한다. 양실 등의 책상의 천판위를 작업면으로 할 경우에는 바닥 85cm 높이의 수평면 조도를 고려하면 된다.

② 전등 종류의 결정 :
건물의 종류 및 용도에 따라 전등의 광색, 능률, 설치방법, 자외선의 유무, 설비비, 보수 문제 등을 잘 고려하여 그 종류를 결정한다.

③ 조명방식 및 조명기구
 ㉮ 작업의 종류에 따라 전반조명만으로 가능한가, 또는 국부조명을 병용할 필요가 있는가를 결정한다.
 ㉯ 조명기구의 선정은 조명률이나 방의 기능에 따라 건축과 잘 조화가 되는 것을 선택하여야 한다.
 ㉰ 조명기구의 선정은 경제문제도 개재되는 것이나, 그 유지에 대하여도 충분히 생각해 볼 필요가 있는 것이다.

④ 광원의 크기와 그 배치
 ㉮ 광원의 크기와 배치는 방의 치수, 보의 배치 등을 고려하여 광원을 평면도에 기입하고, 광원수를 결정한다.
 ㉯ 작업면에서 천장까지의 높이를 H라고 하면, 광원의 작업면상의 높이는 직접 조명 $h = 2/3H$, 간접 조명 $h = H$
 ㉰ 전등의 간격을 D, 벽과 전등과의 거리를 S라고 하면 $D \leq 2/3\,h$, $S \leq 1/3\,D$(벽측면에 일할 때), $S \leq 1/2 D$(벽측에서 일 안할 때)

⑤ 광속의 계산 :
조도, 램프, 조명 기구의 형식이 결정된 다음, 그 실내에서 필요로 하는 총 광속을 광속법에 따라 계산을 한다. 즉, 다음 식과 같다.
$$NF = EAD/U$$
여기서 N : 광원 수 F : 광원 1개당의 광속 E : 평균 수평면 조도
   A : 실면적   D : 감광 보상률   U : 조명률

[4] 조도의 기준

표준조도(lx)	조도범위(lx)	장 소	작 업 종 별
1,000	1,500~700	-	재봉(검은 재료)
500	700~300	-	공부, 독서(장시간 또는 작은글자), 재봉
200	300~150	-	독서, 세탁, 조리, 화장, 식사, 오락
100	150~70	거실, 서재, 응접실, 부엌, 어린이방, 식당, 화장실, 욕실, 작업실, 가사실	-
50	70~30	현관, 홀, 복도, 계단, 비상계단, 변소, 가사실	-
20	30~15	침 실	-

▲ 조도의 기준 주택(표준)

[5] 조명기구의 능률

① 유 지 율 : 기구가 더러워 졌거나 광원의 쇠퇴에 의해 조명계산을 할 때 안정을 보는 율로 직접 조명은 80%, 간접 조명은 50% 정도.
② 기구능률 : 전구에서 나오는 광속 중 기구자체에 흡수되는 비율로써 보통 60~80%이다.

[6] 건축화 조명

건축물의 내부(천장, 벽, 기둥 등)에 조명기구를 넣어서 건물의 내부와 일체를 만드는 방식이다. 시설비가 비싸고 복잡하지만 쾌적한 환경을 만드는 요소가 된다.
① 천장매입조명
② 간접조명
③ 하향등조명(down light)
④ 구석등조명(corner light)
⑤ 매입선등조명(line light)
⑥ 광량조명

[7] 전반조명과 국부조명

① 전반조명 :
실내 구석구석에 조도차가 없이 거의 같은 분포를 갖는 경우. 필요한 만큼의 조도를 얻기 어려워 비경제적일 수 있다. 그래서 국부조명을 병용하는 경우가 많다.
전반조명의 조도는 국부조명의 1/10 이상이 좋다.
② 국부조명 :
필요한 어느 한 부분만을 강조하여 조명하는 방법이다. 필요조도를 얻기가 쉬워 경제적일 수 있다.

[8] 조명등

① 인공광원
㉮ 백열전구 : 가장 오래전 실용화, 일반조명전구(100V용, 220V용)가 있다. 최근 효율이 높은 요오드 전구 개발
㉠ 전구의 수명은 필라멘트가 끊어지거나 점등이 안될 때 까지의 점등시간을 말하지만 광속이 처음 값의 20% 이상 내리기까지의 총점등 시간 유효수명, 실제로 점화된 전시간을 전수명이라 한다.

ⓒ 유리공은 능률로 보아 투명유리가 좋다. 필라멘트의 눈부심을 방지하기 위해 뽀얗게 한다.
㉯ 형광등 : 일반조명용으로 백색, 주광색.
　　　　　　점등방식은 예열기동형, 즉시기동형, 순시기동형(슬림라인) 등이 있다.
　　ⓐ 장점
　　　　· 발하는 빛의 대부분이 눈에 보이는 범위의 것. 형광을 이용하여 효율이 좋다.
　　　　· 색이 천연의 태양에 가깝다.
　　　　· 수명이 길다.
　　ⓑ 단점
　　　　· 현단계로서는 값이 비싸다.
　　　　· 여러가지 색을 섞은 천 등의 색식별이 어렵다.
　　　　· 발광전 스타트가 필요하다.
　　　　· 백열전구에 비해 크기가 크다.
　　　　· 교류의 사이클에 응하여 변동한다.
　　　　· 전압이 떨어지면 발광하지 않는다.
㉰ 수은등 : 수은의 증기압에 의하여 저압수은등, 고압수은등, 초고압수은등이 있다.
　　ⓐ 저압수은등 : 고효율광원, 공장 조명이나 청사진 빼는데 사용.
　　ⓑ 고압수은등 : 광색에 적이 부족해 백열전구와 고압수은등의 빛을 와트수비로 2 : 1로 혼합, 거의
　　　　　　　　　 주광에 가까운 광색.
　　ⓒ 초고압수은등 : 수은 증기압 10~200 기압, 효율은 40~70lm/W에 달하며 도로 조명, 공장 조명
　　　　　　　　　　 에 적합.
　　ⓓ 형광수은등 : 수은등의 청색에 백색을 가미한 것.
　　　　　　　　　　일반조명용에 적합함으로 공장 조명, 스포츠 조명에 쓰임.
㉱ 메탈할라이드등 : 고압수은등의 발광관에 금속, 금속할로겐을 봉입하여 효율과 연색성을 좋게 하여
　　　　　　　　　　자연주광색에 매우 가깝다.
㉲ 나트륨등 : 저압 나트륨등과 증기압을 높인 고압 나트륨이 있다.
　　　　　　　고압 나트륨등은 효율이 약 120lm/W로 높다. 등황색의 단일광원으로 고압은 황백색으로
　　　　　　　연색성이 불량해서 실내조명은 적합하지 않다.

4장 음 환경

제1절 음의 기초

[1] 음의 발생

① 음원 : 물체가 진동하면서 한 쪽 방향으로 움직일 때 주변 공기의 입자들을 압축하게 되고 다른 쪽 방향으로 움직이면 공기의 입자들을 서로 벌어지게 한다. 물체에 의해 압축된 공기입자들이 에너지를 전달한 후 다시 제자리로 돌아오는 압축과 팽창의 연속되는 패턴의 소리가 발생원에서 퍼져 나간다.

② 음의 매체 : 음원으로 부터 음의 진동을 전달하는 물질로 이것이 없으면 음이 전달되지 않는다. 진공에서 음이 전달되지 않는 것을 볼 때 우리가 경험한 전달매체는 보통 공기이다.

③ 수음기 : 소리를 받아 들을 수 있는 기구로 인체의 귀나 녹음기의 마이크로폰 등이 있다. 음의 매체가 기체나 액체일 때, 진동은 음원으로 부터 방사성의 방향으로 진동과 전파 방향이 일치하는 종파로 전달된다.

[2] 음속

① 공기중에서 소리의 속도는 온도나 습도가 높아짐에 따라 증가한다. 대기압의 변화에는 영향을 받지 않는다. 공기에서 보다 고체나 액체에서 더 빨리 전파되는데 이는 고체나 액체의 비중과 탄성이 공기보다 훨씬 커서 이들 분자는 진동에 신속한 반응으로 진동의 압력에 더 빠른 속도로 전달하기 때문이다.

② 음의 속도는 기온 15℃를 기준으로 하여 공기 중에서 340m/s로 전파.

$$v = 331.5 \sqrt{\frac{273 + \theta}{273}} \fallingdotseq 331.5 + 0.6\theta \, (m/s)$$

(θ는 기온으로서 1℃ 기온 상승에 따라 0.6m/s 씩 증가)

[3] 주파수

① 소리의 높이란 사람의 청각에 의해 느껴지는 소리의 주파수를 말한다. 옥타브밴드란 어떤 한 가지 주파수와 그 주파수를 2배로 한 주파수 사이의 범위를 말한다. 대부분의 소리는 여러 가지 다른 주파수들이 합성되어 있어 소리는 옥타브와 같은 주파수의 범위를 측정하고 분석한다.

② 주파수는 음이 1초간 진동하는 회수, 단위는 cycle/sec, Hz

㉮ $\lambda = \dfrac{v}{F}$ (m)

  - λ = 음의 파장
  - F = 주파수
  - v = 음속

㉯
  - 순음(Pure tone) : 한 개의 사인파 곡선으로 표시될 수 있는 음.
  - 복합음(Complex tone) : 대부분의 음.

  보통 건강한 사람은 20Hz에서 20,000Hz까지 소리를 들을 수 있다.

[4] 표준음

무한히 많은 음 중 대표적인 음은 64, 128, 512, 1024, 2048, 4096의 각 사이클의 순음이며 이 중 128, 512, 2048의 3개음은 저음, 중음, 고음이다.

※ 512 사이클의 음은 실내 혹은 재료 등의 음향적 성질을 표시할 때의 표준음.
　 1600 사이클의 음은 청각을 고려한 표준음이다.
※ 사이클(cycles/sec, C/S 또는 C.P.S) : 음의 1초간 왕복진동회수(주파수)

[5] 음압과 음압레벨(Sound Pressure Level)

① 음압
　㉮ 음압(P)는 음파에 의해 공기진동으로 생기는 대기중의 변동으로써 단위면적에 작용하는 힘.
　㉯ ─ 유효음압(Prms) : 변화되는 한 사이클 사이의 음압을 평균하면 실효치 (rootmean square)
　　　─ 음압절대 평균치(Pavr)
　　　─ 최대 진폭(Pmax)

$$P = Prms = \frac{\pi}{2\sqrt{2}} Pavr = \frac{1}{\sqrt{2}} Pmax (dyne/cm^2)$$

　㉰ 사람이 소리를 들을 수 있는 음압범위는 1,000Hz에서 0.0002~2,000dyne/cm² 또는 $2 \cdot 10^{-5} \sim 2 \cdot 10^2 N/m^2$ (Pa)

② 음압레벨
　㉮ 음압레벨(SPL) :
　　0.002 dyne/cm² 또는 $2 \cdot 10^{-5} N/m^2$을 기준값으로 하여 어떤 음의 음압(P)이 기준음압의 몇 배인가를 대수로 표시한 것.

$$SPL = 20 \log \frac{P}{Po} (dB)$$

　　(Po는 기준음압으로 1,000Hz에서 최소 가정치와 거의 같다.)

[6] 음의 세기와 음의 세기 레벨(Sound Intensity Level)

① 음의 세기 : 음파의 방향에 직각되는 단위면적을 통하여 1초간에 전파되는 음 에너지량.

$$I = \frac{P^2}{\rho v} (W/m^2)$$

　　─ P : 음압(N/m²)
　　─ ρv : 공기의 고유음향 저항 또는 임피던스 400(N.S/m²)
　　─ ρ : 공기밀도(122kg/m²)
　　─ v : 음속(340m/S)

② 음의 세기와 단위
　$I = P^2/\rho c$ (erg/sec · cm² 또는 0.1 μ watt/cm²)
　I : 음의 세기　　　　　　　　P : 음파의 압력변화의 진폭(dyn/cm²)
　ρ : 공기의 평균밀도(g/cm³)　　c : 음의 속도(cm/sec)
　㉮ 사람이 음으로 느끼는 음압은 $3 \times 10^{-4} \sim 3 \times 10^3$ dyn/cm²
　㉯ 단위 : 데시벨(decibel dB)

③ 음의 세기 레벨 : 음의 세기에 대한 실효치를 $I(W/㎡)$ 음의 세기에 대한 기준치를 $Io(W/㎡)$라 할 때

$$IL = 10 \log \frac{I}{Io} (dB) \quad (Io = 10^{-12} W/㎡, \quad 10^{-16} W/㎡)$$

④ $W/㎠$의 음의 세기의 level은 음의 세기를 대수치로 바꾼 것으로 그 크기는 음 세기의 level = $Io \log 10I/Io(dB)$이 된다.

⑤ Io는 기준음 세기 값으로 $Io = 10^{-16} W/㎠$이며, 음압 0.0002 dyne/㎠에 상당한다.

⑥ 명료도와 요해도

㉮ 명료도 : 음의 세기에 대한 명료도는 음압레벨이 70~80dB일 때 가장 높고, 40dB 이하이면 낮아진다. 명료도에 관계되는 요소는 강연자의 음성레벨(dB), 방의 잔향시간(S), 소음레벨/음성레벨이다.

㉯ 요해도 : 말의 세기에 의해 내용이 잘 들려 이해되느냐 하는 정도를 말한다.
음원에서 3m 거리 떨어질 때 작은 소리 30dB에서 70dB까지이다.

㉠ 만족한 청취조건은 25m 이하로 음원과 객석 거리가 정해진다.
㉡ 확성장치 없는 한계 조건은 30m 까지이다.

[7] 음의 크기와 음 크기레벨(Loudness level)

① 1,000Hz 순음에 대한
최소가청한계 : $I = 10^{-12} W/㎡$, $P = 20\mu Pa$, $IL = 0dB$
통증한한계 : $I = 1W/㎡$, $P = 20Pa$, $IL = 120dB$

② 음의 크기는 청각의 감각량

㉮ 음의 크기레벨의 단위는 폰(Phon)
- dB : 물리적 척도
- Phon : 귀의 감각적 변화를 고려한 주관적 척도

㉯ 음의 감각적 크기를 보다 직접적으로 표시하기 위하여 손(Sone)단위 사용.
: 손 값을 2배로 하면 음크기 2배로 감지 40Phon = 1Sone

[8] 소음 레벨과 가청 범위

① 소음레벨 : 등라우드니스 곡선의 40 Phon에 근접시킨 청감 보정회로를 소음계에 넣어 그 회로를 통해서 얻은 값을 소음레벨(dB(A))또는 폰(A)라 한다.

② 가청범위 : 귀에 느끼는 음압 $3 \times 10^{-4} \sim 3 \times 10^3 dyne/㎠$ 이나 음의 세기는 데시벨(dB)로 사용, 일반적으로 0~120dB 구분, 최소가청음 1dB, 최대가청음 120dB, 1dB 이하, 120dB 이상은 귀로 분별 곤란, 음의 크기는 음의 세기와 주파수 지정.

[9] 음의 합성과 분해

① 음의 합성
합성음 세기의 레벨은 합성음 세기와 기준음 세기의 비의 대수치로 나타낸다.
음 A와 음 B의 합성은 음 A≥ 음 B일 때 음압레벨 차로써 정해진 증가된 분량을 N이라 하면 합성음 세기의 레벨은 A + N이다.

② 음의 분해
측정 대상음 A, 주위의 소음(암소음)을 B라면 합성음(A + B)과 암소음의 차에서 보정치를 구하여 합성음에서 빼면 대상음의 음압레벨이 나온다.

[10] 음의 전파

① 점음원

음원의 크기가 충분히 작으면 측정거리와 비교해서 점음원이라 한다. 음에너지의 세기는 거리의 제곱에 반비례한다.

$$\frac{I_1}{I_2} = \frac{\gamma_2^2}{\gamma_1^2}$$

여기서 I_1 = 음원에서의 거리 γ_1에서 측정한 음의 세기

I_2 = 음원에서의 거리 γ_2에서 측정한 음의 세기

② 선음원

점음원의 집합을 선음원이라 하고, 선음원으로 부터의 음의 세기는 음원으로부터 거리에 반비례한다. 그 음파는 원통형태로 확산된다.

$$\frac{I_1}{I_2} = \frac{\gamma_2}{\gamma_1}$$

여기서 I_1 = 음원에서의 거리 γ_1에서 측정한 음의 세기

I_2 = 음원에서의 거리 γ_2에서 측정한 음의 세기

③ 음의 지향성

㉮ 음원의 종류에 따라서 음의 전파는 각기 다른 지향특성을 갖는다. 음원의 크기에 비해 음파장이 크면 음에너지는 모든 방향으로 똑같이 방사된다. 음파장이 음원의 크기보다 작은 면 음이 퍼지는 각도가 좁아 예민하다.

㉯ 흡음감쇠 : 분자의 점성에 의해 음의 진동에너지가 열에너지로 변하여 소리가 작아진다. 주파수가 높을수록, 습도가 적을수록, 상온에서는 온도가 낮을수록 흡음감쇠는 커지는 경향이 있다.

제2절 실내음향

[1] 실내음향이론

① 기하 음향학의 기초 사항

㉮ 실내 폐쇄 음장 음파 – 실의 형상·크기·구조 – 음의 반사·흡음·확산·잔향
· 공명현상 발생.

- 물리 음향학 : 계산
- 기하 음향학 : 빛의 특성과 동일하게 취급

㉯ 음의 반사 : 음파가 실내표면에 부딪치면 입사된 음에너지의 일부는 흡수되고 일부는 구조체를 통하여 투과되며 나머지는 반사된다.

㉰ 음의 확산 : 음의 효과적인 확산은 반향(echo)을 방지하고 실내음압분포를 고르게 하며, 음악이나 음성에 적당한 여운을 주어 자연성을 증가시키므로 음악홀이나 스튜디오 등의 음향조건이 좋아진다.

㉱ 음의 회절 :

- 고주파수 : Aucostic Shadow 없음.
- 저주파수 : Aucostic shadow 발생.
  발코니밑 관객은 음의 감쇠 현상으로 청취조건 불량.

② 흡음
  ㉮ 재료 표면에 입사하는 음에너지가 마찰저항, 진동 등에 의하여 열에너지로 변하는 현상.
  ㉯ 재료의 흡음률(α) : 입사에너지와 재료 표면에 흡수된 에너지와의 비율 0~1.0(Open Window unit), 단위는 세이빈(Sabine)
  ㉰ 총흡음력(A) : 실표면 재료 흡음력($\sum_i^n S_i\alpha_i$) + 고주파수에서 공기에 의한 흡음력(4mV) + 재실자와 물체의 흡음력($\sum A_j$)
③ 잔향
  ㉮ 음발생이 중지된 후에도 소리가 실내에 남는 현상
  ㉯ 잔향시간 : 실내에 일정한 세기의 음을 제공하여 일정상태가 되었을 때 음원으로부터 음의 발생을 중지시킨 후 실내의 평균에너지 밀도가 최초값보다 60dB 감소하는데 요하는 시간
  ㉰ 잔향시간이 너무 길면 : 대화음의 요해도 저하, 빠른 연주음일 경우 혼란.
     잔향시간이 너무 짧으면 : 음악의 풍부성이 없어짐.
  ㉱ Sabine의 영향식 : $RT = K \dfrac{V}{A}$
     - RT : 잔향 시간
     - V : 실의 용적
     - K : 비례 상수(0.16)
     - A : 실내의 총흡음력
④ 실의 공명
  ㉮ 음을 발생하는 하나의 물체로부터 나오는 음에너지를 다른 물체가 흡수하여 같이 소리를 내기 시작하는 현상.
  ㉯ 실내에서 공명에 의한 결점 보완하는데 필요한 요구사항.
    ㉠ 음향학적으로 바람직한 실의 비례를 가질 것.
    ㉡ 실의 표면은 불규칙한 형태로 설계할 것.
    ㉢ 표면의 불규칙성을 풍부하게 적용시킬 것.
    ㉣ 흡음재를 분산배치할 것.

[2] 실내음향 계획

① 일반사항
  ㉮ 실 전체에 걸쳐 적은 음압분포가 되게 할 것.
  ㉯ 소음이 적을 것.
  ㉰ 음의 명료도가 높도록 할 것.
  ㉱ 반향공명 등의 현상이 생기지 않도록 할 것.
② 음향적 결정
  에코우(반음) : 음원에서 직접음과 반사음의 도달시간차가 1/20초(음의 행정차 17m) 이상일 때 두음이 분리되어 들리는 현상.
③ 음향 설계
  강연, 음악 등의 실용도(室用途)에 따라 음향설계에 요구되는 일반기준
  ㉮ 실내 전체에 충분한 음압이 고르게 분포되도록 한다.
  ㉯ 잔향특성은 말이 명확하게 들리고, 음악이 아름답고 풍부하게 들리도록 조절한다.
  ㉰ 실내 어디서나 장시간 자연 반사음, 반향(echo), 음의 집중, 음의 그림자, 실의공명 등 음향적 결함이 없어야 한다.
  ㉱ 방해가 되는 소음과 진동이 없도록 하여야 한다.

④ 실내에 충분한 음압이 고르게 분포되도록 하기 위한 고려사항
  ㉮ 객석은 가급적 무대 음원 가까이 배치되도록 설계(예 : 발코니가 있는 부채꼴형)함으로써 음원으로부터의 거리를 가능한 짧게 한다.
  ㉯ 음원 근처에 반사체를 두어 초기반사를 최대한 이용하고, 반사체 크기는 반사되는 음원의 파장 이상으로 한다.
  ㉰ 객석바닥은 시각적인 이유와 만족할만한 직접음을 받도록 경사지게 하는 것이 유리하며, 부득이 수평일 때는 무대 음원의 위치를 가급적 높이는 것이 좋다.
  ㉱ 실 바닥면적과 용적은 합리적인 최소치로써 직접음과 반사음의 거리를 짧게 한다.

제3절 잔향

[1] 잔향이론

① 음원에서 음이 정지한 후에도 여운이 남아 있는 것을 잔향이라 하며, 잔향시간이란 음원이 멈춘 후 실내의 음의 에너지가 $1/10^6$이 될 때까지의 시간이며, 이는 실내음 level이 60dB로 감소할 때까지의 시간이다.
② 잔향은 실의 형태에는 거의 관계가 없고 실의 용적과 흡음력에 의해 결정되며, 실의 용적이 클수록 잔향시간이 길고 흡음력이 클수록 잔향시간은 짧아진다.
③ Sabin의 잔향식
  $T = KV/A$ K : 0.162(0.164)
                        V : 실의 용적
  A = 흡음력 a(흡음율)×s(표면적) T : 잔향시간

  ※ 실용적(V)에 비례하고 실내흡음력(A)에 반비례
④ 잔향시간
  1좌석당 실의 용적 : 음악실 7~10㎥, 극장·공회당 5~7㎥, 영화관 4~5㎥

[2] 잔향계획

① 잔향시간의 검토는 보통 125 C/S, 250 C/S, 1,000 C/S 2,000 C/S, 4,000 C/S, 2,000 C/S~4,000 C/S의 6개 주파수에 관하여 행한다.
② 최적잔향시간의 결정
③ 최적잔향시간과 실용적으로부터 필요한 흡음력을 구한다.
④ 실내 흡음력을 구한다.
⑤ 흡음력의 수정
  흡음력 = (흡음재료의 흡음력 - 부착전의 벽의 흡음력)×면적
⑥ 음향재료는 계획적으로 배치하여야 한다.
  ㉮ 저·중·고음층을 흡수하는 재료를 조합한다.
  ㉯ 무대 근처에는 반사성 재료, 무대에 멀리 떨어진 곳은 흡음성 재료 설치
  ㉰ 공사중 잔향시간 측정, 조정 개선

[3] 반사면 계획

① 실내마감 설계를 할 때 반사면 계획을 적절히 하면 1차 반사음에 직접음보다 음에너지는 적지만 음의 보강효과를 얻을 수 있다.

② 반사음의 지연시간이 0.035초(35ms) 이내 : 음 보강.
     0.06~0.07초(20~24m) 이상 : 반향으로 감지.
③ 통상 직접음과 반사음의 음선차가 20m 정도 일 때 반향 감지.
④ 플러터 에코(Flutter echo)조절 ┬ 평행한 표면을 피하는 형태
                              ├ 흡음재 사용
                              └ 경사진 면에 의해 표면 처리

[4] 잔향 설계

① 실의 사용목적과 실 용적에 의하여 최적 잔향시간과 그 주파수 특성을 결정한다.
② 강연이나 연극 등 언어를 주 사용목적으로 할 경우 잔향시간은 비교적 짧게하여 음성의 명료도를 제일 조건으로 한다.
③ 오케스트라나 뮤지컬(musical) 등 음악을 주목적으로 할 경우 잔향시간은 비교적 길게 하여 음악의 음질을 우선으로 한다.
④ 실의 용도가 다목적인 경우는 잔향시간을 언어와 음악의 중간정도로 하여 요구되는 목적에 따라 변경할 수 있도록 잔향시간이 가변장치(可變흡음구조 등)를 설치한다.
⑤ 전기 음향설비를 주로 이용하는 경우는 최적치보다 잔향시간을 짧게 하는 것이 좋다.

[5] 실의 형태 계획

① 평면형 : 음향적 요구조건만이 강당의 내부 형태를 결정하는 전부는 아니다.
  ㉮ 직사각형 : 성공적인 음악당의 전통적인 형태 반사판은 소리가 홀의 뒷부분으로 전달되도록 사용될 수 있으며 흡음판은 불필요한 반사를 막는다. 홀의 높이, 폭, 길이에 대한 통적인 비례는 약 2 : 3 : 5이다.
  ㉯ 부채형 : 청중을 음원에 가깝게 위치시키며, 청중이 더 좋은 시각을 갖게 한다.
            홀 뒷부분은 오목한 모양이 안되도록 한다.
  ㉰ 말굽형 : 전통적 오페라 극장, 오목한 모양은 여러 층의 좌석에 앉은 청중은 흡음재의 역할을 한다.
② 단면형
  ㉮ 바닥 : 실에서 될 수 있는대로 바닥은 경사를 둔다.
          무대를 보기쉽게 함과 동시에 무대위의 음원의 직접음이 청중의 머리 위를 통과 할 때 청중이나 의자에 의한 흡수, 감쇠현상을 될 수 있는 한 작게 하기위해 바닥전체를 계단상으로 하는 것이다.
          바닥구배는 오디토리엄 최저 8°, 극장에서는 최저 15°가 필요하다.
  ㉯ 천장 : 음원에 가까운 쪽은 반사성으로 하여 제1회 반사음을 후부좌석에 균등하게 보낸다. 천장전체를 요곡면으로 하면 음의 촛점을 만들 염려가 있어 피하고 오히려 철곡면으로 한다. 후부 천장 및 후부 벽을 흡음성이나 확산성으로 하고, 또 후벽은 에코우가 생길 경사는 피한다.
  ㉰ 발코니석 : 객석수 증가를 위해 발코니 설치를 한다.
              그 아래석은 직접음의 레벨도 낮고, 음질에 중요한 초기 반사음이 없으며 시각도 나빠지므로 발코니는 될 수 있는 한 만들지 않는게 좋다. 발코니 개구 높이의 2개까지로 하여 제일 끝 좌석에서 천장의 반이 보이도록 한다.
  ㉱ 벽
    ㉠ 측벽 : 고른음분포가 가능하도록 객석후면의 음을 보강하고 경사벽면을 고려한다. 반사음이 생길 가능성이 있으면 불규칙한 면이나 흡음 재료로 보완한다.
    ㉡ 후벽 : 객석의 후벽은 오목면의 형태를 피하고 경사지게 한다. 반사음을 방지하기 위해 후면쪽으로 넓어지는 사다리꼴이 바람직하다. 후벽은 흡음률이 높은 재료를 사용한다.

[6] 소음방지계획

① 소음방지 대책의 종류
㉮ 흡음(음원의 흡수) : 복도, 덕트 흡음, 옆방의 흡음 벽사이의 흡음처리
㉯ 차음(음원의 차단) : 울타리, 외벽에 의한 차음처리 외부소음 차단
㉰ 방진(진동음의 방진) : 벽의 방진 지지대
　　　　　　　　　　　　덕트, 파이프의 방진
　　　　　　　　　　　　플렉시블조인트

② 마스킹(masking) 효과
한쪽의 음때문에 다른 쪽의 음이 작게 들리는 현상. 청각적인 프라이버시를 보호하는데 많이 이용되고 있다. 그 예로 백색소음이나 핑크노이즈가 있다.

③ B.G.M(Back Ground Music)
실내에 경쾌한 음악을 만들어서 사람이 많이 몰려 생기는 소음을 심리적으로 차단하는데 쓰인다. 공장, 호텔, 백화점에서 사용되는 환경음악, 배경음악으로 알려져 있다.

④ 실내 소음방지
충분한 차음성을 갖도록 중량이 무거운 재료를 사용하여 벽체를 통한 투과음을 막고, 흡음재를 이용해서 실내의 반사음을 줄이며, 탄성재료나 금속코일 스프링장치에 의한 방진구조를 이용해 흡수를 하므로서 바닥구조를 통한 진동을 방지하며, 흡음용 음조절벽을 이용해 흡수하므로써 환기덕트 등의 기구를 사용하여 소음을 쫓아내는데 힘써야 한다.

⑤ 벽체의 차음
무거운 벽일수록 투과손실이 큰 것은 틀림이 없지만 건물의 자중과 공간의 협소화를 피할 수 없어 무거운 벽 대신에 비교적 얇고 차음력이 큰 적벽돌벽이나 공기층을 둔 중공벽 등 구조가 쓰여진다.
공간벽 사이간격은 최소한 100mm 이상 되어야만 차음시킬 수 있다.

[7] 방진계획

방진이란 소음문제는 없어도 건물의 구조체를 통한 진동을 느끼게 되었을 때 이 진동을 제어하기 위한 것이다.

① 금속 스프링 : 내부점성이 작아 저항을 부가하지 않으면 공진점에서 진폭이 이상하여 커진다든지 고진동수역에서 서징(surging)이 발생한다.
　　　　　　　방진고무와 직렬로 병용하면 좋다.

② 방진고무 : 적당한 정도의 내부점성과 좋은 탄성체로 기계의 시동, 정지시에 크게 흔들리지 않는다.

③ 코르크 : 스프링 정수가 작아 허용하중이 큰 것일수록 방진지지계의 고유진동수를 낮춘다.

④ 서징(Surging)
서징은 높은 진동수에서 일어날 수 있는 공진현상이다.
금속스프링은 고유진동수를 낮추지만 진동전달률이 커지고 방진효과가 적다.
금속스프링에 직렬로 방진고무를 써서 서징을 방지할 수 있다.

⑤ 뜬구조(floating Structure)
뜬구조는 확실한 방진법이다. 중량충격음을 발생하는 고체음이 구조체에 전달되지 않게 한다. 방송 녹음하는 무대와 같이 차음이 고도로 필요할 때 실 전체를 띄우는 뜬 바닥구조도 있다.
뜬 바닥구조는 습식구조와 건식구조가 있다.

Ⅲ. 실내건축재료

1장 건축재료의 개요

　제1절　건축재료의 발달
　제2절　건축재료의 분류와 성질
　제3절　구조별 사용재료의 특성
　제4절　건축 재료의 규격

2장 각종 재료의 특성·용도·규격에 관한 지식

　제1절　목　　재
　제2절　석　　재
　제3절　점　　토
　제4절　시 멘 트
　제5절　콘크리트
　제6절　금속재료
　제7절　미장재료
　제8절　유　　리
　제9절　도장재료
　제10절　합성수지
　제11절　방수재료

1장 건축재료의 개요

제1절 건축재료의 발달

건축재료란 건축물을 구성하는 재료의 총칭으로 광의의 개념으로 보면 건축물에 직접적으로 사용되는 재료 이외에 간접적으로 사용되는 가설공사용 자재, 건축설비 및 장비에 이용되는 기재도 포함된다.

건축재료는 기상작용과 주위환경의 영향을 많이 받기 때문에 건축물의 설계·시공시 재료에 관한 지식이 매우 중요하며 재료의 기본적인 성질을 파악하고 이해하여 적재적소에 사용함으로써 합리적인 건축물의 설계와 시공을 목적으로 하고 있다.

제2절 건축재료의 분류와 성질

[1] 생산방식에 의한 분류

(1) 천연재료 - 목재·석재·골재·점토 등
(2) 인공재료 - 콘크리트 및 그 제품·금속제품·요업제품·섬유화학제품 등

[2] 화학적 조성에 의한 분류

(1) 무기재료
① 금속재료 : 철강·알루미늄·동·연·아연·합금류 등
② 비금속재료 : 석재·시멘트·벽돌·유리·석회·콘크리트·도자기류 등

(2) 유기재료
① 천연재료 : 목재·아스팔트·섬유류 등
② 합성수지 : 플라스틱재·도료·접착재·시일링재 등

[3] 용도에 의한 분류

(1) 구조 재료
① 정의 : 건축 구조물의 뼈대를 구성하는 재료.
② 성질 : ·재질이 균일하고 강도가 클 것.
·내화, 내구성이 클 것.
·가볍고 큰 재료를 용이하게 얻을 수 있을 것.
·가공이 용이할 것.
③ 종류 : 목재, 석재, 시멘트, 콘크리트, 금속재료

(2) 수장 재료
① 정의 : 구조 재료에 첨가하거나 건축물을 완성시키는 재료.
② 종류
㉮ 지붕 재료
㉠ 재료가 가볍고 방수, 방습, 내화, 내수성이 클 것.

　　　　ⓒ 열전도율이 작을 것.
　　　　ⓒ 외관이 좋을 것.
　　ⓘ 벽, 천정 재료
　　　　㉠ 열전도율이 작을 것.
　　　　ⓒ 흡음이 잘 되고 내화, 내구성이 클 것.
　　　　ⓒ 외관이 좋을 것.
　　　　ⓔ 시공이 용이할 것.
　　ⓘ 바닥, 마무리 재료
　　　　㉠ 탄력성이 있고 마멸, 미끄럼이 적으며 청소가 용이 할 것.
　　　　ⓒ 외관이 좋을 것.
　　　　ⓒ 내화, 내구성이 클 것.
　　ⓘ 창호, 수장 재료
　　　　㉠ 변형이 작고 가공 용이.
　　　　ⓒ 외관이 좋을 것.
　　　　ⓒ 내화, 내구성이 클 것.

(3) 설비 재료
① 정의 : 건축물에 첨가하여 건축물의 사용능률을 보완하거나 향상 시키기 위한 재료.
② 종류 : 엘리베이터, 에스컬레이터, 위생설비, 냉난방설비.

(4) 가설 재료
① 정의 : 건축물을 신축하거나 보수하는 데 필요한 것으로 완성한 다음 철거해야 하는 재료.
② 종류 : 비계용 강판, 흙막이용 강판.

[4] 기능에 의한 분류

방수 및 방습재료, 방화 및 내화재료, 음향재료, 보온 및 보냉재료, 방부 및 방충재료, 표면보호재료, 접합재료 등

[5] 부위에 의한 분류

구조재료, 지붕재료, 외벽재료, 내벽재료, 천장재료, 바닥재료 등

제3절　구조별 사용재료의 특성

[1] 역학적 성질

① 탄성 : 외력 제거시 원래의 상태로 되돌아 가는 성질.
② 소성 : 외력 제거시 원래의 상태로 되돌아 가지 않는 성질
③ 강도
　　㉮ 정의 : 물체에 하중이 작용할 때 하중에 저항하는 능력.
　　㉯ 단위 : kg/cm^2, kg/mm^2.
　　㉰ 종류 : 외력의 작용 방향에 따라
　　　　　　　　・압축 강도/인장 강도/휨 강도/전단 강도/비틀림 강도
　　　　　　　　・허용강도 = 최대강도(파괴강도)/안전율
④ 응력 변형도
　　㉮ 응력도 : 연강재를 외력을 가하여 잡아당겼을 때 외력이 커지면서 연강재는 늘어난다. 이 때 외력을 연강재의 원단면적으로 나눈 값이 응력도이다.

㉯ 변형도 : 늘어난 길이(변형)을 원래의 길이로 나눈 값이 변형도이다.
⑤ 탄성계수(길이 탄성계수, 영률)
  ㉮ 정의 : E = σ/ε = (P/A)/(Δl/l)
    σ : 응력도   ε : 변형도
    P : 외력   A : 단면적
    Δl : 늘어난 길이   l : 원래의 길이
  ㉯ 단위와 성질 : 단위는 kg/cm²이고 탄성계수의 값이 클수록 변형되기가 어렵다.
               이 성질은 구조 재료로서 갖추어야 할 필요한 성질이지만 강도와 일치하지는 않는다.
  ㉰ 프와송의 비 : 탄성체는 인장력이나 압축력이 작용하였을 때에는 외력의 방향으로 변형이 생기지
               만 또 외력과 직각 방향으로도 변형이 생긴다. 이들 두 변형도의 비를 프와송비
               (Poissons ratio) r이라 하고 이것의 역수를 프와송 수 m = 1/r이라 한다.
               r = 1/m = 가로 방향의 변형도/세로 방향의 변형도
⑥ 경도 : 재료의 단단한 정도
  ㉮ 브리넬 경도
    ㉠ 금속, 목재에 적용
    ㉡ 지름 10mm의 강구를 시편 표면에 500~3,000kg의 힘으로 압입하여 (압력)/(표면에 생긴 원형 흔
       적의 표면적)의 값
  ㉯ 모스 경도
    ㉠ 재료의 긁힘(마멸)에 대한 저항성을 나타내는 것.
    ㉡ 유리, 석재의 경도 표시.
⑦ 기 타
  ㉮ 강성(Rigidity) : 외력을 받더라도 변형이 작은 것을 강성이 큰 재료라 한다.
                   강성은 탄성계수와 밀접한 관계가 있다.
  ㉯ 연성(Ductility) : 재료를 잡아당겼을 때 길게 늘어나는 성질을 말한다.
  ㉰ 메짐성(Brittleness)
     적은 변형이 생겨도 파괴되는 성질을 말하며 유리가 대표적인 메짐성 재료이다.
  ㉱ 인성(Toughness)
     재료가 외력을 받아 파괴될 때까지의 에너지의 흡수능력이 큰 성질을 말하며 큰 외력을 받아 변형
     을 나타내면서도 파괴되지 않는 성질을 말한다.
  ㉲ 전성(Malleability)
     압력이나 타격에 의해서 판자모양으로 펼 수 있는 성질을 말하며 금, 은, 알루미늄 등이 전성이 큰
     대표적인 물체이다.

[2] 물리적 성질

① 비중 : 비중이란, 어느 물체의 무게가 같은 부피의 물의 무게보다 몇배인가를 나타내는 수치로서 다
        음 식으로 나타낸다.
        비중 = 물체의밀도/4℃의 물의 밀도 = 물체의무게/물체와 같은 부피의 4℃의 물의 무게
  ㉮ 비중의 종류
    ㉠ 진비중은 무게를 실질용적(또는 절대용적)으로 나눈 것으로 구한 비중이다.
    ㉡ 겉보기 비중은 무게를 실질과 공극율 포함한 용적으로 나눈 것으로 구한 비중이다.
  ㉯ 공극률과 실적률 : 공극률(%) = {1-(Ga / Gt)} × 100
                    실적률(%) = Ga/Gt × 100
                    공극률(%) + 실적률(%) = 100
                    여기서 Gt : 진 비중, Ga : 겉보기 비중

② 열에 대한 성질
  ㉮ 비열 : 질량 1g의 물체에 온도를 1℃ 올리는데 필요한 열량을 그 물체의 비열이라 하고 단위는 cal/g℃이다.
  ㉯ 열전도율 : 보통 두께 1m의 물체 두 표면에 단위 온도차를 줄 때 단위 시간에 전해지는 열량을 말하며 단위는 kcal/m·h·℃이고 기호는 λ이다.
  ㉰ 열팽창 계수 : 온도의 변화에 따라 물체가 팽창, 수축하는 비율을 말하며 단위는 /℃이다.
  ㉱ 열용량 : 물체에 열을 저장할 수 있는 용량을 열용량이라 하고 비열×비중으로 구하며 단위는 kcal/℃이다.
  ㉲ 연화점, 용융점
    ㉠ 용융점 : 금속재료와 같이 열에 의해서 고체에서 액체로 변하는 경계점이 뚜렷한 것이다.
    ㉡ 연화점 : 아스팔트나 유리와 같이 경계점이 불분명한 것이다.
③ 음에 대한 성질
  ㉮ 흡음율 : 음을 얼마나 흡수하느냐 하는 성질을 흡음율이라 하고 흡음은 재료 표면의 요철이나 연성과 속의 공극 상태에 따라 다르다.
  ㉯ 차음율 : 차음율은 음의 전도를 막는 능력을 말하며 보통 dB 단위를 쓰는 데 비중이 클수록 크고 음의 진동수에 따라 다르다. (두께 5cm인 콘크리트 벽은 약 40dB 두께가 15mm인 합판의 차음률은 약 10~25dB이다.

[3] 화학적 성질

① 철강재 : 염분이 많은 해안 지방에서 부식.
② 알루미늄 새시 : 시멘트, 콘크리트에 접하면 부식.

제4절 건축 재료의 규격

[1] 한국 공업 규격(KS)

KS F(KS : 한국공업규격, F : 분류기호)
① 3년마다 적합 여부 심의.
② 제품의 품질 향상, 생산, 유통, 소비의 편리 도모.

분류기호	부 문	분류기호	부 문	분류기호	부 문
A	기 본 부 문	F	토목건축부문	M	화 학 부 문
B	기 계 부 문	G	일 용 품 부 문	P	의 료 부 문
C	전 기 부 문	H	식 료 품 부 문	R	수송기계부문
D	금 속 부 문	K	섬 유 부 문	V	조 선 부 문
E	광 산 부 문	L	요 업 부 문	W	항 공 부 문

▲ 한국공업 규격의 분류

2-1 목재

각종 재료의 특성·용도·규격에 관한 지식

[1] 개설

(1) 목재의 장·단점

① 장점
  ㉮ 가볍고 가공이 쉬우며 감촉이 좋다.
  ㉯ 비중에 비하여 강도가 크다.
  ㉰ 열전도율과 열팽창률이 작다.
  ㉱ 종류가 많고 각각 외관이 다르며 우아하다.
  ㉲ 산성 약품 및 염분에 강하다.

② 단점
  ㉮ 착화점이 낮아 내화성이 작다.
  ㉯ 흡수성이 크며 변형하기가 쉽다.
  ㉰ 습기가 많은 곳에서는 부식하기가 쉽다.
  ㉱ 충해나 풍화에 의해 내구성이 떨어진다.

(2) 목재의 분류와 조직

① 목재의 분류
  목재는 일반적으로 다음과 같이 분류한다.

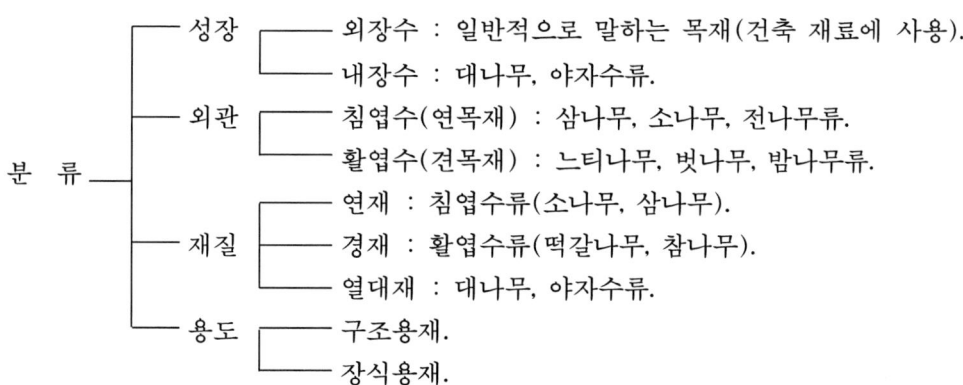

② 목재의 조직 성분
  ㉮ 연륜
    ㉠ 나이테 = 춘재 + 추재
    ㉡ 춘재 = 성장이 빠른 부분
    ㉢ 추재 = 가을, 겨울에 자란 부분

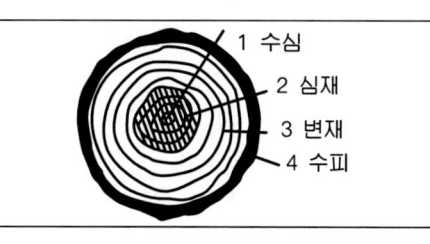

  ㉯ 세포
    ㉠ 섬유 : 침엽수→가도관 길이 1~4mm의 주머니 모양
              중간에 구멍이 있어 인접섬유와 통한다. 수액의 통로로 이용됨.
    ㉡ 도관(물관) : 활엽수에만 있다.
                  섬유보다 굵은 관이다.
                  양분과 수분의 통로 이용.
    ㉢ 수선 : 수액을 수평으로 이동.
    ㉣ 수지구 : 수지의 이동이나 저장을 하는 곳.

[2] 목재의 성질

(1) 목재의 열에 대한 성질
① 열전도율 : 콘크리트 금속에 비하여 극히 작다.
② 내화성
  ㉮ 160℃ 이상 가열하면 목재는 갈색으로 변한다.
  ㉯ 250~260℃에서는 연소한다. 이를 인화점 혹은 착화 온도.
  ㉰ 450~460℃에서는 불꽃이 없어도 발화에 이른다. 이를 발화점이라 한다.
  ㉱ 200℃ 이하에서는 장시간 가열하면 가연성가스가 분열되어 발화되기도 한다.
  ※ 가연성가스 : 일산화탄소(CO), 수소(H_2), 이산화탄소(CO_2) 등 잘 탈수 있게 하는 가스.

(2) 목재의 부패
① 온도 : 부패균은 25~35℃ 사이가 가장 왕성하다.
         4℃ 이하 발육 중지.
         55℃ 이상이면 사멸.
② 습도 : 80%가 성육에 가장 적당.
③ 공기 : 완전히 물에 잠겨진 목재는 부패되지 않음.

(3) 목재의 함수율
   함수율=목재중의 수분/전건재 중량
① 전건재 중량=목재 부피×비중
② 목재의 수분=목재의 무게—전건 목재의 무게
③ 전건재 : 함수율 0%
④ 기건재 : 함수율 15%
⑤ 섬유포화점 : 함수율 30%
  ※ 함수율이 완전히 0%가 된 전건상태일때의 비중을 목재의 비중으로 표시한다.

(4) 목재의 비중
① 비중
  ㉮ 전건상태기준(함수율 0%).
  ㉯ 공극율(V)={1-(W/1.54)}×100
  ※ W : 전건비중, 1.54 : 섬유질의 구성(목재 구성).
     V : 공극율(%)=목재 내부에 있는 공간 상태 표시.
  ㉰ 목재의 강도와 비중
    ㉠ 함수율이 낮을수록 강도가 크다.
    ㉡ 인장강도가 압축강도보다 크다.
    ㉢ 나무섬유의 평행 방향에 대한 강도가 직각 방향에 대한 강도보다 크다.
  ㉱ 목재의 비중과 각종 강도

종 류	비 중 (기건상태)	압축강도 (kg/cm²)	인장강도 (kg/cm²)	휨 강 도 (kg/cm²)	전단강도 (kg/cm²)
삼 나 무	0.39	400	447	576	52
전 나 무	0.46	517	573	804	72
소 나 무	0.54	440	519	703	76

종 류	비 중 (기건상태)	압축강도 (kg/cm²)	인장강도 (kg/cm²)	휨 강 도 (kg/cm²)	전단강도 (kg/cm²)
낙 엽 송	0.61	638	-	827	90
오 동 나무	0.31	372	214	586	39
밤 나 무	0.50	353	598	582	64
느 티 나무	0.68	526	878	874	97
벗 나 무	0.70	534	742	879	102
단 풍 나무	0.72	564	821	910	114
떡 갈 나무	0.82	459	949	786	79
참 나 무	0.99	641	1,250	1,180	123

※ 목재의 허용강도는 최고 강도의 1/7~1/8 정도임.

[3] 목재의 보존법

(1) 방부·방충법
① 일광직사 : 자외선 살균(30시간 동안)
② 침지 : 물속에서 차단(소나무 말뚝의 경우)
③ 표면탄화법 : 수분을 제거하여 부패, 충해 등 방지
④ 표면피복법 : 도료 사용(방습, 방수도 부패균이나 충해 방지)
⑤ 약제처리
  ㉮ 코울 타르(coal tar)
    방부력이 약하고 흑색이어서 상온에서 침투가 잘 안되므로 도포용으로 사용
  ㉯ 크레오소오트(creosote)
    방부력이 우수하고, 내습성도 있으며 값이 싸고 미관을 고려하지 않은 외부에 침투성이 좋으므로 좋다.
  ㉰ P.C.P(penta.chloro.phenol)
    무색이고 방부력이 가장 우수하며 그 위에 페인트칠을 할 수 있으나 크레소오트에 비하여 가격이 비싸다.
    ※ 사용방법은 석유 용제로 녹여 쓴다.
⑥ 기타
  ㉮ 황산구리 : 남색의 결정체이며 1% 수용액으로 만들어 쓴다. 철을 부식시키는 결점이 있다.
  ㉯ 플로오르화나트륨(불화소오다) : 황색 분말로 2% 수용액으로 만들어 쓴다.
  ㉰ 염화아연 : 2~5% 수용액으로 처리하며 살균효과가 크고 흡수성이 있다.
    ※ 그 위에 페인트를 칠할 수 있다.

(2) 방화법(연소를 지연시키는 방법)
① 목재 표면에 불연성 도료를 칠한다.(방화막을 형성)
  ※ 참고
    · 불연성 도료 : 방화 페인트 규산나트륨(물유리)
    · 방화제 : 인산암모늄, 황산암모늄, 탄산칼륨, 탄산나트륨, 붕사
② 목재 표면은 불연재이며 단열성이 큰 시멘트 모르타르나 벽돌로 차단한다.
  (화재 위험 온도에 도달 방지)

[4] 죽재

대나무는 단자엽(외떡잎 식물)으로 건축재료의 심벽의 방향이나 장식 재료로 사용된다.

(1) 성질
① 나이테가 없다.
② 곧고 탄력성이 크며 강도가 크다.
③ 쪼개지기 쉽다.
④ 비중은 생대나무 1.1~2.2, 기건재 0.3~0.4
⑤ 강도 : 인장강도 1,500~2,500kg/㎠, 휨강도 2,000kg/㎠,
　　　　　압축강도 600~900kg/㎠, 겉 껍질 수분 인장강도 3000~4,000kg/㎠이다.

(2) 벌목과 건조
① 용재는 3년생이 좋다.
② 서까래, 장대는 5년생이 좋다.
③ 건조는 쪼갤 것은 10~20일, 통재는 3~4개월
④ 벌목시기는 10~11월이 좋다.

(3) 가공성
① 죽재는 쪼개지기 쉽고, 탄성, 인성, 강도가 크다.
② 속이 비고 가볍다.
③ 건습에 신축 변형이 적다.
④ 대나무는 0.3% 알칼리로 처리하면 연해진다.

[5] 목재의 가공 제품

(1) 합판
　3매 이상의 얇은판을 1매 마다 섬유방향이 직교하도록 접착제로 겹쳐서 붙여 만든 것.
　단판의 겹친 매수는 3, 5, 7매 등의 홀수로 되고 두께도 각각 다르다.
① 단판제법의 종류
　㉮ 로터리 베니어
　　원목을 일정한 길이로 절단하여 회전시키면서 연속적으로 얇게 벗긴 것.
　　원목의 낭비를 막을 수 있음.
　㉯ 소우드 베니어
　　각재의 원목을 얇게 톱으로 자른 단판으로 아름다운 나뭇결을 얻을 수 있는 것.
　㉰ 슬라이스드 베니어
　　원목을 미리 적당한 각재로 만들어 칼날로 얇게 절단한 것.
　　곧은결이나 널결을 나타낼 수 있는 것.
　㉱ 반원 슬라이스드 베니어
　　껍질을 벗긴 원목을 반원으로 켜서 껍질 쪽을 고정시켜 이것이 고정된 긴날에 접하면서 원호를 그리며 상하로 움직여 단판을 벗겨내는 것.
　　아름다운 결을 갖는 고급 목재로부터 무늬목을 얻는 데 쓰인다.
② 합판의 종류
　보통 합판 : 1급, 2급, 3급
　특수 합판 : 화장 합판

㉮ 무늬목 화장 합판 : 미장용으로 표면에 괴목 등의 얇은 단판을 붙인 합판.
㉯ 멜라민 화장 합판 : 표면에 종이나 섬유질 재료를 멜라민 수지와 결합하여 입힌 합판.
㉰ 폴리에스텔 화장 합판 : 표면에 오버레이 가공한 합판(폴리에스텔수지 사용)
㉱ 염화비닐 화장 합판 : 표면에 오버레이 가공한 합판(염화비닐수지 사용)
㉲ 프린트 화장 합판 : 표면을 인쇄 가공한 합판.
㉳ 도장 화장 합판 : 표면을 투명 또는 불투명하게 도장 가공한 합판.
③ 합판의 치수
㉮ 보통 합판의 두께 : 3mm, 4mm, 6mm, 9mm, 12mm
㉯ 보통 합판의 크기 : 90cm×180cm, 120cm×240cm

(2) 마루판류

마루판은 무늬가 아름다운 참나무·나왕·미송·아피톤 등을 이용하여 인공건조한 판재(board)로 만든 것이다. 바닥판은 재료의 함수율·비중·옹이 등의 결점 유무에 따라 그 강도에 차이가 난다. 실용도에 따라 마루에 가해지는 하층이 다르므로 재질·두께·장선간격 등을 결정해야 한다.

① 플로링 보드(flooring board)

굳고 무늬가 아름다운 참나무·미송·나왕·삼나무·떡갈나무·밤나무·아피톤 등을 이용하여 만든 판재를 표면은 곱게 대패질하여 마감하고 양측을 제혀쪽매로 하여 접합에 편리하게 한 것을 플로링보드라 하며 이를 플로링(flooring)이라고도 한다. 플로링보드는 두께 9mm, 너비 60mm, 길이 600mm 정도가 가장 많이 쓰인다.

플로링보드의 규격은 한국공업규격(KS F 3103), 무늬목 치장 합판 플로링보드의 규격은 한국공업규격(KS F 3111), 가압식 방부처리를 플로링보드의 규격은 한국공업규격(KS F 3121)에 각각 규정되어 있다.

② 플로링 블록(flooring block)

플로링 길이를 그 너비의 정수배로 하여 3장 또는 5장씩 붙여서 길이와 너비가 같게 4면을 제혀쪽매로 하여 만든 정사각형의 블록으로서 쪽매널블록이라고 한다.

플로링 보드를 만드는 수종에는 괴목·참나무·벚나무 등이 쓰이고 근래에는 플로링 블록을 합판에 붙여 놓은 것도 있다. 목조 바닥용과 콘크리트 바닥용이 있는 데 목조 바닥용은 교착재 또는, 숨은 못으로 고정시키고 콘크리트 바닥용은 뒷면을 방부처리하여 콘크리트 슬래브 위에 고정 철물을 넣고 몰탈로 접착시킨다. 플로링 블록의 규격은 한국공업규격(KS F 3123)에 규정되어 있다.

③ 쪽매널(Wood mosaic, Wooden mosaic, parquetry)

쪽매널은 작고 고운 널을 무늬모양을 내서 잘라 맞추어 마루널 위 또는 콘크리트몰탈 바닥에 세로, 가로 또는 빗방향으로 붙여 깐 것이다. 쪽매널에 쓰이는 수종에는 흑감나무·자단·흑단·밤나무등 검은 계통과 벚나무·느티나무(괴목)·참나무·티크·마호가니·나왕 등 갈색 계통의 것이 쓰인다.

쪽매널을 쪽매판 또는 쪽매널 붙이기라고도 한다. 쪽매널을 여러가지 형태의 모양 즉 도안대로 만들기 위해서는 공장에 특별 주문하기도 한다.

④ 파키트리 보드(parquetry board)

파키트리보드는 견목재판을 두께 9~15mm, 너비 60mm, 길이는 너비의 3~5배로 한 것으로 제혀쪽매로 하고 표면은 상대패로 마감한 판재이다.

⑤ 파키트리 패널(parquetry panel)

파키트리패널은 두께 15mm의 파키트리 보드를 4매씩 조합하여 24cm 각판으로 접착제나 파정으로 붙이는 우수한 마루판재이다. 여의장적으로 아름답고 건조 변형이 작으며 마모성도 작다. 목조 마루틀 위에 이중판으로 깔든지 콘크리트 슬래브위에 아스팔트·피치 등으로 방습처리 한 후 접착 시공할 수 있다.

⑥ 파키트리 블록(parquetry block)

파키트리 블록은 파키트리보드를 3~5매씩 조합하여 18cm각이나 30cm각판으로 만들어 방습 처리한 것으로서 철물과 몰탈을 사용하여 콘크리트 마루에 깔도록 되어 있다.

(3) 섬유판(fiber board)

식물 섬유질(볏짚·톱밥·목펄프·파전펄프·파지펄프·마피 등)을 주원료로 하여 이를 섬유화·펄프화 하여 합성 수지와 접착제를 섞어 판상으로 만든 것으로서 화이버보드 또는 텍스 등으로 불린다.

섬유판은 판을 성형할 때 압축공정을 거친 경질 또는 반경질 섬유판과 압축공정을 거치지 않은 즉 압축하지 않은 연질섬유판으로 대별된다.

① 연질 섬유판(soft fiber insulation board)

식물 섬유를 주원료로 하여 주로 건물의 내장 및 흡음·단열·보온을 목적으로 성형한 비중 0.4 미만의 보드이다. 연질 섬유판의 규격은 한국공업규격(KS F 3201)에 규정되어 있다.

㉮ A급 연질섬유판

침엽수를 주원료로 하고 경질 섬유판과 같은 공정으로 제조되는 데 열압 제판하는 대신 건조기에서 건조한 것으로 비중이 0.3 미만으로 용도는 흡음·보온·수장재로 쓰인다.

A급연질 섬유판에 아스팔트를 처리한 것을 쉬딩 보드(sheathing board)라 하는 데 처리 방법에는 도포, 합침 또는 도포·합침 병용의 3가지가 있으며 쉬딩은 지붕과 외벽에 쓰인다.

㉯ B급 연질섬유판

원료 및 제조공정이 반경질섬유판과 같고 열압 대신 태양건조나 인공건조를 한 것으로 소프트 보드(soft board) 또는 소프트 텍스(soft tex)라고도 한다. 이 B급 연질섬유판은 단열성 및 흡음성이 우수하므로 천장재로 많이 쓰인다.

② 경질섬유판(hard fiber board)

목재 펄프만을 압축하여 만든 것으로 비중이 0.8 이상이고 강도, 경도가 비교적 크며 구멍 뚫기, 본뜨기, 구부림 등의 2차 가공도 용이하여 수장판으로 사용한다. 경질섬유의 규격은 한국공업규격(KS F 3203)에 규정되어 있다.

③ 반경질섬유판(semihard fiber board)

식물 섬유를 주원료로 하여 압축성형한 비중 0.4~0.8 정도의 보드로 유공흡음판, 수장판으로 사용하며 보통 하드 텍스(hard tex)라고도 한다.

내수성이 적고 팽창이 크며 재질이 약할 뿐만 아니라 습도에 의한 신축이 큰 결점이 있으나 저렴하기 때문에 많이 사용한다. 반경질섬유판의 규격은 한국공업규격(KS F 3202)에 규정되어 있다.

(4) 파티클 보드(particle board)

목재를 작은 조각(부스러기)으로 충분히 건조시킨 후 합성수지 접착제와 같은 유기질의 접착제를 첨가하여 열압 제판한 보드를 말한 것으로서 칩보드(삭편판 : Chip-board : 제재목의 죽더기 등을 잘게 깎은 부스러기를 원료로 하여 접착제를 혼입하여 가압성형 한 판)라고도 한다.

파티클보드는 표면 연마 유무에 의해서 양면 연마, 한면 연마, 소판의 3종이 있고 층수에 따라 단층, 2층, 3층, 4층의 4종이 있으며 그 외에 휨강도에 의해 200, 150, 100 타입으로 분류되고 난열도에 의하여 보통 또는 난연으로 분류되기도 한다.

파티클 보드는 일반적으로 후판에 중점을 두는 데 비해 하드보드는 박판에 중점을 두는 것이 다르며 용도도 서로 다르다. 파티클로 보드는 온도에 의한 변화가 적으며 음 및 열의 차단성이 우수할 뿐만 아니라 강도가 크므로 내력적으로 사용하는 데 적당하며 상판·간막이·가구 등에 이용되고 있다. 파티클 보드 및 파티클보드 치장판의 규격은 한국공업규격(KS F 3104, 3105)에 규정되어 있다.

(5) 집성목재(glue-laminated timber)

두께 1.5cm~3cm의 널(board)을 우수한 접착제로 각판재(laminations)들을 섬유평행방향으로 겹쳐 붙여서 만든 목재로서 목구조의 보·기둥·아치(arch)·트러스(truss) 등의 구조 재료로는 물론 계단·디딤판·노출된 서까래 등 장식용으로도 쓰이며 최근에는 경골 구조로서 완곡재를 만들어 대스팬(span) 구조에도 쓰인다.

집성 목재가 합판과 다른 점은 판의 섬유방향을 거의 평행으로 접착하고 홀수가 아니더라도 되는 점,

또한 합판과 같이 박판이 아닌 점 등이다. 집성 목재는 제재→건조(12~14%)→가공→접착제도포→압제→끝마감의 순서로 제조된다. 집성 목재의 종류에는 수평집성재, 수직집성재, 아치집성재, 변형단면집성재 등이 있다. 집성 목재의 특징으로는 접합에 의해 필요한 치수 및 형상을 가진 인공목재의 제조가 가능한 점, 가급적 균질한 조직을 가진 인공목재의 제조가 가능한 점, 소재의 강도 및 탄성을 충분히 활용한 인공목재의 제조가 가능한 점, 구조재·마감재·화장재를 겸용한 인공목재의 제조가 가능한 점, 방부성·방충성·방화성이 높은 인공 목재의 제조가 가능한 점, 집성재의 내부에 있어서 건조도가 균일하며 건조균열 및 변형 등을 피할 수 있는 점 등을 들 수 있다.

(6) 코펜하겐 리브판(copenhagen rib board)

두께 50mm, 너비 100mm 정도의 긴 판에다 표면을 리브로 가공한 것으로 집회장·강당·영화관·극장 등의 천장 또는 내벽에 붙여 음향 조절 효과를 내기도 하고 또한 장식 효과도 있게 한다.

코펜하겐 리브를 목재 루버라고도 하며 리브재 옆에 생기는 빈틈과 뒷면 띠장 부분의 공기층이 고음을 처리하게 되어 음향 효과가 좋다.

코펜하겐 리브는 원래 덴마크의 수도 코펜하겐 방송국의 벽에 음향 효과를 내기 위하여 오림목을 특수한 단면으로 쇠시리(moulding : 나무의 모나 면을 깎아 밀어서 두드러지게 하거나 오목하게 하여 모양지게 하는 것)하여 사용한 것이 시초이다.

(7) 코르크판(Cork board)

코르크 나무 수피의 탄력성 있는 부분을 원료로 하여 그 분말로 가열, 성형, 접착하여 판형으로 만든 것으로서 표면은 평형하고 약간 굳어지나 유공판이므로 탄성·단열성·흡음성 등이 있어 음악감상실·방송실 등의 천장 또는 안벽의 흡음판으로 많이 사용한다. 정벌 깔기용은 가열 압축판인 고급품을 쓰고 밑창용에는 다소 거친 것이 좋다.

코르크판의 크기는 보통 60cm×90cm이고, 두께는 10mm, 15mm, 20mm, 25mm 등이 있다.

2-2 석재

[1] 개설

지중에 무진장으로 매장되어 있는 바위와 돌을 통칭하여 암석이라 하고 건축공사에 쓰이는 암석을 석재라 한다.

석재는 구조재로서 조적용의 석괴나 가구식의 부재로 사용되는 수도 있으나 압축강도에 비하여 휨강도가 매우 낮기 때문에 구조체를 철근콘크리트조 등으로 하고 주로 내·외장재로 이용한다. 석재는 다른 건축재료에 비하여 중량이 크고 대량으로 사용하는 경우가 많으므로 운반비가 비교적 많이 드는 재료이다. 따라서 석재를 선택할 때에는 재료의 성질·강도·외관 및 생산량은 물론 산지로부터의 수송관계를 충분히 고려하여야 한다.

(1) 석재의 장·단점
석재는 건축재료로서 다음과 같은 장점 및 단점이 있다.
① 장점
  ㉮ 불연성이고 압축강도가 크다.
  ㉯ 내수성·내구성·내화학성이 풍부하고 내마모성이 크다.
  ㉰ 종류가 다양하고 또한 같은 종류의 석재라도 산지나 조직에 따라 다르며 여러가지 외관과 색조를 나타내고 있다.
  ㉱ 외관이 장중하고 치밀하며 갈면 아름다운 광택이 난다.
② 단점
  ㉮ 인장강도는 압축강도의 1/10~1/40 정도이고 장대재(長大材)를 얻기 어려우므로 가구재(架構材)로는 적당하지 않다.
  ㉯ 모든 석재는 비중이 크고 가공성이 좋지 않다.
  ㉰ 화열에 닿으면 화강암 등과 같이 균열이 생기거나 파괴되며 석회암이나 대리석과 같이 분해되어 저항력이 없어지는 것도 있다.

(2) 석재의 분류
석재는 용도, 경도, 생성원인에 의하여 다음과 같이 분류된다.
① 용도에 의한 분류
  ㉮ 마감용
    ㉠ 외장용 : 화강암, 안산암, 점판암
    ㉡ 내장용 : 대리석, 사문암
  ㉯ 구조용 : 화강암, 안산암, 사암
② 경도에 의한 분류

분 류	압축강도 (kg/cm²)	흡 수 율 (%)	겉보기비중 (g/cm³)	석 재 예
경 석	500 이상	5 미만	2.5~2.7	화강암, 안산암, 대리석
준 경 석	500~100	5~15	2.0~2.5	경질사암, 경질회암
연 석	100 이하	15 이상	2.0 미만	연질응회암, 연질사암

③ 성인에 의한 분류

모든 석재는 일반적으로 화성암·수성암·변성암의 3종류로 구분된다. 화성암류에는 화강암·안산암 등이 있고 수성암류에는 석회암·사암·점판암·응회암 등이 있으며 변성암류에는 대리석·사문석 등이 있다.

성인에 의한 분류		암질에 의한 종별	석 재
화성암	심성암	화 강 암 섬 록 암	화강암
	화산암	안 산 암 - 휘석안산암, 각섬안산암, 운모안산암, 석영안산암	안산암
		석영조면암	정 석
수성암	쇄설암	이 관 암 점 판 암	점판암
		사 암 점 판 암	사 암
		응 회 암 - 휘석안산암, 각섬안산암, 운모안산암	응회암
	유기암	석 회 암	석회석
	침적암	석 고	
변성암	수성암계	대 리 석	대리석
	화성암계	사 문 석	사문석

④ 시장품으로서의 석재
㉮ 잡석·호박돌(玉石)

잡석은 지름 20cm 정도의 부정형한 막생긴 돌이고 호박돌(둥근돌 또는 둥근 잡석)은 개울에서 생긴 지름 20~30cm 정도의 둥글 넓적한 돌로서 잡석다짐 또는 바닥 콘크리트 지정 등에 쓰인다.

㉯ 간사·견치돌(犬齒石)

간사는 한 면이 대략 20~30cm 정도인 네모진 막생긴 돌로 간단한 돌쌓기에 쓰인다. 견치돌은 채석장에서 네모뿔형으로 만들어 흙막이·방축 등의 석축에 쓰인다. 견치돌을 간지석(間知石)이라고도 한다.

㉰ 각석

각석을 장대석 또는 장석이라고도 하며 단면 30~60cm각, 길이 60~150cm가 주로 쓰이고 40cm각 이상, 길이 150cm를 넘는 장대물은 고가이다.

㉱ 사고석

한식건물의 벽체·돌담(바람벽)을 쌓는 데 쓰이는 15~25cm각의 돌이다. 네 덩어리를 한짐에 질만한 돌이라는 뜻에서 유래한 말로서 사괴석이라고도 한다. 사괴석의 2배 정도 큰 것을 이괴석이라 한다.

㉲ 판돌(板石)·구들장(溫突石)

판돌은 두께 15~20cm, 너비 30~60cm, 길이 60~90cm 정도의 돌로서 바닥 깔기 또는 붙임돌에 쓰인다. 구들장은 두께 6cm 내외, 크기는 40×60cm 정도의 얇은 돌로서 구들 놓는 데 쓰인다.

(3) 여러가지 석재
① 화성암
㉮ 화강암
㉠ 석영, 장석, 운모, 휘석, 각섬석으로 구성.
㉡ 구조재, 내외장 재료 사용.

- ㉯ 안산암
  - ㉠ 휘석안산암
    - 회색, 암흑색
    - 외장에는 부적당.
    - 구조재, 판석, 비석에 쓰임.
  - ㉡ 각섬석안산암
    - 화강암과 비슷한 색.
    - 장식재료 사용.
  - ㉢ 석영안산암
    - 백색 생산량 적다.
    - 가공 용이, 조각을 필요로 하는 곳에 적당.
    - 내화성이 높다.
- ㉰ 감람석
  - ㉠ 크롬, 철광 등으로 된 흑색 치밀한 석질.
  - ㉡ 이것이 변질된 사문석, 사회석은 건축 장식재료 사용.
- ㉱ 부석
  - ㉠ 마그마가 급속히 냉각될 때 가스가 방출하면서 다공질의 유리질로 된 것.
  - ㉡ 비중 : 0.7~0.8 석재 중 가장 가볍다.
  - ㉢ 경량골재, 단열재, 화학제조공업의 특수 장치에 사용.

② 수성암
- ㉮ 점판암
  - ㉠ 이판암(점토가 바다 밑에 침전, 응결된 것)이 다시 변질된 것.
  - ㉡ 석질이 치밀, 지붕재료 사용.
- ㉯ 사암
  - ㉠ 석영질의 모래가 압력을 받아 변질된 것.
  - ㉡ 규산질사암 : 구조재로 적당. 외관은 좋지 않다.
  - ㉢ 연질사암 : 실내에 손상이나 마멸이 잘 되지 않는 장식재로 사용.
- ㉰ 응회암
  - ㉠ 화산재, 화산 모래 등이 퇴적 응고.
  - ㉡ 다공질. 강도, 내구성이 작아 구조재로 부적당.
  - ㉢ 외관이 좋고 조각하기 쉬우므로 내화재, 장식재
- ㉱ 석회암
  - ㉠ 화강암이나 동식물의 잔해 중 석회분이 물에 녹아 바닷속에서 침전, 응고된 것.
  - ㉡ 암석의 주성분 : 탄산석회(CaC_3)
  - ㉢ 석질은 치밀 견고.
  - ㉣ 석회나 시멘트의 원료.

③ 변성암
- ㉮ 대리석
  - ㉠ 석회암이 오랫 동안 변질되어 결정화 된 것.
  - ㉡ 열, 산에 약함.
  - ㉢ 광택이 나므로 장식재.
- ㉯ 트래버틴
  - ㉠ 대리석의 한 종류로 다공질.
  - ㉡ 석질이 균일치 못하고 안감색.
  - ㉢ 실내 장식재.

㉰ 사문암
　　　㉠ 흑록색의 치밀한 화강석인 감람석 중에 포함되어 있던 철분이 변질.
　　　㉡ 대리석 대용.

(4) 그 밖의 석재
① 석면
　㉮ 사문암 또는 각섬석이 열과 압력을 받아 변질되어 섬유상으로 된 변성암의 일종.
　㉯ 내화도 : 1,200~1,300℃
　㉰ 석면시멘트판이나 관에 사용.
② 활석
　㉮ 마그네시아를 포함하여 여러가지 암석이 변질된 것.
　㉯ 석회암, 사문암에 접하여 산출.
　㉰ 재질은 연함.
　㉱ 비중 : 2.6~2.8으로 광택이 있음.
　㉲ 페인트 혼화제, 아스팔트 루핑 등의 표면 정활제, 유리의 연마제로 쓰임.

2-3 점토

[1] 점토의 성질

(1) 점토의 분류와 특성

제품명	원료	소성온도	바닥의 투명도	특성	흡수율(%)	용도
토기	전답의 흙	790~1,000℃	불투명한 회색, 갈색	흡수성이 크고 깨지기 쉽다	20	기와, 벽돌, 토관
석기	유기불순물이 섞여 있지 않는 양질의 점토(내화점토)	1,160~1,350℃	불투명하고 색깔이 있다.	흡수성이 극히 작다. 강도와 경도가 크다. 두드리면 청음이 난다.	3~10	경질기와, 바닥용 타일, 도관
도기	석영, 운모의 풍화물(도토)	1,100~1,230℃	불투명하고 백색	흡수성이 있기 때문에 시유한다.	10	타일, 위생도기
자기	양질의 도토와 자토	1,230~1,460℃	투명하고 백색	흡수성이 극히 작다. 강도와 경도가 가장 크다. 투명한 유약을 칠해서 굽는다.	0~1	자기질 타일

(2) 점토의 일반적 성질
① 비중 : 2.5~2.6 정도 고번토질(고령토) 점토는 3.0 내외.
② 입자의 크기 : $0.1\mu \sim 2.5\mu$
③ 강도 : 인장강도는 3~10kg/㎠
  압축강도는 인장강도의 약 5배

(3) 원료
① 주원료 : 점토
② 가소성 조절용 : chamotto 규석
③ 용융성 조절용 : 석회석, 알카리성 물질
④ 내화성 증대용 : 고령토질 재료
⑤ 소성온도 : 소성온도의 범위는 800~1,500℃ 사이
⑥ 소성온도 표시방법 : S.K(제게르의 각추법의 약자)

종류 \ 구분	색깔	음(소리)	흡수율	압축강도(kg/㎠)	외관	소성온도
1등품	적갈	청음	20% 이하	150 이상	형상정확	1,000℃ 이상
2등품	황갈	탁음	23% 이하	100 이상	보통형상	900℃ 이상
3등품	흑갈	금속음	15% 이하	200 이상	변형조연	1,200℃

(4) 제법

제법 : 점토 제품의 제법은 일반적으로 다음과 같다.

원토처리 → 원료 배합 → 반죽 → 성형 → 건조 → ┌ 소성 → 사유 → 소성
                                                                            └ (시유) → 소성

① 원토처리
   ㉮ 토기류 : 대기 중에서 풍화시킨 후 빻아서 사용.
   ㉯ 도기류 : 정제법(물에 떠내려 보내 고운 가루를 얻는 방법)을 사용.

② 원료 배합
   ㉮ 점성이 큰 경우 가는 모래, 샤모트(소성된 점토를 빻은 것) 등을 넣는다.
   ㉯ 용융점을 낮추기 위해서 : 산화철, 산화마그네슘 등을 넣는다.

③ 반죽 : 손, 기계, 발을 이용해서 반죽한다.

④ 성형 할 때에는 건조수축 및 성형수축을 고려한다.
   기와, 벽돌은 형틀로 만들고 타일은 원료(건조된 원료+수분)을 가압해서 형성하며 위생도기는 묽게 갠 원료를 형틀에 부어서 형성.

⑤ 건조 : 건조(그늘 및 소성가마의 여열)시킨후 소성

⑥ 시유 : 1차 소성후 시유

⑦ 소성
   ㉮ 소성온도 및 시간, 제품의 종류, 모양, 색깔 및 가마의 형식에 따라 다르다.
   ㉯ 소성가마 ┬ 양식가마 ┬ 터널가마 : 일정한 온도를 유지하고 있는 각 요실을 소재가 적당한 속도로 통과하여 구어내는 가마.
                                ├ 호프만가마 : 하루 한요실씩 구어내는 가마
                                └ 머플가마 : 연도와 요실이 분리된 가마 (연기에 그을리는 것을 막기 위하여)
                  └ 등요 : 경사지에 계단식으로 만든 가마
   ㉰ 소성온도 측정 : 광학 고온계, 방전 고온계, 열전쌍 고온계, 제게르추가 사용.

[2] 점토 제품

(1) 벽돌

① 보통 벽돌
   ㉮ 논 밭에서 나오는 점토 사용.
   ㉯ 치수
       ㉠ 재래식 : 210×100×60mm
       ㉡ 표준식 : 190× 90×57mm

② 특수 벽돌
   ㉮ 공동 벽돌
       ㉠ 속이 비게하여 만든 벽돌.
       ㉡ 단열, 방음성.
       ㉢ 간막이 벽, 외벽에 쓰임.
   ㉯ 다공질 벽돌
       ㉠ 원료에 톱밥을 혼합해서 성형, 소성한 것.
       ㉡ 비중 : 1.5
       ㉢ 톱질과 못박기 가능.
       ㉣ 단열, 방음성.

ⓜ 강도가 약하다.
㉰ 포도 벽돌
　㉠ 도로 포장용, 건물 옥상 포장용.
　㉡ 마멸이나 충격에 강함.
　㉢ 흡수율이 작으며 내화력이 강한 것이 요구.
㉱ 광재 벽돌
　㉠ 광재에 10~20% 석회를 가하여 성형, 건조한 것.
　㉡ 보통 벽돌보다 모든 성질이 양호.
㉲ 내화 벽돌
　㉠ 높은 온도를 요하는 장소에 쓰이는 벽돌.
　㉡ 용광로, 시멘트, 유리 소성 가마, 굴뚝에 쓰임.

(2) 기와
① 논 밭에서 나오는 저급 점토를 사용.

(3) 타일
① 원료 : 자토, 도토, 내화 점토.
② 분류
　㉮ 모양에 따른 분류
　　㉠ 보오더 타일 : 길이가 폭의 3배 이상인 타일.
　　㉡ 스크래치 타일 : 표면에 파인 홈이 나란하게 되어 있는 타일.
　　㉢ 모자이크 타일 : 각 또는 지름이 50mm 정도의 타일.
　　㉣ 이형 타일 : 마감을 정밀하게, 미려하게 마무리 하기 위한 타일.
　㉯ 바탕질에 따른 분류
　　㉠ 도기질 타일 : 실내에 사용.
　　㉡ 자기질, 석기질 타일 : 외부에 사용.
③ 타일의 백화 현상
　㉮ 정의
　　타일의 뒷면에 물이 침투되면 물은 바탕 모르타르속에 들어 있는 석회를 용해시켜서 수산화 석회($Ca(OH)_2$)를 생성하는데 이와 같이 생성된 수산화 석회가 벽의 외부로 표출되면서 공기중의 탄산가스와 반응하여 석회석으로 변하여 타일의 표면을 오염시키는 현상.
　㉯ 백화 현상을 촉진시키는 요인
　　떠 붙임 공법에 의해서 타일 접착 시공을 할 때 시멘트 페이스트(paste)를 줄눈에 뿌리는 것.
　㉰ 백화 현상 방지책
　　㉠ 타일과 건물사이에 물이 침투하지 않도록 한다.
　　㉡ 타일과 건물사이에 공극이 발생치 않도록 모르타르를 충분히 타일 뒷면에 채워서 접착한다.
　　㉢ 붙임 모르타르의 두께는 균등하도록 한다.
　㉱ 결론
　　현재까지는 타일의 백화 현상을 방지할 수 있는 특별한 공법이 개발되지 않고 있는 실정이므로 백화 방지를 위해서는 품질이 좋은 타일을 사용하고 정밀 시공을 하는 방법이 최선의 방법이다.

(4) 테라코타
① 버팀벽, 주두, 돌림띠 등에 사용되는 장식용 점토 제품.
② 석재 조각물 대신 사용.
③ 일반 석재보다 가볍다.

④ 압축강도 : 800~900kg/㎠, 화강암의 1/2 정도.
⑤ 화강암보다 내화력이 강하다.
⑥ 외장용
⑦ 1개의 크기는 0.5㎡, 0.3㎡ 이하가 적당.

(5) 토관 및 도관
① 토관
  ㉮ 원료 : 저급 점토.
  ㉯ 소성 온도 : 1,000℃ 이하.
  ㉰ 배수용, 하수도용.
② 도관
  ㉮ 원료 : 양질의 점토로 유약을 바름.
  ㉯ 소성 온도 : 1,000℃ 이상.
  ㉰ 배수관, 케이블을 묻는 데 사용. 급수관도 가능.

(6) 위생도기
① 원료 : 자토, 내화 점토.
② 조건
 ㉮ 표면에 흠이 없고 청결.
 ㉯ 아름답고 흡수성이 적을 것.
 ㉰ 내산, 내알칼리성.
 ㉱ 모양과 치수 정확.
 ㉲ 분류
  ㉠ 융화 바탕질 도기 : 고급 점토 사용. 흡수성이 거의 없다.
  ㉡ 화장 바탕질 도기 : 내화 점토 사용. 흡수성이 있다.
  ㉢ 경질 도기질 도기 : 도기 바탕을 구운 것. 흡수성이 있다.

2-4 시멘트

[1] 시멘트의 주성분

SiO_2, CaO, Al_2O_3, Fe_2O_3, MgO 등이다.

※ 참고 : 시멘트 함유율 - CaO 64.8%, SiO_2 22.1%, Al_2O_3 5.7%, Fe_2O_3 3.2%

[2] 시멘트의 종류

(1) 포틀랜드 시멘트

① 보통 포틀랜드 시멘트
  ㉮ 원료 : 실리카, 알루미나, 산화철 석회 석고(3%)
  ㉯ 비중 : 3.10~3.15
  ㉰ 사용 : 시멘트 모르타르 등.

② 조강 포틀랜드 시멘트
  ㉮ 원료 : CaO(석회), Al_2O_3(알루미나)
  ㉯ 사용 : 한중 콘크리트, 긴급 공사용 콘크리트
  ㉰ 특징 : 대형 단면부재에서는 내부응력으로 균열 발생 쉬움.

③ 중용열 포틀랜드 시멘트
  ㉮ 원료 : 석회(CaO), 알루미나(Al_2O_3), 마그네슘(MgO), SiO_2 Fe_2O_3,
  ㉯ 사용 : 방사선차단용.
  ㉰ 특징 : 수축률이 작아서 대형 단면 부재에 쓸 수 있다.(내식성 있고 안정도가 높다)

④ 백색 포틀랜드 시멘트
  ㉮ 원료 : 백색점토, 석회석
  ㉯ 사용 : 모르타르, 연조석 등의 미장용 재료.
  ㉰ 특징 : 액체연료를 완전 연소시키므로 회분이 포함되지 않아 백색으로 됨.

(2) 혼합 시멘트

① 슬랙 시멘트(Slag Cement : KS L 5210)
  ㉮ 포틀랜드 시멘트 클링커와 슬랙에 적당량의 석고를 넣어 분말로 만든 것.
  ㉯ 응결이 늦고 조기 강도가 낮다. 화학작용에 대한 저항성, 수밀성이 크다.
  ㉰ 발열량이 적어 균열이 생기지 않는다.
  ㉱ 해안공사, 큰 구조체 공사에 적합하다.

② 플라이 애시(Flyash Cement : KS L 5211)
  ㉮ 보일러 연도에서 집진기로 채취한 재(회)를 말하며 무게로 15~40%의 플라이 애시를 시멘트 클링커에 혼합하여 약간 석고를 넣어 분쇄하여 만든다.
  ㉯ 수화열이 적고 조기강도는 낮아지며 장기강도는 커진다. 콘크리트의 워어커 빌리티가 좋고 단위 수량이 감소.
  ㉰ 해안, 하천, 해수공사에 좋다.

③ 포졸란 시멘트(Pozzolan Cement : KS L 5205)
  ㉮ 시멘트, 클링커와 포졸란(산화재)에 적당량의 석고를 넣어 규조토, 규산백토 등 실리카의 혼합재를 말한다.

㉯ 특징과 용도는 슬래그 시멘트와 거의 같다.

(3) 특수 시멘트
① 알루미나 시멘트(Alumina Cement : KS L 5205)
㉮ 보오크사이트와 석회석을 혼합하여 분말로 만든 시멘트로 수화열이 크고 화학작용이 크다.
㉯ 긴급공사, 동기공사, 해수공사 등에 사용된다.
② 팽창 시멘트
㉮ 보오크사이트, 백악(석회질의 흰암석), 석고를 혼합하여 소성한 칼슘 클링커($C_2Al_6O_2SO_4$)에 슬래그 및 포틀랜드 클링커의 혼합물을 넣어서 만든 시멘트
㉯ 건조하면 팽창한다.
③ 마그네시아 시멘트
㉮ MgO에 $MgCl_2$의 수용액을 가하여 만든 백, 담황색의 고급 시멘트
㉯ 물에 약하고 고온에 약하고 철재를 녹슬게 한다.

[3] 제법

점토와 석회석을 1 : 4로 섞어서 용융할 때까지 회전가마에 소성하여 얻어진 클링커에 응결시간 조정제로 3% 이하의 석고를 첨가.
① 건식법 : 원료를 건조상태에서 배합.
② 습식법 : 원료를 곤죽상태에서 배합.
③ 반습식법 : 곤죽상태를 탈수하여 소성하는 방법.

[4] 성질

(1) 비중
① 측정에는 르 샤틀리에(Le Chatelier)비중병을 사용.
② 비중은 3.05~3.15 정도
③ 시멘트의 용적 중량 : 1,500kg/m³

(2) 분말도
① 입자가 가늘수록 수화작용이 빠르다.
② 분말도가 높으면 풍화되기 쉽다.
③ 수화작용에 의한 균열이 일어나기 쉽다.

(3) 응결
① 석고의 혼합량에 따라 달라진다.(1~3%)
② 응결 시간이 단축될 경우(새로운 시멘트일 때, 분말이 미세할 때, 온도가 높을수록)
③ 일반적으로 1시간에서 10시간 이내로 응결된다.

규 칙	종 류		비이카시험	길 모 어 시 험	
			초결(분)	초결(분)	종결(시간)
KS L 5201	포틀랜드 시멘트	보 통	60 이상	60 이상	10 이하
		중용열	60 이상	60 이상	10 이하
		조 강	60 이상	60 이상	10 이하
KS L 5201	포틀랜드 시멘트		60 이상	60 이상	10 이하

▲ 시멘트의 응결시간

(4) 안전성
① 시멘트가 불안정하면 경화도중이나 경화 후, 팽창, 균열, 뒤틀림의 변형이 생긴다.
　※ 단, 보존도중 부주의(건조도 안한 수축)로 인한 수축 균열은 시멘트 불안전이 아니다.
② 안전성 시험은 오토클레이브(autoclave)팽창도 시험법과 침수법이 있다.

규 칙	종 류		오오토클레이브 팽창도 또는 수축도(%)
KS L 5201	포틀랜드 시멘트	보 통 중용열 조 강	0.8 이하 0.8 이하 0.8 이하
KS L 5201	포틀랜드 시멘트		0.8 이하

▲ 시멘트의 안정도

(5) 강도
① 시멘트에 대한 물의 양
② 골재의 성질과 입도
③ 시험체의 형상과 크기
④ 양생 방법과 재령
⑤ 시험방법 등에 따라 달라진다.
　※ 시멘트의 저장 정도는 기간에 따라 1개월에 약 15%, 3개월에 약 30% 저하되며, 1년이 되면 약 50%나 저하될 때가 있다.
　　· 강도의 감소는 재령 4주 이내의 단기간에서 현저하다.

(6) 풍화
① 시멘트를 대기중에 저장하면 풍화된다.
② 시멘트의 풍화는 공기중의 습기와 탄산가스가 시멘트와 결합하여 변질시킨다.
③ 가벼운 수화반응과 탄산화반응을 하게 된다.
④ 풍화에 의한 강도 저하는 재령초기에 크고 수량이 많을 때 심하다.
⑤ 시멘트를 취급할 때는 대기에 노출시키지 않거나 습기에 접하지 않도록 하는 주의가 필요하다.

[5] 시멘트의 저장

① 공사에 지장이 없는 한 저장기간을 짧게 하고 방습에 주의해야 한다.
② 시멘트를 창고에 저장하면 압축강도가 1개월에 5%씩 감소한다.

　※ 시멘트 저장시 유의사항
① 시멘트는 방습적인 구조로 된 사일로(Silo) 또는 창고에 종류별로 구분하여 저장한다.
② 포대 시멘트는 지상 30㎝ 이상되는 마루 위에 통풍이 되지 않게 즉 기밀하게 한 후 검사나 반출에 편리하도록 배치하여 저장한다.
③ 포대의 올려쌓기는 13포대 이하로 하고 장시일 저장할 때는 7포대 이상 올려 쌓지 말아야 한다.
④ 조금이라도 굳은 시멘트는 사용하지 않는다.
　또 이와 같은 불합격품은 발견한 즉시 다른 것과 섞이지 않도록 구분하여 저장하거나 장외로 반출하여야 한다.

2-5 콘크리트

[1] 골재와 물

(1) 콘크리트의 뜻
시멘트, 물, 세골재(모래), 조골재(자갈, 깬자갈)을 섞어 비비거나 이들을 주원료로 하여 혼화재를 섞어 비빈후 경화시킨다.

(2) 골재의 종류
① 크기에 따른 종류
  ㉮ 잔골재 : 5mm체를 90% 이상 통과하는 것.(모래)
  ㉯ 굵은골재 : 5mm체를 90% 이상 걸리는 것.(자갈류)
② 형성 원인에 따른 종류
  ㉮ 천연골재 : 강모래, 강자갈, 바다모래, 바다자갈, 산모래, 산자갈
  ㉯ 인공골재 : 깬자갈, 슬랙
③ 비중에 따른 종류
  ㉮ 보통골재 : 전건 비중이 2.5~2.7 정도의 것.(강모래, 강자갈, 깬자갈)
  ㉯ 경량골재 : 전건 비중이 2.0 이하인 것.(경석, 인조 경량골재)
  ㉰ 중량골재 : 전건 비중이 2.8 이상인 것.(철광석 등에서 얻은 골재)

(3) 골재의 품질
① 골재의 강도는 시멘트풀이 경화했을 때 최대 강도 이상이어야 한다.(석회석, 사암 등이 연질, 수성암은 골재로 부적당)
② 형태는 거칠고 구형에 가까운 것이 좋다(편평하거나 세장한 것은 좋지 않다)
③ 진흙이나 유기불순물 등의 유해물이 포함되지 않아야 한다.
④ 골재는 잔 것과 굵은 것이 적당히 혼합된 것이 좋다.
⑤ 운모가 다량으로 포함된 골재는 콘크리트의 강도를 저하시키고 풍화되기 쉽다.

(4) 골재의 비중
골재비중 : 표면은 건조하고 내부는 포수 상태에 있는 표건 상태에서의 골재의 비중을 말한다. 비중은 2.5~2.7 정도이고 비중이 큰 것 일수록 치밀하고 흡수량이 적으며 내구성이 크다.

(5) 골재의 단위 용적 무게
① 표준계량 : 모래는 약 1.5~1.8kg/l (75~80%), 자갈은 1.6~1.8kg/l (80%)
② 경량골재 : 잔골재 0.65~1.25kg/l, 굵은 골재 0.5~0.8kg/l

※ 모래를 계량할 때
① 표면이 젖어 있을 경우 부피가 커진다.
② 표면이 5~10%가 젖어 있으면 부피가 최대가 된다.
③ 건조 상태에서는 25%가 증가한다.
④ 아주 가는 모래는 50%가 증가된 때도 있다.

(6) 공극율과 실적률

잔골재 및 굵은 골재의 공극률은 30~80%이고 잔골재와 굵은 모래를 혼합하면 단위 무게가 커지며 적당히 혼합될 때는 공극률이 약 20%까지 증가한다.

공극률(%) = {1-(W/P)}×100   실적률(%) = W/P×100

여기서 P : 비중, W : 단위 용적 무게(kg/ l)

(7) 입도

입도는 크고 작은 골재의 알맹이가 고루 섞여있는 상태로 공극률이 작아서 시멘트풀이 가장 적게 드는 것을 말한다.

종 류		알맹이의 크기	무 게 비 (%)
잔골재	모 래	5mm체를 통과하는 것. 0.35mm체를 통과하는 것. 0.15mm체를 통과하는 것. 씻기 시험으로 없어지는 것.	90~100 10~35 0~6 0~3
굵은골재	자 갈	25mm체를 통과하는 것. 20mm체를 통과하는 것. 10mm체를 통과하는 것. 5mm체를 통과하는 것.	100 90~100 20~55 0~10
	깬자갈	25mm체를 통과하는 것. 20mm체를 통과하는 것. 10mm체를 통과하는 것. 25mm체를 통과하는 것.	100 95~100 25~55 0~10

▲ 골재의 입도 표준

(8) 골재의 수분

골재의 함수량은 전건상태에서 표면 습윤 상태까지 각종으로 변화한다. 콘크리트의 배합은 수분처리를 잘하지 않으면 콘크리트의 강도를 얻기가 어렵다.

표면 수량의 식은 다음과 같다.

표면 수량의 비율 = $(W_1-W_0)/W_0$

여기서 W_1 : 흡수된 시료의 무게

W_0 : 시료를 얇고 편편하게 늘어놓아 표면이 건조되어 흰색을 띠기 시작했을 때의 무게

(9) 물

① 깨끗하고 기름, 산, 알칼리, 염류, 유기물이 포함되지 아니한 것.
② 당분은 시멘트 무게의 0.1~0.2%가 함유 되어도 응결이 늦고 그 이상이면 강도가 저하된다.
③ 철분이 있는 물은 철근을 녹슬게 한다.

(10) 콘크리트의 장·단점

① 장점
  ㉮ 크기나 모양에 제한을 받지 않고 부재나 구조물을 만들기가 용이하다.
  ㉯ 압축강도가 다른 재료에 비해 비교적 크고 필요로 하는 임의의 강도를 자유롭게 얻을 수 있다.
  ㉰ 내화성, 차음성, 내구성, 내진성 등이 양호하다.
  ㉱ 성분상 강알칼리성이 있어 철강재의 방청상 유리하다.

㉮ 시공상 특별한 숙련을 요하지 않는다.
　　　㉯ 비교적 값이 싸고 유지비가 거의 들지 않는 등 다른 재료에 비해 경제적이다.
　　　㉰ 역학적인 결점은 다른 재료를 사용하여 보충, 개선할 수 있다.
② 단점
　　㉮ 자중이 비교적 크다.
　　㉯ 압축강도에 비해 인장강도와 휨강도가 작다.
　　㉰ 건조 수축성이 있어 균열이 생기기 쉽다.
　　㉱ 재생이 어렵고 개수나 철거시 파괴가 곤란하다.
　　㉲ 경화하는데 시간이 걸리기 때문에 시공일수가 길다.
　　㉳ 제조 공정에 있어 여러가지 불안전한 조건과 요인이 있어 품질 관리면에서 불확실성이 많고 신뢰도가 결여되어 있다.

[2] 배합

(1) 배합을 표시하는 방법
골재의 용적비(무게의 비) 1:m:n(1:2:4)으로 표시하고 시멘트와 골재와 비 1 : m+n(1:3)로 표시한다.
※ 물의 양은 어느때나 시멘트 무게에 대한 백분율로 표시한다.

① 무게 배합
　각 재료의 무게비에 의하여 배합하는 방법으로 현장에서는 부적당하다. (실험실에서 사용)
② 용적 배합
　㉮ 절대용적 배합
　　빈틈이 없는 상태의 용적 배합으로 실제로 정확히 측정할 수 없다. 무게 배합에 의한 각 재료의 무게를 그 재료의 비중으로 나누어 값을 구한다.
　㉯ 표준계량 용적 배합
　　㉠ 시멘트는 1.5kg/ l 로 사용
　　㉡ 골재는 표준계량 방법에 따라 얻은 단위 용적 무게를 가진 용적의 비율
　㉰ 현장계량 용적 배합
　　간단한 용기의 용적으로 비율을 나타내는 방법으로 가장 실용적이다.
　　㉠ 시멘트는 1.5kg/ l 로 계량하나 골재는 일반적으로 용적계량법에 의한 골재의 실질량이 표준법에 비하여 잔골재는 75~80%, 굵은 골재는 95%가 된다.
　　　예) 표준계량 배합 1:m:n에 해당하는 것을 얻을 때면 1:(m/0.75~0.80) : (n/0.95)과 같다.
③ 표준배합에 의한 방법
　각 재료는 콘크리트 1㎥ 만드는 데 필요한 양.
　물 시멘트 비(O/W), 슬럼프(㎝), 잔골재율(O/V l 또는 O/Wt)및 유효수량(kg/㎥)을 함께 기입
　㉮ 절대용적 배합 : 각 재료를 콘크리트 비벼내기 1㎥당의 절대 용적(l)으로 표시한다.
　㉯ 무게 배합 : 각 재료를 콘크리트 비벼내기 1㎥당의 무게(kg)으로 표시한다.
　㉰ 표준계량 배합 : 각 재료를 콘크리트 비벼내기 1㎥당 표준계량 용적(㎥)로 표시한다.
　㉱ 현장계량 용적 배합 : 콘크리트 비벼내기 1㎥당의 재료를 시멘트는 포대수로, 골재는 보통 현장계량의 용적(㎥)으로 표시한다.

(2) 워커빌리티
콘크리트를 시공하기에 적당한 묽기를 말한다.
　시공연도가 좋으면
① 재료의 분리가 되지 않는다.
② 질이 고른 콘크리트가 만들어진다.

③ 내구성이 좋아진다.

장 소	슬 럼 프(cm)	
	진동 다지기일 때	진동 다지기가 아닐 때
기초, 바닥판보	5~10cm	15~19cm
기둥, 벽	10~15cm	19~22cm

▲ 슬럼프의 표준 범위

[3] 강도

압축강도가 가장 크고 그 밖의 인장강도, 휨강도, 전단강도는 압축강도의 1/10~1/5에 불과하다.

(1) 수량과 강도와의 관계
콘크리트의 강도는 수량에 따라 달라진다.
즉 $F = A/Bx$
여기서 F : 콘크리트의 강도
      x : X = w/c로서 시멘트물비
      A, B : 시멘트의 품질 및 시험법에 의한 상수

(2) 강도에 영향을 주는 수량이외의 사항
① 재료의 품질
물-시멘트비가 일정한 콘크리트의 강도는 재료의 품질에 따라 달라진다. (시멘트, 물, 골재)
② 시공 방법
  ㉮ 비빔 방법 : 10분 정도 비비면 강도가 커진다. (1분 이하는 강도 저하)
  ㉯ 부어넣기 방법 : 진동기나 막대기로 충분히 다져져야 한다.
③ 보양 및 재령
  ㉮ 콘크리트 온도가 높을수록 강도가 증가 (온도 : 20℃, 습도 : 80%)
  ㉯ 온도 5℃ 이하는 피한다.
④ 시험법
강도는 공시체의 형상, 특히 가압면의 한변 또는 지름 d와 높이 h와의 비율(h/d가 클수록 강도가 작다), 치수(큰 것일수록 강도가 작다), 가압면의 마무리 정도(거치면 일수록 강도가 작다), 하중 속도에 따라 다르다.

[4] 배합의 결정

① 적당한 워커빌리티(Workability)가 있어야 한다.
② 소요 강도가 있고 내구적이어야 한다.
③ 가장 경제적이어야 한다.

(1) 실험에 의한 방법
① 소요 강도에 적합한 물-시멘트비를 결정한다.
② 잔골재와 굵은 골재와의 비를 결정한다.
③ 골재비로 된 골재에 소요 W/C의 시멘트풀을 소요 연도가 될 때까지 넣는다.

④ 배합에서 시멘트 : 모래 : 자갈 = 1 : m : n의 무게비로 구한다.

(2) 표준배합표에 의한 방법
① 설계기준강도 Fo는 장기허용 응력도의 3배(= 1.5×단기허용 응력도)가 되도록 한다.
② 배합강도 F는 현장 콘크리트의 품질이 균일하지 않은 점을 고려하여 설계기준 강도보다 **6**의 여유를 보아 다음과 같이 정한다.
$$F = Fo + 6 \ (kg/cm^2)$$
6는 시공의 설비, 관리 및 그 밖의 조건에 따라 25~50kg/m²로 한다.
③ 시멘트 강도 K의 결정
  ㉮ 권위 있는 연구소
  ㉯ 시험소의 최근의 통계 값
  ㉰ 시멘트 제조회사의 시험 성적에 40kg/cm²를 뺀 값
  ㉱ 보통 포틀랜드 시멘트 : 370kg/cm²
  ㉲ 조강 포틀랜드 시멘트 : 400kg/cm²
  ㉳ 중용열 포틀랜드 시멘트 또는 고로 시멘트 : 350kg/cm²
  기온에 따른 시멘트 강도 K의 보정 값(단위 : kg/cm²)

종 류	콘크리트 비벼넣기후 4주 사이의 예상 평균기온		
	10~15°C	5~10°C	5°C 이하
보통 포틀랜드 시멘트	-20	-40	-60
조강 포틀랜드 시멘트	-15	-30	-45
중용열 포틀랜드 시멘트 고로 시멘트	-25	-50	-75

④ 물-시멘트비(W/C = x)의 결정
  식(6-7), (6-8), (6-9)로 결정
  ※ AE제를 사용할 때 수량을 8% 줄이고, 깬 자갈을 사용할 때에는 수량을 8% 더한다.
⑤ 배합의 결정
  슬럼프에다 표준 배합표에서 배합비 및 단위수량을 더한다.
  ※ 골재가 기건 상태일 때는 흡수량을 더하고 습윤 상태 때는 표면수량을 뺀다.

[5] 강도 이외의 여러 성질

(1) 탄성적 성질
  응력과 변형률과의 관계
① 응력이 작을 때 응력과 변형률은 비례한다.
② 응력이 커지면 응력에 비하여 변형이 더욱 커져 파괴한다.
③ 영률은 압축강도가 150~250kg/cm²에서는 (2.2~2.6)×10^5/cm²
④ 최대 변형량은 압축일 때 0.14~0.2% 인장일 때 0.01~0.03%

(2) 체적변화
① 수축량 ─ 모르타르는 길이에 대한 최대 수축률은 12×15×10^{-4}
           ─ 보통 콘크리트는 (5~7)×10^{-4}
           ─ 경량 콘크리트는 1.5배(콘크리트에 비해)

② 열팽창 계수(콘크리트)는 상온에서 $(7\sim13)\times10^{-6}$
③ 시멘트풀의 경화체는 약 100℃까지 팽창하나 그 이상의 온도가 되면 수축한다.

(3) 내화적 성질
① 내화성이 우수하다.
② 고온 상태에서 약 260℃ 이상 시멘트풀의 경화재와 골재와 열팽창의 차이로 물이 없어지므로 강도가 저하된다.
③ 보통 콘크리트는 300~350℃ 이상이 되면 강도가 저하되고 500℃가 되면 상온강도의 약 4% 이하로 떨어진다.

(4) 수밀성
① 콘크리트 W/C를 65%로 볼 때 그 수량의 35% 정도가 수화작용에 사용되고 나머지는 건조 중 증발한다.
② 콘크리트 W/C가 65% 이상되면 콘크리트의 특수성이 급격히 증가하여 수밀성이 현저히 저하된다.
③ 수밀성을 증가시키려면 W/C를 50~65% 정도로 하고 시멘트량을 증가시켜 균질 콘크리트로 만든다.

[6] 굳지 않은 콘크리트의 성질

굳지않은 콘크리트란 비빔 직후로부터 응결과정을 거쳐 소정의 강도를 나타낼 때 까지의 콘크리트를 말한다. 굳지 않은 콘크리트에 요구되는 성질은 다음과 같다.
① 거푸집 구석구석까지 또는 철근 사이에 충분히 잘 채워질 수 있도록 묽은 반죽으로서 운반, 다지기 및 마무리하기가 용이할 것.
② 시공시 및 그 전후에 있어서 재료 분리가 적을 것.
③ 거푸집에 부어 넣은 후 많은 블리딩(부유수 : bleeding)이 생기지 않는 조성을 가져야 하며 균열 등이 발생하지 않을 것.
　굳지 않은 콘크리트의 성질로서는 반죽질기(consistency 또는 점조도), 워커 빌리티(Workability 또는 작업성), 플라스티시티(plasticity 또는 성형성), 피니셔빌리티(finishability 또는 마무리 용이성), 유동성(mobility), 점성(viscosity), 다짐성(compactibility), 펌퍼빌리티(pumpability 또는 펌프 이동성) 등이 있다.
　굳지않은 콘크리트의 성질을 나타내는 데는 다음과 같은 용어들이 사용된다.
　㉮ 반죽질기(consistency)
　　주로 수량의 다소에 따른 유동성의 정도를 나타내는 굳지 않은 콘크리트의 성질을 말한다.
　㉯ 워커빌리티(workability)
　　반죽질기에 의한 작업의 난이의 정도 및 재료분리에 저항하는 정도를 나타내는 굳지 않은 콘크리트의 성질을 말한다.
　㉰ 플라스티시티(plasticity)
　　거푸집에 쉽게 다져 넣을 수 있고, 거푸집을 제거하면 천천히 형상이 변하기는 하지만 허물어지거나 재료가 분리하는 일이 없는 굳지 않은 콘크리트의 성질을 말한다.
　㉱ 피니셔빌리티(finishability)
　　굵은 골재의 최대 치수, 잔골재율, 잔골재의 입도, 반죽질기 등에 따르는 마무리하기 쉬운 정도를 나타내는 굳지 않은 콘크리트의 성질을 말한다.

[7] 재료의 분리

콘크리트는 비중과 입자의 크기 등이 다른 여러 종류의 재료로써 구성되므로 비비기(mixing), 운반, 다지기 등의 시공중에 재료분리(segregation)를 일으키기 쉬운 경향이 있다. 재료분리를 일으키면 콘크리트는 불균질하게 되어 강도·수밀성·내구성 등이 저하된다.

(1) 작업중에 생기는 재료분리

재료분리의 원인이 되는 사항을 열거해 보면 다음과 같으며 이로 인하여 콘크리트의 결함부분이 되기 쉽다.

① 굵은 골재의 최대치수가 지나치게 큰 경우
② 입자가 거친 잔골재를 사용한 경우
③ 단위골재량이 너무 많은 경우
④ 단위수량이 너무 많은 경우
⑤ 배합이 적절하지 않은 경우

따라서 재료분리현상을 줄이기 위해서는 다음과 같은 사항에 유의하여야 한다.

① 콘크리트의 플라스티시티(plasticity)를 증가시킨다.
② 잔골재율을 크게 한다.
③ 물시멘트비를 작게 한다.
④ 잔골재중의 0.15~0.3mm 정도의 세립분을 많게 한다.
⑤ AE제·플라이애시 등을 사용한다.

일반적으로 부배합(rich mix)콘크리트, 슬럼프 5~10cm 정도의 콘크리트 및 AE 콘크리트 등은 재료분리의 경향이 작다.

(2) 콘크리트 타설후의 재료분리

① 블리딩(bleeding)

콘크리트 타설 후 시멘트, 골재입자 등이 침하에 따라 물이 분리 상승되어 콘크리트 표면에 떠오르는 현상을 블리딩이라고 한다. 블리딩은 상부의 콘크리트를 다공질로 만들어 품질을 저하시킬 뿐만 아니라 내부에 수로를 형성하여 수밀성·내구성을 저하시킨다. 또한 철근이나 큰 입자 골재의 하부부분에 수막을 만들어 시멘트풀(cement paste)과의 부착을 저해한다. 블리딩을 적게 하기 위해서는 단위수량을 적게 하고 골재입도가 적당해야 하며 AE제, 분산감수제, 플라이애시, 기타 적당한 혼화제를 사용한다. 보통 건축용 콘크리트의 경우 블리딩이 일어나는 시간은 40~60분 사이이며 블리딩에 의해 부상하는 물인 부상수의 양은 0.6~1.5% 정도이다.

② 레이탄스(laitance)

블리딩에 의하여 콘크리트 표면에 떠올라와 침전한 미세한 물질을 레이탄스라고 한다. 레이탄스는 강도와 접착력을 아주 저하시키므로 반드시 제거해야 한다. 레이탄스는 일반적으로 백색 또는 회백색의 미분말분이 집적한 성상을 이루고 취약하여 콘크리트 이음의 타설부분에 밀착성, 수밀성 등을 해친다. 일반적으로 물시멘트비가 큰 콘크리트의 경우에 레이탄스가 많이 생기고 풍화한 시멘트나 불순물 (점토 등) 및 미세립분이 많은 골재를 사용 했을 때도 많이 생긴다. 레이탄스는 시멘트 및 모래 속의 미립자의 혼합물로 굳어져도 강도가 거의 없을 뿐만 아니라 콘크리트의 작업 이음시 제거하지 않고 콘크리트를 타설하면 이 이음부가 약점의 원인이 되므로 콘크리트가 굳기전에 또는 경화 후에 압축공기, 압력수 또는 마른 모래를 세게 뿜어 이를 제거한 후 표면이 충분히 젖은 상태로 하여 콘크리트를 타설하는 것이 좋다.

[8] 각종 콘크리트

(1) 보통 무근 콘크리트

철근 등의 보강재를 사용하지 않는 콘크리트의 총칭

(2) 철망 삽입 무근 콘크리트

지반위에 직접 또는 잡석, 자갈, 모래 다짐 위에 설치하는 콘크리트
콘크리트의 신축 균열, 확대 방지 목적으로 사용

(3) 잡석 콘크리트

잡석 콘크리트는 중량을 목적으로 잡석, 둥근잡석(호박돌 : cobble stone) 등을 넣은 콘크리트를 말한다. 보통 경미한 건축 또는 임시적인 간이 건축물의 기초 밑과 같이 강도를 필요로 하지 않는 곳에 빈배합의 잡석 콘크리트를 사용한다.

(4) 깬자갈 콘크리트

깬자갈 콘크리트는 보통 강자갈 대신에 깬자갈을 사용한 콘크리트로서 공사장 부근에 좋은 강자갈이 대량으로 산출되지 않는 곳에 쓰인다.

깬자갈은 화강암, 안산암 또는 큰 개울돌을 부순돌로서 품질은 암석의 종류에 따라 다르나 좋은 암석을 원료로 사용하면 원하는 입도를 얻을 수 있다. 깬자갈 콘크리트의 특징은 강자갈에 비하여 자갈 표면이 거칠어 시멘트풀의 부착력이 크기 때문에 동일 물시멘트비에서는 보통 콘크리트보다 강도가 크다. 깬자갈 콘크리트는 시공연도(Workability)가 불량하므로 시멘트량을 많이 써야 하지만 강도는 커지므로 결국 시멘트량을 절감시킬 수 있다. 깬자갈 콘크리트를 부순돌 콘크리트 또는 쇄석 콘크리트라고도 한다.

(5) 철근 콘크리트

콘크리트는 돌과 같은 성질을 가져서 압축에는 대단히 강하나 인장이나 전단에는 대단히 약하다. 이것을 보강하기 위하여 콘크리트 안에 철근을 넣는 데 이를 철근 콘크리트라고 한다. 철근과 콘크리트가 결합하여 콘크리트는 주로 압축력에 대하여 유효하게 작용하고 철근을 주로 인장력에 대하여 유효하게 작용하는 점을 이용하여 양자의 특성을 살린 이상적인 구조체를 형성하게 된다.

철근 콘크리트는 내구, 내수, 내구성이 좋고, 압축과 인장, 휨에 강하여 건물, 교량, 댐 등 거의 모든 건설사업에 사용된다. 철근 콘크리트 구조체는 철근과 거푸집을 짜 세우고 거푸집 안에 콘크리트를 부어 넣어 굳힌 다음 거푸집을 제거하고 소정의 마무리를 한다.

(6) 철골 철근 콘크리트

철골 철근 콘크리트는 형강이나 기타 철골과 철근 및 이들을 포함한 콘크리트가 일체로 작용하도록 설계 시공된 일종의 철근 콘크리트이다. 철골을 주구조체로 하고 철근은 콘크리트를 피복하기 위하여 배근하는 경우와 철골과 철근 콘크리트가 공동으로 응력을 부담하는 구조체로 생각하는 경우가 있다. 또한 콘크리트는 철골 및 철근의 내화적, 방청적인 피복으로 생각하고 구조적으로는 오직 콘크리트부분에 발생하는 사용력을 강재부분의 국부적 좌굴이 생기지 않을 정도로 생각하는 경우도 있다.

(7) 레디믹스트 콘크리트

레디믹스트 콘크리트는 콘크리트 제조 공장에서 주문자가 요구하는 품질의 콘크리트를 소정의 시간에 희망하는 수량을 특수한 운반자동차를 사용하여 현장까지 배달 공급하는 굳지 않은 콘크리트를 말하며, 이를 레미콘(remicon)이라고도 한다.

레미콘의 발상은 1903년 독일 스타른베르크의 마르겐스(J.H.Margens)가 근대 레미콘 공장 형태를 고안, 설치함으로써 시작되었고, 그 후 전세계적으로 확대 보급되어 오늘날에 이르게 되었다. 우리나라의 경우에는 1965년 7월 대한쌍용양 회공업주식회사에서 현재의 서빙고 위치에 배쳐 플랜트(batcher plant)1대를 설치함으로써 최초로 레미콘을 생산하게 되었다. 레미콘 생산공장은 1989년 12월 말 현재 전국에 177개 업체에 270개 소로서 연간 총생산 9,200만㎥에 이르고 있다. 레미믹스트 콘크리트의 장단점을 들면 다음과 같다.

① 장점
  ㉮ 재료 둘 곳, 비빔기계, 비빔작업 등이 불필요하므로 협소한 현장에서도 대량의 콘크리트를 쉽게 얻을 수 있다.
  ㉯ 콘크리트 제조작업이 확실하므로 공사 추진을 정확하게 할 수 있어 공기 연장 등이 없게 된다.
  ㉰ 전문 제조공장의 우수한 제조설비와 기술로 제조하므로 품질이 균일하고 우수한 콘크리트를 얻을 수 있다.
  ㉱ 현장 주위가 깨끗해지며 가격이 명백하므로 결과적으로 공사비가 절약된다.
② 단점
  ㉮ 시공현장과 제조공장간의 긴밀한 연락으로 상호 지장이 없도록 해야 한다.
  ㉯ 운반차는 중량물이므로 운반로를 정비해야 하며 출입 경로와 짐부리기 설계를 해야 한다.
  ㉰ 운반 중 재료분리, 시간경과 등으로 강도저하의 우려가 많다.

(8) AE 콘크리트

AE제(공기연행제 : air-entraining agent)를 사용하여 연행한 콘크리트를 AE 콘크리트라고 한다.

AE 콘크리트는 공기의 연행에 의하여 워커빌리티(Workability)를 크게 개선하고 내구성을 향상시키는 특성을 가지고 있다. 일반적으로 빈배합의 콘크리트일수록 공기의 연행에 의해 워커빌리티가 개선되는 효과가 크다. 그리고 입형이나 입도가 불량한 골재를 사용할 경우에도 공기연행의 효과가 크다.

AE제를 사용함으로써 콘크리트의 블리딩(bleeding)이 감소되며 AE제만 사용하는 것보다는 감수제를 병용하면 워커빌리티 개선에 더욱 효과가 크다.

AE제의 사용량은 보통콘크리트에서는 공기량이 콘크리트 용적의 3~6% 정도가 되도록 하는 것이 바람직하다. 이러한 공기포에 의해 콘크리트의 분리, 침하성이 작아지고 유동성이 좋아져 슬럼프 값이 증대한다. 그리고 동결융해 작용에 대한 내 동해성이 증가하는 등의 이점이 있으나 공기량 1% 증가에 따라 압축강도가 4~5% 저하되고 철근과의 부착강도가 저하되는 결점이 있다.

(9) 경량 콘크리트

경량 콘크리트란 중량 경감의 목적으로 만들어진 기건비중 2.0 이하인 콘크리트의 통칭이라고 건축공사표준시방서에서 규정하고 있다. 경량 콘크리트는 주로 경량골재를 사용하여 경량화하거나 기포를 혼입한 콘크리트로서 구조용 철골 철근 콘크리트의 열차단용 등으로 쓰인다.

경량골재에는 천연경량골재(natural lightweight aggregate)와 인공경량골재(artificial lightweight aggregate) 및 부산물골재가 있다. 일반적으로 천연경량골재는 모양이 좋지 않고 흡수율이 높기 때문에 구조용 콘크리트골재로서 적합하지 못하며 인공경량골재가 구조용 콘크리트골재로서 널리 사용되고 있다.

경량 콘크리트의 장단점을 들면 다음과 같다.

① 장점
  ㉮ 자중이 적어 건물 중량을 경감할 수 있다.
  ㉯ 콘크리트의 운반이나 부어넣기의 노력을 절감시킬 수 있다.
  ㉰ 열전도율이 낮고, 내화성 및 방음효과가 크며 흡음률도 보통 콘크리트보다 크다.
  ㉱ 냉난방의 열손실을 방지할 수 있다.
② 단점
  ㉮ 시공이 번거롭고 재료처리가 필요하다.
  ㉯ 다공질로서 강도가 작고 건조수축이 크다.
  ㉰ 흡수율이 크므로 동해에 대한 저항성이 약하며 지하실 등에는 부적당하다.
③ 경량 콘크리트의 구분

경량 콘크리트는 보통 포틀랜드 시멘트에 경량골재를 사용하여 만든 보통 경량 콘크리트, 콘크리트의 시멘트 페이스트(cement paste)속에 AE제·알루미늄 분말 등 발포제를 넣어 인공적으로 무수한 기포를 함유하게 만든 기포 콘크리트(cellula concrete), 콘크리트속에 미세한 구멍이 많이 있어 경량으로 되는 다공질 콘크리트(prous concrete), 톱밥을 골재로 하고 못을 박을 수 있도록 한 톱밥 콘크리트 (saw-dust concrete)로 구분할 수 있다.
④ 경량 콘크리트의 성질
  ㉮ 단위중량
    인공 경량골재를 사용한 경량 콘크리트의 단위중량은 골재의 종류, 단위시멘량, 공기량, 함수량에 따라서 다르다. 경량 콘크리트의 단위중량은 골재의 전부를 경량골재로 사용한 경우 1.5~1.7t/㎥, 골재의 일부를 보통 천연골재(강자갈)로 사용한 경우 1.7~2.0t/㎥이 일반적이다.
  ㉯ 압축강도
    구조용 경량콘크리트는 경량이면서 압축강도를 크게 만드는 것이 주목적이다. 경량 콘크리트의 압축강도는 물시멘트비에 의하여 거의 결정되지만 골재의 함수상태에 따라 변한다. 골재의 함수량이 증가하면 강도는 약간 저하하는 경향을 나타낸다.

(10) 중량 콘크리트
중량골재를 사용하여 비중을 크게 하고 치밀하게 한 콘크리트를 말한다.
주로 생물체의 방호를 위해 r선 (x선 포함) 및 중성자선을 차단할 목적으로 만들어진 콘크리트.

(11) 한중 콘크리트
콘크리트 붓기 후 4주까지의 예상 평균기온이 약 3℃ 이하에서 시공되는 콘크리트.

(12) 서중 콘크리트
고온으로 콘크리트의 슬럼프가 저하되고 수분이 급격히 증발할 염려가 있을때에 시공되는 콘크리트.

(13) 수밀 콘크리트
콘크리트 자체를 밀도가 높고 내구적, 방수적인 상태로 만들어 물의 침투를 방지할 수 있도록 만든 콘크리트
산, 알칼리, 해수, 동결융해에 대한 저항력이 크고 풍화를 방지하고 전류의 해를 받을 우려가 적다.

(14) 프리팩트 콘크리트
프리팩트 콘크리트는 특정한 입도를 가진 굵은 골재를 거푸집에 채워넣고 그 굵은 골재 사이의 공극에 특수한 몰탈을 주입하여 만드는 콘크리트이다. 여기서 말하는 특수한 몰탈이란 유동성이 크고 재료의 분리가 적으며 수축이 적은 몰탈을 말하며 일반적으로 시멘트와 모래 이외에 플라이애시, 감수제, 팽창제 등을 혼합한 것이다.

(15) 프리캐스트 콘크리트(PC 콘크리트)
프리캐스트 콘크리트는 고정시설을 갖춘 공장에서 기둥, 보, 바닥판 등의 부재를 철제거푸집을 써서 제작하고 고온다습한 증기보양실에서 단기 보양하여 기성 제품화한 콘크리트를 말한다.
프리캐스트 콘크리트의 장단점은 다음과 같다.
① 장점
  ㉮ 현장에서 재료의 저장 및 혼합용 시설을 설치할 필요가 없다.
  ㉯ 공장생산이므로 양질의 부재를 경제적으로 얻을 수 있다.
  ㉰ 콘크리트 작업이 용이한 장소에서 할 수 있다.
  ㉱ 콘크리트의 기계화작업으로 노동력을 효과적으로 감소시킬 수 있는 등 경제적인 작업을 기할 수 있으며 공기단축도 꾀할 수 있다.
  ㉲ 기상 작용의 영향을 적게 받는 작업 체제가 가능하며 한냉기의 시공에 있어 특히 유리하다.

② 단점
  ㉮ 접합의 이음부가 약하다.
  ㉯ 큰 치수의 부재를 운반할 때 도로 및 장비 등의 제약을 받는 경우가 많다.
  ㉰ 중량에 비해 가격이 저렴하며 일반적인 콘크리트제품에 비해 부가가치가 적다.

(16) 프리스트레스 콘크리트(PS 콘크리트)

프리스트레스 콘크리트는 콘크리트 속에 철근 대신 강도 높은 PC 강재에 의해 프리스트레스(하중에 의하여 일어나는 인장응력을 소정의 한도로 상쇄할 수 있도록 미리 계획적으로 콘크리트에 주는 응력)를 도입한 철근 콘크리트의 일종으로서 콘크리트의 인장응력이 생기는 부분에 미리 압축력을 주어서 콘크리트의 외면상의 인장강도를 증가시켜 휨저항이 증대되도록 한 것이다. PC 강재료는 PC강선, 이형 PC 강선 및 PC 강 꼰선과 PC 봉강 및 이형 PC 봉강을 사용하며 품질은 한국공업규격(KS D 7002)에서 정한 규격품 또는 동등 이상의 품질을 가진 것을 사용한다.

콘크리트의 품질은 특기시방에 정한 바가 없을 때에는 물시멘트비 65% 이하, 단위시멘트량 270kg/㎥ 이상으로 하고 콘크리트의 설계기준 강도는 프리텐션 방법일 때 350kg/㎠ 이상, 포스트텐션 방법일 때 300kg/㎠ 이상으로 하며 콘크리트의 소요슬럼프 값은 15cm 이하로 하는 것을 표준으로 한다. PC 강재에 인장을 주는 방법에 따라 프리텐션 방법(pretensioning method)과 포스텐션 방법(post-tensioning mothod)이 있다.

① 프리텐션 방법

PC 강재를 인장시켜 설치하고 콘크리트를 타설하여 콘크리트 경화 후 PC 강재에 주어진 인장력을 강재와 콘크리트의 부착에 의해 콘크리트에 전달시켜 프리스트레스를 주는 방법이다. 이 방법으로는 소규모의 건축부품(벽판, 디딤판, 루버 등) 또는 T슬래브 등을 만들 때 쓰인다.

② 포스트텐션 방법

PC 강재를 넣은 위치에 시스(Sheath)를 묻어 두고 콘크리트를 부어 넣고 경화한 다음 이 시스에 PC 강재를 집어 넣어 한쪽 끝을 정착하고 다른 쪽을 수압·유압·잭(jack)을 써서 긴장시켜 그 반력으로 콘크리트에 강력한 압축력이 주어지면 쐐기·나사 등으로 정착시키거나 또는 몰탈 등을 주입하여 늘어난 긴장재가 되돌아가지 않도록 정착시켜서 프리스트레스를 주는 방법이다.

이 방법으로는 대규모 구조물을 만드는데 주로 쓰이며 큰 보(대량 : girder), 교량 등을 만들 때 쓰인다.

(17) 펌프 콘크리트

펌프 콘크리트는 현장에서 부어 넣을 장소에 수평 또는 연직으로 먼 거리까지 콘크리트를 펌프로 수송하는 공법으로서 근래에는 많은 현장에서 사용되고 있으며 발전소나 건물안과 같이 공간이 비교적 제한된 곳에 적당하다. 펌프의 압송능력에 따라 수송파이프, 토출량, 수송거리 등이 상이하다. 일반적으로 슬럼프 값이 크면 펌프 수송에는 편리하나 분리가 일어나기 쉽고 동일 콘크리트라도 펌프의 종류에 따라 분리의 정도가 다르므로 주의하지 않으면 안된다.

(18) 뿜어붙이기 콘크리트

뿜어붙이기 콘크리트란 압축공기로 몰탈이나 콘크리트를 시공할 면에 뿜어 붙여서 콘크리트를 형성시켜 뿜어붙인 면의 보호를 도모하는 시공방법으로서 뿜어 붙인 몰탈이나 콘크리트를 말하며 이를 쇼트크리트(Shotcrete)라고도 한다.

(19) 매스 콘크리트

매스 콘크리트는 부재 또는 구조물의 치수가 커서 수화열에 의한 온도의 상승을 고려하여 시공 하는 콘크리트를 말한다. 단면의 두께가 1m 이상인 구조물은 매스 콘크리트로 시공 하는 것이 유리하다. 매스 콘크리트의 시공은 치기 후의 온도상승을 적게하여 균열이 생기지 않도록 해야 한다.

(20) 진공 콘크리트

진공 콘크리트는 보통 콘크리트를 시공한 후 진공 매트(vacuum mat) 또는 진공 패널(vacuum panel)에 의하여 콘크리트 표면을 진공으로 하여 물과 공기를 제거하고 대기압에 의해 콘크리트에 압력이 가해지도록 만든 것이다. 진공처리를 한 콘크리트는 조기강도·내구성·마모성이 커지고 건조 및 수축이 적게 되므로 콘크리트 기성재의 제조에 이용된다.

(21) 강섬유 보강 콘크리트

강섬유 보강 콘크리트는 직경 0.3~0.6mm, 길이 20~40mm 정도 크기의 강섬유를 용적백분율로 1~2% 정도 (중량으로 약 80~150kg/㎥)콘크리트 속에 균일하게 분산·혼합시켜 만든 콘크리트이다. 강섬유 보강 콘크리트는 일반 콘크리트에 비해 균열에 대한 저항성이 크고 인성이 크며 인장·휨·전단강도가 클 뿐만 아니라 동결융해에 대한 저항성도 크다는 유리한 성능을 가지고 있다. 주로 콘크리트 그 자체품(칸막이벽 등)을 만드는 데 사용되고 미장몰탈용 또는 각종 콘크리트 구조물의 보수 및 보강용으로도 사용되고 있다.

(22) 유리섬유 보강 콘크리트

유리섬유 보강 콘크리트는 가늘고 짧은 유리 섬유(glass fiber)를 콘크리트중에 균일하게 분산시켜 인장 강도·균열강도·충격강도를 증가시킴과 동시에 취성을 높이기 위하여 만든 섬유 보강 콘크리트의 일종 이다. 유리섬유 보강 콘크리트를 약칭하여 GRC라고 한다. GRC는 영국에서 최초로 연구 개발되었고 우리나라도 최근 일본으로부터 기술도입을 하여 생산하고 있으며 독립기념관 지붕과 예술의 전당의 음악당 천장공사 등에 사용된 바 있다.

[9] 시멘트, 콘크리트 제품

(1) 종류
① 용도에 의한 분류
- ㉮ 지붕재 : 시멘트기와, 슬레이트기와, 석면슬레이트(평슬레이트, 골슬레이트) 등
- ㉯ 바닥재 : 인조석판, 테라조판, 테라조타일, 시멘트타일 등
- ㉰ 벽재 : 시멘트벽돌, 시멘트블록, 테라조판, 석면슬레이트, 석면시멘트판, 목모시멘트판, 목편시멘트판, 펄프시멘트판, 경량콘크리트제품 등
- ㉱ 천정재 : 석면시멘트판, 목모시멘트판, 석면·목모시멘트 합성판, 펄프시멘트판, 목편시멘트판, 퍼라이트시멘트판 등
- ㉲ 기타 : 석면시멘트판 등

(2) 시멘트 제품
① 시멘트 벽돌
시멘트와 모래를 배합하여 가압, 성형한 후 양생한 벽돌로서 주택, 창고, 공장 등과 같이 벽체가 많은 건축에 내·외벽 조적재로서 널리 쓰이며 또 담장 등에도 쓰인다.
시멘트 벽돌 규격 : KS F 4004에 규정
② 블록
시멘트와 골재를 배합하여 성형한 후 양생한 것.
③ 인조석판
쇄석을 종석으로 하여 시멘트에 안료를 섞어 진동기로 다진 후 성형한 수장 재료.
④ 테라조판
대리석, 사문암, 석회암, 화강암의 쇄석을 종석으로 하여 포틀랜드 시멘트에 안료를 섞어 형틀에 넣고 진동기나 롤러를 사용하여 충분히 다지고 양생한 후 가공연마한 후 광택을 갖도록 만든 평판.
⑤ 석면 슬레이트

포틀랜드 시멘트와 석면을 85 : 15의 비율로 섞어 가압, 성형한 후 슬레이트판으로서 제조시 암면, 펄프, 솜찌꺼기 등 잡섬유를 보충하기도 한다.

⑥ 목모 시멘트판

목재펄프를 포틀랜드 시멘트에 혼압 압축하여 얇은 판으로 만든 제품으로 흡음, 단열 효과가 있어 내벽, 천장의 마감재, 지붕의 단열재 등으로 쓰임.

⑦ 퍼라이트 시멘트판

시멘트, 석면, 펄프, 퍼라이트 및 무기질 혼합재를 주원료로 하여 성형한 판상제품.

주로 건축물의 천정재료로 사용.

2-6 금속재료

[1] 철강

탄소 이외에 규소(Si), 망간(Mn), 인(P) 등을 함유.

(1) 선철(주철) - 탄소 함유량 1.7% 이상

(2) 강 - 탄소 함유량 0.04~1.7%

(3) 순철(연철) - 탄소 함유량 0.04% 이하

[2] 재질과 가공 성형

(1) 제철
① 선철 : 적철광(Fe_2O_3), 자철광(Fe_3O_4), 갈철광($2Fe_2O_3$) 등의 광석, 코우크스,
　　　　석회석을 1,500℃ 이상으로 가열 연소되면서 일산화탄소가 생겨 용융상태가 된 철.
② 용선 : 용융상태의 것.

(2) 제강
용광로에서 얻어진 선철은 탄소량이 많으므로 다음과 같은 방법으로 제강한다.
① 전로법 : 선철을 전로에 넣고 산소를 불어 넣어 용선속에 포함된 철 이외의 불순물을 산화 연소시켜 제거시키는 방법이다.
② 평로법 : 평로속에 선철과 함께 폐철, 철광석, 석회석 등을 넣어서 가열된 가스와 공기의 혼합기체를 보내어 철 이외의 불순물을 산화 연소시켜 제거시키는 방법.
③ 전기로법 : 전열을 이용하여 원료를 용융시키는 방법.
④ 도가니법 : 점토와 흑연으로 만든 도가니를 사용한 것.

(3) 가공 성형
제강로에서 용강을 형틀에 부어서 3~10ton의 원형 사각형 또는 8각형으로 된 기둥 모양의 강괴로 만든다. 이것을 1,200℃로 가열하여 기계 해머나 수압프레스 등으로 불순물을 제거하여 질을 치밀하게 하는 것을 단조라 한다.
　열간가공은 900~1,200℃에서 시공하고 냉간가공은 700℃에서 가공한다.
① 압연 : 약 1,000~1,200℃로 가열한 강을 눌러 가공.
② 인발 : 못, 철산 등 지름 5mm 이하의 철선은 어느 정도의 굵기까지는 열간 가공으로 가늘게 만든 다음 상온에서 라이스를 통하여 뽑아내어 가공한다.

[3] 물리적 성질

(1) 강의 성질
탄소 함유량 이외에 가공온도에 따라 다르며 상온에서는 비중, 열팽창 계수, 열전도율이 탄소의 양이 증가함에 따라 감소, 비열은 증가.

(2) 압축, 전단, 휨강도 및 경도
① 압축강도는 인장강도와 같다.
② 탄소량이 0.85% 이상이 되어도 강도는 증가.
③ 전단강도 : 인장강도의 0.65~0.8배

(3) 온도에 의한 영향
① 0~250℃ : 강도 증가.
② 250℃ 이상 : 강도 감소.
③ 500℃ : 0℃일 때 강도의 1/2로 감소.
④ 600℃ : 1/3로 감소.
⑤ 900℃ : 1/10로 감소.

(4) 열처리
① 불림 : 강을 800~1,000℃로 가열하여 공기중에서 냉각시키면 강철의 결정입자가 미세하게 되어 변형이 제거되고 조직이 균일하게 된다.
② 풀림 : 높은 온도로 가열된 강을 노속에서 천천히 식히는 것으로 강의 결정이 미세화되는 동시에 연화된다.
③ 담금질 : 높은 온도를 가열한 후 찬물, 따뜻한 물, 기름속에 식히는 것으로 강도, 경도가 증가된다.
④ 뜨임 : 담금질한 철을 200~600℃ 정도로 다시 가열한 후 공기 중에서 천천히 식히면 변형이 없어지고 강한 강이 된다.

[4] 금속재료의 부식과 방지

(1) 부식
금속은 자연 환경속에서는 산화물, 탄산화물의 화합물로서 존재하는 편이 안정되며 따라서 금속은 주위에 존재하는 다른 원소와 결합하여 화합물이 되려는 경향이 강하다.
따라서 금속의 부식은 금속과 주위 환경사이에 일어나는 화학적, 전기적 반응이라 할 수 있다.

(2) 부식의 방지
① 가능한 한 서로 다른 금속을 인접 접촉시켜 사용하지 말 것.
② 균질한 것을 선택하고 사용시 큰 변형을 주지 않도록 할 것.
③ 큰 변형을 준 것은 가능한 한 풀림하여 사용할 것.
④ 표면을 평활하고 깨끗이 하며 가능한 한 건조상태로 유지할 것.
⑤ 부분적으로 녹이 나면 즉시 제거할 것.

[5] 비철금속

(1) 알루미늄(Al)
① 비중 : 2.77
② 인장강도 : 1,700kg/cm²
③ 용융점 : 620℃
④ 사용 : 경구조재 지붕, 바깥벽 등의 피복, 수장재, 설비재, 물탱크, 창호재, 셔터.

(2) 니켈(Ni)
① 사용 : 구조재, 장식재, 전열성 재료.

(3) 구리(Cu)
① 비중 : 8.91
② 인장강도 : 4,000kg/cm²
③ 용융점 : 1,083°C

(4) 주석(Sn)
① 비중 : 7.30
② 사용 : 방식재, 도금재, 합금재.

(5) 아연(Zn)
① 비중 : 7.06
② 사용 : 도금재

(6) 납(Pb)
① 비중 : 11.4
② 사용 : X-선실의 벽, 화학공장의 배수관

[6] 금속제품

(1) 일반 구조용 압연강재
열처리 및 기계에 의한 표면 처리를 거치지 않고 압연한 상태로 사용할 수 있는 강재.

(2) 용접 구조용 압연강재
용접성이 우수한 강재로 건축, 교량, 철도 기타 구조물에 사용.

(3) 리벳용 압연강재
평로 또는 전기로에 의한 강괴로써 제조.

(4) 형강
열간 압연하여 만든 특정의 단면 형상을 이루고 있는 구조용 강재의 총칭.
건축, 토목, 차량, 선박 등 대형 구조물에 사용.

(5) 철근
콘크리트속에 묻어서 콘크리트를 보강하기 위해 사용되는 강재.
① 원형 철근
② 이형 철근
㉮ 부착강도는 원형철근의 2배.
㉯ 정착 길이, 겹침 이음 길이를 단축 가능.
㉰ 콘크리트에 발생하는 수축균열이나 응력균열의 분산이 가능.
㉱ 기둥과 굴뚝을 제외하고 갈구리(hook)를 하지 않아도 된다.

(6) 금속성형 가공 제품
① 메탈라스
금속제 라스의 총칭으로 연강판에 일정한 간격으로 그물눈을 내고 늘여 철망모양으로 만든 것으로 천장, 벽 등의 모르타르 바름 바탕용으로 사용한다.

② 와이어라스
철선 또는 아연도금한 철선을 엮어서 그물모양으로 만든 것으로 모르타르 바름 바탕의 보강재로 사용되는 철망.
③ 와이어메시
굵은 철선을 사각형(격자형)으로 교차시켜 용접한 것으로 콘크리트의 철근 보강용으로 사용되는 금속.
④ 익스펜이드메탈
콘크리트 보강용
⑤ 데크플레이트
　㉮ 얇은 강판에 골모양을 내어 만든 강판 성형품.
　㉯ 콘크리트 슬래브의 거푸집 패널, 바닥판, 지붕판으로 사용.
⑥ 키스톤플레이트
　㉮ 규칙적으로 골이 되게 주름잡은 강판으로 강판의 두께는 0.6~1.2mm
　㉯ 데크플레이트에 비해 춤이 작아 강성이 작다.
　㉰ 지붕, 외벽 등에 주로 쓰이고 철근 콘크리트 슬래브의 거푸집 패널로 쓰인다
⑦ 메탈폼
　㉮ 금속제의 콘크리트용 거푸집으로서 특히 치장 콘크리트에 많이 쓰임.
　㉯ 목제 거푸집은 3회 사용하나 메탈폼은 60~70회 이상 사용할 수 있어 공사기간을 단축 가능.
　㉰ 통일된 건축물을 건축하는데 경제적.
　㉱ 아파트 및 사무소 건축에 많이 사용.
⑧ 강제말뚝
강재로 만들어진 말뚝으로 기초 공사, 흙막이 공사에 널리 사용.

(7) 긴결 및 고정 철물, 목구조용 철물
① 일반용 철못
　㉮ 보통 쓰이는 철제 둥근 못.
② 콘크리트용 철못
　㉮ 경강선재를 사용하여 만든 못.
③ 나사못
　㉮ 못몸이 나사로 되어 틀어 박을 수 있도록 만든 못.
④ 아연도금 철못
　㉮ 슬레이트, 기와, 함석판 깔기, 석고 보드의 붙이기에 사용.
⑤ 볼트
　㉮ 와셔와 너트를 끼워 2개 이상의 부재를 죄어 긴결하는데 쓰이는 긴결재.
　㉯ 이음이나 긴결, 토대 붙임에 사용.
⑥ 고력볼트
접합부의 높은 강성과 강도를 얻기 위해 사용되는 고인장 강도의 볼트.
⑦ 리벳
　㉮ 강재의 접합에 사용되는 긴결재.
　㉯ 가장 많이 사용되는 것은 둥근 리벳.
⑧ 꺾쇠
강봉 토막의 양끝을 뾰족하게 하고, ㄷ자형으로 구부려 2개의 부재를 이어 연결, 엇갈리게 고정시킬 때 쓰이는 철물.
⑨ 띠쇠
　㉮ 띠형으로 된 철판에 가시못 또는 볼트 구멍을 뚫은 철물로서 2개의 부재의 이음쇠, 맞춤새에 대어 2개의 부재가 벌어지지 않도록 보강하는 데 사용하는 보강 철물.

㉴ 보통 목구조의 ㅅ자보, 왕대공의 긴결에 쓰임.
⑩ 감잡이쇠
　　㉮ ㄷ자형으로 구부려 만든 띠쇠.
　　㉴ 평보를 대공에 달아 맬 때나 평보와 ㅅ자보의 밑에 또는 기둥과 들보를 걸쳐대고 못박을 때 쓰인다.
⑪ ㄱ자쇠
　　㉮ 띠쇠를 ㄱ자 모양으로 구부려 만든 철물.
　　㉴ 모서리의 가로재 연결 또는 세로 가로의 연결에 사용.
⑫ 안장쇠
　　㉮ 안장 모양으로 만든 철물.
　　㉴ 큰 보에 걸쳐 작은 보를 받게 하거나 귀보와 귀잡이보 등을 접합하는 데 사용.
⑬ 듀벨
　　조부재의 접합에서 2개의 부재 접합부에 끼워 볼트와 같이 써서 전단에 견디도록 하는 일종의 산지.
⑭ 인서트
　　㉮ 콘크리트 표면 등에 어떤 구조물을 달아매기 위해 콘크리트를 부어 넣기 전에 미리 묻어 넣은 고정 철물.
　　㉴ 안쪽에 암나사가 있어 천정 달대 볼트 등을 틀어 넣을 수 있는 주철제의 것과 목제 달림대를 고정할 수 있는 철판 가공품이 있다.
⑮ 익스펜션볼트
　　콘크리트 표면 등에 띠장, 문틀 등의 다른 부재를 고정하기 위해 묻어 두는 특수형의 볼트.
⑯ 드라이브핀
　　㉮ 콘크리트나 강재 등의 드라이비트라는 일종의 못박기 총을 사용하여 쳐박는 특수 못.
　　㉴ 머리가 달린 것 H형, 나사로 된 것 T형.
⑰ 줄눈대
　　인조석 갈기, 테라조 현장 바름 바닥 또는 미장 바름벽의 신축균열방지 및 의장효과를 위해 구획하는 줄눈에 넣는 철물.
⑱ 조이너
　　천정, 벽 등에 보드류를 붙이고 그 이음새를 감추고 누르는 데 사용.
⑲ 코너비드
　　벽, 기둥 등의 모서리부분의 미장바름을 보호하기 위해 묻어 붙인 모서리쇠.
⑳ 계단논슬립
　　㉮ 계단의 디딤판 끝에 대어 오르내릴 때 미끄러지지 않게 하는 철물.
　　㉴ 미끄럼막이라고도 함.
㉑ 펀칭메탈
　　판두께 1.2mm 이하의 얇은 판에 여러가지 모양으로 도려낸 철물.
㉒ 그릴
　　펀칭메탈과 비슷한 것으로 황동, 청동 화이트 브론즈를 주조한 것.
㉓ 스틸새시바
　　강재창호의 올거미 및 살로 사용되는 형재.
㉔ 강제창호
　　㉮ 강재로 올거미, 살 등을 만든 창호.
　　㉴ 주문생산으로 하고 고급건축, 실용건축에 사용
㉕ 알루미늄 창호
　　㉮ 비중이 철의 약 1/3
　　㉴ 녹슬지 않아 유지관리 및 사용연한이 길다.

⑮ 공작이 자유롭고 기밀성이 우수.
㉔ 여닫음이 경쾌.
㉕ 강제창호에 비해 내화성이 약하다.
㉕ 서로 다른 종류의 금속과 접촉하면 부식되고 알칼리성에 약하다.
㉗ 강성이 적고 열에 의한 팽창, 수축이 크다.

㉖ 정첩
문틀에 여닫이 창호를 달 때 한쪽은 문틀에 다른 한쪽은 문짝에 고정하고 여닫이 축이 되는 철물.

㉗ 돌쩌귀
여닫이 문의 정첩대신 촉으로 돌게 된 철물.

㉘ 플로어힌지
바닥에 묻어 설치한 다음 문의 징두리를 여기에 꽂아 돌게 하는 창호철물로 정첩으로 유지할 수 없는 무거운 자재 여닫이문에 사용되며 오일 또는 스프링을 써서 문을 열면 저절로 닫혀지는 장치이다.

㉙ 지도리
㉮ 장부가 구멍에 들어 끼어 돌게 된 철물.
㉯ 회전창에 사용.

㉚ 걸쇠
문이 열리지 않게 돌리거나 꽂아서 거는 창호철물.
㉮ 넓적 걸쇠 : 통자물쇠를 채우게 된 것.
㉯ 도래 걸쇠 : 빗장을 돌려 걸게 된 것.
㉰ 갈고리 걸쇠 : 갈고리를 구부려서 걸게 된 것.
㉱ 크레센트 : 오르내리창을 걸어 잠그는 데 사용.

㉛ 도어클로저
문과 문틀에 장치하여 문을 열면 저절로 닫히는 장치가 되어 있는 창호철물.

㉜ 도어스톱
문을 열어 제자리에 머물러 있게 하거나 벽하부에 대어 문짝이 벽에 부딪히지 않게 하며 갈고리로 걸어 제자리에 머무르게 하는 철물.

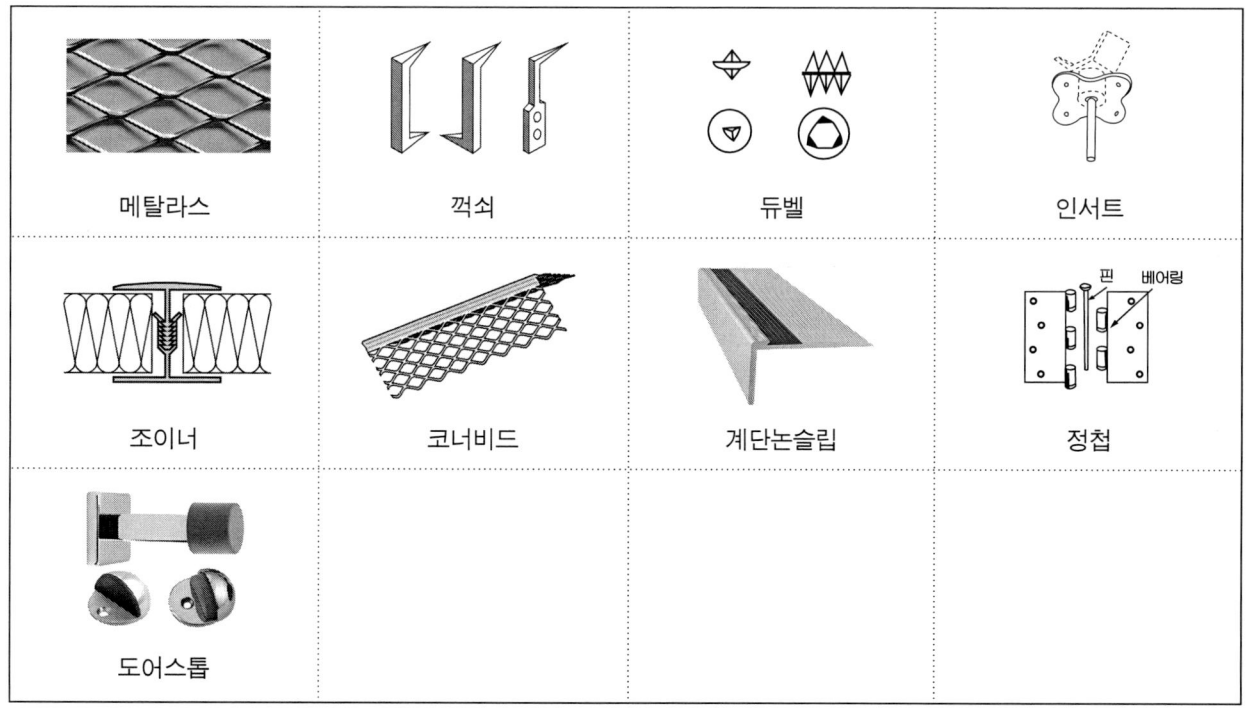

▲ 참고 이미지

2-7 미장재료

[1] 개요

미장재료(plastering materials)는 건축물의 내외벽·바닥·천정 등의 미화·보호·방습·방음·내화·내마모 등을 목적으로 적당한 두께로 발라 마무림하는 재료이다. 도장재료와는 여러가지 점으로 구별할 수 있겠으나 일반적으로 도장재료는 두께가 얇은 재료임에 비하여 미장재료는 어느 정도의 두께를 갖는 재료라 할 수 있다. 미장바름 재료란 미장재료(원료)를 현장에서 배합하여 만든 것을 말하며 그 종류는 여러가지가 있다.

[2] 미장재료의 분류

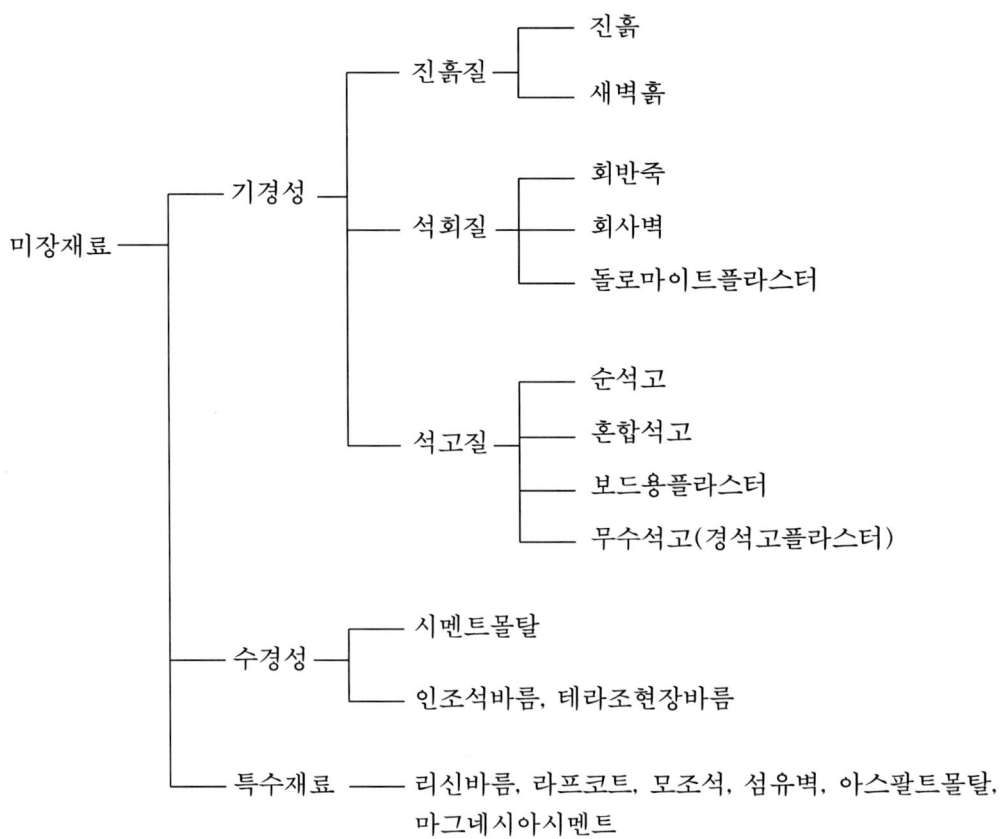

[3] 미장재료의 종류

(1) 벽토

논흙, 밭흙 등에 제점제로서 모래를 결합제로 짚여물 등을 물로 반죽한 것. 외바탕이나 산자 바탕 등에 흙손으로 바르는 재료.

① 초벌 벽토

논, 밭에서 채취한 진흙을 체로 쳐서 물로 반죽 2~3일 두었다가 가는 모래, 새끼나 짚을 약 6cm로 잘라 짚여물을 혼합한 것.

② 재벌 벽토
　진흙을 물에 이겨 1주일 정도 두었다가 길이 2cm 정도의 짚여물을 혼합한 것
③ 정벌 벽토
　점판암, 이판암 등의 풍화물을 2cm 정도의 짚여물을 혼합한 것.

(2) 회반죽
① 석회
　천연 석회석이나 조개 껍데기를 구워서 만든다. 석회석의 주성분은 탄산칼슘($CaCO_3$)과 규산을 약간함 유하고 있으며 900~1,300℃ 정도로 가열하면 산화칼슘(CaO)을 주성분으로 하는 생석회가 된다. 생석회는 비중 3.0~3.15로서 물과 결합하면 소리와 열을 내면서 용적이 팽창하여 미세한 가루가 된다.
② 돌로마이트 석회
　탄산마그네슘을 함유하고 있는 석회석, 즉 백운석을 원료로 소석회와 같은 방법으로 제조한다. 백운석은 15~20%의 수산화 마그네슘을 함유한다. 소석회 보다 비중이 크고 강도도 크며 점성이 높아 풀을 넣을 필요가 없다. 냄새, 광택이 없고 변색될 염려가 없으나 건조수축이 커서 균열이 가기 쉬우며 물에 약하다.
③ 석고 및 석고 보드
　㉮ 석고
　　천연 석고는 결정수를 포함하고 있는 결정체로서 순수한 것은 담홍색을 띤 백색으로 투명성이 있다. 불순물이 많은 것은 푸른 빛이 도는 회색의 불투명한 덩어리이다.
　　또 인산 비료를 제조할 때 나오는 부산물인 화학석고가 있는데 많이 사용되고 있다. 소석고에 물을 가해 저으면 구울 때 잃었던 만큼의 물을 흡수하여 화학적으로 경화된다.
　㉯ 석고 플라스터
　　순수한 소석고에 물을 가한 다음 5~20분 정도가 되면 체적이 팽창되면서 응결이 된 미장재료로 결합을 조절하기 위해서 혼합재인 석회, 돌로마이트석회, 점토를 넣는다. 화학적으로 경화된 것으로 방화성이 있다.
　㉰ 석고 보드
　　화학공장의 부산물 석고에 톱밥을 약 85 : 15의 비율로 혼합하여 물로 반죽하자마자 두꺼운 펠트에 끼워 넣어 로울러로 눌러 붙인 것으로 방부성, 방화성이 크고 팽창, 수축, 변형이 적다. 열전도율이 적고 난연성이 있으며 쥐나 해충의 피해가 적다.
④ 풀과 여물
　소석회는 점성이 없으므로 이 결점을 없애기 위하여 풀을 혼합하게 된다. 풀에는 해초풀이 있지만 화학 합성풀 또는 녹말풀, 단백질풀도 사용된다.
　해초풀은 파래, 청각, 불가사리 등의 해초를 끓여 거른 것으로, 해초는 봄철에 채취하여 2~3년 묵은 것이 좋다.
　㉮ 삼여물 : 생삼의 섬유를 씻어 말린 것. 또는 삼으로 만든 낡은 로우프나 낡은 그물을 풀어 잘라서 쓴다.
　㉯ 짚여물 : 낡은 새끼, 가마니를 푼 것이나 또는 짚을 3~10cm로 자른 것으로 주로 벽토에 혼합한다.
　㉰ 기타여물 : 한지 등을 물에 적셔 풀어 쓰는 종이여물, 모직으로 된 낡은 양탄자 등을 풀어서 자른 털여물, 종려나무의 섬유로 만든 종려털여물 등
⑤ 시공법
　초벌을 포함한 바름두께는 키인즈 시멘트 바름에서 7.5~9.0mm 회반죽, 돌로마이트 플라스터, 시멘트 모르타르를 12~24mm 정도로 바른다.

(3) 시멘트 모르타르
① 마그네시아 시멘트 모르타르
　산화마그네슘, 염화마그네슘의 수용액을 가하면 경화되는데 이것을 마그네시아 시멘트라 한다. 건축에

사용되는 산화마그네슘은 석회석과 비슷한 마그네사이트를 800~900℃ 온도로 구워서 만들거나 염화마그네슘에 소석회를 작용시켜 만든 수산화 마그네슘을 구워서 만든 것으로 단기 강도가 크고 바탕미장에 사용된다. 물이 침투하면 약해지기 쉬우며 공기 및 습기에 의해 광택이 없어지고 철을 부식시킨다.

② 시멘트 모르타르
  ㉮ 일반 시멘트 모르타르
  포틀랜드 시멘트와 가는 모래를 혼합하여 물로 반죽한 것으로 벽, 바닥, 타일, 석판, 페인트나 벽지 바르기, 바탕재, 벽돌, 블록, 돌 등을 쌓는데 사용된다.
  ㉯ 특수 시멘트 모르타르
    ㉠ 방수 시멘트 모르타르
    염화칼슘, 물유리, 규산질 광물의 가루, 파라핀, 아스팔트 등의 방수제를 시멘트 모르타르에 넣어 만든 것이다.
    ㉡ 경량 시멘트 모르타르
    골재를 비중이 작은 것을 쓰거나 모르타르에 발포제를 혼합하면 된다. 보온성 및 흡음성이 높다.
    ㉢ 백색 시멘트 모르타르
    보통 시멘트 대신 백색 포틀랜드 시멘트를 사용하는 것으로 백색타일 줄눈, 인조석 바름에 사용하며, 색깔을 자유로이 낼 수 있다.

[4] 미장용 혼화재료

미장용 혼화재료는 콘크리트용 혼화 재료와도 같은 것이나 미장공사의 현장시공용 반죽에 혼화재료를 사용하면 작업성의 증대, 방수·방동 등의 저항성을 주며 착색 또는 응결시간 조절이나 강도 증진의 역할을 하게 된다. 작업성을 좋게하고 증량되며 재료의 경제성을 높여 주기 위한 혼화재로서 종래에는 화산회·규조토가 쓰여졌으나 근래에는 규산백토·가용성 백토 등이 쓰이고 최근에는 플라이애시(fly-ash), 포졸란(pozolan)이 사용되고 있다.

(1) 방수제
방수효과를 내기 위하여 사용되는 방수제로는 공극충진에 의한 것으로 소석회·점토·석분 등이 있고 화학반응에 의한 것은 물유리·지방산염·명반 등이 있으며, 바름방수제로서 방수성질을 가진 화학적 화합물을 용제에 녹인 것과 산알미늄·실리콘수지용제용액·염화비닐용액·작산비닐유제 등이 쓰인다.

(2) 방동제
방동을 목적으로 사용되는 방동제로서 염화석회 또는 석염이 주로 쓰인다. 또 미장바름속에 기포를 만들어 동결에 의한 팽창력을 완충시킴으로써 파괴를 피하고자 하는 생각에서 AE제를 방동제로 사용하는 수도 있다.

(3) 착색제
미장용 착색제로서는 무기질의 금속산화물이 쓰이는 데 인공적인 것보다는 천연적인 것이 많다. 천연산으로 얻을 수 없는 색에는 인공의 무기질안료나 유기질안료가 쓰인다. 이들 안료는 단독으로나 적당 비율로 혼합하여 각종 색깔을 만들어 쓴다. 착색제에는 협성산화철, 카본블랙(carbon-black), 이산화망간, 산화크롬 등이 있다.

(4) 촉진제(accelerator admixtures)
응결시간조절을 위해 미장바름에 첨가되는 재료를 응결조정제라고 하는데 응결조정제 중 응결시간을 단축시키는 것을 촉진제 특히 응결시간을 신속히 단축시키는 것을 급결제(guick setting admixtures), 반대로 응결시간을 연장시키는 것을 누연제(retarder)라고 한다.

촉진제 또는 급결제의 대상이 되는 것은 주로 포틀랜드 시멘트의 경우로서 누수 구멍막음, 물체고정 등 급속한 응결을 요할 때 사용한다. 촉진제로서는 염화석회, 물유리 등이 있고 급결제로서는 염화칼슘, 규산소다 등이 있다. 지완제의 대상이 되는 것은 석고플라스터(소석고)이다. 석고플라스터에 사용하는 지완제로서는 아라비아고무·해초풀·젤라틴(gelatine : 아교)·전분·봉사 등이 있다.

2-8 유리

[1] 원료, 종류 및 제법

(1) 원료 및 제법

유리는 다음과 같은 원료를 1종 혹은 2종 이상 혼합하여 1,400~1,500℃의 높은 온도에서 녹인 다음 식혀서 비결정질 고체로 만든 것이다.

① 주원료
   ㉮ 산성원료 : 규사(SiO_2), 붕산(H_3BO_3), 붕사($Na_2B_4O_7$, $10H_2O$), 인산나트륨(Na_2HPO_4 $12H_2O$)
   ㉯ 염기성원료 : 황산나트륨(Na_2SO_4), 탄산나트륨(Na_2CO_3), 탄산칼륨(K_2CO_3), 석회석($CaCO_3$), 황산바륨($BaSO_4$), 연단(Pb_3O_4), 카올린(Kaolin Al_2O_3, $2SiO_2$, $2H_2O$), 장석($K_2OAl_2O_3$, $6SiO_2$), 백운석($MgCO_3$, $CaCO_3$)

② 부원료
   유리를 만드는 데는 용해점을 낮추기 위한 용제(조각유리 등), 산화제(질산나트륨, 질산칼륨 등), 환원제(산화칼슘, 산화마그네슘 등), 소색제(이산화망간, 니켈, 코발트, 질산나트륨 등) 및 착색제로서 주로 망간, 코발트, 니켈, 구리, 금 등 금속의 산화물이 사용된다.

③ 제법
   주원료 및 부원료를 고체인 분쇄기로 빻아서 폐품유리와 함께 용융로에 넣고 1,400~1,500℃의 온도로 녹인다.
   ㉮ 형유리 : 형틀에 부어 넣어 식혀서 만드는 것.
   ㉯ 판유리 : 인상법 혹은 압연법에 의하여 만드는 것.
   ┌ 인상법 : 6mm 이하의 유리를 제조
   └ 압연법 : 6mm 이상의 유리를 제조

④ 유리의 종류

주성분	종류	용도	비고
규산	석영 유리	이화학용 기구	내열성이 크고 열팽창율이 작고 융해점이 높다.
	소오다 유리	창유리, 병 및 일반기구 등	용도가 가장 많다.
규산과 알칼리의 1종 및 그 밖의 염기성분	플린트 유리	렌즈, 고급식기 모조보석 등	크리스탈 유리라고도 한다 열 및 산에 약하나 굴절률이 크다
	칼리유리	이화학용 기구, 프리즘공예품등	보히미아 유리라고도 한다 약품에 침식되지 않는다
규산과 붕산 및 알칼리	붕규산 유리	이화학용 기구 광학용 기구	
규산을 함유하지 않는 것	붕산 유리	이화학용 기구	
규산과 1종의 알칼리	물 유리	방수제, 방화제 및 접착제	규산나트륨이 대표적이다.

[2] 성질

(1) 비중
2.2~6.3, 판유리는 2.5 정도이다.

(2) 강도 및 경도
압축강도 9,000kg/cm², 인장강도 1/10 이하인 400~600kg/cm², 휨강도 400~800kg/cm², 영률 700,000kg/cm², 경도 5.5~6.5 (보통의 것은 6 내외이다)

(3) 열 및 전기에 대한 성질
열전도율 0.6~1.2kcal/mh°C 열팽창 계수 및 비열은 각각 $8~11×10^{-6}$/°C, 0.25 내외로서 크기 때문에 부분적으로 갑자기 가열하거나 식히면 파괴되기 쉽다. 창유리는 연화점이 약 550°C이므로 화재를 당하면 녹게 된다.

유리는 상온, 건조상태에서는 전기의 부동체이나 대기의 습도가 높아지면 유리 표면에 습기가 흡착되어 전열성이 떨어진다.

(4) 과학적 성질
① 굴절 : 창유리의 굴절률 n이 1.5~2이다.
② 반사 : 창유리는 투사각이 유리면에 직각인 경우에도 표면 및 이면에서 8% 내외의 반사가 일어난다. 투사각이 50~60°가 되면 반사가 크게 증가하여 90°가까이 되면 전반사를 일으킨다.
③ 흡수 : 2~6%로 두께가 두꺼울수록 불순물이 많고 착색된 색깔이 짙을수록 광선흡수율이 커진다.
④ 투과 : 투사각이 0일 경우 많은 창 유리 및 무늬판 유리는 약 90%의 광선을 투과, 서리 유리는 약 80~85%, 투명 유리인 경우에도 3,000Å 이하의 자외선은 투과하지 못하며 낡은 유리인 경우 4,000Å 이하의 자외선도 거의 투과하지 못한다.
⑤ 확산 : 유리면에 광선이 닿아 반사하거나 투과할 때에는 정반사, 정투과 및 난반사, 난투과를 한다.
⑥ 화학적 성질 : 불에 타지도 않고 썩지도 않으며 또 대부분의 화학약품에도 안전하기 때문에 이화학 기구로도 많이 쓰인다. 그러나 플루오르 화수소, 플루오르화암모늄에는 잘 부식된다.

[3] 차단유리

(1) 판유리
① 박판유리 : 두께 6mm 이하의 채광용 유리로 2mm, 3mm, 5mm, 6mm 등이 있고 1상자 포함된 유리 표면적은 9.29m²(100ft²)이다.
② 후판유리 : 두께 6mm 이상 10~15mm(너비 2~5m, 길이 7~9m)
　㉮ 용도 : 진열장, 일광욕실, 고급창문, 출입문, 유리선반, 기차, 전차, 자동차의 창 유리
③ 가공유리 : 투명 판유리를 가공하여 무늬를 넣은 것으로 표면을 불투명하게 만든 것
　㉮ 종류 : 서리유리, 무늬유리, 표면유리 등이 있다.

(2) 특수유리
특수한 용도에 이용하기 위하여 특수한 성질을 가지도록 가공한 판유리이다.
종류로는 접합유리, 강화 판유리, 복층유리, 망유리, 색유리, 자외선 투과유리, 자외선 흡수유리, 열선 흡수유리, X선 차단유리.

① 복층유리
  ㉮ 2장 또는 3장의 유리를 일정한 간격을 띄고 둘레에는 틀을 끼워서 내부를 기밀하게 만들고 여기에 깨끗한 공기 등의 건조 기체를 넣어 만든 판유리로서 2중유리, 겹유리라고 한다.
  ㉯ 단열, 방서, 방음 효과, 결로 방지용.
② 망입유리
  ㉮ 유리 내부에 금속망을 삽입하고 압착 성형한 판유리.
  ㉯ 철망유리, 그물유리.
  ㉰ 유리 파편에 의한 상해가 없음.
  ㉱ 철망의 재료는 철, 놋쇠, 알루미늄망.
③ 강화유리
  ㉮ 평면 및 곡면의 판유리를 열처리(약 600℃까지 가열)한 후 냉각공기로 양면을 급냉각하여 강도를 높인 안전유리의 일종.
  ㉯ 내충격 강도가 보통 판유리의 3~5배 높다.
  ㉰ 건축물의 창유리, 테두리 없는 유리문, 자동차 선박에 사용.
④ 반사유리
  ㉮ 플로트유리 제조공정 중 금속욕조내에서 특수기체로 표면 처리하여 일정 두께의 반사막을 입힌 유리.
  ㉯ 거울유리라고도 함.
  ㉰ 열흡수 유리보다 열전도가 적어 열적요구를 저감시키는데 기여.
⑤ 열선흡수유리
  ㉮ 보통 판유리의 조성에 산화철, 니켈, 코발트, 셀렌 등의 금속산화물을 미량 첨가하여 열선흡수를 크게 하고 착색이 되게 한 유리.
  ㉯ 가시광선 흡수, 쾌적한 분위기를 만듦.
  ㉰ 온도차를 유발하는 곳에 사용 금지.
⑥ 자외선투과유리
  ㉮ 보통 유리의 성분 중 철분을 줄이거나 철분을 산화제이철(Fe_2O_3)의 상태에서 산화제일철(FeO)로 환원시켜 자외선 투과율을 높인 유리.
  ㉯ 병원의 선룸, 결핵 요양소의 창유리, 온실에 사용.
⑦ 자외선흡수유리
  ㉮ 자외선을 흡수하는 세륨, 티타늄, 바나듐을 함유시킨 담청색의 투명유리.
  ㉯ 자외선 차단유리라고도 함.
  ㉰ 의류의 진열장, 식품, 약품창고의 창유리.
⑧ X선방호용납유리
  ㉮ 의료용 X선이나 원자력 관계의 방사선 차단.
  ㉯ 산화납(PbO) 함유.
⑨ 색유리
  ㉮ 판유리에 착색제를 넣어 만든 유리.
  ㉯ 가시광선의 일부를 투과시켜 눈부심을 부드럽게 해줌.
⑩ 스테인드유리(stained glass)
  색유리를 쓰거나 색을 칠하여 무늬나 그림을 나타낸 판유리로서 스테인드 글라스, 스텐유리 또는 착색유리라고도 한다. 스테인드유리는 각종 색유리의 작은 조각을 도안에 맞추어 절단해서 조립하고 그 접합부를 H자형 단면의 납제 끈으로 끼워 맞추어서 모양을 낸 것인데 성당의 창, 상업 건축의 장식용으로 쓰인다.
⑪ 매직유리(magic glass)
  매직유리는 판유리 표면에 은 등의 반사성 금속 피막을 극히 얇게 입힌 유리이다. 밝은 쪽에서는 광

선을 반사하여 거울로 보이고 어두운 쪽에서는 밝은 쪽을 투시할 수 있다. 또한 합성수지막을 사이에 넣고 겹친유리로 만든 것도 있다. 방범용으로 현관문의 샛창이나 기타 특수한 곳에 쓰인다.

⑫ U형유리
U형 단면을 가진 좁고 긴 유리판으로서 이것을 상하 또는 좌우로 연속 설치하면 중간틀 없이 큰 면적의 채광벽, 채광지붕을 만들 수 있다.

⑬ 골판유리
골판유리는 유리의 한 면에 각종 무늬를 골이 지게 만든 유리로서 주로 천창을 필요로 하는 공장지붕 깔기 등에 사용한다.

⑭ 광낸유리(polished glass)
보통 판유리의 한 면을 금강사 또는 규사 등으로 두께를 1.5mm 정도로 평평하게 갈아내고 산화제이철 등으로 표면을 극히 평활하게 광택이 나도록 손질하면 투명도 및 정규도가 좋은 유리로 고급건축의 창유리문, 진열장, 가구, 거울 등에 쓰인다.

⑮ 형판유리(patterned glass, rolled glass)
한 면에 각종 무늬 모양이 있는 반투명판유리로서 현판유리라고도 하며 모양의 종류에 따라 다이아몬드형, 모루형, 주름형 등이 있다.

⑯ 내열유리
내열유리는 규산분이 많은 유리로서 성분은 석영유리에 가깝다. 열팽창계수가 작고 연화온도가 높아 내열성이 강해 금고실, 난로 앞의 가리개, 방화용의 작은 창에 쓰인다.

⑰ 샌드블라스트유리(sand blast glass)
유리면에 오려낸 모양판을 붙이고 모래를 고압증기로 뿜어 오려낸 부분을 마모시켜 유리면에 무늬 모양을 만든 것을 샌드블라스트유리라고 한다. 이 유리는 장식용 창이나 스크린 등에 쓰인다.

⑱ 에칭유리(etching glass)
에칭유리는 유리가 불화수소에 부식되는 성질을 이용하여 5mm 이상의 후판유리면에 그림이나 무늬모양, 문자 등을 화학적으로 새긴 유리로 일명 조각유리 라고도 한다. 이 유리는 주로 장식용으로 쓰인다.

⑲ 패트드베르(pate de verre)
패트드베르는 원형틀에 유리분말을 밀어 넣고 형틀과 함께 가열 용융시킨 것으로 여러가지 조각이 채색융합되어 장식용으로 쓰인다.

(3) 유리의 2차 제품
① 유리블록 : 유리 두개를 양쪽에 맞대어 사이는 공간을 두어 저압의 공기를 넣고 녹여 붙인 것.
  ㉮ 용도 : 간막이벽, 방음, 보온, 장식효과 등에 사용
② 프리즘 타일 : 입사광선의 방향을 바꾸거나 확산 또는 집중시키는 것을 목적으로 사용한다.
  ㉮ 용도 : 지하실, 옥상의 채광용.
③ 포옴글라스 : 가루로 만든 유리 발포제를 넣어 가열하면 미세한 기포가 생긴것으로 다포질의 흑갈색 유리판으로 광선투과가 안되며 방음, 보온성, 경량유리이다.
④ 유 리 섬 유 : 용융된 유리를 압축공기를 사용하여 가는 구멍을 통과시킨 다음 냉각시킨 것이다.
  ㉮ 용도 : 전기장치의 먼지 흡수용, 화학공장의 산여과용.

2-9 도장재료

[1] 도장의 목적과 시공상의 유의사항

(1) 도장의 목적
① 표면을 보호하여 내구성을 증대 시킨다.
② 착색, 광택, 무늬 등의 외관을 미화시킨다.
③ 광선의 반사조절, 실내 분위기를 살려 작업능률을 향상

(2) 도장 시공상 유의사항
① 시방서에 의해 공정과 공기 결정하여 시공상 무리가 없어야 함.
② 현장에서는 미리 한도견본을 마련하여 설계에 맞는 시공이 되도록 실물 바탕에 시험도장하여 표준마감 결정
③ 우천시 습도가 80% 이상인 날, 기온 5℃ 이하인 날, 강풍이 부는 날 시공 중지
④ 함수율 20% 이상인, 목부 충분히 건조되지 않은 시멘트 모르타르 바탕, 시공후 1개월 미만의 회반죽 바탕은 시공 부적당

[2] 페인트

(1) 페인트의 종류
① 수성페인트
 ㉮ 분상안료 + 유기질호재(카세인 등 + 유기질안료 + 물) :
  인체에 닿지 않는 곳, 습기 없는 실내
  (수성페인트의 사용재료 중 가장 성질이 우수한 것 → 카세인
 ㉯ 분상안료 + 무기질호재(시멘트 등 + 무기질안료 + 물) : 옥외용
 ㉰ 분상안료를 건성유, 알키드수지 등으로 유화한 것 : 옥내, 옥외용
  ex) BLOCK 벽면에 수성페인트로 칠할시 "로울러"로 칠함.
② 유성페인트 : 안료를 건성유에 이겨서 약간의 건조제 + 희석제 혼합 = 조합페인트
 ex1) 유성페인트 칠할 때 적당한 시기는 : 공사후 6개월후
 ex2) 유성도료를 칠한 면은 "열"에 약함.
 ex3) 칠할시 → 칠붓이 적당.
 ㉮ 특징 : 목부, 철제 바탕에 사용, 3회 도장으로 마감.
  ㉠ 건조 빠름
  ㉡ 도막의 팽창성
  ㉢ 내후성 우수
  ㉣ 경도 大
  ㉤ 내마모성 우수
   ex4) 유성페인트 마감칠 직전에 사용하는 샌드 페이퍼 규격 → 240호
③ 에나멜 페인트(enamel paint)
 안료를 오일 바니쉬로 혼연한 착색 도료. 유성페인트보다 도막이 두껍고 튼튼
 (도막경도 大), 내수성 내후성 우수, 색채광택 우수(고급도료), 건조가 느림.
 ㉮ 단유성에나멜
  고울드사이즈(유성바니쉬 일종) + 안료, 기계·선반 등의 초도용, 내구성이 필요 없는 용기 등의 마

감에 사용
- ㉰ 장유성에나멜
  스파 바니쉬+안료, 내수성, 내약품성이 필요한 건축 외장용.
- ㉱ 페놀수지에나멜
  알키드수지에나멜, 내수성, 내약품성이 필요한 특수용도에 쓰임.
- ㉲ 프탈산수지에나멜
  도막 광택, 내후성 우수, 건조 빠르며 견고, 변색 無, 도막점성 無, 건축용으로 가장 많이 쓰임.
- ㉳ 락카에나멜
  안료+클리어락카 (목재의 "질감"마감 사용시 적당), 프탈산수지에나멜보다 고급, 부착력 우수, 도막 얇고 광택 우수, 고급 차량 가구에 쓰임.

④ 방화도장 : 착화를 지연, 완전한 방화효과 無, 기구, 가구에 도움.
- ㉮ 연소방지재→산화안티몬 제품.
- ㉯ 소화성 가스 발생재→염화고무, 염화파라핀, 인산염, 붕산염 제품.
- ㉰ 소지 착화 지연재→암모니아염

⑤ 가열건조도장
  유성페인트나 에나멜페인트를 100~120℃ 가열→우수도료가 됨.

⑥ 방청도장
- ㉮ 징크로메트계 유성페인트
- ㉯ 징크더스트계 유성페인트
- ㉰ 오일프라이머 페인트 등
  ex) 락카에나멜도장의 바탕재료 : 오일프라이머, 오일퍼터, 오일 설페이즈

(2) 바니쉬류
① 유성바니쉬 : 수지의 건조성 유지를 260°~280℃로 처리, 목재바탕에 주로 쓰임.
  ex1) 바니쉬 : 외벽에 사용하기에는 부적당.
  ex2) 유성바니쉬의 유성 착색제로서 쓰이는 것은→오일 스테인
  ex3) 징크로메이트→방청제
  ex4) 고울드사이즈→유성바니쉬의 일종
② 락카 : 초화면 30% 정도로 용제를 녹인 용액
- ㉮ 클리어락카 : 목부에만 쓰는 투명도료, 뜨거운 물에도 도막이 변질안 됨.
  ex) 목재의 질감 마감 사용시 적당
- ㉯ 락카에나멜 : 도장시 바탕 손질재료(오일프라이머, 오일퍼터, 오일설페이즈)
  락카+안료, 목재, 철재의 내외장재, 광택우수, 부착력 강함.
- ㉰ 오일락카 : 락카에나멜의 바탕칠재로 쓰임.
  ex) 락카에나멜 : 바탕에 밀착성을 줌.

(3) 퍼티류
① 종류 : 유리퍼티, 도장퍼티, 붉은퍼티, 코오킹, 리놀륨
② 코오킹 : 철제 창호를 주위나 접합부 등 틈으로 메우는 데 쓰임.
③ 리놀륨 : 아마인유 산화 중합물+톤지수지 용해 리놀륨시트→리놀륨시멘트+유기.무기질 안료+코르크분말 마포 위에 압착.

색	안 료	색	안 료
백 색	연백, 아연화, 티탄백, 황산바륨 등	적 색	연단(광명단), 산화철, 크롬적 등
황 색	황연, 아연황, 카드늄황, 황동 등	흑 색	탄소흑 등
		갈 색	산화철, 황토 등
청 색	감청, 군청, 코발트청 등		
녹 색	크롬속, 아연속 등		

▲ 안료의 종류

(4) 니스

수지를 건조성 지방유, 휘발성 용제 등에 녹인 것이다. 도장하면 용제가 휘발하여 투명한 피막을 형성하는 것으로 다음과 같은 종류가 있다.

```
          ┌── 휘발성 니스 ┌── 천연 수지성 니스
니 스 ─┤              └── 합성 수지성 니스
          └── 유성 니스
```

① 천연수지성 니스

셀락을 알코올에 녹인 셀라니스, 다마아르(dammar) 고무를 미네랄 테르펜(mineral terpene)에 녹인 다마아르 니스 이 밖에 코우펄 고무를 알코올에 녹인 것. 로진(rosin)을 알코올 또는 벤젠에 녹인 것.

② 합성수지성 니스

아스팔트, 피치 등 역청 물질이나 니트로 셀룰로이드 등 섬유소계 합성수지를 휘발성 용제에 녹인 것.

(5) 옻

옻나무의 진을 채취하여 만든 것으로 생옻과 정제옻이 있다.

옻나무 껍질에 상처를 내거나 가지를 잘라서 흘러 나오는 분비액을 받아 모은 것이 생옻이며, 이 생옻을 삼베 같은 것으로 걸러 나무껍질 기타 불순물을 제거하고 상온에서 잘 저어서 균질로 만든 다음 낮은 온도에서 수분을 증발시킨 것을 정제옻이라 한다.

옻은 25~30℃의 온도와 80% 이상의 습도가 있는 상태에서 잘 굳는다. 이것은 산화 혹은 중합반응에 의해 옻이 경화되기 때문이다.

(6) 감즙

감나무의 열매를 으깨어 짜서 만든 것이다. 5% 정도 함유되어 있는 탄닌은 굳으면 알코올에 녹지 않으며, 방부성이 있고, 내구성이 크다.

(7) 기타

크레오소트유, PCP(Penta Chloro Phenol) 등이 있다. 또 퍼티(putty) 및 코오킹재는 그 성분이 도장재료와 비슷하므로 여기에 포함시킨다.

합성수지는 석탄, 섬유, 유지, 녹말, 섬유소, 고무 등의 원료를 인공적으로 합성시켜 만든 분자량이 수백에서 수십만에 이르는 고분자 물질을 말한다.

2-10 합성수지

[1] 일반적 성질과 용도

① 소성, 방적성이 커서 기구류, 판류, 시트, 파이프 등을 만드는 데 사용.
② 전성이 크고 피막이 튼튼하여 광택이 있어서 페인트, 니스 등 도료로서 좋은 성질을 가진다.
③ 접착성, 특히 안전성이 큰 것이 많고, 흡수율, 투수율이 적어서 접착제, 코오킹재, 퍼티 재료로서 우수하다.
④ 내산성, 내알칼리성이 커서 방부재로서 뿐만 아니라 모르타르, 콘크리트, 회반죽 등에 적합하다.
⑤ 투과성이 큰 것은 유리대신 채광판으로 사용된다. 아크릴수지의 투과율 : 90%, 비닐수지의 투과율 : 85~90%
⑥ 가공하기 쉽고 착색이 자유로와 화장재로 만들기 좋다.
⑦ 고체 성형품은 경량이며(합성수지의 비중은 1~2), 강도가 큰 것이 있으나(압축강도에 있어서 페놀수지가 3,000kg/㎠, 멜라민수지가 2,100kg/㎠, 폴리에스테르수지가 2,500kg/㎠), 탄성이 강철의 1/10 정도이며 강성도 작아서 구조재로서 불리하다.
⑧ 내열, 내화성이 부족하여 150℃ 이상의 온도에 견디는 것이 드물다. 대부분 불에 타며 열에 닿으면 변질된다.
⑨ 온도, 습기에 의한 변형이 클 뿐만 아니라 온도, 습기와 관계없이 시간이 경과하면 약간씩 수축되는 성질도 있다.
⑩ 경도가 낮아서 잘 긁히며, 마멸되기 쉽다.
⑪ 내후성이 부족한 것이 많다. 햇빛에 의해 황색이나 갈색으로 변하며 투명판은 투광률이 감소한다.

[2] 열가소성 수지

중합반응에 의하여 만들어진 수지로 열을 받아 어떤 온도에 이르면 녹거나 연화되어 가소성이 커졌다가 식히면 다시 굳은 수지가 된다.

(1) 비닐계수지
염화비닐, 초산비닐, 염화비닐리덴 등이 이에 속한다. 염화비닐은 내알칼리성, 전기 절연성, 내후성이 크며, 값이 싸서 판, 타일, 시트, 파이프, 도료, 필름, 인조가죽 등의 제품으로서 많이 사용된다. 비중 1.4, 사용온도의 범위 : -10~60℃

(2) 아크릴수지
무색 투명판은 광선 및 자외선의 투과성이 크고 내약품성으로 전기 전열성이 크며, 무기 유리보다 8~10배 정도가 크다.
평판, 골판으로 만들어 스크린, 간막이판, 창유리, 문짝, 조명기구 등에 사용된다.

(3) 폴리에틸렌수지
에틸렌 가스를 중합하여 만든 수지는 비중 0.92~0.96으로 물보다 가벼우며, 불투명한 백색이다. 내충격성이 보통수지의 4~6배, 전기 절연성 및 내약품성이 크며 취하온도는 -60℃ 이다.

(4) 폴리스티롤수지
무색 투명하고 착색이 쉬우며 내화성, 전기절연성 가공성이 우수하고 단단하나 부서지기 쉽다. 라디오, 텔레비젼, 냉장고 등 전기 제품과 일용품으로 사용된다.

(5) 플루오르수지
사플루오르화 에틸렌수지와 삼플루오르화염화 에틸렌수지가 있다.

사플루오르화 에틸렌수지는 물리적, 화학성 성질이 우수하여 만능수지라고 하며 내수성, 내열성, 내약품성, 내전기성이 좋고 사용온도는 -100~250℃ 이다.

삼플루오르화염화 에틸렌수지는 내약품성이 약간 떨어진다. 유기성 용제의 취급 장치인 캐스케이드, 패킹, 튜브, 파이프 등의 원료로 사용되며, 수명이 반영구적이다.

[3] 열경화성수지

열경화성수지는 수분, 알코올, 염산, 이산화탄소, 암모니아 등 단순한 물질이 발생하여 떨어져 나가는 축압 반응에 의하여 만들어진다.

(1) 페놀수지
페놀(석탄산), 포름알데히드를 원료로 하고 산이나 알칼리를 촉매로 하여 만든 갈색 고체로 내후성이 있으며 전기 절연성이 크고 견고하나 부스러지기 쉬워 무명, 삼실, 석면 등 섬유물질을 혼합하여 제품으로 한다. 사용온도는 0~60℃ 정도이나 석면혼합품은 125℃까지 사용하며 전기, 통신기재료, 건축재료로는 합판대용으로 쓰인다.

(2) 폴리에스테르수지
다가 알코올(글리세린 등)과 다염기산(무수프탈산 등)의 축합으로 만들어지는 에스테르수지이다. 폴리에스테르수지는 유리섬유로 보강한 불포화 폴리에스테르수지이며 알킷(alkyd) 수지로서 유리 섬유로 보강한 불포화 폴리에스테르수지와 비슷한 강도를 낸다. 비중이 강철의 1/3 정도로 가벼우며 강도가 크므로 항공기, 선박, 차량 등의 구조재나 창호, 간막이 루우버 등에 사용하고 유리섬유, 석면, 운모 등을 액체수지에 혼합하여 모르타르를 만들어 사용한다. -90~150℃ 온도 범위에서 사용할 수 있다.

알킷수지는 무수프탈산과 글리세린의 순수 수지를 지방산 유지, 천연수지로 변성한 것인데 변성한 수지 및 유지의 종류, 양에 따라 성질이 서로 다르다.

(3) 요소수지
요소를 포르말린과 반응시켜 만든다. 수지 자체는 색이 없으므로 착색시키기 좋고 벤졸, 알코올, 유류 등에 강하며 약산, 약알칼리에도 견딘다. 강도 및 전기 저항성은 페놀수지에 약간 뒤떨어진다. 내수합판의 접착제로 사용하며 펄프, 목분, 착색제 등에 혼합하여 굳힌 것으로 일용품, 장식품을 제조하는데 사용된다.

(4) 멜라민수지
멜라민과 포르말린을 반응시켜 만든 것으로 무색 투명하여 착색이 자유롭고 내수성, 내약품성, 내용제성이 좋다. 내열성, 기계적 강도, 전기적 성질도 요소수지 보다 우수하다.

(5) 실리콘수지
제법에 따라 액체, 고무, 수지 등이 만들어진다. 내알칼리성, 전기절연성, 내후성, 특히 내열, 내한성이 우수하며 발수성이 있어 방수제로 사용된다.

액체인 실리콘 오일은 펌프유, 절연유, 방수제 등으로 사용된다.

(6) 푸란수지

푸란을 알코올로 처리한 것으로 광택이 있는 검은색이다. 초기 축합물은 상용성이 좋아 열경화성 및 열가소성수지, 천연수지, 합성고무 등에 의해서 변성되어 여러가지 성질을 가지게 된다. 내열성, 내알칼리성이 우수하고 접착성이 커서 목재, 금속, 유리, 도자기, 가죽, 고무, 천종이를 붙일 수 있고 공업시설의 접착 재료로 사용된다.

(7) 에폭시수지

에피클로로히드린(epichlorohydrin)과 비슷한 비스페놀에이(bisphenol A)를 알칼리로 반응시켜 만든 접착성이 매우 좋은 수지로서 목재, 금속, 유리, 플라스틱, 도자기, 고무 등에 뛰어난 접착성을 나타내며, 특히 알루미늄과 같은 경금속의 접착이 좋다. 200℃ 이상에 견딜 수 있는 내열성이 있으며 내약품성도 크다.

[4] 셀룰로오스계수지

식물성 물질의 구성, 성분으로 자연계에 많이 있는 고분자 물질을 질산, 초산 등의 화학약품에 의해 변성한 것으로서 반합성수지이다.

(1) 셀룰로이드

솜, 펄프 등의 셀룰로오스를 질산 및 황산으로 처리하여 질화면을 만들고 이것을 에스테르, 알코올로 녹인 다음 가소제를 넣어 형상을 만든다.

순수한 셀룰로이드는 비중 1.3 정도이며, 무색 투명하고 투광률은 80~85%, 자외선을 대부분 투과시키거나 적외선은 차단한다. 착색이 쉽고 가공성이 좋으나, 내광성 및 내화학성이 부족하고 90℃에서 연화하며 185℃에서 연소한다.

(2) 초산섬유소수지

린터 펄프(linter pulp)를 원료로 초산, 황산 등으로 처리하여 가수분해 시킨 것이다. 여러 성질이 셀룰로이드와 비슷하나 더 우수하다.

판, 파이프, 시트, 도료, 사진필름 등의 제조에 사용된다.

[5] 합성수지 제품

(1) 판상 제품

① 폴리에스텔강화판(polyester hard board)

유리섬유를 불규칙하게 혼입하여 상온 가압하여 성형한 판(板)으로서 알칼리 이외의 화학 약품에는 저항성이 있고 결정이므로 설비재·내외수장재로 쓰인다.

② 폴리에스텔치장판(polyester decorated board)

합판·하드보드 등의 표면에 0.5~1mm 두께로 폴리에스텔수지피막을 입힌 넓은 판으로서 바탕에 색채나 무늬 등을 투영시켜 의장효과를 낼 수 있다. 두께는 3cm, 4cm, 4.5cm, 6cm 정도의 것이 있고 크기는 90cm×90cm, 90cm×180cm, 120cm×240cm 등이 있다. 천장판, 내벽판, 가구판 등에 쓰인다.

③ 멜라민치장판(melamine board)

두꺼운 종이에 페놀 수지를 침투시켜 부착시킨 바탕에 색종이나 나무 무늬판 등을 붙이고 멜라민수지를 침투시킬 종이를 씌우고 140℃에서 100kg/cm²의 압력을 가하여 성형한 판이다. 두께는 1.5mm가 표준이고 크기는 90cm×90cm, 90cm×180cm 등의 제품이 있다. 상품명은 호마이카(Formica)·데콜라(Decola) 등이 있다. 경도가 크고, 내열·내수성이 부족하여 외장 재료는 부적당하나 내장재·가구재로 쓰인다.

④ 아크릴평판 및 골판(acrylate board & acrylate corrugated board)
　입상아크릴 원료에 안료를 혼합하여 열압성형하면 착색 반투명판·투명판 등이 된다. 색은 자유로이 할 수 있으며 상품명으로 아크릴라이트(acryllight)·프렉시글라스(plexiglass) 등이 있다. 채광판으로 사용되며 두께가 20mm 정도의 것은 통문짝으로 이용되며, 엷은판은 곡면천장·스테인드글라스·카운터·간판·조명기구 등에 쓰인다. 아크릴골판은 아크릴 원료를 골 롤로(roller)에 통과시켜 골판으로 만든 것인데 휨 강도가 크고 투명도가 좋으므로 지붕재·천정판·내외부 장식재로 쓰며 착색이 자유롭고 절단·구멍 뚫기 등 가공이 용이하다. 특히 베란다 등의 지붕재료로서 많이 사용되고 있다.

⑤ 염화비닐판(polyvinyl chloride board)
　입상수지원료를 가열하여 롤러(roller)를 통하여 투명 평판·착색골판·불투명평판·무늬판·골판 등으로 만들 수 있다. 불투명판은 석면 등의 충전재를 혼합하여 만드는 경우가 많다. 두께는 3mm 정도까지 있고 크기는 90cm×90cm, 90cm×180cm 이외에 롤러에 따라서 자유롭게 치수를 조정할 수 있다. 두께가 18~20mm 판은 통문판으로 쓰이며 각종 리브(rib)로도 쓰인다.

⑥ 페놀수지판(phenol formaldehyde board)
　페놀수지판에는 종이에 페놀수지를 침투시켜 가열·가압하여 만든 얇은 판인 베클라이트 평판(bakelite board), 목재박판을 페놀수지액에 담갔다가 수매씩 겹쳐 가열·가압하여 판을 만든 강화목재적층판, 합판표면에 페놀수지를 침투시킨 종이를 한 층만 붙이고 가열 압축시켜 만든 페놀수지치장판이 있다. 베클라이트 평판은 견고한 재료로 공업용재에 광범위하게 쓰이고 강화목재적층판은 앞으로 구조체나 벽체에 사용될 수 있는 유망한 재료이다.

⑦ 폴리스티렌투명판(poly steren transparent plane)
　폴리스티렌수지를 가열하여 틀(mold)에 주입, 성형한 것이다. 두께가 2mm 이상이고 무색투명하며 투과율이 90% 이상으로 채광판에 사용되나 내후성이 부족하고 황색화되어 투광률이 감소되는 결점이 있다. 착색판은 장식용으로 쓰이며 값이 싸다.

⑧ 작산섬유소판
　인화성이 없고 투명도가 좋아서 채광판으로 쓰이며 상품으로서는 셀라네스아세테이드(celanese acetate)가 있고 두께는 0.1~6.5mm의 것들이 있어 채광판·전기기구 등에 쓰인다.

⑨ 비닐스펀지판(polyvinyl-sponge sheet)
　염화비닐수지를 원료로 하고 가소제·충전제·발포제 등을 혼합하여 만든 유공질판으로서 탄성이 좋고 단열·흡음성이 있어 내장재·방음재·보온재로 쓰인다.

(2) 바닥판재
① 염화비닐타일(polyvinyl chloride tile)
　염화비닐에 가소제를 섞어서 연물질로 만든 것에 충전제로 석분·석면·코르크 분말 등을 혼합하고 안료를 섞은 것을 가열하면서 롤러로 압연 성현한 것이다. 두께는 2~3mm의 것이 있고 크기는 30.5cm×30.5cm각을 표준으로 여러가지가 있으며 착색판·무늬판 등이 있고 색은 아스팔트 타일보다 더 선명하고 엷은 색도 만들 수 있다. 바닥판 재료의 용도 이외에 계단의 논슬립용으로 사용되고 있다. 상품으로는 플라스틱타일·비닐아스타일·브렉스타일·논슬립 등이 있다.

② 아스팔트타일(asphalt tile)
　아스팔트와 쿠마론인텐수지를 원료로 하고 석면 및 기타 충전제와 안료를 혼합하여 착색 열압한 것으로서 두께는 3mm 정도이고 크기는 30cm×30cm 각이 표준이다. 촉감·탄력·미관·내화학성·내마멸성이 우수하고 자국이 나도 곧 회복되므로 바닥(마루)수장재로 쓰인다. 그러나 내유성 및 내열성이 낮아 취약한 결점이 있다. 상품은 아스타일·에스타일 등이 있다.

③ 폴리스티렌수지타일(polysteren resin tile)
　폴리스티렌수지 원료에 충전제 및 안료를 혼합하여 열압 성형한 것으로서 바탕에 접착이 잘되고 경량으로 보온 효과가 있으나 경도가 부족하여 마모되기 쉽고 흠이 생기므로 마루면에는 쓰지않고 내벽재로 쓴다. 크기는 7.5cm×7.5cm, 11cm×11cm 등 모자이크형인 것이 많이 쓰인다.

④ 비닐시트(polyvinyl chloride sheet)

염화비닐과 초산비닐의 공중합체를 원료로 하여 석면·펌프등을 충전제로 쓰고 안료를 착색하여 열압 성형한 시트로서 폭 90cm, 두께 2.5mm 이하의 두루 마리형으로서 되어 있다. 부드럽고 보행촉감이 좋으며 자국이 나도 회복되기 쉽고 마모도 적으므로 목조바루·온돌·콘크리트바닥 등의 바탕에 자유로 이용할 수가 있어 널리 쓰인다. 상품은 론륨·플라스륨·비닐륨·스펀지시트 등이 있다.

⑤ 스폰지시트(sponge sheet)

염화비닐수지를 원료로 하고 가소제·충전제·발포제 등을 혼입하여 스펀지층 위에 염화비닐의 착색 막을 붙여서 만든 것으로서 단열성·방음성이 우수하므로 바닥 및 내벽재로 쓰인다.

⑥ 비닐타일(vinyl tile)

비닐타일은 아스팔트·합성수지·석면·광물분말·안료 등을 혼합 가열하여 시트형으로 만들어 30cm 각 정도로 절단한 판이다. 염화비닐을 주원료로 한 비닐타일과 쿠마론인덴수지를 주원료로 한 아스타일 등이 있다. 촉감·미관·탄력이 좋고 내화학성이 있으며 마멸성이 작아 자국이 나도 곧 회복되므로 바닥마감재 또는 마루재 등으로 쓰인다. 특히 비닐아스타일(vinyl-as-tile)은 22종 이상으로 색채가 선명하고 촉감이 좋은 바닥재이다.

(3) 합성수지유지 제품

① 염화비닐리덴섬유

염화비닐에서 얻은 염화비닐리덴을 용해하여 실로 만들고 그것으로 직물을 짠 것이다. 천으로 된 것과 망사로 된 것이 있고 강도·내수성·내화학성·난연성 등이 있어 베니션블라인드·양탄자·천막·방충막·벽지·의자커버 등 여러 곳에 사용된다.

② 비닐계섬유

염화비닐제품(상품명은 로빌), 폴리비닐알콜제품(상품명은 비닐론) 등이 있다

일반적으로 내열성이 좋으므로 직물용으로 망사·커튼·스크린 등에 사용된다.

③ 폴리에스텔섬유

나일론의 성질과 비슷한 것으로 테릴렌(영국산), 테토론(미국산) 등은 가구·실내장식재 등으로 쓰인다.

(4) 기타 제품

① 신축줄눈대(expansion joint)

실리콘나무·네오프렌·테플론(불소수지) 등의 탄력성이 있는 성형품과 코킹·퍼티 등의 충전재인 줄눈재료가 있다. 성형품은 내구성·내수성이 크고 내열성이 좋다. 반경질 염화비닐의 신축줄눈도 있다. 석조의 줄눈재료용으로 실리콘라버가 있으며 테플론은 고열에 견디므로 보일러의 페킹으로 사용된다. 이 제품은 건축용 줄눈으로 널리 이용되고 있다.

② 조이너(joinner)

하드보드 등의 접착부를 조이너로 덮기 위한 줄눈재료로 이용된다. 조이너는 보통 경질염화비닐로 만들어 천장·벽체 등의 줄눈재 혹은 부속재료로 사용된다.

2-11 방수재료

[1] 아스팔트의 종류

(1) 천연 아스팔트
① 종류
㉮ 레이크 아스팔트 : 지구 표면의 낮은 곳에 괴어서 반 액체 또는 고체로 굳은 것으로 남아메리카의 트리니다드섬에서 많이 생산된다.
㉯ 로크 아스팔트 : 사암 석회암 또는 모래 등의 틈에 침투되어 있으며 역청분의 함유율이 5~40%로 산지에 따라 다르다.
㉰ 아스팔트 타이트 : 많은 역청분을 포함하고 있으며 검고 견고한 것.

(2) 석유 아스팔트
석유의 원유를 정유할때 부산물로 생산되는 아스팔트로서 처리하는 방법에 따라 스트레이트 아스팔트, 블로운 아스팔트, 컴파운드의 세가지가 있다.
① 스트레이트 아스팔트
㉮ 제법 : 아스팔트 성분을 될 수 있는대로 분해, 변화되지 않도록 제조한다.
㉯ 특성
  ㉠ 점성, 신성, 침투성 등이 크고, 증발성분이 많다.
  ㉡ 온도에 의한 강도, 신성, 유연성의 변화가 크다.
  ㉢ 용도 : 아스팔트 펠트, 아스팔트 루우핑의 바탕재에 침투 또는 지하실 방수
② 블로운 아스팔트
㉮ 제법 : 증류탑에 뜨거운 공기를 불어 넣어 제조한다.
㉯ 특성
  ㉠ 점성이나 침투성이 작다.
  ㉡ 온도에 의한 변화가 적어서 열에 대한 안전성이 크다.
  ㉢ 내후성이 크다.
③ 아스팔트 컴파운드
㉮ 제법 : 동·식물성 유지와 광물질 미분 등을 블로운 아스팔트에 혼입하여 만든 것.
㉯ 특성 : 내열성, 점성, 내구성 등을 블로운 아스팔트보다 좋게 한 것이다.
㉰ 용도 : 방수재료, 아스팔트 방수공사

(3) 기타
① 커트백 아스팔트
아스팔트를 가열하지 않고 연화제(희석제 플럭스)를 사용하여 상온에서 아스팔트를 묽게 하여 시공하는 아스팔트를 커트백 아스팔트(Cut-back asphalt) 또는 코올드(Cold) 아스팔트라 한다.
② 아스팔트 모르타르
㉮ 제법 : 스트레이트아스팔트 또는 연질 블로운아스팔트에 모래, 석분, 쇄석을 가열, 혼합하여 바닥에 깔고 인두나 로울러로 가압한 것이다.
③ 내산 아스팔트 모르타르
㉮ 제법 : 아스팔트는 보통의 산, 알칼리에는 저항성이 있으므로, 내산 물질(광석분, 규사, 납석분, 석면 등)을 혼입하여 인두나 로울러로 전압하여 마감을 한다.
㉯ 용도 : 산을 보관, 취급하는 창고나 공장에서는 철재 및 콘크리트의 방식이 필요하다.

④ 방수 공사용 아스팔트
　방수공사는 아스팔트의 품질에 따라 좌우되며, 사용 장소의 기온, 사용 조건을 감안하여 아스팔트를 선정해야 한다.

방 수 장 소	방 수 재 료	침 입 도	연 화 점(℃)
옥상 평지붕	아스팔트 컴파운드	20~30	85~100
	블로운 아스팔트	10~30	85~90
옥내 지하실	아스팔트 컴파운드	20~40	85 이상
	블로운 아스팔트	20~30	80 이상

[2] 아스팔트의 성질

　아스팔트의 성질은 산지, 함유성분, 처리법, 정제법 등에 따라 다르며 일반적인 성질은 다음과 같다.
① 내산성, 내알칼리성, 내구성이 있다.
② 방수성, 접착성, 전기절연성이 크다.
③ 이황화탄소, 사염화탄소, 벤졸과 석유계 탄화수소의 용제에 잘 녹는다.
④ 변질되지 않으나 열을 가하면 유동성이 많은 액체가 된다.

　(1) 물리적 성질
① 비중 : 1.0~1.1
　　　　침입도가 작을수록 황의 함유가 많을수록 비중이 크다.
② 침입도 : 온도의 상승에 따라 증가.
③ 신도 : 아스팔트의 연성을 나타내는 수치로서 온도의 변화와 함께 변화한다.
　(2) 화학적 성질
① 석유 아스팔트는 산소 1.1~2.1%, 질소 0.15~0.25%, 황 0.3~3.25%
　그 외에 약간의 철, 니켈, 칼슘 등의 금속성분을 포함하고 있는 탄화수소이다.

[3] 아스팔트 제품

　(1) 아스팔트 유제
① 스트레이트 아스팔트를 가열하여 액상으로 만들고, 별도로 물에 유화제인 지방산비누, 로트유, 가성석회와 안정제를 용해시킨 다음 잘 저어 만듦.
② 비중 1.0~1.04의 다흑색의 액체로 드럼속에 넣어 0℃ 이상에서 보관, 시공시 가열하여 스프레이건으로 뿌려 도포한다.
③ 대부분 도로포장용, 특수시멘트 혼합용, 방수도료, 접착제용도료, 바닥용 포장재료

　(2) 아스팔트 루핑
① 양모 : 종이 등을 물속에 넣어 녹이고 제지기계로 펠트(두꺼운 원지)를 만들어 건조.
　　　　다음에 연질 스트레이트 아스팔트를 침투시키고 앞면과 뒷면에 블로운 아스팔트를 주처로 한 컴파운드를 피복하고 그 위에 골석분말, 운석분을 부착시켜 규정된 치수로 절단.
② 흡수성, 투수성이 작고 유연하다.

③ 내산성, 내열성, 내후성
④ 저장시 옆으로 쌓지말고 세워둔다.
⑤ 평지붕의 방수층, 슬레이트 평판, 금속판, 지붕깔기 바탕 등에 이용
⑥ 아스팔트 펠트의 폭 1m, 길이 21m

(3) 아스팔트 블록
① 아스팔트에 잡석, 모래, 광석분 등을 가열 혼합 가압하여 성형 가공한 것.
② 흡수율이 적고, 내마모성이 크며 소음방지가 됨.
③ 차도, 보도 등의 도로용, 공장, 창고 등의 마루나 지붕 및 프렛트 홈의 바닥, 지붕에 사용.
④ 시공시 바닥콘크리트에 시멘트몰탈(1 : 3)을 깔고 시공.

(4) 펠트 백 시트
① 아스팔트 펠트와 석면 아스팔트를 붙인 시트 모양의 재료.
② 내수성, 내마모성이 있고 촉감이 우수.
③ 사무소, 주택, 병원에 사용.
④ 시공시 약 1개월 정도 깔아 두었다가 충분히 늘어난후 접착제를 붙여 고정시킨다.

Ⅳ. 건축일반

1장 실내건축제도

제1절 건축제도 용구 및 재료
제2절 각종 제도규약
제3절 건축물의 묘사와 표현
제4절 건축설계도면

2장 건축구조

제1절 건축구조의 개념
제2절 건축구조의 분류
제3절 각종 건축구조의 특성

3장 일반구조

제1절 목구조
제2절 조적조
제3절 철근콘크리트구조
제4절 철골구조
제5절 조립식구조
제6절 기타구조

1장 실내건축제도

제1절 건축제도 용구 및 재료

[1] 제도용구의 종류와 재료

(1) 삼각자

① 재료 : 삼각자는 셀룰로이드 에보나이트 플라스틱으로 만든 것으로 사용되며 건습의 영향을 받아 휘거나 비틀어지기 쉬우므로 두꺼운 것일수록 좋지만 일반적으로 3mm 이상의 것은 쓰이지 않는다.

② 종류 : 삼각자는 45°의 사선과 30°, 60°의 사선을 그을 수 있는 두 종류가 한 세트로 되어 있다. 크기는 여러종류가 있는데 보통 제도에는 30cm의 것이 주로 사용되며 45, 36, 30, 25, 18, 10cm 등이 있고, 각도를 임의로 조절할 수 있는 자유삼각자가 있다.

③ 삼각자 검사방법

㉮ 삼각자의 각변은 정확하게 직선이어야 하고 한각은 정확히 직각이어야 한다.
㉯ 직선위에 아래 그림과 같이 삼각자 1쌍을 맞대어 놓고 일치하는지를 검사한다.
㉰ 맞댄 1쌍의 맞변이 그림(a)와 같이 서로 완전히 일치한다면 정확한 삼각자다.
㉱ 맞댄 1쌍의 맞변이 그림 (b)와 같이 사이가 생긴다면 부정확한 삼각자다.
㉲ 그림 (c)와 같이 45° 밑변과 60°의 대응변의 길이가 정확히 일치하도록 만들어진 것이어야 한다.

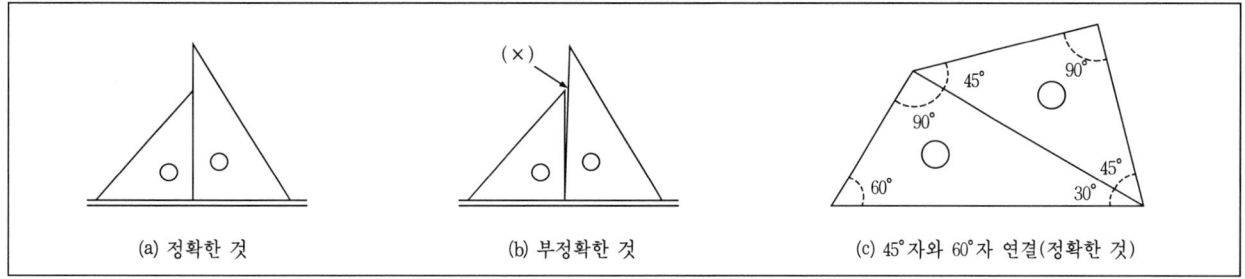

▲ 삼각자의 검사방법

(2) T자

① 재료 : T자는 충분히 건조시킨 벚나무, 플라스틱, 금속 등으로 만들며 머리부분과 몸의 줄을 치는 가장 자리에는 단단한 참나무 등을 붙인다.

② 종류 : 평행선을 긋기 위해 'T'자 형으로 생긴 자로 길이가 1,200, 1,050, 900, 750, 600mm 등이 있으며, 학생용으로는 900mm 것이 가장 많이 사용된다.

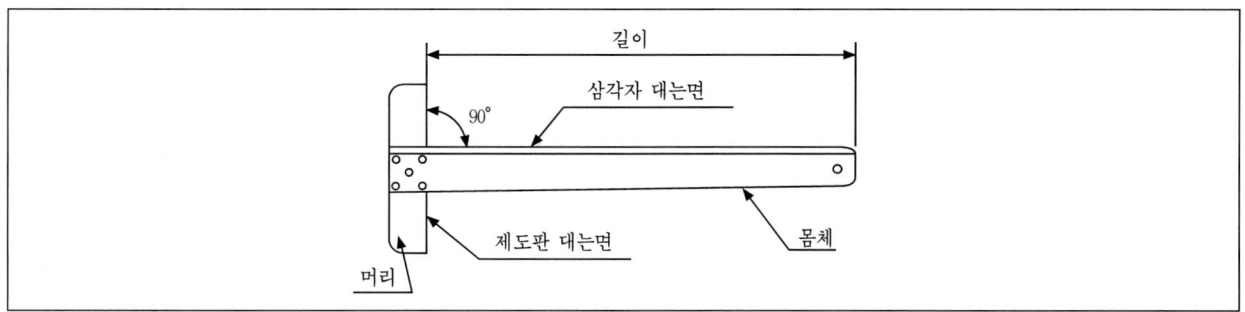

▲ T자

③ I자 : 'T'자의 기능과 같으나 자의 양끝이 제도판에 고정되어 위아래로 조작이 가능하다. 평행자라고도 한다.
④ T자 보관방법
T자의 보관방법은 T자 머리부분이 밑으로 향하게 하고 벽에 걸어서 보관한다.

(3) 축척
축척은 스케일(Scale)로서 실물의 크기를 늘리거나 또는 길이를 줄이는데 쓰이는 것으로서 가장 많이 쓰이는 것이 삼각축척이다.
① 종류 : 삼각형 스케일이 주로 사용되며, 1/100, 1/200, 1/300, 1/400, 1/500, 1/600의 축척 눈금이 있고, 길이는 30cm, 15cm, 10cm, 5cm의 종류가 있다.
② 사용치
　㉮ 1/100 축척은 평면도, 기초평면도, 지붕틀평면도에 사용
　㉯ 1/300 축척은 주단면도 상세도, 부분상세도에 사용
　㉰ 1/500 축척은 입면도, 평면도에 사용
　㉱ 1/600 축척은 배치도에 사용

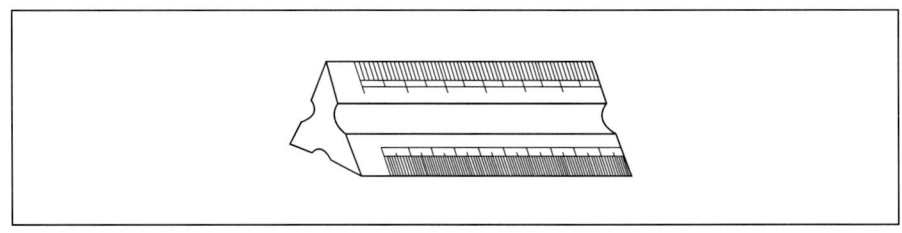

▲ 삼각 축척

(4) 연필
연필은 H표와 B표로서 연필심의 성질을 나타내는데 H표는 굳기를 B표는 무르기를 나타낸다. 일반적으로 H의 수가 많을수록 굳고 B의 수가 많을수록 무르며 보통 사용하는 연필은 HB이다.
제도용 연필로 많이 쓰이는 것은 HB, B, H, 2H이다.

(5) 지우개
고무가 부드러워서 도면을 지울 때 도면이 더럽혀지지 않고 찢어지지 않게 잘 지워지는 지우개를 사용한다.

(6) 지우개판
얇은 셀룰로이드, 얇은 스테인레스 강판 등으로 만든 것으로 잘못 그린선이나 불필요한 선을 지우는데 쓰인다.

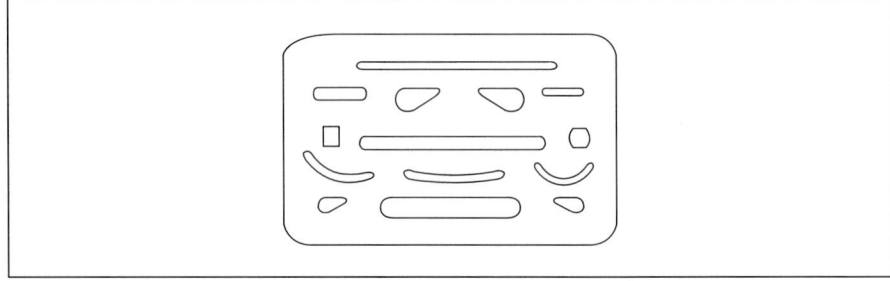

▲ 지우개판

(7) 형판(Templet)
셀룰로이드나 아크릴판으로 만든 얇은 판에 서로 크기가 다른 원, 타원 등과 같은 기본도형이나 문자, 기구, 위생기구 등의 형을 축척에 맞추어 정교하게 뚫어 놓은 판으로서 복잡한 도형을 판에 맞춰 연필을 대고 간단하게 그릴 수 있다.

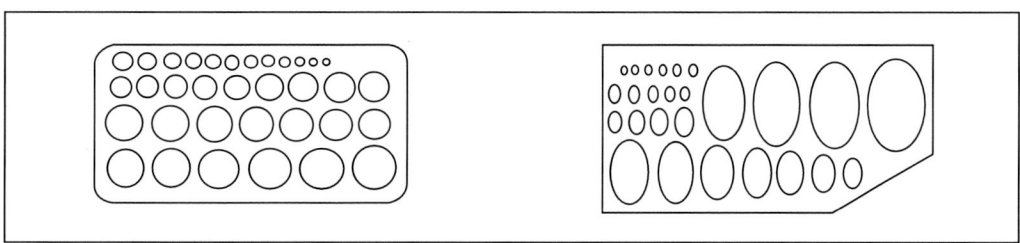

▲ 형판(템플릿)

(8) 제도판

제도판은 직사각형의 판으로 표면이 편평하고 T자의 안내면이 바르게 다듬질 되어 있어야 한다. 제도판의 종류에는 보통제도판, 판의 경사각을 조절할 수 있게 만든 경사제도판, 도면을 그리기에 편리하도록 T자를 부착한 제도판(I자, 평행자)의 3종류가 있다.

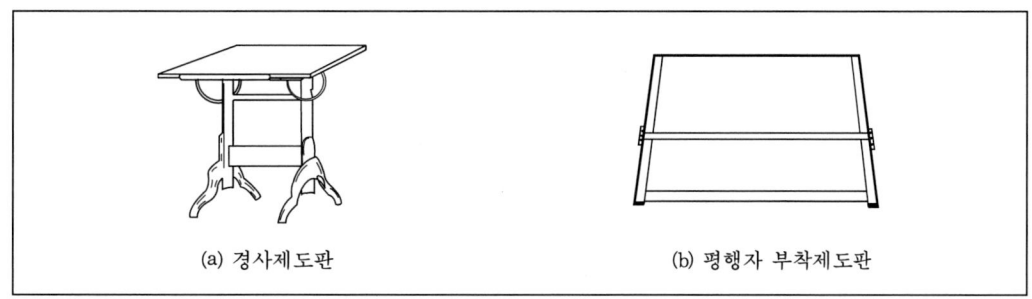

(a) 경사제도판 (b) 평행자 부착제도판

▲ 여러가지 제도판

(9) 운형자

운형자는 컴퍼스로 그리기 어려운 원호나 곡선을 그릴 때 쓰이는 제도용구이다.

▲ 운형자

(10) CAD(Computer Aided Design)

컴퓨터를 이용한 자동제도방식으로 CAD장치로 도면을 작성할 때에는 먼저 키보드로 좌표 등의 데이터를 컴퓨터에 입력하고 프로그램 평선 키보드로 간단한 도형을 디스플레이로 표시한다. 그리고 치수, 숫자 등 필요한 각 사항을 입력시키고 마우스로 커서(cusor)를 제어하여 도면을 작성하게 된다.

[2] 제도용구의 사용법

(1) 삼각자의 사용법

① T자나 I자와 조합하여 사선과 수직선을 긋는다.
② 제도용 삼각자는 눈금이 없는 것을 사용한다.
③ 삼각자 1개 또는 2개를 가지고 여러가지 위치를 바꾸면 우측그림과 같이 여러가지 각도를 가지는 선을 그을 수 있다.
④ 간단한 수평선이나 수직선 뿐만 아니라 평행선이나 여러가지 빗금도 쉽게 그을 수 있다.

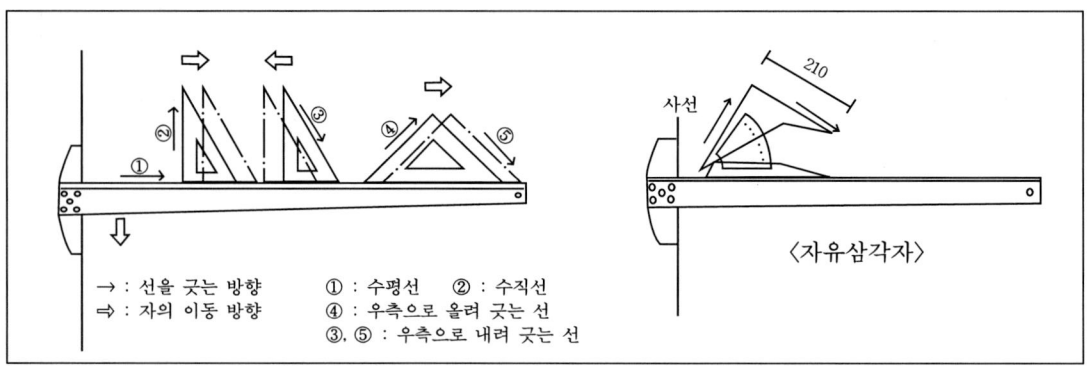

▲ 수평선, 수직선, 사선을 긋는 방법

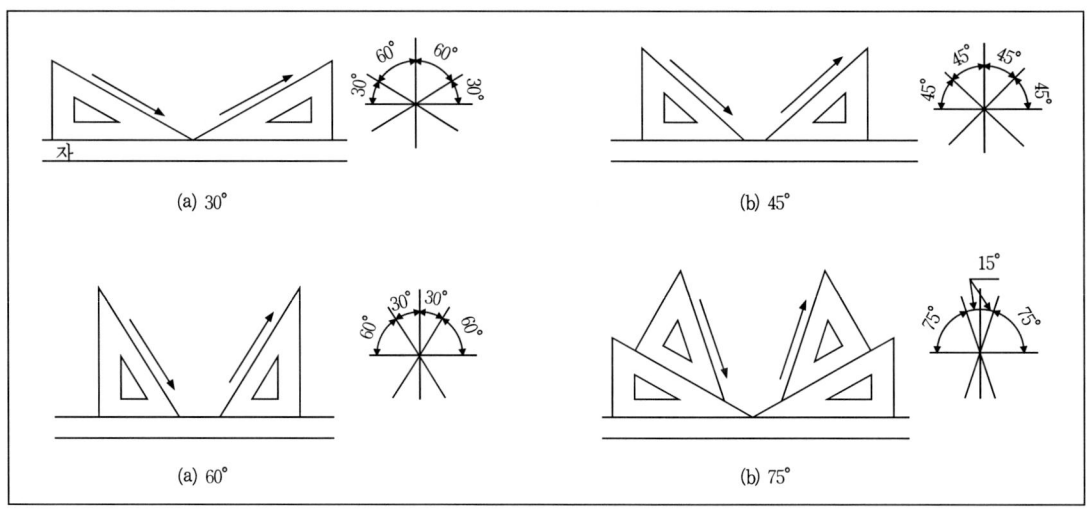

▲ 삼각자의 사용법

(2) T자의 사용법
① 수평선을 긋는데 사용되며, 삼각자와 조합하여 수직선과 사선도 긋는다.
② T자를 사용할 때에는 제도판의 가장자리에 T자의 머리를 정확히 대고 그림 (a)와 같은 방법으로 움직여 알맞는 자리에 놓는다.

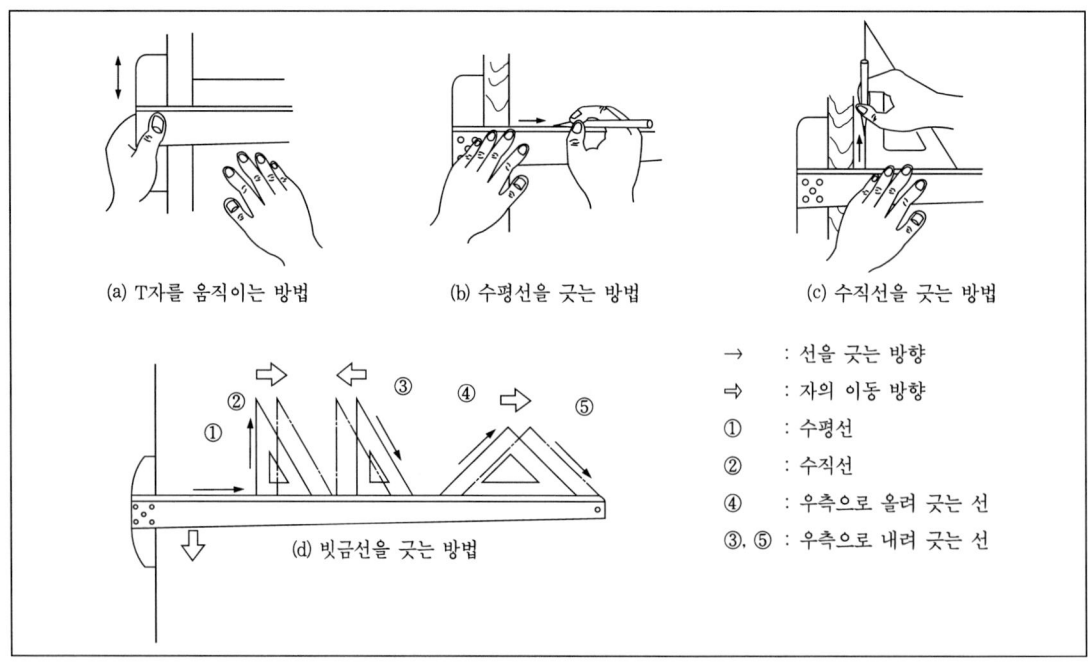

▲ T자의 사용방법 및 선긋기의 요령

③ 긴선을 수평으로 그을 때 처음에는 중간에서 비뚤어지기 쉬우므로 처음부터 끝까지 손, 팔, 몸, 전체가 선을 따라 동시에 움직이도록 한다.
④ 수평선을 그을 때는 그림 (b)와 같이 왼쪽에서 오른쪽으로 T자에 손을 밀착시키고 긋는다.
⑤ 수직선을 그을 때는 그림 (c)와 같이 T자에 삼각자를 정확히 대고 선과 자를 수직으로 보면서 긋는다.
⑥ 빗금선을 그을 때는 그림 (d)와 같이 한다.

(3) 축척의 사용법(Scale)
 실물의 크기를 축소하거나 확대할 때 사용한다.

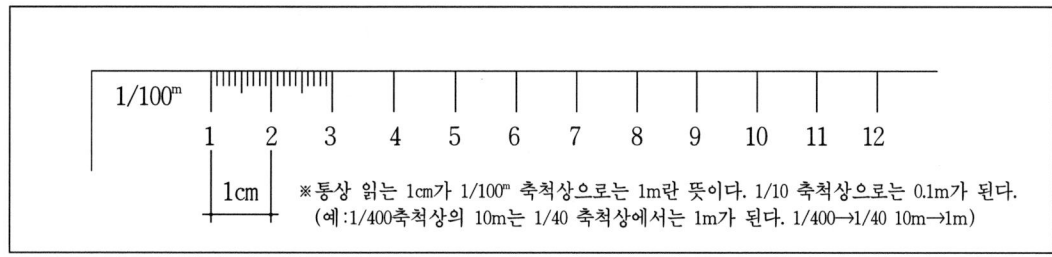

▲ 스케일 보는 법

(4) 연필의 사용법
① 연필로 수평선을 그을 때에는 그림(a)와 같이 긋는 방향으로 60°정도 기울여 대고 연필을 돌리면서 긋는다.
② 보통의 수평선을 그을 때에는 그림 (b)와 같이 수직으로 대고 긋는다.
③ 정밀하게 선을 그어야 할 때는 그림(c)와 같이 연필심의 끝을 완전히 자에 대고 긋는다.
④ 수평선은 왼쪽에서 오른쪽으로 T자를 이용하여 일정한 속도를 유지하면서 천천히 그어야 한다.
⑤ 수직선을 그을 때에는 T자와 삼각자를 이용하여 밑에서부터 위로 선을 긋고, 연필과 자가 잘 밀착되어야 정확한 수직선을 그을 수 있다.

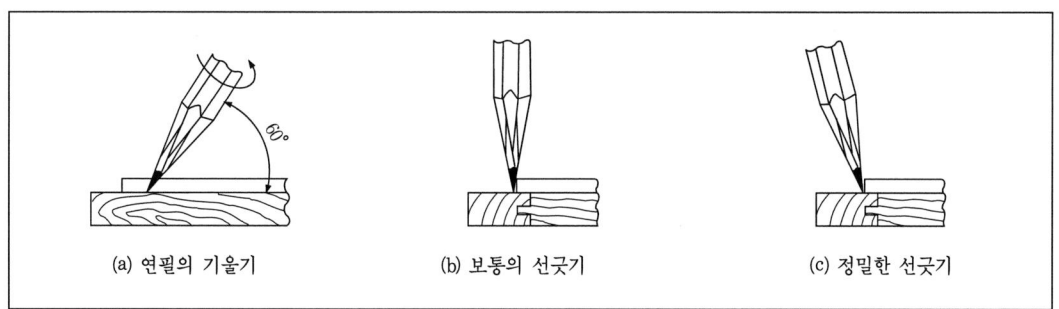

▲ 연필로 수평선 긋기

제2절 각종 제도규약

[1] 건축제도통칙(한국공업규격 KSF 1501)

이 규격은 건축제도에 관하여 공통이며 기본사항에 대하여 규정한 것으로 여기서는 제도를 처음 대하는 학생들에게 이해하기 쉽도록 꼭 필요한 부분만 정리 요약해 설명하고자 한다.

(1) 제도 용지의 규격

동일 건물의 설계도는 일정한 크기로 통일하는 것이 도면의 정리나 보관상 편리하다. 제도용지의 크기는 아래 표와 같이 KS F 1501에서 규정하고, 필요에 따라 길이 방향으로 연장할 수 있다.

(단위:mm)

제도용지의 치수		A_0	A_1	A_2	A_3	A_4	A_5	A_6
a×b		841×1,189	594×841	420×594	297×420	210×297	148×210	105×148
c(최소)		10	10	10	5	5	5	5
d (최소)	철하지 않을 때	10	10	10	5	5	5	5
	철할 때	25	25	25	25	25	25	25

▲ 제도 용지의 크기

(2) 도면의 크기
(1) 설계도의 적당한 도면의 크기는 A1, A2 판으로 하는 것이 가장 적당하다.
(2) 도면의 테두리를 만들 때에는 테두리의 여백을 10mm 정도로 한다.
(3) 도면을 철할 때에는 도면의 좌측을 철함을 원칙으로 하고, 철하는 도면은 철하는 쪽에 25mm 이상의 여백을 둔다.
(4) 도면을 접을 때에는 A4를 기준으로 한다.
(5) 도면크기는 1:$\sqrt{2}$의 비율로 한다.

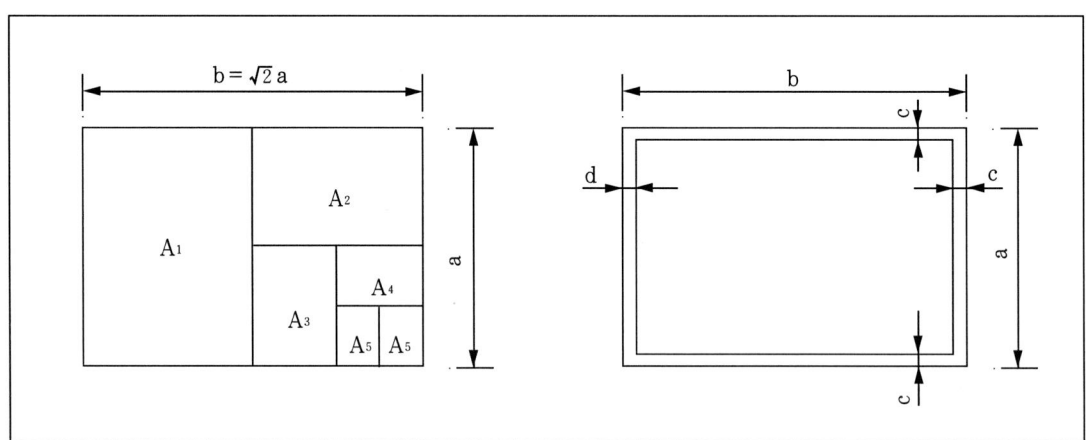

▲도면의 크기

(3) 표제란
(1) 도면은 반드시 표제란을 설정해야 한다.(투시도, 스케치는 제외)
(2) 표제란에는 도면번호, 공사명칭, 축척, 책임자 서명, 설계자의 성명, 도면 작성 년월일, 작품 분류 번호 등을 기입한다.
(3) 표제란의 위치는 우측 하단으로 잡는 것이 보통이다.

도면명		축 척	
이 름		날 짜	
학 번		검 인	

(학교 실습 도면용)

공사명		도면번호	
도면명		축 척	
		날 짜	
설계자명		담당자	

(회사 도면용)

▲ 표제란

(4) 척도

도면의 척도에는 배척, 실척, 축척의 3종류가 있으며 건축에서는 축척이 사용된다.

(1) 배척 - 도면에 그린 크기가 실물의 크기보다 클 경우의 확대 비율.

(2) 실척 - 물체의 크기를 실제 그대로 자로 재어 나타냄.

(3) 축척 - 실제 크기, 길이와의 비율. 몇천분의 일, 몇만분의 일로 표시한다.

    1/1, 1/2, 1/5, 1/10 - 부분상세도나 시공도 등에 사용된다.

    1/5, 1/10, 1/20, 1/30 - 부분상세도나 단면상세도 등에 사용된다.

    1/50, 1/100, 1/200, 1/300 - 평면도, 입면도 등 일반도면, 구조도, 설비도 등에 사용된다.

    1/500, 1/600, 1/1000, 1/2000 - 배치도, 대형 건물의 평면도 등에 사용된다.

[2] 도면의 표시방법

(1) 도면표기

(1) 도면글씨 표기

① 한글표기

  ㉮ 기본원칙 : 한글의 표기는 글자의 크기에 따라 다음의 원칙으로 표기토록 하되 도면명과 같이 큰글씨의 경우는 옆으로 늘여서 쓰도록 하고 실명, 재료명과 같이 작은글씨의 경우는 1:1 정도로 하여 힘을 주어 쓰며 될 수 있는 한 글씨가 1:1.5 정도의 비례가 되도록 노력하고 절대로 흘림글씨가 되지 않도록 할 것.

  ㉯ 도면표기 글자크기

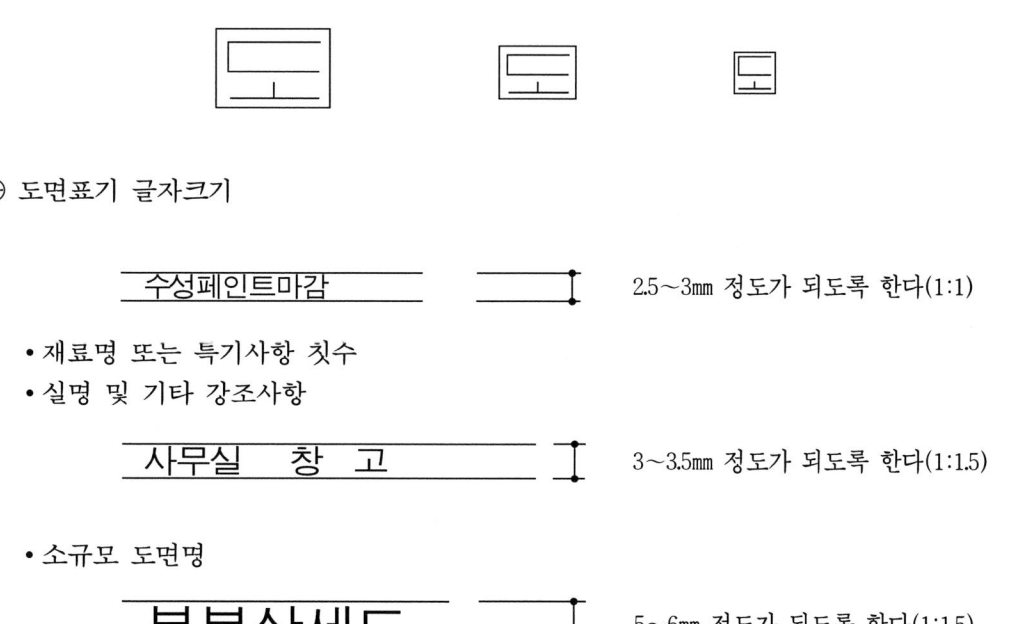

• 큰 경우의 도면명

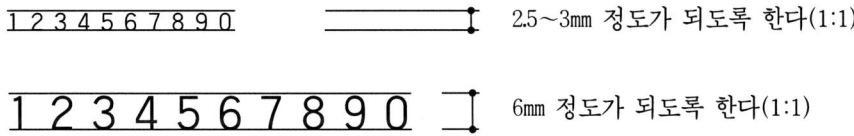
6~8mm 정도가 되도록 한다(1:1.2)

② 영문표기

㉮ 기본자형:영문은 대문자를 기본으로 하고 1:1의 비율로 단정히 쓰되 글자의 시작과 끝부분에 힘을 주어 쓰도록 하여야 한다.

• 작은글자

ABCDEFGHIJKLMNOPQRSTUVWXYZ

• 큰 글자

ABCDEFGHIJKLMNOPQRSTUVWXYZ

㉯ 범례:영문글씨는 가능한한 글자간격을 좁혀서 써야 한다.

PLAN ELEVATION SECTION SCALE 1/5 PARTIAL DETAIL
SPACE PROGRAM GARDEN

③ 숫자표기

㉮ 기본자형:숫자의 표기는 1:1의 비례로 바로쓰되 조금 옆으로 늘여쓰는 분위기가 되도록 할 것.

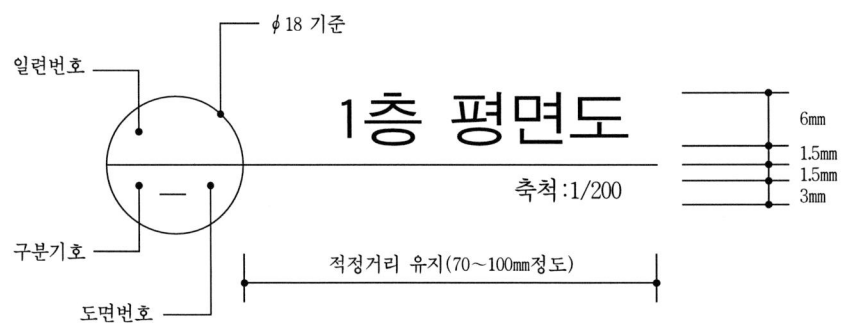

㉯ 범례

1,200   D10@300   1/50   1.0B   5,800   4,250   900   760   8,750
12층평면도   지하3층 평면도   5층

④ 도면명

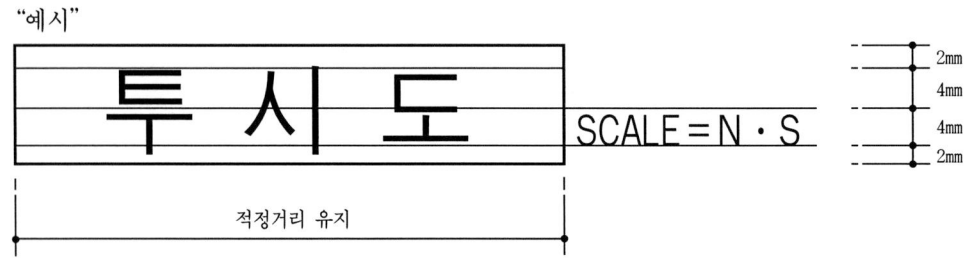

※ 실내건축분야 자격시험에서 도면명은 아래 예시와 같이 도면의 중앙하단에 기입하고 일체의 다른 표기를 하여서는 안된다.

"예시"

투 시 도   SCALE = N · S

2mm / 4mm / 4mm / 2mm

적정거리 유지

(2) 도면 내부사항 기재방법
① 단면표시

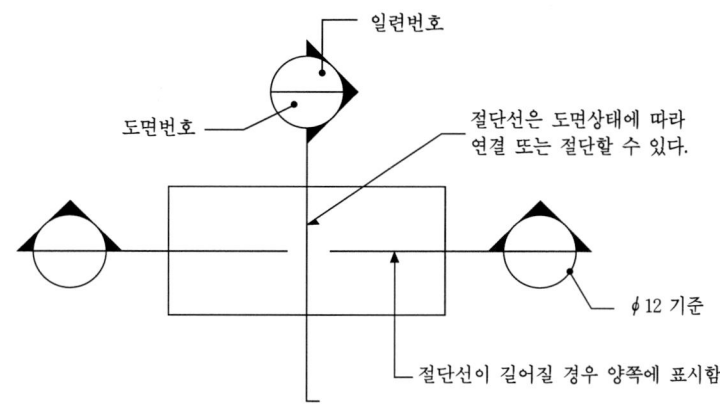

(3) 전개방향표시

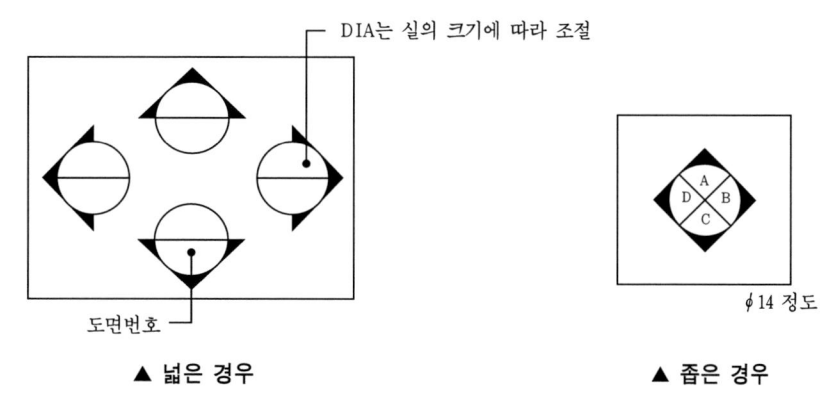

▲ 넓은 경우   ▲ 좁은 경우

(4) 단면선

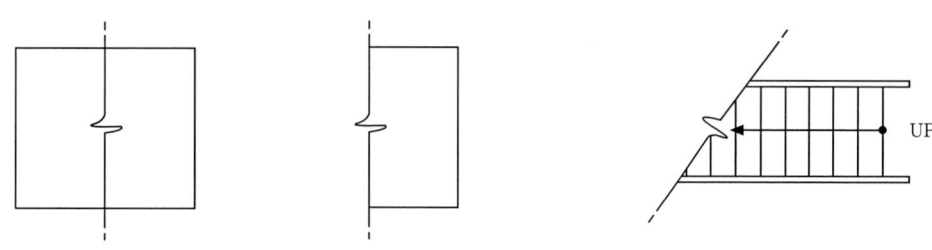

(5) 계단 및 경사로

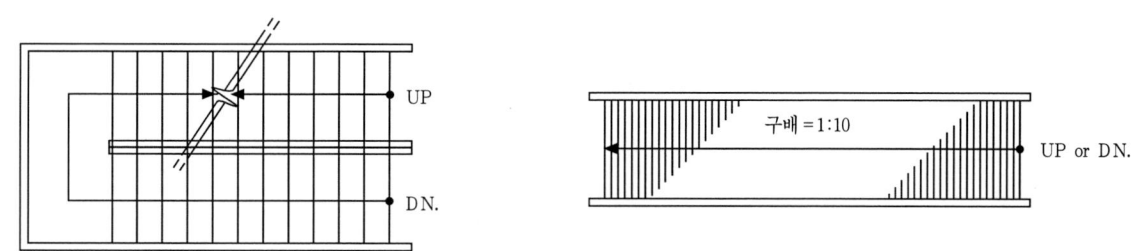

※ 단면선은 얕은 각도로 하며 축척이 큰 경우는 간략히 표현할 수도 있다.

(6) 실명

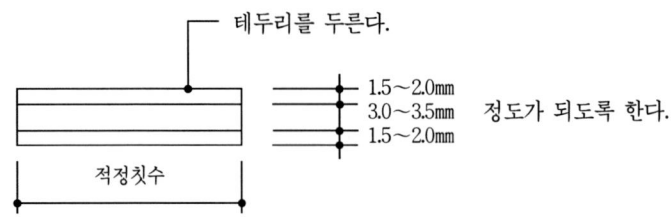

(7) 재료설명표기
① 개별적 표시-1
　㉮ 면에서의 표시방법(입면도)

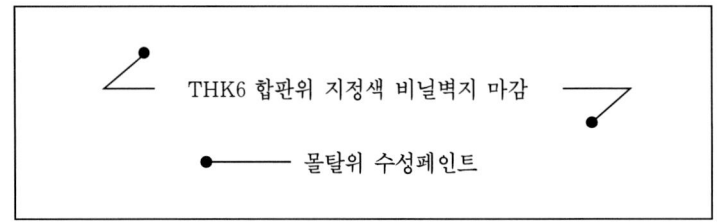

　　• 지시선은 45~60° 범위 또는 수평으로 긋고 끝부분은 둥근점으로 위치표시한다.
　　• 글자의 크기는 2.5mm 범위로 한다.
　㉯ 선에서의 표시방법(단면도)

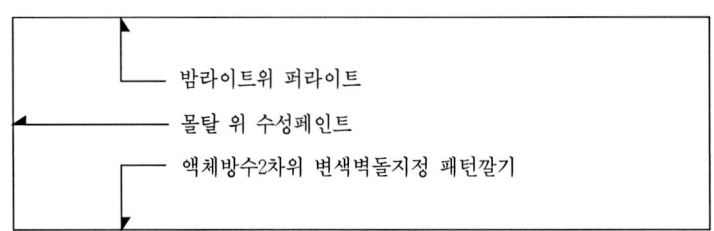

　　• 지시선은 40~60° 범위 또는 수평으로 긋고 끝부분은 화살표시로 위치표시한다.
② 개별적 표시방법-2

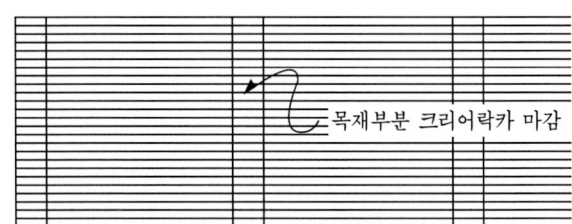

　• 끌어내기 표시는 도면상태가 복잡하여 선으로 표시하는 것이 부적절한 경우 사용토록 한다.
③ 집단적 표시방법-1

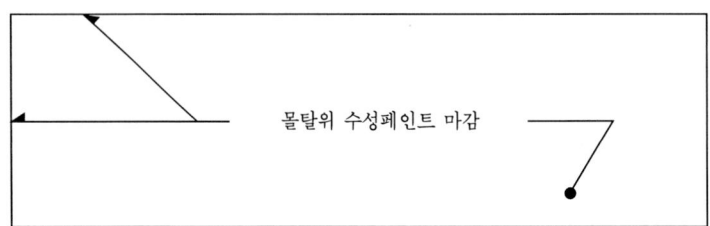

　• 동일재료와 마감상태가 근접되어 분포되어 있을 때

④ 집단적 표시방법-2

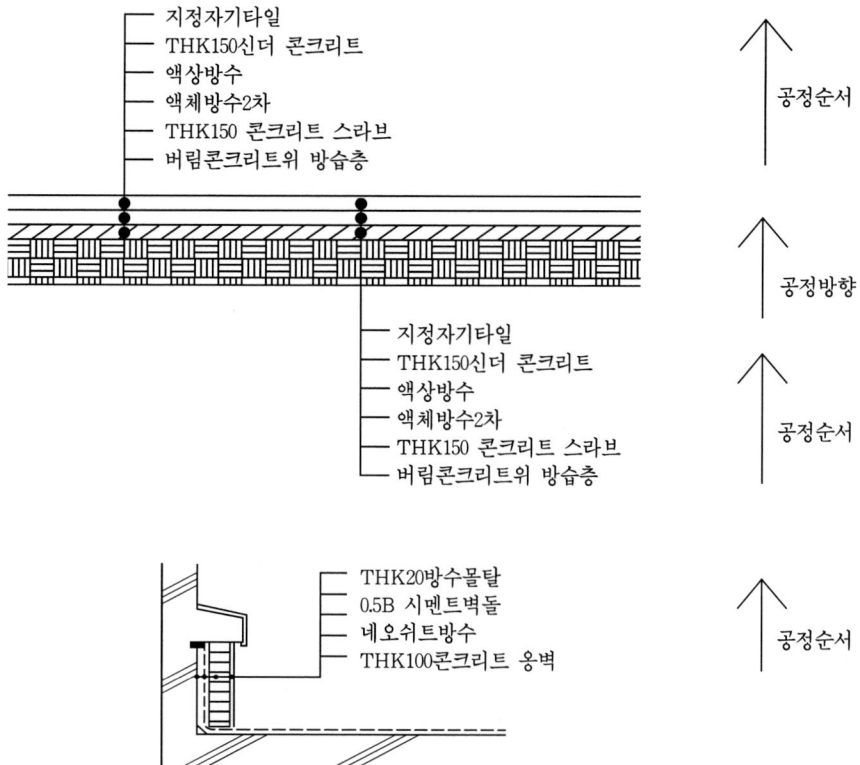

- 재료 및 공정내용을 집단적으로 표기할 경우는 끌어내기 표시를 90° 방향을 기준으로 하도록 하고 그 내용은 공정순서 방향에 따라 기재토록 할 것.
  기재는 공정이 진행된 부분에 쓰고 앞머리를 맞출 것.

(8) GRID 및 벽체중심선

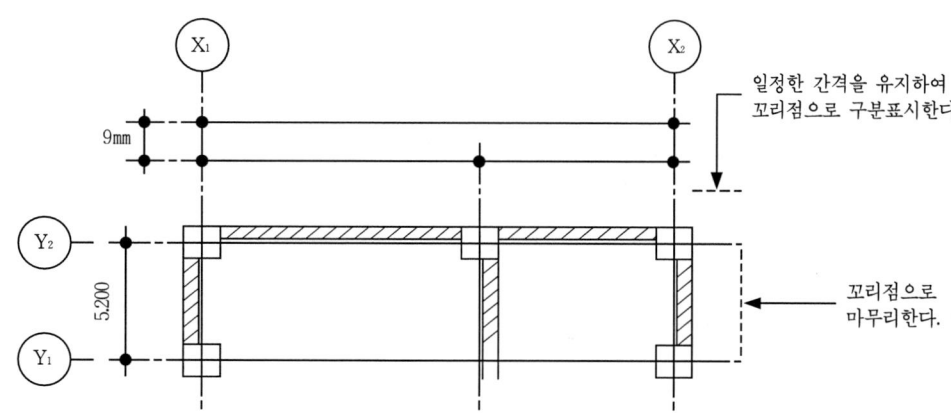

- GRID의 선은 일점쇄선을 원칙으로 연필 또는 먹선으로 명확히 긋도록 하며 배치도와 같이 큰축척의 경우에는 실선으로 표기할 수도 있다.

(9) LEVEL의 표시
① LEVEL표기의 원칙(항상불변기준점을 설정하여 0을 정할 것)
　㉮ 마감 LEVEL만 표기시(표시부호의 중앙에 표기)

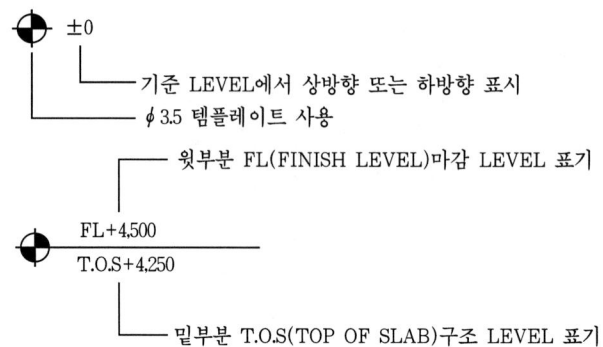

② 범례

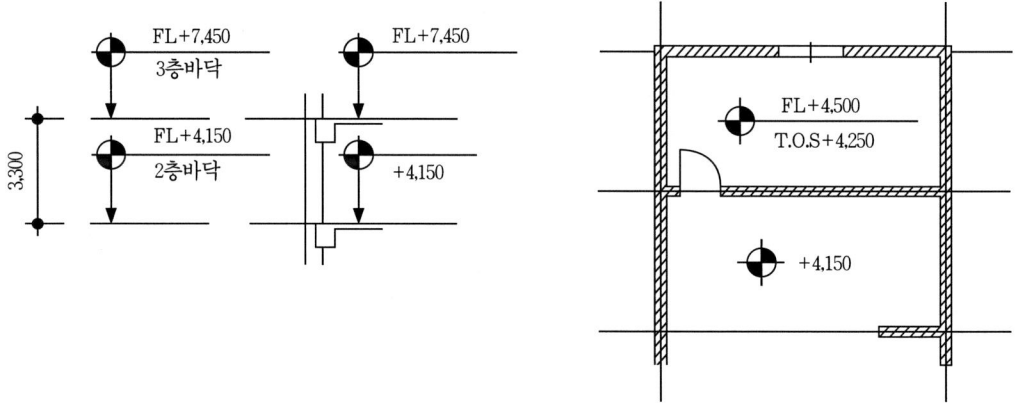

• 단 FL, T.O.S 등을 생략할 경우는 범례에 반드시 표기할 것

(10) 개구부의 표시

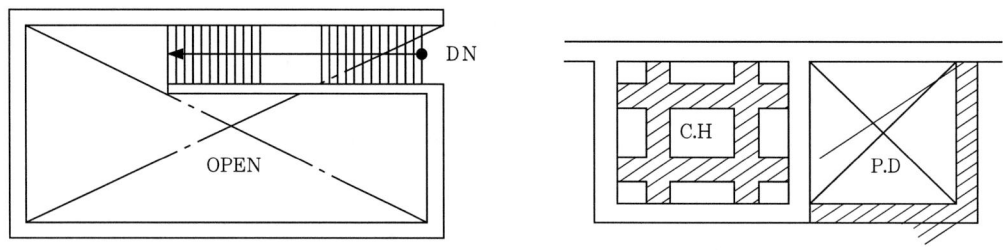

• 개구부의 표시는 평면, 단면 모두 일점쇄선으로 표시한다.
• 개구부 내부에는 개구부의 사용목적에 따라 그 내용을 기재하며 약자로 표기할 경우에는 그 약자의 내용을 범례에 표기하여야 한다.
• 사용목적이 명확하지 않은 경우에는 OPEN으로 표기토록 하여야 한다.

(11) 구조선 및 마감선의 표시
① 큰 축척의 경우

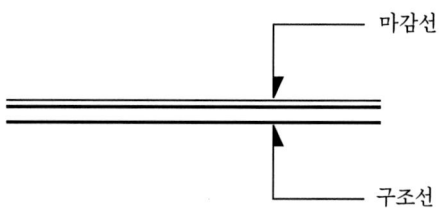

② 작은 축척의 경우

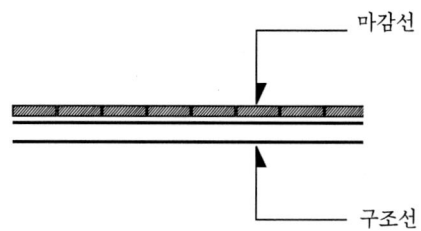

• 구조선 및 마감선은 표시된 도면에서의 선의 중요도에 따라 굵기를 달리하여 표기하며 큰 축척의 도면에서와 같이 방의 구획이나 구조의 위치가 중요시되는 경우에는 마감선에 우선하여 표기하고 상세도와 같이 최종마감치수가 중요시되는 경우에는 구조선과 마감재의 최종바깥선을 강조하여 표기토록 한다.

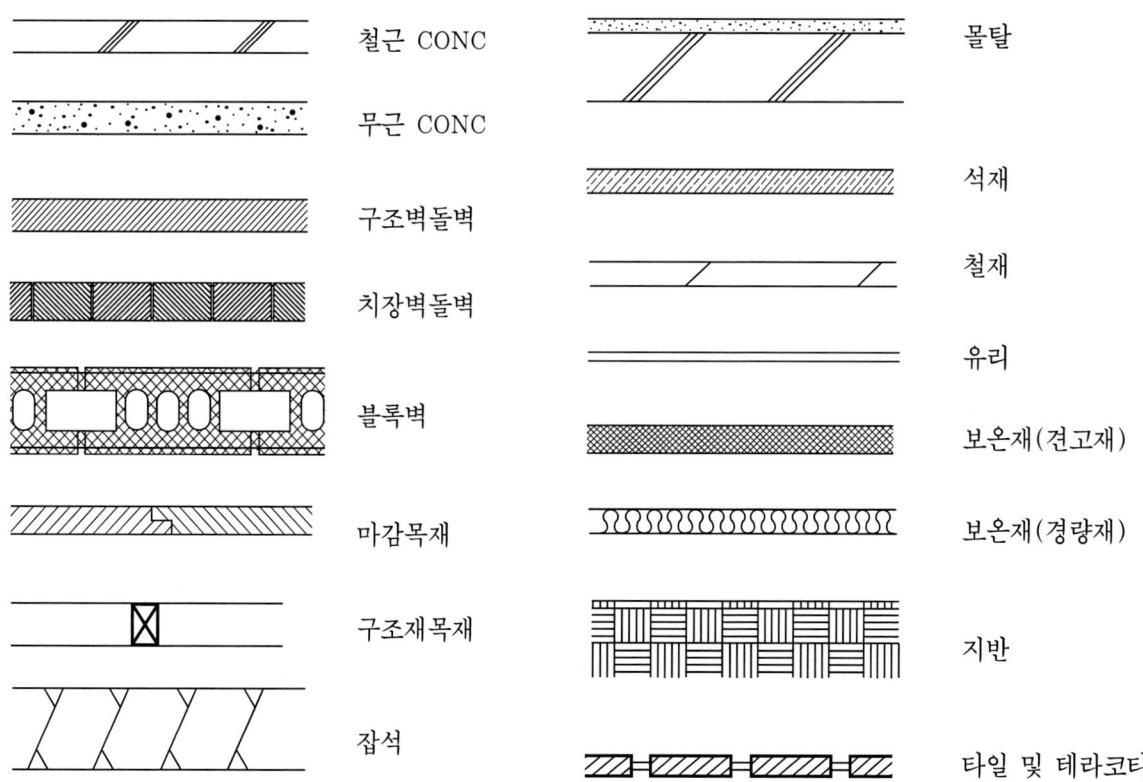

(12) 창호표시
① 약자
   Al-ALUMINIUM
   S-STEEL
   SS-STAINLESS STEEL
   W-WOOD
   D-DOOR
   W-WINDOW
   S-SHUTTER
② 입면표시

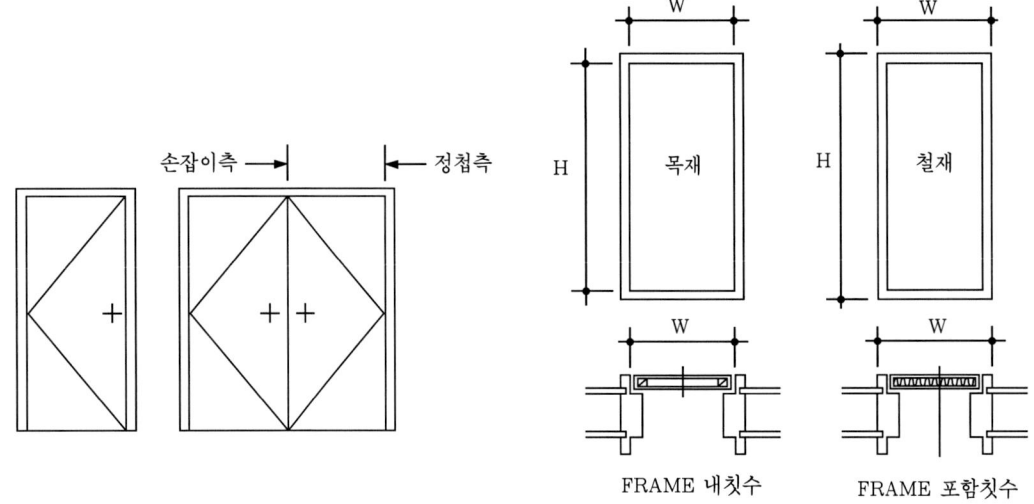

• 창호의 칫수는 목재의 경우 문짝자체의 칫수를, 철재의 경우 문틀을 포함한 칫수를 적는다.

제3절 건축물의 묘사와 표현

[1] 표현요소

디자인에 있어 제도는 그림과 문자에 의한 표현된다. 따라서 제도의 표현요소는 제도의 질을 높이는 역할을 하며 보는 사람으로 하여금 보다 빠른 이해력을 제공하는 디자인 요소이다. 일반적으로 제도에는 제품제도, 기계제도, 건축제도, 실내제도 등으로 나누며 제도의 표현요소는 건축제도와 실내제도에 많이 사용된다. 표현요소는 일반적으로 프리젠테이션 드로잉에 많이 사용하는데 과거에는 잉크, 연필을 이용해 도면을 그렸으나, 현대는 컴퓨터에 의한 디자인을 많이 사용하고 있다.

(1) 연필에 의한 표현

연필은 제도의 기본적 재료로서 도면 작도시 쉽게 그리고 지울 수 있고 트레싱지를 이용하여 도면을 그리면 도면을 완성한 후 청사진의 제작에도 용이하였다.
현대에는 연필보다는 샤프를 이용하여 도면을 작도하는데 샤프는 심의 두께에 따라 0.3mm, 0.5mm, 0.7mm, 0.9mm, 1.2mm 등이 있으며 심의 두께에 따라 선의 종류도 다르게 표현된다.

(2) 잉크펜에 의한 표현

과거에는 잉크펜 드로잉은 로트링 펜을 이용하였으나 현대는 잉크펜 대신 선의 두께를 조절할 수 있는 다양한 종류의 드로잉펜이 있다.

(3) 색연필, 마카에 의한 표현

색연필이나 마카는 프리젠테이션 드로잉에 질감과 색채를 표현하기 위해 많이 사용한다. 도면에 있어 색지를 이용할 경우 색연필은 질감과 색채를 표현할 수 있는 좋은 요소이며 트레싱지에는 마커를 많이 사용한다.

[2] 표현방법

제도의 표현방법은 점, 선, 면에 의한 표현이 주류를 이루며 그중 선은 제도에 있어 가장 빈번하게 사용하는 표현요소이다. 선을 이용한 표현방법에는 직선, 수직선, 수평선, 사선, 겹사선 등이 있다.
점은 수량과 간격을 조절하여 형태와 면을 표현할 수 있다. 디자인 작업의 표현 요소 중 점은 도면의 느낌을 보다 효과적으로 나타낼 수 있다.
자유 곡선은 선을 자유롭게 그리면서도 그리고자 하는 형태를 나타내는데 사용하는 선의 표현방법이다. 자유곡선의 두께와 간격을 조절하여 질감변화를 표현하면 도면을 입체감 있게 그릴 수 있다.

[3] 건축물의 표현

건축 및 실내건축에 사용되는 재료는 현대사회에 들어오면서 더욱 다양하게 변하고 있다. 과거에는 사용재료가 자연에서 나온 재료에 한정되었었는데 과학의 발달로 하루가 다르게 다양화되어 가고 있는데, 재료 표현을 비롯하여 입체적표현이나 소품의 표현 등 재료의 시각적 요소를 표현한다.

(1) 배경표현

각종 배경 표현은 건물의 주면환경, 스케일, 그리고 용도를 나타내기 위해서 적당히 그린다.
건물보다 앞쪽의 배경은 사실적으로, 뒤쪽의 배경은 단순하게 표현한다.
사람의 크기나 위치를 통해 건축물의 크기 및 공간의 높이를 느끼게 한다.
건물의 크기 및 용도 등을 위해 차량 및 가구를 표현한다.

건물의 입면과 나무의 입면은 건축에 있어 가장 밀접한 디자인 요소이다.
건축을 디자인하고자 할 때 주변의 자연적 요소 즉 나무, 잔디, 돌, 물 등의 시각적 표현요소를 적절히 활용하여 도면을 작성하여야 한다.

(2) 음영(그림자) 표현
건축물이나 사물을 더욱 입체적이고 사실적인 느낌을 나타내기 위해 표현한다.
물체의 위치, 빛의 방향에 맞게 정확하게 표현한다.
측광은 광원의 각도가 일정하기 때문에 비교적 위치를 결정하기가 쉽다.
윤곽선을 강하게 묘사하면 공간상의 입체를 돋보이게 하는 효과가 있다.
그늘과 그림자는 물체의 위치, 보는 사람의 위치, 빛의 방향, 그림자가 비치는 칠 바닥의 형태에 의하여 표현을 달리한다.
건물의 그림자는 건물표면의 그늘보다 어둡다.
평면에서 건축물의 배치와 주위의 환경적 조형 계획에 있어 그림자의 표시는 도면의 입체감을 더욱 강조시키는 역할을 하고 있다.

(3) 명암단계의 표현
건축물 표현에 있어 재료의 종류도 다양하지만 명암을 표현하는 방법과 요령도 다양하다.
연필이나 드로잉펜, 색연필, 마카 등을 이용하여 여러 가지 형태의 패턴을 가지고 겹침과 반복에 따른 명암단계의 표현을 하여 건축물의 외벽이나 바닥 등에 많이 적용된다.

(4) 물결의 표현
물결은 형태와 장소에 따라 다르게 표현되는데 움직이지 않은 물에 돌을 던져 물결을 일으키는 것과 바닷가의 파도가 밀려오는 듯한 느낌의 표현은 전혀 다르게 표현 된다. 일반적으로 물결의 표현은 직선과 곡선을 자유롭게 하여 길게 한번에 사용하는 방법과 짧은 점선을 이용하는 방법으로 구분할 수 있고 물결의 모양은 선, 점, 곡선, 사선, 겹선에 의해 표현을 할 수 있다.

(5) 나무의 표현
일반적으로 나무는 가공에 의해 인테리어 또는 건축의 재료로 널리 사용되고 있다. 우리 생활에서 흔히 볼 수 있는 나무의 사용은 주생활이나 상업공간에서 바닥재로 많이 사용되고 있다.
나무의 표현은 침엽수와 활엽수를 구별하여 그리면 되는데 일반적으로 가로수는 보통 3층 높이이므로 건물과 같이 그릴 때는 건물을 기준하여 그리면 된다.
나무를 그릴 때 주의할 점은 나무가 건축물보다 강조되어서는 안 되고 디자인의 주체가 되는 건축물과 공

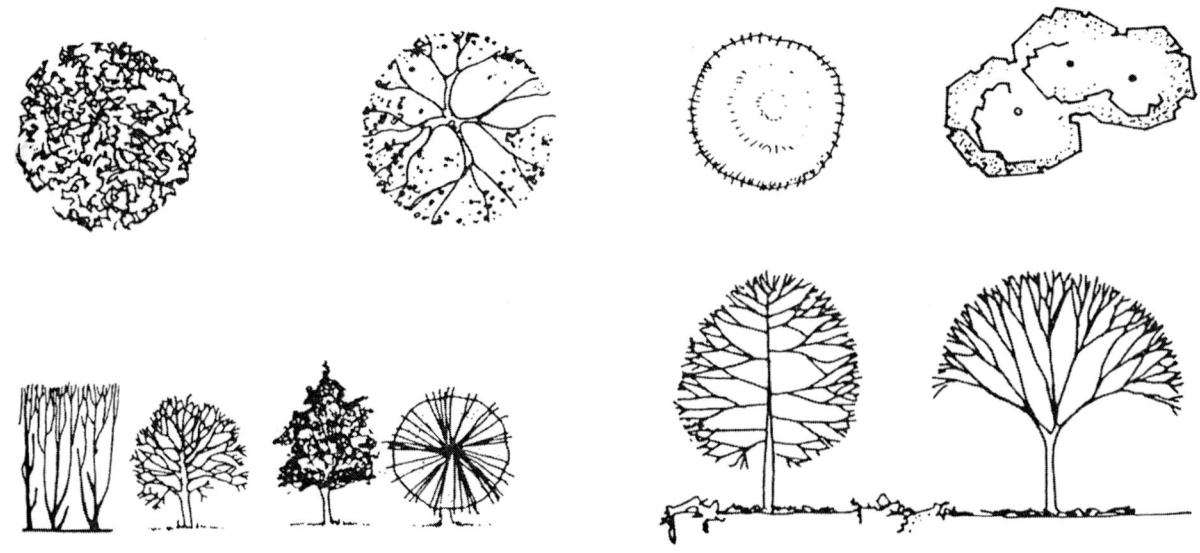

간의 보조적 요소가 되게 그려야 한다.
나무는 절단면과 가공법에 따라 보여지는 나무의 질감이 달라진다.
나무의 형태는 나무마다 다르고 크기와 빛의 방향에 따라 명암도 달라지게 표현하여야 한다.

(6) 돌의 표현

돌의 표현은 돌의 종류와 사용방법에 따라 다르게 나타난다. 돌의 표현은 가공에 의한 가공석과 자연석을 디자인과 공간의 기능에 따라 사용되어지는 것을 표현한다.

(7) 잔디의 표현

잔디의 표현은 건축 또는 실내건축에 잇어 자연환경을 나타내는 요소 중 하나이다. 일반적으로 잔디는 점을 이용하거나 선을 이용하여 재질감을 표현하며 나무, 돌, 물과 어울려 건축물의 환경을 나타내는 요소로 사용된다.
잔디를 표현할 때는 나무와 돌 등의 주위환경 구성요소와 조화를 이루도록 해야 한다.

(8) 사람의 표현

사람은 공간의 스케일에 중요한 영향을 미친다. 건축이나 실내건축에서는 디자인 작업 시 사람을 그려 넣으면 사람을 이용하여 건축물, 공간의 스케일을 파악할 수 있다.
건축이나 실내건축에 있어 디자인의 목적과 공간의 용도가 모두 인간을 위한 공간이기 때문에 인체치수를 기준으로 하여 공간을 디자인한다.
사람의 움직임과 방향은 걸어가는 방향으로 약간 기울이면 방향성을 갖게 할 수 있다.
데포르메한 사람-인물의 외곽형태를 간단하게 표현하는 것으로 사람의 성(性)의 구별, 움직임의 방향, 행동형태 등을 나타낼 수 있다.

(9) 자동차의 표현

자동차는 현대사회에 있어 인간의 생활 필수품이며 건축과 실내건축에 있어 악세서리와 같은 용도로 사용된다.
자동차도 스케일 척도에 중요한 요소이고 투시도에 움직임이나 도로의 진입방향 등을 표현할 수 있다.

(10) 의자의 표현

의자는 제품디자인, 실내디자인, 가구디자인, 많이 사용하는 요소이다. 의자를 하나의 물체로 보면 제품디자인, 가구디자인으로 해석 하지만 실내건축에서는 의자의 형태에 따라 내부공간의 디자인이 달라지기 때문에 의자의 선택이나 표현 시 신중하게 고려하여야 한다.

제4절 건축설계도면

설계도면은 제도 규약을 정확히 준용하여 객관적으로 표현해야 하며 선의 번짐, 도면의 얼룩, 더러움, 지우다 남은 선 등이 없어야 하고, 균형 있게 배치 되어야 하고 선, 문자, 치수 등이 명확히 표현되어야 한다.

[1] 설계도면의 종류

(1) 건축설계도면

계획설계도		구상도, 조직도, 동선도, 면적 도표 등
		기본설계도, 계획도, 스케치도
실시설계도	일 반 도	배치도, 평면도, 입면도, 단면도, 전개도, 창호도, 현치도, 투시도 등
	구 조 도	기초평면도, 바닥틀 평면도, 지붕틀 평면도, 골조도, 기초·기둥·보·바닥판 일람표, 배근도, 각부 상세 등
	설 비 도	전기, 위생 냉·난방, 환기, 승강기, 소화 설비도 등
시 공 도		시공 상세도, 시공 계획도, 시방서 등

(2) 실내디자인 설계도면

실내디자인 설계도면은 건축설계도면과 거의 유사하나 일반적으로 배치도, 구조도 등이 없고(단, 각부 상세도는 있음) 가구도, 조명도 등이 추가 된다. 다음은 실내디자인 설계도면을 좀 더 자세히 설명한 것이다.

도 면 형	설 명	축 척	표 시 사 항
평면도 (FLOOR PLAN)	실내의 사방벽체를 창문 중간정도의 높이에서 수평으로 절단하여 위에서 아래로 내려다본 수평투영 도면이다. 축척이 1:50 이하일 때는 창호의 틀을 사각형으로 표시하고 마감선은 단선으로 표시한다. 계단의 논스립(Non-Slip)도 표시한다. 축척이 1:50 이상일 때도 창호의 틀, 가구나 집기 등을 실제 모양대로 표시하고, 마감재료 및 심볼도 표시한다.	1:100 1:50 1:40 1:30 1:20	창호표시, 전개면표시 가구 및 집기배치 바닥재료 표시 주요소품 치수표시 실명기입
바닥 상세도 (FLOOR DETAIL)	시공을 할 때 보는 도면으로 가구나 집기 등을 표현하지 않은 도면이다. 바닥재료나 모양(형상)을 정확히 그려준다.	1:100 1:50 1:40 1:30 1:20	바닥재료 모양표시 단면벽 재료표시 마감재료의 기입 바닥면의 고저표시 상하수도 표시, 실명기입
천정도 (CEILING PLAN)	천정복도(天井伏圖)라고도 하며 밑에서 위로 올려다 본 수평투영 도면이다.	1:100 1:50 1:40 1:30 1:20	천정재료, 모양표시 점검구 표시 천정마감재료 표시 천정의 고저표시 커튼박스(curtain box)표시
조명도 (LIGHTING PLAN)	천정과 벽에 있는 조명기구, 콘센트, 스위치 등을 표시하며 천정도에 조명도를 포함시켜 그리기도 한다. 조명기구의 투시도를 별도로 그린 도면을 조명기구 일람표라고도 한다.	1:100 1:50 1:40 1:30 1:20	조명위치 표시 조명의 종류와 모양표시 조명의 수량과 왓트(W) 기입 콘센트, 스위치 표시
입면도 (ELEVATION)	방향·거리에 관계없이 벽체의 면을 투영한 도면이다. 정면도(FRONT ELEVATION), 측면도(SIDE ELEVATION), 배면도(REAR ELEVATION) 등이 있다. 상점디자인에서 정면도는 중요한 도면이다.	1:50 1:40 1:30 1:20	마감재료 건물의 층고표시 입면의 방향표시 간판이나 로고표시

도면형	설 명	축척	표시사항
전개도 (DEVELOPMENT)	실내의 벽체를 방향·거리에 관계없이 투영한 도면으로 실내입면도를 전개도라 한다.	1:50 1:40 1:30 1:20	벽면높이(천정고)표시 벽면방향 표시 마감재료 표시 벽에 붙어있는 가구표시 장식물표시
투시도 (PERSPECTIVE)	건물의 외부나 내부를 완공하기전에 완공된 상태를 미리 예견하기 위해 그린 입체도면으로 실제모양과 거의 같아야 한다.	축척 표시 못함	실물 그대로를 표시하며 질감, 재료, 음영 등을 묘사한다.
단면도 (SECTION)	건물이나 물체를 절단하여 절단면을 투영해서 그린 도면이다. 건물을 수직으로 절단하여 기초부터 바닥, 벽, 천정, 지붕까지 표현한 도면을 주단면도라 한다.	1:50 1:40 1:30 1:20	단면기호 표시 바탕의 두께 표시 재료의 규격 표시 질감 표시 재료명 표시
상세도 (DETAIL)	부분상세도와 단면상세도가 있다. 실시도면에서 중요한 부분을 자세하게 그린 도면이다.	1:5 1:3 1:2 1:1	재료의 모양, 치수 표시 질감 표시 장식품 표시 상세한 설명 기입
창호도 (OPENING LIST)	문(door)과 창문(window)의 위치, 규격, 재료, 개폐방법, 유리, 창호철물 등을 명시한 도면이다. 정면, 측면, 단면, 상세 등을 표현한다.	1:30 1:20 1:10 1:5 1:3 1:2 1:1	마감재료 표시 재료의 규격 표시 장식철물 표시 개소 표시 질감 표시
가구상세도 (FURNITURE DETAIL)	가구의 평면, 입면, 단면, 상세 등을 그려 재료, 규격, 모양 등을 자세하게 표현한 도면이다. 주문가구일 경우는 반드시 그려야 한다.	1:50 1:30 1:20 1:10 1:5 1:3 1:2 1:1	재료의 규격 표시 마감재료 표시 장식철물 표시 질감 표시
조명상세도 (LIGHTING DETAIL)	조명기구의 규격, 모양, 종류, W수, 수량 등을 자세하게 그린 도면이다.	1:10 1:5 1:3 1:2	조명기구 명칭 표시 W수 표시 규격 표시 수량 표시
기타도면	목차(DRAWING LIST) 마감재료표(METERIAL FINISHING LIST) 위생설비도 : 급수, 배수, 정화조, 옥내소화전 등의 배관, 계통, 기기 배치도 등 표시 전기설비도 : 동력, 전등, 전화, 화재경보기, 스위치, 콘센트 등의 배선, 계통, 기구배치 등 표시 냉·난방 설비도 : 냉·난방에 필요한 계통·기구 배치도 등 표시 계단상세도 : 계단 각부, 난간, 치수, 재료 등을 표시 정면도(FACADE) : 상업 건축물중 정면을 자세하게 그린 도면 간판, 로고, 심볼, 색채 도면 : 그래픽에 관련된 사항을 표시		

[2] 설계도면의 작도법

여기서는 실내디자인에서 필요한 기초 시공 도면 작도법을 기술하고자 한다.

(1) 평면도(FLOOR PLAN)

건축물을 건물의 바닥면으로부터 1.5m 정도 높이에서 수평으로 절단하였을 때의 수평 투영도를 말한다.

• 작도순서
① 도면의 배치를 균형있게 계획한다.
② 작도하고자 하는 축척에 맞게 가로, 세로의 중심선을 가는실선으로 흐리게 긋는다.
③ 벽체 두께를 흐리게 그은 중심선을 기준하여 흐리게 긋는다. 이때, 벽체가 0.5B, 1.0B, 1.0B 공간, 1.5B 공간 쌓기 인지를 확인하고 그린다.
④ 창호의 위치 표시를 흐리게 한다(이렇게 하면 벽과 창호의 부분이 확실하게 나타나므로).
⑤ 단면 벽체를 가장 진한 선으로 긋는다(③에서 흐리게 그은 벽체선과 중복되게 한다).
⑥ 창호의 위치에 창문과 문을 정확하게 표현한다(창은 종별을 구별하고, 문은 문지방이 있는 경우와 없는 경우를 구별한다).
⑦ 벽체 마감선을 그린다(마감두께 측량은 축척상 어려우므로 벽체 단면선과 구별되게 벽선에 가까이 그린다).
⑧ 가구 및 집기 등 표현해야 할 요소를 그린다.
⑨ 치수보조선과 치수선의 위치를 흐리게 긋는다. 치수선과 치수선의 간격은 9mm가 적당하다.
⑩ 중심선과 치수선을 그린다(중심선은 일점쇄선으로 ②에서 흐리게 그은 중심선에 중복되게 긋고, 치수선은 실선으로 긋는다).
⑪ 글씨를 쓰기 위한 보조선을 흐리게 긋고 글씨를 쓴다.
⑫ 벽체 단면 해칭선을 긋는다. 해칭선을 나중에 긋는 이유는 도면이 더러워짐을 방지하기 위해서이다.
⑬ 도면명과 축척을 기입하고 정리한다.

(2) 천정도(CEILING PLAN)

천정면 자체를 나타낸 도면으로 천정면을 기준으로 수평 절단한 것을 기준으로 한다. 천장도, 천정(장) 복도(天井伏圖)라고도 한다.

• 작도순서
① 도면의 배치를 균형있게 계획한다.
② 작도하고자 하는 축척에 맞게 가로, 세로의 중심선을 가는 실선으로 흐리게 긋는다.
③ 벽체 두께를 그은 중심선을 기준하여 흐리게 긋는다.
④ 창호의 위치 표시를 흐리게 긋는다.
⑤ 벽체선을 단면선으로 진하게 긋고, 창호의 위치 표시를 정확하게 작도한다.
  이 때, 창호의 입면상 위치에 따라 다르게 표현한다.

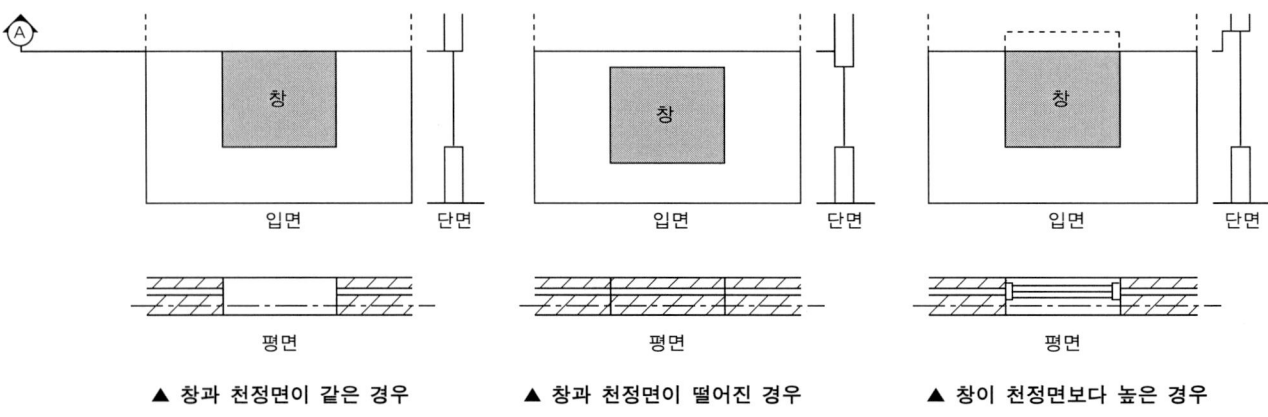

▲ 창과 천정면이 같은 경우   ▲ 창과 천정면이 떨어진 경우   ▲ 창이 천정면보다 높은 경우

⑥ 마감선을 긋는다.
　⑦ 커튼 박스(Curtain Box)가 있는 경우 표현한다.
　⑧ 몰딩이 있는 경우 표현한다.
　⑨ 설비(전기, 경보, 환기, 조명)류를 표현한다.
　⑩ 치수보조선, 치수선을 흐리게 설정한 다음 중심선(일점쇄선)과 치수보조선, 치수선을 정확히 작도한다.
　⑪ 글씨 보조선을 흐리게 긋고 치수, 재료명, 도면명, 축척 등을 기입한다.
　⑫ 해칭선을 긋고 마무리 한다.

(3) 전개도(DEVELPOMENT)

건축물 내부 입면도를 지칭하며 벽체의 각 면에 대하여 벽면 그 자체를 그린 도면이다. 전개도의 개념을 외부 입면도 또는 단면 상세도의 개념과 혼동하여 작도하는 경우가 종종 있는데 주의를 요한다.

• 작도순서

① 도면의 배치를 균형있게 계획한다.
② 그리고자 하는 벽체의 중심선을 보조선으로 흐리게 긋는다.
③ 안목 치수(내부 치수)로 벽면을 흐리게 긋는다.
④ 기둥, 창호의 위치를 흐리게 설정한다.
⑤ 디자인된 부위, 벽에 부착된 소품류 등의 위치를 흐리게 작도한다.(벽에 부착된 붙박이 가구는 반드시 표현하여야 하며, 벽면 디자인에 방해가 되지 않는 한 벽면에 가까이 놓이게 되는 가동성(可動性) 가구는 그린다)
⑥ 몰딩(Moulding)이 있으면 위치 표시를 한다.
⑦ 그리고자 하는 부위의 위치가 모두 설정되었으면 벽의 외곽선 부터 정확하게 작도한다. 전개도상에 표현되는 선은 부호선을 제외하고는 모두 입면선으로 처리한다. 전개도상에는 단면부위가 전혀 표기되지 않아야 한다.

벽의 외곽선은 약간 진하게 그어 시각적인 형태감을 느끼게 하는 것이 좋다.(단면선이 아니므로 너무 진하게 긋는 것은 잘못된 표기 방법이다)
⑧ 치수 보조선과, 치수선의 위치를 흐리게 설정한다.
⑨ ②에서 흐리게 그었던 중심선 위에 정확한 일점쇄선으로 중심선을 긋고, 동시에 치수 보조선도 실선으로 정확하게 긋는다.
⑩ 치수선을 정확하게 긋는다.
⑪ 글씨 보조선을 긋고 치수 기입 및 재료명, 도면명, 축척 등을 기입하고 정리한다.

(4) 단면도

건축물을 수직으로 절단하여 수평방향에서 본 투영 도면으로 종 단면도와 횡 단면도가 있다.

• 작도순서

① 단면도의 크기를 고려하여 축척과 도면 배치를 계획한다.
② 지반선과 조립 기준선의 위치를 결정한다.
③ 기둥, 벽의 중심선을 일점쇄선으로 긋는다.
④ 지반선에서 각 높이를 그리고, 마감두께를 포함한 바닥판의 두께를 가는선으로 긋는다.
⑤ 기둥과 벽의 중심에서 기둥과 벽의 크기를 그리고 창호의 틀(Frame)의 위치를 결정한다.
⑥ 창대, 문 등의 내·외벽을 그리고, 지붕을 그린다.
⑦ 바닥면에서 각 부분의 천정높이(천정고)를 정하여 그린다.
⑧ 계단과 난간을 그린다.
⑨ 지반선(G.L)에서 건축물의 최고 높이, 처마 또는 돌출길이, 1층 바닥 높이, 천정높이 등의 치수를

　　　　기입한다.
　　⑩ 지붕 물매를 표시한다.
　　⑪ 개구부의 크기와 기둥 간격, 벽의 중심 거리와 전체 길이를 표시한다.
　　⑫ 재료명과 기호명을 기입한다.
　　⑬ 도면명과 축척을 기입하고 정리한다.

(5) 창호도(OPENING SCHEDULE)
모든 창호에 대하여 종류별로 형태, 개폐 방법, 재료, 치수, 개소, 사용 장소, 창호 철물, 유리, 마무리 방법 등을 나타낸다.

(6) 그 밖의 도면
① 상세도(DETAIL) : 실시도면에서 주요한 부분을 자세하게 표현한 도면
② 가구도(FURNITURE PLAN) : 가구의 평면, 입면, 단면, 상세 등을 그려 재료, 규격, 모양 등을 표현한 도면
③ 조명도(LIGHTING LIST) : 조명기구의 규격, 모양, 종류, W(와트)수, 수량 등을 표현한 도면
④ 위생 설비도 : 급수, 배수, 정화조, 옥내소화전 등의 배관, 계통, 기기배치도 등을 표시한 도면
⑤ 전기 설비도 : 동력, 전등, 전화, 화재 경보기, 스위치, 콘센트 등의 배선, 계통, 기구 배치 등을 표시한 도면
⑥ 냉·난방 설비도 : 냉·난방에 필요한 계통, 기구 배치도 등을 표시한 도면
⑦ FACADE : 건축물의 정면을 표현한 그림으로 상업 건축물에 주로 사용되는 도면
⑧ GRAPHIC 도면 : 간판, 로고, 픽토그래프, 색채 등 그래픽에 관련된 사항을 표시한 도면

(7) 투시도
(1) 투시도의 용어
① E.P(Eye Point)시점 : 대상물을 보는 사람의 눈 위치
② G.P(Ground Plane)기면 : 대상물이 주어지고 보는 사람이 서 있는 면
③ P.P(Picture Plane)화면 : 대상물과 관찰자 사이에 놓여져 있는 수직면
④ H.L(Horizontal Line)수평선 : 화면에 대한 시점 높이와 같은 수평선, E.L(Eye Level)이라고도 한다.
⑤ G.L(Ground Line)기선 : 기면과 화면이 접하는 선
⑥ S.P(Standing Point)입점 : 관찰자의 위치
⑦ V.P(Vanishing Point)소점 : 평행선은 화면상에서 한점에 모이게 된다. 이 점을 소점이라 한다.
⑧ M.P(Measuring Point)측점 : 화면에 대하여 각도를 갖는 직선의 소점에서 시점과의 같은거리의 수평선상에 잰점
⑨ M.L(Measuring Line)측선 : 높이값을 측량하기 위한 선
⑩ C.P(Central Point)심점 : 시점을 화면에 투영한 점. 평행 투시도에서는 이 점이 소점이 된다.
⑪ D.P(Distance Point)거리점 : 수평선상에 시중심에서 시점거리와 같은 길이를 잰점.
⑫ F.L(Foot Line)족선 : 입점과 대상물이 주어져 있는 기면상의 각점을 이어준 선

(2) 투시도의 종류

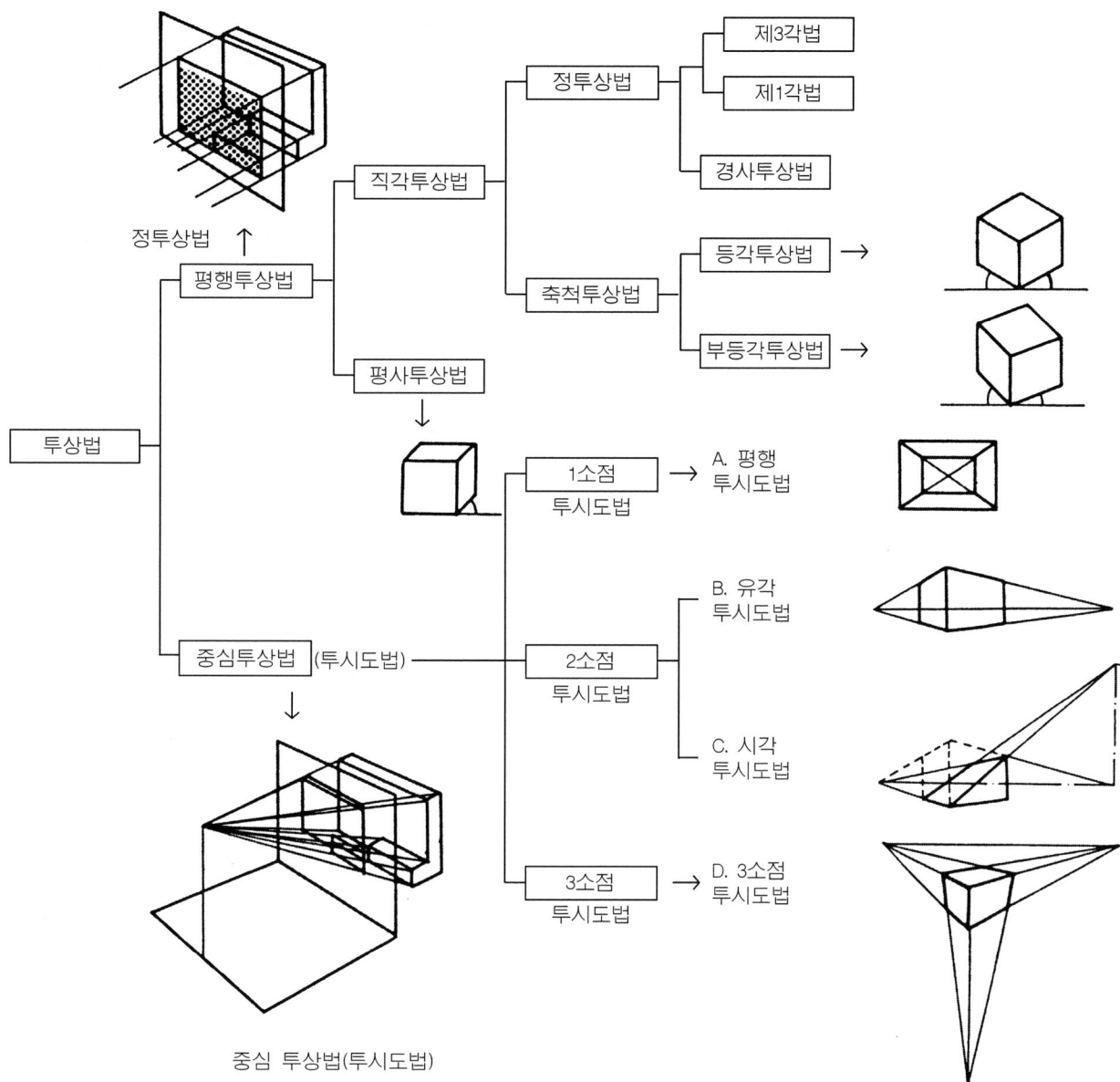

중심 투상법(투시도법)

[3] 도면의 구성요소

(1) 선

도면을 보기 쉽게, 이해하기 쉽게 하기 위하여 여러 종류의 선이 사용되며, 선의 굵기는 도면의 크기, 복합성, 도시하는 내용 등에 따라서 습관상 혹은 경험상으로 굵은 선, 가는 선 및 그 중간의 굵기의 선을 구별하여 사용하고 있다. 건축제도 통칙에서는 이 표에 표시하는 종류의 선외에 점선(…………)을 규정하지만 그 용도는 일정치 않다

명 칭	굵 기(mm)	용도에 의한 명칭	용 도
실 선	전 선 ———— (0.3~0.8)	단 면 선 외 형 선 파 단 선	물체의 보이는 부분을 나타내는 선으로서, 단면선과 외형선으로 구별하여 사용하기도 한다.
	가는선 ———— (0.2 이하)	치 수 선 치수보조선 지 시 선 해 칭 선	치수선, 치수 보조선, 인출선, 각도 설명 등을 나타내는 지시선 및 해칭선으로 사용한다.
허 선 / 파 선	반 선 ------- 전선의 약 1/2, 가는선보다 굵게 그린다.	숨 은 선	물체의 보이지 않는 부분의 모양을 표시하는데 사용한다. 파선과 구별할 필요가 있을 때에는 점선을 쓴다.
일점쇄선	가는선 —·—·— (0.2 이하)	중 심 선	물체의 중심축, 대칭축을 표시하는데 사용한다.
	반 선 —·—·— 전선의 약 1/2, 가는선보다 굵게 그린다.	절 단 선 경 계 선 기 준 선	물체의 절단한 위치를 표시하거나 경계선으로 사용된다.
이점쇄선	반 선 —··—··— 전선의 약 1/2, 가는선보다 굵게 그린다.	가 상 선	물체가 있는 것으로 가상되는 부분을 표시하거나, 일점쇄선과 구별할 때 사용된다.

▲ 선의 종류와 용도

① 파단선
재장의 전부를 나타낼 수 없을 때, 긴 기둥을 도중에서 자를 때 사용되는 선이다.
파단 되는 것이 명백할 때에는 파단선을 생략할 수 있다.

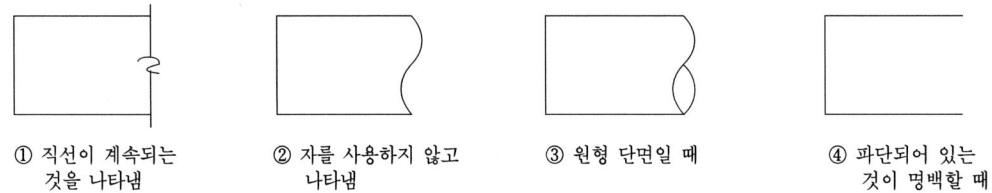

① 직선이 계속되는 것을 나타냄
② 자를 사용하지 않고 나타냄
③ 원형 단면일 때
④ 파단되어 있는 것이 명백할 때

② 단면선
단면의 윤곽을 나타내는 선으로 바깥선을 굵게 하여 재료의 선을 나타낸다.
③ 해칭선
가는선을 일정한 간격으로 그은 선으로 단면의 표시에 사용되며 45° 각도로 긋는다.
④ 절단선
절단하여 보이려는 위치를 표시한 선으로 쇄선으로 표시하고, 이때 절단선에는 기호를 기입하고 단면을 보는 방향을 나타내는 화살표를 붙인다.

⑤ 가상선(상상선)
　① 가공하기 전의 모양을 나타내는 선이다.
　② 움직이는 물체의 서로의 위치를 나타내는 선이다.
　③ 인접된 다른 부품을 참고하기 위하여 표시하는 선이다.
　④ 가상 단면을 나타내는 선이다.

⑤ 이점쇄선으로 표시한다.

(2) 선의 연습
아래와 같은 요령으로 선긋기 연습을 연필과 잉크로 연습해 본다.
① 용도에 따라 선의 굵기를 구분하여 사용한다.
② 선긋기를 할 때에는 시작부터 끝까지 일정한 힘을 주어 일정한 속도로 긋는다.
③ 파선(또는 점선)은 일정한 간격을 유지한다.
④ 축척과 도면의 크기에 따라서 선의 굵기를 다르게 한다.
⑤ 각을 이루어 만나는 선은 정확하게 작도하도록 한다.

(3) 선의 표현 예

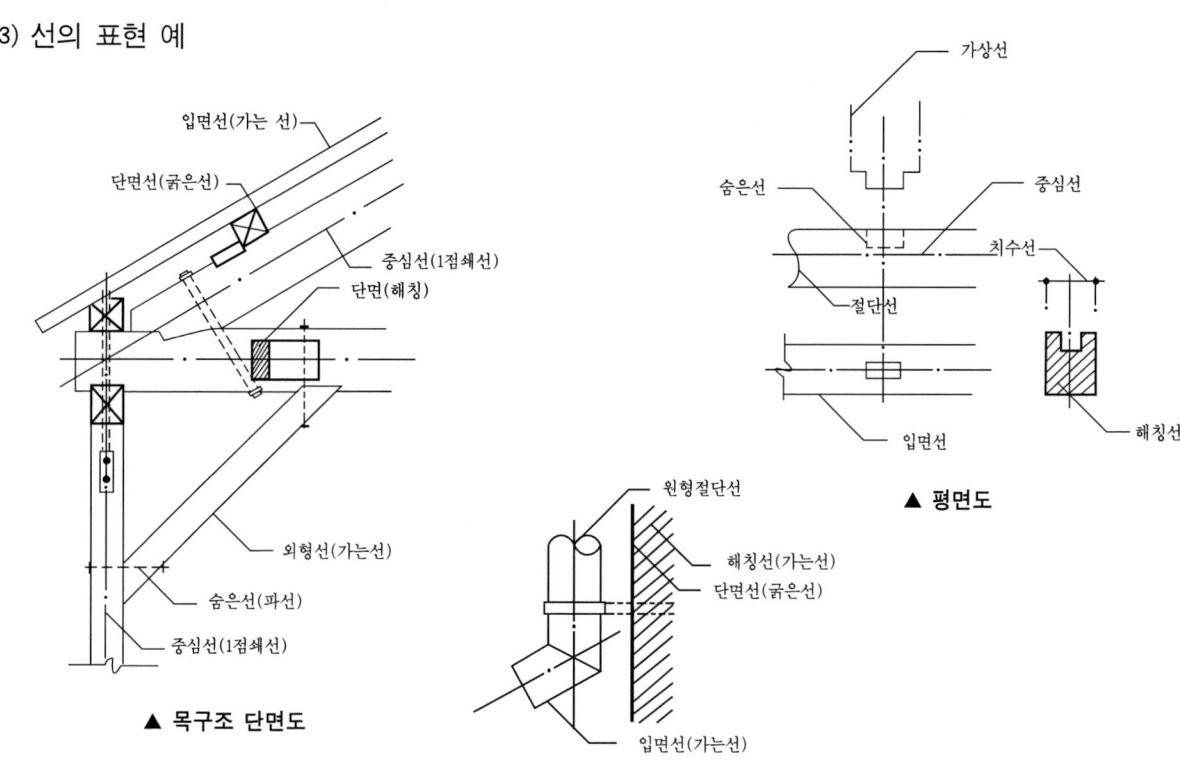

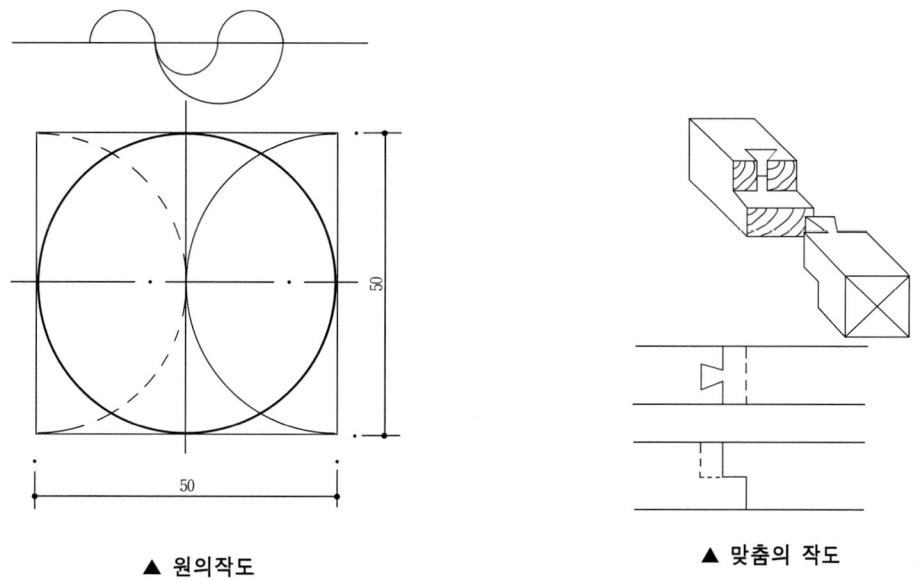

▲ 원의작도   ▲ 맞춤의 작도

Ⅳ. 건축일반

(4) 글자(문자)쓰기 방법
① 글자는 명확하게 쓴다.
② 문장은 왼쪽에서부터 가로쓰기를 원칙으로 한다. 다만, 가로쓰기가 곤란할 때 세로쓰기도 무방하다.
③ 글자체는 고딕체로 하며, 수직 또는 15° 경사로 쓰는 것을 원칙으로 한다.
④ 글자의 크기는 높이로 표시되며, 20, 16, 12.5, 10, 8, 6.3, 5, 4, 3.2, 2.5, 2(mm)의 11종류를 표준으로 한다.
⑤ 네자리 이상의 숫자는 세자리마다 자리점을 찍든지(예:7,000), 간격을 두어 표시한다(예:7 000). 다만, 네자리 이하의 수는 이에 따르지 않아도 좋다.
⑥ 언제나 보조선을 이용하여 문자의 크기를 일정하게 한다.
⑦ 일정한 형식의 글자를 선택하고, 도면이 완성될 때까지 동일한 글자체가 되도록 한다.
⑧ 명확하고 특색 있는 글자를 쓰고, 가날프고 섬세한 표현은 피하도록 한다.

▲ 글자의 크기

(5) 치수
치수의 표시방법은 도면의 내용을 명확히 하는데 필요한 것을 충분히 기입하고, 중복을 피하며, 누락된 치수를 다시 계산하는 일이 없도록 한다. 도면에 기입하는 치수의 단위는 mm이며, 단위는 생략한다. 치수는 도면의 좌에서 우로, 하에서 상으로 읽을 수 있도록 쓴다.

① 치수선
건축제도 통칙에는 치수선의 끝을 그림과 같이 표시하도록 되어 있고, 그림에 방해가 되지않는 적당한 위치에 긋는다.

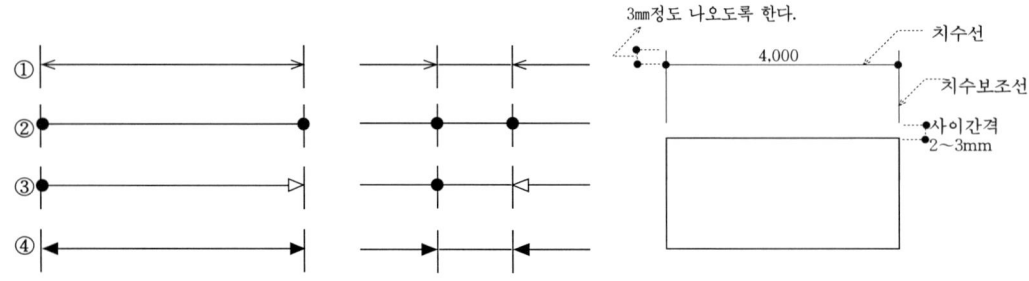

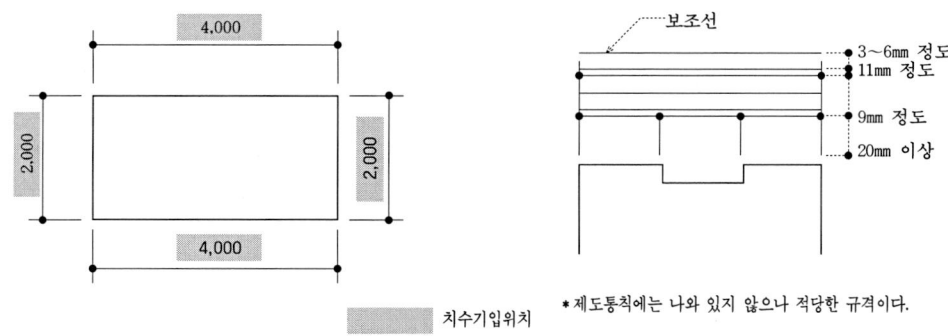

치수를 기입할 여백이 없을 때에는 인출선을 그어 수평선을 긋고 그 위에 치수를 기입한다.

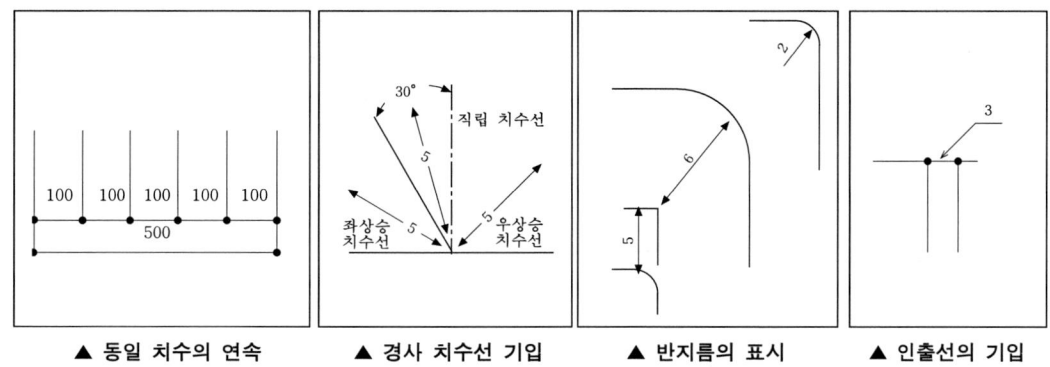

② 현, 원호의 치수표시

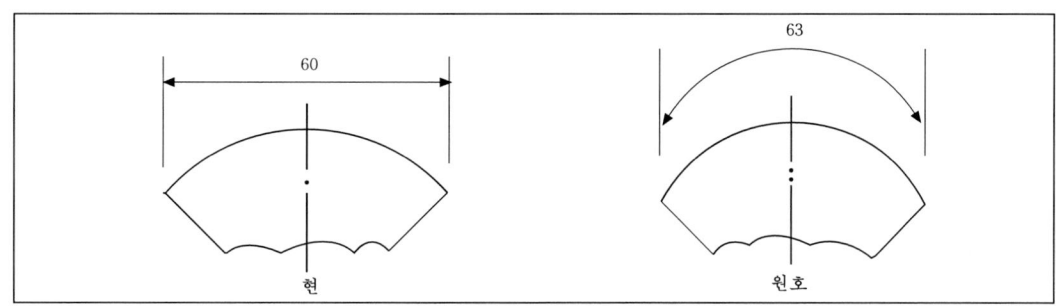

▲ 현과 원호의 표시

③ 물매, 각도의 표시
 ① 각도의 표시는 각각 삼각형의 직각을 낀 두 변에 대하여 높이/밑변, 즉 나타내려는 각도의 정접(正接)으로 표시하거나 각도로 표시한다.
 ② 지면의 물매나 바닥의 배수 물매 등의 물매가 작을 때에는 분자를 1로 한 분수로 표시한다.
 ③ 지붕의 물매처럼 비교적 물매가 클 때에는 분모를 10으로 한 분수로 표시한다.
 ④ 각도에 의한 표시는 그림 (a)와 같이 표시하며, 접합되는 두 부재 간의 교각은 각도로 표시하는 것보다 그림 (b)와 같이 접합부의 치수로 나타내는 것이 좋다.

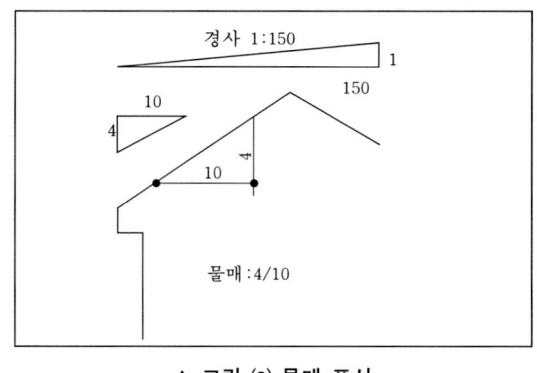

▲ 그림 (a) 물매 표시

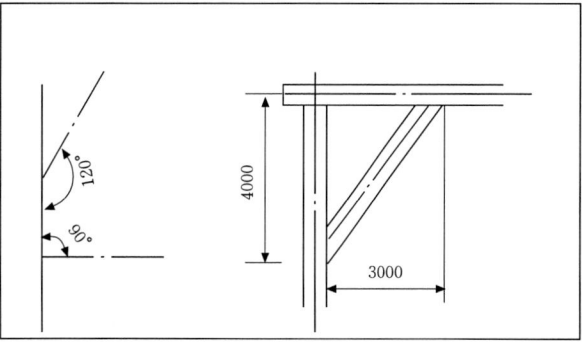

▲ 그림 (b) 각도의 표시 방법

(6) 기준선

건축물의 설계와 시공, 특히 대량 생산 체계에 의한 각종 부품으로 건축물을 세울 때의 도면에는 건축물 각 부위의 위치가 모순 없이 표시되고, 또 그 위치가 정해진 과정에 맞도록 명시되어야 한다. 이 때, 위치를 나타내기 위하여 기준이 되는 선을 사용하는데, 이 선을 기준선 또는 조립 기준선이라 한다.

기준선은 그림 (a)와 같이 평면적으로는 X방향과 Y방향으로, 입체적으로는 Z방향으로 잡고 일점 쇄선으로 나타낸다.

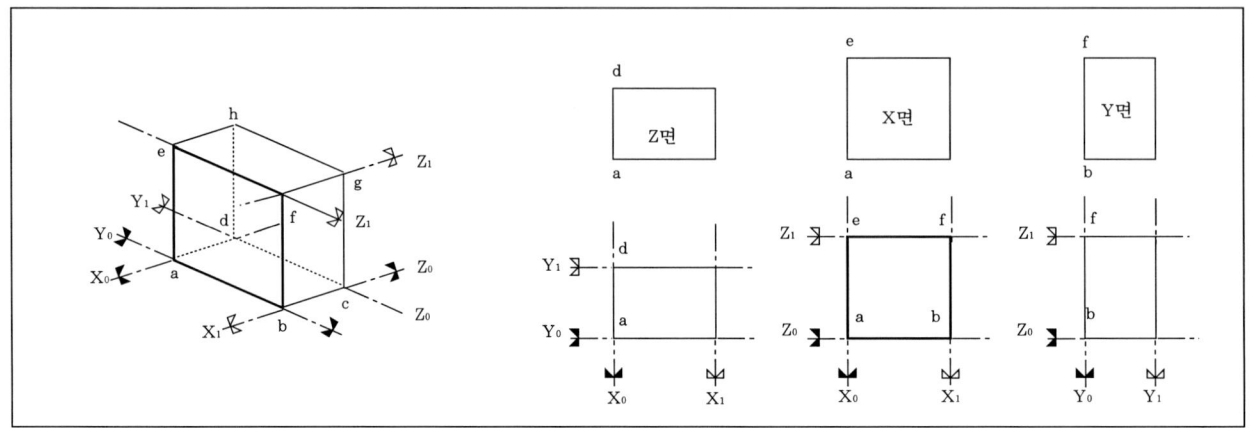

▲ 그림 (a) 조립 기준선

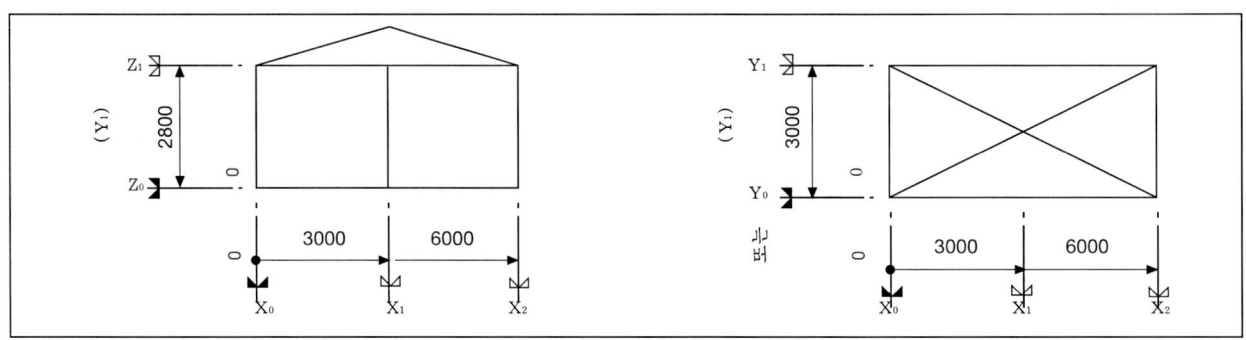

▲ 그림 (b) 주기준선과 보조 기준선의 사용

기준선은 필요에 따라 여러 개를 선정할 수 있는데, 이 때 가장 기준이 되는 선을 주기준선, 이것에서 측정한 다른 기준이 되는 선을 보조 기준선이라 하며, 평면도에는 X_0, X_1, X_2……, Y_0, Y_1, Y_2…… 등을 입면도와 단면도 등에는 높이 방향으로 Z_0, Z_1, Z_2…… 등을 붙이고, 주기준선 단부에는 ◢◣표, 그리고 보조 기준선 단부에는 ╲╱표를 한다. 기준선의 위치를 표시할 때, 보조 기준선은 그림 (b)와 같이 반드시 주기준선으로부터의 거리를 표시하며, 치수선의 단부는 주기준선 쪽을 측정, 보조 기준선 쪽을 삼각 화살표로 하고, 치수 숫자는 기준선의 위쪽 화살표의 오른쪽에 기입하는 것을 원칙으로 한다.

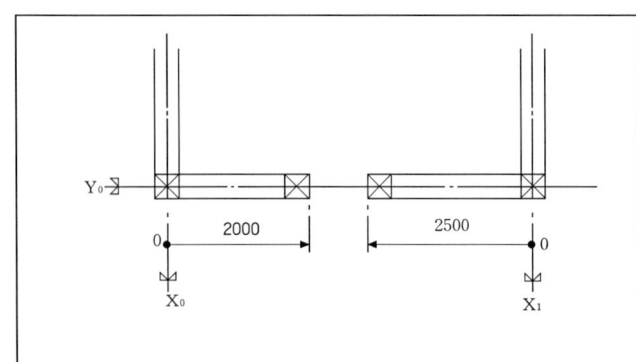

▲ 그림 (c) 기준선 이외의 위치의 치수 표시

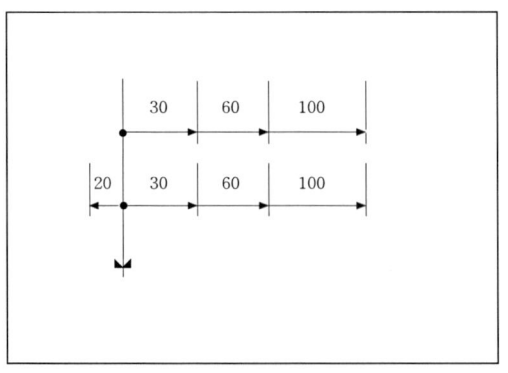

▲ 그림 (d) 위치를 표시하는 선의 기준선과 평행인 때의 치수 표시

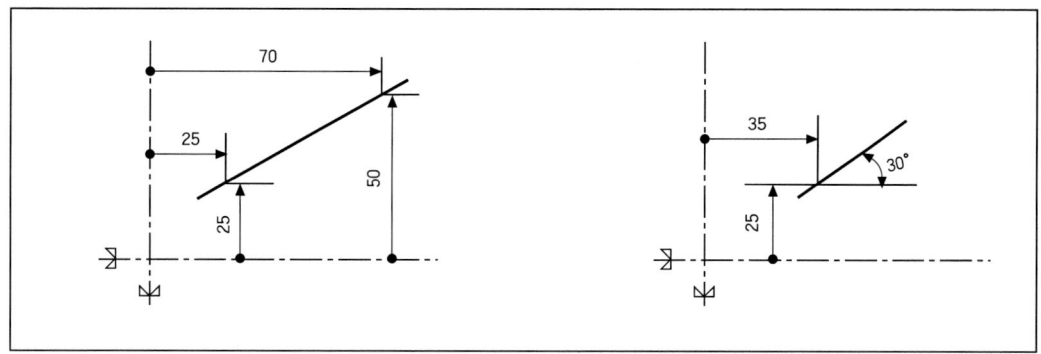

▲ 그림 (e) 위치를 표시하는 선이 기준선과 평행이 아닌 때의 치수 표시

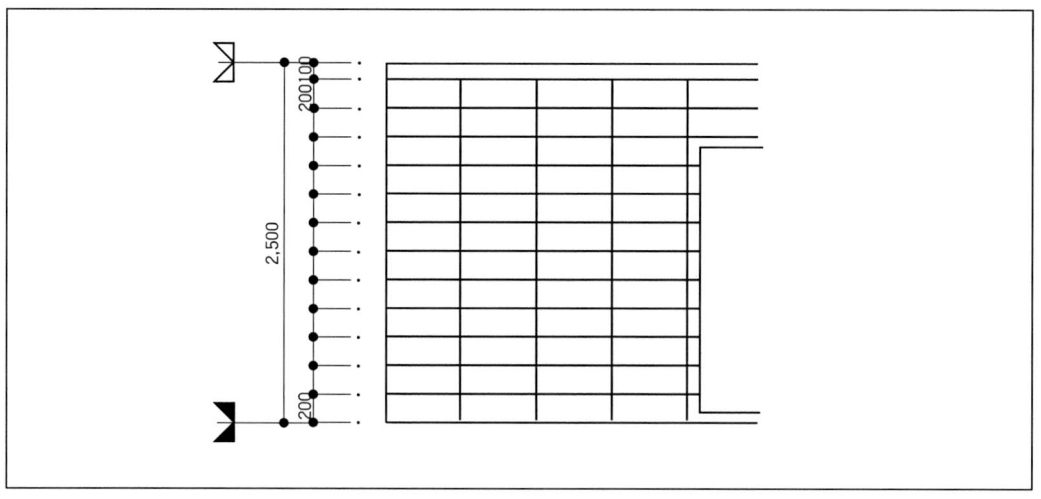

▲그림 (f) 기준선의 나누기에 의한 치수 표시

기준선과 관련시켜 세부적인 위치를 표시하는 데에는 그림 (c)와 같이 되도록 가까운 기준선이나 보조 기준선으로부터의 거리로 표시하고, 치수 보조선을 그어 보조 기준선인 때의 기입법에 준하여 기입한다. 위치를 나타내는 선이 기준선과 평행인지 아닌지에 따라 기준선과의 관계를 다음과 같은 방법으로 명시한다.

(1) 위치를 표시하는 선이 기준선과 평행하고, 하나의 기준선으로부터의 거리로 결정되는 때에는 그림 (d)와 같이 그 기준선에 따른 거리만을 기입하고, 다른 기준선과의 관계는 표시하지 않는다.
(2) 위치를 표시하는 선이 기준선과 평행하지 않는 직선일 때에는 그림 (e)와 같이 한다.
(3) 위치를 나타내는 선이 기준선과 평행하고, 2개의 기준선의 나누기만으로 결정될 때에는 그 나누기 치수를 기입하며, 나누기를 할 때에는 그림 (f)와 같이 치수선의 양끝에 화살표를 한다.

2장 건축구조

제1절 건축구조의 개념

[1] 건축구조학

건축은 구조·기능·미의 세요소의 결합으로 이루어지며, 건축학을 구성하는 분야는 다음과 같다.

① 미적 분야 : 건축의 예술성은 건축적 연구의 최대요건이다. 의장학·미학·소묘·설계·제도 등이 여기에 속하고, 근래 많은 발전을 가져온 도시설계·조경학·실내장식 등은 여기에서 파생된 것이다.

② 구조적 분야 : 건축은 공학의 대상으로 수학적·역학적 물리적 관념에서 출발한다. 재료역학·구조역학·건축구조학 등이 여기에 속한다.

③ 기능적 분야 : 건축은 물리학·화학·생물학 등을 기저로 검토되는 것으로 인체의 신경이나 혈관과 같은 것이다. 계획학·일조학·음향학·설비학 등이 여기에 속한다.

④ 이상에서 설명한 분야 이외에 재료학·시공학(공사비 적산 포함)·건축법규·도시계획·사학 등이 있다.

[2] 건축구조학의 의의와 목적

① 건축구조학의 의의
　건축구조학은 미·구조·기능의 합리적인 구현체로서의 건물을 가장 경제적으로 성취할 수 있는 건축적 구성기술을 연구하는 학문이다. 즉, 적합한 재료를 써서 아름답고 내구적인 구조로 만들고 아울러 건물의 고유한 기능을 충분히 발휘할 수 있도록 함과 동시에 경제적으로 건설하는데 있다.

② 건축구조학의 목적
　건축물은 자연속에서 폭우·지진·한열·화재·수해 등 기타 인위적 사고 또는 혹사로 인한 파괴를 받는다. 건축구조학의 목적은 이러한 파괴력에 대하여 안전하게 구축하여 건물 본래의 사명을 완전하게 발휘시킴은 물론 내구성이있게 하는데 있으며 아울러 미적·기능적·경제성도 고려하여야 하겠다.

제2절 건축구조의 분류

[1] 건축구조의 분류

(1) 구성양식에 의한 분류
① 가구식구조 : 비교적 가늘고 긴 재료를 조립하여 뼈대가 되도록 한 구조(목구조, 철골구조)
② 조적식구조 : 개개의 재료에 교착제를 써서 구성한 구조(벽돌조, 블록조, 돌구조)
③ 일체식구조 : 전구조체를 일체로 만든 구조로 가장 강력하고 균일한 강도를 낼 수 있는 합리적인 구조이다.(철근콘크리트구조, 철골철근콘크리트구조)

(2) 구조재료에 의한 분류
① 나무구조 : 목재를 접합 연결하여 건물의 뼈대를 구성한 재료로서 가볍고 가공성이 좋으며 목구조와 목골구조로 대별된다.
② 벽돌구조 : 내력벽을 벽돌로 쌓아 구축한 것으로 구조상 또는 장식상 석재를 혼용하는 때도 있다.
③ 돌 구 조 : 내력벽을 돌로 쌓아 구성한 것으로 안팎벽을 돌로 쌓아 구성할 때도 있지만 돌의 뒷면을 벽돌,블록, 콘크리트 등으로 혼용한다.
④ 철근콘크리트구조
　철근을 조립하고 콘크리트를 부어 일체식으로 구성한 구조로서 내구, 내화, 내진상 우수한 구조체이다. 자중이 무겁고, 일정한 강도의 보유를 위해 공사기간이 길어지는 단점이 있다.
⑤ 철골구조
　여러 단면 모양으로 된 형강과 강판을 짜 맞추어 만든 구조로 접합 및 연결에는 용접이나 리벳 또는 볼트 등을 사용한다.
⑥ 철골·철근콘크리트구조
　철골구조의 각 부분을 철근콘크리트로 피복한 것으로 두 구조의 장점을 살려 기둥·보의 단면을 작게 할 수 있고 내구·내화·내진적이다.

(3) 시공과정에 의한 분류
① 습식구조 : 물사용(조적식, 철근콘크리트, 철골철근콘크리트)
② 건식구조 : 물사용 안함(목구조, 철골구조)
③ 현장구조 : 건축자재 현장에서 직접 제작 가공(현장사무소, 제자리콘크리트말뚝)
④ 공장구조 : 공장에서 제작 가공

(4) 특수재료에 의한 분류
① 쉘구조(Shell) : 곡면판이 지니는 역학적 특성을 이용하여 큰 공간을 덮는 지붕을 경량으로 튼튼하게 만들 수 있는 것이 특징
② 현수구조 : 지중 밑바닥 등의 슬라브를 케이블로 매단 구조
③ 공기막구조
④ 커튼월구조 : 건물의 하중을 부담하지 아니하는 칸막이벽 구조
⑤ 폴로돔 : 파이프를 사용하여 지주없이 엄청난 넓이를 덮을 수 있는 구조
⑥ 페로시멘트구조

[2] 하부구조물

(1) 기초와 지정
① 기초 : 외력을 받아 안전하게 지반에 전달하는 건축물의 하부구조
② 지정 : 기초판 밑면의 아래부분으로서 기초판을 받치기 위해서 설치하는 구조물

(2) 기초의 분류
① 기초판 형식에 의한 분류
　㉮ 독립기초
　　· 한개의 기초판으로 한개의 기둥을 받침
　　· 동바리기초, 호박돌기초, 주춧돌기초
　㉯ 복합기초
　　· 한개의 기초판으로 두개 이상의 기둥을 지지한다.
　　· 장대돌 기초
　㉰ 연속기초(= 줄기초)
　　· 기둥이 일렬로 나열된 기초

- 벽돌기초
㉣ 온통기초
- 건물하부 전체가 기초판으로 형성된 기초
- 하중에 비해 지내력이 적을 때 사용한다.
- 지하실 구조

② 지정에 의한 분류
㉮ 직접기초
- 잡석지정
- 자갈지정
- 모래지정
㉯ 말뚝기초
- 나무말뚝
- 기성 콘크리트 말뚝
- 제자리 콘크리트 말뚝
㉰ 피어기초(우물통식 기초)
㉱ 잠함기초
- 개방잠함 - 지하실 침하법, 우물통식 침하법
- 용기잠함

③ 말뚝박을 시 주의사항
㉮ 시험용 말뚝은 실제 사용할 말뚝과 동일한 조건에서 사용하여야 한다.
㉯ 시험용 말뚝은 3개 이상을 사용한다.
㉰ 말뚝을 사용시 수직으로 세워서 사용할 것
㉱ 연속으로 박되 휴식공간을 두지말고 박을 것
㉲ 최종 침하량은 5~10회 타격한 평균값을 사용할 것
㉳ 소정의 최종 침하량에 도달하였을 경우에는 무리하여 박지말 것

④ 기초 부동침하의 원인
㉮ 하부지반이 연약할 경우에
㉯ 지반의 구조가 서로 이질지층일 경우에
㉰ 건축물이 너무 길 경우에
㉱ 건축물이 경사지거나 언덕에 접근되어 있을 경우에
㉲ 건축물이 서로 다른 지층에 걸쳐 있을 경우에
㉳ 건물의 일부를 증축시

⑤ 연약한 지반의 대책
㉮ 상부구조의 강성을 높인다.
㉯ 건물을 경량화한다.
㉰ 이웃간의 건물사이를 멀게 한다.
㉱ 건물의 평면길이를 짧게 한다.

제3절   각종 건축구조의 특성

[1] 기초(foundation)

기초는 건축물의 지하부의 구조체로서, 그 무게를 지반에 전달하여 안전하게 지탱하는 역할을 하며, 지반 또는 기초 부분을 튼튼하게 보강하는 것을 지정(地定)이라 한다.
기초는 건축물의 무게와 토질에 따라서 여러가지 형식으로 구축한다.

[2] 기둥(column)

바닥, 지붕등의 상부하중을 지지하고, 토대에 전달하는 수직 부재·보와 함께 구조상 가장 중요한 부재이다. 재축방향의 압축력을 받는 부재로서 길이가 단면의 최소치의 3배 이상인 것의 총칭. 기둥엔 본기둥·샛기둥이 있고 본기둥에는 다시 통재기둥·평기둥·반쪽기둥이 있으며, 기둥이 짧게 된 것을 동바리 또는 동자기둥이라 한다. 기둥 단면형에는 정사각형·직사각형·원형이 보통이나 특수한 경우 원통형도 있다. 가구식 구조에서는 대부분 수직하중을 받지만, 조적식 구조에선 기둥외엔 벽체도 수직하중을 지탱한다.

[3] 벽(wall)

대개 수직으로 공간을 막은 것으로, 구조적으로는 내력벽(bearing wall)과 장막벽(curtain wall)으로 분류되며, 또 위치에 따라 바깥벽과 안벽으로 분류된다.

[4] 바닥(floor, slab)

사람이 생활하거나 일하기 위해 또는 물품을 저장하기 위해 공간을 수평으로 구획한 수평체이고, 그 위에 실리는 하중을 받아 이것을 기둥 또는 벽에 전달하는 동시에 수직구조체들을 튼튼히 연결하는 구조체가 되기도 한다.

[5] 지붕(roof)

건물의 최상부를 수평 또는 경사지게 축조하여 빗물이나 한서를 막도록 한 구조체이다. 특히 수평으로 된 것을 평지붕이라 한다.

[6] 반자(ceiling)

지붕 밑 또는 위층의 바닥 밑을 막아 온도조절의 역할을 함과 동시에 음향방지와 장식을 겸한 구조체를 반자라 하고, 보통 수평면으로 하지만 경사곡면으로도 한다. 이것을 천장이라고 한다.

[7] 계단(stairs, stairway)

높이가 다른 바닥면을 층단을 만들어 서로 연락하여 통로의 역할을 하는 구조체를 계단이라고 하는데 때로는 층단 또는 층층대라고도 한다. 또 층단 없이 경사로로 된 것을 계단을 변형한 것이다.

[8] 수장(fixture)

목공사에 있어서 마무리부분의 공사를 말한다. 즉, 걸레받이·마루놓기·출입구·창둘레·천장·벽·바닥 등을 붙이는 것. 주로 장식을 목적으로 구조체에 붙여 대는 것의 총칭. 한식재래의 건축에는 구조체이면서 수장이 되는 부분이 많다. 건물의 뼈대, 즉 벽체·지붕·마루바닥 등을 구성한 다음 건물 내외의 치장을 겸하여 끝 마감이 되는 마무리일로서 바닥·천장·계단·창문틀 및 이에 부속되는 일들을 포함한다. 그 바탕을 구조하는 일과 수장재를 꾸미는 일로 나누어진다.

[9] 창호(window & door)

채광, 통풍, 출입 등이 목적으로 벽체 또는 지붕, 천장 등에 붙여 대는 것으로 창호의 형태나 그 설치 위치가 창호의 이용의 편리 여부는 물론 건물의 외관을 좌우한다.
창은 채광, 통풍의 통로가 되고 문은 사람이나 물품의 통로라 할 수 있으며, 창과 문을 창문 또는 창호라고 한다.

3-1 일반 구조
목구조

[1] 개요

(1) 목구조양식

목구조란 건물의 벽체, 마루, 바닥, 지붕 등의 뼈대를 나무로 짜 만든 가구식 구조체를 말하며 3가지 양식이 있다.
① 동양고전식 구조법 : 전각, 사원 등 향토적 기념건물에 쓰인다.
② 한식 구조법 : 주택이나 소규모 건물에 많이 사용
③ 양식 구조법 : 큰 건물 큰 간사이 건축물에 사용

(2) 목구조의 장·단점
① 장점
  ㉮ 비중에 비하여 강도가 크다.
  ㉯ 열전도율이 적다.
  ㉰ 색채 및 무늬가 있어 미려하다.
  ㉱ 건물의 무게가 가볍고 공작이 쉽다.
② 단점
  ㉮ 가연성이다.
  ㉯ 함수율에 따른 변형이 크다.
  ㉰ 부패 및 충해
  ㉱ 고층 건축이나 큰 간사이 건축은 곤란하다.

(3) 목재의 종류
① 구조재(framework)

구조재는 건조가 적당하며 옹이, 썩음, 엇결, 기타 흠이 심하지 않는 것으로 선택하고 큰 응력을 받는 인장재 및 접합부에는 결점이 적은 것이어야 한다.

구조재는 침엽수로서 소나무(적송, 홍송), 낙엽송, 삼송, 잣나무, 전나무 등이 쓰이고 외국산으로 삼나무, 회나무, 미송, 미삼 등이 있다.
② 수장재

수장재는 침엽수로서 적송, 홍송, 낙엽송 등이 쓰이며 활엽수는 느티나무, 단풍나무, 박달나무, 참나무, 가래나무 등이 쓰인다.

외국산으로는 라왕(lauan)재가 가장 많이 쓰이며 티그(teak), 마호가니(mahogany), 자단, 흑단, 화류(花榴) 등이 있다.
③ 창호재, 가구재

창호재, 가구재는 수장재 보다 무절, 곧은결이어야 결함이 없고 잘 건조되어야 한다.

(4) 목재의 강도
① 섬유 방향 〉 섬유 직각 방향
② 인장 강도 〉 휨강도 〉 압축 강도 〉 전단 강도

(5) 목재의 취급단위

1㎥ = 299.475재
1재 = 1치 × 1치 × 12자 = 0.00324㎥
1석 = 1자 × 1자 × 10자 = 83.3재
1B.F = 0.703재 = 12″ × 12″ × 1″

(6) 목재의 비중 및 함수율

목재의 비중은 보통 0.4~0.8 정도이고 침엽수는 0.6 정도가 표준이다.
목재는 대기중의 건조 상태 즉 기건 상태의 함수율은 15% 내외이고 구조재는 25% 수장재는 20% 이하 창호재, 가구재는 18% 이하로 하고, 활엽수는 인공 건조로서 13~18% 정도로 한다.

[2] 이음 및 맞춤

(1) 이음, 맞춤의 원칙
① 이음 : 길이 방향으로 잇는 방법.
② 맞춤 : 방향이 다르게(직각, 경사) 두 재료를 맞추는 방법.
③ 쪽매 : 나무를 옆으로 넓게 대는 것.
④ 이음, 맞춤시 주의사항
　㉮ 재는 될 수 있는 한 적게 깎아 낼 것.
　㉯ 응력이 적은 곳에 만든다.
　㉰ 공작이 간단하고 모양에 치중하지 말 것.
　㉱ 응력이 균등히 전달될 수 있게 한다.
　㉲ 이음, 맞춤 단면은 응력의 방향에 직각으로 할 것.

(2) 이음
① 맞댄 이음(butt joint) : 두 부재가 단순히 맞대어 잇는 방법으로 덧판을 대고 큰 못이나 볼트 조임을 한다.
② 겹친 이음(lap joint) : 두 부재를 단순히 겹치게 대고 볼트, 큰 못, 산지 등으로 보강한 이음.
③ 따낸 이음 : 두 부재가 서로 물려지도록 따내고 맞추어 이은 것으로 그 종류와 특징은 아래와 같다.
　㉮ 주먹장 이음
　　한 재의 끝을 주먹 모양으로 만들어 다른 한재에 파들어가게한 구조로 공작이 간단하고 튼튼하기 때문에 널리 쓰인다.
　㉯ 메뚜기장 이음
　　주먹장 이음 보다 더욱 튼튼한 이음이나 인장에 사용하기는 적절하지 못하다. 긴촉이음, 자촉이음이 있다.
　㉰ 엇걸이 이음
　　중요한 가로재의 내이음으로 쓰이며 구부림에 효과적이다. 이음 길이는 재의 춤의 3~3.5배로 한다.
　㉱ 빗걸이 이음
　　밑에 기둥, 보, 간막이 도리 등의 받침이 있는 보의 이음으로 빗걸이가 2단으로 되어 턱이 있고 보의 옆 방향으로 이동을 막기위해 꺽쇠 등으로 보강한다.
　㉲ 빗 이음
　　서로 빗잘라 이은 것으로 이음길이는 재의 춤에 1.5~2배 정도로 하고 서까래, 띠장, 장선 등에 쓰임.

(3) 이음의 종류

이 음	겹 치 기 이 음	맞 대 기 이 음
모 양	(볼트)	(덧판, 볼트)
특 징	산지·큰못·볼트 등으로 연결간단한 구조·비계 통나무의 이음. 듀벨·볼트를 쓰면 큰 간사이 트러스도 가능	덧판을 대고 큰 못·볼트로 죔. 덧판은 철판·나무판을 쓰고 산지·듀벨을 쓰면 보강됨. 맞댄자리는 평·一자·十자형의 턱솔맞댐을 함. 평보의 이음에 씀.
이 음	턱 이 음	턱걸이주먹장 이음
모 양		
특 징	턱걸이 이음 또는 반턱 이음이라 함. 간단한 토대의 이음 또는 다른장부의 이음과 같이 씀	턱이음에 주먹 모양으로 된 장부를 둠. 토대·멍에·중도리에 사용
이 음	턱걸이메뚜기가장 이음	턱 솔 이 음
모 양		(1자형, ㄱ자형, +자형)
특 징	턱걸이주먹장 이음보다 다소 튼튼함. 턱이음에 메뚜기장부를 둠. 토대·멍에·중도리에 등에 씀	가로 방향으로의 이동을 방지하기 위하여 턱솔을 둠. 턱솔에는 一자·ㄱ자·十자·ㄷ자형이 있음. 걸레받이·난간 두겁 등에 씀

이 음	엇걸이산지 이음	엇걸이촉 이음
모 양		
특 징	촉을 두지 않고 산지로 고정시킴. 토대·처마도리·중도리 등에 씀.	촉을 둔다. 인장력·압축력·구부림에 대하여 강함. 엇걸이의 길이는 춤의 3~3.5배. 토대·기둥 등에 씀. 엇걸이 이음에는 엇걸이 홈이음도 있다.
이 음	빗 이 음	엇 빗 이 음
모 양		
특 징	이음길이는 재의 춤의 1.5~2.0배. 서까래·장선·띠장에 씀.	두 갈래로 된 빗이음. 주로 반자틀에 씀.

▲ 이음의 종류

(4) 맞춤
① 간단한 맞춤
 이것은 간단한 맞춤이지만 못 기타 철물로 보강하면 상당히 튼튼한 맞춤이 되는 것으로 특히 걸침턱 맞춤은 위에 걸쳐대는 재에는 반드시 하는 것이 좋다. 턱 맞춤, 턱솔 맞춤, 반턱 맞춤, 빗턱 맞춤, 숭어턱 맞춤, 통 맞춤, 가름장 맞춤, 걸침턱 맞춤 등이 있다.
② 주먹장 맞춤(dovetail joint)
 주먹장 맞춤은 간단하고 철물 등을 쓰지 않아도 튼튼하므로 가장 많이 쓰이는 맞춤이다. 이에는 주먹장 맞춤, 두겁 주먹장 맞춤, 턱솔 주먹장 맞춤, 내림 주먹장 맞춤, 턱걸이 주먹장 맞춤 등이 있다.
③ 메뚜기장 맞춤
 이것은 주먹장 맞춤보다 다소 튼튼하지만 복잡하여 잘 쓰이지 않는다. 이에는 메뚜기(대가리)장 맞춤, 내림 메뚜기장 맞춤, 갈귀 맞춤, 거멀 맞춤 등이 있다.
④ 장부 맞춤(mortise and tenon joint)
 장부 맞춤은 어떤 맞춤에도 사용되고 또 가장 튼튼한 맞춤이다. 이 맞춤에는 장부에 산지나 벌림쐐기 등을 쳐박아 빠져나오지 않게 하는 것이 보통이다.

이에는 내다지 장부(또는 긴장부) : 맞추어지는 재의 반 또는 1/3 정도 길이로 뚫어 넣은 짧게 된 장부, 평장부(一 자형으로 된 것), 턱장부(턱이 있는 것), 쌍턱 장부(턱이 좌우 또는 전후에 있는 것), 쌍장부(장부가 두 갈래로 된 것), 두쌍 장부(네갈래로 된 것), 부채 장부(부채 모양으로 된 것), 지옥 장부(벌림 쐐기를 쳐박아 빠져나오지 않게 된 것), 턱솔 장부(一자형, ㄱ자형, 턱솔 맞춤 장부) 등이다.

(5) 장부 맞춤의 종류

모 양	설 명	모 양	설 명
	짧은 장부(반다지 장부)재의 반 또는 1/3 정도의 깊이, 보강철물로 보강, 샛기둥·동바리 등의 상하.		긴장부 맞춤 가로 산지를 박으면 더 튼튼해 짐. 기둥의 상하 맞춤.
	턱장부 맞춤 장부를 계단형으로 만듦·토대 창호 등의 모서리 턱솔장부를 만들기도 함.		쌍턱장부 맞춤 턱을 좌우 또는 전후에 둠. 기둥의 윗부분에서 도리와 보의 두 부재가 걸쳐질 때.
	주먹장부 맞춤 주먹모양으로 장부를 만듦. 토대의 T형 부분·토대와 멍에·달대공의 맞춤에 씀.		부채장부 맞춤 단면이 사다리꼴 모양. 모서리 기둥과 토대와의 맞춤.
	쌍장부 맞춤·두쌍장부 맞춤 쌍장부는 장부가 두 갈래, 두쌍장부는 네 갈래로 됨. 창호.		빗장부 맞춤 중도리와 박공널을 맞출 때 쓰임.
	지옥장부 맞춤 벌림 쐐기를 씀. 창호나 치장을 요하는 부분에 사용.		가름장장부 맞춤 양식 지붕틀의 왕대공과 마룻대와의 맞춤.

▲ 장부맞춤의 종류

(6) 쪽매

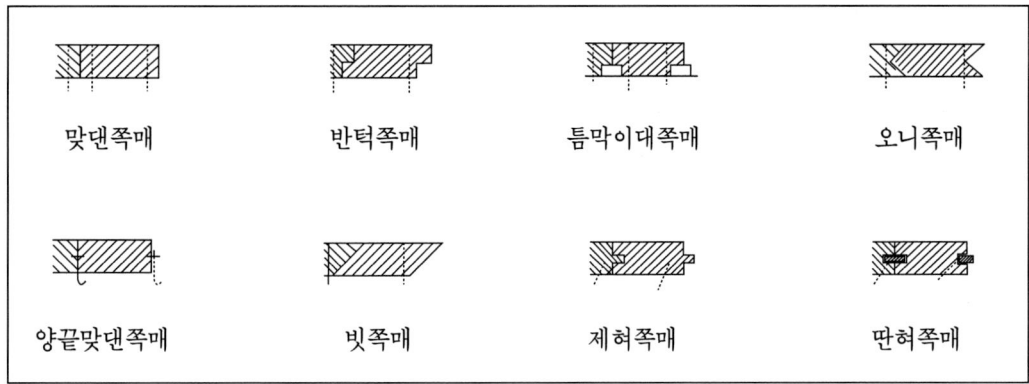

▲ 쪽매의 종류

(7) 연귀

연귀는 나무 마구리를 감추면서 튼튼한 맞춤을 할 때 쓰이며 이에는 반연귀, 안촉연귀, 밖촉연귀, 안팎촉연귀, 사개연귀 등이 있다.

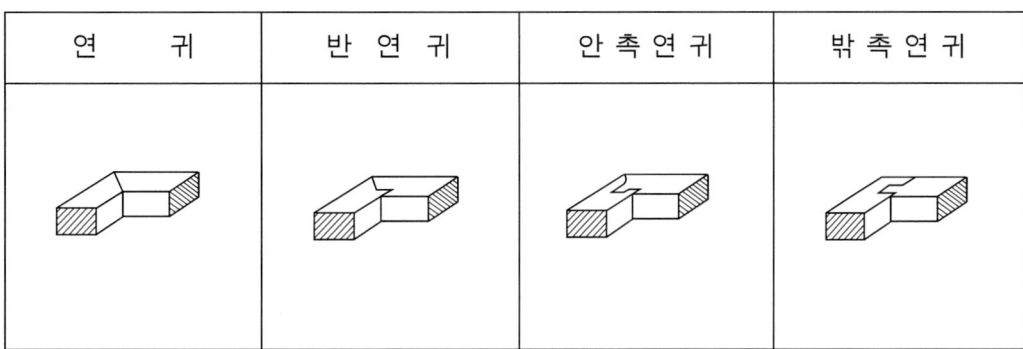

▲ 연귀의 종류

[3] 보강 철물

(1) 못 접합
① 못의 길이 : 박아대는 나무두께의 2.5~3.0배로 하고 마구리에서는 3.0~3.5배 정도
② 각재의 두께는 못지름의 6배 이상
③ 경미한 곳 외에는 1개소에서 4개 이상 박을 것.
④ 못은 재의 섬유 방향에 대하여 엇갈림 박기로 한다.
⑤ 가력 직각 방향 끝에는 5d 이상

(2) 볼트 접합
볼트는 지름 9mm 이상 사용하고 볼트 구멍은 볼트 지름보다 3mm를 초과해서는 안된다.
경사재가 접합되는 곳의 볼트는 두 부재의 안쪽접합부를 지나고 한 재에 직각으로 한다.

(3) 듀벨
① 볼트와 병행하여 듀벨은 전단력에 볼트는 인장력에 저항하게 한다.
② 듀벨의 배치는 동일 섬유 방향에 엇갈리게 배치한다.

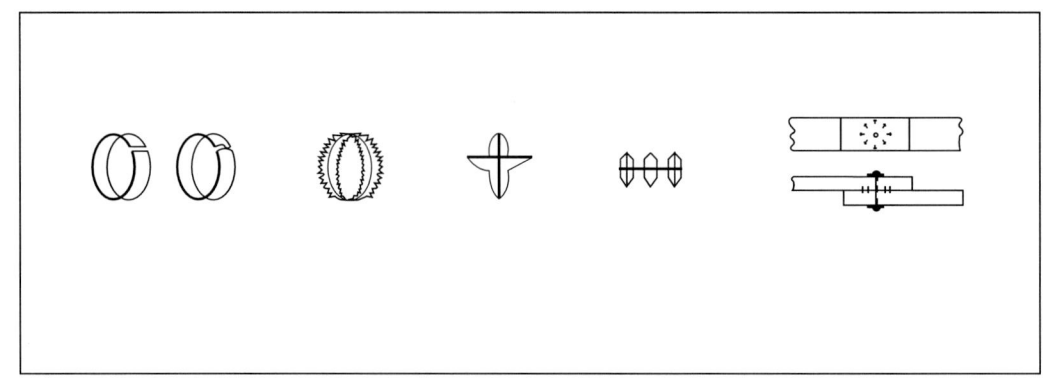

▲ 목재에 사용하는 보강철물

(4) 철물의 종류

보강 철물은 모두 콜타르(coal tar)를 달구어 칠하여 사용한다. 이에는 띠쇠(strap : 띠형으로 뜬 철판에 가시 못 또는 볼트구멍을 뚫은 것)와 감잡이쇠는 평보에 대공을 달아맬 때 평보와 ㅅ자보 밑에 사용하고 ㄱ자쇠는 모서리 가로재의 연결 또는 세로 가로 연결에 쓰인다. 안장쇠는 큰 보에 걸쳐 작은 보를 받게 할 때 사용된다.

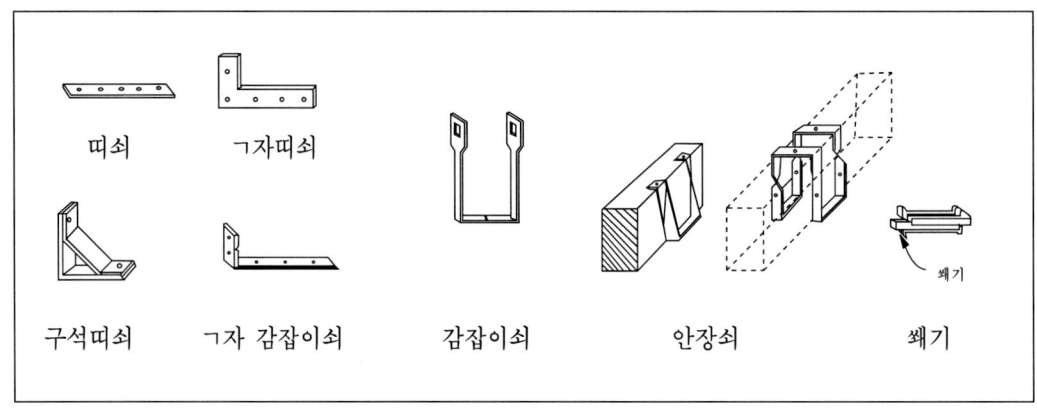

▲ 철물의 종류

(5) 철물의 사용처
① 띠쇠 : 기둥과 층도리, ㅅ자보와 왕대공 맞춤부에 사용
② 감잡이쇠 : 왕대공과 평보의 연결 부분
③ 안장쇠 : 큰 보와 작은 보의 연결부에 사용
④ ㄱ자쇠 : 모서리 기둥과 층도리의 맞춤에 사용

[4] 각부구조

(1) 토대

나무구조 벽체의 최하부의 기초위에 가로놓아 기둥밑을 연결하여 기둥의 부동침하를 방지하고 상부에서 오는 하중을 기초에 고르게 분포시키는 역할을 한다.

① 크기
   ㉮ 단층집이 105mm각 2층집 120mm각으로 기둥과 같게 하거나 다소 크게 한다.
   ㉯ 귀잡이 토대는 90mm×45mm 이상의 것 사용
   ㉰ 귀잡이 토대 크기는 45°각도로 100cm 정도

(2) 기둥
① 기둥의 종류
   ㉮ 통재기둥 : 2개층을 통하여 한개의 재료로 상·하층 기둥이 되는 것. 그 길이는 5~7m 정도
   ㉯ 평 기 둥 : 각층별로 배치되는 기둥
   ㉰ 샛 기 둥 : 본기둥 사이에 세워 벽체를 이루는 것.
              샛기둥의 크기는 본기둥의 반쪽 또는 1/3쪽 간격은 400~600mm 정도
② 층도리, 깔도리, 처마도리
   ㉮ 층 도 리 : 위아래층 중간에 쓰는 가로재로 기둥연결
   ㉯ 깔 도 리 : 기둥 맨위 처마 부분에 수평으로 거는 것으로 기둥 머리를 고정하며 지붕틀을 받아
              기둥에 전달. 크기는 기둥과 같거나 다소 춤이 높은 것을 쓴다.
   ㉰ 처마도리 : 깔도리 위에 지붕틀을 걸고 지붕틀의 평보 위에 깔도리와 같은 방향으로 걸쳐댄 수평재

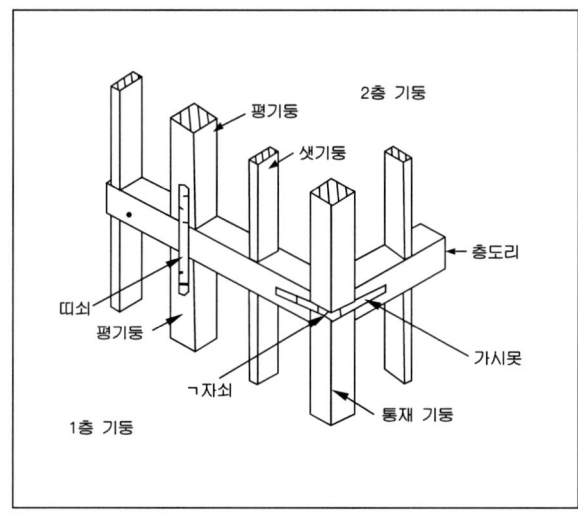

▲ 기둥의 종류

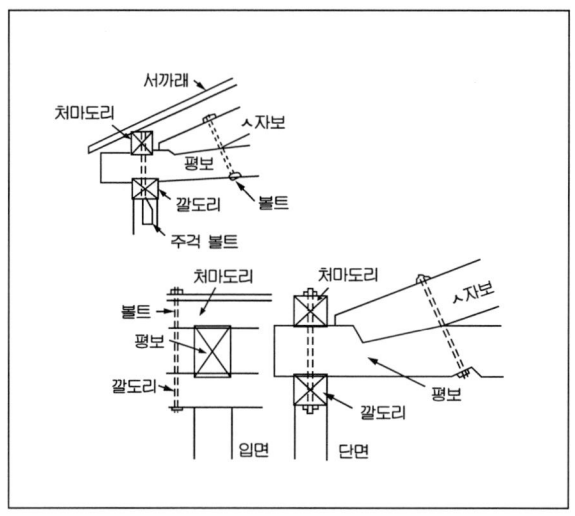

▲ 처마도리 깔도리

(3) 가새 버팀대
① 가새
   ㉮ 인장가새와 압축가새로 구분된다.
   ㉯ 압축력을 받는 목재가새는 두께 3.5cm 이상 골조기둥의 1/3 이상
   ㉰ 인장력을 받는 목재가새는 두께 15mm 폭 90mm 이상 단면을 사용하고 기둥의 1/5 이상 단면적을
      가진 목재나 9mm 이상의 철근을 쓴다.
   ㉱ 가새의 경사는 45°에 가까울수록 유리하다.
   ㉲ 주요건물의 경우 한방향으로만 하지말고 ×형으로 하여 인장과 압축을 겸하도록 한다.

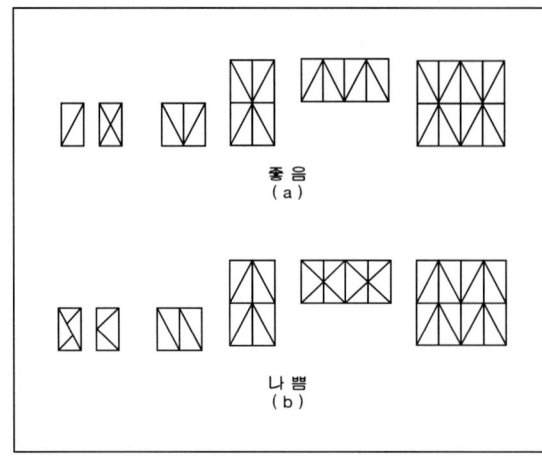

▲ 가새 배치의 예

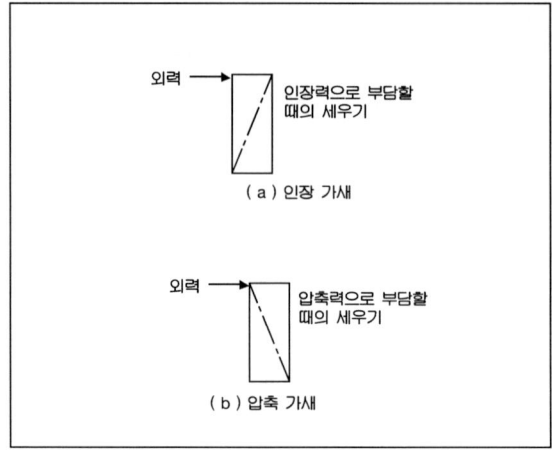

▲ 가새의 종류

(4) 창호
① 문골의 크기 : 너비 600~1,200mm 높이 1,800~2,200mm 정도
② 기능에 따른 문골의 종류
  ㉮ 여닫이창호 : 정첩, 피봇힌지, 자유정첩 등을 축으로 개폐되는 창호, 쌍여닫이, 외여닫이 90° 열기 180° 열기. 외여닫이는 개구부의 너비가 1m 이하
  ㉯ 오르내리창 : 평형이 되는 추와 창호를 로프로 연결해서 세로틀의 홈을 따라 상하로 개폐되는 창. 길이창에 사용
  ㉰ 회전창호 : 은행, 호텔 등의 출입구에 이용되는 문. 실내공기의 유출을 적게하여 에너지절약 효과
  ㉱ 자 재 문 : 자유정첩을 문틀에 단것으로 안팎으로 자유로 열리고 닫히는 문으로 가볍게 닫기 위하여 플로어힌지 사용
  ㉲ 붙박이창 : 채광만을 목적으로 하고 환기를 필요로 하지 않는 경우에 사용되는 밀폐된 창
③ 구조에 따른 문골의 종류
  ㉮ 널   문 : 울거미를 짜고 널을 그 한면에 댄 것
  ㉯ 양 판 문 : 울거미를 짜고 그 중간에 판자를 끼워 만든 문
  ㉰ 플러시문 : 가로 살대, 울거미 등의 골조 양면에서 합판을 접착 표면에 살대나 짜임이 나타나지 않는 창호로 건축에 가장 많이 쓰인다.
  ㉱ 비늘살창호 : 통풍을 하는 창호이며 넓은살을 간격 30mm 정도로 약 45°로 선대에 댄 것

(5) 마루
① 1층 마루
  ㉮ 납작 마루 : 임시가건물, 창고 등에 낮게 마루를 놓을 때 적합한 마루
  ㉯ 동바리 마루 : 마루 밑에 동바리돌(주춧돌)을 놓고 그 위에 동바리를 세우며 여기에 멍에를 건 다음 그 위에 직각방향으로 장선을 걸치고 마루널을 까는 마루. 멍에 100~120mm 각재로 간격 0.9~1.8m, 장선 45~60mm각재로 40~50cm 간격
  ㉰ 마루는 지반위 45cm 높이 이상으로 한다.
② 2층 마루
  ㉮ 홀 마루 : 보를 쓰지 않고 층도리와 칸막이 도리에 장선을 약 45cm 간격으로 걸쳐대고 그 위에 널을 까는 방식의 마루로 간 사이가 작은 복도에 많이 쓰임.
  ㉯ 보 마루 : 일반적인 마루 구조로 보를 걸고 장선을 받친 위에 마루널을 까는 방식으로 보통 간사이가 2.5m 이상일 때 쓰이며 보의 간격은 2m 이내 장선의 간격 45cm
  ㉰ 짠 마루 : 간사이가 6.4m 이상일 때 쓰이고 큰 방이나 복도에 쓰인다. 큰 보위에 작은 보를 대고 장선을 걸치고 마루널을 까는 방식

(6) 계단

① 계단의 각부분
- ㉮ 계단의 단높이는 15~18cm 단너비 27~30cm 정도가 보통
- ㉯ 계단참은 3~4m 이내마다 만들어야 한다.
- ㉰ 난간두겁은 난간 위의 손스침이 되는 빗재로 높이는 75~90cm
- ㉱ 난간동자는 난간두겁을 중간에서 받는 기둥
- ㉲ 엄지기둥 : 난간 양끝의 굵은 기둥
- ㉳ 챌판은 널두께 15~25cm
- ㉴ 틀계단은 계단의 너비가 1m 정도인 주택에 쓰임.

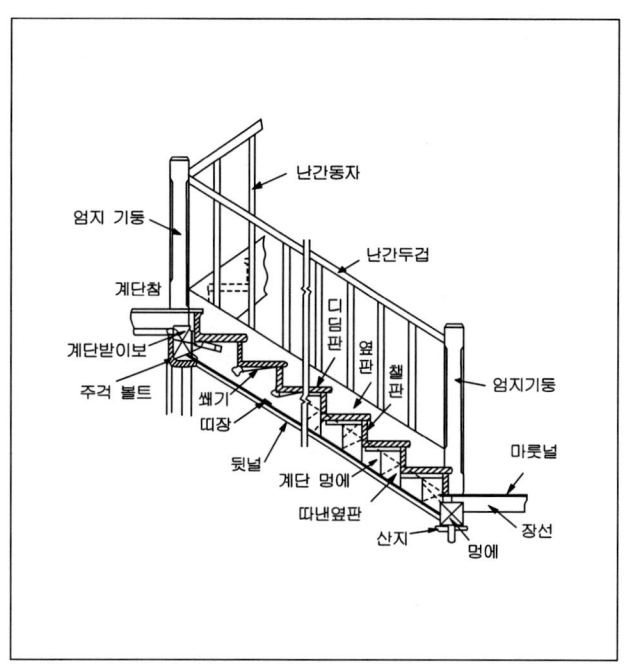

▲ 정식계단의 명칭

(7) 지붕틀

① 지붕틀 종류 및 형태

지붕의 모양은 지역, 기후, 용도, 외관 등에 다르지만 보통 외쪽 지붕, 박공 지붕, 모임 지붕, 합각 지붕, 꺾임 지붕, 평지붕 등이 단독 또는 혼용되기도 한다.

대표적인 것은 다음과 같다.

㉮ 외쪽 지붕 또는 부섭 지붕(소건축)
지붕면이 한쪽으로 경사진 지붕이고 눈썹 지붕을 좁게한 지붕이다.

㉯ 박공 지붕(공장)
양쪽 방향으로 경사진 지붕으로 뱃지붕 또는 맞배 지붕이라고 한다. 반박공 지붕도 있다.

㉰ 모임 지붕(주택)
추녀 마루가 용마루에 모여 합친 지붕이다.

㉱ 합각 지붕(주택)
모임 지붕 일부에 박공 지붕을 같이 한 것.

㉲ 방형 지붕(주택)
지붕 마루 한점에서 사방으로 경사진 지붕으로 네모 지붕이라고도 한다.

㉳ 맨사드 지붕(주택)
모임 지붕의 물매의 상하가 다르게 된 지붕

㉴ 톱날 지붕(공장채광)
외쪽 지붕이 연속하여 톱날형으로 된 지붕

㉵ 평지붕(철근콘크리트 슬라브 건물)
지붕면이 거의 수평으로 된 지붕

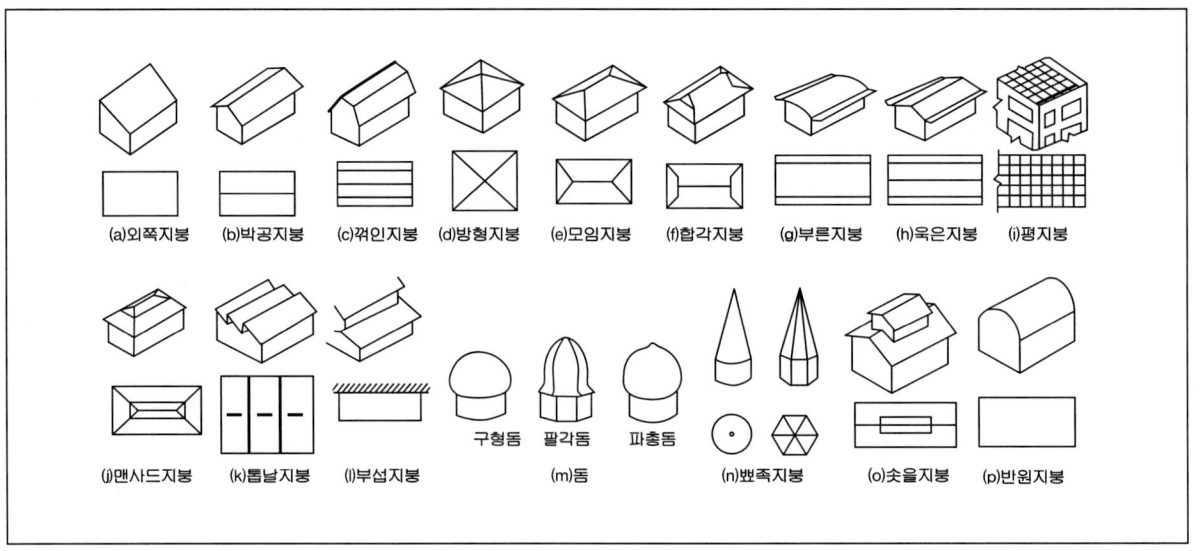

▲ 지붕의 종류

② 지붕의 물매
  ㉮ 물매는 수평거리 10cm에 대한 직각 삼각형의 수직높이로 나타내고 3cm 물매 4cm 물매 등으로 부른다.
  ㉯ 4cm 물매를 4/10 경사(또는 물매), 10cm 물매 즉 45°경사를 되물매
  ㉰ 45°이상은 된 물매

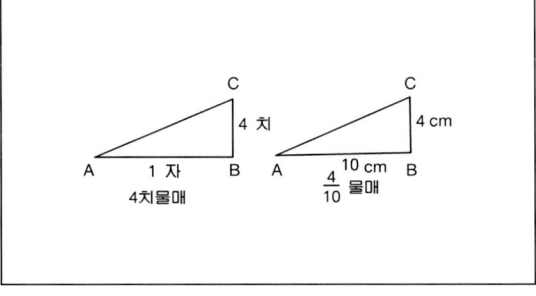

▲ 물매

③ 양식지붕틀의 종류
왕대공지붕틀, 쌍대공지붕틀, 카멜백지붕틀, 핑크지붕틀, 프래트지붕틀, 와랜지붕틀, 호우지붕틀

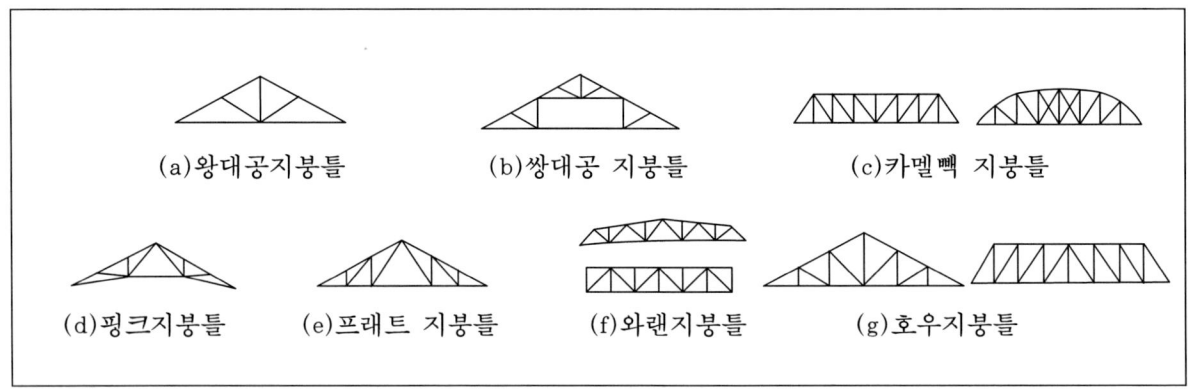

▲ 양식 지붕틀

④ 지붕틀의 종류
  ㉮ 절충식지붕틀
    ㉠ 지붕보의 크기는 간사이 3m에 끝마구리 지름 120mm, 4.5m에 150mm, 6m에 200mm 정도가 적당하며 지붕보의 간격은 1.8~2m 정도 설치
    ㉡ 서까래 : 5cm각 각재를 45cm 간격으로 배치
    ㉢ 종보 : 지붕이 클 때 이중으로 보를 설치

ⓔ 베게보 : 지붕보가 길어서 중간에 이어야 할 때 중간에 기둥을 세우고 그 위에 직각으로 걸쳐 대는 부재
ⓜ 우미량 : 절충식 지붕틀이 모임 지붕틀일 때 지붕귀에서 중도리 마루대 등을 받치는 동자기둥, 대공 등을 세울수 있도록 지붕보에서 도리를 짧게 댄 보

④ 왕대공지붕틀(양식지붕틀)
㉠ 여러 부재를 삼각형으로 짜맞춘 것.
㉡ 평보의 간격은 2~3m
㉢ ㅅ자보는 휨을 받는 압축재 빗대공은 압축재
㉣ 평보는 휨을 받는 인장재 달대공은 인장재

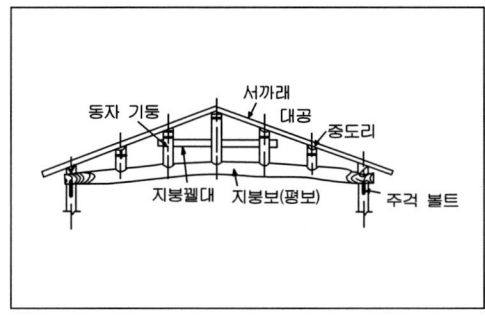

▲ 절충식지붕틀　　　　　　　　　　▲ 왕대공지붕틀

(8) 수장

① 외부수장
㉮ 처마 및 처마반자
㉠ 처마돌림은 24mm×100mm 이상의 것 사용
㉡ 지붕널은 처마돌림 옆면에서 5~10mm 정도 내밀게 한다.
㉢ 지붕널은 25mm 두께널 사용. 평고대 내림새 받침의 기왓살을 끝에서 10mm 정도 들여 못박아 댄다.
㉣ 지붕물매의 최소한도

재 료	경 사	
	경 사 비	각 도
평 기 와	4 : 10	21° 48
본 기 와	3.5 : 10	19° 17
슬 레 이 트 (소 형)	5 : 10	26° 34
슬 레 이 트 (대 형)	3 : 10	16° 42
금 속 판 평 이 음	3 : 10	16° 42
금 속 판 · 기 왓 자 락 · 골 판 이 음	2.5 : 10	14° 02
아 스 팔 트 루 핑	3 : 10	16° 42
널 · 이 음	5 : 10	26° 34

㉯ 기와 잇기
㉠ 한식기와 잇기 : 암키와와 수키와를 진흙을 이겨만든 알매흙을 써서 잇는 방식
 · 내림새는 처마끝 연암에서 90mm 내민다.
 · 기와이음발은 기와길이의 1/3~1/2(7~14cm) 이내로 한다.
 · 처마끝 수키와는 암키와에서 약 60mm 들여 놓는다.
 · 처마끝의 수키와 마구리에 물린 회백토를 아귀토라 한다.

・지붕마루 수키와 사이의 골에는 착고를 다듬어 진흙으로 옆세워대고 그 위에 부고를 옆세워 댄다.

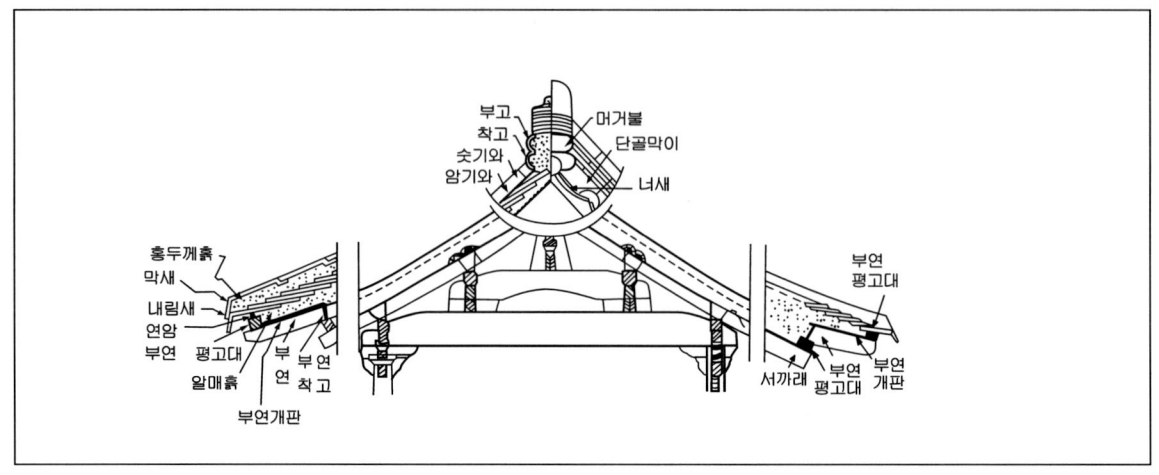

▲ 한식기와 잇기

　ⓒ 일식기와 잇기 : 걸침턱이 없는 것을 잇는 것과 걸침턱이 있는 것을 이어나가는 두가지 방법이 있다.
　　・걸침턱이 있는 것은 지붕널 위에 기와크기에 맞추어 기와살로 20mm 각재를 못으로 고정시켜 대고 기와걸침턱을 이 기와살에 걸쳐 배열하는 것.
　ⓒ 슬레이트 잇기
　　・천연슬레이트 잇기 : 지붕널 위에 아스팔트 펠트를 깔고 깐다.
　　・석면슬레이트 잇기 : 4/10 이상의 물매로 하고 골슬레이트 겹치기는 상하 100~150mm, 옆은 1.5~2.5골 정도
　ⓔ 금속판 잇기 : 가볍고 빗물이 잘 새지 않을 뿐 아니라 경사가 급하여 잇기 곤란한 지붕도 잇기 쉽다. 재료는 아연도금강판이 많이 쓰인다.
　　・평판 잇기
　　・기와가락 잇기
　　・골판 잇기(공장, 창고의 지붕)
　ⓜ 유리판 잇기 : 온실, 지붕, 채광용 상하 50mm 이상 겹치고 유리 사이 3mm 정도 모제매트를 끼운다.
⊕ 홈통
　㉠ 처마홈통 : 물흘림 경사를 1/100 이상으로 한다. 홈통의 이음은 40mm 이상 포갠다.
　㉡ 선홈통 : 수직관을 홈통 길이 철물로서 약 1.2m 간격으로 벽·기둥에 고정, 선홈통의 이음은 50mm 이상 포갠다.
② 내부수장
　㉮ 징두리판벽 : 실내부의 벽하부를 보호하고 장식을 겸하여 높이 1~1.5m 정도로 널을 댄 벽. 높이 1.5m 이상의 것을 높은 판벽
　㉯ 걸레받이 : 바닥재와 벽재의 연결처리를 위하여 설치하는 것. 걸레받이의 높이는 보통 100~200mm, 벽면보다 10~20mm 정도 내밀거나 들여밀기도 한다.
　㉰ 코펜하겐리브 : 목재 루버로 에코(echo)를 방지하고 음향 효과를 높이기 위해 방송국, 극장, 강당에 사용되는 목재판벽
　㉱ 반자틀 : 반자틀은 45cm 간격으로 수평으로 건너대고 반자틀받이는 90cm 간격으로 대고 달대로 매단다.

㉮ 각종반자
- ㉠ 바름반자 : 반자틀에 졸대를 약 7.5cm 간격으로 못박아 대고 그 위에 수염을 약 30cm 간격으로 하나씩 박아 늘이고 회반죽, 플라스터, 모르타르 등을 바른 반자.
- ㉡ 널반자 : 반자틀을 짜고 그 밑에 널을 쳐올려 못박아 붙여대는 반자.
- ㉢ 살대반자 : 두께 6~9mm 정도의 넓은 널 또는 합판 등을 대며 그 밑에 살대를 댄다.
- ㉣ 우물반자 : 반자틀은 격자 모양으로 하고 서로 十자로 만나는 곳은 연귀턱맞춤으로 하며 이음은 턱솔 또는 주먹장으로 한다.
- ㉤ 건축판반자 : 넓은판 반자와 작은판 반자로 나누어지는데 넓은판 반자는 합판, 석면시멘트판, 석고판. 작은판 반자는 합판과 각종 섬유판을 30~60cm각 정도의 소형판으로 한다.
- ㉥ 구성반자(장식용) : 응접실, 다방 등의 반자를 장식겸 음향 효과가 있게 층단으로 또는 주위벽에서 떼어 구성하는 것.
- ㉦ 종이반자 : 가볍고 간단하므로 주택에서 많이 쓰이고 초배지를 붙이고 재배지, 그 위에 정배지를 바른다.

3-2 조적조

[1] 벽돌구조

(1) 벽돌구조의 장단점
① 장점
  ㉮ 내화, 내구, 방화적
  ㉯ 방한, 방서
  ㉰ 외관장중, 시공이 간단하다.
② 단점
  ㉮ 풍압력, 지진력 등 횡력에 약하다.
  ㉯ 벽에 습기가 차기 쉽다.
  ㉰ 벽두께가 두꺼워 실내유효면적이 줄어든다.

(2) 벽돌의 규격, 강도 및 흡수율
① 벽돌의 규격   (단위 : mm)

종 별	길 이	나 비	두 께
기존형(구형, 일반형)	210	100	60
표준형(신형, 장려형)	190	90	57
허 용 치(±)	3	3	4

② 벽돌의 강도 및 흡수율

종 별	흡 수 율	압축강도	허용압축강도	무 게
1급	20% 이하	150kg/cm² 이상	22kg/cm² 이상	2.2kg/장
2급	23% 이하	100kg/cm² 이상	15kg/cm² 이상	2.0kg/장

(3) 벽돌의 종류
① 보통벽돌
  ㉮ 검정벽돌 : 불완전연소로 구운 것.
  ㉯ 붉은벽돌 : 완전연소로 구운 것.
② 특수벽돌
  ㉮ 이형벽돌 : 특수형상
  ㉯ 경량벽돌 : 경량, 방음, 방열의 목적

ⓓ 포도용벽돌 : 도로포장용 사용
　　ⓔ 오지벽돌 : 유약을 칠한 치장벽돌
　　ⓕ 내화벽돌 : 보일러 내부, 굴뚝 내부용으로 사용
　　ⓖ 애쉬벽돌 : 석탄재와 시멘트로 만든 벽돌
　　ⓗ 광재벽돌 : 용광로 광재(slag)와 석회혼합한 벽돌
　　ⓘ 날벽돌 : 굽지 아니한 벽돌

(4) 모르타르
① 벽돌쌓기용 모르타르의 시멘트와 모래의 용적배합비 1 : 3~1 : 5
② 아치용 모르타르 배합비 1 : 2 치장용 모르타르 배합비 1 : 1
③ 모래의 입도는 1.2~2.5mm
④ 모르타르는 물부어 섞은후 1시간후 부터 굳기 시작하므로 1시간 이상 경과한 모르타르는 사용하지 않는다.

(5) 벽돌쌓기
① 벽돌을 쌓기 전에 물을 충분히 축여서 쓴다.
② 막힌줄눈으로 쌓는 것을 원칙으로 한다.
③ 하루 쌓는 높이는 1.2~1.5m(17~20단) 이내로 한다.
④ 줄눈
　　㉮ 막힌줄눈 : 세로 줄눈의 아래위가 통하지 않고 엇갈리어 막힌 것으로 응력을 분산시켜 안전하다.
　　㉯ 통줄눈 : 아래위가 통한 줄눈
　　㉰ 줄눈의 크기는 가로세로 모두 10mm
　　㉱ 벽돌쌓기가 끝난 후 10mm 정도 줄눈파기를 한다.
　　㉲ 줄눈의 종류

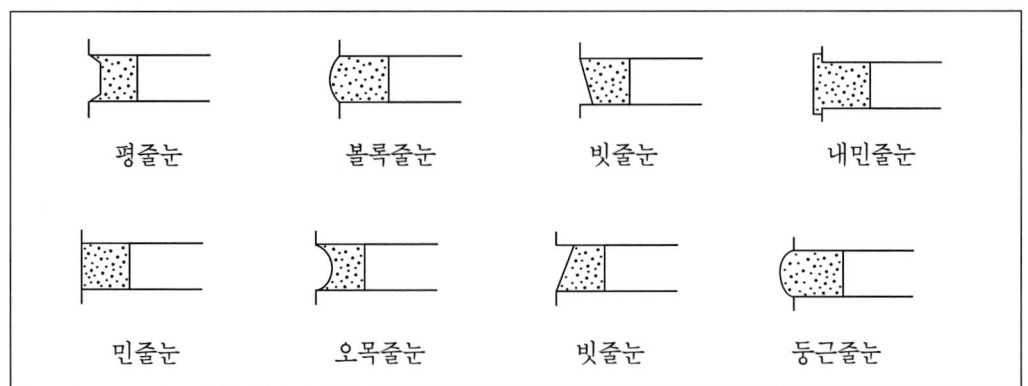

▲ 줄눈의 종류

⑤ 벽돌의 마름질, 벽돌쌓기
　　㉮ 줄눈 : 벽돌과 벽돌사이의 몰탈 부분을 말한다.
　　　㉠ 줄눈 너비는 10mm가 표준이다.
　　　㉡ 치장 줄눈은 벽돌 쌓기후 벽돌면에서 10mm 정도 깊이로 파낸후 1 : 1로 치장한다.
　　　㉢ 가로줄눈, 세로줄눈(막힌줄눈, 통줄눈)

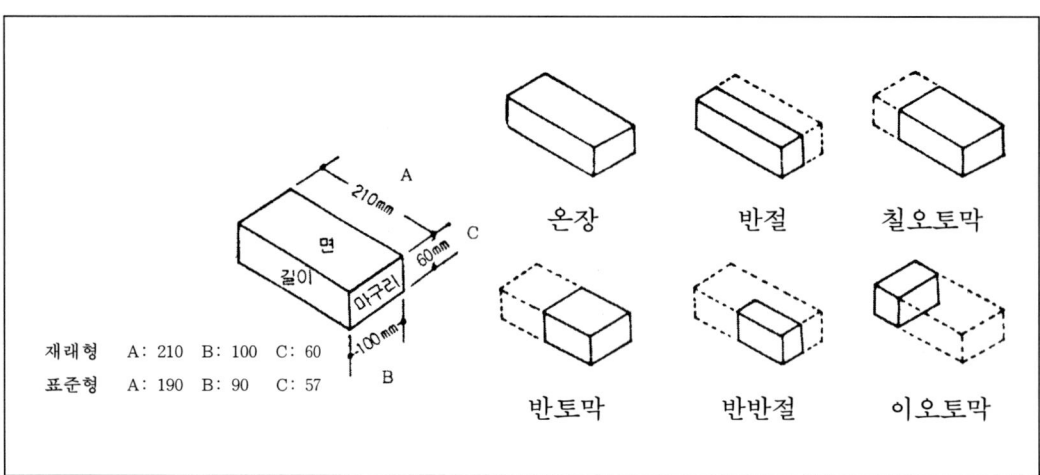

▲ 벽돌의 크기 및 모양

㉴ 벽돌쌓기의 종류
  ㉠ 길이쌓기 : 벽의 길이 방향으로 벽돌을 쌓는 것으로 공간벽쌓기, 덧붙임벽쌓기, 간막이벽쌓기, 담쌓기에 사용
  ㉡ 마구리쌓기 : 벽의 길이 방향에 직각으로 벽돌을 놓아 쌓는 것으로 변형벽체 쌓기에 사용
  ㉢ 층단떼어쌓기와 켜걸름 들여쌓기 :
   서로 맞닿는 벽을 한번에 모두 쌓지 못하거나 또는 공사 관계로 그 일부를 쌓지 못한 것을 뒷날 쌓더라도 먼저 쌓은 벽돌벽에 물려져 통줄눈이 생기지 않도록 하기 위하여 먼저 쌓은 벽돌의 일부를 떼어 쌓거나 1/4B 들여 쌓는 것.

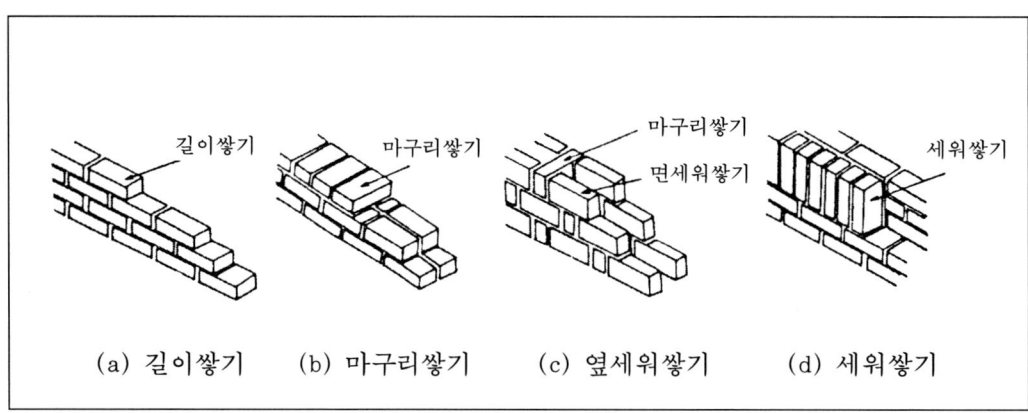

▲ 쌓기 명칭

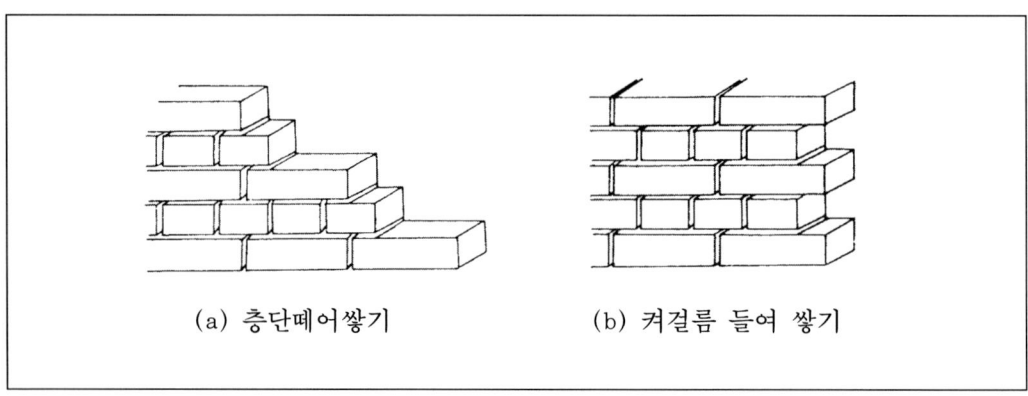

▲ 벽돌쌓기

ⓔ 영국식 쌓기 :
- 길이쌓기와 마구리쌓기를 한켜씩 번갈아 쌓아 올린 것.
- 벽의 끝이나 모서리에 반절 또는 이오토막 사용
- 통줄눈이 생기지 않는 가장 튼튼한 구조

ⓜ 네덜란드식 쌓기(화란식 쌓기) :
- 벽의 끝이나 모서리에 칠오토막 사용
- 영국식 쌓기보다 덜 튼튼하나 일하기 쉽고 모서리가 튼튼하다.
- 우리나라에서 많이 사용한다.

ⓗ 프랑스식 쌓기(프레밍식쌓기, 불식쌓기) :
- 각켜에서 길이쌓기와 마구리쌓기가 번갈아 나오게 쌓는 것.
- 통줄눈이 생겨 튼튼하지 못하나 외관이 좋다.
- 벽돌담 등에 사용

ⓢ 미국식 쌓기 :
- 치장벽돌로 5켜 정도는 길이쌓기로 쌓는다.
- 뒷벽은 영국식쌓기로 한다.
- 다음 한켜는 마구리쌓기로 쌓는다.
- 내력벽에 사용

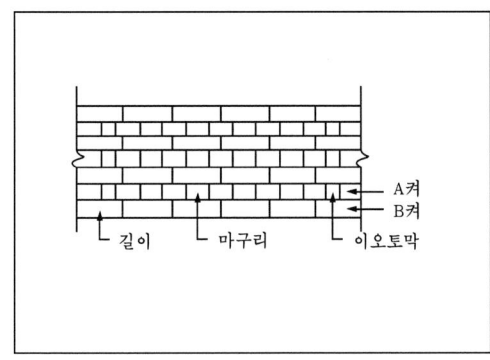

▲ 영국식 쌓기   ▲ 네덜란드식 쌓기

▲ 프랑스식 쌓기   ▲ 미국식 쌓기

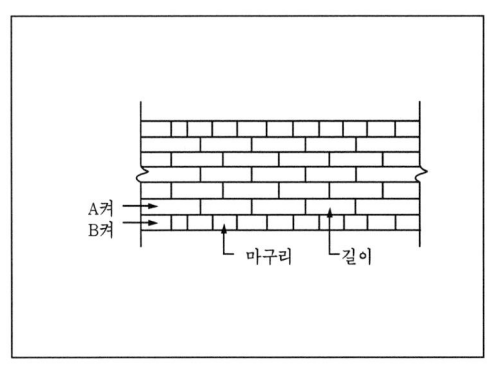

ⓞ 내쌓기 :
- 1단씩 내 쌓을 때는 1/8B 내민다.
- 2단씩 내 쌓을 때는 1/4B 내민다.
- 내쌓는 한도는 2B 한도로 한다.

ⓩ 공간 쌓기 :
- 목적 : 습기 방지, 방한, 방서, 열·음 차단효과가 있다.

· 공간 : 50mm
· 연결벽돌철물 거리 : 보통 400~750mm 정도
ⓒ 기타 쌓기 :
· 세워 쌓기 : 창대, 아치 부분에 장식을 겸하여 쌓는 방식
· 엇모 쌓기 : 담 또는 처마부분에 내쌓기를 할 때 이용되는 방식
· 영롱 쌓기 : 벽돌벽에 장식적으로 구멍을 내어 쌓는 방식으로 담에 사용

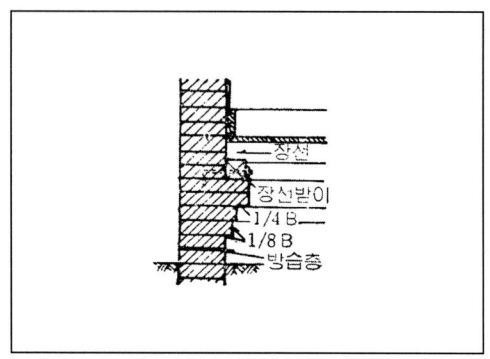

▲ 벽돌내 쌓기　　　　　　　　▲ 기타 쌓기

(6) 벽돌각부구조
① 벽돌기초쌓기
　㉮ 벽돌조 내력벽의 기초는 줄기초(연속기초)로 한다.
　㉯ 푸팅을 넓히는 경사도는 60° 이상으로 한다.
　㉰ 기초판의 두께는 그 너비의 1/3 정도로 하고 벽돌면보다 10~15cm 내민다.
　㉱ 잡석다짐의 두께는 20~30cm 너비는 기초판보다 10~15cm 넓힌다.

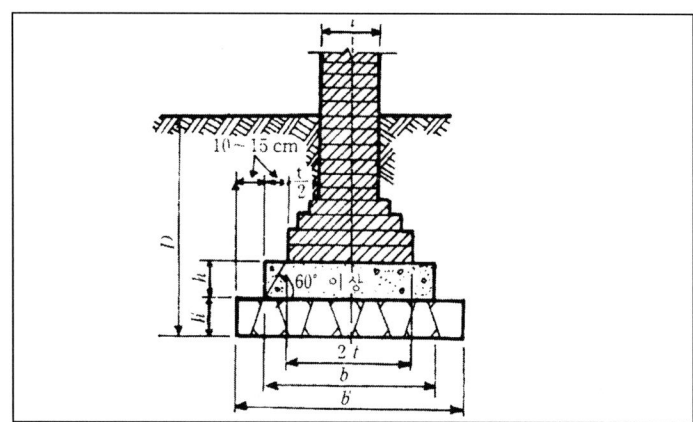

◀ 기초쌓기

② 벽체 및 기둥
　㉮ 내력벽의 높이는 4m를 넘지 않도록 한다.
　㉯ 벽의 길이는 10m 이하로 한다.(10m 초과시 붙임기둥, 부축벽 설치)
　㉰ 내력벽의 두께
　　㉠ 마감재료 두께를 포함하지 않은 벽돌의 두께
　　㉡ 벽돌은 벽높이의 1/20 이상, 블록은 1/16 이상으로 한다.
　㉱ 내력벽으로 둘러 쌓인 부분의 바닥면적은 80㎡ 이하
　㉲ 내력벽으로서 토압을 받는 부분의 높이가 2.5m 이하일 때 벽돌조로 할 수 있다.
　㉳ 토압을 받는 높이가 1.2m 이상일 때 내력벽 두께는 그 직상층의 벽두께에 10cm 가산
　㉴ 조적조 간막이벽의 두께는 9cm 이상
　　(간막이벽 위에 중요구조물 설치시 19cm 미만으로 해서는 안된다.)

③ 공간조적벽(2중조적벽)
  ㉮ 1.0B 공간쌓기(중단열) : 내외부를 각 0.5B로 쌓아 두벽긴결 벽의 두께는 10cm + 5cm(공간) + 10cm = 25cm
  ㉯ 1.5B 공간쌓기(외단열방식) : 내부를 1.0B로 쌓고 외부를 0.5B로 쌓아 외부치 장목적 10cm + 5cm(공간) + 21cm = 36cm
  ㉰ 1.5B 공간쌓기(내단열방식) : 내부를 0.5B로 쌓고 외부를 1.0B로 쌓아 내부벽 장식효과 21cm + 5cm(공간) + 10cm = 36cm
  ㉱ 연결철물은 벽면적 0.4㎡ 이내마다 1개씩 사용. 켜가 달라질 때 마다 엇갈리게 배치
  ㉲ 철물간의 수직거리는 45cm 이내로 하고 수평거리는 90cm(6켜) 이내로 한다.
④ 벽돌기둥
  ㉮ 벽돌기둥의 두께는 1.5B 이상으로 한다.
  ㉯ 보를 지지하는 벽돌기둥의 높이는 단면 최소치수의 10배를 초과해서는 안된다.
⑤ 아치(ARCH)
  ㉮ 돌이나 벽돌 등을 쌓아 올려서 상부에서 오는 직압력을 개구부 양측으로 전달되게 한 것으로 부재의 하부에 인장력이 생기지 않게 한 것.
  ㉯ 아치의 형상은 정삼각형 또는 이등변삼각형에 가까운 원형이 효과적
  ㉰ 조적벽체에 걸리는 하중은 45~60°
  ㉱ 창문너비가 1.2m 정도일 때 평아치 사용
  ㉲ 문골의 너비가 1.8m 이상일 때 인방보 사용
  ㉳ 아치는 스팬이 1.5m 이내일 때 아치의 높이는 스팬의 1/10 이상으로 한다.

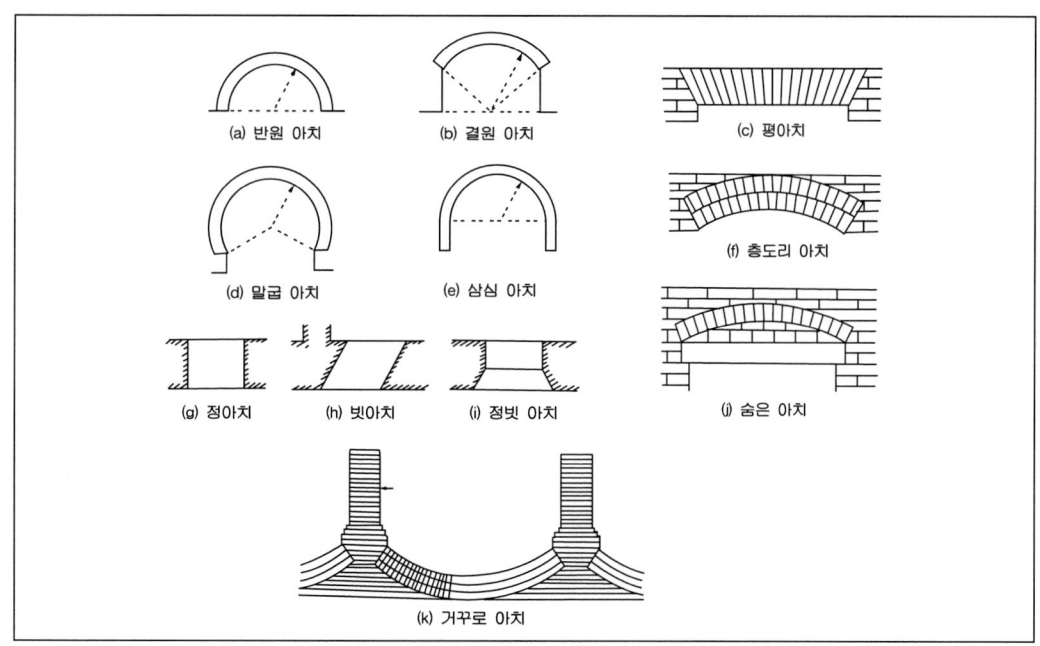

▲ 아치의 모양

⑥ 테두리보
  ㉮ 각층 내력벽 위에는 춤이 벽두께의 1.5배 이상인 철골조, 철근콘크리트의 테두리보를 설치해야 한다.
  ㉯ 1층 건축물로서 벽두께가 벽높이의 1/16 이상이거나 벽의 길이가 5m 이하인 경우 나무구조의 테두리보를 설치할 수 있다.
⑦ 개구부

㉮ 각층의 대린벽으로 구획된 각벽에 있어서 개구부의 폭의 합계는 그 벽의 길이의 1/2 이하로 한다.
㉯ 개구부와 그 바로 위층에 있는 문골과의 수직거리는 60cm 이상으로 한다.
㉰ 각층마다 그 개구부 상호간 또는 개구부와 대린벽의 중심과의 수평 거리는 그 벽두께의 2배 이상으로 한다.
㉱ 문골의 너비가 1.8m 이상되는 문골의 상부에는 철근콘크리트 윗인방을 설치하고 양쪽벽에 물리는 벽의 길이는 20cm 이상으로 한다.
⑧ 벽의 홈파기
㉮ 그층 높이의 3/4 이상 연속되는 홈을 세로로 팔 때에는 홈의 깊이를 벽두께의 1/3 이하로 한다.
㉯ 가로홈은 3m 이하로 하고 깊이는 벽두께의 1/3 이하로 한다

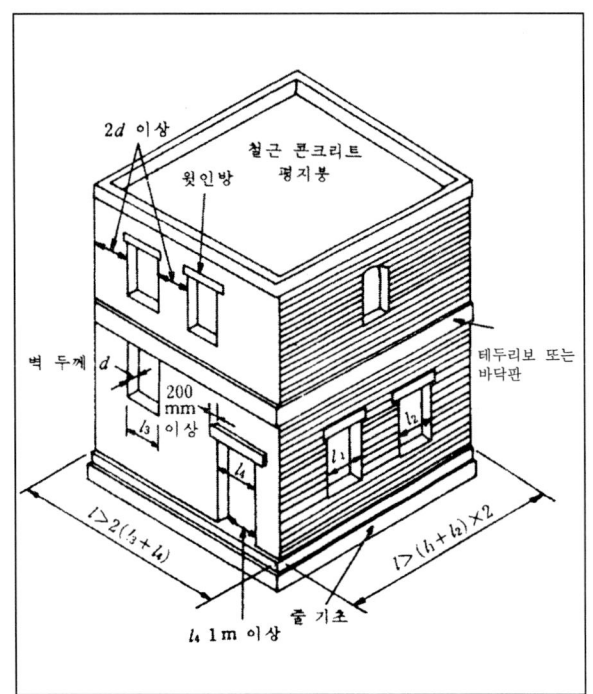

▲ 벽체와 개구부 출입문과 창문

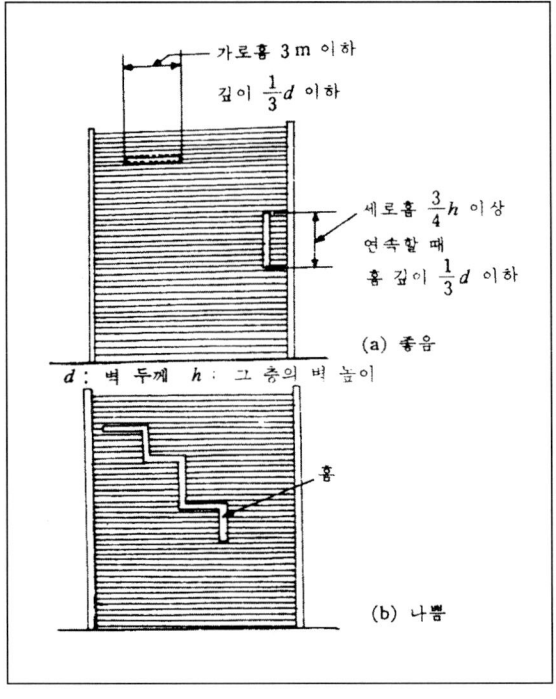

▲ 벽의 홈

⑨ 벽돌구조의 담
㉮ 조적조 구조의 담높이는 3m 이하 담의 두께는 190mm 이상
㉯ 높이 2m 이하인 담의 두께는 90mm 까지 할 수 있다.
㉰ 길이 2m 이내마다 버팀벽 설치
㉱ 길이 4m 이내마다 담의 두께의 1.5배 이상 튀어나온 버팀벽 설치
⑩ 벽돌벽의 균열
벽돌벽면에 균열이 생기는 원인은 다음과 같다.
㉮ 설계상의 결함
㉠ 기초의 부동 침하
㉡ 건물의 평면·입면의 불균형 및 벽의 불합리 배치
㉢ 불균형 또는 큰 집중 하중, 횡력 및 충격
㉣ 벽돌벽의 길이, 높이, 두께와 벽돌 벽체의 강도
㉤ 문골 크기의 불합리, 불균형 배치
㉯ 시공상의 결함
㉠ 벽돌 및 모르타르의 강도 부족과 신축성

㉡ 벽돌벽의 부분적 시공 결함
　　　㉢ 이질재와의 접합
　　　㉣ 장막벽(curtain wall)의 상부
　　　㉤ 모르타르 바름의 박리(들뜨기)
⑪ 백화(efflorescence)
　　벽돌 공사 완료후 표면에 나타나는 현상을 백화라고 한다. 이것은 탄산 소다 또는 황산 고토류로서 벽돌의 성분과 모르타르 성분이 결합하여 생기는 것으로 패러핀도료를 발라 염류가 나오는 것을 막을 수 있다. 그러나 무엇보다도 빗물이 스며들지 못하도록 하고 차양, 돌림띠, 기타 비막이를 완전히 하는 수 밖에 없다.
⑫ 인방보, 창대, 창문틀
　　㉮ 인방보(lintel)
　　　창문이나 문 등 개구부 상부에 있는 목재, 석재, 철재 또는 철근콘크리트 보를 말한다. 개구부의 너비가 1,000mm 정도로써 큰 하중이 없을 때에는 목재나 석재로 하고 클 때에는 철재나 철근콘크리트 보로 한다.
　　㉯ 창대(window sill)
　　　창밑에 옆세워 까는 벽돌 또는 돌이나 미장 모르타르를 말한다. 창대돌은 양끝을 벽에 약간 물리고 통돌일 때는 창대 돌의 중간 밑은 비워 두고 치장줄눈만 한다. 창대 윗면은 경사를 두고 끝부분은 물끊기 홈을 파서 물이 벽에 흘러내리지 않게 한다. 창문틀과 창대의 접합부는 빗물이 스며들지 못하도록 코킹 컴파운드(caulking compond)나 실리콘(Silicone) 등으로 채워 넣는다. 출입구 하부에 있는 창대는 문지방이라고 한다.
　　㉰ 창문틀(window frame)
　　　창문틀은 먼저 세우기와 나중 세우기가 있다. 이는 벽돌 쌓기 전에 정확한 위치에 튼튼히 설치하여야 한다. 문틀은 옆벽을 세울 때 긴결 철물(못, 꺾쇠, ㄱ자쇠등)을 상하 600mm 이내마다 부착한다. 설치하는 동안 충격으로 인한 이동이나 변형이 생기지 않도록 주의하여야 한다.
⑬ 문골 주위의 구조
　　㉮ 벽돌 벽체에 설치하는 창, 출입구의 위는 상부에서 오는 하중을 안전하게 지지하기 위하여 아치를 틀거나 인방보를 설치한다.
　　㉯ 아치는 상부에서 오는 수직압력이 아치의 축선에 따라 좌우로 나뉘어져 밑으로 직압력만으로 전달되게 한 것으로서 부재의 하부에 인장력이 생기지 않게 한다.

[2] 블록구조

(1) 블록구조의 형식
① 조적식 블록조 : 블록을 모르타르를 써서 쌓아올려 벽체를 구성한 것으로 1, 2층 정도의 소규모 건물에 쓰인다.
② 블록장막벽 : 철근콘크리트조 또는 철골조 등의 주체 구조에 단순히 간막이벽을 쌓은 것이다.
③ 보강블록조 : 블록의 빈속에 철근을 배근하고 콘크리트를 부어 넣어 수직하중과 수평하중에 안전하게 견딜 수 있도록 보강한 것으로 가장 이상적인 블록구조이다.
④ 거푸집 블록조 : 살 두께가 얇고 속이 없는 ㄱ자형, ㄷ자형, ㅁ자형 등의 블록을 콘크리트의 거푸집으로 써서 그 안에 철근을 배근하여 콘크리트를 부어 넣어 벽체를 만들어 외력을 받게 한 내력벽이다.
⑤ 복합블록조 : 벽돌과 블록을 혼합한 벽체

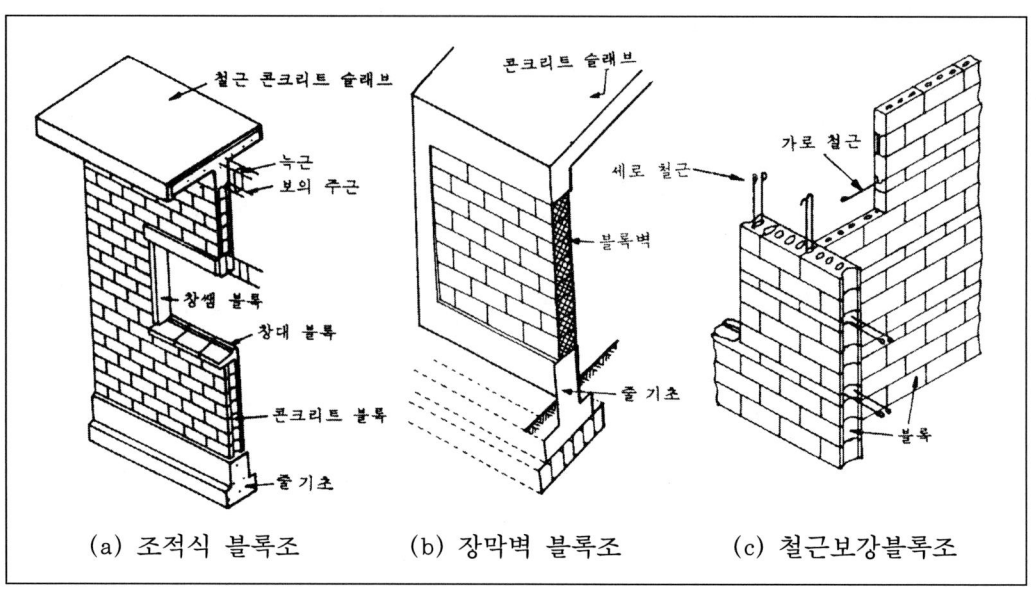

(a) 조적식 블록조　　(b) 장막벽 블록조　　(c) 철근보강블록조

▲ 블록구조 형식

(2) 블록의 장단점
① 장점
　㉮ 불연성 구조로서 경량이다.
　㉯ 공기가 단축되며 시공이 간편하다.
　㉰ 내구, 내화, 내풍, 보온적이다.
　㉱ 대량 생산이 가능하다.
② 단점
　㉮ 균열이 생기기 쉽다.
　㉯ 횡력, 지진력에 약하다.

(3) 블록의 규격 및 품질
① 블록의 규격
　㉮ 기본블록의 치수는 길이 390mm, 높이 190mm, 두께는 보통 190mm, 150mm, 100mm가 가장 많이 쓰인다.
　㉯ 이형블록의 길이, 높이 및 두께의 최소치수는 90mm 이상으로 한다.
　㉰ 기본형 블록의 전면살의 두께는 25mm 이상으로 하고, 웨브살은 20mm 이상으로 하며 빈속의 최소 지름은 60mm 이상으로 한다

(단위 : mm)

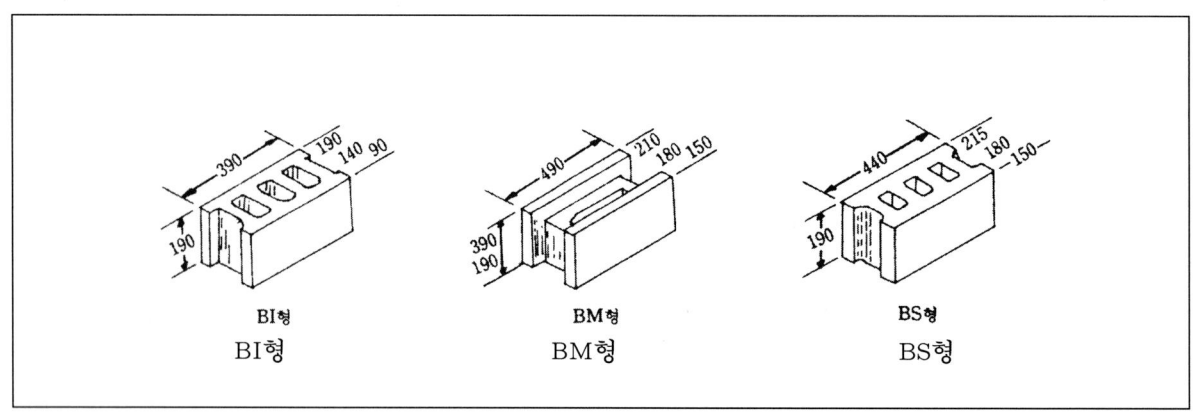

▲ 블록의 규격

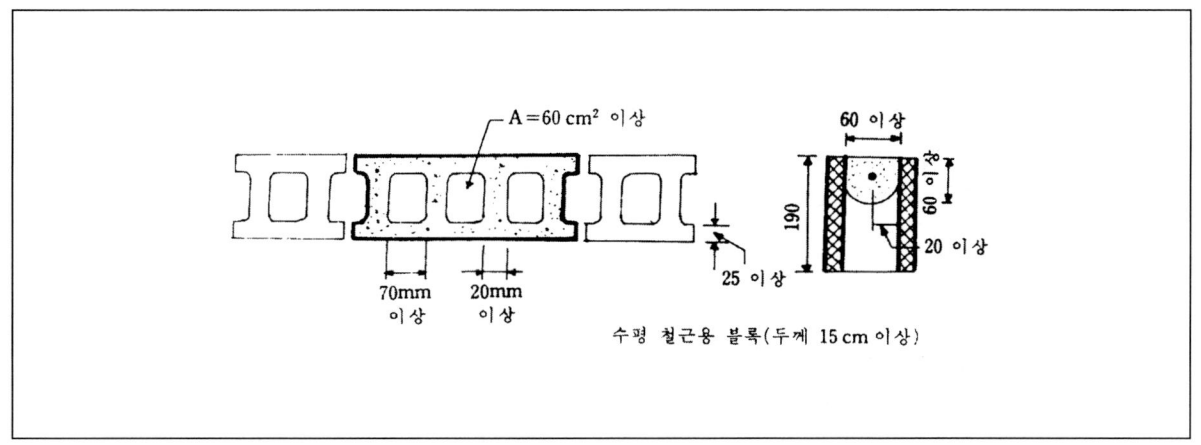

▲ 기본 블록치수

② 블록의 치수 및 허용오차

형 상	치 수			허 용 치	
	길 이	높 이	두 께	길이·두께	높 이
기본형블록	390	190	190 150 100	±2	±3

③ 블록의 품질 및 등급

블록은 사용하는 골재에 따라 중량블록과 경량블록으로 나누는데 중량블록은 기건상태의 체적비중이 1.8 이상, 경량블록은 비중이 1.8 이하

종 류	전단면적에 대한 압축강도 (kg/㎠)
1 급 블 록	60kg/㎠
2 급 블 록	40kg/㎠
3 급 블 록	25kg/㎠

▲ 블록의 등급

④ 블록의 종류
  ㉮ 블록은 블록형식에 따라 BI형 BM형 BS형 및 재래형으로 구분되나 주로 쓰이는 것은 BI형이다.
  ㉯ 평마구리형은 벽의 모서리나 창문옆 또는 붙임기둥 등에 쓰인다.
⑤ 블록제작
  ㉮ 골재의 크기는 살두께의 1/3 이하로 하고 배합비는 1 : 3~1 : 5 정도로 한다.
  ㉯ 물시멘트비는 40% 이하의 된비빔으로 한다.

(4) 블록쌓기
① 모르타르
  ㉮ 블록쌓기용 모르타르의 시멘트와 모래의 용적배합비는 1 : 3~1 : 5 정도로 한다.
  ㉯ 모르타르의 강도는 블록강도의 1.3~1.5배
  ㉰ 시공연도는 슬럼프값 80mm 물시멘트비 60~70% 정도

② 블록쌓기 방법
　㉮ 줄눈의 너비는 가로 세로 10mm로 하고 막힌줄눈을 원칙으로 한다. (단 보강블록조는 통줄눈)
　㉯ 살두께가 두꺼운 쪽이 위로가게 쌓는다.
　㉰ 1일 쌓기의 높이는 1.2m~1.5m(6~7켜) 이하로 한다.
　㉱ 인방보의 양끝은 좌우에 있는 벽에 200mm 이상 물리게 한다.
　㉲ 블록은 모르타르 접착면만 물축임한다.
③ 각부구조
　㉮ 내력벽 : 내력벽의 두께는 그 벽높이의 1/16 이상으로 하는 것이 좋다.
　㉯ 대린벽 : ㄴ형, T형, +자형의 내력벽이 대항하도록 하는 것이 좋다.
　㉰ 부축벽 : 부축벽의 길이는 층높이의 1/3 정도 또 1m 이상 2층의 아래층에서는 2m 이상으로 모양은 평면적으로 전후, 좌우 대칭형으로 되는 것이 좋다.
　㉱ 칸막이벽 : 10cm 블록이나 나무구조의 벽으로 한다.
④ 보강블록구조
　㉮ 벽체의 높이
　　㉠ 단층집 처마까지의 높이 4m 이하
　　㉡ 이층집 처마까지의 높이 7m 이하
　　㉢ 3층집 처마까지의 높이 11m 이하
　　㉣ 난간벽의 높이가 1.2m 이하일 때에는 처마높이에 포함되지 않고 1.2m를 초과할 때만 초과한 부분의 높이만 포함시킨다.
　㉯ 벽체의 길이
　　㉠ 평면상의 내력벽의 길이는 55cm 이상으로 하거나 벽의 양쪽에 있는 개구부 높이의 평균값의 30% 이상이 되어야 한다.
　　㉡ 서로 떨어진 벽길이의 합계는 2층 벽길이의 1/2 이상으로 한다.
　　㉢ 내력벽으로 둘러싸인 부분의 바닥면적은 80㎡ 이하로 한다.
　　㉣ 각층의 벽높이는 4m 이하, 벽길이는 10m 이하로 한다.
　　㉤ 벽길이가 10m 이상이 될 때에는 부축벽, 붙임벽, 붙임기둥을 쌓는다.
　　㉥ 부축벽, 붙임벽 등의 길이는 벽높이의 1/3 이상으로 한다.
　㉰ 벽체의 두께
　　㉠ 벽두께는 일반적으로 150mm 이상 또 그 지지점 거리의 1/50 이상
　　㉡ 칸막이벽의 두께는 90mm 이상
　㉱ 벽량
　　㉠ 보강 블록조의 내력벽의 벽량은 보통 15cm/㎡ 이상으로 한다.
　　㉡ 벽량(cm/㎡)=내력벽의 길이 (cm)/바닥면적 (㎡)
　　㉢ 2층집 밑층의 내력벽의 두께를 15cm 보다 작거나 15cm로 할 때의 벽량은 2종 블록으로 25cm/㎡ 이상 1종 블록으로 18cm/㎡ 이상이어야 한다.
　　㉣ 대린벽 중심간의 거리는 벽두께의 50배 이하로 하는데 0.3h 이상의 부축벽을 설치한다.
　㉲ 보강근
　　㉠ 보강근은 D10(ø9) 이상의 것을 넣은 것이 보통이다.
　　㉡ T형 접합부나 문골주위는 D13(ø12) 이상의 철근을 넣는다.
　　㉢ 세로근은 400~800mm를 넣고 기초보 또는 테두리보 40d 이상 정착시킨다.
　　㉣ 가로근은 800mm 간격으로 배치하고 피복두께는 20mm 이상 되도록 한다.
　㉳ 테두리보의 구조
　　㉠ 테두리보의 춤은 2, 3층의 건물일 때에는 내력벽 두께의 1.5배 이상 또는 최소 300mm 이상으로 하고, 단층 건물에서는 250mm 이상으로 한다.
　　㉡ 보의 너비는 그 밑에 있는 내력벽의 두께와 같게 하거나 다소 크게 한다. (200mm 이상으로 한다.)

ⓒ 테두리보의 유효 너비는 대린벽 중심간의 거리의 1/20 이상이어야 한다.
ⓓ 테두리보가 ㄱ자형 또는 T자형 단면일 때에는 그 플랜지의 두께가 150mm (단층 건물일 때에는 120mm) 이상인 부분의 너비를 유효 너비로 한다.

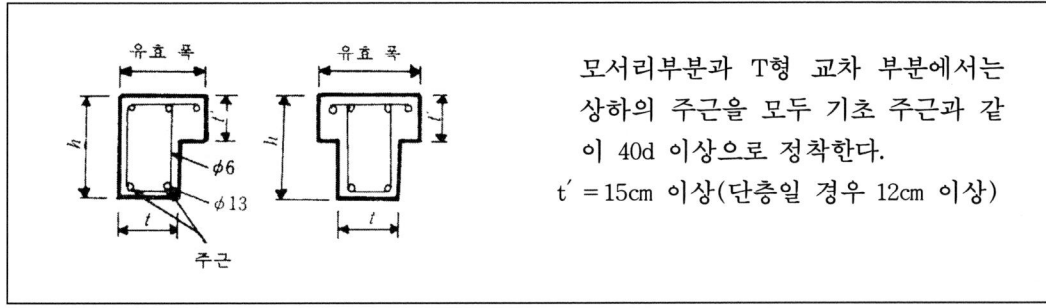

▲ 테두리보의 구조

㉯ 테두리보의 배근
ⓐ 주근은 D10, D13 단근으로 하지만 주요보는 D13 이상 복근 배근
ⓑ 보의 늑근은 ø6 이상 간격 300mm 이하
ⓒ 각 부분의 정착길이 40d 인장근 이음 길이 25d 또는 40d 압축근 이음 길이 20d

㉰ 창문인방 : 인방보는 벽단부에서 20cm 이상 물린다.

㉱ 기초보 구조
ⓐ 기초보의 두께는 벽체 두께(블록 두께)와 같게 하거나 다소 크게 한다.
ⓑ 기초보의 높이는 처마 높이의 1/12 이상 또는 60cm 이상으로 한다. (단층일 경우 45cm 이상)
ⓒ 2층 건물로 처마 높이가 7m일 때에는 60cm 이상으로 하고 3층 건물로 처마 높이가 11m일 때에는 90cm 이상으로 한다.
ⓓ 기초 슬라브의 두께는 15cm 이상으로 한다.

[3] 돌구조

(1) 석재의 종류 및 가공
① 석재의 종류
㉮ 화강암 : 경도, 강도, 내마모성, 내구성, 재질감, 광택이 우수하며 흡수성이 적어 구조용, 장식용으로 많이 사용하고 석재 중에서 가장 가공성이 우수하다.
㉯ 안산암 : 재질감이 좋지않고 광택이 안좋으며 가공성이 떨어지나 내화력이 좋고 내구성이 우수하여 주로 구조용재로 쓰인다.
㉰ 응회암 : 강도가 약하며 흡수율도 높으며 풍화 변색이 되기 쉽고 외관이 좋지 않으나 경량으로 가공성이 좋고 가격이 저렴하여 많이 쓰인다.
㉱ 점판암 : 진흙이 압력을 받아 응결한 것을 이판암이라 하고 이판암이 더욱 큰 압력을 받아 변질 경화한 것이 점판암으로 주로 바닥재 또는 지붕재로 쓰인다.
㉲ 대리석 : 산 및 화열에 약하고 풍화성, 마모성, 내구성이 좋지 않아 실내 마감재로 쓰이며 광택, 빛깔 무늬가 좋아 장식용, 조각용으로 우수하다.
㉳ 사 암 : 치밀하고 경질의 것은 내구력이 좋으나 거친 것은 내구력이 약하다.
㉴ 잡 석 : 지정이나 잡석다짐에 쓰이는 20mm 정도의 호박돌 또는 둥근잡석
㉵ 견치돌 : 석축 또는 돌쌓기에 쓰이는 300mm각 정도의 네모뿔형의 견치돌
㉶ 사고석 : 방화벽에 쓰임.
㉷ 각 석 : 400mm각에 길이 2,000mm 이하인 돌
㉸ 판 돌 : 구들장에 사용되는 돌

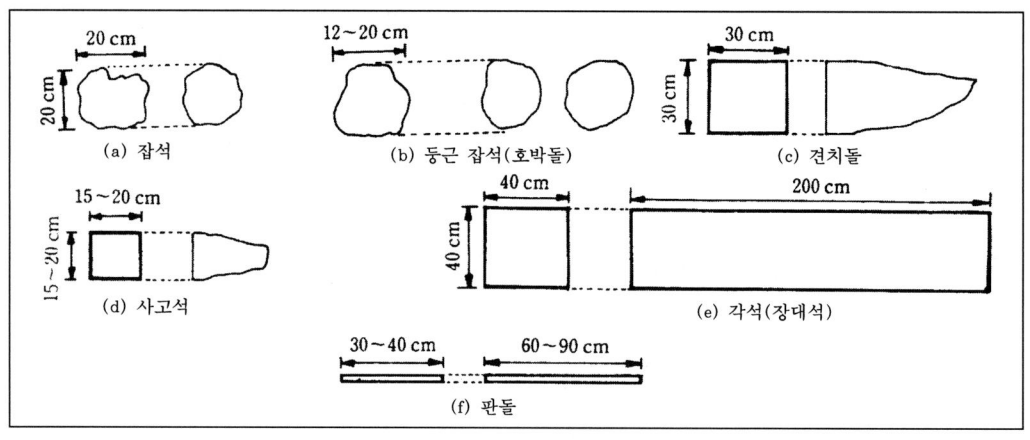

▲ 석재의 종류

종 류	압축응력도	구부림응력도
화 강 암	110kg/cm²	15kg/cm²
경질 안산암	80kg/cm²	9kg/cm²

▲ 석재의 허용응력도

② 석재의 가공
  ㉮ 마름돌 : 채석장에서 채석한 다듬지 않은 돌
  ㉯ 메다듬 : 마름돌의 거친면을 쇠메로 다듬은 것.
  ㉰ 정다듬 : 메다듬한 돌을 정으로 쪼아 조밀한 흔적을 내어 평탄한 거친면으로 다듬는 것.
  ㉱ 도드락다듬 : 정다듬한 면을 도두락 망치로 더욱 평탄하게 다듬는 것.
  ㉲ 잔다듬 : 도두락 다듬한 위를 날망치로 더욱 평탄하게 다듬는 것.
  ㉳ 물갈기 : 잔다듬한 면에 금강사, 카아버런덤, 모래, 숫돌 등으로 물을 주면서 광택을 내는 것.

③ 석재의 가공순서
   마름돌 → 메다듬 → 정다듬 → 도드락다듬 → 잔다듬 → 물갈기

④ 돌쌓기법
  ㉮ 돌나누기 도면은 축적을 1/50로 한다.
  ㉯ 돌쌓기에서 줄눈의 크기는 맞댐면, 물갈기일 때에는 3mm 내외, 잔다듬에서는 6~7mm, 정다듬 6~9mm, 거친돌막쌓기에서는 9~25mm 정도로 한다.
  ㉰ 치장줄눈으로 마무리 할 때에는 줄눈을 10mm 깊이까지 파내고 치장 줄눈을 한다.

⑤ 돌접합
  ㉮ 꽂 임 촉 : 맞댐면의 양쪽에 구멍을 파고 철재의 촉을 꽂은 다음 좋은 모르타르, 납, 황 등을 채워 고정. 촉의 크기 보통 15~20mm 단면길이 40~80mm
  ㉯ 꺾쇠, 은장 : 꺾쇠 또는 은장을 끼울자리를 파고 모르타르, 납, 유황으로 꺾쇠 또는 은장 고정
  ㉰ 반턱이음   ㉱ 제혀이음   ㉲ 장부이음

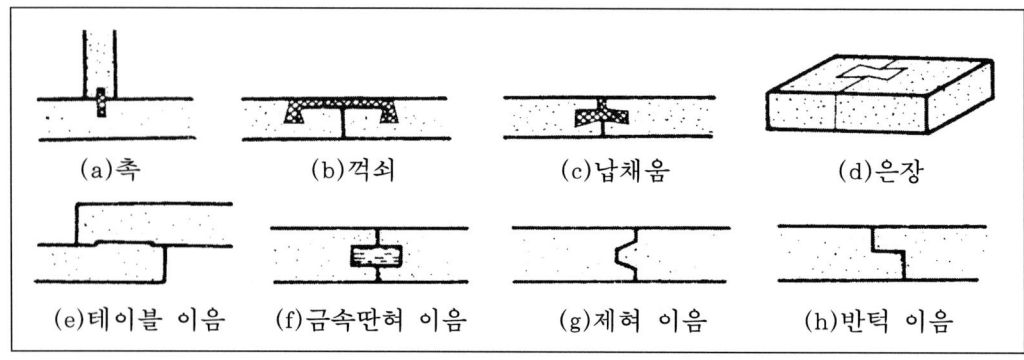

◀ 석재의 이음

⑥ 문골주위
　㉮ 인 방 돌 : 문골너비가 1m 정도 까지는 문골 위에 인방돌을 거쳐 상부의 하중을 받게 한다.
　㉯ 창 대 돌 : 창밑에 대어 치장겸 빗물막이가 되게 하는 것.
　㉰ 문지방돌 : 출입문의 밑에 마멸에 강한 석재를 댄 것.
　㉱ 쌤　　돌 : 문골의 벽두께 면에 대는 돌.
⑦ 난간, 난간벽
　난간은 처마위 옥상에 난간 동자를 세우고 그 위에 난간두겁을 댄 것을 말하며 이것을 부란이라고 한다. 난간벽은 처마위 옥상에 벽으로 된 난간

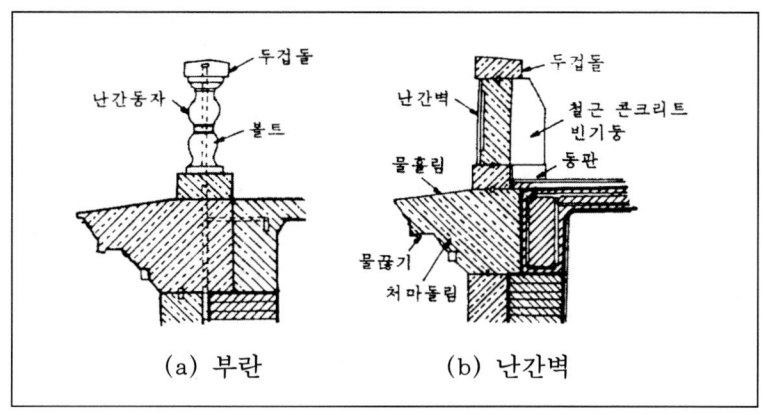

▲ 부란, 난간벽

⑧ 돌쌓는 방법
　돌쌓는 방법에는 막 쌓기와 바른층 쌓기가 있고 다시 거친돌 쌓기와 다듬돌 쌓기로 구분한다. 막 쌓기는 허튼층 쌓기, 바른층 쌓기는 성층 쌓기라고도 한다. 거친돌 쌓기는 제면쌓기라고 하며 잡석, 간사 등을 적당한 크기로 쪼개어 맞댐면을 그대로 또는 거친 다듬으로 하여 불규칙하게 쌓는 것이다. 다듬돌 쌓기는 돌의 모서리 맞댐면을 일정하게 다듬어 쌓기의 원칙에 따라 쌓는 것으로 막쌓기와 바른층 쌓기가 있다. 가장 튼튼한 쌓기법이며 외관이 미려하다.

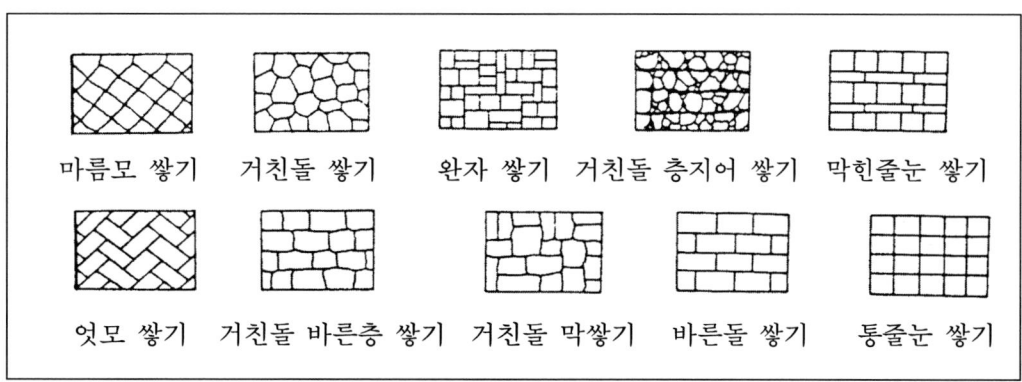

▲ 돌쌓기 종류

3-3 철근콘크리트 구조

[1] 개요

철근 콘크리트는 철근으로 보강한 콘크리트(reinforced concrete)라는 뜻으로 콘크리트는 압축력에 상당한 저항력을 가지고 있으나, 인장력에는 극히 약하므로 이 약점에 인장에 강한 철근으로 보강하여 형성한 합성구조체이다.

(1) 특성
① 콘크리트는 약알카리성이며 철근에 녹이 발생하는 것을 방지해 준다.
② 콘크리트와 철근이 완전히 일체가 되면 철근의 좌굴을 방지하게 되고 압축력에도 유효하게 된다.
③ 콘크리트와 철근은 선팽창 계수가 거의 같다.(선팽창계수 대략 1.0×10^{-5})
④ 콘크리트는 내화 및 내구성이 있어 철근 피복 보호하여 안전하게 한다.

(2) 철근 콘크리트의 장·단점

① 장 점	② 단 점
㉮ 내화성과 내구성이 크다.	㉮ 건축물의 자중이 크다.
㉯ 재료의 구입이 용이하다.	㉯ 시공이 좋고 나쁨에 의한 영향이 크다
㉰ 건축물의 유지 및 관리가 용이하다.	㉰ 시공방법이 습식이므로 공사기간이 길다
㉱ 내풍, 내진성이 크다.	㉱ 가설물의 비용이 많이 든다.
㉲ 설계 자유의 잇점이 있다.	㉲ 균질한 시공을 하기가 어렵다.
	㉳ 파괴 철거가 곤란하다.
	㉴ 전음도가 크다.

(3) 콘크리트 중량
① 철근 콘크리트 : 2.4[t/㎥]
② 무근 콘크리트 : 2.3[t/㎥]
③ 경량 콘크리트 : 1.6~2.0[t/㎥]

(4) 시멘트의 강도
① 철근 콘크리트 4주 압축강도는 보통 150kg/㎠ 이상이어야 한다.
② 골재
  ㉮ 잔 골 재 : 5mm체를 85% 이상 통과하는 것
  ㉯ 굵은골재 : 5mm체에 85% 이상 걸리는 것

(5) 시멘트·물·골재
① 시멘트 : 보통 포틀랜드 시멘트로 KSL 5201 규격품 사용
② 물: 산, 알카리, 기름 등 유해한 유기불순물이 포함되지 않은 수도물이나 우물물 사용
③ 골재 : 모래는 되도록 알맹이가 견고한 것이 좋다(잔골재). 자갈은 철근과 철근사이를
    통과할 수 있는 크기(굵은골재) 잔골재와 굵은 골재의 공극율은 30~40% 정도

(6) 일반사항
① 물시멘트비(%) = 물의 무게(W)/시멘트 무게(C) = W/C
② 시멘트 1㎥의 무게 : 1,500kg
③ 비중 : 3.15
④ 재료의 투입순서 : 물→시멘트→모래→자갈
⑤ 시멘트 강도 : 4주(28일) 압축강도로 정함
⑥ 골재의 입도
　골재의 입도는 모래가 5mm, 2.5mm, 1.2mm, 0.6mm 이하의 4종류로서 자갈은 30mm, 25mm, 20mm 이하의 3종류가 있다. 단위 용적과 골재의 실제 부피와의 비를 실적률, 단위 용적과 공간 부분과의 비를 공극률이라 한다. 표준 계량일 때 모래의 실적률은 55~70%, 공극률은 45~30%, 자갈의 실적률은 60~65%, 공극률은 40~35% 이다.
　골재의 단위 용적 중량 = 골재의 비중 × 실적율

$$\text{실적률} = \frac{\text{골재의 단위 용적 중량}}{\text{골재의 비중}}$$

$$\text{실적률} + \text{공극률} = 100$$

⑦ 혼화제(admixture)
　혼화재는 콘크리트의 질이나 양의 변화를 도모할 때 혼입하는 재료로 다량을 사용할 때 양에 관계되는 것을 재(material), 소량을 써서 질에 영향을 주는 것을 혼화재(agent)라 한다.
　시공연도(workability)를 좋게하는 것으로는 AE제 또는 분산제가 있다. 방동용 염화칼슘($CaCl_2$)과 식염은 철근을 녹슬게 하므로 철근 콘크리트에는 사용이 금지된다. 급결재, 조강재료로는 방수제가 있고 증량재로는 플라이애쉬(flyash)가 있다.

⑧ 거푸집
　거푸집은 콘크리트가 경화하여 예상되는 모든 하중에 견딜 수 있는 충분한 강도가 생길 때까지 보양(curing)하는 역할을 해야 하므로 상당한 존치 기간을 가져야 한다. 기온이 20℃ 이상일 때 기초옆, 보옆, 기둥, 벽 등은 4일, 바닥판밑, 보밑은 7일, 기온이 10℃ 이상 20℃ 이하일 때는 기초옆, 보옆, 기둥, 벽은 6일, 바닥판밑과 보밑은 8일이다.
　거푸집 널은 주로 목재(합판 또는 쪽널)와 철판재가 쓰이고 철판재 거푸집은 규격적인 건물이나 제물치장 콘크리트면(노출 콘크리트면)에 쓰인다.

⑨ 배합
　콘크리트는 소요 강도가 충족되고 내구성이 커야 하며 경제성(시공용이)이 있어야 한다. 콘크리트 강도는 시멘트의 강도와 물시멘트비(W/C)로 결정된다.
　시멘트 강도가 물시멘트비는 적을수록 강도는 커진다.
　배합 설계의 조건은 시멘트 종류와 강도, 모래와 자갈, 소요강도(보통 kg/㎠), 소요 슬럼프, 혼화제 사용, 배합강도의 결정, 시멘트 강도의 결정, 물시멘트비의 결정, 표준 배합비 또는 시험 비빔으로 중량 배합의 결정, AE제와 표면 수율의 보정, 믹서한 비빔의 배합 결정순으로 한다.

⑨ 보양 및 청소
　콘크리트 타설 후 거적이나 포장을 씌워서 5일 이상 살수하여 습윤을 유지하고 부어 넣은 후 3일간은 충격을 주지 않도록 콘크리트를 보호하여야 한다.
　겨울철의 콘크리트는 약 5일간 2℃ 이상 보온하고 또 습윤을 유지한다. 공사가 완료되면 바닥면에 떨어진 자갈이나 콘크리트물 등을 청소하여 고착되지 않게 하고 주위를 청소한다.

⑪ 콘크리트 부어 넣기
　㉮ 믹서 비빔
　　㉠ 믹서 비빔 외주 속도는 매초 약 1m로 하고 1~2분간 비빈다.
　　㉡ 비벼 놓고 60분 이상 경과된 것은 사용을 금지한다.
　㉯ 이어 붓기
　　㉠ 부재의 전단력이 가장 적은 곳에서 한다.

ⓒ 보 및 바닥판은 간사이의 중앙부에서 한다.
　　　ⓒ 기둥 및 벽은 바닥판 또는 기초 상면에서 한다.
　　　ⓔ 이음은 거친면으로 하고 직각으로 한다.

(7) 특수 콘크리트
① 한중콘크리트 : 콘크리트를 부어넣은 후 28일 까지의 월평균 10~2℃인 달을 포함하는 기간을 한냉기, 월평균 2℃ 이하의 달을 포함하는 기간을 극한기라 한다.
　※ 극한기 시공시 주의사항
　　ⓐ 시멘트는 가열하지 말고 보온창고에 저장
　　ⓑ W/C비 60% 이하
　　ⓒ 콘크리트 주위 5℃ 이상 보온
　　ⓓ 믹서내의 재료투입 순서 골재→물→시멘트
　　ⓔ 재료투입전 믹서내의 온도는 40℃ 이하로 한다.
② 경량콘크리트 : 비중이 2.0 이하의 콘크리트로 건축물의 경량, 단열, 방음 등의 효과를 얻기 위해 사용. 구조용으로 쓰일 때 4주 압축강도는 110kg/㎠ 이상이어야 한다.
③ 무근콘크리트 : 철근의 보강이 없는 조적조의 기초 지반위 바닥다짐 등에 쓰인다.
④ 중량콘크리트 : 골재에 철광석, 중정석, 철편 등을 사용하여 비중이 큰 콘크리트로 대량의 방사선을 차폐하는 벽에 쓰인다.
⑤ A.E 콘크리트 : 공기 연행제를 써서 물시멘트비를 작게하고도 시공연도가 좋게 되는 콘크리트로 A.E 제를 사용하면 콘크리트중에 미소한 기포가 발생하여 시공연도가 좋아진다.
⑥ 레드믹스트 콘크리트 : 레드믹스트 콘크리트는 약칭 레미콘이라 하며 비빔방법과 운행방법에 따라 다음 2종으로 나누어진다.
　㉮ 센트럴믹스트 콘크리트
　　배쳐 플랜트(batcher plant) 시설이 있는 고정믹서로 완전히 비빈것을 트럭믹서 교반트럭으로 운반하는 콘크리트
　㉯ 트랜시트믹스트 콘크리트(transit mixed concrete)
　　플랜트에서 재료만을 공급받아 운반 도중에 완전히 비벼지는 콘크리트 재료투입후 1.5 시간내에 짐부림이 끝나야 한다.
⑦ 부순돌콘크리트 : 굵은 골재로는 부순돌, 부순자갈을 쓰고 잔골재로는 강모래를 쓴 콘크리트
⑧ 더어모콘(thermo-con) : 골재를 쓰지 않고 시멘트와 물에 발포제(알루미늄, 아연분말)을 배합하여 만든 일종의 경량기공 콘크리트
⑨ 진공매트 콘크리트 : 콘크리트를 부어넣은 표면에 진공 맷트 장치를 씌우면 콘크리트 중의 수분과 공기를 흡수하여 강도가 커지고 내구성이 개선되며 조기 강도가 큰 콘크리트로 주로 도로공사에 쓰인다.
⑩ 프리팩트 콘크리트(prepacked concrete)
　미리 채워 넣은 굵은골재에 파이프를 통하여 모르타르를 주입하여 콘크리트를 만드는 공법
⑪ 소일 콘크리트(soil concrete)
　현장의 토사에 시멘트와 물을 가하여 비빈 콘크리트로서 도로의 언더베이스 등에 쓰인다.
⑫ 프리스트레스트 콘크리트(prestressed concrete)
　㉮ 프리텐숀법(pre-tensioning method)
　　먼저 PC 강선을 긴장하여 배근하고 콘크리트를 부어넣어 굳은 다음 그 긴장을 풀면 콘크리트에 부착된 PC 강선이 콘크리트에 압축 프리스트레스를 주는 방법으로 소규모 부재 만드는 데 사용
　㉯ 포스트텐숀법(post-tensioning method)
　　콘크리트속에 PC 강선을 꿰넣을 수 있는 구멍을 내두었다가 콘크리트가 굳은 다음 PC 강선을 끼어 긴장한 채로 그 구멍에 그라우팅을 하여 콘크리트에 부착시켜 압축 프리스트레스를 주는 방법으로 대규모 부재 만드는 데 사용

⑬ 수밀 콘크리트 : 방수적으로 하기 위해 콘크리트 자체를 수밀하게 하는 콘크리트
  ㉮ 시공방법
    ㉠ W/C 비는 60% 이하
    ㉡ 배합비 1 : 2 : 4
    ㉢ 슬럼프치는 15cm 이하
    ㉣ 비비기는 믹서를 쓰고 충분히 비빈다.
    ㉤ 10일간 이상 습기를 주어 보양한다.

[2] 철근

(1) 철근의 종류
① 원형철근 : ø로 표시한다.
② 이형철근 : D로 표시한다. 이형철근은 원형철근보다 부착력이 2배 정도 좋다.
  건설 공사에서는 콘크리트와의 부착이 잘되게 하기 위하여 이형철근을 많이 사용한다.
③ 철   선 : #로 표시한다.
④ 고력철근 : 인장력이 큰 철근이다.
⑤ 피아노선 : 프리스트레스트 콘크리트에 사용한다.
⑥ 용접철망 : 간격 15cm 정도로 직교하여 용접해 사용한다.

(2) 철근의 이음과 정착
① 이음 : 철근의 이음은 되도록 응력이 가장 적은 부분에 오도록 하되 이음 길이는 압축력을 받는 부분은 철근 지름의 25배 이상, 인장력을 받는 부분은 40배 이상을 기준으로 겹쳐서 가는 철선으로 묶는다.
  ㉮ 보의 주근은 원칙적으로 이어 쓰지 않으나 이음할 때는 중앙부 하부근과 단부 상부근은 피하여 잇는다.
  ㉯ 기둥의 주근은 층 높이 2/3 하부에서 하도록 하고 철근의 이음길이는 40d로 한다.
  ㉰ 주근의 이음이나 정착 위치는 인장력이 작은곳이나 압축력이 작용하는 곳에 두는 것이 좋다.
② 정착 : 보단부의 철근은 기둥의 콘크리트속에 충분히 연장하여 기둥으로부터 빠져나오지 않도록 하는 것을 정착이라 한다.
③ 철근의 갈고리(hook)를 만드는 이유
  ㉮ 강도를 충분히 발휘하기 위하여
  ㉯ 콘크리트의 부착력을 증대시키기 위하여
④ 철근의 가공 : 휨가공에 있어서 철근 지름 25mm 이하는 상온에서 가공, 28mm 이상은 적당한 온도로 가열해서 가공
⑤ 철근의 간격
  ㉮ 주근지름의 1.5배
  ㉯ 2.5cm 이상
  ㉰ 최대자갈지름의 1.25배 이상
⑥ 철근의 피복두께

종 별	피 복 두 께
바닥, 내력벽 이외의 벽	2.0cm 이상
기둥, 보, 내력벽	3.0cm이상(옥내에 면하고 유효한 마감2.0cm)
직접 흙에 접하는 벽, 기둥, 바닥, 보	4.0cm 이상
굴 뚝	5.0cm 이상
기초, 옹벽	6.0cm 이상(밑창콘크리트두께는 제외)

[3] 보

(1) 보의 형태
단면모양에 따라 장방형보, T형보, 반T형보
① 보의 춤 D는 보의 간사이의 1/10~1/12 정도로 하고 너비는 춤의 1/2 정도로 한다.
② 철근 콘크리트 보가 받는 휨모멘트는 중앙부보다 단부쪽이 크므로 단부의 춤을 크게 한다.
③ 단부 아래쪽으로 단면을 크게 한 것을 수직 헌치라 하고 단부너비를 크게 한 것을 수평헌치라 한다.

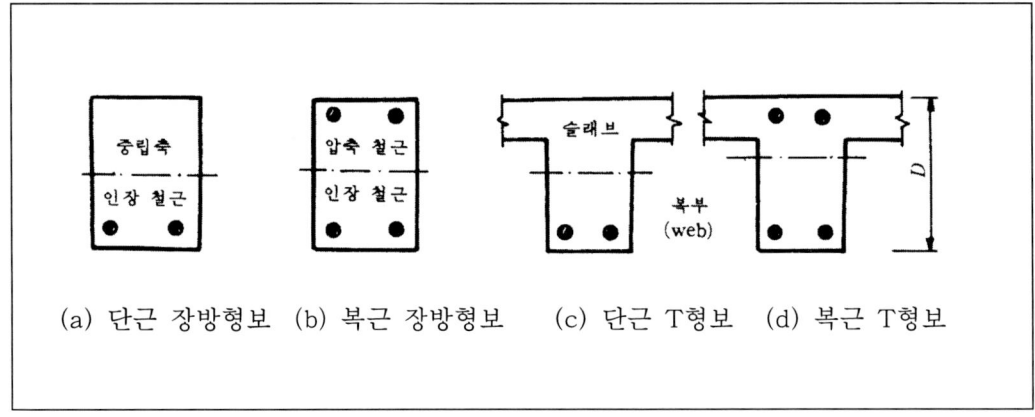

▲ 보의 형태와 배근법

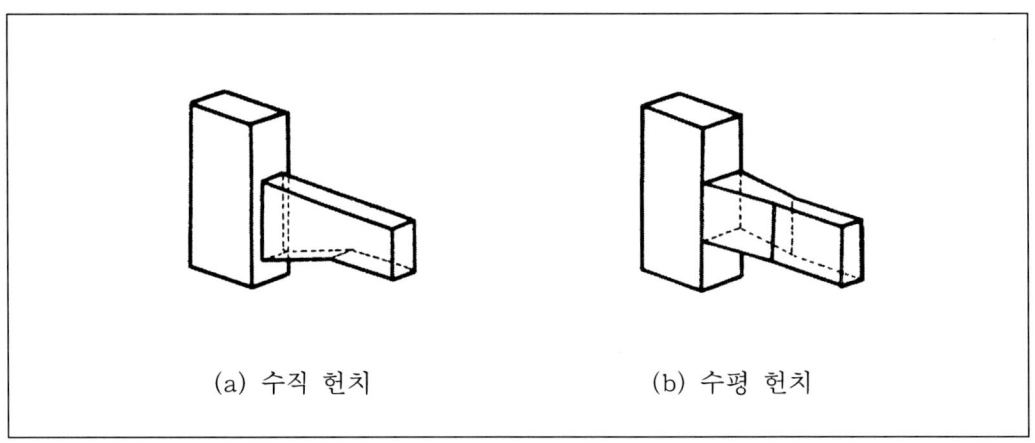

▲ 헌치

(2) 보의 주근
① 주근은 D13, ø12 이상을 쓰고 배근단수는 2단 이하로 한다.
② 주근간격은 다음 값 중 큰 값 이상으로 해야 한다.
　㉮ 2.5cm 이상
　㉯ 주근지름의 1.5배 이상
　㉰ 최대 자갈지름의 1.25배 이상
③ 휨모우멘트에 의하여 보의 중앙에서는 아래쪽에, 양단부에서는 위쪽에 인장력이 일어난다. 따라서 이 부분에 굽힘 철근 배치한다.(기둥 안쪽에서 보의 간사이의 약 1/4 되는 곳)
④ 보의 주근의 이음 위치는 인장력이 작은 곳이나 압축력이 작용하는 곳에 둔다.

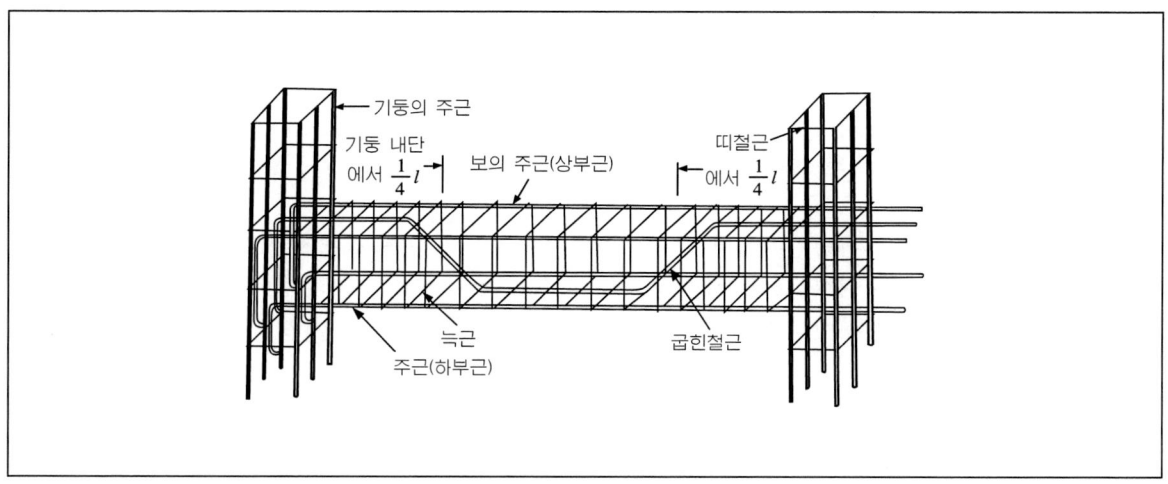

▲ 철근콘크리트 보의 배근

(3) 늑근
① 전단력에 의한 균열을 방지할 목적으로 늑근을 넣는다.
② 늑근은 지름 6mm 이상의 것을 사용한다.
③ 늑근의 간격은 보의 춤의 3/4 이하 또는 30cm 이하로 배근한다.
④ 늑근의 끝에는 135° 이상으로 굽힌 갈고리를 만들어 콘크리트 속에 정착시킨다.
⑤ 보의 춤이 약 60cm 이상일 경우에는 중간에 보조근을 넣는다.

(4) 보의 배근
① 휨모멘트에 의하여 인장력이 일어나는 부분에 반드시 철근 배근
② 휨모멘트와 축방향력을 받기 위하여 배치한 철근을 주근
③ 보의 주근은 보통 13mm~25mm의 철근 사용
④ 철근과 콘크리트의 부착강도는 둥근 철근보다 이형 철근이 크고 굵은 철근의 갯수를 적게 넣는 것보다 가는 철근의 갯수를 많이 넣는 것이 부착 강도가 크다.

(5) 내진벽의 배치
내진벽은 평면상의 교점이나 연장선의 교점이 같이 2개 이상 있게되면 안정되나 교점이 없거나 하나만 있는 경우에는 불안정으로 된다.
① 내진벽은 내력벽이라 하며 두께는 15cm 이상으로 하고 25cm 이상인 경우는 복근으로 배근하여야 한다.
② ø9, D10 이상의 철근을 사용하며 배근간격은 45cm 이하로 한다.
③ 정착은 60cm 이상 한다.
④ 장막벽은 비내력벽으로 단순히 공간을 막아주는 벽

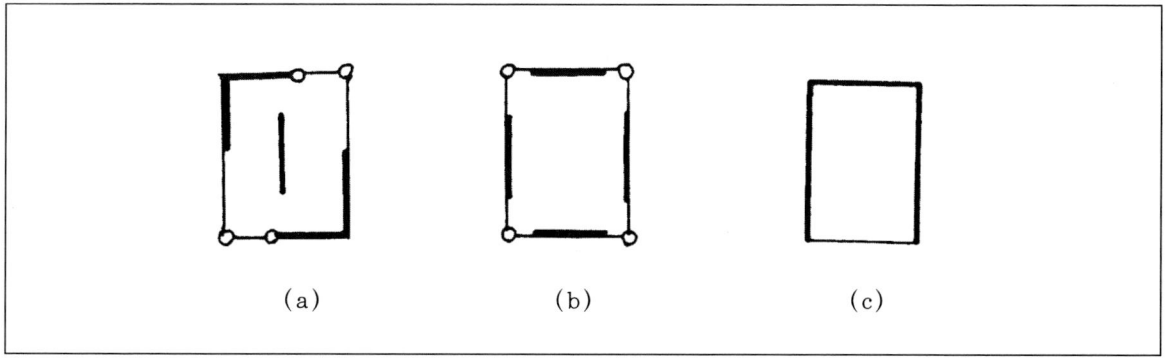

▲ 안전한 내진벽의 배치

(6) 보의 종류
① 단순보 : 양단이 벽돌, 블록, 석조벽 등에 단순히 얹혀 있는 상태로 된 것. 보의 하부에는 인장력이 생겨 균열되므로 인장력에 대항하는 재축 방향의 철근을 보의 주근이라 하고 인장측에만 철근을 넣은 것을 단근보라 한다. 중요한 보로서 압축측에도 철근을 배근한 것을 복근보라 한다.
　㉮ 굽힌철근(bend bar)
　　단순보의 인장력은 보의 중앙부에서 최대로 되고 단부로 갈수록 적어지므로 단부의 하부 철근은 많이 필요한 것은 아니니까 그 일부는 굽혀올릴 수가 있다.
　　이 철근을 굽힌철근이라 한다.
　㉯ 늑근(strirup bar)
　　전단력을 보강하여 보의 주근 주위에 둘러감은 철근을 늑근이라하며 지름 6mm 이상의 철근 또는 철선으로 또는 이형철근 D10으로 하고 있다.
　㉰ 전단력
　　전단력은 보의 단부에서 최대이고 중앙부로 갈수록 작아지므로 늑근은 단부에서는 촘촘하게 중앙부에서는 성기게 배치하는게 원칙이고 보춤의 1/2 이하로 한다.
② 연속보 : 2 이상의 간사이(중간지점이 1개 이상)에 일체로 연결된 보이고 단부 상태는 단순지지로 될 때도 있으나 회전을 구속하는 고정으로 되어 있다. 보는 하중을 받으면 각 지점 부근에서는 위로 휘어오르고 중앙 하부에서는 아래로 휘어내린 상태가 된다.
③ 내민보 : 연속보의 한끝이나 지점에 고정된 보의 한끝이 지지점에서 내밀어 달려 있는 보이다. 이 보는 위쪽이 모두 인장을 받으므로 상부에 인장 주근을 배치하고 안쪽은 지점에 충분히 정착하거나 연속보에 연장한다.
④ T형보 : 보단면은 장방형으로 바닥판과 일체로 되어 있어 보의 중앙부분에서는 공동으로 압축력에 저항하고 있다. 이와 같이 바닥판의 일부가 보의 일부로 간주될 때 이 보를 T형보라 한다.

[4] 기둥

(1) 기둥의 형태
① 기둥의 최소단면치수는 20㎝ 이상, 기둥 간사이의 1/15 이상으로 한다.
② 기둥 단면적은 600㎠ 이상이어야 한다.

(2) 기둥의 구조
① 각층의 바닥하중을 기초에 전달하는 수직 압축부재이다.
② 기둥의 단면은 4각형, 6각형, 8각형, 원형 등이 있다.
③ 축방향의 수직철근을 주근이라 한다.
④ 주근을 둘러싼 수평철근을 띠철근이라 한다.
⑤ 원형 또는 다각형 기둥에서 나선형으로 둘러감은 철근을 나선철근이라 한다.
⑥ 띠철근이나 나선근은 주근의 좌굴과 수평력에 대한 전단보강의 역할을 한다.
⑦ 주근의 이음위치는 기둥지점간 거리의 2/3 이내에 둔다.
⑧ 주근은 한자리에서 반 이상을 잇지 아니한다.
⑨ 기둥의 작은 지름이 45㎝ 이상이면 대각선 띠철근은 2~3단 마다 내는 것이 좋다.

(3) 주근
① 주근은 D13, ø12 이상의 것을 장방형, 정방형 기둥에서는 4개 이상, 원형기둥에서는 6개 이상을 사용한다.
② 주근간격
　㉮ 2.5cm 이상
　㉯ 주근지름의 1.5배 이상
　㉰ 최대자갈지름의 1.25배 이상

㉣ 콘크리트 단면적에 대한 주근 총단면적의 비율은 기둥단면의 최소너비와 각층 마다의 기둥의 유효 높이의 비가 5 이하일 때는 0.4%, 10을 초과할 때는 0.8% 이상으로 한다.

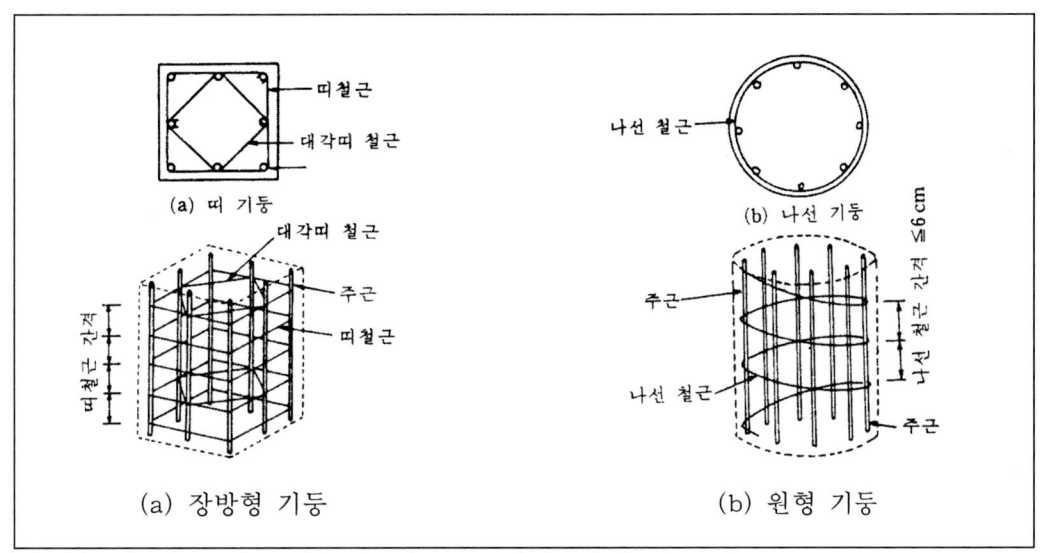

▲ 기둥의 배근

(4) 띠철근(대근)
① 띠철근, 나선철근 지름은 6mm 이상의 것을 사용한다.
② 띠철근 간격은 다음 값 중 작은 값 이하로 해야 한다.
　㉮ 주근지름의 16배 이하
　㉯ 띠철근 지름의 48배 이하
　㉰ 기둥의 최소치수 이하
　㉱ 30cm 이하
③ 대근은 전단력에 대한 보강이 되고 주근의 위치를 고정하며 압축력으로 인한 주근의 좌굴을 방지한다.
④ 기둥철근의 이음위치는 기둥유효높이의 2/3 이내로 둔다.

(5) 나선철근
① 지름 6mm 이상 사용
② 최대간격 : 8cm 이하 기둥유효지름의 1/6 이하
③ 최소간격 : 3cm 이상 굵은 골재의 1.5배 이상

[5] 바닥슬라브(slab)

(1) 바닥슬라브의 주근 및 배력근
① 단변방향의 철근을 주근, 장변방향의 철근을 배력근 또는 부근이라 한다.
② 콘크리트 전단면적에 대하여 이형철근은 0.2% 이상의 철근을 배근한다.
③ 주근 배력근 모두 ø9 이상의 둥근철근 또는 D10 이상의 이형철근 및 6mm 이상의 용접철망 사용
④ 주근의 간격은 20cm 이하로 하고(지름 9mm 미만의 용접 철망일 때는 15cm 이하), 배력근의 간격은 30cm 이하 또는 바닥 슬라브의 3배 이하로 한다. (지름 9mm 미만의 용접철망일 경우 20cm 이하)
⑤ 단부는 중앙부의 2배로 하여도 좋다.
⑥ 슬라브의 배근간격 단변방향 20cm 이하, 장변방향 30cm 이하로 한다.
⑦ 철근의 피복두께는 2cm 이상으로 한다.

(2) 바닥슬라브의 종류
① 장선 바닥판(ribbed slab)
  ㉮ 장선의 너비는 10cm 이상 최대 20cm
  ㉯ 춤은 너비의 3.5배 이하 장선간격은 75cm 이하
  ㉰ 바닥판의 두께는 장선 안목거리의 1/12 이상 또는 5cm 이상
  ㉱ 바닥판 철근은 지름 6mm 이상의 용접 철망 또는 철근 D10(ø9) 이상으로 한다.
② 워플 플랫 슬라브(Waffle flat slab)
  장선 바닥판의 장선을 직교하여 구성한 우물반자 형태로 2방향 장선 바닥 구조라고도 한다.
  ㉮ 보통 바닥판 구조보다 기둥의 간격을 더 넓게 할 수 있다.
  ㉯ 워플거푸집은 철판제 합성수지제 등의 규격제품이 있다.
③ 플랫 슬라브(flat slab 무량판)
  건물의 외부보를 제외하고는 내부에는 보 없이 바닥판으로 구성하고 그 하중은 직접 기둥에 전달하는 구조
  철근 배근형식에 따라 2방향식, 3방향식, 4방향식, 원형식이 쓰이고 있다.
  우리나라에서는 주로 2방향식이 있다.
  ㉮ 장점 : 공사비가 저렴하고 구조가 간단하며 실내이용율이 높고 층높이는 낮게 할 수 있다.
  ㉯ 단점 : 주두의 철근층이 여러겹이고 바닥판이 두꺼워서 고정하중이 증대된다.
  ㉰ 플랫 슬라브의 구조제한
    슬라브 두께 15cm 이상, 기둥의 폭은 각 방향 중심거리의 1/20 이상 30cm 이상, 층고의 1/15 이상으로 하고 주두에는 경자진 주두와 지판을 붙인다.

(3) 바닥슬라브의 두께
철근콘크리트 바닥슬라브의 두께는 8cm 이상 또는 다음 표에 의하여 산정한 두께 이상으로 한다.

(단위 : cm)

지 지 조 건	주변이 고정된 경우의 두께	캔틸레버의 두께
$\lambda \leq 2$의 경우 두 방향으로 배근한 콘크리트 바닥슬라브	$\lambda l_x/(16+24\lambda)$	
$\lambda > 2$의 경우 한 방향으로 배근한 콘크리트 바닥슬라브	$l_x/32$	$l_x/10$

▲ 콘크리트 바닥슬라브의 두께

※ 표에서 λ는 콘크리트 바닥슬라브의 장변 및 단변의 각 유효길이의 비이고, l_x는 단변의 유효길이이다.
바닥슬라브의 두께는 보통 12~15cm 정도로 하는 경우가 많다.

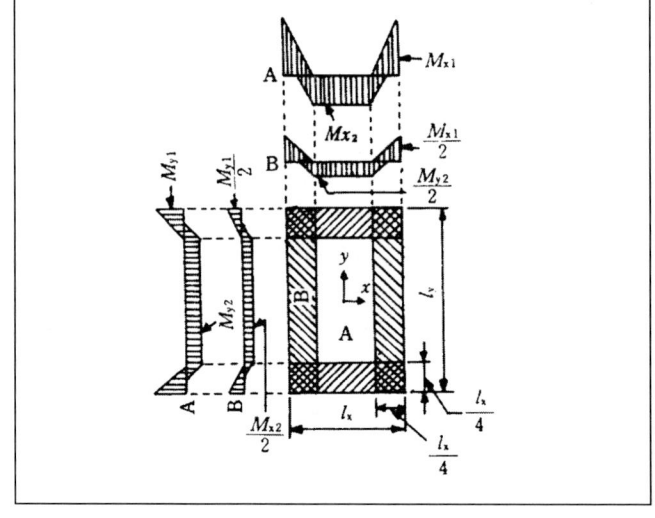

▶ 2 방향 바닥슬라브의 모멘트

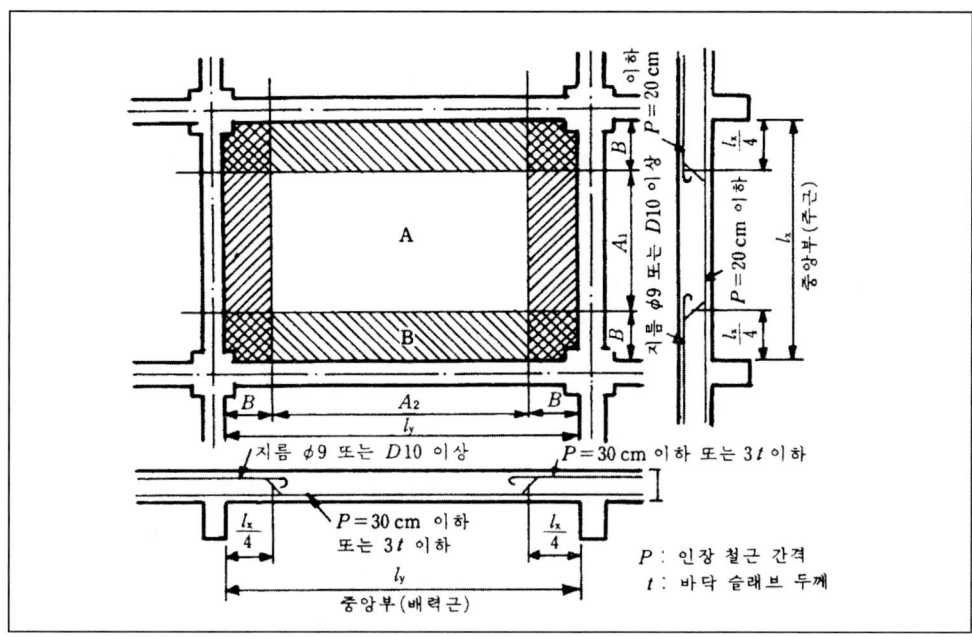

▲ 바닥슬래브의 배근

(4) 철근콘크리트 슬래브 형식

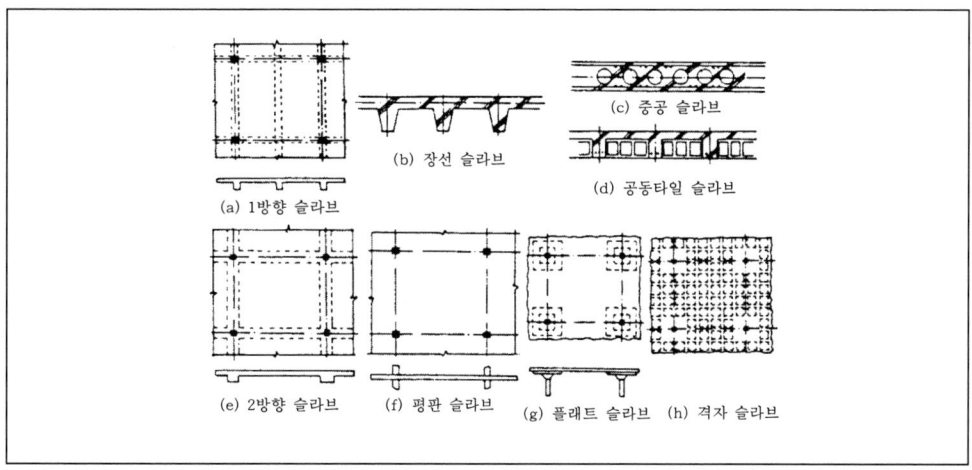

▲ 철근콘크리트 슬래브 형식

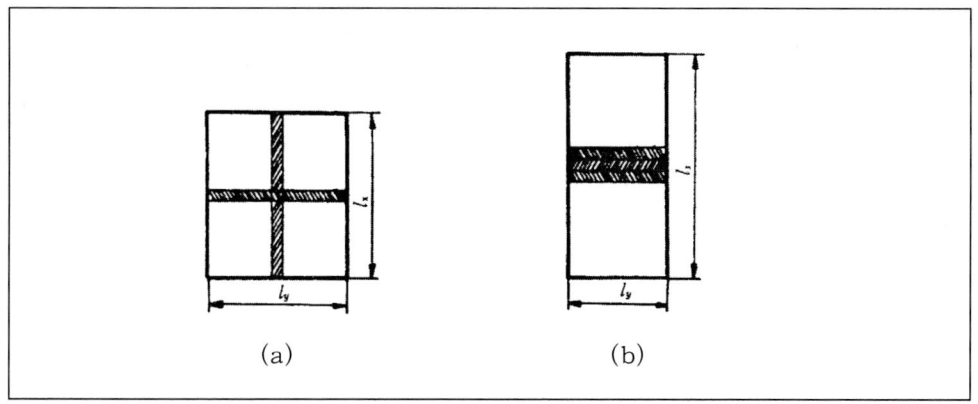

▲ 2방향 바닥 슬래브 (a)와 1방향 바닥 슬래브(b)

[6] 계단

(1) 계단의 종류
① 경사진보의형식 : 2변이 지지된 계단으로써 계단의 너비 및 간 사이가 큰 경우 많이 사용
② 경사진 바닥슬라브 형식 : 계단에 측보를 설치하지 않는 3변이 지지된 형식으로 계단의 길이에 제약을 받게 되며 수평 길이 6m 까지가 적당
③ 캔틸레버형식 : 계단의 너비가 작을 때 1변만 지지된 형식

[7] 방수와 수장

(1) 방수의 종류
① 아스팔트방수 : 기온의 변화에 따라 건축물에 생기는 국부적 신축에 안정한 것으로 해야 한다.
② 모르타르방수(시멘트 액체방수) : 모르타르 방수제를 섞어 바닥 또는 벽면에 바름하여 마감하는 것.
③ 시트방수 : 합성고무계나 합성수지계의 시트를 한층만 붙여 효과를 얻는 방법.
④ 충전제에 의한 방수 : 구성부재가 만나는 부분, 접합줄눈부분, 창틀주변 등에 틈이 있거나 균열이 생겨 물이 스며드는 것을 방지하기 위하여 코킹제, 실링제의 충전제 사용

(2) 옥상방수
철근콘크리트 평지붕의 물매를 1/100 이상으로 하며 방수모르타르를 여러층으로 발라 마무리하거나 보호콘크리트층을 둔다.

(3) 실내방수
화장실, 욕실 등으로 특히 배관을 한 주위에서 누수가 많으므로 코킹제 등으로 주위 깊게 아무리고 특히 욕실은 바닥면에서 15cm 이상 높게 한다.

(4) 지하실방수
① 안방수 : 시공이 용이하고 적당한 시기에 할 수 있으므로 수압이 적고 비교적 얕은 지하실에 적당.
② 밖방수 : 시공이 복잡하고 수압이 강력하므로 깊은 지하실에 사용하며 밑창 콘크리트에 방수층 사용.

(5) 수장
① 바깥수장
　㉮ 인조석마감 : 두께 40mm 정도의 판으로 철선을 넣은 콘크리트판에 백색시멘트와 안료 및 종석을 섞어서 발라 잔다듬 또는 물갈기로 마무리한다. 특히 종석을 대리석 알맹이로 갈아낸 것을 테라조(terazzo)라 한다.
　㉯ 테라코타붙임 : 테라코타는 고급 점토에 도토를 혼합한 원료로 사용하며 경량으로 하기 위하여 속을 비운 장식용 점토소성제품으로 건물의 외부벽, 돌림띠, 기둥머리 등에 쓰인다.
② 내부수장
　㉮ 걸레받이 : 높이는 100~200mm 정도가 적당하고 두께는 벽의 마무리에서 5~10mm 내밀거나 안으로 넣어 마감한다.
③ 개구부 : 금속제 창호에서 알루미늄제는 철제에 비해 강도면에서는 떨어지나 내식성이 우수하고 가벼우며 기밀성이 좋고 유지비가 적게 든다. 단점은 알카리에 약하므로 콘크리트에 직접 닿는 곳에 주의 요함.

3-4 철골구조

[1] 철골구조 개론

(1) 장점
① 강재는 다른 재료에 비해 재질이 균일하므로 신뢰성이 있다.
② 철근콘크리트 구조보다 건물의 무게를 가볍게 할 수 있다.
③ 큰 간사이의 구조물이나 고층 구조물에 적합하다.
④ 인성이 커서 상당한 변위에 대해서도 견디어 낸다.
⑤ 현장상태나 기상조건, 시공기술에 크게 관계 없이 정밀도가 높은 구조물을 얻을 수 있다.

(2) 단점
① 단면에 비하여 부재의 길이가 비교적 길고 두께가 얇아서 좌굴하기 쉽다.
② 열에 약하여 고온에서는 강도가 저하되고 변형하기 쉽다.
③ 일반적으로 녹슬기 쉽다.
④ 용접하기 이외는 일체식 구조로 보기 어렵다.

(3) 구조형식
① 트러스구조 : 비교적 가는 직선재를 삼각형 단위로 조립한 구조체
② 라멘구조 : 부재를 견고하게 강접합하여 각 부재가 접합부에서 일체가 되도록한 구조

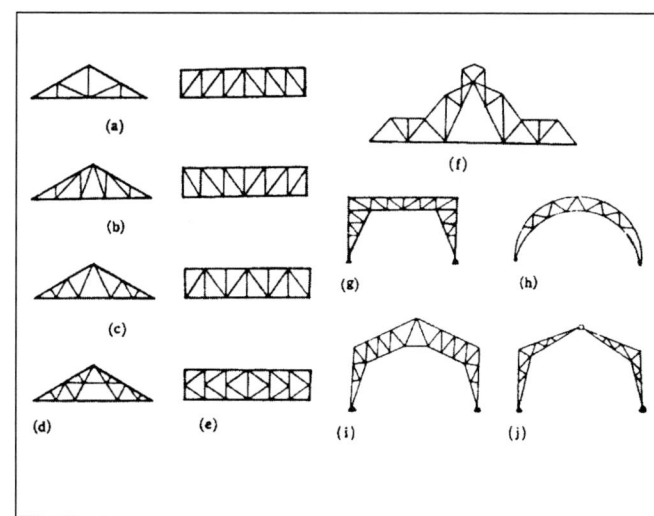

(a) 하우 트러스
(b) 플래트 트러스
(c) 와랜 트러스
(d) 핑크 트러스
(e) K 트러스
(f) 랜던
(g) 문형 트러스
(h) 트러스 아치
(i) 2핀 트러스 아치
(j) 3핀 트러스 아치

◀ 평면 트러스

(4) 재료
① 재질
  ㉮ 철골구조에 사용되는 강재의 재질은 주로 연강이다.
  ㉯ 탄소량이 0.05~1.2%의 것을 강이라 한다.
  ㉰ 탄소함유량이 0.12~0.25% 정도의 보통강을 연강이라 하며 인장강도는 40kg/㎟이다.
  ㉱ 고장력강은 인장 강도 50kg/㎟ 이상이며 연강에 적당한 합금 원소를 가하여 제조
② 구조용 압면 형강의 종류와 표시법
  ㉮ 형강 : ㄴ형강, I형강, ㄷ형강, H형강
  ㉯ 강판 : ㉠ 박강판 : 두께 4mm 이하
           ㉡ 후강판 : 두께 4mm 이상

③ 형강의 종류 및 표시법
  형강의 갯수, 형강의 종류-높이×너비×두께×길이
  예) 2L-75×75×6×300

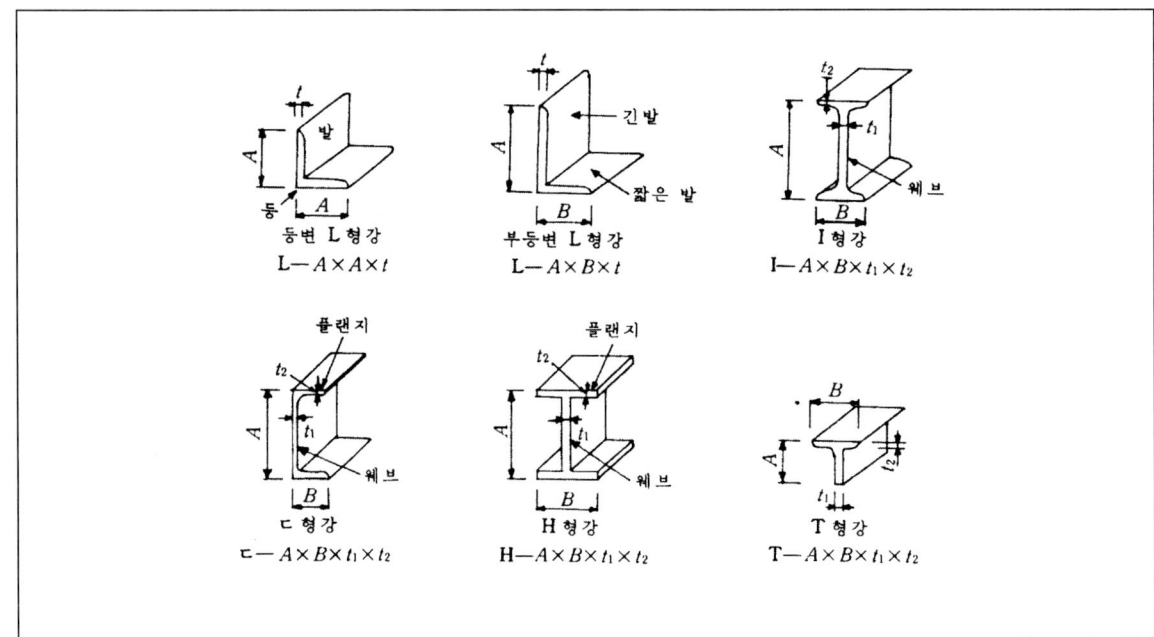

▲ 형강의 종류와 표시법

[2] 철골기둥

(1) H형강
① 기둥의 간격은 5~6m로 하고 주로 H형강이 철골기둥으로 가장 많이 쓰인다.
② H형강 기둥은 공작이 간단하며 보와의 맞춤도 쉽다.
③ H형강재의 단면이 부족할 때에는 덧판(cover plate, flange plate)을 플랜지에 덧대여 리벳 또는 용접한다.

(2) 철골기둥의 구조
① 재치수와 단면적 : 재두께는 6mm 이상, 리벳 볼트의 지름은 16mm 이상으로 한다.
② 이음 : 중간이음은 없도록 하는 것이 좋고 할 수 없이 둘때에는 응력이 최소로 되는 곳에 덧판을 써서 충분한 강도가 나게 한다.
③ 주각 : 저판(base plate)의 두께는 12mm 이상으로 하고 기둥의 전응력을 안전하게 전달시킬 수 있도록 덧판과 앵글을 써서 기둥을 충분히 연결한다.

[3] 보(Beam)

(1) 개요
① 보는 휨모멘트를 받는 플랜지와 전단력을 받는 웨브로 구성되어 있다.
② 보의 종류에는 형강을 단일재로 쓴 형강보와 형강과 강판을 조립한 조립보가 있다.
③ 보는 형상에 의해 등고보, 변고보, 굽은보로 나눌 수 있으며 구성에 의한 종류에는 형강보, 플래이트보, 트러스보, 래티스보, 사다리보를 들 수 있다.
④ 트러스보의 춤은 간 사이의 1/12~1/10 정도 라아멘보의 춤은 1/16~1/15 정도로 한다.

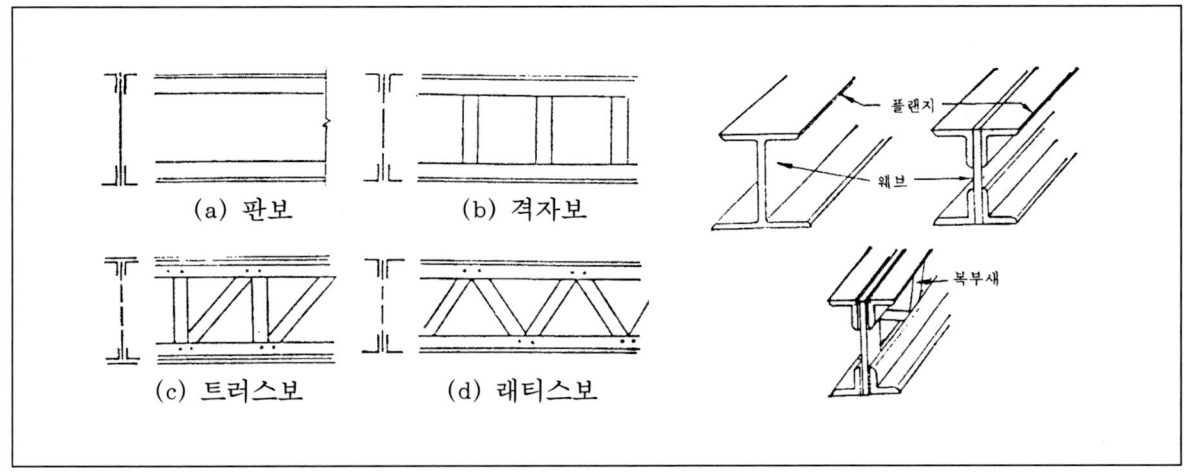

▲ 보의 종류

※ 플랜지(flange) : 부재단면 상하에 날개처럼 내민 부분
  웨브(web) : 부재의 중앙에서 상하 플랜지를 연결시키는 부분

(2) 보의 구성
① 플랜지(flange) : 보의 단면 상하에 날개처럼 내민 부분으로서 휨 모멘트를 받음.
② 웨브(web) : 보의 중앙부의 복부재로서 전단력을 받음.

(3) 보의 종류
① 단일형강보 : ㄱ형강, ㄷ형강, I형강, H형강 등을 단독 또는 2~3개를 단순한 접합으로 하여 쓴 보로서 중도리, 장선, 간사이가 작은보 등에 쓰인다.
② 조립보 : 형강이나 강판 등을 구성 조립하여 강한 힘에 견디도록 꾸민 보로서 판보, 격자보, 래티스보, 트러스보 등이 있다.

(4) 보의 구조일반
① 재료 : 주요 구조재의 재 두께는 6mm 이상 앵글의 일변 너비는 50mm 이상 리벳 및 볼트의 지름은 16mm 이상
② 단면적 : 리벳구멍을 공제한 정미단면적에 대하여 산정한다.
③ 플랜지판의 내밀기 : 가장 얇은판 두께의 8배 또한 15cm 이하
④ 커버플레이트가 없는 플랜지앵글의 두께 : 내민 앵글너비의 1/12 이상 또 스티프너의 앵글두께도 이와 같다.
⑤ 플랜지판의 단면적 : 플랜지 총단면적의 60% 이하
⑥ 웨브판의 두께 : 플랜지앵글의 리벳선 거리의 1/160 이상 웨브의 춤은 상하 플랜지면에서 각각 5mm 이하 짧게 한다.
⑦ 스티프너(Stiffener) : 가능한 웨브의 양쪽에 대칭으로 대고 집중 하중을 받는 부분에는 끼움판 (filler)을 댄다.
⑧ 커버 플레이트(cover plate) : 설계상 필요한 점에서 20cm 연장시킨다.
⑨ 이음(joint connection) : 응력이 가장 작은 곳에 두고 각부의 이음은 서로 엇갈리게 배치한다.
⑩ 보의 처짐 : 간사이의 1/360 이하

(5) 형강보
① 형강보는 I형강, H형강이 사용된다.

② 단면이 부족할 경우 플레이트(flange plate)를 덧붙인다.
③ 보의 춤은 간사이의 1/15~1/30 정도로 한다.
④ 보의 춤을 높인 허니 코움보(honeycomb beam)는 고층건물에 쓰인다.

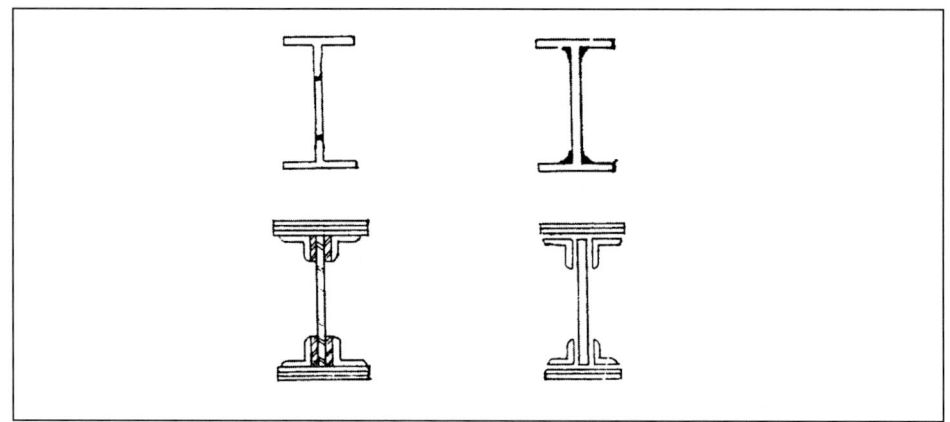

▲ 플랜지 플레이트가 달린 형강보

(6) 플레이트보(판보)
① L형강과 강판을 리벳접합이나 용접으로 하여 I형 모양으로 조립한 것.
② 형강보로는 감당하기 어려운 큰 하중이나 간사이가 큰 구조물에 쓰인다.
③ 플랜지 플레이트(flange plate)
크기는 휨모멘트에 따라 결정되며 매수는 4장 이하로 제한하고 있다.
④ 웨브 플레이트(web plate)
전단력에 따라 단변이 결정되며 두께는 6mm 이상으로 하여 전단력에 저항한다.
⑤ 스티프너(stiffener)
웨브 플레이트의 두께가 춤에 비하여 얇은 경우에는 웨브 플레이트의 좌굴을 방지하기 위하여 스티프너를 설치한다.
스티프너는 L형강이나 평강이 사용되며 재축에 나란하게 설치한 것을 수평 스티프너, 직각으로 설치한 것을 중간스티프너라 한다.

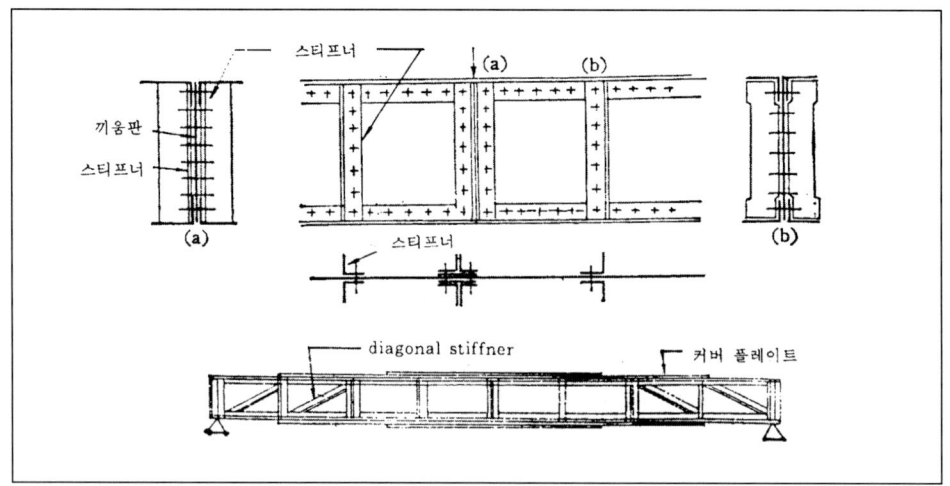

▲ 플레이트보의 스티프너

(7) 트러스보
① 보의 휨모멘트는 아래위 현재의 축방향력으로 한다.
② 전단력을 웨브재의 축방향력으로 평행이 되게 한보로 큰 간사이 하중이 작용 할 때 사용
③ 웨브재로는 ㄴ형강을 쓰고 거싯플레이트를 대어 현재에 2개 이상의 리벳으로 접합한다.

(8) 래티스보
트러스보와 엄밀히 구별하기 어려우나 웨브재로 평강을 45°~60°등의 일정한 각도로 조립한 보.

(9) 사다리보
래티스보의 일종으로 볼 수 있으며 주로 콘크리트를 피복할 때 쓰인다.

(10) 격자보
웨브재를 플랜지에 90°로 댄 것을 격자보라 하고 철골철근콘크리트에 많이 쓰이고 대판의 간격은 그 사이를 보의 춤보다 적게 배치한다.

[4] 접합

(1) 접합의 종류
리벳접합, 볼트접합, 판접합, 용접접합, 고장력 볼트접합
① 리벳접합
  ㉮ 2장 이상의 강재에 구멍을 뚫어 약 800~1,000°C 정도로 가열한 리벳을 박고 보통은 압축공기로 타격하는 형식의 리베터로 머리를 만든다.
  ㉯ 시공의 좋고 나쁨에 따른 강도에 미치는 영향이 적다.
  ㉰ 신뢰도가 높은 반면에 부재에 구멍을 뚫게 되므로 부재의 단면이 결손된다.
  ㉱ 시공이 불가능 한 곳도 있다.
  ㉲ 시공시 소음이 난다.
  ㉳ 리벳으로 치는 판의 총두께는 리벳구멍지름의 5배 이하로 한다.
    (ex) 리벳의 지름이 20mm 일 때 판으로 칠 수 있는 두께는 100mm
  ㉴ 9mm 이하 리벳은 불에 달구지 않고 사용할 수 있다.
  ㉵ 리벳은 16, 19, 22mm 등이 많이 사용된다.

리벳의 지름(d)	리벳의 구멍지름	비 고
16mm 이하	d+1.0mm	
18mm~30mm	d+1.5mm	
32mm 이상	d+2.0mm	

▲ 리벳구멍의 지름

(ex) 지름이 15mm 리벳은 리벳구멍지름이 16mm 이어야 한다.

(2) 리벳간격(rivet pitch)
① 리벳의 최소피치 2.5d
② 표준피치 3~4d
③ 리벳의 최대피치는 압축재일 때 8d 이하, 15t 이하, 30cm 이하
④ 리벳의 최대피치는 인장재일 때 12d 이하, 30t 이하, 100cm 이하
　d는 리벳지름, t는 접합재 중 얇은재의 두께

(3) 리벳의 연단거리
① 최소연단거리 : 리벳지름의 2.5배 이상
② 최대연단거리 : 그재 두께의 12배 이하 또한 15cm 이하

(4) 리벳접합시 주의사항
① 리벳과 볼트를 병용했을 때는 리벳이 모든 외력에 저항하도록 한다.
② 리벳과 고장력 볼트를 병용했을 때는 각기 허용응력에 의한 응력을 부담시킨다.
③ 리벳과 용접을 병용했을 때는 용접이 모든 외력에 저항하도록 한다.
④ 끼움판(filler)의 두께는 6mm 이상을 사용한다.

(5) 리벳의 종류
　리벳은 머리의 모양에 따라 다음 그림과 같은 4종류가 있다.
　일반적으로 둥근머리 리벳이 많이 쓰이며 가장 강한 것도 둥근머리 리벳이다.
　리벳은 지름 12~25mm이나 보통 16~22mm의 것이 많이 쓰이며 형강 다리의 너비에 따라 최대지름이 정해진다.

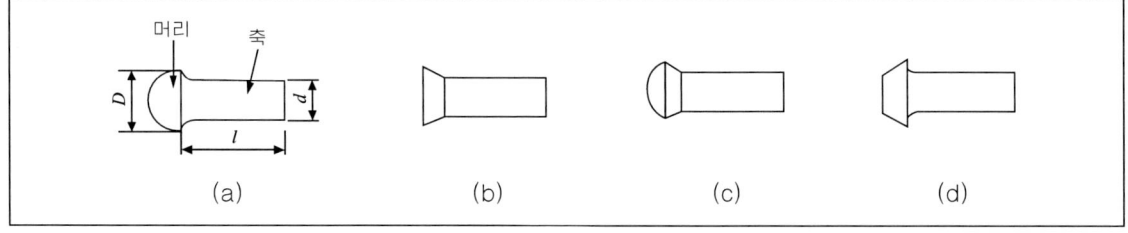

▲ 리벳의 종류

주 : (a)둥근머리 리벳　　(b)접시머리 리벳(민리벳)
　　 (c)둥근접시머리 리벳　(d)납작머리 리벳(평리벳)

(6) 리벳의 배치
① 게이지 라인(gauge line) : 리벳의 중심선
② 게이지(gauge) : 게이지라인과 게이지라인의 거리
③ 피치(pitch) : 게이지라인상의 리벳상호간의 중심간격
④ 끝남기(e_2) : 부재끝에 가까운 리벳중심과 부재끝과의 거리
⑤ 옆남기(e_1) : 힘의 직각방향에 대하여 갓사이를 옆남기
⑥ 클리어린스(리벳치기 여유) : 리벳중심과 수직재면까지의 거리
⑦ 피치는 최소한 리벳지름의 2.5배 이상이어야 한다.
⑧ 리벳은 응력방향으로 한줄에 최고 8개 이상 배열하지 않는다.
⑨ 그립(grip) : 리벳 또는 볼트로 접합되는 판의 총두께로서 리벳 지름의 5배 이하

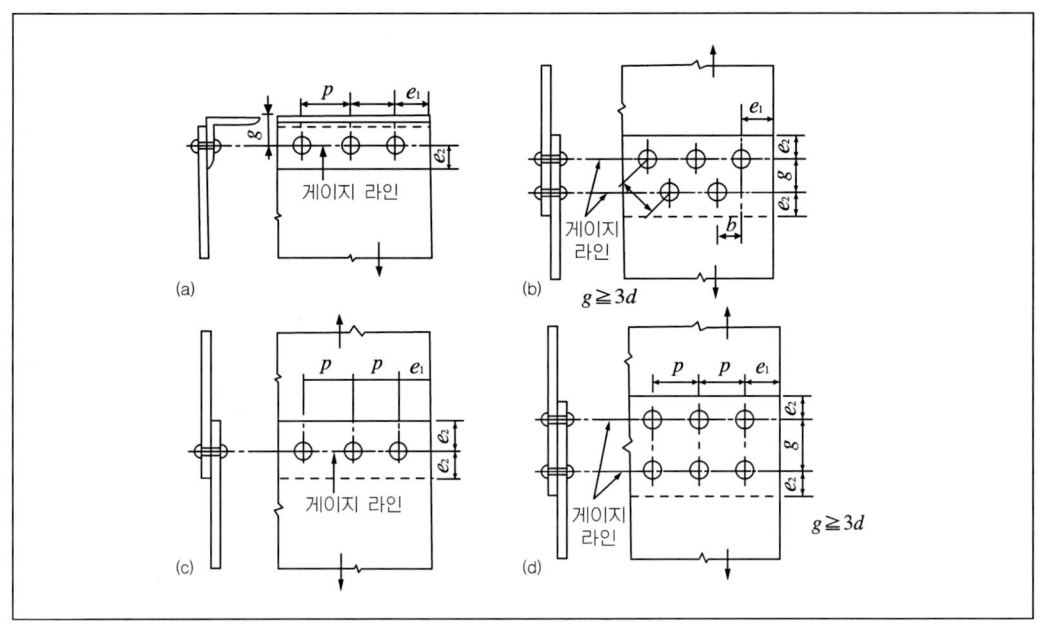

▲ **리벳의 배치**

주 : (a)겹침 접합일렬좀   (b)겹침 접합엇갈림좀
      (c)겹침 접합일렬좀   (d)겹침 접합병렬좀

(7) 볼트 접합(지압과 전단에 의한 접합)
① 검정 볼트 : 연마하지 않은 볼트로 가조립용, 인장용으로 쓰인다.
② 연마 볼트 : 본 좀이나 핀 등의 중요한 곳에 쓰인다.
③ 볼트 구멍의 지름은 볼트 지름보다 0.5mm 이내의 한도내에서 크게 뚫을 수 있다.
④ 진동을 받는 부재로서 너트가 풀릴 염려가 있을 때에는 너트를 용접하거나 콘크리트속에 풀리지 않도록 한다.

(8) 고장력 볼트(마찰저항에 의한 접합)
① 장점
    ㉮ 리벳접합과 같은 소음도 없다.
    ㉯ 시공이 비교적 용이하다.
    ㉰ 공기단축이 가능하다.
    ㉱ 반복하중에 대한 이음부의 강도가 크다.
② 단점
    접촉면의 상태나 볼트류의 재질, 긴결 작업 등에 대하여 주의하여야 한다.

(9) 교절(핀)접합
    교절 접합은 핀으로 부재를 연결하는 것으로 접합부에서 회전은 하나 이동은 못하게 되어 있다.

(10) 용접
① 장점
    ㉮ 부재의 단면결손이 없으며 경량이 된다.
    ㉯ 구조가 간단하여 자연스러운 접합형식을 택할 수 있다.
    ㉰ 접합부의 연속성, 강성을 얻을 수 있으며 소음의 발생이 없다.

② 단점
　㉮ 재료시공에 대한 주의 필요
　㉯ 시공불량에 의한 결함이 생기기 쉽다.
　㉰ 용접부의 시공양부 검사가 어렵다.
　㉱ 용접열에 의한 변위나 응력이 발생한다.

③ 용접의 형상
　맞댐용접, 모살용접, 부분용입용접

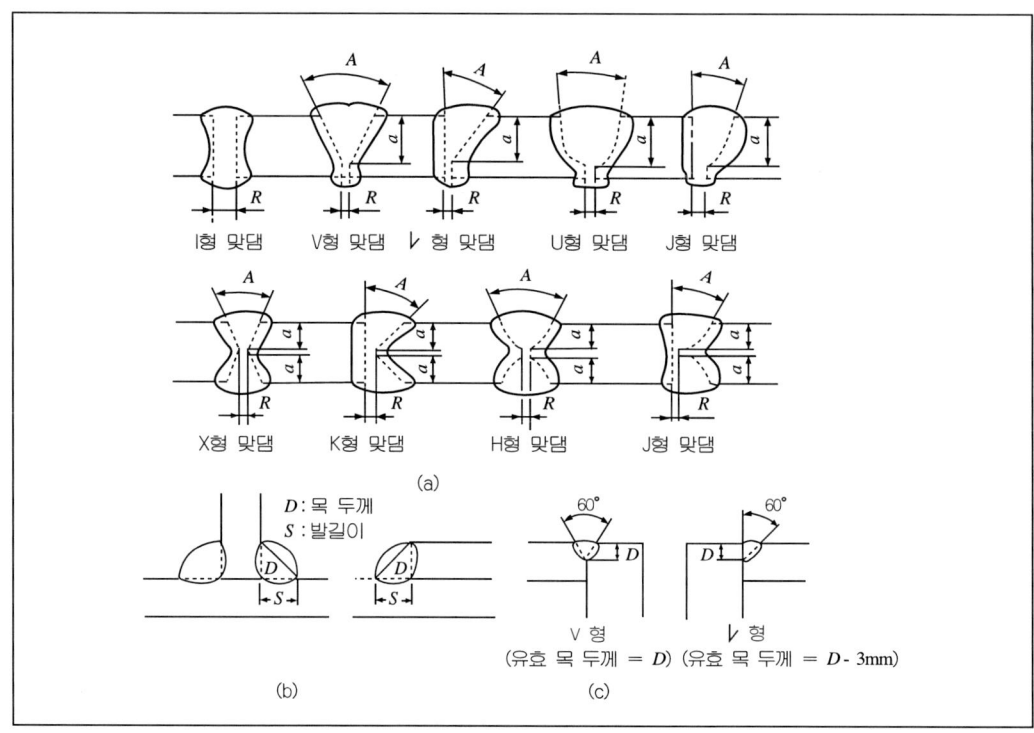

▲ 용접형상

주 : (a) 맞댐 용접　　(b) 모살 용접　　(c) 부분용입용접

④ 접합의 종류와 형상

접합종류	형　　상	사용되는 용접의 종류
맞댄접합		모든맞댐 부분용입
겹친접합		모살 : 원형, 오목형

맞댄접합		모살 ㅣ형, K형 맞댐 부분용입
겹친접합		모살 ㅣ형, K형 맞댐 부분용입
갓 접 합		비드 V형, U형 맞댐

▲ 접합의 종류와 형상

⑤ 용접법
  ㉮ 맞댐용접 : 접합재를 동일평면으로 유지하며 그 끝을 적당한 모양 또는 각도로 가공하여 앞벌림 홈에 용접하는 것.
  ㉯ 모살용접 : 두 접합재의 면을 직각 또는 60°～120°로 맞추어 그 모서리 구석부를 용접하는 것.

⑥ 용접시험과 검사
  ㉮ 용접부의 현 또는 호형의 표면은 붙임모양이 일매지고 줄바르며 요철이 없어야 한다.
  ㉯ 용융체에는 구멍이 없어야 한다. 전력이 크면 산화가 심하여 작은 구멍이 생기고 전호길이에 치우쳐 용접봉의 움직임이 부정확할 때에도 용융체는 부근에 비산하여 녹아들기가 충분히 되지 않는다.
  ㉰ 언더컷(under cut) : 용접금속의 끝(모재와 표면의 접합부)에서 모재가 녹아 내려 우묵하게 된 상태로 원인은 전류의 과대 또는 용접봉의 부적당에 기인한다.
  ㉱ 비이드(bead) : 아아크 용접 또는 가스 용접에 있어서 용접봉의 1회의 통과로 모재표면에 붙은 한물의 용착금속층을 말한다.
  ㉲ 오우버랩(overlap) : 용착금속이 끝부분에서 모재와 융합하지 않고 덮여진 부분
  ㉳ 블로우 홀(blow hole) : 금속이 녹아들 때 생기는 기포나 작은 틈
  ㉴ 크랙(crack) : 용접후 냉각시에 생기는 갈램
  ㉵ 위이핑 홀(Weeping hole) : 용접부분에 생긴 미세한 구멍

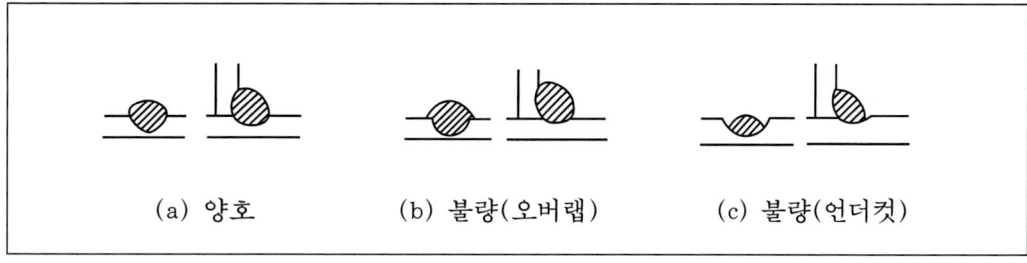

▲ 녹아들기와 정도

⑦ 용접기호

용접부의 모양	기본기호
양쪽 플랜지형	⌣
한쪽 플랜지형	⌐
I형	∥
V형, 양면V형(X형)	∨
⌊형, 양면⌊형(K형)	⌶
J형, 양면J형	⌡
U형, 양면U형(H형)	⌣
플래어V형, 플래어X형	⌒

용접부의 모양	기본기호
플래어V형, 플래어K형	⌐
모 살	◸ 엇갈림 용접때 에는 ◹◺ 으로 할수있음
플러그, 슬로트	⊓
비드, 덧붙임	⌒
점, 프로젝션, 심	심용접은 ⊖

⑧ 용접부의 기호 표시방법

표면모양	볼 록 오 목	⌒ ⌣
다듬질방법	치 핑 연 삭 절 삭 지정하지 않음	C G M F
기 타	현 장 용 접 온 둘 레 용 접 온둘레현장용접	▶ ○ ⦿

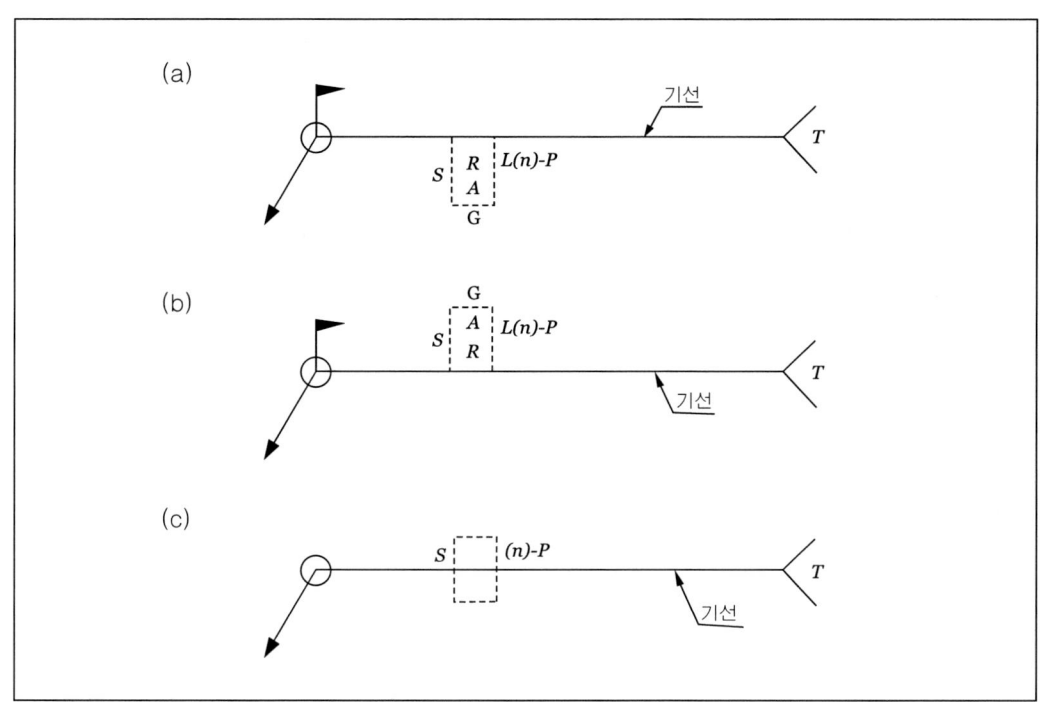

▲ 용접 시공 내용의 기재방법

주 : (a) 용접할 쪽이 화살쪽 또는 앞쪽일 때
　　(b) 용접할 쪽이 화살 반대쪽 또는 건너쪽일 때
　　(c) 겹치기 이음부의 저항용접(점용접 등)일 때

S : 용접부의 단면 치수 또는 강도　　　R : 루우트 간격
A : 홈 각도　　　　　　　　　　　　　□ : 기본기호
L : 단속 필렛 용접의 용접 길이, 슬롯 용접의 홈 길이 또는 필요한 경우에는 용접 길이
n : 단속 필렛 용접, 플러그 용접, 슬롯 용접, 점용접 등의 수
P : 단속 필렛 용접, 플러그 용접, 슬롯 용접, 점용접 등의 피치
T : 특별지시사항(J형, U형 등의 루트 반지름, 용접 방법, 기타)
— : 표면모양의 보조기호
G : 다듬질 방법의 보조기호
⊙ : 온둘레 현장 용접의 보조기호
○ : 온둘레 용접의 보조기호

[5] 각부 구조

(1) 뼈대
① 구조형식
　㉮ 트러스구조와 라아멘구조로 나눈다.
　㉯ 트러스에는 평면트러스와 입체트러스가 있다.
　㉰ 평면트러스의 형식은 보통 간 사이가 20m 정도로 하고 그 이상일 때는 아치 형식을 쓴다.
　㉱ 트러스트의 간격은 목재 3.6m 이하, 강재는 5m 까지로 한다.
② 뼈대의 부재
　㉮ 인장을 받는 부재에는 트러스부재, 지붕가새, 벽면띠장, 달대
　㉯ 응력이 적게 작용하는 인장재는 단일형강재 원형철근을 쓴다.

㉓ 압축재는 짧게 하고 인장재는 길게 한다.

(2) 기둥
① 형강기둥 : 형강을 단독으로 사용한 것으로 단일 I형강이나 H형강 등이 쓰인다.
　또 저항력을 크게 하기 위하여 플랜지부 및 웨브부에 플레이트를 댈 때도 있다.
② 플레이트기둥 : 플랜지부분에 L형강을 웨브부분에 강판을 써서 I형으로 만든 것과 플랜지 플레이트를 대서 휨모멘트에 대한 저항력을 크게 한것.
③ 래티스 기둥, 사다리 기둥
　㉮ 래티스 기둥은 웨브부분에 래티스를 쓴 것이며 래티스에는 형강이나 평강을 쓴다.
　㉯ 래티스 각도 θ는 그림 (d), (e)와 같은 단래티스에서는 약 30°, 그림(f)와 같은 복래티스에서는 약 45°로 한다.
　㉰ 사다리 기둥은 웨브재를 (g)와 같이 짜는 것으로 전단력에는 약하므로 경미한 구조물에서는 단독으로 쓰이기도 하지만 철골철근콘크리트구조물에 주로 많이 쓰인다.
④ 트러스기둥 : 트러스기둥은 그림(h)와 같은 것이고 큰 구조물에 쓰인다.

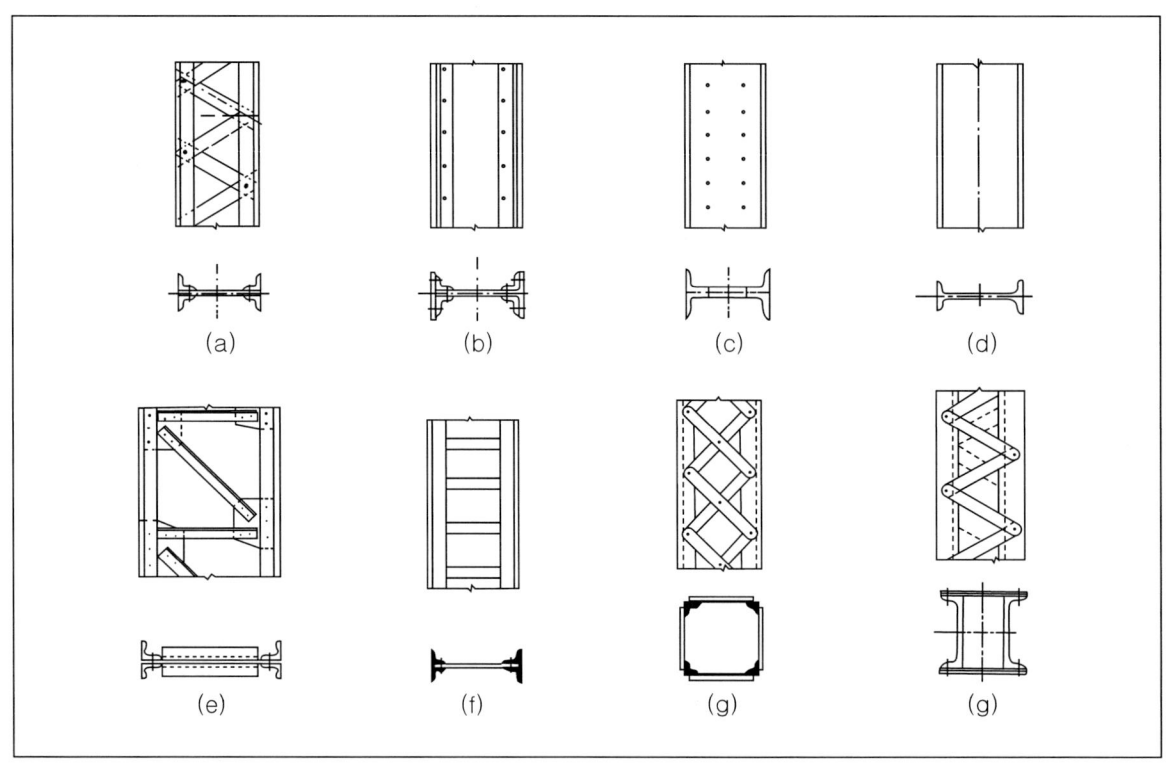

▲ 각종 기둥

주 : (a)형강기둥　　(b)형강기둥　　(c)플레이트기둥
　　(d)단래티스기둥　(e)상자형기둥(단래티스)　(f)상자형기둥(복래티스)
　　(g)사다리기둥　　(h)트러스

⑤ 주각 : 주각은 기둥이 받는 힘을 기초에 전달하는 부분인데 베이스 플레이트의 두께는 보통 15mm정도 때로는 30mm 정도까지 쓰인다.
　앵커볼트의 굵기는 16~32mm가 가장 많이 쓰인다.

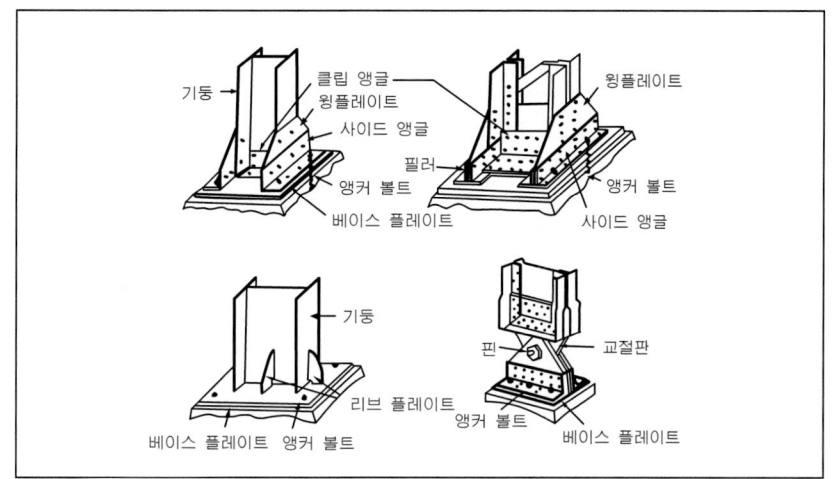

▲ 주각

⑥ 이음 : 응력이 작은 위치에 기둥의 이음을 설치하는 것이 좋으나 보통 바닥에서 1m 정도 되는 높은 곳에서 잇는다.
⑦ 맞춤 : 기둥과 보의 맞춤은 웨브플레이트 한장의 판으로 한 거싯 플레이트(gusset plate)에 의한 방법이 많이 쓰인다.

[6] 철골철근콘크리트 구조

(1) 개요

철골구조와 철근콘크리트구조를 일체로 한 철골철근콘크리트구조는 서로의 장점을 동시에 가지는 내진, 내화, 내구적인 구조로서 보와 기둥의 현장조립에 의해 시공성이 우수하며 건축물의 내진성을 중요시 하는 곳에서는 가장 뛰어난 구조이다.

(2) 평면과 조립

라멘구조로 간사이는 보통 5~8m 철골 철근콘크리트구조의 철골재로는 래티스나 사다리꼴의 형식과 같이 콘크리트와의 부착이 좋은 것을 사용한다.

3-5 조립식구조

[1] 개요

조립식구조(Prefabricated Construction)는 벽체, 바닥판, 지붕판 등의 각 부분의 구조, 시공을 고려하여 한 단위판으로 공장 생산하여 현장에서는 조립·접합하는 구조로 현장의 작업공정을 줄이면서 시공능률, 정밀도, 공기단축, 대량생산, 경비절감 등을 목적으로 하는 공업화된 구조이다.

(1) 조립식 구조의 특징
- 비능률적인 현장 작업에 쓸 각종 부재들을 되도록 공장에서 미리 만들어 현장에 반입, 조립함으로써 대량생산 효과를 얻을 수 있다.
- 기후의 영향을 받지 않고 공기를 단축할 수 있다.
- 모든 치수는 기준척도 M(10cm)의 배수가 되게 한다.
- 건물 높이는 2M(20cm) 건물평면상 길이는 3M(30cm)의 배수가 되도록 한다.

(2) 조립식 구조의 단점
- 획일적이어서 창조성이 결여되고 외관이 단순하여 다양성에 문제가 있다.
- 각 부품의 일체화가 곤란하고, 수평력에 취약하다.
- 풍압과 지진에 취약하고 화재시에는 위험도가 높다.
- 강재가 철근콘크리트에 비하여 강성이 적어 진동에 약하다.
- 초기에 시설비가 많이 든다.

[2] 조립식구조의 분류

(1) 구성방식에 의한 분류
① 가구식 조립구조
　뼈대를 목재, 철골 또는 철근콘크리트조로 구성하고 여기에 벽판(창문틀포함), 바닥판(계단판포함), 지붕판 등의 패널 들을 조립하는 구조.
② 패널(판)식 조립구조
　벽과 기둥, 바닥과 보 등을 한 장의 패널로 형성한 것을 조립하는 구조로 판을 통해 하중을 전달하는 구조로 마감이나 전기 기계설비 등 부수시설은 별도로 시공하는 구조.
③ 상자형 조립구조
　상자식 조립구조는 벽과 바닥이 일체로 된 컨테이너와 같은 방식으로 유닛(Unit)상자를 공장에서 제작하여 현장에서의 조립과정을 최소화 한 구조

(2) 재료별 분류
① 목조 조립식구조　　② 철근콘크리트조 조립식구조　　③ 철골조 조립식구조

(3) 공법상 분류
① 리프트업 공법　　② 틸트업 공법　　③ 필드공법　　④ HPC공법

3-6 기타구조

[1] 쉘구조

휘어진 얇은 판을 이용한 구조로서 곡면판 구조의 역학적 특성을 이용한 것으로 하중이 축선을 따라 압축력으로 하부에 전달되므로 구조상 불리한 휨모멘트가 작용하지 않아 단면이 작고 가벼운 구조체로 큰 공간을 구성할 수 있다. 1900년경 페레형제가 최초로 사용하였으며 1950년대 철근콘크리트구조와 컴퓨터의 발전에 의하여 곡면구조형의 입체적인 거대한 공간을 형성하면서 쉘구조가 발전하였다.

① 시드니의 오페라하우스
② 공장, 체육관 등의 건축현장에서 용이하게 만들어지는 구조
③ 쉘의 형태는 기하학적으로 원통형 쉘, 구형 쉘, 쌍곡 포물선 곡면 쉘, 추동형 쉘, 자유형 쉘로 구분하고 추동형 쉘은 다시 타원포물선 곡면쉘, 코노이드 쉘, 4차 곡면쉘로 나눈다.

[2] 막구조

구조체 자체의 무게가 적어 넓은 공간의 지붕 등에 쓰이는 것으로 상암 월드컵경기장, 제주 월드컵경기장에서 볼 수 있다.

① 피막구조 : 미리 인장력을 가한 케이블에 텐트나 천막 같이 자체로는 전혀 하중을 지지할 수 없는 막을 잡아당겨 인장력을 주면 막 자체에 강성이 생겨 구조체로서 힘을 받을 수 있도록 한 구조
② 공기막구조 : 밀폐된 공간의 내부에 공기를 불어넣어 지붕 등의 구조체에 인장력이나 압축력을 가하여 내외부의 기압차로 지지하는 구조

[3] 입체구조(Space Frame Construcation)

① 2차원의 트러스를 평면 또는 곡면의 2방향으로 확장시키거나 트러스를 종횡으로 배치하여 입체적으로 구성한 구조
② 시각적인 효과, 경제성, 용한 접합, 모듈시공 등의 장점이 있다.
③ 입체구조는 구형구조, 삼각형구조, 트러스구조 등이 있고 형태는 평면형과 곡면형이 있다.
④ 형강이나 강관을 사용하여 체육관 등 넓은 공간을 구성하는 데 이용된다.

[4] 튜브구조

① 초고층 구조의 건물에서 사용하는 구조시스템의 하나로 관과 같이 하중에 저항하는 수직부재가 대부분 건물의 바깥쪽에 배치되어 있어 횡력에 효율적으로 저항하도록 계획된 구조시스템. 내부기둥을 줄여 내부공간을 넓게 조성할 수 있는 이점이 있다.
② 관과 같은 하중에 저항하는 수직부재가 대부분 건물의 바깥쪽에 배치되어 있어 횡력에 효율적으로 저항하도록 계획한 것
③ 외부벽체에 강한 피막을 두르는 건축구조로, 횡력에 저항하고 강한 피막이 수평하중을 줄여준다.

[5] 돔구조

① 반구형으로 된 지붕으로 주요 골조가 트러스구조로 되어 있고 압축력과 인장력으로 구성되며 수직, 수평방향으로 힘의 평형을 이루는 구조

① 돔은 구조물 중에서 가장 안정되고 단단한 구조물로서 재료도 가장 적게 드는 구조물이다.
② 돔의 살 두께도 돔지름의 1/300~1/400이면 충분하다.
③ 단점은 형틀제작에 공사비가 많이 든다.
④ 돔에 외부압력이 가해졌을때 그 하단부분이 터질 가능성이 높기 때문에 테두리보를 충분히 보강해야 한다.

[6] 현수구조

중간에 기둥을 두지 않고 직사각형의 면적에 지붕을 씌우는 형식으로 교량시스템을 응용한 것 거대한 집회실이나 전람실 지붕, 대교에 많이 이용

① 주케이블이 양쪽 주탑으로 연결되어 있고 그 주케이블에 보조 케이블이 내려와 상판을 잡아주고 지지한다.
② 케이블로 파이어로프 또는 PS 와이어 등을 사용하여 주로 인장재가 힘을 받도록 설계된 것이다.
③ 남해대교, 샌프란시스코의 금문교 등이 있다.

[7] 콘크리트 충전 강관구조(CFT)

주요구조부를 강관으로 구성한 구조

① 원형 또는 각형강관에 콘크리트를 충전하여 철과 콘크리트의 장점을 이용한 합성구조이다.
② 중공 단면의 강관은 보통 형강에 비해 압축, 전단, 비틀림 등에 대해 역학적으로 유리하고 단면에 방향성이 없으므로 뼈대의 입체구성을 하는데 적합
③ 강관을 거푸집으로 이용하므로 별도의 거푸집이 필요없다.
④ 에너지 흡수 능력이 뛰어나 초고층 구조물에 적용 가능하다.

[8] 사장구조

① 주탑에서 주케이블이 바로 상판을 지지한다.
② 서해대교, 올림픽대교 등이 있다.

[9] 절판구조

얇은 판을 주름지게 접으면 견고해지듯이 나무나 강철, 알루미늄, 철근콘크리트, 콘크리트절판 등 판을 아코디언과 같이 주름지게 여러번 접는 형태로 하중에 대한 저항을 증가시키는 구조. 평면판의 조합에 의해 다면체상의 기구를 형성하여 주로 면내응력에 의해서 외력에 저항하는 구조체로 큰 간사이의 지붕 마감재 뿐만 아니라 벽체에도 이용된다.

과년도 기출문제

2010~2020

2010년도 제1회 과년도 기출문제

01 실내 분위기를 활동적이며, 부드럽고, 우아하게 하려고 할 때에는 어떠한 선을 많이 사용해야 하는가?
㉮ 수직선   ㉯ 곡선
㉰ 수평선   ㉱ 사선

02 선형의 수직요소로 크기, 형상을 가지고 있으며 구조적요소 또는 강조적, 상징적 요소로 사용되는 것은?
㉮ 바닥   ㉯ 기둥
㉰ 보   ㉱ 천장

03 자연적 재료가 주는 질감의 느낌으로 가장 알맞은 것은?
㉮ 친근감   ㉯ 차가움
㉰ 세련됨   ㉱ 현대적인

04 다음 중 실내디자인의 개념과 가장 거리가 먼 것은?
㉮ 순수예술   ㉯ 디자인 활동
㉰ 실행과정   ㉱ 전문과정

05 다음 설명에 알맞은 조명의 배광방식은?

· 천장이나 벽면 등에 빛을 반사시켜 그 반사광으로 조명하는 방식이다.
· 균일한 조도를 얻을 수 있으며 눈부심이 없다.

㉮ 국부조명   ㉯ 전반조명
㉰ 간접조명   ㉱ 직접조명

06 원룸 설계시 고려해야 할 사항이 아닌 것은?
㉮ 사용자에 대한 특성을 충분히 파악한다.
㉯ 원룸이므로 활동공간과 취침공간을 구분하지 않는다.
㉰ 내부공간을 효과적으로 활용한다.
㉱ 환기를 고려한 설계가 이루어져야 한다.

07 다음 중 가동가구가 아닌 것은?
㉮ 의자   ㉯ 붙박이장
㉰ 테이블   ㉱ 소파

08 상점계획에서 파사드 구성에 요구되는 소비자 구매심리 5단계에 속하지 않는 것은?
㉮ 주의(Attention)   ㉯ 욕망(Desire)
㉰ 기억(Memory)   ㉱ 유인(Attraction)

09 일반적으로 규칙적인 요소들의 반복으로 디자인에 시각적인 질서를 부여하는 통제된 운동감각을 의미하는 디자인의 구성 원리는?
㉮ 리듬   ㉯ 통일
㉰ 강조   ㉱ 균형

10 다음 설명에 알맞은 창의 종류는?

· 천장 가까이에 있는 벽에 위치한 창문으로 채광을 얻고 환기를 시킨다.
· 욕실, 화장실 등과 같이 높은 프라이버시를 요하는 실에 적합하다.

㉮ 베이 윈도우   ㉯ 윈도우 월
㉰ 측창   ㉱ 고창

11 실내 공간에 명도가 높은 색을 사용한 효과로 적절치 않은 것은?
㉮ 실내가 밝고 시원하게 느껴진다.
㉯ 차분하고 아늑한 분위기가 조성된다.
㉰ 실제보다 넓어 보인다.
㉱ 경쾌한 분위기가 조성된다.

12 휴먼스케일에서 실내 크기를 측정하는 기준은?
㉮ 공간의 형태   ㉯ 인간
㉰ 공간의 높이   ㉱ 가구의 크기

13 최소한의 자원을 투입하여 거주자가 최대로 만족할 수 있도록 하는 것은 실내 디자인의 목표 중 어디에 해당되는가?
- ㉮ 기능성
- ㉯ 경제성
- ㉰ 환경성
- ㉱ 개성

14 다음 중 그리스 신전 건축에서 사용된 착시교정 수법이 아닌 것은?
- ㉮ 모서리 쪽의 기둥 간격을 보다 좁혀지게 만들었다.
- ㉯ 기둥을 옆에서 볼 때 중앙부가 약간 부풀어 오르도록 만들었다.
- ㉰ 기둥과 같은 수직 부재를 위쪽으로 갈수록 약간 안쪽으로 기울어지게 만들었다.
- ㉱ 아키트레이브, 코니스 등에 의해 형성되는 긴 수평선을 아래쪽으로 약간 불룩하게 만들었다.

15 동일한 두 개의 의자를 나란히 합해 2명이 앉을 수 있도록 설계한 의자는?
- ㉮ 체스터 필드
- ㉯ 카우치
- ㉰ 세티
- ㉱ 풀업 체어

16 측창채광에 대한 설명으로 옳지 않은 것은?
- ㉮ 편측채광의 경우 실내의 조도분포가 균일하다.
- ㉯ 통풍·차열에 유리하다.
- ㉰ 시공이 용이하며 비막이에 유리하다.
- ㉱ 투명 부분을 설치하면 해방감이 있다.

17 결로 방지를 위한 방법으로 옳지 않은 것은?
- ㉮ 환기를 통해 습한 공기를 제거한다.
- ㉯ 실내 기온을 노점 온도 이하로 유지한다.
- ㉰ 건물 내부의 표면 온도를 높인다.
- ㉱ 낮은 온도의 난방을 오래 하는 것이 높은 온도의 난방을 짧게 하는 것보다 결로 방지에 유리하다.

18 다음 중 음환경 설계시 잔향시간에 관한 설명으로 옳지 않은 것은?
- ㉮ 천장과 벽의 흡음력을 크게 하면 잔향시간이 짧아진다.
- ㉯ 잔향시간은 실의 용적과 무관하다.
- ㉰ 잔향시간은 실의 형태와 무관하다.
- ㉱ 회의실 등 이야기 소리의 청취를 목적으로 한 실은 짧은 잔향시간이 바람직하다.

19 태양복사광선 중 사진 화학 반응, 생물에 대한 생육작용, 살균작용 등을 하는 것은?
- ㉮ 열선
- ㉯ 적외선
- ㉰ 자외선
- ㉱ 가시광선

20 정원 500명이고 실용적이 1000㎥인 음악당에서 시간당 필요한 최소 환기 횟수는? (단, 1인당 필요한 환기량은 18㎥/h이다.)
- ㉮ 9회
- ㉯ 10회
- ㉰ 11회
- ㉱ 12회

21 유성페인트에 대한 설명 중 옳은 것은?
- ㉮ 염화비닐수지계, 멜라민수지계, 아크릴수지계 페인트가 있다.
- ㉯ 내알칼리성은 우수하지만, 광택이 없고 마감면의 마모가 크다.
- ㉰ 저온다습할 경우에도 건조시간이 짧다.
- ㉱ 붓바름 작업성 및 내후성이 우수하다.

22 기본 점성이 크며 내수성, 내약품성, 전기절연성이 우수한 만능형 접착제로 금속, 플라스틱, 도자기, 유리, 콘크리트 등의 접합에 사용되는 것은?
- ㉮ 요소수지 접착제
- ㉯ 페놀수지 접착제
- ㉰ 멜라민수지 접착제
- ㉱ 에폭시수지 접착제

23 자기질, 석기질, 도기질이 있으며 주로 건물의 내부에 사용하는 타일은?
- ㉮ 내장타일
- ㉯ 외장타일
- ㉰ 바닥타일
- ㉱ 모자이크타일

24 다음 중 석재 사용상의 주의점에 대한 설명으로 옳지 않은 것은?
- ㉮ 산출량을 조사하여 동일건축물에는 동일석재로 시공하도록 한다.
- ㉯ 압축강도가 인장강도에 비해 작으므로 석재를 구조용으로 사용할 경우 압축력을 받는 부분은 피해야 한다.
- ㉰ 내화구조물은 내화석재를 선택해야 한다.
- ㉱ 외벽 특히 콘크리트 표면 첨부용 석재는 연석을 피해야 한다.

25 점토의 성질에 대한 설명 중 옳지 않은 것은?
- ㉮ 주성분은 실리카와 알루미나이다.

㉯ 양질의 점토는 습윤상태에서 현저한 가소성을 나타낸다.
㉰ 비중은 일반적으로 2.5~2.6정도이다.
㉱ 인장강도는 압축강도의 약 5배이다.

26 집성목재의 특징에 대한 설명 중 옳지 않은 것은?
㉮ 곡면부재를 만들 수 없다.
㉯ 충분히 건조된 건조재를 사용하므로 비틀림, 변형 등이 생기지 않는다.
㉰ 작은 부재로 길고 큰 부재를 만들 수 있다.
㉱ 옹이, 할열 등의 결함을 제거, 분산시킬 수 있으므로 강도의 편차가 적다.

27 응결방식이 수경성인 미장 재료는?
㉮ 회반죽
㉯ 회사벽
㉰ 돌로마이트 플라스터
㉱ 시멘트 모르타르

28 금속재료에 대한 설명으로 옳지 않은 것은?
㉮ 황동은 동과 주석을 주체로 한 합금이다.
㉯ 납은 방사선의 투과도가 낮아 건축에서 방사선 차폐용으로 사용된다.
㉰ 주석은 주조성, 단조성이 양호하므로 각종 금속과 합금화가 용이하다.
㉱ 동은 전성과 연성이 크며 쉽게 성형할 수 있다.

29 다음 중 혼화재에 해당하는 것은?
㉮ 플라이애시　㉯ AE제
㉰ 기포제　　　㉱ 방청제

30 다음 중 천연 아스팔트의 종류에 속하지 않는 것은?
㉮ 레이크 아스팔트　㉯ 블론 아스팔트
㉰ 록 아스팔트　　　㉱ 아스팔타이트

31 목재이음부의 긴결시 목재와 목재사이에 끼워서 전단에 대한 저항을 목적으로 한 철물은?
㉮ 감잡이쇠　㉯ 클램프
㉰ 듀벨　　　㉱ 꺾쇠

32 다음 중 건축재료의 사용 목적에 의한 분류에 속하지 않는 것은?
㉮ 구조재료　㉯ 차단재료
㉰ 방화재료　㉱ 무기재료

33 일반적으로 창유리의 강도는 어떤 강도를 의미하는가?
㉮ 압축강도　㉯ 휨강도
㉰ 전단강도　㉱ 인장강도

34 다음의 석재 가공순서 중 가장 나중에 하는 것은?
㉮ 혹두기　㉯ 정다듬
㉰ 잔다듬　㉱ 물갈기

35 다음의 목재에 대한 설명 중 옳지 않은 것은?
㉮ 석재나 금속재에 비하여 가공이 용이하다.
㉯ 섬유포화점 이상의 함수상태에서는 함수율의 증감에도 불구하고 신축을 일으키지 않는다.
㉰ 열전도도가 아주 낮아 여러가지 보온재료로 사용된다.
㉱ 추재와 춘재는 비중이 같으므로 수축률 및 팽창률도 같다.

36 합성수지의 일반적인 성질에 대한 설명 중 틀린 것은?
㉮ 가소성, 가공성이 크다.
㉯ 내화, 내열성이 작고 비교적 저온에서 연화, 연질된다.
㉰ 흡수성이 크고 전성, 연성이 작다.
㉱ 내산, 내알칼리 등의 내화학성 및 전기절연성이 우수한 것이 많다.

37 보오크사이트에 거의 같은 양의 석회석을 혼합하여 전기로 또는 회전로에서 용융·소성하여 급냉시켜 분쇄한 것으로 발열량이 크기 때문에 긴급을 요하는 공사나 한중공사의 시공에 사용되는 시멘트는?
㉮ 알루미나시멘트
㉯ 팽창시멘트
㉰ 조강포틀랜드시멘트
㉱ 폴리머시멘트

38 다음 중 바닥재료가 가지고 있어야 하는 성질과 가장 거리가 먼 것은?

㉮ 청소가 용이해야 한다.
㉯ 탄력이 있고 마모가 적어야 한다.
㉰ 내구·내화성이 큰 것이어야 한다.
㉱ 열전도율이 큰 것이어야 한다.

39 다음 중 혼합시멘트에 속하지 않는 것은?
㉮ 고로 시멘트 ㉯ 실리카 시멘트
㉰ 플라이애시 시멘트 ㉱ 알루미나 시멘트

40 콘크리트의 일반적인 성질에 대한 설명 중 옳지 않은 것은?
㉮ 성형상 자유성이 높다.
㉯ 내구성이 양호하다.
㉰ 압축강도에 비해 인장강도가 크다.
㉱ 내화성이 양호하다.

41 철골 판보에서 웨브의 두께가 춤에 비해서 얇을 때, 웨브의 국부 좌굴을 방지하기 위해서 사용되는 것은?
㉮ 스티프너 ㉯ 커버 플레이트
㉰ 거셋 플레이트 ㉱ 베이스 플레이트

42 철근콘크리트 구조의 특성으로 옳지 않은 것은?
㉮ 내화성이 크다.
㉯ 공사시 동절기 기후의 영향을 크게 받는다.
㉰ 균열이 발생하지 않는다.
㉱ 설계가 비교적 자유롭다.

43 개구부의 너비가 크거나 상부의 하중이 클 때에 인방돌의 뒷면에 강재로 보강을 하는 이유는?
㉮ 석재는 휨모멘트에 약하므로
㉯ 석재는 전단력에 약하므로
㉰ 석재는 압축력에 약하므로
㉱ 석재는 수직력에 약하므로

44 다음 중 주로 수평방향으로 작용하는 하중은?
㉮ 고정하중 ㉯ 활하중
㉰ 풍하중 ㉱ 적설하중

45 다음 중 선의 표시가 잘못된 것은?
㉮ 숨은선-실선 ㉯ 중심선-일점쇄선
㉰ 치수선-가는실선 ㉱ 상상선-이점쇄선

46 건물의 구성 부분 중 구조재에 해당되지 않는 것은?
㉮ 기둥 ㉯ 내력벽
㉰ 천장 ㉱ 기초

47 프리스트레스트 콘크리트 구조의 특징으로 옳지 않은 것은?
㉮ 스팬을 길게 할 수 있어서 넓은 공간을 설계할 수 있다.
㉯ 부재 단면의 크기를 작게 할 수 있고 진동이 없다.
㉰ 공기를 단축하고 시공과정을 기계화할 수 있다.
㉱ 고강도 재료를 사용하므로 강도와 내구성이 크다.

48 종이에 일정한 크기의 격자형 무늬가 인쇄되어 있어서, 계획도면을 작성하거나 평면을 계획할 때 사용하기가 편리한 제도지는?
㉮ 켄트지 ㉯ 방안지
㉰ 트레이싱지 ㉱ 트레팔지

49 다음의 선긋기에 대한 설명 중 옳지 않은 것은?
㉮ 용도에 따라 선의 굵기를 구분하여 사용한다.
㉯ 시작부터 끝까지 일정한 힘을 주어 일정한 속도로 긋는다.
㉰ 축척과 도면의 크기에 상관없이 선의 굵기는 동일하게 한다.
㉱ 한 번 그은 선은 중복해서 긋지 않도록 한다.

50 공장에서 생산하여 트럭이나 혼합기로 현장에 공급하는 콘크리트를 의미하는 것은?
㉮ 경량콘크리트
㉯ 한중콘크리트
㉰ 레디믹스트콘크리트
㉱ 서중콘크리트

51 다음 중 조립식 구조에 대한 설명으로 옳지 않은 것은?
㉮ 현장 작업이 극대화됨으로써 공사기일이 증가한다.
㉯ 공장에서 대량생산이 가능하다.
㉰ 획일적이어서 다양성의 문제가 제기된다.
㉱ 대부분의 작업을 공업력에 의존하므로 노동력을 절감할 수 있다.

52 철골구조에서 단면 결손이 적고 소음이 발생하

지 않으며 구조물 자체의 경량화가 가능한 접합방법은?

㉮ 용접   ㉯ RPC접합
㉰ 볼트접합   ㉱ 고력볼트접합

53 다음 중 입면도에 표시되는 내용과 가장 관계가 먼 것은?

㉮ 대지형상   ㉯ 마감재료명
㉰ 주요구조부의 높이   ㉱ 창문의 모양

54 석재의 형상에 따른 분류에서 면길이 300mm 정도의 사각뿔형으로 석축에 많이 사용되는 돌은?

㉮ 간석   ㉯ 견치돌
㉰ 사괴석   ㉱ 각석

55 구조부재인 콘크리트 내력벽의 두께는 최소 얼마 이상으로 해야 하는가?

㉮ 150mm 이상   ㉯ 200mm 이상
㉰ 250mm 이상   ㉱ 300mm 이상

56 도면의 크기에 관한 설명 중 옳지 않은 것은?

㉮ A0의 크기는 841×1189mm 이다.
㉯ 제도 용지의 크기는 A 다음에 오는 번호가 커짐에 따라 작아진다.
㉰ 도면은 그 길이 방향을 좌우 방향으로 놓은 위치를 정위치로 한다.
㉱ A1크기 도면의 여백은 최소 5mm 이상 두어야 한다.

57 다음 중 가구식 구조는?

㉮ 나무구조   ㉯ 벽돌구조
㉰ 철근콘크리트구조   ㉱ 돌구조

58 목재이음의 보강철물로 적합하지 않은 것은?

㉮ 못   ㉯ 나사못
㉰ 리브   ㉱ 볼트

59 치수표기에 관한 설명 중 옳지 않은 것은?

㉮ 협소한 간격이 연속될 때에는 인출선을 사용한다.
㉯ 필요한 치수의 기재가 누락되는 일이 없도록 한다.
㉰ 치수는 특별히 명시하지 않는 한 마무리 치수로 표시한다.
㉱ 치수는 치수선을 중단하고 선의 중앙에 기입하여서는 안된다.

60 목재의 이음과 맞춤시 유의사항으로 옳지 않은 것은?

㉮ 이음, 맞춤의 끝 부분에 작용하는 응력이 균등하게 전달되도록 한다.
㉯ 이음, 맞춤은 그 응력이 작은 곳에서 한다.
㉰ 맞춤면은 정확히 가공하여 빈틈이 없도록 한다.
㉱ 이음, 맞춤의 단면은 응력방향에 평행이 되도록 한다.

정답

01㉯ 02㉯ 03㉮ 04㉮ 05㉰ 06㉯ 07㉯ 08㉱ 09㉮ 10㉱
11㉯ 12㉯ 13㉯ 14㉱ 15㉰ 16㉮ 17㉱ 18㉯ 19㉰ 20㉮
21㉱ 22㉱ 23㉮ 24㉯ 25㉰ 26㉮ 27㉱ 28㉮ 29㉮ 30㉯
31㉰ 32㉱ 33㉯ 34㉱ 35㉰ 36㉱ 37㉮ 38㉱ 39㉱ 40㉯
41㉮ 42㉱ 43㉱ 44㉯ 45㉮ 46㉰ 47㉯ 48㉯ 49㉰ 50㉰
51㉮ 52㉮ 53㉮ 54㉯ 55㉰ 56㉱ 57㉮ 58㉰ 59㉱ 60㉱

2010년도 제2회 과년도 기출문제

01 다음 중 실내공간을 상징적(심리적)으로 분할하는 방법과 가장 거리가 먼 것은?
㉮ 낮은 가구 ㉯ 커튼
㉰ 식물 ㉱ 기둥

02 주택의 거실에 대한 설명 중 옳지 않은 것은?
㉮ 다목적 기능을 가진 공간이다.
㉯ 가족의 휴식, 대화, 단란한 공동생활의 중심이 되는 곳이다.
㉰ 전체 평면의 중앙에 배치하여 각 실로 통하는 통로로서의 기능을 부여한다.
㉱ 거실의 면적은 가족 수와 가족의 구성형태 및 거주자의 사회적 지위나 손님의 방문 빈도와 수 등을 고려하여 계획한다.

03 실내디자인에서 물의 활용 방법 중 계단을 부딪치며 떨어지는 계단식 폭포를 의미하는 것은?
㉮ 캐스케이드 ㉯ 캐노피
㉰ 월워싱 ㉱ 실루엣

04 수직선의 조형효과로 가장 알맞은 것은?
㉮ 편안함 ㉯ 섬세함
㉰ 차분함 ㉱ 엄숙함

05 실내디자인에 있어서 조화(harmony)의 설명으로 가장 알맞은 것은?
㉮ 전체적인 조립방법이 모순 없이 질서를 잡는 것이다.
㉯ 규칙적인 요소들의 반복으로 디자인에 시각적인 질서를 부여하는 통제된 운동감각을 말한다.
㉰ 이질의 각 구성요소들이 전체로서 하나의 이미지만 갖게 하는 것이다.
㉱ 실내에서 시각적으로 관심의 초점이자 흥미의 중심이 되는 것을 의미한다.

06 다음 중 부엌의 작업 순서에 따른 작업대의 배치 순서로 가장 알맞은 것은?
㉮ 준비대 → 조리대 → 가열대 → 개수대 → 배선대
㉯ 준비대 → 개수대 → 조리대 → 가열대 → 배선대
㉰ 준비대 → 개수대 → 배선대 → 가열대 → 조리대
㉱ 준비대 → 배선대 → 개수대 → 가열대 → 조리대

07 다음과 같은 특징을 갖는 커튼의 종류는?

· 유리 바로 앞에 치는 커튼이다.
· 일반적으로 투명하고 막과 같은 직물을 사용한다.
· 실내로 들어오는 빛을 부드럽게 하며 약간의 프라이버시를 제공한다.

㉮ 글래스 커튼(Glass curtain)
㉯ 새시 커튼(Sash curtain)
㉰ 드로우 커튼(Draw curtain)
㉱ 드레퍼리 커튼(Draperies curtain)

08 다음 중 수익 창출을 목적으로 하는 영리공간과 가장 관계가 먼 것은?
㉮ 백화점 ㉯ 호텔
㉰ 박물관 ㉱ 펜션

09 건축물의 구성요소로서 보나 도리, 바닥판과 같은 가로재의 하중을 받아 기초에 전달하는 것은?
㉮ 마루 ㉯ 천장
㉰ 지붕틀 ㉱ 기둥

10 다음 설명과 가장 관계가 깊은 건축가는?

· 모듈러(modulor)
· 생활에 적합한 건축을 위해 인체와 관련된 모듈의 사용에 있어 단순한 길이의 배수보다 황금비례를 이용함이 타당하다고 주장

㉮ 르 코르뷔지에
㉯ 미스 반 데어 로에
㉰ 프랭크 로이드 라이트
㉱ 발터 그로피우스

11 창의 종류 중 천창에 대한 설명으로 옳지 않은 것은?
- ㉮ 건축 계획의 자유도가 증가한다.
- ㉯ 벽면을 더욱 다양하게 활용할 수 있다.
- ㉰ 차열, 통풍에 유리하고 개방감이 크다.
- ㉱ 밀집된 건물에 둘러싸여 있어도 일정량의 채광이 가능하다.

12 좋은 디자인을 판단하는 척도 중 우선순위가 가장 낮은 것은?
- ㉮ 유행성
- ㉯ 기능성
- ㉰ 심미성
- ㉱ 경제성

13 기하학적인 정의로 볼 때 크기는 없고 위치만 가지고 있는 디자인 요소는?
- ㉮ 선
- ㉯ 면
- ㉰ 면
- ㉱ 입체

14 소규모 주택에서 많이 사용하는 방법으로 거실 내에 부엌과 식당을 설치한 것은?
- ㉮ D 형식
- ㉯ DK 형식
- ㉰ LD 형식
- ㉱ LDK 형식

15 주거 공간을 주 행동에 따라 개인공간, 작업공간, 사회적 공간으로 구분할 때, 다음 중 사회적 공간에 속하지 않는 것은?
- ㉮ 식당
- ㉯ 현관
- ㉰ 응접실
- ㉱ 서비스 야드

16 수조면의 단위면적에 입사하는 광속을 의미하는 것은?
- ㉮ 휘도
- ㉯ 조도
- ㉰ 광도
- ㉱ 광속발산도

17 다음 중 열의 이동 방법에 속하지 않는 것은?
- ㉮ 전도
- ㉯ 대류
- ㉰ 복사
- ㉱ 투과

18 다음 중 열전도율의 단위로 옳은 것은?
- ㉮ $W/m \cdot K$
- ㉯ W
- ㉰ N/m^2
- ㉱ %

19 자연 환기에 관한 설명으로 옳은 것은?
- ㉮ 실내외의 온도차가 클수록 환기량은 많아진다.
- ㉯ 실외의 풍속이 클수록 환기량은 적어진다.
- ㉰ 개구부 면적이 클수록 환기량은 적어진다.
- ㉱ 일반적으로 콘크리트 주택이 목조 주택보다 환기가 잘된다.

20 다음 중 집회공간에서 음의 명료도에 끼치는 영향이 가장 작은 것은?
- ㉮ 음의 세기
- ㉯ 실내의 잔향시간
- ㉰ 실내의 온도
- ㉱ 실내의 소음량

21 다음 설명에 알맞은 무기질 단열재료는?

> 암석으로부터 인공적으로 만들어진 내열성이 높은 광물섬유를 이용하여 만드는 제품으로, 단열성, 흡음성이 뛰어나다.

- ㉮ 암면
- ㉯ 세라믹 파이버
- ㉰ 펄라이트 판
- ㉱ 테라조

22 다음 설명에 알맞은 유성도료의 종류는?

> · 아마인유 등의 건조성 지방유를 가열연화시켜 건조제를 첨가한 것이다.
> · 단독으로 도료에 이용되는 경우는 거의 없으나, 유성페인트의 비히클(vehicle)로서는 중요하다.

- ㉮ 알루미늄페인트
- ㉯ 유성바니시
- ㉰ 보일유
- ㉱ 유성에나멜페인트

23 다음 설명에 알맞은 유리 제품은?

> · 2장 또는 3장의 유리를 일정한 간격을 두고 겹치고 그 주변을 금속테로 감싸 붙여 내부의 공기를 빼고 청정한 완전건조공기를 넣어 만든다.
> · 단열·방서·방음 효과가 크고, 결로방지용으로도 우수하다.

- ㉮ 망입유리
- ㉯ 접합유리
- ㉰ 복층유리
- ㉱ 내열유리

24 다음의 점토 제품 중 흡수율 기준이 가장 낮은 것은?
- ㉮ 자기질 타일
- ㉯ 석기질 타일
- ㉰ 도기질 타일
- ㉱ 클링커 타일

25 콘크리트 내부에 미세한 독립된 기포를 발생시

켜 콘크리트의 작업성 및 동결융해 저항성능을 향상시키기 위해 사용되는 화학혼화제는?
- ㉮ AE제
- ㉯ 유동화제
- ㉰ 기포제
- ㉱ 플라이애쉬

26 다음 설명에 알맞은 합성수지는?

> · 평판 성형되어 글라스와 같이 이용되는 경우가 많다.
> · 유기글라스라고 불리운다.

- ㉮ 염화비닐 수지
- ㉯ 요소 수지
- ㉰ 아크릴 수지
- ㉱ 멜라민 수지

27 시멘트의 분말도에 대한 설명 중 옳지 않은 것은?
- ㉮ 분말도가 큰 시멘트일수록 수화작용이 빠르다.
- ㉯ 분말도가 큰 시멘트일수록 수화열이 높아진다.
- ㉰ 분말도가 큰 시멘트일수록 조기강도가 크다.
- ㉱ 비표면적이 큰 시멘트일수록 분말도가 작다.

28 미리 거푸집 속에 적당한 입도배열을 가진 굵은 골재를 채워 넣은 후, 모르타르를 펌프로 압입하여 굵은 골재의 공극을 충전시켜 만드는 콘크리트는?
- ㉮ 레진 콘크리트
- ㉯ 폴리머 콘크리트
- ㉰ 프리팩트 콘크리트
- ㉱ 프리스트레스트 콘크리트

29 파티클(particle)보드에 대한 설명으로 옳지 않은 것은?
- ㉮ 합판에 비하여 면내 강성은 떨어지나 휨강도는 우수하다.
- ㉯ 폐재, 부산물 등 저가치재를 이용하여 넓은 면적의 판상제품을 만들 수 있다.
- ㉰ 목재 및 기타 식물의 섬유질소편에 합성수지 접착제를 도포하여 가열압착성형한 판상제품이다.
- ㉱ 수분이나 고습도에 대하여 그다지 강하지 않기 때문에 이와 같은 조건하에서 사용하는 경우에는 방습 및 방수처리가 필요하다.

30 다음 중 역학적 성능이 가장 요구되는 건축재료는?
- ㉮ 차단재료
- ㉯ 내화재료
- ㉰ 마감재료
- ㉱ 구조재료

31 일종의 스프링 힌지로 전화박스 문이나 공중화장실 문 등에 사용되며, 저절로 닫혀지지만 15cm정도는 열려있게 하는 것은?
- ㉮ 피벗 힌지
- ㉯ 플로어 힌지
- ㉰ 레버터리 힌지
- ㉱ 도어 스톱

32 강재의 열처리에 대한 설명 중 옳지 않은 것은?
- ㉮ 풀림은 강을 연화하거나 내부응력을 제거할 목적으로 실시한다.
- ㉯ 불림은 500~600℃로 가열하여 소정의 시간까지 유지한 후에 로 내부에서 서서히 냉각하는 처리를 말한다.
- ㉰ 담금질은 고온으로 가열하여 소정의 시간동안 유지한 후에 냉수, 온수 또는 기름에 담가 냉각하는 처리를 말한다.
- ㉱ 뜨임질은 경도를 감소시키고 내부응력을 제거하며 연성과 인성을 크게 하기 위해 실시한다.

33 미장용 혼화재료 중 응결시간을 단축시키기 위해 사용되는 급결제에 속하는 것은?
- ㉮ 해초풀
- ㉯ 규산소다
- ㉰ 카본 블랙
- ㉱ 수염

34 다음 중 열경화성 수지에 속하는 것은?
- ㉮ 페놀 수지
- ㉯ 염화비닐 수지
- ㉰ 폴리아미드 수지
- ㉱ 스티롤 수지

35 콘크리트용 골재로서 요구되는 성질로 옳지 않은 것은?
- ㉮ 콘크리트 강도를 확보하는 강성을 지닐 것
- ㉯ 골재의 입형은 편평, 세장할 것
- ㉰ 입도는 조립에서 세립까지 연속적으로 균등히 혼합되어 있을 것
- ㉱ 잔골재는 유기불순물 시험에 합격한 것

36 합판에 대한 설명 중 옳지 않은 것은?
- ㉮ 균일한 강도의 재료를 얻을 수 있다.
- ㉯ 함수율 변화에 따른 팽창·수축의 방향성이 있다.
- ㉰ 뒤틀림이나 변형이 적은 비교적 큰 면적의 평면재료를 얻을 수 있다.
- ㉱ 목재를 얇은 판, 즉 단판(veneer)으로 만들어 이들을 섬유방향이 서로 직교되도록 홀수로 적층하면서 접착시킨 판을 말한다.

37 다음의 금속제품에 대한 설명 중 옳지 않은 것은?
㉮ 코너 비드 : 기둥 모서리 및 벽 모서리 면에 미장을 쉽게 하고, 모서리를 보호할 목적으로 설치한다.
㉯ 조이너 : 천장·벽 등에 보드류를 붙이고, 그 이음새를 감추고 누르는데 사용된다.
㉰ 논슬립 : 계단에 쓰이며 미끄럼을 방지하기 위해서 사용된다.
㉱ 와이어 리스 : 금속제 거푸집의 일종이다.

38 타일의 분류 중 유약의 유무에 따른 분류에 속하는 것은?
㉮ 내장 타일 ㉯ 시유 타일
㉰ 자기질 타일 ㉱ 모자이크 타일

39 다음 중 석유아스팔트에 속하는 것은?
㉮ 스트레이트 아스팔트
㉯ 레이크 아스팔트
㉰ 록 아스팔트
㉱ 아스팔타이트

40 다음 설명에 알맞은 목재의 결점은?

> 줄기나 가지 등이 목부에 파묻힌 대소 가지의 기부(基部)이며, 목재의 피할 수 없는 결점 중의 하나이다.

㉮ 이상재(異常材) ㉯ 수지낭
㉰ 옹이 ㉱ 컴프레션 페일러

41 물체의 중심선, 절단선, 기준선 등을 표시하는 선의 종류는?
㉮ 파선 ㉯ 일점쇄선
㉰ 이점쇄선 ㉱ 실선

42 건축도면에 치수의 단위가 없을 때는 어떤 단위로 간주하는가?
㉮ km ㉯ m
㉰ cm ㉱ mm

43 다음 중 철골구조의 장점이 아닌 것은?
㉮ 철근콘크리트구조에 비해 중량이 가볍다.
㉯ 철근콘크리트구조 공사보다 계절의 영향을 덜 받는다.
㉰ 장스팬 구조가 가능하다.
㉱ 화재에 강하다.

44 건축구조물에서 지점의 종류 중 지지대에 평행으로 이동이 가능하고 회전이 자유로운 상태이며 수직반력만 발생하는 것은?
㉮ 회전단 ㉯ 고정단
㉰ 이동단 ㉱ 자유단

45 건축 구조의 특성으로 옳지 않은 것은?
㉮ 목구조는 시공이 용이하며 외관이 미려, 경쾌하나 내구성이 부족하다.
㉯ 블록구조는 외관이 장중하고, 횡력에 강하나 내화성이 부족하다.
㉰ 철근콘크리트구조는 내진, 내화, 내구성이 우수하나 중량이 무겁고 공기가 길다.
㉱ 철골구조는 고층건축에 적합하나 내화성이 부족하고 공사비가 고가이다.

46 다음 중 조립식 건축에 관한 설명으로 옳지 않은 것은?
㉮ 공장생산이 가능하여 대량생산을 할 수 있다.
㉯ 기계화 시공으로 단기 완성이 가능하다.
㉰ 기후의 영향을 덜 받는다.
㉱ 각 부품과의 접합부가 일체가 되므로 접합부 강성이 높다.

47 목구조의 장점을 기술한 내용 중 옳지 않은 것은?
㉮ 비중에 비해 강도가 크다
㉯ 색채 및 무늬가 있어 외관이 미려하다.
㉰ 건물의 무게가 가볍다.
㉱ 함수율에 따른 변형이 적기 때문에 자유자재로 가공이 가능하다.

48 실제 16m의 거리는 축척 1/200인 도면에서 얼마의 길이로 표현할 수 있는가?
㉮ 20mm ㉯ 40mm
㉰ 80mm ㉱ 100mm

49 웨브 플레이트의 좌굴을 방지하기 위하여 설치하는 것은?
㉮ 앵커 볼트 ㉯ 베이스 플레이트
㉰ 스티프너 ㉱ 플랜지

50 다음 중 나무보강재가 아닌 것은?
㉮ 꺾쇠   ㉯ 산지
㉰ 쐐기   ㉱ 촉

51 표준형 점토벽돌의 길이, 너비, 두께의 치수 합은?
㉮ 137mm   ㉯ 237mm
㉰ 337mm   ㉱ 437mm

52 다음 중 구성 양식에 의한 분류에서 가구식 구조에 해당하는 것은?
㉮ 블록구조   ㉯ 목구조
㉰ 벽돌구조   ㉱ 철근콘크리트구조

53 철골철근콘크리트구조에 대한 설명 중 옳지 않은 것은?
㉮ 작은 단면으로 큰 힘을 발휘할 수 있다.
㉯ 화재시 고열을 받으면 철골구조와 비교하여 강도 감소가 크다.
㉰ 내진성이 우수한 구조이다.
㉱ 초고층 구조물 하층부의 복합구조로 많이 쓰인다.

54 다음 중 석재 가공시 잔다듬에 사용되는 공구는?
㉮ 도드락망치   ㉯ 날망치
㉰ 쇠메   ㉱ 정

55 제도용구 중 치수를 옮기거나 선과 원주를 같은 길이로 나눌 때 사용하는 것은?
㉮ 컴퍼스   ㉯ 디바이더
㉰ 삼각스케일   ㉱ 운형자

56 단면도에 표기할 사항이 아닌 것은?
㉮ 건물의 높이, 층높이, 처마높이
㉯ 지붕의 물매
㉰ 지반에서 1층 바닥까지의 높이
㉱ 건축면적

57 다음 중 제도할 때의 설명으로 틀린 것은?
㉮ 수평선은 왼쪽에서 오른쪽으로 긋는다.
㉯ 삼각자끼리 맞댈 경우 틈이 생기지 않고 면이 곧고 흠이 없어야 한다.
㉰ 선긋기는 시작부터 끝까지 굵기가 일정하게 한다.
㉱ 조명은 우측 상단이 좋다.

58 철근의 정착위치에 대한 설명으로 옳지 않은 것은?
㉮ 바닥의 철근은 기둥에 정착시킨다.
㉯ 기둥의 주근은 기초에 정착시킨다.
㉰ 벽의 철근은 기둥, 보 또는 바닥판에 정착시킨다.
㉱ 보의 주근은 기둥에 정착시킨다.

59 콘크리트구조에 사용되는 강재 거푸집에 대한 설명으로 옳지 않은 것은?
㉮ 콘크리트 표면이 매끄럽다.
㉯ 재사용이 불가능하다.
㉰ 변형이 적다.
㉱ 녹물에 의한 오염이 발생할 수 있다.

60 철근콘크리트조에서 신축이음이 필요한 이유가 아닌 것은?
㉮ 부동침하   ㉯ 결로방지
㉰ 콘크리트의 수축   ㉱ 온도변화

정답

01㉯ 02㉰ 03㉮ 04㉱ 05㉮ 06㉯ 07㉮ 08㉰ 09㉱ 10㉮
11㉰ 12㉮ 13㉯ 14㉱ 15㉯ 16㉯ 17㉱ 18㉰ 19㉯ 20㉰
21㉮ 22㉰ 23㉰ 24㉮ 25㉮ 26㉯ 27㉯ 28㉰ 29㉮ 30㉱
31㉰ 32㉯ 33㉰ 34㉮ 35㉯ 36㉯ 37㉯ 38㉯ 39㉮ 40㉱
41㉯ 42㉱ 43㉯ 44㉰ 45㉯ 46㉯ 47㉱ 48㉰ 49㉰ 50㉮
51㉯ 52㉯ 53㉯ 54㉯ 55㉯ 56㉱ 57㉱ 58㉮ 59㉯ 60㉯

2010년도 제4회 과년도 기출문제

01 일반적으로 실내 벽면에 부착하는 조명의 통칭적 용어는?
㉮ 브라켓(bracket)
㉯ 펜던트(pendant)
㉰ 다운 라이트(down light)
㉱ 캐스케이드(cascade)

02 리듬의 효과를 위해 사용되는 요소가 아닌 것은?
㉮ 강조   ㉯ 반복
㉰ 점층   ㉱ 변이

03 붙박이 가구 시스템을 디자인할 경우, 다음의 고려 사항 중 부적당한 것은?
㉮ 기능의 편리성
㉯ 분산적 배치
㉰ 크기의 비례와 조화
㉱ 실내 마감재료로서 조화

04 별장주택에서 흔히 볼 수 있는 유형으로 취사용 작업대가 하나의 섬처럼 실내에 설치되어 독특한 분위기를 형성하는 부엌은?
㉮ 리빙 키친   ㉯ 다이닝 키친
㉰ 키친 네트   ㉱ 아일랜드 키친

05 다음 설명이 의미하는 실내 디자인의 구성 원리는?

> 이질의 각 구성요소들이 전체로서 동일한 이미지를 갖게 하는 것으로 변화와 함께 모든 조형에 대한 미의 근원이 되는 원리이다.

㉮ 통일   ㉯ 리듬
㉰ 균형   ㉱ 조화

06 다음 중 벽의 기능에 대한 설명으로 옳지 않은 것은?
㉮ 인간의 시선이나 동선을 차단한다.
㉯ 공기의 움직임, 소리의 전파, 열의 이동을 제어한다.
㉰ 외부로부터의 방어와 프라이버시 확보의 기능을 한다.
㉱ 수평적 요소로서 수직방향을 차단하여 공간을 형성한다.

07 실내디자인이나 시각디자인, 환경디자인 등에서 디자인의 적응상황 등을 연구하여 색채를 선정하는 과정을 무엇이라 하는가?
㉮ 색채관리   ㉯ 색채계획
㉰ 색채조합   ㉱ 색채조절

08 채광을 조절하는 일광 조절장치와 관련이 없는 것은?
㉮ 루버   ㉯ 블라인드
㉰ 디퓨저   ㉱ 커튼

09 Modular Coordination에 대한 설명으로 옳지 않은 것은?
㉮ 공기를 단축시킬 수 있다.
㉯ 창의성이 결여될 수 있다.
㉰ 설계작업이 단순하고 용이하다.
㉱ 건물 외관이 복잡하게 되어 현상작업이 증가한다.

10 기하학적인 정의로 볼 때 크기는 없고 위치만 가지고 있는 것은?
㉮ 선   ㉯ 점
㉰ 면   ㉱ 입체

11 창과 문에 관한 설명으로 옳지 않은 것은?
㉮ 인접된 공간을 연결시킨다.
㉯ 전망과 프라이버시의 확보가 가능하다.
㉰ 공기와 빛을 통과시켜 통풍과 채광을 가능하게 한다.
㉱ 창과 문의 위치는 가구배치나 동선에 영향을 주

지 않는다.

12 주거공간의 동선에 관한 설명으로 옳지 않은 것은?

㉮ 동선은 짧을수록 에너지 소모가 적다.
㉯ 주부동선은 길수록 좋다.
㉰ 동선을 줄이기 위해 다른 공간의 독립성을 저해해서는 안된다.
㉱ 거실의 주거의 중앙에 위치하면 동선을 줄일 수 있다.

13 황금 비례의 비율로 올바른 것은?

㉮ 1 : 1,414
㉯ 1 : 1,532
㉰ 1 : 1,618
㉱ 1 : 3,141

14 다음 중 실내공간계획에서 가장 중요하게 고려해야 하는 것은?

㉮ 조명 스케일
㉯ 가구 스케일
㉰ 공간 스케일
㉱ 인체 스케일

15 주택의 각 공간에서 개인생활 공간에 속하는 것은?

㉮ 응접실
㉯ 거실
㉰ 침실
㉱ 식사실

16 에너지 절약을 위한 방법으로 옳지 않은 것은?

㉮ 단열을 강화한다.
㉯ 북측의 창은 되도록 작게 구성한다.
㉰ 거실의 층고 및 반자 높이를 높게 한다.
㉱ 건물을 남향으로 하여 자연에너지를 이용한다.

17 음압 레벨에 사용되는 단위는?

㉮ 럭스
㉯ 루멘
㉰ 데시벨
㉱ 람베르트

18 건축화 조명 중 천장, 벽의 구조체에 의해 광원의 빛이 천장 또는 벽면으로 가려지게 하여 반사광으로 간접 조명하는 방식은?

㉮ 광천장 조명
㉯ 코브 조명
㉰ 캐노피 조명
㉱ 코니스 조명

19 건축물에서의 전열에 관한 설명으로 옳지 않은 것은?

㉮ 열관류는 고체 양쪽의 유체 온도가 다를 때 저온 쪽에서 고온 쪽으로 열이 통과하는 현상이다.
㉯ 열관류 현상은 열전달→열전도→열전달 과정을 거치는 매우 복잡한 열의 이동이다.
㉰ 실내 온도는 외부 기온의 영향을 많이 받으며, 외부와 실내간의 열이동에 의해 영향을 받는다.
㉱ 외부와 실내 간의 열이동은 벽체를 통하여 전도되는 열, 창호를 통한 전도와 복사, 환기에 따른 열의 이동 등으로 나뉜다.

20 다음 중 물리적 온열요소가 아닌 것은?

㉮ 기온
㉯ 습도
㉰ 기류
㉱ 착의상태

21 다음 중 건축재료의 사용목적에 의한 분류에 속하지 않는 것은?

㉮ 무기재료
㉯ 구조재료
㉰ 마감재료
㉱ 차단재료

22 다음 중 천연아스팔트에 속하지 않는 것은?

㉮ 아스팔타이트
㉯ 블론 아스팔트
㉰ 록 아스팔트
㉱ 레이크 아스팔트

23 작업성능이나 동결융해 저항성능의 향상을 위해 사용되는 콘크리트용 혼화제는?

㉮ AE제
㉯ 기포제
㉰ 지연제
㉱ 방청제

24 ALC(Autoclaved Lightweight Concrete) 제품에 대한 설명 중 옳지 않은 것은?

㉮ 중성화의 우려가 높다.
㉯ 단열성능이 우수하다.
㉰ 습기가 많은 곳에서의 사용은 곤란하다.
㉱ 압축강도에 비해 휨강도, 인장강도가 크다.

25 시멘트에 약간의 물을 첨가하여 혼합시키면 가소성 있는 페이스트가 얻어지나 시간이 지나면 유동성을 잃고 응고하는데 이 현상을 무엇이라 하는가?

㉮ 소성
㉯ 중성화
㉰ 풍화
㉱ 응결

26 다음 중 도난 방지나 화재 방지를 목적으로 사용되는 유리 제품은?

㉮ 유리블록　㉯ 복층유리
㉰ 망입유리　㉱ 반사유리

27 도료가 액체상태로 있을 때 안료를 분산, 현탁시키고 있는 매질의 부분을 무엇이라 하는가?
㉮ 급결제　㉯ 전색제
㉰ 용제　㉱ 건조제

28 석재의 종류에 있어서 화성암에 속하지 않는 것은?
㉮ 화강암　㉯ 안산암
㉰ 현무암　㉱ 석회암

29 테라코타(Terra-cotta)에 대한 설명으로 옳은 것은?
㉮ 공동(空胴)의 대형 점토제품을 말한다.
㉯ 석재보다 무거우며 내화성, 내구성이 부족하다.
㉰ 원료 점토에 분탄, 톱밥 등을 혼합해서 소성한 것이다.
㉱ 구조용과 장식용이 있으며 주로 건물의 구조용에 쓰인다.

30 다음 설명에 알맞은 비철금속은?

- 비중이 철의 1/3정도로 경량이다.
- 열·전기전도성이 크며 반사율이 높다.
- 내화성이 부족하다.

㉮ 납　㉯ 아연
㉰ 니켈　㉱ 알루미늄

31 목재제품 중 합판에 대한 설명으로 옳지 않은 것은?
㉮ 함수율 변화에 따른 팽창·수축의 방향성이 없다.
㉯ 뒤틀림이나 변형이 적은 비교적 큰 면적의 평면 재료를 얻을 수 있다.
㉰ 단판을 섬유방향이 서로 직교되도록 적층하면서 접착제로 접착하여 합친 판이다.
㉱ 합판 제작에 사용되는 단판의 매수는 일반적으로 2겹, 4겹, 6겹 등 짝수 매수로 한다.

32 굳지 않은 콘크리트의 성질을 표시하는 용어 중 콘시스텐시에 의한 부어넣기의 난이도 정도 및 재료분리에 저항하는 정도를 나타내는 것은?

㉮ 플라스티시티(plasticity)
㉯ 피니셔빌리티(finishability)
㉰ 워커빌리티(workability)
㉱ 펌퍼빌리티(pumpability)

33 목재의 강도 중 일반적으로 가장 큰 것은?
㉮ 응력방향이 섬유방향에 평행한 경우의 인장강도
㉯ 응력방향이 섬유방향에 수직인 경우의 인장강도
㉰ 응력방향이 섬유방향에 평행한 경우의 압축강도
㉱ 응력방향이 섬유방향에 수직인 경우의 압축강도

34 금속의 부식을 방지하기 위한 방법으로 옳지 않은 것은?
㉮ 여러가지 금속을 서로 겹쳐서 사용한다.
㉯ 큰 변형을 준 것은 가능한 한 풀림하여 사용한다.
㉰ 표면을 깨끗하게 하고 물기나 습기에 접하지 않도록 한다.
㉱ 도료나 내식성이 큰 금속으로 표면에 피막을 하여 보호한다.

35 질이 단단하고 내구성 및 강도가 크고 외관이 수려하며, 절리의 거리가 비교적 커서 대재(大材)를 얻을 수 있으나, 함유광물의 열팽창계수가 다르므로 내화성이 약한 석재는?
㉮ 현무암　㉯ 응회암
㉰ 부석　㉱ 화강암

36 건축물의 벽체에 사용되는 재료의 요구 성능에 대한 설명 중 옳지 않은 것은?
㉮ 외관이 좋은 것이어야 한다.
㉯ 열전도율이 큰 것이어야 한다.
㉰ 시공이 용이한 것이어야 한다.
㉱ 흡음이 잘되고 내화, 내구성이 큰 것이어야 한다.

37 다음 중 점토에 대한 설명으로 틀린 것은?
㉮ 압축강도와 인장강도는 같다.
㉯ 알루미나가 많은 점토는 가소성이 좋다.
㉰ 양질의 점토는 습윤 상태에서 현저한 가소성을 나타낸다.
㉱ Fe_2O_3와 기타 부성분이 많은 것은 고급 제품의 원료로 부적당하다.

38 미장재료 중 돌로마이트 플라스터에 대한 설명

으로 옳지 않은 것은?
- ㉮ 소석회에 비해 점성이 높다.
- ㉯ 응결시간이 길어 바르기가 좋다.
- ㉰ 회반죽에 비하여 조기강도 및 최종강도가 크다.
- ㉱ 보수성이 작아 해초풀을 사용하여야 하기 때문에 변색, 곰팡이의 발생 우려가 있다.

39 플라스틱 재료에 대한 설명으로 옳지 않은 것은?
- ㉮ 내수성, 내부식성이 우수하다.
- ㉯ 형상이 자유롭고 대량생산이 가능하다.
- ㉰ 전기절연성과 내산, 내약품성이 우수하다.
- ㉱ 탄성계수가 철에 비해 크며 변형이 작다.

40 합성수지와 그 용도의 연결이 가장 부적절한 것은?
- ㉮ 염화비닐수지 – PVC 파이프
- ㉯ 폴리스티렌수지 – 발수성 방수도료
- ㉰ 폴리우레탄수지 – 도막 방수재
- ㉱ 멜라민수지 – 접착제

41 조적식 구조의 특징으로 볼 수 없는 것은?
- ㉮ 건식 구조이다.
- ㉯ 내구, 내화, 방서적이다.
- ㉰ 지진, 바람 등과 같은 횡력에 약하다.
- ㉱ 고층 건물에 적용하기 어렵다.

42 목구조에서 2층 건물의 아래층에서 위층까지 관통한 하나의 부재로 된 기둥은?
- ㉮ 평기둥
- ㉯ 샛기둥
- ㉰ 동자기둥
- ㉱ 통재기둥

43 H형강의 치수 표시법 중 H-150×75×5×7에서 5는 무엇을 나타낸 것인가?
- ㉮ 플랜지 두께
- ㉯ 웨브 두께
- ㉰ 플랜지 너비
- ㉱ H형강의 개수

44 다음 중 용접결함에 해당되지 않는 것은?
- ㉮ 언더컷(under cut)
- ㉯ 오버랩(over lap)
- ㉰ 크랙(crack)
- ㉱ 클리어런스(clearance)

45 다음 중 선그리기 내용으로 옳지 않은 것은?
- ㉮ 용도에 따라 선의 굵기를 구분한다.
- ㉯ 하나의 선을 그을 때 속도와 힘을 다르게 하여 긋는다.
- ㉰ 하나의 선을 그을 때 중복하여 긋지 않는다.
- ㉱ 연필은 진행되는 방향으로 약간 기울여서 그린다.

46 선의 종류 중 이점쇄선의 용도는?
- ㉮ 외형선
- ㉯ 인출선
- ㉰ 치수선
- ㉱ 상상선

47 힘의 전달측면에서 구조물을 평면 구조와 입체 구조로 분류할 수 있다. 다음 중 그 구조 형식이 나머지와 다른 것은?
- ㉮ 절판 구조(fold plate structure)
- ㉯ 쉘 구조(shell structure)
- ㉰ 현수 구조(suspension structure)
- ㉱ 라멘 구조(rahmen structure)

48 철골 구조에서 단일재를 사용한 기둥은?
- ㉮ 형강 기둥
- ㉯ 플레이트 기둥
- ㉰ 트러스 기둥
- ㉱ 래티스 기둥

49 다음 중 콘크리트의 설계기준강도를 의미하는 것은?
- ㉮ 콘크리트 타설 후 7일 인장 강도
- ㉯ 콘크리트 타설 후 7일 압축 강도
- ㉰ 콘크리트 타설 후 28일 인장 강도
- ㉱ 콘크리트 타설 후 28일 압축 강도

50 높이가 3m를 넘는 계단에서 계단참은 계단 높이 몇 m이내 마다 설치하여야 하는가?
- ㉮ 1m
- ㉯ 2m
- ㉰ 3m
- ㉱ 5m

51 프리스트레스트콘크리트 구조에 대한 설명 중 옳지 않은 것은?
- ㉮ 부재 단면의 크기를 작게 할 수 있으나 진동하기 쉽다.
- ㉯ 프리텐션 방식과 포스트텐션 방식이 있다.
- ㉰ 프리스트레스트콘크리트에 쓰이는 고강도 강재를 PS강재라 한다.
- ㉱ 소규모 건물에 적합한 구조이다.

52 건축물의 투시도법에 쓰이는 용어에 대한 설명

중 옳지 않은 것은?
㉮ 화면(Picture Plane, P.P.)은 물체와 시점 사이에 기면과 수직한 직립 평면이다.
㉯ 수평면(Horizontal Plane, H.P.)은 눈의 높이에 수평한 면이다.
㉰ 수평선(Horizontal Line, H.L.)은 기면과 화면의 교차선이다.
㉱ 시점(Eye Point, E.P.)은 보는 사람의 눈 위치이다.

53 다음의 도면에서 치수기입 방법이 옳지 않은 것은?

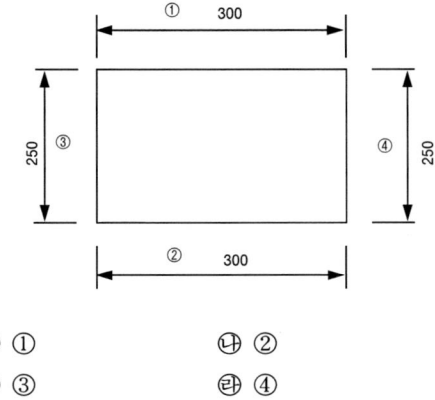

㉮ ① ㉯ ②
㉰ ③ ㉱ ④

54 목구조의 각 부재에 대한 설명으로 옳지 않은 것은?
㉮ 층도리 : 기둥을 연결하는 한편 샛기둥받이나 보받이의 역할을 한다.
㉯ 깔도리 : 기둥 하단 처마부분에 수평으로 걸어 기둥의 휨을 방지하는 부재이다.
㉰ 처마도리 : 지붕틀의 평보 위에 깔도리와 같은 방향으로 걸쳐댄다.
㉱ 꿸대 : 기둥과 기둥 사이를 가로 꿰뚫어 넣어 연결하는 수평구조재이다.

55 다음 중 돌의 가공 순서로 옳게 나열된 것은?
㉮ 정다듬-메다듬-도드락다듬-잔다듬-갈기와 광내기
㉯ 메다듬-정다듬-도드락다듬-잔다듬-갈기와 광내기
㉰ 메다듬-정다듬-잔다듬-도드락다듬-갈기와 광내기
㉱ 갈기와 광내기-메다듬-정다듬-잔다듬-도드락다듬

56 조립식(Pre-fabrication)구조의 특징이 아닌 것은?
㉮ 생산성을 향상시킬 수 있다.
㉯ 현장에서의 작업량이 극대화된다.
㉰ 대량생산이 가능하다.
㉱ 공기단축이 가능하다.

57 각 실내의 입면을 그려 벽면의 형상, 치수, 끝마감 등을 나타내는 도면은?
㉮ 평면도   ㉯ 투시도
㉰ 단면도   ㉱ 전개도

58 건축물의 분류 중 구성양식에 의한 분류가 아닌 것은?
㉮ 조적식구조   ㉯ 가구식구조
㉰ 일체식구조   ㉱ 돌구조

59 철근콘크리트 구조의 보에 대한 설명 중 옳지 않은 것은?
㉮ 보에 하중이 실리면 휨모멘트와 전단력이 생긴다.
㉯ 단순보의 중앙부에서는 통상적으로 보의 하단부가 인장측이 된다.
㉰ 주근은 보에 작용하는 압축력을 받기 위해 배치하는 경우가 많다.
㉱ 보 양단부의 단면을 경사지게 하여 중앙부보다 크게 하는데 이 부분을 헌치라 한다.

60 다음 중 제도에 관련된 내용으로 옳지 않은 것은?
㉮ 빔 컴퍼스(beam compass)는 큰 원을 그릴 때 사용된다.
㉯ 짧은 선은 프리핸드(free hand)로 하는 것이 좋다.
㉰ 제도용구는 사용 후 정비를 철저히 해야 한다.
㉱ 조명의 위치는 좌측 상방향이 좋다.

정답

01㉮ 02㉮ 03㉮ 04㉱ 05㉮ 06㉱ 07㉯ 08㉰ 09㉱ 10㉯
11㉱ 12㉯ 13㉰ 14㉮ 15㉯ 16㉰ 17㉰ 18㉯ 19㉮ 20㉱
21㉮ 22㉯ 23㉱ 24㉱ 25㉱ 26㉰ 27㉯ 28㉱ 29㉮ 30㉱
31㉱ 32㉰ 33㉮ 34㉮ 35㉱ 36㉯ 37㉯ 38㉱ 39㉱ 40㉯
41㉮ 42㉯ 43㉯ 44㉱ 45㉯ 46㉱ 47㉱ 48㉮ 49㉱ 50㉰
51㉱ 52㉰ 53㉱ 54㉯ 55㉯ 56㉯ 57㉱ 58㉱ 59㉰ 60㉯

2010년도 제5회 과년도 기출문제

01 다음 설명에 알맞은 건축화 조명 방식은?

> 벽의 상부에 길게 설치된 반사상자 안에 광원을 설치, 모든 빛이 하부로 향하도록 하는 조명 방식이다.

㉮ 펜던트 조명 ㉯ 코니스 조명
㉰ 광천장 조명 ㉱ 광창 조명

02 다음 중 거실의 가구 배치에 영향을 주는 요인과 가장 거리가 먼 것은?

㉮ 거실의 규모와 형태
㉯ 개구부의 위치와 크기
㉰ 거실의 벽지 색상
㉱ 거주자의 취향

03 주택설계의 방향에 대한 설명 중 옳지 않은 것은?

㉮ 입식과 좌식을 혼용한다.
㉯ 가사노동이 경감되도록 한다.
㉰ 생활의 쾌적함이 증대되도록 한다.
㉱ 가장 중심의 주거가 되도록 한다.

04 일반적으로 규칙적인 요소들의 반복으로 디자인에 시각적인 질서를 부여하는 통제된 운동감각을 의미하는 실내 디자인의 구성원리는?

㉮ 조화 ㉯ 균형
㉰ 리듬 ㉱ 강조

05 방풍 및 열손실을 최소로 줄여주는 반면 동선의 흐름을 원활히 해주는 출입문의 형태는?

㉮ 접문 ㉯ 회전문
㉰ 미닫이문 ㉱ 여닫이문

06 거실에 식사공간을 부속시킨 형식으로 식사도중 거실의 고유 기능과의 분리가 어렵다는 단점이 있는 것은?

㉮ 리빙 키친(Living Kitchen)
㉯ 다이닝 키친(Dining Kitchen)
㉰ 다이닝 포치(Dining Porch)
㉱ 리빙 다이닝(Living Dining)

07 거의 모든 광속(90~100%)을 윗방향으로 향하게 발산하며 천장 및 윗벽 부분에서 반사되어 방의 아래 각 부분으로 확산시키는 방식으로 직사 눈부심이 거의 일어나지 않는 조명기구는?

㉮ 직접 조명 기구 ㉯ 반직접 조명 기구
㉰ 간접 조명 기구 ㉱ 반간접 조명 기구

08 디자인 구성 요소 중 사선이 주는 느낌과 가장 거리가 먼 것은?

㉮ 약동감 ㉯ 안정감
㉰ 운동감 ㉱ 생동감

09 형태의 지각 심리에서 공동운명의 법칙이라고도 하며 유사한 배열이 하나의 묶음이 되어 선이나 형으로 지각되는 것은?

㉮ 근접성의 원리 ㉯ 유사성의 원리
㉰ 폐쇄성의 원리 ㉱ 연속성의 원리

10 기념비적인 스케일에서 일반적으로 느끼는 감정은?

㉮ 엄숙함 ㉯ 친밀감
㉰ 답답함 ㉱ 안도감

11 실내공간을 형성하는 주요 기본 구성요소로 인간의 감각중 촉각적 요소와 관계가 가장 밀접한 것은?

㉮ 벽 ㉯ 바닥
㉰ 천장 ㉱ 기둥

12 다음 중 실내 디자인의 영역을 분류할 때 상업공간에 해당되는 것은?

㉮ 사무실 ㉯ 백화점

㉠ 은행　　㉡ 관공서

13 부엌의 가구 배치 유형 중 좁은 면적 이용에 효과적이며 주로 소규모 부엌에 사용되는 것은?
㉮ 일자형　　㉯ L자형
㉰ 병렬형　　㉱ U자형

14 상점 기본 계획시 상점구성의 방법(AIDMA법칙)의 내용으로 옳지 않은 것은?
㉮ A : Attention(주의)
㉯ I : Interest(흥미)
㉰ D : Desire(욕망)
㉱ M : Money(금전)

15 실내디자인의 개념과 가장 거리가 먼 것은?
㉮ 순수예술　　㉯ 디자인 활동
㉰ 실행과정　　㉱ 전문과정

16 다음 중 열전도율의 단위는?
㉮ W　　㉯ W/m
㉰ W/m·K　　㉱ W/m²·K

17 잔향시간에 대한 설명으로 옳지 않은 것은?
㉮ 실의 용적에 비례한다.
㉯ 실의 흡음력에 반비례한다.
㉰ 잔향시간이 너무 길면 음이 명료하지 않아 음을 듣기 어렵게 된다.
㉱ 음원으로부터 음의 발생을 중지시킨 후 소리가 완전히 없어지는데 까지 걸리는 시간이다.

18 일반적인 공기조화설비의 조절대상이 되지 않는 것은?
㉮ 습도　　㉯ 온도
㉰ 기류　　㉱ 벽체의 복사열

19 다음 중 측창채광에 관한 설명으로 옳지 않은 것은?
㉮ 같은 면적의 천창에 비해 채광량이 작다.
㉯ 벽면에 있는 수직인 창에 의한 채광을 말한다.
㉰ 편측채광의 경우 실 전체의 조도분포가 균일하다.
㉱ 근린의 상황에 의해 채광 방해를 받을 수 있다.

20 열의 이동 방법 중 어떤 물체에 발생하는 열에너지가 전달 매개체가 없이 직접 다른 물체에 도달하는 현상은?
㉮ 전도　　㉯ 대류
㉰ 복사　　㉱ 열관류

21 콘크리트 타설 후 블리딩에 의해서 부상한 미립물은 콘크리트표면에 얇은 피막이 되어 침적하는데, 이것을 무엇이라 하는가?
㉮ 실리카　　㉯ 포졸란
㉰ 레이턴스　　㉱ AE제

22 블론 아스팔트를 용제에 녹인 것으로 액상을 하고 있으며 아스팔트 방수의 바탕처리재로 이용되는 것은?
㉮ 아스팔트 펠트
㉯ 아스팔트 루핑
㉰ 아스팔트 프라이머
㉱ 아스팔트 콤파운드

23 석재에 대한 설명으로 옳지 않은 것은?
㉮ 압축강도가 크고 불연성이다.
㉯ 가공이 용이하여 가구재로 적합하다.
㉰ 내구성, 내화학성, 내마모성이 우수하다.
㉱ 화강암은 화열에 닿으면 균열이 발생하여 파괴된다.

24 단열, 방서, 방음효과가 크고 결로 방지용으로 우수한 유리제품은?
㉮ 망입 유리　　㉯ 강화 유리
㉰ 복층 유리　　㉱ 반사 유리

25 비철금속 중 동에 관한 설명으로 옳지 않은 것은?
㉮ 연성이고 가공성이 풍부하다.
㉯ 비자성체이며 전기전도율이 크다.
㉰ 내알칼리성이 크므로 시멘트 등에 접하는 곳에 사용하더라도 부식되지 않는다.
㉱ 건조한 공기중에서는 산화하지 않으나, 습기가 있거나 탄산가스가 있으면 녹이 발생한다.

26 목재 집성재에 대한 설명 중 옳지 않은 것은?
㉮ 요구된 치수, 형태의 재료를 비교적 용이하게 제조할 수 있다.
㉯ 충분히 건조된 건조재를 사용할 경우 비틀림, 변

㉰ 제재판재 또는 소각재를 3, 5, 7장 등과 같이 정확하게 홀수로 접착시켜야 한다.
㉱ 제재품이 갖는 옹이, 할열 등의 결함을 제거, 분산시킬수 있으므로 강도의 편차가 적다.

27 건축재료를 화학조성에 의해 분류할 경우, 다음 중 무기재료에 속하지 않는 것은?
㉮ 석재   ㉯ 도자기
㉰ 알루미늄   ㉱ 아스팔트

28 점토에 대한 설명 중 옳지 않은 것은?
㉮ 점토의 비중은 일반적으로 2.5~2.6정도이다.
㉯ 점토 입자가 미세할수록 가소성은 나빠진다.
㉰ 압축강도는 인장강도의 약 5배 정도이다.
㉱ 점토의 주성분은 실리카와 알루미나이다.

29 건축 구조재료에 요구되는 성능과 가장 거리가 먼 것은?
㉮ 역학적 성능   ㉯ 물리적 성능
㉰ 내구성능   ㉱ 감각적 성능

30 기본 점성이 크며 내수성, 내약품성, 전기절연성이 모두 우수한 만능형 접착제로, 금속, 플라스틱, 도자기, 유리, 콘크리트 등의 접합에 사용되는 것은?
㉮ 에폭시 접착제   ㉯ 요소수지 접착제
㉰ 페놀수지 접착제   ㉱ 멜라민수지 접착제

31 시멘트의 안정성 측정에 사용되는 시험법은?
㉮ 브레인법
㉯ 표준체법
㉰ 슬럼프 테스트
㉱ 오토클레이브 팽창도 시험방법

32 골재의 성인에 의한 분류 중 인공골재에 속하는 것은?
㉮ 강모래   ㉯ 산모래
㉰ 중정석   ㉱ 부순모래

33 투명도가 매우 높은 것으로 항공기의 방풍 유리에 사용되며 유기유리라고도 불리우는 합성 수지는?
㉮ 염화비닐 수지   ㉯ 폴리에틸렌 수지
㉰ 메타크릴 수지   ㉱ 에폭시 수지

34 표준형 점토벽돌의 크기로 알맞은 것은?
㉮ 190mm×90mm×57mm
㉯ 210mm×100mm×60mm
㉰ 190mm×90mm×60mm
㉱ 210mm×100mm×57mm

35 석회석이 변화되어 결정화한 것으로 석질이 치밀하고 견고할 뿐 아니라 외관이 미려하여 실내장식재 또는 조각재로 사용되는 석재는?
㉮ 응회암   ㉯ 대리석
㉰ 사문암   ㉱ 점판암

36 다음 미장재료에 대한 설명 중 옳지 않은 것은?
㉮ 석고플라스터는 내화성이 우수하다.
㉯ 돌로마이트 플라스터는 건조 수축이 크기 때문에 수축 균열이 발생한다.
㉰ 킨즈시멘트는 고온소성의 무수석고를 특별한 화학처리를 한 것으로 경화 후 아주 단단하다.
㉱ 회반죽은 소석고에 모래, 해초물, 여물 등을 혼합하여 바르는 미장재료로서 건조 수축이 거의 없다.

37 다음 중 창호 철물의 사용용도가 잘못 연결된 것은?
㉮ 여닫이문 – 경첩, 함자물쇠
㉯ 오르내리창 – 크레센트
㉰ 미서기문 – 도어 체크
㉱ 자재문 – 플로어 힌지

38 콘크리트가 시일이 경과함에 따라 공기 중의 탄산가스 작용을 받아 알칼리성을 잃어가는 현상은?
㉮ 건조수축   ㉯ 동결융해
㉰ 중성화   ㉱ 크리프

39 다음 중 내알칼리성이 가장 좋은 도료는?
㉮ 유성 페인트   ㉯ 유성 바니시
㉰ 알루미늄 페인트   ㉱ 염화비닐수지도료

40 목재에 대한 설명으로 옳지 않은 것은?
㉮ 가공성이 좋다.   ㉯ 단열성이 작다.
㉰ 차음성이 있다.   ㉱ 마감면이 아름답다.

41 철근 콘크리트보에서 늑근을 사용하는 가장 중요한 이유는?

㉮ 주근의 위치 고정　㉯ 휨모멘트에 대한 보강
㉰ 축력에 대한 보강　㉱ 전단력에 의한 균열방지

42 철골보에 대한 설명 중 옳지 않은 것은?
㉮ 형강보는 주로 I형강과 H형강이 사용된다.
㉯ 허니콤 보는 H형강의 웨브를 절단하여 6각형의 구멍이 생기도록 하여 다시 용접한 것이다.
㉰ 커버플레이트의 크기는 전단력에 따라 결정된다.
㉱ 웨브플레이트의 좌굴을 방지하기 위하여 스티프너를 설치한다.

43 교량과 같은 장스팬에서 무거운 하중을 부담할 수 있는 부재를 만들기 위하여 도입된 구조는?
㉮ 가구조립식구조
㉯ 판조립식구조
㉰ 상자조립식구조
㉱ 프리스트레스트 콘크리트구조

44 선의 종류에 따른 용도로 옳지 않은 것은?
㉮ 실선 – 물체의 보이는 부분을 나타내는데 사용
㉯ 파선 – 물체의 보이지 않는 부분의 모양을 표시하는데 사용
㉰ 1점 쇄선 – 물체의 절단한 위치를 표시하거나, 경계선으로 사용
㉱ 2점 쇄선 – 물체의 중심축, 대칭축을 표시하는데 사용

45 척도에 관한 설명으로 옳은 것은?
㉮ 축척은 실물보다 크게 그리는 척도이다.
㉯ 실척은 실물보다 작게 그리는 척도이다.
㉰ 배척은 실물과 같게 그리는 척도이다.
㉱ NS(No Scale)는 그림의 형태가 치수에 비례하지 않는 것을 뜻한다.

46 목재 접합 방법 중 길이 방향에 직각이나 일정한 각도를 가지도록 경사지게 붙여대는 것은?
㉮ 이음　㉯ 맞춤
㉰ 쪽매　㉱ 산지

47 벽돌쌓기법에 대한 설명 중 옳지 않은 것은?
㉮ 영식 쌓기는 처음 한 켜는 마구리쌓기, 다음 한 켜는 길이쌓기를 교대로 쌓는 것으로 통줄눈이 생기지 않는다.
㉯ 네덜란드식 쌓기는 영국식과 같으나 모서리 끝에 칠오토막을 사용하지 않고 이오토막을 사용한다.
㉰ 프랑스식 쌓기는 부분적으로 통줄눈이 생기므로 구조벽체로는 부적합하다.
㉱ 영롱 쌓기는 벽돌벽 등에 장식적으로 구멍을 내어 쌓는 것이다.

48 목조건물의 중요부재를 건물하부에서부터 차례로 기술한 것은?
㉮ 기둥 → 깔도리 → 평보 → 처마도리
㉯ 깔도리 → 기둥 → 처마도리 → 평보
㉰ 평보 → 기둥 → 처마도리 → 깔도리
㉱ 처마도리 → 깔도리 → 평보 → 기둥

49 다음 중 창문틀 옆에 사용되는 블록은?
㉮ 창쌤블록　㉯ 창대블록
㉰ 인방블록　㉱ 양마구리블록

50 고력 볼트 접합이 힘을 전달하는 방식은?
㉮ 인장력　㉯ 모멘트
㉰ 전단력　㉱ 마찰력

51 주택의 평면도에 표시되어야 할 사항이 아닌 것은?
㉮ 가구의 높이
㉯ 기준선
㉰ 벽, 기둥, 창호
㉱ 실의 배치와 넓이

52 투시도 작도에서 소점이 항상 위치하는 곳은?
㉮ 화면선　㉯ 수평선
㉰ 기선　㉱ 시선

53 다음 중 도면에 쓰이는 기호와 그 표시사항의 연결이 옳지 않은 것은?
㉮ THK – 두께　㉯ L – 길이
㉰ R – 반지름　㉱ V – 너비

54 건축구조에서의 시공 과정에 의한 분류 중 하나로 현장에서 물을 거의 쓰지 않으며 규격화된 기성재를 짜맞추어 구성하는 구조는?
㉮ 습식구조　㉯ 건식구조
㉰ 조립구조　㉱ 일체식구조

55 혼화 재료인 플라이 애시(fly ash)의 성능에 대한 설명으로 옳지 않은 것은?
㉮ 유동성 개선 ㉯ 단위 수량 감소
㉰ 재료 분리 증가 ㉱ 장기 강도 증대

56 지반의 허용 지내력도가 작은것에서 큰 순으로 옳게 나열된 것은?

> ① 연암반(판암·편암 등의 수성암의 암반)
> ② 모래
> ③ 모래섞인 점토
> ④ 자갈

㉮ ②-①-③-④ ㉯ ③-②-①-④
㉰ ②-③-④-① ㉱ ③-②-④-①

57 다음의 각종 구조에 대한 설명 중 옳지 않은 것은?
㉮ 목구조는 시공이 용이하며, 공사기간이 짧다.
㉯ 벽돌구조는 횡력에는 강하나 대규모 건물에는 부적합하다.
㉰ 철근콘크리트구조는 내구, 내화, 내진적이다.
㉱ 철골구조는 고층이나 간사이가 큰 대규모 건축물에 적합하다.

58 다음 중 건축 제도 용구가 아닌 것은?
㉮ 홀더 ㉯ 원형 템플릿
㉰ 데오돌라이트 ㉱ 컴퍼스

59 벽돌이 받는 하중이 균등하게 전달되게 하기 위하여 엇갈리게 쌓은 벽돌의 줄눈명칭은?
㉮ 치장줄눈 ㉯ 민줄눈
㉰ 막힌줄눈 ㉱ 세로줄눈

60 경첩 등을 축으로 개폐되는 창호를 말하며, 열고 닫을 때 실내의 유효 면적을 감소시키는 단점이 있는 창호는?
㉮ 미닫이 창호 ㉯ 미서기 창호
㉰ 여닫이 창호 ㉱ 붙박이 창호

정답

01㉯ 02㉰ 03㉱ 04㉰ 05㉯ 06㉱ 07㉰ 08㉯ 09㉱ 10㉮
11㉯ 12㉯ 13㉮ 14㉱ 15㉮ 16㉰ 17㉰ 18㉱ 19㉰ 20㉰
21㉰ 22㉰ 23㉯ 24㉰ 25㉰ 26㉰ 27㉰ 28㉯ 29㉱ 30㉮
31㉱ 32㉱ 33㉰ 34㉮ 35㉯ 36㉱ 37㉰ 38㉰ 39㉱ 40㉰
41㉱ 42㉱ 43㉱ 44㉱ 45㉰ 46㉯ 47㉰ 48㉮ 49㉰ 50㉰
51㉮ 52㉰ 53㉱ 54㉯ 55㉰ 56㉯ 57㉯ 58㉰ 59㉰ 60㉰

과년도 기출문제

2011년도 제1회

01 온화하고 부드러운 여성적인 느낌을 주는 도형은?
㉮ 타원형   ㉯ 오각형
㉰ 사각형   ㉱ 삼각형

02 상점의 동선 계획에 대한 설명으로 옳지 않은 것은?
㉮ 고객 동선은 가능한 짧게 한다.
㉯ 종업원 동선은 가능한 짧게 한다.
㉰ 종업원 동선과 고객 동선은 교차되지 않도록 한다.
㉱ 고객 동선은 상품으로의 자연스러운 접근이 가능하도록 한다.

03 디자인 요소 중 선에 대한 설명으로 옳지 않은 것은?
㉮ 면의 한계, 면들의 교차에서 나타난다.
㉯ 많은 선의 근접으로 면의 느낌을 표현할 수 있다.
㉰ 여러 개의 선을 이용하여 움직임, 속도감 등을 시각적으로 표현할 수 있다.
㉱ 형태의 윤곽을 나타낼 수 있으나 형태가 지니고 있는 특성, 명암, 질감들을 표현할 수 없다.

04 주택의 평면 계획에 관한 설명 중 옳지 않은 것은?
㉮ 각 실의 관계가 깊은 것은 인접 시키고 상반 되는 것은 격리시킨다.
㉯ 침실은 독립성을 확보하고 다른 실의 통로가 되지 않게 한다.
㉰ 부엌, 욕실, 화장실은 각각 분산 배치하고 외부와 연결한다.
㉱ 각 실의 방향은 일조, 통풍, 소음, 조망 등을 고려하여 결정한다.

05 개방형 공간구성의 특징으로 가장 알맞은 것은?
㉮ 공간사용의 융통성과 극대화
㉯ 프라이버시 보장과 에너지 절약
㉰ 조직화를 통한 시각적 애매모호함 제거
㉱ 복수의 구성요소의 독립적 공간 확보

06 간접조명에 관한 설명 중 옳지 않은 것은?
㉮ 조도가 균일하다.
㉯ 조명 효율이 높다.
㉰ 부드러운 분위기를 만들 수 있다.
㉱ 반사면의 재료, 색채, 질감 등에 영향을 받는다.

07 주거공간에서 개인적 공간에 속하는 것은?
㉮ 거실   ㉯ 응접실
㉰ 식당   ㉱ 서재

08 다음 중 실내공간의 설계시 인체공학적 근거와 가장 거리가 먼 것은?
㉮ 테이블의 높이   ㉯ 일반 창의 크기
㉰ 계단의 높이   ㉱ 난간의 높이

09 실내디자인 프로세스(Process)의 과정으로 옳은 것은?
㉮ 설계－계획－기획－시공－평가
㉯ 설계－기획－계획－시공－평가
㉰ 계획－설계－기획－시공－평가
㉱ 기획－계획－설계－시공－평가

10 지각적으로는 구조적 높이감을 주며 심리적으로는 상승감, 존엄성, 엄숙함, 위엄 및 강한 의지의 느낌을 주는 선의 종류는?
㉮ 쌍곡선   ㉯ 사선
㉰ 수평선   ㉱ 수직선

11 다음의 패턴(pattern)에 대한 설명 중 옳지 않은 것은?
㉮ 일반적으로 연속성을 살린 것이 많다.
㉯ 두 개 이상의 패턴이 겹쳐지면 무아레(moires) 패

턴이 만들어 진다.
- ㉰ 디자인의 전체 리듬과 잘 어울려 디자인에 혼란을 주지 않도록 한다.
- ㉱ 작은 공간일수록 서로 다른 문양을 혼용하고 복잡하게 처리해야 넓게 보이는 효과를 얻는다.

12 다음 중 냉·난방상 가장 유리한 출입문의 종류는?
- ㉮ 미서기문
- ㉯ 여닫이문
- ㉰ 회전문
- ㉱ 미닫이문

13 실내디자인의 기본 조건 중 가장 우선시 되어야 하는 것은?
- ㉮ 기능적 조건
- ㉯ 정서적 조건
- ㉰ 환경적 조건
- ㉱ 경제적 조건

14 개구부(창과 문)의 역할에 대한 설명 중 옳지 않은 것은?
- ㉮ 창은 조망을 가능하게 한다.
- ㉯ 창은 통풍과 채광을 가능하게 한다.
- ㉰ 문은 공간과 다른 공간을 연결시킨다.
- ㉱ 창은 가구, 조명 등 실내에 놓여지는 설치물에 대한 배경이 된다.

15 좋은 빛의 환경을 위한 조건과 가장 거리가 먼 것은?
- ㉮ 적절한 조도
- ㉯ 눈부심의 방지
- ㉰ 글레어(glare)의 강조
- ㉱ 적절한 일광조절장치의 사용

16 정상청력을 가진 사람의 가청 최대한계로 가장 적합한 것은?
- ㉮ 30dB
- ㉯ 50dB
- ㉰ 90dB
- ㉱ dB130

17 벽과 같은 고체를 통하여 유체(공기)에서 유체(공기)로 열이 전해지는 현상을 무엇이라 하는가?
- ㉮ 열대류
- ㉯ 열전도
- ㉰ 열관류
- ㉱ 열복사

18 다음 설명이 나타내는 현상은?

> 벽면 온도가 여기에 접촉하는 공기의 노점온도 이하에 있으면 공기는 포함하고 있던 수증기를 그대로 전부 포함할 수 없게 되어 남는 수증기가 물방울이 되어 벽면에 붙는다.

- ㉮ 잔향
- ㉯ 열교
- ㉰ 결로
- ㉱ 환기

19 1[cd]의 광원에서 1[m] 떨어진 수직면상의 조도를 1[lx]라 한다. 다음 그림에서 a면의 조도가 1[lx]일 경우, b면의 조도는?

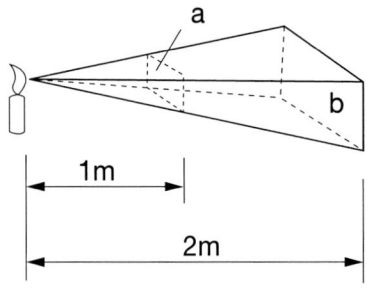

- ㉮ 0.25[lx]
- ㉯ 0.5[lx]
- ㉰ 2[lx]
- ㉱ 4[lx]

20 다음 설명에 알맞은 환기방식은?

> · 실내는 부압이 된다.
> · 화장실, 욕실 등의 환기에 적합하다.

- ㉮ 급기팬과 배기팬의 조합
- ㉯ 급기팬과 자연배기의 조합
- ㉰ 자연급기와 배기팬의 조합
- ㉱ 자연급기와 자연배기의 조합

21 경화 콘크리트에 대한 설명 중 옳지 않은 것은?
- ㉮ 콘크리트의 투수 원인은 대부분이 시공불량에 의한다.
- ㉯ 콘크리트의 인장강도는 압축강도의 약 1/10~1/13 정도이다.
- ㉰ 콘크리트의 중성화가 진행되면 콘크리트의 강도가 극히 낮아진다.
- ㉱ 알칼리골재 반응은 주로 시멘트의 알칼리성분과 골재를 구성하는 실리카광물이 반응하여 콘크리트를 팽창시키는 반응이다.

22 목재의 치수에 관한 설명 중 옳지 않은 것은?
- ㉮ 가구재의 치수는 보통 마무리치수로 한다.
- ㉯ 제재치수란 제재된 목재의 실제 치수를 말한다.

㉰ 제재치수는 창호재의 치수에 사용되며 마감치수라고도 한다.
㉱ 마무리치수란 제재목을 치수에 맞추어 깎고, 다듬어 대패질로 마무리한 치수를 말한다.

23 석재의 일반적인 특성에 관한 설명으로 옳지 않은 것은?
㉮ 내화, 내구성이 좋다.
㉯ 장대재를 얻기 어렵다.
㉰ 압축강도가 크고 불연성이다.
㉱ 비중이 작고 가공이 용이하다.

24 콘크리트공사에 사용되는 시멘트의 저장방법에 대한 설명 중 옳지 않은 것은?
㉮ 시멘트는 방습적인 구조로 된 시일로(silo) 또는 창고에 저장한다.
㉯ 포대 시멘트는 지상 50cm 이상되는 마루위에 통풍이 잘되도록 하여 보관한다.
㉰ 포대의 올려쌓기는 13포대 이하로 하고 장기간 저장할 때는 7포대 이상 올려 쌓지 말아야 한다.
㉱ 조금이라도 굳은 시멘트는 사용하지 않는 것을 원칙으로 하고 검사나 반출이 편리하도록 배치하여 저장한다.

25 조이너(joiner)에 대한 설명으로 옳은 것은?
㉮ 금속재의 콘크리트용 거푸집으로서 치장 콘크리트에 사용된다.
㉯ 계단의 디딤판 끝에 대어 오르내릴 때 미끄러지지않도록 하는 철물이다.
㉰ 구조부재 접합에서 2개의 부재접합에 끼워 볼트와 같이 사용하여 전단에 견디도록 한다.
㉱ 천장, 벽 등에 보드류를 붙이고 그 이음새를 감추고 덮어 고정하고 장식이 되도록 하는 좁은 졸대형 철물이다.

26 레디믹스트 콘크리트에 대한 설명으로 옳지 않은 것은?
㉮ 품질이 균일한 콘크리트를 얻을 수 있다.
㉯ 협소한 장소에서도 대량의 콘크리트를 얻을 수 있다.
㉰ 슬럼프가 적더라도 단순히 물을 첨가하여 보정하는 것은 피하도록 한다.
㉱ 현장에서 배합, 설계된 콘크리트로 운반 중 재료분리의 염려가 없다.

27 미장재료 중 석고 플라스터에 대한 설명으로 옳지 않은 것은?
㉮ 내화성이 우수하다.
㉯ 수경성 미장재료이다.
㉰ 경화·건조시 치수안정성이 우수하다.
㉱ 일반적으로 킨즈 시멘트라고 불리우는 순석고 플라스터가 주로 사용된다.

28 건축용으로는 글라스섬유로 강화된 평판 또는 판상제품으로 주로 사용되는 열경화성 수지는?
㉮ 염화비닐 수지   ㉯ 폴리에스테르 수지
㉰ 실리콘 수지   ㉱ 페놀 수지

29 다음 유리 중 결로방지에 가장 효과적인 것은?
㉮ 복층유리   ㉯ 강화유리
㉰ 접합유리   ㉱ 일반유리

30 플라스틱 건설재료의 일반적인 성질에 대한 설명으로 옳지 않은 것은?
㉮ 일반적으로 전기절연성이 상당히 양호하다.
㉯ 강성이 크고 탄성계수가 강재의 2배이므로 구조재료로 적합하다.
㉰ 가공성이 우수하여 기구류, 판류, 파이프 등의 성형품 등에 많이 쓰인다.
㉱ 접착성이 크고 기밀성, 안정성이 큰 것이 많으므로 접착제, 실링제 등에 적합하다.

31 다음과 같은 특징을 갖는 석재는?

· 주성분은 탄산석회로서 백색 또는 회백색이다.
· 수성암의 일종으로 시멘트의 원료로 이용된다.

㉮ 응회암   ㉯ 대리석
㉰ 석회암   ㉱ 사문암

32 재료의 화학적 성질에 관한 설명 중 옳지 않은 것은?
㉮ 알루미늄 새시는 콘크리트나 모르타르에 접하면 부식된다.
㉯ 산을 취급하는 화학공장에서 콘크리트의 사용은 바닥의 얼룩을 방지해 준다.
㉰ 대리석을 외부에 사용하면 광택이 상실되어 장식적인 효과가 감소된다.
㉱ 유성 페인트를 콘크리트나 모르타르면에 칠하면

줄무늬가 생긴다.

33 목재의 부패에 관한 설명 중 옳지 않은 것은?
㉮ 부패 발생시 목재의 내구성이 감소된다.
㉯ 목재 함수율이 15%일 때 부패균 번식이 가장 왕성하다.
㉰ 생재가 부패균의 작용에 의해 변재부가 청색으로 변하는 것을 청부(靑腐)라고 한다.
㉱ 부패 초기에는 단순히 변색되는 정도이지만 진행되어감에 따라 재질이 현저히 저하된다.

34 점토의 일반적인 성질에 대한 설명 중 옳지 않은 것은?
㉮ 양질의 점토는 습윤 상태에서 현저한 가소성을 나타낸다.
㉯ 점토 제품의 색상은 철산화물 또는 석회물질에 의해 나타난다.
㉰ 점토의 비중은 불순 점토일수록 크고, 알루미나분이 많을수록 작다.
㉱ 일반적으로 점토의 압축강도는 인장강도의 약 5배 정도이다.

35 재료에 사용하는 외력이 어느 한도에 도달하면 외력의 증가 없이 변형만이 증대하고, 외력을 제거해도 원형으로 회복하지 않고 변형이 잔류하는데, 이 같은 성질을 무엇이라 하는가?
㉮ 탄성   ㉯ 인성
㉰ 소성   ㉱ 점성

36 물·기름·기타 용제에 녹지 않는 착색분말로서 도료를 착색하고 유색의 불투명한 도막을 만듦과 동시에 도막의 기계적 성질을 보강하는 도료의 구성 요소는?
㉮ 용제   ㉯ 안료
㉰ 희석제   ㉱ 유지

37 테라코타에 대한 설명으로 옳지 않은 것은?
㉮ 일반 석재보다 가볍다.
㉯ 압축강도는 화강암보다 크다.
㉰ 주로 장식용으로 사용된다.
㉱ 공동(空胴)의 대형 점토제품이다.

38 아스팔트 루핑을 절단하여 만든 것으로 지붕재료로 주로 사용되는 아스팔트 제품은?
㉮ 아스팔트 펠트   ㉯ 아스팔트 유제
㉰ 아스팔트 타일   ㉱ 아스팔트 싱글

39 비철금속 중 동(copper)에 대한 설명으로 옳지 않은 것은?
㉮ 가공성이 풍부하다.
㉯ 열과 전기의 양도체이다.
㉰ 건조한 공기중에서는 산화하지 않는다.
㉱ 염수 및 해수에는 침식되지 않으나 맑은 물에는 빨리 침식된다.

40 다음 중 경량 골재의 종류에 속하지 않는 것은?
㉮ 중정석   ㉯ 석탄재
㉰ 팽창질석   ㉱ 팽창슬래그

41 다음 평면표시기호는 무엇을 의미하는가?

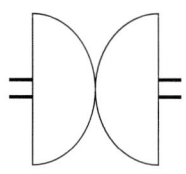

㉮ 자재여닫이문   ㉯ 쌍미닫이문
㉰ 회전문   ㉱ 외여닫이문

42 경량형강의 특성으로 옳지 않은 것은?
㉮ 가공이 용이하다.
㉯ 볼트, 리벳, 용접 등의 다양한 방법을 적용할 수 있다.
㉰ 주요구조부는 대칭되게 조립해야 한다.
㉱ 두께에 비해 단면치수가 작아 2차 모멘트가 작은 편이다.

43 철골구조의 접합 방법 중 아치의 지점이나 트러스의 단부, 주각 또는 인장재의 접합부에 사용되며, 회전자유의 절점으로 구성되는 것은?
㉮ 강접합   ㉯ 핀접합
㉰ 용접접합   ㉱ 고력볼트접합

44 목재의 접합에서 널 등을 모아대어 넓게 부합하는 것을 무엇이라 하는가?
㉮ 쪽매   ㉯ 이음
㉰ 맞춤   ㉱ 장부

45 목구조에 대한 설명으로 옳지 않은 것은?
- ㉮ 부재에 홈이 있는 부분은 가급적 압축력이 작용하는 곳에 두는 것이 유리하다.
- ㉯ 목재의 이음 및 맞춤은 응력이 적은 곳에서 접합한다.
- ㉰ 큰 압축력이 작용하는 부재에는 맞댄이음이 적합하다.
- ㉱ 토대는 크기가 기둥과 같거나 다소 작은 것을 사용한다.

46 평균기온이 10℃이상, 20℃ 미만일 때 기둥 및 벽에 보통포틀랜드시멘트를 사용한 콘크리트를 타설시 거푸집 최소 존치기간은?
- ㉮ 2일
- ㉯ 4일
- ㉰ 6일
- ㉱ 8일

47 설계도면의 종류 중 계획설계도에 해당되지 않는 것은?
- ㉮ 구상도
- ㉯ 조직도
- ㉰ 전개도
- ㉱ 동선도

48 납작 마루를 놓을 때 적당한 장선의 간격은?
- ㉮ 10~15cm
- ㉯ 25~35cm
- ㉰ 45~50cm
- ㉱ 60~90cm

49 건축도면 제도 시 치수 기입법에 대한 설명 중 옳지 않은 것은?
- ㉮ 전체 치수는 안쪽에, 부분 치수는 바깥쪽에 기입한다.
- ㉯ 치수는 치수선의 중앙에 기입한다.
- ㉰ 치수는 mm단위를 원칙으로 한다.
- ㉱ 마무리 치수로 기입한다.

50 슬래브 배근에서 가장 하단에 위치하는 철근은?
- ㉮ 장변 단부 하부 배력근
- ㉯ 단변 하부 주근
- ㉰ 장변 중앙 하부 배력근
- ㉱ 장변 중앙 굽힘철근

51 절충식 지붕틀에서 지붕하중이 크고 간사이가 넓을 때에 그 중간에 기둥을 세우고 그 위에 직각으로 걸쳐대는 것은?
- ㉮ 왕대공
- ㉯ 베개보
- ㉰ 대공 밑잡이
- ㉱ 빗대공

52 다음 중 불완전 용접에 속하지 않는 것은?
- ㉮ 언더컷(undercut)
- ㉯ 오버랩(over lap)
- ㉰ 피트(pit)
- ㉱ 피치(pitch)

53 와이어로프(wire rope) 또는 PS 와이어 등을 사용하여 주로 인장재가 힘을 받도록 설계된 철골 구조는?
- ㉮ 경량 철골 구조
- ㉯ 현수 구조
- ㉰ 철골 철근 콘크리트 구조
- ㉱ 강관 구조

54 목구조에 사용되는 철물에 대한 설명으로 옳지 않은 것은?
- ㉮ 듀벨은 볼트와 같이 사용하여 접합재 상호간의 변위를 방지하는 강한 이음을 얻는데 사용된다.
- ㉯ 꺾쇠는 몸통이 정방형, 원형, 평판형인 것을 각각 각꺾쇠, 원형꺾쇠, 평꺾쇠라 한다.
- ㉰ 감잡이쇠는 강봉 토막의 양끝을 뾰족하게 하고 ㄴ자형으로 구부린 것으로 두 부재의 접합에 사용된다.
- ㉱ 안장쇠는 안장 모양으로 한 부재에 걸쳐놓고 다른 부재를 받게 하는 이음, 맞춤의 보강철물이다.

55 혼화재료에 대한 설명 중 옳지 않은 것은?
- ㉮ 혼화재료는 혼화재와 혼화제로 구분된다.
- ㉯ 포졸란은 해수 등에 대한 저항성, 수밀성 등을 개선한다.
- ㉰ AE제는 콘크리트 속에 미세기포를 발생시켜 시공연도를 향상시키고 단위수량을 증가시킨다.
- ㉱ 플라이애쉬는 콘크리트의 작업성을 개선하고 단위수량을 감소시킨다.

56 벽돌쌓기 방법 중 영식 쌓기의 설명으로 옳은 것은?
- ㉮ 내력벽을 만들 때에 많이 이용한다.
- ㉯ 공간 쌓기에 주로 이용한다.
- ㉰ 외관이 아름답다.
- ㉱ 통줄눈이 생긴다.

57 다음 중 실내건축 투시도 그리기에서 가장 마지막으로 하여야 할 작업은?
㉮ 서있는 위치 결정
㉯ 눈높이 결정
㉰ 입면상태의 가구 설정
㉱ 질감의 표현

58 물체가 있는 것으로 가상되는 부분을 표현할 때 사용되는 선은?
㉮ 가는 실선   ㉯ 파선
㉰ 일점쇄선   ㉱ 이점쇄선

59 제도시 선을 긋는 방법에 대한 설명 중 옳지 않은 것은?
㉮ 수직선은 위에서 아래로 긋는다.
㉯ 필기구는 선을 긋는 방향으로 약간 기울인다.
㉰ T자는 몸체와 머리가 직각이 되어 흔들리지 않도록 제도판에 밀착시켜 사용한다.
㉱ 일정한 힘을 가하여 일정한 속도로 긋는다.

60 조립구조의 일종으로 기둥, 보 등의 골조를 구성하고 바닥, 벽, 천장, 지붕 등을 일정한 형태와 치수로 만든 판으로 구성하는 구조법은?
㉮ 쉘구조
㉯ 프리스트레스트 콘크리트 구조
㉰ 커튼월구조
㉱ 패널구조

정답

01㉮	02㉮	03㉱	04㉰	05㉮	06㉯	07㉱	08㉯	09㉱	10㉱
11㉱	12㉰	13㉮	14㉱	15㉰	16㉱	17㉰	18㉰	19㉮	20㉰
21㉰	22㉰	23㉱	24㉯	25㉱	26㉰	27㉱	28㉯	29㉱	30㉯
31㉰	32㉱	33㉯	34㉰	35㉰	36㉯	37㉯	38㉱	39㉱	40㉮
41㉮	42㉱	43㉯	44㉮	45㉱	46㉰	47㉰	48㉰	49㉰	50㉯
51㉯	52㉱	53㉯	54㉰	55㉰	56㉮	57㉱	58㉱	59㉮	60㉱

2011년도 제2회 과년도 기출문제

01 실내공간을 넓어 보이게 하는 방법과 가장 거리가 먼 것은?
㉮ 큰 가구는 벽에 부착시켜 배치한다.
㉯ 벽면에 큰 거울을 장식해 실내공간을 반사시킨다.
㉰ 빈 공간에 화분이나 어항, 또는 운동기구 등을 배치한다.
㉱ 창이나 문 등의 개구부를 크게 하여 옥외공간과 시선이 연장되도록 한다.

02 점과 선의 조형효과에 대한 설명 중 옳지 않은 것은?
㉮ 점은 선과 달리 공간적 착시효과를 이끌어 낼 수 없다.
㉯ 선은 여러 개의 선을 이용하여 움직임, 속도감 등을 시각적으로 표현할 수 있다.
㉰ 배경의 중심에 있는 하나의 점은 점에 시선을 집중시키고 정지의 효과를 느끼게 한다.
㉱ 동일한 크기의 두 개의 점이 있을 때 두 점 사이에는 상호간 장력이 발생하여 선의 효과가 생긴다.

03 동적이고 불안정한 느낌을 주나, 건축에 강한 표정을 주기도 하는 선은?
㉮ 곡선   ㉯ 수직선
㉰ 수평선 ㉱ 사선

04 동선계획을 가장 잘 나타낼 수 있는 실내 계획은?
㉮ 천장계획 ㉯ 입면계획
㉰ 평면계획 ㉱ 구조계획

05 다음 설명에 알맞은 부엌의 작업대 배치 방식은?

· 인접한 세 벽면에 작업대를 붙여 배치한 형태이다.
· 비교적 규모가 큰 공간에 적합하다.

㉮ 일렬형   ㉯ ㄴ자형
㉰ ㄷ자형   ㉱ 병렬형

06 실내디자인에서 가구나 실의 크기를 결정하는 기준이 되는 것은?
㉮ 그리드   ㉯ 휴먼스케일
㉰ 모듈   ㉱ 공간의 형태

07 상업공간에서 디스플레이의 궁극적 목적은?
㉮ 상품 소개   ㉯ 상품 판매
㉰ 쾌적한 관람 ㉱ 학습능률의 향상

08 다음 설명에 알맞은 디자인의 구성 원리는?

일반적으로 규칙적인 요소들의 반복으로 디자인에 시각적인 질서를 부여하는 통제된 운동감각을 말한다.

㉮ 균형   ㉯ 비례
㉰ 통일   ㉱ 리듬

09 균형의 원리에 대한 설명 중 옳지 않은 것은?
㉮ 크기가 큰 것이 작은 것보다 시각적 중량감이 크다.
㉯ 기하학적 형태가 불규칙적인 형태보다 시각적 중량감이 크다.
㉰ 색의 중량감은 색의 속성 중 특히 명도, 채도에 따라 크게 작용한다.
㉱ 복잡하고 거친 질감이 단순하고 부드러운 것보다 시각적 중량감이 크다.

10 실내공간의 바닥부분에 있어 공간에 대한 스케일감의 변화를 줄 수 있는 방법으로 가장 적당한 것은?
㉮ 질감의 변화
㉯ 색채의 변화
㉰ 단차(level)의 변화
㉱ 인테리어 구성재의 변화

11 특정 상품을 효과적으로 비추어 상품을 강조할

때 이용되는 조명 방식은?
- ㉮ 다운 라이트
- ㉯ 브라켓
- ㉰ 스포트 라이트
- ㉱ 팬던트

12 건물과 일체화하여 만든 가구로서 공간을 최대한 활용할 수 있는 가구는?
- ㉮ 가동 가구
- ㉯ 붙박이 가구
- ㉰ 모듈러 가구
- ㉱ 작업용 가구

13 실내디자인의 가장 중요한 목표는 생활공간을 쾌적하게 하는 것이다. 이를 위해 일반적으로 가장 우선시 되어야 하는 것은?
- ㉮ 기능
- ㉯ 미
- ㉰ 개성
- ㉱ 유행

14 다음 중 주택의 부엌과 식당 계획시 가장 중요하게 고려하여야 할 사항은?
- ㉮ 조명배치
- ㉯ 작업동선
- ㉰ 색채조화
- ㉱ 채광계획

15 주택 실내공간의 색채계획에 대한 설명 중 옳지 않은 것은?
- ㉮ 화장실은 전체를 밝은 느낌의 색조로 처리하는 것이 바람직하다.
- ㉯ 바닥은 벽면보다 약간 어두우며 안정감 있는 색을 사용한다.
- ㉰ 침실은 보통 깊이 있는 중명도의 저채도로 정돈한다.
- ㉱ 낮은 천장을 높게 보이게 하려면 천장의 색을 벽보다 어두운 색채로 한다.

16 천장, 벽의 구조체에 의해 광원의 빛이 천장 또는 벽면으로 가려지게 하여 반사광으로 간접 조명하는 건축화조명방식은?
- ㉮ 코니스 조명
- ㉯ 코브 조명
- ㉰ 광창 조명
- ㉱ 광천장 조명

17 다음 설명에 알맞은 환기 방법은?

· 실내공기를 강제적으로 배출시키는 방법으로 실내는 부압이 된다.
· 주택의 화장실, 욕실 등의 환기에 적합하다.

- ㉮ 자연환기
- ㉯ 압입식 환기(급기팬과 자연배기의 조합)
- ㉰ 흡출식 환기(자연급기와 배기팬의 조합)
- ㉱ 병용식 환기(급기팬과 배기팬의 조합)

18 음의 고저(pitch)를 결정하는 요소는?
- ㉮ 음속
- ㉯ 음색
- ㉰ 주파수
- ㉱ 잔향시간

19 열에 관한 설명으로 옳지 않은 것은?
- ㉮ 열은 온도가 낮은 곳에서 높은 곳으로 이동한다.
- ㉯ 열이 이동하는 형식에는 복사, 대류, 전도가 있다.
- ㉰ 대류는 유체의 흐름에 의해서 열이 이동되는 것을 총칭한다.
- ㉱ 벽과 같은 고체를 통하여, 유체(공기)에서 유체(공기)로 열이 전해지는 현상을 열관류라고 한다.

20 조도 분포의 정도를 표시하며 최고조도에 대한 최저조도의 비율로 나타내는 것은?
- ㉮ 휘도
- ㉯ 조명도
- ㉰ 균제도
- ㉱ 광도

21 석재의 사용상 주의점으로 옳지 않은 것은?
- ㉮ 동일 건축물에는 동일 석재로 시공하도록 한다.
- ㉯ 중량이 큰 것은 높은 곳에 사용하지 않도록 한다.
- ㉰ 재형(材形)에 예각부가 생기면 결손되기 쉽고 풍화 방지에 나쁘다.
- ㉱ 석재는 취약하므로 구조재는 직압력재로 사용하지 않도록 한다.

22 목재의 심재에 대한 설명 중 옳지 않은 것은?
- ㉮ 변재보다 비중이 크다.
- ㉯ 변재보다 신축이 적다.
- ㉰ 변재보다 내후성·내구성이 크다.
- ㉱ 일반적으로 변재보다 강도가 작다.

23 모래붙임루핑에 유사한 제품을 지붕재료로 사용하기 좋은 형으로 만든 것으로 기와나 슬레이트 대용으로 사용되는 것은?
- ㉮ 아스팔트 펠트
- ㉯ 아스팔트 유제
- ㉰ 아스팔트 블록
- ㉱ 아스팔트 싱글

24 골재 중의 유해물에 속하지 않는 것은?
- ㉮ 쇄석
- ㉯ 후민산

㉰ 이분(泥分)   ㉱ 염분

25 합성수지에 관한 설명 중 옳지 않은 것은?
㉮ 가공성이 크다.
㉯ 흡수성이 크다.
㉰ 전성, 연성이 크다.
㉱ 내열, 내화성이 작다.

26 다음 중 시멘트 페이스트(cement paste)에 대한 설명으로 가장 알맞은 것은?
㉮ 시멘트와 물을 혼합한 것이다.
㉯ 시멘트와 물, 잔골재를 혼합한 것이다.
㉰ 시멘트와 물, 잔골재, 굵은골재를 혼합한 것이다.
㉱ 시멘트와 물, 잔골재, 굵은골재, 혼화재료를 혼합한 것이다.

27 재료의 역학적 성질 중 물체에 외력이 작용하면 순간적으로 변형이 생기나 외력을 제거하면 순간적으로 원래의 형태로 회복되는 성질은?
㉮ 전성   ㉯ 소성
㉰ 탄성   ㉱ 연성

28 강화유리에 대한 설명 중 옳지 않은 것은?
㉮ 안전유리의 일종이다.
㉯ 현장에서 가공 및 절단이 용이하다.
㉰ 파괴시 세립상으로 되어 부상을 입을 우려가 적다.
㉱ 보통판유리와 광낸 판유리를 열처리하여 강화시킨 것이다.

29 다음 중 합판에 대한 설명으로 옳지 않은 것은?
㉮ 함수율 변화에 따른 팽창·수축의 방향성이 크다.
㉯ 단판(veneer)을 섬유방향이 서로 직교하도록 겹쳐 붙인 것이다.
㉰ 뒤틀림이나 변형이 적은 비교적 큰 면적의 평면 재료를 얻을 수 있다.
㉱ 합판을 구성하는 단판의 매수는 일반적으로 3겹, 5겹, 7겹 등 홀수 매수로 한다.

30 다음 점토제품 중 흡수성이 가장 작은 것은?
㉮ 토기   ㉯ 도기
㉰ 석기   ㉱ 자기

31 유성페인트에 대한 설명 중 옳지 않은 것은?
㉮ 건조시간이 가장 짧다.
㉯ 내알칼리성이 약하다.
㉰ 붓바름 작업성 및 내후성이 우수하다.
㉱ 모르타르, 콘크리트 등에 정벌바름하면 피막이 부서져 떨어진다.

32 강의 열처리법에 속하지 않는 것은?
㉮ 불림   ㉯ 풀림
㉰ 단조   ㉱ 담금질

33 포틀랜드시멘트의 알루민산철3석회를 극히 적게 한 것으로 소량의 안료를 첨가하면 좋아하는 색을 얻을 수 있으며 건축물 내외면의 마감, 각종 인조석 제조에 사용되는 것은?
㉮ 백색포틀랜드시멘트
㉯ 저열포틀랜드시멘트
㉰ 내황산염포틀랜드시멘트
㉱ 조강포틀랜드시멘트

34 점토에 톱밥, 겨, 탄가루 등을 혼합, 소성한 것으로 절단, 못치기 등의 가공이 우수하며 방음, 흡음성이 좋은 건축용 벽돌은?
㉮ 내화벽돌   ㉯ 다공벽돌
㉰ 이형벽돌   ㉱ 포도벽돌

35 다음 중 건축용 단열재에 속하지 않는 것은?
㉮ 유리 섬유   ㉯ 석고 플라스터
㉰ 암면   ㉱ 폴리 우레탄폼

36 미장재료 중 자신이 물리적 또는 화학적으로 고체화하여 미장바름의 주체가 되는 재료가 아닌 것은?
㉮ 소석회   ㉯ 규산소다
㉰ 점토   ㉱ 석고

37 내열성·내한성이 우수한 수지로 −60~260℃의 범위에서는 안정하고 탄성을 가지며 내후성 및 내화학성이 우수한 열경화성 수지는?
㉮ 염화비닐수지   ㉯ 요소수지
㉰ 아크릴수지   ㉱ 실리콘수지

38 목재의 접합부에 끼워 볼트와 같이 사용하는 것으로, 주로 전단력에 작용시켜 접합부재 상호간의 변위를 방지하여 강성의 이음을 얻기 위한 목적으로 �

이는 것은?
- ㉮ 클램프
- ㉯ 스터럽
- ㉰ 메탈라스
- ㉱ 듀벨

39 다음 (　) 안에 알맞는 석재는?

> 대리석은 (　　)이 변화되어 결정화한 것으로 주성분은 탄산석회로 이 밖에 탄소질, 산화철, 휘석, 각섬석, 녹니석 등을 함유한다.

- ㉮ 석회석
- ㉯ 감람석
- ㉰ 응회암
- ㉱ 점판암

40 다음 중 콘크리트의 콘시스텐스(consistency) 측정방법에 해당하지 않는 것은?
- ㉮ 브레인법
- ㉯ 슬럼프 시험
- ㉰ 비비(vebe)시험
- ㉱ 다짐계수시험

41 철골조의 주각을 이루는 부재가 아닌 것은?
- ㉮ 베이스 플레이트(Base plate)
- ㉯ 리브 플레이트(Rib plate)
- ㉰ 거셋 플레이트(Gusset plate)
- ㉱ 윙 플레이트(Wing plate)

42 실내의 유효 면적을 감소시키는 단점이 있는 목재 창호는?
- ㉮ 미서기 창호
- ㉯ 여닫이 창호
- ㉰ 미닫이 창호
- ㉱ 붙박이 창호

43 주택 평면 계획의 순서가 옳게 연결된 것은?

> ① 대안 설정
> ② 계획안 확정
> ③ 동선 및 공간 구성 분석
> ④ 소요 공간 규모 산정
> ⑤ 도면 작성

- ㉮ ① → ② → ③ → ④ → ⑤
- ㉯ ② → ① → ③ → ⑤ → ④
- ㉰ ③ → ④ → ① → ② → ⑤
- ㉱ ④ → ① → ② → ③ → ⑤

44 다음 중 목구조에 대한 설명으로 옳지 않은 것은?
- ㉮ 건물의 무게가 가볍고, 가공이 비교적 용이하다.
- ㉯ 내화성이 부족하다.
- ㉰ 함수율에 따른 변형이 거의 없다.
- ㉱ 나무 고유의 색깔과 무늬가 있어 아름답다.

45 철골구조의 용접접합에 대한 설명으로 옳은 것은?
- ㉮ 검사가 어렵고 비용과 시간이 많이 소요된다.
- ㉯ 강재의 재질에 대한 영향이 적다.
- ㉰ 용접부 내부의 결함을 육안으로 관찰할 수 있다.
- ㉱ 용접공의 기능에 따른 품질의존도가 적다.

46 종이에 일정한 크기의 격자형 무늬가 인쇄되어 있어서, 계획 도면을 작성하거나 평면을 계획할 때 사용하기가 편리한 제도지는?
- ㉮ 켄트지
- ㉯ 방안지
- ㉰ 트레이싱지
- ㉱ 트레팔지

47 조립식 구조에 대한 설명으로 옳지 않은 것은?
- ㉮ 건축의 생산성을 향상시키기 위한 방안으로 조립식 건축이 성행되었다.
- ㉯ 규격화된 각종 건축 부재를 공장에서 대량 생산할 수 있다.
- ㉰ 기계화 시공으로 단기 완성이 가능하다.
- ㉱ 각 부재의 접합부를 일체화하기 쉽다.

48 단면에 방향성이 없으며 콘크리트 타설시 별도의 거푸집이 불필요한 구조는?
- ㉮ 경량철골구조
- ㉯ 강관구조
- ㉰ PS콘크리트구조
- ㉱ 철골철근콘크리트구조

49 다음 중 건축제도의 치수 기입에 관한 설명으로 옳지 않은 것은?
- ㉮ 협소한 간격이 연속될 때에는 인출선을 사용하여 치수를 쓴다.
- ㉯ 치수는 특별히 명시하지 않는 한 마무리 치수로 표시한다.
- ㉰ 치수 기입은 치수선에 평행하게 도면의 왼쪽에서 오른쪽으로, 아래로부터 위로 읽을 수 있도록 기입한다.
- ㉱ 치수 기입은 항상 치수선 중앙 아래 부분에 기입하는 것이 원칙이다.

50 조적구조에서 창문 위를 가로질러 상부에서 오는 하중을 좌·우벽으로 전달하는 부재는?
- ㉮ 테두리보
- ㉯ 인방보

㉰ 지중보　　㉱ 평보

51 조적구조에 대한 내용으로 옳지 않은 것은?
㉮ 내구, 내화적이다.
㉯ 건식구조이다.
㉰ 각종 횡력에 약하다.
㉱ 고층 건물에의 적용이 어렵다.

52 서로 직각으로 교차되는 벽을 무엇이라 하는가?
㉮ 내력벽　　㉯ 대린벽
㉰ 부축벽　　㉱ 칸막이벽

53 철골 판보에서 웨브의 두께가 춤에 비해서 얇을 때, 웨브의 국부 좌굴을 방지하기 위해서 사용되는 것은?
㉮ 스티프너　　㉯ 커버 플레이트
㉰ 거셋 플레이트　　㉱ 베이스 플레이트

54 철근콘크리트 구조의 장점이 아닌 것은?
㉮ 내화성과 내구성이 크다.
㉯ 목구조에 비해 횡력에 강하다.
㉰ 설계가 비교적 자유롭다.
㉱ 공사기간이 짧고 기후의 영향을 받지 않는다.

55 철골구조에 대한 설명 중 옳지 않은 것은?
㉮ 철골구조는 하중을 전달하는 주요 부재인 보나 기둥 등을 강재를 이용하여 만든 구조이다.
㉯ 철골구조를 재료상 라멘구조, 가새골조구조, 튜브구조, 트러스구조 등으로 분류할 수 있다.
㉰ 철골구조는 일반적으로 부재를 접합하여 뼈대를 구성하는 가구식 구조이다.
㉱ 내화피복을 필요로 한다.

56 다음 중 건축 설계도면에서 중심선, 절단선, 경계선 등으로 사용되는 선은?
㉮ 실선　　㉯ 일점쇄선
㉰ 이점쇄선　　㉱ 파선

57 블록조 벽체의 보강철근 배근요령으로 옳지 않은 것은?
㉮ 철근의 정착이음은 기초보나 테두리보에 만든다.
㉯ 철근이 배근된 것은 피복이 충분하도록 모르타르로 채운다.
㉰ 세로근은 기초에서 보까지 하나의 철근으로 하는 것이 좋다.
㉱ 철근은 가는 것을 많이 넣는 것보다 굵은 것을 조금 넣는 것이 좋다.

58 목구조에서 벽체의 제일 아래 부분에 쓰이는 수평재로서 기초에 하중을 전달하는 역할을 하는 부재의 명칭은?
㉮ 기둥　　㉯ 인방보
㉰ 토대　　㉱ 가새

59 건축물을 각 층마다 창틀 위에서 수평으로 자른 수평투상도로서 실의 배치 및 크기를 나타내는 도면은?
㉮ 평면도　　㉯ 입면도
㉰ 단면도　　㉱ 전개도

60 건물 구조의 기본 조건 중 내구성을 가장 강조한 설명은?
㉮ 최소의 공사비로 만족할 수 있는 공간을 만드는 것
㉯ 건물 자체의 아름다움 뿐만 아니라 주위의 배경과도 조화를 이루게 만드는 것
㉰ 오래 사용해야 하기에 안전과 역학적 및 물리적 성능이 잘 유지되도록 만드는 것
㉱ 건물 안에는 항상 사람이 생활한다는 생각을 두고 아름답고 기능적으로 만드는 것

정답

01㉰ 02㉮ 03㉱ 04㉰ 05㉰ 06㉯ 07㉯ 08㉱ 09㉯ 10㉰
11㉰ 12㉮ 13㉮ 14㉯ 15㉱ 16㉯ 17㉰ 18㉰ 19㉮ 20㉰
21㉱ 22㉱ 23㉱ 24㉮ 25㉯ 26㉮ 27㉰ 28㉯ 29㉮ 30㉱
31㉮ 32㉰ 33㉮ 34㉯ 35㉯ 36㉯ 37㉱ 38㉰ 39㉮ 40㉮
41㉰ 42㉱ 43㉱ 44㉱ 45㉱ 46㉯ 47㉱ 48㉰ 49㉱ 50㉱
51㉯ 52㉯ 53㉮ 54㉱ 55㉯ 56㉯ 57㉱ 58㉰ 59㉮ 60㉰

2011년도 제4회 과년도 기출문제

01 다음 중 공간이 지나치게 넓은 경우 공간을 아늑하고 안정감 있게 보이게 하는 방법으로 가장 알맞은 것은?
㉮ 창이나 문 등의 개구부를 크게 한다.
㉯ 키가 큰 가구를 이용하여 공간을 분할한다.
㉰ 유리나 플라스틱으로 된 가구를 이용하여 시선이 차단되지 않게 한다.
㉱ 난색보다는 한색을 사용하고, 조명으로 천장이나 바닥부분을 밝게 한다.

02 다음 설명에 알맞은 창의 종류는?

- 천장 가까이에 있는 벽에 위치한 창문으로 채광을 얻고 환기를 시킨다.
- 욕실, 화장실 등과 같이 높은 프라이버시를 요하는 실에 적합하다.

㉮ 베이 윈도우 ㉯ 윈도우 월
㉰ 측창 ㉱ 고창

03 다음과 같은 특징을 갖는 의자의 유형은?

- 등받이와 팔걸이가 없는 형태의 보조의자이다.
- 가벼운 작업이나 잠시 걸터앉아 휴식을 취하는데 사용된다.

㉮ 스툴 ㉯ 라운지 체어
㉰ 이지 체어 ㉱ 풀업 체어

04 다음 중 부엌에서 준비대, 개수대, 가열대를 연결하는 작업 삼각형(work triangle)의 각 변의 길이의 합계로 가장 알맞은 것은?
㉮ 1.5m ㉯ 3m
㉰ 5m ㉱ 7m

05 다음 중 긴 축을 가지고 있으며 강한 방향성을 갖는 평면 형태는?
㉮ 원형 ㉯ 정육각형
㉰ 직사각형 ㉱ 정삼각형

06 다음 중 인체지지용 가구(인체계가구)가 아닌 것은?
㉮ 의자 ㉯ 쇼파
㉰ 테이블 ㉱ 침대

07 실내 기본요소인 벽에 대한 설명 중 옳지 않은 것은?
㉮ 공간과 공간을 구분한다.
㉯ 공간의 형태와 크기를 결정한다.
㉰ 실내 공간을 에워싸는 수평적 요소이다.
㉱ 외부로부터의 방어와 프라이버시를 확보한다.

08 다음 설명에 알맞은 디자인 요소는?

- 유클리드 기하학에 따르면 모든 방향으로 펼쳐진 무한히 넓은 영역이며 형태가 없는 것으로 정의된다.
- 깊이는 없고 길이와 폭을 갖는다.

㉮ 점 ㉯ 선
㉰ 면 ㉱ 입체

09 다음 중 수직선이 주는 조형 효과와 가장 거리가 먼 것은?
㉮ 상승감 ㉯ 약동감
㉰ 존엄성 ㉱ 엄숙함

10 다음의 디자인 원리 중 인간의 주의력에 의해 감지되는 시각적 무게의 평형상태를 의미하는 것은?
㉮ 균형 ㉯ 대비
㉰ 통일 ㉱ 리듬

11 건축 구조체의 일부분이나 구조적인 요소를 이용하여 조명하는 방식으로 건축물의 기본 요소 중 전체 혹은 부분을 광원화하는 조명방식은?
㉮ 직접 조명 ㉯ 벽부형 조명
㉰ 건축화 조명 ㉱ 펜던트형 조명

12 주거공간을 주행동에 의해 구분할 경우, 다음 중 사회적 공간에 속하는 것은?
㉮ 거실　　　㉯ 침실
㉰ 욕실　　　㉱ 서재

13 인간이 생활하는 공간에서 개인이나 집단이 타인과의 상호 작용을 선택적으로 통제하거나 조절하고 자신의 정보를 어느 정도 전달할 것인지를 결정하는 권리를 무엇이라고 하는가?
㉮ 독창성　　　㉯ 합목적성
㉰ 클라이언트　　　㉱ 프라이버시

14 다음 중 실내디자인을 평가하는 기준과 가장 거리가 먼것은?
㉮ 기능성　　　㉯ 경제성
㉰ 주관성　　　㉱ 심미성

15 실내디자인의 영역을 수익 유무에 따라 분류할 경우, 다음 중 일반적으로 영리공간으로 볼 수 없는 것은?
㉮ 상점　　　㉯ 호텔
㉰ 박물관　　　㉱ 백화점

16 다음 중 일조 조절을 위해 사용되는 것이 아닌 것은?
㉮ 차양　　　㉯ 발코니
㉰ 루버　　　㉱ 열펌프

17 실내에 사용되는 간접조명에 대한 설명 중 옳지 않은 것은?
㉮ 강한 음영이 없다.
㉯ 균일한 조도를 얻을 수 있다.
㉰ 직접조명보다 입체효과가 적다.
㉱ 조명의 효율이 높고 유지, 보수가 용이하다.

18 다음 중 표면결로의 발생 원인과 가장 거리가 먼 것은?
㉮ 시공불량
㉯ 실내외 온도차
㉰ 실내습기의 과다발생
㉱ 환기에 의한 실내 절대습도 저하

19 환기량이 50m³/h, 실용적이 25m³인 거실의 1시간당 환기 횟수는?
㉮ 6회　　　㉯ 4회
㉰ 2회　　　㉱ 1회

20 다음 중 잔향시간이 일반적으로 가장 짧아야 할 장소는?
㉮ 콘서트 홀　　　㉯ 카톨릭 성당
㉰ 오페라 하우스　　　㉱ TV 스튜디오

21 목재의 건조방법 중 천연건조법에 해당하는 것은?
㉮ 수침법　　　㉯ 열기법
㉰ 훈연법　　　㉱ 진공법

22 다음 설명에 알맞은 미장 재료는?

- 소석회에 모래, 해초풀, 여물 등을 혼합하여 바르는 미장 재료이다.
- 경화건조에 의한 수축이 크기 때문에 여울로서 균열을 분산, 경감시킨다.

㉮ 회반죽　　　㉯ 킨즈 시멘트
㉰ 석고 플라스터　　　㉱ 돌로마이트 플라스터

23 점토의 성질에 대한 설명 중 옳지 않은 것은?
㉮ 주성분은 실리카와 알루미나이다.
㉯ 인장강도는 압축강도의 약 5배이다.
㉰ 비중은 일반적으로 2.5~2.6 정도이다.
㉱ 양질의 점토는 습윤 상태에서 현저한 가소성을 나타낸다.

24 다음 중 굳지 않은 콘크리트의 컨시스텐시(consistency)를 측정하는 방법으로 가장 알맞은 것은?
㉮ 슬럼프 시험　　　㉯ 블레인 시험
㉰ 체가름 시험　　　㉱ 오토클레이브 팽창도 시험

25 유성페인트에 대한 설명 중 옳지 않은 것은?
㉮ 건조시간이 길다.
㉯ 내후성이 우수하다.
㉰ 내알칼리성이 우수하다.
㉱ 붓바름 작업성이 우수하다.

26 다음 중 창호 철물에 해당하지 않는 것은?

㉮ 경첩　　㉯ 펀칭 메탈
㉰ 도어 클로저　　㉱ 나이트 래치

27 콘크리트의 강도 중 일반적으로 가장 큰 것은?
㉮ 휨강도　　㉯ 인장강도
㉰ 압축강도　　㉱ 전단강도

28 석질이 치밀하고 박판으로 채취할 수 있어 슬레이트로서 지붕, 외벽, 마루 등에 사용되는 석재는?
㉮ 응회암　　㉯ 대리석
㉰ 점판암　　㉱ 트래버틴

29 다음의 금속제품에 대한 설명 중 옳지 않은 것은?
㉮ 와이어 라스는 금속제 거푸집의 일종이다.
㉯ 논슬립은 계단에서 미끄럼을 방지하기 위해서 사용된다.
㉰ 조이너는 천장·벽 등에 보드류를 붙이고, 그 이음새를 감추고 누르는데 사용된다.
㉱ 코너 비드는 기둥 모서리 및 벽 모서리 면에 미장을 쉽게 하고, 모서리를 보호할 목적으로 설치한다.

30 타일의 호칭명에 의한 분류에 해당하지 않는 것은?
㉮ 내장 타일　　㉯ 바닥 타일
㉰ 시유 타일　　㉱ 모자이크 타일

31 다음 중 금속, 석재, 도자기, 글라스, 콘크리트, 플라스틱재 등의 접합에 모두 사용할 수 있는 접착제는?
㉮ 요소수지 접착제
㉯ 페놀수지 접착제
㉰ 멜라민수지 접착제
㉱ 에폭시수지 접착제

32 구조재료로서 요구되는 재료의 성질과 가장 거리가 먼 것은?
㉮ 내구성이 작아야 한다.
㉯ 가공이 용이한 것이어야 한다.
㉰ 재질이 균일하고 강도가 큰 것이어야 한다.
㉱ 가볍고 큰 재료를 용이하게 얻을 수 있는 것이어야 한다.

33 대리석의 쇄석을 종석으로 하여 시멘트를 사용, 콘크리트판의 한쪽면에 부어 넣은 후 가공, 연마하여 대리석과 같이 미려한 광택을 갖도록 마감한 것은?
㉮ 의석　　㉯ 테라조
㉰ 사문암　　㉱ 테라코타

34 성분에 따른 유리의 종류 중 건축일반용 창호유리에 주로 사용되는 것은?
㉮ 고규산유리　　㉯ 칼륨석회유리
㉰ 소다석회유리　　㉱ 규산소다유리

35 시멘트가 습기를 흡수하여 경미한 수화반응을 일으켜 생성된 수산화칼슘과 공기 중의 탄산가스가 작용하여 탄산칼슘을 생성하는 작용은?
㉮ 응결　　㉯ 경화
㉰ 풍화　　㉱ 크리프

36 다음 중 열가소성 수지가 아닌 것은?
㉮ 요소 수지　　㉯ 아크릴 수지
㉰ 염화비닐 수지　　㉱ 폴리에틸렌 수지

37 강의 열처리 방법에 해당하지 않는 것은?
㉮ 단조　　㉯ 풀림
㉰ 불림　　㉱ 담금질

38 콘크리트용 골재에 요구되는 성질로 옳지 않은 것은?
㉮ 유해량의 먼지, 흙, 유기불순물 등을 포함하지 않을 것
㉯ 골재의 입형은 편평, 세장하고, 표면은 거칠지 않을 것
㉰ 입도는 조립에서 세립까지 연속적으로 균등히 혼합되어 있을 것
㉱ 골재의 강도는 콘크리트 중의 경화시멘트 페이스트의 강도 이상일 것

39 다음 설명에 알맞은 재료의 역학적 성질은?

재료에 외력이 작용하면 변형이 생기지만 외력을 제거하면 재료가 원래의 모양·크기로 되돌아가는 성질

㉮ 탄성　　㉯ 소성
㉰ 점성　　㉱ 연성

40 다음 중 천연아스팔트에 해당하지 않는 것은?
- ㉮ 아스팔트 타이트
- ㉯ 록 아스팔트
- ㉰ 블로운 아스팔트
- ㉱ 레이크 아스팔트

41 두 방을 한 방으로 크게 할 때나 칸막이 겸용으로 사용하는 문은?
- ㉮ 접이문
- ㉯ 널문
- ㉰ 양판문
- ㉱ 자재문

42 다음 그림은 무엇을 표시하는 평면표시 기호인가?

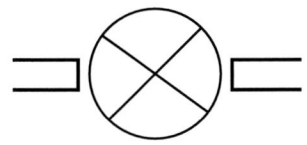

- ㉮ 쌍여닫이문
- ㉯ 쌍미닫이문
- ㉰ 회전문
- ㉱ 접이문

43 다음 중 연약지반에서 부동침하를 방지하는 대책과 가장 관계가 먼 것은?
- ㉮ 건물 상부 구조를 경량화한다.
- ㉯ 상부 구조의 길이를 길게 한다.
- ㉰ 이웃 건물과의 거리를 멀게 한다.
- ㉱ 지하실을 강성체로 설치한다.

44 용접 금속이 모재에 완전히 붙지 않고 겹쳐 있는 불완전한 용접은?
- ㉮ 슬래그 섞임(slag inclusion)
- ㉯ 언더컷(undercut)
- ㉰ 블로홀(blowhole)
- ㉱ 오버랩(overlap)

45 철근콘크리트 슬래브에 대한 설명 중 옳지 않은 것은?
- ㉮ 2방향 슬래브는 장변과 단변의 길이의 비가 2 이하인 슬래브이다.
- ㉯ 1방향 슬래브는 장변방향으로만 하중이 전달되는 것으로 본다.
- ㉰ 철근콘크리트 슬래브에서 단변방향의 연장 철근을 주근이라 한다.
- ㉱ 철근콘크리트 슬래브에서 장변방향의 인장철근을 배력근이라 한다.

46 철근콘크리트 압축부재의 축방향 주철근의 개수는 최소 몇 개 이상으로 하여야 하는가? (단, 사각형이나 원형띠철근으로 둘러싸인 경우)
- ㉮ 3개
- ㉯ 4개
- ㉰ 6개
- ㉱ 8개

47 다음 중 견치돌을 옳게 설명한 것은?
- ㉮ 지름 200mm 정도로 깨어 낸 막생긴 돌로써 지정, 잡석다짐 등에 사용된다.
- ㉯ 구들장으로 사용되며, 구들 아랫목에 놓는 것을 함실장이라 한다.
- ㉰ 한변이 300mm 정도인 네모뿔형의 돌로서 석축에 사용된다.
- ㉱ 두께에 비하여 넓이가 큰 돌을 말하며 길이 1000mm 정도가 주로 쓰인다.

48 도면의 표제란에 기입할 사항과 가장 거리가 먼 것은?
- ㉮ 기관 정보
- ㉯ 프로젝트 정보
- ㉰ 도면 번호
- ㉱ 도면 크기

49 제도용구에 대한 설명으로 옳은 것은?
- ㉮ T자는 사선을 그을 때만 사용한다.
- ㉯ 축척자는 실제의 모양을 도면으로 작성할 때 크기를 줄이거나 늘이기 위해 사용한다.
- ㉰ 제도판은 경사 없이 지면에 평행하게 설치하여야 한다.
- ㉱ 운형자를 이용하면 각종 기호를 쉽게 그릴 수 있다.

50 도면 작도 시 선의 종류가 나머지 셋과 다른 것은?
- ㉮ 절단선
- ㉯ 경계선
- ㉰ 기준선
- ㉱ 상상선

51 도면을 작도할 때 유의 사항 중 옳지 않은 것은?
- ㉮ 선의 굵기가 구별되는지 확인한다.
- ㉯ 선의 용도를 정확하게 알 수 있도록 작도한다.
- ㉰ 문자의 크기를 명확하게 한다.
- ㉱ 보조선을 진하게 긋고 글씨를 쓴다.

52 철골철근콘크리트 구조에 대한 설명 중 옳지 않은 것은?
- ㉮ 작은 단면으로 큰 힘을 발휘할 수 있다.

㉯ 철골구조에 비해 내화성이 부족하다.
㉰ 내진성이 우수한 구조이다.
㉱ 대규모 고층 건물 하층부를 짓는데 널리 이용되고 있다.

53 다음 중 지붕공사에서 금속판을 잇는 방법이 아닌 것은?
㉮ 평판잇기　㉯ 기와가락잇기
㉰ 마름모잇기　㉱ 쪽매잇기

54 절충식 지붕틀에서 처마도리, 중도리, 마룻대 위에 지붕물매의 방향으로 걸쳐 대는 부재의 명칭은?
㉮ 베개보　㉯ 서까래
㉰ 추녀　㉱ 우미량

55 도면 표시 기호 중 면적과 너비의 표시가 옳게 짝지어진 것은?
㉮ A-W　㉯ V-H
㉰ A-L　㉱ THK-W

56 다음 중 철골구조에서 플레이트 보에 사용하는 부재가 아닌 것은?
㉮ 커버 플레이트　㉯ 웨브 플레이트
㉰ 스티프너　㉱ 베이스 플레이트

57 재료의 강도가 크고 연성이 좋아 고층이나 스팬이 큰 대규모 건축물에 적합한 건축구조는?
㉮ 철골구조　㉯ 목구조
㉰ 돌구조　㉱ 조적식구조

58 쪽매이 종류에서 딴혀쪽매의 그림에 해당하는 것은?

59 건축물의 설계도면 중 사람이나 차, 물건 등이 움직이는 흐름을 도식화한 도면은?
㉮ 구상도　㉯ 조직도
㉰ 평면도　㉱ 동선도

60 벽돌벽체의 내쌓기 목적 중 옳지 않은 것은?
㉮ 지붕의 돌출된 처마 부분을 가리기 위해
㉯ 벽체에 마루를 설치하기 위해
㉰ 장선받이·보받이를 만들기 위해
㉱ 내력벽으로서 집중하중을 받기 위해

정답
01㉯ 02㉱ 03㉮ 04㉰ 05㉰ 06㉱ 07㉰ 08㉰ 09㉯ 10㉮
11㉰ 12㉮ 13㉱ 14㉰ 15㉰ 16㉱ 17㉱ 18㉰ 19㉰ 20㉱
21㉮ 22㉱ 23㉯ 24㉮ 25㉱ 26㉯ 27㉱ 28㉰ 29㉮ 30㉰
31㉱ 32㉱ 33㉱ 34㉰ 35㉰ 36㉮ 37㉮ 38㉰ 39㉮ 40㉰
41㉮ 42㉰ 43㉯ 44㉱ 45㉱ 46㉯ 47㉰ 48㉱ 49㉰ 50㉱
51㉱ 52㉯ 53㉱ 54㉯ 55㉮ 56㉱ 57㉮ 58㉯ 59㉱ 60㉱

2011년도 제5회 과년도 기출문제

01 질감(Texture)에 대한 설명으로 옳지 않은 것은?
㉮ 거친 질감은 가볍고 환한 느낌을 준다.
㉯ 촉각 또는 시각으로 지각할 수 있는 어떤 물체 표면상의 특징을 말한다.
㉰ 효과적인 질감 표현을 위해서는 색채와 조명을 동시에 고려해야 한다.
㉱ 질감은 시각적 환경에서 여러 종류의 물체들을 구분하는데 도움을 줄 수 있는 특징이 있다.

02 디자인 구성원리 중 강조에 관한 설명으로 가장 알맞은 것은?
㉮ 전체적인 조립방법이 모순없이 질서를 잡는 것
㉯ 서로 다른 요소들 사이에서 평형을 이루는 상태
㉰ 시각적으로 관심의 초점이자 흥미의 중심이 되는 것
㉱ 규칙적인 요소들의 반복으로 디자인에 시각적인 질서를 부여하는 통제된 운동감각

03 기념비적인 스케일에서 일반적으로 느끼게 되는 감정은?
㉮ 엄숙함   ㉯ 친밀감
㉰ 안도감   ㉱ 우아함

04 실내디자인의 개념과 가장 거리가 먼 것은?
㉮ 순수예술   ㉯ 전문과정
㉰ 실행과정   ㉱ 디자인 활동

05 다음 설명에 알맞은 부엌 작업대의 배치유형은?

· 작업대를 중앙공간에 놓거나 벽면에 직각이 되도록 배치한 형태이다.
· 주로 개방된 공간의 오픈 시스템에서 사용된다.

㉮ 일렬형   ㉯ 병렬형
㉰ ㄱ자형   ㉱ 아일랜드형

06 다음 중 황금분할의 비율로 가장 알맞은 것은?
㉮ 1 : 1.168   ㉯ 1 : 1.414
㉰ 1 : 1.618   ㉱ 1 : 1.816

07 다음 중 실내공간의 분할에 있어 차단적 구획에 사용되는 것은?
㉮ 커튼   ㉯ 조각
㉰ 기둥   ㉱ 조명

08 단순하며 깔끔한 느낌을 주며 창 이외에 간막이 스크린으로도 효과적으로 사용할 수 있는 것으로 쉐이드(shade)라고도 불리우는 것은?
㉮ 롤 블라인드(roll blind)
㉯ 로만 블라인드(roman blind)
㉰ 버티컬 블라인드(vertical blind)
㉱ 베네시안 블라인드(venetian blind)

09 상점계획에서 파사드 구성에 요구되는 소비자 구매심리 5단계에 속하지 않는 것은?
㉮ 주의(Attention)   ㉯ 욕망(Desire)
㉰ 기억(Memory)   ㉱ 유인(Attraction)

10 다음 중 공간배치 및 동선의 편리성과 가장 관련이 있는 실내디자인의 기본 조건은?
㉮ 경제적 조건   ㉯ 환경적 조건
㉰ 기능적 조건   ㉱ 정서적 조건

11 LDK형 단위주거에서 D가 의미하는 것은?
㉮ 거실   ㉯ 식당
㉰ 부엌   ㉱ 화장실

12 등받이와 팔걸이가 없는 형태의 보조의자로 가벼운 작업이나 잠시 걸터앉아 휴식을 취하는데 사용되는 것은?
㉮ 스툴   ㉯ 이지 체어

㉰ 풀엽 체어　　㉱ 라운지 체어

13 다음 중 조명기구자체가 하나의 예술품과 같이 강조되거나 분위기를 살려주는 역할을 하는 장식조명에 해당하지 않는 것은?
㉮ 펜던트(pendant)　㉯ 브라켓(bracket)
㉰ 글레어(glare)　㉱ 샹들리에(chandelier)

14 음악적 감각이 조형화된 것으로서 청각의 원리가 시각적으로 표현된 것이라 할 수 있는 디자인 원리는?
㉮ 균형　㉯ 강조
㉰ 대비　㉱ 리듬

15 창(窓)을 가동여부에 따라 고정창, 이동창으로 구분할 경우, 다음 중 고정창에 해당하지 않는 것은?
㉮ 미서기창　㉯ 윈도우 창
㉰ 베이 윈도우　㉱ 픽쳐 윈도우

16 다음 중 잔향시간에 대한 설명으로 옳은 것은?
㉮ 잔향시간은 실의 용적에 비례한다.
㉯ 잔향시간은 실의 흡음력에 반비례한다.
㉰ 잔향시간은 실의 형태에 크게 영향을 받는다.
㉱ 잔향시간이 없으면 음량이 많아져서 음을 듣기 어렵게 된다.

17 실내의 간접조명에 대한 설명으로 옳은 것은?
㉮ 조명률이 좋다.
㉯ 눈부심이 일어나기 쉽다.
㉰ 균일한 조도를 얻을 수 있다.
㉱ 매우 좁은 각도로 빛이 배광되므로 강조조명에 적합하다.

18 고체 양쪽의 유체 온도가 다를 때 고체를 통하여 유체에서 다른 쪽 유체로 열이 전해지는 현상은?
㉮ 대류　㉯ 복사
㉰ 증발　㉱ 열관류

19 다음 중 자연 환기 방법에 해당하지 않는 것은?
㉮ 바람에 의한 환기
㉯ 온도차에 의한 환기
㉰ 환기통에 의한 환기
㉱ 소형 팬에 의한 환기

20 기온·습도·기류의 3요소의 조합에 의한 실내 온열감각을 기온의 척도로 나타낸 것은?
㉮ 유효온도　㉯ 등가온도
㉰ 작용온도　㉱ 평균복사온도

21 다음과 같은 특징을 갖는 동합금은?

- 일명 놋쇠라고도 한다.
- 주로 동 70%와 아연 30%로 된 합금을 말한다.
- 논슬립, 줄눈대, 코너비드 등에 사용된다.

㉮ 황동　㉯ 단동
㉰ 청동　㉱ 포금

22 유성페인트에 대한 설명 중 옳은 것은?
㉮ 붓바름 작업성 및 내후성이 우수하다.
㉯ 저온 다습할 경우에도 건조시간이 짧다.
㉰ 내알칼리성은 우수하지만, 광택이 없고 마감면의 마모가 크다.
㉱ 염화비닐수지계, 멜라민수지계, 아크릴수지계 페인트가 있다.

23 석재의 일반적 성질에 대한 설명으로 옳지 않은 것은?
㉮ 가공성이 좋지 않다.
㉯ 불연성이고 내구성이 크다.
㉰ 인장강도가 압축강도보다 커서 가구재로 사용이 용이하다.
㉱ 외관이 장중하고 석질이 치밀한 것을 갈면 미려한 광택이 난다.

24 다음 중 천연골재에 속하지 않는 것은?
㉮ 강모래　㉯ 부순돌
㉰ 산자갈　㉱ 바다자갈

25 페놀수지 접착제에 대한 설명으로 옳지 않은 것은?
㉮ 내수성이 우수하다.
㉯ 내열성이 우수하다.
㉰ 열경화성 수지계 접착제이다.
㉱ 주로 유리나 금속 접착에 사용되며 목재제품에는 사용이 곤란하다.

26 집성목재에 대한 설명으로 옳지 않은 것은?

㉮ 아치와 같은 굽은 부재는 만들지 못한다.
㉯ 응력에 따라 필요한 단면을 만들 수 있다.
㉰ 목재의 강도를 인공적으로 자유롭게 조절할 수 있다.
㉱ 보와 기둥에 사용할 수 있는 단면을 가진 것도 있다.

27 목재의 결점 중 성장 중의 가지가 말려들어가서 만들어진 것으로 주위의 목질과 단단히 연결되어 있어 강도에는 영향을 미치지 않는 것은?
㉮ 지선 ㉯ 산옹이
㉰ 수지낭 ㉱ 컴프레션 페일러

28 금속제 용수철과 완충유와의 조합작용으로 열린 문이 자동으로 닫혀지게 하는 것으로 바닥에 설치되는 것은?
㉮ 나이트 래치 ㉯ 도어 스톱
㉰ 크레센트 ㉱ 플로어 힌지

29 블론 아스팔트의 성능을 개량하기 위해 동식물성 유지와 광물질 분말을 혼입한 것으로 일반지붕 방수공사에 이용되는 것은?
㉮ 스트레이트 아스팔트
㉯ 아스팔트 프라이머
㉰ 아스팔트 펠트
㉱ 아스팔트 컴파운드

30 다음 중 포틀랜드 시멘트의 주원료에 해당하는 것은?
㉮ 산화철 ㉯ 실리카
㉰ 석회석 ㉱ 대리석

31 건축재료의 역학적 성질에 대한 설명 중 옳은 것은?
㉮ 작은 변형에도 쉽게 파괴되는 성질을 인성이라 한다.
㉯ 압력이나 타격에 의해서 파괴됨이 없이 판 모양으로 펴지는 성질을 전성이라 한다.
㉰ 구조물이나 부재에 외력이 작용할 때 변형이나 파괴되지 않으려는 성질을 연성이라 한다.
㉱ 외력이 받아서 변형이 생길 때 그 외력을 제거하여도 원래의 상태로 되돌아가지 않는 성질을 강성이라 한다.

32 다음 중 점토제품이 아닌 것은?
㉮ 자기질타일 ㉯ 테라코타
㉰ 내화벽돌 ㉱ 테라조

33 다음 중 콘크리트의 시공연도(Workability)에 영향을 주는 요소와 가장 거리가 먼 것은?
㉮ 물의 염도 ㉯ 혼화재료
㉰ 단위시멘트량 ㉱ 골재의 입도

34 소석회에 모래, 해초풀, 여물 등을 혼합하여 바르는 미장재료로서 목조바탕, 콘크리트 블록 및 벽돌 바탕 등에 사용되는 것은?
㉮ 회반죽 ㉯ 석고 플라스터
㉰ 시멘트 모르타르 ㉱ 돌로마이트 플라스터

35 용융되기 쉬우며 건축일반용 창호유리, 병유리 등에 사용되는 것은?
㉮ 물유리 ㉯ 고규산유리
㉰ 칼륨석회유리 ㉱ 소다석회유리

36 점토의 일반적인 성질에 대한 설명 중 옳은 것은?
㉮ 비중은 일반적으로 3.5~3.6의 범위이다.
㉯ 알루미나가 많은 점토는 가소성이 나쁘다.
㉰ 점토 입자가 클수록 가소성은 좋아진다.
㉱ 압축강도는 인장강도의 약 5배 정도이다.

37 다음 중 내화성이 가장 약한 석재는?
㉮ 화강암 ㉯ 안산암
㉰ 사암 ㉱ 응회암

38 폴리스티렌 수지의 일반적 용도로 알맞은 것은?
㉮ 단열재 ㉯ 대용유리
㉰ 섬유제품 ㉱ 방수시트

39 건축재료 중 바닥 마무리재료에 요구되는 성질로 옳지 않은 것은?
㉮ 내수성과 내약품성이 없어야 한다.
㉯ 내화, 내구성이 큰 것이어야 한다.
㉰ 오염되기 어렵고 청소하기 쉬워야 한다.
㉱ 탄력성이 있고, 마멸이나 미끄럼이 작아야 한다.

40 콘크리트 혼화제인 A.E제의 사용 효과로 옳지 않은 것은?
㉮ 워커빌리티가 개선된다.
㉯ 동결융해 저항성능이 커진다.
㉰ 미세 기포에 의해 재료분리가 많이 생긴다.
㉱ 플레인 콘크리트와 동일 물시멘트비인 경우 압축강도가 저하된다.

41 목구조에 대한 설명 중 옳지 않은 것은?
㉮ 비중에 비해 강도가 크다.
㉯ 함수율에 따른 변형이 거의 없으며 내화성이 크다.
㉰ 나무 고유의 색깔과 무늬가 있어 아름답다.
㉱ 건물의 무게에 가볍고, 가공이 비교적 용이하다.

42 다음 중 배치도에 명시되어야 하는 것은?
㉮ 대지 내 건물의 위치와 방위
㉯ 기둥, 벽, 창문 등의 위치
㉰ 건물의 높이
㉱ 승강기의 위치

43 다음 중 건축제도의 치수 기입에 관한 설명으로 옳지 않은 것은?
㉮ 협소한 간격이 연속될 때에는 인출선을 사용하여 치수를 쓴다.
㉯ 치수는 특별히 명시하지 않는 한 마무리 치수로 표시한다.
㉰ 치수 기입은 치수선에 평행하게 도면의 왼쪽에서 오른쪽으로, 아래로부터 위로 읽을 수 있도록 기입한다.
㉱ 치수 기입은 항상 치수선 중앙 아랫부분에 기입하는 것이 원칙이다.

44 목구조에서 사용되는 연결 철물에 대한 설명으로 옳지 않은 것은?
㉮ 띠쇠는 I자형으로 된 철판에 못, 볼트 구멍이 뚫린 것이다.
㉯ 감잡이쇠는 평보를 대공에 달아맬 때 연결시키는 보강 철물이다.
㉰ ㄱ자쇠는 가로재와 세로재가 직교하는 모서리 부분에 직각이 맞도록 보강하는 철물이다.
㉱ 안장쇠는 큰 보를 따낸 후 작은 보를 걸쳐 받게 하는 철물이다.

45 H형강의 치수 표시법 중 H-150×75×5×7에서 7은 무엇을 나타낸 것인가?
㉮ 플랜지 두께　㉯ 웨브 두께
㉰ 플랜지 너비　㉱ H형강의 개수

46 절충식 지붕틀에서 보위에 세워 중도리, 마룻대를 받는 부재의 명칭은?
㉮ 동자기둥　㉯ 지붕꿸대
㉰ 지붕널　㉱ 서까래

47 도면 표시에서 경사에 대한 설명으로 옳지 않은 것은?
㉮ 밑변에 대한 높이의 비로 표시하고, 분자를 1로 한 분수로 표시한다.
㉯ 지붕은 10을 분모로 하여 표시할 수 있다.
㉰ 바닥경사는 10을 분자로 하여 표시할 수 있다.
㉱ 경사는 각도로 표시하여도 좋다.

48 내부에 무수한 작은 구멍이 생기도록 만든 벽돌로서 절단·못치기 등의 가공이 유리한 벽돌은?
㉮ 보통 벽돌　㉯ 다공 벽돌
㉰ 내화 벽돌　㉱ 이형 벽돌

49 벽돌구조의 백화 현상 방지법으로 옳지 않은 것은?
㉮ 파라핀 도료를 발라 염류가 나오는 것을 막는다.
㉯ 양질의 벽돌을 사용한다.
㉰ 빗물이 스며들지 않게 한다.
㉱ 하루쌓기 높이 이상 시공하여 공기를 단축한다.

50 건축구조의 분류 중 구성방식에 의한 분류에서 조적식 구조끼리 짝지어진 것은?
㉮ 블록구조 – 철골구조
㉯ 철골구조 – 벽돌구조
㉰ 목 구조 – 돌 구조
㉱ 벽돌 구조 – 돌 구조

51 다음 중 석재 가공시 잔다듬에 사용되는 공구는?
㉮ 도드락 망치　㉯ 날망치
㉰ 쇠메　㉱ 정

52 다음 중 선의 굵기가 가장 굵어야 하는 것은?
- ㉮ 절단선
- ㉯ 지시선
- ㉰ 외형선
- ㉱ 경계선

53 철골조립보 중 상하플랜지에 ㄱ형강을 쓰고 웨브재로 평강을 45°, 60° 또는 90° 등의 일정한 각도로 접합한 것은?
- ㉮ 허니콤보
- ㉯ 플레이트보
- ㉰ 래티스보
- ㉱ 비렌딜거더

54 도면 작도 시 선의 종류가 나머지 셋과 다른 것은?
- ㉮ 절단선
- ㉯ 경계선
- ㉰ 기준선
- ㉱ 가상선

55 다음 중 콘크리트의 강도를 좌우하는데 가장 큰 영향을 주는 것은?
- ㉮ 물 – 시멘트비
- ㉯ 시멘트의 질
- ㉰ 골재의 입도
- ㉱ 슬럼프 값

56 보기와 같이 보가 없는 슬래브의 명칭은?

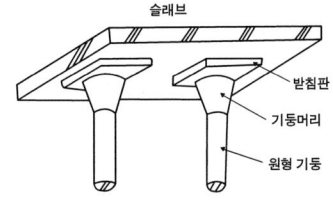

- ㉮ 1방향슬래브
- ㉯ 와플슬래브
- ㉰ 장선슬래브
- ㉱ 플랫슬래브

57 판재(板材) 및 소각재(小角材)등을 같은 방향으로 서로 평행하게 접착시켜 만든 접착 가공 목재를 무엇이라 하는가?
- ㉮ 조립재
- ㉯ 집성재
- ㉰ 내구재
- ㉱ 구조재

58 벽돌구조의 가장 큰 단점에 해당하는 것은?
- ㉮ 비내구적이다.
- ㉯ 횡력에 약하다.
- ㉰ 방화에 약하다.
- ㉱ 공사기간이 비교적 길다.

59 트러스를 종횡으로 배치하여 입체적으로 구성한 구조로서 형강이나 강관을 사용하여 넓은 공간을 구성하는데 이용되는 것은?
- ㉮ 막구조
- ㉯ 스페이스 프레임
- ㉰ 절판구조
- ㉱ 돔구조

60 이형 철근이 원형 철근보다 일반적으로 우수한 것은?
- ㉮ 인장력
- ㉯ 압축력
- ㉰ 전단력
- ㉱ 부착력

정답

01㉮ 02㉰ 03㉮ 04㉮ 05㉱ 06㉰ 07㉮ 08㉮ 09㉱ 10㉰
11㉯ 12㉮ 13㉰ 14㉱ 15㉮ 16㉯ 17㉰ 18㉱ 19㉱ 20㉮
21㉮ 22㉮ 23㉰ 24㉯ 25㉱ 26㉮ 27㉯ 28㉱ 29㉱ 30㉰
31㉯ 32㉱ 33㉮ 34㉱ 35㉱ 36㉱ 37㉮ 38㉮ 39㉮ 40㉰
41㉯ 42㉮ 43㉱ 44㉱ 45㉮ 46㉮ 47㉰ 48㉯ 49㉱ 50㉱
51㉯ 52㉰ 53㉰ 54㉱ 55㉮ 56㉱ 57㉯ 58㉯ 59㉯ 60㉱

01 규칙적인 요소들의 반복으로 디자인에 시각적인 질서를 부여하는 통제된 운동감각을 의미하는 디자인 원리는?
㉮ 리듬　　㉯ 균형
㉰ 조화　　㉱ 비례

02 기하학적인 정의로 크기가 없고 위치만 존재하는 디자인 요소는?
㉮ 점　　㉯ 선
㉰ 면　　㉱ 입체

03 다음 중 크기와 형태에 제약없이 가장 자유롭게 디자인할 수 있는 창의 종류는?
㉮ 고정창　　㉯ 미닫이창
㉰ 여닫이창　　㉱ 미서기창

04 주거공간의 동선에 관한 설명으로 옳지 않은 것은?
㉮ 동선은 일상생활의 움직임을 표시하는 선이다.
㉯ 동선은 길고, 가능한 직선적으로 계획하는 것이 바람직하다.
㉰ 하중이 큰 가사노동의 동선은 되도록 남쪽에 오도록 하는 것이 좋다.
㉱ 개인, 사회, 가사노동권의 3개 동선은 서로 분리되어 간섭이 없도록 한다.

05 다음 중 실내공간계획에서 가장 중요하게 고려해야 하는 것은?
㉮ 조명 스케일　　㉯ 가구 스케일
㉰ 공간 스케일　　㉱ 인체 스케일

06 천장, 벽의 구조체에 의해 광원의 빛이 천장 또는 벽면으로 가려지게 하여 반사광으로 간접 조명하는 방식은?
㉮ 광창 조명　　㉯ 코브 조명
㉰ 코니스 조명　　㉱ 광천장 조명

07 다음 중 공간의 차단적 분할을 위해 사용되는 재료가 아닌 것은?
㉮ 커튼　　㉯ 조명
㉰ 이동벽　　㉱ 고정벽

08 다음 중 수직선이 주는 심리적 느낌과 가장 거리가 먼 것은?
㉮ 위엄　　㉯ 상승감
㉰ 엄숙함　　㉱ 안정감

09 주택계획에 관한 설명으로 옳지 않은 것은?
㉮ 침실의 위치는 소음원이 있는 쪽은 피하고, 정원 등의 공지에 면하도록 하는 것이 좋다.
㉯ 부엌의 위치는 항상 쾌적하고, 일광에 의한 건조 소독을 할 수 있는 남쪽 또는 동쪽이 좋다.
㉰ 거실의 형태는 일반적으로 직사각형의 형태가 정사각형의 형태보다 가구의 배치나 실의 활용에 유리하다.
㉱ 리빙 다이닝 키친(LDK)의 형태는 대규모 주택에서 많이 나타나는 형태로 작업 동선이 길어지는 단점이 있다.

10 촉각 또는 시각으로 지각할 수 있는 어떤 물체 표면상의 특징을 의미하는 것은?
㉮ 명암　　㉯ 착시
㉰ 질감　　㉱ 패턴

11 실내 기본 요소 중 바닥에 관한 설명으로 옳지 않은 것은?
㉮ 생활을 지탱하는 가장 기본적인 요소이다.
㉯ 공간의 영역을 조정할 수 있는 기능은 없다.
㉰ 촉각적으로 만족할 수 있는 조건을 요구한다.
㉱ 천장과 함께 공간을 구성하는 수평적 요소이다.

12 다음 중 작업용 가구(준인체계 가구)에 해당하는 것은?

㉮ 의자　　㉯ 침대
㉰ 테이블　㉱ 수납장

13 주거 공간을 주행동에 따라 개인공간, 작업공간, 사회적 공간으로 구분할 때, 다음 중 사회적 공간에 속하지 않는 것은?
㉮ 식당　　㉯ 현관
㉰ 응접실　㉱ 서비스 야드

14 다음 중 르 코르뷔제(Le Corbusier)가 제시한 모듈러와 가장 관계가 깊은 디자인 원리는?
㉮ 리듬　　㉯ 대칭
㉰ 통일　　㉱ 비례

15 형태의 의미구조에 의한 분류에서 인간의 지각, 즉 시각과 촉각 등으로 직접 느낄 수 없고 개념적으로만 제시될 수 있는 형태는?
㉮ 현실적 형태　㉯ 인위적 형태
㉰ 상징적 형태　㉱ 자연적 형태

16 실내공기오염의 종합적 지표로서 사용되는 오염물질은?
㉮ 라돈　　㉯ 부유분진
㉰ 일산화탄소　㉱ 이산화탄소

17 측창채광에 관한 설명으로 옳지 않은 것은?
㉮ 개폐 기타의 조작이 용이하다.
㉯ 시공이 용이하며 비막이에 유리하다.
㉰ 편측채광의 경우 실내의 조도분포가 균일하다.
㉱ 근린의 상황에 의한 채광 방해의 우려가 있다.

18 인체의 열적 쾌적감에 영향을 미치는 물리적 온열요소에 해당하지 않는 것은?
㉮ 기온　㉯ 습도
㉰ 기류　㉱ 공기의 청정도

19 소음의 종류 중 음압 레벨의 변동 폭이 좁고, 측정자가 귀로 들었을 때 음의 크기가 변동하고 있다고 생각되지 않는 종류의 음은?
㉮ 정상음　㉯ 변동음
㉰ 간헐음　㉱ 충격음

20 다음은 건물 벽체의 열 흐름을 나타낸 그림이다. ( ) 안에 알맞은 용어는?

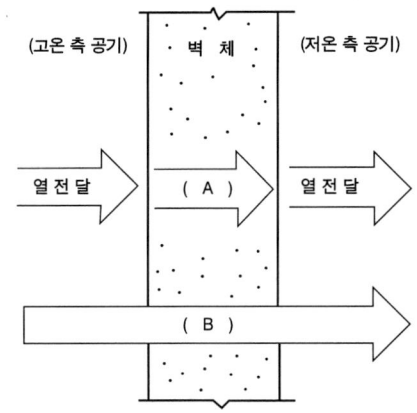

㉮ A: 열복사, B: 열전도
㉯ A: 열흡수, B: 열복사
㉰ A: 열복사, B: 열대류
㉱ A: 열전도, B: 열관류

21 콘크리트의 일반적인 성질에 관한 설명으로 옳지 않은 것은?
㉮ 내구성이 양호하다.
㉯ 내화성이 양호하다.
㉰ 성형상 자유성이 높다.
㉱ 압축강도에 비해 인장강도가 크다.

22 다음 설명에 알맞은 접합철물은?

> 목재 접합에서 전단저항을 증가시키기 위해 두 부재 사이에 끼워 넣는 것으로 쳐 넣는 방식과 파 넣는 방식이 있다.

㉮ 앵커　　㉯ 듀벨
㉰ 고장력 볼트　㉱ 익스팬션 볼트

23 다음 중 알칼리성 바탕에 사용이 가장 용이한 것은?
㉮ 유성페인트　㉯ 알루미늄페인트
㉰ 유성에나멜페인트　㉱ 염화비닐수지도료

24 합성수지와 그 용도의 연결이 가장 부적절한 것은?
㉮ 멜라민수지 – 접착제
㉯ 염화비닐수지 – PVC 파이프
㉰ 폴리우레탄수지 – 도막 방수재
㉱ 폴리스티렌수지 – 발수성 방수도료

25 목재 제품 중 목재를 얇은 판, 즉 단판으로 만들어 이들을 섬유방향이 서로 직교되도록 홀수로 적층하면서 접착제로 접착시켜 합친 것은?
- ㉮ 합판
- ㉯ 집성재
- ㉰ 섬유판
- ㉱ 파티클보드

26 목재의 건조방법 중 인공건조법에 해당하지 않는 것은?
- ㉮ 증기건조법
- ㉯ 열기건조법
- ㉰ 진공건조법
- ㉱ 대기건조법

27 쇄석을 종석으로 하여 시멘트에 안료를 섞어 진동기로 다진 후 판상으로 성형한 것으로서 자연석과 유사하게 만든 수장 재료는?
- ㉮ 대리석판
- ㉯ 인조석판
- ㉰ 석면 시멘트판
- ㉱ 목모 시멘트판

28 미장재료 중 회반죽에 관한 설명으로 옳지 않은 것은?
- ㉮ 기경성 미장재료이다.
- ㉯ 내수성이 높아 주로 실외에 사용된다.
- ㉰ 소석회에 모래, 해초풀, 여물 등을 혼합하여 바르는 미장재료이다.
- ㉱ 경화건조에 의한 수축율이 크기 때문에 여물로서 균열을 분산, 경감시킨다.

29 다음 중 인공골재에 해당하지 않는 것은?
- ㉮ 강자갈
- ㉯ 팽창혈암
- ㉰ 펄라이트
- ㉱ 부순모래

30 점토에 관한 설명으로 옳지 않은 것은?
- ㉮ 점토의 주성분은 실리카와 알루미나이다.
- ㉯ 압축강도는 인장강도의 약 5배 정도이다.
- ㉰ 점토 입자가 미세할수록 가소성은 나빠진다.
- ㉱ 점토의 비중은 일반적으로 2.5~2.6 정도이다.

31 다음 중 한국산업표준에 따라 흡수 시험을 하였을 경우 흡수율이 최대 3% 이하가 되어야 하는 것은?
- ㉮ 토기질
- ㉯ 도기질
- ㉰ 석기질
- ㉱ 자기질

32 시멘트의 분말도 측정법에 해당하는 것은?
- ㉮ 브레인법
- ㉯ 슬럼프 테스트
- ㉰ 르샤틀리에 시험법
- ㉱ 오토클레이브 시험법

33 다음 설명에 알맞은 재료의 역학적 성질은?

유리와 같이 재료가 외력을 받았을 때 극히 작은 변형을 수반하고 파괴되는 성질

- ㉮ 강성
- ㉯ 연성
- ㉰ 취성
- ㉱ 전성

34 다음 설명에 알맞은 석재의 종류는?

· 청회색 또는 흑색으로 흡수율이 작고 대기 중에서 변색, 변질하지 않는다.
· 석질이 치밀하고 박판으로 채취할 수 있어 슬레이트로서 지붕 등에 사용된다.

- ㉮ 응회암
- ㉯ 사문암
- ㉰ 점판암
- ㉱ 대리석

35 2장 또는 3장의 판유리를 일정한 간격을 두고 겹치고 그 주변을 금속테로 감싸 붙여 만든 것으로, 단열성, 차음성이 좋고 결로방지용으로 우수한 유리 제품은?
- ㉮ 강화유리
- ㉯ 망입유리
- ㉰ 복층유리
- ㉱ 에칭유리

36 다음 중 건축재료의 사용목적에 의한 분류에 속하지 않는 것은?
- ㉮ 무기재료
- ㉯ 구조재료
- ㉰ 마감재료
- ㉱ 차단재료

37 아스팔트를 휘발성 용제로 녹인 흑갈색 액체로 아스팔트 방수의 바탕처리재로 사용되는 것은?
- ㉮ 아스팔트 펠트
- ㉯ 아스팔트 프라이머
- ㉰ 아스팔트 콤파운드
- ㉱ 스트레이트 아스팔트

38 석재의 표면가공순서로 맞는 것은?
- ㉮ 혹두기→정다듬→도드락다듬→잔다듬→물갈기
- ㉯ 혹두기→도드락다듬→정다듬→잔다듬→물갈기
- ㉰ 혹두기→잔다듬→정다듬→도드락다듬→물갈기
- ㉱ 혹두기→정다듬→잔다듬→도드락다듬→물갈기

39 알루미늄에 관한 설명으로 옳지 않은 것은?
- ㉮ 가공성이 양호하다.

㉯ 열·전기 전도성이 크다.
㉰ 비중이 철의 1/3 정도로 경량이다.
㉱ 내화성이 좋아 별도의 내화처리가 필요하지 않다.

40 다음 합성수지 중 열경화성 수지에 해당하지 않는 것은?
㉮ 페놀수지   ㉯ 요소수지
㉰ 멜라민수지 ㉱ 폴리에틸렌수지

41 다음 중 창호와 창호철물에 관한 설명으로 옳지 않은 것은?
㉮ 철제 뼈대에 천을 붙이고 상부는 홈대형의 행거레일에 달바퀴로 매달아 접어 여닫게 만든 문을 아코디언도어라 한다.
㉯ 일반적으로 환기를 목적으로 하고 채광을 필요로 하지 않은 경우에 붙박이창을 사용한다.
㉰ 오르내리창에는 크레센트를 사용한다.
㉱ 여닫음 조정기 중 열려진 문을 받아 벽을 보호하고 문을 고정하는 것을 도어스톱이라 한다.

42 다음 중 건축설계도면에서 배경을 표현하는 목적과 가장 관계가 먼 것은?
㉮ 건축물의 스케일감을 나타내기 위해서
㉯ 건축물의 용도를 나타내기 위해서
㉰ 건축물 내부 평면상의 동선을 나타내기 위해서
㉱ 주변대지의 성격을 표시하기 위해서

43 목재 기둥의 종류 중 2층 이상의 높이를 하나의 단일재로 사용하는 것은?
㉮ 평기둥   ㉯ 통재기둥
㉰ 샛기둥   ㉱ 가새

44 블록쌓기의 원칙으로 옳지 않은 것은?
㉮ 블록은 살 두께가 두꺼운 쪽이 위로 향하게 한다.
㉯ 인방보는 좌우 지지벽에 20cm 이상 물리게 한다.
㉰ 블록의 하루 쌓기의 높이는 1.2m~1.5m로 한다.
㉱ 통줄눈을 원칙으로 한다.

45 콘크리트 타설에서 거푸집의 측압을 결정짓는 요소가 아닌것은?
㉮ 타설속도   ㉯ 거푸집강성
㉰ 기온   ㉱ 압축강도

46 목재문 중에서 울거미를 짜고 합판으로 양면을 덮은 문은?
㉮ 널문   ㉯ 플러쉬문
㉰ 비늘살문   ㉱ 시스템도어

47 한 켜는 길이쌓기로 하고 다음은 마구리쌓기로 하며 모서리 또는 끝에서 칠오토막을 사용하는 벽돌쌓기법은?
㉮ 영국식 쌓기   ㉯ 미국식 쌓기
㉰ 엇모 쌓기   ㉱ 네덜란드식 쌓기

48 다음 중 건축구조의 기분 조건과 가장 거리가 먼 것은?
㉮ 유동성   ㉯ 안전성
㉰ 경제성   ㉱ 내구성

49 철골구조에서 사용되는 고력볼트접합의 특성으로 옳지 않은 것은?
㉮ 현장 시공설비가 복잡하다.
㉯ 접합부의 강성이 크다.
㉰ 피로강도가 크다.
㉱ 노동력절약과 공기단축효과가 있다.

50 강관구조에 대한 설명 중 옳지 않은 것은?
㉮ 강관은 형강과는 달리 단면이 폐쇄되어 있다.
㉯ 방향에 관계없이 같은 내력을 발휘할 수 있다.
㉰ 콘크리트 타설 시 거푸집이 불필요하다.
㉱ 밀폐된 중공단면의 내부는 부식의 우려가 많다.

51 대형건축물에 널리 쓰이는 SRC조가 의미하는 것은?
㉮ 철골철근콘크리트조   ㉯ 철근콘크리트조
㉰ 철골조   ㉱ 절판구조

52 제도에 사용되는 삼각스케일의 용도로 적합한 것은?
㉮ 원이나 호를 그릴 때 주로 쓰인다.
㉯ 축척을 사용할 때 주로 쓰인다.
㉰ 제도판 옆면에 대고 수평선을 그릴 때 주로 쓰인다.
㉱ 원호 이외의 곡선을 그을 때 주로 쓰인다.

53 다음 중 물-시멘트비와 가장 관계가 깊은 것

은?
- ㉮ 시멘트 분말도
- ㉯ 콘크리트 중량
- ㉰ 골재의 입도
- ㉱ 콘크리트 강도

54 벽체나 바닥판을 평면적인 구조체만으로 구성한 구조는?
- ㉮ 현수구조
- ㉯ 막구조
- ㉰ 돔구조
- ㉱ 벽식구조

55 기초평면도에 표기하는 사항이 아닌 것은?
- ㉮ 기초의 종류
- ㉯ 앵커볼트의 위치
- ㉰ 마루 밑 환기구 위치 및 형상
- ㉱ 기와의 치수 및 잇기방법

56 건물 지하부의 구조부로서 건물의 무게를 지반에 전달하여 안전하게 지탱시키는 구조부분은?
- ㉮ 기초
- ㉯ 기둥
- ㉰ 지붕
- ㉱ 벽체

57 다음 중 동바리 마루를 구성하는 부분이 아닌 것은?
- ㉮ 동바리
- ㉯ 장선
- ㉰ 멍에
- ㉱ 걸레받이

58 다음 중 건축제도통칙(KS F 1501)에서 규정하고 있는 척도가 아닌 것은?
- ㉮ 1/5
- ㉯ 1/100
- ㉰ 1/150
- ㉱ 1/300

59 건축제도 시 선긋기에 관한 설명 중 옳지 않은 것은?
- ㉮ 수평선은 왼쪽에서 오른쪽으로 긋는다.
- ㉯ 시작부터 끝까지 굵기가 일정하게 한다.
- ㉰ 연필은 진행되는 방향으로 약간 기울여서 그린다.
- ㉱ 삼각자의 왼쪽 옆면을 이용하여 수직선을 그을 때는 위쪽에서 아래 방향으로 긋는다.

60 철근콘크리트조의 철근 및 배근에 대한 설명으로 옳지 않은 것은?
- ㉮ 이형철근은 원형철근보다 부착강도가 크다.
- ㉯ 콘크리트의 강도가 클수록 부착강도가 크다.
- ㉰ 철근의 이음은 휨모멘트가 크게 작용하는 부분에서 한다.
- ㉱ 연직하중에 대한 단순보의 주근은 보의 하단인 인장측에 배근한다.

정답

01㉮	02㉮	03㉮	04㉯	05㉱	06㉱	07㉯	08㉰	09㉱	10㉰
11㉯	12㉰	13㉱	14㉱	15㉰	16㉱	17㉰	18㉱	19㉮	20㉱
21㉱	22㉱	23㉱	24㉱	25㉮	26㉱	27㉱	28㉯	29㉮	30㉯
31㉱	32㉮	33㉰	34㉰	35㉰	36㉮	37㉯	38㉮	39㉱	40㉱
41㉯	42㉰	43㉯	44㉱	45㉱	46㉯	47㉱	48㉮	49㉮	50㉱
51㉮	52㉯	53㉱	54㉱	55㉱	56㉮	57㉱	58㉰	59㉱	60㉰

01 실내디자인에 관한 설명으로 옳지 않은 것은?
㉮ 실내디자인은 대상 공간의 기능보다는 장식을 우선시 한다.
㉯ 디자인의 한 분야로서 인간생활의 쾌적성을 추구하는 활동이다.
㉰ 실내디자인은 목적을 위한 행위로 그 자체가 목적이 아니라 특정한 효과를 얻기 위한 수단이다.
㉱ 실내디자인은 과학적 기술과 예술이 종합된 분야로서 주어진 공간을 목적에 맞게 창조하는 작업이다.

02 부엌 작업대의 가장 효율적인 배치 순서는?
㉮ 준비대-개수대-조리대-가열대-배선대
㉯ 준비대-조리대-개수대-가열대-배선대
㉰ 준비대-조리대-가열대-개수대-배선대
㉱ 준비대-개수대-가열대-조리대-배선대

03 상점의 판매방식 중 대면판매에 관한 설명으로 옳지 않은 것은?
㉮ 상품의 포장 및 계산이 편리하다.
㉯ 상품을 설명하기에 용이한 방식이다.
㉰ 판매원의 고정 위치를 정하기가 용이하다.
㉱ 측면방식에 비해 진열면적이 크다는 장점이 있다.

04 심리적으로 존엄성, 엄숙함, 위엄 및 강한 의지의 느낌을 주는 선의 종류는?
㉮ 사선   ㉯ 곡선
㉰ 수직선 ㉱ 수평선

05 평범하고 단순한 실내를 흥미롭게 만드는데 가장 적합한 디자인 원리는?
㉮ 조화   ㉯ 강조
㉰ 통일   ㉱ 균형

06 한 선분을 길이가 다른 두 선분으로 분할하였을 때, 긴 선분에 대한 짧은 선분의 길이의 비가 전체 선분에 대한 긴 선분의 길이의 비와 같을 때 이루어지는 비례는?
㉮ 정수비례   ㉯ 황금비례
㉰ 수열에 의한 비례 ㉱ 루트직사각형 비례

07 '루빈의 항아리'와 관련된 형태의 지각 심리는?
㉮ 그룹핑 법칙   ㉯ 폐쇄성의 법칙
㉰ 도형과 배경의 법칙 ㉱ 프래그넌즈의 법칙

08 실내디자인의 과정 중 다음과 같은 내용이 이루어지는 단계는?

·디자인 의도 확인
·기본 설계도 제시
·실시 설계도 완성

㉮ 기획 단계   ㉯ 시공 단계
㉰ 설계 단계   ㉱ 사용 후 평가 단계

09 개구부에 관한 설명으로 옳지 않은 것은?
㉮ 건축물의 표정과 실내 공간의 성격을 규정하는 중요한 요소이다.
㉯ 창은 개폐의 용이 및 단열을 위해 가능한 한 크게 만드는 것이 좋다.
㉰ 창의 높낮이는 가구의 높이와 사람이 앉거나 섰을 때의 시선 높이에 영향을 받는다.
㉱ 문은 사람과 물건이 실내, 실외로 통행 출입하기 위한 개구부로 실내디자인에 있어 평면적인 요소로 취급된다.

10 주거공간의 영역 구분 중 개인적 영역에 속하는 것은?
㉮ 거실   ㉯ 서재
㉰ 응접실 ㉱ 식사실

11 조명의 4요소에 해당되지 않는 것은?
㉮ 명도   ㉯ 대비

㉰ 노출시간　　㉱ 조명기구

12 실내 공간의 성격 형성과 가장 관련이 깊은 디자인 요소는?
㉮ 마감 재료　　㉯ 바닥 구조
㉰ 장식품 종류　　㉱ 천장의 질감

13 실내공간의 구성요소 중 바닥에 관한 설명으로 옳지 않은 것은?
㉮ 촉각적으로 만족할 수 있는 조건을 요구한다.
㉯ 수평적 요소로서 생활을 지탱하는 기본적 요소이다.
㉰ 단차를 통한 공간 분할은 바닥면이 좁을 때 주로 사용된다.
㉱ 벽이나 천장은 시대와 양식에 의한 변화가 현저한데 비해 바닥은 매우 고정적이다.

14 특정한 사용목적이나 많은 물품을 수납하기 위해 건축화된 가구로, 빌트 인 가구(built-in furniture) 라고도 불리우는 것은?
㉮ 작업용 가구　　㉯ 붙박이 가구
㉰ 이동식 가구　　㉱ 조립식 가구

15 다음 설명에 알맞은 형태의 종류는?

> · 인간의 지각, 즉 시각과 촉각 등으로는 직접 느낄 수 없고 개념적으로만 제시될 수 있는 형태이다.
> · 기하학적으로 취급한 점, 선, 면 등이 이에 속한다.

㉮ 이념적 형태　　㉯ 추상적 형태
㉰ 인위적 형태　　㉱ 자연적 형태

16 건물의 환기에서 일반적으로 효과가 가장 큰 것은?
㉮ 온도차에 의한 환기
㉯ 극간풍에 의한 환기
㉰ 풍압차에 의한 환기
㉱ 기계력에 의한 강제 환기

17 벽체의 전열에 관한 설명으로 옳지 않은 것은?
㉮ 벽체의 열관류율이 클수록 단열성능이 낮아진다.
㉯ 벽체의 열전도저항이 클수록 단열성능이 우수하다.
㉰ 벽체내의 공기층의 단열효과는 기밀성에 큰 영향을 받는다.
㉱ 벽체의 열전도저항은 그 구성재료가 습기를 함유할 경우 크게 된다.

18 눈부심(glare)의 방지대책으로 옳지 않은 것은?
㉮ 광원 주위를 밝게 한다.
㉯ 발광체의 휘도를 높인다.
㉰ 광원을 시선에서 멀리 처리한다.
㉱ 시선을 중심으로 해서 30° 범위내의 글레어 존에는 광원을 설치하지 않는다.

19 음의 세기 레벨을 나타낼 때 사용하는 단위는?
㉮ ppm　　㉯ cycle
㉰ dB　　㉱ lm

20 벽체에서의 결로발생형태에 따른 결로방지대책으로 옳지 않은 것은?
㉮ 표면결로 : 실내 표면온도를 높인다.
㉯ 표면결로 : 실내수증기의 발생량을 억제한다.
㉰ 내부결로 : 벽체 내부로 수증기 침입을 억제한다.
㉱ 내부결로 : 벽체 내부 온도가 노점온도 이하가 되도록 한다.

21 표준형 내화벽돌 중 보통형의 크기는? (단, 단위는 mm)
㉮ 190×90×57　　㉯ 210×100×60
㉰ 210×104×60　　㉱ 230×114×65

22 건축용 접착제로서 요구되는 성능으로 옳지 않은 것은?
㉮ 진동, 충격의 반복에 잘 견딜 것
㉯ 충분한 접착성과 유동성을 가질 것
㉰ 내수성, 내한성, 내열성, 내산성이 있을 것
㉱ 고화(固化)시 체적수축 등의 변형이 있을 것

23 강의 열처리 방법에 해당되지 않는 것은?
㉮ 압출　　㉯ 불림
㉰ 풀림　　㉱ 담금질

24 콘크리트의 크리프에 관한 설명으로 옳지 않은 것은?
㉮ 재하 초기에 증가가 현저하다.
㉯ 작용응력이 클수록 크리프가 크다.
㉰ 물시멘트비가 클수록 크리프가 크다.
㉱ 시멘트페이스트가 많을수록 크리프는 작다.

25 콘크리트의 워커빌리티에 관한 설명으로 옳지 않은 것은?
㉮ 과도하게 비빔시간이 길면 워커빌리티가 나빠진다.
㉯ AE제를 사용한 경우 볼베어링 작용에 의해 콘크리트의 워커빌리티가 좋아진다.
㉰ 깬자갈을 사용한 콘크리트가 강자갈을 사용한 콘크리트보다 워커빌리티가 좋다.
㉱ 단위수량을 증가시키면 재료분리가 생기기 쉽기 때문에 워커빌리티가 좋아진다고는 말할 수 없다.

26 금속의 부식방지 방법에 관한 설명으로 옳지 않은 것은?
㉮ 다른 종류의 금속은 잇대어 사용하지 않는다.
㉯ 표면을 깨끗하게 하고 물기나 습기가 없도록 한다.
㉰ 알루미늄의 경우, 모르타르나 콘크리트로 피복한다.
㉱ 균질한 것을 선택하고 사용할 때 큰 변형을 주지 않도록 한다.

27 한국산업표준(KS L 5201)에 따른 포틀랜드 시멘트의 종류에 해당되지 않는 것은?
㉮ 백색 포틀랜드 시멘트
㉯ 조강 포틀랜드 시멘트
㉰ 저열 포틀랜드 시멘트
㉱ 중용열 포틀랜드 시멘트

28 미장재료 중 회반죽의 재료에 해당되지 않는 것은?
㉮ 풀 ㉯ 종석
㉰ 여물 ㉱ 소석회

29 다음 중 석재를 가장 곱게 다듬질하는 방법은?
㉮ 혹두기 ㉯ 정다듬
㉰ 잔다듬 ㉱ 도드락다듬

30 아스팔트의 종류 중 천연 아스팔트에 해당되지 않는 것은?
㉮ 아스팔타이트 ㉯ 로크 아스팔트
㉰ 레이크 아스팔트 ㉱ 스트레이트 아스팔트

31 목재 건조의 목적과 가장 거리가 먼 것은?
㉮ 옹이의 제거
㉯ 목재 강도의 증가
㉰ 전기절연성의 증가
㉱ 목재 수축에 의한 손상 방지

32 시멘트가 습기를 흡수하여 경미한 수화반응을 일으켜 생성된 수산화칼슘과 작용하여 시멘트의 풍화를 발생시키는 것은?
㉮ 분진 ㉯ 아황산가스
㉰ 일산화탄소 ㉱ 이산화탄소

33 다음 설명에 알맞은 도료는?

· 목재면의 투명도장에 사용된다.
· 외부에 사용하기에 적당하지 않으며 내부용으로 주로 사용된다.

㉮ 수성페인트 ㉯ 유성페인트
㉰ 클리어래커 ㉱ 알루미늄페인트

34 건축재료 중 구조재료에 요구되는 성능과 가장 거리가 먼 것은?
㉮ 생산성능 ㉯ 감각적 성능
㉰ 역학적 성능 ㉱ 화학적 성능

35 다음 설명에 알맞은 유리의 성분에 따른 종류는?

· 용융되기 쉽다.
· 내산성은 우수하나 알칼리에 약하다.
· 건축일반용 창호유리 등에 사용된다.

㉮ 고규산유리 ㉯ 소다석회유리
㉰ 붕사석회유리 ㉱ 칼륨석회유리

36 연질 섬유판과 경질 섬유판을 구분하는 기준이 되는 것은?
㉮ 밀도 ㉯ 두께
㉰ 강도 ㉱ 접착제

37 다음 중 열가소성 수지에 해당되지 않는 것은?
㉮ 아크릴수지 ㉯ 염화비닐수지
㉰ 폴리에틸렌수지 ㉱ 폴리에스테르수지

38 석재의 일반적인 성질에 관한 설명으로 옳지 않은 것은?
㉮ 강도가 크면 경도도 크다.
㉯ 인장 및 휨강도는 압축강도에 비해 매우 작다.

㉥ 화강암, 안산암 등의 화성암 종류가 내마모성이 크다.
㉦ 석회분을 포함하는 대리석, 사문암 등은 내산성이 크다.

39 점토 제품의 흡수율이 큰 것부터 순서가 옳은 것은?
㉮ 도기>토기>석기>자기
㉯ 도기>토기>자기>석기
㉰ 토기>도기>석기>자기
㉱ 토기>석기>도기>자기

40 콘크리트의 혼화제 중 염화물의 작용에 의한 철근의 부식을 방지하기 위해 사용되는 것은?
㉮ 지연제　　㉯ 촉진제
㉰ 기포제　　㉱ 방청제

41 다음 중 A2 제도용지의 규격으로 옳은 것은? (단, 단위는 mm임)
㉮ 841×1189　　㉯ 594×941
㉰ 420×594　　㉱ 297×420

42 목구조에서 본기둥 사이에 벽을 이루는 것으로서, 가새의 옆휨을 막는데 유효한 기둥은?
㉮ 평기둥　　㉯ 샛기둥
㉰ 동자기둥　　㉱ 통재기둥

43 투시도 작도에서 수평면과 화면이 교차되는 선은?
㉮ 화면선　　㉯ 수평선
㉰ 기선　　㉱ 시선

44 다음 중 건축제도의 치수 기입에 관한 설명으로 옳지 않은 것은?
㉮ 협소한 간격이 연속될 때에는 인출선을 사용하여 치수를 쓴다.
㉯ 치수는 특별히 명시하지 않는 한 마무리 치수로 표시한다.
㉰ 치수 기입은 치수선에 평행하게 도면이 왼쪽에서 오른쪽으로, 위에서 아래로 읽을 수 있도록 기입한다.
㉱ 치수 기입은 항상 치수선 중앙 윗부분에 기입하는 것이 원칙이다.

45 보를 없애고 바닥판을 두껍게 해서 보의 역할을 겸하도록한 구조로, 기둥이 바닥 슬래브를 지지해 주상 복합이나 지하 주차장에 주로 사용되는 구조는?
㉮ 플랫 슬래브 구조　　㉯ 절판 구조
㉰ 벽식 구조　　㉱ 쉘 구조

46 반자틀의 구성과 관계 없는 것은?
㉮ 징두리　　㉯ 달대
㉰ 달대받이　　㉱ 반자돌림대

47 건축제도에서 다음 평면 표시 기호가 의미하는 것은?

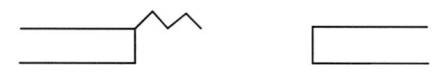

㉮ 미닫이문　　㉯ 주름문
㉰ 접이문　　㉱ 연속문

48 다음 중 원호 이외의 곡선을 그릴 때 사용하는 제도용구는?
㉮ 디바이더　　㉯ 스케일
㉰ 운형자　　㉱ 지우개판

49 벽돌쌓기 중 담 또는 처마부분에서 내쌓기를 할 때에 벽돌을 45° 각도로 모서리가 면에 돌출되도록 쌓는 방식은?
㉮ 영롱 쌓기　　㉯ 무늬 쌓기
㉰ 세워 쌓기　　㉱ 엇모 쌓기

50 곡면판이 지니는 역학적 특성을 응용한 구조로서 경량이고 내력이 큰 구조물을 구성할 수 있는 구조는?
㉮ 쉘구조
㉯ 프리스트레스트 콘크리트 구조
㉰ 커튼월구조
㉱ 패널구조

51 벽돌쌓기 공사 중 가장 튼튼한 구조로서 이오토막과 반절이 필요한 쌓기 방법은?
㉮ 미식쌓기　　㉯ 영식쌓기
㉰ 불식쌓기　　㉱ 네덜란드식쌓기

52 다음 중 T자를 사용하여 그을 수 있는 선은?
㉮ 포물선   ㉯ 수평선
㉰ 사선   ㉱ 곡선

53 철근콘크리트구조 기둥에서 주근의 좌굴과 콘크리트가 수평으로 터져나가는 것을 구속하는 철근은?
㉮ 주근   ㉯ 띠철근
㉰ 온도철근 ㉱ 배력근

54 철골철근콘크리트구조에 대한 설명 중 옳지 않은 것은?
㉮ 작은 단면으로 큰 힘을 발휘할 수 있다.
㉯ 화재시 고열을 받으면 철골구조와 비교하여 강도 감소가 크다.
㉰ 내진성이 우수한 구조이다.
㉱ 초고층 구조물 하층부의 복합구조로 많이 쓰인다.

55 동바리 마루에서 마루널 바로 밑에 위치한 부재 명칭은?
㉮ 장선   ㉯ 동바리
㉰ 멍에   ㉱ 기둥밑잡이

56 석재의 형상에 따른 분류에서 면길이 300mm 정도의 사각뿔형으로 석축에 많이 사용되는 돌은?
㉮ 간석   ㉯ 견치돌
㉰ 사괴석   ㉱ 각석

57 다음 중 습식구조에 속하지 않는 구조는?
㉮ 벽돌구조
㉯ 콘크리트 충전강관구조
㉰ 철근콘크리트구조
㉱ 철골구조

58 도면표시기호 중 두께를 표시하는 기호는?
㉮ THK   ㉯ A
㉰ V   ㉱ H

59 표준형 점토벽돌 2.0B의 두께는?
㉮ 190mm   ㉯ 290mm
㉰ 390mm   ㉱ 490mm

60 트레이싱지에 대한 설명 중 옳은 것은?

㉮ 계획 도면의 스케치에 주로 사용한다.
㉯ 연질이어서 쉽게 찢어진다.
㉰ 습기에 약하다.
㉱ 오래 보관되어야할 도면의 제도에 쓰인다.

정답

01㉮ 02㉮ 03㉱ 04㉰ 05㉯ 06㉯ 07㉰ 08㉰ 09㉯ 10㉯
11㉱ 12㉮ 13㉰ 14㉯ 15㉮ 16㉱ 17㉱ 18㉯ 19㉰ 20㉱
21㉱ 22㉱ 23㉮ 24㉱ 25㉰ 26㉰ 27㉮ 28㉯ 29㉰ 30㉱
31㉮ 32㉱ 33㉰ 34㉯ 35㉯ 36㉰ 37㉰ 38㉱ 39㉰ 40㉱
41㉰ 42㉯ 43㉯ 44㉰ 45㉰ 46㉮ 47㉰ 48㉰ 49㉱ 50㉮
51㉯ 52㉯ 53㉯ 54㉯ 55㉮ 56㉯ 57㉱ 58㉮ 59㉰ 60㉰

2012년도 제4회 과년도 기출문제

01 상점의 공간구성에 있어서 판매공간에 해당하는 것은?
㉮ 파사드공간
㉯ 상품관리공간
㉰ 시설관리공간
㉱ 상품전시공간

02 다음과 같은 특징을 갖는 창의 종류는?

· 열리는 범위를 조절할 수 있다.
· 안으로나 밖으로 열리는데 특히 안으로 열릴 때는 열릴 수 있는 면적이 필요하므로 가구배치시 이를 고려하여야 한다.

㉮ 미닫이창
㉯ 여닫이창
㉰ 미서기창
㉱ 오르내리창

03 다음은 피보나치 수열의 일부분이다. "21" 바로 다음에 나오는 숫자는?

1, 2, 3, 5, 8, 13, 21

㉮ 30
㉯ 34
㉰ 42
㉱ 44

04 다음 설명에 알맞은 착시의 종류는?

· 같은 길이의 수직선이 수평선보다 길어 보인다.
· 사선이 2개 이상의 평행선으로 중단되면 서로 어긋나 보인다.

㉮ 운동의 착시
㉯ 다의도형 착시
㉰ 역리도형 착시
㉱ 기하학적 착시

05 주택에서 거실에 식사공간을 부속시키고, 부엌을 분리한 형식은?
㉮ D형
㉯ LD형
㉰ DK형
㉱ LDK형

06 광원을 넓은 면적의 벽면에 매입하여 비스타(vista)적인 효과를 낼 수 있으며 시선에 안락한 배경으로 작용하는 건축화 조명방식은?
㉮ 코브 조명
㉯ 코퍼 조명
㉰ 광창 조명
㉱ 광천장 조명

07 다음 설명에 알맞은 가구는?

가구와 인간과의 관계, 가구와 건축구체와의 관계, 가구와 가구와의 관계 등을 종합적으로 고려하여 적합한 치수를 산출한 후 이를 모듈화시킨 각 유닛이 모여 전체 가구를 형성한 것이다.

㉮ 인체계 가구
㉯ 수납용 가구
㉰ 시스템 가구
㉱ 빌트 인 가구

08 다음 설명과 가장 관계가 깊은 형태의 지각심리는?

한 종류의 형들이 동등한 간격으로 반복되어 있을 경우에는 이를 그룹화하여 평면처럼 지각되고 상하와 좌우의 간격이 다를 경우 수평, 수직으로 지각된다.

㉮ 유사성
㉯ 폐쇄성
㉰ 연속성
㉱ 근접성

09 다음 설명에 알맞은 선의 종류는?

약동감, 생동감 넘치는 에너지와 운동감, 속도감을 주며 위험, 긴장, 변화 등의 느낌을 받게 되므로 너무 많으면 불안정한 느낌을 줄 수 있다.

㉮ 사선
㉯ 수평선
㉰ 수직선
㉱ 기하곡선

10 간접조명방식에 관한 설명으로 옳지 않은 것은?
㉮ 조명률이 높다.
㉯ 실내반사율이 영향이 크다.
㉰ 그림자가 거의 형성되지 않는다.
㉱ 경제성보다 분위기를 목표로 하는 장소에 적합하다.

11 생활에 적합한 건축을 위해 인체와 관련된 모듈의 사용에 있어 단순한 길이의 배수보다는 황금비례를 이용함이 타당하다고 주장한 사람은?
㉮ 르 코르뷔지에
㉯ 월터 그로피우스
㉰ 미스 반 데어 로에
㉱ 프랭크 로이드 라이트

12 주택의 부엌가구 배치 유형 중 부엌 내의 벽면을 이용하여 작업대를 배치한 형식으로 작업면이 넓어 작업 효율이 가장 좋은 것은?
㉮ 一자형   ㉯ ㄴ자형
㉰ ㄷ자형   ㉱ 아일랜드형

13 디자인 원리 중 유사조화에 관한 설명으로 옳은 것은?
㉮ 통일보다 대비의 효과가 더 크게 나타난다.
㉯ 질적, 양적으로 전혀 상반된 두 개의 요소의 조합으로 성립된다.
㉰ 개개의 요소 중에서 공통성이 존재하므로 뚜렷하고 선명한 이미지를 준다.
㉱ 각각의 요소가 하나의 객체로 존재하며 다양한 주제와 이미지들이 요구될 때 주로 사용된다.

14 등받이와 팔걸이가 없는 형태의 보조의자로 가벼운 작업이나 잠시 걸터앉아 휴식을 취하는데 사용되는 것은?
㉮ 스툴   ㉯ 카우치
㉰ 이지 체어   ㉱ 라운지 체어

15 공간의 동선에 관한 설명으로 옳지 않은 것은?
㉮ 동선의 유형 중 직선형은 최단거리의 연결로 통과시간이 가장 짧다.
㉯ 실내에 2개 이상의 출입구는 그 갯수에 비례하여 동선이 원활해지므로 통로면적이 감소된다.
㉰ 동선이 교차하는 지점은 잠시 멈추어 방향을 결정할 수 있도록 어느 정도 충분한 공간을 마련해준다.
㉱ 동선은 짧으면 짧을수록 효율적이나 공간의 성격에 따라 길게 하여 더 많은 시간동안 머무르도록 유도되기도 한다.

16 일조의 확보와 관련하여 공동주택의 인동간격 결정과 가장 관계가 깊은 것은?
㉮ 춘분   ㉯ 하지
㉰ 추분   ㉱ 동지

17 벽과 같은 고체를 통하여 유체(공기)에서 유체(공기)로 열이 전해지는 현상은?
㉮ 복사   ㉯ 대류
㉰ 열관류   ㉱ 열전도

18 결로 방지대책과 가장 관계가 먼 것은?
㉮ 환기   ㉯ 난방
㉰ 단열   ㉱ 방수

19 공동주택의 거실에서 환기를 위하여 설치하는 창문의 면적은 최소 얼마 이상이어야 하는가?(단, 창문으로만 환기를 하는 경우)
㉮ 거실 바닥 면적의 1/5 이상
㉯ 거실 바닥 면적의 1/10 이상
㉰ 거실 바닥 면적의 1/20 이상
㉱ 거실 바닥 면적의 1/40 이상

20 다음의 설명에 알맞은 음의 성질은?

> 서로 다른 음원에서의 음이 중첩되면 합성되어 음은 쌍방의 상황에 따라 강해진다든지, 약해진다든지 한다.

㉮ 반사   ㉯ 회절
㉰ 굴절   ㉱ 간섭

21 기본 점성이 크며 내수성, 내약품성, 전기절연성이 모두 우수한 만능형 접착제로 금속, 플라스틱, 도자기, 유리, 콘크리트 등의 접합에 사용되는 것은?
㉮ 요소수지 접착제   ㉯ 비닐수지 접착제
㉰ 멜라민수지 접착제 ㉱ 에폭시수지 접착제

22 석회암이 변화되어 결정화한 것으로 주성분은 탄산석회이며, 갈면 광택이 나는 석재는?
㉮ 응회암   ㉯ 화강암
㉰ 대리석   ㉱ 점판암

23 건조실에 목재를 쌓고 온도, 습도, 풍속 등을 인위적으로 조절하면서 건조하는 목재의 인공건조 방법은?
㉮ 대기건조   ㉯ 침수건조

㉰ 진공건조　　㉱ 열기건조

24 시멘트가 습기를 흡수하여 경미한 수화반응을 일으켜 생성된 수산화칼슘과 공기중의 탄산가스가 반응하여 탄산칼슘을 생성하는 작용을 의미하는 것은?
㉮ 풍화　　㉯ 응결
㉰ 크리프　　㉱ 중성화

25 다음 중 기경성 미장재료에 해당되는 것은?
㉮ 시멘트 모르타르
㉯ 경석고 플라스터
㉰ 혼합석고 플라스터
㉱ 돌로마이트 플라스터

26 다음 설명에 알맞은 재료의 역학적 성질은?

> 재료에 외력이 작용하면 순간적으로 변형이 생기나 외력을 제거하면 순간적으로 원래의 형태로 회복되는 성질을 말한다.

㉮ 소성　　㉯ 점성
㉰ 탄성　　㉱ 인성

27 화강암에 관한 설명으로 옳지 않은 것은?
㉮ 내화성이 크다.
㉯ 내구성이 우수하다.
㉰ 구조재 및 내·외장재로 사용이 가능하다.
㉱ 절리의 거리가 비교적 커서 대재(大材)를 얻을 수 있다.

28 다음 중 콘크리트의 신축이음(Expansion Joint) 재료에 요구되는 성능조건과 가장 관계가 먼 것은?
㉮ 콘크리트에 잘 밀착하는 밀착성
㉯ 콘크리트 이음사이의 충분한 수밀성
㉰ 콘크리트의 수축에 순응할 수 있는 탄성
㉱ 콘크리트의 팽창에 저항할 수 있는 압축강도

29 건축재료의 요구성능 중 감각적 성능이 특히 요구되는 건축재료는?
㉮ 구조재료　　㉯ 마감재료
㉰ 차단재료　　㉱ 내화재료

30 아스팔트의 연성을 나타내는 수치로서 온도의 변화와 함께 변화하는 것은?

㉮ 신도　　㉯ 인화점
㉰ 침입도　　㉱ 연화점

31 경화 콘크리트의 역학적 기능을 대표하는 것으로, 경화 콘크리트의 강도 중 일반적으로 가장 큰 것은?
㉮ 휨강도　　㉯ 압축강도
㉰ 인장강도　　㉱ 전단강도

32 콘크리트 내부에 미세한 독립된 기포를 발생시켜 콘크리트의 작업성 및 동결융해 저항성능을 향상시키기 위해 사용되는 화학혼화제는?
㉮ AE제　　㉯ 기포제
㉰ 유동화제　　㉱ 플라이애쉬

33 단열유리라고도 하며 철, Ni, Cr 등이 들어 있는 유리로서, 서향일광을 받는 창 등에 사용되는 것은?
㉮ 내열유리　　㉯ 열선흡수유리
㉰ 열선반사유리　　㉱ 자외선 차단유리

34 도료의 구성요소 중 도막 주요소를 용해시키고 적당한 점도로 조절 또는 도장하기 쉽게 하기 위하여 사용되는 것은?
㉮ 안료　　㉯ 용제
㉰ 수지　　㉱ 전색제

35 강의 열처리 방법에 해당되지 않는 것은?
㉮ 불림　　㉯ 인발
㉰ 풀림　　㉱ 뜨임질

36 자기질 타일의 흡수율 기준으로 옳은 것은?
㉮ 3.0% 이하　　㉯ 5.0% 이하
㉰ 8.0% 이하　　㉱ 18.0% 이하

37 다음은 한국산업표준에 따른 점토 벽돌 중 미장벽돌에 관한 용어의 정의이다. ( ) 안에 알맞은 것은?

> 점토 등을 주원료로 하여 소성한 벽돌로서 유공형 벽돌은 하중 지지면의 유효 단면적이 전체 단면적의 ( ) 이상이 되도록 제작한 벽돌

㉮ 30%　　㉯ 40%

㉰ 50% ㉱ 60%

38 다음 중 열경화성 수지에 해당되는 것은?
㉮ 아크릴 수지 ㉯ 염화비닐수지
㉰ 폴리우레탄수지 ㉱ 폴리에틸렌수지

39 보통 합판의 제조 방법에 따른 구분에 해당되지 않는 것은?
㉮ 일반 ㉯ 내수
㉰ 난연 ㉱ 무취

40 창호철물과 사용되는 창호의 연결이 옳지 않은 것은?
㉮ 레일 - 미닫이문
㉯ 크레센트 - 오르내리창
㉰ 플로어 힌지 - 여닫이문
㉱ 레버토리 힌지 - 쌍여닫이 창

41 다음 중 건축제도의 치수 기입에 관한 설명으로 옳은 것은?
㉮ 협소한 간격이 연속될 때에는 치수 간격을 줄여 치수를 쓴다.
㉯ 치수는 특별히 명시하지 않는 한 마무리 치수로 표시한다.
㉰ 치수 기입은 치수선에 평행하게 도면의 오른쪽에서 왼쪽으로, 아래로부터 위로 읽을 수 있도록 기입한다.
㉱ 치수 기입은 항상 치수선 중앙 아래 부분에 기입하는 것이 원칙이다.

42 철골구조의 접합 방법 중 접합된 판 사이에 강한 압력이 작용하여 이에 의한 접합재 간의 마찰저항에 의하여 힘을 전달하는 접합 방식은?
㉮ 강접합 ㉯ 핀접합
㉰ 용접접합 ㉱ 고력볼트접합

43 철근콘크리트구조의 1방향 슬래브의 최소두께는 얼마이상인가?
㉮ 80mm ㉯ 100mm
㉰ 150mm ㉱ 200mm

44 창문틀의 좌우에 수직으로 세워대 틀은?
㉮ 밑틀 ㉯ 웃틀

㉰ 선틀 ㉱ 중간틀

45 다음 중 주로 수평방향으로 작용하는 하중은?
㉮ 고정하중 ㉯ 활하중
㉰ 풍하중 ㉱ 적설하중

46 도면 표시 기호 중 동일한 간격으로 철근을 배치할 때 사용하는 기호는?
㉮ @ ㉯ □
㉰ THK ㉱ R

47 도로 포장용 벽돌로서 주로 인도에 많이 쓰이는 것은?
㉮ 이형벽돌 ㉯ 포도용 벽돌
㉰ 오지벽돌 ㉱ 내화벽돌

48 다음의 재료표시기호에서 목재의 구조재 표시 기호는?

㉮  ㉯

㉰   ㉱

49 철근콘크리트구조에 관한 설명 중 옳지 않은 것은?
㉮ 각 구조부를 일체로 구성한 구조이다.
㉯ 자중이 무겁고 기후의 영향을 많이 받는다.
㉰ 내구·내화성이 뛰어나다.
㉱ 철근과 콘크리트 간 선팽창계수가 크게 다른 점을 이용한 구조이다.

50 목구조에서 2층 이상의 기둥 전체를 하나의 단일재로 사용하는 기둥은?
㉮ 통재기둥 ㉯ 평기둥
㉰ 샛기둥 ㉱ 동자기둥

51 다음 중 목구조에 대한 설명으로 옳지 않은 것은?
㉮ 건물의 무게가 가볍고, 가공이 비교적 용이하다.
㉯ 내화성이 좋다.
㉰ 함수율에 따른 변형이 크다.

㉣ 나무 고유의 색깔과 무늬가 있어 아름답다.

52 목재접합 중 2개 이상의 목재를 길이 방향으로 붙여 1개의 부재로 만드는 것은?
㉮ 이음   ㉯ 쪽매
㉰ 맞춤   ㉱ 장부

53 다음 중 목구조의 구조부위와 이음방식이 잘못 짝지어진 것은?
㉮ 서까래 이음 - 빗이음
㉯ 걸레받이 - 턱솔이음
㉰ 난간두겁대 - 은장이음
㉱ 기둥의 이음 - 엇걸이 산지이음

54 한 변이 300mm정도인 네모뿔형의 돌로서 석축에 사용되는 돌을 무엇이라고 하는가?
㉮ 호박돌   ㉯ 잡석
㉰ 견치돌   ㉱ 장대석

55 그림과 같은 지붕 평면을 구성하는 지붕의 명칭은?

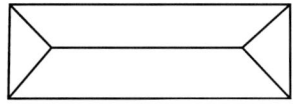

㉮ 합각지붕   ㉯ 모임지붕
㉰ 박공지붕   ㉱ 꺾인지붕

56 다음 중 철골구조의 보에 대한 설명으로 옳지 않은 것은?
㉮ 플레이트보에서 웨브의 국부 좌굴을 방지하기 위해 거셋 플레이트를 사용한다.
㉯ 휨강도를 높이기 위해 커버플레이트를 사용한다.
㉰ 하이브리드 거더는 다른 성질의 재질을 혼성하여 만든 일종의 조립보이다.
㉱ 플랜지는 H형강, 플레이트보 또는 래티스보 등에서 보의 단면의 상하에 날개처럼 내민 부분을 말한다.

57 다음 중 목구조의 2층 마루에 속하지 않는 것은?
㉮ 홑마루   ㉯ 보마루
㉰ 동바리마루   ㉱ 짠마루

58 고층건물의 구조 형식에서 층고를 최소로 할 수 있고 외부보를 제외하고 내부에는 보 없이 바닥판만으로 구성되는 구조는?
㉮ 내력벽 구조   ㉯ 전단 코어 구조
㉰ 강성 골조 구조   ㉱ 무량판 구조

59 슬래브 배근에서 가장 하단에 위치하는 철근은?
㉮ 장변 단부 하부 배력근
㉯ 단변 하부 주근
㉰ 장변 중앙 하부 배력근
㉱ 장변 중앙 굽힘철근

60 설계도면의 종류 중 실시설계도에 해당되는 것은?
㉮ 구상도   ㉯ 조직도
㉰ 전개도   ㉱ 동선도

정답

01㉱ 02㉯ 03㉯ 04㉰ 05㉯ 06㉰ 07㉰ 08㉱ 09㉮ 10㉮
11㉮ 12㉰ 13㉱ 14㉮ 15㉯ 16㉰ 17㉰ 18㉱ 19㉰ 20㉱
21㉱ 22㉰ 23㉱ 24㉮ 25㉱ 26㉰ 27㉰ 28㉱ 29㉯ 30㉮
31㉯ 32㉮ 33㉯ 34㉱ 35㉱ 36㉮ 37㉰ 38㉰ 39㉯ 40㉱
41㉱ 42㉱ 43㉯ 44㉰ 45㉰ 46㉰ 47㉯ 48㉮ 49㉱ 50㉮
51㉯ 52㉮ 53㉱ 54㉰ 55㉯ 56㉮ 57㉰ 58㉱ 59㉯ 60㉰

2012년도 제5회 과년도 기출문제

01 균형의 원리에 관한 설명으로 옳지 않은 것은?
㉮ 수평선이 수직선보다 시각적 중량감이 크다.
㉯ 크기가 큰 것이 작은 것보다 시각적 중량감이 크다.
㉰ 기하학적인 형태가 불규칙적인 형태보다 시각적 중량감이 크다.
㉱ 복잡하고 거친 질감이 단순하고 부드러운 질감보다 시각적 중량감이 크다.

02 벽면의 상부에 설치하여 모든 빛이 아래로 향하도록 한 건축화조명 방식은?
㉮ 코브 조명   ㉯ 광창 조명
㉰ 광천장 조명 ㉱ 코니스 조명

03 밖으로 창과 함께 평면이 돌출된 형태로 아늑한 구석공간을 형성할 수 있는 창의 종류는?
㉮ 고창   ㉯ 윈도우 월
㉰ 베이 윈도우 ㉱ 픽처 윈도우

04 상업공간의 정면이나 숍 프론트(shop front)의 설계계획으로 옳지 않은 것은?
㉮ 대중성이 있어야 한다.
㉯ 취급상품을 인지할 수 있어야 한다.
㉰ 간판이 주변 미관과 조화되도록 해야 한다.
㉱ 영업종료 후 환경에 대한 고려는 필요 없다.

05 다음 중 황금분할의 비율로 가장 알맞은 것은?
㉮ 1 : 1.414   ㉯ 1 : 1.618
㉰ 1 : 1.732   ㉱ 1 : 3.141

06 실내디자이너의 역할과 가장 거리가 먼 것은?
㉮ 독자적인 개성의 표현을 한다.
㉯ 생활공간의 쾌적성을 추구하고자 한다.
㉰ 전체 매스(mass)의 구조설비를 계획한다.
㉱ 인간의 예술적, 서정적 요구의 만족을 해결하려 한다.

07 비슷한 형태, 규모, 색채, 질감, 명암, 패턴의 그룹을 하나의 그룹으로 지각하려는 경향을 의미하는 형태의 지각심리는?
㉮ 근접성   ㉯ 유사성
㉰ 연속성   ㉱ 폐쇄성

08 물체의 크기와 인간과의 관계 및 물체 상호간의 관계를 표시하는 디자인 원리는?
㉮ 척도   ㉯ 비례
㉰ 균형   ㉱ 조화

09 채광의 효과가 가장 좋은 창의 종류는?
㉮ 천창   ㉯ 측창
㉰ 정측창 ㉱ 고측창

10 다음 설명에 알맞는 실내 기본요소는?

- 시각적 흐름이 최종적으로 멈추는 곳으로 지각의 느낌에 영향을 미친다.
- 다른 실내 기본요소보다도 조형적으로 가장 자유롭다.

㉮ 벽   ㉯ 천장
㉰ 바닥 ㉱ 개구부

11 좁은 공간을 시각적으로 넓어 보이게 하려면 어떤 질감(texture)의 내용을 선택하는 것이 좋은가?
㉮ 털이 긴 카페트   ㉯ 굴곡이 많은 석재
㉰ 거친 표면의 목재 ㉱ 매끈한 질감의 유리

12 주택의 설계방향으로 옳지 않은 것은?
㉮ 가족본위의 주거
㉯ 가사노동의 경감
㉰ 넓은 주거공간 지향
㉱ 생활의 쾌적함 증대

13 다음 중 리듬의 원리에 해당 하지 않는 것은?

㉮ 반복　　　㉯ 점층
㉰ 변이　　　㉱ 조화

14 다음 설명에 알맞은 주택의 부엌가구 배치 유형은?

· 부엌의 폭이 길이에 비해 넓은 부엌의 형태에 적합하다.
· 작업 동선은 줄일 수 있지만 몸을 앞뒤로 바꾸는데 불편하다.

㉮ L자형　　　㉯ 일자형
㉰ 병렬형　　　㉱ 아일랜드형

15 스툴의 종류 중 편안한 휴식을 위해 발을 올려놓는데 사용되는 것은?

㉮ 세티　　　㉯ 오토만
㉰ 카우치　　　㉱ 체스터필드

16 전열 및 단열에 관한 설명으로 옳지 않은 것은?

㉮ 일반적으로 액체는 고체보다 열전도율이 작다.
㉯ 일반적으로 기체는 고체보다 열전도율이 작다.
㉰ 벽체에서 공기층의 단열효과는 기밀성과는 무관하다.
㉱ 물체에서 복사되는 열량은 그 표면의 절대온도의 4승에 비례한다.

17 어느 점에서 음파의 전파방향에 직각으로 잡은 단위 단면적을 단위시간에 통과하는 음의 에너지량을 음의 세기라고 하는데, 음의 세기의 단위는?

㉮ W/㎡　　　㉯ dB
㉰ sone　　　㉱ ppm

18 급기와 배기측에 송풍기를 설치하여 정확한 환기량과 급기량 변화에 의해 실내압을 정압 또는 부압으로 유지할 수 있는 환기법은?

㉮ 압입식　　　㉯ 흡출식
㉰ 병용식　　　㉱ 중력식

19 다음 중 실내조명 설계과정에서 가장 우선적으로 이루어져야 하는 사항은?

㉮ 광원 선정　　　㉯ 조명방식 결정
㉰ 소요조도 결정　　　㉱ 조명기구 결정

20 기온·습도·기류의 3요소의 조합에 의한 실내 온열감각을 기온의 척도로 나타낸 온열지표는?

㉮ 유효온도　　　㉯ 등가온도
㉰ 작용온도　　　㉱ 합성온도

21 미장재료 중 돌로마이트 플라스터에 관한 설명으로 옳지 않은 것은?

㉮ 소석회에 비해 작업성이 좋다.
㉯ 보수성이 크고 응결시간이 길다.
㉰ 회반죽에 비하여 조기강도 및 최종강도가 크다.
㉱ 여물을 혼입할 경우 건조수축이 발생하지 않는다.

22 바닥재료에 요구되는 성능 중 물체의 이동 등에 따른 자국에 견디는 성능을 의미하는 것은?

㉮ 내후성　　　㉯ 내긁힘성
㉰ 내마모성　　　㉱ 내국압성

23 콘크리트의 크리프에 관한 설명을 옳지 않은 것은?

㉮ 작용응력이 클수록 크리프는 크다.
㉯ 물시멘트비가 클수록 크리프는 크다.
㉰ 재하재령이 빠를수록 크리프는 크다.
㉱ 시멘트 페이스트가 적을수록 크리프는 크다.

24 목재의 접합철물로 주로 전단력에 저항하는 철물은?

㉮ 듀벨　　　㉯ 볼트
㉰ 인서트　　　㉱ 클램프

25 한국산업표준(KS L 5201)에 따른 포틀랜드 시멘트의 종류에 해당하지 않는 것은?

㉮ 조강 포틀랜드 시멘트
㉯ 백색 포틀랜드 시멘트
㉰ 저열 포틀랜드 시멘트
㉱ 중용열 포틀랜드 시멘트

26 건축재료 중 구조재료에 가장 요구되는 성능은?

㉮ 외관이 좋은 것이어야 한다.
㉯ 열전도율이 큰 것이어야 한다.
㉰ 재질이 균일하고 강도가 큰 것이어야 한다.
㉱ 탄력성이 있고 마멸이나 미끄럼이 적어야 한다.

27 금속의 방식방법에 관한 설명으로 옳지 않은 것은?

㉮ 큰 변형을 준 것은 가능한 한 풀림하여 사용한다.

㉯ 균질한 것을 선택하고 사용할 때 큰 변형을 주지 않도록 한다.
㉰ 표면을 평활하고 깨끗하게 하며, 습윤상태를 유지하도록 한다.
㉱ 가능한 한 이종금속과 인접하거나 접촉하여 사용하지 않는다.

28 굳지않은 콘크리트의 성질을 표시하는 용어 중 주로 수량에 의해서 변화하는 유동성의 정도로 정의되는 것은?
㉮ 콘시스턴시 ㉯ 펌퍼빌리티
㉰ 피니셔빌리티 ㉱ 플라스티시티

29 다음 중 알칼리성 바탕에 가장 적당한 도장재료는?
㉮ 유성바니시 ㉯ 알루미늄페인트
㉰ 유성에나멜페인트 ㉱ 염화비닐수지도료

30 경량벽돌 중 다공벽돌에 관한 설명으로 옳지 않은 것은?
㉮ 방음, 흡음성이 좋다.
㉯ 절단, 못치기 등의 가공이 우수하다.
㉰ 점토에 톱밥, 겨, 탄가루 등을 혼합, 소성한 것이다.
㉱ 가벼우면서 강도가 높아 구조용으로 사용이 용이하다.

31 기호는 MDF이며, 밀도가 0.35g/cm³이상 0.85g/cm³미만인 섬유판은?
㉮ 파티클보드 ㉯ 경질 섬유판
㉰ 연질 섬유판 ㉱ 중밀도 섬유판

32 아스팔트에 석면·탄산칼슘·안료를 가하고 가열혼련하여 시트상으로 압연한 것으로서 내수·내습성이 우수한 바닥재료는?
㉮ 아스팔트타일 ㉯ 아스팔트블록
㉰ 아스팔트루핑 ㉱ 아스팔트펠트

33 굵은 골재 및 잔골재의 체가름 시험방법에 사용되는 체의 호칭 치수에 해당하지 않는 것은?
㉮ 20mm ㉯ 25mm
㉰ 30mm ㉱ 35mm

34 석재 표면 가공 중 잔다듬에 주로 사용되는 공구는?
㉮ 정 ㉯ 쇠메
㉰ 날망치 ㉱ 도드락 망치

35 재료의 역학적 성질 중 압력이나 타격에 의해서 파괴됨이 없이 판상으로 되는 성질은?
㉮ 전성 ㉯ 강성
㉰ 탄성 ㉱ 소성

36 목재의 강도 중 가장 큰 것은? (단, 응력방향이 섬유방향에 평행한 경우)
㉮ 휨강도 ㉯ 인장강도
㉰ 압축강도 ㉱ 전단강도

37 타일의 종류를 유약의 유무에 따라 구분할 경우 이에 해당하는 것은?
㉮ 내장 타일 ㉯ 시유 타일
㉰ 자기질 타일 ㉱ 클링커 타일

38 다음과 같은 특징을 갖는 유리의 성분에 따른 종류는?

- 용융되기 쉽다.
- 내산성이 높으나 알칼리에 약하다.
- 건축일반용 창호유리 등에 사용된다.

㉮ 칼륨연유리 ㉯ 칼륨석회유리
㉰ 소다석회유리 ㉱ 붕사석회유리

39 대리석에 관한 설명으로 옳지 않은 것은?
㉮ 석회암이 변화하여 결정화한 변성암의 일종이다.
㉯ 내화성 및 내산성은 우수하나, 내알칼리성이 부족하다.
㉰ 색채와 반점이 아름다워 실내장식재, 조각재로 사용된다.
㉱ 석회석이 변화되어 결정화한 것으로 주성분은 탄산석회이다.

40 다음과 같은 특징을 갖는 합성수지는?

- 요소수지와 유사한 성질을 갖고 있으나 성능이 보다 향상된 것이다.
- 무색 투명하고 착색이 자유롭다.
- 마감재, 자구재 등에 사용된다.

㉮ 멜라민수지　　㉯ 아크릴수지
㉰ 실리콘수지　　㉱ 염화비닐수지

41 다음 중 석재 가공시 마름돌 거친 면의 돌출부를 보기좋게 다듬을 때 사용하는 공구는?
㉮ 도드락망치　　㉯ 날망치
㉰ 쇠메　　　　　㉱ 정

42 벽돌구조의 아치(arch) 중 특별히 주문 제작한 아치벽돌을 사용해서 만든 것은?
㉮ 본아치　　　　㉯ 층두리아치
㉰ 거친아치　　　㉱ 막만든아치

43 철골구조에서 단면 결손이 적고 소음이 발생하지 않으며 구조물 자체의 경량화가 가능한 접합방법은?
㉮ 용접　　　　　㉯ RPC접합
㉰ 볼트접합　　　㉱ 고력볼트접합

44 철골구조의 판보에서 웨브의 두께가 춤에 비해서 얇을때, 웨브의 국부 좌굴을 방지하기 위해서 사용되는 것은?
㉮ 스티프너　　　㉯ 커버 플레이트
㉰ 거셋 플레이트　㉱ 베이스 플레이트

45 평면도는 건물의 바닥면에서 보통 몇 m 높이에서 절단한 수평 투상도인가?
㉮ 0.5m　　　　　㉯ 1.2m
㉰ 1.8m　　　　　㉱ 2.0m

46 건축물과 그 구조형식이 옳게 연결된 것은?
㉮ 상암동 월드컵 경기장 - 쉘 구조
㉯ 시드니 오페라 하우스 - 막 구조
㉰ 금문교 - 현수 구조
㉱ 노트르담 성당 - 돔 구조

47 실내투시도 또는 기념건축물과 같은 정적인 건물의 표현에 효과적인 투시도는?
㉮ 평행투시도　　㉯ 유각투시도
㉰ 경사투시도　　㉱ 조감도

48 창의 옆벽에 밀어 넣어, 열고 닫을 때 실내의 유효면적을 감소시키지 않는 창호는?
㉮ 미닫이 창호　　㉯ 회전창호
㉰ 여닫이 창호　　㉱ 붙박이 창호

49 건축제도에서 □ 기호는 어느 곳에 사용하는가?
㉮ 치수 숫자 앞에 사용한다.
㉯ 치수 숫자 뒤에 사용한다.
㉰ 치수 숫자 중간에 사용한다.
㉱ 치수 숫자 어느 곳에 사용해도 관계없다.

50 제도용 지우개가 갖추어야 할 조건이 아닌 것은?
㉮ 지운 후 지우개 색이 남지 않을 것
㉯ 부드러울 것
㉰ 지운 부스러기가 적고 지우개의 경도가 클 것
㉱ 종이면을 거칠게 상처내지 않을 것

51 블록조에서 창문의 인방보는 벽단부에 최소 얼마 이상 걸쳐야 하는가?
㉮ 5cm　　　　　㉯ 10cm
㉰ 15cm　　　　　㉱ 20cm

52 다음 중 습식구조로서 지진과 바람과 같은 횡력에 약하고 균열이 생기기 쉬운 구조는?
㉮ 목구조　　　　㉯ 철근콘크리트구조
㉰ 벽돌구조　　　㉱ 철골구조

53 다음 중 프리스트레스트 콘크리트 구조의 특징에 대한 설명 중 옳지 않은 것은?
㉮ 간 사이를 길게 할 수 있어 넓은 공간의 설계에 적합하다.
㉯ 부재 단면의 크기를 크게 할 수 있어 진동 발생이 없다.
㉰ 공기 단축이 가능하다.
㉱ 강도와 내구성이 큰 구조물 시공이 가능하다.

54 선의 종류 중 상상선에 사용되는 선은?
㉮ 굵은선　　　　㉯ 가는선
㉰ 일점쇄선　　　㉱ 이점쇄선

55 다음 중 목구조의 특징으로 옳지 않은 것은?
㉮ 가볍고 가공성이 우수하다.
㉯ 시공이 용이하며 공사기간이 짧다.

㉰ 외관이 아름답지만, 화재위험이 높다.
㉱ 강도는 작지만, 큰 부재를 얻기 용이하다.

56 연속기초라고도 하며 조적조의 벽기초 또는 철근콘크리트조 연결기초로 사용되는 것은?
㉮ 독립기초 ㉯ 복합기초
㉰ 온통기초 ㉱ 줄기초

57 치수를 자 또는 삼각자의 눈금으로 잰 후 제도지에 같은 길이로 분할할 때 사용하는 제도 용구는?
㉮ 디바이더 ㉯ 운형자
㉰ 컴퍼스 ㉱ T자

58 강구조 기둥에서 발생하는 다음과 같은 현상을 무엇이라 하는가?

단면에 비하여 길이가 긴 장주에서 중심축 하중을 받는데도 부재의 불균일성에 기인하여 하중이 집중되는 부분에 편심 모멘트가 발생함에 따라 압축응력이 허용강도에 도달하기 전에 휘어져 버리는 현상

㉮ 처짐 ㉯ 좌굴
㉰ 인장 ㉱ 전단

59 건축에서 사용되는 척도에 대한 설명으로 옳지 않은 것은?
㉮ 도면에는 척도를 기입하여야 한다.
㉯ 그림의 형태가 치수에 비례하지 않을 때는 NS(No Scale)로 표시한다.
㉰ 사진 및 복사에 의해 축소 또는 확대되는 도면에는 그 척도에 따라 자의 눈금 일부를 기입한다.
㉱ 한 도면에 서로 다른 척도를 사용하였을 경우 척도를 표시하지 않는다.

60 건축물의 투시도법에 쓰이는 용어에 대한 설명 중 옳지 않은 것은?
㉮ 화면(Picture Plane, P.P.)은 물체와 시점 사이에 기면과 수직한 직립 평면이다.
㉯ 수평면(Horizontal Plane, H.P.)은 기선에 수평한 면이다.
㉰ 수평선(Horizontal Line, H.L.)은 수평면과 화면의 교차선이다.
㉱ 시점(Eye Point, E.P.)은 보는 사람의 눈 위치이다.

정답

01㉰ 02㉱ 03㉰ 04㉱ 05㉯ 06㉰ 07㉯ 08㉮ 09㉮ 10㉱
11㉱ 12㉰ 13㉱ 14㉰ 15㉰ 16㉯ 17㉮ 18㉰ 19㉰ 20㉮
21㉰ 22㉯ 23㉱ 24㉮ 25㉯ 26㉯ 27㉰ 28㉮ 29㉱ 30㉱
31㉱ 32㉮ 33㉱ 34㉰ 35㉮ 36㉰ 37㉰ 38㉰ 39㉯ 40㉰
41㉰ 42㉮ 43㉮ 44㉮ 45㉯ 46㉰ 47㉰ 48㉯ 49㉮ 50㉰
51㉱ 52㉰ 53㉯ 54㉱ 55㉱ 56㉱ 57㉮ 58㉯ 59㉱ 60㉯

2013년도 제1회 과년도 기출문제

01 커튼의 유형 중 창문 전체를 커튼으로 처리하지 않고 반 정도만 친 형태를 갖는 것은?
㉮ 새시 커튼   ㉯ 글라스 커튼
㉰ 드로우 커튼   ㉱ 드레퍼리 커튼

※ 일광조절장치 – 커튼
㉮ 새시 커튼 : 창문 전체를 가리지 않고 부분만 가리는 커튼
㉯ 글라스커튼 : 유리 바로 앞에 하는 투명하고 막과 같은 얇은 직물로 된 커튼
㉰ 드로우커튼 : 반투명하거나 불투명한 직물로 창문 위에 설치하여 좌우로 이동이 가능한 커튼
㉱ 드레이퍼리 커튼 : 창문에 느슨히 걸린 중량감 있는 무거운 커튼

02 공간을 실제보다 더 높아 보이게 하며, 공식적이고 위엄있는 분위기를 만드는데 효과적인 선의 종류는?
㉮ 사선   ㉯ 곡선
㉰ 수직선   ㉱ 수평선

※ 선
㉮ 사선 : 운동감, 약동감, 생동감, 속도감, 불안정, 반항의 동적인 느낌
㉯ 곡선(포물선) : 온화, 부드럽고 율동적이며 여성적 느낌
㉰ 수직선 : 고결, 희망, 상승, 위엄, 존엄성, 긴장감을 느낌
㉱ 수평선 : 고요, 안정, 평화, 평등, 침착, 정지된 느낌

03 인간의 주의력에 의해 감지되는 시각적 무게의 평형상태를 의미하는 디자인 원리는?
㉮ 균형   ㉯ 비례
㉰ 대립   ㉱ 대비

※ 디자인 원리 – 균형
인간의 주의력에 감지되는 시각적 무게의 평형을 뜻하며, 부분과 부분, 부분과 전체 사이에서 균형의 힘에 의해 쾌적한 느낌을 주는 디자인 원리

04 부엌의 작업순서에 따른 작업대의 배치 순서로 가장 알맞은 것은?
㉮ 가열대→배선대→준비대→조리대→개수대
㉯ 개수대→준비대→조리대→배선대→가열대
㉰ 배선대→가열대→준비대→개수대→조리대
㉱ 준비대→개수대→조리대→가열대→배선대

※ 부엌의 싱크대 배열
준비대 → 개수대 → 조리대 → 가열대 → 배선대

05 원룸 주택 설계시 고려해야 할 사항으로 옳지 않은 것은?
㉮ 내부공간을 효과적으로 활용한다.
㉯ 환기를 고려한 설계가 이루어져야 한다.
㉰ 사용자에 대한 특성을 충분히 파악한다.
㉱ 원룸이므로 활동공간과 취침공간을 구분하지 않는다.

※ 원룸주택 설계시 고려사항
· 활동공간과 취침공간은 구분한다.
· 사용자의 특성을 파악한다.
· 내부공간을 효율적으로 활용한다.
· 환기를 고려한다.
· 간편하고 이동이 용이한 조립식 가구나 다양한 기능을 구사하는 다목적 가구를 사용한다.

06 다음 설명에 알맞은 조명 방식은?

· 천장에 매달려 조명하는 조명방식이다.
· 조명기구 자체가 빛을 발하는 악세사리 역할을 한다.

㉮ 코브 조명   ㉯ 브라킷 조명
㉰ 펜던트 조명   ㉱ 캐노피 조명

※ 조명방식
㉮ 코브 조명 : 건축화 조명의 방식으로 광원의 빛이 천장 또는 벽면으로 가려지게 하여 반사광으로 간접 조명하는 방식
㉯ 브라킷 조명 : 벽에 붙여서 조명하는 방식
㉰ 펜던트 조명 : 천장에 매달려 조명하는 방식
㉱ 캐노피 조명 : 벽면이나 천장면의 일부가 돌출하도록 설치하는 조명하는 방식

07 실내디자인에 관한 설명으로 옳지 않은 것은?
㉮ 미적인 문제가 중요시 되는 순수예술이다.
㉯ 인간생활의 쾌적성을 추구하는 디자인 활동이다.
㉰ 가장 우선시 되어야 하는 것은 기능적인 면의 해결이다.
㉱ 실내디자인의 평가기준은 누구나 공감할 수 있는 객관성이 있어야 한다.

※ 실내디자인의 개념

쾌적한 환경 조성을 통하여 능률적인 공간이 되도록 인체공학, 심리학, 물리학, 재료학, 환경학 및 디자인의 기본원리 등을 고려하여 인간 생활에 필요한 효율성, 아름다움, 경제성, 개성 등을 갖도록 사용자에게 가장 바람직한 생활공간을 만드는 것으로 응용예술 분야로 볼 수 있다.

08 Modular Coordination에 관한 설명으로 옳지 않은 것은?

㉮ 공기를 단축시킬 수 있다.
㉯ 창의성이 결여될 수 있다.
㉰ 설계작업이 단순하고 용이하다.
㉱ 건물 외관이 복잡하게 되어 현장작업이 증가한다.

※ 모듈 코디네이션
▶ 장점
・대량생산이 용이하므로 공사비가 감소한다.
・현장 작업이 단순해지므로 공사기간이 단축된다.
・설계 작업이 단순화 되고, 간편하며 호환성이 있다.
▶ 단점 : 똑같은 형태의 반복으로 인한 창의성이 결여 될 수 있다.

09 다음 설명에 알맞은 형태의 지각심리는?

・유사한 배열로 구성된 형들이 방향성을 지니고 연속되어 보이는 하나의 그룹으로 지각되는 법칙을 말한다.
・공동운명의 법칙이라고도 한다.

㉮ 연속성의 원리 ㉯ 폐쇄성의 원리
㉰ 유사성의 원리 ㉱ 근접성의 원리

※ 형태의 지각심리(게슈탈트의 지각심리)
㉮ 연속성 : 유사한 배열이 하나의 묶음으로 지각되는 것으로 공동운명의 법칙
㉯ 폐쇄성 : 시각요소들이 어떤 형상을 지각하게 하는데 있어서 폐쇄된 느낌을 주는 법칙
㉰ 유사성 : 형태, 규모, 색채, 질감, 명암, 등에 있어서 유사한 시각적 요소들이 서로 연관되어 자연스럽게 그룹핑 하여 하나의 패턴으로 보이는 법칙
㉱ 근접성 : 보다 더 가까이 있는 2개 또는 둘 이상의 시각요소들은 패턴이나 그룹으로 지각될 가능성 크다는 법칙

10 다음 설명에 알맞은 의자의 종류는?

・필요에 따라 이동시켜 사용할 수 있는 간이의자로, 크지 않으며 가벼운 느낌의 형태를 갖는다.
・이동하기 쉽도록 잡기 편하고 들기에 가볍다.

㉮ 카우치(couch)
㉯ 풀업 체어(pull-up chair)
㉰ 체스터 필드(chesterfield)
㉱ 라운지 체어(lounge chair)

※ 가구
㉮ 카우치(couch) : 몸을 기댈 수 있도록 좌판 한쪽 끝이 올라간 소파
㉯ 풀업 체어(pull-up chair) : 이동하기 쉽고 잡기 편하고 들기 쉬운 간이의자
㉰ 체스터 필드(chesterfield) : 소파의 안락성을 위해 솜, 스펀지 등을 두툼하게 채워 놓은 소파
㉱ 라운지 체어(lounge chair) : 편히 누울 수 있도록 신체의 상부를 받칠 수 있게 경사진 소파

11 디자인 구성 요소 중 사선이 주는 느낌과 가장 거리가 먼 것은?

㉮ 약동감   ㉯ 안정감
㉰ 운동감   ㉱ 생동감

※ 선 - 사선
운동감, 약동감, 생동감, 속도감, 불안정, 반항의 동적인 느낌

12 디자인의 원리 중 시각적으로 초점이나 흥미의 중심이 되는 것을 의미하며, 실내디자인에서 충분한 필요성과 한정된 목적을 가질 때에 적용하는 것은?

㉮ 리듬   ㉯ 조화
㉰ 강조   ㉱ 통일

※ 디자인 원리 - 강조
시각적인 힘에 강・약의 단계를 주어 디자인의 일부분에 초점이나 흥미를 부여하는 디자인 원리

13 동일 층에서 바닥에 높이 차를 둘 경우에 관한 설명으로 옳지 않은 것은?

㉮ 안전에 유념해야 한다.
㉯ 심리적인 구분감과 변화감을 준다.
㉰ 칸막이 없이 공간 구분을 할 수 있다.
㉱ 연속성을 주어 실내를 더 넓어 보이게 한다.

※ 실내 기본요소 - 바닥차가 있는 경우
・단 높이가 낮을 경우에는 안전상 위험이 따르므로 유의한다.
・칸막이 없이 공간 분할하는 효과가 있다.
・심리적인 구분감과 변화감을 준다.

14 주거공간을 주 행동에 따라 개인공간, 사회공간, 노동공간, 보건・위생공간으로 구분할 때, 다음 중 사회공간으로만 구성된 것은?

㉮ 침실, 공부방, 서재
㉯ 부엌, 세탁실, 다용도실
㉰ 식당, 거실, 응접실
㉱ 화장실, 세면실, 욕실

※ 주거공간의 주 행동에 따른 분류 - 사회(동적)공간

- 가족 중심의 공간으로 모두 같이 사용하는 공간
- 거실, 응접실, 식당, 현관

15 다음 중 창의 설치 목적과 가장 거리가 먼 것은?
㉮ 채광 ㉯ 단열
㉰ 조망 ㉱ 환기

※ 창의 설치 목적
채광, 통풍, 조망, 환기의 역할을 한다.

16 건구온도 28℃인 공기 80kg과 건구온도 14℃인 공기 20kg을 단열혼합하였을 때, 혼합공기의 건구온도는?
㉮ 16.8℃ ㉯ 18℃
㉰ 21℃ ㉱ 25.2℃

※ 혼합공기의 건구온도
$$T = \frac{m_1 t_1 + m_2 t_2}{m_1 + m_2} = \frac{80 \times 28 + 20 \times 14}{80 + 20} = 25.2℃$$

17 표면 결로 방지 방법으로 옳지 않은 것은?
㉮ 벽체의 열관류저항을 낮춘다.
㉯ 실내에서 발생하는 수증기를 억제한다.
㉰ 환기에 의해 실내 절대습도를 저하한다.
㉱ 직접가열이나 기류촉진에 의해 표면온도를 상승시킨다.

※ 표면 결로 방지 대책
- 환기에 의한 실내 절대습도를 저하한다.
- 실내에 발생하는 수증기를 억제한다.
- 단열 강화에 의해 실내 측 표면온도를 상승시킨다.
- 각 부의 열관류 저항을 크게 하고, 열관류량을 적게 한다.

18 자연환기량에 관한 설명으로 옳지 않은 것은?
㉮ 개구부 면적이 클수록 많아진다.
㉯ 실내외의 온도차가 클수록 많아진다.
㉰ 공기유입구와 유출구의 높이의 차이가 클수록 많아진다.
㉱ 중성대에서 공기유출구까지의 높이가 작을수록 많아진다.

※ 자연 환기량
- 개구부 면적이 클수록 많아진다.
- 실내·외의 온도차 및 공기 유입구와 유출구의 차이가 클수록 많아진다.
- 중성대에서 공기 유출구 까지의 높이가 클수록 많아진다.

19 실내 음향계획에 관한 설명으로 옳지 않은 것은?
㉮ 음이 실내에 골고루 분산되도록 한다.
㉯ 반사음이 한 곳으로 집중되지 않도록 한다.
㉰ 실내잔향시간은 실용적이 크면 클수록 짧다.
㉱ 음악을 연주할 때에는 강연때 보다 잔향시간이 다소 긴 편이 좋다.

※ 실내 음향계획
- 음이 실내에 골고루 분산되도록 한다.
- 반향(echo), 음의 집중, 공명 등의 음향장애가 없도록 한다.
- 실내 잔향시간은 실용적에 비례하고 흡음력에 반비례한다.
- 강연, 회의실, 연극 등 이야기 소리의 청취를 목적으로 한 실은 잔향시간을 짧게 하여 음성의 명료도를 높인다.
- 오케스트라, 뮤지컬 등 음악을 주로 하는 경우 잔향시간을 길게 하여 음악의 음질을 우선으로 한다.

20 건축적 채광 방식 중 측광에 관한 설명으로 옳지 않은 것은?
㉮ 개폐 등의 조작이 용이하다.
㉯ 구조·시공이 용이하며 비막이에 유리하다.
㉰ 근린의 상황에 의한 채광 방해의 우려가 있다.
㉱ 편측채광은 양측채광에 비해 조도분포가 균일하다.

※ 측창채광(side light)
벽면에 수직으로 낸 측창을 통한 채광방식
- 개폐와 조작이 용이하고, 청소·보수가 용이하다.
- 구조적 시공이 용이하며 비막이에 유리하다.
- 근린 상황에 의한 채광 방해의 우려가 있다.
- 편측 채광의 경우 조도 분포가 불균일하다.

21 공동(空胴)의 대형 점토제품으로 난간벽, 돌림대, 창대 등에 사용되는 것은?
㉮ 타일 ㉯ 도관
㉰ 테라조 ㉱ 테라코타

※ 테라코타
속을 비게하여 소성한 제품으로서 난간벽, 기둥주두, 돌림띠, 창대 등에 사용한다.

22 천연아스팔트에 해당하지 않는 것은?
㉮ 아스팔타이트 ㉯ 록 아스팔트
㉰ 블론 아스팔트 ㉱ 레이크 아스팔트

※ 천연 아스팔트
레이크아스팔트, 록 아스팔트, 아스팔트아이트

23 ALC(Autoclaved Lightweight Concrete)

제품에 관한 설명으로 옳지 않은 것은?
- ㉮ 중성화의 우려가 높다.
- ㉯ 단열성능이 우수하다.
- ㉰ 습기가 많은 곳에서의 사용은 곤란하다.
- ㉱ 압축강도에 비해 휨강도, 인장강도가 크다.

※ 경량기포 콘크리트(ALC)
석회질 원료, 규산질 원료를 고온·고압하에서 양생하고 발포제로 알루미늄 분말등을 혼합한 특수 콘크리트이다.
▶ 특징
- 중성화의 우려가 높다.
- 불연성, 내화성이 우수하다.
- 건조 수축이 작고 균열 발생이 적다.
- 중량이 가볍고 단열성능이 우수하다
- 경량 콘크리트 압축, 인장, 휨강도는 보통 콘크리트보다 약하다.
- 흡수율이 높아 동해에 대한 방수, 방습처리가 필요하다.

24 콘크리트의 중성화를 억제하기 위한 방법으로 옳지 않은 것은?
- ㉮ 혼합시멘트를 사용한다.
- ㉯ 물시멘트비를 작게 한다.
- ㉰ 단위 수량을 최소화한다.
- ㉱ 환경적으로 오염되지 않게 한다.

※ 콘크리트의 중성화 억제 방법
- 철근비를 낮춘다.
- 피복 두께를 두껍게 한다.
- 환경적으로 오염되지 않게 한다.
- 물 시멘트 비를 적게 한다.
- 혼합시멘트사용을 억제한다.
- 단위 수량을 최소화한다.

25 다음 설명에 알맞은 합성수지는?

> - 평판 성형되어 글라스와 같이 이용되는 경우가 많다.
> - 유기글라스라고 불리운다.

- ㉮ 요소 수지
- ㉯ 멜라민 수지
- ㉰ 아크릴 수지
- ㉱ 염화비닐 수지

※ 합성수지 - 아크릴 수지
- 평판 성형되어 글라스와 같이 이용되는 경우가 많아 유기글라스라고 불린다.
- 채광판, 시멘트 환화재료, 각종 성형품 등에 사용된다.
- 내후성, 내약품성, 전기절연성이 좋다.
- 투명도가 좋고 무색투명하므로 착색이 자유롭다.
- 내충격 강도가 유리보다 크며 절단, 가공성이 좋다.

26 금속재료의 방식 방법으로 옳지 않은 것은?
- ㉮ 건조한 상태로 유지한다.
- ㉯ 부분적인 녹은 즉시 제거한다.
- ㉰ 상이한 금속은 맞대어 사용한다.
- ㉱ 도료를 이용하여 수밀성 보호 피막 처리를 한다.

※ 금속의 부식 방식방법
- 다른 종류의 금속을 서로 잇대어 사용하지 않는다.
- 균일한 재료를 쓴다.
- 건조한 상태로 유지한다.
- 도료를 이용하여 수밀성 보호피막처리를 한다.
- 큰 변형을 준 것은 가능한 한 풀림하여 사용한다.

27 플라스틱 재료의 일반적인 성질에 관한 설명으로 옳지 않은 것은?
- ㉮ 내약품성이 우수하다.
- ㉯ 착색이 자유롭고 가공성이 좋다.
- ㉰ 압축강도가 인장강도보다 매우 작다.
- ㉱ 내수성 및 내투습성은 일부를 제외하고 극히 양호하다.

※ 합성수지 일반적 성질
- 착색이 자유롭다.
- 내약품성이 우수하다.
- 전성, 연성이 크다.
- 가소성, 가공성이 크다.
- 광택이 있다.
- 내산, 내알칼리 등의 내화학성 및 전기 절연성이 우수하다.
- 내수성 및 내투습성은 일부를 제외하고 극히 양호하다.
- 탄력성이 없어 구조재료로 사용이 불가능 하다.
- 인장강도가 압축강도보다 매우 작다.

28 강의 열처리 방법에 해당하지 않는 것은?
- ㉮ 불림
- ㉯ 단조
- ㉰ 풀림
- ㉱ 담금질

※ 강재의 열처리 방법
▶ 불림
- 강을 800~1000℃ 이상을 가열 후 공기 중에서 서서히 냉각시키는 열처리법
- 결정의 미세화, 변형제거, 조직의 균일화
▶ 풀림
- 강을 800~1000℃ 이상을 가열 후 노속에서 서서히 냉각시키는 열 처리법
- 결정의 미세화 연화
▶ 담금질
- 가열 후 물이나 기름에서 급속히 냉각시키는 열 처리법
- 강도와 경도의 증가, 담금이 어렵고, 담금질 온도의 상승
▶ 뜨임 : 담금질한 강을 변태점 이하(600℃)로 가열 후 서서히 냉각시켜 강 조직을 안정한 상태로 만든 열처리법

29 콘크리트의 혼화제 중 AE제의 사용효과에 관한 설명으로 옳지 않은 것은?

㉮ 콘크리트의 작업성을 향상시킨다.
㉯ 블리딩 등의 재료분리를 감소시킨다.
㉰ 콘크리트의 동결융해 저항성능을 향상시킨다.
㉱ 플레인 콘크리트와 동일 물시멘트비인 경우 압축강도를 증가시킨다.

※ AE 감수제
· 블리딩 감소
· 시공연도(워커빌리티) 향상
· 단위수량의 감소
· 유동화콘크리트 제조
· 화학작용에 대한 저항성 향상
· 고강도 콘크리트의 슬럼프 로스방지
· 동결융해에 대한 저항성 증대되어 동기공사가 가능
· 플레인 콘크리트(무근 콘크리트)와 동일 물시멘트비인 경우 압축강도가 감소한다.

30 기경성 미장재료에 해당하지 않는 것은?
㉮ 회반죽　　　㉯ 회사벽
㉰ 시멘트 모르타르　　　㉱ 돌로마이트 플라스터

※ 기경성 미장재료
· 충분한 물이 있더라도 공기 중에서만 경화되고, 수중에서는 굳어지지 않는 재료이다.
· 회반죽, 회사벽, 돌로마이트 플라스터, 진흙

31 유성페인트에 관한 설명으로 옳지 않은 것은?
㉮ 건조시간이 길다
㉯ 내후성이 우수하다
㉰ 붓바름 작업성이 우수하다.
㉱ 모르타르, 콘크리트 벽의 정벌바름에 주로 사용된다.

※ 유성페인트(안료+보일드유+희석재)
· 안료와 건조성 지방유를 주 원료로 한다.
· 붓 바름 작업성 및 내후성이 우수하다.
· 건조시간이 길다.
· 내알칼리성이 약하므로 콘크리트 바탕 면에 사용하지 않는다.

32 석재의 일반적 성질에 관한 설명으로 옳지 않은 것은?
㉮ 불연성이며, 내화학성이 우수하다.
㉯ 대체로 석재의 강도가 크면 경도도 크다.
㉰ 석재는 압축강도에 비해 인장강도가 특히 크다.
㉱ 일반적으로 흡수율이 클수록 풍화나 동해를 받기 쉽다.

※ 석재의 성질
· 불연성이며, 내화학성이 우수하다.
· 대체로 석재의 강도가 크면 경도도 크다.
· 압축강도에 비하여 인장강도가 매우 작다.
· 흡수율이 클수록 풍화나 동해를 받기 쉽다.
· 내수성, 내구성, 내화학성, 내마모성이 우수하다.
· 외관이 장중하고, 치밀하며, 갈면 아름다운 광택이 난다.
· 장대재를 얻기가 어려워 가구재로는 부적당하다.

33 다음 설명에 알맞은 성분별 유리의 종류는?

> · 용융되기 쉽다.
> · 내산성이 높으나 알칼리에 약하다.
> · 건축일반용 창호유리에 사용된다.

㉮ 고규산유리　　　㉯ 소다석회유리
㉰ 붕사석회유리　　　㉱ 칼륨석회유리

※ 소다석회 유리(소다유리, 보통유리, 크라운유리)
· 용융하기 쉽고 풍화되기 쉽다.
· 산에 강하나, 알칼리에 약하다.
· 팽창률이 크고 강도가 높다.
· 용도 : 건축일반용, 창호유리, 병유리 등

34 목재의 강도 중 응력방향이 섬유방향에 평행할 경우 일반적으로 가장 큰 것은?
㉮ 휨강도　　　㉯ 인장강도
㉰ 전단강도　　　㉱ 압축강도

※ 목재강도
인장강도＞휨 강도＞압축강도＞전단강도

35 건축재료를 화학조성에 따라 분류할 경우, 무기재료에 속하지 않는 것은?
㉮ 흙　　　㉯ 목재
㉰ 석재　　　㉱ 알루미늄

※ 건축 재료 화학 조성에 의한 분류 - 무기재료
석재, 흙, 콘크리트, 금속 등

36 점토에 관한 설명으로 옳지 않은 것은?
㉮ 압축강도와 인장강도는 같다.
㉯ 알루미나가 많은 점토는 가소성이 좋다.
㉰ 양질의 점토는 습윤 상태에서 현저한 가소성을 나타낸다.
㉱ Fe_2O_3와 기타 부성분이 많은 것은 고급 제품의 원료로 부적당하다.

※ 점토성질
· 점토의 주성분은 규산(실리카), 알루미나이다.
· 점토의 비중은 2.5~2.60이다.
· 점토의 비중은 불순물이 많은 점토일수록 작고, 알루미나분이 많을수

- 록 크다.
- 점토의 압축강도는 인장강도의 약 5배 정도이다.
- 양질의 점토는 습윤 상태에서 현저한 가소성을 나타낸다.
- 알루미나가 많은 점토는 가소성이 좋다.
- Fe_2O_3와 기타 부성분이 많은 것은 고급 제품의 원료로 부적당하다.
- 점토에 포함된 성분에 의해 철산화물이 많으면 적색이 되고, 석화물질이 많으면 황색을 띠게 된다.
- 불순물이 많은 것은 고급제품의 원료로 부적당하다.

37 목재 제품에 관한 설명으로 옳지 않은 것은?
㉮ 파티클보드는 합판에 비해 휨강도가 매우 우수하다.
㉯ 합판은 함수율 변화에 따른 팽창·수축의 방향성이 없다.
㉰ 섬유판은 목재 또는 기타 식물을 섬유화하여 성형한 판상제품이다.
㉱ 집성재는 부재를 서로 섬유방향을 평행하게 하여 집성, 접착시킨 것이다.

※ 파티클보드
합판에 비하여 내강성이 우수하나, 휨강도는 떨어진다.

38 수성암의 일종으로 석질이 치밀하고 박판으로 채취할 수 있으므로 슬레이트로서 지붕 등에 사용되는 것은?
㉮ 트래버틴 ㉯ 점판암
㉰ 화강암   ㉱ 안산암

※ 석재 – 점판암
- 수성암의 일종이다.
- 석질이 치밀하고 슬레이트로 지붕, 외벽, 마루 등에 사용되는 석재이다.

39 석고 플라스터 미장재료에 관한 설명으로 옳지 않은 것은?
㉮ 내화성이 우수하다.
㉯ 수경성 미장재료이다.
㉰ 회반죽보다 건조 수축이 크다.
㉱ 원칙적으로 해초 또는 풀즙을 사용하지 않는다.

※ 석고플라스터
- 수경성 미장재료이다.
- 원칙적으로 해초 또는 풀즙을 사용하지 않는다.
- 내화성이 우수하다.
- 경화와 건조시 치수 안정성이 우수하다.

40 시멘트가 경화될 때 용적이 팽창하는 정도를 의미하는 것은?
㉮ 응결   ㉯ 풍화
㉰ 안정성   ㉱ 크리프

※ 시멘트의 안정성
시멘트가 경화 중에 용적이 팽창하여 팽창균열이나 휨 등이 생기는 정도를 말한다.

41 목재의 접합에서 널판재의 면적을 넓히기 위해 두 부재를 나란히 옆으로 대는 것을 무엇이라 하는가?
㉮ 쪽매   ㉯ 장부
㉰ 맞춤   ㉱ 연귀

※ 목재 접합법
㉮ 쪽매 : 두 부재를 나란히 옆으로 붙을 때 끼우는 접합
㉯ 장부 : 목구조에서 재의 끝을 가늘게 만들어 딴 재의 구멍에 끼우는 측
㉰ 맞춤 : 두 부재가 직각 또는 경사로 물려 짜이는 것 또는 그 자리
㉱ 연귀 : 두 부재의 끝 맞춤에 있어서 나무 마구리가 보이지 않게 귀를 45°로 잘라 접합

42 1889년 프랑스 파리에 만든 에펠탑의 건축 구조는?
㉮ 벽돌구조   ㉯ 블록구조
㉰ 철골구조   ㉱ 철근콘크리트구조

※ 1889년 프랑스 파리에 만든 에펠탑의 건축 구조는 철골구조이다.

43 철골 구조에서 스티프너를 사용하는 가장 중요한 목적은?
㉮ 보의 휨내력 보강
㉯ 웨브 플레이트의 좌굴 방지
㉰ 보의 처짐 보강
㉱ 플랜지 앵글의 단면 보강

※ 스티프너
웨브의 두께가 춤에 비해 얇을 때 웨브 플레이트의 좌굴을 방지하기 위하여 설치하는 부재로서 집중 하중의 크기에 따라 결정된다.

44 다음 중 기둥과 기둥 사이의 간격을 나타내는 용어는?
㉮ 좌굴   ㉯ 스팬
㉰ 면내력 ㉱ 접합부

※ 스팬
기둥과 기둥사이의 간격을 나타내며 간사이라고도 한다.

45 건축구조물에서 지점의 종류 중 지지대에 평행으로 이동이 가능하고 회전이 자유로운 상태이며 수직 반력만 발생하는 것은?
㉮ 회전단   ㉯ 고정단
㉰ 이동단   ㉱ 자유단

※ 건축구조물의 지점 종류
㉮ 회전단 : 수직·수평 방향의 힘에 저항할 수 있으나, 회전력에는 저항할 수 없는 접합
㉯ 고정단 : 수직·수평 방향의 힘 그리고 휨 모멘트에 대해 모두 저항할 수 있는 접합
㉰ 이동단 : 지지대에 평행으로 이동이 가능하고 회전이 자유로운 상태
㉱ 자유단 : 반력이 생기지 않고, 어떠한 방향으로도 이동이 가능한 접합

46 다음 철근 중 슬래브구조와 가장 거리가 먼 것은?
㉮ 주근   ㉯ 배력근
㉰ 수축온도철근   ㉱ 나선철근

※ 슬래브구조에는 주근, 배력근(부근), 수축온도철근 등으로 구성되고, 나선철근은 원기둥에 사용되는 철근이다.

47 굴뚝과 같은 독립구조물의 기초를 설계할 때 고려해야 할 하중으로 거리가 먼 것은?
㉮ 지진하중   ㉯ 고정하중
㉰ 적설하중   ㉱ 풍하중

※ 독립구조물 기초설계 할 때는 지진하중, 고정하중 및 풍하중 등을 고려해야 한다.

48 조적구조의 특징으로 옳지 않은 것은?
㉮ 내구, 내화적이다.
㉯ 건식구조이다.
㉰ 각종 횡력에 약하다.
㉱ 고층 건물에의 적용이 어렵다.

※ 조적 구조
· 건축재료에 물을 사용하여 축조하는 습식구조이다.
· 횡력에 약하며, 고층·대형 건물에 부적당하다.
· 재료와 접착제 강도에 따라 전체 구조의 강도가 결정된다.
· 내구·내화적이다

49 철근콘크리트 강도측정을 위한 비파괴시험에 해당하는 것은?
㉮ 슈미트 해머법   ㉯ 언더컷
㉰ 라멜라 테어링   ㉱ 슬럼프검사

※ 콘크리트 강도 측정법
슈미트 해머법, 초음파 속도법, 인장강도 시험, 휨 강도 시험

50 주심포식과 다포식으로 나뉘어지며 목구조 건축물에서 처마 끝의 하중을 받기 위해 설치하는 것은?
㉮ 공포   ㉯ 부연
㉰ 너새   ㉱ 서까래

㉮ 공포 : 주심포식과 다포식으로 나누어지며 목구조 건축물에서 처마 끝의 하중을 받기 위해 설치하는 것
㉯ 부연 : 처마 서까래 끝 위에 덧얹은 짧은 서까래
㉰ 너새 : 박공 옆에 직각으로 대는 암키와 또는 지방의 함각 머리 양쪽으로 마루가 되도록 덮은 것
㉱ 서까래 : 처마도리, 중도리 및 마룻대위에 지붕 물매 방향으로 걸쳐대고 산자나 지붕널을 받는 경사 부재

51 건축도면의 치수에 대한 설명으로 옳지 않은 것은?
㉮ 치수는 특별히 명시하지 않는 한 마무리 치수로 표시한다.
㉯ 치수 기입은 치수선 중앙 윗부분에 기입하는 것이 원칙이다.
㉰ 치수선의 양 끝 표시는 화살 또는 점으로 표시할 수 있으며, 같은 도면에서 2종을 혼용할 수 있다.
㉱ 협소한 간격이 연속될 때에는 인출선을 사용하여 치수를 쓴다.

※ 건축제도통칙 - 치수
· 치수의 단위는 mm로 하고, 단위는 생략한다.
· 치수는 특별히 명시하지 않는 한 마무리 치수로 한다.
· 치수기입은 치수선 중앙 윗부분에 기입하는 것이 원칙이다.
· 협소한 간격이 연속 될 때에는 인출선을 사용하여 치수를 쓴다.
· 전체 치수를 바깥쪽에, 부분 치수는 안쪽에 기입한다.
· 치수기입은 치수선에 평행하게 도면의 왼쪽에서 오른쪽으로, 아래로부터 위로 읽을 수 있도록 기입한다.
· 치수선의 양 끝 표시는 화살 또는 점으로 표시할 수 있으며, 같은 도면에서 2종을 혼용할 수 없다.

52 제도 용구에 대한 설명으로 옳은 것은?
㉮ 자유 곡선자 - 투시도 작도시 긴 선이나 직각선을 그릴 때 많이 사용된다.
㉯ 삼각자 - 75°, 35° 자를 주로 사용하며 재질은 플라스틱 제품이 많이 사용된다.
㉰ 자유 삼각자 - 하나의 자로 각도를 조절하여 지붕의 물매 등을 그릴 때 사용한다.
㉱ 운형자 - 원호로 된 곡선을 자유자재로 그릴 때 사용하며 고무제품이 많이 사용된다.

※ 제도용구 및 용도
㉮ 자유 곡선자 : 원호로 된 곡선을 자유자재로 그릴 때 사용하여 고무제품이 많이 사용된다.
㉯ 삼각자 : 30°, 45° 및 60°의 자를 주로 사용되며 T자, I자와 함께 수직선, 사선을 그릴 때 사용된다.
㉰ 자유 삼각자 : 하나의 자로 각도를 조절하여 지붕물매 등을 그릴 때 사용된다.
㉱ 운형자 : 컴퍼스로 여러 가지 곡선, 그리기 어려운 원호나 곡선을 그릴 때 사용

53 아래 표시기호의 명칭은 무엇인가?

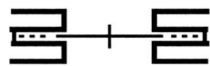

㉮ 붙박이문 ㉯ 쌍미닫이문
㉰ 쌍여닫이문 ㉱ 두짝 미서기문

※ 쌍미닫이문 :

54 제도용구 중 치수를 옮기거나 선과 원주를 같은 길이로 나눌 때 사용하는 것은?
㉮ 컴퍼스 ㉯ 디바이더
㉰ 삼각스케일 ㉱ 운형자

※ 제도용구 및 용도
㉮ 컴퍼스 : 원 또는 원호를 그릴 때 사용
㉯ 디바이더 : 직선이나 원주를 등분할 때, 치수를 도면 위에 옮기거나 도면 위의 길이를 재어 다른 곳으로 옮기는 경우에 사용
㉰ 삼각스케일 : 실물의 크기를 줄이거나(축척), 늘릴 때(배척), 그대로 옮길 때(실척)에 사용
㉱ 운형자 : 컴퍼스로 여러 가지 곡선, 그리기 어려운 원호나 곡선을 그릴 때 사용

55 원호 이외의 곡선을 그을 때 사용하는 제도 용구는?
㉮ 운형자 ㉯ 템플릿
㉰ 컴퍼스 ㉱ 디바이더

※ 제도용구 및 용도
㉮ 운형자 : 컴퍼스로 여러 가지 곡선, 그리기 어려운 원호나 곡선을 그릴 때 사용
㉯ 템플릿 : 원형, 각형 등 기호나 부호 및 기타 소품으로 자주 사용되는 도형을 그릴 수 있도록 만들어 놓은 자
㉰ 컴퍼스 : 원 또는 원호를 그릴 때 사용
㉱ 디바이더 : 직선이나 원주를 등분할 때, 치수를 도면 위에 옮기거나 도면 위의 길이를 재어 다른 곳으로 옮기는 경우에 사용

56 건축에 대한 일반적인 내용으로 옳지 않은 것은?
㉮ 건축은 구조, 기능, 미를 적절히 조화시켜, 필요로 하는 공간을 만드는 것이다.
㉯ 건축 구조의 변천은 동굴주거-움집주거-지상주거 순으로 발달하였다.
㉰ 건물을 구성하는 구조재에는 기둥, 벽, 바닥, 천장 등이 있다.
㉱ 건축물은 거주성, 내구성, 경제성, 안전성, 친환경성 등의 조건을 갖추어야 한다.

※ 건축물 구조재에는 기초, 기둥, 보, 바닥 및 벽 등이 있고, 비구조재에는 천장, 수장 등과 같은 마감재부분이 있다.

57 목구조의 가새에 대한 설명으로 옳은 것은?
㉮ 가새의 경사는 60°에 가깝게 하는 것이 좋다.
㉯ 주요 건물인 경우에도 한 방향 가새로만 만들어야 한다.
㉰ 목조 벽체를 수평력에 견디며 안정한 구조로 하기 위해 사용한다.
㉱ 가새에는 인장응력만이 발생한다.

※ 가새
· 외력에 의하여 뼈대가 변형되지 않도록 대각선 방향으로 배치하는 빗재
· 목재 벽체를 수평력에 견디게 하고 안정한 구조로 네모구조를 세모구조로 만들어 준다.
· 가새를 댈 때는 45°에 가까울수록 유리하며, 기둥과 좌우 대칭이 되도록 배치한다.
· 가새는 절대로 따내거나 결손시키지 않는다.
· 가새에는 압축과 인장 응력이 작용한다.

58 아래 설명에 가장 적합한 종이의 종류는?

> 실시 도면을 작성할 때에 사용되는 원도지로 연필을 이용하여 그린다. 투명성이 있고 경질이며, 청사진 작업이 가능하고, 오랫동안 보존할 수 있고, 수정이 용이한 종이로 건축 제도에 많이 쓰인다.

㉮ 켄트지 ㉯ 방안지
㉰ 트레팔지 ㉱ 트레이싱지

※ 트레이싱지
청사진을 만들기 위한 원도지로서 도면을 장기간 보존, 납품용 도면을 제작하기 위하여 사용한다.

59 건축도면 중 전개도에 대한 정의로 옳은 것은?
㉮ 부대시설의 배치를 나타낸 도면
㉯ 각 실 내부의 의장을 명시하기 위해 작성하는 도면
㉰ 지반, 바닥, 처마 등의 높이를 나타낸 도면
㉱ 실의 배치 및 크기를 나타낸 도면

※ 설계도면 - 전개도
· 각 실의 내부의 의장을 명시하기 위해 작성하는 도면이다.
· 축척은 1/20~1/50 정도로 한다.
· 실내의 벽체 및 문의 모양을 그려야 한다.
· 벽면의 마감재료 및 치수를 기입하고, 창호의 종류와 치수를 기입한다.

60 보강블록구조에서 테두리보를 설치하는 목적과 가장 관계가 먼 것은?
㉮ 하중을 직접 받는 블록을 보강한다.
㉯ 분산된 내력벽을 일체로 연결하여 하중을 균등히 분포시킨다.

㉢ 횡력에 대한 벽면의 직각방향 이동으로 인해 발생하는 수직 균열을 막는다.
㉣ 가로철근의 끝을 정착시킨다.

※ 테두리보 설치 목적
· 수직하중을 균등하게 분포 시킨다.
· 수직 균열을 방지한다.
· 집중하중 부분을 보강한다.
· 분산된 벽체를 일체화 시킨다.

정답

01㉮ 02㉰ 03㉮ 04㉣ 05㉣ 06㉰ 07㉮ 08㉣ 09㉮ 10㉯
11㉯ 12㉰ 13㉣ 14㉰ 15㉯ 16㉣ 17㉮ 18㉣ 19㉯ 20㉣
21㉣ 22㉰ 23㉣ 24㉮ 25㉰ 26㉰ 27㉰ 28㉯ 29㉣ 30㉰
31㉣ 32㉰ 33㉯ 34㉯ 35㉯ 36㉮ 37㉮ 38㉯ 39㉯ 40㉰
41㉮ 42㉰ 43㉯ 44㉯ 45㉣ 46㉣ 47㉰ 48㉯ 49㉯ 50㉮
51㉰ 52㉰ 53㉯ 54㉯ 55㉮ 56㉰ 57㉰ 58㉣ 59㉯ 60㉣

2013년도 제2회 과년도 기출문제

01 다음 중 인체계 가구에 속하는 것은?
㉮ 스툴   ㉯ 책상
㉰ 옷장   ㉱ 테이블

※ 인체지지용 가구(인체계가구)
· 인체와 밀접하게 관계되는 가구로서 직접 인체를 지지 한다.
· 안락의자(휴식의자), 소파, 작업의자, 스툴 및 침대

02 천장과 함께 실내공간을 구성하는 수평적 요소로서 생활을 지탱하는 역할을 하는 것은?
㉮ 벽   ㉯ 바닥
㉰ 기둥   ㉱ 개구부

※ 실내 기본요소 – 바닥
공간을 구성하는 수평적 요소로서 생활을 지탱하는 기본적 요소

03 리듬의 원리 중 잔잔한 물에 돌을 던지면 생기는 물결현상과 가장 관련이 깊은 것은?
㉮ 방사   ㉯ 대립
㉰ 균형   ㉱ 강조

※ 리듬의 원리 – 방사
· 디자인의 요소가 중심적으로부터 중심 주변으로 퍼져 나가는 리듬의 일종이다.
· 호수에 돌을 던지면 둥글게 물결현상이 생기는 것 또는 화환, 바닥패턴에서 쉽게 볼 수 있다.

04 다음의 설명에 알맞은 장식물의 종류는?

· 실생활의 사용보다는 실내 분위기를 더욱 북돋아주는 감상 위주의 물품이다.
· 수석, 모형, 수족관, 화초류 등이 있다.

㉮ 예술품   ㉯ 실용적 장식품
㉰ 장식적 장식품   ㉱ 기념적 장식품

※ 장식적 장식품
실내분위기를 위해 설치해 놓는 감상 위주의 물품을 말한다.
모형, 그림, 조각품, 골동품, 사진, 포스터, 화초류, 수족관

05 마르쉘 브로이어가 디자인한 것으로 강철 파이프를 휘어 기본 골조를 만들고 가죽을 접합하여 만든 의자는?
㉮ 바실리 의자   ㉯ 파이미오 의자
㉰ 레드 블루 의자   ㉱ 바르셀로나 의자

※ 가구 – 의자
㉮ 바실리 의자 : 마르쉘 브로이어가 디자인한 작품으로 강철 파이프를 휘어 기본 골조를 만들고 가죽을 접합하여 좌판, 등받이, 팔걸이를 만든 의자
㉯ 파이미오 의자 : 알바 알토에 의해 디자인된 것으로 자작나무 합판을 성형하여 만들었으며 접합부위가 없고, 목재가 지닌 재료의 단순성을 최대로 살린 의자
㉰ 레드 블루 의자 : 네덜란드의 리트벨트가 규격화한 판재를 이용하여 적, 청, 황의 원색으로 디자인한 의자
㉱ 바르셀로나 의자 : 미스 반 데어 로에 의하여 디자인된 것으로 X자로 된 강철 파이프 다리 및 가죽으로 된 등받이와 좌석으로 구성된 의자

06 개방형 공간구성의 특징으로 가장 알맞은 것은?
㉮ 공간사용의 융통성과 극대화
㉯ 프라이버시 보장과 에너지 절약
㉰ 조직화를 통한 시각적 모호함 제거
㉱ 복수의 구성요소의 독립적 공간 확보

※ 공간구성 – 개방형
공간 사용의 융통성과 극대화를 가질 수 있다.

07 기념비적인 스케일에서 일반적으로 느끼는 감정은?
㉮ 엄숙함   ㉯ 친밀감
㉰ 생동감   ㉱ 안도감

※ 기념비적 커다란 공간에는 수직선을 많이 사용하므로 고결, 희망, 상승, 위엄, 존엄성, 엄숙함, 긴장감을 표현할 수 있다.

08 펜로즈의 삼각형과 가장 관련이 깊은 착시의 유형은?
㉮ 운동의 착시   ㉯ 크기의 착시
㉰ 역리도형 착시   ㉱ 다의도형 착시

※ 착시현상 - 역리도형 착시
모순도형, 불가능도형을 말하는데 펜로스의 삼각형처럼 2차원적인 평면에 나타나는 안길이의 특성을 부분적으로 본다면 가능하지만 3차원적인 공간에서 보았을 때는 불가능한 것으로 보이는 도형이다.

09 약동감, 생동감 넘치는 에너지와 운동감, 속도감을 주나 너무 많으면 불안정한 느낌을 주는 선의 종류는?

㉮ 사선 ㉯ 곡선
㉰ 수직선 ㉱ 수평선

※ 선
㉮ 사선 : 운동감, 약동감, 생동감, 속도감, 불안정, 반항의 동적인 느낌
㉯ 곡선(포물선) : 온화, 부드럽고 율동적이며 여성적 느낌
㉰ 수직선 : 고결, 희망, 상승, 위엄, 존엄성, 긴장감을 느낌
㉱ 수평선 : 고요, 안정, 평화, 평등, 침착, 정지된 느낌

10 주거공간을 주행동에 따라 개인공간, 작업공간, 사회적 공간 등으로 구분할 경우, 다음 중 개인공간에 속하지 않는 것은?

㉮ 서재 ㉯ 부엌
㉰ 침실 ㉱ 자녀방

※ 주거공간의 주 행동에 따른 분류 - 개인(정적)공간
· 각 개인의 사생활을 위한 사적인 공간
· 침실, 서재

11 건축화조명의 종류에 속하지 않는 것은?

㉮ 광창 조명 ㉯ 할로겐 조명
㉰ 코니스 조명 ㉱ 밸런스 조명

※ 건축화 조명
천장, 벽, 기둥 등 건축부분에 광원을 만들어 실내를 조명하는 것을 말한다.
· 광창 조명 : 광원을 넓은 면적의 벽면에 매입하여 비스타(vista)적인 효과를 낼 수 있으며 시선에 안락한 배경으로 작용하는 조명 방식
· 코니스 조명 : 벽면의 상부에 위치하여 모든 빛이 아래로 직사 하도록 하는 조명방식
· 밸런스 조명 : 창이나 벽의 커튼 상부에 부설된 조명방식
※ 할로겐 조명 : 조명 등의 구분에 의한 분류이다.

12 비슷한 형태, 규모, 색채, 질감, 명암, 패턴의 그룹을 하나의 그룹으로 지각하려는 형태의 지각심리는?

㉮ 근접성 ㉯ 연속성
㉰ 폐쇄성 ㉱ 유사성

※ 형태의 지각심리(게슈탈트의 지각심리)
㉮ 근접성 : 보다 더 가까이 있는 2개 또는 둘 이상의 시각요소들은 패턴이나 그룹으로 지각될 가능성 크다는 법칙
㉯ 연속성 : 유사한 배열이 하나의 묶음으로 지각되는 것으로 공동운명의 법칙
㉰ 폐쇄성 : 시각요소들이 어떤 형상을 지각하게 하는데 있어서 폐쇄된 느낌을 주는 법칙
㉱ 유사성 : 형태, 규모, 색채, 질감, 명암, 등에 있어서 유사한 시각적 요소들이 서로 연관되어 자연스럽게 그룹핑하여 하나의 패턴으로 보이는 법칙

13 공간의 레이아웃 작업에 속하지 않는 것은?

㉮ 동선계획 ㉯ 가구배치계획
㉰ 공간의 배분계획 ㉱ 공간별 재료마감계획

※ 공간의 레이아웃 작업에는 동선계획, 가구배치계획, 공간의 배분계획 등이 있다.

14 별장주택에서 볼 수 있는 유형으로 취사용 작업대가 하나의 섬처럼 실내에 설치되어 독특한 분위기를 형성하는 부엌은?

㉮ 리빙 키친 ㉯ 다이닝 키친
㉰ 키친 네트 ㉱ 아일랜드 키친

㉮ 리빙 키친 : 거실, 식당, 부엌의 기능 한 곳에서 수행할 수 있도록 계획한 형식으로 소규모의 주택이나 아파트에 많이 이용된다.
㉯ 다이닝 키친 : 부엌의 일부에다 간단하게 식사실을 꾸민 형식이다.
㉰ 키친 네트 : 작업대 길이가 2m이내의 소형 주방가구가 배치된 주방형식이다.
㉱ 아일랜드 키친 : 취사용 작업대가 주방의 하나의 섬처럼 설치된 주방형식이다.

15 주택계획시 주부의 동선을 단축시키는 방법으로 가장 적절한 것은?

㉮ 부엌과 식당을 인접 배치한다.
㉯ 침실과 부엌을 인접 배치한다.
㉰ 다용도실과 침실을 인접 배치한다.
㉱ 거실을 한쪽으로 치우치게 배치한다.

※ 주택 계획시 주부의 동선을 단축시키는 방법으로 가장 적절한 것은 부엌과 식당을 인접하여 배치하는 것이다.

16 다음 중 실내공기오염물질인 포름알데히드를 발생시키는 발생원과 가장 거리가 먼 것은?

㉮ 벽지 ㉯ 석면
㉰ 건자재 ㉱ 접착제

※ 실내공기 오염 물질 - 포름알데히드
· 발생원 : 벽지, 건자재, 접착제 등

17 열쾌적감에 영향을 미치는 물리적 온열 4요소에 해당하지 않는 것은?

㉮ 기온　　　　　㉯ 습도
㉰ 엔탈피　　　　㉱ 복사열

※ 온열 4요소
기온, 습도, 기류, 복사열(주위 벽의 열복사)

18 건축적 채광방식 중 측창채광에 관한 설명으로 옳지 않은 것은?
㉮ 비막이에 유리하다.
㉯ 시공, 보수가 용이하다.
㉰ 편측채광의 경우 조도분포가 불균일하다.
㉱ 근린의 상황에 따라 채광을 방해받는 경우가 없다.

※ 측창채광(side light)
벽면에 수직으로 낸 측창을 통한 채광방식
· 개폐와 조작이 용이하고, 청소·보수가 용이하다.
· 구조적 시공이 용이하며 비막이에 유리하다.
· 근린 상황에 의한 채광 방해의 우려가 있다.
· 편측 채광의 경우 조도 분포가 불균일하다.

19 세기와 높이가 일정한 음으로, 확성기나 마이크로폰의 성능 실험 등에 음원으로 사용되는 것은?
㉮ 소음　　　　　㉯ 진음
㉰ 간헐음　　　　㉱ 잔향음

※ 음의 종류
㉮ 소음 : 귀에 거슬리는 듣기 싫은 모든 음
㉯ 진음 : 세기와 높이가 일정한 음으로 확성기나 마이크로폰의 성능 실험에 사용하는 음원
㉰ 간헐음 : 간헐적 소음이 비교적 지속시간이 짧고 강도가 강한 소음
㉱ 잔향음 : 음원이 동작을 멈추어 직접음을 들을 수 없게 된 뒤에도 주위 물체에 반사되어 계속 존재하는 음

20 다음 중 결로의 발생 원인과 가장 거리가 먼 것은?
㉮ 잦은 환기
㉯ 단열시공의 불완전
㉰ 실내외의 큰 온도차
㉱ 실내 습기의 과다발생

※ 결로 발생원인
· 실내 습기의 과다 발생 및 불안전 처리
· 실내외의 온도 차가 심한 경우
· 단열시공의 불안정
· 환기부족

21 건축재료의 물리적 성질 중 열전도율의 단위는?
㉮ W/m·K　　　　㉯ W/m²·K
㉰ kJ/m·K　　　　㉱ kJ/m²·K

※ 열 단위 – 열전도율
고체 내부에서 고온측으로부터 저온측으로의 이동 (W/m·K)

22 재료의 화학적 성질에 관한 설명으로 옳지 않은 것은?
㉮ 알루미늄 새시는 콘크리트나 모르타르에 접하면 부식된다.
㉯ 유성 페인트를 콘크리트나 모르타르면에 칠하면 줄무늬가 생긴다.
㉰ 대리석을 외부에 사용하면 광택이 상실되어 장식적인 효과가 감소된다.
㉱ 산을 취급하는 화학공장에서 콘크리트의 사용은 바닥의 얼룩을 방지해 준다.

※ 산을 많이 취급하는 화학공장의 콘크리트 바닥은 얼룩이 져서 파헤쳐진다.

23 납(Pb)에 관한 설명으로 옳은 것은?
㉮ 융점이 높다.
㉯ 전·연성이 작다.
㉰ 비중이 크고 연질이다.
㉱ 방사선의 투과도가 높다.

※ 비철금속 – 납
· 융점이 낮다.
· 전·연성이 크다.
· 방사선의 투과도가 낮다.
· 비중이 크고 연질이다.
· 대기 중 보호막이 형성되어 부식되지 않는다.
· 내산성이며 알칼리에 침식된다.

24 다음 중 목재의 부패조건과 가장 관계가 먼 것은?
㉮ 강도　　　　　㉯ 온도
㉰ 습도　　　　　㉱ 공기

※ 목재 부패조건
적당한 온도, 습도, 양분, 공기는 부패균에게 필수적인 조건으로 그 중 하나만 결여되더라도 번식을 할 수 없다.

25 다음 중 열가소성 수지에 속하지 않는 것은?
㉮ 요소수지　　　㉯ 아크릴수지
㉰ 염화비닐수지　㉱ 폴리에틸렌수지

※ 열가소성 수지
· 가열에 연화되어 변형되지만 냉각시키면 다시 굳어진다.
· 염화비닐수지, 폴리에틸렌수지, 폴리프로필렌수지, ABS수지, 아크릴 수지

26 보통포틀랜드시멘트보다 C_3S나 석고가 많고, 분말도를 크게 하여 초기에 고강도를 발생하게 하는 시멘트는?

㉮ 백색포틀랜드시멘트
㉯ 조강포틀랜드시멘트
㉰ 저열포틀랜드시멘트
㉱ 중용열포틀랜드시멘트

※ 조강포틀랜드 시멘트
· 원료 중에 규산삼칼륨(C_3S)의 함유량이 많아 보통포틀랜드시멘트에 비하여 경화가 빠르다.
· 분말도가 높고 수화열이 커서 저온 시에도 강도 발현이 크므로 동절기공사에 유리
· 조기 강도가 높다.(1주 경화 압축강도=보통시멘트 4주 경화 압축강도)
· 공기를 단축시킬 수 있어 긴급공사, 수중공사, 한중공사, 동기공사등에 쓰인다.

27 합성수지 재료 중 우수한 투명성, 내후성을 활용하여 톱 라이트, 온수 풀의 옥상, 아케이드 등에 유리의 대용품으로 사용되는 것은?

㉮ 실리콘수지   ㉯ 폴리에틸렌수지
㉰ 폴리스티렌수지 ㉱ 폴리카보네이트

※ 합성수지 - 폴리카보네이트
· 열가소성 플라스틱이다.
· 유연성 및 가공성이 우수하다.
· 내후성, 투명성, 내충격성, 내열성, 등의 특징을 가지고 있다.
· 톱 라이트, 온수 풀의 옥상, 아케이드 등에 유리의 대용품으로 사용

28 콘크리트의 크리프에 관한 설명으로 옳지 않은 것은?

㉮ 재하재령이 빠를수록 크리프는 크다.
㉯ 물시멘트비가 클수록 크리프는 크다.
㉰ 시멘트페이스트가 많을수록 크리프는 작다.
㉱ 재하 초기에 증가가 현저하고, 장기화될수록 증가율은 작게 된다.

※ 콘크리트 크리프 원인
· 재하재령이 빠를수록 크다.
· 물시멘트비가 클수록 크다.
· 시멘트 페이스트가 많을수록 크다.
· 작용응력이 클수록 크리프가 크다.
· 재하 초기에 증가가 현저하고, 장기화될수록 증가율은 작게 된다.

29 슬럼프 테스트에 관한 설명으로 가장 알맞은 것은?

㉮ 콘크리트의 강도를 측정하는 시험이다.
㉯ 콘크리트의 공기량을 측정하는 시험이다.
㉰ 콘크리트의 재료분리를 측정하는 시험이다.
㉱ 콘크리트의 컨시스텐시를 측정하는 시험이다.

※ 슬럼프 시험
콘크리트의 컨시스텐시를 측정하는 시험법이다.

30 목재제품 중 합판에 관한 설명으로 옳지 않은 것은?

㉮ 균일한 강도의 재료를 얻을 수 있다.
㉯ 함수율 변화에 따른 팽창·수축의 방향성이 없다.
㉰ 단판을 섬유방향이 서로 평행하도록 홀수로 적층하여 만든 것이다.
㉱ 뒤틀림이나 변형이 적은 비교적 큰 면적의 평면 재료를 얻을 수 있다.

※ 목재 - 합판
· 단판(베니어)을 1장마다 섬유방향과 직교되게 3, 5, 7, 9 등의 홀수 겹으로 겹쳐 접착제로 붙여댄 것이다.
· 균일한 강도의 재료를 얻을 수 있다.
· 함수율 변화에 따른 팽창. 수축의 방향성이 없다.
· 뒤틀림이나 변형이 적은 비교적 큰 면적의 평면 재료를 얻을 수 있다.

31 콘크리트용 골재로서 요구되는 일반적인 성질로 옳은 것은?

㉮ 모양이 편평하고 세장한 것이 좋다.
㉯ 모양이 구형에 가까운 것으로, 표면이 매끄러운 것이 좋다.
㉰ 입도는 조립에서 세립까지 연속적으로 균등히 혼합되어 있어야 한다.
㉱ 골재의 강도는 콘크리트 중의 경화시멘트 페이스트의 강도보다 작아야 한다.

※ 콘크리트 골재의 일반적 성질
· 모양이 구형에 가까운 것으로, 표면이 거친 것이 좋다.
· 입도는 조립에서 세립까지 연속적으로 균등이 혼합되어 있어야 한다.
· 골재의 강도는 콘크리트 중의 경화시멘트 페이스트의 강도 이상일 것이 좋다.

32 점토의 일반적인 성질에 관한 설명으로 옳지 않은 것은?

㉮ 양질의 점토는 습윤 상태에서 현저한 가소성을 나타낸다.
㉯ 일반적으로 점토의 압축강도는 인장강도의 약 5배 정도이다.
㉰ 점토 제품의 색상은 철산화물 또는 석회물질에 의해 나타난다.
㉱ 점토의 비중은 불순 점토일수록 크고, 알루미나분이 많을수록 작다.

※ 점토성질
- 점토의 주성분은 규산(실리카), 알루미나이다.
- 점토의 비중은 2.5~2.6 이다.
- 점토의 비중은 불순물이 많은 점토일수록 작고, 알루미나분이 많을수록 크다.
- 점토의 압축강도는 인장강도의 약 5배 정도이다.
- 양질의 점토는 습윤 상태에서 현저한 가소성을 나타낸다.
- 알루미나가 많은 점토는 가소성이 좋다.
- Fe_2O_3와 기타 부성분이 많은 것은 고급 제품의 원료로 부적당하다.
- 점토에 포함된 성분에 의해 철산화물이 많으면 적색이 되고, 석회물질이 많으면 황색을 띠게 된다.
- 불순물이 많은 것은 고급제품의 원료로 부적당하다.

33 다음 중 점토제품이 아닌 것은?
㉮ 테라코타   ㉯ 내화벽돌
㉰ 도기질 타일   ㉱ 코펜하겐 리브

※ 코펜하겐 리브
- 목제제품이며, 긴 판으로서 표면을 자유곡면으로 깍아 수직 평행선이 되게 리브를 만든 것이다.
- 강당, 극장, 집회장 등에 음향 조절용으로 벽 수장재로 사용한다.

34 강의 열처리 방법에 속하지 않는 것은?
㉮ 불림   ㉯ 풀림
㉰ 압연   ㉱ 담금질

※ 강재의 열처리 방법
▶ 불림
- 강을 800~1000℃ 이상을 가열 후 공기 중에서 서서히 냉각 시키는 열처리법
- 결정의 미세화, 변형제거, 조직의 균일화
▶ 풀림
- 강을 800~1000℃ 이상을 가열 후 노속에서 서서히 냉각 시키는 열 처리법
- 결정의 미세화 연화
▶ 담금질
- 가열 후 물이나 기름에서 급속히 냉각 시키는 열 처리법
- 강도와 경도의 증가, 담금이 어렵고, 담금질 온도의 상승
▶ 뜨임 : 담금질한 강을 변태점 이하(600℃)로 가열 후 서서히 냉각시켜 강 조직을 안정한 상태로 만든 열처리법

35 변성암의 일종으로 석질이 불균일하고 다공질이며 주로 특수실내장식재로 사용되는 석재는?
㉮ 현무암   ㉯ 화강암
㉰ 응회암   ㉱ 트래버틴

※ 석재 – 트래버틴
- 대리석의 한 종류로서 다공질 이며, 탄산석회를 포함한 물에서 침전, 생성된 것으로 석질이 균일하지 못하고, 암갈(황갈)색의 무늬가 있다.
- 석판으로 만들어 물갈기를 하면 평활하고, 광택이 나는 부분과 구멍, 골이 진 부분이 있어 특수한 실내 장식재로 이용된다.

36 블로운 아스팔트를 용제에 녹인 것으로 아스팔트 방수의 바탕 처리재로 사용되는 방수재료는?
㉮ 아스팔트 펠트
㉯ 아스팔트 루핑
㉰ 아스팔트 콤파운드
㉱ 아스팔트 프라이머

※ 아스팔트 프라이머
- 솔, 롤러 등으로 용이하게 도포할 수 있도록 블론 아스팔트를 휘발성 용제에 희석한 흑갈색의 저점도 액체로서 아스팔트 방수층에 아스팔트의 부착이 잘 되도록 사용한다.
- 콘크리트 모르타르의 방수시공 첫 번째 공정에 쓰이는 바탕 처리재 (초벌도료)

37 소다석회유리의 일반적 성질에 관한 설명으로 옳지 않은 것은?
㉮ 풍화되기 쉽다.
㉯ 내산성이 높다.
㉰ 내알칼리성이 높다.
㉱ 건축 일반용 창호유리에 사용된다.

※ 소다석회 유리(소다유리, 보통유리, 크라운유리)
- 용융하기 쉽고 풍화되기 쉽다.
- 산에 강하나, 알칼리에 약하다.
- 팽창률이 크고 강도가 높다.
- 용도 : 건축일반용, 창호유리, 병유리 등

38 미장재료 중 석고 플라스터에 관한 설명으로 옳지 않은 것은?
㉮ 원칙적으로 해초 또는 풀즙을 사용하지 않는다.
㉯ 경화·건조시 치수 안정성이 뛰어나 균열이 없는 마감을 실현할 수 있다.
㉰ 석고 플라스터 중에서 가장 많이 사용하는 것은 크림용 석고 플라스터이다.
㉱ 경석고 플라스터는 고온소성의 무수석고를 특별한 화학 처리를 한 것으로 경화 후 아주 단단하다.

※ 석고플라스터
- 수경성 미장재료이다.
- 원칙적으로 해초 또는 풀즙은 사용하지 않는다.
- 내화성이 우수하다.
- 경화와 건조시 치수 안정성이 우수하다.
- 경석고 플라스터는 고온소성의 무수석고를 특별한 화학처리는 한 것으로 경화 후 아주 단단하다.
- 석고플라스터 중 가장 많이 사용하는 것은 혼합석고 플라스터이다.

39 석재의 인력에 의한 표면가공 순서로 옳은 것은?
㉮ 혹두기-정다듬-도드락다듬-잔다듬-물갈기

㉯ 흑두기-도드락다듬-정다듬-잔다듬-물갈기
㉰ 정다듬-흑두기-잔다듬-도드락다듬-물갈기
㉱ 흑두기-잔다듬-정다듬-도드락다듬-물갈기

※ 석재 가공 순서
흑두기-정다듬-도드락다듬-잔다듬-거친 갈기·물갈기

40 다음 중 내알칼리성이 가장 우수한 도료는?
㉮ 유성페인트 ㉯ 유성바니시
㉰ 알루미늄페인트 ㉱ 염화비닐수지도료

※ 유성페인트, 유성바니시, 알루미늄 페인트 등은 알칼리성에 약한 도료이고, 염화비닐 수지 도료는 알칼리성에 강한 도료이다.

41 제도 연필의 경도에서 무르기로부터 굳기의 순서대로 옳게 나열한 것은?
㉮ HB-B-F-H-2H
㉯ B-HB-F-H-2H
㉰ B-F-HB-H-2H
㉱ HB-F-B-H-2H

※ 제도연필
B-HB-F-H-2H 등이 쓰이며 H의수가 많을수록 단단하다.

42 철골구조에 사용되는 부재 중 사용되는 위치가 다른 하나는?
㉮ 베이스 플레이트(Base plate)
㉯ 리브 플레이트(Rib plate)
㉰ 거셋 플레이트(Gusset plate)
㉱ 윙 플레이트(Wing plate)

※ 철골구조 - 주각부
· 주각부 기둥이 받는 내력을 기초에 전달하는 부분이다.
· 윙 플레이트, 베이스 플레이트, 기호와의 접합을 위한 리브 플레이트, 클립 앵글, 사이드 앵글 및 앵커볼트를 사용한다.

43 건축도면 제도 시 치수 기입법에 대한 설명 중 옳지 않은 것은?
㉮ 전체 치수는 바깥쪽에, 부분 치수는 안쪽에 기입한다.
㉯ 치수는 치수선의 중앙에 기입한다.
㉰ 치수는 cm단위를 원칙으로 한다.
㉱ 마무리 치수로 기입한다.

※ 건축제도통칙 - 치수
· 치수의 단위는 mm로 하고, 단위는 생략한다.
· 치수는 특별히 명시하지 않는 한 마무리 치수로 한다.
· 치수기입은 치수선 중앙 윗부분에 기입하는 것이 원칙이다.
· 협소한 간격이 연속 될 때에는 인출선을 사용하여 치수를 쓴다.
· 전체 치수를 바깥쪽에, 부분 치수는 안쪽에 기입한다.
· 치수기입은 치수선에 평행하게 도면의 왼쪽에서 오른쪽으로, 아래로부터 위로 읽을 수 있도록 기입한다.
· 치수선의 양 끝 표시는 화살 또는 점으로 표시할 수 있으며, 같은 도면에서 2종을 혼용할 수 없다.

44 시공과정에 따른 분류에서 습식 구조끼리 짝지어진 것은?
㉮ 목구조-돌구조
㉯ 돌구조-철골구조
㉰ 벽돌구조-블록구조
㉱ 철골구조-철근콘크리트구조

※ 건축구조의 분류 - 시공상에 의한 분류
· 건식구조 - 목구조, 철골구조
· 습식구조 - 벽돌구조, 철근콘크리트구조, 돌 구조, 철골철근콘크리트구조, 블록구조
· 조립식구조 - 철근콘크리트구조, 철골철근콘크리트구조

45 표준형 벽돌에서 칠오토막의 크기로 옳은 것은?
㉮ 벽돌 한 장 길이의 1/4 토막
㉯ 벽돌 한 장 길이의 1/3 토막
㉰ 벽돌 한 장 길이의 1/2 토막
㉱ 벽돌 한 장 길이의 3/4 토막

※ 벽돌 - 칠오토막
칠오토막(75%), 즉 길이의 3/4 정도이다.

46 철골구조의 용접접합에 대한 설명으로 옳은 것은?
㉮ 철골의 용접은 주로 금속 아크용접이 많이 쓰인다.
㉯ 강재의 재질에 대한 영향이 적다.
㉰ 용접부 내부의 결함을 육안으로 관찰할 수 있다.
㉱ 용접공의 기능에 따른 품질의존도가 적다.

※ 철골 구조의 용접접합
· 아크용접이 많이 사용된다.
· 강재의 재질에 대한 영향이 많다.
· 용접부 내부의 결함을 육안으로 관찰할 수 있다.
· 용접공의 숙련도에 따라 품질의 의존도가 크다.

47 투시도법의 종류 중 평행 투시도법이라고도 불리우며, 일반적으로 실내투시도 작성 시 사용되는 것은?
㉮ 1소점 투시도법
㉯ 2소점 투시도법
㉰ 3소점 투시도법
㉱ 유각 투시도법

※ 실내투시도 - 1소점 투시도
· 화면에 그리려는 물체가 화면에 대하여 평행 또는 수직이 되게 놓이는 경우로 소점이 1개인 투시도이다.
· 실내투시도 또는 기념 건축물과 같은 정적인 건물의 표현에 효과적이다.

48 널 등을 모아대어 바닥 등에 넓게 까는 목재의 접합법은?
㉮ 쪽매 ㉯ 이음
㉰ 맞춤 ㉱ 장부

※ 목재 접합법
㉮ 쪽매 : 두 부재를 나란히 옆으로 붙을 때 끼우는 접합
㉯ 이음 : 두 부재가 재의 길이 방향으로 길게 접하는 것 또는 그 자리
㉰ 맞춤 : 두 부재가 직각 또는 경사로 물려 짜이는 것 또는 그 자리
㉱ 장부 : 목구조에서 재의 끝을 가늘게 만들어 딴 재의 구멍에 끼우는 촉

49 건축설계도면에서 전개도에 관한 설명 중 옳지 않은 것은?
㉮ 각 실 내부의 의장을 명시하기 위해 작성하는 도면이다.
㉯ 각 실에 대하여 벽체 및 문의 모양을 그려야 한다.
㉰ 축척은 1/200 정도로 한다.
㉱ 벽면의 마감재료 및 치수를 기입하고, 창호의 종류와 치수를 기입한다.

※ 설계도면 - 전개도
· 각 실의 내부의 의장을 명시하기 위해 작성하는 도면이다.
· 축척은 1/20~1/50 정도로 한다.
· 실내의 벽체 및 문의 모양을 그려야 한다.
· 벽면의 마감재료 및 치수를 기입하고, 창호의 종류와 치수를 기입한다.

50 아래 보기에서 선에 대한 설명으로 옳은 것을 모두 고르면?

A. 실선은 단면 또는 중심선 등에 사용된다.
B. 파선 또는 점선은 보이지 않는 부분이나 절단면보다 양면 또는 윗면에 있는 부분의 표시에 사용된다.
C. 일점쇄선은 절단선, 경계선 등에 사용된다.

㉮ A ㉯ B
㉰ B, C ㉱ A, B, C

※ 선
· 실선의 전선 - 단면선, 외형선, 파단선
· 실선의 가는선 - 치수선, 치수보조선, 지시선, 해칭선
· 파선 - 숨은선
· 일점쇄선 - 중심선, 절단선, 경계선, 기준선
· 이점쇄선 - 가상선

51 주택의 평면도에 표시되어야 할 사항이 아닌 것은?
㉮ 가구의 높이
㉯ 기준선
㉰ 벽, 기둥, 창호
㉱ 실의 배치와 넓이

※ 평면도 표시사항
· 기둥과 벽체의 두께
· 실의 면적
· 가구배치
· 바닥의 높낮이
· 도면명 및 축척, 방위표시
· 개구부의 위치와 크기
· 창문과 출입구의 구별
· 위생기구 배치
· 바닥패턴 표시
· 공간의 용도, 치수, 재료표시

52 다음 중 목구조의 단점으로 옳은 것은?
㉮ 큰 부재를 얻기 어렵다.
㉯ 공기가 길다.
㉰ 비강도가 작다.
㉱ 시공이 어렵고, 시공 시 기후의 영향을 많이 받는다.

※ 목구조
▶ 장점
· 가볍고, 가공성이 좋으며, 친화감이 있다.
· 비중에 비하여 강도가 크다. (인장, 압축강도)
· 시공이 용이하며 공사기간이 짧다.
· 색채 및 무늬가 있어 미려하다.
· 열전도율이 적어 보온, 방안, 방서에 뛰어나다.
▶ 단점
· 재질이 불균등하고, 큰 단면이나 긴 부재를 얻기 힘들다.
· 함수율에 따른 변형이 크고 부식, 부재에 약하다.
· 접합부의 강성이 약하다.
· 내화, 내구성이 약하다.

53 목구조에서 사용되는 수평 부재가 아닌 것은?
㉮ 층도리 ㉯ 처마도리
㉰ 토대 ㉱ 대공

※ 층도리, 처마도리 및 토대 등은 수평부재이고, 대공은 수직부재이다.

54 건축도면 중 입면도에 표시되는 내용과 가장 관계가 먼 것은?
㉮ 대지형상
㉯ 마감재료명
㉰ 주요구조부의 높이
㉱ 창문의 모양

※ 입면도 표시사항
· 건물의 전체높이 (처마높이)
· 창과 문의 폭, 높이와 모양
· 마감형태와 마감재료명

- 조경, 그 밖의 효과들
- 도면명 및 축척

55 아래 그림은 3각법으로 그린 투상도이다. 투상면의 명칭에 대한 설명으로 옳은 것은?

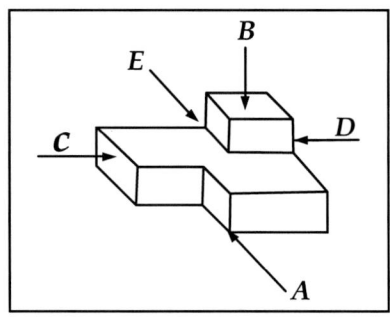

㉮ A 방향의 투상면은 배면도이다.
㉯ B 방향의 투상면은 평면도이다.
㉰ C 방향의 투상면은 우측면도이다.
㉱ D 방향의 투상면은 좌측면도이다.

※ 투상면의 명칭
A는 정면도, B는 평면도, C는 좌측면도, D는 우측면도, E는 배면도이다.

56 철근콘크리트보에서 전단력을 보강하기 위해 보의 주근 주위에 둘러 배치한 철근은?

㉮ 나선철근   ㉯ 띠철근
㉰ 배력근   ㉱ 늑근

※ 보의 늑근
보가 전단력에 저항할 수 있게 보강을 하는 역할로 주근의 직각 방향에 배치한다.

57 그림과 같은 평면 표시기호는?

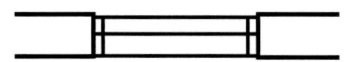

㉮ 접이문   ㉯ 망사문
㉰ 미서기창   ㉱ 붙박이창

※ 붙박이창 :

58 침실 공간에 대한 설명으로 옳은 것은?

㉮ 자녀 침실은 어두운 공간에 배치한다.
㉯ 노인이 거주하는 실은 출입구에서 먼 쪽에 배치한다.
㉰ 부부침실은 조용하고 아늑한 느낌을 가지도록 한다.
㉱ 아동실은 북쪽으로 배치하고 부엌과 인접하도록 한다.

※ 침실공간
- 자녀침실 : 밝은 공간에 배치한다.
- 노인 침실 : 1층에 배치하고 출입구와 가까운 쪽에 배치한다.
- 부부침실 : 독립성을 확보하고 조용한 공간으로 구성한다.
- 아동실 : 남쪽으로 배치하고 부부침실과 인접한 곳에 배치한다.

59 평면도는 보통 바닥면으로부터 몇 m 높이에서 절단한 수평투상도를 말하는 것인가?

㉮ 0.5m   ㉯ 1.2m
㉰ 2.0m   ㉱ 2.2m

※ 설계도면 - 평면도
건축물을 각 층마다 창틀 위(지상 1.2mm~1.5mm정도)에서 수평으로 자른 수평투상도로서 실의 배치 및 크기를 나타내는 도면

60 철골구조와 비교한 철근콘크리트 구조의 단점이 아닌 것은?

㉮ 내화성이 떨어진다.
㉯ 구조물 완성 후 내부 결함의 유무를 검사하기 어렵다.
㉰ 중량이 크다.
㉱ 균열이 쉽게 발생한다.

※ 철근콘크리트구조
- 내화, 내구, 내진적이다.
- 설계가 자유롭고, 고층건물이 가능하다.
- 장스팬은 불가능하다.
- 구조물을 완성후 내부 결함의 유무를 검사하기 어렵다.
- 균열이 쉽게 발생한다.
- 철근과 콘크리트는 선팽창계수가 거의 같다.
- 자중이 무겁고, 시공기간이 길다.
- 콘크리트 자체의 압축력이 매우 크다.

정답

01㉮	02㉯	03㉮	04㉰	05㉮	06㉮	07㉮	08㉰	09㉮	10㉯
11㉰	12㉱	13㉮	14㉱	15㉮	16㉯	17㉰	18㉱	19㉯	20㉮
21㉮	22㉱	23㉰	24㉮	25㉮	26㉯	27㉮	28㉰	29㉱	30㉰
31㉰	32㉱	33㉮	34㉯	35㉮	36㉱	37㉰	38㉰	39㉮	40㉰
41㉯	42㉰	43㉰	44㉰	45㉱	46㉮	47㉯	48㉮	49㉰	50㉰
51㉮	52㉱	53㉱	54㉮	55㉯	56㉱	57㉱	58㉰	59㉯	60㉮

2013년도 제4회 과년도 기출문제

01 실내공간을 형성하는 주요 기본구성요소에 관한 설명으로 옳지 않은 것은?
㉮ 바닥은 촉각적으로 만족할 수 있는 조건을 요구한다.
㉯ 벽은 가구, 조명 등 실내에 놓여지는 설치물에 대한 배경적 요소이다.
㉰ 천장은 시각적 흐름이 최종적으로 멈추는 곳이기에 지각의 느낌에 영향을 미친다.
㉱ 다른 요소들이 시대와 양식에 의한 변화가 현저한데 비해 천장은 매우 고정적이다.

※ 실내공간을 구성하는 기본요소 중 다른 요소들은 양식에 의한 변화가 거의 없으나 천장은 매우 다양하게 변화 하였다.

02 다음 설명에 가장 알맞은 디자인 원리는?

> 질적, 양적으로 전혀 다른 둘 이상의 요소가 동시적 혹은 계속적으로 배열될 때 상호의 특질이 한 층 강하게 느껴지는 현상을 말한다.

㉮ 리듬   ㉯ 대비
㉰ 대칭   ㉱ 균형

※ 디자인 원리 - 대비
질적, 양적으로 전혀 다른 둘 이상의 요소가 동시적 혹은 계속적으로 배열될 때 상호의 특질의 한 층 강하게 느껴지는 디자인 원리

03 다음 중 균형의 종류와 그 실례의 연결이 옳지 않은 것은?
㉮ 방사형 균형 - 판테온의 돔
㉯ 대칭적 균형 - 타지마할 궁
㉰ 비대칭적 균형 - 눈의 결정체
㉱ 결정학적 균형 - 반복되는 패턴의 카펫

※ 비대칭 균형은 형태상으로 불균형이지만 시각상의 정돈에 의해 균형 잡힌 것이며, 시소놀이 등이 있다. 눈의 결정체는 방사형 균형에 속한다.

04 주택 침실의 소음 방지 방법으로 적당하지 않은 것은?
㉮ 도로 등의 소음원으로부터 격리시킨다.
㉯ 창문은 2중창으로 시공하고 커튼을 설치한다.
㉰ 벽면에 붙박이장을 설치하여 소음을 차단한다.
㉱ 침실 외부에 나무를 제거하여 조망을 좋게 한다.

※ 소음 방지 대책 - 침실
· 침실 외부에 나무 등을 심어 외부의 소음을 차단한다.
· 도로 등의 소음원으로부터 격리시킨다.
· 창문은 2중창으로 시공하고 커튼을 설치한다.
· 벽면에 붙박이장을 설치하여 소음을 차단한다.

05 다음 중 실내디자인의 개념과 가장 거리가 먼 것은?
㉮ 순수예술   ㉯ 디자인활동
㉰ 실행과정   ㉱ 전문과정

※ 실내디자인의 개념
쾌적한 환경 조성을 통하여 능률적인 공간이 되도록 인체공학, 심리학, 물리학, 재료학, 환경학 및 디자인의 기본원리 등을 고려하여 인간 생활에 필요한 효율성, 아름다움, 경제성, 개성등을 갖도록 사용자에게 가장 바람직한 생활공간을 만드는 것으로 응용예술 분야로 볼 수 있다.

06 실내공간에 침착함과 평형감을 주기 위해 일반적으로 사용 되는 디자인 원리는?
㉮ 균형   ㉯ 리듬
㉰ 점이   ㉱ 변화

※ 디자인 원리 - 균형
· 인간의 주의력에 감지되는 시각적 무게의 평형을 뜻하며, 부분과 부분, 부분과 전체 사이에서 균형의 힘에 의해 쾌적한 느낌을 주는 디자인 원리
· 실내공간에 침착함과 평형감을 주기 위해 일반적으로 사용하는 디자인 원리

07 다음 중 인체지지용 가구에 속하지 않는 것은?
㉮ 의자   ㉯ 침대
㉰ 소파   ㉱ 테이블

※ 인체지지용 가구(인체계가구)
· 인체와 밀접하게 관계되는 가구로서 직접 인체를 지지 한다.
· 안락의자(휴식의자), 소파, 작업의자, 스툴 및 침대

08 실내디자인의 진행 과정에 있어서 다음 중 가장 먼저 선행되는 작업은?

㉮ 조건파악　　㉯ 기본계획
㉰ 기본설계　　㉱ 실시설계

※ 실내디자인의 설계과정
조건파악 – 기본계획 – 기본설계 – 실시설계

09 다음 설명에 알맞는 식사실의 유형은?

> 거실의 한 부분에 식탁을 설치하는 형태로, 식사실의 분위기 조성에 유리하며, 거실의 가구들을 공동으로 이용할 수 있으나, 부엌과의 연결로 보아 작업동선이 길어질 우려가 있다.

㉮ 리빙 키친　　㉯ 리빙 다이닝
㉰ 다이닝 키친　　㉱ 리빙 다이닝 키친

※ 부엌배치 유형 – LDK (리빙다이닝키친)
소규모 주택이나 아파트에서 많이 나타나는 형태로 거실(L) 내의 부엌(K)과 식사실(D)을 계획하여 동선이 짧아지는 장점이 있다.

10 천창에 관한 설명으로 옳지 않은 것은?

㉮ 벽면의 다양한 활용이 가능하다.
㉯ 같은 면적의 측창보다 광량이 많다.
㉰ 차열, 전망, 통풍에 유리하고 개방감이 크다.
㉱ 밀집된 건물에 둘러싸여 있어도 일정량의 채광이 가능하다.

※ 천창
· 차열이 힘들다.
· 전망과 통풍에 불리하다.
· 개방감이 작으나 채광에 매우 유리하다.
· 측창보다 광량이 많다.
· 벽면의 다양한 활용이 가능하다.

11 형태를 의미구조에 의해 분류할 경우, 다음 설명에 알맞은 형태의 종류는?

> 인간의 지각, 즉 시각과 촉각 등으로는 직접 느낄 수 없고 개념적으로만 제시될 수 있는 형태로서 순수형태 혹은 상징적 형태라고도 한다.

㉮ 추상적 형태　　㉯ 이념적 형태
㉰ 현실적 형태　　㉱ 인위적 형태

※ 형태의 종류 – 이념적 형태(상징적)
인간의 지각, 즉 시각과 촉각 등으로는 직접 느낄 수 없고 개념적으로만 제시될 수 있는 형태

12 선의 종류별 조형효과로서 옳지 않은 것은?

㉮ 곡선 – 명료함, 평등
㉯ 수평선 – 안정, 평화
㉰ 사선 – 약동감, 생동감
㉱ 수직선 – 존엄성, 위엄

※ 선
㉮ 곡선(포물선) : 온화, 부드럽고 율동적이며 여성적 느낌
㉯ 수평선 : 고요, 안정, 평화, 평등, 침착, 정지된 느낌
㉰ 사선 : 운동감, 약동감, 생동감, 속도감, 불안정 반향의 동적인 느낌
㉱ 수직선 : 고결, 희망, 상승, 위엄, 존엄성, 긴장감을 느낌

13 다음 중 좋은 디자인을 판단하는 척도로서 우선 순위가 가장 낮은 것은?

㉮ 기능성　　㉯ 심미성
㉰ 다양성　　㉱ 경제성

※ 디자인을 판단하는 척도
기능성(합목적성), 심미성, 독창성(개성) 및 경제성 등이 있다.
가장 우선하는 것은 기능성(합목적성)이고, 가장 순위가 낮은 것은 유행성과 다양성 등이 있다.

14 주택의 평면 계획에 관한 설명으로 옳지 않은 것은?

㉮ 부엌, 욕실, 화장실은 각각 분산 배치하고 외부와 연결한다.
㉯ 침실은 독립성을 확보하고 다른 실의 통로가 되지 않게 한다.
㉰ 각 실의 방향은 일조, 통풍, 소음, 조망 등을 고려하여 결정한다.
㉱ 각 실의 관계가 깊은 것은 인접시키고 상반 되는 것은 격리시킨다.

※ 부엌, 욕실, 화장실은 각각 물을 사용하는 공간이므로 같은 곳을 집중 배치하는 코어시스템을 형성한다.

15 조선시대 주택구조에 관한 설명으로 옳지 않은 것은?

㉮ 주택공간이 성(性)에 의해 구분되었다.
㉯ 사랑채는 남자 손님들의 응접공간 등으로 사용되었다.
㉰ 안채는 모든 가정 살림의 중추적인 역할을 하던 곳이다.
㉱ 주택은 크게 사랑채, 안채, 바깥채의 3개의 공간으로 구분되었다.

※ 조선시대 주택구조
주택공간은 성(남성과 여성)에 의해 구분되었다.
· 행랑체 – 하인들이 거주하는 공간
· 사랑체 – 남자 손님들의 응접 공간
· 안채 – 모든 가정 살림의 중추적인 역할을 하는 공간

16 자연환기에 관한 설명으로 옳지 않은 것은?
㉮ 풍력환기량은 풍속에 비례한다.
㉯ 중력환기량은 개구부 면적에 비례하여 증가한다.
㉰ 중력환기량은 실내외의 온도차가 클수록 많아진다.
㉱ 중력환기량은 일반적으로 공기유입구와 유출구 높이의 차이가 작을수록 많아진다.

※ 자연환기
▶ 풍력환기
· 외기의 바람에 의한 환기
· 실 개구부의 배치에 따라 많은 차이가 있다.
· 실외의 풍속이 클수록 환기량이 많아진다.
▶ 중력환기
· 실내외 공기의 온도 차에 의한 환기
· 실내외의 온도 차가 클수록 환기량이 많아진다.

17 직접조명방식에 관한 설명으로 옳지 않은 것은?
㉮ 조명률이 낮다.
㉯ 실내반사율의 영향이 작다.
㉰ 국부적으로 고조도를 얻기 편리하다.
㉱ 천장이 어두어지기 쉬우며 진한 그림자가 형성되기 쉽다.

※ 직접조명 방식
· 하양과속이 90~100%인 조명으로 광원이 노출되어 있다.
· 설비비가 싸고 조명률이 좋아 집중적으로 밝게 할 때 유리하다.
· 눈부심이 크고 조도의 불균형이 크다.
· 강한 대비로 인한 그림자가 생성된다.
· 다운라이트, 실링라이트 등이 있다.

18 다음 설명에 알맞은 소음의 종류는?

> 음압 레벨의 변동 폭이 좁고, 측정자가 귀로 들었을 때 음의 크기가 변동하고 있다고는 생각되지 않는 종류의 음

㉮ 변동소음   ㉯ 간헐소음
㉰ 정상소음   ㉱ 충격소음

※ 소음의 종류
㉮ 변동소음 : 레벨이 불규칙 하고 연속적으로 일정한 범위로 변화하며 발생하는 소음
㉯ 간헐소음 : 간헐적으로 발생하고 계속되는 시간이 수초 이상인 소음
㉰ 정상소음 : 음압 레벨의 변동 폭이 좁고, 측정자가 귀로 들었을 때 음의 크기가 변동하고 있다고 생각되지 않는 종류의 소음
㉱ 충격소음 : 계속되는 시간이 극히 짧은 소음

19 다음 중 열전도율의 단위는?
㉮ W   ㉯ W/m
㉰ W/m·K   ㉱ W/m²·K

※ 열 단위 – 열전도율
고체 내부에서 고온측으로부터 저온측으로의 이동(W/m·K)

20 어떤 물체에 발생하는 열에너지가 전달 매개체가 없이 직접 다른 물체에 도달하는 전열 현상은?
㉮ 전도   ㉯ 대류
㉰ 복사   ㉱ 관류

※ 열전달
㉮ 전도 : 고체 내부의 고온부에서 저온부로 열을 전하는 현상
㉯ 대류 : 따뜻해진 공기가 팽창하여 비중이 가볍게 되어 위쪽으로 올라가고, 차가운 공기는 아래로 내려오는 현상
㉰ 복사 : 어떤 물체에 발생하는 열에너지가 전달 매개체 없이 직접 다른 물체에 도달하는 현상
㉱ 관류 : 고체 양쪽의 유체 온도가 다를 때, 고온 쪽에서 저온 쪽으로 열이 통과는 현상

21 도장공사에 사용되는 클리어 래커(clear lacquer)에 설명으로 옳은 것은?
㉮ 내수성이 없으며 내충격성이 작다.
㉯ 바니시에 안료를 첨가한 래커이다.
㉰ 목재전용은 부착성이 크나 도막의 가소성이 떨어진다.
㉱ 주로 내부용으로 사용되며 외부용으로는 사용이 곤란하다.

※ 클리어 래커
· 목재면의 투명 도장에 쓰인다.
· 바니시에 안료를 첨가하지 않는 도료이다.
· 내수성이 있으며 내충격성이 크다.
· 목재 전용 래커는 부착성이 크고 도막의 가소성이 우수하다.

22 다음 중 천연 아스팔트에 속하지 않는 것은?
㉮ 아스팔타이트   ㉯ 록 아스팔트
㉰ 블론 아스팔트   ㉱ 레이크 아스팔트

※ 천연 아스팔트
레이크 아스팔트, 록 아스팔트, 아스팔타이트

23 테라코타에 관한 설명으로 옳지 않은 것은?
㉮ 색조나 모양을 임의로 만들 수 있다.
㉯ 소성제품이므로 변형이 생기기 쉽다.
㉰ 주로 장식용으로 사용되는 점토제품이다.

㉣ 일반석재보다 무겁기 때문에 부착이 어렵다.

※ 테라코타
· 속을 비게하여 소성한 제품으로서 난간벽, 기둥주두, 돌림띠, 창대 등에 사용한다.
· 일반 석재보다 가볍고, 압축강도는 화강암의 1/2정도이다.
· 거의 흡수성이 없고 색조가 자유롭고, 모양을 임의로 만들 수 있다.
· 소성제품이므로 변형이 생기기 쉽다.
· 구조용과 장식용이 있으나, 주로 장식용으로 사용된다.

24 내열성·내한성이 우수한 수지로 −60~260℃의 범위에서는 안정하고 탄성을 가지며 내후성 및 내화학성이 우수한 열경화성 수지는?

㉮ 요소수지   ㉯ 실리콘수지
㉰ 아크릴수지 ㉱ 염화비닐수지

※ 열경화성 수지
· 가열 후 굳어져서 다시 가열해도 연화되거나 녹지 않는다.
· 페놀수지, 요소수지, 멜라민수지, 알키드수지, 폴리 에스틸수지, 폴리 우레탄수지, 실리콘수지, 에폭시수지

25 벽, 기둥 등의 모서리 부분에 미장바름을 보호하기 위해 묻어 붙인 것으로 모서리쇠라고도 불리는 것은?

㉮ 와이어라스 ㉯ 조이너
㉰ 코너비드   ㉱ 메탈라스

㉮ 와이어라스 : 지름 0.9~1.2mm의 철선 또는 아연 도금 철선을 가공하여 만든 것으로 모르타르 바름 바탕에 쓰인다.
㉯ 조이너 : 천장, 벽 등에 보드를 붙이고 그 이음새를 감추고 누르는 데 사용되는 철물이다.
㉰ 코너비드 : 미장 공사에서 기둥이나 벽의 모서리 부분을 보호하기 위하여 쓰는 철물이다.
㉱ 메탈라스 : 얇은 강판에 일정한 간격으로 자름 금을 내어 이것을 옆으로 잡아 당겨 그물코 모양으로 만든 것으로 바름벽 바탕에 쓰인다.

26 다음 중 일반적으로 내화성이 가장 약한 석재는?

㉮ 사암   ㉯ 안산암
㉰ 화강암   ㉱ 응회암

※ 석재 내화도
· 안산암, 응회암, 사암 및 화산암 : 1,000℃
· 대리석, 석회암 : 600~800℃
· 화강암 : 600℃

27 다음 중 천연골재에 속하지 않는 것은?

㉮ 깬자갈   ㉯ 강자갈
㉰ 산모래   ㉱ 바다자갈

※ 골재 − 천연골재
· 천연 작용에 의해 암석에서 생긴 골재
· 강, 육지, 바다, 산의 자갈 및 모래

28 합성수지의 일반적인 성질에 관한 설명으로 옳지 않은 것은?

㉮ 전성, 연성이 크다.
㉯ 가소성, 가공성이 크다.
㉰ 흡수성이 적고 투수성이 거의 없다.
㉱ 탄력성이 없어 구조재료로 사용이 용이하다.

※ 합성수지 일반적 성질
· 착색이 자유롭다.
· 내약품성이 우수하다
· 전성, 연성이 크다.
· 가소성, 가공성이 크다.
· 광택이 있다.
· 내산, 내알칼리 등의 내화학성 및 전기 절연성이 우수하다.
· 내수성 및 내투습성은 일부를 제외하고 극히 양호하다.
· 탄력성이 없어 구조재료로 사용이 불가능 하다.
· 인장강도가 압축강도보다 매우 작다.

29 목재의 가공품 중 강당, 집회장 등의 천장 또는 내벽에 붙여 음향조절용으로 사용되는 것은?

㉮ 플로어링 보드 ㉯ 코펜하겐 리브
㉰ 파키트리 블록 ㉱ 플로어링 블록

※ 코펜하겐 리브
강당, 극장, 집회장 등에 음향 조절용으로 벽 수장재로 사용한다.

30 점토의 비중에 관한 설명으로 옳은 것은?

㉮ 보통은 2.5~2.6 정도이다.
㉯ 알루미나분이 많을수록 작다.
㉰ 불순물이 많은 점토일수록 크다.
㉱ 고알루미나질 점토는 비중이 1.0 내외이다.

※ 점토 비중
· 점토의 비중은 2.5~2.6정도 이다.
· 불순물이 많은 점토 일수록 크다.
· 알루미나분이 많을수록 크다.
· 고알루미나질 점토는 비중이 3.0내외이다.

31 강재의 열처리에 관한 설명으로 옳지 않은 것은?

㉮ 풀림은 강을 연화하거나 내부응력을 제거할 목적으로 실시한다.
㉯ 뜨임질은 경도를 감소시키고 내부응력을 제거하며 연성과 인성을 크게 하기 위해 실시한다.
㉰ 불림은 500~600℃로 가열하여 소정의 시간까지

유지한 후에 로 내부에서 서서히 냉각하는 처리를 말한다.
㉣ 담금질은 고온으로 가열하여 소정의 시간동안 유지한 후에 냉수, 온수 또는 기름에 담가 냉각하는 처리를 말한다.

※ 강재의 열처리 방법
▶ 불림
· 강을 800~1000°C 이상을 가열 후 공기 중에서 서서히 냉각 시키는 열처리법
· 결정의 미세화, 변형제거, 조직의 균일화
▶ 풀림
· 강을 800~1000°C 이상을 가열 후 노속에서 서서히 냉각 시키는 열 처리법
· 결정의 미세화 연화
▶ 담금질
· 가열 후 물이나 기름에서 급속히 냉각 시키는 열 처리법
· 강도와 경도의 증가, 담금이 어렵고, 담금질 온도의 상승
▶ 뜨임
· 담금질한 강을 변태점 이하(600°C)로 가열 후 서서히 냉각
· 변형제거, 강인한 강 제조

32 미장재료 중 자신이 물리적 또는 화학적으로 고체화하여 미장바름의 주체가 되는 재료가 아닌 것은?
㉮ 점토   ㉯ 석고
㉰ 소석회   ㉱ 규산소다

※ 미장재료 - 고결재
· 자신이 물리적, 화학적으로 고체화하여 미장 바름의 주체가 되는 재료
· 시멘트, 석고, 돌로마이트, 소석회, 점토, 합성수지 및 마그네시아

33 제물치장콘크리트에 관한 설명으로 가장 알맞은 것은?
㉮ 콘크리트 표면을 유성페인트로 마감한 것이다.
㉯ 콘크리트 표면을 모르타르로 마감한 것이다.
㉰ 콘크리트 표면을 시공한 그대로 마감한 것이다.
㉱ 콘크리트 표면을 수성페인트로 마감한 것이다.

※ 제물 치장 콘크리트
콘크리트 표면을 시공한 그대로 마감한 것이다.

34 각종 석재의 용도가 옳지 않은 것은?
㉮ 응회암 : 구조재
㉯ 점판암 : 지붕재
㉰ 대리석 : 실내장식재
㉱ 트래버틴 : 실내장식재

※ 석재 - 응회암
· 화산재, 화산 모래 등이 퇴적·응고하거나 물에 의하여 운반되어 암석 분쇄물과 혼합되어 침전된 석재
· 다공질이고 강도·내구성이 작아 구조재료로는 적당하지 않다.
· 내화성이 있으며, 외관이 좋고 조각하기 쉽다.
· 내화재, 장식재로 이용된다.

35 미장재료 중 돌로마이트 플라스터에 관한 설명으로 옳지 않은 것은?
㉮ 소석회에 비해 점성이 높다.
㉯ 응결시간이 길어 바르기가 용이하다.
㉰ 건조시 팽창되므로 균열 발생이 없다.
㉱ 대기 중의 이산화탄소와 화합하여 경화한다.

※ 돌로마이트 플라스터
· 기경성이며, 돌로마이트, 석회, 모래, 여물 때로는 시멘트를 혼합하여 만든 미장재료이다.
· 소석회보다 점성이 높다.
· 응결시간이 길어 바르기가 용이하다.
· 건조, 경화 시 수축률이 커서 균열이 생긴다.
· 이산화탄소와 화합하여 경화한다.

36 콘크리트의 일반적인 배합설계 순서에서 가장 먼저 이루어져야 하는 사항은?
㉮ 시멘트의 선정   ㉯ 요구성능의 설정
㉰ 시험배합의 실시   ㉱ 현장배합의 결정

※ 콘크리트 배합순서
요구 성능(소요 강도)의 설정 - 배합조건의 설정 - 재료의 선정 - 계획 배합의 설정 및 결정 - 현장 배합의 결정

37 시멘트의 응결시간에 관한 설명으로 옳은 것은?
㉮ 온도가 높으면 응결시간이 늦다.
㉯ 수량이 많을수록 응결시간이 빠르다.
㉰ 첨가된 석고량이 많으면 응결시간이 빠르다.
㉱ 일반적으로 분말도가 높으면 응결시간이 빠르다.

※ 시멘트의 응결시간
· 온도가 높으면 응결시간이 빠르다.
· 수량이 많을수록 응결시간이 늦다.
· 첨가된 석고량이 많으면 응결시간이 늦어진다.
· 분말도가 높으면 응결시간이 빠르다.

38 목재의 천연건조 방법에 속하는 것은?
㉮ 침수건조   ㉯ 열기건조
㉰ 진공건조   ㉱ 약품건조

※ 목재의 건조법 - 천연건조법
공기 건조법, 침수 건조법

39 건축재료를 화학조성에 의해 분류할 경우, 무기재료에 속하지 않는 것은?
- ㉮ 석재
- ㉯ 도자기
- ㉰ 알루미늄
- ㉱ 아스팔트

※ 건축 재료 화학 조성에 의한 분류 – 무기재료
석재, 흙, 콘크리트, 금속 등

40 유리제품에 관한 설명으로 옳지 않은 것은?
- ㉮ 복층유리는 방음, 단열 효과가 크며 결로 방지용으로도 우수하다.
- ㉯ 망입유리는 유리 성분에 착색제를 넣어 색깔을 띠게 한 유리이다.
- ㉰ 열선흡수유리는 단열유리라고도 하며 태양광선 중의 장파부분을 흡수한다.
- ㉱ 강화유리는 열처리한 판유리로 강도가 크고 파괴 시작은 파편이 되어 분쇄된다.

※ 유리제품 – 망입유리
용융 유리 사이에 금속 그물을 넣어 롤러로 압연하여 만든 판유리
도난 및 화재방지 등에 사용된다.

41 건축구조의 변천과정이 옳게 나열된 것은?
- ㉮ 동굴주거시대 → 움집주거시대 → 지상주거시대
- ㉯ 지상주거시대 → 움집주거시대 → 동굴주거시대
- ㉰ 움집주거시대 → 동굴주거시대 → 지상주거시대
- ㉱ 움집주거시대 → 지상주거시대 → 동굴주거시대

※ 건축구조의 변천과정
동굴 주거 시대 → 움집 주거시대 → 지상 주거 시대

42 A2 제도 용지의 크기로 옳은 것은?(단, 단위는 mm)
- ㉮ 210×297
- ㉯ 297×420
- ㉰ 420×594
- ㉱ 594×841

※ 제도용지규격
- A0 : 841×1189
- A1 : 594×841
- A2 : 420×594
- A3 : 297×420
- A4 : 210×297

43 건축 구조를 구성 방식에 따라 분류할 때 가구식 구조에 해당하는 것으로 짝지어진 것은?
- ㉮ 벽돌구조 – 돌구조
- ㉯ 목구조 – 철골구조
- ㉰ 블록구조 – 벽돌구조
- ㉱ 철근 콘크리트구조 – 철골 철근 콘크리트구조

※ 건축구조의 분류 – 구성방식에 의한 분류
- 가구식 구조 – 목구조, 철골구조
- 조적식 구조 – 벽돌구조, 돌구조, 블록구조
- 일체식 구조 – 철근콘크리트구조, 철골철근콘크리트구조

44 보강블록조 벽체의 보강철근 배근과 관련된 내용으로 옳지 않은 것은?
- ㉮ 철근의 정착이음은 기초보나 테두리보에 만든다.
- ㉯ 철근이 배근된 곳은 피복이 충분하도록 콘크리트로 채운다.
- ㉰ 보강철근은 내력벽의 끝부분·문꼴 갓둘레에는 반드시 배치되어야 한다.
- ㉱ 철근은 가는 것을 많이 넣는 것보다 굵은 것을 조금 넣는 것이 좋다.

※ 보강블록조 – 보강 철근 배근 방법
- 철근의 정착 이음은 기초보다 테두리보에 둔다.
- 가는 것을 많이 넣는 것이 굵은 것을 적게 넣는 것보다 유리하다.
- 철근이 배근된 것은 피복이 충분하도록 모르타르로 채운다.
- 보강 철근은 내력벽의 끝부분, 문꼴 갓 둘레에는 반드시 배치되어야 한다.

45 벽돌쌓기에서 프랑스식 쌓기에 대한 설명으로 옳지 않은 것은?
- ㉮ 외관이 아름답다.
- ㉯ 부분적으로 통줄눈이 생긴다.
- ㉰ 남는 토막이 적게 생겨 경제적이다.
- ㉱ 힘을 많이 받지 않는 벽돌담 등에 사용된다.

※ 벽돌쌓기공법 – 프랑스식(불식) 쌓기
- 한 켜에 길이와 마구리를 번갈아서 같이 쌓는 방법
- 통줄눈이 발생하여 구조적으로 튼튼하지 못하다.
- 비내력벽, 장식용 벽돌담 등으로 사용한다.
- 토막벽돌(이오토막, 칠오토막)을 사용하므로 남은 토막이 많이 생겨 비경제적이다.

46 설계도면이 갖추어야 할 요건에 대한 설명 중 옳지 않은 것은?
- ㉮ 객관적으로 이해되어야 한다.
- ㉯ 일정한 규칙과 도법에 따라야 한다.
- ㉰ 정확하고 명료하게 합리적으로 표현되어야 한다.
- ㉱ 모든 도면의 축척은 하나로 통일되어야 한다.

※ 설계도면의 요건
- 일정한 규칙과 규범을 따라야 한다.

- 객관적으로 이행되어야 한다.
- 모든 도면의 축척은 달리 할 수 있다.
- 정확하고, 명료하게 합리적으로 표현되어야 한다.

47 건축제도 시 선긋기에 관한 설명으로 옳지 않은 것은?
㉮ 선긋기를 할 때에는 시작부터 끝까지 일정한 힘과 일정한 연필의 각도를 유지하도록 한다.
㉯ T자와 삼각자를 이용한다.
㉰ 삼각자의 왼쪽 옆면 이용시에는 아래에서 위로 선을 긋는다.
㉱ 삼각자의 오른쪽 옆면 이용시에는 아래에서 위로 선을 긋는다.

※ 선 긋기
- 시작부터 끝까지 일정한 힘을 가하여 일정한 속도로 긋는다.
- T자와 삼각자를 이용한다.
- 삼각자의 왼쪽 옆면 이용시에는 아래에서 위로 선을 긋는다.
- 삼각자의 오른쪽 옆면 이용시에는 위에서 아래로 선을 긋는다.

48 철골구조의 주각부와 관계가 먼 것은?
㉮ 베이스플레이트   ㉯ 윙플레이트
㉰ 데크플레이트   ㉱ 사이드앵글

※ 철골구조 – 주각부
- 주각부 기둥이 받는 내력을 기초에 전달하는 부분이다.
- 윙 플레이트, 베이스 플레이트, 기호와의 접합을 위한 리브 플레이트, 클립 앵글, 사이드 앵글 및 앵커볼트를 사용한다.

49 물체가 있는 것으로 가상되는 부분을 표현할 때 사용되는 선은?
㉮ 가는 실선   ㉯ 파선
㉰ 일점쇄선   ㉱ 이점쇄선

※ 선
㉮ 가는 실선 : 치수선, 치수보조선, 인출선, 각도 설명 등을 나타내는 지시선 및 해칭선으로 사용한다.
㉯ 파선 : 물체의 보이지 않는 부분의 모양을 표시하는데 사용한다. 파선과 구별할 필요가 있을 때에는 점선을 쓴다.
㉰ 일점쇄선 : 물체의 중심축, 대칭축, 또는 절단한 위치를 표시하거나 경계선으로 사용한다.
㉱ 이점쇄선 : 물체가 있는 것으로 가상되는 부분을 표시하거나, 일점쇄선과 구별할 때 사용된다.

50 목구조에 사용하는 철물 중 보기와 같은 기능을 하는 것은?

목재 접합부에서 볼트의 파고들기를 막기 위해 사용하는 보강철물이며, 전단보강으로 목재상호 간의 변위를 방지한다.

㉮ 꺽쇠   ㉯ 주걱볼트
㉰ 안장쇠   ㉱ 듀벨

※ 목재이음철물 – 듀벨
목재와 목재사이 끼워서 전단력을 보강하는 철물

51 다음 중 실내건축 투시도 그리기에서 가장 마지막으로 하여야 할 작업은?
㉮ 서있는 위치 결정
㉯ 눈높이 결정
㉰ 입면상태의 가구 설정
㉱ 질감의 표현

※ 실내투시도 작도 순서
서있는 위치 설정 – 눈높이 결정 – 입면상태의 가구설정 – 질감의 표현

52 철골의 접합 방법 중 다른 접합보다 단면 결손이 거의 없는 접합방식은?
㉮ 용접   ㉯ 리벳 접합
㉰ 일반 볼트 접합 ㉱ 고력 볼트 접합

※ 철골조 접합 – 용접
- 구멍에 의한 단면 결손이 없고 경량이다.
- 접합부의 연속성과 강성을 얻을 수 있다.
- 소음이 발생하지 않는다.
- 재료의 선정에 주의하여야 한다.
- 시공시 결함이 생기기 쉽다.
- 용접 열에 의하여 변형이나 응력이 발생하는 결점이 있다.

53 각 실내의 입면을 그려 벽면의 형상, 치수, 끝마감 등을 나타내는 도면은?
㉮ 평면도   ㉯ 투시도
㉰ 단면도   ㉱ 전개도

※ 설계도면
㉮ 평면도 : 건축물을 각 층마다 창틀 위(지상1.2mm~1.5mm정도)에서 수평으로 자른 수평투상도로서 실의 배치 및 크기를 나타내는 도면
㉯ 투시도 : 공간이나 사물을 원근법에 의거하여 직접 물체를 바라보는 것 같이 입체적으로 작성한 도면
㉰ 단면도 : 건축물을 수직으로 잘라 그 단면을 나타낸 것으로 처마 높이, 층높이, 창대높이, 천장높이, 지붕의 물매 등을 나타내는 도면
㉱ 전개도 : 각 실의 내부의 의장을 명시하기 위해 작성하는 도면으로 실내의 벽면형상, 치수, 마감 등을 표시한다.

54 건축제도의 치수 기입에 대한 설명 중 옳지 않은 것은?
㉮ 인출선은 사용하지 않는다.
㉯ 치수선 중앙 윗부분에 기입하는 것이 원칙이다.

㉢ 치수는 특별히 명시하지 않는 한 마무리 치수로 표시한다.
㉣ 치수 기입은 치수선에 평행하게 도면의 왼쪽에서 오른쪽으로, 아래로부터 위로 읽을 수 있도록 기입한다.

※ 건축제도통칙 -치수
· 치수의 단위는 mm로 하고, 단위는 생략한다.
· 치수는 특별히 명시하지 않는 한 마무리 치수로 한다.
· 치수기입은 치수선 중앙 윗부분에 기입하는 것이 원칙이다.
· 협소한 간격이 연속 될 때에는 인출선을 사용하여 치수를 쓴다.
· 전체 치수를 바깥쪽에, 부분 치수는 안쪽에 기입한다.
· 치수기입은 치수선에 평행하게 도면의 왼쪽에서 오른쪽으로, 아래로부터 위로 읽을 수 있도록 기입한다.
· 치수선의 양 끝 표시는 화살 또는 점으로 표시할 수 있으며, 같은 도면에서 2종을 혼용할 수 없다.

55 배치도 표현에 관한 설명 중 옳지 않은 것은?
㉮ 도로와 대지와의 고저차, 등고선 등을 기입한다.
㉯ 축척은 1/100~1/600 정도로 한다.
㉰ 각 실과의 연관 관계를 표시한다.
㉱ 정화조, 맨홀, 배수구 등 설비의 위치나 크기를 그린다.

※ 설계도면 - 배치도
· 대지와 도로와의 관계, 도로의 넓이, 고저차, 등고선 표시
· 정화조, 멘홀, 배수구등 설비의 위치와 크기표시
· 대지 내 건물의 위치와 방위
· 축척은 1/100~1/600정도로 한다.

56 다음의 평면 표시 기호가 나타내는 것은?

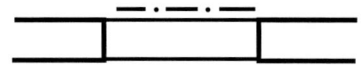

㉮ 셔터달린창
㉯ 오르내리창
㉰ 주름문
㉱ 미들창

※ 셔터달린창 :

57 다음 창호 표시기호의 뜻으로 옳은 것은?

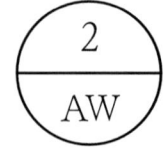

㉮ 알루미늄합금창 2번
㉯ 알루미늄합금창 2개
㉰ 알루미늄 2중창
㉱ 알루미늄문 2짝

※ 창호표시기호
원의 상단 2는 창호번호 2번이고, 원의 하단은 AW는 알루미늄 합금창을 의미한다. 즉, 알루미늄 합금창, 2번이다.

58 철근콘크리트구조에서 원형철근 대신 이형철근을 사용하는 주된 목적은?
㉮ 압축응력 증대
㉯ 부착응력 증대
㉰ 전단응력 증대
㉱ 인장응력 증대

※ 이형철근
· D로 표시하며 부착력을 높이기 위해서 철근 표면에 마디와 리브를 붙인 철근
· 부착력은 원형철근의 2배이상이다.

59 철골공사 용접 결함 중에서 용접상부에 따라 모재가 녹아 용착금속이 채워지지 않고 홈으로 남게 된 부분을 무엇이라고 하는가?
㉮ 블로홀
㉯ 언더컷
㉰ 오버랩
㉱ 피트

※ 용접결함
㉮ 블로홀(blow hole) : 금속이 녹아들 때 생기는 기포나 작은 틈
㉯ 언더컷(under cut) : 용접선 끝에 용착금속이 채워지지 않아 생긴 작은 홈
㉰ 오버랩(overlap) : 용착금속이 모재와 융합되지 않고, 들떠있는 현상
㉱ 피트(pit) : 용접부에 생기는 미세한 홈

60 대상 물체의 모양을 도면으로 표현 시 크기를 비율에 맞춰 줄이거나 늘이기 위해 사용하는 제도용구는?
㉮ T자
㉯ 축척자
㉰ 자유곡선자
㉱ 운형자

※ 제도용구 - 삼각스케일
삼각스케일은 1/100, 1/200, 1/300, 1/400, 1/500, 및 1/600 축척의 눈금이 있고, 길이는 100mm 150mm, 300mm의 세 종류가 있다. 스케일은 실물의 크기를 줄이거나(축척), 늘릴 때(배척) 및 그대로 옮길 때(실척)에 사용한다.

정답
01㉱ 02㉯ 03㉰ 04㉱ 05㉮ 06㉮ 07㉱ 08㉮ 09㉯ 10㉰
11㉯ 12㉮ 13㉰ 14㉱ 15㉰ 16㉯ 17㉮ 18㉰ 19㉰ 20㉰
21㉱ 22㉰ 23㉰ 24㉯ 25㉰ 26㉰ 27㉮ 28㉰ 29㉯ 30㉮
31㉰ 32㉱ 33㉱ 34㉮ 35㉰ 36㉯ 37㉱ 38㉱ 39㉱ 40㉯
41㉮ 42㉱ 43㉯ 44㉱ 45㉰ 46㉱ 47㉱ 48㉰ 49㉱ 50㉰
51㉱ 52㉰ 53㉱ 54㉮ 55㉰ 56㉮ 57㉮ 58㉯ 59㉯ 60㉯

2013년도 제5회 과년도 기출문제

01 수직선이 주는 조형효과로 가장 알맞은 것은?
① 위엄   ② 안정
③ 약동감 ④ 유연함

※ 선 - 수직선
고결, 희망, 상승, 위엄, 존엄성, 긴장감을 느낌

02 다음 설명에 알맞은 주택 거실의 가구 배치 방법은?

· 가구를 두 벽면에 연결시켜 배치하는 형식으로 시선이 마주치지 않아 안정감이 있으며 부드럽고 단란한 분위기를 준다.
· 일반적으로 비교적 적은 면적을 차지하기 때문에 공간 활용이 높고 동선이 자연스럽게 이루어지는 장점이 있다.

① 직선형   ② ㄱ자형
③ ㄷ자형   ④ 자유형

※ 거실가구 배치
① 직선형(일자형) : 가구를 벽에 나란히 붙여 배치하는 형식으로 좁은 집에서 가장 일반적인 유형이다.
② 코너형(ㄱ자형) : 가구를 두 벽면에 연결시켜 배치하는 형식으로 시선이 마주하지 않아 안정감 있다.
③ ㄷ자형(U자형) : 양측 벽면을 이용하므로 수납공간을 넓게 잡을 수 있으며, 이용하기에도 아주 편리하다.
④ 자유형 : 어느 쪽에도 해당되지 않는 유형

03 실내디자인의 개념과 가장 거리가 먼 것은?
① 순수예술   ② 디자인 활동
③ 실행과정   ④ 전문과정

※ 실내디자인의 개념
쾌적한 환경 조성을 통하여 능률적인 공간이 되도록 인체공학, 심리학, 물리학, 재료학, 환경학 및 디자인의 기본원리 등을 고려하여 인간 생활에 필요한 효율성, 아름다움, 경제성, 개성등을 갖도록 사용자에게 가장 바람직한 생활공간을 만드는 것으로 응용예술 분야로 볼 수 있다.

04 비슷한 형태, 규모, 색채, 질감, 명암, 패턴의 그룹을 하나의 그룹으로 지각하려는 경향을 말하는 형태의 지각 심리는?
① 근접성   ② 연속성
③ 폐쇄성   ④ 유사성

※ 형태의 지각심리(게슈탈트의 지각심리)
㉮ 근접성 : 보다 더 가까이 있는 2개 또는 둘 이상의 시각요소들은 패턴이나 그룹으로 지각될 가능성 크다는 법칙
㉯ 연속성 : 유사한 배열이 하나의 묶음으로 지각되는 것으로 공동 운명의 법칙
㉰ 폐쇄성 : 시각요소들이 어떤 형상을 지각하게 하는데 있어서 폐쇄된 느낌을 주는 법칙
㉱ 유사성 : 형태, 규모, 색채, 질감, 명암, 등에 있어서 유사한 시각적 요소들이 서로 연관되어 자연스럽게 그룹핑하여 하나의 패턴으로 보이는 법칙

05 다음 설명에 알맞은 형태의 종류는?

· 구체적 형태를 생략 또는 과장의 과정을 거쳐 재구성된 형태이다.
· 대부분의 경우 재구성된 원래의 형태를 알아보기 어렵다.

① 자연형태   ② 인위형태
③ 추상적 형태 ④ 이념적 형태

※ 형태의 종류 - 추상형태
· 구체적인 형태를 생략 또는 과장의 과정을 거쳐 재구성된 형태. 대부분의 경우 재구성된 원래의 형태를 알아보기 어려운 형태

06 주택에서 작업순서에 따른 부엌 작업대의 배치 순서로 옳은 것은?
① 준비대-개수대-조리대-가열대-배선대
② 준비대-조리대-개수대-가열대-배선대
③ 준비대-조리대-가열대-개수대-배선대
④ 준비대-가열대-개수대-조리대-배선대

※ 부엌의 싱크대 배열
준비대 - 개수대 - 조리대 - 가열대 - 배선대

07 실내 공간의 구성 요소 중 외부로부터의 방어와 프라이버시를 확보하고 공간의 형태와 크기를 결정하며 공간과 공간을 구분하는 수직적 요소는?

① 보 ② 벽
③ 바닥 ④ 천장

※ 실내기본요소 - 벽
공간을 에워싸는 수직적 요소이며, 수평방향을 차단하여 공간을 형성하는 구성요소이다.
▶ 기능
· 공간의 형태와 크기를 결정
· 프라이버시의 확보
· 외부로부터의 방어, 공간사이의 구분
· 동선이나 공기의 움직임을 제어할 수 있는 기능

08 마르셀 브로이어에 의해 디자인된 의자로, 강철 파이프를 구부려서 지지대 없이 만든 캔틸레버식 의자는?

① 체스카 의자 ② 파이미오 의자
③ 레드 블루 의자 ④ 바르셀로나 의자

※ 가구 - 의자
① 체스카 의자 : 마르셀 브로이어에 의해 디자인된 의자로 강철 파이프를 구부려서 지지대 없이 만든 캔틸레버의자
② 파이미오 의자 : 알바 알토에 의해 디자인된 것으로 자작나무 합판을 성형하여 만들었으며 접합부위가 없고, 목재가 지닌 재료의 단순성을 최대로 살린 의자
③ 레드 블루 의자 : 네덜란드의 리트벨트가 규격화한 판재를 이용하여 적, 청, 황의 원색으로 디자인한 의자
④ 바르셀로나 의자 : 미스 반 데어 로에 의하여 디자인된 것으로 X자로 된 강철 파이프 다리 및 가죽으로 된 등받이와 좌석으로 구성된 의자

09 실내디자인의 기본 조건 중 가장 우선시 되어야 하는 것은?

① 기능적 조건 ② 정서적 조건
③ 환경적 조건 ④ 경제적 조건

※ 실내디자인의 기본조건
▶ 기능적 조건 : 공간을 사용목적에 적합하도록 인간 공학, 공간 규모, 배치 및 동선, 사용빈도 등 제반 사항을 고려하여 가장 우선시 되어야 한다.
▶ 정신적 조건 : 심미적, 심리적 예술 욕구를 충족하기 위해 사용자의 연령, 취미, 기호, 직업, 학력 등을 고려
▶ 환경적 조건 : 쾌적한 환경을 직·간접적으로 지배하는 공기, 열, 음, 빛, 설비 등의 제반요소를 고려

10 다음 설명에 알맞은 건축화 조명의 종류는?

· 벽면 전체 또는 일부분을 광원화하는 방식이다.
· 광원을 넓은 벽면에 매입함으로서 비스타(vista)적인 효과를 낼 수 있으며 시선의 배경으로 작용할 수 있다.

① 코브 조명 ② 광창 조명
③ 광천장 조명 ④ 코니스 조명

※ 건축화 조명
천장, 벽, 기둥 등 건축부분에 광원을 만들어 실내를 조명하는 것을 말한다.
① 코브 조명 : 광원을 천장 또는 벽면에 가리고 빛을 벽이나 천장에 반사시켜 간접조명으로 조명하는 방식
② 광창 조명 : 광원을 넓은 면적의 벽면에 매입하여 비스타(vista)적인 효과를 낼 수 있으며 시선에 안락한 배경으로 작용하는 조명방식
③ 광천장 조명 : 건축 구조체의 천장에 조명 기구를 설치하고 그 밑에 루버나 유리, 플라스틱 같은 확산 투과재를 천장내에 광원을 배치하는 방식
④ 코니스 조명 : 벽면의 상부에 위치하여 모든 빛이 아래로 직사하도록 하는 조명방식

11 상점의 판매형식 중 대면판매에 관한 설명으로 옳은 것은?

① 직원의 정위치를 정하기가 용이하다.
② 측면판매에 비해 넓은 진열면적의 확보가 가능하다.
③ 상품의 계산이나 포장을 할 경우 별도의 공간확보가 요구된다.
④ 고객이 직접 진열된 상품을 접촉할 수 있는 관계로 충동구매와 선택이 용이하다.

※ 상점의 판매형식 - 대면판대
· 진열장을 사이에 주고 상담 또는 판매하는 형식
· 측면 방식에 비해 진열면적이 감소된다.
· 판매원의 고정 위치를 정하기가 용이하다.
· 상품의 포장대나 계산대를 별도로 둘 필요가 없다.
· 용도 : 시계, 귀금속, 안경, 의약품, 화장품, 제과

12 다음 중 리듬의 원리와 가장 거리가 먼 것은?

① 변이 ② 점이
③ 대비 ④ 반복

※ 디자인의 원리 - 리듬
리듬의 원리는 반복, 점이, 대립, 변이, 방사로 이루어진다. 이 중에서 반복이 가장 큰 원리이다.

13 여닫이문과 기능은 비슷하나 자유 경첩의 스프링에 의해 내·외부로 모두 개폐되는 문은?

① 자재문 ② 주름문
③ 미닫이문 ④ 미서기문

※ 출입문의 형태
① 자재문 : 여닫이문과 기능은 비슷하나 자유 경첩의 스프링에 의해 내·외부로 모두 개폐되는 문
② 주름문 : 포개어 겹쳐지게 된 문
③ 미닫이문 : 문짝을 두꺼비집이나 벽쪽으로 밀어 넣어 여닫게 하는 문
④ 미서기문 : 웃틀과 밑틀에 두 줄로 홈을 파서 문 한 짝을 다른 한짝 옆에 밀어 붙이게 하는 문

14 균형의 원리에 관한 설명으로 옳지 않은 것은?
① 크기가 큰 것이 작은 것보다 시각적 중량감이 크다.
② 색의 중량감은 색의 속성 중 색상에 가장 영향을 받는다.
③ 불규칙적인 형태가 기하학적 형태보다 시각적 중량감이 크다.
④ 복잡하고 거친 질감이 단순하고 부드러운 것보다 시각적 중량감이 크다.

※ 디자인원리 - 균형
· 크기가 큰 것이 작은 것보다 시각적 중량감이 크다.
· 불규칙적인 형태가 기하학적인 것보다 시각적 중량감이 크다.
· 복잡하고 거친 질감이 단순하고 부드러운 질감보다 시각적 중량감이 크다.
· 색의 중량감은 색의 속성을 특히 명도, 채도에 따라 크게 작용한다.

15 질감(Texture)을 선택할 때 고려하여야 할 사항과 가장 거리가 먼 것은?
① 촉감
② 색조
③ 스케일
④ 빛의 반사와 흡수

※ 질감 : 만져보거나 눈으로만 보아도 알 수 있는 촉각적, 시각적으로 지각되는 재질감
▶ 고려사항
· 촉각, 스케일, 빛의 반사와 흡수 등을 고려
· 색조는 무게감과 관계가 깊다.

16 간접조명에 관한 설명으로 옳지 않은 것은?
① 조명률이 낮다.
② 실내반사율의 영향이 크다.
③ 국부적으로 고조도를 얻기 편리하다.
④ 경제성보다 분위기를 목표로 하는 장소에 적합하다.

※ 간접조명
· 광원의 90~100%를 천장이나 벽에 투사하여 반사, 확산된 광원이다.
· 조도가 가장 균일하고 음영이 가장 적어 입체감은 약하나 부드러운 분위기 조성이 용이하다.
· 조명률이 가장 낮고 경제성이 떨어진다.
· 먼지에 의한 감광이 크고 음산한 분위기를 준다.

17 잔향시간에 관한 설명으로 옳지 않은 것은?
① 잔향시간은 실의 용적에 비례한다.
② 잔향시간은 벽면의 흡음도에 영향을 받는다.
③ 잔향시간은 실의 평면형태와 밀접한 관계가 있다.
④ 회화청취를 주로 하는 실에서는 짧은 잔향시간이 요구된다.

※ 음의 잔향시간
· 실내음의 발생을 중지시킨 후 60dB까지 감소하는데 소요되는 시간

· 천장과 벽의 흡음력을 크게 하면 잔향시간이 짧아진다.
· 잔향시간은 실의 용적이 크면 클수록 길다.
· 잔향시간은 실의 형태와 무관하다.
· 강연과 연극, 회의실 등 이야기 소리의 청취를 목적으로 한 실은 잔향시간을 짧게 하여 음성의 명료도를 높인다.
· 오케스트라, 뮤지컬 등 음악을 주로 하는 경우 잔향시간을 길게 하여 음악의 음질을 우선으로 한다.

18 다음 중 결로의 발생 원인과 가장 거리가 먼 것은?
① 환기 부족
② 실내의 불결
③ 시공의 불량
④ 실내외의 온도차

※ 결로 발생원인
· 실내습기의 과다 발생 및 불안전 처리
· 실내외의 온도 차가 심한 경우
· 단열시공의 불안정
· 환기 부족

19 급기는 자연으로 행하고 기계력에 의해 배기하는 환기법인 흡출식 환기법의 적용이 가장 바람직한 공간은?
① 화장실
② 수술실
③ 영화관
④ 전기실

※ 환기방식 - 제3종 환기방식(흡출식)
· 급기를 자연적으로 배기는 기계적으로 배출
· 실내의 악취나 오염을 다른 곳으로 흘려보내지 않으며 실내 압은 부(-)압이 된다.
· 화장실, 주방

20 다음 중 일조조절의 목적과 가장 거리가 먼 것은?
① 하계의 적극적인 수열
② 작업면의 과대 조도 방지
③ 실내 조도의 현저한 불균일 방지
④ 실내 휘도의 현저한 불균일 방지

※ 일조조절의 목적
· 작업 면 과대 조도 방지
· 실내 조도와 휘도의 현저한 불균형

21 다음 목재의 강도 중 가장 큰 것은?
① 응력방향이 섬유방향에 평행한 경우의 인장강도
② 응력방향이 섬유방향에 평행한 경우의 압축강도
③ 응력방향이 섬유방향에 수직한 경우의 인장강도
④ 응력방향이 섬유방향에 수직한 경우의 압축강도

※ 목재강도
인장강도＞휨 강도＞압축강도＞전단강도

22 다음 중 천연골재의 종류에 해당되지 않는 것은?
① 산모래   ② 강자갈
③ 깬자갈   ④ 바다자갈

※ 골재 - 천연골재
· 천연 작용에 의해 암석에서 생긴 골재
· 강, 육지, 바다, 산의 자갈 및 모래

23 아스팔트의 양부 판별에 중요한 아스팔트의 경도를 나타내는 것은?
① 신도   ② 감온성
③ 침입도   ④ 유동성

※ 침입도
아스팔트의 경도를 표시하는 것으로 규정된 침이 시료 중에 수직으로 진입된 길이를 나타낸다.

24 합판에 관한 설명으로 옳지 않은 것은?
① 단판의 매수는 짝수를 원칙으로 한다.
② 합판을 구성하는 단판을 베니어라고 한다.
③ 함수율 변화에 따른 팽창·수축의 방향성이 없다.
④ 뒤틀림이나 변형이 적은 비교적 큰 면적의 평면 재료를 얻을 수 있다.

※ 목재 - 합판
· 단판(베니어)을 1장마다 섬유방향과 직교되게 3, 5, 7, 9 등의 홀수 겹으로 겹쳐 접착제로 붙여댄 것이다.
· 균일한 강도의 재료를 얻을 수 있다.
· 함수율 변화에 따른 팽창. 수축의 방향성이 없다.
· 뒤틀림이나 변형이 적은 비교적 큰 면적의 평면 재료를 얻을 수 있다.

25 단열재료에 관한 설명으로 옳지 않은 것은?
① 일반적으로 다공질 재료가 많다.
② 일반적으로 역학적인 강도가 크다.
③ 단열재료의 대부분은 흡음성도 우수하다.
④ 일반적으로 열전도율이 낮을수록 단열성능이 좋다.

※ 단열재 구비조건
· 다공질 재료가 많다.
· 역학적인 강도가 작다.
· 수증기의 투과율이 낮아야 한다.
· 흡수율과 열전도율이 낮아야 한다.
· 흡음성이 우수하다.

26 다음 중 합성수지계 접착제에 해당되지 않는 것은?
① 에폭시 접착제   ② 카세인 접착제
③ 비닐수지 접착제   ④ 멜라민수지 접착제

※ 합성수지계 접착제
멜라민, 요소, 페놀, 레졸, 에폭시, 폴리우레탄, 푸란, 규소, 아세트산 비닐수지, 니트릴 고무, 네오프렌 접착제 등이 있다.

27 콘크리트의 슬럼프 시험을 하는 가장 주된 목적은?
① 공기량 측정   ② 시공연도 측정
③ 골재의 입도 측정   ④ 콘크리트의 강도 측정

※ 슬럼프 시험
· 콘크리트 시공연도 시험법
· 시공연도의 양부를 판정하는 기준

28 다음 중 사용 목적에 따른 건축재료의 분류에 해당되지 않는 것은?
① 유기재료   ② 구조재료
③ 마감재료   ④ 차단재료

※ 건축 재료 사용목적별 분류
구조재료, 마감재료, 차단재료, 방화·내화재료

29 동과 아연의 합금으로 가공성, 내식성 등이 우수하며 계단 논슬립, 코너비드 등의 부속철물로 사용되는 것은?
① 청동   ② 황동
③ 포금   ④ 주석

※ 비철금속 - 황동
· 구리 + 아연(Zn)의 합금
· 구리보다 단단하고 주조가 잘 되면, 가공하기가 쉽다.
· 내식성이 크고 외관이 아름답다.
· 색깔은 주로 아연의 양에 따라 정해진다.
· 용도 : 창호철물

30 점토의 일반적인 성질에 관한 설명으로 옳지 않은 것은?
① 압축강도는 인장강도의 약 5배 정도이다.
② 점토 입자가 미세할수록 가소성은 좋아진다.
③ 알루미나가 많은 점토는 가소성이 좋지 않다.
④ 색상은 철산화물 또는 석회물질에 의해 나타난다.

※ 점토성질
· 점토의 주성분은 규산(실리카), 알루미나이다.
· 점토의 비중은 2.5~2.6 이다.
· 점토의 비중은 불순물이 많은 점토일수록 작고, 알루미나분이 많을수록 크다.
· 점토의 압축강도는 인장강도의 약 5배 정도이다.
· 양질의 점토는 습윤 상태에서 현저한 가소성을 나타낸다.
· 알루미나가 많은 점토는 가소성이 좋다.

- Fe_2O_3와 기타 부성분이 많은 것은 고급 제품의 원료로 부적당하다.
- 점토에 포함된 성분에 의해 철산화물이 많으면 적색이 되고, 석회물질이 많으면 황색을 띠게 된다.
- 불순물이 많은 것은 고급제품의 원료로 부적당하다.

31 목재의 인공건조법에 관한 설명으로 옳지 않은 것은?

① 균류에 의한 부식과 충해방지에는 효과가 없다.
② 훈연건조는 실내온도의 조절이 어렵다는 단점이 있다.
③ 단시간에 사용목적에 따른 함수율까지 건조시킬 수 있다.
④ 열기건조는 건조실에 목재를 쌓고 온도, 습도 등을 인위적으로 조절하면서 건조하는 방법이다.

※ 목재의 인공건조법은 균류에 의한 부식과 충해 방지에도 효과가 있다.

32 유성페인트의 성분 구성으로 가장 알맞은 것은?

① 안료+물
② 합성수지+용제+안료
③ 수지+건성유+희석제
④ 안료+보일드유+희석제

※ 유성페인트(안료+보일드유+희석재)
- 안료와 건조성 지방유를 주 원료로 한다.
- 붓 바름 작업성 및 내후성이 우수하다.
- 건조시간이 길다.
- 내알칼리성이 약하므로 콘크리트 바탕 면에 사용하지 않는다.

33 다음의 석재 중 내화성이 가장 작은 것은?

① 사암
② 안산암
③ 응회암
④ 대리석

※ 석재 내화도
- 안산암, 응회암, 사암 및 화산암 : 1,000℃
- 대리석, 석회암 : 600~800℃
- 화강암 : 600℃

34 유리 내부에 금속망을 삽입하고 압착 성형한 판유리로서 방화 및 방도용으로 사용되는 것은?

① 망입유리
② 접합유리
③ 열선흡수유리
④ 열선반사유리

※ 유리
① 망입유리 : 유리 액을 롤러로 제판하고, 그 내부에 금속망을 삽입하여 성형한 유리
② 접합유리 : 투명 판 유리 2장 사이에 합성 수지막을 넣어 접착시킨 유리
③ 열선 흡수유리 : 단열 유리라고 하며, 철, 니켈, 크롬을 첨가하여 만든 유리
④ 열선반사유리 : 에너지 절약효과를 목적으로 제작된 유리로서 가시광선의 반사율이 높은 유리

35 다음 중 수경성 미장재료에 해당되는 것은?

① 회사벽
② 회반죽
③ 시멘트 모르타르
④ 돌로마이트 플라스터

※ 수경성 미장재료
- 수화작용에 물만 있으면 공기 중이나 수중에서 굳어지는 성질
- 시멘트모르타르, 인조석, 테라조, 현장바름, 순석고 플라스터, 혼합석고 플라스터, 보드용 플라스터, 경석고 플라스터

36 타일의 주체를 이루는 부분으로, 시유 타일의 경우에는 표면의 유약을 제거한 부분을 의미하는 것은?

① 첨지
② 소지
③ 지첨판
④ 뒷붙임

※ 타일구성요소 – 소지
타일의 주체를 이루는 부분으로 시유 타일의 경우에는 표면의 유약 즉, 시유 부분을 제거한 부분을 의미 한다.

37 금속제 용수철과 완충유와의 조합작용으로 열린 문이 자동으로 닫혀 지게 하는 것으로 바닥에 설치되며, 일반적으로 무거운 중량창호에 사용되는 창호철물은?

① 크레센트
② 도어 스톱
③ 도어 행거
④ 플로어 힌지

※ 창호 철물
① 크레센트 : 오르내리기 창에 사용되는 걸쇠
② 도어 스톱 : 열린 문짝이 벽 등에 손상되는 것을 막기 위해 바닥 또는 옆 벽에 대는 철물
③ 도어 행거 : 접문 등 문의 상부에 달아매는 미닫이 창호용 철물로 달 문의 이동장치에 사용되는 창호철물
④ 플로어 힌지 : 바닥에 오일이나 스프링 유압 밸브를 장치하여 문을 열면 저절로 닫혀지게 되는 철물

38 매스 콘크리트의 균열 방지 및 감소 대책으로 옳지 않은 것은?

① 파이프 쿨링을 한다.
② 저발열성 시멘트를 사용한다.
③ 부재에 이음매를 설치하지 않는다.
④ 콘크리트의 온도상승을 적게 한다.

※ 매스콘크리트 균열 방지 및 강도 대책
- 파이프쿨링을 한다.
- 부재의 이음매를 설치한다.
- 저발열성 시멘트를 사용한다.
- 콘크리트의 온도 상승을 적게한다.

39 시멘트의 분말도에 관한 설명으로 옳지 않은 것은?

① 분말도가 클수록 응결이 느려진다.
② 분말도가 너무 크면 풍화하기 쉽다.
③ 단위중량에 대한 표면적으로 표시된다.
④ 브레인법 또는 표준체법에 의해 측정할 수 있다.

※ 시멘트 분말도
· 단위 중량에 대한 표면적으로 표시한다.
· 분말도가 높을수록 수화작용이 촉진되어 응결이 빨라진다.
· 분말도가 높을수록 발현속도가 빠르다.
· 분말도가 미세할수록 풍화되기 쉽다.
· 브레인법 또는 표준체법에 의해 측정할 수 있다.

40 다음 설명에 알맞은 재료의 역학적 성질은?

> 재료에 외력이 작용하면 변형이 생기나, 이 외력을 제거하면 재료가 원래의 모양·크기로 되돌아가는 성질

① 소성 ② 점성
③ 탄성 ④ 취성

※ 재료의 역학적 성질
① 소성 : 재료에 외력이 어느 한도에 도달하면 외력의 증가 없이 변형만 증대하는 성질을 말한다. 이 경우 외력을 제거해도 원형으로 회복되지 않는 성질
② 점성 : 유체가 유동하고 있을 때 유체의 내부에 흐름을 저지하려고 하는 내부마찰저항이 발생한다. 이러한 성질을 말한다.
③ 탄성 : 재료에 외력이 작용하면 순간적으로 변형이 생기지만 외력을 제거하면 순간적으로 원형으로 회복하는 성질
④ 취성 : 작은 변형이 생기더라도 파괴되는 성질

41 제도용구 중 운형자는 무엇을 그리는데 사용하는가?

① 수직선 ② 수평선
③ 곡선   ④ 해칭선

※ 제도용구 - 운형자
원호 이외의 다양한 곡선을 그을 때 사용한다.

42 나무구조에서 홈대에 대한 설명으로 옳은 것은?

① 기둥 맨 위 처마 부분에 수평으로 거는 가로재를 말한다.
② 기둥과 기둥 사이에 가로로 꿰뚫어 넣는 수평재를 말한다.
③ 한식 또는 절충식 구조에서 인방 자체가 수장을 겸하는 창문틀을 말한다.
④ 토대에서 수평 변형을 방지하기 위하여 쓰이는 부재를 말한다.

※ 홈대
한식 또는 절충식 구조에서 인방 자체가 수장을 겸하는 창문틀을 말한다.

43 다음 중 선의 표시가 옳지 않은 것은?

① 숨은선 - 실선
② 중심선 - 일점쇄선
③ 치수선 - 가는실선
④ 상상선 - 이점쇄선

※ 선
· 실선의 전선 - 단면선, 외형선, 파단선
· 실선의 가는선 - 치수선, 치수보조선, 지시선, 해칭선
· 파선 - 숨은선
· 일점쇄선 - 중심선, 절단선, 경계선, 기준선
· 이점쇄선 - 가상선

44 다음 기호가 나타내는 것은?

① 강철 문, 창호번호 2번
② 스테인리스 문, 창호번호 2번
③ 스테인리스 창, 창호 모듈 호칭 치수 20×20
④ 강철 창, 창호 모듈 호칭 치수 20×20

※ 창호표시기호
원의 상단 2는 창호번호 2번이고, 원의 하단은 SSD는 스테인리스 문을 의미한다.
즉, 스테인리스 문, 창호번호 2번이다.

45 휨, 전단, 비틀림 등에 대하여 역학적으로 유리하며, 특히 단면에 방향성이 없으므로 뼈대의 입체구성을 하는데 적합하고 공장, 체육관, 전시장 등의 건축물에 많이 사용되는 구조는?

① 경량철골구조 ② 강관구조
③ 막구조   ④ 조립식구조

※ 건축구조
① 경량철골구조 : 경량 형강을 주요 구조부에 사용하는 구조
② 강관구조 : 휨, 전단, 비틀림 등에 대하여 역학적으로 유리하며, 특히 단면에 방향성이 없으므로 뼈대의 입체구성을 하는데 적합하고 공장, 체육관, 전시장 등의 건축물에 이용되는 구조
③ 막 구조 : 재료 자체로서는 도저히 힘을 받을 수 없는 막을 잡아당겨 인장력을 주어 막 자체가 강성이 생긴 구조
④ 조립식 구조 : 공장에서 부재를 생산하여 현장에서 부재를 조립하는 방식의 구조

46 건축물의 주요 구조부가 갖추어야 할 기본조건으로 가장 거리가 먼 것은?
① 안전성　② 내구성
③ 경제성　④ 기능성

※ 건축물 주요 구조부의 기본조건
안전성, 내구성, 경제성, 거주성 등이 있다.

47 고력볼트 접합에 대한 설명으로 옳지 않은 것은?
① 피로강도가 높다.
② 볼트는 고탄소강, 합금강으로 만든다.
③ 조임순서는 단부에서 중앙으로 한다.
④ 임팩트랜치 및 토크렌치로 조인다.

※ 고력볼트접합
· 피로 강도가 높아 반복하중에 대한 접합부의 강성이 높다.
· 조임은 중앙에서 단부 쪽으로 조여 간다.
· 볼트는 고탄소강, 합금강으로 만든다.
· 임팩트랜치 및 토크렌치로 조인다.

48 속빈 콘크리트 기본 블록의 두께 치수가 아닌 것은?
① 220mm　② 190mm
③ 150mm　④ 100mm

※ 블록제품의 크기
· 기본형 : 390(길이) × 190(높이) × 190(150,100)(두께)
· 표준형 : 290 × 190 × 190(150,100)

49 목구조에 대한 설명 중 옳지 않은 것은?
① 자재의 수급 및 시공이 간편하다.
② 저층의 주택과 같이 비교적 소규모 건축물에 적합하다.
③ 목재는 가볍고 가공성이 좋으며 친화감이 있다.
④ 목재는 열전도율이 커서 연소하기 쉽다.

※ 목구조
· 자재의 수급 및 시공이 간편하다.
· 저층의 주택과 같이 비교적 소규모 건축물에 적합하다.
· 목재는 가볍고 가공성이 좋으면 친화감이 있다.
· 목재는 열전도율이 작아서 단열효과가 크나, 연소하기 쉽다.

50 철근콘크리트 구조의 장점이 아닌 것은?
① 내화, 내구, 내진적이다.
② 철골구조보다 장스팬이 가능하다.
③ 설계가 자유롭다.
④ 고층 건물이 가능하다.

※ 철근콘크리트구조
· 내화, 내구, 내진적이다.
· 설계가 자유롭고, 고층건물이 가능하다.
· 장스팬은 불가능하다.
· 구조물을 완성 후 내부 결함의 유무를 검사하기 어렵다.
· 균열이 쉽게 발생한다.
· 철근과 콘크리트는 선팽창계수가 거의 같다.
· 자중이 무겁고, 시공기간이 길다.
· 콘크리트 자체의 압축력이 매우 크다.

51 다음 중 철골구조에서 주각을 구성하는 부재는?
① 베이스 플레이트　② 커버 플레이트
③ 스티프너　④ 래티스

※ 철골구조 – 주각부
· 주각부 기둥이 받는 내력을 기초에 전달하는 부분이다.
· 윙 플레이트, 베이스 플레이트, 기호와의 접합을 위한 리브 플레이트, 클립 앵글, 사이드 앵글 및 앵커볼트를 사용한다.

52 조립식구조의 특성과 가장 거리가 먼 것은?
① 공기가 단축된다.
② 공사비가 증가된다.
③ 품질향상과 감독관리가 용이하다.
④ 대량생산이 가능하다.

※ 조립식 구조
· 대량생산이 가능하다.
· 공기가 단축된다.
· 품질향상과 감독관리가 용이하다.
· 공사비가 감소된다.

53 다음의 각종 설계도면에 대한 설명 중 옳지 않은 것은?
① 계획 설계도에는 구상도, 조직도, 동선도 등이 있다.
② 기초 평면도의 축척은 평면도와 같게 한다.
③ 단면도는 건축물을 각 층마다 창틀 위에서 수평으로 자른 수평투상도로서, 실의 배치 및 크기를 나타낸다.
④ 전개도는 건물 내부의 입면을 정면에서 바라보고 그리는 내부 입면도이다.

※ 설계도면 – 단면도
건축물을 수직으로 잘라 그 단면을 나타낸 것으로 처마높이, 층높이, 창대높이, 천장높이, 지붕의 물매 등을 나타내는 도면

54 지름이 13mm인 이형 철근을 250mm 간격으로 배근할 때 그 표현으로 옳은 것은?
① D13-250@　② 250@D13

③ @250-D13　　　　④ D13@250

※ 지름이 13mm인 이형 철근의 표기는 D13, @250은 간격 250mm를 의미하므로 D13@250으로 표기 한다.

55 다음 중 선긋기의 유의사항으로 옳은 것은?
① 모든 종류의 선은 일목요연하게 같은 굵기로 긋는다.
② 축척과 도면의 크기에 따라서 선의 굵기를 다르게 한다.
③ 한번 그은 선은 중복해서 여러번 긋는다.
④ 가는 선일수록 선의 농도를 낮게 조정한다.

※ 선 긋기
· 시작부터 끝까지 일정한 힘을 가하여 일정한 속도로 긋는다.
· 각을 이루어 만나는 선은 정확하게 긋고, 선은 중복해서 긋지 않는다.
· 축척과 도면의 크기에 따라서 선의 굵기를 다르게 한다.
· 용도에 따라 선의 굵기를 구분하여 사용한다.
· 가는 선일수록 선의 농도를 높게 조정한다.
· 파선의 끊어진 부분은 길이와 간격을 일정하게 한다.
· 파선의 모서리는 반드시 연결하고, 교차점은 반드시 교차시키도록 한다.

56 철골구조 접합방법 중 부재간의 마찰력에 의하여 응력을 전달하는 접합방법은?
① 듀벨접합　　　　② 핀접합
③ 고력볼트접합　　④ 용접

※ 고력볼트접합
고력볼트로 접합되는 부재를 서로 강력히 압착시켜 압착면에 생기는 마찰력에 의해 응력을 전달시키는 방법이다.

57 벽돌구조에서 1.5B 벽체의 두께는 몇mm인가?
① 90mm　　　　② 190mm
③ 290mm　　　　④ 390mm

※ 1.5B 벽 두께
190(1.0B) + 10(줄눈) + 90(0.5B) = 290mm

58 다음 중 가구식 구조에 대한 설명으로 옳은 것은?
① 기둥 위에 보를 겹쳐 올려놓은 목구조 등을 말한다.
② 벽체가 직접 수직 및 수평하중을 받도록 설계한 구조방식이다.
③ 전 구조체가 일체가 되도록 한 구조를 말한다.
④ 지붕 및 바닥 등의 슬래브를 케이블로 매단 구조를 말한다.

※ 가구식 구조
· 목재, 철골 등과 같은 비교적 가늘고 긴 부재를 조립하여 형성한 구조이다.
· 기둥과 보를 부재의 접합에 의해서 축조하는 방법으로 목구조, 철골구조 등이 있다.

59 다음 중 초고층 건물의 구조로 가장 적합한 것은?
① 현수구조　　　　② 절판구조
③ 입체트러스구조　④ 튜브구조

※ 튜브 구조
초고층 구조의 건물로 내부기둥을 줄여 내부공간을 넓게 조성 할 수 있는 구조로 초고층 건축물의 구조로 가장 적합한 구조이다.

60 건물의 외부보를 제외하고 내부에는 보 없이 바닥판만으로 구성하여 그 하중을 직접 기둥에 전달하는 슬래브의 종류는?
① 2방향 슬래브　　② 1방향 슬래브
③ 플랫 슬래브　　　④ 워플 슬래브

※ 플랫 슬래브
건물의 외부 보를 제외하고는 내부에는 보 없이 바닥판만으로 구성하고 그 하중은 직접 기둥에 전달하는 슬래브구조가 간단하고 공사비가 저렴하다.

정답

01① 02② 03① 04④ 05③ 06① 07② 08① 09① 10②
11① 12③ 13① 14② 15② 16③ 17③ 18② 19① 20①
21① 22③ 23③ 24① 25② 26② 27② 28① 29② 30③
31① 32④ 33④ 34① 35③ 36② 37④ 38③ 39① 40③
41③ 42③ 43① 44② 45② 46④ 47③ 48① 49④ 50②
51① 52② 53③ 54④ 55② 56③ 57③ 58① 59④ 60③

과년도 기출문제

2014년도 제1회

01 부엌의 기능적인 수납을 위해서는 기본적으로 네 가지 원칙이 만족되어야 하는데, 다음 중 "수납장 속에 무엇이 들었는지 쉽게 찾을 수 있게 수납한다"와 관련된 원칙은?

① 접근성 ② 조절성
③ 보관성 ④ 가시성

※ 부엌의 기능적 수납을 위해서는 접근성, 조절성, 보관성 및 가시성 등의 네가지 원칙이 만족되어야 하며 이 중에서 가시성은 수납장 속에 무엇이 들어 있는지 쉽게 찾을 수 있게 수납하는 기능에 대한 원칙이다.

02 공간을 실제보다 더 높아 보이게 하며, 엄숙함과 위엄 등의 효과를 주기 위해 일반적으로 사용되는 디자인 요소는?

① 사선 ② 곡선
③ 수직선 ④ 수평선

※ 선
① 사선 : 운동감, 약동감, 생동감, 속도감, 불안정, 반항의 동적인 느낌
② 곡선(포물선) : 온화, 부드럽고 율동적이며 여성적 느낌
③ 수직선 : 고결, 희망, 상승, 위엄, 존엄성, 긴장감을 느낌
④ 수평선 : 고요, 안정, 평화, 평등, 침착 ,정지된 느낌

03 침대의 종류 중 퀸(queen)의 표준 매트리스 크기는? (단, 단위는 mm)

① 900×1875 ② 1350×1875
③ 1500×2000 ④ 1900×2100

※ 침대의 규격
· 싱글배드 : 1,000×1,900
· 더블배드 : 1,350×1,900
· 퀸 배드 : 1,500×2,000
· 킹 배드 : 2,000×2,000

04 평범하고 단순한 실내에 흥미를 부여하려고 하는 경우 가장 적합한 디자인 원리는?

① 조화 ② 통일
③ 강조 ④ 균형

※ 디자인의 원리 – 강조
시각적인 힘에 강·약의 단계를 주어 디자인의 일부분에 초점이나 흥미를 부여하는 디자인 요소

05 디자인 요소 중 점에 관한 설명으로 옳지 않은 것은?

① 화면 상에 있는 두 점의 크기가 같을 때 주의력은 균등하게 작용한다.
② 선과 마찬가지로 형태의 외곽을 시각적으로 설명하는데 사용될 수 있다.
③ 화면상에 있는 하나의 점은 관찰자의 시선을 화면 안에 특정한 위치로 이끈다.
④ 다수의 점은 2차원에서 면이나 형태로 지각될 수 있으나, 운동을 표현하는 시각적 조형효과는 만들 수 없다.

※ 디자인의 원리 – 점
· 점은 위치만 있고, 방향성과 크기(길이, 폭, 깊이 등)는 없고, 가장 작은 면으로 인식 할 수 있다.
· 공간에 한 점을 위치시키면 집중 효과가 있다.
· 두 점의 크기가 같을 때 주의력은 균등하게 작용한다.
· 근접된 많은 점의 경우에는 선이나 면으로 지각되며 운동별 표현하는 시각적 조형효과로 나타난다.
· 점이 연속되면 선의 느낌을 주고, 가까운 거리에 있는 점은 선으로 지각되어 도형을 느끼게 한다.

06 실내디자인 과정에서 일반적으로 건축주의 의사가 가장 많이 반영되는 단계는?

① 기획단계 ② 시공단계
③ 기본설계단계 ④ 실시설계단계

※ 실내디자인 프로세스 – 기획단계
· 건축주의 의사가 가장 많이 반영되는 단계
· 사용자의 경제 능력과 경제력 타당성을 조사
· 필요로 하는 공간의 종류와 면적에 대한 사항 파악
· 공간을 사용할 사람의 생활양식, 취향, 가치관 등을 파악

07 다음 중 실내디자인의 목적과 가장 거리가 먼 것은?

① 생산성을 최대화한다.

② 미적인 공간을 구성한다.
③ 쾌적한 환경을 조성한다.
④ 기능적인 조건을 최적화한다.

※ 실내디자인 목표
· 기능적 : 쾌적한 인간 생활의 환경 조성, 심리적 문제의 해결
· 미의 조화 : 미학적, 독자적인 개성 표현
· 욕구의 해결 : 물리적, 환경적, 예술적 및 정서적 욕구

08 주택의 침실계획에 관한 설명으로 옳지 않은 것은?

① 침대를 놓을 때 머리 쪽에 창을 두지 않는 것이 좋다.
② 침실의 소음은 120데시벨(dB) 이하로 하는 것이 바람직하다.
③ 침대는 외부에서 출입문을 통해 직접 보이지 않도록 배치한다.
④ 침실에 붙박이장을 설치하면 수납공간이 확보되어 정리정돈에 효과적이다.

※ 주택 – 침실계획
· 침실 소음기준은 20~30dB로 하여야 바람직하다.
· 출입문 개방시 직접 침대가 안 보이는 것이 좋다.
· 침대를 놓을 때 머리 쪽에 창을 두지 않는 것이 좋다.
· 침실에 붙박이 옷장을 설치하면 수납공간이 확보되어 정리정돈에 효과적이다.

09 리듬의 요소에 해당하지 않는 것은?

① 반복   ② 점이
③ 균형   ④ 방사

※ 디자인의 원리 – 리듬
리듬의 원리는 반복, 점이, 대립, 변이, 방사로 이루어진다. 이 중에서 반복이 가장 큰 원리이다.

10 소규모 주택에서 많이 사용하는 방법으로 거실 내에 부엌과 식당을 설치한 것은?

① D 형식   ② DK 형식
③ LD 형식   ④ LDK 형식

※ 부엌배치 유형 – LDK (리빙다이닝키친)
소규모 주택이나 아파트에서 많이 나타나는 형태로 거실(L) 내의 부엌(K)과 식사실(D)을 계획하여 동선이 짧아지는 장점이 있다.

11 백화점의 외벽에 창을 설치하지 않는 이유 및 효과와 가장 거리가 먼 것은?

① 정전, 화재시 유리하다.
② 조도를 균일하게 할 수 있다.
③ 실내 면적 이용도가 높아진다.
④ 외측에 광고물의 부착 효과가 있다.

※ 백화점이 외벽에 창이 없는 이유 및 효과
· 실내 면적 이용도가 높아진다.
· 조도를 균일하게 할 수 있다.
· 외측에 광고물의 부착효과가 있다.

12 실내기본요소 중 바닥에 관한 설명으로 옳지 않은 것은?

① 촉각적으로 만족할 수 있는 조건을 요구한다.
② 천장과 함께 공간을 구성하는 수평적 요소이다.
③ 고저차에 의해서만 공간의 영역을 조정할 수 있다.
④ 외부로부터 추위와 습기를 차단하고 사람과 물건을 지지한다.

※ 실내 기본요소 – 바닥
공간을 구성하는 수평적요소로서 생활을 지탱하는 기본적 요소
▶ 기능
· 추위와 습기를 차단하며 중력에 대한 지지의 역할을 한다.
· 다른 요소들에 비해 양식의 변화가 적다.
· 인간의 감각중 시각적, 촉각적 요소와 밀접한 관계를 가지고 있고, 접촉 빈도가 가장 높다.
· 고저차로 공간의 영역을 조정할 수 있다.

13 형태의 의미구조에 의한 분류 중 자연형태에 관한 설명으로 옳지 않은 것은?

① 자연계에 존재하는 모든 것으로부터 보이는 형태를 말한다.
② 기하학적인 형태는 불규칙한 형태보다 비교적 무겁게 느껴진다.
③ 조형의 원형으로서도 작용하며 기능과 구조의 모델이 되기도 한다.
④ 단순한 부정형의 형태를 취하기도 하지만 경우에 따라서는 체계적인 기하학적인 특징을 갖는다.

※ 자연형태에 있어서 기하학적인 형태는 불규칙한 형태보다 비교적 가볍게 느껴진다.

14 황금비례로 가장 알맞은 것은?

① 1 : 1.414   ② 1 : 1.618
③ 1 : 1.732   ④ 1 : 3.141

※ 황금비례
선이나 면적을 나눌 때, 작은 부분 : 큰 부분 = 큰 부분 : 전체의 비=1 : 1.618의 비를 갖도록 한 비례이다.

15 실내기본요소 중 시각적 흐름이 최종적으로 멈추

는 곳으로, 내부공간의 어느 요소보다 조형적으로 자유로운 것은?

① 벽　　　　　　② 바닥
③ 기둥　　　　　④ 천장

※ 실내 기본요소 – 천장
인간을 외부로부터 보호해주는 수평적 요소이다.
▶ 기능
· 시각적 흐름이 최종적으로 멈추는 곳이다.
· 내부공간의 요소 중 조형적으로 자유롭다.
· 바닥과 천정 사이를 내부 공간으로 규정한다.

16 유효온도와 관련이 없는 온열요소는?

① 기온　　　　　② 습도
③ 기류　　　　　④ 복사열

※ 쾌적지표 – 유효온도
온도, 기류, 습도를 조합한 감각 지표로서 효과온도, 감각온도, 실효온도 또는 체감온도라고도 한다.

17 단열재가 갖추어야 할 일반적 요건으로 옳지 않은 것은?

① 흡수율이 낮을 것
② 열전도율이 낮을 것
③ 수증기 투과율이 높을 것
④ 기계적 강도가 우수할 것

※ 단열재 구비조건
· 다공질 재료가 많다.
· 기계적 강도가 우수해야 한다.
· 수증기의 투과율이 낮아야 한다.
· 흡수율과 열전도율이 낮아야 한다.
· 흡음성이 우수하다.

18 일반적으로 실내공기 오염의 지표로 사용되는 것은?

① 황의 농도　　　② 질소의 농도
③ 산소의 농도　　④ 이산화탄소의 농도

※ 실내공기의 오염도
이산화탄소 농도를 오염의 척도로 삼는다.

19 조도 분포의 정도를 표시하며 최고조도에 대한 최저조도의 비율로 나타내는 것은?

① 휘도　　　　　② 광도
③ 균제도　　　　④ 조명도

※ 균제도
조도 분포의 정도를 표시하여 최고조도에 대한 최저조도의 비율로 나타내는 것이다.

20 음파는 파동의 하나이기 때문에 물체가 진행방향을 가로막고 있다고 해도 그 물체의 후면에도 전달된다. 이러한 현상을 무엇이라 하는가?

① 반사　　　　　② 회절
③ 간섭　　　　　④ 굴절

※ 음 현상
① 반사 : 일정한 방향으로 나아가던 파동이 다른 물체의 표면에 부딪혀서 나아가던 방향을 반대로 바꾸는 현상
② 회절 : 음파는 파동의 하나이기 때문에 물체가 진행방향을 가로막고 있다고 해도 그 물체의 후면에도 전달되는 현상
③ 간섭 : 2개 이상의 음파가 동시에 어떤 점에 도달하면 서로 강화하거나 약화시키는 현상
④ 굴절 : 빛이 하나의 투명매체에서 다른 매체로 들어갈 때 빛의 방향이 바뀌는 현상

21 철근콘크리트 구조의 내화성 강화 방법으로 옳지 않은 것은?

① 피복두께를 얇게 한다.
② 내화성이 높은 골재를 사용한다.
③ 콘크리트 표면을 회반죽 등의 단열재로 보호한다.
④ 익스팬디드 메탈 등을 사용하여 피복콘크리트가 박리되는 것을 방지한다.

※ 철근 콘크리트 구조의 내화성 강화 방법으로 피복두께를 두껍게 한다.

22 레디믹스트 콘크리트에 관한 설명으로 옳은 것은?

① 주문에 의해 공장생산 또는 믹싱카로 제조하여 사용현장에 공급하는 콘크리트이다.
② 기건단위용적중량이 보통콘크리트에 비하여 크고, 주로 방사선차폐용에 사용되므로 차폐용 콘크리트라고도 한다.
③ 기건단위용적중량이 2.0 이하의 것을 말하며, 주로 경량 골재를 사용하여 경량화하거나 기포를 혼입한 콘크리트이다.
④ 결합재로서 시멘트를 사용하지 않고 폴리에스테르 수지 등을 액상으로 하여 굵은 골재 및 분말상 충전제를 혼합하여 만든 것이다.

※ 레디믹스트 콘트리트
공장에서 생산하여 트럭이나 혼합기로 현장에 공급하는 콘크리트

23 아스팔트 루핑을 절단하여 만든 것으로 지붕재

료로 주로 사용되는 아스팔트 제품은?

① 아스팔트 펠트 ② 아스팔트 유제
③ 아스팔트 타일 ④ 아스팔트 싱글

※ 아스팔트 싱글
아스팔트 펠트의 양면에 블론 아스팔트를 피복하고, 활석, 운모, 석회석, 규조토 등의 가루를 뿌려 붙인 것을 아스팔트 루핑이라 하는데 이것을 사각형, 육각형으로 절단하여 주택 등의 경사 지붕에 사용하는 지붕재료이다.

24 금속의 방식방법으로 옳지 않은 것은?

① 큰 변형을 준 것은 가능한 한 풀림하여 사용한다.
② 가능한 한 상이한 금속은 인접, 접촉시켜 사용한다.
③ 균질한 것을 선택하고 사용할 때 큰 변형을 주지 않는다.
④ 표면을 평활, 청결하게 하고 가능한 한 건조상태로 유지한다.

※ 금속의 부식 방식방법
· 다른 종류의 금속을 서로 잇대어 사용하지 않는다.
· 균일한 재료를 쓴다.
· 건조한 상태로 유지한다.
· 도료를 이용하여 수밀성 보호피막처리를 한다.
· 큰 변형을 준 것은 가능한 한 풀림하여 사용한다.

25 시멘트의 분말도에 관한 설명으로 옳지 않은 것은?

① 시멘트의 분말도가 클수록 수화반응이 촉진된다.
② 시멘트의 분말도가 클수록 강도의 발현속도가 빠르다.
③ 시멘트의 분말도는 브레인법 또는 표준체법에 의해 측정한다.
④ 시멘트의 분말이 과도하게 미세하면 시멘트를 장기간 저장하더라도 풍화가 발생하지 않는다.

※ 시멘트 분말도
· 단위 중량에 대한 표면적으로 표시한다.
· 분말도가 높을수록 수화작용이 촉진되어 응결이 빨라진다.
· 분말도가 높을수록 발현속도가 빠르다.
· 분말도가 미세할수록 풍화되기 쉽다.
· 브레인법 또는 표준체법에 의해 측정할 수 있다.

26 무거운 자재문에 사용하는 스프링 유압 밸브 장치로 문을 자동적으로 닫히게 하는 창호철물은?

① 레일 ② 도어스톱
③ 플로어 힌지 ④ 래버터리 힌지

※ 창호 철물 - 플로어 힌지
바닥에 오일이나 스프링 유압 밸브를 장치하여 문을 열면 저절로 닫혀지게 되는 철물

27 대리석의 일종으로 다공질이며 갈면 광택이 나서 실내 장식재로 사용되는 것은?

① 사암 ② 점판암
③ 응회암 ④ 트래버틴

※ 석재 - 트래버틴
· 대리석의 한 종류로서 다공질이며, 탄산석회를 포함한 물에서 침전, 생성된 것으로 석질이 균일하지 못하고, 암갈(황갈) 색의 무늬가 있다.
· 석판으로 만들어 물갈기를 하면 평활하고, 광택이 나는 부분과 구멍, 골이 진 부분이 있어 특수한 실내 장식재로 이용된다.

28 다음 중 금속, 석재, 도자기, 글라스, 콘크리트, 플라스틱재 등의 접합에 모두 사용할 수 있는 접착제는?

① 요소수지 접착제
② 페놀수지 접착제
③ 멜라민수지 접착제
④ 에폭시수지 접착제

※ 에폭시수지 접착제
· 급경성으로 기본 점성이 크다.
· 내수성, 내산성, 내알칼리성, 내용제성, 내한성, 내열성, 내약품성, 전기절연성이 우수한 만능형 접착제이다.
· 금속유리, 플라스틱, 도자기, 목재, 고무 등의 접착성이 좋다.

29 점토에 톱밥, 겨, 탄가루 등을 혼합, 소성한 것으로 가볍고, 절단, 못치기 등의 가공이 우수하나 강도가 약해 구조용으로는 사용이 곤란한 벽돌은?

① 이형벽돌 ② 내화벽돌
③ 포도벽돌 ④ 다공벽돌

※ 벽돌 - 다공벽돌(경량벽돌)
· 점토에 톱밥, 목탄가루 등을 혼합하여 성형한 벽돌
· 비중이 보통벽돌보다 작으며, 강도로 작다.
· 톱질과 못 박기가 가능하다.
· 방음벽, 단열층, 보온벽, 간막이벽에 사용된다.

30 다음 중 목재면의 투명 도장에 사용되는 도료는?

① 수성 페인트 ② 유성 페인트
③ 래커 에나멜 ④ 클리어 래커

※ 클리어 래커
· 목재면의 투명 도장에 쓰인다.
· 바니시에 안료를 첨가하지 않는 도료이다.
· 내수성이 있으며 내충격성이 크다.
· 목재 전용 래커는 부착성이 크고 도막의 가소성이 우수하다.

31 미장재료 중 돌로마이트 플라스터에 관한 설명으

로 옳지 않은 것은?
① 기경성 미장재료이다.
② 소석회에 비해 점성이 높다.
③ 석고 플라스터에 비해 응결시간이 짧다.
④ 건조수축이 커서 수축균열이 발생하는 결점이 있다.

※ 돌로마이트 플라스터
· 기경성이며, 돌로마이트, 석회, 모래, 여물 때로는 시멘트를 혼합하여 만든 미장재료이다.
· 소석회보다 점성이 높다.
· 응결시간이 길어 바르기가 용이하다.
· 건조, 경화 시 수축률이 커서 균열이 생긴다.
· 이산화탄소와 화합하여 경화한다.

32 다음 중 AE제의 사용목적과 가장 관계가 먼 것은?
① 강도를 증가시킨다.
② 블리딩을 감소시킨다.
③ 동결융해작용에 대하여 내구성을 지닌다.
④ 굳지않은 콘크리트의 워커빌리티를 개선시킨다.

※ AE 감수제
· 블리딩 감소
· 시공연도(워커빌리티) 향상
· 단위수량의 감소
· 유동화콘크리트 제조
· 화학작용에 대한 저항성 향상
· 고강도 콘크리트의 슬럼프 로스방지
· 동결융해에 대한 저항성 증대되어 동기공사가 가능
※ 플레인 콘크리트(무근 콘크리트)와 동일 물시멘트비인 경우 압축강도가 감소한다.

33 금속제품에 관한 설명으로 옳지 않은 것은?
① 와이어 라스는 금속제 거푸집의 일종이다.
② 논슬립은 계단에서 미끄럼을 방지하기 위해서 사용된다.
③ 조이너는 천장·벽 등에 보드류를 붙이고, 그 이음새를 감추고 누르는데 사용된다.
④ 코너 비드는 기둥 모서리 및 벽 모서리 면에 미장을 쉽게하고, 모서리를 보호할 목적으로 설치한다.

※ 금속제품
· 와이어 라스 : 지름 0.9~1.2mm의 철선 또는 아연 도금 철선을 가공하여 만든 것으로 모르타르 바름 바탕에 쓰인다.
· 논슬립 : 미끄럼을 방지하기 위하여 홈파기, 고무 삽입 등으로 계단코에 설치한다.
· 조이너 : 천장. 벽 등에 보드를 붙이고, 그 이음새를 감추고 누르는데 사용한다.
· 코너비드 : 미장 공사에서 기둥이나 벽의 모서리부분을 보호하기 위하여 쓰는 철물이다.

34 다음과 같은 특징을 갖는 성분별 유리의 종류는?

· 용융되기 쉽다.
· 내산성이 높다.
· 건축일반용 창호유리 등에 사용된다.

① 고규산유리   ② 칼륨석회유리
③ 소다석회유리   ④ 붕사석회유리

※ 소다석회 유리(소다유리, 보통유리, 크라운유리)
· 용융하기 쉽고 풍화되기 쉽다.
· 산에 강하나, 알칼리에 약하다.
· 팽창률이 크고 강도가 높다.
· 용도 : 건축일반용, 창호유리, 병유리 등

35 합성수지의 일반적인 성질에 관한 설명으로 옳지 않은 것은?
① 가소성, 가공성이 크다.
② 전성, 연성이 크고 광택이 있다.
③ 열에 강하여 고온에서 연화, 연질되지 않는다.
④ 내산, 내알칼리 등의 내화학성 및 전기절연성이 우수한 것이 많다.

※ 합성수지 일반적 성질
· 착색이 자유롭다.
· 내약품성이 우수하다.
· 전성, 연성이 크다.
· 가소성, 가공성이 크다.
· 광택이 있다.
· 내산, 내알칼리 등의 내화학성 및 전기 절연성이 우수하다.
· 내수성 및 내투습성은 일부를 제외하고 극히 양호하다.
· 탄력성이 없어 구조재료로 사용이 불가능 하다.
· 인장강도가 압축강도보다 매우 작다.

36 목재의 부패에 관한 설명으로 옳지 않은 것은?
① 수중에 완전침수시킨 목재는 쉽게 부패된다.
② 균류는 습도가 20% 이하에서는 일반적으로 사멸한다.
③ 크레오소트 오일은 유성 방부제의 일종으로 토대, 기둥, 도리 등에 사용된다.
④ 적부와 백부는 목재의 강도에 영향을 크게 미치나, 청부는 목재의 강도에 거의 영향을 미치지 않는다.

※ 목재부패
· 수중에 완전 침수시킨 목재는 쉽게 부패하지 않는다.
· 균류는 습도가 20% 이하에서는 일반적으로 사멸한다.
· 적부와 백부는 목재의 강도에 영향을 크게 미치나, 청부는 목재의 강도에 거의 영향을 미치지 않는다.
· 크레오소트 오일은 유성 방부제의 일종으로 토대, 기둥도리 등에 사용된다.

37 집성목재에 관한 설명으로 옳지 않은 것은?
① 톱밥, 대패밥, 나무 부스러기를 이용하므로 경제적이다.
② 요구된 치수, 형태의 재료를 비교적 용이하게 제조할 수 있다.
③ 강도상 요구에 따라 단면과 치수를 변화시킨 구조재료를 설계, 제작할 수 있다.
④ 제재품이 갖는 옹이, 할열 등의 결함을 제거, 분산시킬 수 있으므로 강도의 편차가 적다.

※ 목재 – 집성목재
· 15~50mm의 두께가 가진 단판을 겹쳐서 접착한 것으로 섬유방향을 일치하게 접착하는 목재이다.
· 옹이·균열 등의 결함을 제거·분산 시킬 수 있으므로 강도의 편차가 적다.
· 요구된 치수, 형태의 재료를 비교적 용이하게 제도할 수 있다.
· 강도상 요구에 따라 단면과 치수를 변화시킨 구조재료를 설계, 제작할 수 있다.

38 다음 점토제품 중 흡수성이 가장 작은 것은?
① 토기   ② 도기
③ 석기   ④ 자기

※ 점토제품-흡수율
토기＞도기＞석기＞자기

39 건축구조 재료에 요구되는 성질로 옳지 않은 것은?
① 가공이 용이한 것이어야 한다.
② 내화, 내구성이 큰 것이어야 한다.
③ 외관이 좋고 열전도율이 커야 한다.
④ 가볍고 큰 재료를 용이하게 얻을 수 있어야 한다.

※ 건축구조 재료 요구되는 성질
균일 재질, 높은 강도, 가공성용이, 내화성 및 내구성이 큰 것.
재료획득의 용이

40 다음 중 압축강도가 가장 큰 석재는?
① 사암   ② 화강암
③ 응회암   ④ 사문암

※ 석재의 압축강도
화강암＞대리석＞안산암＞사문암＞점판암＞사암＞응회암

41 건축 제도 통칙(KS F 1501)에 제시되지 않은 축척은?
① 1/5   ② 1/15
③ 1/20   ④ 1/25

※ 건축제도통칙(KS F 1501)에 제시되는 축척
1/2, 1/3, 1/4, 1/5, 1/10, 1/20, 1/25, 1/30, 1/40, 1/50, 1/100
1/200, 1/250, 1/300, 1/500, 1/600, 1/1,000, 1/1,200, 1/2000 1/2,500, 1/3,000
1/5,000 1/6,000 등이 있다.

42 균열이 발생되기 쉬우며 횡력과 진동에 가장 약한 구조는?
① 목구조   ② 조적구조
③ 철근콘크리트구조 ④ 철골구조

※ 조적 구조
· 건축재료에 물을 사용하여 축조하는 습식구조이다.
· 횡력에 약하며, 고층·대형 건물에 부적당하다.
· 재료와 접착제 강도에 따라 전체 구조의 강도가 결정된다.
· 내구·내화적이다

43 건물 구조의 기본 조건 중 내구성과 관련이 있는 것은?
① 최소의 공사비로 만족할 수 있는 공간을 만드는 것
② 건물 자체의 아름다움 뿐만 아니라 주위의 배경과도 조화를 이루게 만드는 것
③ 안전과 역학적 및 물리적 성능이 잘 유지되도록 만드는 것
④ 건물 안에는 항상 사람이 생활한다는 생각을 두고 아름답고 기능적으로 만드는 것

※ 건축구조의 기본 조건
거주성, 내구성, 경제성, 안정성 등이 있다.
이중에 내구성은 외부로부터의 물리적 작용 및 화학적 작용에 저항하는 물질의 성질을 말한다.

44 제도표시기호 중 지름을 나타내는 기호는?
① ∅   ② R
③ T   ④ S

※ 도면표시기호

명칭	길이	높이	폭	면적	두께	직경	반지름	용적
표시기호	L	H	W	A	THK	D, ∅	R	V

45 벽돌쌓기법 중 벽의 모서리나 끝에 반절 또는 이오토막을 사용하는 가장 튼튼한 쌓기법은?
① 영식쌓기   ② 미식쌓기
③ 화란식쌓기   ④ 영롱쌓기

※ 벽돌쌓기 공법
① 영국식 쌓기
· 한 켜는 길이, 다음 켜는 마구리로 쌓는 방법

- 마구리 켜의 모서리에 반절 또는 이오토막을 사용해서 통줄눈이 생기는 것을 막는다.
- 가장 튼튼한 쌓기 공법
② 미국식(미식) 쌓기
- 5켜 정도 길이쌓기, 다음 한 켜는 마구리쌓기로 한다.
③ 네덜란드식(화란식) 쌓기
- 영식 쌓기와 같으나 모서리 또는 끝 부분에 칠오토막을 사용
- 가장 많이 사용되며 모서리가 튼튼하다.
④ 영롱쌓기
- 벽돌면에 구멍을 내어 쌓는 방식
- 장식적인 효과가 우수한 쌓기 방식

46 콘크리트는 타설된 후 일정 시간이 지나면 목표 강도에 도달하게 된다. 이를 설계기준 강도라 하는데 대략 몇 주 정도 지나야 콘크리트 강도는 목표 강도에 도달하는가?
① 1주　② 2주
③ 3주　④ 4주

※ 콘크리트 강도는 표준 양생을 재령 28일의 압축강도를 기준으로 한다.

47 치수선을 표시하는 방법 중 옳지 않은 것은?
① 치수는 필요한 것은 충분하게 기입하고 중복을 피한다.
② 치수는 도면의 우측에서 좌측으로, 위에서 아래로 읽을 수 있도록 한다.
③ 치수는 가능한 한 치수선의 윗부분에 기입한다.
④ 도면에 기입하는 치수는 mm이며 단위는 생략한다.

※ 건축제도통칙 - 치수
- 치수의 단위는 mm로 하고, 단위는 생략한다.
- 치수는 특별히 명시하지 않는 한 마무리 치수로 한다.
- 치수기입은 치수선 중앙 윗부분에 기입하는 것이 원칙이다.
- 협소한 간격이 연속 될 때에는 인출선을 사용하여 치수를 쓴다.
- 전체 치수를 바깥쪽에, 부분 치수는 안쪽에 기입한다.
- 치수기입은 치수선에 평행하게 도면의 왼쪽에서 오른쪽으로, 아래로부터 위로 읽을 수 있도록 기입한다.
- 치수선의 양 끝 표시는 화살 또는 점으로 표시할 수 있으며, 같은 도면에서 2종을 혼용할 수 없다.

48 다음 보기에서 설명하는 부재명은?

- 횡력에 잘 견디기 위한 구조물이다.
- 경사는 45°에 가까운 것이 좋다.
- 압축력 또는 인장력에 대한 보강재이다.
- 주요건물의 경우 한 방향으로만 만들지 않고, X자형으로 만들어 압축과 인장을 겸하도록 한다.

① 층도리　② 샛기둥
③ 가새　④ 펠대

※ 가새
- 외력에 의하여 뼈대가 변형되지 않도록 대각선 방향으로 배치하는 빗재
- 목재 벽체를 수평력에 견디게 하고 안정한 구조로 네모구조를 세모구조로 만들어 준다.
- 가새를 댈 때는 45°에 가까울수록 유리하며, 기둥과 좌우 대칭이 되도록 배치한다.
- 가새는 절대로 따내거나 결손시키지 않는다.
- 가새에는 압축과 인장 응력이 작용한다.

49 연필 프리핸드에 대한 설명으로 옳은 것은?
① 번지거나 더러워지는 단점이 있다.
② 연필은 폭넓게 명암을 나타내기 어렵다.
③ 간단히 수정할 수 없기에 사용상 불편이 많다.
④ 연필의 종류가 적어서 효과적으로 사용하는 것이 불가능하다.

※ 연필 프리핸드
- 폭 넓은 명암을 나타내기 쉽다.
- 간단하게 수정할 수 있다.
- 연필의 종류가 다양하여 효과적으로 사용하는 것이 가능하다.

50 단면도에 대한 설명으로 옳은 것은?
① 건축물을 수평으로 절단하였을 때의 수평 투상도이다.
② 건축물의 외형을 각면에 대해 직각으로 투사한 도면이다.
③ 건축물을 수직으로 절단하여 수평 방향에서 본 도면이다.
④ 실의 넓이, 기초판의 크기, 벽체의 하부 구조를 표현한 도면이다.

※ 설계도면 - 단면도
건축물을 수직으로 잘라 그 단면을 나타낸 것으로 처마높이, 층높이, 창대높이, 천장높이, 지붕의 물매 등을 나타내는 도면

51 건축 설계도면에서 중심선, 절단선, 경계선 등으로 사용되는 선은?
① 실선　② 일점쇄선
③ 이점쇄선　④ 파선

※ 선
- 굵은실선 ▬▬▬ (0.3~0.8) - 단면선, 외형선, 파단선
- 가는실선 ──── (0.20이하) - 치수선, 치수보조선, 지시선, 해칭선
- 파선 ----- (가는선보다 굵게) - 숨은선
- 일점쇄선 ─·─·─ (가는선보다 굵게) - 중심선, 절단선, 경계선, 기준선
- 이점쇄선 ─··─·· (가는선보다 굵게) - 가상선

52 철근콘크리트구조에서 스팬이 긴 경우에 보의

단부에 발생하는 휨모멘트와 전단력에 대한 보강으로 보 단부의 춤을 크게 한 것을 무엇이라 하는가?
① 드롭패널   ② 플랫 슬래브
③ 헌치   ④ 주두

※ 헌치
보, 슬래브 단부의 단면을 중앙부의 단면보다 크게 한 부분으로 폭과 높이를 크게 하여 그 부분의 휨 모멘트나 전단력을 견디게 하기 위하여 단부의 단면을 증가 시킨 부분으로서 헌치의 폭은 안목길이의 1/10~1/12 정도이며, 헌치의 춤은 헌치 폭의 1/3정도이다.

53 일반적으로 반지름 50mm 이하의 작은 원을 그리는데 사용되는 제도 용구는?
① 빔 컴퍼스   ② 스프링 컴퍼스
③ 디바이더   ④ 자유 삼각자

· 컴퍼스 : 원과 원호를 그릴 때 사용하는 공구이다.
· 스프링 컴퍼스 : 반지름 50mm 이하의 작은 원을 그릴 때 사용한다.
· 빔 컴퍼스 : 큰 원을 그릴 때 사용한다.

54 종이에 일정한 크기의 격자형 무늬가 인쇄되어 있어서, 계획 도면을 작성하거나 평면을 계획할 때 사용하기가 편리한 제도지는?
① 켄트지   ② 방안지
③ 트레이싱지   ④ 트레팔지

※ 방안지
종이에 일정한 크기의 격자형 무늬가 인쇄되어 있어서, 계획도면을 작성하거나 평면을 계획할 때 사용하기가 편리한 제도지이다.

55 건축물을 구성하는 요소 중 튼튼하고 합리적인 짜임새와 가장 관계 깊은 것은?
① 건축물의 기능   ② 건축물의 구조
③ 건축물의 미   ④ 건축물의 용도

※ 건축의 3요소
· 구조 : 안정성, 내구성, 경제성, 거주성이 있어야 한다.
· 기능 : 인간이 편리하게 생활할 수 있어야 한다.
· 미 : 정신적 안정을 취할 수 있어야 한다.

56 일반적으로 이형철근이 원형철근보다 우수한 것은?
① 인장강도   ② 압축강도
③ 전단강도   ④ 부착강도

※ 이형철근
· D로 표시하며 부착력을 높이기 위해서 철근 표면에 마디와 리브를 붙인 철근
· 부착력은 원형철근의 2배이상이다.

57 강구조의 용접부위에 대한 비파괴검사 방법이 아닌 것은?
① 방사선투과법   ② 초음파탐상법
③ 자기탐상법   ④ 슈미트해머법

※ 강구조 용접부위의 비파괴 검사
방사선 투과법, 초음파 탐상법, 자기분말 탐상법, 침투 탐상법

58 건축도면 중 배치도에 명시되어야 하는 것은?
① 대지 내 건물의 위치와 방위
② 기둥, 벽, 창문 등의 위치
③ 건물의 높이
④ 승강기의 위치

※ 설계도면 - 배치도
· 대지와 도로와의 관계, 도로의 넓이, 고저차, 등고선 표시
· 정화조, 맨홀, 배수구등 설비의 위치와 크기표시
· 대지 내 건물의 위치와 방위
· 축척은 1/100~1/600정도로 한다.

59 선 그리기 할 때의 유의사항 중 옳지 않은 것은?
① 시작부터 끝까지 일정한 힘을 주어 일정한 속도로 긋는다.
② 축척과 도면의 크기에 관계없이 선의 굵기를 같게 한다.
③ 한번 그은 선은 중복해서 긋지 않는다.
④ 파선의 끊어진 부분은 길이와 간격을 일정하게 한다.

※ 선 긋기
· 시작부터 끝까지 일정한 힘을 가하여 일정한 속도로 긋는다.
· 각을 이루어 만나는 선은 정확하게 긋고, 선은 중복해서 긋지 않는다.
· 축척과 도면의 크기에 따라서 선의 굵기를 다르게 한다.
· 용도에 따라 선의 굵기를 구분하여 사용한다.
· 가는 선일수록 선의 농도를 높게 조정한다.
· 파선의 끊어진 부분은 길이와 간격을 일정하게 한다.
· 파선의 모서리는 반드시 연결하고, 교차점은 반드시 교차시키도록 한다.

60 다음 그림의 표시기호는?

① 미서기문   ② 두짝창
③ 접이문   ④ 회전창

※ 미서기문 :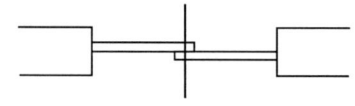

정답

01④ 02③ 03③ 04③ 05④ 06① 07① 08② 09③ 10④
11① 12③ 13② 14② 15④ 16④ 17③ 18④ 19③ 20②
21① 22① 23④ 24② 25④ 26③ 27④ 28④ 29④ 30④
31③ 32① 33① 34③ 35③ 36① 37① 38④ 39③ 40②
41② 42② 43③ 44① 45① 46④ 47② 48③ 49① 50③
51② 52③ 53② 54② 55② 56④ 57④ 58① 59② 60①

2014년도 제2회 과년도 기출문제

01 프라이버시에 관한 설명으로 옳지 않은 것은?
① 가족 수가 많은 경우 주거공간을 개방형 공간계획으로 하는 것이 프라이버시를 유지하기에 좋다.
② 프라이버시란 개인이나 집단이 타인과의 상호 작용을 선택적으로 통제하거나 조절하는 것을 말한다.
③ 주거공간은 가족 생활의 프라이버시는 물론, 거주하는 개인의 프라이버시가 유지되도록 계획되어야 한다.
④ 주거공간의 프라이버시는 공간의 구성, 벽이나 천장의 구조와 재료, 창이나 문의 종류와 위치 등에 의해 많은 영향을 받는다.

※ 가족이 많으면 폐쇄형 공간 계획으로 하는 것이 프라이버시를 유지하기에 좋다.

02 문양(Pattern)에 관한 설명으로 옳지 않은 것은?
① 장식의 질서와 조화를 부여하는 방법이다.
② 작은 공간에서는 서로 다른 문양의 혼용을 피하는 것이 좋다.
③ 형태에 패턴이 적용될 때 형태는 패턴을 보완하는 기능을 갖게 된다.
④ 연속성에 의한 운동감이 있고, 디자인 전체 리듬과도 관계가 있다.

※ 형태에 패턴이 적용될 때 오히려 패턴이 형태를 보완하는 기능이 있다.

03 다음 설명에 알맞은 공간의 조직 형식은?

> 하나의 형이나 공간이 지배적이고 이를 둘러싼 주위의 형이나 공간이 종속적으로 배열된 경우로 보통 지배적인 형태는 종속적인 형태보다 크기가 크며 단순하다.

① 직선식   ② 방사식
③ 군생식   ④ 중앙집중식

※ 공간의 조직 형식 - 중앙 집중식
하나의 형이나 공간이 지배적이고 이를 둘러싼 주위의 형이나 공간이 종속적으로 배열된 경우로 보통 지배적인 형태는 종속적인 형태보다 크기가 크며, 단순하다.

04 주거공간을 주행동에 따라 개인공간, 사회공간, 노동공간 등으로 구분할 경우, 다음 중 개인공간에 속하는 것은?
① 서재   ② 거실
③ 응접실   ④ 가사실

※ 주거공간의 주 행동에 따른 분류 - 개인(정적)공간
· 각 개인의 사생활을 위한 사적인 공간
· 침실, 서재

05 실내공간을 형성하는 주요 기본요소 중 바닥에 관한 설명으로 옳지 않은 것은?
① 고저차로 공간의 영역을 조정할 수 있다.
② 촉각적으로 만족할 수 있는 조건이 요구된다.
③ 다른 요소들에 비해 시대와 양식에 의한 변화가 현저하다.
④ 공간을 구성하는 수평적 요소로서 생활을 지탱하는 가장 기본적인 요소이다.

※ 실내 기본요소 - 바닥
공간을 구성하는 수평적요소로서 생활을 지탱하는 기본적 요소
▶ 기능
· 추위와 습기를 차단하며 중력에 대한 지지의 역할을 한다.
· 다른 요소들에 비해 양식의 변화가 적다.
· 인간의 감각중 시각적, 촉각적 요소와 밀접한 관계를 가지고 있고, 접촉 빈도가 가장 높다.
· 고저차로 공간의 영역을 조정할 수 있다.
· 바닥 면적이 좁을 경우 바닥에 높이차가 없을 경우 공간을 넓게 보이는데 효과적이다.
· 어린이나 노인이 있는 실내에서는 바닥의 높이차가 없는 것이 안전성이다.

06 다음 중 황금분할의 비율로 가장 알맞은 것은?
① 1 : 1.168   ② 1 : 1.414
③ 1 : 1.618   ④ 1 : 1.816

※ 황금비례
선이나 면적을 나눌 때, 작은 부분 : 큰 부분 = 큰 부분 : 전체의 비 = 1 : 1.618의 비를 갖는다.

07 실내디자인의 기본적인 프로세스로 옳은 것은?
① 설계-계획-기획-시공-평가
② 설계-기획-계획-시공-평가
③ 계획-기획-설계-시공-평가
④ 기획-계획-설계-시공-평가

※ 실내 디자인의 프로세스
기획 - 계획 - 설계 - 시공 - 평가

08 창문 전체를 커튼으로 처리하지 않고 반 정도만 친 형태를 갖는 커튼의 종류는?
① 새시 커튼   ② 글라스 커튼
③ 드로우 커튼   ④ 크로스 커튼

※ 일광조절장치 - 커튼
① 새시 커튼 : 창문 전체를 가리지 않고 부분만 가리는 커튼
② 글라스커튼 : 유리 바로 앞에 하는 투명하고 막과 같은 얇은 직물로 된 커튼
③ 드로우커튼 : 반투명하거나 불투명한 직물로 창문 위에 설치하여 좌우로 이동이 가능한 커튼
④ 크로스커튼 : 커튼을 서로 교차시킨 커튼

09 상점계획에서 파사드 구성에 요구되는 소비자 구매심리 5단계에 속하지 않는 것은?
① 기억(Memory)   ② 욕망(Desire)
③ 주의(Attention)   ④ 유인(Attraction)

※ 소비자 구매 심리 5단계
주의(Attentiom), 흥미(Interest), 욕망(desire), 기억(Memory), 행동(Action)

10 다음 설명에 알맞은 형태의 지각심리는?

> 여러 종류의 형들이 모두 일정한 규모, 색채, 질감, 명암, 윤곽선을 갖고 모양만이 다를 경우에는 모양에 따라 그룹화되어 지각된다.

① 근접성   ② 연속성
③ 유사성   ④ 폐쇄성

※ 형태의 지각심리(게슈탈트의 지각심리)
① 근접성 : 보다 더 가까이 있는 2개 또는 둘 이상의 시각요소들은 패턴이나 그룹으로 지각될 가능성 크다는 법칙
② 연속성 : 유사한 배열이 하나의 묶음으로 지각되는 것으로 공동운명의 법칙
③ 유사성 : 형태, 규모, 색채, 질감, 명암, 등에 있어서 유사한 시각적 요소들이 서로 연관되어 자연스럽게 그룹핑 하여 하나의 패턴으로 보이는 법칙
④ 폐쇄성 : 시각요소들이 어떤 형상을 지각하게 하는데 있어서 폐쇄된 느낌을 주는 법칙

11 할로겐 램프에 관한 설명으로 옳지 않은 것은?
① 휘도가 낮다.
② 백열전구에 비해 수명이 길다.
③ 연색성이 좋고 설치가 용이하다.
④ 흑화가 거의 일어나지 않고 광속이나 색온도의 저하가 극히 적다

※ 인공조명 - 할로겐 램프
· 백열등의 단점을 개량한 조명
· 휘도가 높다.
· 백열전구에 비해 수명이 길다.
· 연색성이 좋고 설치가 용이하다.
· 흑화가 거의 일어나지 않는다.
· 광속이나 색온도의 저하가 극히 작다.

12 실내공간을 넓어 보이게 하는 방법과 가장 거리가 먼 것은?
① 큰 가구는 벽에 부착시켜 배치한다.
② 벽면에 큰 거울을 장식해 실내공간을 반사시킨다.
③ 빈 공간에 화분이나 어항 또는 운동기구 등을 배치한다.
④ 창이나 문 등의 개구부를 크게 하여 옥외공간과 시선이 연장되도록 한다.

※ 실내공간을 넓어 보이게 하는 방법
· 창이나 문 등의 개구부를 크게 하여 시선에 연결되도록 계획
· 큰 가구는 벽에 붙여서 배치
· 되도록 크기가 작은가구를 이용
· 질감이 거친 것보다는 곱고 작은 것을 사용한다.

13 다음 중 부엌의 효율적인 작업순서에 따른 작업대의 배치순서로 가장 알맞은 것은?
① 준비대-가열대-개수대-조리대-배선대
② 준비대-개수대-조리대-가열대-배선대
③ 개수대-조리대-배선대-가열대-준비대
④ 준비대-배선대-개수대-조리대-가열대

※ 부엌의 싱크대 배열
준비대-개수대-조리대-가열대-배선대

14 특정한 사용목적이나 많은 물품을 수납하기 위해 건축화된 가구는?
① 이동 가구   ② 유닛 가구
③ 붙박이 가구   ④ 수납용 가구

※ 붙박이가구
건물에 짜 맞추어 건물과 일체화하여 만든 가구로 가구배치의 혼란을

없애고 공간을 최대한 활용할 수 있다.

15 리듬의 원리에 속하지 않는 것은?
① 반복　　　　② 대칭
③ 점이　　　　④ 방사

※ 디자인의 원리 – 리듬
리듬의 원리는 반복, 점이, 대립, 변이, 방사로 이루어진다. 이 중에서 반복이 가장 큰 원리이다.

16 실내외의 온도차에 의한 공기의 밀도차가 원동력이 되는 환기방법은?
① 기계환기　　　　② 인공환기
③ 풍력환기　　　　④ 중력환기

※ 환기의 종류
① 기계환기 : 송풍기, 배풍기 등에 의해 강제적으로 하는 환기
② 동력환기(인공환기) : 기계력을 이용하여 강제 환기를 하는 방법
③ 풍력환기 : 바람에 의해 건물 전체의 압력차에 의한 환기 하는 방법
④ 중력환기 : 건물의 실내 외부에 온도 차에 의한 압력차로 환기 하는 방법

17 여름보다 겨울에 남쪽 창의 일사량이 많은 가장 주된 이유는?
① 여름에는 태양의 고도가 낮기 때문에
② 여름에는 태양의 고도가 높기 때문에
③ 여름에는 지구와 태양의 거리가 가깝기 때문에
④ 여름에는 나무에 의한 일광 차단이 적기 때문에

※ 건물의 일조
· 일조량을 조절하기 위하여 겨울에는 일조를 받아들이고, 여름에는 일조를 차단한다.
· 겨울철에는 가능한 많은 양의 태양광선을 유입시켜야 하므로 태양의 고도가 낮은 남쪽이 가장 유리한 방향이다.

18 건물의 단열계획에 관한 설명으로 옳지 않은 것은?
① 외벽 부위는 내단열로 시공한다.
② 건물의 창호는 가능한 작게 설계한다.
③ 외피의 모서리 부분은 열교가 발생하지 않도록 한다.
④ 건물 옥상에는 조경을 하여 최상층 지붕의 열저항을 높인다.

※ 건축물의 에너지절약 설계기준 단열계획
· 외벽 부위는 외단열로 시공한다.
· 건물의 창호는 가능한 작게 설계하고, 특히 열손실이 많은 북 축의 창 면적을 최소화 한다.
· 외피의 모서리 부분은 열교가 발생하지 않도록 단열재를 연속적으로 설치하고 충분히 단열되도록 한다.
· 건물의 옥상에는 조경을 하여 최상층 지붕의 열 저항을 높인다.

19 고체 양쪽의 유체 온도가 다를 때 고체를 통하여 유체에서 다른 쪽 유체로 열이 전해지는 현상은?
① 대류　　　　② 복사
③ 증발　　　　④ 관류

※ 열전달
① 대류 : 따뜻해진 공기가 팽창하여 비중이 가볍게 되어 위쪽으로 올라가고, 차가운 공기는 아래로 내려오는 현상
② 복사 : 어떤 물체에 발생하는 열에너지가 전달 매개체 없이 직접 다른 물체에 도달하는 현상
③ 증발 : 어떤 물질이 액체상태에서 기체 상태로 변하는 현상
④ 관류 : 고체 양쪽의 유체 온도가 다를 때, 고온 쪽에서 저온 쪽으로 열이 통과하는 현상

20 음의 잔향시간에 관한 설명으로 옳지 않은 것은?
① 잔향시간은 실의 용적에 비례한다.
② 잔향시간이 길면 말소리를 듣기 어렵다.
③ 잔향시간은 벽면 흡음도의 영향을 받는다.
④ 실의 형태는 잔향시간의 가장 주된 결정요소이다.

※ 음의 잔향시간
· 실내음의 발생을 중지시킨 후 60dB까지 감소하는데 소요되는 시간
· 천장과 벽의 흡음력을 크게 하면 잔향시간이 짧아진다.
· 잔향시간은 실의 용적이 크면 클수록 길다.
· 강연과 연극, 회의실 등 이야기 소리의 청취를 목적으로 한 실은 잔향시간을 짧게 하여 음성의 명료도를 높인다.
· 오케스트라, 뮤지컬 등 음악을 주로 하는 경우 잔향시간을 길게 하여 음악의 음질을 우선으로 한다.
· 잔향시간은 실의 형태와 무관하다.

21 다음 중 콘크리트 바탕에 사용이 가장 용이한 도료는?
① 유성바니시　　　　② 유성페인트
③ 래커에나멜　　　　④ 염화고무 도료

※ 수성페인트와 수지성 페인트는 내알칼리성을 갖고 있으므로 콘크리트 바탕에 사용이 용이한 도료

22 미장공사에 사용되는 결합재에 속하지 않는 것은?
① 소석회　　　　② 시멘트
③ 플라스터　　　　④ 플라이애시

※ 결합재
시멘트, 플라스터, 소석회, 벽토, 합성수지 등 다른 미장재료를 결합하여

경화시키는 재료를 말한다.

23 알루미늄에 관한 설명으로 옳지 않은 것은?
① 콘크리트에 부식된다.
② 은백색의 반사율이 큰 금속이다.
③ 압연, 인발 등의 가공성이 나쁘다
④ 맑은 물에 대해서는 내식성이 크나 해수에 침식되기 쉽다.

※ 알루미늄
· 은백색에 반사율이 큰 금속
· 전성, 연성이 좋고 가공이 쉽다.
· 맑은 물에 대해서는 내식성이 크나, 해수에 침식되기 쉽다.
· 산, 알칼리에 침식되며 콘크리트에 부식된다.

24 미장공사에 사용하며 기둥이나 벽의 모서리 부분을 보호하고 정밀한 시공을 위해 사용하는 철물은?
① 폼 타이 ② 코너 비드
③ 메탈 라스 ④ 메탈 폼

① 폼 타이 : 거푸집이 벌어지지 않도록 조이기 철물
② 코너 비드(corner bead) : 미장 공사에서 기둥이나 벽의 모서리 부분을 보호하기 위하여 쓰는 철물이다.
③ 메탈 라스(metal lath) : 얇은 강판에 일정한 간격으로 자름 금을 내어 이것을 옆으로 잡아 당겨 그물코 모양으로 만든 것으로 바름벽 바탕에 쓰인다.
④ 메탈폼 : 금속제 거푸집

25 석재의 일반적인 성질에 관한 설명으로 옳지 않은 것은?
① 길고 큰 부재를 얻기 쉽다.
② 불연성이고 압축강도가 크다.
③ 내구성, 내화학성, 내마모성이 우수하다.
④ 외관이 장중하고 치밀하며, 갈면 아름다운 광택이 난다.

※ 석재의 성질
· 불연성이며, 내화학성이 우수하다.
· 대체로 석재의 강도가 크면 경도도 크다.
· 압축강도에 비하여 인장강도가 매우 작다.
· 흡수율이 클수록 풍화나 동해를 받기 쉽다.
· 내수성, 내구성, 내화학성, 내마모성이 우수하다.
· 외관이 장중하고, 치밀하며, 갈면 아름다운 광택이 난다.
· 장대재를 얻기 어려워 가구재로는 부적당하다.

26 다음 중 열가소성 수지에 속하지 않는 것은?
① 에폭시수지 ② 아크릴수지
③ 염화비닐수지 ④ 폴리에틸렌수지

※ 열가소성 수지
· 가열에 연화되어 변형되지만 냉각시키면 다시 굳어진다.
· 염화비닐수지, 폴리에틸렌수지, 폴리프로필렌수지, ABS수지, 아크릴 수지

27 다음 중 혼합시멘트에 속하지 않는 것은?
① 팽창 시멘트
② 고로 시멘트
③ 플라이애쉬 시멘트
④ 포틀랜드포졸란 시멘트

※ 혼합시멘트
포틀랜드시멘트에 고로 슬래그, 실리카, 플라이애시 등을 혼합하여 시멘트의 결점을 보강하여 특유의 성질을 부여한 것이다.
고로시멘트, 플라이애시 시멘트, 포틀랜드포졸란 시멘트

28 기본 점성이 크며 내수성, 내약품성, 전기절연성이 우수한 만능형 접착제로 금속, 플라스틱, 도자기, 유리, 콘크리트 등의 접합에 사용되는 것은?
① 요소수지 접착제
② 페놀수지 접착제
③ 멜라민수지 접착제
④ 에폭시수지 접착제

※ 에폭시수지 접착제
· 급경성으로 기본 점성이 크다.
· 내수성, 내산성, 내알칼리성, 내용제성, 내한성, 내열성, 내약품성, 전기절연성이 우수한 만능형 접착제이다.
· 금속유리, 플라스틱, 도자기, 목재, 고무 등의 접착성이 좋다.

29 목재의 방부제에 관한 설명으로 옳지 않은 것은?
① 크레오소트유는 유성방부제로 방부력이 우수하다.
② P.C.P는 방부력이 약하고 페인트 칠이 불가능하다.
③ 황산동 1% 용액은 철재를 부식시키고 인체에 유해하다.
④ 콜타르는 목재가 흑갈색으로 착색되므로 사용장소가 제한된다.

※ 목재 방부제 - P.C.P
· 무색이며 방부력이 가장 우수하다.
· 페인트칠을 할 수 있다.
· 값이 비싸고 석유 등의 용제에 녹여 써야 한다.
· 침투성이 매우 양호하며 수용성, 유용성이 있다.

30 건축재료를 화학조성에 의해 분류할 경우, 다음 중 무기재료에 속하지 않는 것은?
① 석재 ② 철강

③ 목재　　　　　　④ 콘크리트

※ 건축 재료 화학 조성에 의한 분류 – 무기재료
석재, 흙, 콘크리트, 금속 등

31 콘크리트용 혼화제 중 고성능 AE감수제의 사용 목적으로 옳지 않은 것은?
① 단위수량 대폭 감소
② 유동화 콘크리트의 제조
③ 응결시간이나 초기수화의 촉진
④ 고강도 콘크리트의 슬럼프 로스 방지

※ AE 감수제
· 블리딩 감소
· 시공연도(워커빌리티) 향상
· 단위수량의 감소
· 유동화콘크리트 제조
· 화학작용에 대한 저항성 향상
· 고강도 콘크리트의 슬럼프 로스방지
· 동결융해에 대한 저항성 증대되어 동기공사가 가능
· 플레인 콘크리트(무근 콘크리트)와 동일 물시멘트비인 경우 압축강도가 감소한다.

32 콘크리트의 성질에 관한 설명으로 옳지 않은 것은?
① 내화적이다.
② 인장강도가 크다.
③ 균일시공이 곤란하다.
④ 철근과의 접착성이 우수하다.

※ 콘크리트의 성질
· 내화적이다.
· 압축강도는 크나 인장강도는 작다.
· 균일시공이 곤란하다.
· 철근과의 접착성이 우수하다.

33 목재에 관한 설명으로 옳지 않은 것은?
① 추재는 일반적으로 춘재보다 단단하다.
② 열대지방의 나무는 나이테가 불명확하다.
③ 섬유포화점 이상에서는 함수율의 증가에 따라 강도가 증대한다.
④ 목재의 압축강도는 함수율 및 외력이 가해지는 방향 등에 따라 달라진다.

※ 섬유포화점 이하에서는 목재의 수축, 팽창 등 재질에 변화가 일어나고, 섬유포화점 이상에서는 불변한다.

34 점토에 관한 설명으로 옳지 않은 것은?
① 점토의 주성분은 실리카와 알루미나이다.
② 압축강도는 인장강도의 약 5배 정도이다.
③ 점토 입자가 미세할수록 가소성은 나빠진다.
④ 점토의 비중은 일반적으로 2.5~2.6 정도이다.

※ 점토성질
· 점토의 주성분은 규산(실리카), 알루미나이다.
· 점토의 비중은 2.5~2.6이다.
· 점토의 비중은 불순물이 많은 점토일수록 작고, 알루미나분이 많을수록 크다.
· 점토의 압축강도는 인장강도의 약 5배 정도이다.
· 양질의 점토는 습윤 상태에서 현저한 가소성을 나타낸다.
· 알루미나가 많은 점토는 가소성이 좋다.
· Fe_2O_3와 기타 부성분이 많은 것은 고급 제품의 원료로 부적당하다.
· 점토에 포함된 성분에 의해 철산화물이 많으면 적색이 되고, 석화물질이 많으면 황색을 띠게 된다.
· 불순물이 많은 것은 고급제품의 원료로 부적당하다.

35 다음 중 경량 골재의 종류에 속하지 않는 것은?
① 중정석　　　　② 석탄재
③ 팽창질석　　　④ 팽창슬래그

※ 골재의 분류 – 비중에 따른 분류

분류	전건비중	골재종류
경량골재	2.0이하	석탄재, 팽창질석, 팽창슬래그, 천연화산재, 경석, 인공의 질석 및 펄라이트
보통골재	2.5~2.7정도	강모래, 강자갈, 깬 자갈
중량골재	2.8이상	중정석, 철광석

36 다음 중 내화성이 가장 약한 석재는?
① 화강암　　　　② 안산암
③ 사암　　　　　④ 응회암

※ 석재 내화도
· 안산암, 응회암, 사암 및 화산암 : 1,000℃
· 대리석, 석회암 : 600~800℃
· 화강암 : 600℃

37 플로트 판유리의 한쪽 면에 세라믹 도료를 코팅한 후 고온에서 융착하여 반강화시킨 불투명한 색유리는?
① 에칭글라스　　　② 스팬드럴유리
③ 스테인드글라스　④ 저방사(Low-E)유리

※ 스팬드럴 유리(spandrel glass)
· 판유리의 한쪽 면에 세라믹질의 도료를 코팅한 다음 고온에서 융착, 반강화시킨 불투명한 색유리
· 미려한 금속성을 가진다.
· 일반 유리에 비해 내구성이 뛰어나다.
· 제조 후 절단 가공할 수 없으므로 주문 시 모양, 치수 등을 정확히 해야한다.

38 다음 설명에 알맞은 벽돌의 종류는?

- 점토에 분탄, 톱밥 등을 혼합하여 성형한 후 소성한 것이다.
- 절단, 못치기 등의 가공이 가능하다.

① 다공벽돌 ② 내화벽돌
③ 광재벽돌 ④ 점토벽돌

※ 다공질 벽돌(경량벽돌)
- 점토에 톱밥, 목탄 가구 등을 혼합하여 성형한 벽돌
- 비중이 보통벽돌보다 작으며, 강도도 작다.
- 톱질과 못 박기가 가능하다.
- 방음벽, 단열층, 보온벽, 간막이벽에 사용된다.

39 아스팔트 제품 중 펠트의 양면에 블론 아스팔트를 피복하고 활석 분말 등을 부착하여 만든 제품은?

① 아스팔트 루핑
② 아스팔트 타일
③ 아스팔트 프라이머
④ 아스팔트 컴파운드

※ 아스팔트 루핑
아스팔트 제품 중 펠트의 양면에 블론 아스팔트를 피복하고, 활석 분말 등을 부착하여 만든 제품

40 재료의 역학적 성질 중 재료에 사용하는 외력이 어느 한도에 도달하면 외력의 증감 없이 변형만이 증대하는 성질을 의미하는 것은?

① 탄성 ② 소성
③ 점성 ④ 강성

※ 재료의 역학적 성질
① 탄성 : 재료에 외력이 작용하면 순간적으로 변형이 생기지만 외력을 제거하면 순간적으로 원형으로 회복하는 성질
② 소성 : 재료에 외력이 어느 한도에 도달하면 외력의 증가 없이 변형만 증대하는 성질을 말한다. 이 경우 외력을 제거해도 원형으로 회복되지 않는 성질
③ 점성 : 유체가 유동하고 있을 때 유체의 내부에 흐름을 저지하려고하는 내부마찰저항이 발생한다. 이러한 성질을 말한다.
④ 강성 : 외력을 받았을 때 절단, 좌굴과 같은 변형을 일으키지 않고 이에 저항 하려는 성질

41 건축제도용구 중 디바이더의 용도로 옳은 것은?

① 원호를 용지에 직접 그릴 때 사용한다.
② 직석이나 원주를 등분할 때 사용한다.
③ 각도를 조절하여 지붕물매를 그릴 때 사용한다.
④ 투시도 작도시 긴 선을 그릴 때 사용한다.

※ 제도용구 및 용도 - 디바이더
직선이나 원주를 등분할 때, 치수를 도면 위에 옮기거나 도면 위의 길이를 재어 다른 곳으로 옮기는 경우에 사용

42 목구조의 장점에 해당하는 것은?

① 열전도율이 낮다.
② 내화성이 뛰어나다.
③ 함수율에 따른 변형이 적다.
④ 장스팬 건축물을 시공하기에 용이하다.

※ 목구조
▶ 장점
- 가볍고, 가공성이 좋으며, 친화감이 있다.
- 비중에 비하여 강도가 크다. (인장, 압축강도)
- 시공이 용이하며 공사기간이 짧다.
- 색채 및 무늬가 있어 미려하다.
- 열전도율이 적어 보온, 방안, 방서에 뛰어나다.
▶ 단점
- 재질이 불균등하고, 큰 단면이나 긴 부재를 얻기 힘들다.
- 함수율에 따른 변형이 크고 부식, 부재에 약하다.
- 접합부의 강성이 약하다.
- 내화, 내구성이 약하다.

43 다음 보기가 설명하는 것은?

벽에 침투한 빗물에 의해서 모르타르의 석회분이 공기 중의 탄산가스(CO_2)와 결합하여 벽돌이나 조적벽면을 하얗게 오염시키는 현상

① 블리딩 현상 ② 백화 현상
③ 사운딩 현상 ④ 히빙 현상

※ 백화 현상
벽돌 벽체의 표면에 흰 가루가 나타나는 현상으로 벽에 빗물이 침투하여 줄눈으로 사용한 모르타르의 석회분과 공기 중의 탄산가스(CO_2)가 결합하여 발생한다.

44 건축물의 입면도를 작도할 때 표시하지 않는 것은?

① 방위표시
② 건물의 전체높이
③ 벽 및 기타 마감재료
④ 처마높이

※ 입면도 표시사항
- 건물의 전체높이 (처마높이)
- 창과 문의 폭, 높이와 모양
- 마감형태와 마감재료명
- 조경, 그 밖의 효과들
- 도면명 및 축척

45 도면의 표제란에 기입할 사항과 가장 거리가 먼 것은?

① 기관 정보
② 프로젝트 정보
③ 도면 번호
④ 도면 크기

※ 표제란
· 도면은 반드시 표제란을 기입해야 하며 위치는 도면 오른쪽 하단에 둔다.
· 도면번호, 공사명칭, 축척, 책임자의 서명, 설계자의 서명, 도면작성 연월일, 도면의 분류번호 등을 작성한다.
· 시공자의 성명과 감리자의 성명은 기입하지 않는다.

46 어떤 물건의 실제 길이가 4m이다. 축척이 1/200일 때 도면에 나타나는 길이로 옳은 것은?

① 4mm
② 20mm
③ 40mm
④ 80mm

※ 척도에 의한 길이 산정법
축척 = 도면상의 길이/실제길이 이므로 도면상의 길이 = 실제길이 × 축척 이다.
그러므로 실제길이가 4m이고, 축척이 1/200이라고 하면, 도면상의 길이 = 400cm × (1/200) = 2cm = 20mm 이다.

47 제도 글자에 대한 설명으로 옳지 않은 것은?

① 숫자는 아라비아 숫자를 원칙으로 한다.
② 문장은 가로쓰기가 곤란할 때에는 세로쓰기도 할 수 있다.
③ 글자체는 수직 또는 45° 경사의 고딕체로 쓰는 것을 원칙으로 한다.
④ 글자의 크기는 각 도면의 상황에 맞추어 알아보기 쉬운 크기로 한다.

※ 건축제도의 통칙 – 글자
· 숫자는 아라비아 숫자를 원칙으로 한다.
· 글자의 크기는 각 도면의 상황에 맞추어 알아보기 쉬운 크기로 한다.
· 글자체는 수직 또는 15°경사의 고딕체로 쓰는 것을 원칙으로 한다.
· 문장을 왼쪽에서부터 가로 쓰기를 원칙으로 하고, 곤란한 경우 세로쓰기도 가능하다.

48 쉘(shell)구조에 대한 설명으로 옳지 않은 것은?

① 큰 공간을 덮는 지붕에 사용되고 있다.
② 가볍고 강성이 우수한 구조 시스템이다.
③ 상부는 주로 직선형 디자인이 많이 사용되는 구조물이다.
④ 면에 분포되는 하중을 인장력·압축력과 같은 면내력으로 전달시키는 역학적 특성을 가지고 있다.

※ 쉘구조
· 곡면판이 지니는 역학적 구성을 이용한 구조로서 외력은 주로 판의 면내력으로 전달되기 때문에 경량이고 내력이 큰 구조물을 구성할 수 있는 건축구조이다.
· 큰 간사이의 지붕에 사용되며 시드니의 오페라 하우스, 공장, 체육관 등에서 볼 수 있다.

49 도면표시기호 중 반지름을 나타내는 기호는?

① V
② D
③ THK
④ R

※ 도면표시기호

명칭	길이	높이	폭	면적	두께	직경	반지름	용적
표시 기호	L	H	W	A	THK	D, ø	R	V

50 각 실의 내부의장을 나타내기 위한 도면으로 실의 입면을 그려 벽면의 마감재료와 치수, 형상 등을 나타내는 도면은?

① 평면도
② 창호도
③ 단면도
④ 전개도

※ 설계도면 – 전개도
· 각 실의 내부의 의장을 명시하기 위해 작성하는 도면이다.
· 축척은 1/20~1/50 정도로 한다.
· 실내의 벽체 및 문의 모양을 그려야 한다.
· 벽면의 마감재료 및 치수를 기입하고, 창호의 종류와 치수를 기입한다.

51 재료에 따른 단면용 표시 기호가 옳게 표기된 것은?

번호	표시사항 구분	표시 기호
A	석재	
B	인조석	
C	잡석다짐	
D	지반	

① A
② B
③ C
④ D

※ 재료구조 표시기호
· 석재
· 잡석다짐
· 인조석
· 지반

52 절충식 지붕틀에서 지붕 하중이 크고 간 사이가 넓을 때 중간에 기둥을 세우고 그 위 지붕보에 직각으로 걸쳐대는 부재의 명칭은?
① 베개보　② 서까래
③ 추녀　④ 우미량

※ 베개보
절충식 지붕틀에서 지붕 하중이 크고 간사이가 넓은 때에 그 중간에 기둥에 세우고, 그 위의 지붕보에 직각으로 대는 부재이다.

53 중심선, 절단선, 기준선으로 사용되는 선의 종류는?
① 2점 쇄선　② 1점 쇄선
③ 파선　④ 실선

※ 선
① 이점쇄선 : 물체가 있는 것으로 가상되는 부분을 표시하거나, 일점쇄선과 구별할 때 사용된다.
② 일점쇄선 : 물체의 중심축, 대칭축, 또는 절단한 위치를 표시하거나 경계선으로 사용한다.
③ 파선 : 물체의 보이지 않는 부분의 모양을 표시하는데 사용하며, 파선과 구별할 필요가 있을 때에는 점선을 쓴다.
④ 실선 : 물체의 보이는 부분을 나타내는 선으로서, 단면선과 외형선으로 구별하여 사용하며, 치수선, 치수보조선, 인출선, 각도 설명 등을 나타내는 지시선 및 해칭선으로 사용한다.

54 설계도면 중 일반도에 속하지 않는 것은?
① 평면도　② 전기설비도
③ 배치도　④ 단면상세도

※ 설계도면 - 일반도
배치도, 평면도, 입면도, 단면도, 전개도, 창호도, 현치도, 투시도 등

55 철골 구조의 특징에 대한 설명으로 옳지 않은 것은?
① 내화적이다.
② 내진적이다.
③ 장스팬이 가능하다.
④ 해체, 수리가 용이하다.

※ 철골구조 특징
・장스팬 구조가 가능하다.
・내진적이다.
・해체 및 수리가 용이하다.
・내화성이 약하다.

56 45°와 60° 삼각자의 2개 1조로 그을 수 있는 빗금의 각도가 아닌 것은?

① 30°　② 50°
③ 75°　④ 105°

※ 제도용구 - 삼각자
・45° 등변삼각형과 30°, 60°의 직각삼각형 두 가지가 한 쌍으로 이루어져 있다.
・삼각자를 이용한 각도는 30°, 45°, 60°, 75°, 105°를 그을 수 있다.

57 건축제도에 사용되는 삼각자에 대한 설명으로 옳지 않은 것은?
① 일반적으로 45° 등변 삼각형과 30°, 60°의 직각삼각형 두 가지가 한 쌍으로 이루어져 있다.
② 재질은 플라스틱 제품이 많이 사용된다.
③ 모든 변에 눈금이 기재되어 있어야 한다.
④ 삼각자의 조합에 따라 여러 가지 각도를 표현할 수 있다.

※ 제도용구 - 삼각자
・일반적으로 45° 등변삼각형과 30°, 60°의 직각삼각형 두 가지가 한 쌍으로 이루어져 있다.
・T자와 I자와 함께 사용하여 수직선, 사선을 그릴 수 있다.
・재질은 플라스틱 제품이 많이 사용된다.
・자유각도자는 각도를 자유롭게 조절할 수 있다.

58 철골구조에서 주각부에 사용하는 부재는?
① 커버 플레이트　② 웨브 플레이트
③ 스티프너　④ 베이스 플레이트

※ 철골구조 - 주각부
・주각부 기둥이 받는 내력을 기초에 전달하는 부분이다.
・윙 플레이트, 베이스 플레이트, 기호와의 접합을 위한 리브 플레이트, 클립 앵글, 사이드 앵글 및 앵커볼트를 사용한다.

59 철근콘크리트 구조에 대한 설명 중 옳은 것은?
① 타구조에 비해 자중이 가볍다.
② 타구조에 비해 시공기간이 짧다.
③ 콘크리트 자체의 인장력이 매우 크다.
④ 철근과 콘크리트는 선팽창계수가 거의 같다.

※ 철근콘크리트 구조
・내화, 내구, 내진적이다.
・설계가 자유롭고, 고층건물이 가능하다.
・장스팬은 불가능하다.
・구조물을 완성 후 내부 결함의 유무를 검사하기 어렵다.
・균열이 쉽게 발생한다.
・철근과 콘크리트는 선팽창계수가 거의 같다.
・자중이 무겁고, 시공기간이 길다.
・콘크리트 자체의 압축력이 매우 크다.

60 철골용접시 발생하는 결함의 종류가 아닌 것은?

① 블로우홀 ② 언더컷
③ 오버랩 ④ 침투탐상

※ 용접결함
- 언더컷(under cut) : 용접선 끝에 용착금속이 채워지지 않아 생긴 작은 홈
- 오버랩(overlap) : 용착금속이 모재와 융합되지 않고, 들떠있는 현상
- 블로홀(blow hole) : 금속이 녹아들 때 생기는 기포나 작은 틈

정답

01① 02③ 03④ 04① 05③ 06③ 07④ 08① 09④ 10③
11① 12③ 13② 14③ 15② 16④ 17① 18① 19④ 20④
21④ 22④ 23③ 24② 25① 26① 27① 28④ 29② 30③
31③ 32② 33③ 34③ 35① 36① 37② 38① 39① 40②
41② 42① 43② 44① 45④ 46② 47③ 48③ 49④ 50④
51① 52① 53② 54② 55① 56② 57③ 58④ 59④ 60④

2014년도 제4회 과년도 기출문제

01 상점의 판매방식 중 대면판매에 관한 설명으로 옳지 않은 것은?
① 측면방식에 비해 진열면적이 감소된다.
② 판매원의 고정 위치를 정하기가 용이하다.
③ 상품의 포장대나 계산대를 별도로 둘 필요가 없다.
④ 고객이 직접 진열된 상품을 접촉할 수 있는 관계로 충동 구매와 선택이 용이하다.

※ 상점의 판매형식 - 대면판대
· 진열장을 사이에 두고 상담 또는 판매하는 형식
· 측면 방식에 비해 진열면적이 감소된다.
· 판매원의 고정 위치를 정하기가 용이하다.
· 상품의 포장대나 계산대를 별도로 둘 필요가 없다.
· 용도 : 시계, 귀금속, 안경, 의약품, 화장품, 제과

02 동일한 두 개의 의자를 나란히 합해 2인이 앉을 수 있도록 한 의자는?
① 세티   ② 스툴
③ 카우치   ④ 체스터필드

※ 가구
① 세티(settee) : 러브시트와 달리 동일한 2개의 의자를 나란히 놓아 2인이 앉을 수 있도록 한 의자
② 스툴(stool) : 팔걸이와 등받이가 없이 수평 좌판과 다리로만 이루어진 1인용 소형 소파
③ 카우치(couch) : 몸을 기댈 수 있도록 좌판 한쪽 끝이 올라간 소파
④ 체스터 필드(chesterfield) : 소파의 안락성을 위해 솜, 스펀지 등을 두툼하게 채워 놓은 소파

03 실내디자인 요소 중 기둥에 관한 설명으로 옳지 않은 것은?
① 선형인 수직요소이다.
② 공간을 분할하거나 동선을 유도하기도 한다.
③ 소리, 빛, 열 및 습기환경의 중요한 조절 매체가 된다.
④ 기둥의 위치와 수는 공간의 성격을 다르게 만들 수 있다.

※ 실내 기본요소 - 기둥
· 수직요소로 크기 형상을 가지고 있다.
· 공간을 분할하거나 동선을 유도하기도 한다.
· 기둥의 위치와 수는 공간의 성격을 다르게 만들 수 있다.

04 다음 중 크기와 형태에 제약없이 가장 자유롭게 디자인할 수 있는 창의 종류는?
① 고정창   ② 미닫이창
③ 여닫이창   ④ 미서기창

※ 고정창
열리지 않고 빛만 유입되는 기능으로 크기와 형태에 제약없이 자유롭게 디자인 할 수 있는 창

05 소규모 주거공간 계획 시 고려하지 않아도 되는 것은?
① 접객공간
② 식사와 취침분리
③ 평면형태의 단순화
④ 주부의 가사 작업량

※ 소규모 주거공간 계획시 고려사항
· 식사와 취침의 분리
· 주부가사 작업량 경감
· 평면 형태의 단순화

06 조명기구의 설치방법에 따른 분류 중 조명기구를 벽체에 부착하는 것은?
① 펜던트   ② 매입형
③ 브래킷   ④ 직부형

※ 조명기구의 설치방법
① 펜던트 : 천장에 달아 늘어뜨려 원하는 공간을 비추도록 설치하여 부분적인 공간에 포인트를 주는 조명
② 매입등(다운라이트) : 천장이 2중으로 되어 그 사이 공간에 조명 기구를 매입시키는 조명
③ 브래킷 : 벽등이라고도 불리며 메인 조명 보조역학을 하거나 벽에 장식적인 효과를 주기 위해 사용하는 조명
④ 직부형 : 조명기구를 천장면에 직접 부착시키는 조명 방식으로 천정등이라고 불리우며 가장 많이 사용되는 조명기구

07 다음 설명에 알맞은 거실의 가구 배치 유형은?

- 가구를 두 벽면에 연결시켜 배치하는 형식이다.
- 시선이 마주치지 않아 안정감이 있다.

① 대면형 ② 코너형
③ 직선형 ④ U자형

※ 거실가구 배치
① 대면형 : 중앙의 테이블을 중심으로 좌석이 마주 보도록 배치하는 형식
② 코너형(ㄱ자형) : 가구를 두 벽면에 연결시켜 배치하는 형식으로 시선이 마주하지 않아 안정감 있다.
③ 직선형(일자형) : 가구를 벽에 나란히 붙여 배치하는 형식으로 좁은 집에서 가장 일반적인 유형이다.
④ ㄷ자형(U자형) : 양측 벽면을 이용하므로 수납공간을 넓게 잡을 수 있으며, 이용하기에도 아주 편리하다.

08 두 개 또는 그 이상의 유사한 시각요소들이 서로 가까이 있으면 하나의 그룹으로 보려는 경향과 관련된 형태의 지각심리는?

① 유사성 ② 연속성
③ 폐쇄성 ④ 근접성

※ 형태의 지각심리(게슈탈트의 지각심리)
① 유사성 : 형태, 규모, 색채, 질감, 명암, 등에 있어서 유사한 시각적 요소들이 서로 연관되어 자연스럽게 그룹핑 하여 하나의 패턴으로 보이는 법칙
② 연속성 : 유사한 배열이 하나의 묶음으로 지각되는 것으로 공동운명의 법칙
③ 폐쇄성 : 시각요소들이 어떤 형상을 지각하게 하는데 있어서 폐쇄된 느낌을 주는 법칙
④ 근접성 : 보다 더 가까이 있는 2개 또는 둘 이상의 시각요소들은 패턴이나 그룹으로 지각될 가능성 크다는 법칙

09 평화, 평등, 침착, 고요 등 주로 정적인 느낌을 주는 선의 종류는?

① 수직선 ② 수평선
③ 기하곡선 ④ 자유곡선

※ 선
① 수직선 : 고결, 희망, 상승, 위엄, 존엄성, 긴장감을 느낌
② 수평선 : 고요, 안정, 평화, 평등, 침착, 정지된 느낌
③ 기하곡선 : 경직 정리된 느낌
④ 자유곡선 : 자유롭고 풍부한 느낌

10 유닛 가구(unit furniture)에 관한 설명으로 옳지 않은 것은?

① 필요에 따라 가구의 형태를 변화시킬 수 있다.
② 특정한 사용목적이나 많은 물품을 수납하기 위해 건축화 된 가구이다.
③ 공간의 조건에 맞도록 조합시킬 수 있으므로 공간의 이용효율을 높여준다.
④ 단일가구를 원하는 형태로 조합하여 사용할 수 있으므로 다목적으로 사용 가능하다.

※ 유닛가구
한 가구가 여러 개의 유닛으로 구성되며 각, 유닛을 폭, 길이, 높이 치수가 규격화, 모듈화 되어 제작된 가구
▶ 특징
- 필요에 따라 여러 가지 형태를 변화시킬 수 있다.
- 공간의 조건에 맞도록 조합시킬 수 있으므로 공간의 이용효율을 높여준다.
- 단일가구를 원하는 형태로 조합하여 사용할 수 있으므로 다목적으로 사용 가능하다.

11 백화점 진열대의 평면 배치 유형 중 많은 고객이 매장 공간의 코너까지 접근하기 용이하지만 이형의 진열대가 필요한 것은?

① 직렬배치형 ② 사행배치형
③ 환상배열형 ④ 굴절배치형

※ 상점 진열대 배치 유형
① 직렬배치형
- 진열대가 입구에서 안으로 향하여 직선적으로 구성된 형식
- 고객의 흐름이 빠르며 부분별로 상품 진열이 용이하고 대량 판매 형식도 가능
- 침구점, 양품점, 전기용품점, 서점, 식기점
② 사행배치형
- 진열대의 평면배치 중 많은 고객을 매장 공간의 코너까지 접근이 용이한 형식
- 이형의 진열대가 많이 필요
- 백화점
③ 환상배치형
- 중앙에 쇼케이스, 진열케이스 등이 직선이나 곡선에 의한 고리모양(환상)부분을 설치하는 형식
- 민예품점, 수예품점
④ 굴절배치형
- 진열 케이스의 배치와 고객 동선이 굴절 또는 곡선으로 구성되는 대면 판매와 측면 판매 방식이 조합된 형식
- 양품점, 안경점, 모자점, 문방구점

12 다음 중 실내공간의 설계시 인체공학적 근거와 가장 거리가 먼 것은?

① 난간의 높이 ② 계단의 높이
③ 테이블의 높이 ④ 일반 창의 크기

※ 휴먼스케일
생활 속의 실내, 가구, 건축물 등의 물체와 인체와의 관계 및 물체 상호간의 관계의 개념이 사람의 신체를 기준으로 한 인간 중심으로 결정되어야 한다.

13 황금 비례의 비율로 올바른 것은?

① 1 : 1.414　② 1 : 1.532
③ 1 : 1.618　④ 1 : 3.141

※ 황금비례
선이나 면적을 나눌 때, 작은 부분 : 큰 부분 = 큰 부분 : 전체의비
= 1:1.618의 비를 갖도록 한 비례이다.

14 다음 설명에 알맞은 형태의 종류는?

· 구체적 형태를 생략 또는 과장의 과정을 거쳐 재구성한 형태이다.
· 대부분의 경우 원래의 형태를 알아보기 어렵다

① 자연형태　② 인위형태
③ 이념적 형태　④ 추상적 형태

※ 형태의 종류 - 추상형태
· 구체적인 형태를 생략 또는 과장의 과정을 거쳐 재구성된 형태
· 대부분의 경우 재구성된 원래의 형태를 알아보기 어려운 형태

15 유사조화에 관한 설명으로 옳은 것은?

① 강력, 화려, 남성적인 이미지를 준다.
② 다양한 주제와 이미지들이 요구될 때 주로 사용된다.
③ 대비보다 통일에 조금 더 치우쳐 있다고 볼 수 있다.
④ 질적, 양적으로 전혀 상반된 두 개의 요소가 조화를 이루는 경우에 주로 나타난다.

※ 유사조화
선, 형태, 소재, 색채 등의 요소들이 서로 동일하지 않아도 닮은 모습으로 연합하여 한 조로 느끼며 질서를 유지하는 현상이며, 대비보다 통일에 조금 더 치우쳐 있다.

16 측창채광에 관한 설명으로 옳지 않은 것은?

① 개폐 기타의 조작이 용이하다.
② 시공이 용이하며 비막이에 유리하다.
③ 편측채광의 경우 실내의 조도분포가 균일하다.
④ 근린의 상황에 의한 채광 방해의 우려가 있다.

※ 측창채광(side light)
벽면에 수직으로 낸 측창을 통한 채광방식
· 개폐와 조작이 용이하고, 청소·보수가 용이하다.
· 구조적 시공이 용이하며 비막이에 유리하다.
· 근린 상황에 의한 채광 방해의 우려가 있다.
· 편측 채광의 경우 조도 분포가 불균일하다.

17 자연환기에 관한 설명으로 옳지 않은 것은?

① 풍력환기량은 풍속에 비례한다.
② 중력환기량은 개구부 면적에 비례하여 증가한다.
③ 중력환기량은 실내외의 온도차가 클수록 많아진다.
④ 외부와 면한 창이 1개만 있는 경우에는 중력환기와 풍력환기는 발생하지 않는다.

※ 자연환기
▶ 풍력환기
· 외기의 바람에 의한 환기
· 실 개구부의 배치에 따라 많은 차이가 있다.
· 실외의 풍속이 클수록 환기량이 많아진다.
▶ 중력환기
· 실내외 공기의 온도 차에 의한 환기
· 실내외의 온도 차가 클수록 환기량이 많아진다.
· 외부와 면한 창이 1개만 있는 경우에는 풍력과 풍력환기가 발생한다.

18 기온과 습도만에 의한 온열감을 나타낸 온열지표는?

① 유효온도　② 불쾌지수
③ 등온지수　④ 작용온도

※ 불쾌지수
기온과 습도만에 의한 온열감을 나타낸 것이다.

19 표면결로의 방지대책으로 옳지 않은 것은?

① 가습을 통해 실내 절대습도를 높인다.
② 실내온도를 노점온도 이상으로 유지시킨다.
③ 단열강화에 의해 실내측 표면온도를 상승시킨다.
④ 직접가열이나 기류촉진에 의해 표면온도를 상승시킨다.

※ 표면 결로 방지 대책
· 환기에 의한 실내 절대습도를 저하한다.
· 건물 내부의 표면온도를 올리고 실내기온을 노점 이상으로 유지한다.
· 단열 강화에 의해 실내 측 표면온도를 상승시킨다.
· 각 부의 열관류 저항을 크게 하고 열관류량을 적게 한다.
· 구조체를 단열 시공하여 열 손실을 방지하고 보온 역할을 하도록 한다.

20 다음 중 집회공간에서 음의 명료도에 끼치는 영향이 가장 작은 것은?

① 음의 세기　② 실내의 온도
③ 실내의 소음량　④ 실내의 잔향시간

※ 음의 명료도
· 사람이 말하는 언어가 얼마나 정확한가를 말한 말수에 대한 백분율
· 음의세기, 실의 형태, 음의 분포, 잔향시간 및 실내의 소음량 등이 영향을 끼친다.

21 대리석에 관한 설명으로 옳지 않은 것은?

① 산과 알칼리에 강하다.
② 석질이 치밀, 견고하고 색채, 무늬가 다양하다.
③ 석회석이 변화되어 결정화한 것으로 탄산석회가 주성분이다.
④ 강도는 매우 높지만 풍화되기 쉽기 때문에 실외용으로는 적합하지 않다.

※ 대리석
· 산에 약하다.
· 석질이 치밀, 견고하고 색채, 무늬가 다양하다.
· 석회석이 변화되어 결정화한 것으로 탄산석회가 주성분이다.
· 강도는 매우 높지만 풍화되기 쉽기 때문에 실외용으로는 적합하지 않다.

22 점토의 일반적인 성질에 관한 설명으로 옳은 것은?
① 비중은 일반적으로 3.5~3.6의 범위이다.
② 점토 입자가 클수록 가소성은 좋아진다.
③ 압축강도는 인장강도의 약 5배 정도이다.
④ 알루미나가 많은 점토는 가소성이 나쁘다.

※ 점토성질
· 점토의 주성분은 규산(실리카), 알루미나이다.
· 점토의 비중은 2.5~2.6이다.
· 점토의 비중은 불순물이 많은 점토일수록 작고, 알루미나분이 많을수록 크다.
· 점토의 압축강도는 인장강도의 약 5배 정도이다.
· 양질의 점토는 습윤 상태에서 현저한 가소성을 나타낸다.
· 알루미나가 많은 점토는 가소성이 좋다.
· Fe_2O_3와 기타 부성분이 많은 것은 고급 제품의 원료로 부적당하다.
· 점토에 포함된 성분에 의해 철산화물이 많으면 적색이 되고, 석화물질이 많으면 황색을 띠게 된다.
· 불순물이 많은 것은 고급제품의 원료로 부적당하다.

23 테라코타에 관한 설명으로 옳지 않은 것은?
① 일반석재보다 가볍고 화강암보다 압축강도가 크다.
② 거의 흡수성이 없으며 색조가 자유로운 장점이 있다.
③ 구조용과 장식용이 있으나, 주로 장식용으로 사용된다.
④ 재질은 도기, 건축용 벽돌과 유사하나, 1차 소성한 후 시유하여 재소성하는 점이 다르다.

※ 테라코타
· 속을 비게하여 소성한 제품으로서 난간벽, 기둥주두, 돌림띠, 창대 등에 사용한다.
· 일반 석재보다 가볍고, 압축강도는 화강암의 1/2정도이다.
· 거의 흡수성이 없고 색조가 자유롭고, 모양을 임의로 만들 수 있다.
· 소성제품이므로 변형이 생기기 쉽다.
· 구조용과 장식용이 있으나, 주로 장식용으로 사용된다.

24 목재 제품 중 목재를 얇은 판, 즉 단판으로 만들어 이들을 섬유방향이 서로 직교되도록 홀수로 적층하면서 접착제로 접착시켜 만든 것은?
① 합판
② 섬유판
③ 파티클보드
④ 목재 집성재

※ 목재 - 합판
단판(베니어)을 1장마다 섬유방향과 직교되게 3, 5, 7, 9 등의 홀수 겹으로 겹쳐 접착제로 붙여댄 것이다.

25 굳지 않은 콘크리트의 성질을 표시하는 용어 중 워커빌리티에 관한 설명으로 옳은 것은?
① 단위수량이 많으면 많을수록 워커빌리티는 좋아진다.
② 워커빌리티는 일반적으로 정량적인 수치로 표시된다.
③ 일반적으로 빈배합의 경우가 부배합의 경우보다 워커빌리티가 좋다.
④ 과도하게 비빔시간이 길면 시멘트의 수화를 촉진시켜 워커빌리티가 나빠진다.

※ 워커빌리티
· 단위수량이 많으면 많을수록 워커빌리티는 나빠진다.
· 워커빌리티는 정성적인 수치로 표시된다.
· 부배합이 빈배합보다 워커빌리티가 좋다.
· 과도하게 비빔시간이 길면 시멘트의 수화를 촉진시켜 워커빌리티가 나빠진다.

26 콘크리트 혼화제인 A.E제의 사용 효과로 옳지 않은 것은?
① 워커빌리티가 개선된다.
② 동결융해 저항성능이 커진다.
③ 미세 기포에 의해 재료분리가 많이 생긴다.
④ 플레인콘크리트와 동일 물시멘트비인 경우 압축강도가 저하된다.

※ AE 감수제
· 블리딩 감소
· 시공연도(워커빌리티) 향상
· 단위수량의 감소
· 유동화콘크리트 제조
· 화학작용에 대한 저항성 향상
· 고강도 콘크리트의 슬럼프 로스방지
· 동결융해에 대한 저항성 증대되어 동기공사가 가능
※ 플레인 콘크리트(무근 콘크리트)와 동일 물시멘트비인 경우 압축강도가 감소한다.

27 목재가 통상 대기의 온도, 습도와 평형된 수분

을 함유한 상태를 의미하는 것은?
① 전건상태　② 기건상태
③ 생재상태　④ 섬유포화상태

※ 기건상태
목재를 건조하여 대기 중에 습도와 균형상태가 된 것이며, 함수율을 약 15%정도가 되는 상태이다.

28 시멘트의 발열량을 저감시킬 목적으로 제조한 시멘트로 매스콘크리트용으로 사용되는 것은?
① 조강포틀랜드시멘트
② 백색포틀랜드시멘트
③ 초조강포틀랜드시멘트
④ 중용열포틀랜드시멘트

※ 중용열포틀랜드시멘트
· 시멘트의 발열량을 저감시킬 목적으로 제조한 시멘트
· 수화열이 작고 화학저항성이 일반적으로 크다.
· 내산성이 우수하며, 내구성이 좋다.
· 댐 콘크리트, 도로포장, 매스콘크리트용으로 사용된다.

29 미장재료 중 석고플라스터에 관한 설명으로 옳지 않은 것은?
① 내화성이 우수하다.
② 수경성 미장재료이다.
③ 경화·건조시 치수 안정성이 우수하다.
④ 경화속도가 느리므로 급결제를 혼합하여 사용한다.

※ 석고플라스터
· 수경성 미장재료이다.
· 원칙적으로 해초 또는 풀즙은 사용하지 않는다.
· 내화성이 우수하다.
· 경화와 건조시 치수 안정성이 우수하다.

30 다음 중 방청도료에 속하지 않는 것은?
① 투명 래커
② 에칭 프라이머
③ 아연분말 프라이머
④ 광명단 조합페인트

※ 방청도료(녹막이 도료)
· 투수성이 적어 수분 침투를 막고 부식을 방지할 수 있다.
· 철재와의 부착성을 높이기 위해 사용된다.
· 철강재, 경금속재, 바탕에 산화되어 녹나는 것을 방지할 수 있다.
· 에칭 프라이머, 아연분말 프라이머, 광명단조합페인트 등이 속한다.

31 블론 아스팔트의 성능을 개량하기 위해 동식물성 유지와 광물질 분말을 혼입한 것으로 일반지붕 방수공사에 이용되는 것은?
① 아스팔트 펠트
② 아스팔트 프라이머
③ 아스팔트 컴파운드
④ 스트레이트 아스팔트

※ 아스팔트 컴파운드
· 블론 아스팔트의 성능을 개량하기 위해 동식물성 유지와 광물질 분말을 혼합한 것으로 일반지붕 방수공사에 이용한다.
· 아스팔트 방수의 바탕 처리재로 사용된다.

32 건축용으로는 글라스섬유로 강화된 평판 또는 판상제품으로 주로 사용되는 열경화성 수지는?
① 페놀 수지　② 실리콘 수지
③ 염화비닐 수지　④ 폴리에스테르 수지

※ 폴리에스테르 수지
유리(글라스) 섬유를 보강한 섬유 강화 플라스틱으로(FRP)으로 평판 또는 판상제품이다.
용도 : 아케이드천장, 루버, 칸막이

33 비철금속 중 동(copper)에 관한 설명으로 옳지 않은 것은?
① 가공성이 풍부하다.
② 열과 전기의 양도체이다.
③ 건조한 공기 중에서는 산화하지 않는다.
④ 염수 및 해수에는 침식되지 않으나 맑은 물에는 빨리 침식된다.

※ 비철금속 - 구리(동)
· 가공성이 좋다.
· 열과 전기의 양도체이다.
· 건조 한 공기 중에는 산화하지 않는다.

34 다음 중 여닫이용 창호철물에 속하지 않는 것은?
① 도어스톱　② 크레센트
③ 도어클로저　④ 플로어 힌지

※ 창호 철물
① 도어스톱 : 열린 문짝이 벽 등에 손상되는 것을 막기 위해 바닥 또는 옆 벽에 대는 철물
② 크레센트 : 오르내리기 창에 사용되는 걸쇠
③ 도어 클로저 : 문을 자동적으로 닫게 하는 장치로서 스프링 경첩의 일종이다.
④ 플로어 힌지 : 바닥에 오일이나 스프링 유압 밸브를 장치하여 문을 열면 저절로 닫혀지게 되는 철물

35 다음 중 현장 발포가 가능한 발포 제품은?
① 페놀 폼 ② 염화비닐 폼
③ 폴리에틸렌 폼 ④ 폴리우레탄 폼

※ 폴리우레탄 폼
· 단열성이 크고 현장 발포시공이 가능하며 화학약품에 견디는 성질이 강하다.
· 시간이 경과함에 따라 수축현상이 일어나고 열전도율이 커진다.

36 다음은 재료의 역학적 성질에 관한 설명이다. ( ) 안에 알맞은 용어는?

> 압연강, 고무와 같은 재료는 파괴에 이르기까지 고강도의 응력에 견딜 수 있고 동시에 큰 변형을 나타내는 성질을 갖는데, 이를 ( )이라고 한다.

① 강성 ② 취성
③ 인성 ④ 탄성

※ 재료의 역학적 성질
① 강성 : 외력을 받았을 때 절단, 좌굴과 같은 변형을 일으키지 않고 이에 저항 하려는 성질
② 취성 : 주철, 유리와 같은 재료는 작은 변형만으로도 파괴되는데 이러한 성질
③ 인성 : 압연강, 고무와 같은 재료가 파괴에 이르기까지 고강도의 응력에 견딜 수 있고 동시에 큰 변형을 나타내는 성질
④ 탄성 : 재료에 외력이 작용하면 순간적으로 변형이 생기지만 외력을 제거하면 순간적으로 원형으로 회복하는 성질

37 다음 중 건축재료의 사용목적에 의한 분류에 속하지 않는 것은?
① 무기재료 ② 구조재료
③ 마감재료 ④ 차단재료

※ 건축 재료의 분류
· 사용목적 : 구조재료, 마감재료, 차단재료, 방화 · 내화재료
· 화학 조성 : 무기재료, 유기재료

38 콘크리트에 사용되는 골재에 요구되는 성질에 관한 설명으로 옳지 않은 것은?
① 골재의 크기는 동일하여야 한다.
② 골재에는 불순물이 포함되어 있지 않아야 한다.
③ 골재의 모양은 둥글고 구형에 가까운 것이 좋다.
④ 골재의 강도는 콘크리트 중의 경화시멘트 페이스트의 강도 이상이어야 한다.

※ 콘크리트 골재의 일반적 성질
· 모양이 구형에 가까운 것으로, 표면이 거친 것이 좋다.
· 입도는 조립에서 세립까지 연속적으로 균등이 혼합되어 있어야 한다.
· 골재의 강도는 콘크리트 중의 경화시멘트 페이스트의 강도 이상인 것이 좋다.
· 골재에는 불순물이 포함되어 있지 않아야 한다.

39 강화유리에 관한 설명으로 옳지 않은 것은?
① 형틀 없는 문 등에 사용된다.
② 제품의 현장 가공 및 절단이 쉽다.
③ 파손시 작은 알갱이가 되어 부상의 위험이 적다.
④ 유리를 가열 후 급냉하여 강도를 증가시킨 유리이다.

※ 유리 - 강화유리
· 판유리를 600°C쯤, 가열했다가 급냉하여 기계적 성질을 증가시킨 유리
· 파괴 시 모래처럼 잘게 부서지므로 파편에 의한 부상을 줄일 수 있다.
· 현장에서 가공, 절단이 불가능하다.
· 용도 : 자동차 앞 유리, 형틀 없는 문(무테문), 선박, 커튼월에 쓰이는 착색강화유리

40 건축용 석재에 관한 설명으로 옳지 않은 것은?
① 압축강도에 비해 인장강도가 크다.
② 불연성이며 내수성 · 내화학성이 우수하다.
③ 화강암은 화열에 닿으면 균열이 생기며 파괴된다.
④ 거의 모든 석재가 비중이 크고 가공성이 불량하다.

※ 석재의 성질
· 불연성이며, 내화학성이 우수하다.
· 대체로 석재의 강도가 크면 경도도 크다.
· 압축강도에 비하여 인장강도가 매우 작다.
· 흡수율이 클수록 풍화나 동해를 받기 쉽다.
· 내수성, 내구성, 내화학성, 내마모성이 우수하다.
· 외관이 장중하고, 치밀하며, 갈면 아름다운 광택이 난다.
· 장대재를 얻기가 어려워 가구재로는 부적당하다.

41 건축설계도면에서 배경을 표현하는 목적과 가장 관계가 먼 것은?
① 건축물의 스케일감을 나타내기 위해서
② 건축물의 용도를 나타내기 위해서
③ 주변대지의 성격을 표시하기 위해서
④ 건축물 내부 평면상의 동선을 나타내기 위해서

※ 배경표현 목적
배경을 표현하면, 나타내고자 하는 공간의 용도와 스케일감 및 주변의 대지 성격을 나타낼 수 있어 건물을 이해하는데 도움이 된다.

42 벽돌쌓기 방법 중 영식 쌓기에 대한 설명으로 옳은 것은?
① 내력벽을 만들 때 많이 이용한다.
② 공간 쌓기에 주로 이용한다.

③ 외관이 아름답다.
④ 통줄눈이 생긴다.

※ 벽돌쌓기공법 – 영국식 쌓기
· 한 켜는 길이, 다음 켜는 마구리로 쌓는 방법
· 마구리 켜의 모서리에 반절 또는 이오토막을 사용해서 통줄눈이 생기는 것을 막는다.
· 가장 튼튼한 쌓기 공법이다.
· 내력벽을 만들 때 사용한다.

43 철근콘크리트 보의 휨 강도를 증가시키는 방법으로 가장 적당한 것은?

① 보의 춤(depth)을 증가시킨다.
② 원형철근을 사용한다.
③ 중앙 상부에 철근배근량을 증가시킨다.
④ 피복두께를 얇게하여 부착력을 증가시킨다.

※ 철근 콘크리트 보의 휨 강도를 증가 시키는 방법
· 휨 모멘트를 크게 한다.
· 단면 계수를 작게 하여 보의 춤을 증가시킨다.

44 목구조에 사용되는 철물의 용도에 대한 설명으로 옳지 않은 것은?

① 감잡이쇠 : 왕대공과 평보의 연결
② 주걱볼트 : 큰보와 작은보의 맞춤
③ 띠쇠 : 왕대공과 ㅅ자보의 맞춤
④ ㄱ자쇠 : 모서리 기둥과 층도리의 맞춤

※ 주걱볼트 : 보와 기둥 또는 보와 도리의 맞춤
※ 안장맞춤과 볼트 : 큰보와 작은보의 맞춤

45 도면에 쓰이는 기호와 그 표시사항의 연결이 틀린 것은?

① THK – 두께
② L – 길이
③ R – 반지름
④ V – 너비

※ 도면표시기호

명칭	길이	높이	폭	면적	두께	직경	반지름	용적
표시기호	L	H	W	A	THK	D, ø	R	V

46 철근콘크리트구조의 원리에 대한 설명으로 틀린 것은?

① 콘크리트는 압축력에 취약하므로 철근을 배근하여 철근이 압축력에 저항하도록 한다.
② 콘크리트와 철근은 완전히 부착되어 일체로 거동하도록 한다.
③ 콘크리트는 알칼리성이므로 철근을 부식시키지 않는다.
④ 콘크리트와 철근의 선팽창계수가 거의 같다.

※ 철근콘크리트 구조의 원리
· 철근과 콘크리트의 선팽창계수가 거의 같다.
· 콘크리트는 압축력에 강하고 인장력에 약하며, 철근은 인장력에 강하며, 압축력에 약하기 때문에 상호 보완관계가 있다.
· 철근과 콘크리트는 부착강도가 우수하다.
· 콘크리트의 알칼리성은 철근의 부식을 방지한다.

47 건축제도 시 선긋기에 대한 설명 중 옳지 않은 것은?

① 용도에 따라 선의 굵기를 구분하여 사용한다.
② 시작부터 끝까지 일정한 힘을 주어 일정한 속도로 긋는다.
③ 축척과 도면의 크기에 상관없이 선의 굵기는 동일하게 한다.
④ 한 번 그은 선은 중복해서 긋지 않도록 한다.

※ 선 긋기
· 시작부터 끝까지 일정한 힘을 가하여 일정한 속도로 긋는다.
· 각을 이루어 만나는 선은 정확하게 긋고, 선은 중복해서 긋지 않는다.
· 축척과 도면의 크기에 따라서 선의 굵기를 다르게 한다.
· 용도에 따라 선의 굵기를 구분하여 사용한다.
· 가는 선일수록 선의 농도를 높게 조정한다.
· 파선의 끊어진 부분은 길이와 간격을 일정하게 한다.
· 파선의 모서리는 반드시 연결하고, 교차점은 반드시 교차시키도록한다.

48 도면 표시에서 경사에 대한 설명으로 틀린 것은?

① 밑변에 대한 높이의 비로 표시하고, 분자를 1로 한 분수로 표시한다.
② 지붕은 10을 분모로 하여 표시할 수 있다.
③ 바닥경사는 10을 분자로 하여 표시할 수 있다.
④ 경사는 각도로 표시하여도 좋다.

※ 도면표시 – 경사
· 직삼각형의 직각을 낀 두 변에 대하여 그 높이/밑변, 즉 나타내려는 각도의 정접으로 표시하거나 각도로 표시한다.
· 지면의 물매나 바닥의 배수 물매와 같이 물매가 작을 때에는 분자를 1로 한 분수로 표시
· 지붕의 물매처럼 비교적 물매가 클 때에는 분모를 10으로 한 분수로 표시

49 공장에서 생산하여 트럭이나 혼합기로 현장에 공급하는 콘크리트를 의미하는 것은?

① 경량콘크리트
② 한중콘크리트
③ 레디믹스트콘크리
④ 서중콘크리트

※ 레디믹스트 콘크리트
공장에서 생산하여 트럭이나 혼합기로 현장에 공급하는 콘크리트

50 색의 3요소 중 하나로 색깔의 밝고 어두움의 단계를 나타내는 것은?

① 색상 ② 채도
③ 순도 ④ 명도

※ 색의 3요소
· 색상, 채도, 명도이다.
· 색상 : 빨강, 주황, 노랑, 녹색, 파랑, 보라 등으로 구별하는 색의 느낌을 의미
· 유채색 : 색깔을 가지고 있는 모든 색
· 무채색 : 색상을 띠지 않는 색
· 채도 : 색의 선명하고 탁한 정도를 의미
· 명도 : 색의 밝고 어두움 정도를 의미

51 제도에 사용되는 삼각스케일의 용도로 적합한 것은?

① 원이나 호를 그릴 때 주로 쓰인다.
② 축척을 사용할 때 주로 쓰인다.
③ 제도판 옆면에 대고 수평선을 그릴 때 주로 쓰인다.
④ 원호 이외의 곡선을 그을 때 주로 쓰인다.

※ 제도용구 - 삼각스케일
삼각스케일은 1/100, 1/200, 1/300, 1/400, 1/500, 및 1/600 축척의 눈금이 있고, 길이는 100mm, 150mm, 300mm의 세 종류가 있다. 스케일은 실물의 크기를 줄이거나(축척), 늘릴 때(배척) 및 그대로 옮길 때(실척) 사용한다.

52 투시도를 그릴 때 건축물의 크기를 느끼기 위해 사람, 차, 수목, 가구 등을 표현한다. 이에 대한 설명으로 틀린 것은?

① 차를 투시도에 그릴 때는 도로와 주차 공간을 함께 나타내는 것이 좋다.
② 수목이 지나치게 강조되면 본 건물이 위축될 염려가 있으므로 주의한다.
③ 계획단계부터 실내공간에 사용할 가구의 종류, 크기, 모양 등을 예측하여야 한다.
④ 사람을 표현할 때는 사람을 8등분하여 나누어 볼 때 머리는 1.5 정도의 비율로 표현하는 것이 알맞다.

※ 배경표현
사람을 8등분 하여 보면 머리는 1, 목이 0.5, 팔이 3.0, 몸통이 3.5, 다리가 4.0이 된다.
팔 굽은 팔의 1/2 부분이고 무릎은 지표면에서 2.5의 위치가 된다.

53 접합하려는 2개의 부재를 한쪽 또는 양쪽면을 절단, 개선하여 용접하는 방법으로 모재와 같은 허용응력도를 가진 용접의 종류는?

① 모살용접 ② 맞댐용접
③ 플러그용접 ④ 슬롯용접

※ 용접
① 모살용접 : 직각을 이루는 두 면의 구석을 용접하는 형식
② 맞댐용접 : 용접하고자 하는 2개의 모재를 한쪽 또는 양쪽 면을 절단, 개선하여 용접하는 방법으로 모재와 같은 허용 응력도를 가진 용접
③ 플러그용접 : 겹친 2매의 판재에 한 쪽에만 구멍을 뚫고, 그 구멍에 살붙임하여 용접하는 형식
④ 슬롯용접 : 겹친 2매의 판 한 쪽에 가늘고, 긴 홈을 파고, 그 속에다 살 올림 용접을 하는 형식

54 평면도에 표시해야 할 사항만으로 짝지어진 것은?

A. 반자높이 B. 건물의 높이
C. 실의 배치와 크기 D. 인접경계선과의 거리
E. 창문과 출입구의 구별 F. 개구부의 위치와 크기

① A, C ② B, C, D
③ C, E, F ④ A, B, C, D, E

※ 평면도 표시사항
· 기둥과 벽체의 두께 · 개구부의 위치와 크기
· 실의 면적 · 창문과 출입구의 구별
· 가구배치 · 위생기구 배치
· 바닥의 높낮이 · 바닥패턴 표시
· 도면명 및 축척, 방위표시 · 공간의 용도, 치수, 재료표시

55 건축제도에서 사용하는 선에 관한 설명 중 틀린 것은?

① 이점 쇄선은 물체의 절단한 위치를 표시하거나 경계선으로 사용한다.
② 가는 실선은 치수선, 치수보조선, 격자선 등을 표시할 때 사용한다.
③ 일점 쇄선은 중심선, 참고선 등을 표시할 때 사용한다.
④ 굵은 실선은 단면의 윤곽 표시에 사용한다.

※ 선
· 실선의 굵은선 - 단면선, 외형선, 파단선
· 실선의 가는선 - 치수선, 치수보조선, 지시선, 해칭선
· 일점쇄선 - 중심선, 절단선, 경계선, 기준선
· 이점쇄선 - 가상선

56 건축제도 시 치수 기입법에 대한 설명으로 틀린 것은?

① 치수 기입은 치수선에 평행하고 치수선의 중앙부분에 쓴다.
② 치수는 원칙적으로 그림 밖으로 인출하여 쓴다.
③ 치수의 단위는 mm를 원칙으로 하고 단위기호도 같이 기입하여야 한다.
④ 숫자나 치수선은 다른 치수선 또는 외형선 등과 마주치지 않도록 한다.

※ 건축제도통칙 – 치수
· 치수의 단위는 mm로 하고, 단위는 생략한다.
· 치수는 특별히 명시하지 않는 한 마무리 치수로 한다.
· 치수기입은 치수선 중앙 윗부분에 기입하는 것이 원칙이다.
· 협소한 간격이 연속 될 때에는 인출선을 사용하여 치수를 쓴다.
· 전체 치수를 바깥쪽에, 부분 치수는 안쪽에 기입한다.
· 치수기입은 치수선에 평행하게 도면의 왼쪽에서 오른쪽으로, 아래로부터 위로 읽을 수 있도록 기입한다.
· 치수선의 양 끝 표시는 화살 또는 점으로 표시할 수 있으며, 같은 도면에서 2종을 혼용할 수 없다.

57 목재의 접합면에 사각 구멍을 파고 한편에 작은 나무토막을 반 정도 박아 넣고 포개어 접합재의 이동을 방지하는 나무보강재는?
① 쐐기 ② 촉
③ 나사못 ④ 가시못

※ 목재보강재
① 쐐기 : 목재 접합에 사용되는 보강재 중 직사각형 단면에 길이가 짧은 나무토막을 사다리꼴로 납작하게 만든 것
② 촉 : 목재 접합면에 사각 구멍을 파고 한편에 작은 나무토막을 반 정도 박아 넣고 포개어 접합재의 이동을 방지하는 나무보강재
③ 나사못 : 못의 몸이 나사 (길이의 2/3정도)로 되어 틀어박게 된 못
④ 가시못 : 몸체에 가시가 돋혀 있어 잘 빠지지 않는 못

58 실내투시도 또는 기념 건축물과 같은 정적인 건축물의 표현에 가장 효과적인 투시도는?
① 1소점 투시도 ② 2소점 투시도
③ 3소점 투시도 ④ 전개도

※ 실내투시도 – 1소점 투시도
화면에 그리려는 물체가 화면에 대하여 평행 또는 수직이 되게 놓이는 경우로 소점이 1개인 투시도이다.
실내투시도 또는 기념 건축물과 같은 정적인 건물의 표현에 효과적이다.

59 건축제도통칙에 정의된 제도용지의 크기 중 틀린 것은?(단, 단위는 mm)
① A0 : 1189×1680
② A2 : 420×594
③ A4 : 210×297
④ A6 : 105×148

※ 제도용지규격
· A0 : 841×1189
· A1 : 594×841
· A2 : 420×594
· A3 : 297×420
· A4 : 210×297

60 스틸하우스에 대한 설명으로 옳지 않은 것은?
① 공사기간이 짧고 경제적이다.
② 결로현상이 생기지 않으며 차음에 좋다.
③ 내부 변경이 용이하고 공간활용이 효율적이다.
④ 폐자재의 재활용이 가능하여 환경오염이 적다.

※ 스틸하우스
· 공사 기간이 짧고 경제적이다.
· 내부 변경이 용이하고 공간 활용이 효율적이다.
· 폐자재의 재활용이 가능하여 환경오염이 적다.
· 결로 현상이 발생한다.
· 차음성이 매우 좋지 않다.

정답
01④ 02① 03③ 04① 05① 06③ 07② 08④ 09② 10②
11② 12④ 13③ 14④ 15③ 16③ 17④ 18② 19① 20②
21① 22③ 23① 24① 25④ 26③ 27② 28④ 29④ 30①
31③ 32④ 33④ 34② 35④ 36③ 37① 38① 39② 40①
41④ 42① 43① 44② 45④ 46① 47③ 48③ 49③ 50④
51② 52④ 53② 54③ 55① 56③ 57② 58① 59① 60②

2014년도 제5회 과년도 기출문제

01 실내 공간의 바닥에 관한 설명으로 옳지 않은 것은?
① 공간을 구성하는 수평적 요소이다.
② 신체와 직접 접촉되는 부분이므로 촉감을 고려한다.
③ 노인이 거주하는 실내에서는 바닥의 높이차가 없는 것이 좋다.
④ 바닥 면적이 좁을 경우 바닥에 높이차를 두는 것이 공간을 넓게 보이는데 효과적이다.

※ 실내 기본요소 - 바닥
공간을 구성하는 수평적요소로서 생활을 지탱하는 기본적 요소
▶ 기능
· 추위와 습기를 차단하며 중력에 대한 지지의 역할을 한다.
· 다른 요소들에 비해 양식의 변화가 적다.
· 인간의 감각 중 시각적, 촉각적 요소와 밀접한 관계를 가지고 있고, 접촉 빈도가 가장 높다.
· 고저차로 공간의 영역을 조정할 수 있다.
· 바닥 면적이 좁을 경우 바닥에 높이차가 없을 경우 공간을 넓게 보이는데 효과적이다.
· 어린이나 노인이 있는 실내에서는 바닥의 높이차가 없는 것이 안전성이다.

02 다음 설명에 알맞은 조명의 배광방식은?

· 천장이나 벽면 등에 빛을 반사시켜 그 반사광으로 조명하는 방식이다.
· 균일한 조도를 얻을 수 있으며 눈부심이 없다.

① 국부조명 ② 전반조명
③ 간접조명 ④ 직접조명

※ 간접조명
· 광원의 90~100%를 천장이나 벽에 투사하여 반사, 확산된 광원이다.
· 균일한 조도를 얻을 수 있으며 눈부심이 없다.
· 음영이 가장 적어 부드러운 분위기 조성이 용이하다.
· 조명률이 가장 낮고 경제성이 떨어진다.
· 먼지에 의한 감광이 크고 음산한 분위기를 준다.

03 주택 부엌의 작업삼각형(work triangle)의 구성에 속하지 않는 것은?
① 냉장고 ② 배선대
③ 개수대 ④ 가열대

※ 작업 삼각형 (work Triangle)
냉장고(준비대) → 개수대 → 가열대를 연결하는 작업대의 길이는 3.6~6.6m로 하는 것이 능률적이다.
개수대는 창에 면하는 것이 좋으며, 작업순서는 오른쪽 방향으로 하는 것이 편리하다.

04 건축물의 노후화를 억제하거나 기능 향상을 위하여 대수선 또는 일부 증축하는 행위로 정의되는 것은?
① 리빌딩 ② 재개발
③ 재건축 ④ 리모델링

※ 리모델링
건축물의 노후화를 억제하거나 기능 향상을 위하여 대수선 또는 일부 증축하는 행위를 말한다.

05 다음 중 식당과 부엌의 실내계획에서 가장 우선적으로 고려해야 할 사항은?
① 색채 ② 조명
③ 가구 배치 ④ 주부의 작업 동선

※ 식당과 부엌의 실내계획
주부의 작업동선을 가장 우선적으로 고려하여 계획한다.

06 고대 로마시대에 음식물을 먹거나 잠을 자기 위해 사용했던 긴 의자로 몸을 기댈 수 있도록 좌판의 한쪽 끝이 올라간 형태를 가진 것은?
① 세티 ② 스툴
③ 카우치 ④ 체스터 필드

※ 가구
① 세티(settee) : 러브시트와 달리 동일한 2개의 의자를 나란히 놓아 2인이 앉을 수 있도록 한 의자
② 스툴(stool) : 팔걸이와 등받이가 없이 수평 좌판과 다리로만 이루어진 보조 의자
③ 카우치(couch) : 몸을 기댈 수 있도록 좌판 한쪽 끝이 올라간 소파
④ 체스터 필드(chesterfield) : 소파의 안락성을 위해 솜, 스펀지 등을 두툼하게 채워 놓은 소파

07 다음 설명과 가장 관계가 깊은 건축가는?

- 모듈러(modulor)
- 생활에 적합한 건축을 위해 인체와 관련된 모듈의 사용에 있어 단순한 길이의 배수보다 황금비례를 이용함이 타당하다고 주장

① 르 코르뷔지에
② 발터 그로피우스
③ 미스 반 데어 로에
④ 프랭크 로이드 라이트

※ 르 코르뷔지에
- 건축을 효율적이며 기능적이어야 한다고 주장
- 인체 척도를 근거로 하는 모듈을 주장
- 모듈 본래의 사고방식인 비례의 개념에 황금비의 중요성을 찾아내 자신의 "모듈러"라는 새로운 단어를 붙였으며, 모듈이라는 개념을 건축과 재료의 크기에 접목시켰다.

08 일광조절장치로 볼 수 없는 것은?

① 커튼
② 루버
③ 파사드
④ 블라인드

※ 일광 조절장치
루버, 커튼, 블라인드, 차양, 발코니 및 처마 등이 있다.

09 다음 설명에 알맞은 디자인 원리는?

- 변화와 함께 모든 조형에 대한 미의 근원이 된다.
- 디자인 대상의 전체에 미적 질서를 주는 기본원리로 모든 형식의 출발점이다.

① 반복
② 통일
③ 강조
④ 대비

※ 디자인 원리
① 반복 : 디자인 요소와 색채, 질감 형태의 문양의 반복을 통해 시각적으로 조화를 이루는 디자인 요소
② 통일
- 디자인 요소의 반복이나 유사성, 동질성에 의해 얻어지는 효과이며 이질의 각 구성요소들이 전체로서 동일한 이미지를 갖게 하고, 공동되는 요소에 의해 전체를 일관되게 보이도록 하는 디자인 요소
- 변화와 함께 모든 조형에 대한 미의 근원이다.
- 디자인 대상의 전체에 미적 질서를 주는 기본원리로 모든 형색의 출발점이다.
③ 강조 : 시각적인 힘에 강·약의 단계를 주어 디자인의 일부분에 초점이나 흥미를 부여하는 디자인 요소
④ 대비 : 질적, 양적으로 전혀 다른 둘 이상의 요소가 동시적 혹은 계속적으로 배열될 때 상호의 특질의 한 층 강하게 느껴지는 디자인 요소

10 다음 설명에 알맞은 형태의 종류는?

- 구체적 형태를 생략 또는 과장의 과정을 거쳐 재구성한 형태이다.
- 대부분의 경우 재구성된 원래의 형태를 알아보기 어렵다.

① 추상적 형태
② 이념적 형태
③ 현실적 형태
④ 2차원적 형태

※ 형태의 종류 - 추상형태
- 구체적인 형태를 생략 또는 과장의 과정을 거쳐 재구성된 형태
- 대부분의 경우 재구성된 원래의 형태를 알아보기 어려운 형태

11 상품의 전달 및 고객의 동선상 흐름이 가장 빠른 형식으로 협소한 매장에 적합한 상점 진열장의 배치 유형은?

① 굴절형
② 환상형
③ 복합형
④ 직렬형

※ 상점 진열대 배치 유형
① 굴절배치형
- 진열 케이스의 배치와 고객 동선이 굴절 또는 곡선으로 구성되는 대면 판매와 측면 판매 방식이 조합된 형식
- 양품점, 안경점, 모자점, 문방구점
② 환상배치형
- 중앙에 쇼케이스, 진열케이스 등이 직선이나 곡선에 의한 고리모양(환상)부분을 설치하는 형식
- 민예품점, 수예품점
③ 복합배치형
- 후반부에 대면 판매 또는 카운터 접객 부분이 된다.
- 서점, 피혁 제품점, 부인복지점
④ 직렬배치형
- 진열대가 입구에서 안으로 향하여 직선적으로 구성된 형식
- 고객의 흐름이 빠르며 부분별로 상품 진열이 용이하고 대량 판매 형식도 가능
- 침구점, 양품점, 전기용품점, 서점, 식기점

12 2인용 침대 대신에 1인용 침대를 2개 배치한 것을 무엇이라 하는가?

① 싱글
② 더블
③ 트윈
④ 롱킹

※ 가구 - 침대
- 싱글 : 1인용 침대
- 더블 : 2인용 침대
- 트윈 : 1인용 침대를 2개를 배치한 형식

13 주택의 평면계획에서 공간의 조닝 방법으로 옳지 않은 것은?

① 주 행동에 의한 조닝

② 사용시간에 의한 조닝
③ 실의 크기에 의한 조닝
④ 정적 공간과 동적 공간에 의한 조닝

※ 주거 공간 – 공간의 조닝
· 시간 : 가족 구성원의 주·야 사용에 의한 구분
  출퇴근, 등하교, 가사
· 공간 : 가족 전체(동적 공간) 및 개인 공간(정적 공간) 의 구분
  거실, 식당, 가사실, 서재, 침실
· 행위 : 가족 구성원들의 주 행동에 의한 구분
  취침, 휴식, 식사, 노동

14 평범하고 단순한 실내를 흥미롭게 만드는데 가장 적합한 디자인 원리는?
① 조화   ② 강조
③ 통일   ④ 균형

※ 디자인 원리
① 조화 : 부분과 부분, 부분과 전체 사이에 안정된 관련성을 주면 이들 상호간에 공감을 불러일으키는 효과로 전체적인 조립 방법이 모순 없이 질서를 잡는 것을 의미하는 디자인 요소
② 강조 : 시각적인 힘에 강·약의 단계를 주어 디자인의 일부분에 초점이나 흥미를 부여하는 디자인 요소
③ 통일
· 디자인 요소의 반복이나 유사성, 동질성에 의해 얻어지는 효과이며 이질의 각 구성요소들이 전체로서 동일한 이미지를 갖게 하고, 공통되는 요소에 의해 전체를 일관되게 보이도록 하는 디자인 요소
· 변화와 함께 모든 조형에 대한 미의 근원이다.
· 디자인 대상의 전체에 미적 질서를 주는 기본원리로 모든 형색의 출발점이다.
④ 균형 : 인간의 주의력에 감지되는 시각적 무게의 평형을 뜻하며, 부분과 부분, 부분과 전체 사이에서 균형의 힘에 의해 쾌적한 느낌을 주는 디자인 요소

15 심리적으로 존엄성, 엄숙함, 위엄, 절대 등의 느낌을 주는 선의 종류는?
① 사선   ② 수직선
③ 수평선   ④ 포물선

※ 선
① 사선 : 운동감, 약동감, 생동감, 속도감, 불안정, 반항의 동적인 느낌
② 수직선 : 고결, 희망, 상승, 위엄, 존엄성, 긴장감을 느낌
③ 수평선 : 고요, 안정, 평화, 평등, 침착, 정지된 느낌
④ 곡선(포물선) : 온화, 부드럽고 율동적이며 여성적 느낌

16 건축물의 단열을 위한 조치 사항으로 옳지 않은 것은?
① 외벽 부위는 외단열로 시공한다.
② 건물의 창호는 가능한 한 크게 설계한다.
③ 건물 옥상에는 조경을 하여 최상층 지붕의 열저항을 높인다.
④ 외피의 모서리 부분은 열교가 발생하지 않도록 단열재를 연속적으로 설치한다.

※ 창호는 가능한 작게 하는 것이 단열에 좋다.

17 음의 대소를 나타내는 감각량을 음의 크기라 한다. 음의 크기의 단위는?
① dB   ② lm
③ lx   ④ sone

※ 음의 크기
음의 대소를 나타내는 감각량을 음의 크기라 한다. 단위는 Sone

18 다음 중 물리적 온열요소에 속하지 않는 것은?
① 기온   ② 습도
③ 복사열   ④ 착의상태

※ 온열 4요소
기온, 습도, 기류, 복사열(주위 벽의 열복사)

19 다음의 자연환기에 관한 설명 중 (   ) 안에 알맞은 용어는?

> 자연환기는 실내외의 온도차에 의한 공기의 밀도차가 원동력이 되는 (㉠)와 건물의 외벽면에 가해지는 풍압이 원동력이 되는 (㉡)로 대별된다.

① ㉠ 중력환기, ㉡ 동력환기
② ㉠ 중력환기, ㉡ 풍력환기
③ ㉠ 동력환기, ㉡ 풍력환기
④ ㉠ 동력환기, ㉡ 중력환기

※ 자연환기
온도차에 의한 환기(중력환기), 바람에 의한 환기(풍력환기), 환기통에 의한 환기, 후드에 의한 환기 등이 있다.

20 일조의 직접적인 효과로 볼 수 없는 것은?
① 광 효과   ② 열 효과
③ 조망 효과   ④ 보건·위생적 효과

※ 일조의 직접적인 효과
태양, 그 자체의 직사광에 의한 효과로 열 효과(일사), 광 효과(조명의 문제), 생리적 효과(보건 위생적인 효과)가 있다.

21 건축재료는 사용목적에 따라 구조재료, 마감재료, 차단재료 등으로 구분할 수 있다. 다음 중 구조재료로

볼 수 있는 것은?

① 유리 ② 타일
③ 목재 ④ 실링재

※ 건축 재료 사용목적별 분류 – 구조재료
목재, 석재, 콘크리트, 철강

22 석재의 표면가공순서로 옳은 것은?

① 혹두기→ 정다듬→ 도드락다듬→ 잔다듬
② 혹두기→ 도드락다듬→ 정다듬→ 잔다듬
③ 혹두기→ 잔다듬→ 정다듬→ 도드락다듬
④ 혹두기→ 잔다듬→ 도드락다듬→ 정다듬

※ 석재 가공 순서
혹두기 → 정다듬 → 도드락다듬 → 잔다듬 → 거친 갈기·물갈기

23 다음 중 열가소성 수지에 속하지 않는 것은?

① 멜라민 수지 ② 아크릴 수지
③ 염화비닐 수지 ④ 폴리에틸렌 수지

※ 열가소성 수지
· 가열에 연화되어 변형되지만 냉각시키면 다시 굳어진다.
· 염화비닐수지, 폴리에틸렌수지, 폴리프로필렌수지, ABS수지, 아크릴 수지

24 아스팔트 방수공사에서 방수층 1층에 사용되는 것은?

① 아스팔트 펠트 ② 스트레치 루핑
③ 아스팔트 루핑 ④ 아스팔트 프라이머

※ 아스팔트 프라이머
· 솔, 롤러 등으로 용이하게 도포할 수 있도록 블론 아스팔트를 휘발성 용제에 희석한 흑갈색의 저점도 액체로서 아스팔트 방수층에 아스팔트의 부착이 잘 되도록 사용한다.
· 콘크리트 모르타르의 방수시공 첫 번째 공정에 쓰이는 바탕처리재 (초벌도료)

25 석재의 성질에 관한 설명으로 옳지 않은 것은?

① 압축강도에 비해 인장강도가 크다.
② 석회분을 포함한 것은 내산성이 작다.
③ 사암과 응회암은 화강암에 비해 내화성이 우수하다.
④ 일반적으로 흡수율이 클수록 풍화나 동해를 받기 쉽다.

※ 석재의 성질
· 불연성이며, 내화학성이 우수하다.
· 대체로 석재의 강도가 크면 경도도 크다.
· 압축강도에 비하여 인장강도가 매우 작다.
· 흡수율이 클수록 풍화나 동해를 받기 쉽다.

· 내수성, 내구성, 내화학성, 내마모성이 우수하다.
· 외관이 장중하고, 치밀하며, 갈면 아름다운 광택이 난다.
· 장대재를 얻기가 어려워 가구재로는 부적당하다.

26 콘크리트의 크리프에 관한 설명으로 옳지 않은 것은?

① 재하 초기에 증가가 현저하다.
② 작용응력이 클수록 크리프가 크다.
③ 물시멘트비가 클수록 크리프가 크다.
④ 시멘트페이스트가 많을수록 크리프는 작다.

※ 콘크리트 크리프 원인
· 재하재령이 빠를수록 크다.
· 물시멘트비가 클수록 크다.
· 시멘트 페이스트가 많을수록 크다.
· 작용응력이 클수록 크리프가 크다.
· 재하 초기에 증가가 현저하고, 장기화될수록 증가율은 작게 된다.

27 탄소량에 따른 강의 특성에 관한 설명으로 옳지 않은 것은?

① 신도는 탄소량의 증가에 따라 감소한다.
② 일반적으로 탄소량이 적은 것은 경질이다.
③ 인장강도는 탄소량 0.85% 정도에서 최대이다.
④ 경도는 탄소량 0.9%까지는 탄소량의 증가에 따라 커진다.

※ 탄소가 적을수록 강도는 작고 연질이며 신장률은 좋다.

28 점토 제품의 흡수율이 큰 것부터 순서가 옳은 것은?

① 도기>토기>석기>자기
② 도기>토기>자기>석기
③ 토기>도기>석기>자기
④ 토기>석기>도기>자기

※ 점토제품 – 흡수율
토기>도기>석기>자기

29 다음 중 실내바닥 마감재료로 사용이 가장 곤란한 것은?

① 비닐시트 ② 플로링 보드
③ 파키트 보드 ④ 코펜하겐 리브

※ 코펜하겐 리브
· 목제제품이며, 긴 판으로서 표면을 자유곡면으로 깎아 수직 평행선이 되게 리브를 만든 것이다.
· 강당, 극장, 집회장 등에 음향 조절용으로 벽 수장재로 사용한다.

30 발코니 확장을 하는 공동주택이나 창호면적이 큰 건물에서 단열을 통한 에너지절약을 위해 권장되는 유리의 종류는?

① 강화유리 ② 접합유리
③ 로이유리 ④ 스팬드럴유리

※ 유리 - 지방사(Low-E)유리 또는 로이유리
· 로이(Low-E ; low-emissivity)는 낮은 방사율을 뜻한다.
· 유리 표면에 금속 또는 금속산화물을 얇게 코팅한 것으로 열의 이동을 최소화시켜주는 에너지 절약형 유리이다.
· 특성상 단판으로 사용하기 보다는 복층으로 가공하여, 코팅 면이 내판 유리의 바깥쪽으로 오도록 만든다.
· 발코니 확장을 하는 공동주택이나 창호면적이 큰 건물에서 단열을 통한 에너지절약을 위해 권장되는 유리이다.

31 목재의 함수율과 역학적 성질의 관계에 관한 설명으로 옳은 것은?

① 함수율이 크면 클수록 압축강도는 커진다.
② 함수율이 크면 클수록 압축강도는 작아진다.
③ 섬유포화점 이상에서는 함수율이 증가하더라도 압축강도는 일정하다.
④ 섬유포화점 이하에서는 함수율의 증가에 따라 압축강도는 커지나, 섬유포화점 이상에서는 함수율의 증가에 따라 압축강도는 감소한다.

※ 목재의 함수율의 역학적 성질
목재의 강도는 섬유포화점 이하에서는 함수율이 감소하면 강도는 증가하고 섬유포화점 이상에서는 불변한다.

32 급경성으로 내알칼리성 등의 내화학성이나 접착력이 크고 또한 내수성이 우수하며 금속, 석재, 도자기, 글라스, 콘크리트, 플라스틱재 등의 접착에 사용되는 접착제는?

① 요소수지 접착제
② 페놀수지 접착제
③ 멜라민수지 접착제
④ 에폭시수지 접착제

※ 에폭시수지 접착제
· 급경성으로 기본 점성이 크다.
· 내수성, 내산성, 내알칼리성, 내용제성, 내한성, 내열성, 내약품성, 전기절연성이 우수한 만능형 접착제이다.
· 금속유리, 플라스틱, 도자기, 목재, 고무 등의 접착성이 좋다.

33 동과 주석을 주성분으로 한 합금으로서 내식성이 크고 주조성이 우수하며 건축장식물 및 미술공예재료로 사용되는 것은?

① 청동 ② 양은
③ 황동 ④ 니켈

※ 비철금속 - 청동
· 구리 + 주석(Sn)의 합금
· 황동보다 내식성이 크고, 주조하기가 쉽다.
· 표면은 특유의 아름다운 청록색이다.
· 용도 : 장식철물, 공예재료

34 시멘트의 저장에 관한 설명으로 옳지 않은 것은?

① 포대시멘트의 쌓아올리는 높이는 13포대 이하로 한다.
② 시멘트는 방습적인 구조로 된 사일로나 창고에 저장한다.
③ 저장 중에 약간이라도 굳은 시멘트는 공사에 사용하지 않는다.
④ 포대시멘트를 목조창고에 보관하는 경우, 바닥과 지면 사이에 최소 0.1m이상의 거리를 유지하여야 한다.

※ 시멘트 저장 방법
· 시멘트는 지상 30cm이상 되는 마루 위에 적재해야 한다.
· 13포대 이하로 올려 쌓기를 하고 장기간 저장할 경우에 7포대 이상 쌓지 않는다.
· 3개월 이상 창고에 저장된 시멘트는 사용 전 강도시험을 해야 한다.
· 시멘트의 풍화를 방지하기 위하여 통풍을 막아야 한다.
· 시멘트는 입하순서로 사용한다.
· 시멘트의 방습적인 구조로 된 사일로(Silo)또는 창고에 품종별로 구분하여 저장한다.
· 저장 중에 약간이라도 굳은 시멘트는 공사에 사용하지 않는다.

35 악취가 나고, 흑갈색으로 외관이 불미하므로 눈에 보이지 않는 토대, 기둥, 도리 등에 이용되는 목재의 유성 방부제는?

① PCP ② 페인트
③ 황산동 1% 용액 ④ 크레오소트 오일

※ 크레오소트 오일(Creosote Oil)
· 유성방부제이다.
· 색이 흑갈색이라 미관을 고려하지 않는 외부에 쓰이고 가격이 저렴하다.
· 도장이 불가능하며, 자극적인 냄새가 나므로 실내에서는 사용할 수 없다.
· 방부력이 우수하고, 내습성이 있다.
· 토대, 기둥, 도리 등에 사용한다.

36 단기강도가 우수하므로 도로 및 수중공사 등 긴급공사나 공기단축이 필요한 경우에 사용되는 시멘트는?

① 보통포틀랜드시멘트
② 조강포틀랜드시멘트

③ 저열포틀랜드시멘트
④ 중용열포틀랜드시멘트

※ 조강포틀랜드 시멘트
· 원료 중에 규산삼칼륨(C_3S)의 함유량이 많아 보통 포틀랜드 시멘트에 비하여 경화가 빠르다.
· 분말도가 높고 수화열이 커서 저온 시에도 강도 발현이 크므로 동절기공사에 유리
· 조기 강도가 높다. (1주 경화 압축강도 = 보통시멘트 4주 경화 압축강도)
· 공기를 단축시킬 수 있어 긴급공사, 수중공사, 한중공사, 동기공사등에 쓰인다.

37 미장공사에서 사용되는 재료 중 결합재에 속하지 않는 것은?
① 시멘트   ② 잔골재
③ 소석회   ④ 합성수지

※ 결합재
시멘트, 플라스터, 소석회, 벽토, 합성수지 등 다른 미장재료를 결합하여 경화시키는 재료를 말한다.

38 철강 표면 또는 금속 소지의 녹 방지를 목적으로 사용하는 방청도료에 속하지 않는 것은?
① 래커
② 에칭 프라이머
③ 광명단 조합 페인트
④ 아연 분말 프라이머

※ 방청도료(녹막이 도료)
· 투수성이 적어 수분 침투를 막고 부식을 방지할 수 있다.
· 철재와의 부착성을 높이기 위해 사용된다.
· 철강재, 경금속재, 바탕에 산화되어 녹나는 것을 방지할 수 있다.
· 에칭 프라이머, 아연분말 프라이머, 광명단조합페인트 등이 속한다.

39 다음의 콘크리트용 혼화제 중 작업성능이나 동결융해 저항성능의 향상을 위해 사용되는 것은?
① 촉진제   ② 방청제
③ 기포제   ④ AE감수제

※ 혼화제
① 촉진제 : 초기 강도를 촉진시켜 콘크리트 구조물을 빨리 사용하는 혼화제
② 방청제 : 철근의 부식을 억제할 목적으로 사용되는 혼화제
③ 기포제 : 콘크리트의 경량, 단열, 내화성 등을 목적으로 사용되는 혼화제
④ AE제 : 독립된 작은 기포를 콘크리트 속에 균일하게 분포시키기 위하여 사용하는 혼화제

40 다음은 한국산업표준(KS)에 따른 미장 벽돌의 정의이다. (   ) 안에 알맞은 것은?

> 점토 등을 주원료로 하여 소성한 벽돌로서 유공형 벽돌은 하중 지지면의 유효 단면적이 전체 단면적의 (   ) 이상이 되도록 제작한 벽돌

① 40%   ② 50%
③ 60%   ④ 65%

※ 벽돌 - 미장벽돌
점토 등을 주원료로 하여 소성한 벽돌로서 유공형 벽돌은 하중 지지면의 유효 단면적이 전체 단면적의 50% 이상이 되도록 제작한 벽돌

41 설계도에 나타내기 어려운 시공내용을 문장으로 표현한 것은?
① 시방서   ② 견적서
③ 설명서   ④ 계획서

※ 시방서
공사를 진행하는데 필요한 도면으로 설계도에 나타내기 어려운 시공 내용을 문장으로 표현한 것으로 시공자에 의해 작성한다.

42 벽돌쌓기 방법에서 한 켜 안에 길이쌓기와 마구리쌓기를 병행하며 부분적으로 통줄눈이 생겨 내력벽으로 부적합한 것은?
① 프랑스식 쌓기   ② 네덜란드식 쌓기
③ 영국식 쌓기   ④ 미국식 쌓기

※ 벽돌쌓기 공법
① 프랑스식(불식) 쌓기
· 한 켜에 길이와 마구리를 번갈아서 같이 쌓는 방법
· 통줄눈이 발생하여 구조적으로 튼튼하지 못한다.
② 네덜란드식(화란식) 쌓기
· 영식 쌓기와 같으나 모서리 또는 끝부분에 칠오토막을 사용
· 가장 많이 사용되며 모서리가 튼튼하다.
③ 영국식 쌓기
· 한 켜는 길이, 다음 켜는 마구리로 쌓는 방법
· 마구리 켜의 모서리에 반절 또는 이오토막을 사용해서 통줄눈이 생기는 것을 막는다.
· 가장 튼튼한 쌓기 공법
④ 미국식(미식) 쌓기
· 5켜 정도 길이쌓기, 다음 한 켜는 마구리쌓기로 한다.

43 투시도 작도에서 수평면과 화면이 교차되는 선은?
① 화면선   ② 수평선
③ 기선   ④ 시선

※ 투시도 용어
① 화면선 : 화면의 위치선
② 수평선 : 수평면과 화면의 교차선
③ 기선 : 기준선, 기면과 화면의 교차선

④ 시선 : 시점과 물체의 각 점을 잇는 직선

44 물체의 중심선, 절단선, 기준선 등을 표시하는 선의 종류는?

① 파선 ② 일점쇄선
③ 이점쇄선 ④ 실선

※ 선
① 파선
· 물체의 보이지 않는 부분의 모양을 표시하는데 사용한다.
· 파선과 구별할 필요가 있을 때에는 점선을 쓴다.
② 일점쇄선 : 물체의 중심축, 대칭축, 또는 절단한 위치를 표시하거나 경계선으로 사용한다.
③ 이점쇄선 : 물체가 있는 것으로 가상되는 부분을 표시하거나, 일점쇄선과 구별할 때 사용된다.
④ 실선
· 물체의 보이는 부분을 나타내는 선으로서, 단면선과 외형 선으로 구별하여 사용한다.
· 치수선, 치수보조선, 인출선, 각도 설명 등을 나타내는 지시선 및 해칭선으로 사용한다.

45 벽돌쌓기에서 막힌줄눈을 사용하는 가장 중요한 이유는?

① 외관의 아름다움
② 시공의 용이성
③ 응력의 분산
④ 재료의 경제성

※ 줄눈 – 막힌줄눈
세로줄눈과 위, 아래가 막힌 줄눈으로 상부에서 오는 하중을 골고루 분산시켜 벽체에 집중하중을 받는 것을 막아준다.

46 건축구조의 분류 방법 중 구성 방식에 의한 분류법이 아닌 것은?

① 가구식 구조 ② 조적식 구조
③ 일체식 구조 ④ 건식 구조

※ 건축구조의 분류 – 구성방식에 의한 분류
· 가구식 구조 – 목구조, 철골구조
· 조적식 구조 – 벽돌구조, 돌구조, 블록구조
· 일체식 구조 – 철근콘크리트구조, 철골철근콘크리트구조

47 단면도에 표기하여야 할 사항에 해당되지 않는 것은?

① 처마 높이 ② 창대 높이
③ 지붕 물매 ④ 도로 길이

※ 단면도
건축물을 수직으로 잘라 그 단면을 나타낸 도면

기초, 지반, 바닥, 처마높이, 층높이, 창대높이, 천장높이 등의 높이와 지붕의 물매 처마의 내민 길이 등을 표시

48 다음 중 가장 큰 원을 그릴 수 있는 컴퍼스는?

① 스프링 컴퍼스 ② 빔 컴퍼스
③ 드롭 컴퍼스 ④ 중형 컴퍼스

※ 컴퍼스
원과 원호를 그릴 때 사용하는 공구이다.
· 스프링 컴퍼스 : 반지름 50mm 이하의 작은 원을 그릴 때 사용한다.
· 빔 컴퍼스 : 큰 원을 그릴 때 사용한다.
· 드롭 컴퍼스 : 작은 원을 그리는 데 사용한다.

49 경량철골구조에 대한 설명으로 틀린 것은?

① 주로 판 두께 6mm 이하의 경량 형강을 주요 구조부분에 사용한 구조이다.
② 가벼워서 운반이 용이하다.
③ 용접을 하는 경우 판 두께가 얇아서 구멍이 뚫리는 경우를 주의할 필요가 있다.
④ 두께가 너비나 춤에 비해 얇아도 비틀림이나, 국부좌굴 등이 생기지 않는다.

※ 경량철골 구조
· 주로 판 두께 6mm 이하의 경량 형강을 주요 구조부분에 사용한 구조이다.
· 가벼워서 운반이 용이하다.
· 용접을 하는 경우 판 두께가 얇아서 구멍이 뚫리는 경우를 주의할 필요가 있다.

50 기초판의 형식에 의한 분류 중 벽 또는 일렬의 기둥을 받치는 기초는?

① 줄기초 ② 독립기초
③ 온통기초 ④ 복합기초

※ 연속기초(줄기초)
콘크리트나 조적식으로 된 주택의 내력벽 또는 일렬로 된 기둥을 연속으로 따라서 기초 벽을 설치하는 구조

51 아래에서 설명하고 있는 건축구조의 종류는?

> 내구, 내화, 내진적이며 설계가 자유롭고 공사 기간이 길며 자중이 큰 구조이다. 횡력과 진동에 강하다.

① 돌구조 ② 목구조
③ 철골구조 ④ 철근콘크리트구조

※ 철근콘크리트구조
· 내화, 내구, 내진적이다.
· 설계가 자유롭고, 고층건물이 가능하다.

- 장스팬은 불가능하다.
- 구조물을 완성 후 내부 결함의 유무를 검사하기 어렵다.
- 균열이 쉽게 발생한다.
- 철근과 콘크리트는 선팽창계수가 거의 같다.
- 자중이 무겁고, 시공기간이 길다.
- 콘크리트 자체의 압축력이 매우 크다.

52 설계도면의 종류 중 계획 설계도에 포함되지 않는 것은?

① 전개도 ② 조직도
③ 동선도 ④ 구상도

※ 설계도면 종류 – 계획 설계도
구상도, 조직도, 동선도, 면적도표 등

53 벽돌조에서 벽량이란 바닥 면적과 벽의 무엇에 대한 비를 말하는가?

① 벽의 전체면적 ② 개구부를 제외한 면적
③ 내력벽의 길이 ④ 벽의 두께

※ 벽량
내력벽 길이의 합계를 그 층의 바닥면적으로 나눈 값
- 계산식 : 벽량(cm/m²) = 내력벽의 길이(cm)/바닥면적(m²)

54 도면의 치수 표현에 있어 치수 단위의 원칙은?

① mm ② cm
③ m   ④ inch

※ 건축제도통칙 –치수
- 치수의 단위는 mm로 하고, 단위는 생략한다.
- 치수는 특별히 명시하지 않는 한 마무리 치수로 한다.
- 치수기입은 치수선 중앙 윗부분에 기입하는 것이 원칙이다.
- 협소한 간격이 연속 될 때에는 인출선을 사용하여 치수를 쓴다.
- 전체 치수를 바깥쪽에, 부분 치수는 안쪽에 기입한다.
- 치수기입은 치수선에 평행하게 도면의 왼쪽에서 오른쪽으로, 아래로부터 위로 읽을 수 있도록 기입한다.
- 치수선의 양 끝 표시는 화살 또는 점으로 표시할 수 있으며, 같은 도면에서 2종을 혼용할 수 없다.

55 목조벽체에서 횡력에 저항하여 설치하는 가새의 경사각도는 몇 도가 가장 이상적인가?

① 15° ② 25°
③ 35° ④ 45°

※ 가새
- 외력에 의하여 뼈대가 변형되지 않도록 대각선 방향으로 배치하는 빗재
- 목재 벽체를 수평력에 견디게 하고 안정한 구조로 네모구조를 세모구로로 만들어 준다.
- 가새를 댈 때는 45°에 가까울수록 유리하며, 기둥과 좌우 대칭이 되도록 배치한다.
- 가새는 절대로 따내거나 결손시키지 않는다.
- 가새에는 압축과 인장 응력이 작용한다.

56 다음 중 A2 제도용지의 규격으로 옳은 것은? (단, 단위는 mm임)

① 841×1189 ② 594×941
③ 420×594   ④ 297×420

※ 제도용지규격
- A0 : 841×1189
- A1 : 594×841
- A2 : 420×594
- A3 : 297×420
- A4 : 210×297

57 다음 중 원호 이외의 곡선을 그릴 때 사용하는 제도용구는?

① 디바이더 ② 운형자
③ 스케일   ④ 지우개판

※ 제도용구 및 용도
① 디바이더 : 직선이나 원주를 등분할 때, 치수를 도면 위에 옮기거나 도면 위의 길이를 재어 다른 곳으로 옮기는 경우에 사용
② 운형자 : 컴퍼스로 여러 가지 곡선, 그리기 어려운 원호나 곡선을 그릴 때 사용
③ 삼각스케일 : 실물의 크기를 줄이거나(축척), 늘릴 때(배척), 그대로 옮길 때(실척)에 사용
④ 지우개판 : 얇은 스테인리스 박판으로 되어 있고 연필 작업시 복잡한 도면에서 미세한 수정을 가능하게 한다.

58 목조건축에서 1층 마루인 동바리마루에 사용되는 것이 아닌 것은?

① 동바리돌 ② 멍에
③ 층보   ④ 장선

※ 동바리마루 시공순서
받침돌(동바리돌) → 동바리 기둥 → 멍에 → 장선 → 마룻널

59 다음 그림은 무엇을 표시하는 평면표시 기호인가?

① 쌍여닫이문 ② 쌍미닫이문
③ 회전문   ④ 접이문

※ 회전문 :

60 도면을 축척 1/250로 그릴 때, 삼각 스케일의 어느 축척으로 사용하면 가장 편리한가?

① $\frac{1}{100}$
② $\frac{1}{200}$
③ $\frac{1}{400}$
④ $\frac{1}{500}$

※ 삼각스케일
1/500으로 치수를 재고 반으로 계산하면 된다.

정답

01④ 02③ 03② 04④ 05④ 06③ 07① 08③ 09② 10①
11④ 12③ 13③ 14② 15② 16② 17④ 18④ 19② 20③
21③ 22① 23① 24④ 25① 26④ 27② 28③ 29④ 30③
31③ 32④ 33① 34④ 35④ 36② 37② 38① 39④ 40②
41① 42① 43② 44② 45③ 46④ 47④ 48② 49④ 50①
51④ 52① 53③ 54① 55④ 56③ 57② 58③ 59③ 60④

2015년도 제1회 과년도 기출문제

01 다음 설명에 알맞는 상점의 진열 및 판매대 배치 유형은?

- 판매대가 입구에서 내부방향으로 향하여 직선적인 형태로 배치되는 형식이다.
- 통로가 직선적이어서 고객의 흐름이 빠르다.

① 굴절배치형 ② 직렬배치형
③ 환상배치형 ④ 복합배치형

※ 상점 진열대 배치 유형 - 직렬배치형
- 진열대가 입구에서 안으로 향하여 직선적으로 구성된 형식
- 고객의 흐름이 빠르며 부분별로 상품 진열이 용이하고 대량 판매 형식도 가능
- 침구점, 양품점, 전기용품점, 서점, 식기점

02 양식주택과 비교한 한식주택의 특징에 관한 설명으로 옳지 않은 것은?

① 공간의 융통성이 낮다
② 가구는 부수적인 내용물이다.
③ 평면은 실의 위치별 분화이다.
④ 각 실의 프라이버시가 약하다

※ 양식주택과 한식주택의 특징

요소	양식주택	한식주택
평면적 차이	각 실의 분화	각 실의 조합
	기능별 구분	위치 벽식의 구분
	실의용도 단일기능	각 실의 다기능
구조적 차이	벽돌 조적식	목조 가구식
	바닥이 낮고 개구부가 작다.	바닥이 높고 개구부가 크다.
관습적 차이	입식 생활	좌식 생활
용도적 차이	바의 단일적 기능	방의 기능 혼용
가구의 차이	중요한 내용물	부수적 요소

03 실내디자인 요소에 관한 설명으로 옳은 것은?

① 천장은 바닥과 함께 공간을 형성하는 수직적 요소이다.
② 바닥은 다른 요소들에 비해 시대와 양식에 의한 변화가 현저하다.
③ 기둥은 선형의 수직요소로 벽체를 대신하여 구조적인 요소로만 사용된다.
④ 벽은 공간을 에워싸는 수직적 요소로 수평방향을 차단하여 공간을 형성하는 기능을 갖는다.

※ 실내디자인 요소
① 천장은 바닥과 함께 실내공간을 형성하는 수평적 요소로서 다양한 형태나 패턴의 처리가 가능하다.
② 바닥은 다른 요소들에 비해 시대와 양식에 의한 변화가 거의 없다.
③ 기둥은 벽체를 대신하여 지붕, 보, 층, 바닥, 등을 받치기 위한 구조적 요소로 사용되거나 하중에 관계없이 실내에 상징적이거나 강조적 요소로 사용되기도 한다.

04 어느 실내공간을 실제 크기보다 넓어 보이게 하려는 방법으로 옳지 않은 것은?

① 창이나 문 등을 크게 한다.
② 벽지는 무늬가 큰 것을 선택한다.
③ 큰 가구는 벽에 부착시켜 배치한다.
④ 질감이 거친 것보다 고운 마감재료를 선택한다.

※ 실내공간을 넓어 보이게 하는 방법
- 창이나 문 등의 개구부를 크게 하여 시선에 연결되도록 계획
- 큰 가구는 벽에 붙여서 배치
- 되도록 크기가 작은가구를 이용
- 질감이 거친 것보다는 곱고 작은 것을 사용한다.

05 창문을 통해 입사되는 광량, 즉 빛 환경을 조절하는 일광 조절장치에 속하지 않는 것은?

① 픽처 윈도 ② 글라스 커튼
③ 로만 블라인드 ④ 드레이퍼리 커튼

※ 일광조절장치 - 커튼
① 픽처 윈도 : 바닥으로부터 천장까지를 모두 창으로 구성한 형식의 고정식 창
② 글라스 커튼(glass curtain) : 유리 바로 앞에 하는 투명하고 막과 같은 얇은 직물로 된 커튼
③ 로만 블라인드(roman blind) : 천의 내부에 설치된 풀 코드나 체인에 의해 당겨져 아래가 접히면서 올라가는 커튼
④ 드레이퍼리 커튼(draperies curtain) : 창문에 느슨히 걸린 중량감 있는 무거운 커튼

06 스툴의 일종으로 더 편안한 휴식을 위해 발을 올

려놓는데도 사용되는 것은?
① 세티 ② 오토만
③ 카우치 ④ 이지체어

※ 가구
① 세티(settee) : 러브시트와 달리 동일한 2개의 의자를 나란히 놓아 2인이 앉을 수 있도록 한 의자
② 오토만(ottoman) : 발걸이로 쓰이는 등받이 없는 쿠션 의자
③ 카우치(couch) : 몸을 기댈 수 있도록 좌판 한쪽 끝이 올라간 소파
④ 이지체어(easy chair) : 라운지 체어와 비슷하나 크기가 작으며 기계장치가 없다.

07 점과 선의 조형효과에 관한 설명으로 옳지 않은 것은?
① 점은 선과 달리 공간적 착시효과를 이끌어낼 수 없다.
② 선은 여러 개의 선을 이용하여 움직임, 속도감 등을 시각적으로 표현할 수 있다.
③ 배경의 중심에 있는 하나의 점은 점에 시선을 집중시키고 정지의 효과를 느끼게 한다.
④ 반복되는 선의 굵기와 간격, 방향을 변화시키면 2차원에서 부피와 깊이를 느끼게 표현할 수 있다.

※ 점은 위치만 있고, 방향성과 크기(길이, 폭, 깊이 등)는 없고, 면 또는 공간은 점에 의해서 집중되는 느낌이 들므로 공간적 착시효과를 이끌어 낼 수 있다.

08 간접조명에 관한 설명으로 옳지 않은 것은?
① 균질한 조도를 얻을 수 있다.
② 직접조명보다 조명의 효율이 낮다.
③ 직접조명보다 뚜렷한 입체효과를 얻을 수 있다.
④ 직접조명보다 부드러운 분위기 조성이 용이하다.

※ 간접조명
· 광원의 90~100%를 천장이나 벽에 투사하여 반사, 확산된 광원이다.
· 조도가 가장 균일하고 음영이 가장 적어 입체감은 약하나 부드러운 분위기 조성이 용이하다.
· 조명률이 가장 낮고 경제성이 떨어진다.
· 먼지에 의한 감광이 크고 음산한 분위기를 준다.

09 LDK형 단위주거에서 D가 의미하는 것은?
① 거실 ② 식당
③ 부엌 ④ 화장실

※ 부엌배치 유형 - LDK (리빙다이닝키친)
소규모 주택이나 아파트에서 많이 나타나는 형태로 거실(L) 내의 부엌(k)과 식사실(D)을 계획하여 동선이 짧아지는 장점이 있다.

10 형태의 의미구조에 의한 분류에서 인간의 지각, 즉 시각과 촉각 등으로 직접 느낄 수 없고 개념적으로만 제시될 수 있는 형태는?
① 현실적 형태 ② 인위적 형태
③ 상징적 형태 ④ 자연적 형태

※ 형태의 종류 - 이념적 형태(상징적)
인간의 지각, 즉 시각과 촉각 등으로는 직접 느낄 수 없고 개념적으로만 제시될 수 있는 형태

11 다음 중 실내디자인을 평가하는 기준과 가장 거리가 먼 것은?
① 경제성 ② 기능성
③ 주관성 ④ 심미성

※ 실내 디자인의 목표
효율성, 경제성, 아름다움 및 개성, 기능성

12 다음은 피보나치 수열을 나타낸 것이다. "21"다음에 나오는 숫자는?

| 1, 1, 2, 3, 5, 8, 13, 21, … |

① 24 ② 29
③ 34 ④ 38

※ 피보나치 수열
0, 1, 1, 2, 3, 5, 8, 13, …와 같이 앞의 두 항의 합이 다음 수와 같은 상가급수이므로 21 다음의 항은 앞의 두 항(13, 21)의 합이 되므로 13+21=34이다.

13 다음 중 실내디자인에서 리듬감을 주기 위한 방법과 가장 거리가 먼 것은?
① 방사 ② 반복
③ 조화 ④ 점이

※ 디자인의 원리 - 리듬
리듬의 원리는 반복, 점이, 대립, 변이, 방사로 이루어진다. 이 중에서 반복이 가장 큰 원리이다.

14 디자인 원리 중 강조에 관한 설명으로 옳지 않은 것은?
① 균형과 리듬의 기초가 된다.
② 힘의 조절로서 전체 조화를 파괴하는 역할을 한다.
③ 구성의 구조 안에서 각 요소들의 시각적 계층 관계를 기본으로 한다.
④ 강조의 원리가 적용되는 시각적 초점은 주위가

대칭적 균형일 때 더욱 효과적이다.

※ 디자인의 원리 – 강조
· 균형과 리듬의 기초가 되는 요소
· 구성의 구조 안에서 각 요소들의 시각적 계층 관계를 기본으로 하는 요소
· 시각적 초점은 강조의 원리가 적용되는 부분으로 주위가 대칭 균형으로 놓았을 때 효과적이다.

15 다음의 부엌 가구 배치 유형 중 좁은 면적 이용에 가장 효과적이며 주로 소규모 부엌에 사용되는 것은?

① 일자형　　　② L자형
③ 병렬형　　　④ U자형

※ 부엌가구 배치 유형
① 일자형(직선형) : 좁은 면적을 이용할 경우에 사용되며, 작업의 흐름이 좌우로 되어 있어 동선이 길어진다.
② L자형(ㄴ자형) : 정방향 부엌에 알맞고 비교적 넓은 부엌에서 능률적이나, 모서리 부분은 이용도가 낮다.
③ 병렬형 : 작업대가 마주보도록 배치하는 형태로 길고 좁은 부엌에 적당하며, 동선이 짧아 효과적이다.
④ U자형(ㄷ자형) : 양측 벽면을 이용하므로 수납공간을 넓게 잡을 수 있으며, 이용하기에도 아주 편리하다.

16 측창채광에 관한 설명으로 옳지 않은 것은?

① 통풍·차열이 유리하다.
② 시공이 용이하며 비막이에 유리하다.
③ 투명 부분을 설치하면 해방감이 있다.
④ 편측채광의 경우 실내의 조도분포가 균일하다.

※ 측창채광(side light)
벽면에 수직으로 낸 측창을 통한 채광방식
· 개폐와 조작이 용이하고, 청소·보수가 용이하다.
· 구조적 시공이 용이하며 비막이에 유리하다.
· 근린 상황에 의한 채광 방해의 우려가 있다.
· 편측 채광의 경우 조도 분포가 불균일하다.

17 기온·습도·기류의 3요소의 조합에 의한 실내 온열감각을 기온의 척도로 나타낸 온열지표는?

① 유효온도　　② 등가온도
③ 작용온도　　④ 합성온도

※ 온열지표 – 유효온도
온도, 기류, 습도를 조합한 감각 지표로서 효과온도, 감각온도, 실효온도 또는 체감온도라고도 한다.

18 열전도율의 단위로 옳은 것은?

① W　　　　　② W/m
③ W/m·k　　④ W/m²·K

※ 열 단위 – 열전도율
고체 내부에서 고온측으로부터 저온측으로의 이동(W/m·K)

19 2가지 음이 동시에 귀에 들어와서 한 쪽의 음 때문에 다른 쪽의 음이 작게 들리는 현상은?

① 공명 효과　　② 일치 효과
③ 마스킹 효과　④ 플러터 에코 효과

※ 음의 성질 및 음향상장애가 되는 현상
① 공명 효과 : 음을 발생하는 하나의 물체로부터 나오는 음에너지를 다른 물체가 흡수하여 같이 소리를 내기 시작하는 현상
② 일치 효과 : 차음 성능 저하의 일종으로 음파의 주파수와 간벽의 진동 파동이 갖고 있는 주파수의 일치 하는 현상
③ 마스킹 효과 : 2가지음이 동시에 귀에 들어와서 한쪽의 음 때문에 다른 쪽의 음이 작게 들리는 현상
④ 플러터 에코 효과 : 박수소리나 발자국 소리가 천장과 바닥면 및 옆벽과 옆벽 사이에서 왕복 반사하여 독특한 음색으로 울리는 현상

20 환기의 종류 중 실내외의 온도차에 의한 공기의 밀도차가 환기의 원동력이 되는 것은?

① 전반환기　　② 동력환기
③ 풍력환기　　④ 중력환기

※ 환기의 종류
① 전반환기 : 국부 환기법에 대하여 실내전체를 희석환기로 행하는 것을 전반환기 또는 일반환기라 한다.
② 동력환기(인공환기) : 기계력을 이용하여 강제 환기를 하는 방법
③ 풍력환기 : 바람에 의해 건물 전체의 압력차에 의한 환기 하는 방법
④ 중력환기 : 건물의 실내 외부에 온도 차에 의한 압력차로 환기 하는 방법

21 변성암에 속하지 않는 것은?

① 대리석　　　② 석회석
③ 사문암　　　④ 트래버틴

※ 석재의 종류
· 화성암 : 화강암, 안산암, 감람석, 화산암, 경석
· 수성암 : 점판암, 응회암, 석회석, 사암
· 변성암 : 대리석, 사문암, 트래버틴, 석면

22 다음 중 구조 재료에 요구되는 성질과 가장 관계가 먼 것은?

① 외관이 좋은 것이어야 한다.
② 가공이 용이한 것이어야 한다.
③ 내화, 내구성이 큰 것이어야 한다.
④ 재질이 균일하고 강도가 큰 것이어야 한다.

※ 구조재료의 요구되는 성질
· 가공이 용이한 것이어야 한다.
· 내화, 내구성이 큰 것이어야 한다.
· 재질이 균일해야 한다.
· 강도가 큰 것이어야 한다.

23 다음 중 콘크리트 바탕에 적용이 가장 곤란한 도료는?
① 에폭시도료 ② 유성바니시
③ 염화비닐도료 ④ 염화고무도료

※ 콘크리트는 알칼리성이므로 유성 페인트와 유성바니시는 내알칼리성이 약하므로 콘크리트나 모르타르 면에 바르는 경우에는 초벌로 내알칼리성 도료를 발라 준다.

24 석재의 일반적인 성질에 관한 설명으로 옳지 않은 것은?
① 불연성이다.
② 내구성, 내수성이 우수하다.
③ 비중이 크고 가공성이 좋지 않다.
④ 압축강도는 인장강도에 비해 매우 작다.

※ 석재의 성질
· 불연성이며, 내화학성이 우수하다.
· 대체로 석재의 강도가 크면 경도도 크다.
· 압축강도에 비하여 인장강도가 매우 작다.
· 흡수율이 클수록 풍화나 동해를 받기 쉽다.
· 내수성, 내구성, 내화학성, 내마모성이 우수하다.
· 외관이 장중하고, 치밀하며, 갈면 아름다운 광택이 난다.
· 장대재를 얻기가 어려워 가구재로는 부적당하다.

25 도막 방수재, 실링재로 사용되는 열경화성 수지는?
① 아크릴수지 ② 염화비닐수지
③ 폴리스티렌수지 ④ 폴리우레탄수지

※ 열경화성 수지
· 가열 후 굳어져서 다시 가열해도 연화되거나 녹지 않는다.
· 페놀수지, 요소수지, 멜라민수지, 알키드수지, 폴리 에스틸수지, 폴리 우레탄수지, 실리콘수지, 에폭시수지

26 목재의 강도에 관한 설명으로 옳은 것은?
① 일반적으로 변재가 심재보다 강도가 크다.
② 목재의 강도는 일반적으로 비중에 반비례한다.
③ 목재의 강도는 힘을 가하는 방향에 따라 다르다.
④ 섬유포화점 이상의 함수 상태에서는 함수율이 적을수록 강도가 커진다.

※ 목재의 강도
· 변재가 심재보다 강도 및 내구성이 작다.
· 목재의 강도는 비중에 정비례 한다.
· 섬유 포화점 이하에서 함수율이 감소하면 강도는 증가하고 탄성은 감소하며 섬유 포화점 이상에서는 불변한다.
· 목재의 강도는 힘을 가하는 방향에 따라 다르다.

27 굳지 않은 콘크리트의 워커빌리티 측정 방법에 속하지 않는 것은?
① 비비시험 ② 슬럼프시험
③ 비카트시험 ④ 다짐계수시험

※ 워커빌리티 측정방법
슬럼프시험, 비비(Vee-Bee Test)시험, 다짐계수시험, 흐름시험 등

28 건축재료의 사용목적에 따른 분류에 속하지 않는 것은?
① 구조재료 ② 마감재료
③ 유기재료 ④ 차단재료

※ 건축 재료의 분류
· 사용목적 : 구조재료, 마감재료, 차단재료, 방화·내화재료
· 화학 조성 : 무기재료, 유기재료

29 수화열이 낮아 댐과 같은 매스 콘크리트 구조물에 사용되는 시멘트는?
① 보통포틀랜드시멘트
② 조강포틀랜드시멘트
③ 중용열포틀랜드시멘트
④ 내황산염포틀랜드시멘트

※ 중용열포틀랜드시멘트
· 시멘트의 발열량을 저감시킬 목적으로 제조한 시멘트
· 수화열이 작고 화학저항성이 일반적으로 크다.
· 내산성이 우수하며, 내구성이 좋다.
· 댐 콘크리트, 도로포장, 매스콘크리트용으로 사용된다.

30 천연 아스팔트에 속하지 않는 것은?
① 아스팔타이트 ② 로크 아스팔트
③ 레이크 아스팔트 ④ 스트레이트 아스팔트

※ 천연 아스팔트
레이크아스팔트, 로크아스팔트, 아스팔트타이트

31 콘크리트의 강도 중 일반적으로 가장 큰 것은?
① 휨강도 ② 인장강도
③ 압축강도 ④ 전단강도

※ 콘크리트강도
압축강도＞전단강도＞휨강도＞인장강도

32 목재를 절삭 또는 파쇄하여 작은 조각으로 만들어 접착제를 섞어 고온, 고압으로 성형한 판재는?

① 합판 ② 섬유판
③ 집성목재 ④ 파티클보드

※ 파티클 보드
목재의 작은 조각(Particle)을 모아서 충분히 건조시킨 후 합성수지 접착제 등을 참가하여 열압 제판한 제품으로 칩보드라고도 한다.

33 콘크리트 혼화제 중 작업성능이나 동결융해 저항성능의 향상을 목적으로 사용하는 것은?

① AE제 ② 증점제
③ 기포제 ④ 유동화제

※ AE 감수제
· 블리딩 감소
· 시공연도(워커빌리티) 향상
· 단위수량의 감소
· 유동화콘크리트 제조
· 화학작용에 대한 저항성 향상
· 고강도 콘크리트의 슬럼프 로스방지
· 동결융해에 대한 저항성 증대되어 동기공사가 가능

34 다음은 한국산업표준(KS)에 따른 점토 벽돌 중 미장 벽돌에 관한 용어의 정의이다. (　) 안에 알맞은 것은?

점토 등을 주원료로 하여 소성한 벽돌로서 유공형 벽돌은 하중 지지면의 유효 단면적이 전체 단면적의 (　) 이상이 되도록 제작한 벽돌

① 30% ② 40%
③ 50% ④ 60%

※ 미장벽돌
점토 등을 주 원료로 하여 소성한 벽돌로서 유공형 벽돌은 하중 지지면의 유효 단면적이 전체 단면적의 50% 이상이 되도록 제작한 벽돌이다.

35 소다석회유리에 관한 설명으로 옳지 않은 것은?

① 용융하기 쉽다.
② 풍화되기 쉽다.
③ 산에는 강하나 알칼리에는 약하다.
④ 건축물의 창유리로는 사용할 수 없다.

※ 소다석회 유리(소다유리, 보통유리, 크라운유리)
· 용융하기 쉽고 풍화되기 쉽다.
· 산에 강하나, 알칼리에 약하다.
· 팽창률이 크고 강도가 높다.
· 용도 : 건축일반용, 창호유리, 병유리 등

36 구리(Cu)와 주석(Sn)을 주체로 한 합금으로 건축장식철물 또는 미술공예재료에 사용되는 것은?

① 니켈 ② 양은
③ 황동 ④ 청동

※ 비철금속 - 청동
· 구리+주석(Sn)의 합금
· 황동보다 내식성이 크고, 주조하기가 쉽다.
· 표면은 특유의 아름다운 청록색이다.
· 용도 : 장식철물, 공예재료

37 콘크리트가 타설된 후 비교적 가벼운 물이나 미세한 물질 등이 상승하고, 무거운 골재나 시멘트는 침하하는 현상은?

① 쿨링 ② 블리딩
③ 레이턴스 ④ 콜드조인트

※ 콘크리트 현상
① 쿨링 : 콘크리트 수화 시 발행하는 열에 의한 온도 균열 제어방법의 일종
② 블리딩 : 콘크리트 타설 후 무거운 골재가 침하하고 가벼운 물과 미세물질들이 상승되어 콘크리트 표면에 떠오르는 현상
③ 레이턴스 : 블리딩 현상으로 콘크리트 표면에 침적된 미립물에 의한 얇은 피막
④ 콜드 조인트 : 1개의 P·C 부재의 제작 시 편의상 분할하여 부어넣을 때의 이어붓기 이음새

38 플라스틱 건설재료의 일반적인 성질에 관한 설명으로 옳지 않은 것은?

① 일반적으로 전기절연성이 우수하다
② 강성이 크고 탄성계수가 강재의 2배이므로 구조재료로 적합하다.
③ 가공성이 우수하여 기구류, 판류, 파이프 등의 성형품 등에 많이 쓰인다.
④ 접착성이 크고 기밀성, 안정성이 큰 것이 많으므로 접착제, 실링제 등에 적합하다.

※ 합성수지 일반적 성질
· 착색이 자유롭다.
· 내약품성이 우수하다.
· 전성, 연성이 크다.
· 가소성, 가공성이 크다.
· 광택이 있다.
· 내산, 내알칼리 등의 내화학성 및 전기 절연성이 우수하다.

- 내수성 및 내투습성은 일부를 제외하고 극히 양호하다.
- 탄력성이 없어 구조재료로 사용이 불가능 하다.
- 인장강도가 압축강도보다 매우 작다.
- 강성이 작고, 탄성계수가 강재의 1/20~1/30 이므로 구조재로서 부적합 하다.

39 혼합한 미장재료에 아직 반죽용 물을 섞지 않은 상태를 의미하는 용어는?
① 초벌 ② 재벌
③ 물비빔 ④ 건비빔

※ 미장용어
① 초벌 : 첫 번째로 칠이나 흙을 바르는 것 또는 그 층
② 재벌 : 두 번째로 칠이나 흙을 바르는 것
③ 물비빔 : 모르타르나 콘크리트 등에 물을 넣어 비비는 것
④ 건비빔 : 물을 가하지 않고 시멘트와 골재를 비비는 것

40 다음 중 기둥 및 벽 등의 모서리에 대어 미장바름을 보호하기 위해 사용하는 철물은?
① 메탈 라스 ② 코너 비드
③ 와이어 라스 ④ 와이어 메시

※ 금속제품
① 메탈라스(metal lath) : 얇은 강판에 일정한 간격으로 자름 금을 내어 이것을 옆으로 잡아 당겨 그물코 모양으로 만든 것으로 바름벽 바탕에 쓰인다.
② 코너비드(corner bead) : 미장 공사에서 기둥이나 벽의 모서리 부분을 보호하기 위하여 쓰는 철물이다.
③ 와이어 라스(wire lath) : 지름 0.9~1.2mm의 철선 또는 아연 도금 철선을 가공하여 만든 것으로 모르타르 바름 바탕에 쓰인다.
④ 와이어 메시(wire mesh) : 열강 철선을 격자형으로 짜서 접점을 전기 용접한 것으로 방형 또는 정방형으로 만들어 블록을 쌓을때나 보호 콘크리트를 타설할 때 사용하여 균열을 방지하고 교차 부분을 보강하기 위해 사용한다. 콘크리트 보강용, 도로포장용으로 사용한다.

41 철근콘크리트 구조에서 나선철근으로 둘러싸인 원형단면 기둥 주근의 최소 개수는?
① 3개 ② 4개
③ 6개 ④ 8개

※ 기둥 - 주근
- 휨 모멘트와 축 방향에 저항하는 철근을 주근이라 하고, 직각 방향으로 감아대는 것을 띠철근이라 한다.
- 주근은 D13(ø12)이상을 사용하고 장방형 기둥에는 4개, 원형이나 다각형 기둥에는 6개 이상을 사용한다.

42 일반적인 삼각 스케일에 표시되어 있지 않은 축척은?
① 1/100 ② 1/300

③ 1/500 ④ 1/700

※ 제도용구 - 삼각스케일
삼각스케일은 1/100, 1/200, 1/300, 1/400, 1/500, 및 1/600 축척의 눈금이 있고, 길이는 100mm, 150mm, 300mm의 세 종류가 있다. 스케일은 실물의 크기를 줄이거나(축척), 늘릴 때(배척) 및 그대로 옮길 때 (실척)에 사용한다.

43 도면표시기호 중 두께를 표시하는 기호는?
① THK ② A
③ V ④ H

※ 도면표시기호

명칭	길이	높이	폭	면적	두께	직경	반지름	용적
표시기호	L	H	W	A	THK	D, ø	R	V

44 도면을 접는 크기의 표준으로 옳은 것은?(단, 단위는 mm임)
① 841×1189 ② 420×294
③ 210×297 ④ 105×148

※ 건축도면을 보관, 정리 또는 취급상 접을 필요가 있는 경우에는 A4(210mm×297mm)를 기준으로 한다.

45 이오토막으로 마름질한 벽돌의 크기로 옳은 것은?
① 온장의 1/4 ② 온장의 1/3
③ 온장의 1/2 ④ 온장의 3/4

※ 벽돌 - 이오토막
이오토막(25%), 즉 길이의 1/4 정도이다.

46 용착 금속이 홈에 차지 않고 홈 가장자리가 남아 있는 불완전 용접을 무엇이라 하는가?
① 언더컷 ② 블로홀
③ 오버랩 ④ 피트

※ 용접결함
- 언더컷(under cut) : 용접선 끝에 용착금속이 채워지지 않아 생긴 작은 홈
- 오버랩(overlap) : 용착금속이 모재와 융합되지 않고, 들떠있는 현상
- 블로홀(blow hole) : 금속이 녹아들 때 생기는 기포나 작은 틈

47 건축물을 각 층마다 창틀 위에서 수평으로 자른 수평 투상도로서 실의 배치 및 크기를 나타내는 도면은?
① 입면도 ② 평면도
③ 단면도 ④ 전개도

※ 설계도면
① 입면도 : 건축물의 외관을 나타낸 직립 투상도로서 창, 출입구, 처마, 발코니 등의 외관전체를 나타내는 도면
② 평면도 : 건축물을 각 층마다 창틀 위(지상1.2mm~1.5mm정도)에서 수평으로 자른 수평투상도로서 실의 배치 및 크기를 나타내는 도면
③ 단면도 : 건축물을 수직으로 잘라 그 단면을 나타낸 것으로 처마높이, 층높이, 창대높이, 천장높이, 지붕의 물매 등을 나타내는 도면
④ 전개도 : 각 실의 내부의 의장을 명시하기 위해 작성하는 도면으로 실내의 벽면형상, 치수, 마감 등을 표시한다.

48 건축물의 설계도면 중 사람이나 차, 물건 등이 움직이는 흐름을 도식화한 도면은?

① 구상도 ② 조직도
③ 평면도 ④ 동선도

※ 설계도면
① 구상도 : 구상한 계획을 자유롭게 표현하기 위하여 모눈종이, 스케치에 프리핸드로 그리게 되며, 대개 1/200~1/500의 축척으로 표현되는 기초적인 도면
② 조직도 : 평면 계획의 기초 단계에서 공간의 용도 및 내용을 관련성 있게 정리하여 조직화한도면
③ 평면도 : 건축물을 각 층마다 창틀 위(지상1.2mm~1.5mm정도)에서 수평으로 자른 수평투상도로서 실의 배치 및 크기를 나타내는 도면
④ 동선도 : 사람이나 차 또는 화물 등이 움직이는 흐름을 도식화한 도면

49 목구조에서 2층 이상의 기둥 전체를 하나의 단일재로 사용하는 기둥은?

① 통재기둥 ② 평기둥
③ 샛기둥   ④ 배흘림 기둥

※ 목구조 - 기둥
① 통재기둥 : 상부에서 내려오는 하중을 받아 토대에 전달하는 수직재로서 2층 이상의 기둥 전체를 하나의 단열재로 사용하는 기둥
② 평기둥 : 한 층당 별개로 구성된 기둥
③ 샛기둥 : 기둥과 기둥사이의 작은 기둥으로 벽체구성과 가새의 옆휨을 막는 역할
④ 배흘림기둥 : 기둥 밑이 굵고, 위로 올라가며 차차 가늘게 된 기둥

50 다음 중 선의 굵기가 가장 굵어야 하는 것은?

① 절단선 ② 지시선
③ 외형선 ④ 경계선

※ 선
· 굵은실선 ━━━━ (0.3~0.8) - 단면선, 외형선, 파단선
· 가는실선 ──── (0.20이하) - 치수선, 치수보조선, 지시선, 해칭선
· 파선 ─ ─ ─ ─ (가는선보다 굵게) - 숨은선
· 일점쇄선 ─·─·─ (가는선보다 굵게) - 중심선, 절단선, 경계선, 기준선
· 이점쇄선 ─··─··─ (가는선보다 굵게) - 가상선

51 건축 제도 통칙에서 규정하고 있는 치수에 대한 설명 중 옳은 것을 모두 고르면?

A. 치수는 특별히 명시하지 않는 한, 마무리 치수로 표시한다.
B. 치수 기입은 치수선 중앙 아랫부분에 기입하는 것이 원칙이다.
C. 치수 기입은 치수선에 평행하게 도면의 오른쪽에서 왼쪽으로, 위로부터 아래로 읽을 수 있도록 기입한다.
D. 치수의 단위는 센치미터(cm)를 원칙으로 하고 단위 기호는 쓰지 않는다.

① A   ② A, B
③ A, C   ④ A, D

※ 건축제도통칙 - 치수
· 치수의 단위는 mm로 하고, 단위는 생략한다.
· 치수는 특별히 명시하지 않는 한 마무리 치수로 한다.
· 치수기입은 치수선 중앙 윗부분에 기입하는 것이 원칙이다.
· 협소한 간격이 연속될 때에는 인출선을 사용하여 치수를 쓴다.
· 전체 치수를 바깥쪽에, 부분 치수는 안쪽에 기입한다.
· 치수기입은 치수선에 평행하게 도면의 왼쪽에서 오른쪽으로, 아래로부터 위로 읽을 수 있도록 기입한다.
· 치수선의 양 끝 표시는 화살 또는 점으로 표시할 수 있으며, 같은 도면에서 2종을 혼용할 수 없다.

52 건축 설계도면에서 중심선, 절단선, 경계선 등으로 사용되는 선은?

① 실선   ② 일점쇄선
③ 이점쇄선 ④ 파선

※ 선
· 굵은실선 ━━━━ (0.3~0.8) - 단면선, 외형선, 파단선
· 가는실선 ──── (0.20이하) - 치수선, 치수보조선, 지시선, 해칭선
· 파선 ─ ─ ─ ─ (가는선보다 굵게) - 숨은선
· 일점쇄선 ─·─·─ (가는선보다 굵게) - 중심선, 절단선, 경계선, 기준선
· 이점쇄선 ─··─··─ (가는선보다 굵게) - 가상선

53 각 건축구조의 특성에 대한 설명으로 틀린 것은?

① 벽돌구조는 횡력 및 지진에 강하다.
② 철근콘크리트구조는 철골구조에 비해 내화성이 우수하다.
③ 철골구조의 공사는 철근콘크리트구조 공사에 비해 동절기 기후에 영향을 덜 받는다.
④ 목구조는 소규모 건축에 많이 쓰이며 화재에 취약하다.

※ 벽돌구조는 조적식 구조의 일종으로, 조적 구조의 단점이 횡력 및 지진에 매우 약한 단점이 있다.

54 도면을 작도할 때의 유의 사항 중 옳지 않은 것은?
① 선의 굵기가 구별되는지 확인한다.
② 선의 용도를 정확하게 알 수 있도록 작도한다.
③ 문자의 크기를 명확하게 한다.
④ 보조선을 진하게 긋고 글씨를 쓴다.

※ 도면 작도 유의사항
도면 작도시 보조선을 연하게 긋고 글씨를 쓴다.

55 그림과 같은 트러스의 명칭은?

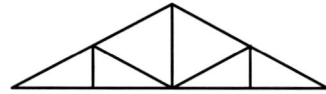

① 워렌(warren)트러스
② 비렌딜(vierendeel)트러스
③ 하우(howe)트러스
④ 핑크(pink)트러스

※ 하우트러스
트러스의 사재 응력이 압축 응력을 받고, 수직재 응력은 인장 응력을 받도록 한 트러스

56 실시 설계도면에 포함되지 않는 도면은?
① 배치도   ② 동선도
③ 단면도   ④ 창호도

※ 설계도면 종류 – 실시 설계도
· 일반도 : 배치도, 평면도, 입면도, 단면도, 전개도, 창호도, 현치도, 투시도 등
· 구조도 : 기초 평면도, 바닥틀 평면도, 지붕틀 평면도, 골조도 기초, 기둥, 보 바닥판, 일람표, 배근도, 각부 상세 등
· 설비도 : 전기, 위생, 냉·난방, 환기, 승강기, 소화 설비도 등

57 건축물의 투시도법에 쓰이는 용어에 대한 설명 중 옳지 않은 것은?
① 화면(Picture Plane, P.P.)은 물체와 시점 사이에 기면과 수직한 직립 평면이다.
② 수평면(Horizontal Plane, H.P.)은 기선에 수평한 면이다.
③ 수평선(Horizontal Line, H.L.)은 수평면과 화면의 교차선이다.
④ 시점(Eye Point, E.P.)은 보는 사람의 눈 위치이다.

※ 투시도 용어
① 화면(Picture Plane, P.P.) : 물체와 시점 사이에 기면과 수직한 직립평면
② 수평면(Horizontal Plane, H.P.) : 눈의 높이에 수평선
③ 수평선(Horizontal Line, H.L.) : 수평면과 화면의 교차선
④ 시점(Eye Point, E.P.) : 보는 사람의 눈 위치

58 제도 용구와 용도의 연결이 틀린 것은?
① 컴퍼스 – 원이나 호를 그릴 때 사용
② 디바이더 – 선을 일정간격으로 나눌 때 사용
③ 삼각스케일 – 길이를 재거나 직선을 일정한 비율로 줄여 나타낼 때 사용
④ 운형자 – 긴 사선을 그릴 때 사용

※ 제도용구 및 용도
① 컴퍼스 : 원 또는 원호를 그릴 때 사용
② 디바이더 : 직선이나 원주를 등분할 때, 치수를 도면 위에 옮기거나, 도면 위의 길이를 재어 다른 곳으로 옮기는 경우에 사용
③ 삼각스케일 : 실물의 크기를 줄이거나(축척), 늘릴 때(배척), 그대로 옮길 때(실척)에 사용
④ 운형자 : 컴퍼스로 여러 가지 곡선, 그리기 어려운 원호나 곡선을 그릴 때 사용

59 이형 철근의 마디, 리브와 관련이 있는 힘의 종류는?
① 인장력   ② 압축력
③ 전단력   ④ 부착력

※ 이형철근
D로 표시하며 부착력을 높이기 위해서 철근 표면에 마디와 리브를 붙인 철근

60 고력볼트접합에서 힘을 전달하는 대표적인 접합 방식은?
① 인장접합   ② 마찰접합
③ 압축접합   ④ 용접접합

※ 고력볼트접합
고력볼트로 접합되는 부재를 서로 강력히 압착시켜 압착면에 생기는 마찰력에 의해 응력을 전달시키는 방법이다.

정답

01② 02① 03④ 04② 05① 06② 07① 08③ 09② 10③
11③ 12③ 13③ 14② 15① 16④ 17① 18③ 19③ 20④
21② 22① 23② 24④ 25④ 26③ 27③ 28② 29③ 30④
31③ 32④ 33① 34③ 35④ 36④ 37② 38② 39④ 40②
41③ 42④ 43① 44③ 45① 46① 47② 48④ 49① 50③
51① 52② 53① 54④ 55③ 56② 57② 58④ 59④ 60②

2015년도 제2회 과년도 기출문제

01 거실의 가구 배치 방법 중 가구를 두 벽면에 연결시켜 배치하는 형식으로 시선이 마주치지 않아 안정감이 있는 것은?
① 직선형 ② 대면형
③ ㄱ자형 ④ ㄷ자형

※ 거실가구 배치
① 직선형(일자형) : 가구를 벽에 나란히 붙여 배치하는 형식으로 좁은 집에서 가장 일반적인 유형이다.
② 대면형 : 중앙의 테이블을 중심으로 좌석이 마주 보도록 배치하는 형식
③ 코너형(ㄱ자형) : 가구를 두 벽면에 연결시켜 배치하는 형식으로 시선이 마주하지 않아 안정감 있다.
④ ㄷ자형(U자형) : 양측 벽면을 이용하므로 수납공간을 넓게 잡을 수 있으며, 이용하기에도 아주 편리하다.

02 다음 중 측면판매형식의 적용이 가장 곤란한 상품은?
① 서적 ② 침구
③ 의류 ④ 귀금속

※ 상점의 판매형식 - 측면판매
· 진열 상품을 같은 방향으로 보며 판매하는 형식
· 충동적 구매와 선택이 용이하다.
· 진열면적이 커진다.
· 상품에 대한 친근감이 있다.
· 종업원의 정위치를 정하기 어렵고 불안정하다.
· 설명, 포장 등이 불편하다.
· 용도 : 양복, 침구, 전기 기구, 서적

03 주거공간은 주행동에 의해 개인공간, 사회공간, 가사노동공간 등으로 구분할 수 있다. 다음 중 사회공간에 속하는 것은?
① 식당 ② 침실
③ 서재 ④ 부엌

※ 주거공간의 주 행동에 따른 분류 - 사회적 공간
· 가족중심의 공간으로 모두 같이 사용하는 공간
· 거실, 응접실, 식당, 현관

04 실내공간을 형성하는 기본구성요소 중 다른 요소들에 비해 시대와 양식에 의한 변화가 거의 없는 것은?
① 벽 ② 바닥
③ 천장 ④ 지붕

※ 실내 기본요소 - 바닥
공간을 구성하는 수평적요소로서 생활을 지탱하는 기본적 요소
▶ 기능
· 추위와 습기를 차단하며 중력에 대한 지지의 역할을 한다.
· 다른 요소들에 비해 양식의 변화가 적다.
· 인간의 감각중 시각적, 촉각적 요소와 밀접한 관계를 가지고 있고, 접촉 빈도가 가장 높다.
· 고저차로 공간의 영역을 조정할 수 있다.

05 다음 설명에 알맞은 조명 관련 용어는?

> 태양광(주광)을 기준으로 하여 어느 정도 주광과 비슷한 색상을 연출할 수 있는지를 나타내는 지표

① 광도 ② 휘도
③ 조명률 ④ 연색성

※ 조명 용어 - 연색성
광원에 의해 조명되어 나타나는 물체의 색을 연색이라 하고, 태양광을 기준으로 하여 어느 정도 주광과 비슷한 색상을 연출을 할 수 있는가를 나타내는 지표

06 다음 중 식탁 밑에 부분 카펫이나 러그를 깔았을 경우 얻을 수 있는 효과와 가장 거리가 먼 것은?
① 소음 방지 ② 공간 확대
③ 영역 구분 ④ 바닥 긁힘 방지

※ 식탁 밑에 카펫이나 러그를 깔면 공간이 한정되어 보인다.

07 동선계획을 가장 잘 나타낼 수 있는 실내계획은?
① 입면계획 ② 천장계획
③ 구조계획 ④ 평면계획

※ 실내계획 - 평면계획
건축물의 내부에서 일어나는 모든 활동의 종류, 규모 및 그 상호 관계를

합리적으로 평면상에 배치하는 계획으로 동선 계획에 유의해야 한다.

08 상점에서 쇼윈도, 출입구 및 홀의 입구부분을 포함한 평면적인 구성요소와 아케이드, 광고판, 사인, 외부장치를 포함한 입체적인 구성요소의 총체를 의미하는 것은?

① 파사드　　　　② 스크린
③ AIDMA　　　　④ 디스플레이

※ 파사드
상점에서 쇼윈도, 출입구 및 홀의 입구부분을 포함한 평면적인 구성요소와 아케이드, 광고판, 사인 외부장치를 포함한 입체적인 구성요소의 총체를 의미한다.

09 다음의 건축화조명방식 중 벽면조명에 속하지 않는 것은?

① 커튼 조명　　　② 코퍼 조명
③ 코니스 조명　　④ 밸런스 조명

※ 건축화 조명
천장, 벽, 기둥 등 건축부분에 광원을 만들어 실내를 조명하는 것을 말한다.
· 코퍼 조명 : 천장에 작은 구멍을 뚫어 그 속에 기구를 매입하는 방식
· 코니스 조명 : 벽면의 상부에 위치하여 모든 빛이 아래로 직사하도록 하는 조명방식
· 밸런스 조명 : 창이나 벽의 커튼 상부에 부설된 조명방식

10 인간의 주의력에 의해 감지되는 시각적 무게의 평형상태를 의미하는 디자인 원리는?

① 리듬　　　　② 통일
③ 균형　　　　④ 강조

※ 디자인원리 – 균형
인간의 주의력에 감지되는 시각적 무게의 평형을 뜻하며, 부분과 부분, 부분과 전체 사이에서 균형의 힘에 의해 쾌적한 느낌을 주는 디자인 원리

11 부엌의 작업순서에 따른 작업대의 배치 순서로 가장 알맞은 것은?

① 가열대 → 배선대 → 준비대 → 조리대 → 개수대
② 개수대 → 준비대 → 조리대 → 배선대 → 가열대
③ 배선대 → 가열대 → 준비대 → 개수대 → 조리대
④ 준비대 → 개수대 → 조리대 → 가열대 → 배선대

※ 부엌의 싱크대 배열
준비대 → 개수대 → 조리대 → 가열대 → 배선대

12 약동감, 생동감 넘치는 에너지와 운동감, 속도감을 주는 선의 종류는?

① 곡선　　　　② 사선
③ 수직선　　　④ 수평선

※ 선
① 곡선(포물선) : 온화, 부드럽고 율동적이며 여성적 느낌
② 사선 : 운동감, 약동감, 생동감, 속도감, 불안정, 반항의 동적인 느낌
③ 수직선 : 고결, 희망, 상승, 위엄, 존엄성, 긴장감을 느낌
④ 수평선 : 고요, 안정, 평화, 평등, 침착, 정지된 느낌

13 다음 설명에 알맞은 착시의 유형은?

· 모순도형 또는 불가능한 형이라고도 한다.
· 펜로즈의 삼각형에서 볼 수 있다.

① 운동의 착시　　② 길이의 착시
③ 역리도형 착시　④ 다의도형 착시

※ 역리도형 착시
모순도형, 불가능 도형을 말하는데 펜로즈의 삼각형처럼 2차원적 평면에 나타나는 안길이의 특성을 부분적으로 본다면 가능하지만, 3차원적인 공간에서 보았을 때는 불가능 한 것으로 보이는 도형

14 붙박이 가구(built in furniture)에 관한 설명으로 옳지 않은 것은?

① 공간의 효율성을 높일 수 있다.
② 건축물과 일체화하여 설치하는 가구이다.
③ 필요에 따라 설치 장소를 자유롭게 움직일 수 있다.
④ 설치 시 실내 마감재와의 조화 등을 고려하여야 한다.

※ 붙박이가구
· 건축물과 일체화하여 설치하는 가구이다.
· 공간의 효율성을 높일 수 있다.
· 설치 시 실내 마감재와의 조화 등을 고려하여야 한다.

15 다음 설명에 알맞은 창의 종류는?

· 크기와 형태에 제약없이 자유로이 디자인 할 수 있다.
· 창을 통한 환기가 불가능 하다.

① 고정창　　　　② 미닫이창
③ 여닫이창　　　④ 오르내리창

※ 창의 종류
① 고정창 : 열리지 않으며 빛만 유입되는 기능으로 크기와 형태에 제약없이 자유롭다.
② 미닫이창 : 위·아래 홈을 파서 창호를 끼워 넣어 옆으로 밀어서 열고 닫게 되어 있는 창
③ 여닫이창 : 여닫이로 되어 있는 창 또는 창의 측면에 경첩을 달아 여닫게 되어 있는 창으로 개구부가 모두 열릴 수 있다.
④ 오르내리창 : 두 짝의 창문을 서로 위아래로 오르내려서 여닫는 창

16 차음성이 높은 재료의 특징과 가장 거리가 먼 것은?
① 무겁다. ② 단단하다.
③ 치밀하다. ④ 다공질이다.

※ 차음성
음을 차단하는 성능으로 단단하며 치밀하고 무거울수록 좋다.
단, 다공질인 경우 재료가 치밀하지 못하다.

17 공기가 포화상태(습도100%)가 될 때의 온도를 그 공기의 무엇이라 하는가?
① 절대온도 ② 습구온도
③ 건구온도 ④ 노점온도

※ 노점온도
공기가 포화상태(습도100%)가 될 때의 온도

18 다음 설명에 알맞은 환기방식은?

· 실내의 압력이 외부보다 높아진다.
· 병원의 수술실과 같이 외부의 오염공기 침입을 피하는 실에 이용된다.

① 자연환기방식
② 제1종 환기방식(병용식)
③ 제2종 환기방식(압입식)
④ 제3종 환기방식(흡출식)

※ 환기방식 - 제2종 환기방식(압입식)
· 급기를 기계적, 배기는 자연적으로 배출하는 환기방식 · 오염공기가 침투하지 않으면 실내 압이 정(+)압이 된다.
· 무균실, 반도체공장, 식당, 창고

19 조도의 정의로 가장 알맞은 것은?
① 면의 단위면적에서 발산하는 광속
② 수조면의 단위면적에 입사하는 광속
③ 복사로서 전파하는 에너지의 시간적 비율
④ 점광원으로부터의 단위입체각당의 발산 광속

※ 조도
수조 면의 단위면적에 도달하는 광속의 양을 말하고, 수조 면의 밝기를 나타내는 것이며, 단위는 lux(럭스)이다.

20 다음 중 유효온도에서 고려하지 않는 것은?
① 기온 ② 습도
③ 기류 ④ 복사열

※ 온열지표 - 유효온도
온도, 기류, 습도를 조합한 감각 지표로서 효과온도, 감각온도, 실효온도 또는 체감온도라고도 한다.

21 다음 중 구리(Cu)를 포함하고 있지 않는 것은?
① 청동 ② 양은
③ 포금 ④ 함석판

① 청동 : 구리+주석의 합금
② 양은(화이트 브론즈) : 구리+니켈+아연의 합금
③ 포금 : 구리+주석+아연+납의 합금
④ 함석판 : 박강판에 주석 도금을 한 판재

22 다음 ( ) 안에 알맞은 석재는?

대리석은 ( )이 변화되어 결정화한 것으로 주성분은 탄산석회로 이 밖에 탄소질, 산화철, 휘석, 각섬석, 녹니석 등을 함유한다.

① 석회석 ② 감람석
③ 응회암 ④ 점판암

※ 대리석
· 산에 약하다.
· 석질이 치밀, 견고하고 색채, 무늬가 다양하다.
· 석회석이 변화되어 결정화한 것으로 탄산석회가 주성분이다.
· 강도는 매우 높지만 풍화되기 쉽기 때문에 실용으로는 적합하지 않다.

23 경화 콘크리트의 성질 중 하중이 지속하여 재하될 경우 변형이 시간과 더불어 증대하는 현상을 의미하는 용어는?
① 크리프 ② 블리딩
③ 레이턴스 ④ 건조수축

※ 크리프
구조물에서 하중을 지속적으로 작용시켜 놓을 경우, 하중의 증가가 없어도 지속적인 하중에 의해 시간과 더불어 변형이 증대하는 현상

24 파티클보드에 관한 설명으로 옳지 않은 것은?
① 면내 강성이 우수하다.
② 음 및 열의 차단성이 우수하다.
③ 넓은 면적의 판상 제품을 만들 수 있다.
④ 수분이나 고습도에 대한 저항 성능이 우수하다.

※ 파티클 보드
· 섬유 방향에 따른 강도 차이가 없으며, 큰 면적을 얻을 수 있다.
· 표면이 평활하고, 경도가 크다.
· 음 및 열의 차단성이 우수하다.
· 수분이나 고습도에 대한 저항 성능이 낮아 방습 및 방부처리가 필요하다.

25 다음의 점토 제품 중 흡수율 기준이 가장 낮은 것은?

① 자기질 타일   ② 석기질 타일
③ 도기질 타일   ④ 클링커 타일

※ 점토제품 – 흡수율
토기＞도기＞석기＞자기

26 석고 플라스터 미장재료에 관한 설명으로 옳지 않은 것은?

① 내화성이 우수하다.
② 수경성 미장재료이다.
③ 회반죽보다 건조 수축이 크다.
④ 원칙적으로 해초 또는 풀즙을 사용하지 않는다.

※ 석고플라스터
· 수경성 미장재료이다.
· 원칙적으로 해초 또는 풀즙은 사용하지 않는다.
· 내화성이 우수하다.
· 경화와 건조시 치수 안정성이 우수하다.

27 다음 중 내알칼리성이 가장 우수한 도료는?

① 에폭시도료   ② 유성페인트
③ 유성바니시   ④ 프탈산수지에나멜

※ 에폭시 도료
에폭시 수지를 성분으로 한 도료로 상온 건조용과 수부용이 있으며, 내약품성, 내후성이 있는 단단한 도막을 만든다.

28 천연아스팔트에 속하지 않는 것은?

① 록 아스팔트   ② 아스팔타이트
③ 블론 아스팔트   ④ 레이크 아스팔트

※ 천연 아스팔트
레이크 아스팔트, 록 아스팔트, 아스팔트 타이트

29 다음 설명에 알맞은 재료의 역학적 성질은?

> 재료에 외력이 작용하면 순간적으로 변형이 생기나 외력을 제거하면 순간적으로 원래의 형태로 회복되는 성질을 말한다.

① 소성   ② 점성
③ 탄성   ④ 인성

※ 재료의 역학적 성질
① 소성 : 재료에 외력이 어느 한도에 도달하면 외력의 증가 없이 변형만 증대하는 성질을 말한다. 이 경우 외력을 제거해도 원형으로 회복되지 않는 성질
② 점성 : 유체가 유동하고 있을 때 유체의 내부에 흐름을 저지하려고 하는 내부마찰저항이 발생한다. 이러한 성질을 말한다.
③ 탄성 : 재료에 외력이 작용하면 순간적으로 변형이 생기지만 외력을 제거하면 순간적으로 원형으로 회복하는 성질
④ 인성 : 압연강, 고무와 같은 재료가 파괴에 이르기까지 고강도의 응력에 견딜 수 있고 동시에 큰 변형을 나타내는 성질

30 다음 중 콘크리트의 시공연도(Workability)에 영향을 주는 요소와 가장 거리가 먼 것은?

① 혼화재료   ② 물의 염도
③ 단위시멘트량   ④ 골재의 입도

※ 콘크리트 시공연도에 영향을 미치는 요인
· 시멘트의 성질과 양
· 골재의 입도와 모양
· 혼화재료의 종류와 양
· 물 시멘트 비
· 배합 및 비비기 정도
· 혼합 후의 시간

31 다음 중 굳지 않은 콘크리트의 컨시스텐시(consistency)를 측정하는 방법으로 가장 알맞은 것은?

① 슬럼프 시험   ② 블레인 시험
③ 체가름 시험   ④ 오토클레이브 팽창도 시험

※ 워커빌리티 측정방법
슬럼프시험, 비비(Vee-Bee Test)시험, 다짐계수시험 등

32 시멘트가 경화될 때 용적이 팽창되는 정도를 의미하는 용어는?

① 응결   ② 풍화
③ 중성화   ④ 안정성

※ 시멘트의 안정성
시멘트가 경화 중에 용적이 팽창하여 팽창균열이나 휨 등이 생기는 정도를 말한다.

33 금속의 부식과 방식에 관한 설명으로 옳은 것은?

① 산성이 강한 흙 속에서는 대부분의 금속 재료는 부식된다.
② 모르타르로 강재를 피복한 경우, 피복하지 않은 경우보다 부식의 우려가 크다.
③ 다른 종류의 금속을 서로 잇대어 사용하는 경우 전기 작용에 의해 금속의 부식이 방지된다.
④ 경수는 연수에 비하여 부식성이 크며, 오수에서 발생하는 이산화탄소, 메탄가스는 금속 부식을 완

화시키는 완화제 역할을 한다.

※ 금속의 부식과 방식
· 다른 종류의 금속을 서로 잇대어 사용하지 않는다.
· 균일한 재료를 쓴다.
· 건조한 상태로 유지한다.
· 도료를 이용하여 수밀성 보호피막처리를 한다.
· 큰 변형을 준 것은 가능한 한 풀림하여 사용한다.
· 모르타르나 콘크리트로 강철을 피복한다.
· 연수는 경수에 비해 부식성이 크다.
· 오수에서 발생하는 가스는 금속의 부식을 촉진시키는 촉진제 역할을 한다.
· 산성이 강한 흙 속에서는 부식된다.

34 다음의 유리제품 중 부드럽고 균일한 확산광이 가능하며 확산에 의한 채광효과를 얻을 수 있는 것은?
① 강화유리   ② 유리블록
③ 반사유리   ④ 망입유리

※ 유리블록
· 벽돌, 블록 모양의 상자형 유리를 서로 맞대고 저압의 공기를 불어넣고 녹여서 붙인 유리
· 실내가 들여다보이지 않게 하면서 채광을 할 수 있다.
· 방음·보온 효과가 크고, 장식효과도 얻을 수 있다.
· 주로 칸막이벽을 쌓는 데 이용된다.

35 건축재료를 화학조성에 따라 분류할 경우, 무기재료에 속하지 않는 것은?
① 흙   ② 목재
③ 석재   ④ 알루미늄

※ 건축 재료 화학 조성에 의한 분류 – 무기재료
석재, 흙, 콘크리트, 금속 등

36 플라스틱 건설재료의 일반적인 성질에 관한 설명으로 옳지 않은 것은?
① 전기절연성이 상당히 양호하다.
② 내수성 및 내투습성은 폴리초산비닐 등 일부를 제외하고는 극히 양호하다.
③ 상호간 계면접착은 잘되나, 금속, 콘크리트, 목재, 유리 등 다른 재료에는 잘 부착되지 않는다.
④ 일반적으로 투명 또는 백색의 물질이므로 적합한 안료나 염료를 첨가함에 따라 다양한 채색이 가능하다.

※ 합성수지 일반적 성질
· 착색이 자유롭다.
· 내약품성이 우수하다
· 전성, 연성이 크다.
· 가소성, 가공성이 크다.

· 광택이 있다.
· 내산, 내알칼리 등의 내화학성 및 전기 절연성이 우수하다.
· 내수성 및 내투습성은 일부를 제외하고 극히 양호하다.
· 탄력성이 없어 구조재료로 사용이 불가능 하다.
· 인장강도가 압축강도보다 매우 작다.

37 보통포틀랜드시멘트보다 C_3S나 석고가 많고, 더욱이 분말도를 크게 하여 초기에 고강도를 발생하게 하는 시멘트는?
① 저열포틀랜드시멘트
② 조강포틀랜드시멘트
③ 백색포틀랜드시멘트
④ 중용열포틀랜드시멘트

※ 조강포틀랜드 시멘트
· 원료 중에 규산삼칼륨(C_3S)의 함유량이 많아 보통 포틀랜드 시멘트에 비하여 경화가 빠르다.
· 분말도가 높고 수화열이 커서 저온 시에도 강도 발현이 크므로 동절기공사에 유리
· 조기 강도가 높다. (1주 경화 압축강도＝보통시멘트 4주 경화 압축강도)
· 공기를 단축시킬 수 있어 긴급공사, 수중공사, 한중공사 동기공사등에 쓰인다.

38 석재의 강도 중 일반적으로 가장 큰 것은?
① 휨강도   ② 인장강도
③ 전단강도   ④ 압축강도

※ 석재의 강도 중 일반적으로 가장 큰 것은 압축강도이다.

39 내열성·내한성이 우수한 수지로 −60~260℃의 범위에서 안정하고 탄성을 가지며 내후성 및 내화학성이 우수한 것은?
① 요소수지   ② 아크릴수지
③ 실리콘수지 ④ 멜라민수지

※ 실리콘수지
· 내열성이 우수하고 −60~260℃ 까지 탄성이 유지되며, 270°에서도 수 시간 이용 가능하다.
· 탄력성, 내수성이 좋아 방수용 재료, 접착제 등으로 사용된다.

40 목재의 강도 중 응력방향이 섬유방향에 평행한 경우 일반적으로 가장 작은 값을 갖는 것은?
① 휨강도   ② 압축강도
③ 인장강도   ④ 전단강도

※ 목재강도
인장강도＞휨 강도＞압축강도＞전단강도

41 2층 마루틀 중 보를 쓰지 않고 장선을 사용하여 마루널을 깐 것은?
① 홑마루틀 ② 보마루틀
③ 짠마루틀 ④ 납작마루틀

① 홑마루(장선마루) : 층도리와 칸막이 도리에 직접 장선을 걸쳐대고 마루널을 깐 마루
② 보마루 : 보를 걸고, 그 위에 장선을 배치하고 장선 위에 마루널을 깐 마루
③ 짠마루 : 마루가 넓어 처짐을 막기 위해 큰 보와 작은 보를 사용하여 마루널을 깐 마루
④ 납작마루 : 콘크리트 바닥에 멍에와 장선을 걸고 마루널을 깐 마루 1층 마루에 속한다

42 트레이싱지에 대한 설명 중 옳은 것은?
① 불투명한 제도용지이다.
② 연질이어서 쉽게 찢어진다.
③ 습기에 약하다.
④ 오래 보관되어야 할 도면의 제도에 쓰인다.

※ 트레이싱지
청사진을 만들기 위한 원도지로서 도면을 장기간 보존, 납품용 도면을 제작하기 위하여 사용한다.

43 다음 각 도면에 관한 설명으로 틀린 것은?
① 평면도에서는 실의 배치와 넓이, 개구부의 위치나 크기 등을 표시한다.
② 천장 평면도는 절단하지 않고 단순히 건물을 위에서 내려다 본 도면이다.
③ 단면도는 건물을 수직으로 절단한 후, 그 앞면을 제거하고 건물을 수평방향으로 본 도면이다.
④ 입면도는 건물의 외형을 각 면에 대하여 직각으로 투사한 도면이다.

※ 천장 평면도
천장 면을 나타내는 도면으로 천장 면에 배치된 조명, 공조설비, 천장의 형태와 고저 등의 표현되는 도면
②번의 설명은 지붕 평면도 이다.

44 철골공사의 가공작업 순서로 옳은 것은?
① 원척도-본뜨기-금긋기-절단-구멍뚫기-가조립
② 원척도-금긋기-본뜨기-구멍뚫기-절단-가조립
③ 원척도-절단-금긋기-본뜨기-구멍뚫기-가조립
④ 원척도-구멍뚫기-금긋기-절단-본뜨기-가조립

※ 철골 공사 가공작업 순서
원척도 작성 → 본뜨기 → 금긋기 → 절단 → 구멍뚫기 → 가조립

45 제도용구 중 치수를 옮기거나 선과 원주를 같은 길이로 나눌 때 사용하는 것은?
① 컴퍼스 ② 디바이더
③ 삼각스케일 ④ 운형자

※ 제도용구 및 용도
① 컴퍼스 : 원 또는 원호를 그릴 때 사용
② 디바이더 : 직선이나 원주를 등분할 때, 치수를 도면 위에 옮기나 도면 위의 길이를 재어 다른 곳으로 옮기는 경우에 사용
③ 삼각스케일 : 실물의 크기를 줄이거나(축척), 늘릴 때(배척), 그대로 옮길 때(실척)에 사용
④ 운형자 : 컴퍼스로 여러 가지 곡선, 그리기 어려운 원호나 곡선을 그릴 때 사용

46 물체가 있는 것으로 가상되는 부분을 표현할 때 사용되는 선은?
① 가는 실선 ② 파선
③ 일점쇄선 ④ 이점쇄선

※ 선
① 가는 실선 : 치수선, 치수보조선, 인출선, 각도 설명 등을 나타내는 지시선 및 해칭선으로 사용한다.
② 파선 : 물체의 보이지 않는 부분의 모양을 표시하는데 사용한다. 파선과 구별할 필요가 있을 때에는 점선을 쓴다.
③ 일점쇄선 : 물체의 중심축, 대칭축, 또는 절단한 위치를 표시하거나 경계선으로 사용한다.
④ 이점쇄선 : 물체가 있는 것으로 가상되는 부분을 표시하거나, 일점쇄선과 구별할 때 사용된다.

47 건축도면의 치수에 대한 설명으로 틀린 것은?
① 치수는 특별히 명시하지 않는 한 마무리 치수로 표시한다.
② 치수 기입은 치수선 중앙 윗부분에 기입하는 것이 원칙이다.
③ 치수선의 양 끝 표시는 화살 또는 점으로 표시할 수 있으며, 같은 도면에서 2종을 혼용할 수 있다.
④ 협소한 간격이 연속될 때에는 인출선을 사용하여 치수를 쓴다.

※ 건축제도통칙 - 치수
· 치수의 단위는 mm로 하고, 단위는 생략한다.
· 치수는 특별히 명시하지 않는 한 마무리 치수로 한다.
· 치수기입은 치수선 중앙 윗부분에 기입하는 것이 원칙이다.
· 협소한 간격이 연속 될 때에는 인출선을 사용하여 치수를 쓴다.
· 전체 치수를 바깥쪽에, 부분 치수는 안쪽에 기입한다.
· 치수기입은 치수선에 평행하게 도면의 왼쪽에서 오른쪽으로, 아래로부터 위로 읽을 수 있도록 기입한다.
· 치수선의 양 끝 표시는 화살 또는 점으로 표시할 수 있으며, 같은도면에서 2종을 혼용할 수 없다.

48 용착금속이 끝부분에서 모재와 융합하지 않고 덮여진 부분이 있는 용접결함을 무엇이라 하는가?
① 언더컷(under cut) ② 오버랩(overlap)
③ 크랙(crack) ④ 클리어런스(clearance)

※ 용접결함
· 언더컷(under cut) : 용접선 끝에 용착금속이 채워지지 않아 생긴 작은 홈
· 오버랩(overlap) : 용착금속이 모재와 융합되지 않고, 들떠있는 현상
· 크랙(crack) : 용접 후 냉각시 발생하는 갈라짐

49 건축제도에서 다음 평면 표시 기호가 의미하는 것은?

① 미닫이문 ② 주름문
③ 접이문 ④ 연속문

※ 접이문 :

50 목구조에서 본기둥 사이에 벽을 이루는 것으로서, 가새의 옆휨을 막는데 유효한 기둥은?
① 평기둥 ② 샛기둥
③ 동자기둥 ④ 통재기둥

※ 목구조 – 기둥
① 평기둥 : 한 층당 별개로 구성된 기둥
② 샛기둥 : 기둥과 기둥사이의 작은 기둥으로 벽체구성과 가새의 옆 휨을 막는 역할
③ 동자기둥 : 들보위에 세우는 짧은 부재로, 건물의 내부나 외부의 판상을 설치할 때 사용하는 것과 대들보위에 세우는 것 2가지가 있다.
④ 통재기둥 : 상부에서 내려오는 하중을 받아 토대에 전달하는 수직재로서 2층 이상의 기둥 전체를 하나의 단열재로 사용하는 기둥

51 기본 벽돌에서 칠오토막의 크기로 옳은 것은?
① 벽돌 한 장 길이의 1/2 토막
② 벽돌 한 장 길이의 직각 1/2반절
③ 벽돌 한 장 길이의 3/4 토막
④ 벽돌 한 장 길이의 1/4 토막

※ 벽돌 – 칠오토막
칠오토막(75%), 즉 길이의 3/4 정도이다.

52 장선 슬래브의 장선을 직교시켜 구성한 우물반자 형태로 된 2방향 장선 슬래브 구조는?
① 1방향 슬래브 ② 데크플레이트
③ 플랫 슬래브 ④ 워플 슬래브

※ 워플(격자) 슬래브
· 장선 바닥판의 장선을 직교하여 구성한 우물 반자 형태로 된 2방향 장선 구조
· 격자형의 작은 리브를 가지고 있다.
· 리브가 격자 보의 역할을 함으로 보 없이도 큰 바닥판을 만들 수 있다.

53 플랫 슬래브(flat slab)구조에 관한 설명 중 틀린 것은?
① 내부에는 보가 없이 바닥판을 기둥이 직접 지지하는 슬래브를 말한다.
② 실내공간의 이용도가 좋다.
③ 층높이를 낮게 할 수 있다.
④ 고정하중이 적고 뼈대강성이 우수하다.

※ 플랫 슬래브
· 건물의 외부 보를 제외하고는 내부에는 보 없이 바닥판만으로 구성하고 그 하중은 직접 기둥에 전달하는 슬래브구조가 간단하고 공사비가 저렴하다.
· 실내의 이용률이 높고, 층고를 줄일 수 있으나 슬래브 두께가 두꺼워진다.
· 주두의 철근이 여러 겹이고, 슬래브 두께가 두꺼워진다.
· 고층 건물에는 부적합하다.

54 건축 구조의 분류에서 일체식 구조로만 구성된 것은?
① 돌 구조 – 목 구조
② 철근 콘크리트 구조 – 철골 철근 콘크리트 구조
③ 목 구조 – 철골 구조
④ 철골 구조 – 벽돌 구조

※ 건축구조의 분류 – 구성방식에 의한 분류
· 가구식 구조 – 목구조, 철골구조
· 조적식 구조 – 벽돌구조, 돌구조, 블록구조
· 일체식 구조 – 철근콘크리트구조, 철골철근콘크리트구조

55 다음 그림과 같은 제도용구의 명칭으로 옳은 것은?

① 자유곡선자 ② 운형자
③ 템플릿 ④ 디바이더

※ 제도용구 – 운형자
원호 이외의 다양한 곡선을 그을 때 사용한다.

56 건축설계도 중 계획설계도에 해당하지 않는 것은?

① 구상도
② 조직도
③ 동선도
④ 배치도

※ 설계도면 – 계획 설계도
구상도, 조직도, 동선도, 면적도표, 기본 설계도, 계획도, 스케치도

57 그림과 같은 단면용 재료 표시 기호가 의미하는 것은?

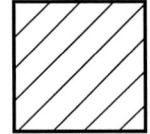

① 목재(치장재)
② 석재
③ 인조석
④ 지반

① 목재(치장재)
② 석재
③ 인조석
④ 지반

58 도로 포장용 벽돌로서 주로 인도에 많이 쓰이는 것은?

① 이형벽돌
② 포도용벽돌
③ 오지벽돌
④ 내화벽돌

※ 벽돌 사용용도
① 이형벽돌 : 창, 출입구, 천장 등 특수 구조부
② 포도용벽돌 : 건물 옥상 포장용, 도로 포장용 벽돌
③ 오지벽돌 : 실내 또는 장식물의 치장
④ 내화벽돌 : 용광로, 소성 가마, 유리 소성 가마, 굴뚝

59 벽돌 쌓기 중 벽돌면에 구멍을 내어 쌓는 방식으로 장막벽이며 장식적인 효과가 우수한 쌓기 방식은?

① 엇모쌓기
② 영롱쌓기
③ 영식쌓기
④ 무늬쌓기

※ 벽돌 쌓기 방식
① 엇모쌓기
· 벽돌을 45°각도로 모서리가 면에 돌출되도록 쌓는 방식
· 담 또는 처마부분에서 내쌓기를 할 때 사용
② 영롱쌓기
· 벽돌면에 구멍을 내어 쌓는 방식
· 장식적인 효과가 우수한 쌓기 방식
③ 영식쌓기
· 한 켜는 길이, 다음 켜는 마구리로 쌓는 방법
· 마구리 켜의 이오토막 또는 반절을 사용하여 통줄눈이 생기지 않으며 내력벽을 만들 때에 사용
· 가장 튼튼한 쌓기 공법
④ 무늬쌓기 : 벽돌면에 무늬를 넣어 쌓는 방식

60 T자를 사용하여 그을 수 있는 선은?

① 포물선
② 수평선
③ 사선
④ 곡선

※ T자, I자
수평선을 그리거나 삼각자와 함께 사용하여 수직선, 사선을 그릴 때 사용한다.

정답

01③	02④	03①	04②	05④	06②	07④	08①	09②	10③
11④	12②	13③	14③	15①	16④	17④	18③	19②	20④
21④	22①	23①	24④	25①	26③	27①	28③	29③	30②
31①	32④	33①	34②	35②	36③	37②	38④	39③	40④
41①	42③	43②	44①	45②	46④	47③	48②	49③	50②
51③	52④	53④	54②	55②	56④	57①	58②	59②	60②

과년도 기출문제

2015년도 제4회

01 다음 중 디자인에 있어 대중적이거나 저속하다는 의미를 나타내는 용어는?
① 키치(Kitsch)   ② 퓨전(Fusion)
③ 미니멀(Minimal)   ④ 데지그나레(Designare)

※ 키치
1960년대는 "천박하며 저속한 모조품 또는 대량 생산된 싸구려 상품 등이 마치 훌륭한 진품인 것처럼 스스로를 기만하는 현상"을 의미한다. 하지만 20세기 후반에는 유치함과 저속함을 센스 있고 재미있게 표현한 인테리어나 패션 등에 접목하여 미적 논의의 대상으로 의미를 가지게 되었다.

02 촉각 또는 시각으로 지각할 수 있는 어떤 물체 표면상의 특징을 의미하는 것은?
① 색채   ② 채도
③ 질감   ④ 패턴

※ 질감(texture)
모든 물체가 갖고 있는 표면상의 특징으로 시각적이나 촉각적으로 지각되는 물체의 재질감

03 마르셀 브로이어가 디자인한 작품으로 강철파이프를 휘어 기본 골조를 만들고 가죽을 접합하여 좌판, 등받이, 팔걸이를 만든 의자는?
① 바실리 의자   ② 파이미오 의자
③ 바르셀로나 의자   ④ 힐 하우스 래더백 의자

※ 가구 – 바실리 의자
마르셀 브로이어가 디자인한 작품으로 강철 파이프를 휘어 기본 골조를 만들고 가죽을 접합하여 좌판, 등받이, 팔걸이를 만든 의자

04 주택계획에 관한 설명으로 옳지 않은 것은?
① 침실의 위치는 소음원이 있는 쪽은 피하고, 정원 등의 공지에 면하도록 하는 것이 좋다.
② 부엌의 위치는 항상 쾌적하고, 일광에 의한 건조 소독을 할 수 있는 남쪽 또는 동쪽이 좋다.
③ 리빙 다이닝 키친(LDK)은 대규모 주택에서 주로 채용되며 작업 동선이 길어지는 단점이 있다.
④ 거실의 형태는 일반적으로 정사각형의 형태가 직사각형의 형태보다 가구의 배치나 실의 활용에 불리하다.

※ 부엌배치 유형 – LDK (리빙다이닝키친)
소규모 주택이나 아파트에서 많이 나타나는 형태로 거실(L) 내의 부엌(k)과 식사실(D)을 계획하여 동선이 짧아지는 장점이 있다.

05 실내 기본요소인 벽에 관한 설명으로 옳지 않은 것은?
① 공간과 공간을 구분한다.
② 공간의 형태와 크기를 결정한다.
③ 실내 공간을 에워싸는 수평적 요소이다.
④ 외부로부터의 방어와 프라이버시를 확보한다.

※ 실내기본요소 – 벽
공간을 에워싸는 수직적 요소이며, 수평방향을 차단하여 공간을 형성하는 구성요소이다.
▶ 기능
• 공간의 형태와 크기를 결정
• 프라이버시의 확보
• 외부로부터의 방어, 공간사이의 구분

06 거실의 가구 배치 방식 중 중앙의 테이블을 중심으로 좌석이 마주 보도록 배치하는 방식은?
① 코너형   ② 직선형
③ 대면형   ④ 자유형

※ 거실가구 배치
① 코너형 : 가구를 두 벽면에 연결시켜 배치하는 형식으로 시선이 마주하지 않아 안정감 있다.
② 직선형 : 가구를 벽에 나란히 붙여 배치하는 형식으로 좁은 집에서 가장 일반적인 유형이다.
③ 대면형 : 중앙의 테이블을 중심으로 좌석이 마주 보도록 배치하는 형식
④ 자유형 : 어느 쪽에도 해당되지 않는 유형

07 시각적인 힘의 강약에 단계를 주어 디자인의 일부분에 초점이나 흥미를 부여하는 디자인 원리는?
① 통일   ② 대칭
③ 강조   ④ 조화

※ 디자인원리
① 통일

・디자인 요소의 반복이나 유사성, 동질성에 의해 얻어지는 효과이며 이질의 각 구성요소들이 전체로서 동일한 이미지를 갖게 하고, 공동되는 요소에 의해 전체를 일관되게 보이도록 하는 디자인 요소
・변화와 함께 모든 조형에 대한 미의 근원이다.
・디자인 대상의 전체에 미적 질서를 주는 기본원리로 모든 형색의 출발점이다.
② 대칭 : 질서 잡기가 쉽고, 통일감을 얻기 쉬우며 때로는 표정이 단정하여 견고한 느낌을 주는 디자인 요소
③ 강조 : 시각적인 힘에 강·약의 단계를 주어 디자인의 일부분에 초점이나 흥미를 부여하는 디자인 요소
④ 조화 : 부분과 부분, 부분과 전체 사이에 안정된 관련성을 주면 이들 상호간에 공감을 불러일으키는 효과로 전체적인 조립 방법이 모순 없이 질서를 잡는 것을 의미하는 디자인 요소

08 개구부(창과 문)의 역할에 관한 설명으로 옳지 않은 것은?

① 창은 조망을 가능하게 한다.
② 창은 통풍과 채광을 가능하게 한다.
③ 문은 공간과 다른 공간을 연결시킨다.
④ 창은 가구, 조명 등 실내에 놓여지는 설치물에 대한 배경이 된다.

※ 개구부
출입구와 창문을 말하며, 건물의 표정과 실내공간의 성격을 규정하는 중요한 요소이다.
▶ 출입구
・사람이나 물건이 드나드는 곳을 말한다.
・공간과 다른 공간을 연결시킨다.
▶ 창문
・채광, 통풍, 조망, 환기의 역할을 한다.
・사용목적이나 의장에 따라 모양과 크기를 정한다.
・실내공간과 실외공간을 시각적으로 연결한다.
・실내의 조명계획과 밀접한 관련성이 있다.

09 다음 중 긴 축을 가지고 있으며 강한 방향성을 갖는 평면 형태는?

① 원형
② 정육각형
③ 직사각형
④ 정삼각형

※ 직사각형
다른 형태에 비해 긴축을 가지고 있으며 축에 의해 방향성도 가지게 된다.

10 상점의 쇼윈도 평면 형식에 속하지 않는 것은?

① 홀형
② 만입형
③ 다층형
④ 돌출형

※ 상점의 쇼윈도 형식
・평면유형 : 돌출형, 만입형, 평형, 홀형
・입면유형 : 다층형

11 상업 공간의 동선 계획으로 옳지 않은 것은?

① 종업원 동선은 동선 길이를 짧게 한다.
② 고객 동선은 행동의 흐름이 막힘이 없도록 한다.
③ 종업원 동선은 고객 동선과 교차되지 않도록 한다.
④ 고객 동선은 동선 길이를 될 수 있는 대로 짧게 한다.

※ 종업원의 동선은 짧게, 고객의 동선은 길게 한다.

12 방풍 및 열손실을 최소로 줄여주는 반면 동선의 흐름을 원활히 해주는 출입문의 형태는?

① 접문
② 회전문
③ 미닫이문
④ 여닫이문

※ 출입문의 형태
① 접문(접이문) : 여러 장의 문짝을 윗 레일에 도르래를 걸어 필요에 의해 접었다 폈다 하여 실을 분리해서 사용하다 다시 하나의 큰 실로 사용하는 문
② 회전문 : 문짝을 +자로 만들어 회전하는 형식으로 방풍 및 연손실을 최소로 줄여주는 반면 동선의 흐름을 원활히 해주는 출입문
③ 미닫이문 : 위, 아래 홈을 파서 창호를 끼워, 옆 벽이나 벽 속에 미닫는 형식으로 여닫을 때 실내 유효면적이 필요 없고, 방음과 기밀에 좋지 않으며 시공이 불편하다.
④ 여닫이문 : 창·문의 한쪽에 경첩 또는 피벗 힌지를 달아서 그것을 축으로 여닫는 형식으로 여닫을 때 실내 유효면적을 차지하며 집기류를 놓을 수 없다. 그리고 문단속이 편리하다.

13 다음 설명에 알맞은 건축화조명의 종류는?

・벽면 전체 또는 일부분을 광원화하는 방식이다.
・광원을 넓은 벽면에 매입함으로서 비스타(vista)적인 효과를 낼 수 있다.

① 코브 조명
② 광창 조명
③ 코퍼 조명
④ 코니스 조명

※ 건축화 조명
천장, 벽, 기둥 등 건축부분에 광원을 만들어 실내를 조명하는 것을 말한다.
① 코브 조명 : 광원을 천장 또는 벽면에 가리고 빛을 벽이나 천장에 반사시켜 간접조명으로 조명하는 방식
② 광창 조명 : 광원을 넓은 면적의 벽면에 매입하여 비스타(vista)적인 효과를 낼 수 있으며 시선에 안락한 배경으로 작용하는 조명방식
③ 코퍼 조명 : 천장에 작은 구멍을 뚫어 그 속에 기구를 매입하는 방식
④ 코니스 조명 : 벽면의 상부에 위치하여 모든 빛이 아래로 직사하도록 하는 조명방식

14 주거공간은 주행동에 따라 개인, 사회, 가사노동 공간 등으로 구분할 수 있다. 다음 중 사회공간에 속하지 않는 것은?

① 식당
② 거실

③ 응접실   ④ 다용도실

※ 주거공간의 주 행동에 따른 분류 – 사회(동적)공간
- 가족 중심의 공간으로 모두 같이 사용하는 공간
- 거실, 응접실, 식당, 현관

15 상점의 판매형식에 관한 설명으로 옳지 않은 것은?

① 대면판매는 종업원의 정위치를 정하기가 용이하다.
② 측면판매는 상품에 대한 설명이나 포장작업이 용이하다.
③ 측면판매는 고객의 충동적 구매를 유도하는 경우가 많다.
④ 대면판매를 하는 상품은 일반적으로 시계, 귀금속, 안경 등 소형 고가품이다.

※ 상점의 판매형식
▶ 대면판매
- 진열장을 사이에 주고 상담 또는 판매하는 형식
- 측면 방식에 비해 진열면적이 감소된다.
- 판매원의 고정 위치를 정하기가 용이하다.
- 상품의 포장대나 계산대를 별도로 둘 필요가 없다.
- 용도 : 시계, 귀금속, 안경, 의약품, 화장품, 제과
▶ 측면판매
- 진열 상품을 같은 방향으로 보며 판매하는 형식
- 충동적 구매와 선택이 용이하다.
- 진열면적이 커진다.
- 상품에 대한 친근감이 있다.
- 종업원의 정위치를 정하기 어렵고 불안정하다.
- 설명, 포장 등이 불편하다.
- 용도 : 양복, 침구, 전기 기구, 서적

16 다음 설명에 알맞은 음과 관련된 현상은?

서로 다른 음원에서의 음이 중첩되면 합성되어 음은 쌍방의 상황에 따라 강해진다든지, 약해진다든지 한다.

① 굴절   ② 회절
③ 간섭   ④ 흡음

※ 음 · 현상
① 굴절 : 빛이 하나의 투명매체에서 다른 매체로 들어갈 때 빛이 방향이 바뀌는 현상
② 회절 : 음파는 파동의 하나이기 때문에 물체가 진행방향을 가로 막고 있다고 해도 그 물체의 후면에도 전달되는 현상
③ 간섭 : 2개 이상의 음파가 동시에 어떤 점에 도달하면 서로 강화하거나 약화시키는 현상
④ 흡음 : 물체가 음파를 받아들임으로써 소리가 감소하는 현상

17 건축물의 에너지절약 설계기준에 따라 권장되는 외벽 부위의 단열 시공 방법은?

① 외단열   ② 내단열
③ 중단열   ④ 양측단열

※ 건축물의 에너지절약 설계기준 단열계획
- 외벽 부위는 외단열로 시공한다.
- 건물의 창호는 가능한 작게 설계하고, 특히 열손실이 많은 북 측의 창면적을 최소화 한다.
- 외피의 모서리 부분은 열교가 발생하지 않도록 단열재를 연속적으로 설치하고 충분히 단열되도록 한다.
- 건물의 옥상에는 조경을 하여 최상층 지붕의 열 저항을 높인다.

18 주관적 온열요소인 인체의 활동상태의 단위로 사용되는 것은?

① clo   ② met
③ m/s   ④ MRT

※ met
에너지 대사의 양은 met 단위로 측정
- 1met는 조용히 앉아서 휴식을 취하는 성인 남성의 신체 표면적 $1m^2$에서 발생되는 평균열량으로 50kcal/m^2h(58.2W/m^2)에 해당한다.
- 작업강도가 심할수록 met값이 커진다.

19 간접 조명에 관한 설명으로 옳지 않은 것은?

① 조명 효율이 가장 좋다.
② 눈에 대한 피로가 적다.
③ 균일한 조도를 얻을 수 있다.
④ 실내 반사율의 영향을 받는다.

※ 간접조명
- 광원의 90~100%를 천장이나 벽에 투사하여 반사, 확산된 광원이다.
- 균일한 조도를 얻을 수 있으며 눈부심이 없다.
- 음영이 가장 적어 부드러운 분위기 조성이 용이하다.
- 조명률이 가장 낮고 경제성이 떨어진다.
- 먼지에 의한 감광이 크고 음산한 분위기를 준다.

20 실내공기오염을 나타내는 종합적 지표로서의 오염물질은?

① O_2 ② O_3
③ CO   ④ CO_2

※ 실내공기중 이산화탄소 농도를 오염의 척도로 삼는다.

21 목재의 재료적 특성으로 옳지 않은 것은?

① 열전도율과 열팽창률이 적다.
② 음의 흡수 및 차단성이 크다.
③ 가연성이 크고 내구성이 부족하다.
④ 풍화마멸에 잘 견디며 마모성이 작다.

※ 목재 재료적 특징
· 열전도율과 열팽창률이 작다.
· 음의 흡수 및 차단성이 크다.
· 가연성이 크고 내구성이 부족하다.
· 충해 및 풍화로 인해 부패하므로 비내구적이다.

22 콘크리트용 혼화제 중 점성 등을 향상시켜 재료분리를 억제하기 위해 사용되는 것은?
① AE제　　　　② 방청제
③ 증점제　　　　④ 유동화제

※ 혼화제
① AE제 : 독립된 작은 기포를 콘크리트 속에 균일하게 분포시키기기 위하여 사용하는 혼화제
② 방청제 : 철근의 부식을 억제할 목적으로 사용되는 혼화제
③ 증점제 : 점성, 응집작용 등을 향상시켜 재료분리를 억제 하여 수중콘크리트에 사용하는 혼화제
④ 유동화제 : 콘크리트의 물시멘트비를 줄이면서 콘크리트의 유동성을 커지게 하는 혼화제

23 굳지않은 콘크리트의 성질을 표시하는 용어 중 굳지않은 콘크리트의 유동성 정도, 반죽질기를 나타내는 용어는?
① 컨시스텐시　　② 워커빌리티
③ 펌퍼빌리티　　④ 피니셔빌리티

※ 콘크리트성질의 용어
① 컨시스텐시(consistency) : 반죽의 되고 진 정도 (유동성의 정도) - 반죽질기
② 워커빌리티(workability) : 작업의 난이성 및 재료분리 저항성 - 시공연도
③ 펌퍼빌리티(pumpability) : 펌프동 콘크리트의 workability - 압송성
④ 피니셜빌리티(finishability) : 마무리 정도 - 마감성

24 다음 중 물과 화학반응을 일으켜 경화하는 수경성 미장 재료는?
① 회반죽　　　　② 회사벽
③ 석고 플라스터　④ 돌로마이트 플라스터

※ 수경성 미장재료
· 수화작용에 물만 있으면 공기 중이나 수중에서 굳어지는 성질
· 시멘트모르타르, 인조석, 테라조, 현장바름, 순석고 플라스터, 혼합석고 플라스터, 보드용 플라스터, 경석고 플라스터

25 콘크리트용 골재의 입도를 수치적으로 나타내는 지표로 이용되는 것은?
① 분말도　　　　② 조립률
③ 팽창도　　　　④ 강열감량

※ 조립률
골재의 입도를 입도 곡선 대신 숫자로 표현

26 질이 단단하고 내구성 및 강도가 크고 외관이 수려하며, 절리의 거리가 비교적 커서 대재(大材)를 얻을 수 있으나, 함유광물의 열팽창계수가 다르므로 내화성이 약한 석재는?
① 부석　　　　　② 현무암
③ 응회암　　　　④ 화강암

※ 화강암
· 질이 단단하다.
· 내구성 및 강도가 크다.
· 외관이 수려하다.
· 절리의 거리가 비교적 커서 대재를 얻을 수 있다.
· 함유광물의 열팽창계수가 다르므로 내화성이 약하다.

27 금속의 부식방지를 위한 관리 대책으로 옳지 않은 것은?
① 부분적으로 녹이 나면 즉시 제거한다.
② 큰 변형을 준 것은 담금질하여 사용한다.
③ 가능한 이종 금속을 인접 또는 접촉시켜 사용하지 않는다.
④ 표면을 평활하고 깨끗이 하며 가능한 건조 상태로 유지한다.

※ 금속의 부식 방식방법
· 다른 종류의 금속을 서로 잇대어 사용하지 않는다.
· 균일한 재료를 쓴다.
· 표면을 평활하고 깨끗이 한다.
· 건조한 상태로 유지한다.
· 도료를 이용하여 수밀성 보호피막처리를 한다.
· 큰 변형을 준 것은 가능한 한 풀림하여 사용한다.
· 부분적으로 녹이 나면 즉시 제거한다.

28 다음 중 건축용 단열재에 속하지 않는 것은?
① 암면　　　　　② 유리 섬유
③ 석고 플라스터　④ 폴리우레탄폼

※ 단열재
· 무기질 단열재 : 유리섬유, 암면, 석면, 펄라이트판, 규산칼슘판, 경량기포콘크리드(ALC)등
· 유기질 단열재 : 거품유리(기포유리), 질석, 셀룰로오즈 섬유판, 열질 섬유판, 발포 폴리스티렌(스티로폴), 폴리우레탄 폼코르크판 등

29 다음 중 구조재료에 요구되는 성능과 가장 거리가 먼 것은?
① 역학적 성능　　② 물리적 성능
③ 화학적 성능　　④ 감각적 성능

※ 건축구조 재료에 요구되는 성능
· 역학적 성능 : 강도, 강성, 내 피로성 등
· 내구 성능 : 동해, 변질, 부패 등
· 화학적 성능 : 녹, 부식, 중성화 등
· 방화·내화 성능 : 불연성, 내열성 등

30 다음 설명에 알맞은 유리의 종류는?

· 단열성이 뛰어난 고기능성 유리의 일종이다.
· 동절기에는 실내의 난방기구에서 발생되는 열을 반사하여 실내로 되돌려 보내고, 하절기에는 실외의 태양열이 실내로 들어오는 것을 차단한다.

① 배강도 유리　　② 스팬드럴 유리
③ 스테인드글라스　④ 저방사(Low-E) 유리

※ 저방사(Low-E)유리 또는 로이유리
· 로이(Low-E ; low-emissivity)는 낮은 방사율을 뜻한다.
· 유리 표면에 금속 또는 금속산화물을 얇게 코팅한 것으로 열의 이동을 최소화시켜주는 에너지 절약형 유리이다.
· 특성상 단판으로 사용하기 보다는 복층으로 가공하여, 코팅 면이 내판 유리의 바깥쪽으로 오도록 만든다.
· 발코니 확장을 하는 공동주택이나 창호면적이 큰 건물에서 단열을 통한 에너지절약을 위해 권장되는 유리이다.

31 폴리스티렌 수지의 일반적 용도로 알맞은 것은?

① 단열재　　② 대용유리
③ 섬유제품　④ 방수시트

※ 단열재 - 폴리스티렌 수지(스티롤 수지)
· 투명하고 형상을 만들기 쉬우므로 1회용 컵, 과자의 포장용기 등에 사용한다.
· 탄산가스나 프로판을 흡수시킨 후 성형하면 기체의 작은 거품을 많이 포함하는 백색의 수지가 된다. 이것이 발포 스티롤이며 제품에 충격을 주지 않기 위한 완충재, 슈퍼마켓용 식품상자, 생선상자 등에 쓰인다.

32 한국산업표준(KS)에 따른 포틀랜드시멘트의 종류에 속하지 않는 것은?

① AE 포틀랜드시멘트
② 조강 포틀랜드시멘트
③ 보통 포틀랜드시멘트
④ 중용열 포틀랜드시멘트

※ 시멘트 - 포틀랜드시멘트
보통포틀랜드시멘트, 중용열 포틀랜드시멘트, 조강포틀랜드시멘트, 저열 포틀랜드시멘트, 황산염 포틀랜드시멘트

33 다음의 설명에 알맞은 석재는?

① 화강암　② 사문암
③ 안산암　④ 트래버틴

대리석의 한 종류로 다공질이고, 석질이 균일하지 못하며 석판으로 만들어 물갈기를 하면 평활하고 광택이 나서 특수한 실내 장식재로 사용된다.

※ 석재 - 트래버틴
· 대리석의 한 종류로서 다공질이며, 탄산석회를 포함한 물에서 침전, 생성된 것으로 석질이 균일하지 못하고, 암갈(황갈) 색의 무늬가 있다.
· 석판으로 만들어 물갈기를 하면 평활하고, 광택이 나는 부분과 구멍, 골이 진 부분이 있어 특수한 실내 장식재로 이용된다.

34 다음 중 목(木)부에 사용이 가장 곤란한 도료는?

① 유성바니시　　② 유성페인트
③ 페놀수지 도료　④ 멜라민수지 도료

※ 합성수지 - 멜라민 도료
· 요소수지와 성질이 유사하면서 더 향상된 수지
· 무색, 투명하여 착색이 자유롭다.
· 기계적 강도, 전기적 성질 및 내 노화성이 우수하다.
· 내수성, 내약품성, 내용제성이 우수하다.
· 벽판, 천장판, 조리대, 냉장고 등 고가품에 사용한다.

35 점토의 성질에 관한 설명으로 옳지 않은 것은?

① 주성분은 실리카와 알루미나이다.
② 인장강도는 압축강도의 약 5배이다
③ 비중은 일반적으로 2.5~2.6 정도이다.
④ 양질의 점토는 습윤 상태에서 현저한 가소성을 나타낸다.

※ 점토성질
· 점토의 주성분은 규산(실리카), 알루미나이다.
· 점토의 비중은 2.5~2.6이다.
· 점토의 비중은 불순물이 많은 점토일수록 작고, 알루미나분이 많을수록 크다.
· 점토의 압축강도는 인장강도의 약 5배 정도이다.
· 양질의 점토는 습윤 상태에서 현저한 가소성을 나타낸다.
· 알루미나가 많은 점토는 가소성이 좋다
· Fe_2O_3와 기타 부성분이 많은 것은 고급 제품의 원료로 부적당하다.
· 점토에 포함된 성분에 의해 철산화물이 많으면 적색이 되고, 석화물질이 많으면 황색을 띠게 된다.
· 불순물이 많은 것은 고급제품의 원료로 부적당하다.

36 합판에 관한 설명으로 옳지 않은 것은?

① 함수율 변화에 따른 팽창·수축의 방향성이 없다.
② 뒤틀림이나 변형이 적은 비교적 큰 면적의 평면 재료를 얻을 수 있다.
③ 표면가공법으로 흡음효과를 낼 수 있으며 의장적 효과도 높일 수 있다.

④ 목재를 얇은 판으로 만들어 이들을 섬유방향이 서로 직교되도록 짝수로 적층하여 접착시킨 판을 말한다.

※ 목재 – 합판
· 단판(베니어)을 1장마다 섬유방향과 직교되게 3, 5, 7, 9 등의 홀수 겹으로 겹쳐 접착제로 붙여댄 것이다.
· 균일한 강도의 재료를 얻을 수 있다.
· 함수율 변화에 따른 팽창, 수축의 방향성이 없다.
· 뒤틀림이나 변형이 적은 비교적 큰 면적의 평면 재료를 얻을 수 있다.
· 표면 가공법으로 흡음효과를 낼 수 있으며 의장적 효과도 높일 수 있다.

37 흡수율이 커서 외장이나 바닥 타일로는 사용하지 않으며, 실내 벽체에 사용하는 타일은?
① 도기질 타일   ② 석기질 타일
③ 자기질 타일   ④ 클링커 타일

※ 점토제품 – 흡수율
토기＞도기＞석기＞자기

38 다음 중 열가소성 수지에 속하는 것은?
① 요소 수지   ② 아크릴 수지
③ 멜라민 수지   ④ 실리콘 수지

※ 열가소성 수지
· 가열에 연화되어 변형되지만 냉각시키면 다시 굳어진다.
· 염화비닐수지, 폴리에틸렌수지, 폴리프로필렌수지, ABS수지, 아크릴 수지

39 멤브레인 방수에 속하지 않는 것은?
① 도막방수
② 아스팔트방수
③ 시멘트모르타르방수
④ 합성고분자시트방수

※ 멤브레인 방수
아스팔트루핑, 시트, 등의 각종 루핑류를 방수 바탕에 접착시켜 막 모양의 방수층을 형성시키는 공법
· 종류 : 합성고분자계시트방수층, 도막방수층, 아스팔트방수층

40 강의 응력도-변형률 곡선에서 탄성한도 지점은?

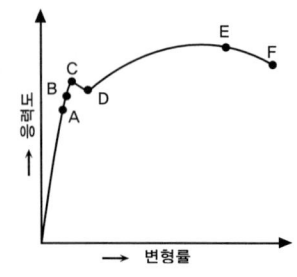

① B   ② C

③ D   ④ E

※ 응력도 – 변형률 곡선
① 탄성한도 ② 상위 항복점 ③ 하위 항복점 ④ 최대인장강도

41 주택의 평면도에 표시되어야 할 사항이 아닌 것은?
① 가구의 높이   ② 기준선
③ 벽, 기둥, 창호   ④ 실의 배치와 넓이

※ 평면도 표시사항
· 기둥과 벽체의 두께   · 개구부의 위치와 크기
· 실의 면적   · 창문과 출입구의 구별
· 가구배치   · 위생기구 배치
· 바닥의 높낮이   · 바닥패턴 표시
· 도면명 및 축척, 방위표시   · 공간의 용도, 치수, 재료표시

42 삼각자 1조로 만들 수 없는 각도는?
① 15°   ② 25°
③ 105°   ④ 150°

※ 제도용구 – 삼각자
· 45° 등변삼각형과 30°, 60°의 직각삼각형 두 가지가 한 쌍으로 이루어져 있다.
· 삼각자를 이용한 각도는 30°, 45°, 60°, 75°, 105°를 그을 수 있다.

43 목구조에서 가로재와 세로재가 직교하는 모서리 부분에 직각이 변하지 않도록 보강하는 철물은?
① 감잡이쇠   ② ㄱ자쇠
③ 띠쇠   ④ 안장쇠

※ 보강철물
① 감잡이쇠 : 왕대공과 평보 맞춤 시 사용하는 보강철물
② ㄱ자쇠 : 가로재와 세로재가 직교하는 모서리 부분에 직각이 변하지 않도록 보강하는 철물
③ 띠쇠 : ㅅ자보와 왕대공, 기둥과 층도리의 맞춤 시 사용하는 보강철물
④ 안장쇠 : 큰 보와 작은 보의 연결에 사용하는 보강철물

44 구조체 자체의 무게가 적어 넓은 공간의 지붕 등에 쓰이는 것으로, 상암 월드컵 경기장, 제주 월드컵 경기장에서 볼 수 있는 구조는?
① 절판구조   ② 막구조
③ 쉘구조   ④ 현수구조

※ 특수구조
① 절판구조 : 판을 아코디언과 같이 주름지게 하여, 하중에 대한 저항을 증가시키는 건축구조
② 막구조 : 인장력에 강한 얇은 막을 잡아 당겨 공간을 덮는 건축구조

③ 쉘구조 : 곡면판이 지니는 역학적 구성을 이용한 구조로서 외력은 주로 판의 면내력으로 전달되기 때문에 경량이고 내력이 큰 구조물을 구성할 수 있는 건축구조이다. 큰 간사이의 지붕에 사용되며 시드니의 오페라 하우스, 공장, 체육관 등에서 볼 수 있다.
④ 현수구조 : 중간에 기둥을 두지 않고, 직사각형의 면적에 지붕을 씌우는 형식으로 교량 시스템을 이용한 건축구조이다. 남해대교, 샌프란시스코의 금문교 등에서 볼 수 있다.

45 실제 16m의 거리는 축척 1/200인 도면에서 얼마의 길이로 표현할 수 있는가?
① 80mm ② 60mm
③ 40mm ④ 20mm

※ 척도에 의한 길이 산정법
축척=도면상의 길이/실제길이 이므로 도면상의 길이 = 실제길이×축척이다.
그러므로 실제길이가 16m이고, 축척이 1/200이라고 하면, 도면상의 길이 = 1,600cm×(1/200) = 8cm = 80mm 이다.

46 건축물의 밑바닥 전부를 일체화하여 두꺼운 기초판으로 구축한 기초의 명칭은?
① 온통기초 ② 연속기초
③ 복합기초 ④ 독립기초

※ 건축구조 - 기초
① 온통기초 : 지반이 연약하거나 기둥에 작용하는 하중이 매우 커서 기초 판의 넓이가 아주 넓어야 할 때, 건축물의 지하실 바닥 전체를 기초로 만든 것으로 바닥 슬래브 전체가 기초 판의 구실을 하는 구조
② 연속기초(줄기초) : 콘크리트나 조적식으로 된 주택의 내력벽 또는 일렬로 된 기둥을 연속으로 따라서 기초 벽을 설치하는 구조
③ 복합기초 : 한 개의 기초 판에 두 개 이상의 기둥을 지지하는 기초로 대지 경계선 부근에 독립 기초로 할 여유가 없을 경우에 사용하는 구조
④ 독립기초 : 한 개의 기둥에서 전달되는 하중을 하나의 기초 판으로 단독 설치한 단순 기초구조

47 건축도면 작성 시 도면의 방향에 대해 옳게 설명한 것은?
① 평면도는 동측을 위로 하여 작도함을 원칙으로 한다.
② 배치도는 남측을 위로 하여 작도함을 원칙으로 한다.
③ 입면도는 위, 아래 방향을 도면지의 위, 아래와 반대로 하는 것을 원칙으로 한다.
④ 단면도는 위, 아래 방향을 도면지의 위, 아래와 일치시키는 것을 원칙으로 한다.

※ 건축도면방향
· 평면도, 배치도 등의 도면은 북쪽을 위로 하여 작도한다.
· 위, 아래 방향을 도면지의 위, 아래와 일치시키는 것을 원칙으로 한다.

48 단면용 재료 구조 표시 기호로 옳지 않은 것은?
① : 구조재(목재)
② : 보조 구조재(목재)
③ : 치장재(목재)
④ : 지반선

※ 지반선 :   잡석다짐 :

49 건축구조의 분류 중 시공상에 의한 분류가 아닌 것은?
① 철근콘크리트구조 ② 습식구조
③ 조립구조 ④ 건식구조

※ 건축구조의 분류 - 시공상에 의한 분류
· 건식구조 : 목구조, 철골구조
· 습식구조 : 벽돌구조, 철근콘크리트구조, 돌 구조, 철골철근콘크리트구조, 블록구조
· 조립식구조 : 철근콘크리트구조, 철골철근콘크리트구조

50 경량형강의 특성으로 옳지 않은 것은?
① 가공이 용이한 편이다.
② 볼트, 용접 등의 다양한 방법을 적용할 수 있다.
③ 주요구조부는 대칭되게 조립해야 한다.
④ 두께에 비해 단면치수가 작기 때문에 단면 2차 모멘트가 작다.

※ 경량형강
· 가공이 용이하다.
· 볼트, 용접 등의 다양한 방법을 적용할 수 있다.
· 주요 구조부는 대칭되게 조립해야 한다.
· 두께에 비해 단면의 치수가 크기 때문에 2차 모멘트가 커서 큰 힘을 받을 수 있다.

51 건축제도 시 선긋기에 관한 설명 중 옳지 않은 것은?
① 수평선은 왼쪽에서 오른쪽으로 긋는다.
② 시작부터 끝까지 굵기가 일정하게 한다.
③ 연필은 진행되는 방향으로 약간 기울여서 그린다.
④ 삼각자의 왼쪽 옆면을 이용하여 수직선을 그을 때는 위쪽에서 아래 방향으로 긋는다.

※ 선 긋기
· 시작부터 끝까지 굵기가 일정하게 한다.
· 수평선은 왼쪽에서 오른쪽으로 긋는다.
· 삼각자의 왼쪽 옆면 이용시에는 아래에서 위로 선을 긋는다.
· 연필은 진행되는 방향으로 약간 기울여서 그린다.

52 보를 없애고 바닥판을 두껍게 해서 보의 역할을 겸하도록 한 구조로, 기둥이 바닥 슬래브를 지지해 주 상 복합이나 지하 주차장에 주로 사용되는 구조는?

① 플랫 슬래브 구조
② 절판 구조
③ 벽식 구조
④ 쉘 구조

① 플랫 슬래브 구조 : 건축물의 외부로를 제외하고는 내부에는 보가 없이 바닥판을 두껍게해서 보의 역할을 겸하도록 한 구조로서 하중을 직접 기둥에 전달하는 슬래브이다. 대형마트나 백화점에서 사용
② 절판 구조 : 판을 아코디언과 같이 주름지게 하여, 하중에 대한 저항을 증가시키는 건축구조
③ 벽식 구조 : 건물의 기초나 벽체 등을 벽돌과 모르타르로 쌓아 만든 것으로 블록구조, 돌구조, 등과 같이 조적구조의 기본이 된다.
④ 쉘 구조 : 곡면판이 지니는 역학적 구성을 이용한 구조로서 외력은 주로 판의 면내력으로 전달되기 때문에 경량이고 내력이 큰 구조물을 구성할 수 있는 건축구조이다. 큰 간사이의 지붕에 사용되며 시드니의 오페라 하우스, 공장, 체육관 등에서 볼 수 있다.

53 블록쌓기의 원칙으로 옳지 않은 것은?

① 블록은 살 두께가 두꺼운 쪽이 위로 향하게 한다.
② 인방보는 좌우 지지벽에 20cm 이상 물리게 한다.
③ 블록의 하루 쌓기의 높이는 1.2m~1.5m로 한다.
④ 통줄눈을 원칙으로 한다.

※ 블록 쌓기의 원칙
· 하루 1.2~1.5m(6~7켜)를 표준으로 한다.
· 일반적으로 막힌줄눈으로 하고 보강 블록조는 통줄눈으로 한다.
· 줄눈의 너비는 가로 세로 10mm를 원칙으로 한다.
· 살 두께가 두꺼운 쪽을 위로 하여 쌓는다.
· 인방 블록은 지지벽에 20cm이상(보통40cm)물리게 한다.

54 건축도면 제도 시 치수 기입법에 대한 설명 중 옳지 않은 것은?

① 전체 치수는 바깥쪽에, 부분 치수는 안쪽에 기입한다.
② 치수는 치수선의 중앙에 기입한다.
③ 치수는 cm 단위를 원칙으로 한다.
④ 치수는 특별히 명시하지 않는 한, 마무리 치수로 표시한다.

※ 건축제도통칙 - 치수
· 치수의 단위는 mm로 하고, 단위는 생략한다.
· 치수는 특별히 명시하지 않는 한 마무리 치수로 한다.
· 치수기입은 치수선 중앙 윗부분에 기입하는 것이 원칙이다.
· 협소한 간격이 연속 될 때에는 인출선을 사용하여 치수를 쓴다.
· 전체 치수를 바깥쪽에, 부분 치수는 안쪽에 기입한다.
· 치수기입은 치수선에 평행하게 도면의 왼쪽에서 오른쪽으로, 아래로부터 위로 읽을 수 있도록 기입한다.
· 치수선의 양 끝 표시는 화살 또는 점으로 표시할 수 있으며, 같은 도면에서 2종을 혼용할 수 없다.

55 철근과 콘크리트의 부착력에 대한 설명 중 옳지 않은 것은?

① 콘크리트의 부착력은 철근의 주장에 비례한다.
② 압축강도가 큰 콘크리트일수록 부착력은 작아진다.
③ 철근의 표면 상태와 단면 모양에 따라 부착력이 좌우된다.
④ 이형철근이 원형철근보다 부착력이 크다.

※ 철근과 콘크리트의 부착력
· 철근의 단면 모양과 표면 상태에 따라 부착력의 차이가 있다.
· 가는 철근을 많이 넣어 표면적을 크게 하면 철근과 콘크리트가 부착하는 접촉 면적이 커져서 부착력이 증대된다.
· 콘크리트의 부착력은 철근의 주장(길이)에 비례한다.
· 콘크리트의 압축강도나 인장강도가 클수록 크다.
· 충분한 피복두께가 필요하다.
· 철근의 항복강도가 클 때 부착력이 커진다.
· 이형철근의 부착강도는 원형철근보다 크다.
· 콘크리트의 다짐이 불충분하면 부착강도가 저하된다.

56 도면의 크기와 표제란에 관한 설명 중 옳지 않은 것은?

① 제도용지의 크기는 번호가 커짐에 따라 작아진다.
② A0의 넓이는 약 1m²이다.
③ 큰 도면을 접을 때는 A4의 크기로 접는 것이 원칙이다.
④ 표제란은 도면 왼쪽 위 모서리에 표시하는 것이 원칙이다.

※ 도면의 크기
· 제도 용지의 크기는 A다음에 오는 번호가 커짐에 따라 작아진다.
· 제도용지의 세로와 가로의 길이 비는 1:√2로 한다.
· 도면을 접을 때에는 A4의 크기를 기준으로 한다.
· 도면의 테두리를 만들 때는 테두리의 여백을 10mm정도 한다.
· 도면을 철할 때에는 도면의 우측을 철함을 원칙으로 하고 철하는 도면은 쪽보다 25mm이상의 여백을 둔다.
※ 표제란
도면은 반드시 표제란을 기입해야 하며 위치는 도면 오른쪽 하단에 둔다.

57 건축물 표현에 있어 사람을 함께 표현할 때 옳은 내용을 모두 고르면?

A. 건축물의 크기를 인식하는데 사람의 크기를 기준으로 하게 된다.
B. 사람의 위치로 공간의 깊이와 높이를 알 수 있다.
C. 사람의 수, 위치 및 복장 등으로 공간의 용도를 나타낼 수 있다.

① A　　　　　　② B, C
③ A, C　　　　　④ A, B, C

※ 배경표현 – 사람
사람의 크기나 위치를 통해 건축물의 크기 및 공간의 높이를 느끼게 한다.

58 제도 용지의 세로(단변)과 가로(장변)의 길이 비율은?

① 1:√2　　　　　② 2:√3
③ 1:√3　　　　　④ 2:√2

※ 제도용지의 세로와 가로의 길이 비는 1:√2로 한다.

59 아래 표시기호의 명칭은 무엇인가?

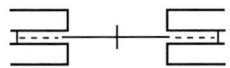

① 붙박이문　　　② 쌍미닫이문
③ 쌍여닫이문　　④ 두짝 미서기문

※ 쌍미닫이문 : ▭▬▭┼▭▬▭

60 목재 접합에 사용되는 보강재 중 직사각형 단면에 길이가 짧은 나무토막을 사다리꼴로 납작하게 만든 것은?

① 쐐기　　　　　② 산지
③ 촉　　　　　　④ 이음

※ 목재 접합
① 쐐기 : 목재 접합에 사용되는 보강재 중 직사각형 단면에 길이가 짧은 나무토막을 사다리꼴로 납작하게 만든 보강재
② 산지 : 이음이나 맞춤자리에 두 부재를 꿰뚫어 꽂아서 이음이 빠지지 아니하게 하는 나무 촉이나 못
③ 촉 : 목재의 접합면에 사각 구멍을 파고 한편에 작은 나무토막을 반 정도 박아 넣고 포개어 접합재의 이동을 방지하는 나무보강재이다.
④ 이음 : 2개 이상의 부재를 길이 방향으로 접합하는 것이다.

정답

01① 02③ 03① 04③ 05③ 06③ 07③ 08④ 09③ 10③
11④ 12② 13② 14④ 15② 16③ 17① 18② 19① 20④
21④ 22③ 23① 24② 25② 26④ 27② 28③ 29④ 30④
31① 32① 33④ 34④ 35② 36④ 37① 38② 39③ 40①
41① 42② 43② 44② 45① 46① 47④ 48④ 49① 50④
51④ 52① 53④ 54③ 55② 56④ 57④ 58① 59② 60①

2015년도 제5회 과년도 기출문제

01 일반적으로 실내 벽면에 부착하는 조명의 통칭적 용어는?
① 브라켓(bracket)
② 펜던트(pendant)
③ 캐스케이트(cascade)
④ 다운 라이트(down light)

※ 조명 – 브라켓
벽에 붙여서 설치하는 조명 방식으로 그림을 비추거나 보조용 등으로 사용하고, 장식 조명에 이용한다.

02 밖으로 창과 함께 평면이 돌출된 형태로 아늑한 구석 공간을 형성할 수 있는 창의 종류는?
① 고정창
② 윈도우 월
③ 베이 윈도우
④ 픽처 윈도우

※ 창 – 베이 윈도우
밖으로 창과 함께 평면이 돌출된 창이다.

03 부엌가구의 배치 유형 중 양쪽 벽면에 작업대가 마주보도록 배치한 것으로 부엌의 폭이 길이에 비해 넓은 부엌의 형태에 적합한 것은?
① 일자형
② L자형
③ 병렬형
④ 아일랜드형

※ 부엌가구 배치 유형
① 일자형(직선형) : 좁은 면적을 이용할 경우에 사용되며, 작업의 흐름이 좌우로 되어 있어 동선이 길어진다.
② L자형(ㄴ자형) : 정방향 부엌에 알맞고 비교적 넓은 부엌에서 능률적이나, 모서리 부분은 이용도가 낮다.
③ 병렬형 : 작업대가 마주보도록 배치하는 형태로 길고 좁은 부엌에 적당하며, 동선이 짧아 효과적이다.
④ 아일랜드형 : 취사용 작업대가 하나의 섬처럼 실내에 설치되어 독특한 분위기를 형성하는 형태이다.

04 조선시대 주택에서 남자 주인이 거처하던 방으로서 서재와 접객공간으로 사용된 공간은?
① 안방
② 대청
③ 침방
④ 사랑방

※ 조선시대 주택 – 사랑방
남편이 기거하여 독서와 응접을 할 수 있는 곳으로 외부에 가까운 곳에 위치한다.

05 다음 중 실용적 장식품에 속하지 않는 것은?
① 모형
② 벽시계
③ 스크린
④ 스탠드 램프

※ 실용적 장식품
도자기, 벽시계, 스크린, 스탠드 램프, 식물

06 동선계획을 가장 잘 나타낼 수 있는 실내 계획은?
① 천장계획
② 입면계획
③ 평면계획
④ 구조계획

※ 실내계획 – 평면계획
건축물의 내부에서 일어나는 모든 활동의 종류, 규모 및 그 상호 관계를 합리적으로 평면상에 배치하는 계획으로 동선 계획에 유의해야 한다.

07 우리나라의 전통가구 중 장과 더불어 가장 일반적으로 쓰이던 수납용 가구로 몸통이 2층 또는 3층으로 분리되어 상자 형태로 포개 놓아 사용된 것은?
① 농
② 함
③ 궤
④ 소반

※ 전통가구 – 농
장과 더불어 가장 일반적으로 쓰이던 수납용 가구로 몸통이 2층 또는 3층으로 분리되어 상자 형태로 포개 놓아 사용하는 가구이다.

08 상점의 공간구성에 있어서 판매공간에 속하는 것은?
① 파사드공간
② 상품관리공간
③ 시설관리공간
④ 상품전시공간

※ 상점의 공간구성 – 상품전시공간
상품의 전시, 진열, 판매 및 선전의 장소로서 종업원과 고객과의 상품설명, 대금수령 및 포장등이 행해지며, 고객의 구매 의욕을 불러일으키는 곳이다.

09 다음 설명에 알맞은 디자인 원리는?

> 디자인의 모든 요소가 중심점으로부터 중심주변으로 퍼져 나가는 양상을 구성하여 리듬을 이루는 것

① 강조 ② 조화
③ 방사 ④ 통일

※ 디자인원리 - 방사
· 디자인의 요소가 중심적으로부터 중심 주변으로 퍼져 나가는 리듬의 일종이다.
· 호수에 돌을 던지면 둥글게 물결현상이 생기는 것 또는 화환, 바닥패턴에서 쉽게 볼 수 있다.

10 다음과 같은 특징을 갖는 의자는?

> · 등받이와 팔걸이가 없는 형태의 보조의자이다.
> · 가벼운 작업이나 잠시 걸터앉아 휴식을 취하는 데 사용된다.

① 스툴 ② 카우치
③ 이치 체어 ④ 라운지 체어

※ 의자 - 스툴
팔걸이와 등받이가 없이 수평 좌판과 다리로만 이루어진 의자이며, 잠시 앉거나 가벼운 작업을 할 수 있는 보조 의자이다.

11 다음 중 부엌에서 작업 삼각형(work triangle)의 각 변의 길이의 합계로 가장 알맞은 것은?

① 1.5m ② 2.5m
③ 5m ④ 7m

※ 작업 삼각형 (work Triangle)
냉장고(준비대) → 개수대 → 가열대를 연결하는 작업대의 길이는 3.6~6.6m로 하는 것이 능률적이다.

12 실내 공간을 실제 크기보다 넓어 보이게 하는 방법과 가장 거리가 먼 것은?

① 크기가 작은 가구를 이용한다.
② 큰 가구는 벽에서 떨어뜨려 배치한다.
③ 마감은 질감이 거친 것보다는 고운 것을 사용한다.
④ 창이나 문 등의 개구부를 크게 하여 시선이 연결되도록 계획한다.

※ 실내공간을 넓어 보이게 하는 방법
· 창이나 문 등의 개구부를 크게 하여 시선에 연결되도록 계획
· 큰 가구는 벽에 붙여서 배치
· 되도록 크기가 작은가구를 이용
· 질감이 거친 것보다는 곱고 작은 것을 사용한다.

13 천창에 관한 설명으로 옳지 않은 것은?

① 통풍, 차열에 유리하다.
② 벽면을 다양하게 활용할 수 있다.
③ 실내 조도 분포의 균일화에 유리하다.
④ 밀집된 건물에 둘러싸여 있어도 일정량의 채광을 확보할 수 있다.

※ 천창
· 차열이 힘들다.
· 전망과 통풍에 불리하다.
· 개방감이 작으나 채광에 매우 유리하다.
· 측창보다 광량이 많다.
· 벽면의 다양한 활용이 가능하다.

14 주거공간의 동선에 관한 설명으로 옳지 않은 것은?

① 주부 동선은 길수록 좋다.
② 동선은 짧을수록 에너지 소모가 적다.
③ 상호 간에 상이한 유형의 동선은 분리하도록 한다.
④ 동선을 줄이기 위해 다른 공간의 독립성을 저해해서는 안 된다.

※ 동선 - 주거공간
· 주부 동선은 가장 간단하고 짧아야 한다.
· 동선은 짧을수록 에너지 소모가 적다.
· 상호 간에 상이한 유형의 동선은 분리하도록 한다.
· 동선을 줄이기 위해 다른 공간의 독립성을 저해해서는 안 된다.

15 특정한 사용목적이나 많은 물품을 수납하기 위해 건축화된 가구를 의미하는 것은?

① 가동가구 ② 이동가구
③ 유닛가구 ④ 붙박이가구

※ 붙박이가구
건물에 짜 맞추어 건물과 일체화하여 만든 가구로 가구배치의 혼란을 없애고 공간을 최대한 활용할 수 있다.

16 다음 중 옥내조명의 설계에서 가장 먼저 이루어져야 하는 것은?

① 광원의 선정 ② 조도의 결정
③ 조명방식의 결정 ④ 조명의 기구의 결정

※ 조명설계순서
조명 소요 조도의 결정 - 전등 종류의 결정 - 조명방식 및 조명기구 - 광원의 수와 배치 - 광속의 계산 - 소요전등 크기의 결정

17 음의 대소를 나타내는 감각량을 음의 크기라고 하

는데, 음의 크기의 단위는?
① pH   ② dB
③ sone   ④ phon

※ 음의 크기
음의 대소를 나타내는 감각량을 음의 크기라 한다. 단위는 Sone

18 열기나 유해물질이 실내에 널리 산재되어 있거나 이동되는 경우에 급기로 실내의 전체 공기를 희석하여 배출시키는 방법은?
① 집중환기   ② 전체환기
③ 국소환기   ④ 고정환기

※ 전체환기
유해물질을 오염원에서 완전히 배출하는 것이 아니라 신선한 공기를 공급하여 유해물질의 농도를 낮추는 방법을 말한다.

19 다음 중 열전도율이 가장 큰 것은?
① 동판   ② 목재
③ 대리석   ④ 콘크리트

※ 재료의 열전도율
구리 > 알루미륨 > 대리석 > 유리 > 벽돌 > 콘크리트 > 목재

20 겨울철 실내에서 발생하는 표면결로의 방지 방법으로 옳지 않은 것은?
① 실내에서 발생하는 수증기를 억제한다.
② 실내온도를 노점온도 이하로 유지시킨다.
③ 환기에 의해 실내 절대습도를 저하시킨다.
④ 단열강화에 의해 실내측 표면온도를 상승시킨다.

※ 표면 결로 방지 대책
· 환기에 의한 실내 절대습도를 저하한다.
· 실내에 발생하는 수증기를 억제한다.
· 단열 강화에 의해 실내 측 표면온도를 상승시킨다.
· 각 부의 열관류 저항을 크게 하고, 열관류량을 적게 한다.

21 점토의 일반적인 성질에 관한 설명으로 옳지 않은 것은?
① 양질의 점토는 습윤 상태에서 현저한 가소성을 나타낸다.
② 일반적으로 점토의 압축강도는 인장강도의 약 5배 정도이다.
③ 점토 제품의 색상은 철산화물 또는 석회물질에 의해 나타난다.
④ 점토의 비중은 불순 점토일수록 크고, 알루미나분이 많을수록 작다.

※ 점토성질
· 점토의 주성분은 규산(실리카), 알루미나이다.
· 점토의 비중은 2.5~2.60이다.
· 점토의 비중은 불순물이 많은 점토일수록 작고, 알루미나분이 많을수록 크다.
· 점토의 압축강도는 인장강도의 약 5배 정도이다.
· 양질의 점토는 습윤 상태에서 현저한 가소성을 나타낸다.
· 알루미나가 많은 점토는 가소성이 좋다.
· Fe_2O_3와 기타 부성분이 많은 것은 고급 제품의 원료로 부적당하다.
· 점토에 포함된 성분에 의해 철산화물이 많으면 적색이 되고, 석회물질이 많으면 황색을 띠게 된다.
· 불순물이 많은 것은 고급제품의 원료로 부적당하다.

22 다음 중 콘크리트용 골재로서 요구되는 성질과 가장 거리가 먼 것은?
① 내화성이 있을 것
② 함수량이 많고 흡습성이 클 것
③ 콘크리트강도를 확보하는 강성을 지닐 것
④ 콘크리트의 성질에 나쁜 영향을 끼치는 유해물질을 포함하지 않을 것

※ 콘크리트 골재의 일반적 성질
· 모양이 구형에 가까운 것으로, 표면이 거친 것이 좋다.
· 입도는 조립에서 세립까지 연속적으로 균등이 혼합되어 있어야 한다.
· 골재의 강도는 콘크리트 중의 경화시멘트 페이스트의 강도 이상일 것이 좋다.
· 콘크리트강도를 확보하는 강성을 가진 것이 좋다.
· 함수량이 많고 흡습성이 작아야 한다.
· 내화성이 있어야 한다.
· 유해량의 먼지, 흙, 유기불순물 등을 포함하지 않는 것이 좋다.

23 재료의 역학적 성질 중 물체에 외력이 작용하면 변형이 생기나 외력을 제거하면 순간적으로 원래의 형태로 회복되는 성질은?
① 전성   ② 소성
③ 탄성   ④ 연성

※ 재료의 역학적 성질
① 전성 : 압력이나 타격에 의해 재료가 파괴됨이 없이 판상으로 되는 성질
② 소성 : 재료에 외력이 어느 한도에 도달하면 외력의 증가 없이 변형만 증대하는 성질을 말한다. 이 경우 외력을 제거해도 원형으로 회복되지 않는 성질
③ 탄성 : 재료에 외력이 작용하면 순간적으로 변형이 생기지만 외력을 제거하면 순간적으로 원형으로 회복하는 성질
④ 연성 : 어떤 재료에 인장력을 가하였을 때, 파괴되기 전에 큰 늘음 상태를 나타내는 성질

24 다음 중 도료의 저장 중에 도료에 발생하는 결

함에 속하지 않는 것은?
① 피막 ② 증점
③ 겔화 ④ 실끌림

※ 도료의 결함
① 피막 : 도료의 표층에 말라붙은 피막이 생긴 현상
② 증점 : 도료를 사용 중 또는 보관중 점도가 상승하는 것
③ 겔화 : 사용 중 도료가 굳어지는 현상
④ 실끌림 : 도료를 분무도장 할 때 노즐에서 미립자가 나오지 않고 실 모양이 되어 나오는 현상

25 강화유리에 관한 설명으로 옳지 않은 것은?
① 보통 유리보다 강도가 크다.
② 파괴되면 작은 파편이 되어 분쇄된다.
③ 열처리 후에는 절단 등의 가공이 쉬워진다.
④ 유리를 가열한 다음 급격히 냉각시켜 제작한 것이다.

※ 유리 - 강화유리
· 보통 유리보다 강도가 크다.
· 파괴되면 작은 파편이 되어 분쇄된다.
· 열처리를 한 후에는 현장에서 절단 등 가공을 할 수 없다.
· 유리를 가열한 다음 급격히 냉각시켜 제작한 것이다.

26 다음 중 역학적 성능이 가장 요구되는 건축 재료는?
① 차단재료 ② 내화재료
③ 마감재료 ④ 구조재료

※ 건축 재료 사용목적별 분류 - 구조재료
목재, 석재, 콘크리트, 철강

27 강의 열처리 방법에 속하지 않는 것은?
① 압출 ② 불림
③ 풀림 ④ 담금질

※ 강재의 열처리 방법
▶ 불림
· 강을 800~1000℃ 이상을 가열 후 공기 중에서 서서히 냉각시키는 열처리법
· 결정의 미세화, 변형제거, 조직의 균일화
▶ 풀림
· 강을 800~1000℃ 이상을 가열 후 노속에서 서서히 냉각시키는 열 처리법
· 결정의 미세화 연화
▶ 담금질
· 가열 후 물이나 기름에서 급속히 냉각 시키는 열 처리법
· 강도와 경도의 증가, 담금이 어렵고, 담금질 온도의 상승
▶ 뜨임 : 담금질한 강을 변태점 이하(600℃)로 가열 후 서서히 냉각시켜 강 조직을 안정한 상태로 만든 열처리법

28 금속의 방식방법에 관한 설명으로 옳지 않은 것은?
① 가능한 한 건조 상태로 유지할 것
② 큰 변형을 주지 않도록 주의할 것
③ 상이한 금속은 인접, 접촉시켜 사용하지 말 것
④ 부분적으로 녹이 생기면 나중에 함께 제거할 것

※ 금속의 부식 방식방법
· 다른 종류의 금속을 서로 잇대어 사용하지 않는다.
· 균일한 재료를 쓴다.
· 건조한 상태로 유지한다.
· 도료를 이용하여 수밀성 보호피막처리를 한다.
· 큰 변형을 준 것은 가능한 한 풀림하여 사용한다.

29 조강포틀랜드 시멘트에 관한 설명으로 옳지 않은 것은?
① 경화에 따른 수화열이 작다.
② 공기 단축을 필요로 하는 공사에 사용된다.
③ 초기에 고강도를 발생하게 하는 시멘트이다.
④ 보통포틀랜드 시멘트보다 C_3S나 석고가 많다.

※ 조강포틀랜드 시멘트
· 원료 중에 규산삼칼륨(C_3S)의 함유량이 많아 보통 포틀랜드 시멘트에 비하여 경화가 빠르다.
· 분말도가 높고 수화열이 커서 저온 시에도 강도 발현이 크므로 동절기공사에 유리
· 조기 강도가 높다. (1주 경화 압축강도=보통시멘트 4주 경화 압축강도)
· 공기를 단축시킬 수 있어 긴급공사, 수중공사, 한중공사, 동기공사등에 쓰인다.

30 다음의 석재 중 내화성이 가장 약한 것은?
① 사암 ② 화강암
③ 안산암 ④ 응회암

※ 석재 내화도
· 안산암, 응회암, 사암 및 화산암 : 1,000℃
· 대리석, 석회암 : 600~800℃
· 화강암 : 600℃

31 석재의 강도라 하면 보통 어떤 강도를 의미하는가?
① 휨강도 ② 전단강도
③ 압축강도 ④ 인장강도

※ 석재의 강도는 보통 압축강도를 의미한다.

32 합판에 관한 설명으로 옳지 않은 것은?
① 곡면가공이 가능하다.

② 함수율 변화에 의한 신축변형이 적다.
③ 표면가공법으로 흡음효과를 낼 수 있고 의장적 효과도 높일 수 있다.
④ 2장 이상의 단판인 박판을 2, 4, 6매 등의 짝수로 섬유방향이 직교하도록 붙여 만든 것이다.

※ 목재 – 합판
· 단판(베니어)을 1장마다 섬유방향과 직교되게 3, 5, 7, 9 등의 홀수 겹으로 겹쳐 접착제로 붙여댄 것이다.
· 균일한 강도의 재료를 얻을 수 있다.
· 함수율 변화에 따른 팽창, 수축의 방향성이 없다.
· 뒤틀림이나 변형이 적은 비교적 큰 면적의 평면 재료를 얻을 수 있다.
· 곡면가공이 가능하다.
· 표면가공법으로 흡음효과를 낼 수 있고 의장적 효과도 높일 수 있다.

33 목재의 부패에 관한 설명으로 옳지 않은 것은?
① 부패 발생시 목재의 내구성이 감소된다.
② 목재의 함수율이 15%일 때 부패균 번식이 가장 왕성하다.
③ 생재가 부패균의 작용에 의해 변재부가 청색으로 변하는 것을 청부(靑腐)라고 한다.
④ 부패 초기에는 단순히 변색되는 정도이지만 진행되어감에 따라 재질이 현저히 저하된다.

※ 목재부패
· 부패 발생 시 목재의 내구성이 감소된다.
· 목재의 함수율이 15% 이하로 건조하면 번식이 중단한다.
· 성재가 부패균의 작용에 의해 변재부가 청색으로 변하는 것을 청부(靑腐)라고 한다.
· 부패 초기에는 단순히 변색되는 정도이지만 진행되어감에 따라 재질이 현저히 저하된다.

34 미장재료 중 자신이 물리적 또는 화학적으로 고체화하여 미장마름의 주체가 되는 재료가 아닌 것은?
① 점토   ② 석고
③ 소석회   ④ 규산소다

※ 미장재료 – 고결재
· 자신이 물리적, 화학적으로 고체화하여 미장 바름의 주체가 되는 재료
· 시멘트, 석고, 돌로마이트, 소석회, 점토, 합성수지 및 마그네시아

35 내열성이 우수하고, -60~260℃의 범위에서 안정하며 탄력성, 내수성이 좋아 도료, 접착제등으로 사용되는 합성수지는?
① 페놀 수지   ② 요소 수지
③ 실리콘 수지 ④ 멜라민 수지

※ 실리콘수지
· 내열성이 우수하고 -60~260℃ 까지 탄성이 유지되며, 270℃에서도 수시간 이용 가능하다.
· 탄력성, 내수성이 좋아 방수용 재료, 접착제 등으로 사용된다.

36 아스팔트의 경도를 표시하는 것으로 규정된 조건에서 규정된 침이 사료 중에 진입된 길이를 환산하여 나타낸 것은?
① 신율   ② 침입도
③ 연화점   ④ 인화점

※ 침입도
아스팔트의 경도를 표시하는 것으로 규정된 침이 시료 중에 수직으로 진입된 길이를 나타낸다.

37 ALC 경량 기포 콘크리트 제품에 관한 설명으로 옳지 않은 것은?
① 흡수성이 낮다.
② 절건비중이 낮다.
③ 단열성능이 우수하다.
④ 차음성능이 우수하다.

※ 경량기포 콘크리트(ALC)
석회질 원료, 규산질 원료를 고온·고압하에서 양생하고 발포제로 알루미늄 분말등을 혼합한 특수 콘크리트이다.
▶ 특징
· 중성화의 우려가 높다.
· 불연성, 내화성이 우수하다.
· 건조 수축이 작고 균열 발생이 적다.
· 중량이 가볍고 단열성능이 우수하다.
· 경량 콘크리트 압축, 인장, 휨강도는 보통 콘크리트보다 약하다.
· 흡수율이 높아 동해에 대한 방수, 방습처리가 필요하다.

38 다음 중 콘크리트의 일반적인 배합설계 순서에서 가장 먼저 이루어져야 하는 사항은?
① 시멘트의 선정   ② 요구성능의 설정
③ 시험배합의 실시 ④ 현장배합의 결정

※ 콘크리트 배합순서
요구 성능(소요 강도)의 설정 – 배합조건의 설정 – 재료의 선정 – 계획 배합의 설정 및 결정 – 현장 배합의 결정

39 건축용으로는 글라스 섬유로 강화된 평판 또는 판상제품으로 사용되는 열경화성 수지는?
① 아크릴수지   ② 폴리에틸렌수지
③ 폴리스티렌수지 ④ 폴리에스테르수지

※ 폴리에스테르 수지
유리(글래스) 섬유를 보강한 섬유 강화 플라스틱으로(FRP)으로 평판 또는

판상제품이다.
용도 : 아케이드천장, 루버, 칸막이

40 굳지 않은 콘크리트에 요구되는 성질이 아닌 것은?
① 다지기 및 마무리가 용이하여야 한다.
② 시공시 및 그 전후에 재료분리가 적어야 한다.
③ 거푸집 구석구석까지 잘 채워질 수 있어야 한다.
④ 거푸집에 부어 넣은 후, 블리딩이 많이 발생하여야 한다.

※ 굳지 않는 콘크리트에 요구되는 성질
· 거푸집 구석구석까지 잘 채워질 수 있어야 한다.
· 다지기 및 마무리가 용이하여야 한다.
· 시공시 및 그 전후에 재료 분리가 적어야 한다.
· 거푸집에 부어 넣은 후, 블리딩 현상이 없어야 한다.

41 설계도면의 종류 중 실시설계도에 해당되는 것은?
① 구상도   ② 조직도
③ 전개도   ④ 동선도

※ 설계도면 – 실시 설계도
· 일반도 : 배치도, 평면도, 입면도, 단면도, 전개도, 창호도, 현치도, 투시도 등
· 구조도 : 기초 평면도, 바닥 틀 평면도, 지붕틀 평면도, 골조도 기초, 기둥, 보 바닥판, 일람표, 배근도, 각부 상세 등
· 설비도 : 전기, 위생, 냉·난방, 환기, 승강기, 소화 설비도 등

42 철근콘크리트구조에서 적정한 피복두께를 유지해야 하는 이유와 가장 거리가 먼 것은?
① 내화성 유지   ② 철근의 부착강도 확보
③ 좌굴방지   ④ 철근의 녹발생 방지

※ 피복두께 유지 이유
· 부착강도확보
· 중성화 방지
· 내구성 및 내화성 확보
· 유동성 확보
· 철근의 녹 발생 방지

43 선의 종류 중 상상선에 사용되는 선은?
① 굵은 실선   ② 파선
③ 일점쇄선   ④ 이점쇄선

※ 선
· 굵은 실선 – 단면선, 외형선, 파단선
· 파선 – 숨은선
· 일점쇄선 – 중심선, 절단선, 경계선, 기준선
· 이점쇄선 – 가상선

44 곡면판이 지니는 역학적 특성을 응용한 구조로서 외력은 주로 판의 면내력으로 전달되기 때문에 경량이고 내력이 큰 구조물을 구성할 수 있는 구조는?
① 패널구조   ② 커튼월구조
③ 블록구조   ④ 쉘구조

※ 쉘구조
· 곡면판이 지니는 역학적 구성을 이용한 구조로서 외력은 주로 판의 면내력으로 전달되기 때문에 경량이고 내력이 큰 구조물을 구성할 수 있는 건축구조이다.
· 큰 간사이의 지붕에 사용되며 시드니의 오페라 하우스, 공장, 체육관 등에서 볼 수 있다.

45 제도용지에 관한 설명으로 옳지 않은 것은?
① A0 용지의 크기는 약 $1m^2$이다.
② A1 용지로 16장의 A4 용지를 만들 수 있다.
③ A1 용지의 규격은 594mm×841mm이다.
④ 도면을 접을 때에는 A4 크기로 한다.

※ A1 용지로 6장의 A4 용지를 만들 수 있다.

46 철골구조의 고력볼트 접합에 관한 설명으로 옳지 않은 것은?
① 볼트 접합부의 강성이 높아 변형이 적다.
② 볼트의 단위 강도가 낮아 작은 응력을 받는 접합부에 적당하다.
③ 피로강도가 높다.
④ 너트가 풀리는 경우가 거의 없다.

※ 고력볼트접합
· 볼트 접합부의 강성이 높아 변형이 적다.
· 피로강도가 높다.
· 너트가 풀리는 경우가 거의 없다.

47 평면도는 건물의 바닥면으로부터 보통 몇 m 높이에서 절단한 수평 투상도인가?
① 0.5m   ② 1.2m
③ 1.8m   ④ 2.0m

※ 설계도면 – 평면도
건축물을 각 층마다 창틀 위(지상1.2mm~1.5mm정도)에서 수평으로 자른 수평투상도로서 실의 배치 및 크기를 나타내는 도면

48 아래 설명에 가장 적합한 종이의 종류는?

실시 도면을 작성할 때에 사용되는 원도지로 연필을 이용하여 그린다. 투명성이 있고 경질이며, 청사진 작업이 가능하고, 오랫동안 보존할 수 있고, 수정이 용이한 종이로 건축제도에 많이 쓰인다.

① 켄트지 ② 방안지
③ 트레팔지 ④ 트레이싱지

※ 트레이싱지
청사진을 만들기 위한 원도지로서 도면을 장기간 보존, 납품용 도면을 제작하기 위하여 사용한다.

49 건축제도 시 유의사항으로 옳지 않은 것은?
① 수평선은 왼쪽에서 오른쪽으로 긋는다.
② 삼각자끼리 맞댈 경우 틈이 생기지 않고 면이 곧고 홈이 없어야 한다.
③ 선긋기는 시작부터 끝까지 굵기가 일정하게 한다.
④ 조명은 우측 상단에 설치하는 것이 좋다.

※ 조명은 좌측상단에 설치하여 선긋기시 그림자가 생기지 않도록 하여야 한다.

50 아래 설명하는 목재접합의 종류는?

나무 마구리를 감추면서 튼튼한 맞춤을 할 때, 예를 들어 창문 등의 마무리에 이용되며, 일반적으로 2개의 목재 귀를 45°로 빗잘라 직각으로 맞댄다.

① 연귀맞춤 ② 통맞춤
③ 턱이음 ④ 맞댄쪽매

※ 목재접합 - 연귀맞춤
접합재의 마구리를 감추기 위해 45°로 잘라 맞춤을 한다.

51 실내투시도 또는 기념건축물과 같은 정적인 건물의 표현에 효과적인 투시도는?
① 평행투시도 ② 유각투시도
③ 경사투시도 ④ 조감도

※ 실내투시도 - 1소점 투시도
화면에 그리려는 물체가 화면에 대하여 평행 또는 수직이 되게 놓이는 경우로 소점이 1개인 투시도이다.
실내투시도 또는 기념 건축물과 같은 정적인 건물의 표현에 효과적이다.

52 건축도면 중 전개도에 대한 정의로 옳은 것은?
① 부대시설의 배치를 나타낸 도면
② 각 실 내부의 의장을 명시하기 위해 작성하는 도면
③ 지반, 바닥, 처마 등의 높이를 나타낸 도면
④ 실의 배치 및 크기를 나타낸 도면

※ 설계도면 - 전개도
· 각 실의 내부의 의장을 명시하기 위해 작성하는 도면이다.
· 축척은 1/20~1/50 정도로 한다.
· 실내의 벽체 및 문의 모양을 그려야 한다.
· 벽면의 마감재료 및 치수를 기입하고, 창호의 종류와 치수를 기입한다.

53 프리스트레스트 콘크리트 구조의 특징 중 옳지 않은 것은?
① 고강도 재료를 사용하므로 시공이 간편하다.
② 간 사이가 길어 넓은 공간의 설계가 가능하다.
③ 부재단면 크기를 작게 할 수 있으나 진동하기 쉽다.
④ 공기단축과 시공 과정을 기계화 할 수 있다.

※ 프리스트레스트 콘크리트
· 거푸집에 자갈을 넣은 다음 골재 사이에 모르타르를 압입하여 콘크리트를 형성해 가는 공법으로 시공이 간편하지 않다.
· 간 사이가 길어 넓은 공간의 설계가 가능하다.
· 부재단면 크기를 작게 할 수 있으나 진동하기 쉽다.
· 공기단축과 시공과정을 기계화 할 수 있다.

54 건축제도 시 치수표기에 관한 설명 중 옳지 않은 것은?
① 협소한 간격이 연속될 때에는 인출선을 사용한다.
② 필요한 치수의 기재가 누락되는 일이 없도록 한다.
③ 치수는 특별히 명시하지 않는 한 마무리 치수로 표시한다.
④ 치수기입은 치수선 중앙 아랫부분에 기입하는 것이 원칙이다.

※ 건축제도통칙 - 치수
· 치수의 단위는 mm로 하고, 단위는 생략한다.
· 치수는 특별히 명시하지 않는 한 마무리 치수로 한다.
· 치수기입은 치수선 중앙 윗부분에 기입하는 것이 원칙이다.
· 협소한 간격이 연속 될 때에는 인출선을 사용하여 치수를 쓴다.
· 전체 치수를 바깥쪽에, 부분 치수는 안쪽에 기입한다.
· 치수기입은 치수선에 평행하게 도면의 왼쪽에서 오른쪽으로, 아래로부터 위로 읽을 수 있도록 기입한다.
· 치수선의 양 끝 표시는 화살 또는 점으로 표시할 수 있으며, 같은 도면에서 2종을 혼용할 수 없다.

55 콘크리트 혼화재 중 포졸란을 사용할 경우의 효과에 관한 설명으로 옳지 않은 것은?
① 발열량이 적다.
② 블리딩이 감소한다.
③ 시공연도가 좋아진다.
④ 초기 강도 증진이 빨라진다.

※ 혼화재 - 포졸란
- 콘크리트의 작업성이 좋아진다.
- 발열량이 적다.
- 블리딩 현상이 감소한다.
- 조기강도는 작으나 장기강도, 수밀성 및 염류에 대한 화학적 저항성 등이 커진다.

56 벽돌의 종류 중 특수벽돌에 속하지 않는 것은?
① 붉은벽돌 ② 경량벽돌
③ 이형벽돌 ④ 내화벽돌

※ 벽돌 - 특수벽돌
이형벽돌, 공동벽돌, 내화벽돌, 오지벽돌, 다공질벽돌, 포도벽돌 및 광재벽돌

57 다음 치장 줄눈의 이름은?

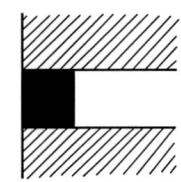

① 민줄눈 ② 평줄준
③ 오늬줄눈 ④ 맞댄줄눈

※ 민줄눈 :

58 건설공사표준품셈에서 정의하는 기본 벽돌의 크기는? (단, 단위는 mm임)
① 210×100×60 ② 190×90×57
③ 210×90×57 ④ 190×100×60

※ 벽돌의 크기
- 기본형 : 210×100×60
- 표준형 : 190×90×57

59 철골 구조에서 스티프너를 사용하는 가장 중요한 목적은?
① 보의 휨내력 보강
② 웨브 플레이트의 좌굴 방지
③ 보-기둥 접합부의 강도 증진
④ 플랜지 앵글의 단면 보강

※ 스티프너
웨브의 두께가 춤에 비해 얇을 때 웨브 플레이트의 좌굴을 방지하기 위하여 설치하는 부재로서 집중 하중의 크기에 따라 결정된다.

60 건축제도에 필요한 제도 용구와 설명이 옳게 연결된 것은?
① T자 - 주로 철재로 만들며, 원형을 그릴 때 사용한다.
② 운형자 - 합판을 많이 사용하며 원호를 그릴 때 주로 사용한다.
③ 자유 곡선자 - 원호 이외의 곡선을 자유자재로 그릴 때 사용한다.
④ 삼각자 - 플라스틱재료로 많이 만들며, 15°, 50°의 삼각자 두 개를 한쌍으로 많이 사용한다.

- T자 : 수평선을 그리거나 삼각자와 함께 사용하여 수직선, 사선을 그릴 때 사용한다.
- 운형자 : 컴퍼스로 여러 가지 곡선, 그리기 어려운 원호나 곡선을 그릴 때 사용
- 자유 곡선자 : 원호로 된 곡선을 자유자재로 그릴 때 사용하여 고무제품이 많이 사용된다.
- 삼각자 : 30°, 45° 및 60°의 자를 주로 사용되며 T자, I자와 함께 수직선, 사선을 그릴 때 사용된다.

정답

01①	02③	03③	04④	05①	06③	07①	08④	09③	10①
11③	12②	13①	14①	15④	16②	17③	18②	19①	20②
21④	22②	23③	24④	25③	26④	27①	28④	29①	30②
31③	32④	33②	34④	35③	36②	37①	38②	39④	40④
41③	42③	43④	44④	45②	46②	47②	48④	49④	50①
51①	52②	53①	54④	55④	56①	57①	58②	59②	60③

2016년도 제1회 과년도 기출문제

01 다음 중 실내 공간을 실제 크기보다 넓게 보이게 하는 방법으로 가장 알맞은 것은?
① 큰 가구를 공간 중앙에 배치한다.
② 질감이 거칠고 무늬가 큰 마감재료를 사용한다.
③ 창이나 문 등의 개구부를 크게 하여 시선이 연결되도록 한다.
④ 크기가 큰 가구를 사용하고 벽이나 바닥면에 빈 공간을 남겨두지 않는다.

※ 실내공간을 실제 크기보다 넓어 보이게 하는 방법으로는
① 큰 가구는 벽에 부착시켜 배치하거나 붙박이장을 이용한다.
② 마감은 질감이 거친 것 보다는 고운 것을 사용해야 넓어 보인다.
③ 창이나 문 등의 개구부를 크게 하여 시선이 연결되도록 계획한다.
④ 크기가 작은 가구를 이용한다.

02 상점의 판매형식 중 대면판매에 관한 설명으로 옳지 않은 것은?
① 상품 설명이 용이하다.
② 포장대나 계산대를 별도로 둘 필요가 없다.
③ 고객과 종업원이 진열장을 사이로 상담, 판매하는 형식이다.
④ 상품에 직접 접촉하므로 선택이 용이하며 측면판매에 비해 진열 면적이 커진다.

※ 대면판대 형식
· 시계, 귀금속, 안경, 의약품, 화장품, 제과
· 진열장을 사이에 주고 상담 또는 판매하는 형식
· 측면 방식에 비해 진열면적이 감소되며 열장이 많아지면 상점의 분위기가 딱딱해진다.
· 판매원의 고정 위치를 정하기가 용이하다.
· 상품의 포장대나 계산대를 별도로 둘 필요가 없다.

03 디자인 요소 중 선에 관한 설명으로 옳지 않은 것은?
① 곡선은 우아하며 흥미로운 느낌을 준다.
② 수평선은 안정감, 차분함, 편안한 느낌을 준다.
③ 수직선은 심리적 엄숙함과 상승감의 효과를 준다.
④ 사선은 경직된 분위기를 부드럽고 유연하게 해준다.

① 곡 선 : 유연, 복잡, 동적, 경쾌하며 여성적인 느낌.
② 수평선 : 영원, 무한, 안정, 안락, 평화감을 느끼게 한다.
③ 수직선 : 구조적인 높이와 존엄성, 상승감을 준다.
④ 사 선 : 넘어지려는 움직임이 있어 운동감, 불안정, 변화하는 활동적인 느낌

04 주거 공간에서 개인적 공간에 속하는 것은?
① 거실   ② 서재
③ 식당   ④ 응접실

· 개인적 공간(정적공간) - 침실, 서재
· 사회적 공간(동적공간) - 거실, 응접실, 식당(부엌), 현관

05 고대 로마시대 음식을 먹거나 취침을 위해 사용한 긴 의자에서 유래된 것으로 몸을 기대거나 침대로 겸용할 수 있도록 좌판 한쪽을 올린 형태를 갖는 것은?
① 스툴   ② 오토만
③ 카우치 ④ 체스터필드

① 스툴(stool) : 등받이와 팔걸이가 없이 수평좌판과 다리로만 이루어진 1인용 의자
② 오토만(Ottoman) : 등받이나 팔걸이가 없이 천으로 씌운 낮은 의자로 발을 올려 놓는데 사용하는 의자로 18C 터키 오토만 왕조에서 유래
③ 카우치(couch) : 고대 로마시대 음식물을 먹거나 잠을 자기 위해 사용했던 긴 의자로 몸을 기댈 수 있도록 좌판 한쪽 끝이 올라간 형태를 가진 침대 겸용의 침대쇼파
④ 체스터필드(chesterfield) : 쇼파의 안락함을 위해 솜, 스펀지 등을 두툼하게 채워 놓은 쇼파

06 수평 블라인드로 날개의 각도, 승강의 일광, 조망, 시각의 차단정도를 조절할 수 있지만 먼지가 쌓이면 제거하기 어려움 단점이 있는 것은?
① 롤 블라인드   ② 로만 블라인드
③ 베니션 블라인드 ④ 버티컬 블라인드

① 롤 블라인드 : 셰이드라고도 하며 단순하고 깔끔한 느낌을 준다.
② 로만 블라인드 : 천의 내부에 설치된 풀 코드나 체인에 의해 당겨져 아래가 접히면서 올라간다.
③ 베니션 블라인드 : 수평 블라인드로 안정감을 줄 수 있으나 날개 사이에 먼지가 쌓이기 쉬운 단점이 있다.
④ 버티컬 블라인드 : 슬랫(slat)이 세로로 부착되어 있는 블라인드, 칸막

이나 커튼처럼 쓴다.

07 다음 설명에 알맞은 부엌가구의 배치유형은?

- 작업대를 중앙공간에 놓거나 벽면에 직각이 되도록 배치한 형태이다.
- 주로 개방된 공간의 오픈 시스템에서 사용된다.

① ㄱ자형 ② ㄷ자형
③ 병렬형 ④ 아일랜드형

※ 아일랜드 키친
취사용 작업대가 주방의 하나의 섬처럼 설치된 주방형식이다.

08 상점 정면(facade) 구성에 요구되는 5가지 광고 요소(AIDMA 법칙)에 속하지 않는 것은?

① Attention ② Interest
③ Design   ④ Memory

※ 구매심리 5단계
① A(주의, Attention) : 주목시킬 수 있는 배려
② I(흥미, Interest) : 공감을 주는 호소력
③ D(욕망, Desire) : 욕구를 일으키는 연상
④ M(기억, Memory) : 인상적인 변화
⑤ A(행동, Action) : 들어가기 쉬운 구성

09 거실에 식사공간을 부속시킨 형식으로 식사도중 거실의 고유 기능과의 분리가 어렵다는 단점이 있는 것은?

① 리빙 키친(Living Kitchen)
② 다이닝 포치(Dining Porch)
③ 리빙 다이닝(Living Dining)
④ 다이닝 키친(Dining Kitchen)

① 리빙키친 : 거실, 식사실, 부엌을 겸한 것으로 소규모 주택이나 아파트에 많이 이용된다.
② 다이닝 포치(다이닝 테라스) : 여름철 날씨에 테라스나 포치에서 식사를 하는 것
③ 리빙 다이닝 : 거실의 일부에 식탁을 설치하는 것
④ 다이닝키친 : 부엌의 일부에다 간단한 식탁을 꾸민 것

10 실내공간을 형성하는 주요 기본구성요소에 관한 설명으로 옳지 않은 것은?

① 바닥은 촉각적으로 만족할 수 있는 조건을 요구한다.
② 벽은 가구, 조명 등 실내에 놓여지는 설치물에 대한 배경적 요소이다.
③ 천장은 시각적 흐름이 최종적으로 멈추는 곳이기에 지각의 느낌에 여향을 미친다.
④ 다른 요소들이 시대와 양식에 의한 변화가 현저한데 비해 천장은 매우 고정적이다.

※ 실내공간 - 주요 기본구성요소
· 바닥은 촉각적으로 만족할 수 있는 조건을 요구한다.
 - 고저차로 공간의 영역을 조정할 수 있다.
 - 인간의 감각중 시각적, 촉각적 요소와 밀접한 관계를 가지고 있고, 접촉 빈도가 가장 높다.
· 벽은 가구, 조명 등 실내에 놓여지는 설치물에 대한 배경적 요소이다.
· 천장은 시각적 흐름이 최종적으로 멈추는 곳이기에 지각의 느낌에 영향을 미친다.
· 다른 요소들이 시대와 양식에 의한 변화가 현저한데 비해 천장은 매우 다양하게 변화하였다.
· 기둥은 벽체를 대신하여 지붕, 보, 층, 바닥, 등을 받치기 위한 구조적 요소로 사용되거나 하중에 관계없이 실내에 상징적이거나 강조적 요소로 사용되기도 한다.

11 다음 설명에 알맞은 형태의 지각심리는?

유사한 배열로 구성된 형들이 방향성을 지니고 연속되어 보이는 하나의 그룹으로 지각되는 법칙으로 공동운명의 법칙이라고도 한다.

① 근접성 ② 유사성
③ 연속성 ④ 폐쇄성

※ 형태의 지각심리(게슈탈트의 지각심리)
① 근접성 : 보다 더 가까이 있는 2개 또는 둘 이상의 시각요소들은 패턴이나 그룹으로 지각될 가능성 크다는 법칙
② 유사성 : 비슷한 형태, 규모, 색채, 질감, 명암, 패턴 등에 있어서 유사한 시각적 요소들이 서로 연관되어 자연스럽게 그룹핑 하여 하나의 패턴으로 보이는 법칙
③ 연속성 : 유사한 배열이 하나의 묶음으로 지각되는 것으로 공동운명의 법칙
④ 폐쇄성 : 시각요소들이 어떤 형상을 지각하게 하는데 있어서 폐쇄된 느낌을 주는 법칙

12 펜로즈의 삼각형과 가장 관련이 깊은 착시의 유형은?

① 운동의 착시   ② 크기의 착시
③ 역리도형 착시 ④ 다의도형 착시

※ 역리도형 착시
모순도형, 불가능도형을 말하는데 펜로즈의 삼각형처럼 2차원적 평면에 나타나는 안길이의 특성을 부분적으로 본다면 가능하지만, 3차원적인 공간에서 보았을 때는 불가능 한 것으로 보이는 도형

13 조선시대의 주택 구조에 관한 설명으로 옳지 않은 것은?

① 주택공간은 성(性)에 의해 구분되었다.

② 안채는 가장 살림의 중추적인 역할을 하던 곳이다.
③ 사랑채는 남자 손님들의 응접공간 등으로 사용되었다.
④ 주택은 크게 사랑채, 안채, 바깥채의 3개의 공간으로 구분되었다.

※ 조선시대 주택구조
- 주택공간은 성(남성과 여성)에 의해 구분되었다.
· 안채 : 모든 가정 살림의 중추적인 역할을 하는 공간
· 사랑채 : 남편이 기거하며 독서와 응접을 할 수 있는 곳으로 외부와 가까운 곳에 위치한다.
· 행랑채 : 하인들이 거주하는 공간

14 다음 설명에 알맞은 건축화조명의 종류는?

· 벽면 전체 또는 일부분을 광원화하는 방식이다.
· 광원을 넓은 벽면에 매입함으로서 비스타(vista)적인 효과를 낼 수 있다.

① 광창 조명　　② 캐노피 조명
③ 코니스 조명　④ 밸런스 조명

※ 건축화 조명
천장, 벽, 기둥 등 건축부분에 광원을 만들어 실내를 조명하는 것을 말한다.
· 광창 조명 : 광원을 넓은 면적의 벽면에 매입하여 비스타(vista)적인 효과를 낼 수 있으며 시선에 안락한 배경으로 작용하는 조명방식
· 캐노피 조명 : 벽면이나 천정면의 일부를 돌출시켜 강한 조명을 아래로 비추는 조명방식
· 코니스 조명 : 벽면의 상부에 위치하여 모든 빛이 아래로 직사 하도록 하는 조명방식
· 밸런스 조명 : 창이나 벽의 커튼 상부에 부설된 조명방식
· 조명 : 광원을 천장 또는 벽면에 가리고 빛을 벽이나 천장에 반사시켜 간접조명으로 조명하는 방식
· 다운라이트조명, 코퍼 조명 : 천장에 작은 구멍을 뚫어 그 속에 기구를 매입하는 방식
· 광천장조명, 루버천장조명 : 천장에 조명기구를 설치하고 그 밑에 루버나 유리, 플라스틱같은 확산투과체를 설치하여 천장내에 광원을 배치하는 방식

15 다음 중 문의 위치를 결정할 때 고려해야 할 사항과 가장 거리가 먼 것은?

① 출입 동선　　② 문의 구성 재료
③ 통행을 위한 공간　④ 가구를 배치할 공간

※ 출입문의 위치를 결정할 때 고려해야 할 사항
· 출입동선, 가구를 배치할 공간, 통행을 위한 공간
· 재료에 따른 문의 종류는 문의 위치결정에 영향을 미치지 못하는 요인이다.

16 건축적 채광방식 중 천창 채광에 관한 설명으로 옳지 않은 것은?

① 측창 채광에 비해 채광량이 적다.
② 측창 채광에 비해 비막이에 불리하다.
③ 측창 채광에 비해 조도 분포의 균일화에 유리하다.
④ 측창 채광에 비해 근린의 상황에 따라 채광을 방해받는 경우가 적다.

※ 창문의 위치에 따른 분류
▶ 측창채광
· 벽면에 수직으로 낸 측창을 통한 채광방식
· 개폐와 조작이 용이하고, 청소·보수가 용이하다.
· 구조적 시공이 용이하며 비막이에 유리하다.
· 근린 상황에 의한 채광 방해의 우려가 있다.
· 편측 채광의 경우 조도 분포가 불균일하다.
▶ 정측창 채광
· 지붕면 가까이 위치한 수직창으로 개폐, 청소, 수리, 관리가 어렵다.
· 창턱의 높이가 눈높이보다 높게 설치되어 미술관이나 박물관 등에 사용된다.
▶ 천창채광
· 지붕면에 있는 수평 또는 수평에 가까운 창
· 인접건물에 대한 프라이버시 침해가 적고 채광량이 많고 조도분포가 균일하다.
· 건축계획의 자유로우나 시공관리가 어렵고 빗물이 새기쉽고 통풍과 열조절이 분리하다.
· 사여가 차단되어 폐쇄적 분위기가 되기 쉬우나 벽면이용을 다양하게 할 수 있다.

17 실내에서는 소리를 갑자기 중지시켜도 소리는 그 순간에 없어지는 것이 아니라 점차로 감소되다가 안 들리게 되는데, 이와 같이 음 발생이 중지된 후에도 소리가 실내에 남는 현상은?

① 굴절　　② 반사
③ 잔향　　④ 회절

① 굴절 : 빛이 하나의 투명매체에서 다른 매체로 들어갈 때 빛이 방향이 바뀌는 현상
② 반사 : 일정한 방향으로 나아가던 파동이 다른 물체의 표면에 부딪혀서 나아가던 방향을 반대로 바꾸는 현상
③ 잔향 : 음원을 정지시킨 후 일정시간 동안 실내에 소리가 남는 현상
④ 회절 : 음파는 파동의 하나이기 때문에 물체가 잔향방향을 가로막고 있다고 하여도 그 물체의 후면에도 전달되는 현상

※ 음의 잔향시간
· 실내음의 발생을 중지시킨 후 60dB까지 감소하는데 소요되는 시간
· 천장과 벽의 흡음력을 크게 하면 잔향시간이 짧아진다.
· 잔향시간은 실의 용적이 크면 클수록 길다.
· 강연과 연극, 회의실 등 이야기 소리의 청취를 목적으로 한 실은 잔향시간을 짧게 하여 음성의 명료도를 높인다.
· 오케스트라, 뮤지컬 등 음악을 주로 하는 경우 잔향시간을 길게 하여 음악의 음질을 우선으로 한다.
· 잔향시간은 실의 형태와 무관하다.

18 건축물의 에너지절약 설계기준에 따라 권장되는

건축물의 단열계획으로 옳지 않은 것은?
① 건물의 창 및 문은 가능한 작게 설계한다.
② 냉방부하 저감을 위하여 태양열 유입장치를 설치한다.
③ 건물 옥상에는 조경을 하여 최상층 지붕의 열저항을 높인다.
④ 외피의 모서리 부분은 열과가 발생하지 않도록 단열재를 연속적으로 설치한다.

※ 건축물의 에너지절약 설계기준 단열계획
· 외벽 부위는 외단열로 시공한다.
· 건물의 창호는 가능한 작게 설계하고, 특히 열손실이 많은 북 축의 창 면적을 최소화 한다.
· 건물의 옥상에는 조경을 하여 최상층 지붕의 열 저항을 높인다.
· 외피의 모서리 부분은 열교가 발생하지 않도록 단열재를 연속적으로 설치하고 충분히 단열되도록 한다.

19 자연환기에 관한 설명으로 옳지 않은 것은?
① 풍력환기량은 풍속에 반비례한다.
② 중력환기와 풍력환기로 대별된다
③ 중력환기량은 개구부 면적에 비례하여 증가한다.
④ 중력환기는 실내외의 온도차에 의한 공기의 밀도차가 원동력이 된다.

※ 자연 환기량
· 풍력환기량은 실외의 풍속이 클수록 환기량이 많아진다.
· 중력환기량은 개구부 면적이 클수록 많아진다.
· 실내·외의 온도차 및 공기 유입구와 유출구의 차이가 클수록 많아진다.
· 외부와 면한 창이 1개만 있는 경우에는 풍력과 풍력환기가 발생한다.
· 중성대에서 공기 유출구 까지의 높이가 클수록 많아진다.
· 풍력환기 : - 외기의 바람에 의한 환기
            - 실 개구부의 배치에 따라 많은 차이가 있다.
· 중력환기 : 실내외 공기의 온도 차에 의한 환기

20 다음 중 인체에서 열의 손실이 이루어지는 요인으로 볼 수 없는 것은?
① 인체 표면의 열복사
② 인체 주변 공기의 대류
③ 호흡, 땀 등의 수분 증발
④ 인체 내 음식물의 산화작용

※ 인체의 열손실은 인체표면의 열복사(45%), 인체주의의 공기대류(30%), 수분의 증발(20%), 호흡작용에 의해 열이 손실된다.

21 목재의 건조방법 중 인공건조법에 속하지 않는 것은?
① 증기건조법   ② 열기건조법
③ 진공건조법   ④ 대기건조법

※ 목재의 건조방법
· 대기건조법
· 침수건조법(수침법)
· 인공건조법
 - 열기건조법, 증기건조법, 진공건조법, 전기건조법, 표면탄화법, 건조제법
 - 균류에 의한 부식과 중해방지에는 효과가 있다.
 - 훈연건조는 실내온도의 조절이 어렵다는 단점이 있다.
 - 단시간에 사용목적에 따른 함수율까지 건조시킬 수 있다.
 - 열기건조는 건조실에 목재를 쌓고 온도, 습도 등을 인위적으로 조절하면서 건조하는 방법이다.

22 파티클 보드에 관한 설명으로 옳지 않은 것은?
① 합판에 비하여 면내 강성은 떨어지나 휨강도는 우수하다.
② 폐재, 부산물 등 저가치재를 이용하여 넓은 면적의 판상제품을 만들 수 있다.
③ 목재 및 기타 식물의 섬유질소편에 합성수지 접착제를 도포하여 가열압착성형한 판상제품이다.
④ 수분이나 고습도에 대하여 그다지 강하지 않기 때문에 이와 같은 조건하에서 사용하는 경우에는 방습 및 방수처리가 필요하다.

※ 파티클 보드
식물섬유를 주원료(원목, 폐목, 톱밥, 볏짚, 등)하여 합성수지와 같은 유기질의 접착제로 성형, 열압하여 만든 판.
합판에 비하여 내강성이 우수하나, 휨강도는 떨어지고 섬유 방향에 따른 강도 차이가 없으며, 큰 면적을 얻을 수 있다.
· 표면이 평활하고, 경도가 크다.
· 음 및 열의 차단성이 우수하다.
· 수분이나 고습도에 대한 저항 성능이 낮아 방습 및 방부처리가 필요하다.

23 모자이크 타일의 소지의 질로 알맞은 것은?
① 도기질   ② 토기질
③ 자기질   ④ 석기질

※ 모자이크 타일
정방형, 장방형, 다각형 등과 여러 색의 무늬가 있으며 소형의 자기질 타일이다.

24 탄소강에서 탄소량이 증가함에 따라 일반적으로 감소하는 물리적 성질은?
① 비열   ② 항자력
③ 전기저항   ④ 열전도도

· 탄소강은 탄소를 0.04~1.7% 함유하는 철로 C-합금으로 탄소 이외의 망간, 인, 황, 규소를 포함한다.
· 탄소의 함유량에 따라 기계적 성질이 달라지는데 탄소량이 증가하면 열전도도는 감소한다.

25 건축용 접착제로서 요구되는 성능으로 옳지 않은 것은?
① 진동, 충격의 반복에 잘 견딜 것
② 충분한 접착성과 유동성을 가질 것
③ 내수성, 내한성, 내열성, 내산성이 있을 것
④ 고화(固化)시 체적수축 등의 변형이 있을 것

※ 접착제의 성능 중 굳을 때(고화시) 수축이 일어나는 등 변형이 있으면 좋지 않다.

26 혼합한 미장재료에 아직 반죽용 물을 섞지 않은 상태로 정의되는 용어는?
① 실러　　　② 양생
③ 건비빔　　④ 물걷힘

· 양생 : 콘크리이트치기가 끝난 다음 온도, 하중, 충격 등의 나쁜 영향을 받지 않도록 충분히 보호 관리 하는 것.
· 건비빔 : 물을 가하지 않고 시멘트와 골재(모래, 자갈)를 비비는 것

27 블론 아스팔트의 성능을 개량하기 위해 동식물성 유지와 광물질 분말을 혼입한 것으로 일반지붕 방수공사에 이용되는 것은?
① 아스팔트 펠트
② 아스팔트 프라이머
③ 아스팔트 컴파운드
④ 스트레이트 아스팔트

① 아스팔트 펠트
· 폐지, 누더기 등으로 만들어진 러그 원지·석면 등에 아스팔트를 침투시킨 것으로 지붕 바탕, 벽 바탕의 방수, 바닥 재료의 밑깔기에 쓰인다.
② 아스팔트 프라이머
· 콘크리트 모르타르의 방수시공 첫 번째 공정에 쓰이는 바탕 처리재 (초벌도료)
· 솔, 롤러 등으로 용이하게 도포할 수 있도록 블론 아스팔트를 휘발성 용제에 희석한 흑갈색의 저점도 액체로서 아스팔트 방수층에 아스팔트의 부착이 잘 되도록 사용한다.
③ 아스팔트 컴파운드
· 아스팔트 방수의 바탕 처리재로 사용된다
· 블론 아스팔트의 성능을 개량하기 위해 동식물성 유지와 광물질 분말을 혼합한 것으로 일반지붕 방수공사에 이용한다.
④ 스트레이트 아스팔트
· 석유(계) 아스팔트로서 원유를 건류 또는 증류한 잔유물을 정제한 것이다. 접착력이 강하고 방수 성능은 좋으나 연화점과 내구성 등이 천연 아스팔트보다 떨어지므로 주로 지붕 방수 등에 사용되며 도로 포장의 모르타르용, 유제용, 방수지 침투용등 내산 방수 재료로도 쓰임.

28 다음 중 건축재료의 사용 목적에 의한 분류에 속하지 않는 것은?
① 구조 재료　　② 차단 재료
③ 방화 재료　　④ 유기 재료

※ 건축 재료의 분류
· 사용 목적 : 구조재료, 마감재료, 차단재료, 방화·내화재료
· 화학 조성 : 무기재료, 유기재료

29 콘크리트가 시일이 경과함에 따라 공기 중의 탄산가스 작용을 받아 알칼리성을 잃어가는 현상은?
① 중성화　　② 크리프
③ 건조수축　④ 동결융해

※ 콘크리트의 중성화
콘크리트가 시일이 경과함에 따라 공기중의 탄산가스의 작용을 받아 수산화칼슘이 서서히 탄산칼슘으로 되면서 알카리성을 잃어가는 현상으로 콘크리트의 중성화를 억제 시키고 내구성을 증대시키기 위해서는 물시멘트비를 작게하고 피복두께를 두껍게 하며 혼화재료의 사용량을 줄이고 환경적으로도 오염이 되지 않게 하여야 한다.

30 다음 중 알칼리성 바탕에 가장 적당한 도장 재료는?
① 유성바니시　　② 유성페인트
③ 유성에나멜페인트　④ 염화비닐수지도료

※ 염화비닐수지도료는 내알카리성이 가장 우수한 도료로 알칼리성에 매우 강하여 콘크리트나 플라스틱면에 사용한다.

31 재료의 성질 중 납과 같이 압력이나 타격에 의해 박편으로 펼쳐지는 성질은?
① 연성　　② 전성
③ 인성　　④ 취성

※ 재료의 역학적 성질
· 연성 : 탄성한계이상의 힘을 받아도 파괴되지 않고 철사처럼 가늘고 길게 늘어나는 성질
· 전성 : 압력이나 타격에 의해 재료의 파괴됨이 없이 판상으로 되는 성질로 납, 금, 은, 알루미늄 등이 있다.
· 인성 : 압연강, 고무와 같은 재료가 파괴에 이르기까지 고강도의 응력에 견딜 수 있고 동시에 큰 변형을 나타내는 성질
· 취성 : 주철, 유리와 같은 재료는 작은 변형만으로도 파괴되는데 이러한 성질
· 강성 : 외력을 받았을 때 절단, 좌굴과 같은 변형을 일으키지 않고 이에 저항 하려는 성질
· 탄성 : 재료에 외력이 작용하면 순간적으로 변형이 생기지만 외력을 제거하면 순간적으로 원형으로 회복하는 성질
· 소성 : 재료에 사용하는 외력이 어느 한도에 도달하면 외력의 증감없이 변형만이 증대하는 성질

32 콘크리트용 혼화제 중 작업성능이나 동결융해 저항성능의 향상을 목적으로 사용하는 것은?

① AE제 ② 증점제
③ 방청제 ④ 유동화제

① AE제 : 독립된 작은 기포를 콘크리트 속에 균일하게 분포시키기 위하여 사용하는 혼화제
② 증점제 : 점성, 응집작용 등을 향상시켜 재료분리를 억제 하여 수중콘크리트에 사용하는 혼화제
③ 방청제 : 철근의 부식을 억제할 목적으로 사용되는 혼화제
④ 유동화제 : 콘크리트의 물시멘트비를 줄이면서 콘크리트의 유동성을 커지게 하는 혼화제

33 다음 중 내화성이 가장 높은 석재는?
① 대리석 ② 응회암
③ 사문암 ④ 화강암

※ 석재 내화도
· 안산암, 응회암, 사암 및 화산암 : 1,000℃
· 대리석, 석회암 : 600 ~ 800℃
· 화강암 : 600℃

34 페어 글래스라고도 불리우며 단열성, 차음성이 좋고 결로방지에 효과적인 유리는?
① 강화유리 ② 복층유리
③ 자외선투과유리 ④ 샌드브라스트유리

※ 페어글래스
복층유리, 이중유리라고도 하며 2장 또는 3장의 판유리를 일정한 간격을 두고 둘레는 금속테로 테두리를 기밀로 만들고 여기에 유리사이의 내부를 진공으로 하거나 특수 가스를 넣어 만든 유리로 단열성, 차음성이 좋고 결로방지에 효과가 우수하다.

35 다음 중 열경화성 수지에 속하는 것은?
① 페놀수지 ② 아크릴수지
③ 실리콘 수지 ④ 멜라민 수지

▶ 열경화성 수지
· 가열 후 굳어져서 다시 가열해도 연화되거나 녹지 않는다.
· 페놀수지, 요소수지, 멜라민수지, 알키드수지, 폴리 에스틸수지(알키드수지, 불포화폴리에스테르수지), 폴리 우레탄수지, 실리콘수지, 에폭시수지
▶ 열가소성 수지
· 고형에 열을 가하면 연화 또는 용융되어 가소성과 점성이 생기고 이를 냉각하면 다시 고형상이 되는 수지
· 염화비닐수지, 폴리에틸렌수지, 폴리프로필렌수지, 폴리스티렌수지 ABS 슈지, 아크릴산수지, 메타 아크릴산수지

36 동(CU)과 아연(ZN)의 합금으로 놋쇠라고도 불리우는 것은?
① 청동 ② 황동
③ 주석 ④ 경석

· 황동 : 구리+아연(Zn)의 합금
· 청동 : 구리와 주석(Sn)의 합금

37 시멘트의 안정성 측정에 사용되는 시험법은?
① 브레인법
② 표준체법
③ 슬럼프 테스트
④ 오토클레이브 팽창도 시험 방법

※ 시멘트의 안정성 측정은 시험패드에 의한 팽창과 수축성의 균열을 검사하는 방법으로 침수법과 비등법을 사용하고 오토클레이브를 이용한 팽창도 시험법을 사용한다.

38 석재의 인력에 의한 표면 가공 순서로 옳은 것은?
① 혹두기 →정다듬 →도드락다듬 →잔다듬 →물갈기
② 혹두기 →도드락다듬 →정다듬 →잔다듬 →물갈기
③ 정다듬 →혹두기 →잔다듬 →도드락다듬 →물갈기
④ 정다듬 →잔다듬 →혹두기 →도드락다듬 →물갈기

※ 석재 가공 순서
혹두기 - 정다듬 - 도드락다듬 - 잔다듬 - 거친 갈기·물갈기

39 수화속도를 지연시켜 수화열을 작게 한 시멘트로 댐공사나 건축용 매스콘크리트에 사용되는 것은?
① 백색포틀랜드시멘트
② 조강포틀랜드시멘트
③ 초조강포틀랜드시멘트
④ 중용열포틀랜드시멘트

※ 중용열포틀랜드시멘트
· 시멘트의 발열량을 저감시킬 목적으로 제조한 시멘트
· 수화열이 작고 화학저항성이 일반적으로 크다.
· 내산성이 우수하며, 내구성이 좋다.
· 댐 콘크리트, 도로포장, 매스콘크리트용으로 사용된다.

40 다음 설명에 알맞은 굳지않는 콘크리트의 성질을 표시하는 용어는?

거푸집 등의 형상에 순응하여 채우기 쉽고, 분리가 일어나지 않는 성질을 말한다.

① 플라스티시티(plasticity)
② 펌퍼빌리티(pumpability)
③ 컨시스텐시(consistency)

④ 피니셔빌리티(finishability)

※ 콘크리트성질
① 플라스티시티(plasticity) : 성형성, 점조성. 풀기가 있어 재료 분리가 생기지 않는 성질로 성형을 용이하게 한다.
② 펌퍼빌리티(pumpability) : 펌프압송의 용이성을 나타내는 것
③ 컨시스텐시(consistency) : 유동성. 콘크리트 변형능력의 총칭
④ 피니셔빌리티(finishability) : 마감성. 굵은 골재의 최대치수, 잘골재율, 잔골재 입도, 컨시스텐시 등에 의한 마감성의 난이를 표시하는 성질

41 다음 중 지붕공사에서 금속판을 잇는 방법이 아닌 것은?

① 평판잇기 ② 기와가락잇기
③ 마름모잇기 ④ 쪽매잇기

※ 금속판의 지붕잇기에는 평판잇기, 기와가락잇기, 골판잇기, 마름모잇기가 있다. 쪽매잇기는 마룻널 잇기에 사용된다.

42 창의 옆벽에 밀어 넣어 열고 닫을 때 실내의 유효 면적을 감소시키지 않는 창호는?

① 미닫이 창호 ② 회전 창호
③ 여닫이 창호 ④ 붙박이 창호

① 미닫이 창호 : 미닫이로 된 창으로 홈대에 끼워 벽 옆에 밀어 넣게 된 창
② 회전 창호 : 문의 중앙을 회전축으로 하여 문을 회전함으로써 개폐하는 창. 수평회전하는 방법과 수직회전하는 방법이 있다.
③ 여닫이 창호 : 경첩 등을 축으로 개폐되는 창호로 문의 개폐를 위해 여분의 공간이 필요하므로 실내의 유효면적을 감소시키는 단점이 있다.
④ 붙박이 창호 : 틀에 바로 유리를 고정시킨 고정창 또는 주로 채광을 위한 채광창으로 환기가 불가능한 창호

43 다음 중 건축물의 구성양식에 의한 분류와 가장 거리가 먼 것은?

① 일체식 ② 가구식
③ 절충식 ④ 조적식

※ 건축구조의 분류
• 구성형식 : 일체식구조(철근콘크리트구조, 철골철근콘크리트구조), 가구식구조(목구조, 철골구조), 조적식구조(벽돌구조, 블록구조, 돌구조)
• 주체재료 : 목구조, 벽돌구조, 돌구조, 철근 콘크리트구조, 철골구조 및 철골철근콘크리트구조
• 공법 : 건식구조, 습식구조, 조립식구조

44 철골구조 트러스 보에 관한 설명으로 옳지 않는 것은?

① 플레이트 보의 웨브재로서 빗재, 수직재를 사용한다.
② 비교적 간사이가 작은 구조물에 사용된다.
③ 휨 모멘트는 현재가 부담된다.
④ 전단력은 웨브재의 축방향력으로 작용하므로 부재는 모두 인장재 또는 압축재로 설계한다.

※ 트러스 보
플레이트 보의 웨브재로서 빗재 및 수직재를 사용하고, 트러스보에 작용하는 휨모멘트는 현재가 부담하고 전단력은 웨브재의 축방향으로 작용하므로 트러스보를 구성하는 부재는 모두 인장재나 압축재로 설계된다. 간사이가 15m를 넘거나 보의 춤이 1m 이상 되는 보를 판보로 하기에는 비경제적일 때 사용하는 것으로 태티스 보에 접합판을 대서 접합한 조립보이다.

45 내부 입면도 작도에 관한 설명으로 옳지 않은 것은?

① 집기와 가구의 높이를 정확하게 표시한다.
② 벽면의 마감재료를 표현한다.
③ 몰딩이 있으면 정확하게 작도한다.
④ 기둥과 창호의 위치가 가장 중요한 표현요소이므로 진하게 표시한다.

※ 내부입면도(전개도)
각 실 내부의 의장을 명시하기 위해 작성하는 도면으로 실내의 입면을 그린 다음 벽면의 형상, 치수, 마감등을 표시하고 창호의 종류와 치수를 기입한다. 천장면 내지 벽면 등의 절단된 부분은 그 실내측의 마무리 면만을 그리면 되지만 절단면에 줄입구나 창 등이 있는 경우에는 그 단면을 그려야 한다. 축적은 보통 1/50 정도로 한다.

46 벽돌벽 쌓기에서 1.5B 쌓기의 두께는?

① 90mm ② 190mm
③ 290mm ④ 330mm

※ 1.5B 벽 두께
190(1.0B) + 10(줄눈) + 90(0.5B) = 290mm

47 건축제도통칙(KS F 1501)에 따른 접은 도면의 크기는 무엇의 크기를 원칙으로 하는가?

① A1 ② A2
③ A3 ④ A4

※ 건축도면은 그 길이 방향을 좌우 방향으로 놓은 위치를 정위치로 하고 도면에는 척도를 기입하여야 하며, 평면도, 배치도 등은 북쪽을 위로 하여 작도함을 원칙으로 하며 도면을 접을 경우 접은 도면의 크기는 A4크기를 원칙으로 한다.

48 도면의 치수기입 방법으로 옳지 않는 것은?

① 치수는 특별히 명시하지 않는 한, 마무리 치수로 표시한다.
② 치수 기입은 치수선에 평행하게 도면의 왼쪽에서 오른쪽으로, 아래로부터 위로 읽을 수 있도록 기입한다.

③ 치수 기입은 치수선 아랫부분에 기입하는 것이 원칙이다.
④ 협소한 간격이 연속될 때에는 인출선을 사용하여 치수를 쓴다.

※ 건축제도통칙 - 치수
· 치수의 단위는 mm로 하고, 단위는 생략한다.
· 치수는 특별히 명시하지 않는 한 마무리 치수로 한다.
· 치수기입은 치수선 중앙 윗부분에 기입하는 것이 원칙이다.
· 협소한 간격이 연속 될 때에는 인출선을 사용하여 치수를 쓴다.
· 전체 치수를 바깥쪽에, 부분 치수는 안쪽에 기입한다.
· 치수기입은 치수선에 평행하게 도면의 왼쪽에서 오른쪽으로, 아래로부터 위로 읽을 수 있도록 기입한다.
· 치수선의 양 끝 표시는 화살 또는 점으로 표시할 수 있으며, 같은 도면에서 2종을 혼용할 수 없다.

49 다음 중 실내건축 투시도 그리기에서 가장 마지막으로 하여야 할 작업은?
① 서있는 위치 결정
② 눈높이 결정
③ 입면상태의 가구 설정
④ 질감의 표현

※ 투시도 작도 순서
서있는 위치와 눈높이 결정→ 소점설정→ 건축물의 각 점을 구하기→ 입면상태 가구 표현→ 질감표현

50 블록구조에 대한 설명으로 옳지 않은 것은?
① 단열, 방음효과가 크다.
② 타 구조에 비해 공사비가 비교적 저렴한 편이다.
③ 콘크리트구조에 비해 자중이 가볍다.
④ 균열이 발생하지 않는다.

※ 블록구조의 단점
· 균열이 생기기 쉽다.
· 횡력, 지진력에 약하다.

51 다음 지붕평면도에서 박공지붕은?

 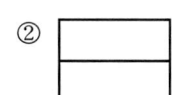
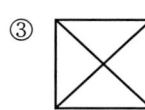 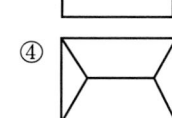

※ 지붕의 평면도

 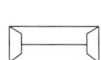
박공지붕 방형지붕 모임지붕 합각지붕

52 치수를 자 또는 삼각자의 눈금으로 잰 후 제도지에 같은 길이로 분할할 때 사용하는 제도 용구는?
① 디바이더
② 운형자
③ 컴퍼스
④ T자

· 디바이더(분할기)는 직선이나 원주를 등분할 때, 치수를 도면위에 옮기거나, 도면위의 길이를 재어 다른 곳으로 옮길 때 사용한다.
· 운형자는 컴퍼스로 그리기 어려운 원호나 곡선 등 여러 가지 곡선을 자유롭게 그릴 때 사용
· 컴퍼스 : 원 또는 원호를 그릴 때 사용
· T자 : 수평선을 그리거나 삼각자와 함께 사용하여 수직선, 사선을 그릴 때 사용

53 건축제도에서 사용하는 선의 종류 중 굵은 실선의 용도로 옳은 것은?
① 보이지 않는 부분 표시
② 단면의 윤곽 표시
③ 중심선, 절단선, 기준선 표시
④ 상상선 또는 1점 쇄선과 구별할 필요가 있을 때

· 이점 쇄선 : 보이지 않는 부분, 물체가 있는 것으로 가상되는 부분을 표시할 때 사용
· 굵은 실선 : 대상물의 보이는 부분의 겉모양을 표시할 때 사용
· 일점 쇄선 : 물체의 중심축, 대칭축 및 기준선은 일점쇄선의 가는선을 사용한다.

54 철근콘크리트 구조에서 단변(ℓx)과 장변(ℓy)의 길이의 비($\ell y/\ell x$)가 얼마 이하일 때 2방향 슬래브로 정의하는가?
① 1
② 2
③ 3
④ 4

※ 2방향 슬래브 λ = 장변방향의 순간사이 / 단변방향의 순간사이 ≤ 2
1방향 슬래브 λ = 장변방향의 순간사이 / 단변방향의 순간사이 > 2

55 건축제도 용구에 관한 옳지 않은 것은?
① 일반적으로 삼각자는 45° 등변삼각형과 60° 직각삼각형 2가지 1쌍이다.
② 운형자는 원호를 그릴 때 사용한다.
③ 스케일자는 1/100, 1/200, 1/300, 1/400, 1/500, 1/600의 축척이 매겨져 있다.
④ 제도 샤프는 0.3mm, 0.5mm, 0.7mm, 0.9mm등을 사용한다.

· 일반적으로 삼각자는 45° 등변삼각형과 30°, 60°의 직각 삼각형 두가지가 한쌍으로 이루어져 있다.
· 운형자는 그리기 어려운 원호나 곡선을 그릴 때 사용한다.

- 스케일자는 1/100, 1/200, 1/300, 1/400, 1/500, 1/600 축척의 눈금이 있고 길이는 100mm, 150mm, 300mm가 있다.

56 건축도면 중 입면도에 표기해야 할 사항으로 적합한 것은?

① 창호의 형상
② 실의 배치와 넓이
③ 기초판 두께와 너비
④ 건축물과 기초와의 관계

※ 건축물의 외관을 나타낸 도면으로 창, 출입구, 처마, 발코니 등의 외관 전체를 표시한 도면. 입면도에 표시하여야 할 사항은 마감재료명, 지붕의 경사와 물매, 처마의 나옴, 외부마무리, 주요 구조부의 높이 및 창문의 모양

57 건축제도 시 선긋기에 관한 설명으로 옳지 않은 것은?

① 선긋기를 할 때에는 시작부터 끝까지 일정한 힘과 일정한 연필의 각도를 유지하도록 한다.
② 삼각자의 오른쪽 옆면을 이용할 경우에는 아래에서 위로 선을 긋는다.
③ T자와 삼각자 등이 사용된다.
④ 삼각자의 왼쪽 옆면을 이용할 경우에는 아래에서 위로 선을 긋는다.

※ 선 긋기
- 시작부터 끝까지 일정한 힘을 가하여 일정한 속도로 그으며 필기구는 선을 긋는 방향으로 약간 기울인다.
- 수평선은 좌측에서 우측으로, 수직선은 아래에서 위로, 사선은 좌측하단에서 우측 상단, 좌측상단에서 우측하단으로 긋는다.
- 삼각자의 왼쪽 옆면 이용시에는 아래에서 위로 선을 긋는다.
- 각을 이루어 만나는 선은 정확하게 긋고, 선은 중복해서 긋지 않는다.
- 축척과 도면의 크기에 따라서 선의 굵기를 다르게 한다.
- 용도에 따라 선의 굵기를 구분하여 사용한다.
- 가는 선일수록 선의 농도를 높게 조정한다.
- 파선의 끊어진 부분은 길이와 간격을 일정하게 한다.
- 파선의 모서리는 반드시 연결하고, 교차점은 반드시 교차시키도록한다.

58 철골구조에서 주각부의 구성재가 아닌 것은?

① 베이스 플레이트 ② 리브 플레이트
③ 거셋 플레이트   ④ 윙 플레이트

※ 주각

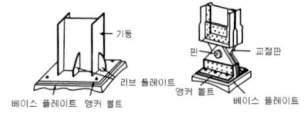

59 건축설계도면 중 창호도에 관한 설명으로 옳지 않은 것은?

① 축척은 보통 1/50~1/100로 한다.
② 창호 기호는 한국산업표준의 KS F 1502를 따른다.
③ 창호 기호에서 W는 창, D는 문을 의미한다.
④ 창호 재질의 종류와 모양, 크기 등은 기입할 필요가 없다.

※ 창호도
축척은 1/50~1/100으로 하며 건축물에 사용되는 창호의 개폐방법, 재료, 마감, 창호 철물, 유리 등을 나타내며 위치는 평면도에 직접 표기, 창문은 W, 문은 D로 표기한다.

60 부재를 양 끝단에서 잡아당길때 재축방향으로 발생하는 주요응력은?

① 인장응력   ② 압축응력
③ 전단응력   ④ 휨모멘트

※ 인장응력
재료가 외력을 받아 늘어날 때, 재료 내의 이 힘과 대등하게 하기 위해 내부에 발생하는 저항

정답

01③ 02④ 03④ 04② 05③ 06③ 07④ 08③ 09③ 10④
11③ 12③ 13④ 14① 15② 16① 17③ 18② 19① 20④
21④ 22① 23③ 24④ 25④ 26③ 27③ 28④ 29① 30④
31② 32① 33② 34② 35① 36② 37④ 38① 39④ 40①
41④ 42① 43③ 44② 45④ 46③ 47④ 48③ 49④ 50④
51② 52① 53② 54② 55② 56① 57② 58③ 59④ 60①

2016년도 제2회 과년도 기출문제

01 균형의 원리에 관한 설명으로 옳지 않은 것은?
① 크기가 큰 것이 작은 것보다 시각적 중량감이 크다.
② 기하학적인 형태가 불규칙적인 형태보다 시각적 중량감이 크다.
③ 색의 중량감은 색의 속성 중 특히 명도, 채도에 따라 크게 작용한다.
④ 복잡하고 거친 질감이 단순하고 부드러운 것보다 시각적 중량감이 크다.

※ 디자인원리 - 균형
· 크기가 큰 것이 작은 것보다 시각적 중량감이 크다.
· 불규칙적인 형태가 기하적인 것보다 시각적 중량감이 크다.
· 복잡하고 거친 질감이 단순하고 부드러운 질감보다 시각적 중량감이 크다.
· 색의 중량감은 색의 속성을 특히 명도, 채도에 따라 크게 작용한다.

02 주택 부엌의 크기 결정 요소에 속하지 않는 것은?
① 가족수　　② 대지면적
③ 주택 연면적　　④ 작업대의 면적

※ 주택 부엌의 크기 결정시 고려사항
보통 건축 연면적의 8~12% 정도의 크기가 알맞고, 가족수, 주택 연면적, 작업대의 면적 등을 고려해야 한다.

03 상점계획에서 요구되는 5가지 광고 요소(AIDMA 법칙)에 속하지 않는 것은?
① 흥미(Interest)　　② 주의(Attention)
③ 기억(Memory)　　④ 유인(Attraction)

※ 구매심리 5단계
① A(주의, Attention) : 주목시킬 수 있는 배려
② I(흥미, Interest) : 공감을 주는 호소력
③ D(욕망, Desire) : 욕구를 일으키는 연상
④ M(기억, Memory) : 인상적인 변화
⑤ A(행동, Action) : 들어가기 쉬운 구성

04 다음은 피보나치 수열의 일부분이다. "21" 바로 다음에 나오는 숫자는?

1, 2, 3, 5, 8, 13, 21

① 30　　② 34
③ 40　　④ 44

※ 상가수열비
1 : 2 : 3 : 5 : 8 : 13 : 21…과 같이 각각의 항이 그 전의 2항의 합과 같은 수열(황금렬 또는 피보나치 수열이라고도 한다)에 의한 비례이다.

05 특정한 사용목적이나 많은 물품을 수납하기 위해 건축화된 가구로, 빌트 인 가구(built-in furniture)라고도 불리우는 것은?
① 작업용 가구　　② 붙박이 가구
③ 이동식 가구　　④ 조립식 가구

※ 붙박이 가구
건축물에 고정시킨 가구로 Built-In-Furniture라 한다.

06 상점의 상품 진열 계획에서 골든 스페이스의 범위로 알맞은 것은?(단, 바닥에서의 높이)
① 650~1050mm　　② 750~1150mm
③ 850~1250mm　　④ 950~1350mm

※ 골든 스페이스 : 850~1250mm

07 쇼핑센터 내의 주요 보행 동선으로 고객을 각 상점으로 고르게 유도하는 동시에 휴식처로서의 기능도 가지고 있는 것은?
① 핵상점　　② 전문점
③ 몰(mall)　　④ 코드(court)

※ 몰(mall)
여러 상점이 모여 있는 쇼핑 센터의 중앙 보도

08 기하학적인 정의로 크기가 없고 위치만 존재하는 디자인 요소는?
① 점　　② 선
③ 면　　④ 입체

※ 디자인의 원리 - 점

- 점은 위치만 있고, 방향성과 크기(길이, 폭, 깊이 등) 는 없고, 가장 작은 면으로 인식 할 수 있다.
- 공간에 한 점을 위치시키면 집중 효과가 있다.
- 두 점의 크기가 같을 때 주의력은 균등하게 작용한다.
- 근접된 많은 점의 경우에는 선이나 면으로 지각되며 운동별 표현하는 시각적 조형효과로 나타난다.
- 점이 연속되면 선의 느낌을 주고, 가까운 거리에 있는 점은 선으로 지각되어 도형을 느끼게 한다.

09 고대 로마시대 음식물을 먹거나 잠을 자기 위해 사용했던 긴 의자로 몸을 기댈 수 있도록 좌판의 한쪽 끝이 올라간 형태를 가진 것은?

① 세티　　　　　② 카우치
③ 체스터 필드　　④ 라운지소파

※ 가구
① 세티(settee) : 동일한 2개의 의자를 나란히 놓아 2인이 앉을 수 있도록 한 의자
② 카우치(couch) : 몸을 기댈 수 있도록 좌판 한쪽 끝이 올라간 소파
③ 체스터 필드(chesterfield) : 소파의 안락성을 위해 솜, 스펀지 등을 두툼하게 채워 놓은 소파
④ 라운지 체어(lounge chair) : 편히 누울 수 있도록 신체의 상부를 받칠 수 있게 경사진 소파

10 다음 중 주택의 부엌과 식당계획시 가장 중요하게 고려하여야 할 사항은?

① 조명배치　　② 작업동선
③ 색채조화　　④ 채광계획

※ 식당과 부엌의 실내계획
주부의 작업동선을 가장 우선적으로 고려하여 계획한다.

11 수평 블라인드로 날개의 각도, 승강으로 일광, 조망, 시각의 차단 정도를 조절할 수 있는 것은?

① 롤 블라인드　　　② 로만 블라인드
③ 베니션 블라인드　④ 버티컬 블라인드

① 롤 블라인드 : 셰이드라고도 하며 단순하고 깔끔한 느낌을 준다.
② 로만 블라인드 : 천의 내부에 설치된 풀 코드나 체인에 의해 당겨져 아래가 접히면서 올라간다.
③ 베니션 블라인드 : 수평 블라인드로 안정감을 줄 수 있으나 날개 사이에 먼지가 쌓이기 쉬운 단점이 있다.
④ 버티컬 블라인드 : 슬랫(slat)이 세로로 부착되어 있는 블라인드, 칸막이나 커튼처럼 쓴다.

12 다음 중 고대 그리스 건축의 오더에 속하지 않는 것은?

① 도리아식　② 터스칸식
③ 코린트식　④ 이오니아식

※ 희랍 신전 건축의 3대 기둥 양식
도리아식, 이오니아식, 코린트식

13 다음 중 실내디자인의 진행 과정에 있어서 가장 먼저 선행되는 작업은?

① 조건파악　② 기본계획
③ 기본설계　④ 실시설계

※ 실내디자인의 설계과정
조건파악 - 기본계획 - 기본설계 - 실시설계

14 주거공간을 주 행동에 의해 구분할 경우, 다음 중 사회공간에 속하지 않는 것은?

① 거실　② 식당
③ 서재　④ 응접실

※ 주거공간의 주 행동에 따른 분류 - 사회(동적)공간
- 가족 중심의 공간으로 모두 같이 사용하는 공간
- 거실, 응접실, 식당, 현관

15 작업구역에는 전용의 국부조명방식으로 조명하고, 기타 주변 환경에 대하여는 간접조명과 같은 낮은 조도레벨로 조명하는 조명방식은?

① TAL 조명방식　② 반직접 조명방식
③ 반간접 조명방식　④ 전반확산 조명방식

※ TAL 조명방식
작업을 하는 공간을 집중적으로 비추는 조명방식

16 실내외의 온도차에 의한 공기의 밀도차가 원동력이 되는 환기의 종류는?

① 중력환기　② 풍력환기
③ 기계환기　④ 국소환기

※ 중력환기
- 실내외 공기의 온도 차에 의한 환기
- 실내외의 온도 차가 클수록 환기량이 많아진다.

17 건구온도 28°C인 공기 80kg과 건구온도 14°C인 공기 20kg을 단열혼합 하였을 때, 혼합공기의 건구온도는?

① 16.8°C　② 18°C
③ 21°C　④ 25.2°C

※ 혼합공기의 건구온도
$$T = \frac{m_1 t_1 + m_2 t_2}{m_1 + m_2} = \frac{80 \times 28 + 20 \times 14}{80 + 20} = 25.2°C$$

18 휘도의 단위로 사용되는 것은?
① [lx]   ② [lm]
③ [lm/m²]   ④ [cd/m²]

※ 휘도(brightness)
빛을 발산하는 면을 어느 방향에서 볼 때 그것이 얼마쯤 밝아 보이는가를 나타내는 양.
단위 : cd/㎡를 사용한다.

19 우리나라의 기후 조건에 맞는 자연형 설계방법으로 옳지 않은 것은?
① 겨울철 일사획득을 높이기 위해 경사지붕보다 평지붕이 유리하다.
② 건물의 형태는 정방형보다 동서축으로 약간 긴 장방형이 유리하다.
③ 여름철에 증발냉각 효과를 얻기 위해 건물 주변에 연못을 설치하면 유리하다.
④ 여름에는 일사를 차단하고 겨울에는 일사를 획득하기 위한 차양설계가 필요하다.

※ 여름엔 수평면에 대한 일사량이 크고, 남수직면에 대한 일사량은 적으며, 오전 중의 동쪽 수직면과 오후의 서쪽 수직면이 매우 강한일사, 겨울에는 이와 반대 현상이다.
· 평지붕 : 물매가 매우 느려서 수평에 가까운 지붕

20 실내에서는 음을 갑자기 중지시켜도 소리는 그 순간에 없어지는 것이 아니라 점차로 감쇠되다가 안들리게 된다. 이와 같이 음 발생이 중지된 후에도 소리가 실내에 남는 현상을?
① 확산   ② 잔향
③ 회절   ④ 공명

※ 잔향
실내나 기타 닫혀진 장소의 음이 벽·바닥·천장 등에 여러번 거듭반사하기 때문에 음원이 정지한 뒤에까지도 음이 남는 현상.

21 석질이 치밀하고 박판으로 채취할 수 있어 슬레이트로서 지붕, 외벽, 마루 등에 사용되는 석재는?
① 부석   ② 점판암
③ 대리석   ④ 화강암

※ 점판암
점토분이 침전 응고된 수성암. 회흑색의 치밀한 판석으로 떼어낼 수 있어 얇은 판으로 만들 수 있다. 또 석질이 치밀, 방수성이 있어 기와 대용으로 지붕재 및 바닥에 까는 타일 대용, 숫돌 등으로도 쓰인다.

22 미장재료에 관한 설명으로 옳지 않은 것은?
① 석고플라스터는 내화성이 우수하다.
② 돌로마이트 플라스터는 건조 수축이 크기 때문에 수축 균열이 발생한다.
③ 킨즈시멘트는 고온소성의 무수석고를 특별한 화학처리를 한 것으로 경화 후 아주 단단하다.
④ 회반죽은 소석고에 모래, 해초물, 여물 등을 혼합하여 바르는 미장재료로서 건축 수축이 거의 없다.

※ 회반죽
소석회, 모래, 여물, 해초물 등을 섞어 만든 미장용 반죽으로 목조 바탕, 콘크리트 블록, 벽돌 바탕 등에 흙손으로 발라서 벽체나 천장 등을 보호하며 미화하는 효과를 가지게 한다. 가수량이 불충분하면 벽면에 팽창성 균열이 생긴다.

23 물체에 외력을 가하면 변형이 생기나 외력을 제거하면 순간적으로 원래의 형태로 회복되는 성질을 말하는 것은?
① 탄성   ② 소성
③ 강도   ④ 응력도

※ 탄성
재료에 외력이 작용하면 순간적으로 변형이 생기지만 외력을 제거하면 순간적으로 원형으로 회복하는 성질

24 골재의 성인에 의한 분류 중 인공골재에 속하는 것은?
① 강모래   ② 산모래
③ 중정석   ④ 부순모래

※ 인공골재
암석을 분쇄한 쇄석자갈, 소성질석, 흑요암, 팽창슬래그, 팽창혈암, 팽창점토 등.

25 콘크리트의 컨시스텐시(consistency)를 측정하는데 사용되는 것은?
① 표준체법   ② 브레인법
③ 슬럼프 시험   ④ 오토클레이브 팽창도 시험

※ 슬럼프 시험
콘크리트의 컨시스텐시를 측정하는 시험법이다.

26 다음 혼화재에 속하는 것은?
① AE제   ② 기포제
③ 방청제   ④ 플라이애쉬

※ 혼화재는 콘크리트의 질이나 양의 변화를 도모할 때 혼입하는 재료로 시공연도(workability)를 좋게하는 것으로는 AE제 또는 분산제가 있

다. 급결재, 조강재료로는 방수제가 있고 증량재로는 플라이애쉬(flyash)가 있다.

27 콘크리트용 골재의 조립률 산정에 사용되는 체에 속하지 않는 것은?

① 0.3mm ② 5mm
③ 20mm ④ 50mm

※ 골재입도의 정도를 표시하는 지표로서의 체의 치수
0.15mm, 0.3mm, 0.6mm, 1.2mm, 2.5mm, 5mm, 10mm, 20mm, 40mm, 75mm

28 풍화되기 쉬우므로 실외용으로 적합하지 않으나, 석질이 치밀하고 견고할 뿐만 아니라 연마하면 아름다운 광택이 나므로 실내장식용으로 적합한 석재는?

① 대리석 ② 화강암
③ 안산암 ④ 점판암

※ 대리석
산 및 화열에 약하고 풍화성, 마모성, 내구성이 좋지 않아 실내 마감재로 쓰이며 광택, 빛깔 무늬가 좋아 장식용, 조각용으로 우수하다.

29 유성페인트에 관한 설명으로 옳은 것은?

① 붓바름 작업성 및 내후성이 우수하다.
② 저온 다습할 경우에도 건조시간이 짧다.
③ 내알칼리성은 우수하지만, 광택이 없고 마감면의 마모가 크다.
④ 염화비닐수지계, 멜라민수지계, 아크릴수지계 페인트가 있다.

※ 유성페인트 특징
· 건조 빠름
· 도막의 팽창성
· 내후성 우수
· 경도 大
· 내마모성 우수

30 다음 중 바닥재료에 요구되는 성질과 가장 거리가 먼 것은?

① 열전도율이 커야 한다.
② 청소가 용이해야 한다.
③ 내구·내화성이 커야 한다.
④ 탄력이 있고 마모가 적어야 한다.

※ 바닥은 청결, 청소 등이 좋은 바닥재로 하고 벽은 화기에 가까이 있는 곳은 내화성이 강한 것으로 하고 싱크대 주위는 내수성이 강한 재료로 한다.

31 구리(Cu)와 주석(Sn)을 주체로 한 합금으로 건축장식철물 또는 미술공예 재료에 사용되는 것은?

① 황동 ② 청동
③ 양은 ④ 듀랄루민

※ 청동
동과 주석을 주체로한 합금. 인테리어용 장식철구나 미술공예 재료로써 쓰임.

32 도자기질 타일을 다음과 같이 구분하는 기준이 되는 것은?

내장타일, 외장타일, 바닥타일, 모자이크타일

① 호칭명에 따라
② 소지의 질에 따라
③ 유약의 유무에 따라
④ 타일의 성형법에 따라

※ 도자기질 타일은 호칭명에 따라 내장타일, 외장타일, 바닥타일, 모자이크타일로 분류할 수 있다.

33 다음 중 천연아스팔트에 속하지 않는 것은?

① 아스팔타이트 ② 록 아스팔트
③ 블론 아스팔트 ④ 레이크 아스팔트

※ 천연 아스팔트
레이크아스팔트, 록 아스팔트, 아스팔타이트

34 그림과 같은 블록의 명칭은?

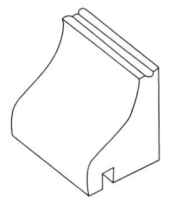

① 반블록 ② 창쌤블록
③ 인방블록 ④ 창대블록

※ 창대블록 :

35 다음과 같은 특징을 갖는 목재 방부제는?

· 유용성 방부제
· 도장 가능하며 독성 있음
· 처리재는 무색으로 성능 우수

① 콜타르 ② 크레오소트유

③ 염화아연용액   ④ 펜타클로로 페놀

※ 펜타클로로 페놀
목재의 표면 곰팡이 방지에 쓰이며 물에 녹지 않는다.

36 목재의 연륜에 관한 설명으로 옳지 않은 것은?
① 추재율과 연륜밀도가 큰 목재일수록 강도가 작다.
② 연륜의 조밀은 목재의 비중이나 강도와 관계가 있다.
③ 추재율은 목재의 횡단면에서 추재부가 차지하는 비율을 말한다.
④ 춘재부와 추재부가 수간횡단면상에 나타나는 동심원형의 조직을 말한다.

※ 추재율
나이테 중에서 여름부터 가을에 걸쳐 형성된 부분. 춘재에 비해 색깔이 짙고 비중이 크며 단단하고 강도도 높다.

37 기본 점성이 크며 내수성, 내약품성, 전기절연성이 모두 우수한 만능형 접착제로 금속, 플라스틱, 도자기, 유리, 콘크리트 등의 접합에 사용되는 것은?
① 요소수지 접착제
② 비닐수지 접착제
③ 멜라민수지 접착제
④ 에폭시수지 접착제

※ 에폭시수지 접착제
· 급경성으로 기본 점성이 크다.
· 내수성, 내산성, 내알칼리성, 내용제성, 내한성, 내열성, 내약품성, 전기절연성이 우수한 만능형 접착제이다.
· 금속유리, 플라스틱, 도자기, 목재, 고무 등의 접착성이 좋다.

38 소다 석회 유리에 관한 설명으로 옳지 않은 것은?
① 풍화되기 쉽다.
② 내산성이 높다.
③ 용융되지 않는다.
④ 건축일반용 창호유리 등으로 사용된다.

※ 소다 석회 유리(소다유리, 보통유리, 크라운유리)
· 용융하기 쉽고 풍화되기 쉽다.
· 산에 강하나, 알칼리에 약하다.
· 팽창률이 크고 강도가 높다.
· 용도 : 건축일반용, 창호유리, 병유리 등

39 비교적 굵은 철선을 격자형으로 용접한 것으로 콘크리트 보강용으로 사용되는 금속 제품은?

① 메탈 폼(metal form)
② 와이어 로프(wire rope)
③ 와이어 메시(wire mesh)
④ 펀칭 메탈(punching metal)

※ 와이어 메시(wire mesh)
열강 철선을 격자형으로 짜서 접점을 전기 용접한 것으로 방형 또는 정방형으로 만들어 블록을 쌓을때나 보호콘크리트를 타설할 때 사용하여 균열을 방지하고 교차 부분을 보강하기 위해 사용한다. 콘크리트 보강용, 도로포장용으로 사용한다.

40 다음 중 열경화성수지에 속하지 않는 것은?
① 페놀수지   ② 요소수지
③ 멜라민수지   ④ 염화비닐수지

※ 열가소성 수지
· 가열에 연화되어 변형되지만 냉각시키면 다시 굳어진다.
· 염화비닐수지, 폴리에틸렌수지, 폴리프로필렌수지, ABS수지, 아크릴 수지

41 강재나 목재를 삼각형을 기본으로 짜서 하중을 지지하는 것으로 절점이 핀으로 구성되어 있으며 부재는 인장과 압축력만 받도록 한 구조는?
① 트러스구조   ② 내력벽구조
③ 라멘구조   ④ 아치구조

※ 트러스구조
비교적 가는 직선재를 삼각형 단위로 조립한 구조체

42 철골구조의 주각부에 사용되는 부재가 아닌 것은?
① 래티스(lattice)
② 베이스 플레이트(base plate)
③ 사이트 앵글(side angle)
④ 윙 플레이트(wing plate)

※ 철골구조 – 주각부
· 주각부 기둥이 받는 내력을 기초에 전달하는 부분이다.
· 윙 플레이트, 베이스 플레이트, 기호와의 접합을 위한 리브 플레이트, 클립 앵글, 사이드 앵글 및 앵커볼트를 사용한다.

43 철근콘크리트구조에서 철근과 콘크리트의 부착에 영향을 주는 요인에 관한 설명으로 옳지 않은 것은?
① 철근의 표면상태 – 이형철근의 부착강도는 원형철근보다 크다.
② 콘크리트의 강도 – 부착강도는 콘크리트의 압축

강도나 인장강도가 작을수록 커진다.
③ 피복두께 - 부착강도를 제대로 발휘시키기 위해서는 충분한 피복두께가 필요하다.
④ 다짐 - 콘크리트의 다짐이 불충분하면 부착강도가 저하된다.

※ 콘크리트의 강도는 콘크리트의 압축강도나 인장강도가 클수록 커진다.

44 층고를 최소화 할 수 있으나 바닥판이 두꺼워서 고정하중이 커지며, 뼈대의 강성을 기대하기 어려운 구조는?
① 튜브구조 ② 전단벽구조
③ 박판구조 ④ 무량판구조

※ 무량판구조
건축물의 뼈대를 구성하는 방식으로, 수직재의 기둥에 연결되어 하중을 지탱하고 있는 수평구조 부재인 보(beam)가 없이 기둥과 슬래브(slab)로 구성된다.

45 가볍고 가공성이 좋은 장점이 있으나 강도가 작고 내구력이 약해 부패, 화재 위험 등이 높은 구조는?
① 목구조 ② 블록구조
③ 철골구조 ④ 철골철근콘크리트구조

※ 목구조
목재를 주요 재료로 쓴 구조물로 주로 주택 등의 소규모 건축물일 경우에 쓰인다. 건물의 주요 구조부(뼈대)가 목재로 구성된 구조(가구식 구조체). 일반 목조(심벽식·평벽식)와 목골조 두 가지로 대별. 장점은 구조방법이 간단하고 가공조립이 용이하여 공사기간이 짧고 겉 모양이 아름답고 경쾌하다. 단점은 부식하기 쉽고 화재의 위험이 크고 내구력이 작다.

46 건축제도에 사용되는 척도가 아닌 것은?
① 1/2 ② 1/60
③ 1/30 ④ 1/500

※ 건축제도통칙(KS F 1501)에 제시되는 축척
1/2, 1/3, 1/4, 1/5, 1/10, 1/20, 1/25, 1/30, 1/40, 1/50, 1/100, 1/200, 1/250, 1/300, 1/500, 1/600, 1/1,000, 1/1,200, 1/2,000 1/2,500, 1/3,000 1/5,000 1/6,000 등이 있다.

47 실시 설계도에서 일반도에 해당하지 않는 것은
① 전개도 ② 부분 상세도
③ 배치도 ④ 기초 평면도

※ 설계도면 - 일반도
배치도, 평면도, 입면도, 단면도, 전개도, 창호도, 현치도, 투시도 등

48 철근콘크리트 보에서 늑근에 주된 사용 목적은?
① 압축력에 대한 저항
② 인장력에 대한 저항
③ 전단력에 대한 저항
④ 휨에 대한 저항

※ 보의 늑근
보가 전단력에 저항할 수 있게 보강을 하는 역할로 주근의 직각 방향에 배치한다.

49 벽돌 쌓기법 중 벽의 모서리나 끝에 반절이나 이오토막을 사용하는 것으로 가장 튼튼한 쌓기법은?
① 미국식 쌓기 ② 프랑스식 쌓기
③ 영식 쌓기 ④ 네덜란드식 쌓기

※ 벽돌쌓기 공법
① 미국식(미식) 쌓기
· 5켜 정도 길이쌓기, 다음 한 켜는 마구리쌓기로 한다.
② 프랑스식(불식) 쌓기
· 한 켜에 길이와 마구리를 번갈아서 같이 쌓는 방법
· 통줄눈이 발생하여 구조적으로 튼튼하지 못한다.
③ 영식쌓기
· 한 켜는 길이, 다음 켜는 마구리로 쌓는 방법
· 마구리 켜의 이오토막 또는 반절을 사용하여 통줄눈이 생기지 않으며 내력벽을 만들 때에 사용
· 가장 튼튼한 쌓기 공법
④ 네덜란드식(화란식) 쌓기
· 영식 쌓기와 같으나 모서리 또는 끝 부분에 칠오토막을 사용
· 가장 많이 사용되며 모서리가 튼튼하다.

50 다음 중 건축제도 용구가 아닌 것은?
① 홀더 ② 원형 템플릿
③ 데오돌라이트 ④ 컴퍼스

※ 제도용구 및 용도 - 데오돌라이트
삼발위에 설치된 망원경을 통해 야외에서 정확한 측량을 할 수 있는 측량용 광학기계로 수평면상의 각과 수직방향의 각을 측정할 수 있다.

51 철골구조에서 사용되는 고력볼트접합의 특성으로 옳지 않은 것은?
① 접합부의 강성이 크다.
② 피로강도가 크다.
③ 노동력절약과 공기단축효과가 있다.
④ 현장 시공설비가 복잡하다.

※ 고력볼트접합
고력볼트로 접합되는 부재를 서로 강력히 압착시켜 압착면에 생기는 마찰력에 의해 응력을 전달시키는 방법이다.

52 프리스트레스트 콘크리트구조의 특징으로 옳지 않은 것은?
① 스팬을 길게 할 수 있어서 넓은 공간을 설계할 수 있다.
② 부재 단면의 크기를 작게 할 수 있고 진동이 없다.
③ 공기를 단축하고 시공 과정을 기계화할 수 있다.
④ 고강도 재료를 사용하므로 강도와 내구성이 크다.

※ 프리스트레스트 콘크리트
· 거푸집에 자갈을 넣은 다음 골재 사이에 모르타르를 압입하여 콘크리트를 형성해 가는 공법으로 시공이 간편하지 않다.
· 간 사이가 길어 넓은 공간의 설계가 가능하다.
· 부재단면 크기를 작게 할 수 있으나 진동하기 쉽다.
· 공기단축과 시공과정을 기계화 할 수 있다.

53 주택에서의 부엌에 대한 설명으로 가장 적합한 것은?
① 방위는 서쪽이나 북서쪽이 좋다.
② 개수대의 높이는 주부의 키와는 무관하다.
③ 소규모 주택일 경우 거실과 한 공간에 배치할 수 있다.
④ 가구 배치는 가열대, 개수대, 냉장고, 조리대, 순서로 한다.

※ 남측 또는 동측 모퉁이 부분-항상 쾌적하고 일과에 의한 건조소독이 잘되는 곳. 서측은 되도록 피하는 것이 좋다.
부엌의 배치는 준비 → 개수대 → 조리대 → 가열대 → 배선대 → 식당으로 한다.

54 다음 중 구조양식이 같은 것끼리 짝지어지지 않는 것은?
① 목구조와 철골구조
② 벽돌구조와 블록구조
③ 철근콘크리트조와 돌구조
④ 프리패브와 조립식 철근콘크리트조

※ 건축구조의 분류 - 구성방식에 의한 분류
· 가구식 구조 - 목구조, 철골구조
· 조적식 구조 - 벽돌구조, 돌구조, 블록구조
· 일체식 구조 - 철근콘크리트구조, 철골철근콘크리트구조

55 다음 중 벽돌구조의 장점에 해당하는 것은?
① 내화·내구적이다.
② 횡력에 강하다.
③ 고층 건축물에 적합한 구조이다.
④ 실내면적이 타 구조에 비해 매우 크다.

※ 벽돌구조의 장점
· 내화, 내구, 방화적
· 방한, 방서
· 외관장중, 시공이 간단하다.

56 사람을 그리려면 각 부분의 비례 관계를 알아야 한다. 사람을 8등분으로 나누어 보았을 때 비례관계가 가장 적절하게 표현된 것은?

번호	신체부위	비례
A	머리	1
B	목	1
C	다리	3.5
D	몸통	2.5

① A ② B
③ C ④ D

※ 사람을 8등분 하여 보면 머리는 1, 목이 0.5, 팔이 3.0, 몸통이 3.5, 다리가 4.0이 된다. 팔 굽은 팔의 1/2 부분이고 무릎은 지표면에서 2.5의 위치가 된다.

57 제도 연필의 경도에서 무르기로부터 굳기의 순서대로 옳게 나열한 것은?
① HB - B - F - H - 2H
② B - HB - F - H - 2H
③ B - F - HB - H - 2H
④ HB - F - B - H - 2H

※ 제도연필
B-HB-F-H-2H 등이 쓰이며 H의 수가 많을수록 단단하다.

58 블록조에서 창문의 인방보는 벽단보에 최소 얼마 이상 걸쳐야 하는가?
① 5cm ② 10cm
③ 15cm ④ 20cm

※ 20cm
인방 블록은 지지벽에 20cm 이상(보통40cm) 물리게 한다.

59 목구조에 사용되는 철물에 대한 설명으로 옳지 않은 것은?
① 듀벨은 볼트와 같이 사용하여 접합재 상호간의 변위를 방지하는 강한 이음을 얻는데 사용된다.
② 꺽쇠는 몸통이 정방형, 원형, 평판형인 것을 각각 각꺽쇠, 원형꺽쇠, 평꺽쇠라 한다.
③ 감잡이쇠는 강봉 토막의 양끝을 뾰족하게 하고 ㄴ자형으로 구부린 것으로 두 부재의 접합에 사용

된다.
④ 안장쇠는 안장 모양으로 한 부재를 걸쳐놓고 다른 부재를 받게 하는 이음, 맞춤의 보강 철물이다.

※ 보강 철물은 모두 콜타르(coal tar)를 달구어 칠하여 사용한다. 이에는 띠쇠(strap : 띠형으로 띤 절판에 가시 못 또는 볼트구멍을 뚫은 것)와 감잡이쇠는 평보에 대공을 달아맬 때 평보와 ㅅ자보 밑에 사용하고 ㄱ자쇠는 모서리 가로재의 연결 또는 세로 가로 연결에 쓰인다. 안장쇠는 큰 보에 걸쳐 작은 보를 받게 할 때 사용된다.

60 다음 창호 표시기호의 뜻으로 옳은 것은?

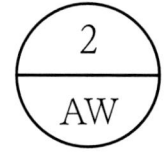

① 알루미늄합금창 2번
② 알루미늄합금창 2개
③ 알루미늄 2중창
④ 알루미늄문 2짝

※ 창호표시기호
원의 상단 2는 창호번호 2번이고, 원의 하단은 AW는 알루미늄 합금창을 의미한다. 즉, 알루미늄 합금창, 2번이다.

정답

01② 02② 03④ 04② 05② 06③ 07③ 08① 09② 10②
11③ 12② 13① 14③ 15① 16① 17④ 18④ 19① 20②
21② 22④ 23① 24④ 25③ 26④ 27④ 28① 29① 30①
31② 32① 33③ 34④ 35④ 36① 37④ 38③ 39③ 40④
41① 42① 43② 44④ 45① 46② 47④ 48③ 49③ 50③
51④ 52② 53③ 54③ 55① 56① 57② 58④ 59③ 60①

과년도 기출문제

2016년도 제4회

01 균형의 종류와 그 실예의 연결이 옳지 않은 것은?
① 방사형 균형 - 판테온의 돔
② 대칭적 균형 - 타지마할의 궁
③ 비대칭적 균형 - 눈의 결정체
④ 결정학적 균형 - 반복되는 패턴의 카펫

※ 비대칭 균형은 형태상으로 불균형이지만 시각상의 정돈에 의해 균형 잡힌 것이며, 시소놀이 등이 있다. 눈의 결정체는 방사형 균형에 속한다.

02 다음 설명에 알맞은 부엌의 작업대 배치 방식은?

· 인접한 세 벽면에 작업대를 붙여 배치한 형태이다.
· 비교적 규모가 큰 공간에 적합하다.

① 일렬형 ② ㄴ자형
③ ㄷ자형 ④ 병렬형

※ 부엌가구 배치 유형
① 일자형(직선형) : 좁은 면적을 이용할 경우에 사용되며, 작업의 흐름이 좌우로 되어 있어 동선이 길어진다.
② L자형(ㄴ자형) : 정방향 부엌에 알맞고 비교적 넓은 부엌에서 능률적이나, 모서리 부분은 이용도가 낮다.
③ U자형(ㄷ자형) : 양측 벽면을 이용하므로 수납공간을 넓게 잡을 수 있으며, 이용하기에도 아주 편리하다.
④ 병렬형 : 작업대가 마주보도록 배치하는 형태로 길고 좁은 부엌에 적당하며, 동선이 짧아 효과적이다.

03 상점 쇼윈도우 전면의 눈부심 방지 방법으로 옳지 않은 것은?
① 차양을 쇼윈도우에 설치하여 햇빛을 차단한다.
② 쇼윈도우 내부를 도로면보다 약간 어둡게 한다.
③ 유리를 경사지게 처리하거나 곡면유리를 사용한다.
④ 가로수를 쇼윈도우 앞에 심어 도로 건너편 건물의 반사를 막는다.

※ 진열창의 반사방지
· 진열창 내의 밝기를 인공적으로 높게 함으로써 방지할 수 있다.
· 차양을 달아 외부에서 그늘이 생기게 한다.
· 유리면을 경사지게 하고, 특수한 경우에는 곡면유리를 사용한다.

04 평화롭고 정지된 모습으로 안정감을 느끼게 하는 선은?
① 수직선 ② 수평선
③ 기하곡선 ④ 자유곡선

※ 선
① 수직선 : 고결, 희망, 상승, 위엄, 존엄성, 긴장감을 느낌
② 수평선 : 고요, 안정, 평화, 평등, 침착, 정지된 느낌
③ 기하곡선 : 경직 정리된 느낌
④ 자유곡선 : 자유롭고 풍부한 느낌

05 동일한 두 개의 의자를 나란히 합해 2명이 앉을 수 있도록 설계한 의자는?
① 세티 ② 카우치
③ 풀업 체어 ④ 체스터 필드

※ 가구
① 세티(settee) : 러브시트와 달리 동일한 2개의 의자를 나란히 놓아 2인이 앉을 수 있도록 한 의자
② 카우치(couch) : 몸을 기댈 수 있도록 좌판 한쪽 끝이 올라간 소파
③ 풀업 체어(pull-up chair) : 이동하기 쉽고 잡기 편하고 들기 쉬운 간이 의자
④ 체스터 필드(chesterfield) : 소파의 안락성을 위해 솜, 스펀지 등을 두툼하게 채워 놓은 소파

06 다음 중 상점계획에서 중점을 두어야 하는 내용과 가장 관계가 먼 것은?
① 조명설계 ② 간판디자인
③ 상품배치방식 ④ 상점주의 동선

※ 상점계획 시 고려사항
상점의 위치, 방위, 상점의 구조, 동선, 상점의 외관, 사인(Sign)계획, 조닝계획, 진열창(show window)과 출입구, 가구의 배치, 종업원의 동선

07 천장과 더불어 실내공간을 구성하는 수평적 요소로 인간의 감각 중 시각적, 촉각적 요소와 밀접한 관계를 갖는 것은?
① 벽 ② 기둥

③ 바닥 ④ 개구부

※ 실내 기본요소 - 바닥
공간을 구성하는 수평적 요소로서 생활을 지탱하는 기본적 요소

08 주거공간을 주행동에 의해 구분할 경우, 다음 중 사회적 공간에 속하는 것은?
① 거실 ② 침실
③ 욕실 ④ 서재

※ 주거공간의 주 행동에 따른 분류 - 사회적 공간
· 가족중심의 공간으로 모두 같이 사용하는 공간
· 거실, 응접실, 식당, 현관

09 주택의 거실에 관한 설명으로 옳지 않은 것은?
① 다목적 기능을 가진 공간이다.
② 가족의 휴식, 대화, 단란한 공동생활의 중심이 되는 곳이다.
③ 전체 평면의 중앙에 배치하여 각 실로 통하는 통로로서의 기능을 부여한다.
④ 거실의 면적은 가족 수와 가족의 구성형태 및 거주자의 사회적 지위나 손님의 방문 빈도와 수 등을 고려하여 계획한다.

※ 거실의 위치
주택에서 거실은 가장 좋은 위치에 배치한다. 전망이 좋고 일사가 잘되는 곳으로 한다. 주거생활의 중심공간이 되게 한다.

10 광원을 넓은 면적의 벽면에 배치하여 비스타(vista)적인 효과를 낼 수 있으며 시선에 안락한 배경으로 작용하는 건축화 조명방식은?
① 코퍼 조명 ② 광창 조명
③ 코니스 조명 ④ 광천장 조명

※ 광창 조명
광원을 넓은 면적의 벽면에 매입하여 비스타(vista)적인 효과를 낼 수 있으며 시선에 안락한 배경으로 작용하는 조명 방식

11 가구와 설치물의 배치 결정 시 다음 중 가장 우선적으로 고려되어야 할 사항은?
① 재질감 ② 색채감
③ 스타일 ④ 기능성

※ 기능적 조건
공간을 사용목적에 적합하도록 인간 공학, 공간 규모, 배치 및 동선, 사용빈도 등 제반 사항을 고려하여 가장 우선시 되어야 한다.

12 원룸주택 설계시 고려해야 할 사항으로 옳지 않은 것은?
① 내부공간을 효과적으로 활용한다.
② 접객공간을 충분히 확보하도록 한다.
③ 환기를 고려한 설계가 이루어져야 한다.
④ 사용자에 대한 특성을 충분히 파악한다.

※ 원룸주택 설계시 고려사항
· 활동공간과 취침공간은 구분한다.
· 사용자의 특성을 파악한다.
· 내부공간을 효율적으로 활용한다.
· 환기를 고려한다.
· 간편하고 이동이 용이한 조립식 가구나 다양한 기능을 구사하는 다목적 가구를 사용한다.

13 특정한 사용목적이나 많은 물품을 수납하기 위해 건축화된 가구는?
① 가동 가구 ② 이동 가구
③ 붙박이 가구 ④ 모듈러 가구

※ 붙박이 가구
건물에 짜 맞추어 건물과 일체화하여 만든 가구로 가구배치의 혼란을 없애고 공간을 최대한 활용할 수 있다.

14 다음 중 공간배치 및 동선의 편리성과 가장 관련이 있는 실내디자인의 기본 조건은?
① 경제적 조건 ② 환경적 조건
③ 기능적 조건 ④ 정서적 조건

※ 실내디자인의 기본조건
· 기능적 조건 : 공간을 사용목적에 적합하도록 인간 공학, 공간 규모, 배치 및 동선, 사용빈도 등 제반 사항을 고려하여 가장 우선시 되어야 한다.
· 정신적 조건 : 심미적, 심리적 예술 욕구를 충족하기 위해 사용자의 연령, 취미, 기호, 직업, 학력 등을 고려
· 환경적 조건 : 쾌적한 환경을 직·간접적으로 지배하는 공기, 열, 음, 빛, 설비 등의 제반요소를 고려

15 부엌의 기능적인 수납을 위해서는 기본적으로 4가지 원칙이 만족되어야 하는데, 다음 중 "수납장 속에 무엇이 들었는지 쉽게 찾을 수 있게 수납한다"와 관련된 원칙은?
① 접근성 ② 조절성
③ 보관성 ④ 가시성

※ 부엌의 기능적 수납을 위해서는 접근성, 조절성, 보관성 및 가시성등의 네가지 원칙이 만족되어야 하며 이 중에서 가시성은 수납장 속에 무엇이 들어 있는지 쉽게 찾을 수 있게 수납하는 기능에 대한 원칙이다.

16 음파는 파동의 하나이기 때문에 물체가 진행 방향을 가로막고 있다고 해도 그 물체의 후면에도 전달된다. 이러한 현상을 무엇이라 하는가?
① 회절 ② 반사
③ 간섭 ④ 굴절

※ 음 현상
① 회절 : 음파는 파동의 하나이기 때문에 물체가 진행방향을 가로막고 있다고 해도 그 물체의 후면에도 전달되는 현상
② 반사 : 일정한 방향으로 나아가던 파동이 다른 물체의 표면에 부딪혀서 나아가던 방향을 반대로 바꾸는 현상
③ 간섭 : 2개 이상의 음파가 동시에 어떤 점에 도달하면 서로 강화하거나 약화시키는 현상
④ 굴절 : 빛이 하나의 투명매체에서 다른 매체로 들어갈 때 빛이 방향이 바뀌는 현상

17 다음 중 일조조절을 위해 사용되는 것이 아닌 것은?
① 루버 ② 반자
③ 차양 ④ 처마

※ 반자
지붕 밑 또는 위층의 바닥 밑을 막아 온도조절의 역할을 함과 동시에 음향방지와 장식을 겸한 구조체를 반자라 한다.

18 측창 채광에 관한 설명으로 옳지 않은 것은?
① 편측창 채광은 조명도가 균일하지 못하다.
② 천창 채광에 비해 시공, 관리가 어렵고 빗물이 새기 쉽다.
③ 측창 채광은 천창 채광에 비해 개방감이 좋고 통풍에 유리하다.
④ 측창 채광 중 벽의 한 면에만 채광하는 것을 편측창 채광이라 한다.

※ 측창채광
· 벽면에 수직으로 낸 측창을 통한 채광방식
· 개폐와 조작이 용이하고, 청소·보수가 용이하다.
· 구조적 시공이 용이하며 비막이에 유리하다.
· 근린 상황에 의한 채광 방해의 우려가 있다.
· 편측 채광의 경우 조도 분포가 불균일하다.

19 실내외의 온도차에 의한 공기의 밀도차가 원동력이 되는 환기 방법은?
① 풍력환기 ② 중력환기
③ 기계환기 ④ 인공환기

※ 환기의 종류
· 풍력환기 : 바람에 의해 건물 전체의 압력차에 의한 환기 하는 방법
· 중력환기 : 건물의 실내 외부에 온도 차에 의한 압력차로 환기하는 방법
· 기계환기 : 송풍기, 배풍기 등에 의해 강제적으로 하는 환기
· 동력환기(인공환기) : 기계력을 이용하여 강제 환기를 하는 방법

20 다음은 건물 벽체의 열 흐름을 나타낸 그림이다. ( )에 알맞은 용어는?

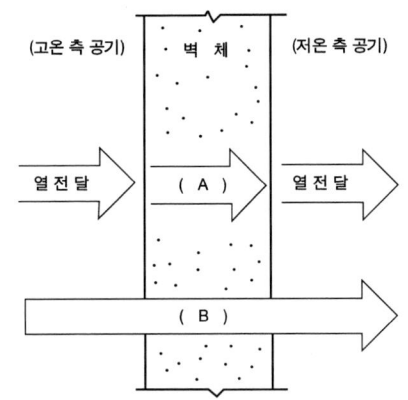

① A : 열복사, B : 열전도
② A : 열흡수, B : 열복사
③ A : 열복사, B : 열대류
④ A : 열전도, B : 열관류

※ 열 흐름 용어
· 열전도 : 물체의 에너지가 물체 내에서 다른 물체로 연속적으로 전달되는 현상
· 열관류 : 고체 양쪽의 유체 온도가 다를 때, 고온 쪽에서 저온 쪽으로 열이 통과하는 현상

21 콘크리트 혼화재료와 용도의 연결이 옳지 않은 것은?
① 실리카흄 - 압축강도 증대
② 플라이 애시 - 수화열 증대
③ AE제 - 동결융해 저항성능 향상
④ 고로슬래그 분말 - 알칼리 골재 반응 억제

※ 플라이 애시
보일러 연도에서 집진기로 채취한 재(회)를 말하며 무게로 15~40%의 플라이 애시를 시멘트 클링커에 혼합하여 약간 석고를 넣어 분쇄하여 만든다. 수화열이 적고 조기강도는 낮아지며 장기강도는 커진다. 콘크리트의 워커빌리티가 좋고 단위 수량이 감소.

22 유성페인트에 관한 설명으로 옳지 않은 것은?
① 건조시간이 길다.
② 내후성이 우수하다.
③ 내알칼리성이 우수하다.
④ 붓바름작업성이 우수하다.

※ 유성페인트(안료+보일드유+희석재)
· 안료와 건조성 지방유를 주 원료로 한다.
· 붓 바름 작업성 및 내후성이 우수하다.
· 건조시간이 길다.
· 내알칼리성이 약하므로 콘크리트 바탕 면에 사용하지 않는다.

23 개울에서 생긴 지름 20~30cm 정도의 둥글고 넓적한 돌로 기초 잡석다짐이나 바닥콘크리트 지정에 사용되는 것은?

① 판돌　　② 견칫돌
③ 호박돌　④ 사괴석

※ 호박돌(玉石)
호박돌(둥근돌 또는 둥근 잡석)은 개울에서 생긴 지름 20~30cm 정도의 둥글 넓적한 돌로서 잡석다짐 또는 바닥 콘크리트 지정 등에 쓰인다.

24 플라스틱 재료의 일반적 성질로 옳지 않은 것은?

① 내열성, 내화성이 적다.
② 전기절연성이 우수하다.
③ 흡수성이 적고 투수성이 거의 없다.
④ 가공이 불리하고 공업화재료로는 불합리하다.

※ 합성수지 일반적 성질
· 착색이 자유롭다.
· 내약품성이 우수하다.
· 전성, 연성이 크다.
· 가소성, 가공성이 크다.
· 광택이 있다.
· 내산, 내알칼리 등의 내화학성 및 전기 절연성이 우수하다.
· 내수성 및 내투습성은 일부를 제외하고 극히 양호하다.
· 탄력성이 없어 구조재료로 사용이 불가능하다.
· 인장강도가 압축강도보다 매우 작다.

25 굳지 않은 콘크리트의 반죽질기를 나타내는 지표로 사용되는 것은?

① 슬럼프　　② 침입도
③ 블리딩　　④ 레이턴스

※ 슬럼프
슬럼프 콘에 프레시 콘크리트를 충전하고, 탈형했을 때 자중에 의해 변형하여 상면이 밑으로 내려앉는 양

26 일반적으로 목재의 심재부분이 변재부분보다 작은 것은?

① 비중　　② 강도
③ 신축성　④ 내구성

※ 목재
· 변재가 심재보다 강도 및 내구성이 작다.
· 변재가 심재보다 신축성이 크다.

27 알루미늄의 일반적인 성질에 관한 설명으로 옳지 않은 것은?

① 열반사율이 높다.
② 내화성이 부족하다.
③ 전성과 연성이 풍부하다.
④ 압연, 인발 등의 가공성이 나쁘다.

※ 알루미늄
· 은백색에 반사율이 큰 금속
· 전성, 연성이 좋고 가공이 쉽다.
· 맑은 물에 대해서는 내식성이 크나, 해수에 침식되기 쉽다.
· 산, 알칼리에 침식되며 콘크리트에 부식된다.

28 경화 콘크리트의 역학적 기능을 대표하는 것으로, 경화 콘크리트의 강도 중 일반적으로 가장 큰 것은?

① 휨강도　　② 압축강도
③ 인장강도　④ 전단강도

※ 콘크리트강도
압축강도＞전단강도＞휨강도＞인장강도

29 중밀도 섬유판(MDF)에 관한 설명으로 옳지 않은 것은?

① 밀도가 균일하다.
② 측면의 가공성이 좋다.
③ 표면에 무늬인쇄가 불가능하다.
④ 가구제조용 판상재료로 사용된다.

※ MDF는 톱밥과 접착제를 섞어서 열과 압력으로 가공한 목재이며, 무늬인쇄가 가능하다.

30 주로 천연의 유기섬유를 원료를 한 원지에 스트레이트 아스팔트를 함침시켜 만든 아스팔트 방수 시트재는?

① 아스팔트 펠트　　② 블로운 아스팔트
③ 아스팔트 프라이머　④ 아스팔트 컴파운드

※ 아스팔트 펠트
폐지, 누더기 등으로 만들어진 러그 원지·석면 등에 아스팔트를 침투시킨 것으로 지붕 바탕, 벽 바탕의 방수, 바닥 재료의 밑깔기에 쓰인다.

31 건축재료를 사용 목적에 따라 분류할 때 차단 재

료로 볼 수 없는 것은?
① 실링재 ② 아스팔트
③ 콘크리트 ④ 글라스울

· 실링재 : 커튼월, 샤시둘레, 건축물의 줄눈 주위에 충전하는 고무성 물질
· 아스팔트 : 건축재료에 사용되는 아스팔트에는 스트레이트 아스팔트와 블론 아스팔트가 있다.
 스트레이트 아스팔트는 접착성, 신장성, 흡투수가 우수하여, 지하방수 공사에 사용. 블론 아스팔트는 온도에 둔감하여 내후성이 커서, 온도변화와 내후성, 노화에 중점을 주는 지붕공사에 사용된다.
· 글라스울 : 유리를 녹여 섬유형태로 만든 단열재

32 다음 설명에 알맞은 목재 방부제는?

· 유성 방부제로 도장이 불가능하다.
· 독성은 적으나 자극적인 냄새가 있다.

① 크레오소트유
② 황산동 1% 용액
③ 염화아연 4% 용액
④ 펜타 클로로 페놀(PCP)

※ 크레오소트 오일(Creosote Oil)
· 유성방부제이다.
· 색이 흑갈색이라 미관을 고려하지 않는 외부에 쓰이고 가격이 저렴함
· 도장이 불가능하며, 자극적인 냄새가 나므로 실내에서는 사용할 수 없다.
· 방부력이 우수하고, 내습성이 있다.
· 토대, 기둥, 도리 등에 사용한다.

33 자외선에 의한 화학작용을 피해야 하는 의류, 약품, 식품 등을 취급하는 장소에 사용되는 유리 제품은?
① 열선반사유리 ② 자외선흡수유리
③ 자외선투과유리 ④ 저방사(Low-E)유리

※ 자외선흡수유리
· 자외선을 흡수하는 세륨, 티타늄, 바나듐을 함유시킨 담청색의 투명유리.
· 자외선 차단유리라고도 함.
· 의류의 진열장, 식품, 약품창고의 창유리.

34 금속의 방식방법에 관한 설명으로 옳지 않은 것은?
① 큰 변형을 준 것은 가능한 한 풀림하여 사용한다.
② 가능한 한 이종금속과 인접하거나 접촉하여 사용하지 않는다.
③ 표면을 평활하고 깨끗하게 하며, 습윤상태를 유지하도록 한다.
④ 균질한 것을 선택하고 사용할 때 큰 변형을 주지 않도록 한다.

※ 금속의 부식 방식방법
· 다른 종류의 금속을 서로 잇대어 사용하지 않는다.
· 균일한 재료를 쓴다.
· 건조한 상태로 유지한다.
· 도료를 이용하여 수밀성 보호피막처리를 한다.
· 큰 변형을 준 것은 가능한 한 풀림하여 사용한다.

35 시멘트의 응결에 관한 설명으로 옳은 것은?
① 온도가 높을수록 응결이 늦어진다.
② 석고는 시멘트의 응결촉진제로 사용된다.
③ 시멘트에 가하는 수량이 많으면 응결이 늦어진다.
④ 신선한 시멘트로서 분말도가 미세한 것일수록 응결이 늦어진다.

※ 시멘트의 응결시간
· 온도가 높으면 응결시간이 빠르다.
· 수량이 많을수록 응결시간이 늦다.
· 첨가된 석고량이 많으면 응결시간이 늦어진다.
· 분말도가 높으면 응결시간이 빠르다.

36 기본 점성이 크며 내수성, 내약품성, 전기절연성이 모두 우수한 만능형 접착제로, 금속, 플라스틱, 도자기, 유리, 콘크리트 등의 접합에 사용되는 것은?
① 에폭시 접착제 ② 요소수지 접착제
③ 페놀수지 접착제 ④ 멜라민수지 접착제

※ 에폭시 접착제
에폭시 수지로 만든 접착제로, 접착 강도가 강하고, 내수성, 내약품성, 전기절연성이 모두 우수하다.

37 시멘트의 경화 중 체적팽창으로 팽창균열이 생기는 정도를 나타내는 것은?
① 풍화 ② 조립률
③ 안정성 ④ 침입도

※ 시멘트의 안정성
시멘트가 경화 중에 용적이 팽창하여 팽창균열이나 휨 등이 생기는 정도를 말한다.

38 다음 중 경량벽돌에 속하는 것은?
① 다공벽돌 ② 내화벽돌
③ 광재벽돌 ④ 홍예벽돌

※ 벽돌 – 다공벽돌(경량벽돌)
· 점토에 톱밥, 목탄가루 등을 혼합하여 성형한 벽돌
· 비중이 보통벽돌보다 작으며, 강도로 작다.

- 톱질과 못 박기가 가능하다.
- 방음벽, 단열층, 보온벽, 간막이벽에 사용된다.

39 회반죽에 여물을 사용하는 주된 이유는?
① 균열 방지 ② 경화 촉진
③ 크리프 증가 ④ 내화성 증가

※ 가수량이 불충분하면 벽면에 팽창성 균열이 생긴다.

40 석재를 인력으로 가공할 때 표면이 가장 거친 것에서 고운 순으로 바르게 나열한 것은?
① 혹두기 →도드락다듬 →정다듬 →잔다듬 →물갈기
② 정다듬 →혹두기 →잔다듬 →도드락다듬 →물갈기
③ 정다듬 →혹두기 →도드락다듬 →잔다듬 →물갈기
④ 혹두기 →정다듬 →도드락다듬 →잔다듬 →물갈기

※ 석재 가공 순서
혹두기-정다듬-도드락다듬-잔다듬-거친 갈기·물갈기

41 1889년 프랑스 파리에 만든 에펠탑의 건축 구조는?
① 벽돌구조 ② 블록구조
③ 철골구조 ④ 철근콘크리트구조

※ 1889년 프랑스 파리에 만든 에펠탑의 건축 구조는 철골구조이다.

42 실시 설계도에서 일반도에 해당하지 않는 것은?
① 기초 평면도 ② 전개도
③ 부분 상세도 ④ 배치도

※ 설계도면 종류 - 실시 설계도
- 일반도 : 배치도, 평면도, 입면도, 단면도, 전개도, 창호도, 현치도, 투시도 등
- 구조도 : 기초 평면도, 바닥틀 평면도, 지붕틀 평면도, 골조도 기초, 기둥, 보 바닥판, 일람표, 배근도, 각부 상세 등
- 설비도 : 전기, 위생, 냉·난방, 환기, 승강기, 소화 설비도 등

43 건축제도의 치수 기입에 관한 설명으로 옳지 않은 것은?
① 협소한 간격이 연속될 때에는 인출선을 사용하여 치수를 쓴다.
② 치수는 특별히 명시하지 않는 한 마무리 치수로 표시한다.
③ 치수 기입은 치수선에 평행하게 도면의 왼쪽에서 오른쪽으로, 위에서 아래로 읽을 수 있도록 기입한다.
④ 치수 기입은 항상 치수선 중앙 윗부분에 기입하는 것이 원칙이다.

※ 건축제도통칙 - 치수
- 치수의 단위는 mm로 하고, 단위는 생략한다.
- 치수는 특별히 명시하지 않는 한 마무리 치수로 한다.
- 치수기입은 치수선 중앙 윗부분에 기입하는 것이 원칙이다.
- 협소한 간격이 연속 될 때에는 인출선을 사용하여 치수를 쓴다.
- 전체 치수를 바깥쪽에, 부분 치수는 안쪽에 기입한다.
- 치수기입은 치수선에 평행하게 도면의 왼쪽에서 오른쪽으로, 아래로부터 위로 읽을 수 있도록 기입한다.
- 치수선의 양 끝 표시는 화살 또는 점으로 표시할 수 있으며, 같은 도면에서 2종을 혼용할 수 없다.

44 벽돌벽면의 치장줄눈 중 평줄눈은 어느 것인가?

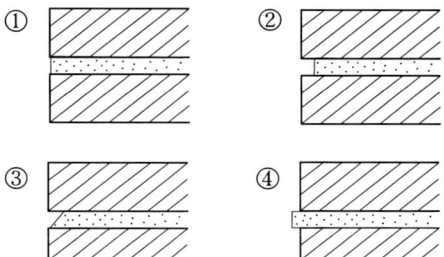

※ 평줄눈 :

45 삼각자 1조로 만들 수 없는 각도는?
① 15° ② 25°
③ 105° ④ 150°

※ 제도용구 - 삼각자
- 45° 등변삼각형과 30°, 60°의 직각삼각형 두 가지가 한 쌍으로 이루어져 있다.
- 삼각자를 이용한 각도는 30°, 45°, 60°, 75°, 105°를 그을 수 있다.

46 목구조에 사용되는 연결 철물에 관한 설명으로 옳은 것은?
① 띠쇠는 ㄷ자형으로 된 철판에 못, 볼트구멍이 뚫린 것이다.
② 감잡이쇠는 평보를 ㅅ자보에 달아맬 때 연결시키는 보강철물이다.
③ ㄱ자쇠는 가로재와 세로재가 직교하는 모서리부분에 직각이 맞도록 보강하는 철물이다.
④ 안장쇠는 큰 보를 따낸 후 작은 보를 걸쳐 받게 하는 철물이다.

※ ㄱ자쇠
- 띠쇠를 ㄱ자 모양으로 구부려 만든 철물이다.
- 모서리의 가로재 연결 또는 세로 가로의 연결에 사용한다.

47 2층 이상의 기둥 전체를 하나의 단일재로 사용하는 기둥으로 상하를 일체화시켜 수평력에 견디게 하는 기둥은?

① 통재기둥 ② 평기둥
③ 층도리 ④ 샛기둥

※ 목구조 - 기둥
· 통재기둥 : 상부에서 내려오는 하중을 받아 토대에 전달하는 수직재로서 2층 이상의 기둥 전체를 하나의 단열재로 사용하는 기둥
· 평기둥 : 한 층당 별개로 구성된 기둥
· 층도리 : 위아래층 중간에 쓰는 가로재로 기둥연결
· 샛기둥 : 기둥과 기둥사이의 작은 기둥으로 벽체구성과 가새의 옆 휨을 막는 역할

48 철근콘크리트구조의 1방향 슬래브의 최소 두께는?

① 80mm ② 100mm
③ 120mm ④ 150mm

※ 1방향 슬래브
철근콘크리트 구조에 있어 주철근이 보의 주철근처럼 한 방향으로만 배치된 판으로 최소두께는 100mm 이상으로 한다.

49 실내를 입체적으로 실제와 같이 눈에 비치도록 그린 그림을 무엇이라 하는가?

① 평면도 ② 투시도
③ 단면도 ④ 전개도

※ 설계도면
① 평면도 : 건축물을 각 층마다 창틀 위(지상1.2mm~1.5mm정도)에서 수평으로 자른 수평투상도로서 실의 배치 및 크기를 나타내는 도면
② 투시도 : 공간이나 사물을 원근법에 의거하여 직접 물체를 바라보는 것 같이 입체적으로 작성한 도면
③ 단면도 : 건축물을 수직으로 잘라 그 단면을 나타낸 것으로 처마 높이, 층높이, 창대높이, 천장높이, 지붕의 물매 등을 나타내는 도면
④ 전개도 : 각 실의 내부의 의장을 명시하기 위해 작성하는 도면으로 실내의 벽면형상, 치수, 마감 등을 표시한다.

50 KS F 1501에 따른 도면의 크기에 대한 설명으로 옳은 것?

① 접은 도면의 크기는 B4의 크기를 원칙으로 한다.
② 제도지를 묶기 위한 여백은 35mm로 하는 것이 기본이다.
③ 도면은 그 길이 방향을 좌우 방향으로 놓는 것을 정위치로 한다.
④ 제도 용지의 크기는 KS M ISO 216의 B열의 B0~B6에 따른다.

※ 건축도면은 그 길이 방향을 좌우 방향으로 놓은 위치를 정위치로 하고 도면에는 척도를 기입하여야 하며, 평면도, 배치도 등은 북쪽을 위로 하여 작도함을 원칙으로 하며 도면을 접을 경우 접은 도면의 크기는 A4크기를 원칙으로 한다.

51 철골 구조에서 단일재를 사용한 기둥은?

① 형강 기둥 ② 플레이트 기둥
③ 트러스 기둥 ④ 래티스 기둥

※ 형강 기둥
형강을 단독으로 사용한 것으로 단일 I형강이나 H형강 등이 쓰인다. 또 저항력을 크게 하기 위하여 플랜지부 및 웨브부에 플레이트를 댈 때도 있다.

52 속빈 콘크리트 블록에서 A종 블록의 전단면적에 대한 압축강도는 최소 얼마 이상인가?

① 4MPa ② 6MPa
③ 8MPa ④ 10MPa

※ 속빈 콘크리트 블록의 전단면적에 대한 압축강도
A종 - 4MPa이상, B종 - 6MPa이상, C종 - 8MPa이상

53 그림과 같은 평면 표시기호는?

① 접이문 ② 망사문
③ 미서기창 ④ 붙박이창

※ 붙박이창 :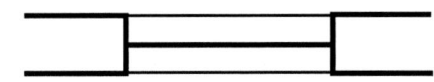

54 제도지의 치수 중 옳지 않은 것은? (단, 보기항의 치수는 mm임)

① A0 - 841×1189
② A1 - 594×841
③ A2 - 420×594
④ A3 - 210×297

※ 제도용지규격
· A0 : 841×1189
· A1 : 594×841
· A2 : 420×594
· A3 : 297×420
· A4 : 210×297

55 건축 도면에서 주로 사용되는 축척이 아닌 것은?

① 1/25 ② 1/35
③ 1/50 ④ 1/100

※ 건축제도통칙(KS F 1501)에 제시되는 축척
1/2, 1/3, 1/4, 1/5, 1/10, 1/20, 1/25, 1/30, 1/40, 1/50, 1/100
1/200, 1/250, 1/300, 1/500, 1/600, 1/1,000, 1/1,200, 1/2000 1/2,500, 1/3,000
1/5,000 1/6,000 등이 있다.

56 건축설계도면에서 전개도에 관한 설명 중 옳지 않은 것은?

① 각 실 내부의 의장을 명시하기 위해 작성하는 도면이다.
② 각 실에 대하여 벽체 및 문의 모양을 그려야 한다.
③ 일반적으로 축척은 1/200 정도로 한다.
④ 벽면의 마감재료 및 치수를 기입하고, 창호의 종류와 치수를 기입한다.

※ 설계도면 - 전개도
· 각 실의 내부의 의장을 명시하기 위해 작성하는 도면이다.
· 축척은 1/20~1/50 정도로 한다.
· 실내의 벽체 및 문의 모양을 그려야 한다.
· 벽면의 마감재료 및 치수를 기입하고, 창호의 종류와 치수를 기입한다.

57 다음의 평면 표시 기호가 나타내는 것은?

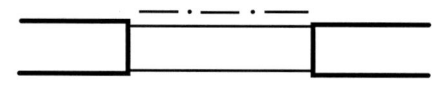

① 셔터달린 창 ② 오르내리창
③ 주름문 ④ 미들창

※ 셔터달린 창 :

58 인장재에 대한 저항력이 작은 콘크리트에 미리 긴장재에 의한 압축력을 가하여 만든 구조는?

① PEB구조
② 판조립식구조
③ 철골철근콘크리트구조
④ 프리스트레스트 콘크리트 구조

※ 프리스트레스트 콘크리트
· 거푸집에 자갈을 넣은 다음 골재 사이에 모르타르를 압입하여 콘크리트를 형성해 가는 공법으로 시공이 간편하지 않다.
· 간 사이가 길어 넓은 공간의 설계가 가능하다.
· 부재단면 크기를 작게 할 수 있으나 진동하기 쉽다.
· 공기단축과 시공과정을 기계화 할 수 있다.

59 철골구조에서 주요 구조체의 접합방법으로 최근 거의 사용되지 않는 방법은?

① 고력볼트접합
② 리벳접합
③ 용접
④ 고력볼트와 맞댄용접의 병용

※ 리벳접합
2장 이상의 강재에 구멍을 뚫어 약 800~1,000°C 정도로 가열한 리벳을 박고 보통은 압축공기로 타격하는 형식의 리베터로 머리를 만든다.

60 철골구조에 대한 설명 중 옳지 않은 것은?

① 철골구조는 하중을 전달하는 주요 부재인 보나 기둥 등을 강재를 이용하여 만든 구조이다.
② 철골구조를 재료상 라멘구조, 가새골조구조, 튜브구조, 트러스구조 등으로 분류할 수 있다.
③ 철골구조는 일반적으로 부재를 접합하여 뼈대를 구성하는 가구식 구조이다.
④ 내화피복을 필요로 한다.

※ 철골구조
여러 단면 모양으로 된 형강과 강판을 짜 맞추어 만든 구조로 접합 및 연결에는 용접이나 리벳 또는 볼트 등을 사용한다.
· 트러스구조 : 비교적 가는 직선재를 삼각형 단위로 조립한 구조체
· 라멘구조 : 부재를 견고하게 강접합하여 각 부재가 접합부에서 일체가 되도록한 구조

정답

01③ 02③ 03② 04② 05① 06④ 07③ 08① 09③ 10②
11④ 12② 13③ 14③ 15④ 16① 17② 18① 19② 20④
21② 22② 23③ 24④ 25① 26③ 27④ 28② 29③ 30①
31③ 32① 33② 34④ 35③ 36① 37③ 38① 39① 40④
41③ 42① 43③ 44② 45② 46③ 47① 48② 49② 50③
51① 52② 53④ 54④ 55② 56③ 57① 58④ 59② 60②

2016년도 제5회 과년도 기출문제

01 가구배치의 혼란감을 없애고 공간을 최대한 활용할 수 있도록 건물과 일체화하여 만든 가구는?
① 모듈러 가구(modular furniture)
② 붙박이 가구(built in furniture)
③ 분해식 가구(knock down furniture)
④ 조합 가구(sectional furniture)

※ 붙박이가구
건물에 짜 맞추어 건물과 일체화하여 만든 가구로 가구배치의 혼란을 없애고 공간을 최대한 활용할 수 있다.

02 평화롭고 정지된 모습으로 안정감을 느끼게 하는 선은?
① 수직선 ② 수평선
③ 기하곡선 ④ 자유곡선

※ 선
① 수직선 : 고결, 희망, 상승, 위엄, 존엄성, 긴장감을 느낌
② 수평선 : 고요, 안정, 평화, 평등, 침착, 정지된 느낌
③ 기하곡선 : 경직 정리된 느낌
④ 자유곡선 : 자유롭고 풍부한 느낌

03 가구의 기능에 따른 분류에 포함되는 것은?
① 가동 가구 ② 인체지지용 가구
③ 조립식 가구 ④ 붙박이 가구

※ 인체지지용 가구(인체계가구)
· 인체와 밀접하게 관계되는 가구로서 직접 인체를 지지 한다.
· 안락의자(휴식의자), 소파, 작업의자, 스툴 및 침대

04 표면적 특성으로 실내공간의 성격을 형성하는 디자인의 요소는?
① 색채 ② 조명
③ 재료 ④ 가구

※ 실내의 기본요소로는 기존의 바닥, 벽, 천정과 개구부가 있으며 설치물인 가구, 조명, 재료, 액세서리, 사인 시스템(Sign System), 그림 및 조각물, 분수, 모빌(Mobil), 그린(Green;수목) 등이 있다.

05 실내 디자인의 영역을 분류할 때 상업공간에 해당되는 것은?
① 사무실 ② 백화점
③ 은행 ④ 관공서

※ 상업공간의 분류
· 물품판매공간(매장공간) : 패션숍, 구두점, 악세사리점, 편의점, 슈퍼마켓, 백화점 등
· 유흥음식계 공간 : 커피숍, 카페, 레스토랑, 음식점, 나이트 클럽 등
· 서비스계 공간 : 미용실, 이용실, 병원, 강습소 등
· 복합공간 : 호텔

06 디자인요소 중 선의 설명으로 옳지 않은 것은?
① 면위에 있을 때는 너비를 생각할 수 있다.
② 입체의 절단에 의해서도 만들어 진다.
③ 너비가 넓어지면 면이 된다.
④ 굵기가 커지면 공간이 된다.

※ 선은 길이의 개념은 있으나 넓이, 깊이의 개념은 없다. 선은 폭이 넓어지면 면이 되고, 굵기를 늘이면 입체 또는 공간이 된다. 선은 시각적 구조물을 형성하는데 중요한 요소이다.

07 주택의 실내 수납 공간의 크기 결정 요소와 거리가 가장 먼 것은?
① 꺼내는 동작 ② 실내 공간의 치수
③ 물건의 크기 ④ 물건의 종류

※ 수납공간의 크기 결정요소로는 꺼내는 동작, 실내공간의 치수, 물건의 크기, 구성원 등에 따른다.

08 공간의 분할에서 차단적 분할과 의미가 같은 것은?
① 상징적 분할 ② 심리적 분할
③ 암시적 분할 ④ 물리적 분할

※ 벽이나 칸막이 등은 이용 공간을 물리적으로 차단·구분하는 것

09 주거공간을 구체적으로 계획하기 전에 고려해야 할 사항이다. 틀린 것은?

① 주거공간을 개방적인 분위기로 할 것인지 폐쇄적인 분위기로 할 것인지 정한다.
② 동선을 고려한다.
③ 가구형태, 가족의 연령, 취미 등이 변화하지 않는 것으로 하고 주거공간을 계획한다.
④ 가구를 효율적으로 배치할 수 있도록 공간을 계획한다.

※ 가족의 연령과 취미 등은 변화하는 것으로 주거공간 계획시 고려사항이다.

10 아래 글의 (　) 안에 알맞은 용어는?

> 실내디자인의 목표는 (①)과(와) (②)의 조화라 할 수 있고 (①)과(와) (②)을(를) 조화 시킬 수 있는 능력을 갖춘 사람을 실내디자이너라 할 수 있다.

　　　① ②　　　　　　① ②
① 기능, 미　　　② 용도, 기능
③ 안정성, 질서　④ 형태, 미

※ 건축은 구조·기능·미의 세요소의 결합으로 이루어진다.

11 조선시대 주택 구조를 잘못 설명한 것은?
① 주택공간이 성(性)에 의해 구분 되었다.
② 주택은 크게 행랑채, 사랑채, 안채, 바깥채의 4개의 공간으로 구분하였다.
③ 사랑채는 남자 손님들의 응접공간으로 사용되었다.
④ 안채는 모든 가정 살림의 중추적인 역할을 하던 곳이다.

※ 조선시대 주택구조
· 주택공간은 성(남성과 여성)에 의해 구분되었다.
· 행랑채 : 하인들이 거주하는 공간
· 사랑채 : 남자 손님들의 응접 공간
· 안채 : 모든 가정 살림의 중추적인 역할을 하는 공간

12 채광량을 조절하는 장치가 아닌 것은?
① 루우버(louver)　② 커튼(curtain)
③ 콘벡터(convector)　④ 브라인드(blind)

※ 콘벡터(convector)
대류의 작용을 응용한 난방. 표면은 공기 또는 액체의 운동을 통해 열을 밖으로 발산하도록 설계 되어져 있다.

13 설계나 생산에 쓰이는 치수단위, 또는 체계를 모듈이라고 하는데, 인체척도를 근거로 하는 모듈을 주장한 사람은?
① 프랭크 로이드 라이트
② 르 코르뷔지에
③ 미스 반데르 로에
④ 월터 그로피우스

※ 르 코르뷔지에
· 건축을 효율적이며 기능적이어야 한다고 주장
· 인체 척도를 근거로 하는 모듈을 주장
· 모듈 본래의 사고방식인 비례의 개념에 황금비의 중요성을 찾아내 자신의 "모듈러"라는 새로운 단어를 붙였으며, 모듈이라는 개념을 건축과 재료의 크기에 접목시켰다.

14 다음 중 면에 대하여 바르게 설명한 것은?
① 점의 궤적이다.
② 위치를 나타낸다.
③ 길이와 방향성이 있다.
④ 선이 이동한 궤적이다.

※ 면
선이 다른 방향으로 확장될 때 면이 되며, 개념적으로 평면은 길이, 폭의 개념은 있으나 깊이의 개념은 없다.

15 상점 기본 계획시 상점구성의 방법(AIDMA법칙)과 맞지 않는 것은?
① A : Attention(주의)
② I : Interest(흥미)
③ D : Desire(욕망)
④ M : Money(금전)

※ 구매심리 5단계
① A(주의, Attention) : 주목시킬 수 있는 배려
② I(흥미, Interest) : 공감을 주는 호소력
③ D(욕망, Desire) : 욕구를 일으키는 연상
④ M(기억, Memory) : 인상적인 변화
⑤ A(행동, Action) : 들어가기 쉬운 구성

16 실내에서 보통 옷을 입고 있는 안정시의 인체에서 발산되는 열손실 비율의 크기를 바르게 비교한 것은?
① 복사 > 대류 > 증발
② 복사 > 증발 > 대류
③ 전도 > 대류 > 복사
④ 복사 > 대류 > 전도

※ 열손실 비율 : 복사 > 대류 > 증발

17 다음 중 실의 용적이 같을 때 일반적으로 가장 잔향시간이 길어야 할 곳은 어느 곳인가?
① 음악당　　② 학교 강당
③ 영화관　　④ 강연회장

※ 음의 잔향시간
· 실내음의 발생을 중지시킨 후 60dB까지 감소하는데 소요되는 시간
· 천장과 벽의 흡음력을 크게 하면 잔향시간이 짧아진다.
· 잔향시간은 실의 용적이 크면 클수록 길다.
· 잔향시간은 실의 형태와 무관하다.
· 강연과 연극, 회의실 등 이야기 소리의 청취를 목적으로 한 실은 잔향시간을 짧게 하여 음성의 명료도를 높인다.
· 오케스트라, 뮤지컬 등 음악을 주로 하는 경우 잔향시간을 길게 하여 음악의 음질을 우선으로 한다.

18 다음 중 의자에 앉아 책상위에서 작업하는 공간에서 조명의 기준을 결정하고자 할 때 조명도의 기준이 되는 위치는?
① 바닥
② 바닥으로부터 50cm 높이
③ 바닥으로부터 85cm 높이
④ 바닥으로부터 1m 높이

※ 입식용 작업대는 가구 기본치수가 85cm이다.

19 건구온도 29℃, 습구온도 27℃일 때, 불쾌지수는 얼마 인가?
① 75.0 DI　　② 79.0 DI
③ 80.9 DI　　④ 83.0 DI

※ 혼합공기의 건구온도
$$T = \frac{m_1 t_1 + m_2 t_2}{m_1 + m_2} = \frac{80 \times 28 + 20 \times 14}{80 + 20} = 25.2℃$$

20 환기 횟수가 가장 많이 필요한 장소는?
① 거실　　② 침실
③ 부엌　　④ 다용도실

※ 부엌에서는 가스를 열원으로 사용하므로 산소 결핍사고가 나기 쉽다.

21 콘크리트용 골재에 요구되는 성질로 맞지 않는 것은?
① 골재의 강도는 콘크리트 중의 경화시멘트 페이스트의 강도 이상일 것.
② 골재의 입형은 편평, 세장하고, 표면은 거칠지 않을 것.
③ 입도는 조립에서 세립까지 연속적으로 균등히 혼합되어 있을 것.
④ 유해량의 먼지, 흙, 유기불순물 등을 포함하지 않을 것.

※ 콘크리트 골재의 일반적 성질
· 모양이 구형에 가까운 것으로, 표면이 거친 것이 좋다.
· 입도는 조립에서 세립까지 연속적으로 균등이 혼합되어 있어야 한다.
· 골재의 강도는 콘크리트 중의 경화시멘트 페이스트의 강도 이상일 것이 좋다.

22 다음 중 석재에 대한 설명으로 틀린 것은?
① 압축강도는 인장강도의 약 1/20~1/40 정도이다.
② 외관은 장중한 맛이 있고, 치밀한 것은 갈면 아름다운 광택이 난다.
③ 거의 모든 석재가 비중이 크고 가공성이 불량하다.
④ 화열에 닿으면 화강암은 균열이 생기며 파괴된다.

※ 석재의 성질
· 불연성이며, 내화학성이 우수하다.
· 대체로 석재의 강도가 크면 경도도 크다.
· 압축강도에 비하여 인장강도가 매우 작다.
· 흡수율이 클수록 풍화나 동해를 받기 쉽다.
· 내수성, 내구성, 내화학성, 내마모성이 우수하다.
· 외관이 장중하고, 치밀하며, 갈면 아름다운 광택이 난다.
· 장대재를 얻기가 어려워 가구재로는 부적당하다.

23 다음 중 열가소성 수지에 속하지 않는 것은?
① 멜라민 수지　　② 아크릴 수지
③ 염화비닐 수지　　④ 폴리에틸렌 수지

※ 열가소성 수지
· 가열에 연화되어 변형되지만 냉각시키면 다시 굳어진다.
· 염화비닐수지, 폴리에틸렌수지, 폴리프로필렌수지, ABS수지, 아크릴 수지

24 다음 중 점토제품이 아닌 것은?
① 테라조(terrazzo)　　② 테라코타(terra cotta)
③ 타일(tile)　　④ 내화벽돌

※ 종석을 대리석 알맹이로 갈아낸 것을 테라조(terazzo)라 한다.

25 석고 플라스터에 대한 설명으로 틀린 것은?
① 약산성이므로 유성페인트 마감을 할 수 있다.
② 소석고 플라스터는 경화와 건조가 느리다.
③ 경화·건조시 치수안정성과 내화성이 뛰어나다.
④ 수화하여 굳어지므로 내부까지 거의 동일한 경도가 된다.

※ 석고플라스터
· 수경성 미장재료이다.
· 원칙적으로 해초 또는 풀즙은 사용하지 않는다.
· 내화성이 우수하다.
· 경화와 건조시 치수 안정성이 우수하다.
· 경석고 플라스터는 고온소성의 무수석고를 특별한 화학처리는 한 것으로 경화 후 아주 단단하다.
· 석고플라스터 중 가장 많이 사용하는 것은 혼합석고 플라스터이다.

26 석회암이 변화되어 결정화한 것으로 치밀, 견고하고 색채와 반점이 아름다워 실내장식재, 조각재로 사용되는 석재는?
① 화강석 ② 안산암
③ 대리석 ④ 응회암

※ 대리석
· 산에 약하다.
· 석질이 치밀, 견고하고 색채, 무늬가 다양하다.
· 석회석이 변화되어 결정화한 것으로 탄산석회가 주성분이다.
· 강도는 매우 높지만 풍화되기 쉽기 때문에 실외용으로는 적합하지 않다.

27 다음 중 콘크리트의 응결 및 경화를 촉진시키는 혼화제로 주로 사용되는 것은?
① 플라이애시 ② 염화칼슘
③ AE제 ④ 산화철

※ 촉진제 또는 급결제의 대상이 되는 것은 주로 포틀랜드 시멘트의 경우로서 누수 구멍막음, 물체고정 등 급속한 응결을 요할 때 사용한다. 촉진제로서는 염화석회, 물유리 등이 있고 급결제로서는 염화칼슘, 규산소다 등이 있다.

28 다음은 목재에 대한 설명이다. 옳지 않은 것은?
① 목재의 진비중은 수종에 관계없이 1.54 정도로 거의 같다.
② 섬유포화점은 함수율 30%정도이다.
③ 가구재의 함수율은 10%이하로 하는 것이 바람직하다.
④ 목재는 휨재로 쓸 때 가장 유리하다.

※ 목재 재료적 특징
· 열전도율과 열팽창률이 작다.
· 음의 흡수 및 차단성이 크다.
· 가연성이 크고 내구성이 부족하다.
· 충해 및 풍화로 인해 부패하므로 비내구적이다.

29 수성페인트에 대한 설명이다. 잘못된 것은?
① 속건성이어서 작업의 단축이 가능하다.
② 내수, 내후성이 좋아서 햇볕, 빗물에 강하다.
③ 알칼리에 약하기 때문에 콘크리트면에 사용할 수 없다.
④ 용제형 도료에 비해 냄새가 없어 안전하고 위생적이다.

※ 수성페인트와 수지성 페인트는 내알칼리성을 갖고 있으므로 콘크리트 바탕에 사용이 용이한 도료이다.

30 목재이음부의 긴결시 목재와 목재 사이에 끼워서 전단에 대한 저항을 목적으로 한 철물은?
① 감잡이쇠 ② 클램프
③ 듀벨 ④ 꺾쇠

※ 듀벨
조부재의 접합에서 2개의 부재 접합부에 끼워 볼트와 같이 써서 전단에 견디도록 하는 일종의 산지.

31 합성수지에 대한 설명으로 옳지 않은 것은?
① 가소성, 가공성이 크므로 기구류, 판류, 파이프 등의 성형품 등에 많이 쓰인다.
② 접착성이 크고 기밀성, 안정성이 큰 것이 많으므로 접착제, 실링제 등에 적합하다.
③ 마모가 적고 탄력성이 크므로 바닥재료 등에 적합하다.
④ 강성이 크고 탄성계수가 강재의 2배이므로 구조재료로 적합하다.

※ 고체 성형품은 경량이며(합성수지의 비중은 1~2), 강도가 큰 것이 있으나(압축강도에 있어서 페놀수지가 3,000kg/㎠, 멜라민수지가 2,100kg/㎠, 폴리에스테르수지가 2,500kg/㎠), 탄성이 강철의 1/10 정도이며 강성도 작아서 구조재로서 불리하다.

32 집성목재에 대한 설명으로 옳지 않은 것은?
① 보와 기둥에 사용할 수 있는 단면을 가진 것도 있다.
② 목재의 강도를 인공적으로 자유롭게 조절할 수 있다.
③ 응력에 따라 필요한 단면을 만들 수 있다.
④ 아치와 같은 굽은 부재는 만들지 못한다.

※ 목재 - 집성목재
· 15~50mm의 두께가 가진 단판을 겹쳐서 접착한 것으로 섬유방향을 일치하게 접착하는 목재이다.
· 옹이·균열 등의 결함을 제거·분산 시킬 수 있으므로 강도의 편차가 적다.
· 요구된 치수, 형태의 재료를 비교적 용이하게 제도할 수 있다.
· 강도상 요구에 따라 단면과 치수를 변화시킨 구조재료를 설계, 제작할 수 있다.

33 석재를 인력으로 가공할 때 표면이 가장 거친 것에서 고운 것으로 바르게 나열한 것은?

① 혹두기→도드락다듬→정다듬→잔다듬→물갈기
② 혹두기→정다듬→잔다듬→도드락다듬→물갈기
③ 정다듬→혹두기→도드락다듬→잔다듬→물갈기
④ 혹두기→정다듬→도드락다듬→잔다듬→물갈기

※ 석재 가공 순서
혹두기-정다듬-도드락다듬-잔다듬-거친 갈기·물갈기

34 다음 그림은 골재의 함수상태를 나타낸 것이다. 유효흡수량은? (좌측 그림부터 절대건조상태, 기건상태, 표면건조포수상태, 습윤상태를 나타냄)

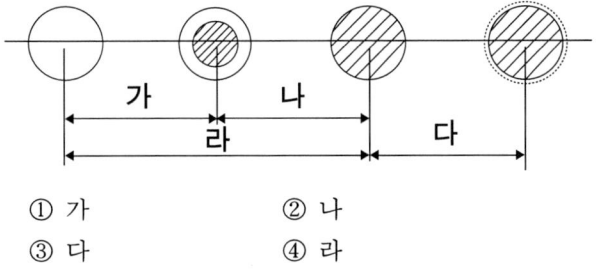

① 가　　② 나
③ 다　　④ 라

※ 가 - 기건함수량, 다 - 표면수량, 라 - 흡수량

35 2장 또는 3장의 유리를 일정한 간격을 두고 둘레는 틀을 끼워 내부를 기밀하게 만들고 여기에 건조공기를 넣거나 진공 또는 특수가스를 넣은 것으로 방음, 방서, 단열효과가 크고 결로방지용으로도 우수한 유리제품은?

① 복층유리　　② 망입유리
③ 배강도유리　　④ 반사유리

※ 복층유리
2장 또는 3장의 유리를 일정한 간격을 띄고 둘레에는 틀을 끼워서 내부를 기밀하게 만들고 여기에 깨끗한 공기 등의 건조 기체를 넣어 만든 판유리로서 2중유리, 겹유리라고 한다.

36 용융하기 어렵고 약품에 침식되지 않으며 일반적으로 투명도가 큰 것으로, 고급용품, 공예품, 장식품 등에 사용 되는 유리는?

① 소다유리　　② 칼륨석회유리
③ 고규산유리　　④ 칼륨납유리

※ 칼륨석회유리
일반유리의 소다분의 일부를 칼륨으로 바꾼 유리로, 고급용품, 공예품 등에 사용되며 안경렌즈에도 사용된다.

37 AE제를 콘크리트에 사용했을때의 효과에 대한 설명으로 가장 옳지 못한 것은?

① 수밀성이 개량된다.
② 압축강도가 증가된다.
③ 작업성이 좋게 된다.
④ 동결융해에 대한 저항성이 증대된다.

※ AE 감수제
· 블리딩 감소
· 시공연도(워커빌리티) 향상
· 단위수량의 감소
· 유동화콘크리트 제조
· 화학작용에 대한 저항성 향상
· 고강도 콘크리트의 슬럼프 로스방지
· 동결융해에 대한 저항성 증대되어 동기공사 가능
· 플레인 콘크리트(무근 콘크리트)와 동일 물시멘트비인 경우 압축강도가 감소한다.

38 고로시멘트에 대한 설명으로 옳은 것은?

① 수화열량이 크다.
② 매스콘크리트용으로 사용할 수 있다.
③ 경화건조수축이 없으며 풍화가 어렵다.
④ 단기강도가 크고 장기 강도가 낮다.

※ 매스콘크리트용으로 사용할 수 있는 것은 중용열포틀랜드시멘트이다.

39 변성암 계열의 석재가 아닌 것은?

① 대리석　　② 트래버틴
③ 석면　　④ 부석

※ 화성암의 종류
화강암, 안산암, 감람석, 부석

40 바닥재료가 가지고 있어야 하는 성질로 가장 옳지 않은 것은?

① 청소가 용이해야한다.
② 탄력이 있고 마모가 적어야 한다.
③ 내구·내화성이 큰 것이어야 한다.
④ 열전도율이 큰 것이어야 한다.

※ 바닥은 청결, 청소 등이 좋은 바닥재로 하고 벽은 화기에 가까이 있는 곳은 내화성이 강한 것으로 하고 싱크대 주위는 내수성이 강한 재료로 한다.

41 그림과 같은 재료 구조 표시 기호는?

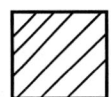

① 목재치장재 ② 석재
③ 인조석   ④ 지반

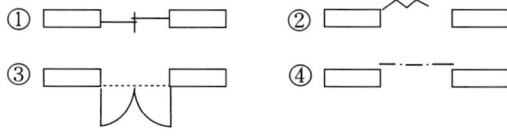

42 다음의 평면표시기호 중 쌍여닫이문의 표시기호는?

① ▭─┼─▭   ② ▭─∧─▭
③ ▭─∨─▭   ④ ▭─ ─▭

※ 쌍여닫이문 :

43 선의 종류 중 이점쇄선의 용도는?
① 외형선   ② 인출선
③ 치수선   ④ 상상선

※ 이점쇄선
물체가 있는 것으로 가상되는 부분을 표시하거나, 일점쇄선과 구별할 때 사용된다.

44 기초평면도에 표기하는 사항이 아닌 것은?
① 기초의 종류
② 앵커볼트의 위치
③ 마루밑 환기구 위치 및 형상
④ 기와의 치수 및 잇기방법

※ 기와의 치수 및 잇기방법은 표기하지 않는다.

45 두 방을 한 방으로 크게 할 때나 칸막이 겸용으로 사용하는 문은?
① 접이문   ② 널문
③ 양판문   ④ 자재문

※ 접이문 :

46 벽돌쌓기에 있어 줄눈에 관한 설명 중 옳지 않은 것은?
① 벽돌과 벽돌사이의 모르타르 부분을 줄눈이라 한다.
② 수평을 가로줄눈, 수직을 세로줄눈이라 한다.
③ 세로줄눈의 위아래가 막힌 것을 막힌줄눈이라 한다.
④ 통줄눈은 위에서 오는 하중을 균등하게 밑으로 전달 시킬 수 있어 좋다.

※ 통줄눈 : 아래위가 통한 줄눈

47 철근콘크리트 구조의 형식에서 라멘(Rahman)구조에 대한 설명으로 옳은 것은?
① 보를 설치하지 않고 실내공간을 넓게 한다.
② 기둥과 보를 서로 연결하여 하중을 부담시킨다.
③ 판상의 벽체와 바닥 슬래브를 일체적으로 구성한다.
④ 곡면 바닥판을 이용하여 간사이가 큰 구조를 형성 한다.

※ 라멘구조
부재를 견고하게 강접합하여 각 부재가 접합부에서 일체가 되도록한 구조

48 창문틀의 좌우에 수직으로 세워댄 틀은?
① 밑틀   ② 웃틀
③ 선틀   ④ 중간틀

※ 선틀=문설주
문짝을 끼워 달기 위하여 문의 양쪽에 세운 기둥

49 계단에 대치되는 경사로의 경사도는 얼마가 적당한가?
① 1/8   ② 1/7
③ 1/6   ④ 1/5

※ 계단의 경사도 기준은 1 : 8이다. 계단으로 올라갔을때 높이가 1m이면 거기에 대한 길이에 대한 비례는 8m이다.

50 철골구조에 대한 설명 중 틀린 것은?
① 철골구조는 재료에 의해 보통형강구조, 경량철골구조, 강관구조, 케이블구조 등으로 나눌 수 있다.
② 고층건물에 적합하고 스팬을 길게 할 수 있다.
③ 내화력이 약하고 녹슬 염려가 있어, 피복에 주의를 기울여야 한다.
④ 본질적으로 조립구조이므로 접합에 유의할 필요가 없다.

※ 여러 단면 모양으로 된 형강과 강판을 짜 맞추어 만든 구조로 접합 및 연결에는 용접이나 리벳 또는 볼트 등을 사용한다.

51 철근콘크리트 보에서 늑근의 주된 사용 목적은?

① 압축력에 대한 저항
② 인장력에 대한 저항
③ 전단력에 대한 저항
④ 휨응력에 대한 저항

※ 보의 늑근
보가 전단력에 저항할 수 있게 보강을 하는 역할로 주근의 직각 방향에 배치한다.

52 목조 벽체에서 외력에 의하여 뼈대가 변형되지 않도록 대각선 방향으로 배치하는 빗재는?
① 처마도리 ② 가새
③ 충보   ④ 샛기둥

※ 가새
· 외력에 의하여 뼈대가 변형되지 않도록 대각선 방향으로 배치하는 빗재
· 목재 벽체를 수평력에 견디게 하고 안정한 구조로 네모구조를 세모구로 만들어 준다.
· 가새를 댈 때는 45°에 가까울수록 유리하며, 기둥과 좌우 대칭이 되도록 배치한다.
· 가새는 절대로 따내거나 결손시키지 않는다.
· 가새에는 압축과 인장 응력이 작용한다.

53 보강블록조에서 내력벽으로 둘러싸인 부분의 바닥 면적은 얼마를 넘지 않도록 하여야 하는가?
① 60m²   ② 80m²
③ 100m²   ④ 120m²

※ 보강콘크리트 블록조의 내력벽의 합계는 벽량 15cm/㎡ 이상이 되도록 하되, 그 내력벽으로 둘러싸인 바닥 면적은 80㎡를 넘을 수 없다.

54 다음 중 구조체인 기둥과 보를 부재의 접합에 의해서 축조하는 방법으로, 목구조, 철골구조 등이 해당되는 구조는?
① 가구식구조 ② 조적식구조
③ 아치구조   ④ 일체식구조

※ 가구식구조
비교적 가늘고 긴 재료를 조립하여 뼈대가 되도록 한 구조(목구조, 철골구조)

55 난간의 웃머리에 가로대는 가로재로 손스침이라고도 불리우는 것은?
① 난간동자   ② 난간두겁
③ 챌판   ④ 엄지기둥

※ 난간두겁은 난간 위의 손스침이 되는 빗재로 높이는 75~90cm

56 다음 중 목재창의 표시 방법은?
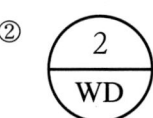
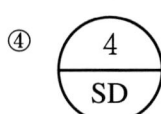

※ 목재창의 표시방법

57 래티스보에 접합판(Gusset Plate)을 대서 접합한 보는?
① 허니콤보   ② 격자보
③ 플레이트보 ④ 트러스보

※ 트러스 보
플레이트 보의 웨브재로서 빗재 및 수직재를 사용하고, 트러스보에 작용하는 휨모멘트는 현재가 부담하고 전단력은 웨브재의 축방향으로 작용하므로 트러스보를 구성하는 부재는 모두 인장재나 압축재로 설계된다. 간사이가 15m를 넘거나 보의 춤이 1m 이상 되는 보를 판보로 하기에는 비경제적일 때 사용하는 것으로 래티스 보에 접합판을 대서 접합한 조립보이다.

58 블록조에서 테두리보의 설치 이유가 아닌 것은?
① 수직균열을 막기 위하여
② 벽체 한 부분에 하중을 집중시키기 위하여
③ 세로철근의 끝을 정착시키기 위하여
④ 분산된 벽체를 일체로 연결하기 위하여

※ 테두리보 설치 목적
· 수직하중을 균등하게 분포 시킨다.
· 수직 균열을 방지한다.
· 집중하중 부분을 보강한다.
· 분산된 벽체를 일체화 시킨다.

59 다음 중 창호도에 표기되는 내용이 아닌 것은?
① 개폐방법 ② 기초
③ 재료   ④ 마감

※ 창호도
축척은 1/50~1/100으로 하며 건축물에 사용되는 창호의 개폐방법, 재료, 마감, 창호 철물, 유리 등을 나타내며 위치는 평면도에 직접 표기, 창문은 W, 문은 D로 표기한다.

60 다음 중 건축물의 주요 구조부의 조건과 가장 관계가 먼 것은?
① 각종 하중에 대해 강도와 강성을 가져야 한다.

② 지역의 인구밀도를 고려하여야 한다.
③ 내구성을 갖추어야 한다.
④ 단열, 방수, 차음 등 차단성능을 확보하여야 한다.

※ 건축물 주요 구조부의 기본조건
안전성, 내구성, 경제성, 거주성 등이 있다.

정답

01②	02②	03②	04③	05②	06②	07④	08④	09③	10①
11②	12③	13②	14④	15④	16①	17①	18③	19③	20③
21②	22①	23①	24①	25②	26③	27②	28④	29③	30③
31④	32④	33④	34②	35①	36②	37②	38②	39④	40④
41①	42③	43④	44④	45①	46④	47②	48③	49①	50④
51③	52②	53②	54①	55②	56①	57④	58②	59②	60②

2017년도 제1회 과년도 기출문제

01 다음 중 디자인의 요소로 거리가 먼 것은?
① 점, 선, 면   ② 형태
③ 공간   ④ 구조

※ 디자인의 요소
점, 선, 면, 형, 균형, 리듬, 강조, 통일, 변화, 조화, 공간 등

02 다음 중 실내 디자인에 속하는 것은?
① 도시환경 디자인   ② 전시공간 디자인
③ 패키지 디자인   ④ 조명기구 디자인

※ 실내디자인의 분류
건축디자인, 산업디자인, 공예디자인, 복식디자인(의상디자인)

03 건축구조물에서 생활의 장소를 직접 지탱하고 추위와 습기를 차단하며 중력에 대한 지지의 역할을 하는 것은?
① 바닥   ② 벽
③ 천정   ④ 지붕

※ 바닥
바닥은 벽, 천정과 함께 실내공간을 구성하는 가장 중요한 요소중의 하나로 인간의 감각 중 시각적, 촉각적 요소와 밀접한 관계를 가지고 있다.

04 다음 중 부엌의 싱크대 배치순서가 바르게 된 것은?
① 개수대-조리대-가열대-배선대-준비대
② 개수대-조리대-준비대-가열대-배선대
③ 준비대-개수대-조리대-가열대-배선대
④ 준비대-조리대-가열대-배선대-개수대

※ 부엌의 싱크대 배열
준비대 - 개수대 - 조리대 - 가열대 - 배선대

05 주거공간 계획시 가장 큰 비중을 두어야 할 사항은?
① 거실의 방향과 크기
② 부엌의 위치
③ 주부의 동선
④ 침실의 위치

※ 주택 계획시 주부의 동선을 단축시키는 방법으로 가장 적절한 것은 부엌과 식당을 인접하여 배치하는 것이다.

06 디자인요소로서 선(線)에 대한 설명으로 틀린 것은?
① 선은 점(點)이 이동한 궤적이다.
② 사선은 단조롭고 정적인 분위기를 준다.
③ 수평선은 편안하고 안정된 분위기를 준다.
④ 선의 굵기나 간격의 변화로 원근감을 표현할 수 있다.

※ 선 - 사선
운동감, 약동감, 생동감, 속도감, 불안정, 반항의 동적인 느낌

07 실내 분위기를 활동적이며, 부드럽고, 우아하게 하려고 할 때에는 어떠한 선을 많이 사용해야 하는가?
① 수직선   ② 곡선
③ 수평선   ④ 사선

※ 선
· 수직선 : 고결, 희망, 상승, 위엄, 존엄성, 긴장감을 느낌
· 곡선(포물선) : 온화, 부드럽고 율동적이며 여성적 느낌
· 수평선 : 고요, 안정, 평화, 평등, 침착, 정지된 느낌
· 사선 : 운동감, 약동감, 생동감, 속도감, 불안정, 반항의 동적인 느낌

08 창의 기능과 특징에 대한 설명으로 틀린 것은?
① 채광, 통풍, 조망, 환기의 역할을 한다.
② 실내공간과 실외공간을 시각적으로 연결한다.
③ 창은 실내의 냉·난방과는 관련성이 없다.
④ 창은 실내의 조명계획과 밀접한 관련성이 있다.

※ 창의 기능과 특징
· 채광, 통풍, 조망, 환기의 역할을 한다.
· 냉·난방과 기능과 관련이 있다.

09 건축화 조명 중 벽면이나 천정면의 일부가 돌출하도록 설치하는 조명은?

① 캐노피 조명　② 코브 조명
③ 펜던트 조명　④ 광천정 조명

※ 조명방식
① 캐노피 조명 : 벽면이나 천장면의 일부가 돌출하도록 설치하는 조명하는 방식
② 코브 조명 : 건축화 조명의 방식으로 광원의 빛이 천장 또는 벽면으로 가려지게 하여 반사광으로 간접 조명하는 방식
③ 펜던트 조명 : 천장에 매달려 조명하는 방식
④ 광천정 조명 : 천정의 일부분 또는 전부를 덮고, 그 천정의 안쪽 부분에 형광 램프를 설치하여 천정면을 똑같이 비추는 조명의 뜻.

10 다음 투시도에 대한 설명으로 옳은 것은?
① 대상 물체가 관찰자의 시선으로부터 90°이내이면 자연스럽게 그려진다.
② 관찰자와 공간과의 거리가 가까우면 자연스럽게 보인다.
③ 같은 공간이라도 관찰자의 위치, 눈 높이, 시선의 각도에 따라 다르게 표현된다.
④ 1소점 투시도에는 실내공간의 2면과 바닥, 천장이 그려진다.

※ 투시도
공간이나 사물을 원근법에 의거하여 직접 물체를 바라보는 것 같이 입체적으로 작성한 도면

11 실내디자인이나 시각디자인, 환경디자인 등에서 그 디자인의 적응상황 등을 연구하여 색채를 선정하는 과정을 무엇이라 하는가?
① 색채관리　② 색채계획
③ 색채조합　④ 색채조절

※ 색채계획
디자인 작업시 용도와 재료 등을 기본으로 하여 기능적으로 아름다운 배색효과를 얻도록 색채의 전체계획을 세우는 것.

12 상업공간을 계획할 때 고려할 필요가 없는 조건은?
① 고객의 범위　② 교통에 관한 사항
③ 상업 지역의 관계　④ 디자이너의 성별

※ 디자이너의 성별은 고려되지 않는다.

13 직접조명 방식에 대한 설명으로 옳지 않은 것은?
① 조명률이 좋고, 먼지에 의한 감광이 적다.
② 자외선 조명을 할 수 있다.
③ 조명 효율이 나쁘다.
④ 집중적으로 밝게 할 때 유리하다.

※ 직접조명 방식
· 하향과속이 90~100%인 조명으로 광원이 노출되어 있다.
· 설비비가 싸고 조명률이 좋아 집중적으로 밝게 할 때 유리하다.
· 눈부심이 크고 조도의 불균형이 크다.
· 강한 대비로 인한 그림자가 생성된다.
· 다운라이트, 실링라이트 등이 있다.

14 내부생활 공간을 구성하는 요소가 아닌 것은?
① 인간　② 도로
③ 장치　④ 공간

※ 도로는 주택의 외부공간이다.

15 인간생활을 위한 2차적 조건과 거리가 먼 것은?
① 서정성　② 기능
③ 동선　④ 인간척도

※ 인간생활을 위한 2차적 조건으로는 기능, 동선 및 인간척도 등이 있다. 서정성은 인간의 본질적 욕구중 2차적인 욕구, 정신적, 감정적인 욕구에 속한다.

16 다음 재료 중 열전도율이 가장 높은 것은?
① 구리　② 벽돌
③ 목재　④ 유리

※ 재료의 열전도율
구리＞알루미륨＞대리석＞유리＞벽돌＞콘크리트＞목재

17 건물의 일조 계획시 가장 우선적으로 고려해야 할 사항은?
① 일조권 확보　② 일영
③ 종일 음영 방지　④ 일사

※ 일조 계획시 고려사항
일조의 조건, 일영, 인동간격, 일조조절 장치

18 다음은 잔향시간에 대한 설명이다. 틀린 것은?
① 잔향시간은 실의 부피와 벽면의 흡음도에 따라 결정 된다.
② 잔향시간은 실의 형태와는 관계가 없다.
③ 잔향시간은 실의 용적에 반비례한다.
④ 잔향시간은 흡음력에 반비례한다.

※ 음의 잔향시간
· 실내음의 발생을 중지시킨 후 60dB까지 감소하는데 소요되는 시간
· 천장과 벽의 흡음력을 크게 하면 잔향시간이 짧아진다.
· 잔향시간은 실의 용적이 크면 클수록 길다.
· 잔향시간은 실의 형태와 무관하다.

- 강연과 연극, 회의실 등 이야기 소리의 청취를 목적으로 한 실은 잔향시간을 짧게 하여 음성의 명료도를 높인다.
- 오케스트라, 뮤지컬 등 음악을 주로 하는 경우 잔향시간을 길게 하여 음악의 음질을 우선으로 한다.

19 벽체의 열관류량에 영향을 주는 것으로 가장 거리가 먼 것은?

① 벽체의 무게   ② 벽체 내외의 온도차
③ 벽체의 표면적   ④ 시간

※ 벽체의 무게는 영향을 주지 않는다.

20 실내 공기의 오염 중 직접적인 원인에 속하는 것은?

① 호흡   ② 흡연
③ 의복의 먼지   ④ 냉, 난방기

※ 호흡되고 나온 공기는 실내환기가 잘 안되면 산소의 감소와 탄산가스의 증가와 수분의 증가를 시킨다.

21 테라코타에 대한 설명 중 옳지 않은 것은?

① 일반석재보다 가볍고 화강암의 압축강도와 비슷하다.
② 구조용과 장식용이 있으나, 주로 장식용으로 사용된다.
③ 재질은 도기, 건축용 벽돌과 유사하나, 1차 소성한 후 시유하여 재소성하는 점이 다르다.
④ 거의 흡수성이 없으며 색조가 자유로운 장점이 있다.

※ 테라코타
- 속을 비게하여 소성한 제품으로서 난간벽, 기둥주두, 돌림띠, 창대 등에 사용한다.
- 일반 석재보다 가볍고, 압축강도는 화강암의 1/2정도이다.
- 거의 흡수성이 없고 색조가 자유롭고, 모양을 임의로 만들 수 있다.
- 소성제품이므로 변형이 생기기 쉽다.
- 구조용과 장식용이 있으나, 주로 장식용으로 사용된다.

22 경량벽돌에 대한 설명으로 옳지 않은 것은?

① 단열과 방음성이 우수한 특징이 있다.
② 도로 포장용, 건물옥상 포장용에 주로 쓰인다.
③ 중공벽돌은 살두께가 매우 얇고 벽돌 속이 비어있는 구조로 되어 있다.
④ 다공벽돌은 점토에 분탄, 톱밥 등을 혼합하여 소성한 것이다.

※ 벽돌 - 다공벽돌(경량벽돌)
- 점토에 톱밥, 목탄가루 등을 혼합하여 성형한 벽돌
- 비중이 보통벽돌보다 작으며, 강도로 작다.
- 톱질과 못 박기가 가능하다.
- 방음벽, 단열층, 보온벽, 간막이벽에 사용된다.

23 건축재료 중 바닥 마무리재료의 요구성질 중 틀린 것은?

① 내화, 내구성이 큰 것이어야 한다.
② 탄력성이 있고, 마멸이나 미끄럼이 작아야 한다.
③ 오염되기 어렵고 청소하기 쉬워야 한다.
④ 내수성과 내약품성이 없어야 한다.

※ 바닥
바닥재료는 돌, 타일 등 내수성이 있어 청소가 용이하고 청결을 유지할 수 있는 재료가 좋다.

24 목재의 함수율에서 기건상태의 함수율은?

① 15%   ② 20%
③ 30%   ④ 40%

※ 기건상태
목재를 건조하여 대기 중에 습도와 균형상태가 된 것이며, 함수율을 약 15%정도가 되는 상태이다.

25 레디믹스트 콘크리트에 대한 설명으로 틀린 것은?

① 현장이 협소하여 재료보관 및 혼합작업이 불편할 때 사용한다.
② 균질한 콘크리트를 만들 수 있다.
③ 슬럼프가 적더라도 단순히 물을 첨가하여 보정하는 것은 피하도록 한다.
④ 레디믹스트 콘크리트는 시공자가 직접 현장에서 재료를 혼합하여 제조한다.

※ 레디믹스트 콘트리트
공장에서 생산하여 트럭이나 혼합기로 현장에 공급하는 콘크리트

26 특수합판 중 표면을 인쇄 가공한 합판은?

① 플로어링 보드   ② 파키트리 패널
③ 도장 합판   ④ 프린트 합판

※ 프린트 합판
합판 표면에 천연목의 무늬 또는 어떤 모양을 인쇄한 합판.

27 합성수지의 특징에 대한 설명 중 옳지 않은 것은?

① 가소성, 가공성이 크다.
② 전성, 연성이 크고 피막이 강하고 광택이 있다.

③ 열에 강하여 고온에서 연화, 연질되며 연소시 유독가스를 발생하는 것이 많다.
④ 내산, 내알칼리 등의 내화학성 및 전기절연성이 우수한 것이 많다.

※ 합성수지 일반적 성질
· 착색이 자유롭다.
· 내약품성이 우수하다.
· 전성, 연성이 크다.
· 가소성, 가공성이 크다.
· 광택이 있다.
· 내산, 내알칼리 등의 내화학성 및 전기 절연성이 우수하다.
· 내수성 및 내투습성은 일부를 제외하고 극히 양호하다.
· 탄력성이 없어 구조재료로 사용이 불가능 하다.
· 인장강도가 압축강도보다 매우 작다.

28 목면·마사·양모·폐지 등을 원료로 만든 원지에 스트레이트 아스팔트를 침투시켜 롤러로 압착하여 만든 것으로 아스팔트방수 중간층재로 이용되는 아스팔트 제품은?

① 아스팔트 루핑   ② 블론 아스팔트
③ 아스팔트 싱글   ④ 아스팔트 펠트

※ 아스팔트 펠트
폐지, 누더기 등으로 만들어진 러그 원지·석면 등에 아스팔트를 침투시킨 것으로 지붕 바탕, 벽 바탕의 방수, 바닥 재료의 밑깔기에 쓰인다.

29 점토의 일반적인 성질 중 틀린 것은?

① 양질의 점토일수록 가소성이 좋다.
② 점토 제품의 색상은 철 산화물 또는 석회 물질에 의 해 나타난다.
③ 점토의 비중은 불순 점토일수록 크고, 알루미나분이 많을수록 작다.
④ 일반적으로 점토의 압축강도는 인장강도의 약 5배 정도이다.

※ 점토성질
· 점토의 주성분은 규산(실리카), 알루미나이다.
· 점토의 비중은 2.5~2.6이다.
· 점토의 비중은 불순물이 많은 점토일수록 작고, 알루미나분이 많을수록 크다.
· 점토의 압축강도는 인장강도의 약 5배 정도이다.
· 양질의 점토는 습윤 상태에서 현저한 가소성을 나타낸다.
· 알루미나가 많은 점토는 가소성이 좋다.
· Fe_2O_3와 기타 부성분이 많은 것은 고급 제품의 원료로 부적당하다.
· 점토에 포함된 성분에 의해 철산화물이 많으면 적색이 되고, 석회물질이 많으면 황색을 띠게 된다.
· 불순물이 많은 것은 고급제품의 원료로 부적당하다.

30 콘크리트의 특성에 대한 설명 중 옳지 않은 것은?

① 강도의 발현에 많은 시간이 소요된다.
② 인장강도가 작기 때문에 균열 발생이 용이하다.
③ 내화성, 내구성, 수밀성이 있다.
④ 완성후의 배근상태의 검사와 보수, 철거가 쉽다.

※ 콘크리트의 장·단점
▶ 장점
· 크기나 모양에 제한을 받지 않고 부재나 구조물을 만들기가 용이하다.
· 압축강도가 다른 재료에 비해 비교적 크고 필요로 하는 임의의 강도를 자유롭게 얻을 수 있다.
· 내화성, 차음성, 내구성, 내진성 등이 양호하다.
· 성분상 강알칼리성이 있어 철강재의 방청상 유리하다.
· 시공상 특별한 숙련을 요하지 않는다.
· 비교적 값이 싸고 유지비가 거의 들지 않는 등 다른 재료에 비해 경제적이다.
· 역학적인 결점은 다른 재료를 사용하여 보충, 개선할 수 있다.
▶ 단점
· 자중이 비교적 크다.
· 압축강도에 비해 인장강도와 휨강도가 작다.
· 건조 수축성이 있어 균열이 생기기 쉽다.
· 재생이 어렵고 개수나 철거시 파괴가 곤란하다.
· 경화하는데 시간이 걸리기 때문에 시공일수가 길다.
· 제조 공정에 있어 여러가지 불안전한 조건과 요인이 있어 품질 관리 면에서 불확실성이 많고 신뢰도가 결여되어 있다.

31 열경화성 수지가 아닌 것은?

① 아크릴 수지   ② 페놀 수지
③ 폴리에스테르 수지   ④ 요소 수지

※ 열경화성 수지
· 가열 후 굳어져서 다시 가열해도 연화되거나 녹지 않는다.
· 페놀수지, 요소수지, 멜라민수지, 알키드수지, 폴리 에스틸수지, 폴리 우레탄수지, 실리콘수지, 에폭시수지

32 접착제에 요구되는 성능으로 옳지 않은 것은?

① 충분한 접착성과 유동성을 가질 것
② 진동, 충격의 반복에 잘 견딜 것
③ 내수성, 내한성, 내열성, 내산성이 높을 것
④ 고화(固化)시 체적수축 등의 변형이 있을 것

※ 접착제의 성능 중 굳을 때(고화시) 수축이 일어나는 등 변형이 있으면 좋지 않다.

33 시멘트에 대한 설명 중 맞는 것은?

① 비표면적이 큰 시멘트일수록 강도발현이 늦고 수화열의 발생량이 적다.
② 보통포틀랜드시멘트의 비중은 3.05~3.15 정도이다.
③ 시멘트 분말도의 측정에는 오토클레이브팽창도 시

험법이 사용된다.
④ 풍화된 시멘트일수록 수화열의 발생량이 크다.

※ 시멘트의 종류(보통 포틀랜드 시멘트)
· 원료 : 실리카, 알루미나, 산화철 석회 석고(3%)
· 비중 : 3.10~3.15
· 사용 : 시멘트 모르타르 등.

34 금속재료에 대한 설명으로 틀린 것은?
① 황동은 동과 주석의 합금이다.
② 납은 관 및 판상으로 위생공사나 X선실에 이용된다.
③ 주석은 주조성, 단조성이 양호하므로 각종 금속과 합금화가 용이하다.
④ 동은 전성과 연성이 크며 쉽게 성형할 수 있다.

※ 비철금속 – 황동
· 구리+아연(Zn)의 합금

35 유성페인트에 대한 설명 중 옳은 것은?
① 염화비닐수지계, 멜라민수지계, 아크릴수지계 페인트가 있다.
② 내알칼리성은 우수하지만, 광택이 없고 마감면의 마모가 크다.
③ 저온다습할 경우에도 건조시간이 짧다.
④ 안료와 건조성 지방유를 주원료로 하는 것으로, 지방유가 건조하여 피막을 형성하게 된다.

※ 유성페인트(안료+보일드유+희석재)
· 안료와 건조성 지방유를 주 원료로 한다.
· 붓 바름 작업성 및 내후성이 우수하다.
· 건조시간이 길다.
· 내알칼리성이 약하므로 콘크리트 바탕 면에 사용하지 않는다.

36 콘크리트에 사용되는 골재에 요구되는 성질에 대한 설명으로 옳지 않은 것은?
① 골재의 모양은 둥글고 구형에 가까운 것이 좋다.
② 골재에는 불순물이 포함되어 있지 않아야 한다.
③ 골재의 크기는 일정해야 한다.
④ 골재의 강도는 콘크리트 중의 경화시멘트 페이스트의 강도 이상이어야 한다.

※ 콘크리트 골재의 일반적 성질
· 모양이 구형에 가까운 것으로, 표면이 거친 것이 좋다.
· 입도는 조립에서 세립까지 연속적으로 균등이 혼합되어 있어야 한다.
· 골재의 강도는 콘크리트 중의 경화시멘트 페이스트의 강도 이상일 것이 좋다.

37 내화도가 낮아 고열을 받는 곳에는 적당하지 않지만, 견고하고 대형재의 생산이 가능하며 바탕색과 반점이 미려하여 구조재, 내·외장재로 많이 사용되는 것은?
① 화강암   ② 응회암
③ 부석   ④ 점판암

※ 화강암
· 질이 단단하다.
· 내구성 및 강도가 크다.
· 외관이 수려하다.
· 절리의 거리가 비교적 커서 대재를 얻을 수 있다.
· 함유광물의 열팽창계수가 다르므로 내화성이 약하다.

38 강화판유리에 대한 설명 중 잘못된 것은?
① 유리를 가열한 다음 급격히 냉각시킨 것이다.
② 보통 유리보다 강도가 크다.
③ 파괴되면 모래처럼 잘게 부서진다.
④ 열처리 후에는 절단 등의 가공이 쉬워진다.

※ 강화판유리
고열에 의한 특수 열처리로 기계적 강도를 향상시킨 특수유리로 일반유리에 비해 강도가 3~5배이다. 성형 유리판을 약 600℃로 열압, 공기를 뿜어 급냉시켜서 만든다. 깨지더라도 조각이 모나지 않게 콩알 모양으로 부수어 진다. 가공이 불가능하므로 제작전에 나사구멍, 절단 등의 작업을 하여야 한다.

39 이오토막 벽돌의 치수를 옳게 나타낸 것은?(단, 표준형 벽돌이며 단위는 mm이다.)
① 142.5×90×57   ② 47.5×90×57
③ 190×45×57   ④ 95×45×57

※ 벽돌 – 이오토막
이오토막(25%), 즉 길이의 1/4 정도이다.

40 합판에 대한 설명으로 옳은 것은?
① 얇은 판을 매 장마다 각각의 섬유방향이 직교되도록 겹쳐 붙여 만든 것이다.
② 함수율 변화에 의한 신축변형이 크다.
③ 곡면가공을 할 경우 균열이 발생한다.
④ 변형의 방향성이 크다.

※ 목재 – 합판
· 단판(베니어)을 1장마다 섬유방향과 직교되게 3, 5, 7, 9 등의 홀수 겹으로 겹쳐 접착제로 붙여댄 것이다.
· 균일한 강도의 재료를 얻을 수 있다.
· 함수율 변화에 따른 팽창. 수축의 방향성이 없다.
· 뒤틀림이나 변형이 적은 비교적 큰 면적의 평면 재료를 얻을 수 있다.

41 스케일(Scale)의 삼각면에 표시되어 있지 않는 축척은?

① 1/100 ② 1/200
③ 1/300 ④ 1/700

※ 축척
스케일(Scale)로서 실물의 크기를 늘리거나 또는 길이를 줄이는데 쓰이는 것으로서 가장 많이 쓰이는 것이 삼각축척이다. 삼각형 스케일이 주로 사용되며, 1/100, 1/200, 1/300, 1/400, 1/500, 1/600의 축척 눈금이 있다.

42 재료표시기호에서 목재의 구조재 표시 기호는?

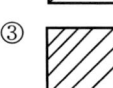 

※ 목재 :

43 부재응력 중 부재를 직각으로 자를 때 생기는 응력은?

① 인장응력   ② 압축응력
③ 전단응력   ④ 휨모멘트

※ 전단응력
어떤물체가 각각 반대방향으로 두개의 평행된 힘이나 혹은 하중의 작용으로 절단되어지는 것을 막으려는 저항력

44 벽돌구조의 벽체에 관한 설명 중 옳은 것은?

① 개구부의 상하간 수직거리는 30cm 이상으로 한다.
② 개구부가 1.8m 이상의 폭일 경우 상부에 철근콘크리트 인방보를 설치한다.
③ 벽돌벽에 배관과 배선을 위해 홈을 설치할 경우 가로 홈은 그 길이를 4m 이하로 하고 깊이는 벽두께의 1/5 이하로 한다.
④ 개구부 상호간 또는 개구부와 대린벽 중심과의 수평 거리는 벽두께의 1.5배이상으로 한다.

※ 벽체
· 개구부의 상하간 수직거리는 60cm 이상으로 한다.
· 벽돌벽에 배관과 배선을 위해 홈을 설치할 경우 가로 홈은 그 길이를 3m 이하로 하고 깊이는 벽두께의 1/3 이하로 한다.
· 개구부의 상호간 또는 개구부와 대린벽 중심과의 수평 거리는 벽두께의 2배이상으로 한다.

45 지붕의 평면과 지붕명칭의 연결 중 옳지 않은 것은?

① 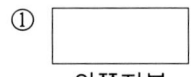 외쪽지붕
② 박공지붕
③ 모임지붕
④ 합각지붕

※ 합각지붕 :

46 연약지반에서의 부동침하 방지책으로 옳지 않은 것은?

① 건물을 경량화한다.
② 건물의 중량을 평균화한다.
③ 지하실을 강성체로 설치한다.
④ 이웃 건물과의 거리를 가깝게 한다.

※ 연약한 지반의 대책
· 상부구조의 강성을 높인다.
· 건물을 경량화한다.
· 이웃간의 건물사이를 멀게 한다.
· 건물의 평면길이를 짧게 한다.

47 다음 평면표시기호는 무엇을 의미하는가?

① 자재여닫이문   ② 쌍미닫이문
③ 회전문   ④ 외여닫이문

※ 자재여닫이문 :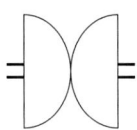

48 한 켜는 길이쌓기로 하고 다음은 마구리쌓기로 하며 모서리 또는 끝에서 칠오토막을 사용하는 벽돌 쌓기법은?

① 영국식 쌓기   ② 미국식 쌓기
③ 엇모 쌓기   ④ 네덜란드식 쌓기

※ 벽돌쌓기 공법
① 영국식 쌓기
· 한 켜는 길이, 다음 켜는 마구리로 쌓는 방법
· 마구리 켜의 모서리에 반절 또는 이오토막을 사용해서 통줄눈이 생기는 것을 막는다.
· 가장 튼튼한 쌓기 공법
② 미국식(미식) 쌓기 : 5켜 정도 길이쌓기, 다음 한 켜는 마구리쌓기로 한다.
③ 엇모 쌓기 : 담 또는 처마부분에 내쌓기를 할 때 이용되는 방식
④ 네덜란드식(화란식) 쌓기
· 영식 쌓기와 같으나 모서리 또는 끝부분에 칠오토막을 사용

· 가장 많이 사용되며 모서리가 튼튼하다.

49 일체식 구조 중 하나로, 내구성, 내화성, 내진성이 우수하지만, 자중이 무겁고 시공 과정이 복잡하며 공사기간이 긴 단점이 있는 구조는?
① 벽돌구조　　② 목구조
③ 철근콘크리트구조　④ 블록구조

※ 철근콘크리트구조
· 내화, 내구, 내진적이다.
· 설계가 자유롭고, 고층건물이 가능하다.
· 장스팬은 불가능하다.
· 구조물을 완성후 내부 결함의 유무를 검사하기 어렵다.
· 균열이 쉽게 발생한다.
· 철근과 콘크리트는 선팽창계수가 거의 같다.
· 자중이 무겁고, 시공기간이 길다.
· 콘크리트 자체의 압축력이 매우 크다.

50 철근콘크리트조의 보에 대한 설명 중 옳지 않은 것은?
① 일반적으로 정사각형보가 가장 널리 쓰인다.
② 단순보인 경우 하중이 아래로 작용하면, 휨모멘트에 의해 보의 중앙부에서는 아래쪽에 인장력이 생긴다.
③ 구조내력상 중요한 보는 복근보로 하는 것이 좋다.
④ 정도를 넘는 전단력에 대해서는 늑근을 배치하여 보강한다.

※ 철근콘크리트조의 보는 단면을 정방형(정사각형)보다 장방형(직사각형)의 보가 널리 쓰인다.

51 철골구조의 판보에서 커버 플레이트의 장수는 최대 몇 장 이하로 하는가?
① 1장　　② 2장
③ 3장　　④ 4장

※ 철골구조의 판보에서 커버 플레이트는 4장 이하로 겹쳐대고 플랜지보다 얇은 두께를 사용한다.

52 연속기초라고도 하며 조적조의 벽기초 또는 철근콘크리트조 연결기초로 사용되는 것은?
① 독립기초　　② 복합기초
③ 온통기초　　④ 줄기초

※ 연속기초(줄기초)
콘크리트나 조적식으로 된 주택의 내력벽 또는 일렬로 된 기둥을 연속으로 따라서 기초 벽을 설치하는 구조

53 평면도를 그릴 때 절단높이를 바닥판에서 1.2~1.5m 정도로 가정한다. 그 이유에 대한 설명으로 가장 옳지 않은 것은?
① 벽체의 두께를 잘 나타낼 수 있다.
② 각종 개구부의 위치나 형태를 잘 나타낼 수 있다.
③ 건물의 외부가 잘 표현될 수 있다.
④ 인간의 생활 공간 중에서 실생활과 가장 관련이 높다.

※ 평면도에는 건물의 외부는 표현되지 않는다.

54 도면표시기호 중 두께를 표시하는 기호는?
① THK　　② A
③ V　　　④ H

※ 도면표시기호

명칭	길이	높이	폭	면적	두께	직경	반지름	용적
표시기호	L	H	W	A	THK	D, ø	R	V

55 표준형 점토벽돌 2.0B의 두께는?
① 190mm　　② 290mm
③ 390mm　　④ 490mm

※ 2.0B는 벽돌 1장 190mm + 줄눈10mm + 벽돌 1장 190mm = 390mm
※ 쌓기별 조적벽 두께
0.5B = 90mm, 1.0B = 190mm, 1.5B = 290mm, 2.0B = 390mm

56 곡면판이 지니는 역학적 특성을 응용한 구조로서 외력은 주로 판의 면내력으로 전달되기 때문에 경량이고 내력이 큰 구조물을 구성할 수 있는 구조는?
① 현수구조　　② 입체격자구조
③ 철골구조　　④ 쉘구조

※ 쉘구조
· 곡면판이 지니는 역학적 구성을 이용한 구조로서 외력은 주로 판의 면내력으로 전달되기 때문에 경량이고 내력이 큰 구조물을 구성할 수 있는 건축구조이다.
· 큰 간사이의 지붕에 사용되며 시드니의 오페라 하우스, 공장, 체육관 등에서 볼 수 있다.

57 철근콘크리트조에서 단변(ℓx)과 장변(ℓy)의 길이의 비($\frac{\ell y}{\ell x}$)가 얼마 이하일때 2방향 슬래브(slab)라 하는가?
① 1　　② 2
③ 3　　④ 4

※ 1방향 슬래브 : 장변, 단변의 비 2 이상
2방향 슬래브 : 장변, 단변의 비 2 이하

58 철골기둥의 주각의 구성재가 아닌 것은?
① 윙플레이트   ② 베이스플레이트
③ 클립앵글   ④ 스티프너

※ 스티프너
웨브의 두께가 춤에 비해 얇을 때 웨브 플레이트의 좌굴을 방지하기 위하여 설치하는 부재로서 집중 하중의 크기에 따라 결정된다.

59 다음 나무구조에 대한 설명 중 옳지 않은 것은?
① 목재를 접합하여 건물의 뼈대를 구성하는 구조이다.
② 저층의 주택과 같이 비교적 소규모 건축물에 적합하다.
③ 목재는 가볍고 가공성이 좋으며 친화감이 있다.
④ 목재는 열전도율이 커서 연소하기 쉽다.

※ 목구조
▶ 장점
· 가볍고, 가공성이 좋으며, 친화감이 있다.
· 비중에 비하여 강도가 크다.(인장, 압축강도)
· 시공이 용이하며 공사기간이 짧다.
· 색채 및 무늬가 있어 미려하다.
· 열전도율이 적어 보온, 방안, 방서에 뛰어나다.
▶ 단점
· 재질이 불균등하고, 큰 단면이나 긴 부재를 얻기 힘들다.
· 함수율에 따른 변형이 크고 부식, 부재에 약하다.
· 접합부의 강성이 약하다.
· 내화, 내구성이 약하다.

60 제도의 문자 쓰기에 대한 설명 중에서 부적당한 것은?
① 숫자는 아라비아 숫자를 원칙으로 한다.
② 글자체는 수직 또는 15° 경사의 고딕체로 쓰는 것을 원칙으로 한다.
③ 문장은 세로쓰기를 원칙으로 하며, 세로쓰기가 곤란할 때에는 가로쓰기도 할 수 있다.
④ 글자의 크기는 각 도면의 상황에 맞추어 알아보기 쉬운 크기로 한다.

※ 글자(문자)쓰기 방법
① 글자는 명확하게 쓴다.
② 문장은 왼쪽에서부터 가로쓰기를 원칙으로 한다. 다만, 가로쓰기가 곤란할 때 세로쓰기도 무방하다.
③ 글자체는 고딕체로 하며, 수직 또는 15° 경사로 쓰는 것을 원칙으로 한다.
④ 글자의 크기는 높이로 표시되며, 20, 16, 12.5, 10, 8, 6.3, 5, 4, 3.2, 2.5, 2(mm)의 11종류를 표준으로 한다.
⑤ 네자리 이상의 숫자는 세자리마다 자리점을 찍든지(예:7,000), 간격을 두어 표시한다(예:7 000). 다만, 네자리 이하의 수는 이에 따르지 않아도 좋다.
⑥ 언제나 보조선을 이용하여 문자의 크기를 일정하게 한다.
⑦ 일정한 형식의 글자를 선택하고, 도면이 완성될 때까지 동일한 글자체가 되도록 한다.
⑧ 명확하고 특색 있는 글자를 쓰고, 가날프고 섬세한 표현은 피하도록 한다.

정답

01④	02②	03①	04③	05③	06②	07②	08③	09①	10③
11②	12④	13③	14②	15①	16①	17①	18③	19①	20①
21①	22②	23④	24①	25④	26④	27③	28④	29④	30④
31①	32④	33②	34①	35④	36③	37①	38④	39②	40①
41④	42①	43③	44②	45④	46④	47①	48④	49③	50①
51④	52④	53③	54①	55③	56④	57②	58④	59④	60③

01 디자인 요소에서 강조(Emphasis)의 설명으로 틀린 것은?

① 강조란 시각적으로 중요한 것과 그렇지 않은 것을 구별하는 것을 말한다.
② 실내에서의 강조란 흥미나 관심의 촛점이다.
③ 강조란 한 방에서의 통일과 질서감을 부여하지는 못한다.
④ 주택의 거실에서 촛점의 대상이 되는 것은 벽난로나 응접셋트가 될 수가 있다.

※ 디자인의 원리 – 강조
시각적인 힘에 강·약의 단계를 주어 디자인의 일부분에 초점이나 흥미를 부여하는 디자인 요소

02 아래 그림에서 나타나는 형태요소는?

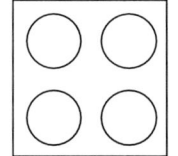 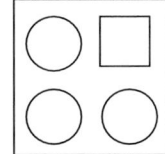

① 비례와 대칭
② 조화와 대조
③ 통일과 변화
④ 점증과 율동

※ 통일(統一)과 변화(變化)
통일과 변화는 부분과 부분 및 전체의 관계에 있어서 시각적인 힘의 정리를 의미한다. 여기에서의 변화란 무질서를 의미하는 것이 아니고 통일 속의 변화이며, 통일과 변형이다.

03 부엌가구의 배치방법 중 작업면이 넓으며 작업효율이 가장 좋은 배치는?

① 일자형
② L자형
③ 병렬형
④ U자형

※ 부엌가구 배치 유형
① 일자형(직선형) : 좁은 면적을 이용할 경우에 사용되며, 작업의 흐름이 좌우로 되어 있어 동선이 길어진다.
② L자형(ㄴ자형) : 정방향 부엌에 알맞고 비교적 넓은 부엌에서 능률적이나, 모서리 부분은 이용도가 낮다.
③ 병렬형 : 작업대가 마주보도록 배치하는 형태로 길고 좁은 부엌에 적당하며, 동선이 짧아 효과적이다.
④ U자형(ㄷ자형) : 양측 벽면을 이용하므로 수납공간을 넓게 잡을 수 있으며, 이용하기에도 아주 편리하다.

04 주택의 각 공간에서 개인생활 공간에 속하는 것은?

① 응접실
② 거실
③ 침실
④ 식사실

※ 주거공간의 주 행동에 따른 분류 – 개인(정적)공간
· 각 개인의 사생활을 위한 사적인 공간
· 침실, 서재

05 자연적인 형태와 가장 밀접한 관련성이 있는 형은?

① 자유곡면형
② 삼각형
③ 직육면체형
④ 다각형

※ 자유곡면형은 물결치는 듯한 조형미를 살릴수 있고, 자유분방하고 풍부한 감정의 표현을 자유롭게 구현할 수 있다.

06 실내 공간의 바닥을 설계할 때 내용으로 틀린 것은?

① 신체와 직접 접촉되는 부분이므로 촉감을 고려한다.
② 바닥의 면적이 좁을 때에는 바닥에 높이차를 두어 공간을 넓게 보이게 한다.
③ 노인이 있는 실내에서는 바닥의 높이차가 없는 것이 좋다.
④ 바닥에 높이차를 두면 공간을 분할하는 효과가 있다.

※ 실내 기본요소 – 바닥차가 있는 경우
· 단 높이가 낮을 경우에는 안전상 위험이 따르므로 유의한다.
· 칸막이 없이 공간 분할하는 효과가 있다.
· 심리적인 구분감과 변화감을 준다.

07 주택의 식당이나 레스토랑의 식탁위를 조명하는데 가장 많이 쓰이는 조명은?

① 브라켓(bracket) 조명
② 펜던트(pendent) 조명
③ 플로어 램프(floor lamp) 조명
④ 핀홀 라이트(pin hole light) 조명

※ 조명방식
· 브라켓 조명 : 벽에 붙여서 조명하는 방식
· 펜던트 조명 : 천장에 매달려 조명하는 방식

08 다음 중 기능성이 가장 우선적으로 고려되어야 할 가구의 종류는?
① 주거용 가구 ② 공공용 가구
③ 상업용 가구 ④ 장식용 가구

※ 건물의 용도에 의한 분류
① 주거용 가구 : 일상 가정생활에 필요한 가구로 침대, 장롱, 소파, 화장대 등
② 공공용 가구 : 여러사람이 공동으로 사용하는 가구로 벤치, 캐비닛, 사물함, 작업대 등
③ 상업용 가구 : 영업을 목적으로 하는 가구로 백바, 카운터, 이·미용 의자, 진열대 등

09 실내디자인에서 가장 중요하게 고려해야 하는 요인은?
① 물적자원 능력
② 외부환경과 기후
③ 거주인에 대한 이해
④ 인적자원과 노동력

※ 실내디자인에서 가장 중요하게 고려해야하는 요인은 사람을 둘러싼 여러 환경적 요인들을 우선적으로 고려해야 한다.

10 손으로 만져 보면 알 수 있는 질감을 무엇이라 하는가?
① 촉각적 질감 ② 시각적 질감
③ 구조적 질감 ④ 착시적 질감

※ 촉각적 질감
만져보면 알 수 있는 재질감

11 다음 중 대칭균형의 예로 가장 적당한 것은?
① 원형 식탁   ② 스탠드 갓
③ 사람의 인체 ④ 나선형 계단

※ 일반적으로 황금비라 하면 1 : 1.618의 비(比)를 말하며, 생물의 구조나 조직 등에서 많이 발견할 수 있다. 이와 같이 황금비로서의 분할을 황금분할(The Golden Section)이라 하며, 1830년에 처음 사용되었다. 르 코르뷔지에(Le Corbusier 1887~1965, 프랑스 건축가)는 황금분할을 이용하여 모듈러(Modular)를 창안했으며 이는 인체치수를 황금분할하여 만들었다.

12 백화점 전시 및 계획에 관한 설명으로 옳지 않은 것은?
① 항상 신선한 느낌을 주도록 전시한다.
② 전통적인 감각을 느끼도록 디자인한다.
③ 접객 부분은 밝고 편안하며 개방적이어야 한다.
④ 백화점은 성격상 화려한 모습을 보여 줄 필요가 있다.

※ 백화점은 전통적인 느낌보다는 세련되고 도시적인 느낌의 디자인으로 한다.

13 실내에 사용되는 색채계획으로 옳지 않은 것은?
① 벽은 가장 넓은 면적이므로 안정되고 명도가 높은 색상을 선택한다.
② 바닥은 벽면보다 약간 어두우며 안정감이 있는 색상을 선택한다.
③ 천장은 벽과 같거나 어두운 색을 선택한다.
④ 대형가구와 커튼은 바닥, 벽, 천장과 유사색이나 그 반대색을 사용한다.

※ 천장은 벽보다 밝은 색으로 계획해야한다.

14 다음 중 설계의 진행과정으로 옳은 것은?
① 설계자의 요구분석-각종 자료분석-기본설계-대안제시-실시설계
② 설계자의 요구분석-기본설계-각종 자료분석-기본설계-실시설계
③ 설계자의 요구분석-기본설계-각종 자료분석-실시설계-대안제시
④ 기본설계-설계자의 요구분석-각종 자료분석-실시설계-대안제시

※ 설계의 진행과정
설계자의 요구분석 - 각종 자료분석 - 기본설계 - 대안제시 - 실시설계

15 Modular Coordination의 특성이 아닌 것은?
① 공기를 단축시킬 수 있다.
② 합리적인 설계가 이루어진다.
③ 창의성이 결여될 수 있다.
④ 호환성이 없다.

※ 모듈 코디네이션
▶ 장점

- 대량생산이 용이하므로 공사비가 감소한다.
- 현장 작업이 단순해지므로 공사기간이 단축된다.
- 설계 작업이 단순화 되고, 간편하며 호환성이 있다.
▶ 단점 : 똑같은 형태의 반복으로 인한 창의성이 결여 될 수 있다.

16 자연환기에 관한 설명 중 적합하지 않은 것은?
① 자연환기는 자연의 물리적 현상을 이용한 방법이다.
② 자연환기는 중력환기와 풍력환기로 분류된다.
③ 환기량을 계획적으로 정확히 유지할 수 있다.
④ 보조환기장치는 환기구, 환기통, 루프 벤틸레이션, 모니터 루프(Monitor roof) 등이 있다.

※ 자연환기로는 환기량의 정확한 유지가 불가능하다.

17 보통옷을 입고 있는 안정된 상태에서 인체에서 발산되는 열손실의 비율이 바르게 비교된 것은?
① 대류 〉 복사 〉 증발
② 복사 〉 대류 〉 증발
③ 증발 〉 복사 〉 대류
④ 복사 〉 증발 〉 대류

※ 열손실 비율
복사 〉 대류 〉 증발

18 다음 열관류율의 단위로 옳은 것은?
① $Kcal/m^2$　　② $Kcal/℃$
③ $Kcal/m^2 \cdot h \cdot ℃$　　④ $hm^2℃/Kcal$

※ 벽체의 열관류율 단위는 $kcal/m^2 \cdot h \cdot ℃$ 이다.

19 채광에 관한 내용 중 옳지 않은 것은?
① 편측창은 개방감과 전망이 좋고 통풍에 유리하다.
② 천창은 시야가 차단되므로 폐쇄된 분위기가 되기 쉽다.
③ 양측창은 실의 분위기가 둘로 나누어 질 수 있다.
④ 정측창은 개폐, 청소, 수리, 관리가 쉽다.

※ 정측창(頂側窓)
창턱 높이가 눈높이 보다 높고 창의 상부가 천정선과 같거나 그 아래에 위치한 수직창이다. 또 천정부분에서 채광하나 채광면이 수직이나 수직에 가까운 창도 정측창이라 한다. 미술관, 박물관, 공장 등에서 많이 사용하는 채광방식이다.

20 실의 명료도가 떨어지는 원인이 아닌 것은?
① 잔향 시간이 짧을때
② 음압이 낮을때
③ 소음이 있을때
④ 음원에서 멀때

※ 잔향은 실의 형태에는 거의 관계가 없고 실의 용적과 흡음력에 의해 결정되며, 실의 용적이 클수록 잔향시간이 길고 흡음력이 클수록 잔향시간은 짧아진다.

21 집성목재에 관한 설명 중 틀린 것은?
① 목재의 강도를 인공적으로 자유롭게 조절할 수 있다.
② 필요에 따라 아치와 같은 곡면재를 만들 수 있다.
③ 응력에 따라 필요한 단면을 만들기 어렵다.
④ 길고 단면이 큰 부재를 만들 수 있다.

※ 목재 - 집성목재
- 15~50mm의 두께가 가진 단판을 겹쳐서 접착한 것으로 섬유방향을 일치하게 접착하는 목재이다.
- 옹이·균열 등의 결함을 제거·분산 시킬 수 있으므로 강도의 편차가 적다.
- 요구된 치수, 형태의 재료를 비교적 용이하게 제도할 수 있다.
- 강도상 요구에 따라 단면과 치수를 변화시킨 구조재료를 설계, 제작할 수 있다.

22 다음 중 열경화성 수지는?
① 염화비닐수지　　② 폴리에틸렌수지
③ 메타크릴수지　　④ 페놀수지

※ 열경화성 수지
- 가열 후 굳어져서 다시 가열해도 연화되거나 녹지 않는다.
- 페놀수지, 요소수지, 멜라민수지, 알키드수지, 폴리 에스틸수지, 폴리 우레탄수지, 실리콘수지, 에폭시수지

23 목재의 함수율에 대한 설명으로 옳은 것은?
① 기건상태의 함수율은 약 15%이다.
② 섬유포화점의 함수율은 약 10%이다.
③ 함수율이 달라져도 목재의 성질은 변하지 않는다.
④ 대기중의 습도와 균형상태가 된 것을 전건재라 한다.

※ 목재의 함수율
함수율=목재중의 수분/전건재 중량
① 전건재 중량=목재 부피×비중
② 목재의 수분=목재의 무게-전건 목재의 무게
③ 전건재 : 함수율 0%
④ 기건재 : 함수율 15%
⑤ 섬유포화점 : 함수율 30%
- 함수율이 완전히 0%가 된 전건상태일때의 비중을 목재의 비중으로 표시한다.

24 대리석에 대한 설명 중 잘못된 것은?

① 석회암이 변화되어 결정화한 것으로 탄산석회가 주성분이다.
② 치밀, 견고하고 색채, 무늬가 다양하다.
③ 산과 염에 강하다.
④ 공업도시나 강우량이 많은 지방에서는 실외용으로 적합하지 않고 실내장식재로 알맞다.

※ 대리석
· 산에 약하다.
· 석질이 치밀, 견고하고 색채, 무늬가 다양하다.
· 석회석이 변화되어 결정화한 것으로 탄산석회가 주성분이다.
· 강도는 매우 높지만 풍화되기 쉽기 때문에 실외용으로는 적합하지 않다.

25 다음 중 천연 아스팔트는?
① 스트레이트 아스팔트
② 레이크 아스팔트
③ 블로운 아스팔트
④ 아스팔트 컴파운드

※ 천연 아스팔트
레이크아스팔트, 록 아스팔트, 아스팔트타이트

26 합판의 특성에 대한 설명 중 옳지 않은 것은?
① 판재에 비해 균질이다.
② 단판을 서로 직교시켜 붙인 것으로 방향에 따른 강도의 차가 적다.
③ 단판은 얇아서 건조가 빠르고 뒤틀림이 없으므로 팽창, 수축을 방지할 수 있다.
④ 너비가 큰 판을 얻을 수 있지만 곡면판으로 만들 수는 없다.

※ 목재 - 합판
· 단판(베니어)을 1장마다 섬유방향과 직교되게 3, 5, 7, 9 등의 홀수 겹으로 겹쳐 접착제로 붙여댄 것이다.
· 균일한 강도의 재료를 얻을 수 있다.
· 함수율 변화에 따른 팽창, 수축의 방향성이 없다.
· 뒤틀림이나 변형이 적은 비교적 큰 면적의 평면 재료를 얻을 수 있다.

27 우리나라에서 시판되고 있는 모노륨, 골드륨과 같은 합성 수지 제품은 어디에 속하는가?
① 비닐타일   ② 아스팔트타일
③ 비닐시트   ④ 레저

※ 비닐시트(polyvinyl chloride sheet)
염화비닐과 초산비닐의 공중합체를 원료로 하여 석면·펌프 등을 충전제로 쓰고 안료를 착색하여 열압 성형한 시트로서 폭 90cm, 두께 2.5mm 이하의 두루 마리형으로서 되어 있다. 부드럽고 보행측감이 좋으며 자국이 나도 회복되기 쉽고 마모도 적으므로 목조바루·온돌·콘크리트바닥 등의 바탕에 자유로 이용할 수가 있어 널리 쓰인다. 상품은 론륨·플라스륨·비닐륨·스펀지시트 등이 있다.

28 스프링힌지의 일종으로서 저절로 닫혀지지만 15cm 정도는 열려 있어 공중용 변소나 전화실 출입문에 적당한 것은?
① 피벗 힌지   ② 래버터리 힌지
③ 도어스톱   ④ 플로어 힌지

※ 래버터리 힌지
문짝에 사용하는 경첩으로 자동으로 열린상태 또는 닫힌상태 유지가 가능하다.

29 목재의 연소에서 인화점에 대한 설명으로 옳은 것은?
① 180°C 전후에서 열분해가 시작되어 가연성 가스가 발생되지만 목재에는 불이 붙지 않는다.
② 260~270°C에서 가연성 가스의 발생이 많고, 불꽃에 의하여 목재에 불이 붙는다.
③ 400~450°C로 되면 화기가 없더라도 자연 발화된다.
④ 수분이 증발하는 100°C 정도를 말한다.

※ 목재 연소의 인화점
· 160°C 이상 가열하면 목재는 갈색으로 변한다.
· 250~260°C에서는 연소한다. 이를 인화점 혹은 착화 온도.
· 450~460°C에서는 불꽃이 없어도 발화에 이른다. 이를 발화점이라 한다.
· 200°C 이하에서는 장시간 가열하면 가연성가스가 분열되어 발화되기도 한다.

30 테라코타(terra-cotta)에 대한 설명 중 옳지 않은 것은?
① 석재 조각물 대신에 사용되는 장식용 점토 소성 제품이다.
② 건축물의 난간, 주두, 돌림띠 등에 사용되는 경우가 많다.
③ 원료는 고급 점토에 도토를 혼합하여 사용한다.
④ 화강암보다 내화력이 약하고, 대리석보다 풍화에 약해 주로 내장재로 쓰인다.

※ 테라코타
· 속을 비게하여 소성한 제품으로서 난간벽, 기둥주두, 돌림띠, 창대 등에 사용한다.
· 일반 석재보다 가볍고, 압축강도는 화강암의 1/2정도이다.
· 거의 흡수성이 없고 색조가 자유롭고, 모양을 임의로 만들 수 있다.
· 소성제품이므로 변형이 생기기 쉽다.
· 구조용과 장식용이 있으나, 주로 장식용으로 사용된다.

31 시멘트의 조성 화합물에서 수화반응속도가 느리

며, 재령 28일 이후의 강도를 지배하는 것은?
① 규산삼칼슘 ② 규산이칼슘
③ 알루민산삼칼슘 ④ 알루민산철사칼슘

※ 물속에서 사용하는 포틀랜드 시멘트 주성분의 일종으로 규산삼칼슘은 물과 상당히 빨리 반응하나 규산이칼슘은 느리게 반응하여 한 달 이상이 지난 이후에 완전히 굳어진다.

32 다음의 금속제품에 대한 설명 중 옳지 않은 것은?
① 코너 비드 – 기둥 모서리 및 벽 모서리 면에 미장을 쉽게 하고, 모서리를 보호할 목적으로 설치한다.
② 조이너 – 텍스, 보드, 금속판, 합성수지판 등의 줄눈에 대어 붙이는 것이다.
③ 논슬립 – 계단에 쓰이며 미끄럼을 방지하기 위해서 사용된다.
④ 와이어 라스 – 금속제 거푸집의 일종이다.

※ 와이어 라스
지름 0.9~1.2mm의 철선 또는 아연 도금 철선을 가공하여 만든 것으로 모르타르 바름 바탕에 쓰인다.

33 타일의 흡수율 규정을 잘못 나타낸 것은?
① 자기질 - 10% 이하
② 도기질 - 18% 이하
③ 석기질 - 5% 이하
④ 클링커 타일 - 8% 이하

※ 자기질 타일의 흡수율 : 0~1%

34 주로 목재면의 투명 도장에 쓰이는 것은?
① 에나멜 래커 ② 광명단
③ 클리어 래커 ④ 연단 도료

※ 클리어 래커
· 목재면의 투명 도장에 쓰인다.
· 바니시에 안료를 첨가하지 않는 도료이다.
· 내수성이 있으며 내충격성이 크다.
· 목재 전용 래커는 부착성이 크고 도막의 가소성이 우수하다.

35 안에서는 밖을 볼 수 있고 밖의 시선은 차단되어 프라이버시가 보호되는 유리는?
① 유리블록 ② 복층유리
③ 망입유리 ④ 반사유리

※ 반사유리
· 플로트유리 제조공정 중 금속욕조내에서 특수기체로 표면 처리하여 일정 두께의 반사막을 입힌 유리.
· 거울유리라고도 함.
· 열흡수 유리보다 열전도가 적어 열적요구를 저감시키는데 기여.

36 건축 재료의 일반적인 성질에 관한 용어에 대한 설명으로 옳지 않은 것은?
① 경도 - 재료의 단단한 정도
② 취성 - 작은 변형만 나타나면서 파괴되는 성질
③ 전성 - 마멸에 대한 저항도
④ 열용량 - 물체에 열을 저장할 수 있는 용량

※ 전성
압력이나 타격에 의해 재료가 파괴됨이 없이 판상으로 되는 성질

37 일반적인 석재의 특징에 대한 설명 중 옳지 않은 것은?
① 장대재를 얻기 힘들고, 가구재로 부적당하다.
② 거의 모든 석재는 비중이 작아 가공성이 좋다.
③ 인장강도가 압축강도보다 작다.
④ 화열에 닿으면 화강암은 균열이 생기며 파괴된다.

※ 모든 석재는 비중이 크고 가공성이 좋지 않다.

38 원료인 점토에 톱밥이나 분탄 등의 불에 탈 수 있는 가루를 혼합하여 성형, 소성한 것으로 톱질과 못박기가 가능하며 단열 및 방음성이 있으나 강도는 약한 점토제품은?
① 내화벽돌 ② 다공질벽돌
③ 이형벽돌 ④ 포도벽돌

※ 다공질의 경량으로 된 벽돌로 점토와 유기질 분말(단분, 톱밥, 겨 등)을 원료로 혼합 성형 소성하여 만든다. 강도 부족으로 구조재용은 불가하나 보온, 흡음성이 있어 보온벽, 방음벽 등에 쓰임.

39 금속의 방식법에 대한 설명 중 옳지 않은 것은?
① 가능한 한 이종금속과 인접하거나 접촉하여 사용하도록 한다.
② 균질한 것을 사용하고 사용시 큰 변형을 주지 않는다.
③ 표면을 평활하고 깨끗하게 하며, 건조상태를 유지하도록 한다.
④ 부분적으로 녹이 나면 즉시 제거하도록 한다.

※ 부식의 방지법
① 가능한 한 서로 다른 금속을 인접 접촉시켜 사용하지 말 것.
② 균질한 것을 선택하고 사용시 큰 변형을 주지 않도록 할 것.

③ 큰 변형을 준 것은 가능한 한 풀림하여 사용할 것.
④ 표면을 평활하고 깨끗이 하며 가능한 한 건조상태로 유지할 것.
⑤ 부분적으로 녹이 나면 즉시 제거할 것.

40 다음의 설명으로 맞는 것은?

> 목재 가루를 압축한 바탕재(HDF)위에 고압력으로 강화시킨 여러층의 표면판을 적층하여 접착시킨 복합재 마루로 일명 "라미네이트 마루"라고도 불린다.

① 온돌마루 ② 원목마루
③ 합판마루 ④ 강화마루

※ 강화마루
목재 가루를 압축한 바탕재(HDF)위에 고압력으로 강화 시킨 여러층의 표면판을 적층하여 접착시킨 복합재 마루

41 건축설계도의 배치도에 나타낼 사항이 아닌 것은?

① 축척 ② 방위
③ 경계선 ④ 지붕물매

※ 설계도면 - 배치도
· 대지와 도로와의 관계, 도로의 넓이, 고저차, 등고선 표시
· 정화조, 맨홀, 배수구등 설비의 위치와 크기표시
· 대지 내 건물의 위치 및 방위
· 축척은 1/100~1/600정도로 한다.

42 건축의 3대 요소가 아닌 것은?

① 미 ② 구조
③ 기능 ④ 환경

※ 건축의 3대 요소
미, 구조, 기능

43 반자틀의 구성과 관계가 없는 것은?

① 징두리 ② 달대
③ 달대받이 ④ 반자돌림대

※ 반자틀
천정재를 부착하기 위한 바탕이 되는 기다란 재. 천장을 막기 위하여 짜 만든 틀의 총칭. 반자를 드리느라고 가늘고 긴 나무로 가로·세로로 짜서 만든 틀로 달대, 달대받이, 반자돌림대 반자대 등을 총칭한다.

44 벽돌벽의 균열 원인 중 계획 및 설계상의 결함이 아닌 것은?

① 기초의 부동침하
② 개구부 크기의 불균형 및 불합리한 배치
③ 벽체길이, 높이에 따른 두께의 부족
④ 벽돌 및 모르터의 강도부족

※ 설계상의 결함
· 기초의 부동 침하
· 건물의 평면·입면의 불균형 및 벽의 불합리 배치
· 불균형 또는 큰 집중 하중, 횡력 및 충격
· 벽돌벽의 길이, 높이, 두께와 벽돌 벽체의 강도
· 문골 크기의 불합리, 불균형 배치

45 간사이가 6m인 지붕틀에서 4cm 물매라면 지붕틀의 높이는?

① 24cm ② 60cm
③ 120cm ④ 240cm

※ 지붕틀의 높이는 1/2×간사이×지붕물매
지붕물매 4cm=4/10, 간사이 6m=600cm

46 건축구조의 분류에 따른 기술 중 옳지 않은 것은?

① 가구식구조는 각 부재의 배치와 연결방법에 따라 강도가 좌우된다.
② 조적식구조는 벽돌구조, 블록구조, 돌구조 등이 있으며 비교적 내구적이며 횡력에 강하다.
③ 일체식구조는 각 부분이 일체화되어 비교적 균일한 강도를 낼 수 있는 합리적인 구조이다.
④ 구조재료에 의한 분류는 구조체를 형성하는 재료에 따라 나눈 것이다.

※ 조적식구조
벽돌, 돌 등의 작은 부재를 쌓는 구조법. 철근 콘크리트조의 기둥, 보 등의 보강이 없는 한 큰 공간과 개구부를 만들기 어렵고 지진에 약하다.

47 주택, 학교 등에서 나무구조의 1층 마루는 위생상 상당히 높게 할 필요가 있는데, 보통 지반위로부터 최소 몇 cm 이상 높게 설치 하는가?

① 30cm ② 45cm
③ 60cm ④ 75cm

※ 최소 45cm 이상 높게 설치해야 한다.

48 선긋기의 유의사항으로 옳은 것은?

① 모든 종류의 선은 일목요연하게 같은 굵기로 긋는다.
② 축척과 도면의 크기에 따라서 선의 굵기를 다르게 한다.
③ 한번 그은 선은 중복해서 여러번 긋는다.

④ 모서리가 조금이라도 겹쳐서는 안된다.

※ 선 긋기
· 시작부터 끝까지 일정한 힘을 가하여 일정한 속도로 긋는다.
· 각을 이루어 만나는 선은 정확하게 긋고, 선은 중복해서 긋지 않는다.
· 축척과 도면의 크기에 따라서 선의 굵기를 다르게 한다.
· 용도에 따라 선의 굵기를 구분하여 사용한다.
· 가는 선일수록 선의 농도를 높게 조정한다.
· 파선의 끊어진 부분은 길이와 간격을 일정하게 한다.
· 파선의 모서리는 반드시 연결하고, 교차점은 반드시 교차시키도록 한다.

49 조적구조에서 지붕을 왕대공지붕틀로 할 때 벽체와 지붕 틀을 고정하는 것은?
① 안장쇠 ② 띠쇠
③ 듀벨   ④ 앵커볼트

※ 앵커볼트
벽체와 지붕 틀을 고정하는 볼트

50 입면도에 표시되어야 하는 내용으로 옳지 않은 것은?
① 대지형상   ② 마감재료명
③ 주요구조부의 높이 ④ 창문의 모양

※ 입면도
건축물을 기준면으로부터 수직투상하여 외관을 나타낸 그림으로 방위에 따라 동측입면도, 서측입면도, 남측입면도, 북측입면도로 구분하며 주요 구조부의 높이, 지붕경사와 물매, 처마의 나옴, 외부 마감재료 등을 알아야 하고 평면도와 단면도에 맞추어 창, 문, 지붕재료의 마무리, 환기구멍, 창살, 벽면 등을 표시한다.

51 다음 구조 중 습식구조에 해당하지 않는 것은?
① 철근콘크리트구조 ② 돌구조
③ 철골구조   ④ 블록구조

※ 건축구조의 분류 – 시공상에 의한 분류
· 건식구조 : 목구조, 철골구조
· 습식구조 : 벽돌구조, 철근콘크리트구조, 돌 구조, 철골철근콘크리트구조, 블록구조
· 조립식구조 : 철근콘크리트구조, 철골철근콘크리트구조

52 철골구조의 특성 중 틀린 것은?
① 철근콘크리트 구조물에 비하여 중량이 적다.
② 고층 건축 또는 대규모 건축에 적당하다.
③ 고열에 강하고, 다른 구조체보다 저가이다.
④ 내화, 내구성에 특별한 주의가 필요하다.

※ 철골구조 장·단점
▶ 장점

· 강재는 다른 재료에 비해 재질이 균일하므로 신뢰성이 있다.
· 철근콘크리트 구조보다 건물의 무게를 가볍게 할 수 있다.
· 큰 간사이의 구조물이나 고층 구조물에 적합하다.
· 인성이 커서 상당한 변위에 대해서도 견디어 낸다.
· 현장상태나 기상조건, 시공기술에 크게 관계 없이 정밀도가 높은 구조물을 얻을 수 있다.
▶ 단점
· 단면에 비하여 부재의 길이가 비교적 길고 두께가 얇아서 좌굴하기 쉽다.
· 열에 약하여 고온에서는 강도가 저하되고 변형하기 쉽다.
· 일반적으로 녹슬기 쉽다.
· 용접하기 이외는 일체식 구조로 보기 어렵다.

53 그림이 나타내고 있는 창호 표시기호의 뜻으로 가장 적당한 것은?

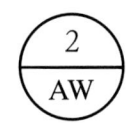

① 알루미늄합금창 2번
② 알루미늄합금창 2개
③ 알루미늄 2중창
④ 알루미늄문 2짝

※ 창호표시기호
원의 상단 2는 창호번호 2번이고, 원의 하단은 AW는 알루미늄 합금창을 의미한다. 즉, 알루미늄 합금창, 2번이다.

54 벽돌 조적조에 대한 설명 중 틀린 것은?
① 벽돌 쌓기는 막힌줄눈 쌓기로 한다.
② 벽돌벽 등에 장식적으로 구멍을 내어 쌓는 것을 엇모쌓기라 한다.
③ 벽의 중간에 공간을 두고 안팎으로 쌓는 조적벽을 공간벽 또는 중공벽이라 한다.
④ 벽돌벽체의 강도는 벽두께, 높이, 길이에 영향을 받는다.

※ 엇모쌓기
· 벽돌을 45° 각도로 모서리가 면에 돌출되도록 쌓는 방식
· 담 또는 처마부분에서 내쌓기를 할 때 사용

55 보통 점토벽돌의 품질시험에서 가장 중요한 사항은?
① 흡수율 및 전단강도
② 흡수율 및 압축강도
③ 흡수율 및 휨강도
④ 흡수율 및 인장강도

※ 흡수율 및 압축강도는 품질시험에서 가장 중요한 사항이다.

56 건축에서 사용하는 기준모듈은 얼마로 하는가?
① 10cm ② 20cm
③ 30cm ④ 40cm

※ 건축의 공업화·대량생산방법으로 널리 사용되고 있으며 미국의 A.F. Bemis가 제창. 1m=10cm를 기본모듈로 하고 그 배수를 단위로한 복합모듈이 있다.

57 다음 중 단면도에 표기되지 않는 것은?
① 기초 ② 창호철물
③ 바닥 ④ 처마

※ 단면도
건축물을 수직으로 잘라 그 단면을 나타낸 것으로 처마 높이, 층높이, 창대높이, 천장높이, 지붕의 물매 등을 나타내는 도면

58 한국산업규격(KS)에 따르면 제도용지의 규격에서 큰 도면을 접으려 할 경우, 기준으로 삼아야 하는 크기는?
① A1 ② A2
③ A3 ④ A4

※ A4 : 210×297

59 그림과 같은 지붕 평면을 구성하는 지붕의 명칭은?

① 합각지붕 ② 모임지붕
③ 박공지붕 ④ 꺾인지붕

※ 모임지붕 :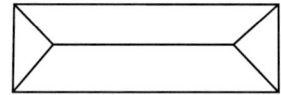

60 수평으로 만든 반자는 시각적으로 처져 보이므로 방 너비의 어느 정도로 중앙이 올라가도록 하는가?
① 방 너비의 $\frac{1}{100}$ 정도
② 방 너비의 $\frac{1}{150}$ 정도
③ 방 너비의 $\frac{1}{200}$ 정도
④ 방 너비의 $\frac{1}{250}$ 정도

※ 방 너비의 $\frac{1}{200}$ 정도

정답

01③ 02③ 03④ 04③ 05① 06② 07② 08② 09③ 10①
11③ 12② 13③ 14① 15④ 16③ 17② 18③ 19④ 20①
21③ 22④ 23① 24③ 25② 26④ 27③ 28② 29① 30④
31② 32④ 33① 34③ 35④ 36③ 37② 38② 39① 40④
41④ 42④ 43① 44④ 45③ 46② 47② 48② 49④ 50①
51③ 52③ 53① 54② 55② 56① 57② 58④ 59② 60③

2017년도 제4회 과년도 기출문제

01 현대건축의 형성에 가장 큰 영향을 끼친 독일의 디자인 학교인 바우하우스의 창시자는?
① 윌리암 모리스(William Morris)
② 브로이어(Breuer)
③ 그로피우스(Gropius)
④ 루이스 설리반(Louis Sullivan)

※ 그로피우스
독일 베를린 출생의 건축가. 20세기의 위대한 건축가이자 지도자이다. 뮌헨 공대 수학, 사무소를 경영. 1914년 쾰른 전시회의 모델 공장 건축 등 등에 유리, 철, 콘크리트를 써서 근대 건축의 양식을 완성함. 1919년 바이마르에 국립 바우하우스를 창립. 원장에 임명되었다. 그 후 자신의 설계 작인 뎃사우의 바우하우스에 옮겼다.

02 실내디자인에 있어서 조화(harmony)의 설명으로 가장 옳게 설명된 것은?
① 조화란 둘 이상의 요소, 선, 면, 형태, 공간 등의 서로 다른 성질의 한 공간 내에서 결합될 때 미적현상을 발생시킨다.
② 조화란 동일요소의 결합으로 생동감이 있다.
③ 전혀 다른 성질의 요소들을 동시공간에 배열하는 것 이다.
④ 물체와 인간과의 상호관계를 의미한다.

※ 조화
부분과 부분, 부분과 전체 사이에 안정된 관련성을 주면 이들 상호간에 공감을 불러일으키는 효과로 전체적인 조립 방법이 모순 없이 질서를 잡는 것을 의미하는 디자인 요소

03 다음 중 침대의 배치가 가장 잘 된 것은?

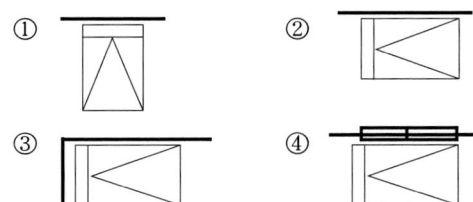

※ 침대의 배치방법
· 침대의 상부 머리쪽은 되도록 외벽에 면하도록 할 것.
· 누운 채로 출입문이 직접 보이도록 할 것.
· 침대의 양쪽에 통로를 두고 한쪽을 75cm 이상이 되게 할 것.
· 침대의 하부쪽은 90cm 이상의 여유를 둘 것.
· 침실내의 주요 통로 너비는 90cm 이상이 되도록 할 것.

04 실내디자인의 목표와 가장 관계가 먼 것은?
① 쾌적성 추구
② 물리적, 환경적조건 해결
③ 예술적, 서정적욕구 해결
④ 개성적인 디자인

※ 개성적인 디자인보다는 건축물의 내부를 각각의 목적과 용도에 맞게 계획되고 형태화하는 디자인을 요구한다.

05 주거공간에서 실의 인접이 잘못된 것은?
① 식당·거실
② 부엌·식당
③ 침실·서재
④ 노인 침실·어린이 침실

※ 노인 침실은 출입구에서 가까운 곳에 배치하고, 어린이 침실은 밝은 곳에 위치하며 부엌과는 떨어뜨려 배치한다.

06 가구와 설치물의 배치 결정시 가장 먼저 고려되어야 할 사항은?
① 재질감
② 색채감
③ 스타일
④ 기능성

※ 기능성
공간을 사용목적에 적합하도록 인간 공학, 공간 규모, 배치 및 동선, 사용 빈도 등 제반 사항을 고려하여 가장 우선시 되어야 한다.

07 디자인원리에서 가까운 두점간에 생기는 느낌은?
① 공간의 연속성
② 시간의 확대
③ 시각적인 착시
④ 장력의 발생

※ 물체내의 한 점에서 임의의 평면을 생각할때 이 평면의 양측부분이 서로 당겨져 떨어지도록 하는 힘의 작용

08 채광의 효과가 가장 좋은 창의 종류는?
① 천창
② 측창
③ 정측창
④ 고측창

※ 천창
· 차열이 힘들다.
· 전망과 통풍에 불리하다.
· 개방감이 작으나 채광에 매우 유리하다.
· 측창보다 광량이 많다.
· 벽면의 다양한 활용이 가능하다.

09 같은 층에서 높이 차를 두는 바닥에 관한 설명으로 옳지 않은 것은?
① 칸막이 없이 공간 구분을 할 수 있다.
② 심리적인 구분감과 변화감을 준다.
③ 안전에 유념해야 한다.
④ 연속성을 주어 실내를 더 넓어 보이게 한다.

※ 실내 기본요소 - 바닥차가 있는 경우
· 단 높이가 낮을 경우에는 안전상 위험이 따르므로 유의한다.
· 칸막이 없이 공간 분할하는 효과가 있다.
· 심리적인 구분감과 변화감을 준다.

10 실내디자인의 대상 중 교육공간에 속하는 것은?
① 독립주택   ② 호텔
③ 박물관   ④ 유치원

※ 유치원은 교육공간에 속한다.

11 선의 설명 중 틀린 것은?
① 점의 집합체
② 상대적인 존재
③ 점의 운동 궤적
④ 방향에 따른 감각의 차이가 없음

※ 선은 길이의 개념은 있으나 넓이, 깊이의 개념은 없다. 선은 폭이 넓어지면 면이 되고, 굵기를 늘이면 입체 또는 공간이 된다. 선은 시각적 구조물을 형성하는데 중요한 요소이다.

12 다음 중 황금비로 옳은 것은?
① 1 : 0.618   ② 1 : 618
③ 1 : 1.618   ④ 1 : 1.816

※ 황금비례
선이나 면적을 나눌 때, 작은 부분 : 큰 부분 = 큰 부분 : 전체의 비 = 1 : 1.618의 비를 갖도록 한 비례이다.

13 주거공간 실내계획시 고려사항으로 가장 거리가 먼 것은?
① 기후   ② 위치
③ 디자인 스타일   ④ 주변 도로폭

※ 소규모 주거공간 계획시 고려사항
· 식사와 취침의 분리
· 주부가사 작업량 경감
· 평면 형태의 단순화

14 공간을 형성하는 수평적 요소로서 그 형태에 따라 실내 공간의 음향에 가장 큰 영향을 미치는 것은?
① 천장   ② 벽
③ 바닥   ④ 기둥

※ 천장
바닥보다도 시각적인 요소가 강하고 조형적으로도 가장 자유롭게 디자인 할 수 있는 부분이다. 또 고저차에 따라 공간의 분위기를 달리한다. 천장의 형태에 따라 음향에 영향을 준다.

15 상업 공간의 동선 계획으로 틀린 것은?
① 종업원 동선은 고객 동선과 교차되지 않도록 한다.
② 종업원 동선은 동선 길이를 짧게 한다.
③ 고객 동선은 행동의 흐름이 막힘이 없도록 입체적으로 한다.
④ 고객 동선은 동선 길이를 될 수 있는 대로 짧게 한다.

※ 종업원의 동선은 짧게, 고객의 동선은 길게 한다.

16 다음 중 열전도율의 단위는?
① kcal   ② kg/m³
③ W/m²·hr   ④ Kcal/m²·h·℃

※ 벽체의 열관류율의 단위는 kcal/m²·h·℃ 이다.

17 잔향시간의 설명으로 옳지 않은 것은?
① 최초값 보다 60dB 감소하는데 걸리는 시간이다.
② 잔향시간이 길면 말소리를 듣기 어렵다.
③ 잔향시간이 없으면 음량이 커진다.
④ 잔향시간은 실의 부피에 따라 결정된다.

※ 음의 잔향시간
· 실내음의 발생을 중지시킨 후 60dB까지 감소하는데 소요되는 시간
· 천장과 벽의 흡음력을 크게 하면 잔향시간이 짧아진다.
· 잔향시간은 실의 용적이 크면 클수록 길다.
· 잔향시간은 실의 형태와 무관하다.
· 강연과 연극, 회의실 등 이야기 소리의 청취를 목적으로 한 실은 잔향시간을 짧게 하여 음성의 명료도를 높인다.
· 오케스트라, 뮤지컬 등 음악을 주로 하는 경우 잔향시간을 길게 하여 음악의 음질을 우선으로 한다.

18 쾌적 환경 기후의 상태를 나타내는 열 환경의 4

요소 중 기후적인 조건을 좌우하는 가장 큰 요소는?
① 습도 ② 주위 벽의 복사열
③ 기류 ④ 공기의 온도

※ 인체의 온도 감각에 영향을 끼치는 환경의 열적 요소는 기온, 습도, 기류, 주위벽의 열복사로 열환경의 4요소이기도 하다.

19 실내의 표면결로 방지법으로 옳지 않은 것은?
① 각부의 열관류 저항을 많게 한다.
② 적당한 환기를 시킨다.
③ 실내에서 수증기량의 발생을 많게 한다.
④ 각부의 열관류량을 적게 한다.

※ 표면 결로 방지 대책
· 환기에 의한 실내 절대습도를 저하한다.
· 실내에 발생하는 수증기를 억제한다.
· 단열 강화에 의해 실내 측 표면온도를 상승시킨다.
· 각 부의 열관류 저항을 크게 하고, 열관류량을 적게 한다.

20 인간의 건강과 가장 깊은 관계가 있는 광선은?
① 자외선 ② 적외선
③ 가시광선 ④ X-ray선

※ 자외선
가시광선보다 짧은파장으로 눈에 보이지 않지만, 사람의 피부를 태우고 과도하게 노출시 위험하다.

21 다음 중 플라스틱 재료에 대한 설명으로 옳지 않은 것은?
① 비중이 철이나 콘크리트보다 작다.
② 성형성, 가공성이 좋아 파이프, 시트, 기구류 등에 사용된다.
③ 일반적으로 투명 또는 백색이므로 안료나 염료에 의해 다양한 착색이 가능하다.
④ 내후성이 좋으며 열에 의한 체적변화가 거의 없다.

※ 합성수지 일반적 성질
· 착색이 자유롭다.
· 내약품성이 우수하다.
· 전성, 연성이 크다.
· 가소성, 가공성이 크다.
· 광택이 있다.
· 내산, 내알칼리 등의 내화학성 및 전기 절연성이 우수하다.
· 내수성 및 내투습성은 일부를 제외하고 극히 양호하다.
· 탄력성이 없어 구조재료로 사용이 불가능 하다.
· 인장강도가 압축강도보다 매우 작다.

22 목재의 장점으로 부적당한 것은?
① 가볍고 가공이 용이하며 감촉이 좋다.
② 비중에 비하여 강도가 크다.
③ 열전도율이 크고, 보온, 방한, 방서성이 좋다.
④ 음의 흡수, 차단성이 크다.

※ 목재 재료적 특징
· 열전도율과 열팽창률이 작다.
· 음의 흡수 및 차단성이 크다.
· 가연성이 크고 내구성이 부족하다.
· 충해 및 풍화로 인해 부패하므로 비내구적이다.

23 물체에 외력을 가하면 변형이 생기나 외력을 제거하면 순간적으로 원래의 형태로 회복되는 성질을 말하는 것은?
① 탄성 ② 소성
③ 강도 ④ 응력도

※ 탄성
재료에 외력이 작용하면 순간적으로 변형이 생기지만 외력을 제거하면 순간적으로 원형으로 회복하는 성질

24 대리석에 대한 설명으로 틀린 것은?
① 석회암이 변화하여 결정화한 변성암의 일종이다.
② 내화성이 크고 화학적으로 내산성은 좋지만 내알칼리성이 부족하다.
③ 주성분은 탄산석회이며 치밀, 견고하다.
④ 색채와 반점이 아름다워 실내장식재, 조각재로 사용된다.

※ 대리석
· 산에 약하다.
· 석질이 치밀, 견고하고 색채, 무늬가 다양하다.
· 석회석이 변화되어 결정화한 것으로 탄산석회가 주성분이다.
· 강도는 매우 높지만 풍화되기 쉽기 때문에 실외용으로는 적합하지 않다.

25 목재의 성질에 대한 설명으로 옳은 것은?
① 섬유포화점 이하에서는 함수율이 낮을수록 강도는 증가된다.
② 섬유포화 상태에서 강도가 최대이다.
③ 목재의 비중은 일반적으로 절건 비중을 의미한다.
④ 목재에 포함된 수분은 내구성, 가공성과는 관계가 없다.

※ 섬유포화점 이하에서는 목재의 수축, 팽창 등 재질에 변화가 일어나고, 섬유포화점 이상에서는 불변한다.

26 급경성으로 내알칼리성 등의 내화학성이나 접착

력이 크고 또한 내수성이 우수하며 금속, 석재, 도자기, 글라스, 콘크리트, 플라스틱재 등의 접착에 사용되는 접착제는?

① 폴리에스테르수지 접착제
② 요소수지 접착제
③ 멜라민수지 접착제
④ 에폭시수지 접착제

※ 에폭시수지 접착제
· 급경성으로 기본 점성이 크다.
· 내수성, 내산성, 내알칼리성, 내용제성, 내한성, 내열성, 내약품성, 전기절연성이 우수한 만능형 접착제이다.
· 금속유리, 플라스틱, 도자기, 목재, 고무 등의 접착성이 좋다.

27 강을 연화하거나 내부응력을 제거할 목적으로 실시하는 것으로 고열로 가열하여 소정의 시간까지 유지한 후에 로 내부에서 서서히 냉각하는 열처리 방법은?

① 불림   ② 풀림
③ 담금질 ④ 뜨임질

※ 강재의 열처리 방법
① 불림
· 강을 800~1000℃ 이상을 가열 후 공기 중에서 서서히 냉각시키는 열처리법
· 결정의 미세화, 변형제거, 조직의 균일화
② 풀림
· 강을 800~1000℃ 이상을 가열 후 노속에서 서서히 냉각시키는 열 처리법
· 결정의 미세화 연화
③ 담금질
· 가열 후 물이나 기름에서 급속히 냉각시키는 열 처리법
· 강도와 경도의 증가, 담금이 어렵고, 담금질 온도의 상승
④ 뜨임 : 담금질한 강을 변태점 이하(600℃)로 가열 후 서서히 냉각시켜 강 조직을 안정한 상태로 만든 열처리법

28 유리를 500~600℃로 가열한 다음 특수장치를 이용하여 균등하게 급냉시킨 것으로 강도는 보통 유리의 3~5배에 이르며 파괴시 모래처럼 잘게 부서져 유리 파편에 의한 부상이 적은 유리제품은?

① 유리블록   ② 자외선투과유리
③ 복층유리   ④ 강화판유리

※ 강화판유리
고열에 의한 특수 열처리로 기계적 강도를 향상시킨 특수유리로 일반유리에 비해 강도가 3~5배이다. 성형 유리판을 약 600℃로 열압, 공기를 뿜어 급냉시켜서 만든다.

29 내열성이 우수하고, -60~260℃의 범위에서 안정하며, 탄력성, 내수성이 좋아 방수용 재료, 접착제등으로 사용되는 합성수지는?

① 실리콘 수지   ② 페놀 수지
③ 요소 수지   ④ 멜라민 수지

※ 실리콘수지
· 내열성이 우수하고 -60~260℃ 까지 탄성이 유지되며, 270°에서도 수시간 이용 가능하다.
· 탄력성, 내수성이 좋아 방수용 재료, 접착제 등으로 사용된다.

30 다음 중 합판에 대한 설명으로 옳지 않은 것은?

① 단판(veneer)인 박판을 짝수로 섬유방향이 평행하도록 접착제로 겹쳐 붙여 만든 것이다.
② 함수율 변화에 의한 신축변형이 적다.
③ 곡면가공을 하여도 균열이 생기지 않고 무늬도 일정하다.
④ 표면가공법으로 흡음효과를 낼 수가 있고 의장적 효과도 높일 수 있다.

※ 목재 - 합판
· 단판(베니어)을 1장마다 섬유방향과 직교되게 3, 5, 7, 9 등의 홀수 겹으로 겹쳐 접착제로 붙여댄 것이다.
· 균일한 강도의 재료를 얻을 수 있다.
· 함수율 변화에 따른 팽창. 수축의 방향성이 없다.
· 뒤틀림이나 변형이 적은 비교적 큰 면적의 평면 재료를 얻을 수 있다.

31 변성암의 일종으로 석질이 불균일하고 다공질이며 주로 특수실내장식재로 사용되는 석재는?

① 질석   ② 펄라이트
③ 활석   ④ 트래버틴

※ 석재 - 트래버틴
· 대리석의 한 종류로서 다공질이며, 탄산석회를 포함한 물에서 침전, 생성된 것으로 석질이 균일하지 못하고, 암갈(황갈)색의 무늬가 있다.
· 석판으로 만들어 물갈기를 하면 평활하고, 광택이 나는 부분과 구멍, 골이 진 부분이 있어 특수한 실내 장식재로 이용된다.

32 시멘트의 분말도에 대한 설명 중 틀린 것은?

① 분말도의 시험은 체분석법, 피크노메타법, 브레인법 등이 있다.
② 분말이 미세할수록 수화작용이 빠르다.
③ 분말이 미세할수록 강도의 발현속도가 빠르다.
④ 분말이 과도하게 미세한 것은 풍화되기 어렵고 사용 후 균열이 발생하지 않는다.

※ 시멘트 분말도
· 단위 중량에 대한 표면적으로 표시한다.
· 분말도가 높을수록 수화작용이 촉진되어 응결이 빨라진다.
· 분말도가 높을수록 발현속도가 빠르다.
· 분말도가 미세할수록 풍화되기 쉽다.

- 브레인법 또는 표준체법에 의해 측정할 수 있다.

33 다음 미장재료에 대한 설명 중 옳지 않은 것은?
① 돌로마이트 플라스터는 건조 경화시 수축에 의한 균열이 많다.
② 혼합석고플라스터는 석고플라스터 중에서 가장 많이 쓰인다.
③ 석고보드의 주원료는 소석회이다.
④ 킨즈시멘트는 고온소성의 무수석고를 특별한 화학처리를 한 것으로 경화 후 아주 단단하다.

※ 석고보드는 소석고를 주원료로 한다.

34 점토의 비중에 대한 설명으로 옳은 것은?
① 불순물이 많은 점토일수록 크다.
② 보통은 2.5~2.6 정도이다.
③ 알루미나분이 많을수록 작다.
④ 고알루미나질 점토는 비중이 1.0 내외이다.

※ 점토성질
- 점토의 주성분은 규산(실리카), 알루미나이다.
- 점토의 비중은 2.5~2.6이다.
- 점토의 비중은 불순물이 많은 점토일수록 작고, 알루미나분이 많을수록 크다.
- 점토의 압축강도는 인장강도의 약 5배 정도이다.
- 양질의 점토는 습윤 상태에서 현저한 가소성을 나타낸다.
- 알루미나가 많은 점토는 가소성이 좋다.
- Fe_2O_3와 기타 부성분이 많은 것은 고급 제품의 원료로 부적당하다.
- 점토에 포함된 성분에 의해 철산화물이 많으면 적색이 되고, 석회물질이 많으면 황색을 띠게 된다.
- 불순물이 많은 것은 고급제품의 원료로 부적당하다.

35 콘크리트에 사용하는 바다모래가 염분 함유 한도를 초과하는 경우 조치 방법으로 잘못된 것은?
① 피복두께를 증가시킨다.
② 방청제를 사용한다.
③ 아연도금철근을 사용한다.
④ 물시멘트비를 크게 한다.

※ 염분 한도를 초과하는 경우 물 시멘트비를 작게 한다.

36 다음 중 차단 재료에 요구되는 성능으로 가장 중요한 것은?
① 역학적 성능   ② 물리적 성능
③ 화학적 성능   ④ 감각적 성능

※ 차단재료에 요구되는 성능은 물리적 성능과 방화·내화성능이 요구된다.

- 물리적 성능 : 열, 음, 광, 습기차단
- 방화·내화성능 : 내열, 내연성, 비발연성, 비유독가스 등

37 다음 목재의 심재와 변재를 비교한 내용 중 잘못된 것은?

번호	구분	심재	변재
1	내후성	크다	작다
2	신축성	작다	크다
3	내구성	작다	크다
4	강도	크다	작다

① 1   ② 2
③ 3   ④ 4

※ 변재가 심재보다 강도 및 내구성이 작다.

38 강당, 집회장 등의 음향 조절용으로 쓰이거나 일반건물의 벽 수장재로 사용하여 음향효과를 거둘 수 있는 목재 가공품은?
① 코펜하겐 리브   ② 파키트리 패널
③ 테라코타   ④ 플로링 보드

※ 코펜하겐 리브
- 목제제품이며, 긴 판으로서 표면을 자유곡면으로 깎아 수직 평행선이 되게 리브를 만든 것이다.
- 강당, 극장, 집회장 등에 음향 조절용으로 벽 수장재로 사용한다.

39 콘크리트 강도에 가장 큰 영향을 주는 것은?
① 골재의 입도   ② 물-시멘트비
③ 시멘트의 강도   ④ 슬럼프값

※ 물-시멘트비가 일정한 콘크리트의 강도는 재료의 품질에 따라 달라진다. (시멘트, 물, 골재)

40 콘크리트의 장점이 아닌 것은?
① 자유로운 형태를 만들 수 있다.
② 큰 부재가 가능하고 구조용재로 사용한다.
③ 응결시간보다 경화시간이 짧다.
④ 다른 재료와 혼합하여 결점을 보완하거나 개선할 수 있다.

※ 콘크리트의 장점
- 크기나 모양에 제한을 받지 않고 부재나 구조물을 만들기가 용이하다.
- 압축강도가 다른 재료에 비해 비교적 크고 필요로 하는 임의의 강도를 자유롭게 얻을 수 있다.
- 내화성, 차음성, 내구성, 내진성 등이 양호하다.
- 성분상 강알칼리성이 있어 철강재의 방청상 유리하다.

- 시공상 특별한 숙련을 요하지 않는다.
- 비교적 값이 싸고 유지비가 거의 들지 않는 등 다른 재료에 비해 경제적이다.
- 역학적인 결점은 다른 재료를 사용하여 보충, 개선할 수 있다.

41 천장과 더불어 공간을 구성하는 수평적 요소로서 생활을 지탱하며 사람과 물건을 지지하는 기본적 요소는?

① 지붕　　② 바닥
③ 보　　　④ 기둥

※ 실내 기본요소 – 바닥
공간을 구성하는 수평적 요소로서 생활을 지탱하는 기본적 요소

42 벽돌쌓기법 중 벽의 모서리나 끝에 반절 또는 이오토막을 사용하는 가장 튼튼한 쌓기법은?

① 영식쌓기　　② 미식쌓기
③ 화란식쌓기　④ 영롱쌓기

※ 벽돌 쌓기 방식
① 영식쌓기
- 한 켜는 길이, 다음 켜는 마구리로 쌓는 방법
- 마구리 켜에 이오토막 또는 반절을 사용하여 통줄눈이 생기지 않으며 내력벽을 만들 때에 사용
- 가장 튼튼한 쌓기 공법
② 미국식(미식) 쌓기
- 5켜 정도 길이쌓기, 다음 한 켜는 마구리쌓기로 한다.
③ 네덜란드식(화란식) 쌓기
- 영식 쌓기와 같으나 모서리 또는 끝 부분에 칠오토막을 사용
- 가장 많이 사용되며 모서리가 튼튼하다.
④ 영롱쌓기
- 벽돌면에 구멍을 내어 쌓는 방식
- 장식적인 효과가 우수한 쌓기 방식

43 너트를 강하게 죄어 볼트에 강한 인장력이 생기게 하여 그 인장력의 반력으로 접합된 판 사이에 강한 압력이 작용하여 이에 의한 접합재간의 마찰저항에 의하여 힘을 전달하는 접합방식은?

① 리벳접합　　② 고력볼트접합
③ 핀접합　　　④ 용접접합

※ 고력볼트접합
- 피로 강도가 높아 반복하중에 대한 접합부의 강성이 높다.
- 조임은 중앙에서 단부 쪽으로 조여간다.
- 볼트는 고탄소강, 합금강으로 만든다.
- 임팩트랜치 및 토크렌치로 조인다.

44 각 실의 내부의장을 나타내기 위한 도면으로 실의 입면을 그려 벽면의 마감재료와 치수, 형상 등을 나타내는 도면은?

① 평면도　　② 창호도
③ 단면도　　④ 전개도

※ 설계도면 – 전개도
- 각 실의 내부의 의장을 명시하기 위해 작성하는 도면이다.
- 축척은 1/20～1/50 정도로 한다.
- 실내의 벽체 및 문의 모양을 그려야 한다.
- 벽면의 마감재료 및 치수를 기입하고, 창호의 종류와 치수를 기입한다.

45 배치도 표현에 관한 설명 중 틀린 것은?

① 도로와 대지와의 고저차, 등고선 등을 기입한다.
② 축척은 1/100～1/600 정도로 한다.
③ 각 실과의 연관 관계를 표시한다.
④ 정화조, 맨홀, 배수구 등 설비의 위치나 크기를 그린다.

※ 설계도면 – 배치도
- 대지와 도로와의 관계, 도로의 넓이, 고저차, 등고선 표시
- 정화조, 맨홀, 배수구등 설비의 위치와 크기표시
- 대지 내 건물의 위치와 방위
- 축척은 1/100～1/600정도로 한다.

46 창호와 창호철물에 관한 설명 중 틀린 것은?

① 미닫이문의 경우에는 문을 완전히 개폐할 수 있다.
② 일반적으로 환기를 목적으로 하고 채광을 필요로 하지 않은 경우에 붙박이창을 사용한다.
③ 오르내리창에는 크레센트를 사용한다.
④ 여닫음 조정기 중 열려진 문을 받아 벽을 보호하고 문을 고정하는 것을 도어 스톱이라 한다.

※ 채광, 통풍, 출입 등이 목적으로 벽체 또는 지붕, 천장 등에 붙여 대는 것으로 창호의 형태나 그 설치 위치가 창호의 이용의 편리 여부는 물론 건물의 외관을 좌우한다. 창은 채광, 통풍의 통로가 되고 문은 사람이나 물품의 통로라 할 수 있으며, 창과 문을 창문 또는 창호 라고 한다.

47 철근콘크리트 구조에 대한 설명으로 옳은 것은?

① 철근은 압축력을, 콘크리트는 인장력을 부담한다.
② 자체중량이 작고, 시공기일이 짧다는 장점이 있다.
③ 이형철근이 원형철근보다 일반적으로 부착응력이 우수하다.
④ 무근 콘크리트의 경우에는 바닷물이 오히려 강도상 효과적이다.

※ 이형철근
- D로 표시하며 부착력을 높이기 위해서 철근 표면에 마디와 리브를 붙인 철근

・부착력은 원형철근의 2배이상이다.

48 동바리 마루에서 마루널 바로 밑의 부재 명칭은?
① 장선 ② 동바리
③ 멍에 ④ 기둥밑잡이

※ 장선
멍에, 바닥보, 장선받이 등의 위에 등간격으로 늘어놓은 수평 부재로 바닥 바탕재를 받친다. 지붕 또는 바닥・마루널 등을 받기 위해 좁은 간격으로 배열된 부재(보).

49 다음 건축물의 각 구조에 대한 설명 중 틀린 것은?
① 철골구조는 고층건물이나 스팬이 큰 건물에 사용된다.
② 철근콘크리트구조는 내구・내화・내진성이 뛰어나다.
③ 나무구조는 시공이 용이하나 방화적이지 못하다.
④ 조적구조는 내구・내화적이며 횡력에 강한 내진구조이다.

※ 조적 구조
・건축재료에 물을 사용하여 축조하는 습식구조이다.
・횡력에 약하며, 고층・대형 건물에 부적당하다.
・재료와 접착제 강도에 따라 전체 구조의 강도가 결정된다.
・내구・내화적이다.

50 척도에 관한 설명으로 옳은 것은?
① 축척은 실물보다 크게 그리는 척도이다.
② 실척은 실물보다 작게 그리는 척도이다.
③ 배척은 실물과 같게 그리는 척도이다.
④ NS(No Scale)은 비례척이 아닌 것을 뜻한다.

※ 척도 : 도면의 척도에는 배척, 실척, 축척의 3종류가 있으며 건축에서는 축척이 사용된다.
・배척 - 도면에 그린 크기가 실물의 크기보다 클 경우의 확대 비율.
・실척 - 물체의 크기를 실제 그대로 자로 재어 나타냄.
・축척 - 실제 크기, 길이와의 비율. 몇천분의 일, 몇만분의 일로 표시한다.

51 다음 이형블록의 명칭은?

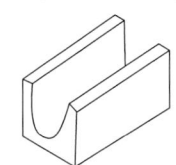

① 반블록   ② 한마구리 평블록
③ 창대블록   ④ 인방블록

※ 인방블록 :

52 K.S의 부문별 분류 기호이다. 토목 건축의 기호는?
① KS A   ② KS C
③ KS F   ④ KS M

※ 한국 공업 규격(KS)
KS F(KS : 한국공업규격, F : 분류기호)
・3년마다 적합 여부 심의.
・제품의 품질 향상, 생산, 유통, 소비의 편리 도모.
・KS A(기본), KS C(전기), KS F(건설・토목), KS M(화학)

53 투시도 작도에서 소점이 항상 위치하는 곳은?
① 화면선   ② 수평선
③ 기선   ④ 시선

※ H.L(Horizontal Line)수평선
화면에 대한 시점 높이와 같은 수평선, E.L(Eye Level)이라고도 한다.

54 철근콘크리트구조에서 플랫 슬래브(flat slab)의 특징이 아닌 것은?
① 실내 이용률이 높다.
② 구조가 간단하다.
③ 자중이 가볍고 층높이를 낮게 할 수 없다.
④ 뼈대의 강성에 난점이 있다.

※ 플랫 슬래브
・건물의 외부 보를 제외하고는 내부에는 보 없이 바닥판만으로 구성하고 그 하중은 직접 기둥에 전달하는 슬래브구조가 간단하고 공사비가 저렴하다.
・실내의 이용률이 높고, 층고를 줄일 수 있으나 슬래브 두께가 두꺼워 진다.
・주두의 절근이 여러 겹이고, 슬래브 두께가 두꺼워 진다.
・고층 건물에는 부적합하다.

55 철골구조에 대한 설명 중 틀린 것은?
① 기둥의 중간이음은 없도록 하는 것이 좋고, 할 수 없이 둘 때는 응력이 최소로 되는 곳에서 잇는다.
② 현재는 트러스 상하에 배치되어 그 하나는 인장을, 다른 하나는 압축을 받는 재의 총칭이다.
③ 래티스보에 접합판을 대서 접합한 보를 판보라고 한다.
④ 철골조의 이음위치에 리벳과 용접을 병용했을 때 전응력은 용접에 부담시킨다

※ 트러스 보
플레이트 보의 웨브재로서 빗재 및 수직재를 사용하고, 트러스보에 작용하는 휨모멘트는 현재가 부담하고 전단력은 웨브재의 축방향으로 작용하므로 트러스보를 구성하는 부재는 모두 인장재나 압축재로 설계된다. 간사이가

15m를 넘거나 보의 춤이 1m 이상 되는 보를 판보로 하기에는 비경제적일 때 사용하는 것으로 태티스 보에 접합판을 대서 접합한 조립보이다.

56 곡면판이 지니는 역학적 특성을 응용한 구조로서 외력은 주로 판의 면내력으로 전달되기 때문에 경량이고 내력이 큰 구조물을 구성할 수 있는 구조는?

① 패널구조 ② 커튼월구조
③ 쉘구조 ④ 블록구조

※ 쉘구조
· 곡면판이 지니는 역학적 구성을 이용한 구조로서 외력은 주로 판의 면내력으로 전달되기 때문에 경량이고 내력이 큰 구조물을 구성할 수 있는 건축구조이다.
· 큰 간사이의 지붕에 사용되며 시드니의 오페라 하우스, 공장, 체육관 등에서 볼 수 있다.

57 선의 종류들 중에서 대상물이 보이지 않은 부분의 모양을 나타내는 선은?

① 굵은 직선 ② 가는 실선
③ 가는 파선 ④ 1점 쇄선

※ 파선
물체의 보이지 않는 부분의 모양을 표시하는데 사용한다. 파선과 구별할 필요가 있을 때에는 점선을 쓴다.

58 건축 구조의 분류 방법 중 구성 방식에 의한 분류법이 아닌 것은?

① 가구식 구조 ② 조적식 구조
③ 일체식 구조 ④ 건식 구조

※ 건축구조의 분류 - 구성방식에 의한 분류
· 가구식 구조 - 목구조, 철골구조
· 조적식 구조 - 벽돌구조, 돌구조, 블록구조
· 일체식 구조 - 철근콘크리트구조, 철골철근콘크리트구조

59 건축 도면에 단위가 없을 때는 어떤 단위로 간주하는가?

① 킬로미터 ② 미터
③ 센티미터 ④ 밀리미터

※ 도면에 기입하는 치수의 단위는 mm이며, 단위는 생략한다.

60 가새에 관한 설명으로 옳지 않은 것은?

① 목조 벽체를 수평력에 견디게 하고 안정한 구조로 하기 위한 것이다.
② 가새의 경사는 45°에 가까울수록 유리하다.
③ 가새와 샛기둥의 접합부에서는 가새를 적당히 따내어 결합력을 높이도록 한다.
④ 압축력을 부담하는 가새는 이에 접하는 기둥 단면적의 1/3 이상의 단면적을 갖는 목재를 사용한다.

※ 가새
· 외력에 의하여 뼈대가 변형되지 않도록 대각선 방향으로 배치하는 빗재
· 목재 벽체를 수평력에 견디게 하고 안정한 구조로 네모구조를 세모구조로 만들어 준다.
· 가새를 댈 때는 45°에 가까울수록 유리하며, 기둥과 좌우 대칭이 되도록 배치한다.
· 가새는 절대로 따내거나 결손시키지 않는다.
· 가새에는 압축과 인장 응력이 작용한다.

정답

01③ 02① 03① 04④ 05④ 06④ 07④ 08① 09④ 10④
11④ 12③ 13④ 14① 15④ 16④ 17③ 18④ 19③ 20①
21④ 22③ 23① 24② 25① 26④ 27② 28④ 29① 30①
31④ 32④ 33③ 34② 35④ 36② 37③ 38① 39② 40③
41② 42① 43② 44④ 45③ 46② 47③ 48① 49④ 50④
51④ 52③ 53② 54③ 55④ 56③ 57③ 58④ 59④ 60③

2017년도 제5회 과년도 기출문제

01 다음 중 점의 조형효과가 아닌 것은?
① 점이 연속되면 선의 느낌을 준다.
② 가까운 거리에 있는 점은 선으로 지각되어 도형을 느끼게 한다.
③ 점에 약간의 선을 가하면 방향감이 생기지 않는다.
④ 점이 같은 조건으로 집결되면 평면감을 준다.

※ 점이 연속되어 이루면 선이 되고 선은 위치와 방향을 지닌다.

02 균형을 얻는데 가장 확실한 방법으로 기념 건축물, 종교 건축물 등에 많이 이용된 건축물의 형태조화는?
① 균형성 ② 반복성
③ 균일성 ④ 대칭성

※ 대칭성
조형을 구성하는 점, 선, 면, 입체, 색채 등이 어떤 일정한 축이나 점에 대하여 기하학적 상대성이 되는 것을 말한다.

03 침실의 소음 방지 방법으로 적당 하지 않은 것은?
① 도로 등의 소음원으로부터 격리시킨다.
② 침실 외부에 나무를 제거하여 조망을 좋게 한다.
③ 창문은 2중창으로 시공하고 커튼을 설치한다.
④ 벽면에 붙박이장을 설치하여 소음을 차단한다.

※ 소음 방지 대책 - 침실
· 침실 외부에 나무 등을 심어 외부의 소음을 차단한다.
· 도로 등의 소음원으로부터 격리시킨다.
· 창문은 2중창으로 시공하고 커튼을 설치한다.
· 벽면에 붙박이장을 설치하여 소음을 차단한다.

04 조형의 요소에서 수직의 상징 표현에 속하지 않는 것은?
① 희망 ② 상승감
③ 긴장감 ④ 평화

※ 수직선은 고결, 희망, 상승, 위엄, 존엄성, 엄숙함, 긴장감을 표현할 수 있다.

05 주택의 평면계획에 관한 설명으로 틀린 것은?
① 건물 및 각 실의 방향은 일조, 통풍, 조망, 도로와의 관계를 고려한다.
② 침실은 개방성을 강조하고 다른 실을 연결하는 통로가 되게 한다.
③ 욕실, 화장실 등은 한 곳에 집중 배치하는 것이 좋다.
④ 내부 공간과 외부 공간을 합리적으로 연결시킨다.

※ 침실의 위치
일조통풍이 좋은 남쪽과 동남쪽이 좋다. 거실, 현관, 식당, 부엌 등의 공간과 구분하여 현관에서 떨어진 곳이 좋다.

06 실내디자인의 기획단계에서 고려해야 할 사항으로 가장 거리가 먼 것은?
① 필요로 하는 공간의 종류와 면적에 대한 사항을 파악한다.
② 사용자의 경제능력과 경제적 타당성을 조사한다.
③ 고객에게 설명할 자료를 준비한다.
④ 공간을 사용할 사람의 생활 양식, 취향, 가치관 등을 파악한다.

※ 실내디자인 프로세스 - 기획단계
· 건축주의 의사가 가장 많이 반영되는 단계
· 사용자의 경제 능력과 경제력 타당성을 조사
· 필요로 하는 공간의 종류와 면적에 대한 사항 파악
· 공간을 사용할 사람의 생활양식, 취향, 가치관 등을 파악

07 실내디자인의 분류로서 틀린 것은?
① 사무공간 디자인 ② 레스토랑 디자인
③ 전시공간 디자인 ④ 도시환경 디자인

※ 실내디자인의 분류
· 대상별 영역(주거, 산업 업무, 기념전시, 특수공간)
· 사용목적(식사, 위락, 교육, 의료, 스포츠, 레져, 종교, 숙박, 주거, 사무, 전시, 관람)

08 실내 분위기를 활동적이며, 부드럽고, 우아하게 하려고 할 때에는 어떠한 선을 많이 사용해야 하는가?

① 수직선 ② 곡선
③ 수평선 ④ 사선

※ 선
· 수직선 : 고결, 희망, 상승, 위엄, 존엄성, 긴장감을 느낌
· 곡선(포물선) : 온화, 부드럽고 율동적이며 여성적 느낌
· 수평선 : 고요, 안정, 평화, 평등, 침착, 정지된 느낌
· 사선 : 운동감, 약동감, 생동감, 속도감, 불안정, 반항의 동적인 느낌

09 가구와 설치물의 배치 결정시 가장 먼저 고려되어야 할 사항은?
① 스타일 ② 색채감
③ 재질감 ④ 기능성

※ 기능성
공간을 사용목적에 적합하도록 인간 공학, 공간 규모, 배치 및 동선, 사용빈도 등 제반 사항을 고려하여 가장 우선시 되어야 한다.

10 공간의 내부가 비어 있는 것을 무엇이라 하는가?
① 보이드(void) ② 솔리드(solid)
③ 텍스츄어(texture) ④ 매스(mass)

※ 보이드(void)
현관, 홀, 계단 등 주변에 동선이 집중하는 공간과 대규모 홀과 식당 등 내부 공간구성에서 구심성(求心性)이 되는 공간에 내부공간의 오픈 스페이스(open space)인 보이드(void)공간을 설치한다.

11 건축물의 내부를 각기의 목적과 용도에 맞게 계획하고, 형태화하는 작업을 무엇이라 하는가?
① 건축디자인 ② 실내장식
③ 실내디자인 ④ 실외디자인

※ 실내디자인이란 건축물의 내부를 각각의 목적과 용도에 맞게 계획되고 형태화 되는 작업을 뜻하는 것이다.

12 문의 위치를 결정할 때 고려해야 할 사항으로 거리가 가장 먼 것은?
① 출입 동선 ② 가구를 배치할 공간
③ 통행을 위한 공간 ④ 재료 및 문의 종류

※ 출입문의 위치를 결정할 때 고려해야 할 사항
· 출입동선, 가구를 배치할 공간, 통행을 위한 공간
· 재료에 따른 문의 종류는 문의 위치결정에 영향을 미치지 못하는 요인이다.

13 실내 바닥 재료에 관한 내용 중 타당하지 않은 것은?
① 청소하기가 쉬워야 한다.

② 튼튼하고 안정감이 있어야 한다.
③ 미끄럽고 촉감이 좋아야 한다.
④ 안정감이 있어야 한다.

※ 실내 기본요소 – 바닥
· 탄력성이 있고, 마멸이나 미끄럼이 작아야 한다.

14 실내디자인의 구성요소 중 벽과 관련한 설명으로 잘못된 것은?
① 칸막이 벽의 다른 형태로는 벽과 수납장의 기능을 동시에 얻을 수 있는 월 캐비넷 시스템(Wall Cabinet System)이 있다.
② 갈포벽지는 탄력성이 있고 질감이 좋으며 표면이 매끄러워 유지관리에 편하다.
③ 벽의 기능은 외부로부터 방어와 프라이버시 확보에 있다.
④ 유리는 차음성이 있으며 채광과 시선의 연장이 가능하다.

※ 갈포벽지
삶은 칡덩굴의 껍질로 만든 벽지로 값이 싸며 사용하기 용이하지만, 질감이 거칠고 디자인과 색상이 다양하지 못하며 때가 묻었을 때 물로 닦아낼 수 없어 유지관리가 힘들다.

15 실내 디자인의 영역을 구분할 때 상업공간에 해당되는 것은?
① 사무실 ② 관공서
③ 은행 ④ 백화점

※ 상업공간의 분류
① 물품판매공간(매장공간) : 패션숍, 구두점, 악세사리점, 편의점, 슈퍼마켓, 백화점 등
② 유흥음식계 공간 : 커피숍, 카페, 레스토랑, 음식점, 나이트 클럽 등
③ 서비스계 공간 : 미용실, 이용실, 병원, 강습소 등
④ 복합공간 : 호텔

16 건축물에서 에너지절약을 위한 방법으로 가장 적절한 방법은?
① 모든 창문을 가급적 크게 한다.
② 환기량을 증가시킨다.
③ 건축물의 방위를 남향으로 한다.
④ 북쪽의 창을 크게하여 여러개를 배치한다.

※ 건축물의 에너지절약 설계기준 단열계획
· 외벽 부위는 외단열로 시공한다.
· 건물의 창호는 가능한 작게 설계하고, 특히 열손실이 많은 북 축의 창 면적을 최소화 한다.
· 외피의 모서리 부분은 열교가 발생하지 않도록 단열재를 연속적으로

설치하고 충분히 단열되도록 한다.
· 건물의 옥상에는 조경을 하여 최상층 지붕의 열 저항을 높인다.

17 잔향시간에 대한 설명으로 틀린 것은?
① 음원으로부터 음의 발생을 중지시킨 후 소리가 완전히 없어지는데 까지 걸리는 시간이다.
② 잔향시간이 없으면 음량이 적어져서, 음을 듣기가 어렵게 된다.
③ 실의 부피와 벽면의 흡음도에 따라 결정된다.
④ 실의 형태와는 관계가 없다.

※ 음의 잔향시간
· 실내음의 발생을 중지시킨 후 60dB까지 감소하는데 소요되는 시간
· 천장과 벽의 흡음력을 크게 하면 잔향시간이 짧아진다.
· 잔향시간은 실의 용적이 크면 클수록 길다.
· 잔향시간은 실의 형태와 무관하다.
· 강연과 연극, 회의실 등 이야기 소리의 청취를 목적으로 한 실은 잔향시간을 짧게 하여 음성의 명료도를 높인다.
· 오케스트라, 뮤지컬 등 음악을 주로 하는 경우 잔향시간을 길게 하여 음악의 음질을 우선으로 한다.

18 건축물의 인동(隣棟)간격을 계획하는데 어느 계절을 기준으로 하는가?
① 춘분   ② 하지
③ 추분   ④ 동지

※ 인동간격
하루 최소 4시간의 일조를 얻기 위해 동지의 일영곡선을 사용한 건물의 간격으로 결정

19 일반적으로 실내공기 오염의 지표로 사용하는 것은?
① 산소의 농도   ② 질소의 농도
③ 이산화탄소의 농도   ④ 황의 농도

※ 실내공기중 이산화탄소 농도를 오염의 척도로 삼는다.

20 다음 중 조도가 가장 균일하고 음영이 가장 적은 조명방식은?
① 직접조명   ② 반직접조명
③ 간접조명   ④ 반간접조명

※ 간접조명
· 광원의 90~100%를 천장이나 벽에 투사하여 반사, 확산된 광원이다.
· 조도가 가장 균일하고 음영이 가장 적어 입체감은 약하나 부드러운 분위기 조성이 용이하다.
· 조명률이 가장 낮고 경제성이 떨어진다.
· 먼지에 의한 감광이 크고 음산한 분위기를 준다.

21 목재를 이음할 때 목재와 목재 사이에 끼워서 전단에 대한 저항 작용을 목적으로 한 철물은?
① 듀벨   ② 클램프
③ 꺽쇠   ④ 인서트

※ 목재이음철물 - 듀벨
목재와 목재사이 끼워서 전단력을 보강하는 철물

22 집성목재에 대한 설명으로 옳은 것은?
① 소판이나 소각재의 부산물 등을 이용하여 접착, 접합에 의해 소요의 치수, 형상의 인공목재를 제조할 수 있다.
② 식물 섬유질을 주원료로 하여 이를 섬유화, 펄프화하여 성형, 성판한 것이다.
③ 코르크나무 표피를 원료로 하여 분말된 것을 판형으로 열압한 것이다.
④ 판을 섬유방향이 직교하도록 접착제로 붙여 만든 것이다.

※ 목재 - 집성목재
· 15~50mm의 두께가 가진 단판을 겹쳐서 접착한 것으로 섬유방향을 일치하게 접착하는 목재이다.
· 옹이·균열 등의 결함을 제거·분산 시킬 수 있으므로 강도의 편차가 적다.
· 요구된 치수, 형태의 재료를 비교적 용이하게 제도할 수 있다.
· 강도상 요구에 따라 단면과 치수를 변화시킨 구조재료를 설계, 제작할 수 있다.

23 다음 석재에 대한 설명 중 옳지 않은 것은?
① 화강암 : 견고하고 대형재가 생산되므로 구조재로 사용이 가능하다.
② 안산암 : 성분이 복잡하므로 성분에 따라 색과 석질이 다르다.
③ 대리석 : 주성분은 탄산석회로 실내장식재, 조각재로 사용된다.
④ 석회암 : 변성암의 일종으로 석질이 치밀하고 견고하여 건축용 석재로 많이 사용한다.

※ 석회암
· 화강암이나 동식물의 잔해 중 석회분이 물에 녹아 바닷속에서 침전, 응고된 것.
· 암석의 주성분 : 탄산석회(CaC_3)
· 석질은 치밀 견고.
· 석회나 시멘트의 원료.

24 점토벽돌에 관한 설명으로 적합하지 않은 것은? (KS규격)
① 1종 점토벽돌의 압축강도는 24.50N/mm²이상이다.

② 1종 점토벽돌의 흡수율은 25% 이하이다.
③ 표준형 점토벽돌의 치수는 190mm(f)90mm(f)57mm이다.
④ 겉모양이 균일하고 사용상 해로운 균열이나 결함 등이 없어야 한다.

※ 1종 점토벽돌의 흡수율은 10% 이하이다.

25 타일에 대한 설명 중 틀린 것은?
① 크기에 따라 내장타일, 외장타일, 바닥타일로 분류할 수 있다.
② 모자이크타일은 자기질 타일이다.
③ 보더 타일(boarder tile)은 특수형 타일로 가늘고 긴 모양이다.
④ 타일은 내구성이 크고 흡수율이 작으며 경량, 내화, 형상과 색조의 자유로움 등이 우수한 특성이 있다.

※ 호칭명에 따라 내장타일, 외장타일, 바닥타일, 모자이크타일로 분류할 수 있다.

26 합판에 대한 설명 중 옳지 않은 것은?
① 함수율 변화에 의한 신축변형이 적다.
② 곡면가공을 하여도 균열이 생기지 않고 무늬도 일정하다.
③ 2장 이상의 단판인 박판을 2, 4, 6매 등의 짝수로 섬유 방향이 직교하도록 붙여 만든 것이다.
④ 표면가공법으로 흡음효과를 낼 수가 있고 의장적 효과도 높일 수 있다.

※ 목재 - 합판
· 단판(베니어)을 1장마다 섬유방향과 직교되게 3, 5, 7, 9 등의 홀수 겹으로 겹쳐 접착제로 붙여댄 것이다.
· 균일한 강도의 재료를 얻을 수 있다.
· 함수율 변화에 따른 팽창, 수축의 방향성이 없다.
· 뒤틀림이나 변형이 적은 비교적 큰 면적의 평면 재료를 얻을 수 있다.

27 건축 재료에 요구되는 성질에 대한 설명 중 옳지 않은 것은?
① 지붕재료는 열전도율이 작아야 한다.
② 창호재료는 내화·내구성이 큰 것이어야 한다.
③ 구조재료는 외관이 좋은 것이어야 한다.
④ 바닥재료는 탄력성이 있어야 한다.

※ 구조재료의 요구되는 성질
· 가공이 용이한 것이어야 한다.
· 내화, 내구성이 큰 것이어야 한다.
· 재질이 균일해야 한다.
· 강도가 큰 것이어야 한다.

28 2장 또는 3장의 유리를 일정한 간격을 두고 둘레는 틀을 끼워 내부를 기밀하게 만든 것으로 방음, 방서, 단열 효과가 크고 결로방지용으로도 우수한 유리제품은?
① 망입유리   ② 색유리
③ 복층유리   ④ 자외선 흡수유리

※ 복층유리
2장 또는 3장의 유리를 일정한 간격을 띄고 둘레에는 틀을 끼워서 내부를 기밀하게 만들고 여기에 깨끗한 공기 등의 건조 기체를 넣어 만든 판유리로서 2중유리, 겹유리라고 한다.

29 무늬결 너비 방향의 길이가 30cm인 목재판이 절건상태에서는 28cm일 때 전수축률은?
① 51.7%   ② 43.3%
③ 7.1%   ④ 6.7%

※ 목재의 전수축률(%) = $\frac{생나무의\ 길이-전건상태\ 길이}{생나무의\ 길이} \times 100\%$
= $\frac{30-28}{30} \times 100$ = 6.666 = 6.7%

30 무거운 자재 여닫이문에 주로 사용되며 문을 열면 저절로 닫혀지게 하는 창호 철물은?
① 래버터리 힌지   ② 도어 스톱
③ 크리센트   ④ 플로어 힌지

※ 플로어 힌지
바닥에 오일이나 스프링 유압 밸브를 장치하여 문을 열면 저절로 닫혀지게 되는 철물

31 목재의 강도에 대한 설명 중 틀린 것은?
① 압축강도는 응력의 방향이 섬유방향에 평행한 경우 최대가 된다.
② 변재가 심재보다 강도가 크다.
③ 섬유포화점 이상에서는 강도가 일정하나 섬유포화점 이하에서는 함수율의 감소에 따라 강도가 증대한다.
④ 목재에 옹이, 갈라짐 등의 흠이 있으면 강도가 저하된다.

※ 목재의 강도
· 변재가 심재보다 강도 및 내구성이 작다.
· 목재의 강도는 비중에 정비례 한다.
· 섬유 포화점 이하에서 함수율이 감소하면 강도는 증가하고 탄성은 감

- 소하며 섬유 포화점 이상에서는 불변한다.
- 목재의 강도는 힘을 가하는 방향에 따라 다르다.

32 에폭시(epoxy)수지에 관한 설명으로 옳은 것은?

① 기본 수지는 점성이 아주 크므로 사용시에 희석제, 용제 등을 섞지 않는다.
② 금속, 석재, 도자기, 유리, 콘크리트, 플라스틱재 등의 접착에 사용된다.
③ 내화학성, 내약품성이 없다.
④ 내수성은 우수하나 경화가 아주 늦다.

※ 에폭시수지 접착제
- 급경성으로 기본 점성이 크다.
- 내수성, 내산성, 내알칼리성, 내용제성, 내한성, 내열성, 내약품성, 전기 절연성이 우수한 만능형 접착제이다.
- 금속유리, 플라스틱, 도자기, 목재, 고무 등의 접착성이 좋다.

33 보통포틀랜드시멘트의 일반적인 성질에 대한 설명 중 옳지 않은 것은?

① 비중은 제조 직후의 값이 가장 크다.
② 시멘트의 응결은 첨가석고의 질과 양, 온도 및 분말도 등의 영향, 시멘트 풍화의 정도에 따라 다르다.
③ 분말이 미세할수록 수화작용이 늦고 강도도 낮다.
④ 분말도의 시험은 체분석법, 피크노메타법, 브레인법 등이 있다.

※ 시멘트 분말도가 미세할수록 풍화되기 쉽다.

34 목재의 가공품 중 강당, 집회장 등의 음향조절용으로 사용되며 보통 두께 3cm, 넓이 10cm 정도의 긴 판에 표면을 리브로 가공한 것은?

① 코르크 보드(cork board)
② 코펜하겐 리브(copenhagen rib)
③ 파키트리 블록(parquetry block)
④ 집성목재(glue-laminated timber)

※ 코펜하겐 리브
- 목제제품이며, 긴 판으로서 표면을 자유곡면으로 깎아 수직 평행선이 되게 리브를 만든 것이다.
- 강당, 극장, 집회장 등에 음향 조절용으로 벽 수장재로 사용한다.

35 알루미늄 창호의 특징으로서 맞지 않는 것은?

① 열팽창계수가 강의 약 2배정도이다.
② 알칼리성에 강하다.
③ 공작이 자유롭고 기밀성이 좋다.
④ 비중이 철의 약 1/3로서 경량이다.

※ 알루미늄 창호
- 비중이 철의 약 1/3
- 녹슬지 않아 유지관리 및 사용연한이 길다.
- 공작이 자유롭고 기밀성이 우수.
- 여닫음이 경쾌.
- 강제창호에 비해 내화성이 약하다.
- 서로 다른 종류의 금속과 접촉하면 부식되고 알칼리성에 약하다.
- 강성이 적고 열에 의한 팽창, 수축이 크다.

36 다음 석재 중 가장 내화성이 작은 것은?

① 사암
② 안산암
③ 응회암
④ 대리석

※ 석재 내화도
- 안산암, 응회암, 사암 및 화산암 : 1,000℃
- 대리석, 석회암 : 600~800℃
- 화강암 : 600℃

37 A.E 콘크리트(Air entrained Concrete)의 특성으로 옳지 않은 것은?

① 화학작용과 동결융해에 저항성이 크다.
② 미세기포에 의해 재료분리가 많이 생긴다.
③ 공기량의 증가에 따라 압축강도는 감소한다.
④ 표면이 평활하여 제치장 콘크리트에 적당하다.

※ AE 감수제
- 블리딩 감소
- 시공연도(워커빌리티) 향상
- 단위수량의 감소
- 유동화콘크리트 제조
- 화학작용에 대한 저항성 향상
- 고강도 콘크리트의 슬럼프 로스방지
- 동결융해에 대한 저항성 증대되어 동기공사가 가능
- 플레인 콘크리트(무근 콘크리트)와 동일 물시멘트비인 경우 압축강도가 감소한다.

38 다음 중 점토제품이 아닌 것은?

① 테라코타
② 토관
③ 위생도기
④ 트래버틴

※ 석재 - 트래버틴
- 대리석의 한 종류로서 다공질 이며, 탄산석회를 포함한 물에서 침전, 생성된 것으로 석질이 균일하지 못하고, 암갈(황갈)색의 무늬가 있다.
- 석판으로 만들어 물갈기를 하면 평활하고, 광택이 나는 부분과 구멍, 골이 진 부분이 있어 특수한 실내 장식재로 이용된다.

39 코너 비드(corner-bead)에 대한 설명으로 옳은 것은?

① 강철, 금속재의 콘크리트용 거푸집으로 특히 치장 콘크리트에 많이 쓰임.

② 계단 모서리 끝 부분의 보강 및 미끄럼막이를 목적으로 대는 것.
③ 콘크리트 타설 후 달대를 매달기 위해 사전에 매설시키는 부품
④ 벽·기둥 등의 모서리를 보호하기 위하여 미장바름질을 할 때 붙이는 보호용 철물

※ 코너비드
미장 공사에서 기둥이나 벽의 모서리부분을 보호하기 위하여 쓰는 철물이다.

40 금속의 부식 방지대책에 대한 설명 중 옳지 않은 것은?

① 큰 변형을 준 것은 가능한 한 풀림하여 사용한다.
② 부분적으로 녹이 나면 즉시 제거한다.
③ 다른 종류의 금속을 서로 인접, 접촉시켜 사용한다.
④ 표면을 깨끗하게 하고 물기나 습기가 없게 한다.

※ 금속의 부식 방식방법
· 다른 종류의 금속을 서로 잇대어 사용하지 않는다.
· 균일한 재료를 쓴다.
· 건조한 상태로 유지한다.
· 도료를 이용하여 수밀성 보호피막처리를 한다.
· 큰 변형을 준 것은 가능한 한 풀림하여 사용한다.

41 도면의 치수표시 방법에 대한 설명 중 옳지 않은 것은?

① 치수는 특별히 명기하지 않는 한 마무리 치수로 표시한다.
② 치수 기입은 치수선 중앙 윗부분에 기입하는 것이 원칙이다.
③ 협소한 간격이 연속될 때에는 인출선을 사용하여 치수를 쓴다.
④ 도면에 기입하는 치수는 mm 단위로 숫자와 단위 기호까지 표시하는 것이 원칙이다.

※ 건축제도통칙 - 치수
· 치수의 단위는 mm로 하고, 단위는 생략한다.
· 치수는 특별히 명시하지 않는 한 마무리 치수로 한다.
· 치수기입은 치수선 중앙 윗부분에 기입하는 것이 원칙이다.
· 협소한 간격이 연속 될 때에는 인출선을 사용하여 치수를 쓴다.
· 전체 치수를 바깥쪽에, 부분 치수는 안쪽에 기입한다.
· 치수기입은 치수선에 평행하게 도면의 왼쪽에서 오른쪽으로, 아래로부터 위로 읽을 수 있도록 기입한다.
· 치수선의 양 끝 표시는 화살 또는 점으로 표시할 수 있으며, 같은 도면에서 2종을 혼용할 수 없다.

42 조적조 벽체 중 공간벽에 대한 설명으로 잘못된 것은?

① 공간벽은 습기차단에 유리하다.
② 공기층에 의한 단열효과가 있다
③ 주로 내벽에 이용된다
④ 벽체에 공간을 두어서 이중으로 쌓는 벽이다

※ 공간벽(이중벽)은 벽체에 공간을 두어 이중으로 쌓는 벽으로 벽체사이 공간이 있어 습기 차단에 유리하고, 단열효과가 있어 외벽에 주로 사용된다.

43 반지름의 제도표시 기호는?

① ø   ② R
③ THK   ④ S

※ 도면표시기호

명칭	길이	높이	폭	면적	두께	직경	반지름	용적
표시기호	L	H	W	A	THK	D, ø	R	V

44 속빈 콘크리트 기본블록의 두께 치수가 아닌 것은?

① 220mm   ② 190mm
③ 150mm   ④ 100mm

※ 콘크리트 기본블록 치수

구분	길이	높이	두께	재료량
기존형	390	190	100	12.5 (매/㎡)
재래형	390	190	150	12.5 (매/㎡)
(mm)	390	190	190	12.5 (매/㎡)
표준형	290	190	100	16.7 (매/㎡)
장려형	290	190	150	16.7 (매/㎡)
(mm)	290	190	190	16.7 (매/㎡)

45 설계도면이 갖추어야 할 요건에 대한 설명 중 옳지 않은 것은?

① 객관적으로 이해되어야 한다.
② 일정한 규칙과 도법에 따라야 한다.
③ 정확하고 명료하게 합리적으로 표현되어야 한다.
④ 모든 도면의 축척은 하나로 통일되어야 한다.

※ 설계도면의 요건
· 일정한 규칙과 규범을 따라야 한다.
· 객관적으로 이행되어야 한다.
· 모든 도면의 축척은 달리 할 수 있다.
· 정확하고, 명료하게 합리적으로 표현되어야 한다.

46 철근콘크리트구조 기둥의 최소단면적은?

① 300cm² 이상   ② 400cm² 이상
③ 500cm² 이상   ④ 600cm² 이상

※ 절근콘크리트구조 기둥의 최소단면적 : 600㎠ 이상

47 철골보에서 웨브플레이트의 두께는 최소 얼마 이상으로 하는가?
① 3mm
② 6mm
③ 10mm
④ 15mm

※ 웨브플레이트는 전단력의 계산에 의해 두께가 정해지나, 최소 6mm 이상이어야 하며, 계산에 의해 두께가 얇아도 되는 경우에는 시공, 운반상의 손상, 저장 중 녹슬음을 대비하여 8mm 이상으로 하는 것이 좋다.

48 건축물 중 일반주택건축의 실내구성에서 반자의 최소 높이는?
① 2000mm
② 2100mm
③ 3000mm
④ 3100mm

※ 실내공간의 사용목적에 따라 높이나 모양이 달라지는데, 실내의 반자 높이는 최소 2.1m 이상이어야 한다.

49 주택에서 주로 쓰이는 계단 너비 1m 정도의 소형 계단으로 상자계단이라고 불리는 것은?
① 사다리
② 틀계단
③ 옆판계단
④ 따낸옆판계단

※ 틀계단은 계단의 너비가 1m 정도인 주택에 쓰임.

50 조적식구조에 관한 설명 중 틀린것은?
① 조적재를 모르타르로 쌓아서 벽체를 축조하는 구조이다.
② 개개의 재료와 교착제의 강도가 전체 강도를 좌우한다.
③ 철사, 철망등을 써서 보강하면 더욱 튼튼하다.
④ 철골조, PC구조, 목조 등이 있다.

※ 조적식구조
벽돌구조, 블록구조, 돌구조

51 조립구조의 일종으로, 기둥, 보 등의 골조를 구성하고 바닥, 벽, 천장, 지붕 등을 일정한 형태와 치수로 만든 판으로 구성하는 구조법은?
① 쉘구조
② 프리스트레스트 콘크리트 구조
③ 커튼월구조
④ 패널구조

※ 패널구조
조립구조의 일종으로, 지붕, 천장, 벽, 기둥, 보 등의 패널로 조립하는 구조

52 표준형 벽돌의 치수가 바르게 된 것은? (단위 : mm)
① 190×90×57
② 210×100×60
③ 190×90×60
④ 190×100×60

※ 벽돌의 크기
· 기본형 : 210×100×60
· 표준형 : 190×90×57

53 나무구조에 대한 설명 중 틀린 것은?
① 토대는 상부의 하중을 기초에 전달하는 역할을 한다.
② 평기둥은 2층 이상의 기둥 전체를 하나의 단일재로 사용하는 기둥이다.
③ 층도리는 2층 이상의 건물에서 바닥층을 제외한 각 층을 만드는 가로 부재이다.
④ 샛기둥의 크기는 본기둥의 1/2 또는 1/3로 한다.

※ 목구조 - 평기둥
한 층당 별개로 구성된 기둥

54 다음 중 제도용구와 용도의 연결이 옳지 않은 것은?
① 컴퍼스 - 원이나 호를 그린다
② 디바이더 - 선을 일정간격으로 나눈다
③ 삼각스케일 - 삼각형 모양을 그릴 때 사용한다
④ 운형자 - 복잡한 곡선이나 호를 그을 때 사용한다

※ 제도용구 - 삼각스케일
스케일은 실물의 크기를 줄이거나(축척), 늘릴 때(배척) 및 그대로 옮길 때(실척)에 사용한다.

55 건축제도통칙에 정의된 제도지의 크기 중 틀린 것은?(단위 mm)
① A0 : 1189×1680
② A2 : 420×594
③ A4 : 210×297
④ A6 : 105×148

※ 제도용지규격
· A0 : 841×1189
· A1 : 594×841
· A2 : 420×594
· A3 : 297×420
· A4 : 210×297

56 블록조에서 창문의 인방보는 벽단부에 최소 얼마이상 걸쳐야 하는가?

① 5cm
② 10cm
③ 15cm
④ 20cm

※ 블록 쌓기의 원칙
· 하루 1.2~1.5m(6~7켜)를 표준으로 한다.
· 일반적으로 막힌줄눈으로 하고 보강 블록조는 통줄눈으로 한다.
· 줄눈의 너비는 가로 세로 10mm를 원칙으로 한다.
· 살 두께가 두꺼운 쪽을 위로 하여 쌓는다.
· 인방 블록은 지지벽에 20cm이상(보통40cm)물리게 한다.

57 블록구조에 대한 설명으로 옳지 않은 것은?

① 조적식 블록조 - 블록과 모르타르로 접합시켜 쌓아올려 벽체를 구성한다.
② 장막벽 블록조 - 칸막이벽으로서 블록을 쌓는 방식으로 상부에서 오는 하중을 받지 않는다.
③ 보강 블록조 - 중공부(中空部)에 철근을 배근하고 콘크리트를 부어 저항력을 보강한다.
④ 거푸집 블록조 - 특성이 서로 다른 벽돌과 블록을 혼용해서 벽체를 구성한다.

※ 거푸집 블록조
살 두께가 얇고 속이 없는 ㄱ자형, ㄷ자형, ㅁ자형 등의 블록을 콘크리트의 거푸집으로 써서 그 안에 철근을 배근하여 콘크리트를 부어 넣어 벽체를 만들어 외력을 받게 한 내력벽이다.

58 벽돌 등을 모르타르로 쌓아서 축조하는 구조로 지진과 바람같은 횡력에 약하고 균열이 생기기 쉬운 구조는?

① 나무구조
② 조적구조
③ 철골구조
④ 철근콘크리트구조

※ 조적 구조
· 건축재료에 물을 사용하여 축조하는 습식구조이다.
· 횡력에 약하며, 고층·대형 건물에 부적당하다.
· 재료와 접착제 강도에 따라 전체 구조의 강도가 결정된다.
· 내구·내화적이다.

59 문과 문틀에 장치하여 열려진 여닫이 문이 저절로 닫아지게 하는 창호철물은?

① 도어후크
② 도어홀더
③ 도어체크
④ 도어스톱

※ 도어체크
문의 상부와 틀을 연결할 때 도어의 개폐를 부드럽고 안전하게 하는 장치. 열린 문이 자동적으로 천천히 닫히도록 한 쇠붙이를 말한다.

60 철근콘크리트구조의 특징이 아닌 것은?

① 내구, 내화, 내진적이다.
② 자중이 가볍다.
③ 설계가 자유롭다.
④ 고층 건물이 가능하다.

※ 철근콘크리트구조
· 내화, 내구, 내진적이다.
· 설계가 자유롭고, 고층건물이 가능하다.
· 장스팬은 불가능하다.
· 구조물을 완성후 내부 결함의 유무를 검사하기 어렵다.
· 균열이 쉽게 발생한다.
· 철근과 콘크리트는 선팽창계수가 거의 같다.
· 자중이 무겁고, 시공기간이 길다.
· 콘크리트 자체의 압축력이 매우 크다.

정답

01③	02④	03②	04④	05②	06③	07④	08②	09④	10①
11③	12④	13③	14②	15④	16③	17①	18④	19③	20③
21①	22①	23④	24②	25①	26③	27②	28③	29④	30④
31②	32②	33③	34②	35②	36④	37②	38④	39④	40③
41④	42③	43②	44①	45④	46④	47②	48②	49②	50④
51④	52①	53②	54③	55①	56④	57④	58②	59③	60②

2018년도 제2회 과년도 기출문제
⟨ 2018년 1회차는 미시행함 ⟩

01 비례와 관련이 없는 것은?
① 등비수열   ② 황금분할
③ 착시   ④ 모듈(module)

※ 비례이론
황금비, 모듈러, 루트 직사각형, 정수비, 상가수열비, 등차수열비, 등내수열비

02 상업공간의 실내계획에 있어 구매심리 5단계 중 관계가 적은 것은?
① 주의(Attention)   ② 권유(Persuasion)
③ 욕망(Desire)   ④ 행위(Action)

※ 구매심리 5단계
① A(주의, Attention) : 주목시킬 수 있는 배려
② I(흥미, Interest) : 공감을 주는 호소력
③ D(욕망, Desire) : 욕구를 일으키는 연상
④ M(기억, Memory) : 인상적인 변화
⑤ A(행동, Action) : 들어가기 쉬운 구성

03 창의 외부에 날개형의 빗살을 달아 일조의 양을 조절하는 것은?
① 커튼   ② 블라인드
③ 루버   ④ 발

※ 루버(louver)
평평한 부재를 유리창 전면에 설치하여 일조를 차단하는 것으로 수평형, 수직형, 격자형 등이 있다.

04 다음의 각 디자인 요소와 느낌과의 연결로 거리가 가장 먼 것은?
① 정렬해 있는 점 - 선의 느낌을 줌
② 수직선 - 안정감이 있고 조용한 느낌
③ 기하곡면 - 유순하고 수리적 질서가 있음
④ 육면체 - 곧고 딱딱함

※ 수직선
고결, 희망, 상승, 위엄, 존엄성, 긴장감을 느낌

05 면에 대한 설명으로 잘못된 것은?
① 면의 종류로는 장방형, 삼각형, 곡선형이 있다.
② 면은 위치를 나타낸다.
③ 면은 입체의 가장 기본이 되는 단위이다.
④ 면은 같은 선을 가깝게 반복시킴으로써 느낄 수 있다.

※ 선은 위치와 방향을 지닌다.

06 실내 공간의 성격을 형성하는 가장 중요한 디자인 요소는?
① 마감 재료   ② 바닥 구조
③ 장식품 종류   ④ 천장의 질감

※ 마감재를 어떤재료로 사용하는지에 따라 실내공간의 분위기 성격에 큰 차이가 난다.

07 실내디자인의 기본적 요소와 거리가 가장 먼 것은?
① 천장   ② 기둥 과 보
③ 개구부   ④ 가구

※ 실내디자인의 기본적 요소
바닥, 천정, 벽, 기둥, 보, 개구부, 통로, 장식물, 사인 시스템, 식물, 디스플레이

08 주거공간 계획시 가장 큰 비중을 두어야 할 사항은?
① 거실의 방향과 크기   ② 부엌의 위치
③ 주부의 동선   ④ 침실의 위치

※ 주부의 작업동선을 가장 우선적으로 고려하여 계획한다.

09 우리나라 창호의 완자살의 좋은 예가 되는 것은?
① 폐쇄성   ② 근접성
③ 유사성   ④ 연속성

※ 연속성
유사한 배열이 하나의 묶음으로 지각되는 것으로 공동운명의 법칙

10 실내 기본요소인 벽의 기능 및 특징에 대한 설명 중 틀린 것은?

① 실내 공간을 에워싸는 수평적 요소이다.
② 공간의 형태와 크기를 결정한다.
③ 외부로부터의 방어와 프라이버시를 확보한다.
④ 공간과 공간을 구분한다.

※ 벽은 공간을 에워싸는 수직적 요소이다. 시각적으로 가장 중요한 부분이며, 창호와 같이 생각할 수 있는 곳이다. 릴리프(relief)나 슈퍼 그래픽(super graphic)을 도입하기도 하고 네온이나 광섬유로 장식하기도 한다. 가구, 조명 등 실내에 놓여지는 설치물에 대한 배경의 역할을 한다.

11 다음 설명은 무엇을 나타내는가?

"성질이나 질량이 전혀 다른 둘 이상의 것이 동일한 공간에 배열될 때 서로의 특질을 한층 돋보이게 하는 현상"

① 조화   ② 대비
③ 균형   ④ 다양성

※ 디자인 원리 - 대비
질적, 양적으로 전혀 다른 둘 이상의 요소가 동시적 혹은 계속적으로 배열될 때 상호의 특질의 한 층 강하게 느껴지는 디자인 원리

12 실내디자인을 할 때 리듬감을 주는 방법으로 가장 옳은 디자인 구성원리는?

① 대칭   ② 반복
③ 유사조화   ④ 악센트(accent)

※ 반복
디자인 요소와 색채, 질감 형태의 문양의 반복을 통해 시각적으로 조화를 이루는 디자인 요소

13 건축화조명 방식에 해당되지 않는 것은?

① 루버(louver) 조명
② 코브(cove) 조명
③ 다운라이트(down light) 조명
④ 스포트라이트(spot light) 조명

※ 건축화 조명의 종류
루버조명, 코브조명, 광천장조명, 매입 다운라이트 조명, 코너조명, 밸런스조명, 코니스조명

14 주거공간의 동선에 관한 설명으로 옳지 않은 것은?

① 동선은 짧을수록 에너지 소모가 적다.
② 주부동선은 길수록 좋다.
③ 동선을 줄이기 위해 다른 공간의 독립성을 저해해서는 안된다.
④ 거실이 주거의 중앙에 위치하면 동선을 줄일 수 있다.

※ 동선 - 주거공간
· 주부 동선은 가장 간단하고 짧아야 한다.
· 동선은 짧을수록 에너지 소모가 적다.
· 상호 간에 상이한 유형의 동선은 분리하도록 한다.
· 동선을 줄이기 위해 다른 공간의 독립성을 저해해서는 안 된다.

15 실내 디자인의 목표로 가장 거리가 먼 것은?

① 인간 생활공간을 감성적이고 기능적인 공간이 되게 한다.
② 능률적인 공간을 조성한다.
③ 실내공간을 보다 화려하게 한다.
④ 쾌적한 환경을 조성한다.

※ 실내디자인 목표
· 기능적 : 쾌적한 인간 생활의 환경 조성, 심리적 문제의 해결
· 미의 조화 : 미학적, 독자적인 개성 표현
· 욕구의 해결 : 물리적, 환경적, 예술적 및 정서적 욕구

16 자연력에 의한 환기를 이용하는 건축물로 가장 부적당한 것은?

① 주택   ② 공장
③ 아파트   ④ 학교

※ 환기방식 - 제2종 환기방식(압입식)
· 급기를 기계적, 배기는 자연적으로 배출하는 환기방식
· 오염공기가 침투하지 않으면 실내 압이 정(+)압이 된다.
· 무균실, 반도체공장, 식당, 창고

17 다음 고체 중에서 종파(음)의 전파속도가 가장 큰 것은?

① 고무   ② 납
③ 주철   ④ 유리

※ 음의 전파 속도
파동에서 일정위상의 점이 나아가는 속도

18 건축에서 보건위생상으로 보아 인체에 직접 영향을 미치는 것으로 많이 사용되고 있는 것은?

① 기습도   ② 기수도

③ 기풍도　　　④ 기조도

※ 기습도 : 기온과 습도

19 결로에 관한 내용이다. 올바르지 않은 것은?
① 콘크리트 주택의 결로 현상은 남향 벽이나 바닥에 발생하기 쉽다.
② 결로를 방지하기 위해서는 환기, 난방, 단열 등을 상호보완적으로 동시에 하는 것이 좋다.
③ 결로는 고옥 다습한 여름철과 겨울철 난방시 발생하기 쉽다.
④ 습한 공기를 냉각시키면 수증기가 물방울로 되는 현상을 결로라 한다.

※ 남향벽은 일사의 영향으로 결로가 일어나지 않는다.

20 조명 설계시 가장 먼저 고려해야 할 것은?
① 전등 용량의 결정　　② 광속의 계산
③ 조명기구의 결정　　④ 소요 조명도의 결정

※ 조명은 감정을 이끌어내는 효과적인 도구로 조명설계시에는 일반적인 자연채광 이외에 추가적인 소요조명의 결정이 우선적으로 필요하다.

21 다음의 각 석재에 대한 설명 중 옳지 않은 것은?
① 화강암 - 내구성 및 강도가 크고 외관이 수려하며 절리의 거리가 비교적 커서 대재(大材)를 얻을 수 있다.
② 점판암 - 대기 중에서 변색, 변질하지 않으며 석질이 치밀하고 박판으로 채취가 가능하다.
③ 트래버틴 - 수성암의 일종으로 다공질이며 실내장식에 사용된다.
④ 사암 - 단단한 것은 구조용재에 적합하나 대체로 외관이 좋지 못하며, 연약한 것은 실내장식재로 사용된다.

※ 석재 - 트래버틴
· 대리석의 한 종류로서 다공질 이며, 탄산석회를 포함한 물에서 침전, 생성된 것으로 석질이 균일하지 못하고, 암갈(황갈)색의 무늬가 있다.
· 석판으로 만들어 물갈기를 하면 평활하고, 광택이 나는 부분과 구멍, 골이 진 부분이 있어 특수한 실내 장식재로 이용된다.

22 시멘트가 습기를 흡수하여 경미한 수화반응을 일으켜 생성된 수산화칼슘과 작용하여 시멘트의 풍화를 발생시키는 것은?
① 일산화탄소　　② 아황산가스
③ 분진　　　　　④ 이산화탄소

※ 시멘트는 저장 중 공기중의 수분을 흡수하여 경미한 수화반응을 일으키게 된다. 수화반응에 의해서 형성된 수산화칼슘 $Ca(OH)_2$는 이산화탄소 (CO_2)와 반응하여 H_2O를 발생하여 풍화된다.

23 골재 중의 유해물에 속하지 않는 것은?
① 쇄석　　　　　② 후민산
③ 이분(泥分)　　④ 염분

※ 쇄석
암석을 플랜트에서 파쇄, 선별해서 제조한 인공골재

24 다음 중 가장 밀도가 큰 것으로 방사선의 투과도가 낮아 건축에서 방사선 차폐용 벽체에 이용되는 것은?
① 알루미늄　　② 동
③ 주석　　　　④ 납

※ 비철금속 - 납
· 융점이 낮다.
· 전·연성이 크다.
· 방사선의 투과도가 낮다.
· 비중이 크고 연질이다.
· 대기 중 보호막이 형성되어 부식되지 않는다.
· 내산성이며 알칼리에 침식된다.

25 다음 중 구조 재료에 요구되는 성질과 가장 관계가 먼 것은?
① 재질이 균일하고 강도가 큰 것이어야 한다.
② 내화, 내구성이 큰 것이어야 한다.
③ 가공이 용이한 것이어야 한다.
④ 외관이 좋은 것이어야 한다.

※ 건축구조 재료 요구되는 성질
균일 재질, 높은 강도, 가공성용이, 내화성 및 내구성이 큰 것, 재료획득의 용이

26 석재(石材) 사용상의 주의점에 관한 설명 중 옳지 않은 것은?
① 내화구조물은 내화석재를 선택하여야 한다.
② 산출량을 조사하여 동일건축물에는 동일석재로 시공하도록 한다.
③ 외벽, 콘크리트 표면 첨부용 석재는 연석으로 해야 한다.
④ 석재는 취약하므로 구조재는 직압력재로만 사용해야 한다.

※ 점판암은 석질이 치밀하고 슬레이트로 지붕, 외벽, 마루 등에 사용되는 석재이다.

27 목재의 함수율에 관한 설명 중 옳지 않은 것은?

① 목재의 팽창, 수축은 함수율이 섬유포화점 이상에서는 거의 함수율에 비례하여 증가한다.
② 기건상태의 함수율은 약 15% 정도이다.
③ 기건재를 건조로 등을 이용하여 더욱 건조시키면 함수율은 0%로 되는데, 이 상태를 전건상태라 한다.
④ 섬유포화상태는 세포막 내부가 완전히 수분으로 포화되어 있고 세포내공과 공극 등에는 액체수분이 존재하지않는 상태를 말한다.

※ 섬유포화점 이하에서는 목재의 수축, 팽창 등 재질에 변화가 일어나고, 섬유포화점 이상에서는 불변한다.

28 창호 철물의 사용 용도가 잘못 연결된 것은?

① 여닫이문 - 경첩, 함자물쇠
② 오르내리창 - 크레센트
③ 접문 - 도어 행거
④ 미서기문 - 플로어 힌지

※ 미서기문
문이 좌우방향으로 미끄러지며 열리는 문으로 레일이나 행거레일과 호차를 이용하여 문의 개폐를 원활히 한다.
※ 플로어 힌지
오일 또는 스프링을 써서 문을 열면 저절로 닫혀지는 장치를 하고, 바닥에 묻어 설치한 다음 문의 징두리를 여기에 꽂아 돌게 하는 창호철물.

29 콘크리트에서 강도 중 가장 큰 것은?

① 인장강도   ② 휨강도
③ 전단강도   ④ 압축강도

※ 콘크리트 강도
압축강도＞전단강도＞휨강도＞인장강도

30 다음의 석고 플라스터에 대한 설명 중 틀린 것은?

① 원칙적으로 해초 또는 풀즙을 사용하지 않는다.
② 경석고 플라스터는 고온소성의 무수석고를 특별한 화학처리를 한 것으로 경화 후 아주 단단하다.
③ 경화·건조시 치수 안정성이 뛰어나 균열이 없는 마감을 실현할 수 있다.
④ 석고 플라스터 중에서 가장 많이 사용하는 것은 크림용 석고 플라스터이다.

※ 석고 플라스터
· 수경성 미장재료이다.
· 원칙적으로 해초 또는 풀즙을 사용하지 않는다.
· 내화성이 우수하다.
· 경화와 건조시 치수 안정성이 우수하다.
· 경석고 플라스터는 고온소성의 무수석고를 특별한 화학처리는 한 것으로 경화 후 아주 단단하다.
· 석고플라스터 중 가장 많이 사용하는 것은 혼합석고 플라스터이다.

31 다음 중 혼합포틀랜드시멘트에 속하지 않는 것은?

① 고로 시멘트   ② 실리카 시멘트
③ 플라이애시 시멘트   ④ 알루미나 시멘트

※ 혼합포틀랜드시멘트의 종류
고로 시멘트, 실리카 시멘트, 플라이 애시 시멘트

32 목면, 마사, 양모, 폐지 등을 원료로 하여 만든 원지를 증기로 건조하여 이것에 스트레이트 아스팔트를 침투시켜 압착하여 만든 것은?

① 아스팔트 싱글   ② 아스팔트 유제
③ 아스팔트 펠트   ④ 콜타르

※ 아스팔트 펠트
폐지, 누더기 등으로 만들어진 러그 원지·석면 등에 아스팔트를 침투시킨 것으로 지붕 바탕, 벽 바탕의 방수, 바닥 재료의 밑깔기에 쓰인다.

33 다음의 석고 플라스터에 대한 설명 중 옳지 않은 것은?

① 크림용 석고 플라스터는 소석고와 석회죽을 혼합한 플라스터이다.
② 혼합용 석고 플라스터는 석고 플라스터 중에서 가장 많이 사용되는 것이다.
③ 보드용 석고 플라스터는 킨스 시멘트라고도 불리우며 주로 석고 보드 바탕의 초벌 바름에 사용된다.
④ 석고 플라스터의 우수한 성질은 경화·건조시 치수안정성과 뛰어난 내화성이다.

※ 킨스 시멘트
무수석고를 주성분으로 한 시멘트로 벽 및 바닥 도료재로 사용된다. 철을 녹슬게 하는 성질이 있으므로 졸대박이 못은 아연, 도금 못, 흙손은 양은 또는 스테인레스제를 사용한다.

34 인조석에 대한 설명으로 옳지 않은 것은?

① 수지계 인조석은 균열이 적고 수밀성이 양호하고 방수성, 내마모성, 내산성 등의 장점이 있다.
② 테라조란 시멘트를 사용, 콘크리트판의 한쪽면에 부어 넣은 후 가공, 연마한 것을 말한다.
③ 의석이란 종석을 대리석 이외의 암석으로 하여 테라조에 준하여 제작한 것을 말한다.
④ 진주석, 흑요석, 송지석 등을 분쇄하여 입상으로

된 것을 고열로 가열, 팽창시켜 만든다.

※ 모르타르에 대리석 등과 자연석의 쇄석과 안료를 혼합한 것을 도장 또는 성형한 것. 백시멘트와 광물질 안료를 넣고 종석(種石), 석분, 등을 혼합한 것을 반죽하여 두께 1.5~3cm 정도의 콘크리트 판이나 벽, 마루바탕 위에 바른 것. 원래는 천연석과 유사품을 모조할 목적으로 만든 것이나 현재는 인조석의 특징을 가진 것을 만들어 씀. 공장에서 인조석판을 만들어 굳은다음 그라인더(연마기)로 물갈이하여 광을 냄.

35 강당, 집회장 등의 음향조절용으로 쓰이거나 일반건물의 벽 수장재로 사용하여 음향효과를 거둘 수 있는 것은?

① 파키트 패널 ② 코르크 보드
③ 코펜하겐 리브 ④ 파키트 블록

※ 코펜하겐 리브(copenhagen rib)
오디토리움 등의 천장이나 벽면을 완성할 때 사용한다.

36 일종의 스프링 힌지로 전화박스 문이나 공중화장실 문 등에 사용되며, 저절로 닫혀지지만 15cm 정도는 열려있게 하는 것은?

① 피벗 힌지 ② 플로어 힌지
③ 래버터리 힌지 ④ 도어 스톱

※ 래버터리 힌지
문짝에 사용하는 경첩으로 자동으로 열린상태 또는 닫힌상태 유지가 가능하다.

37 다음 중 열가소성 수지가 아닌 것은?

① 염화비닐 수지 ② 폴리에틸렌 수지
③ 아크릴 수지 ④ 요소 수지

※ 열가소성 수지
· 가열에 연화되어 변형되지만 냉각시키면 다시 굳어진다.
· 염화비닐수지, 폴리에틸렌수지, 폴리프로필렌수지, ABS수지, 아크릴 수지

38 용융되기 쉬우며 건축일반용 창호유리, 병유리 등에 사용되는 것은?

① 고규산유리 ② 규산소다유리
③ 칼륨석회유리 ④ 소다석회유리

※ 소다석회 유리(소다유리, 보통유리, 크라운유리)
· 용융하기 쉽고 풍화되기 쉽다.
· 산에 강하나, 알칼리에 약하다.
· 팽창률이 크고 강도가 높다.
· 용도 : 건축일반용, 창호유리, 병유리 등

39 다음 중 집성목재에 대한 설명으로 옳지 않은 것은?

① 제재품이 갖는 옹이, 할열 등의 결함을 제거, 분산시킬 수 있으므로 강도의 편차가 적다.
② 요구된 치수, 형태의 재료를 비교적 용이하게 제조할 수 있다.
③ 강도상 요구에 따라 단면과 치수를 변화시킨 구조재료를 설계, 제작할 수 있다.
④ 톱밥, 대패밥, 나무 부스러기 등을 이용하므로 경제적이다.

※ 목재 – 집성목재
· 15~50mm의 두께가 가진 단판을 겹쳐서 접착한 것으로 섬유방향을 일치하게 접착하는 목재이다.
· 옹이·균열 등의 결함을 제거·분산 시킬 수 있으므로 강도의 편차가 적다.
· 요구된 치수, 형태의 재료를 비교적 용이하게 제도할 수 있다.
· 강도상 요구에 따라 단면과 치수를 변화시킨 구조재료를 설계, 제작할 수 있다.

40 다음 중 수용성 방부제는?

① 크레오소트유 ② 콜타르
③ 유성페인트 ④ 황산동 1% 용액

※ 수용성 방부제
물에 용해하여 사용하는 목재 방부제 (황산동 1% 용액)

41 쪽매의 종류에서 딴혀쪽매의 그림으로 맞는 것은?

① ▭ ② ▭
③ ▭ ④ ▭

※ 딴혀쪽매 : ▭

42 도면표시기호 중 반지름을 나타내는 기호는?

① 製 ② D
③ THK ④ R

※ 도면표시기호

명칭	길이	높이	폭	면적	두께	직경	반지름	용적
표시기호	L	H	W	A	THK	D, ø	R	V

43 벽돌구조의 아치에 대한 설명으로 적당하지 않은 것은?

① 아치는 수직 압력을 분산하여 부재의 하부에 인장력이 생기지 않도록 한 구조이다.
② 창문의 너비가 1m 정도일 때 평아치로 할 수 있다.

③ 문꼴 너비가 1.8m 이상으로 집중하중이 생길 때에는 인방보로 보강한다.
④ 본아치는 보통 벽돌을 사용하여 줄눈을 쐐기 모양으로 만든 것이다.

※ 아치(ARCH)
· 돌이나 벽돌 등을 쌓아 올려서 상부에서 오는 직압력을 개구부 양측으로 전달되게 한 것으로 부재의 하부에 인장력이 생기지 않게 한 것.
· 아치의 형상은 정삼각형 또는 이등변삼각형에 가까운 원형이 효과적
· 조적벽체에 걸리는 하중은 45~60°
· 창문너비가 1.2m 정도일 때 평아치 사용
· 문골의 너비가 1.8m 이상일 때 인방보 사용
· 아치는 스팬이 1.5m 이내일 때 아치의 높이는 스팬의 1/10 이상으로 한다.

44 다음 각 구조에 대한 설명 중 틀린 것은?
① 철근콘크리트구조는 대부분 습식구조이다.
② 목구조는 대부분 건식구조이다.
③ 철골구조는 가구식구조이다.
④ 조적구조는 일체식구조이다.

※ 건축구조의 분류 - 시공상에 의한 분류
· 건식구조 - 목구조, 철골구조
· 습식구조 - 벽돌구조, 철근콘크리트구조, 돌 구조, 철골철근콘크리트구조, 블록구조
· 조립식구조 - 철근콘크리트구조, 철골철근콘크리트구조

45 다음 중 도학을 이용하지 않고 45°와 60° 삼각자의 2개 1조로 그을 수 있는 빗금의 각도가 아닌 것은?
① 30°   ② 50°
③ 75°   ④ 105°

※ 삼각자 45°와 60°를 이용하면 30°, 45°, 60°, 75° (30°+45°), 105°(60°+45°)를 그을 수 있다.

46 벽돌의 종류 중 특수벽돌에 속하지 않는 것은?
① 붉은벽돌   ② 경량벽돌
③ 이형벽돌   ④ 내화벽돌

※ 벽돌 - 특수벽돌
이형벽돌, 공동벽돌, 내화벽돌, 오지벽돌, 다공질벽돌, 포도벽돌 및 광재벽돌

47 다음 중 표준형 벽돌 2.0B 쌓기의 두께는? (공간쌓기 아님)
① 90mm   ② 190mm
③ 290mm   ④ 390mm

※ 2.0B는 벽돌 1장 190mm + 줄눈10mm + 벽돌 1장 190mm = 390mm
※ 쌓기별 조적벽 두께
0.5B = 90mm, 1.0B = 190mm, 1.5B = 290mm, 2.0B = 390mm

48 다음 중 도면에 일반적으로 사용되는 축척의 연결이 가장 옳지 않은 것은?
① 배치도 : 1/100~1/500 정도
② 평면도 : 1/50~1/200 정도
③ 입면도 : 1/50~1/200 정도
④ 단면도 : 1/300~1/500 정도

※ 1/100 축척은 평면도, 기초평면도, 지붕틀평면도에 사용
1/300 축척은 주단면도 상세도, 부분상세도에 사용
1/500 축척은 입면도, 평면도에 사용
1/600 축척은 배치도에 사용

49 리벳의 직경이 30mm일 때 리벳 구멍의 직경은?
① 31.0mm   ② 31.5mm
③ 32.0mm   ④ 32.5mm

※ 리벳 직경에 따른 리벳구멍의 직경
리벳의 직경이 20mm 미만일 경우, 리벳구멍의 직경은 (d+1)mm 이하
리벳의 직경이 20mm 이상일 경우, 리벳구멍의 직경은 (d+1.5)mm 이하

50 리벳치기에 있어서 피치(pitch)는 최소 얼마 이상으로 하는가?
① 리벳 지름의 1.25배   ② 리벳 지름의 2.0배
③ 리벳 지름의 2.5배   ④ 리벳 지름의 3.0배

※ 리벳의 최소피치 2.5d

51 다음 중 보, 도리 등에서 오는 하중을 받아 기초에 전달하는 수직재는?
① 바닥   ② 기둥
③ 지붕   ④ 토대

※ 기둥
마룻바닥, 지붕 등을 받치는 수직재로서 독립기둥과 붙임기둥 등이 있고, 붙임기둥은 벽체를 구성하는 주요 구축재가 되기도 한다.

52 나무구조에서 가새에 대한 설명 중 적합하지 않은 것은?
① 목조벽체를 수평력에 견디게 하고 안정한 구조로 하기 위한 것이다.
② 네모구조를 세모구조로 만들어 준다.
③ 버팀대보다는 강력하고 또 간단히 그 목적을 이

를 수 있다.
④ 가새의 경사는 90°에 가까울수록 유리하다.

※ 가새
· 외력에 의하여 뼈대가 변형되지 않도록 대각선 방향으로 배치하는 빗재
· 목재 벽체를 수평력에 견디게 하고 안정한 구조로 네모구조를 세모구로 만들어 준다.
· 가새를 댈 때는 45°에 가까울수록 유리하며, 기둥과 좌우 대칭이 되도록 배치한다.
· 가새는 절대로 따내거나 결손시키지 않는다.
· 가새에는 압축과 인장 응력이 작용한다.

53 웨브 플레이트의 좌굴을 방지하기 위하여 설치하는 것은?
① 앵커 볼트
② 베이스 플레이트
③ 스티프너
④ 플랜지

※ 스티프너
웨브의 두께가 춤에 비해 얇을 때 웨브 플레이트의 좌굴을 방지하기 위하여 설치하는 부재로서 집중 하중의 크기에 따라 결정된다.

54 도면의 크기와 표제란에 관한 설명 중 틀린 것은?
① 제도용지의 크기는 번호가 커짐에 따라 작아진다.
② A0의 넓이는 약 1m이다.
③ 큰 도면을 접을 때는 A4의 크기로 접는 것이 원칙이다.
④ 표제란은 도면 왼쪽 위 모서리에 표시하는 것이 원칙이다.

※ 표제란
· 도면은 반드시 표제란을 기입해야 하며 위치는 도면 오른쪽 하단에 둔다.
· 도면번호, 공사명칭, 축척, 책임자의 서명, 설계자의 서명, 도면작성 연월일, 도면의 분류번호 등을 작성한다.
· 시공자의 성명과 감리자의 성명은 기입하지 않는다.

55 다음 중 줄눈이 만들어지며 지진과 바람과 같은 횡력에 약하고 균열이 생기기 쉬운 구조는?
① 목구조
② 철근콘크리트구조
③ 벽돌구조
④ 철골구조

※ 벽돌구조는 조적식 구조의 일종으로, 조적 구조의 단점이 횡력 및 지진에 매우 약한 단점이 있다.

56 내구성, 내화성, 내진성이 우수하고 거주성이 뛰어나지만, 자중이 무겁고 시공 과정이 복잡하며, 공사 기간이 긴 단점이 있는 구조는?
① 철근콘크리트구조
② 목구조
③ 석구조
④ 블록구조

※ 철근콘크리트구조
· 내화, 내구, 내진적이다.
· 설계가 자유롭고, 고층건물이 가능하다.
· 장스팬은 불가능하다.
· 구조물을 완성후 내부 결함의 유무를 검사하기 어렵다.
· 균열이 쉽게 발생한다.
· 철근과 콘크리트는 선팽창계수가 거의 같다.
· 자중이 무겁고, 시공기간이 길다.
· 콘크리트 자체의 압축력이 매우 크다.

57 일반적인 벽돌쌓기 방법에 대한 설명으로 옳지 않은 것은?
① 영식 쌓기는 처음 한 켜는 마구리쌓기, 다음 한 켜는 길이쌓기를 교대로 쌓는 것으로 통줄눈이 생기지 않는다.
② 네덜란드식 쌓기는 영국식과 같으나 모서리 끝에 이오토막을 사용한다.
③ 프랑스식 쌓기는 부분적으로 통줄눈이 생기므로 구조벽체로는 부적합하다.
④ 미식 쌓기는 구조적으로 약해 치장용 벽돌쌓기법에 이용된다.

※ 네덜란드식(화란식) 쌓기
· 영식 쌓기와 같으나 모서리 또는 끝 부분에 칠오토막을 사용
· 가장 많이 사용되며 모서리가 튼튼하다.

58 제도 용지의 세로와 가로의 길이비로 옳은 것은?
① 1:1
② 1:$\sqrt{2}$
③ 1:$\sqrt{3}$
④ 1:$\sqrt{4}$

※ 제도용지의 세로와 가로의 길이 비는 1:$\sqrt{2}$로 한다.

59 건축설계도면에서 전개도에 관한 설명 중 틀린 것은?
① 각 실 내부의 의장을 명시하기 위해 작성하는 도면이다.
② 각 실에 대하여 벽체 및 문의 모양을 그려야 한다.
③ 축척은 1/200 정도로 한다.
④ 벽면의 마감재료 및 치수를 기입하고, 창호의 종류와 치수를 기입한다.

※ 설계도면 - 전개도
· 각 실의 내부의 의장을 명시하기 위해 작성하는 도면이다.
· 축척은 1/20~1/50 정도로 한다.
· 실내의 벽체 및 문의 모양을 그려야 한다.

• 벽면의 마감재료 및 치수를 기입하고, 창호의 종류와 치수를 기입한다.

60 블록구조에 대한 설명 중 옳지 않은 것은?

① 조적식 블록조에서 세로줄눈은 특별한 경우를 제외하고 통줄눈으로 한다.
② 블록구조는 지진과 같은 수평력에 약하지만, 보강철근을 사용하면 수평력에 견딜 수 있는 힘이 증가한다.
③ 블록은 중공부의 경사에 의한 살 두께가 두꺼운 쪽을 위로 가게 쌓는다.
④ 장막벽 블록조는 뼈대를 철근콘크리트구조나 철골구조로 하고 칸막이벽으로서 블록을 쌓는 방식이다.

※ 막힌줄눈으로 쌓는 것을 원칙으로 한다.

정답

01③ 02② 03③ 04② 05② 06① 07④ 08③ 09④ 10①
11② 12② 13④ 14② 15③ 16② 17④ 18① 19① 20④
21③ 22④ 23① 24④ 25④ 26③ 27① 28④ 29④ 30④
31④ 32③ 33③ 34④ 35③ 36③ 37④ 38④ 39④ 40④
41② 42④ 43④ 44④ 45② 46① 47④ 48④ 49② 50③
51② 52④ 53③ 54④ 55③ 56① 57② 58② 59③ 60①

2018년도 제3회 과년도 기출문제

01 가구의 분류 중 구조별 가구의 종류에 속하지 않는 것은?
① 이동식 가구 ② 작업용가구
③ 붙박이식 가구 ④ 조립식 가구

※ 가구의 구조에 의한 분류
· 가동(可動)가구 : 일반적인 가구가 여기에 속한다.
· 붙박이 가구 : 건축물에 고정시킨 가구로 Built-In-Furniture라 한다.
· 조립식 가구 : 일정한 모듈을 적용 받으며 크기의 증감을 자유로이 할 수 있으며 부품교환이 용이하다.

02 실내 디자인 계획시 고려해야 할 내용 중 거리가 먼 것은?
① 구조적인 안정성 ② 동선과 순환의 패턴
③ 고객의 요구조건 ④ 공간의 이미지 부각

※ 구조적인 안정성은 실내 디자인 계획시 고려해야 할 사항이 아니다.

03 실내 디자인의 프로세스(Process)를 설명한 내용 중 맞게 기술된 것은?
① 설계-계획-기획-시공-평가
② 설계-기획-계획-시공-평가
③ 계획-설계-기획-시공-평가
④ 기획-계획-설계-시공-평가

※ 실내 디자인의 프로세스
기획 - 계획 - 설계 - 시공 - 평가

04 실내디자인의 3차적 요소와 가장 거리가 먼 것은?
① 질감(Texture) ② 조명(Illumination)
③ 문양(Pattern) ④ 액세서리(Accessory)

※ 액세서리는 실내의 기본요소로 실내디자인의 3차적 요소와는 거리가 멀다.

05 점의 의미에 대한 설명 중 틀린것은?
① 기하학적 정의로 점은 길이, 폭, 높이 등 크기와 위치가 있다.
② 디자인상 점은 주변 환경에 따라 시각적 개념과 조형적 측면에서 상대적으로 지각되며, 다양한 형태와 크기를 지닌다.
③ 점은 선의 한계, 선의 교차에서 나타난다.
④ 점은 선의 굴절, 선과 면의 교차와 관련이 있다.

※ 디자인의 원리 - 점
· 점은 위치만 있고, 방향성과 크기(길이, 폭, 깊이 등)는 없고, 가장 작은 면으로 인식 할 수 있다.
· 공간에 한 점을 위치시키면 집중 효과가 있다.
· 두 점의 크기가 같을 때 주의력은 균등하게 작용한다.
· 근접된 많은 점의 경우에는 선이나 면으로 지각되며 운동별 표현하는 시각적 조형효과로 나타난다.
· 점이 연속되면 선의 느낌을 주고, 가까운 거리에 있는 점은 선으로 지각되어 도형을 느끼게 한다.

06 다음 중 리듬에 속하지 않는 실내디자인의 원리는?
① 반복 ② 점이
③ 대비 ④ 변화

※ 디자인의 원리 - 리듬
리듬의 원리는 반복, 점이, 대립, 변이, 방사로 이루어진다. 이 중에서 반복이 가장 큰 원리이다.

07 공간을 실제보다 더 높아 보이게 하며, 공식적이고 위엄 있는 분위기를 만드는데 효과적인 것은?
① 수직선 ② 수평선
③ 사선 ④ 곡선

※ 선 - 수직선
고결, 희망, 상승, 위엄, 존엄성, 긴장감을 느낌

08 부분과 부분 사이에 시각적인 강약이 규칙적으로 연속될 때 나타나는 것으로서, 이와 같은 동적인 질서가 활기찬 표정을 나타내고 보는 사람에게 쾌적한 느낌을 주는 것은?
① 조화 ② 균형
③ 리듬 ④ 강조

※ 리듬
부분과 부분 사이에 시각적인 강한 힘과 약한 힘이 규칙적으로 연속시킬 때 나타난다.

09 직접조명과 간접조명의 중간적 특성을 가지고 있는 조명 방식은?
① 반간접 조명 ② 전반확산 조명
③ 코너조명 ④ 코브조명

※ 전반확산 조명
광원을 유백색 반투명의 글러브와 같은 따위의 기구로 감싸인 듯한 형식을 말한다. 균일의 조도에 가깝다. 기구로 부터 광속이 40%~60%가 직접 작업면에 입사되도록 한 배광의 조명기구를 사용한 조명방식. 실내 전체를 고루 조명하는 사무실·학교에서 이용됨.

10 주거 공간의 공간 구성 중 사회적 공간과 관계가 먼 것은?
① 식당 ② 현관
③ 응접실 ④ 서비스 야드

※ 주거공간의 주 행동에 따른 분류 – 사회적 공간
· 가족중심의 공간으로 모두 같이 사용하는 공간
· 거실, 응접실, 식당, 현관

11 거실의 실내 분위기 연출을 위해서 시도할 만한 구체적인 방법이라고 하기 어려운 것은?
① 조명 기구의 신중한 선택
② 단열재의 올바른 선정
③ 가구의 기능적 배치
④ 벽지의 색채 고려

※ 단열재의 올바른 선정은 실내 분위기 연출과는 거리가 멀다.

12 한 공간이 다른 공간과 차단적으로 분할되기 시작하는 벽체의 높이는 인체를 기준으로 어느 높이에 해당하는가?
① 무릎높이 ② 가슴높이
③ 눈높이 ④ 키를 넘어서는 높이

※ 눈높이에 해당된다.

13 실내디자인에서 고려해야 하는 요인 중 가장 중요한 것은?
① 환경 ② 거주인
③ 자원 ④ 구조

※ 실내디자인에서 가장 중요하게 고려해야하는 요인은 사람을 둘러싼 여러 환경적 요인들을 우선적으로 고려해야 한다.

14 다음 중 실내공간 구성요소가 아닌 것은?
① 바닥 ② 벽
③ 천장 ④ 처마

※ 실내공간 - 주요 기본구성요소
· 바닥은 촉각적으로 만족할 수 있는 조건을 요구한다.
  - 고저차로 공간의 영역을 조정할 수 있다.
  - 인간의 감각중 시각적, 촉각적 요소와 밀접한 관계를 가지고 있고, 접촉 빈도가 가장 높다.
· 벽은 가구, 조명 등 실내에 놓여지는 설치물에 대한 배경적 요소이다.
· 천장은 시각적 흐름이 최종적으로 멈추는 곳이기에 지각의 느낌에 영향을 미친다.
· 다른 요소들이 시대와 양식에 의한 변화가 현저한데 비해 천장은 매우 다양하게 변화하였다.
· 기둥은 벽체를 대신하여 지붕, 보, 층, 바닥, 등을 받치기 위한 구조적 요소로 사용되거나 하중에 관계없이 실내에 상징적이거나 강조적 요소로 사용되기도 한다.

15 주택에서 거실의 기능과 직접적 관련이 없는 것은?
① 각 실을 연결하는 동선의 분기점
② 여가 시간을 보내는 휴식과 안락의 장소
③ 프라이버시 확보를 위한 장소
④ 옥내외 생활공간의 매개 장소

※ 거실은 가족 중심의 공간으로 모두 같이 사용하는 공간이며, 프라이버시 확보는 어렵다.

16 음의 크기를 나타내는데 사용되는 것은?
① dyne/cm² ② lux
③ phon ④ %

※ 음의 크기레벨의 단위는 폰(Phon)
· dB : 물리적 척도
· Phon : 귀의 감각적 변화를 고려한 주관적 척도

17 결로 현상을 줄이는 방법으로 가장 효과가 적은 것은?
① 벽체를 완전히 건조하고 방습처리를 한다.
② 단열재를 사용하여 열관류 저항을 높인다.
③ 실내에 보이는 벽체, 가구는 가능한 차갑게 한다.
④ 수증기가 많이 발생하는 곳에는 배기를 하고, 공기 조화설비를 이용한다.

※ 표면 결로 방지 대책
· 환기에 의한 실내 절대습도를 저하한다.
· 실내에 발생하는 수증기를 억제한다.

- 단열 강화에 의해 실내 측 표면온도를 상승시킨다.
- 각 부의 열관류 저항을 크게 하고, 열관류량을 적게 한다.

18 실내공기가 오염되는 주원인이 아닌 것은?
① 사람의 호흡에 의한 탄산가스(CO_2)
② 실내의 화분설치에 따른 실내공간 축소
③ 사람이 움직이면서 의복에서 생기는 먼지
④ 흡연에 따른 담배연기와 각종 난방에 의한 탄산가스(CO_2)

※ 실내의 화분설치는 실내공기가 오염되는 요인이 아니다.

19 열에 관한 내용으로 옳지 않은 것은?
① 열은 복사, 대류, 전도에 의해 이동한다.
② 열은 온도가 낮은 곳에서 높은 곳으로 이동한다.
③ 유체입자 자체의 움직임에 의해 열이 전달되는 것을 대류라 한다.
④ 열전달→열전도→열전달의 과정을 열관류 현상이라 한다.

※ 열이동의 상세과정
- 복사 : 전자기파에 의한 열에너지의 전달.
  거칠은 검은 면은 복사열에 의해 최상의 흡수면이며 매끄러운 밝은 면은 복사열에 의해 최하의 흡수면이다.
- 대류 : 입자 자체의 움직임으로 하여 물체를 통한 열에너지의 전달.
  팽창된 공기는 더워져 찬공기와 교체되면서 위로 올라가고 이 공기는 다시 가열된 새 공기에 의해 아래로 내려온다.
- 전도 : 고체를 통해 분자가 고온부에서 저온부로 열에너지를 전달.

20 명시란 시 대상이 보기 쉽고 잘 보이는것을 말한다. 명시를 위한 기본적인 조건이 아닌 것은?
① 크기   ② 밝기
③ 대비   ④ 장소

※ 장소는 기본적인 조건이 아니다.

21 인성에 반대되는 용어로 주철, 유리와 같이 작은 변형으로도 파괴되는 성질을 나타내는 용어는?
① 연성   ② 소성
③ 취성   ④ 탄성

※ 재료의 역학적 성질
① 연성 : 어떤 재료에 인장력을 가하였을 때, 파괴되기 전에 큰 늘음 상태를 나타내는 성질
② 소성 : 재료에 외력이 어느 한도에 도달하면 외력의 증가 없이 변형만 증대하는 성질을 말한다. 이 경우 외력을 제거해도 원형으로 회복되지 않는 성질
③ 취성 : 작은 변형이 생기더라도 파괴되는 성질

④ 탄성 : 재료에 외력이 작용하면 순간적으로 변형이 생기지만 외력을 제거하면 순간적으로 원형으로 회복하는 성질

22 다음 중 대리석에 대한 설명으로 옳지 않은 것은?
① 사암이 오랜 세월 동안 땅 속에서 지열, 지압으로 변질된 것이다.
② 대리석의 주성분은 탄산칼슘이다.
③ 치밀하고 견고하며, 색채와 반점이 아름답다.
④ 장식용 석재로 많이 쓰이며 산과 염에 약하다.

※ 대리석
- 산에 약하다.
- 석질이 치밀, 견고하고 색채, 무늬가 다양하다.
- 석회석이 변화되어 결정화한 것으로 탄산석회가 주성분이다.
- 강도는 매우 높지만 풍화되기 쉽기 때문에 실외용으로는 적합하지 않다.

23 콘크리트의 작업성의 정도를 나타내는 워커빌리티의 측정 방법이 아닌 것은?
① 슬럼프(slump) 시험
② 다짐계수(compacting factor) 시험
③ 비비(vee-vee) 시험
④ 진동다짐(vibrator) 시험

※ 워커빌리티 측정방법
슬럼프시험, 비비(Vee-Bee Test)시험, 다짐계수시험, 흐름시험 등

24 응결방식이 수경성인 미장 재료는?
① 회반죽
② 회사벽
③ 돌로마이트 플라스터
④ 시멘트 모르타르

※ 수경성 미장재료
- 수화작용에 물만 있으면 공기 중이나 수중에서 굳어지는 성질
- 시멘트모르타르, 인조석, 테라조, 현장바름, 순석고 플라스터, 혼합석고 플라스터, 보드용 플라스터, 경석고 플라스터

25 기둥모서리 및 벽 모서리 면에 미장을 쉽게 하고 모서리를 보호할 목적으로 설치하는 것은?
① 조이너   ② 코너비드
③ 논슬립   ④ 와이어라스

① 조이너 : 천장, 벽 등에 보드를 붙이고 그 이음새를 감추고 누르는 데 사용되는 철물이다.
② 코너비드 : 미장 공사에서 기둥이나 벽의 모서리 부분을 보호하기 위하여 쓰는 철물이다.
③ 논슬립 : 미끄럼을 방지하기 위하여 홈파기, 고무 삽입 등으로 계단코

에 설치한다.
④ 와이어라스 : 지름 0.9~1.2mm의 철선 또는 아연 도금 철선을 가공하여 만든 것으로 모르타르 바름 바탕에 쓰인다.

26 다음 중 주택의 거실 바닥 마감재로 가장 부적당한 것은?

① 플로링 보드(flooring board)
② 파키트리 블록(parquetry block)
③ 코펜하겐 리브(copenhagen rib)
④ 파키트리 패널(parquetry panel)

※ 코펜하겐 리브
· 목제제품이며, 긴 판으로서 표면을 자유곡면으로 깍아 수직 평행선이 되게 리브를 만든 것이다.
· 강당, 극장, 집회장 등에 음향 조절용으로 벽 수장재로 사용한다.

27 다음 중 점토제품이 아닌 것은?

① 테라조(terrazzo)   ② 테라코타(terra cotta)
③ 타일(tile)   ④ 내화벽돌

※ 종석을 대리석 알맹이로 갈아낸 것을 테라조(terazzo)라 한다.

28 시멘트의 분말도에 대한 설명 중 틀린 것은?

① 분말도의 시험은 체분석법, 피크노메타법, 브레인법 등이 있다.
② 분말이 미세할수록 수화작용이 빠르다.
③ 분말이 미세할수록 강도의 발현속도가 빠르다.
④ 분말이 과도하게 미세한 것은 풍화되기 어렵고 사용 후 균열이 발생하지 않는다.

※ 시멘트 분말도
· 단위 중량에 대한 표면적으로 표시한다.
· 분말도가 높을수록 수화작용이 촉진되어 응결이 빨라진다.
· 분말도가 높을수록 발현속도가 빠르다.
· 분말도가 미세할수록 풍화되기 쉽다.
· 브레인법 또는 표준체법에 의해 측정할 수 있다.

29 목재의 일반적인 성질에 대한 설명 중 틀린 것은?

① 열전도율이 크다.
② 무게에 비하여 강도가 크다.
③ 타 재료에 비하여 가공하기 쉽다.
④ 촉감이 좋아 사람에게 친근감을 준다.

※ 목구조
· 자재의 수급 및 시공이 간편하다.
· 저층의 주택과 같이 비교적 소규모 건축물에 적합하다.
· 목재는 가볍고 가공성이 좋으면 친화감이 있다.
· 목재는 열전도율이 작아서 단열효과가 크나, 연소하기 쉽다.

30 다음 중 각종 유리와 그 사용용도의 연결이 가장 옳지 않은 것은?

① 종교시설 ↔ 스테인드 글라스
② 상점의 진열창 ↔ 자외선 투과유리
③ 유리블록 ↔ 칸막이벽
④ 칼리유리 ↔ 공예품

※ 자외선 투과유리 : 병원, 온실, 요양소 등에 사용
  자외선 흡수(차단)유리 : 진열창, 약품창고 등에 사용

31 다음 중 열경화성 수지만으로 구성된 것은?

① 페놀수지, 요소수지, 멜라민수지
② 염화비닐수지, 폴리카보네이트수지, 폴리에스테르수지
③ 아세트산비닐수지, 메타아크릴수지, 실리콘수지
④ 폴리스티렌수지, 폴리아미드수지, 우레탄수지

※ 열경화성 수지
· 가열 후 굳어져서 다시 가열해도 연화되거나 녹지 않는다.
· 페놀수지, 요소수지, 멜라민수지, 알키드수지, 폴리 에스틸수지, 폴리 우레탄수지, 실리콘수지, 에폭시수지

32 알루미늄에 대한 설명 중 틀린 것은?

① 은백색에 반사율이 큰 금속이다.
② 콘크리트에 부식된다.
③ 압연, 인발 등의 가공성이 나쁘다.
④ 맑은 물에 대해서는 내식성이 크나 해수에 침식되기 쉽다.

※ 알루미늄
· 은백색에 반사율이 큰 금속
· 전성, 연성이 좋고 가공이 쉽다.
· 맑은 물에 대해서는 내식성이 크나, 해수에 침식되기 쉽다.
· 산, 알칼리에 침식되며 콘크리트에 부식된다.

33 보통 포틀랜드 시멘트의 비중은 얼마 정도인가?

① 1.05~1.15   ② 2.05~2.15
③ 3.05~3.15   ④ 4.05~4.15

※ 시멘트의 종류(보통 포틀랜드 시멘트)
· 원료 : 실리카, 알루미나, 산화철 석회 석고(3%)
· 비중 : 3.10~3.15
· 사용 : 시멘트 모르타르 등.

34 유리에 관한 설명 중 옳지 않은 것은?

① 보통 판유리는 두께 6mm 이하의 채광용 유리이다.
② 열전도율, 열팽창율이 크다.
③ 유리의 강도는 휨강도를 말한다.
④ 보통 판유리의 비중은 2.5 정도이다.

※ 유리의 열전도율, 열팽창율은 낮다.

35 금속재료로 만들어진 제품이 아닌 것은?
① 듀벨(dubel)   ② 익스팬드(expand)형강
③ 라텍스(latex)   ④ 클램프(clamp)

※ 라텍스(latex)
접착제의 일종으로 터프테드 카펫의 배킹 가공이나 니들 펀치 카펫의 고착제로 쓰인다. 천연 고무와 합성 고무로 대별된다. 고무나무(hevea brasiliensis)의 껍질에 상처를 내어 채취, 분비하는 유유와 같은 액체. 비중은 1.02, 고무함량은 30~40%, 고무입자는 0.5~3µ정도. 라틴어로 「유액」(乳液)이란 뜻

36 제물 치장 콘크리트의 설명으로 옳은 것은?
① 콘크리트 표면에 유성페인트로 마감한 것을 말한다.
② 콘크리트 표면을 모르타르로 마감한 것이다.
③ 콘크리트를 시공한 그대로 마감한 것이다.
④ 콘크리트 표면에 수성페인트로 마감한 것이다.

※ 제물 치장 콘크리트
콘크리트 표면을 시공한 그대로 마감한 것이다.

37 시멘트의 저장방법으로 옳지 않은 것은?
① 시멘트는 방습적인 구조로 된 사일로(silo) 또는 창고에 저장한다.
② 포대 시멘트는 지상 50cm 이상 되는 마루위에 통풍이 잘 되도록 하여 보관한다.
③ 포대의 올려쌓기는 13포대 이하로 하고 장기간 저장 할 때는 7포대 이상 올려 쌓지 말아야 한다.
④ 조금이라도 굳은 시멘트는 사용하지 않는 것을 원칙으로 하고 검사나 반출이 편리하도록 배치하여 저장한다.

※ 시멘트 저장시 유의사항
① 시멘트는 방습적인 구조로 된 사일로(Silo) 또는 창고에 종류별로 구분하여 저장한다.
② 포대 시멘트는 지상 30cm 이상되는 마루 위에 통풍이 되지 않게 즉 기밀하게 한 후 검사나 반출에 편리하도록 배치하여 저장한다.
③ 포대의 올려쌓기는 13포대 이하로 하고 장시일 저장할 때는 7포대 이상 올려 쌓지 말아야 한다.
④ 조금이라도 굳은 시멘트는 사용하지 않는다.

38 목재의 건조전 처리방법이 아닌 것은?

① 수침법   ② 침지법
③ 자비법   ④ 증기법

※ 침지법은 목재의 기능성 처리 방법으로 방부법이나 방충법의 하나이다.

39 다음 점토 제품 가운데 소성온도가 가장 높은 제품은?
① 토기   ② 도기
③ 석기   ④ 자기

※ 점토 제품의 소성온도
· 토기 : 700℃~900℃
· 도기 : 1200℃~1300℃
· 석기 : 1300℃~1400℃
· 자기 : 1300℃~1500℃에서 2차 소성

40 다음 중 플라스틱 재료의 일반적인 성질에 대한 설명으로 옳지 않은 것은?
① 비중이 철이나 콘크리트보다 작다.
② 성형성, 가공성이 좋은 파이프, 시트, 기구류 등에 사용 된다.
③ 일반적으로 투명 또는 백색이므로 안료나 염료에 의해 다양한 착색이 가능하다.
④ 내후성이 좋으며 열에 의한 체적변화가 거의 없다.

※ 합성수지 일반적 성질
· 착색이 자유롭다.
· 내약품성이 우수하다.
· 전성, 연성이 크다.
· 가소성, 가공성이 크다.
· 광택이 있다.
· 내산, 내알칼리 등의 내화학성 및 전기 절연성이 우수하다.
· 내수성 및 내투습성은 일부를 제외하고 극히 양호하다.
· 탄력성이 없어 구조재료로 사용이 불가능 하다.
· 인장강도가 압축강도보다 매우 작다.

41 사람, 화물 등이 움직이는 흐름을 도식화한 도면은?
① 기능도   ② 조직도
③ 동선도   ④ 구상도

※ 동선도
사람이나 차 또는 화물 등이 움직이는 흐름을 도식화한 도면

42 본기둥의 사용 위치로 옳지 않은 것은?
① 모서리 부분
② 깔도리와 처마도리 사이
③ 집중하중이 오는 위치

④ 간막이벽과의 교차부

※ 본기둥은 건물의 모서리, 칸막이벽과 교차부 또는 집중하중이 오는 위치에 두며, 벽이 될 때는 1.8m~2m 간격으로 배치한다.

43 목구조에 대한 설명 중 옳지 않은 것은?
① 건물의 무게가 가볍고, 가공이 비교적 용이하다.
② 불에 잘 타서 내화성이 부족하다.
③ 함수율에 따른 변형이 거의 없다.
④ 나무 고유의 색깔과 무늬가 있어 아름답다.

※ 목구조
▶ 장점
· 가볍고, 가공성이 좋으며, 친화감이 있다.
· 비중에 비하여 강도가 크다. (인장, 압축강도)
· 시공이 용이하며 공사기간이 짧다.
· 색채 및 무늬가 있어 미려하다.
· 열전도율이 적어 보온, 방안, 방서에 뛰어나다.
▶ 단점
· 재질이 불균등하고, 큰 단면이나 긴 부재를 얻기 힘들다.
· 함수율에 따른 변형이 크고 부식, 부재에 약하다.
· 접합부의 강성이 약하다.
· 내화, 내구성이 약하다.

44 철근콘크리트보에서 전단력을 보강하여 보의 주근 주위에 둘러감은 철근은?
① 나선철근 ② 띠철근
③ 배력근   ④ 늑근

※ 보의 늑근
보가 전단력에 저항할 수 있게 보강을 하는 역할로 주근의 직각 방향에 배치한다.

45 철골보에서 웨브 플레이트(web plate)의 좌굴을 방지하기 위하여 설치하는 것은?
① 플랜지(flange)   ② 거셋플레이트(gusset plate)
③ 스티프너(stiffner) ④ 휠러(filler)

※ 스티프너
웨브의 두께가 춤에 비해 얇을 때 웨브 플레이트의 좌굴을 방지하기 위하여 설치하는 부재로서 집중 하중의 크기에 따라 결정된다.

46 철근콘크리트 기둥에 대한 설명으로 잘못된 것은?
① 원형이나 다각형 기둥의 주근은 최소 6개 이상
② 사각형 기둥의 주근은 최소 4개 이상
③ 기둥의 최소 단면 치수는 25cm 이상
④ 기둥의 최소 단면적은 600㎠이상

※ 기둥의 최소 단면 치수는 20cm 이상 또는 기둥간 사이의 1/15 이상이어야 한다.

47 다음 중 실내투시도 또는 기념 건축물과 같은 정적인 건축물의 표현에 가장 효과적인 투시도는?
① 1소점 투시도 ② 2소점 투시도
③ 3소점 투시도 ④ 전개도

※ 실내투시도 - 1소점 투시도
· 화면에 그리려는 물체가 화면에 대하여 평행 또는 수직이 되게 놓이는 경우로 소점이 1개인 투시도이다.
· 실내투시도 또는 기념 건축물과 같은 정적인 건물의 표현에 효과적이다.

48 철근콘크리트조에서 철근과 콘크리트의 부착에 영향을 주는 요인에 대한 설명 중 틀린 것은?
① 철근의 표면상태 - 이형철근의 부착강도는 원형 철근 보다 크다.
② 콘크리트의 강도 - 부착강도는 콘크리트의 압축 강도나 인장강도가 작을수록 커진다.
③ 피복두께 - 부착강도를 제대로 발휘시키기 위해서는 충분한 피복두께가 필요하다.
④ 다짐 - 콘크리트의 다짐이 불충분하면 부착 강도가 저하된다.

49 다음의 평면 표시 기호가 나타내는 것은?

① 셔터달린창 ② 오르내리창
③ 주름문   ④ 미들창

※ 셔터달린창 :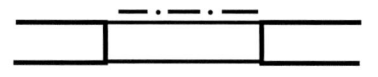

50 벽돌쌓기 방법 중 한 켜는 길이쌓기로 하고 다음은 마구리 쌓기로 하는 것은 영식쌓기와 같으나 모서리 또는 끝에서 칠오토막을 사용하는 것은?
① 영롱쌓기   ② 프랑스식쌓기
③ 네덜란드식쌓기 ④ 미국식쌓기

※ 벽돌쌓기 공법
① 영롱쌓기
· 벽돌면에 구멍을 내어 쌓는 방식
· 장식적인 효과가 우수한 쌓기 방식
② 프랑스식(불식) 쌓기
· 한 켜에 길이와 마구리를 번갈아서 같이 쌓는 방법
· 통줄눈이 발생하여 구조적으로 튼튼하지 못하다.
· 비내력벽, 장식용 벽돌담 등으로 사용한다.
· 토막벽돌(이오토막, 칠오토막)을 사용하므로 남은 토막이 많이 생겨

비경제적이다.
③ 네덜란드식(화란식) 쌓기
· 영식 쌓기와 같으나 모서리 또는 끝 부분에 칠오토막을 사용
· 가장 많이 사용되며 모서리가 튼튼하다.
④ 미국식(미식) 쌓기
· 5켜 정도 길이쌓기, 다음 한 켜는 마구리쌓기로 한다.

51 제도시 사용되는 선에 대한 설명 중 옳지 않은 것은?
① 일점 쇄선은 중심선, 절단선, 기준선 등에 쓰인다.
② 파선은 보이지 않는 부분의 모양을 표시하는 선이다.
③ 실선은 치수선, 치수보조선, 인출선 등에 쓰인다.
④ 점선은 파선과 구별선이고 이점 쇄선은 실선과 구별선이다.

※ 선
① 일점쇄선 : 물체의 중심축, 대칭축, 또는 절단한 위치를 표시하거나 경계선으로 사용한다.
② 파선 : 물체의 보이지 않는 부분의 모양을 표시하는데 사용하며, 파선과 구별할 필요가 있을 때에는 점선을 쓴다.
③ 실선 : 물체의 보이는 부분을 나타내는 선으로서, 단면선과 외형선으로 구별하여 사용하며, 치수선, 치수보조선, 인출선, 각도 설명 등을 나타내는 지시선 및 해칭선으로 사용한다.
④ 이점쇄선 : 물체가 있는 것으로 가상되는 부분을 표시하거나, 일점쇄선과 구별할 때 사용된다.

52 평면도와 배치도의 도면 작도방향에 대한 설명 중 옳은 것은?
① 동쪽을 위로하여 작도함을 원칙으로 한다.
② 서쪽을 위로하여 작도함을 원칙으로 한다.
③ 남쪽을 위로하여 작도함을 원칙으로 한다.
④ 북쪽을 위로하여 작도함을 원칙으로 한다.

※ 건축도면방향
· 평면도, 배치도 등의 도면은 북쪽을 위로 하여 작도한다.
· 위, 아래 방향을 도면지의 위, 아래와 일치시키는 것을 원칙으로 한다.

53 제도 연필의 무르기로부터 굳기의 순서가 바르게 된 것은?
① HB-B-F-H-2H
② B-HB-F-H-2H
③ B-F-HB-H-2H
④ HB-F-B-H-2H

※ 제도연필
B-HB-F-H-2H 등이 쓰이며 H의수가 많을수록 단단하다.

54 다음 중 옳게 짝지어진 것은?
① 가구식 구조 - 돌구조
② 조적식 구조 - 철골구조
③ 일체식 구조 - 벽돌구조
④ 습식 구조 - 철근콘크리트구조

※ 건축구조의 분류 – 시공상에 의한 분류
· 건식구조 – 목구조, 철골구조
· 습식구조 – 벽돌구조, 철근콘크리트구조, 돌 구조, 철골철근콘크리트구조, 블록구조
· 조립식구조 – 철근콘크리트구조, 철골철근콘크리트구조

55 A2 제도 용지의 크기는? (단위 mm)
① 210×297   ② 297×420
③ 420×594   ④ 594×841

※ 제도용지규격
· A0 : 841×1189
· A1 : 594×841
· A2 : 420×594
· A3 : 297×420
· A4 : 210×297

56 목재의 접합에서 이음과 맞춤에 대한 설명 중 옳지 않은 것은?
① 이음·맞춤의 위치는 응력이 큰 곳으로 택할 것
② 이음·맞춤의 단면은 응력의 방향에 직각으로 할 것
③ 맞춤면은 정확히 가공하여 빈틈이 생기지 않도록 할 것
④ 재는 될 수 있는 한 적게 깎아내어 약하게 되지 않게 할 것

※ 이음, 맞춤시 주의사항
· 재는 될 수 있는 한 적게 깎아 낼 것.
· 응력이 적은 곳에 만든다.
· 공작이 간단하고 모양에 치중하지 말 것.
· 응력이 균등히 전달될 수 있게 한다.
· 이음, 맞춤 단면은 응력의 방향에 직각으로 할 것.

57 목구조에 사용되는 철물에 대한 설명으로 틀린 것은?
① 듀벨은 볼트와 같이 사용하여 접합재 상호간의 변위를 방지하는 강한 이음을 얻는데 사용된다.
② 꺾쇠는 몸통이 정방형·원형 또는 평판형인 것을 각기 각꺾쇠·원형꺾쇠 및 평꺾쇠라 한다.
③ 감잡이쇠는 강봉 토막의 양끝을 뾰족하게 하고 ㄴ자형으로 구부린 것으로 두 부재의 접합에 사용된다.

④ 안장쇠는 안장 모양으로 한 부재에 걸쳐놓고 다른 부재를 받게 하는 이음, 맞춤의 보강철물이다.

※ 감잡이쇠
U자형 목조 보강 철물로 두 부재를 감아 연결하는 목재 이음. 맞춤을 보강하는 철물.

58 프리스트레스트콘크리트 구조에 대한 설명 중 틀린 것은?

① 부재 단면의 크기를 작게 할 수 있으나 진동하기 쉽다.
② 프리텐션 방식과 포스트텐션 방식이 있다.
③ 프리스트레스트콘크리트에 쓰이는 고강도 강재를 PS강재라 한다.
④ 소규모 건물에 적합한 구조이다.

※ 프리스트레스트 콘크리트
· 거푸집에 자갈을 넣은 다음 골재 사이에 모르타르를 압입하여 콘크리트를 형성해 가는 공법으로 시공이 간편하지 않다.
· 간 사이가 길어 넓은 공간의 설계가 가능하다.
· 부재단면 크기를 작게 할 수 있으나 진동하기 쉽다.
· 공기단축과 시공과정을 기계화 할 수 있다.

59 벽돌쌓기 중 담 또는 처마부분에서 내쌓기를 할 때에 벽돌을 45°각도로 모서리가 면에 돌출 되도록 쌓는 방식은?

① 영롱 쌓기   ② 무늬 쌓기
③ 엇모 쌓기   ④ 세워 쌓기

※ 엇모 쌓기
담 또는 처마부분에 내쌓기를 할 때 이용되는 방식

60 구조 재료에 의한 건축구조의 분류에 속하지 않는 것은?

① 나무구조   ② 벽돌구조
③ 블록구조   ④ 가구식구조

※ 가구식구조
비교적 가늘고 긴 재료를 조립하여 뼈대가 되도록 한 구조(목구조, 철골구조)

정답

01② 02① 03④ 04④ 05① 06④ 07① 08③ 09② 10④
11② 12③ 13② 14④ 15③ 16③ 17③ 18② 19② 20④
21③ 22① 23④ 24④ 25② 26③ 27① 28④ 29① 30②
31① 32③ 33③ 34④ 35③ 36③ 37② 38② 39④ 40④
41③ 42② 43③ 44④ 45③ 46② 47① 48② 49① 50③
51④ 52④ 53② 54④ 55③ 56① 57③ 58④ 59③ 60④

과년도 기출문제

2018년도 제4회

01 2인용 침대의 배치에 관한 설명 중 옳지 않은 것은?
① 침대의 배치는 출입문, 벽, 창의 위치를 고려해야 한다.
② 침대의 측면은 외벽에 닿는 것이 좋다.
③ 가급적 창가에 배치하지 않는 것이 좋다.
④ 출입문 개방시 직접 침대가 안 보이는 것이 좋다.

※ 침대를 외벽에 닿게하면 집밖의 냉기가 들어올 수 있어 최소 10cm 이상은 벽에서 떨어뜨려 사용한다.

02 실내 기본요소 중 일반적으로 접촉빈도가 가장 높은 곳은?
① 벽 ② 바닥
③ 천장 ④ 기둥

※ 실내 기본요소 - 바닥
공간을 구성하는 수평적요소로서 생활을 지탱하는 기본적 요소
▶ 기능
・추위와 습기를 차단하며 중력에 대한 지지의 역할을 한다.
・다른 요소들에 비해 양식의 변화가 적다.
・인간의 감각중 시각적, 촉각적 요소와 밀접한 관계를 가지고 있고, 접촉 빈도가 가장 높다.
・고저차로 공간의 영역을 조정할 수 있다.

03 실내디자인의 조건으로 가장 거리가 먼 것은?
① 인간생활을 위한 기능적 조건
② 인간의 서정적 욕구 해결을 위한 정서적 조건
③ 시대적 유행을 고려하기 위한 유행적 조건
④ 쾌적한 환경을 추구하기 위한 환경적 조건

※ 실내디자인의 기본조건
・기능적 조건 : 공간을 사용목적에 적합하도록 인간 공학, 공간 규모, 배치 및 동선, 사용빈도 등 제반 사항을 고려하여 가장 우선시 되어야 한다.
・정신적 조건 : 심미적, 심리적 예술 욕구를 충족하기 위해 사용자의 연령, 취미, 기호, 직업, 학력 등을 고려
・환경적 조건 : 쾌적한 환경을 직・간접적으로 지배하는 공기, 열, 음, 빛, 설비 등의 제반요소를 고려

04 디자인 요소 중 균형에 속하지 않는 것은?
① 대칭 ② 점층
③ 주도 ④ 종속

※ 균형은 부분과 부분 및 전체사이에 시각적인 균형이 잡혀 쾌적한 형태 감정을 주는데 대칭, 비대칭, 비례, 주도와 종속이 있다.

05 동선계획을 가장 잘 나타낼 수 있는 실내계획은?
① 입면계획 ② 천정계획
③ 배치계획 ④ 평면계획

※ 실내계획 - 평면계획
건축물의 내부에서 일어나는 모든 활동의 종류, 규모 및 그 상호 관계를 합리적으로 평면상에 배치하는 계획으로 동선 계획에 유의해야 한다.

06 선의 디자인적 작용 중 가장 동적인 것은?
① 사선 ② 수직선
③ 수평선 ④ 포물선

※ 사선
운동감, 약동감, 생동감, 속도감, 불안정, 반항의 동적인 느낌

07 실내디자인에서 텍스처(Texture)란?
① 질감 ② 목재의 성질
③ 모델 ④ 균제

※ 질감
만져보거나 눈으로만 보아도 알 수 있는 촉각적, 시각적으로 지각되는 재질감

08 실내 공간을 실제 크기보다 넓어 보이게 하는 방법이 아닌 것은?
① 창이나 문 등의 개구부를 크게 하여 시선이 연결되도록 계획한다.
② 큰 가구는 벽에서 떨어뜨려 배치한다.
③ 크기가 작은 가구를 이용한다.
④ 질감이 거친 것보다는 고운 것을 사용한다.

※ 실내공간을 넓어 보이게 하는 방법
· 창이나 문 등의 개구부를 크게 하여 시선에 연결되도록 계획
· 큰 가구는 벽에 붙여서 배치
· 되도록 크기가 작은가구를 이용
· 질감이 거친 것보다는 곱고 작은 것을 사용한다.

09 실내디자인을 할 때에 동선을 가장 중요시해야 할 공간은?

① 공공공간　　② 상업공간
③ 업무공간　　④ 전시공간

※ 건축물 내의 사람의 움직임, 방향, 변화 등을 동선이라하며, 많은 사람이 한꺼번에 몰리는 전시공간에서는 동선계획이 가장 중요하다.

10 주택보다는 대형건물의 현관문으로 많이 사용되어 많은 사람들이 출입하기에 편리한 문은?

① 자재문　　② 미닫이문
③ 여닫이문　　④ 접이문

※ 자재문
여닫이문과 기능은 비슷하나 자유 경첩의 스프링에 의해 내·외부로 모두 개폐되는 문

11 천장면 가까이에 높이 위치한 창으로 주로 환기를 목적으로 설치하는 창은?

① 베이윈도우　　② 양측창
③ 편측창　　④ 고창

※ 천창·고창
건물의 지붕이나 천정면에 채광 또는 환기를 목적으로 수평면이나 약간 경사진 면에 낸 창

12 직접조명 방식에 대한 설명으로 옳지 않은 것은?

① 먼지에 의한 감광이 적다.
② 자외선 조명을 할 수 있다.
③ 조명 효율이 나쁘다.
④ 집중적으로 밝게 할 때 유리하다.

※ 직접조명 방식
· 하향광속이 90~100%인 조명으로 광원이 노출되어 있다.
· 설비비가 싸고 조명률이 좋아 집중적으로 밝게 할 때 유리하다.
· 눈부심이 크고 조도의 불균형이 크다.
· 강한 대비로 인한 그림자가 생성된다.
· 다운라이트, 실링라이트 등이 있다.

13 원룸 설계시 고려해야할 사항이 아닌 것은?

① 사용자에 대한 특성을 충분히 파악한다.
② 원룸이므로 활동공간과 취침공간을 구분하지 않아도 된다.
③ 내부공간을 효과적으로 나누어 활용한다.
④ 환기를 고려한 설계가 이루어져야 한다.

※ 원룸주택 설계시 고려사항
· 활동공간과 취침공간은 구분한다.
· 사용자의 특성을 파악한다.
· 내부공간을 효율적으로 활용한다.
· 환기를 고려한다.
· 간편하고 이동이 용이한 조립식 가구나 다양한 기능을 구사하는 다목적 가구를 사용한다.

14 모듈을 적용하기 위한 설계를 할 때 수평모듈과 수직모듈로 적당한 것은?

① 1M, 1M　　② 2M, 2M
③ 3M, 2M　　④ 5M, 3M

※ 수평은 벽과 벽 사이 3M를 적용, 수직은 바닥면 상단에서 다음층 바닥면 상단까지 2M를 적용한다.

15 다음 레스토랑의 공간구성 영역에 대한 내용 중 해당사항이 가장 적은 것은?

① 출입구 부분　　② 영업 부분
③ 관리 부분　　④ 조리 부분

※ 출입구는 공간구성에 있어서 고려할 사항과 거리가 멀다.

16 대기 중의 수증기 분압이 320mmHg이고, 기온에 대한 포화 수증기 분압이 400mmHg이라면 상대습도는 얼마인가?

① 70%　　② 80%
③ 125%　　④ 135%

※ 상대습도 = $\dfrac{\text{현재수증기량}}{\text{포화수증기량}} \times 100$

17 홀의 음향 계획으로 옳지 않은 것은?

① 반사음을 한쪽으로 집중시킨다.
② 실내·외의 소음을 차단한다.
③ 주파수에 따라 실내 마감재료를 조정한다.
④ 실내의 음을 보강하는 설비를 한다.

※ 음원의 근처에 반사체를 두어 초기반사를 최대한 이용하고 반사음을 한쪽으로 집중시키지 말고 실내전체에 음압을 고르게 분포하도록 한다.

18 따뜻해진 공기는 위로 올라가고 차거워진 공기는 아래로 내려가는 현상을 무엇이라 하는가?

① 전도　　② 열관류
③ 복사　　④ 대류

※ 대류
따뜻해진 공기가 팽창하여 비중이 가볍게 되어 위쪽으로 올라가고, 차가운 공기는 아래로 내려오는 현상

19 주방의 렌지 상부에 필요한 기계환기 방법은?
① 급기(給氣)환기
② 배기(排氣)환기
③ 급배기(給排氣)환기
④ 환기통

※ 환기의 종류
① 기계환기 : 송풍기, 배풍기 등에 의해 강제적으로 하는 환기
② 동력환기(인공환기) : 기계력을 이용하여 강제 환기를 하는 방법
③ 풍력환기 : 바람에 의해 건물 전체의 압력차에 의한 환기 하는 방법
④ 중력환기 : 건물의 실내 외부에 온도 차에 의한 압력차로 환기 하는 방법

20 다음 중 음영이 가장 강하게 나타나는 조명 방식은?
① 간접 조명　　② 전반 확산 조명
③ 직접 조명　　④ 반 간접 조명

※ 직접조명 방식
· 하양과속이 90~100%인 조명으로 광원이 노출되어 있다.
· 설비비가 싸고 조명률이 좋아 집중적으로 밝게 할 때 유리하다.
· 눈부심이 크고 조도의 불균형이 크다.
· 강한 대비로 인한 그림자가 생성된다.
· 다운라이트, 실링라이트 등이 있다.

21 두장 또는 세장의 판유리를 일정한 간격을 두고 겹쳐 만든 것으로 단열성, 차음성이 좋고 결로방지용으로 우수하며 페어글라스라고도 불리는 것은?
① 복층유리　　② 프리즘글라스
③ 망입유리　　④ 강화유리

※ 페어글라스
복충유리, 이중유리라고도 하며 2장 또는 3장의 판유리를 일정한 간격을 두고 둘레는 금속테로 테두리를 기밀로 만들고 여기에 유리 사이의 내부를 진공으로 하거나 특수 가스를 넣어 만든 유리로 단열성, 차음성이 좋고 결로방지에 효과가 우수하다.

22 다음 중 유성페인트에 대한 설명으로 틀린 것은?
① 붓바름 작업성이 좋다.
② 내후성이 뛰어나다.
③ 건조시간이 길다.
④ 내알칼리성이 뛰어나다.

※ 유성페인트(안료＋보일드유＋희석재)
· 안료와 건조성 지방유를 주 원료로 한다.
· 붓 바름 작업성 및 내후성이 우수하다.
· 건조시간이 길다.
· 내알칼리성이 약하므로 콘크리트 바탕 면에 사용하지 않는다.

23 각 재료의 용도로 잘못된 것은?
① 집성목재 : 목구조의 기둥, 보, 아치 등의 구조재
② 플로어링판 : 주택의 마루재
③ 코르크판 : 천장, 안벽의 흡음판
④ 코펜하겐 리브판 : 건축물의 외장재

※ 코펜하겐 리브
· 목제제품이며, 긴 판으로서 표면을 자유곡면으로 깎아 수직 평행선이 되게 리브를 만든 것이다.
· 강당, 극장, 집회장 등에 음향 조절용으로 벽 수장재로 사용한다.

24 점토 제품의 흡수율이 큰 것부터 순서가 옳은 것은?
① 도기＞토기＞석기＞자기
② 도기＞토기＞자기＞석기
③ 토기＞도기＞석기＞자기
④ 토기＞석기＞도기＞자기

※ 점토제품 - 흡수율
토기＞도기＞석기＞자기

25 합판에 대한 설명 중 옳지 않은 것은?
① 목재를 얇은 판으로 만들어 이들을 섬유방향이 서로 직교되도록 짝수로 적층하여 접착시킨 판을 말한다.
② 함수율 변화에 따른 팽창·수축의 방향성이 없다.
③ 뒤틀림이나 변형이 적은 비교적 큰 면적의 평면 재료를 얻을 수 있다.
④ 표면가공법으로 흡음효과를 낼 수가 있고 의장적 효과도 높일 수 있다.

※ 목재 - 합판
· 단판(베니어)을 1장마다 섬유방향과 직교되게 3, 5, 7, 9 등의 홀수 겹으로 겹쳐 접착제로 붙여댄 것이다.
· 균일한 강도의 재료를 얻을 수 있다.
· 함수율 변화에 따른 팽창. 수축의 방향성이 없다.
· 뒤틀림이나 변형이 적은 비교적 큰 면적의 평면 재료를 얻을 수 있다.

26 목재의 분류 중 활엽수재가 아닌 것은?

① 참나무　② 느티나무
③ 오동나무　④ 낙엽송

※ 활엽수(건목재)
느티나무, 벗나무, 밤나무류

27 건축재료의 역학적 성질에 관한 용어의 설명으로 옳지 않은 것은?
① 응력 : 외력을 받은부재나 구조물의 내부에 생기는 외력에 저항하는 힘을 말한다.
② 소성 : 재료에 사용하는 외력이 어느 한도에 도달하면 외력의 증감 없이 변형만이 증대하는 성질을 말한다.
③ 탄성 : 물체에 외력이 작용하면 순간적으로 변형이 생기지만 외력을 제거하면 순간적으로 원형으로 회복하는 성질을 말한다.
④ 인성 : 작은 변형만 나타내면 파괴되는 주철, 유리와 같은 재료의 성질을 말한다.

※ 인성
압연강, 고무와 같은 재료가 파괴에 이르기까지 고강도의 응력에 견딜 수 있고 동시에 큰 변형을 나타내는 성질

28 목재 또는 기타 식물을 섬유화하여 성형한 판상 제품의 일종으로 인테리어 공사시 합판 대용으로 사용되는 것은?
① 파키트보드　② 집성목재
③ MDF　④ 코르크판

※ MDF는 톱밥과 접착제를 섞어서 열과 압력으로 가공한 목재이며, 무늬인쇄가 가능하다.

29 점토에 톱밥, 겨, 탄가루 등을 혼합, 소성한 것으로 내부의 무수한 미세 구멍으로 인해 비중이 작으며 절단, 못치기 등의 가공이 우수한 벽돌은?
① 오지벽돌　② 다공벽돌
③ 내화벽돌　④ 이형벽돌

※ 벽돌 – 다공벽돌(경량벽돌)
· 점토에 톱밥, 목탄가루 등을 혼합하여 성형한 벽돌
· 비중이 보통벽돌보다 작으며, 강도로 작다.
· 톱질과 못 박기가 가능하다.
· 방음벽, 단열층, 보온벽, 간막이벽에 사용된다.

30 콘크리트 슬래브에 묻어 천장 달대를 고정시키는 철물은?
① 드라이빗(drivit)
② 인서트(insert)
③ 스크루앵커(screw anchor)
④ 볼트(bolt)

※ 인서트(insert)
콘크리트를 치기 전에 홈이나 갈고리 등의 건축 철물을 형틀에 장치하고, 콘크리트가 그 주위에 돌도록 해 두는 것이다. 이렇게 해두면 나중에 콘크리트 부속물을 장치할 수가 있다. 콘크리트 표면에 갖가지 물체를 세우기 위하여 콘크리트에 미리 넣는 절제의 부품. 콘크리트 타설 후 달대를 매달기 위해 사전에 매설시키는 부품. 볼트를 꽂기 위해 암나사가 있는 경우와 볼트 머리를 삽입하기 위한 슬로트가 있는 경우 등이 있다.

31 시멘트의 응결시간이 단축될 수 있는 요인이 아닌 것은?
① 분말도가 미세한 것일수록
② 석고량을 증가시킬수록
③ 수량이 적을수록
④ 온도가 높을수록

※ 시멘트의 응결시간
· 온도가 높으면 응결시간이 빠르다.
· 수량이 많을수록 응결시간이 늦다.
· 첨가된 석고량이 많으면 응결시간이 늦어진다.
· 분말도가 높으면 응결시간이 빠르다.

32 대리석의 쇄석을 종석으로 하여 시멘트를 사용, 콘크리트 판의 한쪽 면에 부어 넣은 후 가공, 연마하여 대리석과 같이 미려한 광택을 갖도록 마감한 것은?
① 펄라이트　② 질석
③ 석회암　④ 테라조

※ 종석을 대리석 알맹이로 갈아낸 것을 테라조(terazzo)라 한다.

33 다음은 콘크리트의 배합설계에 관한 내용이다. 이 중 가장 먼저 해야할 일은?
① 요구성능의 설정　② 재료의 선정
③ 배합조건의 설정　④ 시험배합의 실시

※ 콘크리트 배합 설계시 요구성능의 설정이 가장 먼저 이루어져야 한다.

34 ALC(Autoclaved Lightweight Concrete) 제품에 대한 설명 중 옳지 않은 것은?
① 단열성능이 우수하다.
② 압축강도에 비해 휨강도, 인장강도가 크다.
③ 습기가 많은 곳에서의 사용은 곤란하다.
④ 중성화의 우려가 높다.

※ 경량기포 콘크리트(ALC)
석회질 원료, 규산질 원료를 고온·고압하에서 양생하고 발포제로 알루미늄 분말등을 혼합한 특수 콘크리트이다.
▶ 특징
· 중성화의 우려가 높다.
· 불연성, 내화성이 우수하다.
· 건조 수축이 작고 균열 발생이 적다.
· 중량이 가볍고 단열성능이 우수하다
· 경량 콘크리트 압축, 인장, 휨강도는 보통 콘크리트보다 약하다.
· 흡수율이 높아 동해에 대한 방수, 방습처리가 필요하다.

35 점토의 물리적 성질에 관한 설명으로 옳지 않은 것은?

① 일반적으로 점토의 비중은 4.0~4.5의 범위이다.
② 미립점토의 인장강도는 3~10kgf/cm²이다.
③ 점토입자가 미세할수록 가소성이 좋다.
④ 압축강도는 인장강도의 5배정도이다.

※ 점토성질
· 점토의 주성분은 규산(실리카), 알루미나이다.
· 점토의 비중은 2.5~2.6이다.
· 점토의 비중은 불순물이 많은 점토일수록 작고, 알루미나분이 많을수록 크다.
· 점토의 압축강도는 인장강도의 약 5배 정도이다.
· 양질의 점토는 습윤 상태에서 현저한 가소성을 나타낸다.
· 알루미나가 많은 점토는 가소성이 좋다.
· Fe₂O₃와 기타 부성분이 많은 것은 고급 제품의 원료로 부적당하다.
· 점토에 포함된 성분에 의해 철산화물이 많으면 적색이 되고, 석화물질이 많으면 황색을 띠게 된다.
· 불순물이 많은 것은 고급제품의 원료로 부적당하다.

36 구리와 주석의 합금으로 내식성이 크고 주조가 쉬우며 건축 장식철물 또는 미술공예 재료로 사용되는 것은?

① 청동   ② 알루미늄
③ 양은   ④ 스테인리스

※ 비철금속 - 청동
· 구리 + 주석(Sn)의 합금
· 황동보다 내식성이 크고, 주조하기가 쉽다.
· 표면은 특유의 아름다운 청록색이다.
· 용도 : 장식철물, 공예재료

37 플라스틱재료에 대한 설명 중 틀린 것은?

① 착색이 자유롭고 가공성이 좋다.
② 내수성 및 내투습성은 일부를 제외하고 극히 양호하다.
③ 압축강도가 인장강도보다 작다.
④ 내약품성이 우수하다.

※ 합성수지 일반적 성질
· 착색이 자유롭다.
· 내약품성이 우수하다.
· 전성, 연성이 크다.
· 가소성, 가공성이 크다.
· 광택이 있다.
· 내산, 내알칼리 등의 내화학성 및 전기 절연성이 우수하다.
· 내수성 및 내투습성은 일부를 제외하고 극히 양호하다.
· 탄력성이 없어 구조재료로 사용이 불가능하다.
· 인장강도가 압축강도보다 매우 작다.

38 석재의 성질에 대한 설명 중 옳지 않은 것은?

① 석재의 강도는 비중에 비례하므로 비중의 대소로 강도나 내구성의 정도를 추정할 수 있다.
② 흡수율이 크다는 것은 다공성이라는 것을 나타내며 대체로 동해나 풍화를 받기 쉽다는 것을 의미한다.
③ 석재의 공극률이란 암석의 총부피에 대한 공극부피의 비로 정의된다.
④ 화강암, 대리석, 사문암은 내화성이 높으며 안산암, 사암, 응회암은 내화성이 낮다.

※ 석재의 성질
· 불연성이며, 내화학성이 우수하다.
· 대체로 석재의 강도가 크면 경도도 크다.
· 압축강도에 비하여 인장강도가 매우 작다.
· 흡수율이 클수록 풍화나 동해를 받기 쉽다.
· 내수성, 내구성, 내화학성, 내마모성이 우수하다.
· 외관이 장중하고, 치밀하며, 갈면 아름다운 광택이 난다.
· 장대재를 얻기가 어려워 가구재로는 부적당하다.

39 다음의 금속제품에 대한 설명 중 옳은 것은?

① 메탈라스는 금속판에 여러가지 무늬의 구멍을 펀칭한 것으로서, 주로 환기 구멍, 라디에이터 커버 등에 쓰인다.
② 레일과 호차는 여닫이 창호에서 가장 중요한 철물로 내 식성과 강도가 좋아야 한다.
③ 논슬립은 계단에 쓰이며, 철제 이외에 놋쇠, 황동, 스테인리스 강제 등이 있다.
④ 피벗 힌지는 스프링 힌지의 일종으로 열린문이 자동으로 닫혀지지만, 15cm 정도는 열려 있게 한다.

※ 메탈라스는 금속제 라스의 총칭으로 연강판에 일정한 간격으로 그물눈을 내고 늘여 철망모양으로 만든 것으로 천장, 벽 등의 모르타르 바름 바탕용으로 사용한다.
· 레일과 호차는 미닫이 창호에 사용된다.
· 피벗힌지는 창호가 상하에서 축으로 받치는 것으로 양 여닫이 문에 사용된다.

40 비철금속에 관한 설명 중 부적당한 것은?

① 동은 연성이고 가공성이 풍부하여 판재, 선, 봉 등으로 만들기가 용이하다.
② 알루미늄은 산, 알카리에 강하다.
③ 납은 증류수에 용해되며 인체에도 유독하다.
④ 주석은 유기산에 침식되지 않아 식품보관용의 용기류에 이용된다.

※ 알루미늄은 산, 알칼리에 침식되며 콘크리트에 부식된다.

41 다음 부재 중에서 수평부재가 아닌 것은?
① 보
② 토대
③ 기둥
④ 처마 도리

※ 보, 토대 및 처마도리 등은 수평부재이고, 기둥은 수직부재이다.

42 철근콘크리트구조 기둥에서 주근의 좌굴과 콘크리트가 수평으로 터져나가는 것을 구속하는 철근은?
① 주근
② 띠철근
③ 온도철근
④ 배력근

※ 휨 모멘트와 축 방향에 저항하는 철근을 주근이라 하고, 직각 방향으로 감아대는 것을 띠철근이라 한다.

43 와이어로프 또는 PS 와이어 등을 사용하여 주로 인장재가 힘을 받도록 설계된 것으로 격납고 설계 등에 사용되는 구조는?
① 경량 철골 구조
② 스페이스 프레임
③ 현수 구조
④ 강관 구조

※ 현수 구조
중간에 기둥을 두지 않고, 직사각형의 면적에 지붕을 씌우는 형식으로 교량 시스템을 이용한 건축구조이다. 남해대교, 샌프란시스코의 금문교 등에서 볼 수 있다.

44 다음 중 평면도에서 알 수 있는 사항이 아닌 것은?
① 처마높이
② 실의 면적
③ 개구부의 위치나 크기
④ 벽체의 두께

※ 평면도 표시사항
· 기둥과 벽체의 두께   · 개구부의 위치와 크기
· 실의 면적   · 창문과 출입구의 구별
· 가구배치   · 위생기구 배치
· 바닥의 높낮이   · 바닥패턴 표시
· 도면명 및 축척, 방위표시 · 공간의 용도, 치수, 재료표시

45 건축물은 기능과 구조, 아름다움 이 세 가지의 요소가 조화를 이루어야 한다. 이 중 특히 튼튼하고 합리적인 짜임새를 갖도록 하는 것은?
① 건축물의 기능
② 건축물의 구조
③ 건축물의 미
④ 건축물의 용도

※ 건축의 3대요소
· 구조 : 안정성, 내구성, 경제성, 거주성이 있어야 한다.
· 기능 : 편리성
· 미 : 정신적 안정, 아름다움

46 다음 중 가구식구조로 옳은 것은?
① 벽돌구조
② 나무구조
③ 철근콘크리트구조
④ 철골철근콘크리트구조

※ 건축구조의 분류
· 가구식구조 : 비교적 가늘고 긴 재료를 조립하여, 뼈대가 되도록한 구조(목구조, 철골구조)
· 조적식구조 : 개개의 재료에 교착제를 사용해서 구성한 구조(벽돌조, 블록조, 돌구조)
· 일체식구조 : 전 구조체를 일체로 만든 구조로 가장 강력하고 균일한 강도를 낼 수 있는 합리적 구조(철근콘크리트구조, 철골철근콘크리트구조)

47 도면의 글자 및 치수 표시에 관한 설명 중 틀린 것은?
① 글자는 고딕체로 하고 수직 또는 15° 경사를 원칙으로 한다.
② 치수기입은 왼쪽에서 오른쪽으로 아래에서 위쪽으로 기입한다.
③ 글자의 크기는 높이로 표시되며, 명확하고 깨끗하게 쓴다.
④ 4자리 이상의 수는 3자리마다 휴지부를 찍거나 간격을 둘 필요는 없다.

※ 4자리 이상의 숫자는 3자리마다 자릿점을 찍거나 간격을 두어 표시한다.

48 지반이 연약하거나 기초판의 넓이가 아주 넓어야 할 때 사용되는 기초는?
① 독립기초
② 줄기초
③ 온통기초
④ 복합기초

※ 건축구조 - 온통기초
지반이 연약하거나 기둥에 작용하는 하중이 매우 커서 기초 판의 넓이가 아주 넓어야 할 때, 건축물의 지하실 바닥 전체를 기초로 만든 것으로 바닥 슬래브 전체가 기초 판의 구실을 하는 구조

49 도면 표시 기호 중 틀린 것은?
① 길이 : L   ② 높이 : H
③ 두께 : THK   ④ 면적 : S

※ 도면표시기호

명칭	길이	높이	폭	면적	두께	직경	반지름	용적
표시 기호	L	H	W	A	THK	D, ø	R	V

50 한식 건물의 벽체구조는?
① 바름벽식   ② 비늘판벽식
③ 평벽식   ④ 심벽식

※ 벽체구조
· 바름벽식 : 석회, 시멘트, 플라스터, 모래, 인조석 등의 미장재료를 발라서 마무리 하는 벽
· 비늘판벽식 : 판붙임 마무리벽으로 널을 붙인 것
· 평벽식 : 기둥의 표면을 벽으로 둘러싸고 외부에서 보이지 않도록 하는 벽
· 심벽식 : 우리나라 전통 건축에서 가장 많이 나타나는 벽으로 틀을 만들기 위해 먼저 상하 인방사이에 중깃이라고 하는 버팀대를 세우고 가로를 길게 눌외라고 하는 가로살을 보내고 눌외와 직교하여 설외라고 하는 세로살을 보내 만든 외역기로 만들어진 벽

51 벽돌벽 공사 완료 후 벽에 빗물이 스며 들어갈 경우 벽에 흰 가루가 돋는 현상을 무엇이라 하는가?
① 아치   ② 부동침하
③ 백화   ④ 균열

※ 백화 현상
벽돌 벽체의 표면에 흰 가루가 나타나는 현상으로 벽에 빗물이 침투하여 줄눈으로 사용한 모르타르의 석회분과 공기 중의 탄산가스(CO_2)가 결합하여 발생한다.

52 벽돌쌓기에서 줄눈의 표준 크기는?
① 5mm   ② 10mm
③ 20mm   ④ 30mm

※ 블록 쌓기의 원칙
· 하루 1.2~1.5m(6~7켜)를 표준으로 한다.
· 일반적으로 막힌줄눈으로 하고 보강 블록조는 통줄눈으로 한다.
· 줄눈의 너비는 가로 세로 10mm를 원칙으로 한다.
· 살 두께가 두꺼운 쪽을 위로 하여 쌓는다.
· 인방 블록은 지지벽에 20cm이상(보통40cm)물리게 한다.

53 건축구조의 구조 재료에 의한 분류에 속하지 않는 것은?
① 나무구조   ② 벽돌구조
③ 블록구조   ④ 조립식구조

※ 건축구조의 분류 – 시공상에 의한 분류
· 조립식구조 – 철근콘크리트구조, 철골철근콘크리트구조

54 웨브의 두께가 춤에 비해 얇을 때 웨브의 국부좌굴을 방지하기 위하여 사용하는 보강재는?
① 베이스 플레이트   ② 커버 플레이트
③ 스티프너   ④ 래티스

※ 스티프너
웨브의 두께가 춤에 비해 얇을 때 웨브 플레이트의 좌굴을 방지하기 위하여 설치하는 부재로서 집중 하중의 크기에 따라 결정된다.

55 제도용구 중 운형자는 무엇을 그리는 데 사용하는가?
① 수직선   ② 수평선
③ 곡선   ④ 해칭선

※ 운형자
컴퍼스로 여러 가지 곡선, 그리기 어려운 원호나 곡선을 그릴 때 사용

56 각 실내의 입면을 그려 벽면의 형상, 치수, 끝마감 등을 나타내는 도면은?
① 평면도   ② 단면도
③ 구상도   ④ 전개도

※ 설계도면 – 전개도
· 각 실의 내부의 의장을 명시하기 위해 작성하는 도면이다.
· 축척은 1/20~1/50 정도로 한다.
· 실내의 벽체 및 문의 모양을 그려야 한다.
· 벽면의 마감재료 및 치수를 기입하고, 창호의 종류와 치수를 기입한다.

57 철골공사에서 주각의 구성재가 아닌 것은?
① 베이스 플레이트 ② 리브 플레이트
③ 거셋 플레이트   ④ 윙 플레이트

※ 철골구조 – 주각부
· 주각부 기둥이 받는 내력을 기초에 전달하는 부분이다.
· 윙 플레이트, 베이스 플레이트, 기호와의 접합을 위한 리브 플레이트, 클립 앵글, 사이드 앵글 및 앵커볼트를 사용한다.

58 도면의 치수 표현에 있어 치수 단위의 원칙은?
① mm   ② cm
③ m   ④ 인치(inch)

※ 건축제도통칙 – 치수
· 치수의 단위는 mm로 하고, 단위는 생략한다.
· 치수는 특별히 명시하지 않는 한 마무리 치수로 한다.
· 치수기입은 치수선 중앙 윗부분에 기입하는 것이 원칙이다.

- 협소한 간격이 연속 될 때에는 인출선을 사용하여 치수를 쓴다.
- 전체 치수를 바깥쪽에, 부분 치수는 안쪽에 기입한다.
- 치수기입은 치수선에 평행하게 도면의 왼쪽에서 오른쪽으로, 아래로부터 위로 읽을 수 있도록 기입한다.
- 치수선의 양 끝 표시는 화살 또는 점으로 표시할 수 있으며, 같은 도면에서 2종을 혼용할 수 없다.

59 목재 접합 방법 중 길이 방향에 직각이나 일정한 각도를 가지도록 경사지게 붙여대는 것은?

① 이음　　　② 맞춤
③ 쪽매　　　④ 산지

※ 목재 접합법 - 맞춤
두 부재가 직각 또는 경사로 물려 짜이는 것 또는 그 자리

60 반자틀의 구성과 관계가 없는 것은?

① 징두리　　② 달대
③ 달대받이　④ 반자돌림대

※ 반자틀
천정재를 부착하기 위한 바탕이 되는 기다린 재. 천장을 막기 위하여 짜 만든 틀의 총칭. 반자를 드리느라고 가늘고 긴 나무로 가로·세로로 짜서 만든 틀로 달대, 달대받이, 반자돌림대 반자대 등을 총칭한다.

정답

01②	02②	03③	04②	05④	06①	07①	08②	09④	10①
11④	12③	13②	14③	15①	16②	17①	18④	19②	20③
21①	22④	23④	24③	25①	26④	27④	28③	29②	30②
31②	32④	33①	34②	35①	36①	37③	38④	39③	40②
41③	42②	43③	44①	45②	46②	47④	48③	49④	50④
51③	52②	53④	54③	55③	56④	57③	58①	59②	60①

2019년도 제2회 과년도 기출문제
⟨ 2019년 1회차는 미시행함 ⟩

01 문과 창문의 설명으로 틀린 것은?
① 한 공간과 인접된 공간을 연결시킴
② 지붕의 형태에 영향을 줌
③ 가구 배치와 동선에 영향을 줌
④ 통풍과 채광을 가능하게 함

※ 문과 창문
· 공간과 다른 공간을 연결시킨다.
· 채광, 통풍, 조망, 환기의 역할을 한다.
· 실내의 가구 배치와 동선에 영향을 준다.
· 사용목적이나 의장에 따라 모양과 크기를 정한다.
· 실내공간과 실외공간을 시각적으로 연결한다.
· 실내의 조명계획과 밀접한 관련성이 있다.

02 다음 설명에 알맞는 식사실의 유형은?

"거실의 한 부분에 식탁을 설치하는 형태로, 식사실의 분위기 조성에 유리하며, 거실의 가구들을 공동으로 이용할 수 있으나, 부엌과의 연결로 보아 작업동선이 길어질 우려가 있다."

① 식사실(dining, D)
② 거실-식사실-부엌(living dining kitchen, LDK)
③ 거실-식사실(living dining, LD)
④ 식사실-부엌(dining Kitchen, DK)

※ 리빙 다이닝(living dining, LD)
거실의 한 부분에 식탁을 설치하는 것으로 식사실의 분위기 조성에 유리하며, 거실의 가구들을 공동으로 이용할 수 있으나, 부엌과의 연결로 보아 작업동선이 길어질 우려가 있다.

03 다음 선에 대한 설명문에서 ( )안에 알맞는 말로 짝지어진 것은?

"점이 일정한 방향으로 진행할 때 (①)이 생기며 끊임없이 변할 때에는 (②)이 생긴다."

① ① 곡선, ② 직선
② ① 소극적인 선, ② 적극적인 선
③ ① 포물선, ② 곡선
④ ① 직선, ② 곡선

※ 직선은 점이 일정한 방향으로 진행할 때 생기고, 곡선은 점이 끊임없이 변할 때 생긴다.

04 좋은 조명의 기준에 대한 설명 중 옳지 않은 것은?
① 광원이 직접 눈에 보이거나 반사가 없어야 한다.
② 그늘이나 그림자가 생겨서는 안된다.
③ 광색이 좋고 방사열이 적어야 한다.
④ 등기구의 배치와 가구의 조화가 필요하다.

※ 좋은 조명의 조건
· 적당한 조도, 충분한 밝기, 생리적·심리적·경제적으로 알맞는 조도이어야 한다.
· 눈이 부시지 않아야 한다. 시설을 중심으로 30° 범위 내의 눈부심 영역에는 광원을 설치하지 않는 것이 좋다.
· 벽, 기타 주위의 휘도와 작업장소의 휘도와의 알맞는 대비
· 색을 식별할 필요가 있을 때의 적절한 광원의 선택
· 조명의 심리적 효과가 적어야 한다.
· 등기구의 모양이 좋아야 한다. 건축양식과 어울리는 것이 좋다.
· 명암의 대비는 3 : 1 정도가 가장 입체적으로 보인다. 또한 그늘이 없을 때의 조도에 대해서는 명암이 10% 이내이어야 한다.

05 다음 중 명도와 채도가 가장 높은 색은?
① 연두   ② 청록
③ 노랑   ④ 주황

※ 명도와 채도
· 채도 : 색의 선명하고 탁한 정도를 의미
· 명도 : 색의 밝고 어두움 정도를 의미

06 실내를 수평방향으로 구획할 때 구획의 효과가 가장 큰 것은?
① 색채를 다르게 구획한다.
② 패턴(문양)에 변화를 주어 구획한다.
③ 재료를 다르게 하여 구획한다.
④ 평면의 높이를 다르게 구획한다.

※ 평면의 높이를 다르게 구획하면, 효과가 크다.

07 실내디자인 요소에서 위치만 표시할 뿐 길이, 폭,

깊이 등이 없는 요소는 무엇인가?
① 형태 ② 선
③ 면   ④ 점

※ 점은 길이, 폭, 깊이 등이 없다.

08 공간을 구성하는 기본단위는?
① 점   ② 선
③ 면   ④ 입에

※ 면은 공간을 구성하는 기본단위이다.

09 천창(天窓)의 설명으로 가장 거리가 먼 것은?
① 미술관, 박물관, 공장 등에서 채광상의 요구를 해결하기 위해 많이 이용된다.
② 밀집된 건물에 둘러싸여 있어도 일정량의 채광이 확보된다.
③ 건축계획의 자유도가 증가한다.
④ 벽면 이용을 개구부에 상관없이 다양하게 활용할 수 있다.

※ 정측창(頂側窓)
창턱 높이가 눈높이 보다 높고 창의 상부가 천정선과 같거나 그 아래에 위치한 수직창이다. 또 천정부분에서 채광하나 채광면이 수직이나 수직에 가까운 창도 정측창이라 한다. 미술관, 박물관, 공장 등에서 많이 사용하는 채광방식이다.

10 "디자인의 원리 중 규칙적인 요소들이 반복으로 나타나는 통제된 운동이다"는 어떤 원리에 대한 설명인가?
① 비례 ② 조화
③ 통일 ④ 리듬

※ 리듬(Rhythm)
부분과 부분 사이에 시각적인 강한 힘과 약한 힘이 규칙적으로 연속시킬 때 나타난다. 리듬에는 점이, 반복, 대립, 변이, 방사가 있는데 서로 효과적으로 사용하면 시각적인 강한 느낌을 가질 수 있다.

11 상점계호기에서 고객동선과 종업원 동선이 만나는 곳에 설치하면 편리한 것은?
① 화장실 ② 창고
③ 탈의실 ④ 카운터

※ 손님이 밖에서 점포 안으로 유치되는 동선과 점원이 손님과 응대해서 판매하는 것과 출납사무의 동선으로 구별되며, 동선이 만나는 곳에 카운터 케이스가 놓여진다. 이곳이 상점의 중심이 된다.

12 두 공간을 상징적으로 분리할 수 있는 벽의 최대 높이는?
① 30cm ② 40cm
③ 50cm ④ 60cm

※ 두 공간을 상징적으로 분리할 수 있는 벽의 최대높이는 60cm 이다.

13 실내디자인에서 추구하는 궁극적인 목표와 가장 거리가 먼 것은?
① 실내공간의 효율성을 높인다.
② 아름다움과 개성을 추구한다.
③ 경제성이 추구되어야 한다.
④ 공익성을 추구한다.

※ 실내디자인 목표
· 기능적 : 쾌적한 인간 생활의 환경 조성, 심리적 문제의 해결
· 미의 조화 : 미학적, 독자적인 개성 표현
· 욕구의 해결 : 물리적, 환경적, 예술적 및 정서적 욕구

14 주택의 각 공간에서 개인생활 공간에 속하는 것은?
① 응접실 ② 거실
③ 침실   ④ 식사실

※ 주거공간의 주 행동에 따른 분류 – 개인(정적)공간
· 각 개인의 사생활을 위한 사적인 공간
· 침실, 서재

15 실내디자인의 개념설명으로 옳지 않은 것은?
① 실내공간을 아름답고 쾌적하게 만드는 것을 말한다.
② 실내마감을 값이 비싼 재료를 사용하여 무조건 최고의 공간으로 고급스럽게 마감하는 것이다.
③ 건축의 기본요소인 벽, 바닥, 천정으로 둘러쌓인 내부 공간을 계획, 설계하는 것이다.
④ 실내디자인은 주거공간디자인과 상업공간디자인의 두 분야로 나누는 것이 일반적이다.

※ 실내디자인의 개념
쾌적한 환경 조성을 통하여 능률적인 공간이 되도록 인체공학, 심리학, 물리학, 재료학, 환경학 및 디자인의 기본원리 등을 고려하여 인간 생활에 필요한 효율성, 아름다움, 경제성, 개성 등을 갖도록 사용자에게 가장 바람직한 생활공간을 만드는 것으로 응용예술 분야로 볼 수 있다.

16 다음 그림의 건축화조명 방식을 무엇이라고 하는가?

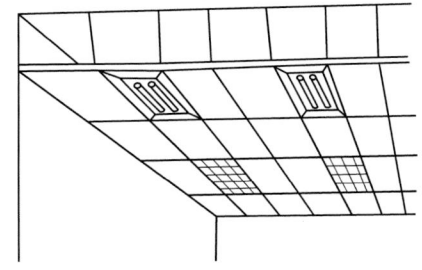

① 루버조명　　② 다운라이트조명
③ 광천장조명　　④ 코브조명

※ 루버조명
천정 전면에 루버를 설치하고 그 상부에 광원을 배치한 것으로 경사방향에서는 루버의 보호각에 의해 광원이 직접 보이지 않게 설계하는 방식이다. 조도에서는 매우 높은 작업면상의 조도를 얻을 수 있는 한편, 낮은 휘도의 조명기구를 얻을 수 있다. 이것은 특히 대비적인 그늘이나 광채를 얻고 싶은 곳에 사용된다.

17 인체의 쾌적과 건물설계에 영향을 미치는 요소로 가장 거리가 먼 것은?
① 일사　　② 공기
③ 기온　　④ 바람

※ 건물과 열·습기에 영향을 미치는 요소
· 기온(air temperature)
· 습도(humidity)
· 비와 눈
· 바람
· 기후도(climograph)
· 일조율
· 일조와 일사

18 환기 횟수가 가장 많이 필요한 장소는?
① 거실　　② 침실
③ 부엌　　④ 다용도실

※ 부엌에서는 가스를 열원으로 사용하므로 산소 결핍사고가 나기 쉬우므로 자주 환기시켜주어야 한다.

19 다음 장소 중 잔향시간이 가장 짧아야 할 곳은?
① 콘서트홀　　② 카톨릭성당
③ 오페라하우스　　④ TV스튜디오

※ 강연이나 연극 등 언어를 주 사용목적으로 할 경우 잔향시간은 비교적 짧게하여 음성의 명료도를 제일 조건으로 한다.
오케스트라나 뮤지컬(musical) 등 음악을 주목적으로 할 경우 잔향시간은 비교적 길게 하여 음악의 음질을 우선으로 한다.

20 백열 전구에 비해 형광등의 특징이라 할 수 없는 것은?
① 빛효율이 높다.
② 방사 열량이 낮다.
③ 휘도가 높다.
④ 광색조절이 비교적 용이하다.

※ 형광등(螢光燈, fluorescent lamp)
저압 수은 증기 내에 아크 방전에 의하여 내는 자외선을 유리관 내면에 바른 형광체에 맞춰 생기는 형광으로 조명하는 전등. 발열이 적고 효율이 높다. 방전등(放電燈)의 하나. 원기둥 모양의 안벽에 형광물질(ZnsiO₃ : 규산아염, 녹색·CaWO₃ : 텅스텐산칼슘, 청색·MgWO₃ : 텅스텐산 마그네슘, 청백색 등)을 바르고 내부에 수은 증기와 아르곤을 봉해넣고, 그 양 끝의 전극에 전압을 주어 방전시키면 많은 자외선을 내어서 형광 물질에 흡수되어 발광함. 형광물질을 적당히 선택하여 주광(晝光)색·흰색·청백색·녹색·분홍색 등을 얻을 수 있다.

21 콘크리트의 일반적인 성질에 대한 설명 중 옳지 않은 것은?
① 성형상 자유성이 높다.
② 내구성이 양호하다.
③ 압축강도에 비해 인장강도가 크다.
④ 내화성이 양호하다.

※ 콘크리트는 압축강도에 비해 인장강도와 휨강도가 작다.

22 건축물의 패러핏, 주두 등의 장식에 사용되는 공동(空胴)의 대형 점토제품은?
① 모자이크 타일　　② 토관
③ 테라코타　　④ 솔라 스크린

※ 테라코타
속을 비게하여 소성한 제품으로서 난간벽, 기둥주두, 돌림띠, 창대 등에 사용한다.

23 벽, 기둥 등의 모서리 부분에 미장바름을 보호하기 위해 묻어 붙인 것으로 모서리쇠라고도 불리우는 것은?
① 와이어라스　　② 조이너
③ 코너비드　　④ 메탈라스

※ 코너비드
미장 공사에서 기둥이나 벽의 모서리 부분을 보호하기 위하여 쓰는 철물이다.

24 페어 글래스라고도 불리우며 단열성, 차음성이 좋고 결로방지에 효과적인 유리는?
① 강화유리　　② 자외선투과유리

③ 복층유리   ④ 샌드브라스트유리

※ 페어글래스
복층유리, 이중유리라고도 하며 2장 또는 3장의 판유리를 일정한 간격을 두고 둘레는 금속테로 테두리를 기밀로 만들고 여기에 유리사이의 내부를 진공으로 하거나 특수 가스를 넣어 만든 유리로 단열성, 차음성이 좋고 결로방지에 효과가 우수하다.

25 다음 중 강화 유리에 관한 설명으로 옳지 않은 것은?
① 유리를 가열 후 급냉하여 강도를 증가시킨 유리이다.
② 형틀 없는 문 등에 사용된다.
③ 파손시 작은 알갱이가 되어 부상의 위험이 적다.
④ 제품의 현장 가공 및 절단이 쉽다.

※ 유리 - 강화유리
· 판유리를 600°C쯤, 가열했다가 급냉하여 기계적 성질을 증가시킨 유리
· 파괴 시 모래처럼 잘게 부서지므로 파편에 의한 부상을 줄일 수 있다.
· 현장에서 가공, 절단이 불가능하다.
· 용도 : 자동차 앞 유리, 형틀 없는 문(무테문), 선박, 커튼월에 쓰이는 착색강화유리

26 다음 중 합판에 대한 설명으로 옳지 않은 것은?
① 단판(veneer)인 박판을 짝수로 섬유방향이 평행하도록 접착제로 겹쳐 붙여 만든 것이다.
② 함수율 변화에 의한 신축변형이 적다.
③ 곡면가공을 하여도 균열이 생기지 않고 무늬도 일정하다.
④ 표면가공법으로 흡음효과를 낼 수가 있고 의장적 효과도 높일 수 있다.

※ 목재 - 합판
· 단판(베니어)을 1장마다 섬유방향과 직교되게 3, 5, 7, 9 등의 홀수 겹으로 겹쳐 접착제로 붙여댄 것이다.
· 균일한 강도의 재료를 얻을 수 있다.
· 함수율 변화에 따른 팽창, 수축의 방향성이 없다.
· 뒤틀림이나 변형이 적은 비교적 큰 면적의 평면 재료를 얻을 수 있다.

27 질이 단단하고 내구성 및 강도가 크고 외관이 수려하며, 절리의 거리가 비교적 커서 대재(大材)를 얻을 수 있으나, 함유광물의 열팽창계수가 다르므로 내화성이 약한 석재는?
① 현무암   ② 응회암
③ 부석   ④ 화강암

※ 화강암
· 질이 단단하다.
· 내구성 및 강도가 크다.
· 외관이 수려하다.
· 절리의 거리가 비교적 커서 대재를 얻을 수 있다.
· 함유광물의 열팽창계수가 다르므로 내화성이 약하다.

28 내열성이 우수하고, -60~260℃의 범위에서 안정하며 탄력성, 내수성이 좋아 방수용 재료, 접착제 등으로 사용되는 합성수지는?
① 실리콘 수지   ② 페놀 수지
③ 요소 수지   ④ 멜라민 수지

※ 실리콘수지
· 내열성이 우수하고 -60~260℃ 까지 탄성이 유지되며, 270°에서도 수 시간 이용 가능하다.
· 탄력성, 내수성이 좋아 방수용 재료, 접착제 등으로 사용된다.

29 블론아스팔트를 용제에 녹인 것으로 액상을 하고 있으며 아스팔트 방수의 바탕 처리재로 이용되는 것은?
① 아스팔트 프라이머   ② 아스팔트 펠트
③ 아스팔트 루핑   ④ 스트레이트 아스팔트

※ 아스팔트 프라이머
· 솔, 롤러 등으로 용이하게 도포할 수 있도록 블론 아스팔트를 휘발성 용제에 희석한 흑갈색의 저점도 액체로서 아스팔트 방수층에 아스팔트의 부착이 잘 되도록 사용한다.
· 콘크리트 모르타르의 방수시공 첫 번째 공정에 쓰이는 바탕 처리재(초벌도료)

30 콘크리트의 혼화재료에 대한 설명 중 부적당한 것은?
① 플라이애시-콘크리트 수화 초기 발열량 증가
② 염화칼슘-응결 경화 촉진
③ 실리카흄-압축강도 증진
④ 고로슬래그 분말-알칼리 골재 반응 억제

※ 플라이애시는 화력발전 보일러에서 분탄이 연소할 때 부유하는 화분을 집진기로 채집하여 시멘트의 성질개선용으로 사용된다.

31 변성암 중 석회암이 변화되어 결정화한 것으로 실내 장식재, 조각재로 사용되는 것은?
① 대리석   ② 사암
③ 감람석   ④ 응회암

※ 대리석
· 산에 약하다.
· 석질이 치밀, 견고하고 색채, 무늬가 다양하다.
· 석회석이 변화되어 결정화한 것으로 탄산석회가 주성분이다.

• 강도는 매우 높지만 풍화되기 쉽기 때문에 실외용으로는 적합하지 않다.

32 다음 중 알루미늄의 일반적인 성질에 대한 설명으로 옳지 않은 것은?

① 열전도율이 높다.
② 가공하기가 힘들다.
③ 전성과 연성이 풍부하다.
④ 내화성이 부족하다.

※ 알루미늄
· 은백색에 반사율이 큰 금속
· 전성, 연성이 좋고 가공이 쉽다.
· 맑은 물에 대해서는 내식성이 크나, 해수에 침식되기 쉽다.
· 산, 알칼리에 침식되며 콘크리트에 부식된다.

33 굳지 않은 콘크리트에 요구되는 성질이 아닌 것은?

① 거푸집 구석구석까지 잘 채워질 수 있어야 한다.
② 다지기 및 마무리가 용이하여야 한다.
③ 거푸집에 부어 넣은 후, 블리딩이 많이 발생하여야 한다.
④ 시공시 및 그 전후에 재료분리가 적어야 한다.

※ 굳지 않은 콘크리트에 요구되는 성질
· 거푸집 구석구석까지 또는 철근 사이에 충분히 잘 채워질 수 있도록 묽은 반죽으로서 운반, 다지기 및 마무리하기가 용이할 것.
· 시공시 및 그 전후에 있어서 재료 분리가 적을 것.
· 거푸집에 부어 넣은 후 많은 블리딩(부유수 : bleeding)이 생기지 않는 조성을 가져야 하며 균열 등이 발생하지 않을 것.

34 금속의 부식방지법에 대한 설명으로 틀린 것은?

① 상이한 금속은 인접, 접촉시켜 사용하지 않는다.
② 균질의 것을 선택하고 큰 변형은 주지 않도록 한다.
③ 표면은 평활하고 깨끗이 하여 건조상태로 유지한다.
④ 부분적으로 녹이 생기면 제거하지 않고 전체적으로 녹이 발생하였을 때 재도장한다.

※ 금속재료의 부식의 방지법
· 가능한 한 서로 다른 금속을 인접 접촉시켜 사용하지 말 것.
· 균질한 것을 선택하고 사용시 큰 변형을 주지 않도록 할 것.
· 큰 변형을 준 것은 가능한 한 풀림하여 사용할 것.
· 표면을 평활하고 깨끗이 하며 가능한 한 건조상태로 유지할 것.
· 부분적으로 녹이 나면 즉시 제거할 것.

35 건축재료 중 바닥 마무리재료의 요구성질로 틀린 것은?

① 내화, 내구성이 큰 것이어야 한다.
② 탄력성이 있고, 마멸이나 미끄럼이 작아야 한다.
③ 오염되기 어렵고 청소하기 쉬워야 한다.
④ 내수성과 내약품성이 없어야 한다.

※ 바닥은 청결, 청소 등이 좋은 바닥재로 하고 벽은 화기에 가까이 있는 곳은 내화성이 강한 것으로 하고 싱크대 주위는 내수성이 강한 재료로 한다.

36 금속제 용수철과 완충유와의 조합작용으로 열린 문이 자동으로 닫혀지게 하는 것으로 바닥에 설치되는 것은?

① 나이트 래치   ② 도어 스톱
③ 크레센트   ④ 플로어 힌지

※ 플로어 힌지
바닥에 오일이나 스프링 유압 밸브를 장치하여 문을 열면 저절로 닫혀지게 되는 철물

37 수화속도를 지연시켜 수화열을 작게한 시멘트로, 건조수축이 작으며 댐공사 및 건축용 매스 콘크리트에 사용되는 것은?

① 보통 포틀랜드 시멘트
② 중용열 포틀랜드 시멘트
③ 백색 포틀랜드 시멘트
④ 조강 포틀랜드 시멘트

※ 중용열 포틀랜드 시멘트
수축률이 작아서 대형 단면 부재에 쓸 수 있다.(내식성 있고 안정도가 높다)

38 다음의 점토 제품 중 흡수율 기준이 가장 낮은 것은?

① 자기질 타일   ② 석기질 타일
③ 도기질 타일   ④ 클링커 타일

※ 점토제품 - 흡수율
토기>도기>석기>자기

39 레디믹스트 콘크리트에 대한 설명으로 틀린 것은?

① 현장이 협소하여 재료보관 및 혼합작업이 불편할 때 사용한다.
② 균질한 콘크리트를 만들 수 있다.
③ 슬럼프가 적더라도 단순히 물을 첨가하여 보정하는 것은 피하도록 한다.
④ 레디믹스트 콘크리트는 사용자가 직접 현장에서 재료를 혼합하여 제조한다.

※ 레디믹스트 콘크리트
공장에서 생산하여 트럭이나 혼합기로 현장에 공급하는 콘크리트

40 목재의 함수율에 대한 설명으로 옳은 것은?
① 기건상태의 함수율은 약 15%이다.
② 섬유포화점의 함수율은 약 10%이다.
③ 함수율이 달라져도 목재의 성질은 변하지 않는다.
④ 목재가 통상 대기의 온도, 습도와 평형된 수분을 함유한 상태를 전건상태라 한다.

※ 기건상태
목재를 건조하여 대기 중에 습도와 균형상태가 된 것이며, 함수율을 약 15%정도가 되는 상태이다.

41 다음 중 목구조의 2층 마루에 속하지 않는 것은?
① 홑마루 ② 보마루
③ 동바리마루 ④ 짠마루

※ 목구조의 2층 마루
· 홑마루(장선마루) : 층도리와 칸막이 도리에 직접 장선을 걸쳐대고 마루널을 깐 마루
· 보마루 : 보를 걸고, 그 위에 장선을 배치하고 장선 위에 마루널을 깐 마루
· 짠마루 : 마루가 넓어 처짐을 막기 위해 큰 보와 작은 보를 사용하여 마루널을 깐 마루

42 곡면판이 지니는 역학적 특성을 응용한 구조로서 외력은 주로 판의 면내력으로 전달되기 때문에 경량이고 내력이 큰 구조물을 구성할 수 있는 구조는?
① 현수구조 ② 입체격자구조
③ 철골구조 ④ 쉘구조

※ 쉘구조
곡면판이 지니는 역학적 구성을 이용한 구조로서 외력은 주로 판의 면내력으로 전달되기 때문에 경량이고 내력이 큰 구조물을 구성할 수 있는 건축구조이다. 큰 간사이의 지붕에 사용되며 시드니의 오페라 하우스, 공장, 체육관 등에서 볼 수 있다.

43 다음 중 목구조에 대한 설명으로 옳지 않은 것은?
① 가볍고 가공성이 좋다.
② 큰 부재를 얻기 쉬우며 내구성이 좋다.
③ 시공이 용이하며 공사기간이 짧다.
④ 강도가 작고 화재 위험이 높다.

※ 목구조
▶ 장점
· 가볍고, 가공성이 좋으며, 친화감이 있다.
· 비중에 비하여 강도가 크다. (인장, 압축강도)
· 시공이 용이하며 공사기간이 짧다.
· 색채 및 무늬가 있어 미려하다.
· 열전도율이 적어 보온, 방안, 방서에 뛰어나다.
▶ 단점
· 재질이 불균등하고, 큰 단면이나 긴 부재를 얻기 힘들다.
· 함수율에 따른 변형이 크고 부식, 부재에 약하다.
· 접합부의 강성이 약하다.
· 내화, 내구성이 약하다.

44 철골구조의 접합 방법 중 아치의 지점이나 트러스의 단부, 주각 또는 인장재의 접합부에 사용되며, 회전자유의 절점으로 구성되는 것은?
① 리벳접합 ② 핀접합
③ 용접 ④ 고력볼트접합

※ 핀접합은 아치의 지점이나 트러스의 단부, 주각 또는 인장재의 접합부에 사용된다.

45 곡선의 구부러진 정도가 급하지 않은 큰 곡선을 그리는데 쓰이는 제도용구는?
① T자 ② 자유 곡선자
③ 디바이더 ④ 자유 삼각자

※ 제도용구 및 용도
① T자, I자 : 수평선을 그리거나 삼각자와 함께 사용하여 수직선, 사선을 그릴 때 사용한다.
② 자유 곡선자 : 원호로 된 곡선을 자유자재로 그릴 때 사용하여 고무 제품이 많이 사용된다.
③ 디바이더 : 직선이나 원주를 등분할 때, 치수를 도면 위에 옮기거나 도면 위의 길이를 재어 다른 곳으로 옮기는 경우에 사용
④ 자유 삼각자 : 하나의 자로 각도를 조절하여 지붕물매 등을 그릴 때 사용된다.

46 선을 그을 때 유의사항 중 잘못된 것은?
① 일정한 힘을 가하여 일정한 속도로 긋는다.
② 필기구는 선을 긋는 방향으로 약간 기울인다.
③ 필기구는 T자의 날에 꼭 닿아야 한다.
④ 제도용 삼각자는 정확성을 위해 눈금이 있는 것을 사용해야 한다.

※ 제도용 삼각자는 눈금이 없는 것을 사용한다.

47 벽돌구조의 벽체에 대한 설명으로 옳은 것은?
① 내력벽의 길이는 8m를 초과할 수 없다.
② 문꼴 위와 그 바로 위의 문꼴과의 수직거리는 60cm 이상으로 한다.
③ 너비 120cm를 넘는 문꼴의 상부에는 반드시 철근 콘크리트 인방보를 설치하여야 한다.
④ 내력벽으로 둘러싸인 부분의 바닥면적은 60m²를 넘을 수 없다.

※ 벽돌구조의 벽체 및 기둥

- 내력벽의 높이는 4m를 넘지 않도록 한다.
- 벽의 길이는 10m 이하로 한다. (10m 초과시 붙임기둥, 부축벽 설치)
- 내력벽의 두께
  - 마감재료 두께를 포함하지 않은 벽돌의 두께
  - 벽돌은 벽높이의 1/20 이상, 블록은 1/16 이상으로 한다.
- 내력벽으로 둘러 쌓인 부분의 바닥면적은 80m² 이하
- 내력벽으로서 토압을 받는 부분의 높이가 2.5m 이하일 때 벽돌조로 할 수 있다.
- 토압을 받는 높이가 1.2m 이상일 때 내력벽 두께는 그 직상층의 벽두께에 10cm 가산
- 조적조 간막이벽의 두께는 9cm 이상 (간막이벽 위에 중요구조물 설치 시 19cm 미만으로 해서는 안된다.)

48 다음 중 가장 이상적인 쪽매 형태로 못으로 보강 시 진동에도 못이 솟아오르지 않는 특성이 있는 것은?

① 빗쪽매 ② 오니쪽매
③ 제혀쪽매 ④ 반턱쪽매

※ 제혀쪽매는 가장 이상적인 쪽매 형태로 못으로 보강시 진동에도 못이 솟아오르지 않는다.

49 벽돌구조의 아치(arch) 중 특별히 주문 제작한 아치벽돌을 사용해서 만든 것은?

① 본아치 ② 층두리아치
③ 거친아치 ④ 막만든아치

※ 본아치는 벽돌구조의 아치중에 특별히 주문 제작한 아치벽돌을 사용하였다.

50 벽돌벽쌓기에서 바깥벽의 방습·방열·방한·방서 등을 위하여 벽돌벽을 이중으로 하고 중간을 띄어 쌓는 법은?

① 공간쌓기 ② 내쌓기
③ 들여쌓기 ④ 띄어쌓기

※ 공간쌓기
벽돌벽쌓기에서 바깥벽의 방습·방열·방한·방서 등을 위하여 벽돌벽을 이중으로 하고 중간을 띄어 쌓는 법이다.

51 다음 하중 중에서 주로 수평방향으로 작용하는 것은?

① 고정하중 ② 활하중
③ 풍하중 ④ 적설하중

※ 풍하중은 수평방향으로 작용한다.

52 도면표시기호 중 두께를 표시하는 기호는?

① THK ② A
③ V ④ H

※ 도면표시기호

명칭	길이	높이	폭	면적	두께	직경	반지름	용적
표시기호	L	H	W	A	THK	D, ø	R	V

53 연속기초라고도 하며 조적조의 벽기초 또는 철근콘크리트조 연결기초로 사용되는 것은?

① 독립기초 ② 복합기초
③ 온통기초 ④ 줄기초

※ 연속기초(줄기초)
콘크리트나 조적식으로 된 주택의 내력벽 또는 일렬로 된 기둥을 연속으로 따라서 기초 벽을 설치하는 구조

54 건축제도에 사용되는 선의 종류 중 중심선, 절단선, 기준선 등에 사용되는 것은?

① 파선 ② 일점 쇄선
③ 굵은 실선 ④ 가는 실선

※ 선
- 실선의 굵은선 : 단면선, 외형선, 파단선
- 실선의 가는선 : 치수선, 치수보조선, 지시선, 해칭선
- 일점쇄선 : 중심선, 절단선, 경계선, 기준선
- 이점쇄선 : 가상선

55 철골조의 판보에서 웨브판의 좌굴을 방지하기 위하여 사용되는 것은?

① 래티스 ② 스티프너
③ 거싯 플레이트 ④ 커버 플레이트

※ 스티프너
웨브의 두께가 춤에 비해 얇을 때 웨브 플레이트의 좌굴을 방지하기 위하여 설치하는 부재로서 집중 하중의 크기에 따라 결정된다.

56 철근콘크리트구조에서 철근과 콘크리트의 부착력에 대한 설명 중 옳지 않은 것은?

① 콘크리트의 부착력은 철근의 주장에 비례한다.
② 철근의 표면상태와 단면모양에 따라 부착력이 좌우된다.
③ 철근에 대한 콘크리트의 피복두께가 얇으면 얇을수록 부착력이 감소된다.
④ 압축강도가 큰 콘크리트일수록 부착력은 작아진다.

※ 콘크리트의 강도가 커질수록 철근과의 부착력은 커지게 된다.

57 다음의 건축도면에 대한 설명 중 옳지 않은 것은?

① 도면은 그 길이 방향을 좌우 방향으로 놓은 위치를 정위치로 한다.
② 도면에는 척도를 기입하여야 한다.
③ 평면도, 배치도 등은 남쪽을 위로 하여 작도함을 원칙으로 한다.
④ 도면을 접을 경우 접은 도면의 크기는 A4의 크기를 원칙으로 한다.

※ 건축도면방향
· 평면도, 배치도 등의 도면은 북쪽을 위로 하여 작도한다.
· 위, 아래 방향을 도면지의 위, 아래와 일치시키는 것을 원칙으로 한다.

58 건물의 지하부의 구조부로서 건물의 무게를 지반에 전달하여 안전하게 지탱시키는 구조부분은?

① 기초　　② 기둥
③ 지붕　　④ 벽체

※ 건축구조 – 기초
외력을 받아 안전하게 지반에 전달하는 건축물의 하부구조

59 다음의 각종 건축구조에 관한 설명 중 옳지 않은 것은?

① 가구식 구조는 내화적이며, 고층에 적합하다.
② 조적식 구조는 벽돌 등과 같은 조적재인 단일 부재와 접착제를 사용하여 쌓아올려 만든 구조이다.
③ 일체식 구조는 건물의 구조체를 연속적이고 일체가 되게 축조하는 것이다.
④ 습식 구조는 현장에서 물을 사용하는 공정을 가진 구조이다.

※ 가구식 구조
목재, 철골 등과 같은 비교적 가늘고 긴 부재를 조립하여 형성한 구조이며, 가연성이다.

60 제도 용지의 세로(단변)와 가로(장변)의 길이 비율은?

① $1:\sqrt{2}$　　② $2:\sqrt{3}$
③ $1:\sqrt{3}$　　④ $2:\sqrt{2}$

※ 제도용지의 세로와 가로의 길이 비는 $1:\sqrt{2}$로 한다.

정답

01② 02③ 03④ 04② 05③ 06④ 07④ 08③ 09① 10④
11④ 12④ 13④ 14③ 15② 16① 17② 18③ 19④ 20③
21③ 22③ 23③ 24③ 25④ 26① 27④ 28① 29① 30①
31① 32② 33③ 34④ 35④ 36④ 37② 38① 39④ 40①
41③ 42④ 43② 44② 45② 46④ 47② 48③ 49① 50①
51③ 52① 53④ 54② 55② 56④ 57③ 58① 59① 60①

2019년도 제3회

과년도 기출문제

01 다음 중 반간접 조명의 특징으로 옳은 것은?
① 조명 효율이 좋다.
② 설비비가 일반적으로 싸다.
③ 자외선 조명을 할 수 있다.
④ 빛이 부드러우며, 눈의 피로가 적다.

※ 반간접 조명
· 장점 : 조도가 균일하다. 음영이 적다.
　　　　연직인 물건에 대한 조도가 높다.
· 단점 : 조명율이 낮다.
　　　　즉, 조명 효율이 나쁘다. 먼지에 의한 감광이 많다. 천정면 마무리의 良否에 크게 영향을 준다. 음기한 감을 주기 쉽다.
　　　　물건에 대한 입체감을 주지 않는다.

02 균형에는 좌우가 대칭인 (　　)과 좌우가 비대칭인 동적 균형이 있다. 이지적이며, 소극적이고 형식적인 이 균형은 무엇인가?
① 정적균형　　② 비례균형
③ 공간균형　　④ 색채균형

※ 정적균형은 좌우가 대칭이며, 이지적이고 소극적이며 형식적인 균형이다.

03 조명 방식에 따른 분류 중 팬던트, 브라켓은 어떤 조명에 속하는가?
① 장식조명　　② 전반조명
③ 국부조명　　④ 혼합조명

※ 액세사리 라이트
조명기구 자체가 강조되거나 분위기를 살려주는 역할을 하며, 천정에 매달리는 펜던트, 샹들리에, 벽이나 기둥에 부착시키는 브라켓 등으로 상품과의 조화를 고려해서 적절한 것을 선택하여야 한다.

04 게슈탈트(Gestalt) 분리의 법칙중 접근성을 설명한 것은?
① 2개 이상의 시각요소들이 보다 더 가까이 있을 때 그룹으로 지각될 가능성이 크다.
② 형태, 규모, 색채, 질감 등 서로의 요소가 연관되어 패턴으로 보이는 것이다.
③ 유사한 배열이 하나의 묶음으로 지각되는 것이다.
④ 시각적 요소들이 어떤 형상을 지각하는데 있어서 폐쇄된 느낌을 주는 것이다.

※ 게슈탈트의 지각심리중 근접성
보다 더 가까이 있는 2개 또는 둘 이상의 시각요소들은 패턴이나 그룹으로 지각될 가능성 크다는 법칙이다.

05 주거 공간을 기능적으로 꾸미는 디자인은?
① 가구디자인　　② 실내디자인
③ 공업디자인　　④ 시각디자인

※ 실내공간 디자인
실내건축디자인(Interior Architectural Design), 실내디자인(Interior Design), 실내디자인의 디자인 단어를 빼고 실내(Interior, 인테리어)란 뜻으로써 통용되고 있으며 건축물의 내부를 각각의 목적과 용도에 맞게 계획되고 형태화 되는 작업을 뜻하는 것이다.

06 통일이 지나치게 강조된 결과는?
① 권태감　　② 완고함
③ 유쾌함　　④ 개방감

※ 통일이 너무 지나치면 단조롭고 지루한 느낌이다.

07 다음 중 환경디자인과 관련이 없는 것은?
① 쇼핑몰디자인
② 타이포그라피(Typography)
③ 타운플래닝(Town planning)
④ 조경디자인

※ 환경디자인
· 실내디자인 : 사무실, 상점, 병원, 호텔, 레스토랑, 카페, 백화점, 주택, 전시공간 디자인(Display)
· 실외디자인 : 가로시설물 디자인(Street Furniture Design), 공공시설, 픽토그램, 도시환경 디자인, 슈퍼그래픽(Super Graphic)

08 호텔의 공간구성 중 투숙객이나 외래객의 동선이 시작되고 호텔의 중심 기능이며 호텔의 이미지에 크게 영향을 주는 공간은?

① 프론트(Front)　② 그릴(Grill)
③ 로비(Lobby)　④ 연회실

※ 로비(lobby)
호텔 등 큰 건물의 현관으로 통하는 큰 홀. 복도·계단 등에 접하여 응접용·대합용·휴게용·담소용 등을 목적으로 꾸민 칸막이가 없는 공간(space)

09 상점계획에 있어서 통로의 최소 폭으로 적당한 것은?
① 60cm　② 70cm
③ 75cm　④ 90cm

※ 상점의 통로 계획시 최소 폭은 90cm이다.

10 실내 공간에 명도가 높은 색을 사용한 효과로 적절치 않은 것은?
① 실내가 밝고 시원하게 느껴진다.
② 차분하고 아늑한 분위기가 조성된다.
③ 실제보다 넓어 보인다.
④ 경쾌한 분위기가 조성된다.

※ 실내공간에 명도가 높은 색을 사용한 효과로는 밝은 분위기와 실내가 넓어 보인다.

11 실내 조명 설계시 좋은 조명 조건에 맞지 않는 것은?
① 적당한 조도　② 눈부심의 방지
③ 적당한 그림자　④ 유지 및 보수의 편리성

※ 좋은 조명의 조건
· 적당한 조도, 충분한 밝기, 생리적·심리적·경제적으로 알맞는 조도이어야 한다.
· 눈이 부시지 않아야 한다. 시설을 중심으로 30° 범위 내의 눈부심 영역에는 광원을 설치하지 않는 것이 좋다.
· 벽, 기타 주위의 휘도와 작업장소의 휘도와의 알맞은 대비
· 색을 식별할 필요가 있을 때의 적절한 광원의 선택
· 조명의 심리적 효과가 적어야 한다.
· 등기구의 모양이 좋아야 한다. 건축양식과 어울리는 것이 좋다.
· 명암의 대비는 3 : 1 정도가 가장 입체적으로 보인다. 또한 그늘이 없을 때의 조도에 대해서는 명암이 10% 이내이어야 한다.

12 천장과 관련된 내용 중 잘못된 것은?
① 천장 재료에는 섬유질을 압축하여 만든 텍스(tex)라는 것이 있다.
② 낮은 천장은 시원한 공간감을 주나 산만한 경우가 있다.
③ 천장은 인간을 외부로부터 보호해 주는 역할을 한다.
④ 평천장은 가장 일반적인 것으로 단순하여 시선을 거의 끌지 않는다.

※ 낮은 천장은 시원한 공간감을 주지 않는다.

13 다음 중 실내공간의 색채계획을 할 때 무겁게 느껴지는 것은 무엇의 영향 때문인가?
① 색상　② 명도
③ 농도　④ 채도

※ 명도
색의 밝고 어두움의 정도를 의미

14 다음 디자인 원리 중 "디자인이 적용되는 공간에서 인간 및 공간 내에 사물과의 종합적인 연관을 고려하는 공간 관계 형성의 특정 기준"을 말하는 것으로 적당한 것은?
① 대비　② 통일
③ 균형　④ 스케일

※ 스케일은 상대적인 크기 즉, 척도를 말한다. 휴먼스케일은 인간의 신체를 기준으로 파악, 측정하는 척도의 기준을 말한다.

15 주택의 평면 계획에 관한 설명으로 틀린 것은?
① 각 실의 관계가 깊은 것은 인접 시키고 상반 되는 것은 격리 시킨다.
② 침실의 독립성을 확보하고 다른 실의 통로가 되지 않게 한다.
③ 부엌, 욕실, 화장실은 분산 배치하고 외부와 연결한다.
④ 각 실의 방향은 일조, 통풍, 소음, 조망 등을 고려하여 결정한다.

※ 부엌, 욕실, 화장실은 각각 물을 사용하는 공간이므로 같은 곳을 집중 배치하는 코어시스템을 형성한다.

16 다음 중 실내의 음향 계획에 관한 설명으로 옳지 않은 것은?
① 모든 실에서 잔향은 짧을수록 좋다.
② 잔향 시간이 길면 말소리를 듣기 어렵다.
③ 잔향 시간은 실의 용적에 비례한다.
④ 잔향 시간은 실의 흡음력에 반비례한다.

※ 실내 음향계획
· 음이 실내에 골고루 분산되도록 한다.

- 방향(echo), 음의 집중, 공명 등의 음향장애가 없도록 한다.
- 실내 잔향시간은 실용적에 비례하고 흡음력에 반비례한다.
- 강연, 회의실, 연극 등 이야기 소리의 청취를 목적으로 한 실은 잔향시간을 짧게 하여 음성의 명료도를 높인다.
- 오케스트라, 뮤지컬 등 음악을 주로 하는 경우 잔향시간을 길게 하여 음악의 음질을 우선으로 한다.

17 균일한 조도와 눈에 대한 피로가 적으며 차분한 분위기를 만들 수 있는 가장 적합한 조명방식은?
① 직접 조명 ② 국부 조명
③ 간접 조명 ④ 전반확산 조명

※ 간접조명
- 광원의 90~100%를 천장이나 벽에 투사하여 반사, 확산된 광원이다.
- 균일한 조도를 얻을 수 있으며 눈부심이 없다.
- 음영이 가장 적어 부드러운 분위기 조성이 용이하다.
- 조명률이 가장 낮고 경제성이 떨어진다.
- 먼지에 의한 감광이 크고 음산한 분위기를 준다.

18 벽체의 열관류량에 영향을 주는 것으로 가장 거리가 먼 것은?
① 벽체의 무게 ② 벽체 내외의 온도차
③ 벽체의 표면적 ④ 시간

※ 벽체의 무게는 영향을 주지 않는다.

19 인체의 열 손실 중 작은 것부터 큰 순으로 나열된 것은?
① 복사, 증발, 대류 ② 복사, 대류, 증발
③ 대류, 복사, 증발 ④ 증발, 대류, 복사

※ 인체의 열 손실 비율은 복사 45%, 대류 30%, 증발 25% 이다.

20 실내 공기의 간접 오염원인에 속하지 않는 것은?
① 흡연 ② 의복의 먼지
③ 난방기 ④ 습도의 증가

※ 실내 공기의 오염원인
- 재실자외 보행, 작업
- 청소
- 난방기구의 사용
- 실내공기의 건조
- 흡연

21 보통 포틀랜드시멘트의 물리성능 중 응결시간의 기준으로 알맞은 것은?
① 초결 2시간 이상, 종결 20시간 이하.
② 초결 1시간 이상, 종결 10시간 이하.
③ 초결 1시간 이상, 종결 20시간 이하.
④ 초결 2시간 이상, 종결 10시간 이하.

※ 초결 1시간 이상, 종결 10시간 이하이다.

22 점토의 성질에 대한 설명 중 옳지 않은 것은?
① 주성분은 실리카와 알루미나이다.
② 양질의 점토는 습윤 상태에서 현저한 가소성을 나타낸다.
③ 비중은 일반적으로 2.5~2.6 정도이다.
④ 인장강도는 압축강도의 약 5배이다.

※ 점토성질
- 점토의 주성분은 규산(실리카), 알루미나이다.
- 점토의 비중은 2.5~2.6 이다.
- 점토의 비중은 불순물이 많은 점토일수록 작고, 알루미나분이 많을수록 크다.
- 점토의 압축강도는 인장강도의 약 5배 정도이다.
- 양질의 점토는 습윤 상태에서 현저한 가소성을 나타낸다.
- 알루미나가 많은 점토는 가소성이 좋다.
- Fe_2O_3와 기타 부성분이 많은 것은 고급 제품의 원료로 부적당하다.
- 점토에 포함된 성분에 의해 철산화물이 많으면 적색이 되고, 석화물질이 많으면 황색을 띠게 된다.
- 불순물이 많은 것은 고급제품의 원료로 부적당하다.

23 건축재료에 요구되는 일반적인 성질이 아닌 것은?
① 사용목적에 알맞은 품질을 가질 것
② 가공은 힘들어도 좋으나 가격이 저렴하여야 할 것
③ 사용환경에 알맞은 내구성과 보존성을 가질 것
④ 대량생산 및 공급이 가능할 것

※ 건축재료에 요구되는 성질
- 재질이 균일하고 강도가 클 것.
- 내화, 내구성이 클 것.
- 가볍고 큰 재료를 용이하게 얻을 수 있을 것.
- 가공이 용이 할 것.

24 다음 중 암면에 대한 설명으로 틀린 것은?
① 안산암, 사문암 등을 원료로 한다.
② 원료를 고열로 용융시켜 세공으로 분출하는 과정을 거쳐 제작된다.
③ 경질이며 슬레이트나 시멘트판의 재료로 사용된다.
④ 보온, 흡음, 단열성이 우수하다.

※ 암면(岩綿, rock wool)
현무암·안산암·사문암·광제 등의 원료를 전기로 용융시킨 것을 작은 구멍이 있는 분출구로 내뿜으면서 냉수나 압축 공기 등으로 냉각시킨 섬유상의 것. 단열, 보온, 흡음 등에 우수하고 내화성도 있어서 절연재 즉 음이나 열의 차단재로서 널리 쓰임.

25 건축용으로는 글라스섬유로 강화된 평판 또는 판상제품으로 주로 사용되는 플라스틱 재료는?
① 멜라민 수지   ② 폴리에스테르 수지
③ 실리콘 수지   ④ 페놀 수지

※ 폴리에스테르 수지
유리(글라스) 섬유를 보강한 섬유 강화 플라스틱으로(FRP)으로 평판 또는 판상제품이다.
용도 : 아케이드천장, 루버, 칸막이

26 석질이 치밀하고 박판으로 채취할 수 있어 슬레이트로서 지붕, 외벽, 마루 등에 사용되는 석재는?
① 대리석   ② 화강암
③ 부석   ④ 점판암

※ 석재 – 점판암
· 수성암의 일종이다.
· 석질이 치밀하고 슬레이트로 지붕, 외벽, 마루 등에 사용되는 석재이다.

27 다음 중 열가소성 수지는?
① 요소 수지   ② 폴리우레탄 수지
③ 실리콘 수지 ④ 염화비닐 수지

※ 열가소성 수지
· 가열에 연화되어 변형되지만 냉각시키면 다시 굳어진다.
· 염화비닐수지, 폴리에틸렌수지, 폴리프로필렌수지, ABS수지, 아크릴 수지

28 플라스틱 건설재료의 일반적인 성질에 대한 설명 중 틀린 것은?
① 내수성 및 내투습성을 폴리초산비닐 등 일부를 제외하고는 극히 양호하다.
② 전기절연성이 상당히 양호하다.
③ 상호간 계면접착이 잘되나, 금속, 콘크리트, 목재, 유리 등 다른 재료에는 잘 부착되지 않는다.
④ 일반적으로 투명 또는 백색의 물질이므로 적합한 안료나 염료를 첨가함에 따라 다양한 채색이 가능하다.

※ 합성수지 일반적 성질
· 착색이 자유롭다.
· 내약품성이 우수하다.
· 전성, 연성이 크다.
· 가소성, 가공성이 크다.
· 광택이 있다.
· 내산, 내알칼리 등의 내화학성 및 전기 절연성이 우수하다.
· 내수성 및 내투습성은 일부를 제외하고 극히 양호하다.
· 탄력성이 없어 구조재료로 사용이 불가능하다.
· 인장강도가 압축강도보다 매우 작다.

· 강성이 작고, 탄성계수가 강재의 1/20~1/30 이므로 구조재로서 부적합하다.

29 다음 중에서 경화되는 방식임 다른 하나는?
① 시멘트 모르타르
② 돌로마이트 플라스터
③ 혼합석고 플라스터
④ 순석고 플라스터

※ 기경성 미장재료
· 충분한 물이 있더라도 공기 중에서만 경화되고, 수중에서는 굳어지지 않는 재료이다.
· 회반죽, 회사벽, 돌로마이트 플라스터, 진흙

30 조이너(joiner)에 대한 설명으로 옳은 것은?
① 천장, 벽 등에 보드를 붙이고 그 이음새를 감추고 누르는 데 사용된다.
② 계단의 디딤판 끝에 대어 오르내릴 때 미끄러지지 않도록 하는 철물이다.
③ 금속재의 콘크리트용 거푸집으로서 치장 콘크리트에 사용된다.
④ 구조부재 접합에서 2개의 부재접합에 끼워 볼트와 같이 사용하여 전단에 견디도록 한다.

※ 조이너
천장, 벽 등에 보드를 붙이고 그 이음새를 감추고 누르는 데 사용되는 철물이다.

31 응결하기 시작한 콘크리트에 새로운 콘크리트를 이어칠 경우 발생될 수 있는 시공불량의 이음부는?
① 언더컷   ② 치장줄눈
③ 수축줄눈   ④ 콜드 포인트

※ 콜드 포인트
응결하기 시작한 콘크리트에 새로운 콘크리트를 이어칠 경우 발생될 수 있는 시공불량의 이음부이다.

32 목재의 재료적 특성에 해당되지 않는 것은?
① 열전도율과 열팽창율이 적다.
② 가연성이 크고 내구성이 부족하다.
③ 풍화마멸에 잘 견디며 마모성이 작다.
④ 음의 흡수 및 차단성이 크다.

※ 목재 재료적 특징
· 열전도율과 열팽창률이 작다.
· 음의 흡수 및 차단성이 크다.
· 가연성이 크고 내구성이 부족하다.
· 충해 및 풍화로 인해 부패하므로 비내구적이다.

33 거푸집에 자갈을 넣은 다음 골재사이에 모르타르를 압입하여 콘크리트를 형성해 가는 공법은?
① 프리팩트 콘크리트 ② PS콘크리트
③ 폴리머 콘크리트 ④ 유동화 콘크리트

※ 프리팩트 콘크리트(prepact concrete)
구축한 콘크리트 구조물을 거푸집 속에 미리 조골재 만으로 채우고 그 공간을 모르타르로 채워 사용 소요의 강도, 불투수성 및 내구성을 갖도록 한 특수 시공법으로 만들어진 콘크리트로 보통 콘크리트를 치기 곤란한 장소에서도 쉽게 할 수 있다.

34 점토제품 중 테라코타의 주된 용도는?
① 단열재 ② 장식재
③ 구조재 ④ 방수재

※ 테라코타
· 속을 비게하여 소성한 제품으로서 난간벽, 기둥주두, 돌림띠, 창대 등에 사용한다.
· 일반 석재보다 가볍고, 압축강도는 화강암의 1/2 정도이다.
· 거의 흡수성이 없고 색조가 자유롭고, 모양을 임의로 만들 수 있다.
· 소성제품이므로 변형이 생기기 쉽다.
· 구조용과 장식용이 있으나, 주로 장식용으로 사용된다.

35 건축용 강화판유리에 대한 설명으로 틀린 것은?
① 강도는 보통유리의 3~5배 정도이다.
② 현장에서 가공 절단이 불가능하므로 열처리 전에 소요치수대로 절단가공해야 한다.
③ 파괴되어도 세립상으로 되기 때문에 부상을 입는 일이 적다.
④ 유리를 100~200℃로 가열 후, 특수장치를 이용하여 균등하게 급격 냉각시켜 제작한다.

※ 강화유리(强銷子, tempered glass)
고열에 의한 특수 열처리로 기계적 강도를 향상시킨 특수유리로 일반유리에 비해 강도가 3~5배이다. 성형 유리판을 약 600℃로 가열, 공기를 뿜어 급냉시켜서 만든다. 깨지더라도 조각이 모나지 않게 콩알 모양으로 부수어 진다. 가공이 불가능하므로 제작전에 나사구멍, 절단 등의 작업을 하여야 한다. 건축용·산업용으로 많이 쓰인다.「강철유리」(鋼鐵, steel glass)라고도 하며, 또한 가공 조작상「급냉유리」라고도 함. 인장강도: 2,000kg/cm² 정도(보통유리는 600kg/cm²), 경도: 7정도, 휨강도: 보통유리의 20배 정도. 일반유리와 외관은 같고, 내충격·내압강도·휨성이 크고, 내열성도 우수(200℃에서 깨지지 않음)·급격한 온도에도 견디며 파편에 의한 부상이 거의 없이 안전성이 있음. 두께 5~12mm, 12mm짜리는 절단 불가이므로 열처리 전에 소요치수로 절단을 요함.

36 다음 중 고로슬래그 시멘트의 특징으로 틀린 것은?
① 수화열량이 적다.
② 매스콘크리트용으로 사용할 수 있다.
③ 초기강도가 작다.
④ 해수 등에 대한 내식성이 없다.

※ 고로시멘트(slag cement)
광재(鑛滓)와 클린커를 혼합한 포틀랜드 시멘트로 광재 시멘트·슬래그 시멘트라고도 한다. 비중은 2.95~3.00으로 규격상 2.85 이상을 요한다. 해수, 상하수도, 지중 공사에 적합함.

37 합판의 특성에 대한 설명으로 틀린 것은?
① 함수율 변화에 따른 팽창·수축의 방향성이 없다.
② 뒤틀림이나 변형이 적은 비교적 큰 면적의 평면 재료를 얻을 수 있다.
③ 얇은 판을 겹쳐서 만드므로 목재 고유의 아름다운 무늬를 얻을 수 없다.
④ 곡면가공을 하여도 균열이 생기지 않는다.

※ 목재 - 합판
· 단판(베니어)을 1장마다 섬유방향과 직교되게 3, 5, 7, 9 등의 홀수 겹으로 겹쳐 접착제로 붙여댄 것이다.
· 균일한 강도의 재료를 얻을 수 있다.
· 함수율 변화에 따른 팽창. 수축의 방향성이 없다.
· 뒤틀림이나 변형이 적은 비교적 큰 면적의 평면 재료를 얻을 수 있다.

38 석재의 표면가공순서로 맞는 것은?
① 혹두기-정다듬-도드락다듬-잔다듬-물갈기
② 혹두기-도드락다듬-정다듬-잔다듬-물갈기
③ 혹두기-잔다듬-정다듬-도드락다듬-물갈기
④ 혹두기-정다듬-잔다듬-도드락다듬-물갈기

※ 석재 가공 순서
혹두기-정다듬-도드락다듬-잔다듬-거친 갈기·물갈기

39 각종 도료의 일반적인 성질에 대한 설명 중 옳지 않은 것은?
① 합성수지도료는 건조시간이 빠르고 도막이 견고하다.
② 수성페인트는 내수성이 없고 광택이 없는 것이 특징이다.
③ 에나멜페인트는 도막이 견고하고 내후성과 내수성이 좋다.
④ 유성페인트는 내후성과 내알칼리성이 뛰어나다.

※ 유성페인트(안료+보일드유+희석재)
· 안료와 건조성 지방유를 주 원료로 한다.
· 붓 바름 작업성 및 내후성이 우수하다.
· 건조시간이 길다.
· 내알칼리성이 약하므로 콘크리트 바탕 면에 사용하지 않는다.

40 타일에 대한 설명 중 틀린 것은?
① 타일을 용도에 의해 분류하면 내장, 외장, 바닥타일로 구분한다.
② 모자이크 타일은 일반적으로 석기질이다.
③ 보오더 타일(boader tile)은 특수형 타일로 가늘고 긴 형태이다.
④ 타일은 대부분 내구성이 크고 흡수율이 작다.

※ 모자이크 타일
정방형, 장방형, 다각형 등과 여러 색의 무늬가 있으며 소형의 자기질 타일이다.

41 목구조에서 기둥과 기둥에 가로대어 창문틀의 상하벽을 받고 하중은 기둥에 전달하며 창문틀을 끼워 대는 뼈대가 되는 것은?
① 가새   ② 버팀대
③ 인방   ④ 토대

※ 인방(lintel)
출입구, 창의 개구부, 바로 위의 벽을 받치기 위해서 걸쳐진 콘크리트, 돌 혹은 steel의 수평부재. 기둥과 기둥에 가로대어 창문틀의 상하벽을 받고 하중은 기둥에 전달하여 창문틀을 끼워 댈 때 뼈대가 되는 것. 벽의 위쪽에 있는 것을 상인방(lintel)중간에 있는 것을 중인방 또는 중방, 하부에 있는 것을 하인방 또는 하방. 지방이라 하며 창밑의 것을 창대(window sill), 문밑의 것을 문지방이라 함. 인방의 크기는 기둥사이가 2m 정도면 기둥의 2/3정도로 하지만 기둥이 그 이상거리가 되면 기둥과 같은 것을 쓰거나 중간에 달대공을 넣음. 트러스로 짤 때도 있음. 양끝은 빗턱통 넣고 장부맞춤. 꺽쇠 또는 띠쇠 등으로 보강함.

42 강철제문을 나타내는 표시기호로 적합한 것은?

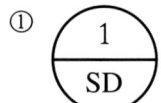

※ 강철제문: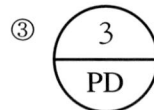

43 다음 중 벽돌구조에서 내력벽으로 둘러싸인 부분의 최대 바닥면적은?
① 50m²   ② 70m²
③ 80m²   ④ 100m²

※ 벽돌구조에서 내력벽으로 둘러싸인 바닥 면적은 80m²를 넘을 수 없다.

44 벽돌구조의 특징에 대한 설명 중 옳지 않은 것은?
① 내화, 내구적이다.
② 풍압력 및 수평력에 강하다.
③ 공사기간이 짧다.
④ 균열이 생기기 쉽다.

※ 벽돌구조의 장점
· 내화, 내구, 방화적
· 방한, 방서
· 외관장중, 시공이 간단하다.

45 철근콘크리트 압축부재에 대한 설명으로 틀린 것은?
① 띠철근 압축부재 단면의 최소 치수는 200mm 이다.
② 압축부재의 축방향 주철근의 최소 개수는 직사각형 띠철근 내부의 철근의 경우 4개이다.
③ 띠철근 압축부재의 단면적은 60,000mm² 이상이어야 한다.
④ 띠철근이나 나선철근은 D16 이하의 철근을 사용하여서는 안된다.

※ 띠철근이나 나선철근은 D10 이상, D16 이하의 철근을 사용하여야 한다.

46 일체식 구조 중 하나로 내구성, 내화성, 내진성이 우수하지만 자중이 무겁고 시공 과정이 복잡하며 공사기간이 긴 단점이 있는 구조는?
① 철골구조   ② 목구조
③ 철근콘크리트구조 ④ 블록구조

※ 철근콘크리트구조
· 내화, 내구, 내진적이다.
· 설계가 자유롭고, 고층건물이 가능하다.
· 장스팬은 불가능하다.
· 구조물을 완성후 내부 결함의 유무를 검사하기 어렵다.
· 균열이 쉽게 발생한다.
· 철근과 콘크리트는 선팽창계수가 거의 같다.
· 자중이 무겁고, 시공기간이 길다.
· 콘크리트 자체의 압축력이 매우 크다.

47 제도용지 A₀의 1/4에 해당하는 크기는?
① A₂   ② A₃
③ A₄   ④ A₆

※ 제도용지규격
· A0 : 841×1189 / A2 : 420×594

48 다음 중 건축설계도면에서 배경을 표현하는 목

적과 가장 관계가 먼 것은?
① 건축물의 스케일감을 나타내기 위해서
② 건축물의 용도를 나타내기 위해서
③ 건축물 내부 평면상의 동선을 나타내기 위해서
④ 주변대지의 성격을 표시하기 위해서

※ 배경표현 목적
배경을 표현하면 나타내고자 하는 공간의 용도와 스케일감 및 주변의 대지 성격을 나타낼 수 있어 건물을 이해하는데 도움이 된다.

49 목조 왕대공 지붕틀에서 압축력과 휨모멘트를 동시에 받는 부재는?
① 왕대공   ② ㅅ자보
③ 달대공   ④ 평보

※ ㅅ자 보(principal rafter)
양식 지붕틀에서 지붕 보와 함께 트러스의 삼각형을 형성하는 경사재로 중도리를 받는다. 왕대공 지붕틀, 쌍대공 지붕틀 등에 평보와 대공머리에 걸어 중도리를 받는 경사재. 간단히 「principal」이라고도 함.

50 철근 이음에 대한 설명 중 틀린 것은?
① 응력이 큰 곳은 피하고 한 곳에 집중하지 않도록 한다.
② 겹침이음, 용접이음 등이 있다.
③ D35를 초과하는 철근은 겹침이음으로 하여야 한다.
④ 인장력을 받는 이형철근의 겹침이음길이는 300mm 이상이어야 한다.

※ 겹친이음
두 부재를 단순히 겹치게 대고 볼트, 큰 못, 산지 등으로 보강한 이음

51 건축물의 구성 요소 중 구조재에 해당하지 않는 것은?
① 천장   ② 기둥
③ 벽   ④ 기초

※ 건축물 구조재에는 기초, 기둥, 보, 바닥 및 벽 등이 있고, 비구조재에는 천장, 수장 등과 같은 마감재부분이 있다.

52 다음 중 목구조에서 쪽매의 연결이 틀린 것은?
① 반턱쪽매
② 빗쪽매
③ 제혀쪽매
④ 틈막이대쪽매

※ 틈막이대쪽매 :

53 개구부 상부의 하중을 지지하기 위하여 돌이나 벽돌을 곡선형으로 쌓아올린 구조는?
① 벽식 구조   ② 골조 구조
③ 아치 구조   ④ 트러스 구조

※ 아치(ARCH)
· 돌이나 벽돌 등을 쌓아 올려서 상부에서 오는 직압력을 개구부 양측으로 전달되게 한 것으로 부재의 하부에 인장력이 생기지 않게 한 것.
· 아치의 형상은 정삼각형 또는 이등변삼각형에 가까운 원형이 효과적
· 조적벽체에 걸리는 하중은 45~60°
· 창문너비가 1.2m 정도일 때 평아치 사용
· 문골의 너비가 1.8m 이상일 때 인방보 사용
· 아치는 스팬이 1.5m 이내일 때 아치의 높이는 스팬의 1/10 이상으로 한다.

54 철골조립보 중 상하플랜지에 ㄱ형강을 쓰고 웨브재로 평강을 45°, 60° 또는 90° 등의 일정한 각도로 접합한 것은?
① 허니콤보   ② 플레이드보
③ 래티스보   ④ 비렌딜거더

※ 래티스보
트러스보와 엄밀히 구별하기 어려우나 웨브재로 평강을 45°~60° 등의 일정한 각도로 조립한 보.

55 기둥의 띠철근 수직간격 기준으로 옳은 것은?
① 철선 지름의 25배 이하
② 띠철근 지름의 16배 이하
③ 축방향 철근 지름의 36배 이하
④ 기둥 단면의 최소 치수 이하

※ 띠철근의 간격은 기둥의 최소 치수 이하, 주근 지름의 16배, 띠철근 지름의 48배 이하, 30cm 이하 중 가장 작은 값으로 배근한다.

56 벽돌 쌓기법 중 가장 튼튼한 쌓기법으로 통줄눈이 생기지 않으며, 내력벽을 만들 때 많이 이용되는 것은?
① 영국식 쌓기   ② 프랑스식 쌓기
③ 네덜란드식 쌓기   ④ 미국식 쌓기

※ 영국식 쌓기
· 한 켜는 길이, 다음 켜는 마구리로 쌓는 방법
· 마구리 켜의 모서리에 반절 또는 이오토막을 사용해서 통줄눈이 생기는 것을 막는다.
· 가장 튼튼한 쌓기 공법

57 철골구조의 판보에서 커버 플레이트의 장수는 최

대 몇 장 이하로 하는가?
① 1장 ② 2장
③ 3장 ④ 4장

※ 철골구조의 판보에서 커버 플레이트는 4장 이하로 겹쳐대고 플랜지보다 얇은 두께를 사용한다.

58 건축제도의 치수 기입에 관한 설명 중 틀린 것은?
① 협소한 간격이 연속될 때에는 인출선을 사용하여 치수를 쓴다.
② 치수는 특별히 명시하지 않는 한 마무리 치수로 표시한다.
③ 치수 기입은 치수선에 평행하게 도면의 왼쪽에서 오른쪽으로, 아래로부터 위로 읽을 수 있도록 기입한다.
④ 치수 기입은 항상 치수선 중앙 아랫 부분에 기입하는 것이 원칙이다.

※ 건축제도통칙 – 치수
· 치수의 단위는 mm로 하고, 단위는 생략한다.
· 치수는 특별히 명시하지 않는 한 마무리 치수로 한다.
· 치수기입은 치수선 중앙 윗부분에 기입하는 것이 원칙이다.
· 협소한 간격이 연속 될 때에는 인출선을 사용하여 치수를 쓴다.
· 전체 치수를 바깥쪽에, 부분 치수는 안쪽에 기입한다.
· 치수기입은 치수선에 평행하게 도면의 왼쪽에서 오른쪽으로, 아래로부터 위로 읽을 수 있도록 기입한다.
· 치수선의 양 끝 표시는 화살 또는 점으로 표시할 수 있으며, 같은 도면에서 2종을 혼용할 수 없다.

59 척도에 관한 설명으로 옳은 것은?
① 축척은 실물보다 크게 그리는 척도이다.
② 실척은 실물보다 작게 그리는 척도이다.
③ 배척은 실물과 같게 그리는 척도이다.
④ NS(No Scale)는 비례적이 아닌 것을 뜻한다.

※ 척도
도면의 척도에는 배척, 실척, 축척의 3종류가 있으며 건축에서는 축척이 사용된다.
· 배척 - 도면에 그린 크기가 실물의 크기보다 클 경우의 확대 비율.
· 실척 - 물체의 크기를 실제 그대로 자로 재어 나타냄.
· 축척 - 실제 크기, 길이와의 비율. 몇천분의 일, 몇만분의 일로 표시한다.

60 건축물의 투시도법에 쓰이는 용어에 대한 설명 중 틀린 것은?
① 화면(Picture Plane, P.P.)은 물체와 시점 사이에 기면과 수직한 직립 평면이다.
② 수평면(Horizontal Plane, H.P.)은 눈의 높이에 수평한 면이다.
③ 수평선(Horizontal Line, H.L.)은 기면과 화면의 교차선이다.
④ 시점(Eye Point, E.P.)은 보는 사람의 눈 위치이다.

※ 투시도 용어
① 화면(Picture Plane, P.P.) : 물체와 시점 사이에 기면과 수직한 직립평면
② 수평면(Horizontal Plane, H.P.) : 눈의 높이에 수평선
③ 수평선(Horizontal Line, H.L.) : 수평면과 화면의 교차선
④ 시점(Eye Point, E.P.) : 보는 사람의 눈 위치

정답

01④ 02① 03① 04① 05② 06① 07② 08③ 09④ 10②
11④ 12② 13② 14④ 15③ 16① 17③ 18① 19④ 20④
21② 22④ 23② 24③ 25② 26④ 27④ 28③ 29② 30①
31④ 32③ 33① 34② 35④ 36④ 37③ 38① 39④ 40②
41③ 42① 43③ 44② 45④ 46③ 47① 48③ 49② 50②
51① 52④ 53③ 54③ 55④ 56① 57④ 58④ 59④ 60③

2019년도 제4회 과년도 기출문제

01 인테리어 디자인의 목표로 거리가 먼 것은?
① 쾌적한 인간생활의 환경조성
② 기능적, 미학적, 심리적 문제해결
③ 독자적인 개성표현
④ 최대의 공사비로 최대의 실내공간 연출

※ 최소한의 자원을 투입하여 거주자가 최대로 만족할 수 있도록 해야 한다.

02 냉·난방상 가장 유리한 천장의 형태는?
① 높이가 높은 아치형 천장
② 천장면이 경사진 경사 천장
③ 천장면이 꺾인 꺾임형 천장
④ 높이가 낮은 평평한 평형 천장

※ 천장이 낮을수록 에너지 효율이 좋다.

03 디자인 요소에서 비례에 관한 설명으로 옳지 않은 것은?
① 조형을 구성하는 모든 단위의 크기를 결정한다.
② 단순하면서도 복잡하여 보는 사람에게 강한 인상을 준다.
③ 객관적 질서와 과학적 근거를 명확하게 드러내는 형식이다.
④ 보는 사람의 감정을 직접적으로 호소하는 힘을 가지고 있다.

※ 비례
부분과 부분 및 부분과 전체 사이에 바람직한 비례를 주면 균형이 잡힌다. 비례는 기능과 밀접한 관계를 갖고 있으며, 자연 형태나 인의 형태속에서 쉽게 찾아볼 수 있으며 이에 대한 이론의 대표적인 것으로는 황금비율이 있다.

04 황금비와 황금비 직사각형이 사용된 대표적인 건축물은?
① 법주사 팔상전   ② 불국사
③ 파르테논 신전   ④ 피사의 탑

※ 파르테논 신전(Temple of Parthenon)
그리스 아테네의 아크로폴리스(Acropolis)언덕에 있는 신전이다. 기원전 5세기경에 건축된 것으로 도리아식 신전의 대표적인 건축일 뿐 아니라 구조, 장식, 의장, 기술 등에 있어 그리스 건축의 가장 빛나는 걸작이다.

05 매장 계획에서 안경점, 양품점, 문방구점 등에 적당한 진열의 배치 방식은?
① 복합형   ② 굴절 배열형
③ 직렬 배열형   ④ 환상 배열형

※ 굴절 배열형
· 진열 케이스의 배치와 고객 동선이 굴절 또는 곡선으로 구성되는 대면 판매와 측면 판매 방식이 조합된 형식
· 양품점, 안경점, 모자점, 문방구점

06 조형요소에 관한 설명으로 옳지 않은 것은?
① 곡면-온화하고 동적인 표정
② 기하곡선-정리되었거나 경직된 느낌
③ 자유곡면-자유 분방하고 풍부한 감정 표현
④ 경사면-안정감과 고결함을 나타냄

※ 경사면 - 동적, 불안정한 느낌을 표현할 수 있다.

07 탈근대주의라고도 하며 1970년대 서유럽에서 시작하여 모더니즘의 문제와 폐단을 해결하고 인간성 회복과 조화를 주장하고 기능주의에 반대하고자 했던 개혁주의 운동은?
① 다다이즘   ② 포스트모더니즘
③ 구성주의   ④ 미래주의

※ 포스트모더니즘(post-modernism)
모더니즘의 계율로부터 이탈한 건축과 디자인의 양식적 경향을 구별하기 위해 불리는 신조어. 괴상망측하여 상도(常道)를 벗어난 장식, 은유(隱喩)로써의 역사주의, 그리고 어떤 변덕스러운 내용이 이 흐름의 특색이다.

08 다음 중 셸터(shelter)계 가구는?
① 의자   ② 책상
③ 작업대   ④ 벽장, 옷장

※ 벽장, 옷장은 정리수납용 가구(건축계 가구)이다.

09 쾌적한 조명을 위한 조건이 아닌 것은?
① 눈부심이 없어야 한다.
② 주변에 적절한 밝기를 유지한다.
③ 강한 전반조명을 피하고 부분조명을 부여한다.
④ 마감재, 가구 등에 색상이 반대가 되는 조명기구를 설치한다.

※ 좋은 조명의 조건
· 적당한 조도, 충분한 밝기, 생리적·심리적·경제적으로 알맞는 조도이어야 한다.
· 눈이 부시지 않아야 한다. 시설을 중심으로 30°범위 내의 눈부심 영역에는 광원을 설치하지 않는 것이 좋다.
· 벽, 기타 주위의 휘도와 작업장소의 휘도와의 알맞는 대비
· 색을 식별할 필요가 있을 때의 적절한 광원의 선택
· 조명의 심리적 효과가 적어야 한다.
· 등기구의 모양이 좋아야 한다. 건축양식과 어울리는 것이 좋다.
· 명암의 대비는 3 : 1 정도가 가장 입체적으로 보인다. 또한 그늘이 없을 때의 조도에 대해서는 명암이 10% 이내이어야 한다.

10 이동식 창 중 열리는 공간만큼 여유 공간이 필요한 창은?
① 루버창   ② 여닫이창
③ 고창   ④ 미서기창

※ 여닫이창
여닫이로 되어 있는 창 또는 창의 측면에 경첩을 달아 여닫게 되어 있는 창으로 개구부가 모두 열릴 수 있다.

11 좁은 공간에서 시각적으로 넓어 보이게 하려면 어떤 질감(texture)의 내용을 선택하는 것이 좋은가?
① 매끈한 질감의 유리
② 굴곡이 많은 석재
③ 털이 긴 카페트
④ 거친 표면의 목재

※ 시각적으로 넓게 보이는 질감
· 무늬가 큰 것보다는 작은 것을 사용한다.
· 어두운 색보다는 밝은 색을 사용한다.
· 창문이나 문을 통해 시선을 바깥으로 연결한다.
· 바닥 차가 없고 투명한 유리나 플라스틱으로 매끈한 재질을 사용한다.

12 백화점은 외벽을 창 없이 계획을 한다. 그 이유로서 틀린 것은?
① 실내 면적 이용도가 높아진다.
② 조도를 균일하게 할 수 있다.
③ 정전, 화재시 유리하다.
④ 외측에 광고물의 부착효과가 있다.

※ 정전·화재시 외벽에 창이 없으면 신속한 대피가 힘들다.

13 실내투시도 작도시의 용어 설명으로 옳은 것은?
① G.L : 수평선   ② H.L : 소점
③ E.L : 바닥선   ④ S.P : 관찰자의 위치

※ 투시도의 용어
· G.L(Ground Line)기선 : 기면과 화면이 접하는 선
· H.L(Horizontal Line)수평선 : 화면에 대한 시점 높이와 같은 수평선, E.L(Eye Level)이라고도 한다.
· E.P(Eye Point)시점 : 대상물을 보는 사람의 눈 위치
· S.P(Standing Point)입점 : 관찰자의 위치

14 상업공간의 실내계획 중 실시설계 단계에서 요구되지 않는 것은?
① 재료마감과 시공법의 확정
② 집기의 선정
③ 기본설계에 필요한 프로그래밍의 작성
④ 관련디자인의 토탈 코디네이트

※ 기본 계획에서는 전체 설정으로 기념 개념을 제안, 작성하여 프로그래밍의 작성을 한다.

15 건축물에서 공통되는 요소에 의해 전체를 일관되게 보이는 디자인 요소는?
① 통일   ② 변화
③ 율동   ④ 균제

※ 통일
· 디자인 요소의 반복이나 유사성, 동질성에 의해 얻어지는 효과이며 이질의 각 구성요소들이 전체로서 동일한 이미지를 갖게 하고, 공동되는 요소에 의해 전체를 일관되게 보이도록 하는 디자인 요소
· 변화와 함께 모든 조형에 대한 미의 근원이다.
· 디자인 대상의 전체에 미적 질서를 주는 기본원리로 모든 형색의 출발점이다.

16 건축물에서 에너지절약을 위한 방법으로 가장 적절한 방법은?
① 모든 창문을 가급적 크게 한다.
② 환기량을 증가시킨다.
③ 건축물의 방위를 남향으로 한다.
④ 북쪽의 창을 크게 하여 여러개를 배치한다.

※ 건축물의 에너지절약 설계기준 단열계획
· 외벽 부위는 외단열로 시공한다.
· 건물의 창호는 가능한 작게 설계하고, 특히 열손실이 많은 북 측의 창

면적을 최소화 한다.
- 외피의 모서리 부분은 열교가 발생하지 않도록 단열재를 연속적으로 설치하고 충분히 단열되도록 한다.
- 건물의 옥상에는 조경을 하여 최상층 지붕의 열 저항을 높인다.

17 음속(소리를 빠르기)에 가장 크게 영향을 주는 것은?
① 진동수   ② 음의 세기
③ 온도의 변화   ④ 기압의 변화

※ 온도의 변화는 음속에 가장 큰 영향을 준다.

18 이산화탄소가 공기 오염의 지표가 되는 이유는?
① 이산화탄소가 인체에 유독한 영향을 끼치기 때문에
② 이산화탄소량에 비례하여 공기의 성상이 변하기 때문에
③ 이산화탄소는 악취가 나기 때문에
④ 이산화탄소는 피부를 자극하기 때문에

※ 이산화탄소량에 비례하여 공기의 성상은 변한다.

19 다음 인체의 열손실 중 가장 큰 것은?
① 대류
② 복사
③ 증발
④ 대류, 복사, 증발 모두 마찬가지다.

※ 인체의 열손실
- 인체표면의 열복사로 열손실
- 인체주위의 공기대류에 의한 열손실
- 인체표면이 땀에 젖어 수분 증발로 열손실
- 복사, 대류로 열발산(헌열), 증발에 의한 잠열(숨은열)이라 한다.
- 비율은 복사 45%, 대류 30%, 증발 25%

20 건축물에서 차양, 루버 등을 이용하는 가장 주된 이유는 무엇인가?
① 기온조절   ② 습도조절
③ 환기조절   ④ 일조조절

※ 일광 조절장치
루버, 커튼, 블라인드, 차양, 발코니 및 처마 등이 있다.

21 합판의 특성에 대한 설명 중 옳지 않은 것은?
① 단판의 매수는 일반적으로 3겹, 5겹, 7겹 등 홀수 매수로 한다.
② 단판을 서로 직교시켜 붙인 것으로 방향에 따른 강도의 차가 적다.
③ 함수율 변화에 따른 팽창·수축의 방향성이 없다.
④ 너비가 큰 판을 얻을 수 있지만 곡면판으로 만들 수는 없다.

※ 목재 - 합판
- 단판(베니어)을 1장마다 섬유방향과 직교되게 3, 5, 7, 9 등의 홀수 겹으로 겹쳐 접착제로 붙여댄 것이다.
- 균일한 강도의 재료를 얻을 수 있다.
- 함수율 변화에 따른 팽창. 수축의 방향성이 없다.
- 뒤틀림이나 변형이 적은 비교적 큰 면적의 평면 재료를 얻을 수 있다.

22 악취가 나고, 흑갈색으로 외관이 불미하므로 눈에 보이지 않는 토대, 기둥, 도리 등에 이용되는 목재의 유성 방부제는?
① 황산동 1% 용액   ② PCP
③ 페인트   ④ 크레오소트 오일

※ 크레오소트 오일(Creosote Oil)
- 유성방부제이다.
- 색이 흑갈색이라 미관을 고려하지 않는 외부에 쓰이고 가격이 저렴하다.
- 도장이 불가능하며, 자극적인 냄새가 나므로 실내에서는 사용할 수 없다.
- 방부력이 우수하고, 내습성이 있다.
- 토대, 기둥, 도리 등에 사용한다.

23 이오토막 벽돌의 치수를 옳게 나타낸 것은? (단, 표준형 벽돌이며 단위는 mm이다.)
① 142.5×90×57   ② 47.5×90×57
③ 190×45×57   ④ 95×45×57

※ 이오토막 벽돌의 치수
47.5×90×57

24 다음 중 목재에 관한 설명으로 틀린 것은?
① 비내화적이므로 화재에 약하다.
② 흡수성이 크고 신축변형이 크다.
③ 열전도도가 낮아 여러 가지 보온재로 사용된다.
④ 섬유포화점 이하에서는 함수율이 감소할수록 강도도 감소한다.

※ 목재의 강도는 섬유포화점 이하에서는 함수율이 감소하면 강도는 증가하고 섬유포화점 이상에서는 불변한다.

25 다음의 유리제품에 대한 설명 중 옳지 않은 것은?
① 열선흡수유리는 단열유리라고도 하며 태양광선 중의 장파 부분을 흡수한다.
② 강화유리는 열처리한 판유리로 강도가 크고 파괴

시 작은 파편이 되어 분쇄된다.
③ 복층유리는 방음, 단열 효과가 크며 결로 방지용으로도 우수하다.
④ 망입유리는 유리 성분에 착색제를 넣어 색깔을 띄게 한 유리이다.

※ 망입유리
유리 내부에 금속망을 삽입하고 압착 성형한 판유리.

26 내화도가 낮아 고열을 받는 곳에는 적당하지 않지만, 견고하고 대형재의 생산이 가능하며 바탕색과 반점이 미려하여 구조재, 내·외장재로 많이 사용되는 것은?

① 화강암 ② 응회암
③ 부석   ④ 점판암

※ 화강암
· 질이 단단하다.
· 내구성 및 강도가 크다.
· 외관이 수려하다.
· 절리의 거리가 비교적 커서 대재를 얻을 수 있다.
· 함유광물의 열팽창계수가 다르므로 내화성이 약하다.

27 석회, 규산을 주성분으로서 현무암, 안산암, 사문암을 고열로 용융시켜 선상으로 만들고, 이를 냉각시켜 섬유화한 것은?

① 암면   ② 질석
③ 펄라이트 ④ 트래버틴

※ 암면(岩綿, rock wool)
현무암·안산암·사문암·광제 등의 원료를 전기로 용융시킨 것을 작은 구멍이 있는 분출구로 내뿜으면서 냉수나 압축 공기 등으로 냉각시킨 섬유상의 것. 단열, 보온, 흡음 등에 우수하고 내화성도 있어서 절연재 즉 음이나 열의 차단재로서 널리 쓰임.

28 수화속도를 지연시켜 수화열을 작게 한 시멘트로 댐공사나 건축용 매스콘크리트에 사용되는 시멘트는?

① 초조강 포틀랜드 시멘트
② 조강 포틀랜드 시멘트
③ 중용열 포틀랜드 시멘트
④ 백색 포틀랜드 시멘트

※ 중용열포틀랜드시멘트
· 시멘트의 발열량을 저감시킬 목적으로 제조한 시멘트
· 수화열이 작고 화학저항성이 일반적으로 크다.
· 내산성이 우수하며, 내구성이 좋다.
· 댐 콘크리트, 도로포장, 매스콘크리트용으로 사용된다.

29 돌로마이트 플라스터에 대한 설명 중 옳지 않은 것은?

① 소석회에 비해 작업성이 좋다.
② 변색, 냄새, 곰팡이가 생기지 않는다.
③ 회반죽에 비하여 조기강도 및 최종강도가 크다.
④ 미장재료 중 건조수축이 가장 작아 수축 균열이 생기지 않는다.

※ 돌로마이트 플라스터
· 기경성이며, 돌로마이트, 석회, 모래, 여물 때로는 시멘트를 혼합하여 만든 미장재료이다.
· 소석회보다 점성이 높다.
· 응결시간이 길어 바르기가 용이하다.
· 건조, 경화 시 수축률이 커서 균열이 생긴다.
· 이산화탄소와 화합하여 경화한다.

30 다음 중 열경화성 수지에 속하는 것은?

① 페놀 수지   ② 아크릴 수지
③ 폴리아미드 수지 ④ 염화비닐 수지

※ 열경화성 수지
· 가열 후 굳어져서 다시 가열해도 연화되거나 녹지 않는다.
· 페놀수지, 요소수지, 멜라민수지, 알키드수지, 폴리 에스틸수지, 폴리 우레탄수지, 실리콘수지, 에폭시수지

31 다음 중 PS 콘크리트에 주로 쓰이는 철선은?

① PC 강선   ② 이형철근
③ 강봉   ④ 경량 형강

※ 프리스트레스 콘크리트는 콘크리트 속에 철근 대신 강도 높은 PC 강재에 의해 프리스트레스를 도입한 철근 콘크리트의 일종인데, PC 강재는 PC강선, 이형 PC 강선 및 PC 강 끈과 PC 봉강 및 이형 PC 봉강을 사용하며 품질은 한국공업규격(KS D 7002)에서 정한 규격품 또는 동등 이상의 품질을 가진 것을 사용한다.

32 단열재의 특성 중 옳지 않은 것은?

① 단열재는 열전도율이 적은 재료를 사용한다.
② 단열재료의 대부분은 흡음성도 우수하다.
③ 단열재료는 보통 다공질 재료가 많다.
④ 단열재료는 역학적인 강도가 크다.

※ 단열재 구비조건
· 다공질 재료가 많다.
· 역학적인 강도가 작다.
· 수증기의 투과율이 낮아야 한다.
· 흡수율과 열전도율이 낮아야 한다.
· 흡음성이 우수하다.

33 목재의 기건상태의 함수율은?
① 0% ② 약 15%
③ 약 30% ④ 약 50%

※ 기건상태
목재를 건조하여 대기 중에 습도와 균형상태가 된 것이며, 함수율을 약 15% 정도가 되는 상태이다.

34 점토에 대한 설명 중 옳지 않은 것은?
① 점토의 비중은 일반적으로 2.5~2.6 정도이다.
② 점토 입자가 미세할수록 가소성은 나빠진다.
③ 압축강도는 인장강도의 약 5배 정도이다.
④ 점토의 주성분은 실리카와 알루미나이다.

※ 점토성질
- 점토의 주성분은 규산(실리카), 알루미나이다.
- 점토의 비중은 2.5~2.6이다.
- 점토의 비중은 불순물이 많은 점토일수록 작고, 알루미나분이 많을수록 크다.
- 점토의 압축강도는 인장강도의 약 5배 정도이다.
- 양질의 점토는 습윤 상태에서 현저한 가소성을 나타낸다.
- 알루미나가 많은 점토는 가소성이 좋다.
- Fe_2O_3와 기타 부성분이 많은 것은 고급 제품의 원료로 부적당하다.
- 점토에 포함된 성분에 의해 철산화물이 많으면 적색이 되고, 석화물질이 많으면 황색을 띠게 된다.
- 불순물이 많은 것은 고급제품의 원료로 부적당하다.

35 석재의 일반적 성질에 대한 설명 중 옳지 않은 것은?
① 석재는 압축강도에 비해 인장강도가 특히 크다.
② 일반적으로 흡수율이 클수록 풍화나 동해를 받기 쉽다.
③ 열전도율이 작아 열응력이 생기기 쉽다.
④ 대체로 석재의 강도가 크면 경도도 크다.

※ 석재의 성질
- 불연성이며, 내화학성이 우수하다.
- 대체로 석재의 강도가 크면 경도도 크다.
- 압축강도에 비하여 인장강도가 매우 작다.
- 흡수율이 클수록 풍화나 동해를 받기 쉽다.
- 내수성, 내구성, 내화학성, 내마모성이 우수하다.
- 외관이 장중하고, 치밀하며, 갈면 아름다운 광택이 난다.
- 장대재를 얻기 어려워 가구재로는 부적당하다.

36 유리의 성분별 분류 중 내산, 내열성이 낮고 비중이 크며 모조보석이나 광학렌즈로 사용되는 유리는?
① 소다석회유리 ② 칼륨석회유리
③ 칼륨납유리 ④ 석영유리

※ 칼륨납유리
내산, 내열성이 낮고 비중이 크며 모조보석이나 광학렌즈로 사용된다.

37 합성수지에 관한 설명 중 옳지 않은 것은?
① 가소성이 크다. ② 흡수성이 크다.
③ 전성, 연성이 크다. ④ 내열, 내화성이 작다.

※ 합성수지 일반적 성질
- 착색이 자유롭다.
- 내약품성이 우수하다.
- 전성, 연성이 크다.
- 가소성, 가공성이 크다.
- 광택이 있다.
- 내산, 내알칼리 등의 내화학성 및 전기 절연성이 우수하다.
- 내수성 및 내투습성은 일부를 제외하고 극히 양호하다.
- 탄력성이 없어 구조재료로 사용이 불가능 하다.
- 인장강도가 압축강도보다 매우 작다.

38 점토 제품의 사용 용도가 가장 바르게 연결된 것은?
① 토기-타일, 위생도기
② 도기-기와, 자기질 타일
③ 석기-클링커 타일
④ 자기-벽돌, 토관

※ 토기 - 기와, 벽돌, 토관
  도기 - 타일, 위생도기, 테라코타 타일
  자기 - 자기질 타일

39 금속재료에 대한 설명으로 틀린 것은?
① 황동은 동과 주석을 주체로 한 합금이다.
② 납은 관 및 판상으로 위생공사나 X선실에 이용된다.
③ 주석은 주조성, 단조성이 양호하므로 각종 금속과 합금화가 용이하다.
④ 동은 전성과 연성이 크며 쉽게 성형할 수 있다.

※ 비철금속 - 황동
- 구리+아연(Zn)의 합금
- 구리보다 단단하고 주조가 잘 되면, 가공하기가 쉽다.
- 내식성이 크고 외관이 아름답다.
- 색깔은 주로 아연의 양에 따라 정해진다.
- 용도 : 창호철물

40 다음 중 혼합시멘트에 속하지 않는 것은?
① 팽창 시멘트
② 고로 시멘트
③ 포틀랜드포졸란 시멘트

④ 플라이애쉬 시멘트

※ 혼합시멘트
포틀랜드시멘트에 고로 슬래그, 실리카, 플라이애시 등을 혼합하여 시멘트의 결점을 보강하여 특유의 성질을 부여한 것이다.
고로시멘트, 플라이애시 시멘트, 포틀랜드포졸란 시멘트

41 벽돌쌓기에서 같은 켜에서 길이와 마구리가 교대로 나타나도록 쌓기 때문에 외관은 아름답지만, 통줄눈이 되는 곳이 생기므로, 구조부보다는 장식적인 곳에서 사용되는 것은?
① 프랑스식 쌓기 ② 영국식 쌓기
③ 네덜란드식 쌓기 ④ 미국식 쌓기

※ 벽돌쌓기공법 – 프랑스식(불식) 쌓기
· 한 켜에 길이와 마구리를 번갈아서 같이 쌓는 방법
· 통줄눈이 발생하여 구조적으로 튼튼하지 못하다.
· 비내력벽, 장식용 벽돌담 등으로 사용한다.
· 토막벽돌(이오토막, 칠오토막)을 사용하므로 남은 토막이 많이 생겨 비경제적이다.

42 벽돌에 배관, 배선, 기타용으로 그 층 높이의 3/4 이상 연속되는 세로홈을 팔 때, 그 홈의 깊이는 벽두께에서 최대 얼마 이하로 하는가?
① 1/2 ② 1/3
③ 1/4 ④ 1/5

※ 1/3 이하로 한다.

43 철근콘크리트 기둥의 최소 단면 치수와 최소 단면적은?
① 100mm, 30,000mm² ② 200mm, 60,000mm²
③ 300mm, 90,000mm² ④ 400mm, 120,000mm²

※ 철근콘크리트 기둥의 최소 단면 치수는 200mm, 최소 단면적은 60,000mm² 이다.

44 다음의 선긋기에 대한 설명 중 옳지 않은 것은?
① 용도에 따라 선의 굵기를 구분하여 사용한다.
② 시작부터 끝까지 일정한 힘을 주어 일정한 속도로 긋는다.
③ 축척과 도면의 크기에 상관없이 선의 굵기는 동일하게 한다.
④ 한 번 그은 선은 중복해서 긋지 않도록 한다.

※ 선 긋기
· 시작부터 끝까지 일정한 힘을 가하여 일정한 속도로 긋는다.
· 각을 이루어 만나는 선은 정확하게 긋고, 선은 중복해서 긋지 않는다.
· 축척과 도면의 크기에 따라서 선의 굵기를 다르게 한다.
· 용도에 따라 선의 굵기를 구분하여 사용한다.
· 가는 선일수록 선의 농도를 높게 조정한다.
· 파선의 끊어진 부분은 길이와 간격을 일정하게 한다.
· 파선의 모서리는 반드시 연결하고, 교차점은 반드시 교차시키도록 한다.

45 벽, 지붕, 바닥 등의 수직 하중과 풍력, 지진 등의 수평 하중을 받는 중요 벽체는?
① 장막벽 ② 비내력벽
③ 내력벽 ④ 칸막이벽

※ 내력벽(耐力壁, bearing wall)
블록 건축에서 보·기둥을 대신해서 수평하중·연직(鉛直)하중을 부담하는 것으로, 배치는 평면상 균형을 도우며 원층으로서 상하층 동일 위치에 한다. 쌓기 공사의 일부분으로 벽체, 바닥, 지붕 등의 수직하중, 수평하중을 받아 기초에 전달하는 벽체, 상부에서 오는 하중과 자체하중을 받아 하부벽체 또는 기둥에 전달하는 벽체 자체의 하중외에 수직하중을 지지하는 벽체, 구조상, 용도상으로 벽은 내력벽, 장막벽, 중공벽으로 나뉜다.

46 다음 중 일반적으로 반지름 50mm 이하의 작은 원을 그리는 데 사용되는 제도 용구는?
① 빔 컴퍼스 ② 스프링 컴퍼스
③ 디바이더 ④ 자유 삼각자

※ 스프링 컴퍼스
반지름 50mm 이하의 작은 원을 그릴 때 사용한다.

47 다음 중 조적식 구조에 대한 설명으로 틀린 것은?
① 벽돌, 블록, 돌 등과 같은 조적재인 단일부재와 접착제를 사용하여 쌓아올려 만든 구조이다.
② 재료 개개의 강도와 접착제의 강도가 전체 구조의 강도를 좌우한다.
③ 가장 강력하고 균일한 강도를 낼 수 있는 구조이다.
④ 철사, 철망, 철근 등으로 보강이 가능하다.

※ 벽돌구조는 조적식 구조의 일종으로, 조적 구조의 단점이 횡력 및 지진에 매우 약한 단점이 있다.

48 높이가 3m를 넘는 계단에서 계단참을 계단 높이 몇 m 이내마다 설치하여야 하는가?
① 1m ② 2m
③ 3m ④ 4m

※ 계단의 난간은 80~90cm가 적당, 계단참은 3m 이내마다 설치한다.

49 선의 용도에 대한 설명으로 맞지 않는 것은?
① 파단선은 긴 기둥을 도중에서 자를 때 사용하며 굵은 선으로 그린다.
② 단면선은 단면의 윤곽을 나타내는 선으로서 굵은 선으로 그린다.
③ 가상선은 움직이는 물체의 위치를 나타내며, 일점 쇄선으로 그린다.
④ 입면선은 물체의 외관을 나타내며, 가는 선으로 그린다.

※ 가상선(상상선)
· 가공하기 전의 모양을 나타내는 선이다.
· 움직이는 물체의 서로의 위치를 나타내는 선이다.
· 인접된 다른 부품을 참고하기 위하여 표시하는 선이다.
· 가상 단면을 나타내는 선이다.

50 도면의 테두리를 만들 때 여백은 최소 얼마나 두어야하는가? (단, A1 제도용지, 묶지 않을 경우)
① 5mm   ② 10mm
③ 15mm ④ 20mm

※ 도면의 테두리를 만들 때는 테두리의 여백을 10mm정도 한다.

51 경첩 등을 축으로 개폐되는 창호를 말하며, 열고 닫을 때 실내의 유효 면적을 감소시키는 단점이 있는 창호는?
① 미닫이 창호   ② 미세기 창호
③ 여닫이 창호   ④ 붙박이 창호

※ 여닫이창
여닫이로 되어 있는 창 또는 창의 측면에 경첩을 달아 여닫게 되어 있는 창으로 개구부가 모두 열릴 수 있다.

52 다음 중 석구조에 대한 설명으로 옳지 않은 것은?
① 내구성이 좋다.   ② 내화적이다.
③ 구조체가 가볍다. ④ 외관이 장중하다.

※ 모든 석재는 비중이 크고, 가볍지 않다.

53 다음 중 내진, 내풍적이나 내화적이지 못한 구조는?
① 벽돌구조   ② 돌구조
③ 철골구조   ④ 철근콘크리트구조

※ 철골구조 특징
· 장스팬 구조가 가능하다.
· 내진적이다.
· 해체 및 수리가 용이하다.
· 내화성이 약하다.

54 철골 판보에서 웨브의 두께가 춤에 비해서 얇을 때, 웨브의 국부좌굴을 방지하기 위해서 사용되는 것은?
① 스티프너   ② 커버 플레이트
③ 거싯 플레이트 ④ 베이스 플레이트

※ 스티프너
웨브의 두께가 춤에 비해 얇을 때 웨브 플레이트의 좌굴을 방지하기 위하여 설치하는 부재로서 집중 하중의 크기에 따라 결정된다.

55 블록구조 중 블록의 빈 공간에 철근과 모르타르를 채워 놓은 튼튼한 구조이며, 블록구조로 지어지는 비교적 규모가 큰 건물에 이용되는 것은?
① 보강 블록조   ② 조적식 블록조
③ 장막벽 블록조 ④ 거푸집 블록조

※ 보강 블록조
블록의 빈 공간에 철근과 모르타르를 채워 놓은 튼튼한 구조이다.

56 다음의 각종 제도용구에 대한 설명 중 옳지 않은 것은?
① T자의 길이는 60, 90, 120, 150cm 등이 있다.
② 자유 곡선자는 원호 이외의 곡선을 자유자재로 그릴 때 사용한다.
③ 곧은 자는 투시도 작도시의 긴 선을 그릴 때 사용한다.
④ 운형자는 지붕의 물매나 30°, 45° 이외의 각을 그리는데 사용한다.

※ 운형자
컴퍼스로 여러 가지 곡선, 그리기 어려운 원호나 곡선을 그릴 때 사용

57 다음 중 건축구조법을 선정할 때 필요한 선정 조건과 가장 관계가 먼 것은?
① 입지 조건   ② 색채 조건
③ 건축 규모   ④ 요구 성능

※ 색채 조건은 해당되지 않는다.

58 나무구조에서 2층 이상의 기둥 전체를 하나의 단일재로 사용하는 기둥은?
① 통재기둥   ② 평기둥
③ 샛기둥   ④ 동자기둥

※ 통재기둥
2개층을 통하여 한개의 재료로 상·하층 기둥이 되는 것. 그 길이는 5~7m 정도

59 종이에 일정한 크기의 격자형 무늬가 인쇄되어 있어서, 계획 도면을 작성하거나 평면을 계획할 때 사용하기가 편리한 제도지는?

① 켄트지   ② 방안지
③ 트레이싱지   ④ 트레팔지

※ 방안지
종이에 일정한 크기의 격자형 무늬가 인쇄되어 있어서, 계획도면을 작성하거나 평면을 계획할 때 사용하기가 편리한 제도지이다.

60 목재의 접합에서 널판재의 면적을 넓히기 위해 두 부재를 나란히 옆으로 대는 것을 무엇이라 하는가?

① 쪽매   ② 이음
③ 맞춤   ④ 연귀

※ 쪽매
두 부재를 나란히 옆으로 붙을 때 끼우는 접합

정답

01④ 02④ 03② 04③ 05② 06④ 07② 08④ 09④ 10②
11① 12③ 13④ 14③ 15① 16③ 17③ 18② 19② 20④
21④ 22④ 23② 24④ 25④ 26① 27① 28③ 29④ 30①
31① 32④ 33② 34② 35① 36③ 37② 38③ 39① 40①
41① 42② 43② 44③ 45③ 46② 47③ 48③ 49③ 50②
51③ 52③ 53③ 54① 55① 56④ 57② 58① 59② 60①

과년도 기출문제

2020년도 제1회

01 창의 종류 중 천창의 설명으로 가장 거리가 먼 것은?
① 건축 계획의 자유도가 증가 한다.
② 벽면 이용을 더욱 다양하게 활용할 수 있다.
③ 차열, 통풍에 유리하고 개방감이 적다.
④ 채광에 유리하며, 채광량이 많아지고 조명도가 균일하게 된다.

※ 천창
· 차열이 힘들다.
· 전망과 통풍에 불리하다.
· 개방감이 작으나 채광에 매우 유리하다.
· 측창보다 광량이 많다.
· 벽면의 다양한 활용이 가능하다.

02 다음 중 황금비로 옳은 것은?
① 1 : 1.168
② 1 : 1.732
③ 1 : 1.618
④ 1 : 1.816

※ 일반적으로 황금비라 하면 1 : 1.618의 비(比)를 말하며, 생물의 구조나 조직 등에서 많이 발견할 수 있다. 이와 같이 황금비로서의 분할을 황금분할(The Golden Section)이라 하며, 1830년에 처음 사용되었다. 르 코르뷔지에(Le Corbusier 1887~1965, 프랑스 건축가)는 황금분할을 이용하여 모듈러(Modular)를 창안했으며 이는 인체치수를 황금분할하여 만들었다.

03 다음 설명하는 창의 종류는?

"실내공간을 실제보다 넓게 보이게 하며, 건물 밖의 전망이 좋을 때 사용하면 효과적이다. 환기를 할 수 없고, 빛과 열을 조절하기 어려운 점이 있다."

① 미서기창
② 고정식창
③ 오르내리기창
④ 빗살창

※ 고정식창
창문의 개폐가 되지 않는 창호를 의미하며 벽을 유리로 대신한 느낌으로 개방감이 좋으며 채광효과가 좋아서 인테리어 효과가 뛰어나지만, 창문의 개폐가 이루어지지 않아 환기를 할 수 없다는 점이 있다.

04 실내디자이너의 역할로 가장 적절한 것은?
① 실내디자이너의 영역은 내부공간 구성에 한정된다.
② 생활공간의 편리한 기능과 쾌적성을 부여한다.
③ 실내공간의 기능성보다 예술성을 우선한다.
④ 실내디자이너는 설계의 역할만 담당한다.

※ 실내디자이너는 공간을 사용목적에 적합하도록 기능성, 경제성, 아름다움 및 개성, 효율성 등 제반 사항을 고려하여야 한다.

05 생활공간의 용도 및 기능에 따른 분류 중 사회공간으로 볼 수 있는 것은?
① 침실, 공부방, 서재
② 부엌, 세탁실, 다용도실
③ 식사실, 거실, 현관
④ 화장실, 세면실, 욕실

※ 주거공간의 주 행동에 따른 분류 - 사회(동적)공간
· 가족 중심의 공간으로 모두 같이 사용하는 공간
· 거실, 응접실, 식당, 현관

06 선의 설명으로 부적당한 것은?
① 직선-단순
② 수직선-정적인 표정
③ 수평선-평화롭고 정지된 모습
④ 사선-동적이고 불안정한 느낌

※ 수직선 : 고결, 희망, 상승, 위엄, 존엄성, 긴장감을 표현

07 건물과 일체화하여 만든 가구로서 공간을 최대한 활용할 수 있는 가구는?
① 가동 가구
② 붙박이 가구
③ 모듈러 가구
④ 작업용 가구

※ 붙박이가구
건물에 짜 맞추어 건물과 일체화하여 만든 가구로 가구배치의 혼란을 없애고 공간을 최대 활용할 수 있다.

08 디자인의 원리 중 휴양목적 공간에 주로 이용되는 것은?
① 양식통일
② 정적통일

③ 동적통일　　　④ 한식통일

※ 통일성
통일은 변화와 함께 모든 조형에 대한 미의 근원이 되는 원리이다. 통일성은 공간 또는 물체에 질서있고 미적으로 즐거움을 줄 수 있게 창조될 수 있도록 선택·배열할 때 비로소 나타난다.
- 양식(양적)통일 : 기능의 관련이 유사하거나 양식의 나열이 동시대적인 것을 이용하는 통일을 말하며 교통관련이나 휴양목적공간 등 기능 목적 공간계획에 사용된다.
- 정적통일 : 규칙적이고 기하학적인 모양과 정삼각형, 원 또는 이러한 형태에서 유도된 구조들로 수동적이며 활성이 없고 안정적이며 고정적이다. 기념이나 교육 공간 등 단일목적의 공간에 사용된다.
- 동적통일 : 식물과 동물들, 인체의 리드미컬한 모션 등, 능동적이며 성장성이 있고 변화가 있는 흐름의 전개가 가능한 것이며 상업이나 레저시설 등 다목적 공간에 이용된다.

09 다음이 설명하고 있는 것은?

> 디자인의 모든 요소가 중심점으로부터 중심주변으로 퍼져 나가는 리듬의 일종이다.

① 강조　　　② 조화
③ 방사　　　④ 통일

※ 방사
- 디자인의 요소가 중심적으로부터 중심 주변으로 퍼져 나가는 리듬의 일종이다.
- 호수에 돌을 던지면 둥글게 물결현상이 생기는 것 또는 화환, 바닥패턴에서 쉽게 볼 수 있다.

10 공간대상에 따른 분류에서 업무공간에 해당되는 것은?

① 아파트　　　② 터미널
③ 백화점　　　④ 은행

※ 은행은 업무공간에 해당한다.

11 다음 중 건축의 조형에서 균형과 가장 거리가 먼 것은?

① 비례　　　② 주도와 종속
③ 리듬　　　④ 대칭

※ 균형(均衡)
부분과 부분 및 전체 사이에 시각적인 힘의 균형이 잡힌다. 쾌적한 형태감정을 준다. (대칭, 비대칭, 비례, 주도와 종속)

12 동선계획을 가장 잘 나타낼 수 있는 실내계획은?

① 천장계획　　　② 입면계획
③ 평면계획　　　④ 배치도계획

※ 실내계획 – 평면계획
건축물의 내부에서 일어나는 모든 활동의 종류, 규모 및 그 상호 관계를 합리적으로 평면상에 배치하는 계획으로 동선 계획에 유의해야 한다.

13 가구와 설치물의 배치 결정시 가장 우선적으로 고려되어야 할 사항은?

① 재질감　　　② 색채감
③ 스타일　　　④ 기능성

※ 기능성
공간을 사용목적에 적합하도록 인간 공학, 공간 규모, 배치 및 동선, 사용빈도 등 제반 사항을 고려하여 가장 우선시 되어야 한다.

14 별장주택에서 흔히 볼 수 있는 유형으로 취사용 작업대가 하나의 섬처럼 실내에 설치되어 독특한 분위기를 형성하는 부엌은?

① 리빙 키친　　　② 다이닝 키친
③ 키친 네트　　　④ 아일랜드 키친

※ 부엌
① 리빙 키친 : 거실, 식당, 부엌의 기능 한 곳에서 수행할 수 있도록 계획한 형식으로 소규모의 주택이나 아파트에 많이 이용된다.
② 다이닝 키친 : 부엌의 일부에다 간단하게 식사실을 꾸민 형식이다.
③ 키친 네트 : 작업대 길이가 2m이내의 소형 주방가구가 배치된 주방형식이다.
④ 아일랜드 키친 : 취사용 작업대가 주방의 하나의 섬처럼 설치된 주방 형식이다.

15 부엌의 가구 배치로 가장 효율적인 것은?

① 준비대-배선대-가열대-개수대-조리대-식사
② 준비대-개수대-조리대-가열대-배선대-식사
③ 개수대-조리대-배선대-가열대-준비대-식사
④ 준비대-배선대-개수대-조리대-가열대-식사

※ 부엌의 싱크대 배열
준비대 – 개수대 – 조리대 – 가열대 – 배선대

16 건물의 일조 계획시 가장 우선적으로 고려해야 할 사항은?

① 일조권 확보　　　② 일영
③ 종일 음영 방지　　　④ 일사

※ 일조 계획시 고려사항
일조의 조건, 일영, 인동간격, 일조조절 장치

17 실감온도(ET)의 3요소와 가장 거리가 먼 것은?

① 온도　　　② 습도

③ 복사열　　　　④ 기류

※ 실감온도(=유효온도=감각온도)
야글로와 휴턴에 의하여 연구된 것으로 환경 공기의 쾌적조건을 인체자신의 주관적인 감각에 의하여 구하고 그 결과를 하나의 스케일이나 인덱스로 나타낸 것으로, 온도, 습도, 기류의 삼요소를 어느 범위내에서 조합하면 우리들의 온열감에 대하여 등감각적인 효과를 나타낸다. 실감온도(E.T)의 표준으로 쾌적대는 17.2~21.7° ET라고 한다. (습도 30~60%)

18 잔향 시간에 관한 내용으로 옳지 않은 것은?
① 잔향 시간이 길면 명료성이 떨어진다.
② 잔향 시간은 실의 형태와 깊은 관련이 있다.
③ 잔향 시간이 너무 짧으면 음악의 풍부성이 저하된다.
④ 잔향 시간은 실의 용적에 비례하고 흡음력에 반비례 한다.

※ 음의 잔향시간
· 실내음의 발생을 중지시킨 후 60dB까지 감소하는데 소요되는 시간
· 천장과 벽의 흡음력을 크게 하면 잔향시간이 짧아진다.
· 잔향시간은 실의 용적이 크면 클수록 길다.
· 잔향시간은 실의 형태와 무관하다.
· 강연과 연극, 회의실 등 이야기 소리의 청취를 목적으로 한 실은 잔향시간을 짧게 하여 음성의 명료도를 높인다.
· 오케스트라, 뮤지컬 등 음악을 주로 하는 경우 잔향시간을 길게 하여 음악의 음질을 우선으로 한다.

19 실내의 표면결로 방지법으로 옳지 않은 것은?
① 각 부의 열관류저항을 크게 한다.
② 건물 내부의 표면온도를 올리고 실내기온을 노점 이상으로 유지한다.
③ 실내에서 수증기량의 발생을 많게 한다.
④ 각 부의 열관류량을 적게 한다.

※ 표면 결로 방지 대책
· 환기에 의한 실내 절대습도를 저하한다.
· 실내에 발생하는 수증기를 억제한다.
· 단열 강화에 의해 실내 측 표면온도를 상승시킨다.
· 각 부의 열관류 저항을 크게 하고, 열관류량을 적게 한다.

20 실내 환기의 목적으로 가장 거리가 먼 것은?
① 호흡에 필요한 산소의 적절한 공급
② 내부 공간의 오염 피해의 최소화
③ 외부열의 실내 유입
④ 건물 내부의 결로 방지

※ 실내를 환기해야 하는 목적은 인간이 호흡하기에 필요한 산소를 공급하고, 실내에 존재하는 오염된 공기를 제거하고 내부에 존재할 수 있는 습기를 제거하기 위함이다.

21 1종 점토벽돌의 압축강도는 최소 얼마 이상인가?
① 5.89 N/mm²　　② 10.78 N/mm²
③ 15.69 N/mm²　　④ 20.59 N/mm²

※ 점토벽돌의 압축강도
· 1종 : 20.59 N/mm² 이상

22 다음 중 시멘트가 경화될 때 용적이 팽창하는 정도를 의미 하는 것은?
① 응결　　　　② 분말도
③ 안정성　　　④ 풍화

※ 시멘트의 안정성
시멘트가 경화 중에 용적이 팽창하여 팽창균열이나 휨 등이 생기는 정도를 말한다.

23 수성암의 일종으로 석질이 치밀하고 박판으로 채취할 수 있으므로 슬레이트로서 지붕 등에 사용되는 것은?
① 트래버틴　　② 화강암
③ 점판암　　　④ 안산암

※ 석재 – 점판암
· 수성암의 일종이다.
· 석질이 치밀하고 슬레이트로 지붕, 외벽, 마루 등에 사용되는 석재이다.

24 다음 중 점토제품이 아닌 것은?
① 자기질타일　② 테라코타
③ 내화벽돌　　④ 테라조

※ 종석을 대리석 알맹이로 갈아낸 것을 테라조(terazzo)라 한다.

25 다음의 목재에 대한 설명 중 옳지 않은 것은?
① 석재나 금속재에 비하여 가공이 용이하다.
② 섬유포화점 이상의 함수상태에서는 함수율의 증감에도 불구하고 신축을 일으키지 않는다.
③ 열전도도가 아주 낮아 여러 가지 보온재료로 사용된다.
④ 추재와 춘재는 비중이 같으므로 수축률 및 팽창률도 같다.

※ 추재는 가을부터 겨울에 형성된 부분으로 춘재에 비해 색깔이 짙고 비중이 크며 추재의 비율이 높을 수록 목재의 강도가 크다고 할 수 있다.

26 다음의 각종 유리에 대한 설명 중 옳지 않은

것은?
① 강화유리는 현장에서 절단 또는 가공할 수 없다.
② 복층유리는 방음, 단열효과가 크고 결로방지용으로 뛰어나다.
③ 자외선 흡수유리는 온실이나 병원의 일광욕실 등에 주로 이용된다.
④ 망입유리는 방화, 방도용으로 사용된다.

※ 자외선흡수유리
· 자외선을 흡수하는 세륨, 티타늄, 바나듐을 함유시킨 담청색의 투명유리.
· 자외선 차단유리라고도 함.
· 의류의 진열장, 식품, 약품창고의 창유리.

27 목재의 부패에 관한 설명 중 옳지 않은 것은?
① 적부와 백부는 목재의 강도에 영향을 크게 미치나, 청부는 목재의 강도에 거의 영향을 미치지 않는다.
② 균류는 습도가 20% 이하에서는 일반적으로 사멸한다.
③ 크레오소트 오일은 유성 방부제의 일종으로 토대, 기둥, 도리 등에 사용된다.
④ 수중에 완전 침수시킨 목재는 쉽게 부패된다.

※ 완전히 물에 잠겨진 목재는 부패되지 않는다.

28 비중이 11.4로 아주 크고 연질이며 전성·연성이 큰 금속으로 내식성이 우수하고, 방사선의 투과도가 낮아 건축에서 방사선 차폐용 벽체에 이용되는 것은?
① 알루미늄 ② 주석
③ 황동   ④ 납

※ 비철금속 - 납
· 융점이 낮다.
· 전·연성이 크다.
· 방사선의 투과도가 낮다.
· 비중이 크고 연질이다.
· 대기 중 보호막이 형성되어 부식되지 않는다.
· 내산성이며 알칼리에 침식된다.

29 다음 중 콘크리트의 컨시스텐시(consistency)를 측정하는 방법으로 가장 일반적으로 사용되고 있는 것은?
① 표준체법
② 브레인법
③ 오토클레이브 팽창도 시험
④ 슬럼프 시험

※ 컨시스텐시 : 아직 굳지 않은 콘크리트의 반죽질기
※ 슬럼프 시험 : 콘크리트의 컨시스텐시를 측정하는 시험법이다.

30 합성수지의 일반적인 성질에 대한 설명 중 틀린 것은?
① 가소성, 가공성이 크다.
② 내화, 내열성이 작고 비교적 저온에서 연화, 연질된다.
③ 흡수성이 크고 전성, 연성이 작다.
④ 내산, 내알칼리 등의 내화학성 및 전기절연성이 우수한 것이 많다.

※ 합성수지 일반적 성질
· 착색이 자유롭다.
· 내약품성이 우수하다.
· 전성, 연성이 크다.
· 가소성, 가공성이 크다.
· 광택이 있다.
· 내산, 내알칼리 등의 내화학성 및 전기 절연성이 우수하다.
· 내수성 및 내투습성은 일부를 제외하고 극히 양호하다.
· 탄력성이 없어 구조재료로 사용이 불가능 하다.
· 인장강도가 압축강도보다 매우 작다.

31 목재의 강도에 대한 설명으로 옳지 않은 것은?
① 목재의 강도는 비중과 반비례한다.
② 섬유포화점 이상의 함수 상태에서는 함수율이 변하더라도 목재의 강도는 일정하다.
③ 섬유포화점 이하에서는 함수율이 감소할수록 강도는 증대한다.
④ 인장강도의 경우 응력방향이 섬유방향에 평행한 경우에 강도가 최대가 된다.

※ 목재의 강도와 비중
· 함수율이 낮을수록 강도가 크다.
· 인장강도가 압축강도보다 크다.
· 나무섬유의 평행 방향에 대한 강도가 직각 방향에 대한 강도보다 크다.

32 다음 중 고로시멘트에 대한 설명으로 옳은 것은?
① 모르타르나 콘크리트에 사용할 때 온도의 영향을 받지 않으며, 경화건조수축은 없다.
② 수화열량이 적어 매스콘크리트용으로 사용이 가능하다.
③ 초기강도는 크나 장기강도는 보통 포틀랜드시멘트에 비해 매우 작다.
④ 해수 등에 대한 내식성이나 내열성이 거의 없다.

※ 매스콘크리트용으로 사용할 수 있는 것은 중용열포틀랜드시멘트이다.
▶ 중용열포틀랜드시멘트
· 시멘트의 발열량을 저감시킬 목적으로 제조한 시멘트

- 수화열이 작고 화학저항성이 일반적으로 크다.
- 내산성이 우수하며, 내구성이 좋다.
- 댐 콘크리트, 도로포장, 매스콘크리트용으로 사용된다.

33 콘크리트용 골재에 요구되는 성질로 맞지 않는 것은?
① 골재의 강도는 콘크리트 중의 경화시멘트 페이스트의 강도 이상일 것
② 골재의 입형은 편평, 세장하고, 표면은 거칠지 않을 것
③ 입도는 조립에서 세립까지 연속적으로 균등히 혼합되어 있을 것
④ 유해량의 먼지, 흙, 유기불순물 등을 포함하지 않을 것

※ 골재의 품질
- 골재의 강도는 시멘트풀이 경화했을 때 최대 강도 이상이어야 한다. (석회석, 사암 등이 연질, 수성암은 골재로 부적당)
- 형태는 거칠고 구형에 가까운 것이 좋다. (편평하거나 세장한 것은 좋지 않다)
- 진흙이나 유기불순물 등의 유해물이 포함되지 않아야 한다.
- 골재는 잔 것과 굵은 것이 적당히 혼합된 것이 좋다.
- 운모가 다량으로 포함된 골재는 콘크리트의 강도를 저하시키고 풍화되기 쉽다.

34 건축재료의 일반적 성질 중 압력이나 타격에 의해 재료가 파괴됨이 없이 판상으로 되는 성질은?
① 점성   ② 취성
③ 탄성   ④ 전성

※ 재료의 역학적 성질 - 전성
압력이나 타격에 의해 재료가 파괴됨이 없이 판상으로 되는 성질

35 다음 중 강의 조직을 개선하고 결정을 미세화하기 위해 800~1,000℃로 가열하여 소정의 시간까지 유지한 후에 대기 중에서 냉각하는 열처리법은?
① 풀림   ② 불림
③ 담금질   ④ 뜨임질

※ 강재의 열처리 방법 - 불림
- 강을 800~1000℃ 이상을 가열 후 공기 중에서 서서히 냉각시키는 열처리법
- 결정의 미세화, 변형제거, 조직의 균일화

36 회반죽 바름에서 여물을 섞어 반죽하는 가장 주된 이유는?
① 내수성을 높이기 위하여
② 경화속도를 빠르게 하기 위하여
③ 균열을 분산, 경감시키기 위하여
④ 경도를 높이기 위하여

※ 가수량이 불충분하면 벽면에 팽창성 균열이 생긴다.

37 석고 플라스터에 관한 설명으로 틀린 것은?
① 공기 중의 탄산가스와 반응하여 경화하는 기경성 재료이다.
② 원칙적으로 해초 또는 풀즙을 사용하지 않는다.
③ 경화·건조시 치수 안정성이 뛰어나다.
④ 약산성이므로 유성페인트 마감을 할 수 있다.

※ 석고플라스터
- 수경성 미장재료이다.
- 원칙적으로 해초 또는 풀즙은 사용하지 않는다.
- 내화성이 우수하다.
- 경화와 건조시 치수 안정성이 우수하다.

38 집성목재의 특징에 대한 설명 중 옳지 않은 것은?
① 곡면부재를 만들 수 없다.
② 충분히 건조된 건조재를 사용하므로 비틀림, 변형 등이 생기지 않는다.
③ 작은 부재로 길고 큰 부재를 만들 수 있다.
④ 옹이, 할열 등의 결함을 제거, 분산시킬 수 있으므로 강도의 편차가 적다.

※ 목재 - 집성목재
- 15~50mm의 두께가 가진 단판을 겹쳐서 접착한 것으로 섬유방향을 일치하게 접착하는 목재이다.
- 옹이·균열 등의 결함을 제거·분산 시킬 수 있으므로 강도의 편차가 적다.
- 요구된 치수, 형태의 재료를 비교적 용이하게 제도할 수 있다.
- 강도상 요구에 따라 단면과 치수를 변화시킨 구조재료를 설계, 제작할 수 있다.

39 주로 목재면의 투명 도장에 쓰이는 것으로 내수성, 내후성은 약간 떨어지고, 내부용으로 사용되는 것은?
① 에나멜 페인트   ② 에멀션 페인트
③ 클리어 래커   ④ 멜라민수지도료

※ 클리어 래커
- 목재면의 투명 도장에 쓰인다.
- 바니시에 안료를 첨가하지 않는 도료이다.
- 내수성이 있으며 내충격성이 크다.
- 목재 전용 래커는 부착성이 크고 도막의 가소성이 우수하다.

40 석재의 일반적인 특성에 관한 설명으로 틀린 것은?

① 압축강도가 크고 불연성이다.
② 내화, 내구성이 좋다.
③ 장대재를 얻기 어렵다.
④ 비중이 작고 가공이 용이하다.

※ 석재의 성질
· 불연성이며, 내화학성이 우수하다.
· 대체로 석재의 강도가 크면 경도도 크다.
· 압축강도에 비하여 인장강도가 매우 작다.
· 흡수율이 클수록 풍화나 동해를 받기 쉽다.
· 내수성, 내구성, 내화학성, 내마모성이 우수하다.
· 외관이 장중하고, 치밀하며, 갈면 아름다운 광택이 난다.
· 장대재를 얻기가 어려워 가구재로는 부적당하다.

41 다음의 제도용지 크기 중에서 A1에 해당되는 치수로 옳은 것은? (단위 : mm)
① 841×1189　　② 594×841
③ 420×594　　　④ 297×420

※ 제도용지규격
· A0 : 841×1189
· A1 : 594×841
· A2 : 420×594
· A3 : 297×420
· A4 : 210×297

42 치수표기에 관한 설명 중 옳지 않은 것은?
① 보는 사람의 입장에서 명확한 치수를 기입한다.
② 필요한 치수의 기재가 누락되는 일이 없도록 한다.
③ 치수는 특별히 명시하지 않는 한 마무리 치수로 표시한다.
④ 치수는 치수선을 중단하고 선의 중앙에 기입하여서는 안된다.

※ 건축제도통칙 - 치수
· 치수의 단위는 mm로 하고, 단위는 생략한다.
· 치수는 특별히 명시하지 않는 한 마무리 치수로 한다.
· 치수기입은 치수선 중앙 윗부분에 기입하는 것이 원칙이다.
· 협소한 간격이 연속 될 때에는 인출선을 사용하여 치수를 쓴다.
· 전체 치수를 바깥쪽에, 부분 치수는 안쪽에 기입한다.
· 치수기입은 치수선에 평행하게 도면의 왼쪽에서 오른쪽으로, 아래로부터 위로 읽을 수 있도록 기입한다.
· 치수선의 양 끝 표시는 화살 또는 점으로 표시할 수 있으며, 같은 도면에서 2종을 혼용할 수 없다.

43 건축 구조의 특성으로 옳지 않은 것은?
① 목구조는 시공이 용이하며 외관이 미려, 경쾌하나 내구성이 부족하다.
② 블록구조는 외관이 장중하고, 횡력에 강하나 내화

성이 부족하다.
③ 철근콘크리트구조는 내진, 내화, 내구성이 우수하나 중량이 무겁고 공기가 길다.
④ 철골구조는 고층 및 대건축에 적합하나 내화성이 부족하고 공사비가 고가이다.

※ 블록구조의 장·단점
▶ 장점
· 불연성 구조로서 경량이다.
· 공기가 단축되며 시공이 간편하다.
· 내구, 내화, 내풍, 보온적이다.
· 대량 생산이 가능하다.
▶ 단점
· 균열이 생기기 쉽다.
· 횡력, 지진력에 약하다.

44 쉘(shell) 구조에 대한 설명으로 옳지 않은 것은?
① 큰 공간을 덮는 지붕에 사용되고 있다.
② 가볍고 강성이 우수한 구조 시스템이다.
③ 상암동 월드컵 경기장이 대표적인 쉘(shell) 구조물이다.
④ 면에 분포되는 하중을 인장과 압축과 같은 면 내력으로 전달시키는 역학적 특성을 가지고 있다.

※ 쉘구조
· 곡면판이 지니는 역학적 구성을 이용한 구조로서 외력은 주로 판의 면내력으로 전달되기 때문에 경량이고 내력이 큰 구조물을 구성할 수 있는 건축구조이다.
· 큰 간사이의 지붕에 사용되며 시드니의 오페라 하우스, 공장, 체육관 등에서 볼 수 있다.

45 목조 벽체를 수평력에 견디게 하고 안정한 구조로 하기 위해 사용되는 부재는?
① 인방　　　② 기둥
③ 가새　　　④ 토대

※ 가새
· 외력에 의하여 뼈대가 변형되지 않도록 대각선 방향으로 배치하는 빗재
· 목재 벽체를 수평력에 견디게 하고 안정한 구조로 네모구조를 세모구조로 만들어 준다.
· 가새를 댈 때는 45°에 가까울수록 유리하며, 기둥과 좌우 대칭이 되도록 배치한다.
· 가새는 절대로 따내거나 결손시키지 않는다.
· 가새에는 압축과 인장 응력이 작용한다.

46 벽돌 구조에 대한 설명 중 옳지 않은 것은?
① 내구, 내화적이다.
② 방한, 방서에 유리하다.
③ 구조 및 시공이 용이하다.

④ 지진, 바람 등의 횡력에 강하다.

※ 벽돌구조의 장·단점
▶ 장점
· 내화, 내구, 방화적
· 방한, 방서
· 외관장중, 시공이 간단하다.
▶ 단점
· 풍압력, 지진력 등 횡력에 약하다.
· 벽에 습기가 차기 쉽다.
· 벽두께가 두꺼워 실내유효면적이 줄어든다.

47 벽돌구조의 아치에 대한 설명으로 적당하지 않은 것은?
① 아치는 수직 압력을 분산하여 부재의 하부에 인장력이 생기지 않도록 한 구조이다.
② 창문의 너비가 1m 정도일 때 평아치로 할 수 있다.
③ 문꼴 너비가 1.8m 이상으로 집중하중이 생길 때에는 인방보로 보강한다.
④ 본아치는 보통 벽돌을 사용하여 줄눈을 쐐기 모양으로 만든 것이다.

※ 본아치는 벽돌구조의 아치중에 특별히 주문 제작한 아치벽돌을 사용하였다.

48 단면도에 표기하여야 할 사항으로 틀린 것은?
① 처마 높이   ② 창대 높이
③ 지붕 물매   ④ 도로 높이

※ 단면도는 건축물을 수직으로 잘라 그 단면을 나타낸 것으로 처마 높이, 층높이, 창대높이, 천장높이, 지붕의 물매 등을 나타내는 도면

49 건축물의 구성 요소 중 건물의 수평체로서 그 위에 실리는 하중을 받아 이것을 기둥 또는 벽에 전달하는 것은?
① 벽   ② 바닥
③ 기초   ④ 계단

※ 실내 기본요소 - 바닥
공간을 구성하는 수평적요소로서 생활을 지탱하는 기본적 요소
▶ 기능
· 추위와 습기를 차단하며 중력에 대한 지지의 역할을 한다.
· 다른 요소들에 비해 양식의 변화가 적다.
· 인간의 감각중 시각적, 촉각적 요소와 밀접한 관계를 가지고 있고, 접촉 빈도가 가장 높다.
· 고저차로 공간의 영역을 조정할 수 있다.

50 건축제도에 사용하는 글자에 대한 설명 중 옳지 않은 것은?
① 글자는 명백히 쓴다.
② 문장은 왼쪽부터 가로쓰기를 원칙으로 한다.
③ 글자의 크기는 각 도면의 상황에 맞추어 알아보기 쉬운 크기로 한다.
④ 글자체는 수직 또는 30°경사의 고딕체로 쓰는 것을 원칙으로 한다.

※ 건축제도의 통칙 - 글자
· 숫자는 아라비아 숫자를 원칙으로 한다.
· 글자의 크기는 각 도면의 상황에 맞추어 알아보기 쉬운 크기로 한다.
· 글자체는 수직 또는 15°경사의 고딕체로 쓰는 것을 원칙으로 한다.
· 문장을 왼쪽에서부터 가로 쓰기를 원칙으로 하고, 곤란한 경우 세로쓰기도 가능하다.

51 중심선, 절단선, 기준선으로 사용되는 선의 종류는?
① 2점 쇄선   ② 1점 쇄선
③ 파선   ④ 실선

※ 선
① 이점쇄선 : 물체가 있는 것으로 가상되는 부분을 표시하거나, 일점쇄선과 구별할 때 사용된다.
② 일점쇄선 : 물체의 중심축, 대칭축, 또는 절단한 위치를 표시하거나 경계선으로 사용한다.
③ 파선 : 물체의 보이지 않는 부분의 모양을 표시하는데 사용하며, 파선과 구별할 필요가 있을 때에는 점선을 쓴다.
④ 실선 : 물체의 보이는 부분을 나타내는 선으로서, 단면선과 외형선으로 구별하여 사용하며, 치수선, 치수보조선, 인출선, 각도 설명 등을 나타내는 지시선 및 해칭선으로 사용한다.

52 철근콘크리트보에서 늑근을 사용하는 가장 중요한 이유는?
① 주근의 위치 보존   ② 휨모멘트 보강
③ 축방향력 증대   ④ 전단력에 의한 균열방지

※ 보의 늑근
보가 전단력에 저항할 수 있게 보강을 하는 역할로 주근의 직각 방향에 배치한다.

53 다음의 재료표시기호에서 목재의 구조재 표시 기호는?

①   ②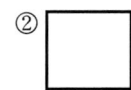

③ 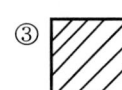   ④

※ 목재 :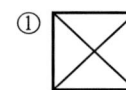

54 건축구조의 구성 방식에 의한 분류에 속하지 않는 것은?
① 조적식 구조　② 철근콘크리트 구조
③ 가구식 구조　④ 일체식 구조

※ 구성양식에 의한 분류
· 조적식 구조 : 개개의 재료에 교착제를 써서 구성한 구조(벽돌조, 블록조, 돌구조)
· 가구식 구조 : 비교적 가늘고 긴 재료를 조립하여 뼈대가 되도록 한 구조(목구조, 철골구조)
· 일체식 구조 : 전구조체를 일체로 만든 구조로 가장 강력하고 균일한 강도를 낼 수 있는 합리적인 구조이다. (철근콘크리트구조, 철골철근콘크리트구조)

55 철근 콘크리트조에서 철근에 대한 콘크리트의 역할이 아닌 것은?
① 콘크리트는 알카리성이기 때문에 철근이 녹슬지 않는다.
② 콘크리트와 철근이 강력히 부착되면 철근의 좌굴이 방지된다.
③ 화재시 철근을 열로부터 보호한다.
④ 철근의 인장력을 크게 증가시킨다.

※ 콘크리트 하부는 인장력에 대해서는 약하므로 콘크리트가 아닌 철근을 사용해 서로 보강한다.

56 목재의 접합에서 좁은 폭의 널을 옆으로 붙여 그 폭을 넓게 하는 것으로 마루널이나 양판물의 양판제작에 사용되는 것은?
① 쪽매　② 산지
③ 맞춤　④ 이음

※ 목재 접합법 - 쪽매
두 부재를 나란히 옆으로 붙을 때 끼우는 접합

57 납작마루에 대한 설명으로 맞는 것은?
① 콘크리트 슬래브 위에 바로 멍에를 걸거나 장선을 대어 마루틀을 짠다.
② 층도리 또는 기둥 위에 층보를 걸고 그 위에 장선을 걸친 다음 마룻널을 깐다.
③ 호박돌 위에 동바리를 세운 다음 멍에를 걸고 장선을 걸치고 마룻널을 깐다.
④ 큰보 위에 작은보를 걸고 그 위에 장선을 대고 마룻널을 깐다.

※ 납작마루
콘크리트 바닥에 멍에와 장선을 걸고 마루널을 깐 마루 1층 마루에 속한다.

58 벽돌 쌓기법 중 벽의 모서리나 끝에 반절이나 이오토막을 사용하는 것으로 가장 튼튼한 쌓기법은?
① 미국식 쌓기　② 프랑스식 쌓기
③ 영식 쌓기　④ 네덜란드식 쌓기

※ 벽돌쌓기 공법 - 영국식 쌓기
· 한 켜는 길이, 다음 켜는 마구리로 쌓는 방법
· 마구리 켜의 모서리에 반절 또는 이오토막을 사용해서 통줄눈이 생기는 것을 막는다.
· 가장 튼튼한 쌓기 공법

59 보통 점토벽돌의 품질시험에서 가장 중요한 사항은?
① 흡수율 및 전단강도
② 흡수율 및 압축강도
③ 흡수율 및 휨강도
④ 흡수율 및 인장강도

※ 흡수율 및 압축강도는 품질시험에서 가장 중요한 사항이다.

60 다음 치장 줄눈의 이름은?

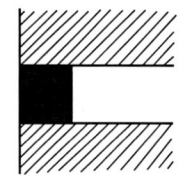

① 민줄눈　② 평줄눈
③ 오늬줄눈　④ 맞댄줄눈

※ 민줄눈 :

정답

01③ 02③ 03② 04② 05③ 06② 07② 08① 09③ 10④
11③ 12③ 13④ 14④ 15② 16① 17③ 18② 19③ 20③
21④ 22③ 23③ 24④ 25④ 26③ 27④ 28④ 29④ 30③
31① 32② 33② 34④ 35② 36③ 37① 38① 39③ 40④
41② 42④ 43② 44③ 45③ 46④ 47④ 48④ 49② 50④
51② 52④ 53① 54② 55④ 56① 57① 58③ 59② 60①

2020년도 제2회 과년도 기출문제

01 면의 의미에 대한 설명 중 맞는 것은?
① 면은 점이 이동한 궤적이다.
② 입체의 한계나 공간의 경계에서 나타난다.
③ 절단된 면에서 또 다른 형의 면이 지각되지 않는다.
④ 점을 확대 또는 집합시킨 경우나 선을 집합시킨 경우 점이나 선으로 지각되지 않으면 면으로도 지각되지 않는다.

※ 면은 선이 다른 방향으로 확장될 때 면이 되며, 개념적으로 평면은 길이, 폭의 개념은 있으나 깊이의 개념은 없다.

02 다음 중 냉·난방상 가장 유리한 출입문의 종류는?
① 미서기문　② 여닫이문
③ 회전문　　④ 미닫이문

※ 회전문
문짝을 +자로 만들어 회전하는 형식으로 방풍 및 연손실을 최소로 줄여주는 반면 동선의 흐름을 원활히 해주는 출입문

03 다음 중 황금 분할비의 비율로 맞는 것은?
① 1 : 1.414　② 1 : 1.313
③ 1 : 1.732　④ 1 : 1.618

※ 황금비례
선이나 면적을 나눌 때, 작은 부분 : 큰 부분 = 큰 부분 : 전체의 비 = 1 : 1.618의 비를 갖는다.

04 다음 조명 기구 중에서 식사실의 식탁 위에 가장 많이 사용하는 조명 기구는?
① 브라켓　　② 펜던트
③ 플로어 스탠드　④ 테이블 스탠드

※ 펜던트
천장에 달아 늘어뜨려 원하는 공간을 비추도록 설치하여 부분적인 공간에 포인트를 주는 조명

05 상점 기본 계획시 상점구성의 방법(AIDMA법칙)과 맞지 않는 것은?
① A : Attention(주의)
② I : Interest(흥미)
③ D : Desire(욕망)
④ M : Money(금전)

※ 구매심리 5단계
① A(주의, Attention) : 주목시킬 수 있는 배려
② I(흥미, Interest) : 공감을 주는 호소력
③ D(욕망, Desire) : 욕구를 일으키는 연상
④ M(기억, Memory) : 인상적인 변화
⑤ A(행동, Action) : 들어가기 쉬운 구성

06 주거공간 실내계획시 고려사항으로 가장 거리가 먼 것은?
① 기후　　　② 위치
③ 디자인 스타일　④ 주변 도로폭

※ 주거공간 계획시 고려사항
· 식사와 취침의 분리
· 주부가사 작업량 경감
· 평면 형태의 단순화
· 각 실과 방위와의 관계

07 실내 투시도에 있어서 소점(消点)의 위치를 바르게 설명한 것은?
① 눈의 높이보다 아래쪽에 위치한다.
② 눈의 높이보다 위쪽에 위치한다.
③ 눈의 높이와 같은 선상에 위치한다.
④ G.L 선상에 위치한다.

※ 소실점·소점(vanishing point)
투시도법에 있어 직선을 무한히 먼 거리로 연장하였을 때 무한거리선과 시점을 연결한 시선과 교차되는 점을 말하며 눈의 높이와 같은 선상에 위치한다.

08 실내디자인의 원리 중 황금분할과 관계되는 것은?
① 통일성　② 강조
③ 비례　　④ 리듬

※ 비례
부분과 부분 및 부분과 전체 사이에 바람직한 비례를 주면 균형이 잡힌다. 비례는 기능과 밀접한 관계를 갖고 있으며, 자연 형태나 인의 형태속에서 쉽게 찾아볼 수 있으며 이에 대한 이론의 대표적인 것으로는 황금비율이 있다.

09 공간을 형성하는 수평적 요소로서 그 형태에 따라 실내 공간의 음향에 가장 큰 영향을 미치는 것은?
① 천장 ② 벽
③ 바닥 ④ 기둥

※ 천정은 바닥보다도 시각적인 요소가 강하고 조형적으로도 가장 자유롭게 디자인 할 수 있는 부분이다. 또 천정의 고저차에 따라 공간의 분위기를 달리한다. 천장의 형태에 따라 음향에 영향을 준다.

10 디자인요소 중 선의 설명으로 옳지 않은 것은?
① 선은 길이의 개념은 있으나 깊이의 개념은 없다.
② 입체의 절단에 의해서도 만들어진다.
③ 너비가 넓어지면 면이 된다.
④ 선의 패턴으로 운동감, 속도감, 방향 등을 나타낸다.

※ 선은 길이의 개념은 있으나 넓이, 깊이의 개념은 없다. 선은 폭이 넓어지면 면이 되고, 굵기를 늘이면 입체 또는 공간이 된다. 선은 시각적 구조물을 형성하는데 중요한 요소이다.

11 휴먼스케일에서 실내 크기를 측정하는 기준은?
① 공간의 형태 ② 인간
③ 공간의 넓이 ④ 가구의 크기

※ 휴먼스케일
생활 속의 실내, 가구, 건축물 등의 물체와 인체와의 관계 및 물체 상호간의 관계의 개념이 사람의 신체를 기준으로 한 인간 중심으로 결정되어야 한다.

12 주거공간의 동선에 관한 설명으로 옳지 않은 것은?
① 동선은 짧을수록 에너지 소모가 적다.
② 주부동선은 길수록 좋다.
③ 동선을 줄이기 위해 다른 공간의 독립성을 저해해서는 안된다.
④ 거실이 주거의 중앙에 위치하면 동선을 줄일 수 있다.

※ 동선 - 주거공간
· 주부 동선은 가장 간단하고 짧아야 한다.
· 동선은 짧을수록 에너지 소모가 적다.
· 상호 간에 상이한 유형의 동선은 분리하도록 한다.
· 동선을 줄이기 위해 다른 공간의 독립성을 저해해서는 안 된다.

13 디자인 원리 중 대칭이 갖고 있는 성질이 아닌 것은?
① 완벽함 ② 엄숙함
③ 해방감 ④ 고요함

※ 대칭
질서 잡기가 쉽고, 통일감을 얻기 쉬우며 때로는 표정이 단정하여 견고한 느낌을 주는 디자인 요소. 대칭은 균형 중에서 가장 일반적인 것이며, 질서방법이 용이하고, 동일감을 얻기 쉽지만, 때론 딱딱한 형태감정을 준다.

14 유통매장의 동선계획에서 길수록 효율이 좋은 것은?
① 관리동선 ② 고객동선
③ 판매원동선 ④ 상품반출의 동선

※ 유통매장의 평면계획
· 상품 배열 및 구성은 고객이 충분히 돌아볼 수 있게 한다.
· 입구는 넓게, 출구는 좁게 계획한다.
· 입구 가까이는 식료품을 배치하여 고객의 유입을 유도한다.
· 동선은 일방통행이 되게 한다.
· 통로폭은 1.5m 이상으로 한다.

15 평면계획에서 가장 중요하게 다루어져야 할 내용은?
① 벽면의 색채와 질감을 아름답게 표현한다.
② 실의 크기와 실의 배치에 따라서 공간을 배치한다.
③ 지붕의 물매를 고려하여 상세하게 계획한다.
④ 창의 형태와 창의 재료를 선택하는데 기능성을 높인다.

※ 면적의 비율과 사용목적에 맞게 알맞게 배치해야 한다.

16 다음 중 일반적으로 자연환기를 해야 하는 것과 가장 거리가 먼 것은?
① 연구소의 실험실 ② 주택의 거실
③ 학교의 교실 ④ 아파트의 거실

※ 실험실은 내부의 공기가 외부로 배출될 수 있도록 기계적인 환기가 가능해야 한다.

17 열환경 요소 중 기후적인 조건을 좌우하는 가장 큰 요소는?
① 습도 ② 공기의 온도
③ 기류 ④ 주위벽의 열복사

※ 인체의 온도 감각에 영향을 끼치는 환경의 열적 요소는 기온, 습도, 기류, 주위벽의 열복사로 열환경의 4요소이기도 하다.

18 실내의 쾌적한 상대습도는 얼마인가?
① 20~30%   ② 35~45%
③ 50~60%   ④ 65~77%

※ 인체에 적합한 온도는 15~20℃, 습도는 50~60%이나 객실·화장실·사무실은 20℃, 로비 17℃, 식당 18℃, 연회장 21℃, 주방·세탁실 15℃, 욕실 22℃가 보통이다.

19 눈부심 방지를 위한 방법으로 틀린 것은?
① 시각적인 조도 변동을 크게 한다.
② 균일한 조도를 유지한다.
③ 적정 조도를 유지한다.
④ 눈부심을 느끼게 하는 부분을 만들지 않는다.

※ 균일하고 적당한 조도를 유지해야 한다.

20 다음 중 흡음력이 가장 큰 재료는?
① 양탄자   ② 벽돌
③ 거친 콘크리트   ④ 나무 블록

※ 흡음력
어떤 물체가 소리를 흡수하는 힘으로 재료의 면적과 그 흡음률의 곱으로 단위는 세이빈(Sabin)이며, 미터세이빈이라 부른다.

21 다음의 유리블록에 관한 설명 중 옳지 않은 것은?
① 채광이 가능하다.
② 열전도도가 벽돌보다 낮다.
③ 보통 유리창보다 균일한 확산광을 얻을 수 있다.
④ 투명도가 높아 실내가 잘 들여다보이는 단점이 있다.

※ 유리블록
· 벽돌, 블록 모양의 상자형 유리를 서로 맞대고 저압의 공기를 불어넣고 녹여서 붙인 유리
· 실내가 들여다보이지 않게 하면서 채광을 할 수 있다.
· 방음·보온 효과가 크고, 장식효과도 얻을 수 있다.
· 주로 칸막이벽을 쌓는 데 이용된다.

22 다음 점토제품 중 흡수성이 가장 작은 것은?
① 토기   ② 도기
③ 석기   ④ 자기

※ 점토제품 – 흡수율
토기＞도기＞석기＞자기

23 건축재료의 성질에 대한 용어의 설명 중 옳지 않은 것은?

① 압연강, 고무와 같은 재료는 파괴에 이르기까지 고강도의 응력에 견딜 수 있고 동시에 큰 변형을 나타내는 성질을 갖는데, 이를 인성이라고 한다.
② 작은 변형만 나타내면 파괴되는 주철, 유리와 같은 재료의 성질을 취성이라고 한다.
③ 유체가 유동하고 있을 때 유체의 내부에 흐름을 저지하려고 하는 내부마찰저항이 발생하는데, 이러한 성질을 점성이라고 한다.
④ 재료에 사용하는 외력이 어느 한도에 도달하면 외력의 증감 없이 변형만이 증대하는 성질을 탄성이라고 한다.

※ 탄성
여태까지 가해진 힘이 제거 됐을 경우에 원래의 크기와 형태로 돌아갈 수 있는 물질의 속성

24 다음 중 열가소성 수지에 속하지 않는 것은?
① 염화비닐수지   ② 아크릴수지
③ 폴리에틸렌수지   ④ 폴리에스테르수지

※ 열가소성 수지
· 가열에 연화되어 변형되지만 냉각시키면 다시 굳어진다.
· 염화비닐수지, 폴리에틸렌수지, 폴리프로필렌수지, ABS수지, 아크릴 수지

25 석재의 일반적인 성질에 대한 설명 중 틀린 것은?
① 불연성이다.
② 압축강도는 인장강도에 비해 매우 작다.
③ 비중이 크고 가공성이 좋지 않다.
④ 내구성, 내화학성이 우수하다.

※ 석재의 성질
· 불연성이며, 내화학성이 우수하다.
· 대체로 석재의 강도가 크면 경도도 크다.
· 압축강도에 비하여 인장강도가 매우 작다.
· 흡수율이 클수록 풍화나 동해를 받기 쉽다.
· 내수성, 내구성, 내화학성, 내마모성이 우수하다.
· 외관이 장중하고, 치밀하며, 갈면 아름다운 광택이 난다.
· 장대재를 얻기가 어려워 가구재로는 부적당하다.

26 다음의 합성수지 제품에 대한 설명 중 틀린 것은?
① 폴리에스테르 강화판은 유리섬유를 폴리에스테르 수지와 혼합하여 성형한 것이다.
② 멜라민 화장판은 경도가 크며 열이나 습도에 변화가 없으므로 지붕재로 사용된다.
③ 아크릴 평판은 휨강도가 크고 투명도가 좋다.
④ 염화비닐판은 색이나 투명도가 자유로우나 화재 시 Cl_2가스 발생이 크다.

※ 멜라민 화장판은 열에 강하고 광택이 있으며 표면이 단단하기 때문에 가구류나 벽의 마무리재료(건축마감재)로 널리 사용된다.

27 소석회에 모래, 해초풀, 여물 등을 혼합하여 바르는 미장재료로서 목조바탕, 콘크리트 블록 및 벽돌바탕 등에 사용되는 것은?

① 돌로마이트 플라스터
② 회반죽
③ 석고 플라스터
④ 시멘트 모르타르

※ 회반죽
소석회, 모래, 여물, 해초물 등을 섞어 만든 미장용 반죽으로 목조 바탕, 콘크리트 블록, 벽돌 바탕 등에 흙손으로 발라서 벽체나 천장 등을 보호하며 미화하는 효과를 가지게 한다. 가수량이 불충분하면 벽면에 팽창성 균열이 생긴다.

28 콘크리트 타설 후 블리딩에 의해서 부상한 미립물은 콘크리트 표면에 얇은 피막이 되어 침적하는데, 이것을 무엇이라 하는가?

① 슬럼프   ② 크리프
③ 레이턴스   ④ AE제

※ 레이턴스
블리딩 현상으로 콘크리트 표면에 침적된 미립물에 의한 얇은 피막

29 경화 콘크리트에 대한 설명 중 옳지 않은 것은?

① 콘크리트의 인장강도는 압축강도의 약 1/10~1/13 정도이다.
② 콘크리트의 중성화가 진행되면 콘크리트의 강도가 극히 낮아진다.
③ 알칼리골재 반응은 주로 시멘트의 알칼리성분과 골재를 구성하는 실리카광물이 반응하여 콘크리트를 팽창시키는 반응이다.
④ 콘크리트의 투수 원인은 대부분이 시공불량에 의한다.

※ 콘크리트에 함유된 알칼리성 수산화칼슘이 탄산가스와 반응하여 탄산칼슘으로 변화하는 현상으로, 콘크리트의 내부 공극을 증진시켜 압축강도가 약간 증진되며 체적이 팽창되어 콘크리트가 손상되어 탄산화 침식이 일어날 수 있는데 이러한 현상이 일어나기 위해서는 오랜 시간이 경과되어야 한다.

30 다음의 도료에 대한 설명 중 틀린 것은?

① 유성페인트는 내알카리성이 약하므로 콘크리트 바탕면에 사용하지 않는다.
② 유성바니시는 수지를 지방유와 가열융합하고, 건조제를 첨가한 다음 용제를 사용하여 희석한 것을 말한다.
③ 유성에나멜페인트는 유성페인트에 비해 도막의 평활정도, 광택, 경도 등이 좋지 않다.
④ 유성조합페인트는 붓바름 작업성 및 내후성이 우수하다.

※ 유성에나멜페인트는 오일바니시나 오일페인트에 안료를 혼합한 것으로 속건성이고, 도막이 평활하고 강인하고 광택이 좋아 가구, 차량, 선박 등의 도장에 사용된다.

31 시멘트의 응결에 대한 설명 중 옳은 것은?

① 시멘트에 가하는 수량이 많으면 응결이 늦어진다.
② 신선한 시멘트로서 분말도가 미세한 것일수록 응결이 늦어진다.
③ 온도가 높을수록 응결이 늦어진다.
④ 석고는 시멘트의 응결촉진제로 사용된다.

※ 시멘트의 응결시간
· 온도가 높으면 응결시간이 빠르다.
· 수량이 많을수록 응결시간이 늦다.
· 첨가된 석고량이 많으면 응결시간이 늦어진다.
· 분말도가 높으면 응결시간이 빠르다.

32 다음의 콘크리트에 사용되는 혼화재료 중 혼화재에 속하지 않는 것은?

① 플라이애시   ② AE감수제
③ 실리카흄   ④ 고로슬래그

※ 혼화재는 콘크리트의 질이나 양의 변화를 도모할 때 혼입하는 재료로 다량을 사용할 때 양에 관계되는 것을 재(material), 소량을 써서 질에 영향을 주는 것을 혼화재(agent)라 한다. 시공연도(workability)를 좋게하는 것으로는 AE제 또는 분산제가 있다. 방동용 염화칼슘($CaCl_2$)과 식염은 철근을 녹슬게 하므로 철근 콘크리트에는 사용이 금지된다. 급결재, 조강재료로는 방수제가 있고 증량재로는 플라이애쉬(flyash)가 있다.

33 다음 아스팔트 제품 가운데 방수재료로 사용하기 곤란한 것은?

① 아스팔트 펠트   ② 아스팔트 루핑
③ 아스팔트 타일   ④ 아스팔트 싱글

※ 아스팔트 타일
아스팔트와 쿠마론인덴수지를 원료로 하고 석면 및 기타 충전제와 안료를 혼합하여 착색 열압한 것으로서 두께는 3mm 정도이고 크기는 30cm×30cm 각이 표준이다. 촉감·탄력·미관·내화학성·내마멸성이 우수하고 자국이 나도 곧 회복되므로 바닥(마루)수장재로 쓰인다. 그러나 내유성 및 내열성이 낮아 취약한 결점이 있다. 상품은 아스타일·에스타일 등이 있다.

34 점토에 톱밥, 겨, 탄가루 등을 혼합, 소성한 것으로 절단, 못치기 등의 가공이 우수한 벽돌은?
① 오지벽돌　② 포도벽돌
③ 다공벽돌　④ 테라코타

※ 벽돌 – 다공벽돌(경량벽돌)
· 점토에 톱밥, 목탄가루 등을 혼합하여 성형한 벽돌
· 비중이 보통벽돌보다 작으며, 강도로 작다.
· 톱질과 못 박기가 가능하다.
· 방음벽, 단열층, 보온벽, 간막이벽에 사용된다.

35 목재의 방부제 중 수용성 방부제에 속하지 않는 것은?
① 크레오소트 오일
② 황산동 1% 용액
③ 염화아연 4% 용액
④ 불화소다 2% 용액

※ 크레오소트 오일(Creosote Oil)
· 유성방부제이다.
· 색이 흑갈색이라 미관을 고려하지 않는 외부에 쓰이고 가격이 저렴하다.
· 도장이 불가능하며, 자극적인 냄새가 나므로 실내에서는 사용할 수 없다.
· 방부력이 우수하고, 내습성이 있다.
· 토대, 기둥, 도리 등에 사용한다.

36 다음 중 기둥 및 벽 등의 모서리에 대어 미장바름을 보호하기 위해 사용하는 철물은?
① 와이어 메시　② 와이어 라스
③ 코너 비드　④ 메탈 라스

※ 코너비드
미장 공사에서 기둥이나 벽의 모서리부분을 보호하기 위하여 쓰는 철물이다.

37 다음 중 사용 목적에 따른 건축재료의 분류에 속하지 않는 것은?
① 유기재료　② 구조재료
③ 마감재료　④ 차단재료

※ 건축 재료 사용목적별 분류
구조재료, 마감재료, 차단재료, 방화·내화재료

38 다음 중 강도, 경도가 크고 내화력도 우수하여 구조용 석재로 사용되지만, 조직 및 석조가 균일하지 않고 대재를 얻기 어려운 석재는?
① 대리석　② 사문암
③ 트래버틴　④ 안산암

※ 안산암
재질감이 좋지않고 광택이 안좋으며 가공성이 떨어지나 내화력이 좋고 내구성이 우수하여 주로 구조용재로 쓰인다.

39 탄소강에 함유된 탄소량의 증가에 따른 강의 성질 변화에 대한 설명 중 옳지 않은 것은?
① 비중의 감소　② 열팽창계수의 감소
③ 비열의 증가　④ 내식성의 증가

※ 탄소강의 탄소량에 따른 물리적 성질의 변화에서 탄소량이 증가함에 따라 비중, 열팽창계수, 내식성, 열전도도는 감소하지만 비열, 전기저항, 항자력은 증가한다.

40 목재의 성질에 대한 설명 중 옳은 것은?
① 건축용 구조재로는 활엽수가 주로 쓰이고, 침엽수는 치장재, 가구재로 주로 쓰인다.
② 섬유 포화점 이상에서는 함수율이 변하더라도 강도는 일정하다.
③ 비중이 작을수록 강도가 크다.
④ 목재의 강도나 탄성은 가력방향과 섬유방향에 상관없이 항상 일정하다.

※ 섬유포화점 이하에서는 목재의 수축, 팽창 등 재질에 변화가 일어나고, 섬유포화점 이상에서는 불변한다.

41 건물 전체의 무게가 비교적 가볍고 강도가 커 고층이나 스팬이 큰 대규모 건축물에 적합한 건축구조는?
① 철골구조　② 목구조
③ 석구조　④ 철근콘크리트구조

※ 철골구조의 장점
· 강재는 다른 재료에 비해 재질이 균일하므로 신뢰성이 있다.
· 철근콘크리트 구조보다 건물의 무게를 가볍게 할 수 있다.
· 큰 간사이의 구조물이나 고층 구조물에 적합하다.
· 인성이 커서 상당한 변위에 대해서도 견디어 낸다.
· 현장상태나 기상조건, 시공기술에 크게 관계 없이 정밀도가 높은 구조물을 얻을 수 있다.

42 선의 종류에 따른 용도로 옳지 않은 것은?
① 굵은 실선–물체의 보이는 부분을 나타내는데 사용
② 파선–물체의 보이지 않는 부분의 모양을 표시하는데 사용
③ 1점 쇄선–물체의 절단한 위치를 표시하거나, 경계선으로 사용
④ 2점 쇄선–물체의 중심축, 대칭축을 표시하는데 사용

※ 이점쇄선

물체가 있는 것으로 가상되는 부분을 표시하거나, 일점쇄선과 구별할 때 사용된다.

43 벽돌벽체의 작도순서로 가장 올바른 것은?
① 벽체중심선-각 벽두께-창문틀너비-각 세부완성
② 벽체중심선-창문틀너비-각 벽두께-각 세부완성
③ 창문틀너비-벽체중심선-각 벽두께-각 세부완성
④ 창문틀너비-각 벽두께-벽체중심선-각 세부완성

※ 벽돌벽체의 작도순서
벽체중심선-각 벽두께-창문틀너비-각 세부완성

44 목재구조 반자틀의 구성요소가 아닌 것은?
① 반자돌림대 ② 반자틀받이
③ 걸레받이   ④ 달대받이

※ 반자틀
천정재를 부착하기 위한 바탕이 되는 기다린 재. 천장을 막기 위하여 짜 만든 틀의 총칭. 반자를 드리느라고 가늘고 긴 나무로 가로·세로로 짜서 만든 틀로 달대, 달대받이, 반자돌림대 반자대 등을 총칭한다.

45 건축물을 표현하는 투시도법 중 그림과 같은 투시도법은 어느 것인가?

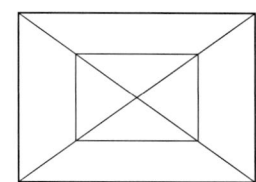

① 평행 투시도법   ② 유각 투시도법
③ 사각 투시도법   ④ 3소점 투시도법

※ 실내투시도 - 1소점 투시도 (평행 투시도법)
· 화면에 그리려는 물체가 화면에 대하여 평행 또는 수직이 되게 놓이는 경우로 소점이 1개인 투시도이다.
· 실내투시도 또는 기념 건축물과 같은 정적인 건물의 표현에 효과적이다.

46 다음 중 기초 도면 작성 시 가장 먼저 해야 할 사항은?
① 테두리선을 긋는다.
② 지반선과 벽체 중심선을 긋는다.
③ 표제란을 기입한다.
④ 기초 크기에 알맞게 축척을 정한다.

※ 축척을 먼저 정한다.

47 목재의 이음과 맞춤을 할 때에 주의해야 할 사항이 아닌 것은?
① 이음과 맞춤의 위치는 응력이 큰 곳으로 하여야 한다.
② 공작이 간단하고 튼튼한 접합을 선택하여야 한다.
③ 맞춤면은 정확히 가공하여 서로 밀착되어 빈틈이 없게 한다.
④ 이음·맞춤의 단면은 응력의 방향에 직각으로 한다.

※ 이음·맞춤시 주의사항
· 재는 될 수 있는 한 적게 깎아 낼 것.
· 응력이 적은 곳에 만든다.
· 공작이 간단하고 모양에 치중하지 말 것.
· 응력이 균등히 전달될 수 있게 한다.
· 이음·맞춤 단면은 응력의 방향에 직각으로 할 것.

48 다음 중 연약지반에서 부동침하를 방지하는 대책과 가장 관계가 먼 것은?
① 건물 상부 구조를 경량화한다.
② 상부 구조의 길이를 길게 한다.
③ 이웃 건물과의 거리를 멀게 한다.
④ 지하실을 강성체로 설치한다.

※ 연약한 지반의 대책
· 상부구조의 강성을 높인다.
· 건물을 경량화한다.
· 이웃간의 건물사이를 멀게 한다.
· 건물의 평면길이를 짧게 한다.

49 다음 중 허용 지내력도가 가장 작은 지반은?
① 점토   ② 모래+점토
③ 자갈+모래   ④ 자갈

※ 지반의 허용 지내력
· 모래 또는 점토 : 100 KN/m²
· 모래섞인 점토 : 150 KN/m²
· 자갈과 모래의 혼합물 : 200 KN/m²
· 자갈 : 300 KN/m²
· 연암반 : 1000~2000 KN/m²
· 경암반 : 4000 KN/m²

50 다음 중 건축 구조법을 선정할 때 필요한 선정 조건과 가장 관계가 먼 것은?
① 입지 조건   ② 요구 성능
③ 건물의 색채 ④ 건축의 규모

※ 색채 조건은 해당되지 않는다.

51 다음 중 조립식 건축에 관한 설명으로 옳지 않

은 것은?
① 공장생산이 가능하여 대량생산을 할 수 있다.
② 기계화 시공으로 단기 완성이 가능하다.
③ 기후의 영향을 덜 받는다.
④ 각 부품과의 접합부가 일체가 되므로 접합부 강성이 높다.

※ 조립식 구조의 단점
· 획일적이어서 창조성이 결여되고 외관이 단순하여 다양성에 문제가 있다.
· 각 부품의 일체화가 곤란하고, 수평력에 취약하다.
· 풍압과 지진에 취약하고 화재시에는 위험도가 높다.
· 강재가 철근콘크리트에 비하여 강성이 적어 진동에 약하다.
· 초기에 시설비가 많이 든다.

52 다음의 벽돌쌓기에 대한 설명 중 옳지 않은 것은?
① 벽돌벽 등에 장식적으로 구멍을 내어 쌓는 것을 영롱쌓기라 한다.
② 벽돌쌓기법 중 영국식 쌓기법은 가장 튼튼한 쌓기법이다.
③ 하루 쌓기의 높이는 1.8m를 표준으로 한다.
④ 줄눈의 너비는 10mm를 표준으로 한다.

※ 하루 쌓는 높이는 1.2~1.5m(17~20단) 이내로 한다.

53 철근의 정착 길이에 관한 설명 중 틀린 것은?
① 콘크리트의 강도가 클수록 짧게 한다.
② 철근의 지름이 클수록 길게 한다.
③ 철근의 항복강도가 클수록 짧게 한다.
④ 철근의 종류에 따라 정착길이는 달라진다.

※ 정착길이는 철근의 항복강도가 클수록 길어진다.

54 다음 중 철골 구조에서 플레이트 보에 사용하는 부재가 아닌 것은?
① 커버 플레이트   ② 웨브 플레이트
③ 스티프너   ④ 베이스 플레이트

※ 플레이트 보
· 플랜지 플레이트(flange plate)
· 웨브 플레이트(web plate)
· 스티프너(stiffener)
· 커버플레이트

55 다음 중 초고층 건물의 구조로 가장 적합한 것은?
① 현수구조   ② 절판구조
③ 입체트러스구조   ④ 튜브구조

※ 튜브 구조
초고층 구조의 건물로 내부기둥을 줄여 내부공간을 넓게 조성 할 수 있는 구조로 초고층 건축물의 구조로 가장 적합한 구조이다.

56 건축구조의 구조 형식에 따른 분류 중 가구식 구조로만 짝지어진 것은?
① 벽돌구조-돌구조
② 철근콘크리트구조-목구조
③ 목구조-철골구조
④ 블록구조-돌구조

※ 건축구조의 분류 – 구성방식에 의한 분류
· 가구식 구조 – 목구조, 철골구조
· 조적식 구조 – 벽돌구조, 돌구조, 블록구조
· 일체식 구조 – 철근콘크리트구조, 철골철근콘크리트구조

57 철근콘크리트구조에 관한 설명 중 틀린 것은?
① 각 구조부를 일체로 구성한 구조이다.
② 역학적 작용이 크게 다른 서로의 단점을 보완하도록 결합한 구조이다.
③ 내구·내화성은 뛰어나나 자중이 무겁고 시공과정이 복잡하다.
④ 철근과 콘크리트는 선팽창계수가 달라 그 점을 보완한 것이다.

※ 철근콘크리트구조
· 내화, 내구, 내진적이다.
· 설계가 자유롭고, 고층건물이 가능하다.
· 장스팬은 불가능하다.
· 구조물을 완성후 내부 결함의 유무를 검사하기 어렵다.
· 균열이 쉽게 발생한다.
· 철근과 콘크리트는 선팽창계수가 거의 같다.
· 자중이 무겁고, 시공기간이 길다.
· 콘크리트 자체의 압축력이 매우 크다.

58 다음 중 건축 제도 용구가 아닌 것은?
① 홀더   ② 원형 템플릿
③ 데오돌라이트   ④ 컴퍼스

※ 데오돌라이트
삼발위에 설치된 망원경을 통해 야외에서 정확한 측량을 할 수 있는 측량용 광학기계로 수평면상의 각과 수직방향의 각을 측정할 수 있다.

59 블록구조의 종류 중 조적식 블록구조에 대한 설명으로 옳지 않은 것은?
① 공사비가 비교적 싸다.
② 횡력과 진동에 강하다.
③ 공기가 짧다.

④ 방화성이 있다.

※ 횡력 및 지진에 매우 약한 단점이 있다.

60 다음 그림은 무엇을 표시하는 것인가?

① 외여닫이문 ② 미닫이문
③ 미닫이창 ④ 미서기문

※ 외여닫이문 :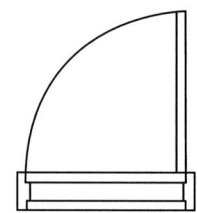

정답

01② 02③ 03④ 04② 05④ 06④ 07③ 08③ 09① 10②
11② 12② 13③ 14② 15② 16① 17② 18③ 19① 20①
21④ 22④ 23④ 24④ 25② 26② 27② 28③ 29② 30③
31① 32② 33③ 34③ 35① 36③ 37① 38④ 39④ 40②
41① 42④ 43① 44③ 45① 46④ 47① 48② 49① 50③
51④ 52③ 53③ 54④ 55④ 56③ 57④ 58③ 59② 60①

2020년도 제3회 과년도 기출문제

01 다음 한국의 전통 가구 중 용도가 다른 것은?
① 단층장 ② 소반
③ 문갑 ④ 반닫이

※ 소반은 음식을 담은 그릇을 올려 놓고 식사할 수 있으며, 좁은 공간에서 사용할 수 있는 전통 가구 이다.

02 건축화 조명 방식에 해당 되지 않는 것은?
① 루버(louver) 조명
② 코브(cove) 조명
③ 다운라이트(down light) 조명
④ 스포트라이트(spot light) 조명

※ 건축화 조명
조명기구로서의 형태를 취하지 않고 건물중에 일체로 하여 조합시키는 형식으로 특별한 조명기구를 사용하지 않고 천정·벽·기둥 등의 건축 부분에 광원을 만들어 실내계획을 하는 조명 방식이다.
· 루버조명 : 천정 전면에 루버를 설치하고 그 상부에 광원을 배치한 것으로 경사방향에서는 루버의 보호각에 의해 광원이 직접 보이지 않게 설계하는 방식이다.
· 코브 조명 : 건축화 조명의 방식으로 광원의 빛이 천장 또는 벽면으로 가려지게 하여 반사광으로 간접 조명하는 방식이다.
· 매입등(다운라이트) : 천장이 2중으로 되어 그 사이 공간에 조명 기구를 매입시키는 조명이다.
· 스포트라이트 : 특정상품을 효과적으로 비추어 상품을 강조할 때 이용되는 천정등이다.

03 질서 잡기가 쉽고 통일감을 얻기 쉽지만, 때로는 표정이 단정하여 견고한 느낌을 주는 것은?
① 대칭 ② 리듬
③ 주도와 종속 ④ 점층

※ 대칭
질서 잡기가 쉽고, 통일감을 얻기 쉬우며 때로는 표정이 단정하여 견고한 느낌을 주는 디자인 요소

04 규칙적인 요소들의 반복으로 나타나는 통제된 운동감은?
① 리듬(rhythm) ② 균형(balance)
③ 조화(harmony) ④ 비례(proportion)

※ 리듬(Rhythm)
부분과 부분 사이에 시각적인 강한 힘과 약한 힘이 규칙적으로 연속시킬 때 나타난다. 리듬에는 점이, 반복, 대립, 변이, 방사가 있는데 서로 효과적으로 사용하면 시각적인 강한 느낌을 가질 수 있다.

05 호텔이 가진 모든 기능을 유도하는 출발점이고, 동선의 교차점인 것은?
① 커피숍 ② 레스토랑
③ 객실 ④ 로비

※ 로비(lobby)
호텔 등 큰 건물의 현관으로 통하는 큰 홀. 복도·계단 등에 접하여 응접용·대합용·휴게용·담소용 등을 목적으로 꾸민 칸막이가 없는 공간(space)

06 실내디자인의 프로그래밍 진행 단계에 대한 배열이 가장 적합한 것은?
① 목표설정-조사-분석-종합-결정
② 조사-분석-결정-종합-목표설정
③ 종합-분석-조사-목표설정-결정
④ 분석-종합-목표설정-결정-조사

※ 실내디자인의 프로그래밍 진행 단계
목표설정-조사-분석-종합-결정

07 부엌가구의 배치방법 중 작업면이 넓으며 작업 효율이 가장 좋은 배치는?
① 일자형 ② L자형
③ 병렬형 ④ U자형

※ 부엌가구 배치 유형
① 일자형(직선형) : 좁은 면적을 이용할 경우에 사용되며, 작업의 흐름이 좌우로 되어 있어 동선이 길어진다.
② L자형(ㄴ자형) : 정방향 부엌에 알맞고 비교적 넓은 부엌에서 능률적이나, 모서리 부분은 이용도가 낮다.
③ 병렬형 : 작업대가 마주보도록 배치하는 형태로 길고 좁은 부엌에 적당하며, 동선이 짧아 효과적이다.
④ U자형(ㄷ자형) : 양측 벽면을 이용하므로 수납공간을 넓게 잡을 수 있으며, 이용하기에도 아주 편리하다.

08 2인용 침대의 배치에 관한 설명 중 옳지 않은 것은?
① 침대의 배치는 출입문, 벽, 창의 위치를 고려해야 한다.
② 침대의 측면은 외벽이 닿는 것이 좋다.
③ 가급적 창가에 배치하지 않는 것이 좋다.
④ 출입문 개방시 직접 침대가 보이지 않는 것이 좋다.

※ 침대를 외벽에 닿게 하면 집밖의 냉기가 들어올 수 있어 최소 10cm 이상은 벽에서 떨어뜨려 사용한다.

09 부엌의 작업순서로 옳은 것은?
① 준비대-개수대-조리대-가열대-배선대
② 준비대-조리대-개수대-가열대-배선대
③ 준비대-조리대-가열대-개수대-배선대
④ 준비대-가열대-개수대-조리대-배선대

※ 부엌의 싱크대 배열
준비대 → 개수대 → 조리대 → 가열대 → 배선대

10 공간의 분할에서 차단적 분할과 의미가 같은 것은?
① 상징적 분할   ② 심리적 분할
③ 암시적 분할   ④ 물리적 분할

※ 벽이나 칸막이 등은 이용 공간을 물리적으로 차단·구분하는 것이다.

11 실내 공간의 성격을 형성하는 가장 중요한 디자인 요소는?
① 마감 재료   ② 바닥 구조
③ 장식품 종류   ④ 천장의 질감

※ 마감재를 어떤재료로 사용하는지에 따라 실내공간의 분위기 성격에 큰 차이가 난다.

12 사람의 신체를 기준으로 하여 측정되는 척도를 의미하는 것은?
① 그리드   ② 모듈
③ 비례   ④ 휴먼스케일

※ 휴먼스케일
생활 속의 실내, 가구, 건축물 등의 물체와 인체와의 관계 및 물체 상호간의 관계의 개념이 사람의 신체를 기준으로 한 인간 중심으로 결정되어야 한다.

13 문의 위치를 결정할 때 고려해야 할 사항으로 거리가 가장 먼 것은?
① 출입 동선   ② 가구를 배치할 공간
③ 통행을 위한 공간   ④ 재료 및 문의 종류

※ 출입문의 위치를 결정할 때 고려해야 할 사항
· 출입동선, 가구를 배치할 공간, 통행을 위한 공간
· 재료에 따른 문의 종류는 문의 위치결정에 영향을 미치지 못하는 요인이다.

14 엄숙, 긴장, 상승의 기념비적 건물, 종교감을 느낄 수 있는 형태의 선은?
① 수직선   ② 사선
③ 곡선   ④ 수평선

※ 기념비적 커다란 공간에는 수직선을 많이 사용하므로 고결, 희망, 상승, 위엄, 존엄성, 엄숙함, 긴장감을 표현할 수 있다.

15 다음 중 실내디자인에 속하는 것은?
① 도시환경 디자인   ② 전시공간 디자인
③ 패키지 디자인   ④ 조명기구 디자인

※ 실내디자인
사무실, 상점, 병원, 호텔, 레스토랑, 카페, 백화점, 주택, 전시공간 디자인 (Display)

16 다음 중 조도가 가장 균일하고 음영이 가장 적은 조명 방식은?
① 직접조명   ② 반직접조명
③ 간접조명   ④ 반간접조명

※ 간접조명
· 광원의 90~100%를 천장이나 벽에 투사하여 반사, 확산된 광원이다.
· 조도가 가장 균일하고 음영이 가장 적어 입체감은 약하나 부드러운 분위기 조성이 용이하다.
· 조명률이 가장 낮고 경제성이 떨어진다.
· 먼지에 의한 감광이 크고 음산한 분위기를 준다.

17 다음 중 인체에서 열의 손실이 이루어지는 요인으로 가장 거리가 먼 것은?
① 인체 주변 공기의 대류
② 인체 표면의 열복사
③ 인체 내 음식물의 산화작용
④ 호흡, 땀 등의 수분 증발

※ 인체의 열손실은 인체표면의 열복사(45%), 인체주의의 공기대류(30%), 수분의 증발(20%), 호흡작용에 의해 열이 손실된다.

18 실내 공기가 오염되는 직접 원인으로 볼 수 없는 것은?
① 의복의 먼지   ② 호흡
③ 기온상승   ④ 습도의 증가

※ 실내 공기의 오염원인
· 사람의 호흡
· 청소
· 난방기구의 사용
· 실내공기의 건조, 습도의 증가
· 흡연

19 홀의 음향 계획으로 옳지 않은 것은?
① 반사음을 한쪽으로 집중시킨다.
② 실내외의 소음을 차단한다.
③ 주파수에 따라 실내 마감재료를 조정한다.
④ 실내의 음을 보강하는 설비를 한다.

※ 음원의 근처에 반사체를 두어 초기반사를 최대한 이용하고 반사음을 한쪽으로 집중시키지 말고 실내전체에 음압을 고르게 분포하도록 한다.

20 다음 중 차양의 길이는 어느 때를 기준하여 결정하는가?
① 동지   ② 추분
③ 하지   ④ 춘분

※ 차양을 설계할 때에는 태양의 고도를 기준으로 정하며 동지를 기준으로 한다.

21 다음 중 내화성이 가장 높은 석재는?
① 대리석   ② 응회암
③ 사문암   ④ 화감암

※ 석재 - 응회암
· 화산재, 화산 모래 등이 퇴적·응고하거나 물에 의하여 운반되어 암석 분쇄물과 혼합되어 침전된 석재
· 다공질이고 강도·내구성이 작아 구조재료로는 적당하지 않다.
· 내화성이 있으며, 외관이 좋고 조각하기 쉽다.
· 내화재, 장식재로 이용된다.

22 기본 점성이 크며 내수성, 내약품성, 전기절연성이 우수한 만능형 접착제로 금속, 플라스틱, 도자기, 유리, 콘크리트 등의 접합에 사용되는 것은?
① 요소수지 접착제   ② 페놀수지 접착제
③ 멜라민수지 접착제 ④ 에폭시수지 접착제

※ 에폭시수지 접착제
· 급경성으로 기본 점성이 크다.
· 내수성, 내산성, 내알칼리성, 내용제성, 내한성, 내열성, 내약품성, 전기절연성이 우수한 만능형 접착제이다.
· 금속유리, 플라스틱, 도자기, 목재, 고무 등의 접착성이 좋다.

23 석재가공의 순서로 옳은 것은?
① 정다듬 → 혹두기 → 도드락다듬 → 잔다듬 → 물갈기
② 혹두기 → 정다듬 → 도드락다듬 → 잔다듬 → 물갈기
③ 정다듬 → 도드락다듬 → 혹두기 → 잔다듬 → 물갈기
④ 혹두기 → 정다듬 → 잔다듬 → 도드락다듬 → 물갈기

※ 석재 가공 순서
혹두기 - 정다듬 - 도드락다듬 - 잔다듬 - 거친 갈기 · 물갈기

24 다음 중 석재의 내구성이 큰 것에서부터 순서대로 가장 알맞게 나열한 것은?
① 화강암 → 대리석 → 석회암 → 사암조립
② 화강암 → 석회암 → 대리석 → 사암조립
③ 대리석 → 석회암 → 화강암 → 사암조립
④ 화강암 → 사암조립 → 대리석 → 석회암

※ 석재의 내구성
화강암 → 대리석 → 석회암 → 사암조립

25 다음 중 석재 사용상의 주의점에 대한 설명으로 옳지 않은 것은?
① 산출량을 조사하여 동일건축물에는 동일석재로 시공하도록 한다.
② 압축강도가 인장강도에 비해 작으므로 석재를 구조용으로 사용할 경우 압축력을 받는 부분은 피해야 한다.
③ 내화구조물은 내화석재를 선택해야 한다.
④ 외벽 특히 콘크리트표면 첨부용 석재는 연석을 피해야 한다.

※ 압축강도에 비하여 인장강도가 매우 작다.

26 화원에 의해 분해가스에 인화되어 목재에 착염되고 연소를 시작하는 착화점의 온도는?
① 약 100℃   ② 약 160℃
③ 약 260℃   ④ 약 450℃

※ 목재 연소의 인화점
· 160℃ 이상 가열하면 목재는 갈색으로 변한다.
· 250~260℃에서는 연소한다. 이를 인화점 혹은 착화 온도.
· 450~460℃에서는 불꽃이 없어도 발화에 이른다. 이를 발화점이라 한다.
· 200℃ 이하에서는 장시간 가열하면 가연성가스가 분열되어 발화되기도

27 다음 중 목재에 관한 설명으로 옳지 않은 것은?
① 건조가 불충분한 것은 썩기 쉽다.
② 소리, 전기 등의 전도성이 크다.
③ 가공성이 좋다.
④ 단열성이 크다.

※ 목재는 소리, 전기 등의 전도성이 적다.

28 투사광선의 방향을 변화시키거나 집중 또는 확산시킬 목적으로 만든 이형 유리제품으로 지하실 또는 지붕 등의 채광용으로 사용되는 것은?
① 복층유리　　② 강화유리
③ 망입유리　　④ 프리즘유리

※ 프리즘유리
한 면이 프리즘이 되어 있어 투시광선의 방향을 변화시키거나 집중·확산 시킬 수 있는 이형 유리제품이다.

29 다음 중 레디믹스트 콘크리트에 대한 설명으로 옳은 것은?
① 기건단위용적중량이 2.0 이하의 것을 말하며, 주로 경량골재를 사용하여 경량화하거나 기포를 혼입한 콘크리트이다.
② 기건단위용적중량이 보통콘크리트에 비하여 크고, 주로 방사선차폐용에 사용되므로 차폐용 콘크리트라고도 한다.
③ 결합재로서 시멘트를 사용하지 않고 폴리에스테르수지 등을 액상으로 하여 굵은 골재 및 분말상 충전제를 혼합하여 만든 것이다.
④ 주문에 의해 공장생산 또는 믹싱카로 제조하여 사용 현장에 공급하는 콘크리트이다.

※ 레디믹스트 콘크리트
공장에서 생산하여 트럭이나 혼합기로 현장에 공급하는 아직 굳지 않은 상태의 콘크리트. 줄여서 레미콘이라고도 한다.

30 시멘트의 분말도에 대한 설명으로 옳지 않은 것은?
① 시멘트의 분말이 과도하게 미세하면 시멘트를 장기간 저장할 때 풍화가 발생하지 않는다.
② 시멘트의 분말도가 클수록 수화반응이 촉진된다.
③ 시멘트의 분말도가 클수록 강도의 발현속도가 빠르다.
④ 시멘트의 분말도는 브레인법 또는 표준체법에 의해 측정한다.

※ 시멘트 분말도
· 단위 중량에 대한 표면적으로 표시한다.
· 분말도가 높을수록 수화작용이 촉진되어 응결이 빨라진다.
· 분말도가 높을수록 발현속도가 빠르다.
· 분말도가 미세할수록 풍화되기 쉽다.
· 브레인법 또는 표준체법에 의해 측정할 수 있다.

31 다음 중 점토에 대한 설명으로 틀린 것은?
① 알루미나가 많은 점토는 가소성이 좋다.
② 압축강도의 인장강도는 같다.
③ Fe_2O_3와 기타 부성분이 많은 것은 고급 제품의 원료로 부적당하다.
④ 양질의 점토는 습윤 상태에서 현저한 가소성을 나타낸다.

※ 점토의 압축강도는 인장강도의 약 5배이다.

32 다음 중 밀도가 가장 크고 유연하며, 방사선의 투과도가 낮아 건축에서 방사선 차폐용 벽체에 이용되는 것은?
① 알루미늄　　② 동
③ 주석　　　　④ 납

※ 비철금속 – 납
· 융점이 낮다.
· 전·연성이 크다.
· 방사선의 투과도가 낮다.
· 비중이 크고 연질이다.
· 대기 중 보호막이 형성되어 부식되지 않는다.
· 내산성이며 알칼리에 침식된다.

33 응결방식이 수경성인 미장 재료는?
① 회반죽
② 회사벽
③ 돌로마이트 플라스터
④ 시멘트 모르타르

※ 수경성 미장재료
· 수화작용에 물만 있으면 공기 중이나 수중에서 굳어지는 성질
· 시멘트모르타르, 인조석, 테라조, 현장바름, 순석고 플라스터, 혼합석고 플라스터, 보드용 플라스터, 경석고 플라스터

34 자기질 타일의 흡수율은 얼마 이하로 규정되어 있는가?
① 3%　　　② 5%
③ 8%　　　④ 18%

※ 자기질 타일·점토·도토 등을 물로 반죽하여 1230~1400°C로 구운 것으로 흡수율이 1%~3% 이하로 욕실의 바닥, 외장용 벽에 쓰인다. (가장 낮은 흡수율을 선택)

35 다음의 철근에 대한 설명 중 틀린 것은?
① 원형철근은 표면에 리브 또는 마디 등의 돌기가 없는 원형 단면의 봉강이다.
② 이형철근은 표면에 리브 또는 마디 등의 돌기가 있는 봉강이다.
③ 원형철근은 지름을 공칭지름이라 하며, 표시는 D로 하고 mm 단위로 치수를 기입한다.
④ 이형철근의 부착강도는 원형철근의 2배 정도이다.

※ 이형철근은 주변에 리브와 마디가 있어 단순한 원형으로 계산이 안 되기 때문에 동일한 길이, 동일한 중량의 원형철근의 지름으로 환산해서 계산한다.

36 다음 중 복층유리에 대한 설명으로 옳은 것은?
① 자외선의 화학작용을 방지할 목적으로 식품이나 약품의 창고, 의류품의 진열창 등에 사용된다.
② 규산분이 많은 유리로서 성분은 석영유리에 가깝다.
③ 자외선의 투과율을 좋게 한 것으로 일광욕실 등에 사용된다.
④ 페어글라스라고도 불리우며 단열성, 차음성이 좋고 결로방지에 효과적이다.

※ 페어글라스
복층유리, 이중유리라고도 하며 2장 또는 3장의 판유리를 일정한 간격을 두고 둘레는 금속테로 테두리를 기밀로 만들고 여기에 유리 사이의 내부를 진공으로 하거나 특수 가스를 넣어 만든 유리로 단열성, 차음성이 좋고 결로방지에 효과가 우수하다.

37 목재의 방부제에 관한 설명으로 옳지 않은 것은?
① 콜타르는 목재가 흑갈색으로 착색되므로 사용장소가 제한된다.
② P.C.P는 방부력이 약하고 페인트 칠이 불가능하다.
③ 크레오소트유는 유성방부제로 방부력이 우수하다.
④ 황산동 1% 용액은 철재를 부식시키고 인체에 유해하다.

※ 목재 방부제 – P.C.P
· 무색이며 방부력이 가장 우수하다.
· 페인트칠을 할 수 있다.
· 값이 비싸고 석유 등의 용제에 녹여 써야 한다.
· 침투성이 매우 양호하며 수용성, 유용성이 있다.

38 대리석의 일종으로 탄산석회를 포함한 물에서 침전, 생성된 것으로 실내 장식에 사용되는 것은?

① 트래버틴　② 석면
③ 응회암　④ 석회암

※ 석재 – 트래버틴
· 대리석의 한 종류로서 다공질이며, 탄산석회를 포함한 물에서 침전, 생성된 것으로 석질이 균일하지 못하고, 암갈(황갈)색의 무늬가 있다.
· 석판으로 만들어 물갈기를 하면 평활하고, 광택이 나는 부분과 구멍, 골이 진 부분이 있어 특수한 실내 장식재로 이용된다.

39 대리석에 대한 설명으로 옳지 않은 것은?
① 석회석이 변화되어 결정화한 것으로 탄산석회가 주성분이다.
② 석질이 치밀, 견고하고 색채, 무늬가 다양하다.
③ 산과 알칼리에 강하다.
④ 강도는 매우 높지만 풍화되기 쉽기 때문에 실외용으로는 적합하지 않다.

※ 대리석
· 산에 약하다.
· 석질이 치밀, 견고하고 색채, 무늬가 다양하다.
· 석회석이 변화되어 결정화한 것으로 탄산석회가 주성분이다.
· 강도는 매우 높지만 풍화되기 쉽기 때문에 실외용으로는 적합하지 않다.

40 목재의 인공건조 방법 중 건조실에 목재를 쌓고 온도, 습도, 풍속 등을 인위적으로 조절하면서 건조하는 방법은?
① 천연건조　② 태양열건조
③ 촉진천연건조　④ 열기건조

※ 열기건조
건조실에 목재를 쌓고 온도, 습도 등을 인위적으로 조절하면서 건조하는 방법이다.

41 개구부의 상부하중을 지지하기 위하여 조적재를 곡선형으로 쌓아서 압축력만이 작용되도록 한 구조는?
① 트러스　② 래티스
③ 쉘　④ 아치

※ 아치(ARCH)
돌이나 벽돌 등을 쌓아 올려서 상부에서 오는 직압력을 개구부 양측으로 전달되게 한 것으로 부재의 하부에 인장력이 생기지 않게 한 것.

42 철골 구조에서 스티프너를 사용하는 가장 중요한 목적은?
① 보의 휨내력 보강
② 웨브 플레이트의 좌굴 방지
③ 보의 처짐 보강
④ 플랜지 앵글의 단면 보강

※ 스티프너
웨브의 두께가 춤에 비해 얇을 때 웨브 플레이트의 좌굴을 방지하기 위하여 설치하는 부재로서 집중 하중의 크기에 따라 결정된다.

43 다음의 각종 도면에 대한 설명 중 틀린 것은?
① 배치도는 전체를 파악하는 중요한 도면으로 대지 안의 건물의 위치 등을 표현한다.
② 전개도는 건물 내부의 입면을 정면에서 바라보고 그리는 내부 입면도이다.
③ 평면도는 건축물을 건축물의 바닥면으로부터 2m 높이에서 수평으로 절단하여 그린 것이다.
④ 단면도는 건축물을 수직으로 절단하여 수평방향에서 본 것이다.

※ 평면도
건축물을 각 층마다 창틀 위(지상1.2mm~1.5mm정도)에서 수평으로 자른 수평투상도로서 실의 배치 및 크기를 나타내는 도면

44 다음 중 기초의 부동 침하 원인과 가장 관계가 먼 것은?
① 지하수위가 변경되었을 때
② 이질 지정을 하였을 때
③ 기초의 배근량이 부족하였을 때
④ 일부 증축하였을 때

※ 부동침하의 원인
· 지반이 연약한 경우
· 지하수위가 변경되었을 때
· 이질 지정을 하였을 때
· 일부 지정을 하였을 때
· 일부 증축을 하였을 때
· 지하 매설물이나 구멍이 있는 경우

45 건축제도시 사선긋기에 관한 설명으로 옳지 않은 것은?
① 선긋기를 할 때에는 시작부터 끝까지 일정한 힘과 일정한 연필의 각도를 유지하도록 한다.
② T자와 삼각자를 이용한다.
③ 삼각자의 왼쪽 옆면 이용시에는 아래에서 위로 선을 긋는다.
④ 삼각자의 오른쪽 옆면 이용시에는 아래에서 위쪽으로 선을 긋는다.

※ 선 긋기
· 시작부터 끝까지 일정한 힘을 가하여 일정한 속도로 긋는다.
· T자와 삼각자를 이용한다.
· 삼각자의 왼쪽 옆면 이용시에는 아래에서 위로 선을 긋는다.
· 삼각자의 오른쪽 옆면 이용시에는 위에서 아래로 선을 긋는다.

46 다음의 제도용구에 대한 설명 중 옳지 않은 것은?
① 스프링 컴퍼스 : 일반적으로 반지름 50mm 이하의 작은 원을 그리는데 사용된다.
② 운형자 : 원호 이외의 곡선을 그릴 때 사용한다.
③ 자유 각도자 : 각도를 자유롭게 조절할 수 있다.
④ 삼각자 : 45°와 90°, 60°와 30°로 2개가 한 조로 구성되며 눈금이 있는 것을 사용하여야 한다.

※ 삼각자
30°, 45° 및 60°의 자를 주로 사용되며 T자, I자와 함께 수직선, 사선을 그릴 때 사용된다.

47 트러스를 종횡으로 배치하여 입체적으로 구성한 구조로서 형강이나 강관을 사용하여 넓은 공간을 구성하는데 이용되는 것은?
① 막구조   ② 스페이스 프레임
③ 절판구조   ④ 돔구조

※ 스페이스 프레임
2차원의 트러스를 평면 또는 곡면의 2방향으로 확장시키거나 트러스를 종횡으로 배치하여 입체적으로 구성한 구조이다.

48 보강블록조에서 내력벽으로 둘러쌓인 부분의 바닥면적은 최대 얼마를 넘지 않도록 하여야 하는가?
① 60m²   ② 70m²
③ 80m²   ④ 90m²

※ 보강콘크리트 블록조의 내력벽의 합계는 벽량 15cm/㎡ 이상이 되도록 하되, 그 내력벽으로 둘러싸인 바닥 면적은 80㎡를 넘을 수 없다.

49 투시도법의 종류 중 평행 투시도법이라고도 불리우며, 일반적으로 실내 투시도 작성 시 사용되는 것은?
① 1소점 투시도법   ② 2소점 투시도법
③ 3소점 투시도법   ④ 유각 투시도법

※ 실내투시도 – 1소점 투시도 (평행 투시도법)
· 화면에 그리려는 물체가 화면에 대하여 평행 또는 수직이 되게 놓이는 경우로 소점이 1개인 투시도이다.
· 실내투시도 또는 기념 건축물과 같은 정적인 건물의 표현에 효과적이다.

50 벽돌쌓기법 중 처음 한 켜는 마구리쌓기, 다음 한 켜는 길이쌓기를 교대로 쌓는 것으로, 통줄눈이 생기지 않으며 가장 튼튼한 쌓기법으로 내력벽을 만들 때 많이 이용되는 것은?
① 화란식쌓기   ② 불식쌓기
③ 영식쌓기   ④ 미식쌓기

※ 벽돌쌓기 공법 - 영국식 쌓기
- 한 켜는 길이, 다음 켜는 마구리로 쌓는 방법
- 마구리 켜의 모서리에 반절 또는 이오토막을 사용해서 통줄눈이 생기는 것을 막는다.
- 가장 튼튼한 쌓기 공법

51 나무구조에 대한 설명 중 옳지 않은 것은?
① 강도가 작고 큰 부재를 얻기 어렵다.
② 공사 기간이 짧다.
③ 외관이 아름답다.
④ 내구력이 강하다.

※ 목구조
▶ 장점
- 가볍고, 가공성이 좋으며, 친화감이 있다.
- 비중에 비하여 강도가 크다. (인장, 압축강도)
- 시공이 용이하며 공사기간이 짧다.
- 색채 및 무늬가 있어 미려하다.
- 열전도율이 적어 보온, 방안, 방서에 뛰어나다.
▶ 단점
- 재질이 불균등하고, 큰 단면이나 긴 부재를 얻기 힘들다.
- 함수율에 따른 변형이 크고 부식, 부재에 약하다.
- 접합부의 강성이 약하다.
- 내화, 내구성이 약하다.

52 다음 중 건축구조법의 선정 조건과 가장 관계가 먼 것은?
① 입지 조건   ② 요구 성능
③ 사용 가능한 재료 ④ 건물의 색채

※ 색채 조건은 해당되지 않는다.

53 도면 표시기호 중 원형철근과 이형철근의 지름 표시가 바르게 짝지어진 것은? (원형철근-이형철근)
① ∅-D   ② A-π
③ β-A   ④ Ω-D

※ 원형철근 ∅, 이형철근 D

54 건축구조를 구성방식에 따라 분류할 때, 일반적으로 가구식 구조에 속하는 것은?
① 철골구조, 철근콘크리트구조
② 벽돌구조, 석구조
③ 목구조, 블록구조
④ 철골구조, 목구조

※ 건축구조의 분류 - 구성방식에 의한 분류
- 가구식 구조 - 목구조, 철골구조
- 조적식 구조 - 벽돌구조, 돌구조, 블록구조
- 일체식 구조 - 철근콘크리트구조, 철골철근콘크리트구조

55 건축설계도면에서 창호도에 관한 설명 중 틀린 것은?
① 축척은 보통 1/50~1/100로 한다.
② 창호의 위치는 평면도에 직접 표시하거나 약식 평면도에 표시한다.
③ 창호 기호에서 W는 창, D는 문을 의미한다.
④ 창호 재질의 종류와 모양, 크기 등은 기입할 필요가 없다.

※ 창호도
축척은 1/50~1/100으로 하며 건축물에 사용되는 창호의 개폐방법, 재료, 마감, 창호 철물, 유리 등을 나타내며 위치는 평면도에 직접 표기, 창문은 W, 문은 D로 표기한다.

56 건축도면의 치수에 대한 설명으로 옳지 않은 것은?
① 치수는 특별히 명시하지 않는 한 마무리 치수로 표시한다.
② 치수기입은 치수선 중앙 윗부분에 기입하는 것이 원칙이다.
③ 치수선의 양 끝 표시는 화살 또는 점으로 표시할 수 있으며, 같은 도면에서 2종을 혼용할 수 있다.
④ 협소한 간격이 연속될 때에는 인출선을 사용하여 치수를 쓴다.

※ 건축제도통칙 - 치수
- 치수선의 양 끝 표시는 화살 또는 점으로 표시할 수 있으며, 같은 도면에서 2종을 혼용할 수 없다.

57 철골구조에 대한 설명 중 틀린 것은?
① 내진, 내풍적이다.
② 해체, 수리가 용이하다.
③ 넓은 스팬이 가능하다.
④ 내화성이 우수하다.

※ 철골구조 특징
- 장스팬 구조가 가능하다.
- 내진적이다.
- 해체 및 수리가 용이하다.
- 내화성이 약하다.

58 목구조에서 보, 도리 등의 가로재가 서로 수평방향으로 만나는 귀부분을 안정한 삼각형 구조로 만드

는 것으로, 가새로 보강하기 어려운 곳에 사용되는 부재는?

① 꿸대 ② 귀잡이보
③ 깔도리 ④ 버팀대

※ 귀잡이보
목구조에서 보, 도리 등의 가로재가 서로 수평 방향으로 만나는 귀부분을 안정한 삼각형 구조로 만드는 것이다.

59 구조상 주요한 골조 부분에 형강, 강관, 강판 등의 강재를 조립하여 구성한 구조로서, 강구조라고도 불리우는 것은?

① 철골구조 ② 철근콘크리트구조
③ 블록구조 ④ 벽돌구조

※ 철골구조(鐵骨構造, steel structure)
주요 뼈대가 철재로 구성된 구조로 여러 단면형으로 된 형강과 강판을 짜맞추어 리벳 이음, 볼트 또는 용접으로 조립되는 구조로서, 순철골조와 철골 피복조로 나눈다. 장점으로는 내구력, 내진력의 우수, 실용적 강력 구조, 시공이 용이한 점이다.

60 다음 중 조립식 구조에 대한 설명으로 옳지 않은 것은?

① 현장 작업이 극대화됨으로써 공사기일이 증가한다.
② 공장에서 다량생산이 가능하다.
③ 획일적이어서 다양성의 문제가 제기된다.
④ 대부분의 작업을 공업력에 의존하므로 노동력을 절감할 수 있다.

※ 조립식 구조
· 대량생산이 가능하다.
· 공기가 단축된다.
· 품질향상과 감독관리가 용이하다.
· 공사비가 감소된다.

정답

01② 02④ 03① 04① 05④ 06① 07④ 08② 09① 10④
11① 12④ 13④ 14① 15② 16③ 17③ 18① 19① 20①
21② 22④ 23② 24① 25② 26③ 27② 28④ 29④ 30①
31② 32④ 33④ 34① 35③ 36④ 37② 38① 39③ 40④
41④ 42② 43③ 44③ 45④ 46④ 47② 48③ 49① 50③
51④ 52④ 53① 54④ 55④ 56③ 57④ 58② 59① 60①

실내건축기능사 1차필기

초 판 · 2001년 3월 4일
발 행 · 2020년 10월 10일(개정3판 2쇄)
저 자 · (주)동방디자인학원
발행인 · 金耕浩

정가 30,000원

발행처 · 도서출판 동방디자인

등록 · 제13-265호
서울 영등포구 영등포동1가 111-2 백산빌딩
편집부(02)2675-8880, FAX(02)2631-2199
http://www.architerior.co.kr

본 도서의 독창적인 내용에 대하여 다른 출판물에 인용을 절대 금합니다.

동방디자인학원
DONGBANG DESIGN ACADEMY

더이상의 know-how는 없습니다!!

"(주)동방디자인학원의 명성은 하루아침에 이루어진 것이 아닙니다"

스 케 치	건축/ 실내/ 조경/ 디자인/ 러프
실내건축자격증	기사/ 산업기사/ 기능사
컬러리스트자격증	기사/ 산업기사
건 축 자 격 증	산업기사/ 전산응용건축제도기능사
컴 퓨 터 디 자 인	CAD/ MAX/ Sketch-up/ V-ray/ Photoshop
전 공 심 화	제도/ 투시도/ 설계/ 컬러테크닉
대학원 · 편입학	건축, 실내건축, 인테리어학과
취업포트폴리오	건축설계사무소, 건설회사, 인테리어사무소, 백화점, 디스플레이업체 등

· 내일배움카드제 [실내건축 · 스케치 · 컬러리스트]

  지원한도 200~300만원, 훈련비 100%~70%지원, 훈련장려금(교통비, 식비)지원

· 직업능력개발계좌제(근로자직무능력향상과정)

  [실내건축 · 스케치 · 컬러리스트 · CAD/MAX/스케치up]

  고용보험에 가입된 재직자, 영세자영업자. 훈련비의 100%(비정규직)~20%(정규직)지원

· 영등포점 02)2671.5338   · 종로점 02)2285.2685   · 강남역점 02)3453.3256

▶ 동방디자인학원에서는 스스로 터득할 수 있거나 대학에서 터득할 수 있는 것은 강의하지 않습니다. ◀